国家社会科学基金重大招标项目结项成果
首席专家　卜宪群

中国历史研究院学术出版资助项目

地图学史

（第二卷第三分册）

非洲、美洲、北极圈、澳大利亚与太平洋传统社会的地图学史

［美］戴维·伍德沃德　［美］G.马尔科姆·刘易斯　主编

刘夙　译　卜宪群　审译

中国社会科学出版社

审图号：GS（2022）2402 号

图字：01－2014－1771 号

图书在版编目（CIP）数据

地图学史. 第二卷, 第三分册. 非洲、美洲、北极圈、澳大利亚与太平洋传统社会的地图学史／（美）戴维·伍德沃德，（美）G. 马尔科姆·刘易斯主编；刘夙译. —北京：中国社会科学出版社，2022.1

书名原文：The History of Cartography, Vol. 2, Book 3: Cartography in the Traditional African, American, Arctic, Australian, and Pacific Societies

ISBN 978－7－5203－9518－2

Ⅰ.①地… Ⅱ.①戴…②G…③刘… Ⅲ.①地图—地理学史—非洲②地图—地理学史—美洲③地图—地理学史—北极④地图—地理学史—澳大利亚⑤地图—地理学史—太平洋 Ⅳ.①P28－091

中国版本图书馆 CIP 数据核字（2021）第 277384 号

出 版 人　赵剑英
责任编辑　刘志兵　宋燕鹏
责任校对　李　剑
责任印制　李寡寡

出　　版　中国社会科学出版社
社　　址　北京鼓楼西大街甲 158 号
邮　　编　100720
网　　址　http://www.csspw.cn
发 行 部　010－84083685
门 市 部　010－84029450
经　　销　新华书店及其他书店

印刷装订　北京君升印刷有限公司
版　　次　2022 年 1 月第 1 版
印　　次　2022 年 1 月第 1 次印刷

开　　本　880×1230　1/16
印　　张　58.25
字　　数　1492 千字
定　　价　598.00 元

图版 1　战斗和逃走（见 14—15 页）

　　这幅画一开始被认为描绘了一场战斗，但现在认为更可能呈现了萨满在失神状态下与恶灵的神秘斗争。本图为复制作品，由 R. 汤利·约翰逊（R. Townley Johnson）根据原图的照片和描图以铅笔、水彩和广告颜料绘制。

　　原图长度：90 厘米。位于西开普省克兰威廉区的帕克胡伊斯山口（Pakhuis Pass）。引自 R. Townley Johnson, *Major Rock Paintings of Southern Africa: Facsimile Reproductions*, ed. T. M. O'C. Maggs（Cape Town: D. Philip, 1979），图版 67（62 页）。Townley Johnson Family Trust 和 David Philip Publishers Pty. Ltd. , Claremont, South Africa 许可使用。

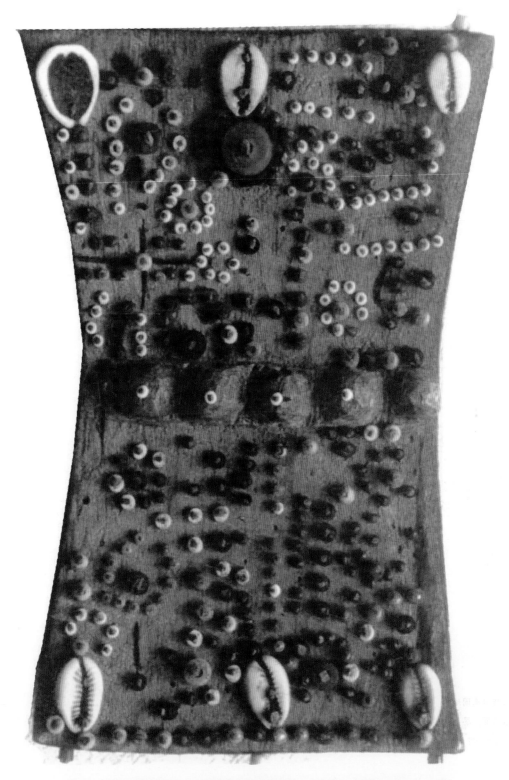

图版 2　在布迪耶社会的成人礼的最后阶段中使用的"卢卡萨"助记板（见 32—33 页）

以木头、贝壳和珠子制作。"卢卡萨"是助记地图，可以让颂歌手回忆起某个卢巴国王的生平。木板上珠子、贝壳和刻痕的位置和构图可以让人想到对王族历史具有重要性的灵魂都城、湖泊和其他地点的位置。

原始尺寸：约 20—25 厘米长 ×13 厘米宽。承蒙 Thomas Reefe 提供照片。

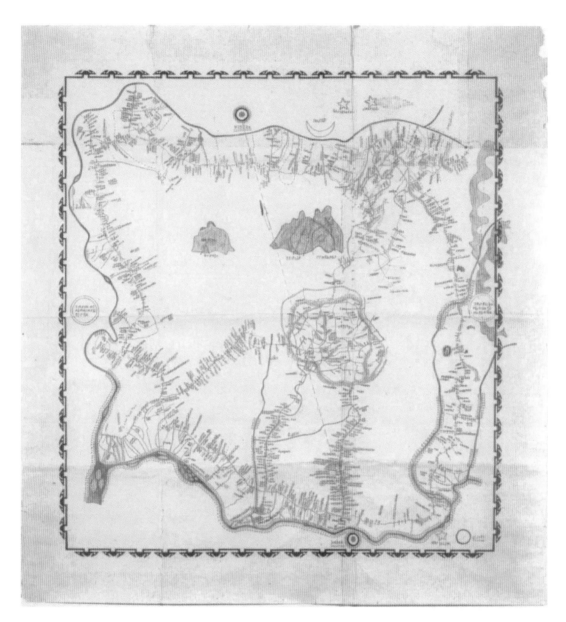

图版 3　恩乔亚国王所绘的巴穆姆勘查地图（见 43 页）

巴穆姆王国地图，由易卜拉欣·恩乔亚以墨水和蜡笔绘制。以西为上。地名以"新字母"（mfɛmfɛ）书写。1937 年成为博物馆馆藏。恩乔亚在创作这个版本时似乎以另一幅较老的地图为根据。

原始尺寸：93.0×87.5 厘米。承蒙 Museum of Ethnography, Geneva 提供照片（Gift of Jean Rusillon 1966；no. 33553）。

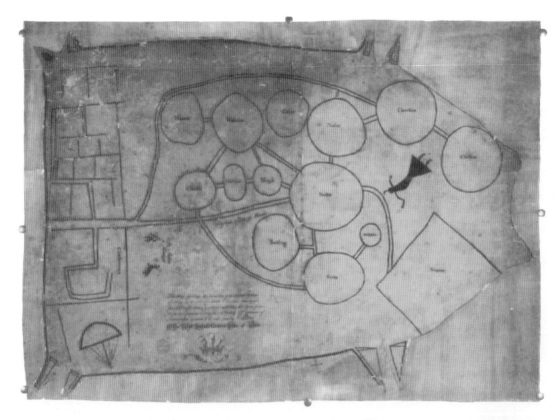

图版4　约1721年由卡托巴人在鹿皮上绘制的南卡罗来纳内地印第安人领地的地图的补绘手抄本（见101页）

地图底部的图题为："这幅地图描绘了南卡罗来纳西北的几个印第安人邦国的情况，摹绘自一位印第安酋长勾勒涂绘在一张鹿皮上的稿图，呈递给南卡罗来纳总督弗朗西斯·尼科尔森先生，并通过他敬呈威尔士亲王乔治殿下。"原图在绘制时意在向英国殖民官员展示印第安族群之间及他们与南卡罗来纳和弗吉尼亚之间有战略重要性的联系。

原始尺寸：81×112厘米。British Library, London 许可使用（Add. MS. 4723［原 Sloane MS. 4723]）。

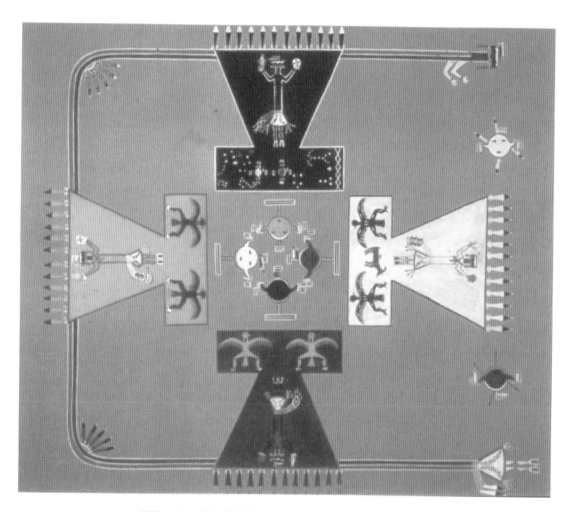

图版5 纳瓦霍人的男性射路《诸天》，1933 年以前（见110页）

本图由弗朗克·J. 纽科姆在 1937 年摹绘，呈现了四个基本的发光现象——东方的白色黎明，南方的蓝色白昼天空，西方的黄色黄昏，北方的黑色夜晚。在北方天空中所描绘的物体中，银河最为明显：一根手杖（斜格图案）代表了一位倚杖的老人，正在等待太阳升起，这样他可以念出祷词。在图中展示的还有恒星、太阳、月亮和一位圣者。作为本图由来的传统沙画用在男性射路仪典中，整个仪典可持续二、五或九个晚上。很多射路仪典的举办目的是治疗呼吸道和消化道疾病。

承蒙 Wheelwright Museum of the American Indian, Santa Fe, New Mexico 提供照片（P4 no. 11）。

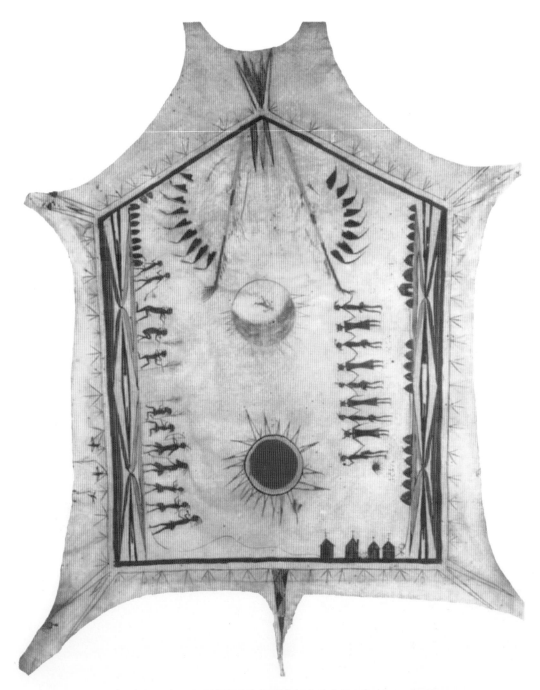

图版 6　夸波人彩绘的野牛皮，展示了夸波战士前去攻击敌人时所经行的路线，18 世纪中期（见 117 页）

总体来看，图中以一根单线呈现、经过三个印第安村庄和阿肯色贸易站的路线的形状是由图案所决定的，但这条路线在最后一段中变得弯弯曲曲，有可能是有意在表现其平面图形状。这张野牛皮可能是印第安地图人造物现存最古老的实物。

原始尺寸：189.4 × 146.5 厘米。承蒙 Musée de l'Homme, Paris 提供照片（MH 34.33.7）。

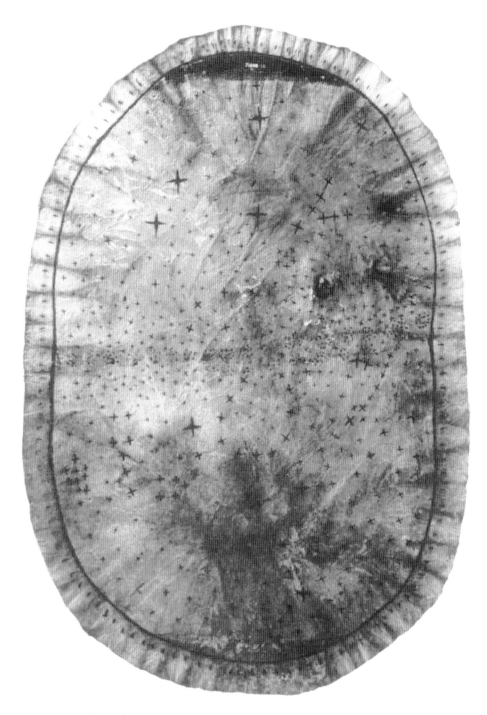

图版 7　波尼人在鞣制的羚羊皮或鹿皮上绘制的天体图（见 123—125 页）。

　　本图原件属于波尼人中的斯基里游团，于 1906 年作为一个圣包的一部分在俄克拉何马州的波尼收集而得。它可能是一种接触前传统的传承。波尼人认为银河分隔了天空，是死者灵魂经行的路径，它在图中以横过中部的小点呈现。在银河旁边是一圈 11 颗恒星，名为"酋长议事会"（Council of Chiefs）。其中北极星（"不动的星"）又主宰其他恒星，是图上所绘最大的恒星之一。图上有三种颜料的痕迹：黑、红和黄。

　　原始尺寸：66×46 厘米。Pawnee Tribe of Oklahoma 许可使用。承蒙 Field Museum, Chicago 提供照片（neg. no. 16231c）。

图版 8　由蒂亚加舒陪同的伊克马利克正在续画约翰·罗斯船长的地图（见 159 页）

英国皇家舰艇"胜利"（*Victory*）号于 1830 年 1 月 12 日停泊于布西亚湾西岸的费利克斯港。罗斯试图获取有关南边的海岸和水道的信息。他给一个叫伊克马利克的内齐利克人提供了他已经知道的地域的草图，然后伊克马利克便在图上添绘了新内容。本图表现的就是这一场景。约翰·罗斯以铅笔、墨水和水彩绘制。

原始尺寸：13.5×21.5 厘米。承蒙 Scott Polar Research Institute，Cambridge 提供照片（acc. no. 66/3/2）。

图版 9　《肖洛特尔抄本》的第 1 页，约 1542 年（见 205 页）

在《肖洛特尔抄本》的第一页上有一幅墨西哥谷地图，作为 13 世纪的传奇军事领主肖洛特尔的叙事背景。该图展示了墨西哥谷和谷外地区的地形和水文特征，并有用圣书字书写的地名。该图以东为上，上部展示了一列暗色山脉的狭带，与图的上缘大致平行（请与图 5.17 比较）。这列山脉与作为墨西哥谷东 – 东南边界的火山山系的一段有关系；坐落在山脉中的是高耸的波波卡特珀特尔峰（Popocatepetl，在纳瓦特尔语中意为"冒烟的山"）和伊斯塔奇瓦特尔峰（"白色女士"）。在这一页下半部分与山脉平行的是谷中的湖泊，抽象为鱼钩的形状，尺寸上也做了大幅度的缩减。圣书字地名标出了谷中的主要定居点。比如位于湖泊右边与之相邻的钩形山丘就命名为库尔瓦坎（Culhuacan，来自纳瓦特尔语 coloa，意为"弯曲"）。在这张破损的榕皮纸页边缘隐约可见一列足迹，它们标出了肖洛特尔的绕行道路，在这道边界之内就是他将要建立统治的地域。

原始尺寸：约 42 × 48 厘米。承蒙 Bibliothèque Nationale, Paris 提供照片（1—10, p. 1）。

图版10　《博尔吉亚抄本》中作为晨星的金星（见239页）

　　这是一部前西班牙时代的折页抄本中一系列的18页之一，展示了金星在其视周期的各个阶段中的运动。本页似乎绘出了金星作为晨星沉入地平线下、开始它重新作为昏星出现之前在下界的旅行的那一刻。这个天体事件的展示有隐喻性：本页的底部区域主要有两条带刺的带状物，上面一条是地怪的咽喉，下面一条是其身体。实际上，这个张大嘴的地怪——地平线——正等着吞下金星。与此同时，金星也人格化为位于下降的红球内部的克查尔科阿特尔神的两个形体。在金星向下快速俯冲的时候，环绕它的12位女神也在俯冲；她们前往张大口的地平线的路径用一条蓝色路径内的足迹表示。本页的其余部分绘满了其他的神灵形象以及与这一事件有关的历书日期。

　　原始尺寸：27×26.5厘米。承蒙 Biblioteca Apostolica Vaticana, Rome 提供照片（Codex Borgia, p. 39）。

图版 11 《圣克鲁斯地图》（见 244 页）

这幅征服后的鹿皮手稿地图是对墨西哥谷的少见描绘。这位本土画师对墨西哥谷的这座繁忙的省府中见到的
和特诺奇特兰帝国的这两座双子城在中央画得非常大，让观者可以辨认出中央右部的特拉特洛尔科。特拉特洛尔科
绘满了小型的类型场景：拖网捕捉鱼和鸟的舟的牧人，聚拢牛羊的牧人，孚身背着货物的搬运工。

原始尺寸：约 75×114 厘米。承蒙 Universitetsbibliotek, Uppsala 提供照片。

图版12　《佩特拉卡拉连索》（见246页）

　　在这幅绘在画布上的现代（1953年）地图式史志上，其中央的较大人像被识别为西班牙国王查理五世（1517—1556年在位），他批准了佩特拉卡拉的建立，并由面向他的三个人来执行。在这中央图画周围的矩形画框上有佩特拉卡拉的边界的地名和符号。在更外层的画框上则写下了一个漫长旅行故事的三种版本。

　　原始尺寸：78×99厘米。承蒙Marion Oettinger Jr., San Antonio, Texas提供照片。

图版 13　图卡诺人比亚绘制的宇宙繁殖力（见 307 页）

男性、女性和天体的定位编码了社会的自然秩序。中央母题是太阳，上方是由分成两半的黄色菱形组成的蛇形图案。蛇的右侧有一列圆点，代表授精；一群多种颜色的菱形代表女性。蛇的左侧有两个双重卷曲的黄色母题，是男性的象征，而在太阳下方聚集着一群男人的木凳，这些男人的仪式歌曲可以帮助宇宙保持不断再生。

引自 Gerárdo Reichel-Dolmatoff, *Beyond the Milky Way：Hallucinatory Imagery of the Tukano Indians*（Los Angeles：UCLA Latin American Center Publications, 1978），图版 I。Gerardo Reichel-Dolmatoff Foundation, Bogotá, Colombia 许可使用。

图版 14　科里亚克萨满袍（见 333—334 页）

　　这件皮袍用鞣制的驯鹿皮制作，从一位科里亚克萨满那里购得。衣服上装饰有流苏和刺绣；用漂白的兽皮制作的直径大小不等的皮盘呈现了夏季和冬季星空中的恒星和星座。用丝线绕腰缝出的假袍带被认为呈现了夏季的银河。参见图 8.8。

　　承蒙 National Museum of Natural History, Smithsonian Institution, Washington, D. C. 提供照片。Department of Library Services, American Museum of Natural History, New York 许可使用（70 – 3892）。

图版 15　西阿纳姆地海龟的"X 射线"图像，约 1884 年（见 366 页）

以赭石绘于树皮上，由 F. 加林顿上尉（Captain F. Carrington）在 1884 年于南阿利盖特河附近菲尔德岛上的一个营地获得。

原始尺寸：83×63.5 厘米。承蒙 South Australian Museum, Adelaide 提供照片（A45559）。

图版 16　《伊拉·亚平卡》和《帕伊帕拉》上的水洞及平行的沙丘，1987 年（见 367 页）

这幅绘于画布上的丙烯油画《伊拉·亚平卡》由彼得·斯基珀创作，用于售卖。参见图 9.8。

原始尺寸：181.5×120.5 厘米。承蒙 South Australian Museum, Adelaide 提供照片。Peter Skipper, c/o Duncan Kentish Fine Art, P. O. Box 629, North Adelaide, South Australia 许可使用。

图版 17　《米尔明贾尔的圣地》（见 371—373 页）

　　在马纳尔努人的地域，詹卡伍姐妹通过把掘土棒插入地面创造了米尔明贾尔井，之后那里便有一场仪典。她们在找鱼，并捕到了一只小鲇鱼，这也呈现在这幅画作中。她们让这一地域的人群降生。涨潮溯河道而上，鱼也进入河道。之后潮水退去，水和鱼也被带出到海里。这幅画以赭石在树皮上绘制，由中阿纳姆地的戴维·马兰吉创作，供售卖之用。这幅画在1982 年由南澳大利亚博物馆收购；它从拉明吉宁运抵，但几乎没有证明文档。参见图 9.14。

　　原始尺寸：107 × 79 厘米。承蒙 South Australian Museum, Adelaide 提供照片（A67850）。Anthony Wallis, Aboriginal Artists Agency, Sydney 版权所有并授权使用。

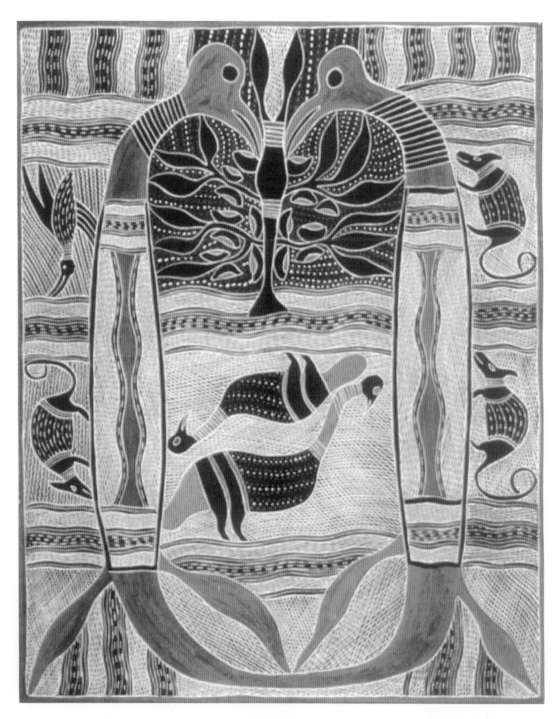

图版 18 贾拉克皮景观 (见 373 页)

彩绘，由东北阿纳姆地的巴纳帕纳·迈穆鲁以赭石为一位民族志材料收集者绘于树皮上。关于这幅画的三种解读，参见图 9.15。

承蒙 Howard Morphy 提供照片。

图版 19 《亚蒙图纳的潘卡拉努仪典》（见 379 页）

由西澳大利亚沙漠的瓦尔皮里人松德尔·南皮钦帕以合成树脂绘于木制餐盘上，用于售卖。这幅绘画描绘了仪典营地；弧形呈现了以正式的排列方式坐在一起的妇女。

原件长度：131.2 厘米。承蒙 National Gallery of Australia, Canberra 提供照片。Anthony Wallis, Aboriginal Artists Agency, Sydney 版权所有并授权使用。

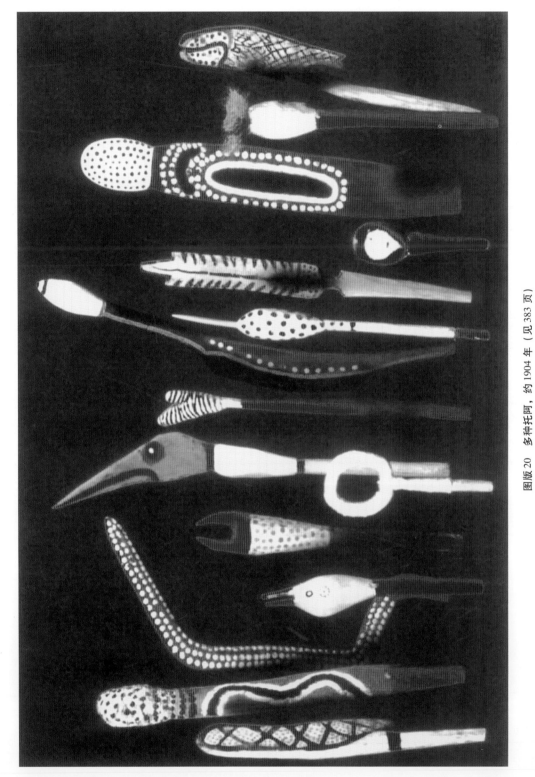

图版 20　多种托阿，约 1904 年（见 383 页）

来自南澳大利亚州基拉尔帕宁纳路德宗教会，以赭石绘于绘于木头之上，为一位民族志材料收集者制作。
原件高度：19—57 厘米。承蒙 South Australian Museum, Adelaide 提供照片。

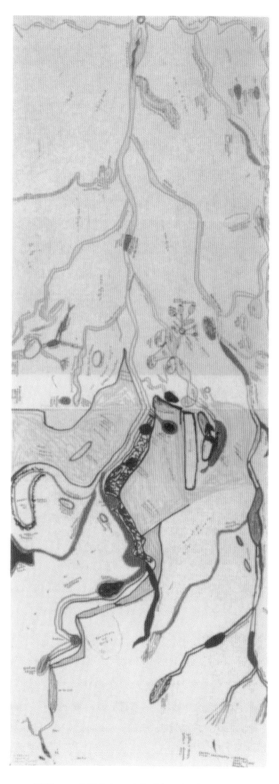

图版 21　戈罗穆鲁（古鲁穆鲁）河地区的地图

（见 402—403 页）

由东北阿纳姆地的吉姆本和马裘吉绘制，1970 年。以铅笔和记号笔在纸上绘制。
私人收藏。Anthony Wallis, Aboriginal Artists Agency, Sydney 版权所有并授权使用。

图版 22　蒙古拉威所绘望加锡港的细节图（见 412—413 页）

东北阿纳姆地的伊尔卡卡绘制，1947 年。以蜡笔绘于纸上。

J. E. Stanton 拍摄，承蒙 Berndt Museum of Anthropology, Perth 提供照片（WU6970）。Anthony Wallis, Aboriginal Artists Agency, Sydney 版权所有并接权使用。

图版 23　雅特穆尔人"玛伊"仪式上的三座山，呈现了世界的三个图腾地区（见 439—440 页）

　　这张照片展示了一个高台，"玛伊"灵魂会从台上走下，在妇女和儿童中跳舞。平台的背景用叶子和竹枝编制，呈现了三座山，也即世界的三个图腾地区；这三个地区由这些村庄里的三个主要氏族各自的最早祖先分别创造。孔布兰戈威（Kombrangowi）山是位于塞皮克河以南的世界地区。马伊维姆比特（Mayviimbiit）山是位于该河以北的地区。第三座山是沃利亚格威（Woliagwi）山，代表了海洋和遥远的岛屿。在平台前方，男人们在为"玛伊"仪式做准备；平台上站着"玛伊"舞者，穿戴有专门的面具和服装。

　　埃里克·克莱因·西尔弗曼许可使用。

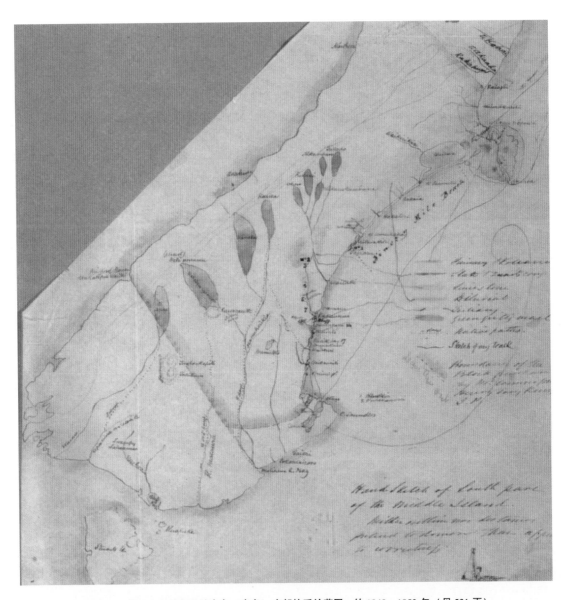

图版 24　曼特尔所绘新西兰中岛（南岛）南部的手绘草图，约 1848—1852 年（见 521 页）

　　这幅地图整合了有关五个湖泊的基本信息，这五个湖泊由特·瓦雷·科拉里先绘在沃尔特·巴尔多克·杜兰特·曼特尔的 2 号速写本上（图 14.28—14.30）。这些湖泊的名字是：特卡波湖（Tekapo，毛利语 Tekapō 或 Takapō），塔卡莫阿纳湖（Takamoana，为较小的亚历山德里纳湖的毛利语名字，其湖水经由更小的麦格雷戈湖［Lake McGregor］注入特卡波湖），瓦卡鲁库莫阿纳湖（Wakarukumoana，毛利语 Whakarukumoana，即麦格雷戈湖的毛利语名字），普卡基湖（Pukaki，毛利语 Pūkaki），奥豪湖（Ohau，毛利语 Ōhau 或 Ōhou）。这幅地图还展示了曼特尔从奥塔戈港到凯阿波伊经行的路径。

　　原始尺寸：21×20 厘米。承蒙 Alexander Turnbull Library, National Library of New Zealand, Te Puna Mātauranga o Aotearoa, Wellington 提供照片（834caq/ca. 1848/acc. no. 23，676）。

审译者简介

卜宪群 男，安徽南陵人。历史学博士，研究方向为秦汉史。现任中国社会科学院古代史研究所研究员、所长，国务院政府特殊津贴专家。中国社会科学院大学研究生院历史系主任、博士生导师。兼任国务院学位委员会历史学科评议组成员、国家社会科学基金学科评审组专家、中国史学会副会长、中国秦汉史研究会会长等。出版《秦汉官僚制度》《中国魏晋南北朝教育史》（合著）、《与领导干部谈历史》《简明中国历史读本》（主持）、《中国历史上的腐败与反腐败》（主编）、百集纪录片《中国通史》及五卷本《中国通史》总撰稿等。在《中国社会科学》《历史研究》《中国史研究》《文史哲》《求是》《人民日报》《光明日报》等报刊发表论文百余篇。

译者简介

刘夙 1982 年生。2007 年毕业于北京大学历史学系，从事历史地理学研究，获硕士学位；2012 年毕业于中国科学院植物研究所系统与进化植物学研究中心，从事植物分类学和植物学史研究，获博士学位。2012—2014 年为北京大学生命科学学院博士后，从事科技史研究。现为上海辰山植物园科普部研究员，上海市科普作家协会和上海市植物生理与植物分子生物学学会理事，从事科学传播工作以及科技哲学和科技史研究。已出版科技史著作《万年的竞争：新著世界科技文化简史》以及科普著作《基因的故事》《植物名字的故事》等二十余种。

中译本总序

经过翻译和出版团队多年的艰苦努力，《地图学史》中译本即将由中国社会科学出版社出版，这是一件值得庆贺的事情。作为这个项目的首席专家和各册的审译，在本书出版之际，我有责任和义务将这个项目的来龙去脉及其学术价值、翻译体例等问题，向读者作一简要汇报。

一　项目缘起与艰苦历程

中国社会科学院古代史研究所（原历史研究所）的历史地理研究室成立于 1960 年，是一个有着优秀传统和深厚学科基础的研究室，曾经承担过《中国历史地图集》《中国史稿地图集》《中国历史地名大辞典》等许多国家、院、所级重大课题，是中国历史地理学研究的重镇之一。但由于各种原因，这个研究室一度出现人才青黄不接、学科萎缩的局面。为改变这种局面，2005 年之后，所里陆续引进了一些优秀的年轻学者充实这个研究室，成一农、孙靖国就是其中的两位优秀代表。但是，多年的经验告诉我，人才培养和学科建设要有具体抓手，就是要有能够推动研究室走向学科前沿的具体项目，围绕这些问题，我和他们经常讨论。大约在 2013 年，成一农（后调往云南大学历史与档案学院）和孙靖国向我推荐了《地图学史》这部丛书，多次向我介绍这部丛书极高的学术价值，强烈主张由我出面主持这一翻译工作，将这部优秀著作引入国内学术界。虽然我并不从事古地图研究，但我对古地图也一直有着浓厚的兴趣，另外当时成一农和孙靖国都还比较年轻，主持这样一个大的项目可能还缺乏经验，也难以获得翻译工作所需要的各方面支持，因此我也就同意了。

从事这样一套大部头丛书的翻译工作，获得对方出版机构的授权是重要的，但更为重要的是要在国内找到愿意支持这一工作的出版社。《地图学史》虽有极高的学术价值，但肯定不是畅销书，也不是教材，赢利的可能几乎没有。丛书收录有数千幅彩色地图，必然极大增加印制成本。再加上地图出版的审批程序复杂，凡此种种，都给这套丛书的出版增添了很多困难。我们先后找到了商务印书馆和中国地图出版社，他们都对这项工作给予积极肯定与支持，想方设法寻找资金，但结果都不理想。2014 年，就在几乎要放弃这个计划的时候，机缘巧合，我们遇到了中国社会科学出版社副总编辑郭沂纹女士。郭沂纹女士在认真听取了我们对这套丛书的价值和意义的介绍之后，当即表示支持，并很快向赵剑英社长做了汇报。赵剑英社长很快向我们正式表示，出版如此具有学术价值的著作，不需要考虑成本和经济效益，中国社会科学出版社将全力给予支持。不仅出版的问题迎刃而解了，而且在赵剑英社长和郭沂纹副总编辑的积极努力下，也很快从芝加哥大学出版社获得了翻译的版权许可。

　　版权和出版问题的解决只是万里长征的第一步，接下来就是翻译团队的组织。大家知道，在目前的科研评价体制下，要找到高水平并愿意从事这项工作的学者是十分困难的。再加上为了保持文风和体例上的统一，我们希望每册尽量只由一名译者负责，这更加大了选择译者的难度。经过反复讨论和相互协商，我们确定了候选名单，出乎意料的是，这些译者在听到丛书选题介绍后，都义无反顾地接受了我们的邀请，其中部分译者并不从事地图学史研究，甚至也不是历史研究者，但他们都以极大的热情、时间和精力投入这项艰苦的工作中来。虽然有个别人因为各种原因没有坚持到底，但这个团队自始至终保持了相当好的完整性，在今天的集体项目中是难能可贵的。他们分别是：成一农、孙靖国、包甦、黄义军、刘夙。他们个人的经历与学业成就在相关分卷中都有介绍，在此我就不一一列举了。但我想说的是，他们都是非常优秀敬业的中青年学者，为这部丛书的翻译呕心沥血、百折不挠。特别是成一农同志，无论是在所里担任研究室主任期间，还是调至云南大学后，都把这项工作视为首要任务，除担当繁重的翻译任务外，更花费了大量时间承担项目的组织协调工作，为丛书的顺利完成做出了不可磨灭的贡献。包甦同志为了全心全意完成这一任务，竟然辞掉了原本收入颇丰的工作，而项目的这一点点经费，是远远不够维持她生活的。黄义军同志为完成这项工作，多年没有时间写核心期刊论文，忍受着学校考核所带来的痛苦。孙靖国、刘夙同志同样克服了年轻人上有老下有小，单位工作任务重的巨大压力，不仅完成了自己承担的部分，还勇于超额承担任务。每每想起这些，我都为他们的奉献精神而由衷感动！为我们这个团队感到由衷的骄傲！没有这种精神，《地图学史》是难以按时按期按质出版的。

　　翻译团队组成后，我们很快与中国社会科学出版社签订了出版合同，翻译工作开始走向正轨。随后，又由我组织牵头，于 2014 年申报国家社科基金重大招标项目，在学界同仁的关心和帮助下获得成功。在国家社科基金和中国社会科学出版社的双重支持下，我们团队有了相对稳定的资金保障，翻译工作顺利开展。2019 年，翻译工作基本结束。为了保证翻译质量，在云南大学党委书记林文勋教授的鼎力支持下，2019 年 8 月，由中国社会科学院古代史研究所和云南大学主办，云南大学历史地理研究所承办的"地图学史前沿论坛暨'《地图学史》翻译工程'国际学术研讨会"在昆明召开。除翻译团队外，会议专门邀请了参加这套丛书撰写的各国学者，以及国内在地图学史研究领域卓有成就的专家。会议除讨论地图学史领域的相关学术问题之外，还安排专门场次讨论我们团队在翻译过程中所遇到的问题。作者与译者同场讨论，这大概在翻译史上也是一段佳话，会议解答了我们翻译过程中的许多困惑，大大提高了翻译质量。

　　2019 年 12 月 14 日，国家社科基金重大项目"《地图学史》翻译工程"结项会在北京召开。中国社会科学院科研局金朝霞处长主持会议，清华大学刘北成教授、中国人民大学华林甫教授、上海师范大学钟翀教授、北京市社会科学院孙冬虎研究员、中国国家图书馆白鸿叶研究馆员、中国社会科学院中国历史研究院郭子林研究员、上海师范大学黄艳红研究员组成了评审委员会，刘北成教授担任组长。项目顺利结项，评审专家对项目给予很高评价，同时也提出了许多宝贵意见。随后，针对专家们提出的意见，翻译团队对译稿进一步修改润色，最终于 2020 年 12 月向中国社会科学出版社提交了定稿。在赵剑英社长及王茵副总编辑的亲自关心下，在中国社会科学出版社历史与考古出版中心宋燕鹏副主任的具体安排下，在耿晓明、刘芳、吴丽平、刘志兵、安芳、张湉编辑的努力下，在短短一年的时间里，完成了这部浩大丛书的编辑、排版、审查、审校等工作，最终于 2021 年年底至 2022 年陆续出版。

我们深知，《地图学史》的翻译与出版，除了我们团队的努力外，如果没有来自各方面的关心支持，顺利完成翻译与出版工作也是难以想象的。这里我要代表项目组，向给予我们帮助的各位表达由衷的谢意！

我们要感谢赵剑英社长，在他的直接关心下，这套丛书被列为社重点图书，调动了社内各方面的力量全力配合，使出版能够顺利完成。我们要感谢历史与考古出版中心的编辑团队与翻译团队密切耐心合作，付出了辛勤劳动，使这套丛书以如此之快的速度，如此之高的出版质量放在我们眼前。

我们要感谢那些在百忙之中帮助我们审定译稿的专家，他们是上海复旦大学的丁雁南副教授、北京大学的张雄副教授、北京师范大学的刘林海教授、莱顿大学的徐冠勉博士候选人、上海师范大学的黄艳红教授、中国社会科学院世界历史研究所的张炜副研究员、中国社会科学院世界历史研究所的邢媛媛副研究员、暨南大学的马建春教授、中国社会科学院亚太与全球战略研究院的刘建研究员、中国科学院大学人文学院的孙小淳教授、复旦大学的王妙发教授、广西师范大学的秦爱玲老师、中央民族大学的严赛老师、参与《地图学史》写作的余定国教授、中国科学院大学的汪前进教授、中国社会科学院考古研究所已故的丁晓雷博士、北京理工大学讲师朱然博士、越南河内大学阮玉千金女士、马来西亚拉曼大学助理教授陈爱梅博士等。译校，并不比翻译工作轻松，除了要核对原文之外，还要帮助我们调整字句，这一工作枯燥和辛劳，他们的无私付出，保证了这套译著的质量。

我们要感谢那些从项目开始，一直从各方面给予我们鼓励和支持的许多著名专家学者，他们是李孝聪教授、唐晓峰教授、汪前进研究员、郭小凌教授、刘北成教授、晏绍祥教授、王献华教授等。他们的鼓励和支持，不仅给予我们许多学术上的关心和帮助，也经常将我们从苦闷和绝望中挽救出来。

我们要感谢云南大学党委书记林文勋以及相关职能部门的支持，项目后期的众多活动和会议都是在他们的支持下开展的。每当遇到困难，我向文勋书记请求支援时，他总是那么爽快地答应了我，令我十分感动。云南大学历史与档案学院的办公室主任顾玥女士甘于奉献，默默为本项目付出了许多辛勤劳动，解决了我们后勤方面的许多后顾之忧，我向她表示深深的谢意！

最后，我们还要感谢各位译者家属的默默付出，没有他们的理解与支持，我们这个团队也无法能够顺利完成这项工作。

二　《地图学史》的基本情况与学术价值

阅读这套书的肯定有不少非专业出身的读者，他们对《地图学史》的了解肯定不会像专业研究者那么多，这里我们有必要向大家对这套书的基本情况和学术价值作一些简要介绍。

这套由约翰·布莱恩·哈利（John Brian Harley，1932—1991）和戴维·伍德沃德（David Woodward，1942—2004）主编，芝加哥大学出版社出版的《地图学史》（*The History of Cartography*）丛书，是已经持续了近 40 年的"地图学史项目"的主要成果。

按照"地图学史项目"网站的介绍①，戴维·伍德沃德和约翰·布莱恩·哈利早在 1977 年就构思了《地图学史》这一宏大项目。1981 年，戴维·伍德沃德在威斯康星—麦迪逊大学确立了"地图学史项目"。这一项目最初的目标是鼓励地图的鉴赏家、地图学史的研究者以及致力于鉴定和描述早期地图的专家去考虑人们如何以及为什么制作和使用地图，从多元的和多学科的视角来看待和研究地图，由此希望地图和地图绘制的历史能得到国际学术界的关注。这一项目的最终成果就是多卷本的《地图学史》丛书，这套丛书希望能达成如下目的：1. 成为地图学史研究领域的标志性著作，而这一领域不仅仅局限于地图以及地图学史本身，而是一个由艺术、科学和人文等众多学科的学者参与，且研究范畴不断扩展的、学科日益交叉的研究领域；2. 为研究者以及普通读者欣赏和分析各个时期和文化的地图提供一些解释性的框架；3. 由于地图可以被认为是某种类型的文献记录，因此这套丛书是研究那些从史前时期至现代制作和消费地图的民族、文化和社会时的综合性的以及可靠的参考著作；4. 这套丛书希望成为那些对地理、艺术史或者科技史等主题感兴趣的人以及学者、教师、学生、图书管理员和普通大众的首要的参考著作。为了达成上述目的，丛书的各卷整合了现存的学术成果与最新的研究，考察了所有地图的类目，且对"地图"给予了一个宽泛的具有包容性的界定。从目前出版的各卷册来看，这套丛书基本达成了上述目标，被评价为"一代学人最为彻底的学术成就之一"。

最初，这套丛书设计为 4 卷，但在项目启动后，随着学术界日益将地图作为一种档案对待，由此产生了众多新的视角，因此丛书扩充为内容更为丰富的 6 卷。其中前三卷按照区域和国别编排，某些卷册也涉及一些专题；后三卷则为大型的、多层次的、解释性的百科全书。

截至 2018 年年底，丛书已经出版了 5 卷 8 册，即出版于 1987 年的第一卷《史前、古代、中世纪欧洲和地中海的地图学史》（*Cartography in Prehistoric, Ancient, and Medieval Europe and the Mediterranean*）、出版于 1992 年的第二卷第一分册《伊斯兰与南亚传统社会的地图学史》（*Cartography in the Traditional Islamic and South Asian Societies*）、出版于 1994 年的第二卷第二分册《东亚与东南亚传统社会的地图学史》（*Cartography in the Traditional East and Southeast Asian Societies*）、出版于 1998 年的第二卷第三分册《非洲、美洲、北极圈、澳大利亚与太平洋传统社会的地图学史》（*Cartography in the Traditional African, American, Arctic, Australian, and Pacific Societies*）②、2007 年出版的第三卷《欧洲文艺复兴时期的地图学史》（第一、第二分册，*Cartography in the European Renaissance*）③，2015 年出版的第六卷《20 世纪的地图学史》（*Cartography in the Twentieth Century*）④，以及 2019 年出版的第四卷《科学、启蒙和扩张时代的地图学史》（*Cartography in the European Enlightenment*）⑤。第五卷

---

① https://geography.wisc.edu/histcart/.
② 约翰·布莱恩·哈利去世后主编改为戴维·伍德沃德和 G. Malcolm Lewis。
③ 主编为戴维·伍德沃德。
④ 主编为 Mark Monmonier。
⑤ 主编为 Matthew Edney 和 Mary Pedley。

《19 世纪的地图学史》（*Cartography in the Nineteenth Century*）① 正在撰写中。已经出版的各卷册可以从该项目的网站上下载②。

从已经出版的 5 卷来看，这套丛书确实规模宏大，包含的内容极为丰富，如我们翻译的前三卷共有近三千幅插图、5060 页、16023 个脚注，总共一千万字；再如第六卷，共有 529 个按照字母顺序编排的条目，有 1906 页、85 万字、5115 条参考文献、1153 幅插图，且有一个全面的索引。

需要说明的是，在 1991 年哈利以及 2004 年戴维去世之后，马修·爱德尼（Matthew Edney）担任项目主任。

在"地图学史项目"网站上，各卷主编对各卷的撰写目的进行了简要介绍，下面以此为基础，并结合各卷的章节对《地图学史》各卷的主要内容进行简要介绍。

第一卷《史前、古代、中世纪欧洲和地中海的地图学史》，全书分为如下几个部分：哈利撰写的作为全丛书综论性质的第一章"地图和地图学史的发展"（The Map and the Development of the History of Cartography）；第一部分，史前欧洲和地中海的地图学，共 3 章；第二部分，古代欧洲和地中海的地图学，共 12 章；第三部分，中世纪欧洲和地中海的地图学，共 4 章；最后的第 21 章作为结论讨论了欧洲地图发展中的断裂、认知的转型以及社会背景。本卷关注的主题包括：强调欧洲史前民族的空间认知能力，以及通过岩画等媒介传播地图学概念的能力；强调古埃及和近东地区制图学中的测量、大地测量以及建筑平面图；在希腊—罗马世界中出现的理论和实践的制图学知识；以及多样化的绘图传统在中世纪时期的并存。在内容方面，通过对宇宙志地图和天体地图的研究，强调"地图"定义的包容性，并为该丛书的后续研究奠定了一个广阔的范围。

第二卷，聚焦于传统上被西方学者所忽视的众多区域中的非西方文化的地图。由于涉及的是大量长期被忽视的领域，因此这一卷进行了大量原创性的研究，其目的除了填补空白之外，更希望能将这些非西方的地图学史纳入地图学史研究的主流之中。第二卷按照区域分为三册。

第一分册《伊斯兰与南亚传统社会的地图学史》，对伊斯兰世界和南亚的地图、地图绘制和地图学家进行了综合性的分析，分为如下几个部分：第一部分，伊斯兰地图学，其中第 1 章作为导论介绍了伊斯兰世界地图学的发展沿革，然后用了 8 章的篇幅介绍了天体地图和宇宙志图示、早期的地理制图，3 章的篇幅介绍了前现代时期奥斯曼的地理制图，航海制图学则有 2 章的篇幅；第二部分则是南亚地区的地图学，共 5 章，内容涉及对南亚地图学的总体性介绍，宇宙志地图、地理地图和航海图；第三部分，即作为总结的第 20 章，谈及了比较地图学、地图学和社会以及对未来研究的展望。

第二分册《东亚与东南亚传统社会的地图学史》，聚焦于东亚和东南亚地区的地图绘制传统，主要包括中国、朝鲜半岛、日本、越南、缅甸、泰国、老挝、马来西亚、印度尼西亚，并且对这些地区的地图学史通过对考古、文献和图像史料的新的研究和解读提供了一些新的认识。全书分为以下部分：前两章是总论性的介绍，即"亚洲的史前地图学"和"东

---

① 主编为 Roger J. P. Kain。

② https://geography.wisc.edu/histcart/#resources。

亚地图学导论";第二部分为中国的地图学,包括7章;第三部分为朝鲜半岛、日本和越南的地图学,共3章;第四部分为东亚的天文图,共2章;第五部分为东南亚的地图学,共5章。此外,作为结论的最后一章,对亚洲和欧洲的地图学进行的对比,讨论了地图与文本、对物质和形而上的世界的呈现的地图、地图的类型学以及迈向新的制图历史主义等问题。本卷的编辑者认为,虽然东亚地区没有形成一个同质的文化区,但东亚依然应当被认为是建立在政治(官僚世袭君主制)、语言(精英对古典汉语的使用)和哲学(新儒学)共同基础上的文化区域,且中国、朝鲜半岛、日本和越南之间的相互联系在地图中表达得非常明显。与传统的从"科学"层面看待地图不同,本卷强调东亚地区地图绘制的美学原则,将地图制作与绘画、诗歌、科学和技术,以及与地图存在密切联系的强大文本传统联系起来,主要从政治、测量、艺术、宇宙志和西方影响等角度来考察东亚地图学。

第三分册《非洲、美洲、北极圈、澳大利亚与太平洋传统社会的地图学史》,讨论了非洲、美洲、北极地区、澳大利亚和太平洋岛屿的传统地图绘制的实践。全书分为以下部分:第一部分,即第1章为导言;第二部分为非洲的传统制图学,2章;第三部分为美洲的传统制图学,4章;第四部分为北极地区和欧亚大陆北极地区的传统制图学,1章;第五部分为澳大利亚的传统制图学,2章;第六部分为太平洋海盆的传统制图学,4章;最后一章,即第15章是总结性的评论,讨论了世俗和神圣、景观与活动以及今后的发展方向等问题。由于涉及的地域广大,同时文化存在极大的差异性,因此这一册很好地阐释了丛书第一卷提出的关于"地图"涵盖广泛的定义。尽管地理环境和文化实践有着惊人差异,但本书清楚表明了这些传统社会的制图实践之间存在强烈的相似之处,且所有文化中的地图在表现和编纂各种文化的空间知识方面都起着至关重要的作用。正是如此,书中讨论的地图为人类学、考古学、艺术史、历史、地理、心理学和社会学等领域的研究提供了丰富的材料。

第三卷《欧洲文艺复兴时期的地图学史》,分为第一、第二两分册,本卷涉及的时间为1450年至1650年,这一时期在欧洲地图绘制史中长期以来被认为是一个极为重要的时期。全书分为以下几个部分:第一部分,戴维撰写的前言;第二部分,即第1和第2章,对文艺复兴的概念,以及地图自身与中世纪的延续性和断裂进行了细致剖析,还介绍了地图在中世纪晚期社会中的作用;第三部分的标题为"文艺复兴时期的地图学史:解释性论文",包括了对地图与文艺复兴的文化、宇宙志和天体地图绘制、航海图的绘制、用于地图绘制的视觉、数学和文本模型、文学与地图、技术的生产与消费、地图以及他们在文艺复兴时期国家治理中的作用等主题的讨论,共28章;第三部分,"文艺复兴时期地图绘制的国家背景",介绍了意大利诸国、葡萄牙、西班牙、德意志诸地、低地国家、法国、不列颠群岛、斯堪的纳维亚、东—中欧和俄罗斯等的地图学史,共32章。这一时期科学的进步、经典绘图技术的使用、新兴贸易路线的出现,以及政治、社会的巨大的变化,推动了地图制作和使用的爆炸式增长,因此与其他各卷不同,本卷花费了大量篇幅将地图放置在各种背景和联系下进行讨论,由此也产生了一些具有创新性的解释性的专题论文。

第四卷至第六卷虽然是百科全书式的,但并不意味着这三卷是冰冷的、毫无价值取向的字母列表,这三卷依然有着各自强调的重点。

第四卷《科学、启蒙和扩张时代的地图学史》,涉及的时间大约从1650年至1800年,通过强调18世纪作为一个地图的制造者和使用者在真理、精确和权威问题上挣扎的时期,本卷突破了对 18 世纪的传统理解，即制图变得"科学"，并探索了这一时期所有地区的广泛的绘图实践，它们的连续性和变化，以及对社会的影响。

尚未出版的第五卷《19 世纪的地图学史》，提出 19 世纪是制图学的时代，这一世纪中，地图制作如此迅速的制度化、专业化和专业化，以至于 19 世纪 20 年代创造了一种新词——"制图学"。从 19 世纪 50 年代开始，这种形式化的制图的机制和实践变得越来越国际化，跨越欧洲和大西洋，并开始影响到了传统的亚洲社会。不仅如此，欧洲各国政府和行政部门的重组，工业化国家投入大量资源建立永久性的制图组织，以便在国内和海外帝国中维持日益激烈的领土控制。由于经济增长，民族热情的蓬勃发展，旅游业的增加，规定课程的大众教育，廉价印刷技术的引入以及新的城市和城市间基础设施的大规模创建，都导致了广泛存在的制图认知能力、地图的使用的增长，以及企业地图制作者的增加。而且，19 世纪的工业化也影响到了地图的美学设计，如新的印刷技术和彩色印刷的最终使用，以及使用新铸造厂开发的大量字体。

第六卷《20 世纪的地图学史》，编辑者认为 20 世纪是地图学史的转折期，地图在这一时期从纸本转向数字化，由此产生了之前无法想象的动态的和交互的地图。同时，地理信息系统从根本上改变了制图学的机制，降低了制作地图所需的技能。卫星定位和移动通信彻底改变了寻路的方式。作为一种重要的工具，地图绘制被用于应对全球各地和社会各阶层，以组织知识和影响公众舆论。这一卷全面介绍了这些变化，同时彻底展示了地图对科学、技术和社会的深远影响——以及相反的情况。

《地图学史》的学术价值具体体现在以下四个方面。

一是，参与撰写的多是世界各国地图学史以及相关领域的优秀学者，两位主编都是在世界地图学史领域具有广泛影响力的学者。就两位主编而言，约翰·布莱恩·哈利在地理学和社会学中都有着广泛影响力，是伯明翰大学、利物浦大学、埃克塞特大学和威斯康星—密尔沃基大学的地理学家、地图学家和地图史学者，出版了大量与地图学和地图学史有关的著作，如《地方历史学家的地图：英国资料指南》（*Maps for the Local Historian：A Guide to the British Sources*）等大约 150 种论文和论著，涵盖了英国和美洲地图绘制的许多方面。而且除了具体研究之外，还撰写了一系列涉及地图学史研究的开创性的方法论和认识论方面的论文。戴维·伍德沃德，于 1970 年获得地理学博士学位之后，在芝加哥纽贝里图书馆担任地图学专家和地图策展人。1974 年至 1980 年，还担任图书馆赫尔蒙·邓拉普·史密斯历史中心主任。1980 年，伍德沃德回到威斯康星大学麦迪逊分校任教职，于 1995 年被任命为亚瑟·罗宾逊地理学教授。与哈利主要关注于地图学以及地图学史不同，伍德沃德关注的领域更为广泛，出版有大量著作，如《地图印刷的五个世纪》（*Five Centuries of Map Printing*）、《艺术和地图学：六篇历史学论文》（*Art and Cartography：Six Historical Essays*）、《意大利地图上的水印的目录，约 1540 年至 1600 年》（*Catalogue of Watermarks in Italian Maps，ca. 1540 – 1600*）以及《全世界地图学史中的方法和挑战》（*Approaches and Challenges in a Worldwide History of Cartography*）。其去世后，地图学史领域的顶级期刊 *Imago Mundi* 上刊载了他的生平和作品目录[1]。

---

① "David Alfred Woodward（1942 – 2004）"，*Imago Mundi：The International Journal for the History of Cartography* 57.1（2005）：75 – 83.

除了地图学者之外，如前文所述，由于这套丛书希望将地图作为一种工具，从而研究其对文化、社会和知识等众多领域的影响，而这方面的研究超出了传统地图学史的研究范畴，因此丛书的撰写邀请了众多相关领域的优秀研究者。如在第三卷的"序言"中戴维·伍德沃德提到："我们因而在本书前半部分的三大部分中计划了一系列涉及跨国主题的论文：地图和文艺复兴的文化（其中包括宇宙志和天体测绘；航海图的绘制；地图绘制的视觉、数学和文本模式；以及文献和地图）；技术的产生和应用；以及地图和它们在文艺复兴时期国家管理中的使用。这些大的部分，由28篇论文构成，描述了地图通过成为一种工具和视觉符号而获得的文化、社会和知识影响力。其中大部分论文是由那些通常不被认为是研究关注地图本身的地图学史的研究者撰写的，但他们的兴趣和工作与地图的史学研究存在密切的交叉。他们包括顶尖的艺术史学家、科技史学家、社会和政治史学家。他们的目的是描述地图成为构造和理解世界核心方法的诸多层面，以及描述地图如何为清晰地表达对国家的一种文化和政治理解提供了方法。"

二是，覆盖范围广阔。在地理空间上，除了西方传统的古典世界地图学史外，该丛书涉及古代和中世纪时期世界上几乎所有地区的地图学史。除了我们还算熟知的欧洲地图学史（第一卷和第三卷）和中国的地图学史（包括在第二卷第二分册中）之外，在第二卷的第一分册和第二册中还详细介绍和研究了我们以往了解相对较少的伊斯兰世界、南亚、东南亚地区的地图及其发展史，而在第二卷第三分册中则介绍了我们以往几乎一无所知的非洲古代文明，美洲玛雅人、阿兹特克人、印加人，北极的爱斯基摩人以及澳大利亚、太平洋地图各个原始文明等的地理观念和绘图实践。因此，虽然书名中没有用"世界"一词，但这套丛书是名副其实的"世界地图学史"。

除了是"世界地图学史"之外，如前文所述，这套丛书除了古代地图及其地图学史之外，还非常关注地图与古人的世界观、地图与社会文化、艺术、宗教、历史进程、文本文献等众多因素之间的联系和互动。因此，丛书中充斥着对于各个相关研究领域最新理论、方法和成果的介绍，如在第三卷第一章"地图学和文艺复兴：延续和变革"中，戴维·伍德沃德中就花费了一定篇幅分析了近几十年来各学术领域对"文艺复兴"的讨论和批判，介绍了一些最新的研究成果，并认为至少在地图学中，"文艺复兴"并不是一种"断裂"和"突变"，而是一个"延续"与"变化"并存的时期，以往的研究过多地强调了"变化"，而忽略了大量存在的"延续"。同时在第三卷中还设有以"文学和地图"为标题的包含有七章的一个部分，从多个方面讨论了文艺复兴时期地图与文学之间的关系。因此，就学科和知识层面而言，其已经超越了地图和地图学史本身的研究，在研究领域上有着相当高的涵盖面。

三是，丛书中收录了大量古地图。随着学术资料的数字化，目前国际上的一些图书馆和收藏机构逐渐将其收藏的古地图数字化且在网站上公布，但目前进行这些工作的图书馆数量依然有限，且一些珍贵的，甚至孤本的古地图收藏在私人手中，因此时至今日，对于一些古地图的研究者而言，找到相应的地图依然是困难重重。对于不太熟悉世界地图学史以及藏图机构的国内研究者而言更是如此。且在国际上地图的出版通常都需要藏图机构的授权，手续复杂，这更加大了研究者搜集、阅览地图的困难。《地图学史》丛书一方面附带有大量地图的图影，仅前三卷中就有多达近三千幅插图，其中绝大部分是古地图，且附带有收藏地点，其中大部分是国内研究者不太熟悉的；另一方面，其中一些针对某类地图或者某一时期地图的研究通常都附带有作者搜集到的相关全部地图的基本信息以及收藏地，如第一卷第十五章"拜占庭帝国的地图学"的附录中，列出了收藏在各图书馆中的托勒密《地理学指南》的近50种希腊语稿本以及它们的年代、开本和页数，这对于《地理学指南》及其地图的研究而言，是非常重要的基础资料。由此使得学界对于各类古代地图的留存情况以及收藏地有着更为全面的了解。

四是，虽然这套丛书已经出版的三卷主要采用的是专题论文的形式，但不仅涵盖了地图学史几乎所有重要的方面，而且对问题的探讨极为深入。丛书作者多关注于地图学史的前沿问题，很多论文在注释中详细评述了某些前沿问题的最新研究成果和不同观点，以至于某些论文注释的篇幅甚至要多于正文；而且书后附有众多的参考书目。如第二卷第三分册原文541页，而参考文献有35页，这一部分是关于非洲、南美、北极、澳大利亚与太平洋地区地图学的，而这一领域无论是在世界范围内还是在国内都属于研究的"冷门"，因此这些参考文献的价值就显得无与伦比。又如第三卷第一、第二两分册正文共1904页，而参考文献有152页。因此这套丛书不仅代表了目前世界地图学史的最新研究成果，而且也成为今后这一领域研究必不可少的出发点和参考书。

总体而言，《地图学史》一书是世界地图学史研究领域迄今为止最为全面、详尽的著作，其学术价值不容置疑。

虽然《地图学史》丛书具有极高的学术价值，但目前仅有第二卷第二分册中余定国（Cordell D. K. Yee）撰写的关于中国的部分内容被中国台湾学者姜道章节译为《中国地图学史》一书（只占到该册篇幅的1/4）①，其他章节均没有中文翻译，且国内至今也未曾发表过对这套丛书的介绍或者评价，因此中国学术界对这套丛书的了解应当非常有限。

我主持的"《地图学史》翻译工程"于2014年获得国家社科基金重大招标项目立项，主要进行该丛书前三卷的翻译工作。我认为，这套丛书的翻译将会对中国古代地图学史、科技史以及历史学等学科的发展起到如下推动作用。

首先，直至今日，我国的地图学史的研究基本上只关注中国古代地图，对于世界其他地区的地图学史关注极少，至今未曾出版过系统的著作，相关的研究论文也是凤毛麟角，仅见的一些研究大都集中于那些体现了中西交流的西方地图，因此我国世界地图学史的研究基本上是一个空白领域。因此《地图学史》的翻译必将在国内促进相关学科的迅速发展。这套丛书本身在未来很长时间内都将会是国内地图学史研究方面不可或缺的参考资料，也会成为大学相关学科的教科书或重要教学参考书，因而具有很高的应用价值。

其次，目前对于中国古代地图的研究大都局限于讨论地图的绘制技术，对地图的文化内涵关注的不多，这些研究视角与《地图学史》所体现的现代世界地图学领域的研究理论、方法和视角相比存在一定的差距。另外，由于缺乏对世界地图学史的掌握，因此以往的研究无法将中国古代地图放置在世界地图学史背景下进行分析，这使得当前国内对于中国古代地图学史的研究游离于世界学术研究之外，在国际学术领域缺乏发言权。因此《地图学史》的翻译出版必然会对我国地图学史的研究理论和方法产生极大的冲击，将会迅速提高国内地

① ［美］余定国：《中国地图学史》，姜道章译，北京大学出版社2006年版。

图学史研究的水平。这套丛书第二卷中关于中国地图学史的部分翻译出版后立刻对国内相关领域的研究产生了极大的冲击，即是明证①。

最后，目前国内地图学史的研究多注重地图绘制技术、绘制者以及地图谱系的讨论，但就《地图学史》丛书来看，上述这些内容只是地图学史研究的最为基础的部分，更多的则关注于以地图为史料，从事历史学、文学、社会学、思想史、宗教等领域的研究，而这方面是国内地图学史研究所缺乏的。当然，国内地图学史的研究也开始强调将地图作为材料运用于其他领域的研究，但目前还基本局限于就图面内容的分析，尚未进入图面背后，因此这套丛书的翻译，将会在今后推动这方面研究的展开，拓展地图学史的研究领域。不仅如此，由于这套丛书涉及面广阔，其中一些领域是国内学术界的空白，或者了解甚少，如非洲、拉丁美洲古代的地理知识，欧洲和中国之外其他区域的天文学知识等，因此这套丛书翻译出版后也会成为我国相关研究领域的参考书，并促进这些研究领域的发展。

三　《地图学史》的翻译体例

作为一套篇幅巨大的丛书译著，为了尽量对全书体例进行统一以及翻译的规范，翻译小组在翻译之初就对体例进行了规范，此后随着翻译工作的展开，也对翻译体例进行了一些相应调整。为了便于读者使用这套丛书，下面对这套译著的体例进行介绍。

第一，为了阅读的顺利以及习惯，对正文中所有的词汇和术语，包括人名、地名、书名、地图名以及各种语言的词汇都进行了翻译，且在各册第一次出现的时候括注了原文。

第二，为了翻译的规范，丛书中的人名和地名的翻译使用的分别是新华通讯社译名室编的《世界人名翻译大辞典》（中国对外翻译出版公司1993年版）和周定国编的《世界地名翻译大辞典》（中国对外翻译出版公司2008年版）。此外，还使用了可检索的新华社多媒体数据（http：//info.xinhuanews.com/cn/welcome.jsp），而这一数据库中也收录了《世界人名翻译大辞典》和《世界地名翻译大辞典》；翻译时还参考了《剑桥古代史》《新编剑桥中世纪史》等一些已经出版的专业翻译著作。同时，对于一些有着约定俗成的人名和地名则尽量使用这些约定俗成的译法。

第三，对于除了人名和地名之外的，如地理学、测绘学、天文学等学科的专业术语，翻译时主要参考了全国科学技术名词审定委员会发布的"术语在线"（http：//termonline.cn｜index.htm）。

第四，本丛书由于涉及面非常广泛，因此存在大量未收录在上述工具书和专业著作中的名词和术语，对于这些名词术语的翻译，通常由翻译小组商量决定，并参考了一些专业人士提出的意见。

第五，按照翻译小组的理解，丛书中的注释、附录，图说中对于地图来源、藏图机构的说明，以及参考文献等的作用，是为了便于阅读者查找原文、地图以及其他参考资料，将这些内容翻译为中文反而会影响阅读者的使用，因此本套译著对于注释、附录以及图说中出现

---

① 对其书评参见成一农《评余定国的〈中国地图学史〉》，《"非科学"的中国传统舆图——中国传统舆图绘制研究》，中国社会科学出版社2016年版，第335页。

的人名、地名、书名、地图名以及各种语言的词汇，还有藏图机构，在不影响阅读和理解的情况下，没有进行翻译；但这些部分中的叙述性和解释性的文字则进行了翻译。所谓不影响阅读和理解，以注释中出现的地图名为例，如果仅仅是作为一种说明而列出的，那么不进行翻译；如果地图名中蕴含了用于证明前后文某种观点的含义的，则会进行翻译。当然，对此学界没有确定的标准，各卷译者对于所谓"不影响阅读和理解"的认知也必然存在些许差异，因此本丛书各册之间在这方面可能存在一些差异。

第六，丛书中存在大量英语之外的其他语言（尤其是东亚地区的语言），尤其是人名、地名、书名和地图名，如果这些名词在原文中被音译、意译为英文，同时又包括了这些语言的原始写法的，那么只翻译英文，而保留其他语言的原始写法；但原文中如果只有英文，而没有其他语言的原始写法的，在翻译时则基于具体情况决定。大致而言，除了东亚地区之外，通常只是将英文翻译为中文；东亚地区的，则尽量查找原始写法，毕竟原来都是汉字圈，有些人名、文献是常见的；但在一些情况下，确实难以查找，尤其是人名，比如日语名词音译为英语的，很难忠实的对照回去，因此保留了英文，但译者会尽量去找到准确的原始写法。

第七，作为一套篇幅巨大的丛书，原书中不可避免地存在的一些错误，如拼写错误，以及同一人名、地名、书名和地图名前后不一致等，对此我们会尽量以译者注的形式加以说明；此外对一些不常见的术语的解释，也会通过译者注的形式给出。不过，这并不是一项强制性的规定，因此这方面各册存在一些差异。还需要注意的是，原书的体例也存在一些变化，最为需要注意的就是，在第一卷以及第二卷的某些分册中，在注释中有时会出现（note ＊＊），如"British Museum, Cuneiform Texts, pt. 22, pl. 49, BM 73319（note 9）"，其中的（note 9）实际上指的是这一章的注释9；注释中"参见 pp……"，其中 pp 后的数字通常指的是原书的页码。

第八，本丛书各册篇幅巨大，仅仅在人名、地名、书名、地图名以及各种语言的词汇第一次出现的时候括注英文，显然并不能满足读者的需要。对此，本丛书在翻译时，制作了词汇对照表，包括跨册统一的名词术语表和各册的词汇对照表，词条约 2 万条。目前各册之后皆附有本册中文和原文（主要是英语，但也有拉丁语、意大利语以及各种东亚语言等）对照的词汇对照表，由此读者在阅读丛书过程中如果需要核对或查找名词术语的原文时可以使用这一工具。在未来经过修订，本丛书的名词术语表可能会以工具书的形式出版。

第九，丛书中在不同部分都引用了书中其他部分的内容，通常使用章节、页码和注释编号的形式，对此我们在页边空白处标注了原书相应的页码，以便读者查阅，且章节和注释编号基本都保持不变。

还需要说明的是，本丛书篇幅巨大，涉及地理学、历史学、宗教学、艺术、文学、航海、天文等众多领域，这远远超出了本丛书译者的知识结构，且其中一些领域国内缺乏深入研究。虽然我们在翻译过程中，尽量请教了相关领域的学者，也查阅了众多专业书籍，但依然不可避免地会存在一些误译之处。还需要强调的是，芝加哥大学出版社，最初的授权是要求我们在 2018 年年底完成翻译出版工作，此后经过协调，且在中国社会科学出版社支付了额外的版权费用之后，芝加哥大学出版社同意延续授权。不仅如此，这套丛书中收录有数千幅地图，按照目前我国的规定，这些地图在出版之前必须要经过审查。因此，在短短六七年的时间内，完成翻译、出版、校对、审查等一系列工作，显然是较为仓促的。而且翻译工作本身不可避免的也是一种基于理解之上的再创作。基于上述原因，这套丛书的翻译中不可避免地存在一些"硬伤"以及不规范、不统一之处，尤其是在短短几个月中重新翻译的第一卷，在此我代表翻译小组向读者表示真诚的歉意。希望读者能提出善意的批评，帮助我们提高译稿的质量，我们将会在基于汇总各方面意见的基础上，对译稿继续进行修订和完善，以飨学界。

卜宪群

中国社会科学院古代史研究所研究员

国家社科基金重大招标项目"《地图学史》翻译工程"首席专家

目　录

非洲的传统地图学

美洲的传统地图学

亚欧大陆北极和亚北极地区的
传统地图学

澳大利亚的传统地图学

太平洋盆地的传统地图学

彩版目录

图表目录

（本书地图系原书插附地图）

前　言

我参与《地图学史》编写项目（这一想法可追溯至 1977 年 5 月）已经 20 年了。这 20 年的经验非常像是在不能俯视的情况下为一个多山而森林密布的巨大岛屿绘制地图。项目伊始，我、布莱恩·哈利（Brian Harley）以及一群我们所信任的顾问在西方古典和中世纪地图学的宜人海滩上登陆。随着路程向岛的内陆深入，陆续抵达伊斯兰、印度、中国、日本、朝鲜半岛和其他亚洲地区的地图学，很明显，我们已经进入未知之地。然而，当路线向上爬升、我们在路上很多岔道处不得不做出艰难而重要的抉择之时，周边景观的格局也越来越明朗了。在本册出版的时候，我们可能已经爬到了足够高的地方，很快就能看到岛屿全景。但就在此时，我们却又逐渐意识到一个既令人沮丧又深感欣慰的事实——当我们登上岛屿的顶峰时，可能会非常清楚地看到脚下的"岛"实际上牢牢连接在一块广袤的大陆上。

我们对判断早期地图的准则做了重新定义和扩展，为的是把之前被忽视或处在研究领域边缘的那些地图纳入地图学史之中。20 世纪 70 年代后期，在本套书最初的总体大纲之中，我们本打算用介绍"古代"的只含单独一册的第一卷囊括从世界地图学在西方和非西方社会中的"基础"开始，到公元 1500 年为止的内容。这样规划的第一卷不仅会描述史前、古代、中世纪欧洲和地中海地区的地图学以及伊斯兰、南亚和东亚地域内的前现代地图学，而且要描述世界许多地方的"原始"人群的地图学。后来，我们决定用第二卷的前两册介绍伊斯兰和亚洲的地图学，这样就剩下了如何处理非西方世界中其他地域的地图学的问题。

布莱恩·哈利的兴趣几乎在各个方面都和我的兴趣明显互补，我们之间的个人工作关系非常真挚热忱。尽管不时会有激烈的讨论，但我们几乎从来没有对解决问题的方法产生过根本性分歧。不过，还是有一件与本册的编写计划有关的事情，我只是勉强听从了他的安排。哈利非常坚定地认为讨论非洲、美洲、北极地区、澳大利亚和太平洋文化的本土地图学的内容不应单独构成一册。他相信只有在与欧洲人接触的语境之下，这些本土地图学才能够得到令人满意的解释。举例来说，第三卷包括了欧洲人最早接触美洲的时期，应该按北美洲、中美洲和南美洲分成几篇，每篇再划分成"纯粹"本土地图学、遭遇时期和"纯粹"殖民制图等内容。这个总体思路也要用于第四卷和第五卷的编写，应该把本土地图学内容放到介绍与欧洲人接触的时代之中——比如说把澳大利亚和太平洋放在第四卷，把非洲与北极和亚北极地区放在第五卷。哈利相信只有这种方式才能令人满意地呈现出原住民和殖民者世界观上的冲突和联系。

哈利于 1991 年 12 月去世，其时人类马上就要迎来哥伦布时代的五百周年，人们正在激烈地争论有关文化接触的议题。在这个局面下，哈利的安排非常具有理论意义。而且，既然很多保存至今的本土地图学产生于与欧洲人相互交往的社会语境之下，这一安排在今天也仍然颇有意义。然而，我之所以对这种安排心存疑虑，根源在于希望用每种文化自己的用语来阐述其地图学，把这些内容独立出来似乎更合适。同时，这也是出于一种实用的考虑。我们很难找到作者能够撰写哈利建议放在美洲三个地区的篇章之中的那三部分内容。把这些内容安插到几卷之中，也会让这几卷显得冗长。此外，在本项目启动之后，人类学和民族志学者对本土地图学的兴趣有了很大增长，如果把对本土地图学的概述处理成单独一卷，似乎也能为这些蓬勃发展的学术兴趣提供一份基本的学术资源。

　　因此，在从事这些学科研究的几位学者的建议下，我决定把这些内容设立为单独的一册。这是用英语描述和阐释传统地图学的首次严肃的全球性尝试。其实，这算是"绕了一圈，又回到起点"（*Plus ça change, plus c'est la même chose*），因为我和哈利的最初设想都是把除了一开始就打算包括在第一卷之内的内容之外的所有本土地图学材料都放在一起。毋庸置疑，撰写本册的决定是否睿智，要靠时间来检验，但是我要指出的是，在本套书后面处理现代欧洲地图学的各卷中，有关殖民遭遇的问题会从欧洲人那一边详细阐述。

　　本册并没有像处理阿拉伯、中国、日本和朝鲜半岛文字的那些卷册那样，让我们面临复杂的罗马字转写问题；不过我们仍然需要转写俄文，为此用到了美国地名委员会的方案。然而在近些年来，原住民族群名称的应用得到了较大关注。特别是《剑桥美洲原住民史》（*The Cambridge History of the Native Peoples of the Americas*）的编辑建议放弃 19 世纪的传统，对于表示原住民群体的集合性名词，不要再使用其单数形式。在讨论北美洲、中美洲、安第斯山区以及北极和亚北极地区的几章中，我们遵循了这个建议；其他章节所涉及的地区对这一问题各有相关规定，我们则遵从了作者的意愿。（译注：中文因为没有数的语法范畴，不存在这个问题。）

　　接下来，我要代表《地图学史》项目的全体成员，对为本册撰写了章节的众多作者表示感谢。我们的讨论经常可以转变成好运，为我们引来专家作者和批评；过去 10 年来，本册的范围和重点曾经发生了很大改变，我们应该对作者们的耐心（很多人都有极为困难的个人情况）表示感激。

　　首先，我很乐意承认，和我一起作为本册主编的 G. 马尔科姆·刘易斯为本册付出了大量心血。1978 年 3 月，我们请求刘易斯为第一卷撰写有关美洲印第安人地图学的一章。1979 年，他又被任命为顾问，负责审阅那一卷中我们当时称为"前文字"地图学的部分。自那以后，在项目的种种周折中，他成了一位提供了极大帮助的同事。当我们决定把本土地图学独立成单独一册时，他显然是能获邀作为共同主编的唯一人选。

　　在撰写过程中，我们能够完全把握本册中的所有问题，后来又能够在本册的导论和结束语中对一些重要的解释性议题加以论述，这在很大程度上是因为本册的专家作者的学术方向来自好几个学科，包括考古学、民族学、历史和文化地理学、文化人类学、社会学和艺术史。不管从哪个意义上讲，本册书都是他们的书。我们想要感谢他们在本项目进展的各个阶段中能够欣然接受编辑委员会的各种干预。我很荣幸能够把他们的姓名开列如下：菲利普·莱昂内尔·巴顿，托马斯·J. 巴塞特，本·芬尼，威廉·古斯塔夫·加特纳，G. 马尔科姆·刘易斯，蒂姆·马格斯，芭芭拉·E. 芒迪，叶列娜·奥克拉德尼科娃，鲍里斯·波列沃伊，埃里克·克莱因·西尔弗曼，彼得·萨顿，尼尔·L. 怀特黑德。（译注：这些作者的英文姓名等信息见本册正文后的"主编、作者和项目工作人员"。）只有他们知道源于编辑委员会工作和芝加哥大学出版社两位匿名审评者要求的扩写、改写和字斟句酌有多么艰辛。如今本册得以出版，我希望他们也能和我们一起感到光荣。

不管是在本册筹划的早期阶段，还是在手稿初步完成之时，都有一些学者向我们提出了建议。他们是：James M. Blaut, Barry Brailsford, Hal Conklin, William Davenport, Carolyn Dean, James Delahanty, Catherine Delano Smith, William Denevan, Greg Dening, Henry Drewal, James R. Gibson, John Hemming, David Lewis-Williams, Peter Nabokov, Benjamin S. Orlove, Nicholas Peterson, Alexei Postnikov, Allen F. Roberts, Polly Roberts, Frank Salomon, Jeanette Sherbondy, Yi-Fu Tuan, Gary Urton, Jan Vansina, Denis Wood, H. C. Woodhouse, Karl S. Zimmerer。

我们特别要感谢祖德·莱默（Jude Leimer），自 1982 年以来她就一直是《地图学史》项目的执行主编，对编辑和管理工作的连续性起了至关重要的作用，可以说是以此为事业。她管控着这项工程的日常事务，既要与芝加哥大学出版社联系，又要与作者、顾问和主编联系。她在这项工作中体现的决心和人格力量，只能让我用"不可或缺"来形容。

任何人只要经历过在一所规模较大的大学里管理一个小办公室的麻烦，就都会意识到苏珊·麦克勒（Susan MacKerer）与她的继任者维罗尼卡·西德（Veronica Cid）和贝思·弗罗因德利希（Beth Freundlich）的贡献是多么关键。贝思在 1996 年 9 月加入本项目，对财务、账目、预算、范围外服务和办公室管理都处理得十分熟练。

本项目有两名员工担任项目助理，一位负责插图，另一位负责参考文献。克里斯蒂娜·丹多（Christina Dando）以及 1996 年接替她的克里斯滕·奥弗贝克（Kristen Overbeck）一直坚持不懈地通过信件、快递（既有商业快递又有个人快递）、传真、电子邮件和电话去游说哪怕是世界上最偏远角落里的图书馆和档案馆；多亏了她们的努力，我们才能在常常十分困难的情况下挑选到最高质量的插图。位于麦迪逊的威斯康星大学地理学系地图学实验室以娴熟的技巧绘制了书中的线条图和参考图；绘制者是实验室主任翁诺·布劳沃（Onno Brouwer），以及他的研究生和本科生助手团队：Michael Desbarres, Daniel H. Maher, Ryan Meyer, Kathryn Sopa, Qingling Wang, Richard Worthington。另一位为本册做出了很大贡献的制图人是乔什·黑因（Josh Hane）；1996 年 6 月 22 日，他在攀登阿拉斯加德纳利国家公园的亨特峰时发生事故，不幸遇难。

《地图学史》的编写不仅旨在帮助人们定义地图学史的研究范围和方法，而且也有意既为学者也为一般读者提供基本的参考资料。这样就必须对参考文献的精确性持续加以注意。芭芭拉·惠伦（Barbara Whalen）和后继的马戈·克莱因费尔德（Margo Kleinfeld）准确地追溯、检查了那些以多种语言写成的少为人知的文献和引文，其中一些出版物已经很难找到。协助她们的是我们学校优秀的图书馆工作人员，以及由朱迪·托伊（Judy Tuohy）领导的工作高效的纪念图书馆馆际互借部。为本册提供翻译帮助的是：Michael Batek, Valentin Bogorov, Maria Dziemiela, Peyton Engel, Heidi Glaesel, Laurie S. Z. Greenberg, Fernando Gonzales, Mathias Le Bosse, Frank Poulin, Todd Reeve, Gnoumon Yazon。其他在文书、计算机和图书馆工作方面提取了关键帮助的人还有 Christian Brannstrom, Charles Dean, Paul Dziemiela, Rich Hirsch, Drew Ross, Daniel Samos, Donna Troestler。在 1996 年，霍华德·施瓦茨（Howard

Schwartz）也为我们做了志愿研究和编辑协助工作，我们对此非常感谢。埃伦·D. 戈德勒斯特－金里奇（Ellen D. Goldlust-Gingrich）则继续编制了高水准的索引，一如她为本套书之前出版的卷册所做的工作。

如果没有本册书前面"经费支持"的两页上列出的许多资助机构、基金和个人的经费支持，这部精益求精的著作也不可能撰成。我们要继续特别感谢美国国家科学基金会人文学科国家基金会以及安德鲁·W. 梅伦基金会对《地图学史》项目的信任和支持。我们也很愿意感谢格拉迪斯·克里布尔·德尔马斯基金会及盖洛德和多罗西·唐纳利基金会的支持。（译注：这些机构的英文名见本册目录之前的"经费支持"一节）

在为《地图学史》捐资的个人中，我们特别要感谢以下这些特别赞助者的慷慨：Roger S. and Julie Baskes，William B. Ginsberg，Arthur and Janet Holzheimer，Arthur L. Kelly，Bernard Lisker，Duane F. Marble，Douglas W. Marshall，Glen McLaughlin，Kenneth and Jossy Nebenzahl，Brian D. Quintenz，David M. Rumsey，Roderick and Madge Webster。我也要感谢威斯康星麦迪逊分校地理学系、文理学院和研究生院，它们为本项目提供了长期的机构和财政支持。

与之前已出版各卷册一样，我们很高兴能有机会感谢芝加哥大学出版社的几位工作人员。副社长佩内洛普·凯泽利安（Penelope Kaiserlian）继续成为本项目最亲密的朋友和最可信任的顾问之一。爱丽斯·本内特（Alice Bennett）从第一卷起到本册都一直担任排印编辑；她的工作极为出色，提高了书中文字的统一性和正确率。设计师罗伯特·威廉斯（Robert Williams）再次证明，他为本套书所做的统一设计经受住了时间的检验。

在个人方面，马尔科姆想要感谢玛格丽特（Margaret）的宝贵协助和长期鼓励。我个人要感谢的人的名单增长得太快，难以尽列，但在这样一个边界有时似乎超出了可利用精力的项目进行之时，感谢罗斯（Ros）、贾斯汀（Justin）和简尼（Jenny）再次应对了由它带来的麻烦。

戴维·伍德沃德

第一章 导论

戴维·伍德沃德（David Woodward）
G. 马尔科姆·刘易斯（G. Malcolm Lewis）

人们在看待地图时，有很多不同方式。最近二十年来，从历史角度对地图加以研究的学术领域已经拓宽、成熟，学者眼中"地图"这个概念已经不再只是不断改进的地理世界的呈现物，至少还发展出了另外三种进路，各有其支持者：作为认知系统（cognitive system）的地图，作为物质文化（material culture）的地图，作为社会建构（social construction）的地图。① 为了能对地图如何在社会中发挥功用获得全面理解，这三种概念的提出都有其必要性。这些研究进路在学界的显与隐不仅取决于研究者个人的学术背景和偏好，而且取决于地图在所研究的不同文化中的不同角色和意义。

在《地图学史》各卷册陆续问世之时，对这三种进路的强调也发生了变化。本册讨论的是非洲、美洲、北极地区、澳大利亚和太平洋地区传统文化的地图学，对这些传统文化来说，只有很少数真正的本土人造物（indigenous artifacts）被发现或保存下来，因此我们可以预期，本册相较之前出版的卷册会更有必要强调认知和社会进路。本篇导论旨在为后面的章节做一些概念上的铺垫。我们先提出几个定义问题——本册题目中诸如"地图学"和"传统"的几个关键词在我们看来是什么意思——之后讨论所谓认知地图学、表演地图学和物质地图学的不同之处，并对可同时划归这三个类别中至少两个类别的情况加以阐述。之后，我们进而指出了许多方法论问题和议题，包括：从西方视角研究本册中的地图时不可避免产生的偏差问题，因为研究进路的多样性而可能产生的盲区，跨文化比较的可行性，以及让地图研究在民族史研究（ethnohistorical studies）中更受重视的途径。

---

① 作为认知系统的地图概念参见 David Stea, James M. Blaut, and Jennifer Stephens, "Mapping as a Cultural Universal," in *The Construction of Cognitive Maps*, ed. Juval Portugali (Dordrecht: Kluwer Academic, 1996), 345–360. 作为物质文化的地图概念在以下著作中有所探讨：David Woodward, ed. *Five Centuries of Map Printing* (Chicago: University of Chicago Press, 1975); David Woodward, *The All-American Map: Wax-Engraving and Its Influence on Cartography* (Chicago: University of Chicago Press, 1977); 以及同一作者的 "Maps as Material Culture," in *Maps as Material Culture*, Yale-Smithsonian Reports on Material Culture no. 6 (1998). 作为社会建构的地图概念在以下著作中有阐述：J. B. Harley, "Maps, Knowledge and Power," in *The Iconography of Landscape: Essays on the Symbolic Representation, Design and Use of Past Environments*, ed. Denis E. Cosgrove and Stephen Daniels (Cambridge: Cambridge University Press, 1988), 277–312; 同一作者的 "Deconstructing the Map," in *Writing Worlds: Discourse, Text and Metaphor in the Representation of Landscape*, ed. Trevor J. Barnes and James S. Duncan (London: Routledge, 1992), 231–247; 以及 Denis Wood with John Fels, *The Power of Maps* (New York: Guilford Press, 1992).

定　义

在《地图学史》的第一卷，地图的定义为"便于从空间上理解人类世界中的事物、概念、环境、过程或事件的图像呈现"。[②] 这个有意保持宽泛的定义，用于为全部六卷书框定总体的讨论界限。然而在本册中，恰恰是"地图"（map）和"地图学"（cartography）这两个带有强烈西方色彩的术语还需要再做细致阐述。它们并无广泛接受的跨文化定义，在本册中描述的文化在与西方文化接触之前也无一具备现成的"地图"一词，遑论"地图学"。然而，如果我们从语用而非语义上来下定义，那么把"地图"作为一般性术语会大有裨益。尽管澳大利亚原住民的"托阿"（toa）、马绍尔群岛的棍棒海图（stick chart）、印加人的"基普"（khipu）或卢巴人的"卢卡萨"（lukasa）助记板在形式和功能上都非常不同，但是它们都通过促进空间理解的方式描绘了各自族群的世界。

在这些文化中搜寻"地图"的工作——特别是抱有地图能让拥有它的文化显得比较"高端"的念头时——带有深厚的欧洲中心主义色彩。然而，《地图学史》这套书本身正是源于如下的信仰：以地图的形式描绘世界来理解世界的努力，应该视为全球人类的共性，而且纵贯了整个人类历史。通过用"地图"这个词涵盖如此多样的事物，先前出版的卷册用"地图"一词概称古希腊人的 pinax、古罗马人的 forma、中国人的 tu（"图"）及中世纪的 mappamundi（"世界图"）和 carta da navigare（"航海图"）的逻辑便顺势得到延伸，从而把这些东西都纳入地图学史之中。[③]

为"传统地图学"专设独立的一册，是出于语用的决定，所根据的材料是与第一卷运用的历史文献迥然不同的人类学和民族志文献。把研究材料进行这样的划分可能会造成一种风险，就是让人以为这暗示了两种根本不同的空间思考方式——西方式和"其他"式。我们认为，与其说其中的区别在于心智容量（mental capacity）或倾向（predisposition），不如说与社会和文化对地图的需求有关。

"传统"（traditional）这个用语意味着连续性，意味着深植于漫长文化历史中的技能代际传递过程。然而，考虑到记录的困难性，我们几乎不可能确定本书所讨论的社会的传统究

[②] "Preface", in *The History of Cartography*, ed. J. B. Harley and David Woodward（Chicago：University of Chicago Press，1987 – ），1：xv – xxi，特别是 xvi 页。

[③] 在现代，可以称之为地图的人造物的数目大为增长，但在印刷载体让地图成为日用品之前，地图作为一种充分发展的人造物的意义还根本不存在。参见 Walter J. Ong，*Orality and Literacy：The Technologizing of the Word*（London：Methuen，1982）。有关这类地图的发展，参见 Denis Wood，"Maps and Mapmaking，" in *Encyclopaedia of the History of Science，Technology，and Medicine in Non-Western Cultures*，ed. Helaine Selin（Dordrecht：Kluwer Academic，1997），26 – 31。在该书中，伍德（Wood）写道："作为永久性图像性物体的地图，是很晚近才出现的现象，在人类历史中只有相对较浅的根基。"（26 页）他们提出的这些观点乃是基于以下信念："地图"这个术语应该仅用于称呼那些广泛使用标准化的、可复制的地图并将它们作为典型的社会所生产的制品。事实上，就连一些本来会对"呈现"（representation）这个观念持批评态度的哲学家，也很乐意让这些地图成为例外。理查德·罗蒂（Richard Rorty）在评论唐纳德·戴维森（Donald Davidson）的著作时，就写道："我同意他的观点，认为我们应该限制'呈现'这个术语的使用，只用来指地图和代码等事物——也就是可以用来把从物到物的映射规则阐述出来，因此得以体现出精确呈现的准则的事物。如果我们在这些事物之外扩大呈现的概念，那就会给我们自己增加很多无谓的哲学关切的负担。"［Richard Rorty，"An Antirepresentationalist View：Comments on Richard Miller，van Fraassen/Sigman，and Churchland，" in *Realism and Representation：Essays on the Problem of Realism in Ralation to Science，Literature，and Culture*，ed. George Lewis Levine（Madison：University of Wisconsin Press，1993），125 – 133，特别是 126 页。］

竟传承了多久，以及有何种程度的连续性。同样，如果用"传统"这个词来形容其他文化中与欧洲的系统性地形测绘和制图的发展过程相独立的地图学，那么它会意味着这些文化中的地图学多少"进步"到了另一种形式。

尽管存在种种问题，我们使用"传统"这个用语的动机在于传达如下观念：本册中所处理的是一类完全不同的地图学，它不低于也不高于西方地图学。尽管"传统"有时候带有贬义色彩，比起其他用语来，我们还是更倾向于用"传统"一词，因为其他那些用语——如"前文字"（preliterate）、"较简单"（simpler）、"原始"（primitive）以至"野蛮"（savage）——现在基本都被解读为贬损性用词。这些贬义词的问题在于，它们未能用传统社会自己的方式对待这些社会的地图，结果就助长了认为传统的"低级"地图学在朝向更现实主义的现代地图"进步"的理论。除了从地理数据的纯粹几何学定义出发的视角之外，这种理论对地图学并不成立，就和艺术的情况一样。早在 1937 年，索罗金（Sorokin）就竭力想证明，19 世纪的研究者曾把他称为"理念文化思维"（ideational cultural mentalities）的东西与没有技巧和技术可言的原始艺术联系在一起，但这种思维并不会"进步"到被艺术史学者与欧洲文艺复兴联系在一起的感官（视觉）艺术形式。④

既然所有文化总是处在变动之中，我们也就不可能在"传统"地图学和"欧洲"地图学之间划出固定不变的界限，或是确定什么才是真正"传统"、"本土"（indigenous）或"原始"（original）的技术。⑤ 对那些与西方人接触之前的口语社会（oral societies）的空间呈现进行描述的工作比较困难，这有几个原因：现存的接触前人造物十分贫乏或实际上不存在；人们没有意识或能力去把诸如陶器、织物、岩画和象形文字等某些类型的考古证据视为地图，即使这些证据的年代可以确定；作为表演的一部分的地图很可能没有可作为证据的记录；把口头传统作为历史来解读存在难度。

本册包括的地图，在形式和功能上与《地图学史》之前出版的各卷册非常不同，由此生发的一些概念可能最好通过参考表 1.1 来解释。这张表区别了两个概念，一个是内部空间观念，即空间观念的心理建构，另一个是这些观念的表达或呈现，这种表达或者采取表演形

---

④ Pitirim Aleksandrovich Sorokin, *Social and Cultural Dynamics*, vol. 1, *Fluctuation of Forms of Art*（*Painting*, *Sculpture*, *Architecture*, *Music*, *Literature*, *and Criticism*）（New York：American Book Company, 1937），269 页以后："人们常常认为'理念的'和'原始的'（primitive）是同义词，而任何呈现为视觉性风格的熟练涂抹则展示了艺术家的技巧、技术的成熟性及艺术和美学天赋的进步。甚至在今天，很多人在看到印度人、爱斯基摩人或埃及人的绘画之后，还是认为这些作品肯定是缺乏艺术技巧的产物，是古代艺术原始性的展现。然而，不管这样的观点听上去有多自然，多数情况下它们都是错误的。这些理论的缺陷在于它们把理念性和不成熟等同起来，把视觉性和成熟等同起来。真正的事实在很多情况下远不是这样。"（269–270）

最近，莫菲（Morphy）在讨论艺术人类学时写道："然而，对于［用语'原始的'］来说，我认为我们已经在人类学领域（即使不是在艺术史领域）赢得了这场战斗，对此我很满意。使用'原始的'这个标签仅仅会为有关非西方社会艺术的文献增添混乱。不过，'原始的'这个词用于形容这些艺术已经有很久的历史了，这既为我们呈现了欧洲人的艺术概念，以及它在把'其他文化'定位到欧洲思想的过程中起到的作用，又特别指出，为什么任何对艺术人类学的综述都必须从定义问题开始。"见 Howard Morphy, "The Anthropology of Art," in *Companion Encyclopedia of Anthropology*, ed. Tim Ingold（London：Routledge, 1994），648—685，特别是 648 页。对地图学史中"进步"观念的概论，参见 Matthew H. Edney, "Cartography without 'Progress'：Reinterpreting the Nature and Historical Development of Mapmaking," *Cartographica* 30, nos. 2–3（1993）：54–68。

⑤ 参见 J. C. H. King, "Tradition in Native American Art," in *The Arts of the North American Indian：Native Traditions in Evolution*, ed. Edwin L. Wade（New York：Hudson Hills Press, 1986），64—92，特别是 65 页。了解对"传统"一词意义的进一步明晰化以及和口语文化相关的其他术语，可参见如下这部有用的著作：Ruth H. Finnegan, *Oral Traditions and the Verbal Arts：A Guide to Research Practices*（London：Routledge, 1992），7–8 及书中其他各处。

式，或者以物质性的人造物的形式构建出空间知识的记录。⑥ 我们因此可以提出"认知（或心象）地图学""表演（或仪式）地图学"和"物质（或人造物）地图学"这三个术语。接下来的三节就解释了它们在本书语境中的意义。

3   表 1.1   非西方的空间思想和表达的呈现形式类别

内部（内部经验）	外部（把内部经验现实化或外部化的过程和物体）	
认知地图学（思想、图景）	表演地图学（表演、过程）	物质地图学（记录、物体）
	非物质的、临时的	原位的
	手势	岩画艺术
	仪式	陈列式地图
	歌曲	可移动、可比较的物体
	诗歌	绘画
空间构念之类组织化的图景	舞蹈	示意图
	讲话	草图
	物质的、临时的	模型
	模型	织物
	草图	陶器
		"表演地图"的记录

认知地图学

在《地图学史》第一卷中，布莱恩·哈利（Brian Harley）写道：

> 人类意识中很可能始终有制图的冲动。毋庸置疑，制图的经验——这涉及对空间的认知制图——在我们现在称之为地图的物理人造物出现之前很久就已经存在了。千百年来，人们把地图当成了一种文学隐喻，当成了类比思维的工具。因此，实际上有一部更宽泛的历史，有关人们如何交流空间概念和事实；地图本身作为物理人造物，其历史只是这部空间交流通史中的一小部分。⑦

"空间交流通史"（general history of communication about space）要奠基在心理学、哲学、人

---

⑥ 这种"内部/外部"的区别，与索罗金在对世界文化体系进行分类时所做的划分类似。他写道："任何逻辑完备的文化体系都以思想和意义元素为基础，这些元素可以分成两类——'内部的'和'外部的'。内部元素属于内部经验领域，要么呈现为不完整的图像、观念、意愿、感觉和情绪的未组织化的形式，要么由内部经验的这些元素交织在一起，呈现为思想系统的组织化形式。……第二类元素由无机和有机的现象构成，包括物体、事件和过程，它们是内部经验的化身，是内部经验的具体化、现实化或外部化。" Sorokin, *Fluctuation of Forms of Art*, 55（注释4）。索罗金又继续写道，对于文化研究者来说，内部元素对研究更重要，但受物质证据的限制，人们只能被迫关注外部元素。尽管他承认外部元素是文化复合体中无法摆脱的部分，但仅在它们作为人们理解文化的媒介时才是"文化的一部分"。

⑦ J. B. Harley, "The Map and the Development of the History of Cartography," in *The History of Cartography*, ed. J. B. Harley and David Woodward（Chicago：University of Chicago Press, 1987 – ），1：1 – 42，特别是 1 页。

类学、地理学以及现在的人工智能等领域中有关空间认知和行为的海量文献之上。[8] 空间构念（spatial constructs）对于世界的物理、社会和人文理解具有关键性。与地图学有关的人类活动包括：把自然和空间的复杂性和广度简化为易处理的呈现形式；一般化距离和方位（如在意识到基本方位的情况下）的空间计算；本地特征的可视化；表明与土地所有（territoriality）相关的权力和控制；建构真实世界和想象世界的空间观。这些空间观念的心理建构有时也称为"心象地图"（mental maps）。虽然这是一个直觉上很吸引人的术语，且是最近很多研究的主题，但它却至少有两种非常不同的含义。

　　一方面，这个用语可用来指心中持有的环境图像，可帮助人们寻路或进行空间定向。这种图像可能是一个人在看过物理地图之后记住的图像，或是通过一个人的现实经验（比如他所生活的地域）构建的图像。这种类型的心象地图经常用来指引方向、在心中排演空间行为、帮助记忆、安排和储存知识、想象幻想性的景观或世界，当然，也能用来制作一般的物质性地图。然而我们知道，很多人在日常寻路或指引方向时，并不会让空间在心理图像中可视化。[9] 一些学者曾经质疑，使用"图像"（image）、"头脑中的图画"（pictures in the head）和"心象地图"之类术语描述复杂的心理过程是否有价值。[10]

　　"心象地图"一语或"认知地图"（cognitive map）的另一个主要用法，是用来指记录人们如何感知地点的物理人造物。这个范畴包括了研究者通过分析受试者的地点偏好的数据而

（右侧页边：4）

---

[8]　相关的代表性地理学著作参见 Roger M. Downs and David Stea, eds., *Image and Environment: Cognitive Mapping and Spatial Behavior* (Chicago: Aldine, 1973); Reginald G. Golledge and R. J. Stimson, *Spatial Behavior: A Geographic Perspective* (New York: Guilford Press, 1997), 特别是 229—238 页; Robert David Sack, *Conceptions of Space in Social Thought: A Geographic Perspective* (London: Macmillan, 1980); 以及 Michael Blakemore, "From Way-Finding to Map-Making: The Spatial Information Fields of Aboriginal Peoples," *Progress in Human Geography* 5 (1981): 1–24。

[9]　在米歇尔·德·塞尔托（Michel de Certeau）描述的一个实验中，纽约的居民描述了他们公寓的布局。这些描述分成了两种不同的类别，研究者 C. 林德（C. Linde）和 W. 拉博夫（W. Labov）分别称之为"地图"和"旅行"（tour）。第一类描述是以下这种类别："女孩们的房间在厨房旁边。"第二类描述则是："你往右转，就来到客厅。"结果表明只有3% 的描述属于"地图"（或者我们也可以说是"心象地图"）类型。绝大多数纽约人通过连续的叙述来思考，而不是把他们的公寓视觉化为一幅地图。德·塞尔托把讨论延伸到了中世纪和文艺复兴地图学的一个不同之处，指出"旅行地图"（itinerary map）更有中世纪特征。在德·塞尔托看来，从旅行到地图的发展，是前现代制图和现代制图的不同之处中的核心。首先出现的是中间状态的"旅行地图"——显然是基于线性的方向——最终，现代地图去除了从较早的旅行遗留下来的所有痕迹。Michel de Certeau, *The Practice of Everyday Life*, trans. Steven F. Rendall (Berkeley: University of California Press, 1984), 118–122.

[10]　Yi-Fu Tuan, "Images and Mental Map," *Annals of the Association of American Geographers* 65 (1975): 205–213。段义孚的结论是，这些术语"容易变成模糊的东西，并不能和心理实在对应"（213 页）。最近，库克雷利斯（Couclelis）提出一个假说，认为帮助定位和找路的各种心理因素之间更可能形成一种复杂的关系。这些因素包括预期图式（preconceived schemata）、词语方位（verbal directions）和认知地图；其中每一个因素未必要比其他因素更基本、更特别。见 Helen Couclelis, "Verbal Directions for Way-Finding: Space, Cognition, and Language," in *The Construction of Cognitive Maps*, ed. Juval Portugali (Dordrecht: Kluwer Academic, 1996), 133–153。"认知地图"这个术语源于心理学家爱德华·钱斯·托尔曼（Edward Chance Tolman），他用这个术语解释大鼠在找路时如何对全环境领域的刺激做出反应，而不是对局部的地标做出反应。见 Tolman, "Cognitive Maps in Rats and Men," *Psychological Review* 55 (1948): 189–208。认知心理学家自此之后就陷入所谓的"意象之争"（imagery debate）之中，争论的是视觉意象在脑中的处理过程。对此的出色总结参见 Stephen M. Kosslyn, *Image and Brain: The Resolution of the Imagery Debate* (Cambridge: MIT Press, 1994)。争论的焦点是，负责心理图像的是描绘表征还是命题表征。描绘表征（depictive representation）是一幅图案，比如说字母 A 或（在本书中的语境中）一幅地图；而对字母 A 来说，其命题表征（propositional representation）则是如下的描述："两条对称的对角线在顶点汇聚，在差不多一半长度的地方由一条水平线相连。"学界的争论内容并不是人们是否能体验到视觉心理图像；这一点已经得到了普遍认可；描绘是否需要通过命题成分来解读，也不是争论内容。科斯林（Kosslyn）认为学界争论的是，"视觉心理图像依赖于描绘表征（随后再由其他过程解读），还是纯粹的命题表征"（6 页）。通过综述大量的神经学实验，他的结论是：有很好的证据表明视觉表征是描绘性的，建立在人类视觉皮层的基础之上；皮层中的"地形制图区"可以记录这些信息（405—407 页）。

绘制的地图，就像古尔德（Gould）和怀特（White）的《心象地图》（*Mental Map*）一书中的情况那样。[11] 有些时候，受试者自己也会把他们对环境的认识或情感观点绘制出来。在这两个例子中，我们所研究的都是物理性的物体，而不是心理图像。

然而，既然还没有更好的习惯用语，本册中有时会使用"心象地图学"（mental cartography）一语，指的是似乎被书中介绍的很多族群作为助记手段保存在头脑中的地图。太平洋岛民就是一个不错的例子。在密克罗尼西亚，只在一个群岛——马绍尔群岛上，人们为了能够记忆和教导太平洋上的航海技能，而制造了物质性的传统人造物。显然，其他群岛的居民为了能在相隔几千英里的群岛之间航行，也会有类似的需求，只是满足这些需求的并不是图像性的人造物，而是"心象地图学"。[12]

表演地图学

如果心理构念可以比喻性地称为"地图"，那么在很多社会都有这样的情况，就是表演也可以满足地图的功能。仍从表 1.1 来看，表演可以采取非物质的口头、视觉或动觉（kinosthetic）性的社会行为的形式，比如手势、仪式、歌唱、列队、舞蹈、诗歌、故事或其他表达或交流方法，其首要目的是定义或解释空间知识或行为。有的表演也可包含某种物质性更强，但仍然是临时性的展示，比如沙地上的绘画或模型。

并非本册所有作者都同意把口头—动觉表达视为地图。比如对澳大利亚原住民来说，彼得·萨顿就把这二者的区分作为一个关键理由，来提醒人们在把一些圣像鉴定为某种类型的地图时要慎重考虑，因为它们"主要源于展示或表演，而不是解释或记录"。[13] 同样，比起口语文化来，中美洲保存下来的地图人造物更多，芭芭拉·芒迪在提到至今仍保留在数以百计的墨西哥社群中的绕行仪式时就指出，这种表演并不是地图，而是"（他们）记住的边界场所的长篇口语记述"。[14] 另外，埃里克·西尔弗曼在谈及美拉尼西亚地图的一章中指出，塞皮克河中部的雅特穆尔人会通过在仪式活动上咏唱一串串成对的多音节名字来"绘制"景观。尼尔·怀特黑德也叙述了哥伦比亚沃佩斯河地区的巴拉萨纳人如何通过舞蹈来确定个人和宇宙之间的相互联系——在代表天穹的长屋中进行的一年一度的仪式和舞蹈，便是对天体路径的复现。[15]

物质地图学

空间呈现形式也可以是永久性的或至少非临时性的记录，在原地创造或放置在原地。这样的例子包括岩画艺术、作为信号张贴的地图或嵌在神龛或建筑物中的地图。空间呈现形式还可以是移动的、便于携带和存档的记录。这个范畴的物质地图学包括我们通常称之为

⑪ Peter Gould and Rodney White, *Mental Maps*, 2d ed. (Boston：Allen and Unwin, 1986).

⑫ 本·芬尼，"大洋洲的航海地图学和传统航海"，见下文 443—492 页。

⑬ 见下文 365 页。

⑭ 见下文 220 页。

⑮ 见下文 426 和 316 页。

"地图"的大多数人造物，包括模型、陶器、简图、绘画、织物、对表演的描写或叙述以及原地记录。[⑯]

尽管地图学史经常给人留下文物研究的印象，然而令人惊讶的是，并没有什么人把地图作为物理人造物——也就是物质文化——来研究，这可能是人们错误地以为技术研究不会阐明地图学的更宽泛的社会史。这种局面是令人遗憾的，因为技术植根于社会，不能和它的各种影响力分开，而且常常有益于人们理解更宽泛的社会议题。本册的根本目标之一，就是提供传统地图学的物质证据，从而能够像艺术史、民族志和产业史等其他领域那样，在描述地图资料时达到可以阐述物质文化议题的成熟水平。不管证据有多充分，我们都试图重建地图的质地和格式，以及创作它们的方法。我们希望，在某些情况下我们不光能干巴巴地叙述地图的制作方法，也能继续深入。当然，这一进路和最近那些已经超越了解释过程的物质文化研究具有完全的可比性。[⑰]

重叠性和不一致性

有时候，认知地图学、表演地图学和物质地图学这三个范畴会出现重叠。当表演中使用地图人造物时，这种重叠现象最为明显。举例来说，托马斯·巴塞特就描述了在刚果民主共和国卡邦戈地区，覆有珠子和宝贝壳的名为"卢卡萨"（lukasa）的助记板如何用来向新人教授卢巴王权的起源。人们读出或唱出卢卡萨上的内容，以记住某位国王的行程，以及圣湖、树木、灵魂都城和迁徙路线的位置。随着所赞颂的国王、歌唱者有关王室历史的知识及表演的政治环境不同，表演内容也有变化。[⑱] 从这个意义上说，表演不是地图，而是对地图的解读。同样，得克萨斯州西部的科曼切人在 1830 年和 1845 年间曾多次突袭墨西哥北部，作为行动的准备，他们会组合一捆木棍，每一枚都用割痕作为代表日期的标记。他们还会在地上绘制地图，为那些用带割痕的木棍所代表的日子画出当天行程中会遇到的所有地标。[⑲]

以舞蹈、做梦、沙画仪式等表演来制图的证据远不如物质地图那么完备，在解释时容易

⑯ 布鲁诺·拉托尔（Bruno Latour）很重视这种短暂性/可携带性的区别，见其 "Drawing Things Together," in *Representation in Scientific Practice*, ed. Michael Lynch and Steve Woolgar (Cambridge：MIT Press, 1990), 19 - 68，特别是 19—26 页和 56 页。拉托尔的写作基于现代西方科学史的立场，对非正式的短暂性地图和永久性、可移动的铭刻物做了区分。他用的例子来自拉佩鲁兹（La Pérouse）的考察，在考察中，这位探险家遇到了萨哈林居民，试图从他们那里知道萨哈林是岛屿还是半岛。一位较年长的男性在沙地上画出了他们所居住的这个岛屿的地图，但另一个人拿起拉佩鲁兹的一个笔记本，用铅笔把地图又画了一遍。拉佩鲁兹指出，这两幅地图的区别在于，其中一幅是短暂性的，另一幅则被带回了欧洲。如果从后来欧洲的殖民政策角度来看，移动地图的力量和影响力要大得多，特别是它们后来通过印刷作为媒介得到了进一步的铭刻。参见 Jean-François de Galaup, Comte de La Pérouse, *The Journal of Jean-François de Galaup de La Pérouse*, 1755 - 1788, 2 vols., ed. and trans. John Dunmore, Publications of the Hakluyt Society, 2d. ser., nos. 179 - 180 (London：Hakluyt Society, 1994 - 1995), 2: 289 - 298.

⑰ David Woodward, "Maps as Material Culture"（注释 1）。这篇论文提交给了第六届耶鲁 - 史密松物质文化研讨会（the Sixth Yale-Smithsonian Seminar on Material Culture）。这次会议于 1993 年 3 月在纽约库珀 - 休伊特博物馆（Cooper-Hewitt Museum）召开，汇集了人类学、地图学、地图学史、艺术史和设计史的学者，并第一次讨论了"作为物质文化的地图"这个议题。

⑱ 见下文 32—33 页。

⑲ 见下文 128—129 页。

犯较大错误。尽管在不久之前，在一些传统社会中仍然可以观察和记录到这样的表演，但是我们并不知道，那些因为太神圣而尚未被外人目击的表演地图占多大比例。更早之前的例子要么毫无疑问未被人观察到，要么属于误报。

在本册考察的很多社会中，表演都占优势地位，过程比产物更重要，特别是在一些地方，地图被用来捕捉自然界和领地的变化无穷的节奏，此时人造物的永久性会成为一种劣势。因此，在因纽特社会语境下，伦德斯特罗姆（Rundstrom）描述了他与一位伊努克长者的对话："（他）告诉我，他凭记忆画出了希库利格尤阿克（Hiquligjuaq）的详细地图，但是他笑着说，老早以前就把它们扔了。重要的是制作它们的行动，对环境特征的概述，而不是这些物品本身。"[20] 同样，对于纳斯卡地画来说，克拉克森（Clarkson）注意到很多地画彼此重叠，说这"提出了一个有趣、在很多方面也很重要的问题：为什么潘帕斯草原上的一些地区看上去就像一块黑板，用于很多不同的课程，却在每两节课之间并不擦除上面的内容？建构的行为是否与单幅地画的可识别性同样重要，甚至更重要？"[21]

考虑到认知地图学、表演地图学和物质地图学范围的易变本质，我们努力地避免在表 1.1 中的"地图"和"非地图"之间划下明确的界线。一件人造物的"地图性"在很大程度上依赖于使之能够发挥作用的社会语境或功能语境。在本册中，我们不太关心如何构建"什么可以认为是地图"的包容性和排除性的标准，而更希望能说明某些社会成员如何呈现空间知识并将其编码。因此，在这篇导论中，我们已经小心地避免去给书中一些作者使用的"原地图"（protomap）之类术语下定义，让使用这些术语的语境和作者的个人定义去阐明它们意欲表达的意义。[22]

任何定义如果忽视了地图的功能或它们作为社会建构的角色，都会无法解释地图远不只是找路用具的事实；对那些掌控着地图制作、决定它们如何用于宗教和政治目的的人来说，地图可以增强他们的威望、力量和受人尊敬的程度。地图经常用来建立社会地位——通过知识的展示来赢得威信——而这显然是很多族群的萨满教仪式背后的动机。这些族群包括了纳米比亚的科伊桑人、西伯利亚的楚科奇人、亚马孙平原的图卡诺人和德萨纳人、加拿大的因纽特人和奥吉布瓦人、哥伦比亚的巴拉萨纳人等十分多样的人群。

口头"地图"是定义争议的中心问题。在心理过程研究中，地点的列表是以地形方式排列还是人工顺序排列显然是个关键问题。杰罗姆·S. 布鲁纳（Jerome S. Bruner）设计了一个实验，以帮助我们理解个人如何表征这个世界。受试的个人被要求说出美国五十个州的名字。如果顺序是"亚拉巴马（Alabama）、阿拉斯加（Alaska）、亚利桑那（Arizona）

---

⑳ Robert A. Rundstrom, "A Cultural Interpretation of Inuit Map Accuracy," *Geographical Review* 80 (1990): 155 – 168, 特别是 165 页。亦参见 Rundstrom 的 "Expectations and Motives in the Exchange of Maps and Geographical Information among Inuit and *Qallunaat* in the Nineteenth and Twentieth Centuries," in *Transferts culturels et métissages Amérique/Europe, XVIe-XXe siècle*, ed. Laurier Turgeon, Denys Delâge, and Réal Ouellet (Sainte-Foy, Quebec: Presses de l'Université Laval, 1996), 377 – 395。

㉑ Persis Banvard Clarkson, "The Archaeology of the Nazca Pampa: Environmental and Cultural Parameters," in *The Lines of Nazca*, ed. Anthony F. Aveni (Philadelphia: American Philosophical Society, 1990), 115 – 172, 特别是 171 页。

㉒ 用下面这则轶事可以很好地说明语境对定义的重要性。库珀－休伊特博物馆的"地图的力量"展览在华盛顿市举办时，有人听到一位讲解员正在向一位年轻的观众解说来自马绍尔群岛的一束木棍。这些木棍用线绞绑在一起，上面挂着贝壳，我们知道这是一幅"棍棒海图"。年轻观众感到困惑，问这东西为什么也是地图。"因为它是这个展览的展品。"讲解员回答道。

……"，那就表明人类的心理构念是列表式的；但如果顺序是"缅因、新罕布什尔、佛蒙特……"，那就表明世界的表征是空间式的，我们也就可以说这种表征接近于"地图式"。㉓ 然而，这种"缅因、新罕布什尔、佛蒙特"式的列表是否可以称作"地图"，在本册的作者中存在争议。

定义上的潜在冲突并非本册书新出现的问题。比如说，在《地图学史》第一卷有关古埃及地图学的一章中，这种地名列表就未提及。然而，在一座底比斯坟墓南入口和北入口的侧壁上绘有课税的场景，列有由底比斯南边和北边很多城邦付给维西尔·列赫米留（Vizier Rekhmirē，为约公元前 1450 年图特摩斯三世统治时的维西尔）的贡税。这些城邦的顺序并不随意，而是依地形和主方位排列。㉔ 同样，在第一卷有关中世纪的几章中也没有提到当时在英格兰流行的"堂区辖界巡视"（beating of the bounds）列队行走仪式；这个仪式旨在确定堂区辖界，可以认为是一种"表演地图"。㉕

图形式呈现的元素（如点、线、面等观念）的重要性不仅在不同社会中不同，在同一人群中的不同个体那里也不同，认识到这一点也很重要。举例来说，线条可以代表边界、路径或景观中两个地理元素之间的联系；在现代西方地图学中，线这个概念极为基本，以至于"我们想当然地以为它们是现实的存在。在两个物质的点之间，它对我们昭然可见。在日期和行为之类隐喻性的点之间，我们也能看到它"。㉖ 然而，在巴布亚新几内亚的特罗布里恩群岛（Trobriand Islands）上的人群中，没有迹象表明他们会在行程中感知到连接点和点的线，因此把这种关系呈现为一条线的做法毫无意义。㉗

另外，西非的约鲁巴人认为线极为重要，甚至把它和文明联系在一起。在约鲁巴语中，"这个国家已经变文明了"这个表述在字面意义上意为"这块土地脸上已经有了线"。意为"让脸上结疤"的动词同时还有其他多种意义，与划定新边界及在森林中开路联系在一起；它们在一般的意义上都意味着把一种人类的图案加于自然界的混乱之上。㉘

问题和议题

在编纂本册书的时候出现了几个独特的问题和议题，只与后文要描述的地图相关。这些

㉓　Jerome S. Bruner, "On Cognitive Growth," in *Studies in Cognitive Growth*: *A Collaboration at the Center for Cognitive Studies*, ed. Jerome S. Bruner et al. (New York: John Wiley, 1966), 1 – 29, 特别是 7 页；及 Jack Goody, *The Domestication of the Savage Mind* (Cambridge: Cambridge University Press, 1977), 110。（译注：缅因、新罕布什尔和佛蒙特州是美国新英格兰地区的三个州，三者顺次接壤。）

㉔　Goody, *Domestication*, 107 – 108.

㉕　《地图学史》的第一卷是 *Cartography in Prehistoric, Ancient, and Medieval Europe and the Mediterranean*, ed. J. B. Harley and David Woodward (Chicago: University of Chicago Press, 1987)。

㉖　Dorothy Lee, "Lineal and Nonlineal Codifications of Reality," in *Symbolic Anthropology*: *A Reader in the Study of Symbols and Meanings*, ed. Janet L. Dolgin, David S. Kemnitzer, and David Murray Schneider (New York: Columbia University Press, 1977), 151 – 164, 特别是 155 页。

㉗　Lee, "Lineal and Nonlineal Codification," 159 – 160。李（Lee）在详细论述后说："在当地无人使用可用来暗示连续性的用语：既没有'沿着海岸'，又没有'在……周围'或'向北'。"

㉘　Robert Farris Thompson, "Yoruba Artistic Criticism," in *The Traditional Artist in African Societies*, ed. Warren L. d'Azevedo (Bloomington: Indiana University Press, 1973), 18 – 61, 特别是 35—36 页。

问题包括：从西方视角研究这些地图造成的问题，因为研究进路的多样性而可能产生的遗漏问题，以及什么构成了地图的定义问题。产生的议题则包括跨文化比较的可行性，以及让地图学及其历史能够在人类学、民族史以至文化地理学中处于更中心地位的途径。

偏差问题

很多研究文化的学者往往在文章一开头就说研究文化是一项"有风险的工作"，仿佛这样就可以让他们免于错误。然而，这样的声明并不能阻止他们犯错。[29] 通过现代西方之眼正确地解读传统非洲、美洲、北极地区、澳大利亚和太平洋地区的地图学当然是不可能的。事实上，本册的编者把形式如此多样的表达汇集在一册书中——尽管我们不会把描述的所有东西都称为地图或以"传统"来形容——这种做法本身就不可避免地暴露了一种偏差。

本册中提到的人造物证据保存为多种多样的物理状态——从很大程度上不受欧洲影响的形式，到在其他地方雕版和出版的地图的抄本和复制本，形成一条连续的谱系。同时代的那些意图帮助理解的注解的价值很少能得到准确评估。很多人造物已不复存在，只能通过同时代的报告为人知晓。这些描述不可避免会为记录它们的那种环境所过滤，想要矫正这种过滤基本不可能。几乎没有什么真正本土的地图人造物能从其原住民持有者那里交到非原住民的收藏中。本册作者能较为容易找到的大部分材料制作于西方人和本土人群的历史遭遇过程中，其中不可避免会产生文化涵化（acculturation）。因此，这些记录能在多大程度上代表整幅图景，是难以判断的。

一个相关的议题是物质人造物的保存或归档。很多国家的政府通过了新法律，允许本土人群取回其遗产，要求博物馆返还其文化的人造物；因为大多数传统社会此前都是通过人造物收集以外的方式保存其文化，所以现在还不清楚这些新法律的实施是有助于人造物的长期保存，还是起到阻碍作用——如果这确实是个问题的话。与此同时，就像本册插图中的版权声明所示，绝大多数的传统人造物都保存在按照欧洲式博物馆的风格建立的储藏库中，而这种风格充分发展的形式是一个相当晚近的概念，是文艺复兴以后才出现的。得到保存的那些人造物因此通常都是根据西方的鉴赏和收集文化为其赋予的价值而挑选出来的东西。因为这些人造物在私人收藏中经过转手，除了它们内在的美学价值外，又积累了来自其来源——这是出版的展览目录或拍卖目录的描述上总要介绍的一个收藏位置——的重要性。就像西方的"伟大地图"一样，有少数传统人造物也反复作为插图引用和描述，它们的重要性因此得到了公认。

历史记录的研究还有更多困难。一些史前岩画艺术可能具有地图的功能，但这种解读必然是推测性的。很多保存下来的岩画艺术是在漫长时期中积累出来的；经常会有较晚期的内容添加上去，而这些晚期内容的作者对于参与创造这些艺术的早期文化知之甚少，甚至一无所知。因此，为岩画艺术和最初创作它们的文化所建立的联系总免不了推测。不仅如此，很

---

[29] 比如在以下文献中就可以看到这样的表述：Eric Mark Kramer, "Gebser and Culture," in *Consciousness and Culture：An Introduction to the Thought of Jean Gebser*, ed. Eric Mark Kramer（Westport, Conn.：Greenwood Press, 1992），1-60，特别是第1页。

多岩画艺术毫无疑问反映了秘传的、神秘的萨满教的知识，这些知识的形象化呈现会拥有多重意义。

解读困难性的另一个例子是《红记录》（Walam Olum）。这是 19 世纪描述的一份象形文字记录，但现已不存，一些人相信它是特拉华人（伦尼莱纳佩人）的古代历史。《红记录》讲述的是一个史诗性的移民故事，提到特拉华人的祖先穿过白令海峡，在北美洲大陆上向南和东迁徙，到达以特拉华谷为中心的家园，最后则描述了欧洲船只在大约 1620 年时抵达特拉华河。一些学者把这份记录写成的时间定到 18 世纪晚期或 19 世纪，按照他们的解读，这代表了这些原住民在面对社会瓦解和被迫进行的迁徙时想要创造统一叙事的真正的努力。[30] 然而就在最近，有很强的证据表明这是北美洲最古老的骗局之一，可与英格兰的皮尔当人（Piltdown man）骗局媲美。[31] 对特拉华人来说，那部史诗完全可能构成从他们祖先那里流传下来的叙事的一部分，我们也可以接受这种设定。但在面对这样的解读困难时，最好还是对它协助或指导考古学研究或历史研究的价值抱以最大的警惕。[32]

然而，还有一个与此相伴的问题，就是传统人群在缺乏历史记录的情况下书写他们自己的历史。偏差问题并没有阻止本土族群的现代后裔去"重写"和"重新解读"他们的历史。比如说，最近有一部关于怀塔哈人（Waitaha）传统的历史著作就遭到了几位学者的批评，他们认为这部历史在没有证据的情况下假设定居神话流传了更长时间。[33]

虽然不管由谁来书写地图学史，偏差都可能存在，但我们大概并没有被文化束缚到任何努力都徒劳无功的地步。一些人类学者、考古学者、艺术史学者、地理学者和历史学者对他们所描述的文化和文献有深刻了解，我们相信，从这些学者中遴选出一支世界团队可以在一定程度上减轻各种偏差问题。因此，在《地图学史》各卷册中，本册是在布鲁诺·阿德勒（Bruno Adler）1910 年的开创性研究之后描述和解释传统地图学的第一次全球性尝试。[34]

---

[30] 比如以下著作：David McCutchen, trans. and annotator, *The Red Record, the Wallam Olum：The Oldest Native North American History* (Garden City Park, N. Y.：Avery, 1993)；Joe Napora, trans., *The Walam Olum* (Greenfield Center, N. Y.：Greenfield Review Press, 1992)；以及 *Walam Olum：or, Red Score, the Migration Legend of the Lenni Lenape or Delaware Indians：A New Translation, Interpreted by Linguistic, Historical, Archaeological, Ethnological, and Physical Anthropological Studies* (Indianapolis：Indiana Historical Society, 1954)。

[31] David M. Oestreicher, "The Anatomy of the Walam Olum：The Dissection of a Nineteenth-Century Anthropological Hoax" (Ph. D diss., Rutgers Universitym 1995), 及同一作者的 "Unmasking the *Walam Olum*：A 19th-Century Hoax," *Bulletin of the Archaeological Society of New Jersey* 49 (1994)：1 – 44。（译注：皮尔当人是 20 世纪初在英格兰出土的"古人类化石"，一度被认为属于猿人化石，到 20 世纪中期才发现是用人的头骨与类人猿的下颌骨和牙齿拼凑出来的赝品。）

[32] 把口述传统作为历史的可靠性问题颇为复杂而富有争议，比如可参考以下文献：Victor W. Turner, "Symbols in African Ritual," in *Symbolic Anthropology：A Reader in the Study of Symbols and Meanings*, ed. Janet L. Dolgin, David S. Kemnitzer, and David Murray Schneider (New York：Columbia University Press, 1977), 183 – 194, 及 Jan Vansina, *Oral Tradition as History* (Madison：University of Wisconsin Press, 1985)。彼得·纳博科夫（Peter Nabokov）最近也针对北美洲原住民讨论了这个问题，参见他的 "Native Views of History," in *The Cambridge History of the Native Peoples of the Americas*, vol. 1, *North America*, 2 pts., ed. Bruce G. Trigger and Wilcomb E. Washburn (Cambridge：Cambridge University Press, 1996), pt. 1, 1 – 59。

[33] 比如 Tipene O'Regan, "Old Myths and New Politics：Some Contemporary Uses of Traditional History," *New Zealand Journal of History* 26 (1992)：5 – 27。

[34] Bruno Adler, "Karty pervobytnykh narodov" （原始社会民众的地图），*Izvestiya Imperatorskago Obshchestva Lyubiteley Yestestvoznanya, Antropologii i Etnografii：Trudy Geograficheskago Otdelinitya* （帝国自然科学、人类学和民族学爱好者学会会刊：《地理学报》）119, no. 2 (1910)。

进路多样性问题

　　尽管像本册书这样的著作需要由多位作者完成，我们不可能期待任何一位学者能对书中所涉及的文化都具有民族志、历史和地理学的全球性知识，但这样的写作项目就因此会涉及种类繁多的研究进路。本册的作者不仅分属不同学术领域，而且正如我们在本篇导论前面讨论心象制图和表演地图学时所示，他们对什么是地图也有极为多样的解读。不仅如此，尽管我们已经试图去涵盖世界上的主要文化，但因为有关一些主题的文献极度匮乏，那些可以解读为地图的人造物又缺乏熟悉它们的专家，所以本册不可避免会有遗漏和自相矛盾之处。[35]此外，本土人群为了民族志研究或申明自己的领地而绘有一些"现代"地图，不同作者对这些地图的强调程度也不同，这也是本册书内部存在的不一致性。同样，一些作者详细讨论了殖民接触时期为欧洲人所绘的地图，但另一些作者就只是偶尔提及这类地图。本册最为严重的空缺可能是没有专门的章节介绍书中讨论的很多文化——特别是北美洲——的天体地图学和宇宙志地图学，而在《地图学史》介绍伊斯兰和亚洲传统地图学的两册（第二卷第一册和第二册）中则有这样的专门章节。因此，比起之前出版的各卷册来，本册研究进路的差异性可能更为明显。然而，如果把这些论述合而观之，它们仍然为接触前制图提供了多重洞察力，而且比起那种更严谨的百科全书式撰述方法可能呈现的文本来，也有更丰富的语篇特性。

跨文化比较问题

　　通过把传统地图学都放在《地图学史》第二卷中，我们假定在不同文化的地图之间有必要做某些比较，而且这种比较最终是可行的。如果所有地图都需要一些有关其文化语境的知识才能让我们提取出其意义，那么地图的比较其实就是文化的比较。

　　自弗兰茨·博厄斯（Franz Boas）在1896年的讨论之后，这个问题一直得到人类学者和地理学者的关注。乔治·彼得·默多克（George Peter Murdock）认为他主持的"跨文化考察"（Cross-Cultural Survey）始于1937年的耶鲁大学，这一工作的基础的信念是：所有人类文化，尽管有丰富的多样性，在根本上仍然有很多共通之处，而这些共同方面是可以进行量化分析的。这样的研究项目需要对文化特征进行系统性编目和归类；通过分析这样的全球性数据库，便可以构建假说、引出结论。[36]对这种进路的批评是，尽管这样可以完成大量有用

---

　　[35]　举例来说，本册中有一章介绍了巴布亚新几内亚，但没有介绍新几内亚岛西部伊里安查亚地区（现属印度尼西亚）的章节。本册还介绍了南部非洲岩画艺术中的地图学元素，但没有提及马达加斯加的本土地图学。对南美洲来说，本册重点关注的是巴西和安第斯山区，而非阿根廷、智利和乌拉圭的本土制图传统。

　　[36]　George Peter Murdock, "The Cross-Cultural Survey," *American Sociological Review* 5 (1940): 361 – 370. 默多克的系统后来发展为"人类关系区域档案"（Human Relation Area Files, HRAF），在耶鲁大学收集了将近一百万页的文化信息，可以通过相关的学术机构共同体访问。已经有人在这一资料库中系统地检查了空间符号行为的本质、演化和过程的证据，参见 Ezra B. W. Zubrow and Patrick T. Daly, "Symbolic Behavior: The Origin of a Spatial Perspective," 为英国剑桥的麦克唐纳研究所（McDonald Institute）和圣体学院（Corpus Christi College）召开的会议提交的论文，1997年9月。

的田野工作、收集大量数据，但它无法解释文化中的地方性细节，也即文化实践在其中发生的那些彼此非常不同的地方性语境。

既然由本册所讨论的文化制作的地图通常建构自地方性知识、语义系统和物质材料，在写作中利用西方的语汇，使用点、线和颜色这些图形元素作为构图元件术语来试图从结构上分析这些地图，也就颇为困难。这一进路忽略了这些作品的创作理由，而这些理由几乎总是地方性的。[37] 如果采取符号学的进路，把这些地方性语境存诸心中，则效果要好得多。因此格尔茨（Geertz）写道：

> 如果我们要建立艺术的符号学（或就此而言，任何不具备公理自足性的符号系统的符号学），那么我们就要从某种博物学的角度考察标记和符号，进行意义载体的民族志研究。这样的标记和符号，这样的意义载体，在一个社会或其某个部分的生活中发挥着作用，事实上也正是这种社会生活为它们赋予了生命。……这不是在呼唤一种归纳主义——我们显然不需要事例的编目——而是请求研究者把皮尔士（Peirce）、索绪尔（Saussure）、列维－斯特劳斯（Lévi-Strauss）或古德曼（Goodman）的符号理论的分析力量做一调整，不是去抽象地调查符号，而是把它们放在其天然生境——人们在其中看、命名、听和制作的公共世界——中考察。[38]

让地图不再边缘化

在第一卷的序言中，主编指出地图学史"在学术的几条路径之间占据了一块无人之地"。[39] 对本册中介绍的地图（既包括作为物质人造物的地图，又包括作为给空间理解编码的隐喻的地图）来说，我们更是不得不说，在讨论欧洲和非欧洲文化的不同之处时，它们的重要性还没有得到人类学者、民族志学者、文化史家和文化心理学者的充分认识。

特别地，研究较为充分的传统社会中的地图、制图和用图还没有受到文化人类学者的足够注意。这可能反映了田野人类学者对"地图"的察觉性不足，或者可能反映了空间呈现在他们所研究的社会中处于边缘地位，具体是哪种情况还不清楚。人们一般的印象是，陆地图在狩猎社会中比在采集者、牧民或农耕者那里更重要。这种差别可能与人群活动所覆盖的陆地范围、相对容易利用的天然路线的重复利用以及猎物搜寻活动的空间本质都有关系。然而，我们还不清楚现在可以运用的全球证据是否有足够的代表性，可以在全世界范围内检验这些推测性的假说。

我们对传统社会中的地图和制图所知的大部分内容，来自广泛得到历史学者使用的那些类型的资源：博物馆、档案馆、专门收藏、早年印刷的旅行记录以及多种类型的官方出版物。因此多少令人意外的是，哪怕是历史学者中的民族史学者，也很少使用现存的地图作为证据。

---

[37] Kenneth A. Rice, *Geertz and Culture* (Ann Arbor: University of Michigan Press, 1980), 190.

[38] Clifford Geertz, *Local Knowledge: Further Essays in Interpretive Anthropology* (New York: Basic Books, 1983), 118 – 119.

[39] "Preface," xv （注释 2）。

这样来看，研究探险和发现的历史学者尤其疏于职守。不管有好处还是坏处，探险家在穿越某个地域时，常常根据占据那里的人群提供的地图决定其行动，有时这会导致不幸后果。导致这些麻烦的是错误的信息还是错误的理解，是一个很有趣的问题。然而，除了那些对传统社会制作的地图怀有特殊兴趣的人，即使是研究地图学史的学者似乎也都对这些地图的关键作用茫然无知。令人惊讶的是，他们几乎从未尝试去分析探险过程，识别出最后绘制出的地图上的关键特征，或从当时的地图使用者或地图学通史的角度考虑探险的结果。此外，历史时期的传统社会制作的地图有可能揭示古代史前社会的遗址、路径甚至边界，但除了很少例外，考古学者似乎一直都对这种可能性视而不见。

为什么地图一直处于这么明显的边缘化地位？可能因为它们只是这个世界的粗劣而无足轻重的过简化呈现，经常妨碍我们去理解这个世界。阿尔弗雷德·科日布斯基（Alfred Korzybski）有一句名言"地图不是疆域"，一直为很多学者所响应。[40] 然而，认识景观的所有方式——说话、书写、歌唱和绘画——在呈现景观时都蒙着各自的面纱。媒介在消息之外会倾向于呈现它自己的特色，所以我们不可能始终把呈现的结果和被呈现之物分开。事实上，人们现在有时引用科日布斯基这句话，只是为了推翻它。[41] 在有的社会中，地图有时就是疆域，用丹尼尔·布尔斯廷（Daniel Boorstin）的话来说，我们已经"在我们和生活的事实中"建立了"非实在的榛莽"；那么在这样的社会中，我们可以肯定，去理解那些被错误当成实在的媒介就更为重要。

还有一个原因可导致地图在文化研究中的边缘化。对文化感兴趣的人类学学者、历史学者和心理学者并不总是能意识到人类行为中空间表达的一面。因此，他们并没有察觉本册中介绍的很多人造物传达了空间信息。举例来说，这样的人造物包括：在有关安第斯山原住民的空间呈现的一章中介绍的陶器和织物；巴布亚新几内亚特罗布里恩群岛居民盾牌上的象征符号；中部非洲卡邦戈地区的卢巴人的"卢卡萨"助记板；以及中澳大利亚南部艾尔湖地区的"托阿"。

当然，我们可以用一项研究来表明本土文化中的地图提供了这种文化以自己的方式进行文化创世（cultural worldmaking）的证据——而我们正是希望《地图学史》的这一册达到这个目的。地图可见于世俗世界和灵魂世界的交界处；它处理了各个社会的空间性世界观（从景观和世界秩序两个意义上都是如此）；它还常常反映了一个社会对其历史和起源的观点。地图位于表演和人造物、视觉和听觉、静态和动态的结合点上。人类对找路和获得"各得其所"的感觉有如此根深蒂固而普适的需求，而地图可以让我们洞见这种需求。在以视觉方式从全球、大陆、国家和地区的不同尺度思考世界时，地图是多功能而必不可少的工具。它们塑造了科学假说，促成了政治和军事策略，打造了社会政策，反映了有关景观的文

---

⑩　Alfred Korzybski, *Science and Sanity: An Introduction to Non-Aristotelian Systems and General Semantics*, 4th ed. (Lakeville, Conn.: International Non-Aristotelian Library, 1958), 750. 下述专著即以此为主题: S. I. Hayakawa, *Language in Thought and Action*, 3d ed. (New York: Harcourt Brace Jovanovich, 1972), 27–30。

㊶　近期对这个议题的讨论可参见 Geoff King, *Mapping Reality: An Exploration of Cultural Cartographies* (New York: St. Martin's Press, 1996), 78–102。金（King）引用的布尔斯廷的原文见于 Daniel J. Boorstin, *The Image: A Guide to Pseudo-Events in America*, 25th anniversary ed. (New York: Atheneum, 1987), 3。

化观念，还是社会权力和政治权力的代理。它们还交流、解释并保存了对文化存续至关重要的信息。从这些属性来考虑的话，本册中的地图可以提供一幅画面，让人可以从中看到原住民如何审视和呈现这个世界。它们不仅阐明了和物质文化相关的问题，而且阐明了作为这些问题基础的认知系统和社会动机。

非洲的传统地图学

第二章　南部非洲岩画艺术中的制图内容

蒂姆·马格斯（Tim Maggs）

化石和考古学证据表明，非洲是人类和人类文化的摇篮，这是无可争辩的定谳。同样，当前有关解剖学意义的现代人类的出现、现代行为模式（包括艺术的源头）的出现的大部分争论也都重点关注非洲的证据。尽管早期艺术在热带非洲还几乎没什么现成证据，但在南部非洲——在本章中定义为赞比西（Zambezi）河和库内内（Cunene）河以南——已经有了定年为至少 2.5 万年前的岩画艺术。这使非洲岩画艺术的源头与全世界最古老的艺术处于相同的时间范围内。

在南部非洲，石器时代序列在大约 3 万年前发生了一次显著变化，由此进入了所谓的"晚石器时代"（Later Stone Age）。这一文化期虽然与欧洲的"旧石器时代晚期"（Upper Paleolithic）不十分相似，但同样都与岩石上的绘画和雕刻联系在一起。这一时代早期的艺术虽然还几无可知，但在最近五千年，我们却能看到大量制作的岩画图像。这些图像包括绘画和雕刻两类。绘画在非洲大陆这一部分的所有地区都有出现，本地的地质地形使洞穴和岩棚（rock-shelter）得以形成；雕刻则见于较为干旱的中西部地区的很多地方，那里有适于雕刻的岩石露头。有些岩画艺术可以和特定的人类群体联系在一起，而这些人群基本都是营狩猎—采集生活的科伊桑人（Khoisan）。科伊桑人虽然常被其他人群叫作"布须曼人"（Bushmen）或桑人（San），但这两个称呼常有蔑视色彩。

对南部非洲岩画艺术的解读，在 20 世纪经历了几次较为缓慢的大起大落。最为重要的进展出现在最近 20 年，文尼科姆（Vinnicombe）、刘易斯－威廉斯（Lewis-Williams）等人做了先驱性工作。他们把对艺术本身的谨慎研究、对卡拉哈里（Kalahari）沙漠中最后的狩猎—采集者进行现代人类学研究所获得的发现以及 19 世纪民族志［主要是布利克（Bleek）家族对开普省（Cape Province）尚存的狩猎—采集者所做的记录］的认真修订结合在一起。①

19 世纪和 20 世纪的民族志与岩画艺术之间几乎没有直接联系。实际创作这些艺术的群体对这些作品的想法也很少有记录。事实上，绝大多数民族志来自绝少或没有岩画的地区，而最为知名的岩画却来自在狩猎—采集人群消亡之前绝少或没有民族志记录的地

---

① 这种新研究范式最早的主要著作是 Patricia Vinnicombe, *People of the Eland：Rock Paintings of the Drekensberg Bushmen as a Reflection of Their Life and Thought*（Pietermaritzburg：University of Natal Press, 1976）以及 J. David Lewis-Williams, *Believing and Seeing：Symbolic Meanings in Southern San Rock Paintings*（London：Academic Press, 1981）。如今又有了大量文献，很多由刘易斯－威廉斯及其学生和同事撰著。

区。因此，我们很难理解这些艺术及其背后的动机。在近些年来人类学研究揭示出现存卡拉哈里狩猎—采集者的宇宙观之前，19 世纪的大量记录大部分难以理解（它们曾被归入神话范畴）。

处在新范式中心的是萨满宗教（shamanistic religion）的角色，如今已知这是科伊桑狩猎—采集社会的特征。这些艺术被认为在很大程度上反映了这种宗教，包括萨满在失神仪式（trance ceremonies）中的神秘经验和视觉感受。除非地图学在定义上宽到把宇宙观主题包括其中，否则这种解读会从根本上明确地否定这些艺术的地图学本质。

上一代的岩画艺术研究者主要是业余爱好者，在寻找和记录岩画艺术上有大量田野经验；他们确曾认为有几件作品描绘了景观地物。通常来说，这些研究者采取了一种在 20 世纪 50 年代到 70 年代间发展起来的非理论范式，作为对昂利·布勒伊（Henri Breuil）和其他人的超传播主义（hyperdiffusionism）的响应（他们把南部非洲的艺术视为地中海"文明"旁支的创造）。[②] 在下文中会举例说明，这种直接解读的进路后来如何被符合萨满教范式的更复杂的解读所取代（见图版 1 和图 2.3）。尽管当前的解读方式会因此否认这些艺术中的元素表现了实际的景观特征，但是其中还是有某些方面似乎涉及宇宙尺度的空间理解，这些会在下文中讨论。

除了石器时代文化以外，最近两千年中，还有另外两种生活方式在欧洲殖民主义到来之前到达南部非洲。起源于科伊桑人的畜牧者占据了这一地区较为干旱的西部和西南部，而讲班图（Bantu）语的农耕者拥有冶金技术，他们占据了降水量足够作物生长的东部。对于畜牧者是否对岩画艺术有贡献的问题，考古学家至今仍无一致意见。但因为最可能由畜牧者创作的图像类型——手印和点阵图形——目前并未从空间上进行解读，所以在本章中可以不去考虑这类图像。不过，由农耕者创作的岩画艺术尽管至今还少为人知、少有研究，其中的地图学主题却占据优势地位，因此也需要有较为详细的论述。

有一些绘画，主要是所谓"后期白画"（late white）系列，人们也认为由农耕社会创作。这些图像广布于南部非洲，向北远达坦桑尼亚，是很多不同社群的作品，但大部分是白色或黄白色的手指画，主题多为人与动物。[③] 然而，与农耕社群有关的更常见的图像，以及那些很明显以地图学为主题的图像，是在暴露的岩石露头上戳制或刮制的雕画，其地点近于这些人群定居处的考古遗存。建筑遗存与雕画的距离很近，而它们又反映了相同的平面图，这使二者可以详细比较，也利于定年。因为这些人群的定居模式就是殖民统治之前最近几百年中这些社群的特征，所以我们能够把大多数雕画定年到最近五百年中，尽管农耕者到达南部非洲的时间要比这早一千年。

广泛散布在数以千计的遗址中的狩猎—采集艺术是丰富的图像资源，但在当前语境下，其中只有很少元素与地图学相关。另外，农耕者雕画要少得多，而且局限于少数地区，但它们关注的核心，却是对当地社群最为重要的空间元素的理解。

---

② 比如可参见 Henri Breuil, *The White Lady of Brandberg*, rev. ed., 为 *The Rock Paintings of Southern Africa* (Paris: Trianon Press, 1966) 的第 1 卷，特别是 9—15 页。

③ Frans E. Prins and Sian Hall, "Expressions of Fertilily in the Rock Art of Bantu-Speaking Agriculturists," *African Archaeological Review* 12 (1994): 171–203.

狩猎—采集者艺术

这种艺术的内容具有形象性的本质；绝大多数图像表现了人类、动物或兽人（结合了人类和动物特征的形象）。在早年研究中，曾有人提出过观点，认为岩画艺术中的个别作品可能是某种形式的地图。④ 这些图像通常由线条组成，有时线条把其他母题（包括图像）连在一起。在约 1980 年以前撰述的报告中，这些线条常被认作路径或河流。然而，在当前的萨满教解读框架内，这些构图在本质上可能并不是物理性的，而是超自然的。

本地区西部克兰威廉（Clanwilliam）的一幅名为"战斗和逃走"的场景图可以很好地阐明这种解读上的转变（图版 1）。在 1979 年，这幅画曾被认为直接描绘了两个狩猎—采集人群的战斗，其中一群人在岩棚里设置了陷阱，而另一群人的几个个体正设法逃出陷阱，他们的路线以线条表示。⑤ 但到 1990 年，人们已经注意到这种解读中的矛盾之处。比如说，周围的人像之一拿着一卷线条，说明它可能不是通常会用线条代表的足迹，而是别的什么东西。此外，攻击者所站立的线条也与另一群人之一的弓和头连在一起。最近的评述者指出，在狩猎—采集宗教中存在民族学证据，表明治疗会被视为恶灵和神志恍惚的萨满之间的战斗，其中常会涉及箭头。在这幅画中，中间一组形象左边的形象身中五支白箭，每一支都有夸张的槽口，下面有一条红色虚线，但这些人群使用的箭并无这些特征。如今，人们认为这幅画表述的是失神表演和神秘潜能的概念，而不是现实中的冲突。⑥

即使这样，我们仍然可以识别出其构图中空间图案的元素，尽管当前的解读会把这幅画置于超自然空间而不是物理空间之中。画中表现了岩棚的地形特征。艺术家在岩石表面仔细地选择了一个天然的凹陷，用来表现岩棚，然后用颜料画出一条宽阔的条纹，标出凹陷的轮廓，这是图像和浮雕技术的罕见结合。尽管把这幅图归为宇宙志地图会引发争议，但其中肯定有宇宙志地图的元素。

有几幅作品包括了诸如舞蹈、狩猎和采蜜（在场景中有梯子、解读为蜂巢的图形和代表蜜蜂的圆点）等活动的空间元素。⑦ 这种艺术在最后一个时期的作品见于纳塔尔（Natal）的德拉肯斯（Drakensberg）山脉，可以根据马和枪支的出现定年到 19 世纪中期，其中包括了详细的活动场景。对山区最后的狩猎—采集者来说，这是一个生存压力极大的时期，他们通过偷袭定居者的牲畜对殖民扩张做出反应。图 2.1 展示了一处宿营地，其中有妇女和儿童；

15

---

④ 在以下著作中可以找到一些例子：Harald L. Pager, *Ndedema*: *A Documentation of the Rock Paintings of the Ndedema Gorge*（Graz: Akedemische Druck-u. Verlagsanstalt, 1971），特别是 325—326 页和图 212，以及 D. Neil Lee and H. C. Woodhouse, *Art on the Rocks of Southern Africa*（Cape Town: Purnell, 1970），特别是 139—148 页。

⑤ R. Townley Johnson, *Major Rock Paintings of Southern Africa*: *Facsimile Reproductions*, ed. T. M. O'C. [Tim.] Maggs（Cape Town: D. Philip, 1979），63 – 64 and pl. 67.

⑥ J. David Lewis-Williams and Thomas A. Dowson, "Through the Veil: San Rock Paintings and the Rock Face," *South African Archaeological Bulletin* 45（1990）: 5 – 16, 特别是 5—6 页，及 Royden Yates, John Parkington, and Tony Manhire, *Pictures from the Past*: *A History of the Interpretation of Rock Paintings and Engravings of Southern Africa*（Pietermaritzburg: Centaur, 1990），52.

⑦ Aron David Mazel, "Distribution of Painting Themes in the Natal Drakensberg," *Annals of the Natal Museum* 25（1982）: 67 – 82, 及 Harald L. Pager, "The Magico-religious Importance of Bees and Honey for the Rock Painters and Bushmen of Southern Africa," *South African Bee Journal* 46（1974）: 6 – 9.

这幅图又是一块更大的画板的一部分，在画板上还展示了骑手正在把很可能是偷来的马和牛赶往营地。⑧ 这种类型的作品在狩猎—采集者艺术中可能最为接近地理图。然而即使在这个场景中也仍然有一些元素，显示它的创作至少部分是出于宇宙空间而不是地理空间的考虑。在营地的左边不远处是一只形似河马的巨大生物，被解读为一只"雨兽"（rain animal），正被四个人牵向营地，而这是失神的萨满表演的一种神秘行为。

在其他类型的作品中，线起着主要作用；这些作品在近年也得到了类似的解读。南非绘画的一些最复杂的作品［比如林顿画板（Linton panel）］中会有一根红色细线，其两侧常有白色圆点；这根红线把多种形象连在一起。⑨ 在这些作品中，这些被串联的形象既有人类又有动物，有的还把人类与画出了蹄子之类细节的动物（特别是羚羊）连在一起。在串联的动物中，最重要的是大羚羊（eland），狩猎—采集者相信它是特别有力的神秘力量来源；萨满需要这种动物，在失神之时履行他的灵魂责任。

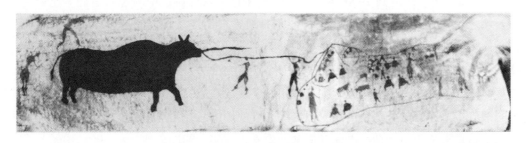

15

图 2.1　巴姆布山（Bamboo Mountain）画板局部

这幅精致的场景描绘的是骑着马返回营地的狩猎—采集者。图中所示为画板的左侧，其中有营地，以现实主义手法绘制。然而在营地左侧却是神秘的雨兽和四个有萨满属性的人（向前弯身的姿势、流血的鼻子、竖起的头发和手执的拂尘）。因此，这个场景并不只是对实际事件的记录。画板原位于纳塔尔省德拉肯斯山脉南部，后在 1910 年分成几段转移至彼得马里茨堡的纳塔尔博物馆。

画板全长 250 厘米。Natal Museum, Pietermaritzburg 许可使用（site no. 29929CB 44；acc. nos. A2a, A2b, A2c, A3, A4；detail 1980/94/24）。

刘易斯－威廉斯认为，"不管这根线和旁边的圆点有什么样的专门意义，它显然把整幅画板上描绘的图像连在一起。即使画板不是一幅连贯的、可识别的'场景'，它在观念上也是一个整体，把日常生活的实在世界与萨满通过神秘力量的活动进入的灵魂世界联系在一起"。⑩ 这些岩画画板并非以西方绘画的方式创作，而似乎随着时间推移不断积累了后继的艺术家添加的画笔。"一幅复杂的画板，是很多宗教体验和直觉的升华。"⑪

16

在某些类型的岩画中，空间的另一个宇宙观方面也得到明显的描绘，这就是萨满在失神中所经行的"路线"。与失神相伴的感觉通常包括寒冷、俯视地洞或旋涡、与萨满本人及其

---

⑧　Vinnicombe, *People of the Eland*, 43–44 及图 24–26（注释 1）。

⑨　J. David Lewis-Williams, *The World of Man and the World of Spirit: An Interpretation of the Linton Rock Paintings*（Cape Town: South African Museum, 1988），2, 12–13. 这幅重要的图板从东开普省的德拉肯斯山脉取走，现存于开普敦的南非博物馆。

⑩　Lewis-Williams, *Would of Man*, 13. 亦参见 Thomas A. Dowson, "New Light on the 'Thin Red Line': Neuropsychology and Ethnography"（B. Sc. honors thesis, University of Witwatersrand, 1988）。

⑪　Lewis-Williams, *World of Man*, 13.

周边环境的尺度有关的幻觉以及灵魂与躯体的脱离和出窍游走。萨满会感到他正在水底前行，或是经由岩石上的隧道在地下潜行，而抵达灵魂世界。刘易斯－威廉斯和道森（Dowson）认为，岩棚的侧壁连同其上的绘画在某种意义上是萨满在失神期间感到他所穿越的"华丽面纱"（painted veil）。[12] 描绘这种感觉的绘画可以把岩石表面的天然缝隙、空洞和其他的不规则形态利用起来。这些绘画经常展示一些形象——甚至是成列的形象——通过这些岩面形态在岩石上出现或进入岩石之中（图2.2）。这些形象可以是人或动物，有时候则是不同生物的混合。比如长着大羚羊头部的人体这种半兽半人的形象，说明萨满相信他可以在失神中变成动物；此外还有长着耳朵和獠牙在岩面上四处蜿蜒的蛇形。这种整合了岩石天然特征的绘画在南非广泛分布。在地图学的语境中，其重要之处在于艺术家能够把岩石画布的自然表面考虑起来，让它们呈现"景观"特征，而且偶尔也真的会这么做，尽管他们呈现的是一种宇宙景观，而不是自然景观。

今天，人们广泛承认津巴布韦的岩画也像更南边的岩画一样，广泛反映了相同的狩猎—采集者宇宙观。然而，这些绘画与南部绘画的不同之处在于，其中有一些元素，过去多年来都被解读为景观特征。由斑点构成的云状或线状排列被视为植被或水体，像一包香肠一样紧 17

0　3厘米

图2.2　作为语境的岩石表面 16

　　此图作为例子展示了从岩石上的天然缝隙中出现的几个人形，这些缝隙已经用黑色颜料勾勒出来。画中其他和失神有关的方面包括长着羚羊头的人类、流血的鼻子、顶部的拂尘以及象征萨满在失神中体会到的水下冰冷感觉的水中生物。

　　绘于东开普省德拉肯斯山脉。引自 J. David Lewis-Williams and Thomas A. Dowson, "Through the Veil: San Rock Paintings and the Rock Face," *South African Archaeological Bulletin* 45 (1990): 5–16, 特别是第8页（图3A）。San Heritage Centre, University of the Witwatersrand 许可使用。

---

　　[12]　Lewis-Williams and Dowson, "Through the Veil"（注释6）。

密交织在一起的卵形则被视为花岗岩丘陵上的巨砾，而它们是津巴布韦岩画艺术分布地区极具特征性的景观。[13] 图 2.3 是一幅巨大画板的一部，这幅画板位于一块巨砾的两面，把这些元素与树木、人形和动物形都整合在一起，使人们很容易把它解释成自然景观中由这些形象构成的场景。其中一棵树的树干甚至还沿着一个卵形的顶部弯曲，仿佛这个卵形真的就是一块巨砾。

16

图 2.3　有树木和卵形的绘画

　　图中是一大幅作品的左半部的细部，展示了树木、卵形和条状斑纹的组合，并有几个人形和一张兽皮。当前研究的解读结论与以前的景观解读相反，认为这幅图涉及的是神秘力量。伊丽莎白·古道尔（Elizabeth Goodall）根据壁画原物的一个摹本以水彩摹绘。

　　原画尺寸：122.5 × 227.5 厘米。津巴布韦奇维洛湖罗伯特·麦基尔文国家公园（Robert McIlwaine National Park, Lake Chivero）。引自 Elizabeth Goodall, "Rock Paintings of Mashonaland," in *Prehistoric Rock Art of the Federation of Rhodesia and Nyasaland*, ed. Roger Summers（Salisbury, Southern Rhodesia: National Publications Trust, 1959），3 – 111, 特别是图版 8（17 页）。National Museums and Momuments, Harare 许可使用。

　　然而，对于这些特征的解读，研究者们远没有达成一致意见。最近就有人推测，成簇排

---

　　⑬　参见 Leo Frobenius, *Madsimu Dsangara: Südafrikanische Felsbilderchronik*, 2 vols.（1931；增加新材料后的重印本，Graz: Akademische Druck-u. Verlagsanstalt, 1962），1: 16, 23 – 25 和相关插图，及 Elizabeth Goodall, "Rock Paintings of Mashonaland," in *Prehistoric Rock Art of the Federation of Rhodesia and Nyasaland*, ed. Roger Summers（Salisbury, Southern Rhodesia: National Publications Trust, 1959），3 – 111, 特别是 60—76 页。

列的卵形可能代表了与狩猎—采集游团（bands）有关的空间划分或利用领地划分，就像今天在卡拉哈里沙漠所知的那样。如果我们接受这个观点的话，那么画中的卵形构图就确实是地图，尽管提出这个推测的学者本人认为"这些图像是利用领地的精致产物，是表现失神者在意识形态转变的状态下的旅行的隐喻性'地图'"。[14]

不过，津巴布韦岩画艺术当前的主要研究者彼得·加莱克（Peter Garlake）拒绝把这些独特特征解读为景观。他认为卵形和斑点呈现的都不是视觉实在的方面，而是神秘力量的多个方面。在这些绘画中，他看到了一个体系，其中卵形构图是关键符号，呈现了力量所在之处。卵圆由斑点构成的流动般的形状联结起来，这些流动形状实际上经常从卵形生出，流向其他构图或在它们周围流动。这些流动形状更常和树木联系在一起，但不能只是解读为树叶。斑点"似乎是勾勒一种渗透于自然和景观的力量的手段"。[15] 这些构图虽然不是景观，但和前文提到的狩猎—采集者艺术的其他方面一样，似乎为宇宙志观念提供了图像和空间向度。

农耕者的雕画

狩猎—采集者的宇宙观只是到了近年才开始为学界所理解；与他们不同，从19世纪后期开始，南部非洲的农耕社会就已经得到了深入研究，其成果可见于大量的文献。狩猎—采集者的生活方式已经完全绝迹，但在干旱的卡拉哈里地区，今天南部非洲的大多数人口仍然是较早的农耕者社群的后裔。这样一来，颇有讽刺意味的是，尽管狩猎—采集者艺术在国际上广为人知，但是农耕者的艺术却鲜有人研究，这种情况直到最近几年才有改观。

创作雕画的活动普遍不被视为这些班图语社群的特征，因此现在几乎没有这些图像的直接的民族志信息及其创作语境。我们必须把这些作品和其他考古证据加以比较，考察这些社会已经为人类学研究所知的社会结构，之后我们对这些作品的大部分理解才能重建出来。我们在这个领域的近期经验是，尽管当地人经常认为这些图像呈现了其祖先居住的某些种类的家族房群（homesteads），但这些人本人并不知道是谁创作了它们、为什么要创作。记录在案的唯一特殊案例来自纳塔尔的穆登（Muden）附近的厄斯金（Erskine）调查点；1956年，一位考古学者发现两个男孩正在创作家族房群平面图的雕画，并用来游戏。这两个男孩一个六岁，一个八岁，用较大和较小的石块分别代表成年牛只和牛犊；这些石块在雕出的建筑物中的畜栏里进进出出，仿佛是桌上游戏中的计数物。二人的父亲说，他小时候也创作过类似的雕画，而那时在这个调查点还有创作时间更早的几代雕画。[16]

农耕者雕画的分布范围远比狩猎—采集者艺术狭窄。首先，这些作品的分布仅限于南部非洲次大陆东半部地区，这里夏季的雨水足够热带农作物生长，供这些社群作为主食。但就是在这个地区中，就现在所知的分布范围来说，雕画也只限于特定地区，其范围很小，有时候彼此相隔很远（图2.4）。甚至在研究的早期阶段，学者就已经发现这些地区

⑭ Andrew B. Smith, "Metaphors of Space: Rock Art and Territoriality in Southern Africa," in *Contested Images: Diversity in Southern African Rock Art Research*, ed. Thomas A. Dowson and J. David Lewis-Williams（Johannesburg: Witwatersrand University Press, 1994），373-384，特别是384页。

⑮ Peter S. Garlake, *The Hunter's Vision: The Prehistoric Art of Zimbabwe*（Seattle: University of Washington Press, 1995），105.

⑯ B. D. Malan, "Old and New Rock Engravings in Natal, South Africa: A Zulu Game," *Antiquity* 31（1957）: 153-154.

明显具有两个共同特征，看来是这些雕画得以出现的关键因素。第一，这些地方都以草原植被为特征，或是处在草原边缘的热带稀树草原上；第二，雕画只出现在殖民前的石质建筑物附近。

一般来说，南部非洲的农耕者社群会在两种情况之下广泛以石材建造建筑物。大津巴布韦（Great Zimbabwe）传统的遗址处出现了石墙，用来巩固作为统治者的肖纳（Shona）人贵族的地位、增强他们的威望。这种类型的建筑并不反映在雕画之中。较之更常见、分布更广泛的情况，是规模较小的自给自足式农耕者社群把石材作为一般建材。较早的农耕者必须一直待在稀树草原地区，因为那里木材丰富，可以作为建材。在较晚的年代中，特别是在大约公元1500年以后，人口扩张到了很少或完全没有木材的草原地区，因此石材就成为一种重要的替代性建材。这一时期，在与草原接壤的一些稀树草原地区，较高的人口密度也导致人们采用石材，可能是因为木材已经短缺。这种稀树草原的边缘地带通常只能支持较稀疏的木本植被生长，如果过度采伐，便很容易转化为草原。

能够反映文化差异的地方建筑风格，体现在外观上，就是较软的材料换成了石材，但其

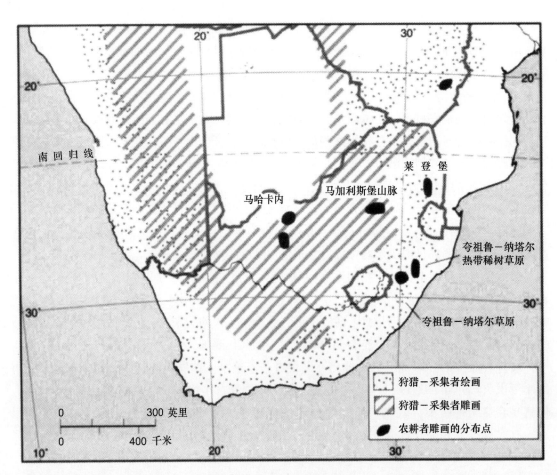

图2.4　南部非洲岩画艺术的分布

本图标明了南部非洲的狩猎—采集者绘画和雕画的主要分布区，以及至今已经记录到大量农耕者雕画的地区。除了图中标记的地区外，还有其他一些已知的分布点，因此这种类型的艺术的分布范围很可能要广泛得多。比如津巴布韦东部的几幅明显的家族房群雕画也完全可以归入这类艺术。

18

独特的建筑结构却保留下来。有的社群只用石材建造畜栏；其他一些社群则习惯建造复杂的庭院格局和以墙屏障的路，有的更是会建造半球形而有梁托（corbelled）的小石屋。[17]

和雕画有分不开的联系的正是这些石质建筑。一些用石材来建筑的社群有创作雕画的习惯，而当前证据也表明，继续利用早年使用的较软的建材的人群从不创作雕画。已发现的雕画全都位于毁弃石墙的几百米范围内，有些甚至就雕刻在砌入墙中的石头上。[18]

雕画和建造石墙之间的密切联系引出了如下推测：以石材建筑的行为可以刺激人们去雕刻，这可能是因为在墙造成之前，石材要经过几道加工工序。[19] 有时候，石材必须先从采石场开采出来，然后搬运至建筑工地堆起来，再仔细地安放到未完工的墙上的合适位置。石材的锈蚀表面不可避免会被碰伤或划伤，露出与深色风化表面形成鲜明对比的浅色印记。有一些人——特别是儿童——便可能在这种易得易画的图像载体上有意识地尝试着凿出或划出标记和图案。

这个过程可能有助于解释，为什么差不多在石材成为一种主要建材的时候，在南部非洲相隔甚远的一些地区会发展出雕画，但它没有解释雕画本身的本质。为此我们就需要考察画中的主题以及创作这些雕画的社会。

和穆登那两位 20 世纪中期的男孩一样，雕刻者一般会专注于家族房群的平面图，把它粗略地凿出来。在画中细致地表现人形和生活在人群中的驯化动物的情况非常少。有记录的唯一一个在雕画中包含了大量动物的遗址，位于北开普省的马哈卡内（Mahakane）地区。在这些雕画中有一些在形态上高度格式化的牛只，以俯视视角画出，并位于代表建筑物的图像中间（图 2.5）。没有一个发现了雕画的地区习惯于把正视视角的人形或建筑物等细节与居住地的平面图相结合——而在世界其他地方由自给自足的农耕者绘制的地图学类型图像中，却广泛可见这种结合。[20] 事实上，唯一有记录的正视视角的建筑物见于德兰士瓦省（Transvaal）东部莱登堡（Lydenburg）附近的一个遗址，在那里的雕画中有一些同心半圆，代表了半球形的小屋。[21]

平面图的图像，在复杂程度上从简单的圆形到具有特殊风格的详细呈现形式不等；一些地区还呈现了家族房群的聚落。[22] 圆形是农耕者定居格局的基础，构成了牛栏与住所或小屋

⑰　T. M. O'C. Maggs, *Iron Age Communities of the Southern Highveld* (Pietermaritzburg: Council of the Natal Museum, 1976) .

⑱　R. H. Steel, *Late Iron Age Rock Engravings of Settlement Plans, Shields, Goats and Human Figures: Rock Engravings Associated with Late Iron Age Settlements of Olifantspoort Site 20/71 circa A. D. 1500 – 1800, Rustenburg District, TVL (Sites 77/71 and 78/71)* (Johannesburg: University of the Witwatersrand Archaeological Research Unit, 1988), 特别是 1—2 页与图 2、图 3；Revil J. Mason, *Origins of Black People of Johannesburg and the Southern Western Central Transvaal, AD 350 – 1880* (Johannesburg: R. J. Mason, 1986), 特别是 477—478 页；以及 T. M. O'C. Maggs, "Neglected Rock Art: The Rock Engravings of Agriculturist Communities in South Africa," *South African Archaeological Bulletin* 50 (1995): 132 – 142。

⑲　T. M. O'C. Maggs and Val Ward, "Rock Engravings by Agriculturist Communities in Savanna Areas of the Thukela Basin," *Natal Museum Journal of Humanities* 7 (1995): 17 – 40, 特别是 19 页。

⑳　Catherine Delano Smith, "Cartography in the Prehistoric Period in the Old World: Europe, the Middle East, and North Africa," 1: 54 – 101, 特别是 66—67 页和图 4.8, 以及同一作者的 "Prehistoric Cartography in Asia," vol. 2.2 (1994): 1 – 22, 特别是 6 页；均见 *The History of Cartography*, ed. J. B. Harley and David Woodward (Chicago: University of Chicago Press, 1987 –)。

㉑　Egbert Cornelis Nicolaas van Hoepen, "A Pre-European Bantu Culture in the Lydenburg District," *Argeologiese Navorsing van die Nasionale Museum* 2 (1939): 47 – 74, 特别是 70 页和 73 页。

㉒　我用 "家族房群"（homestead），这个术语代替 "房屋"（house），以表明农耕者家庭的基本居住单位。它最常见的形式是，正中有一个圆形的牛栏，有一个小开口，周围环绕以小屋。

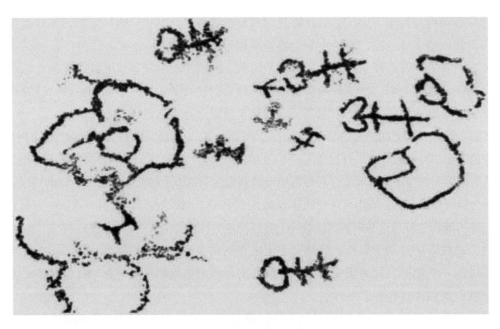

18

图 2.5 北开普省马哈卡内的雕画

这幅雕画是很少几幅呈现了与建筑物的平面图相联系的牲畜（在此画中是有角的牛）的雕画之一。
对动物采用格式化的俯视视角也非同寻常。

蒂姆·马格斯许可使用。

的基本结构（图 2.6）。包括这两种建筑物的次级结构以及院落在内，其他的结构往往具有弯曲的墙，而且常与基本结构相接。只有通过与殖民者或传教士接触，才会出现矩形形态，所以矩形平面图雕画可以定年到当地出现这些影响的 19 世纪以后。

地区建筑风格很大程度上影响了雕画的进一步的细节。在夸祖鲁—纳塔尔省，石墙只用于构筑每个家族房群的中央牛栏，这里大部分的图像就只是圆形。在海拔较低的稀树草原边缘地带，居住地布局以祖鲁人的家族房群布局为规范，雕画上的畜栏便经常具有朝向岩面斜坡下方的入口，以反映这些家族房群朝向坡下方的严格取向（图 2.7）。在邻近的草原地区，

20 考古证据显示石墙畜栏几乎有同样严格的入口朝向坡上方的取向，同样，雕画上的畜栏入口也是朝向岩面上方。[23]

有时候，会有小路从入口发出，然后向下弯至其他岩面，直到触及地面，仿佛是一条把牛群引向谷底的饮水点的路径。路口朝向和小路都指示，在雕刻者的感知中，岩石画布就是景观的三维模型。将近一千年来，南部班图语人群一直喜欢把丘顶、支脊（spur）或谷地两侧的水平高地上较高的地点作为居住地，而不是像他们生活在公元后第一个千年中的祖先那样在谷底营建。这种从属于明显景观特征的文化，看来是信仰体系的一部分，而并非实践必要性的结果；它让雕刻者可以利用岩石的天然形状把理念中的定居点位置表达出来。不仅对创作了夸祖鲁—纳塔尔省雕画的讲恩古尼（Nguni）语的社群来说是如此，对较北边的雕刻者所属的讲索托（Sotho）语的社群来说也是如此。[24]

---

[23] Maggs and Ward, "Rock Engravings by Agriculturist Communities," 特别是 23—25 页（注释 19），及 Maggs, "Neglected Rock Art," 135–136（注释 18）。

[24] Maggs, "Neglected Rock Art," 140–141.

图 2.6　典型的祖鲁人家族房群 19

这幅 19 世纪的绘图上有处在坡下方的入口，可见外墙或篱笆（"伊唐戈"，*itango*），中央为牛栏，围以小屋，由此可知它表现的是一个典型的祖鲁人家族房群。

引自 Josiah Tyler, *Forty Years among the Zulus*（Boston：Congregational Sunday-School and Publishing Society，1891），facing 41。

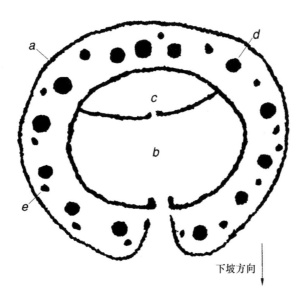

下坡方向

图 2.7　厄斯金的祖鲁人家族房群雕画 19

在夸祖鲁—纳塔尔热带稀树草原地区，像这样的雕画绘出了祖鲁人家族房群的几个特征：（a）外墙（"伊唐戈"）；（b）在坡下方有入口的牛栏；（c）在牛栏的坡上端建造的牛犊栏；（d）环绕牛栏的小屋；（e）已婚妇女所住小屋侧面或后面的谷仓（"恩科洛巴内"，*nqolobane*）。

引自 T. M. O'C. Maggs, "Neglected Rock Art：The Rock Engravings of Agriculturist Communities in South Africa," *South African Archaeological Bulletin* 50（1995）：132 – 142，特别是图 4（135 页）。

在夸祖鲁—纳塔尔省殖民前的石质定居点废墟中，已知的最为复杂的定居格局里有几个家族房群，外观上相互融合，使多达九个的牛棚沿着丘坡等高线排成一列（图2.8），小屋和更小的建筑物则围绕它们形成卵形的环。尽管这种居住格局并不见于民族志记录中（这种格局在大约19世纪初就绝迹了），却精确地保留在岩石雕画中。图2.9展示了雕画的细部，包括从朝向坡上方的入口发出的牛群小路，彼此相连组成网络，穿过周围环绕的一圈小屋，沿着岩石斜面下行，仿佛引向了谷底的溪流（可与图2.10比较）。

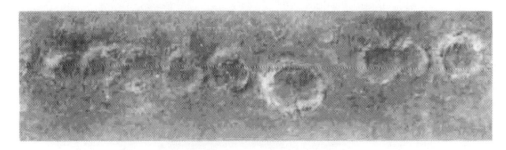

20

图2.8　夸祖鲁—纳塔尔的石质定居点废墟

　　这幅航空照片展示了一个从大约18世纪开始使用的巨大石质定居点，其中有一排九个向坡上方开口的牛栏。定居点周围环绕有宽阔的环形和其他特征，这些环形是铺平的小屋地面。

　　定居点的大小（包括图中没有展示的房屋和仓库）：约150×235米；这列环形石质废墟的大小：约16×140米。夸祖鲁—纳塔尔省伯格维尔区姆戈杜亚努卡（Mgoduyanuka, Bergville District）。纳塔尔大学测量系摄影，Flight 220/1/161。Natal Museum, Pietermaritzburg许可使用（site no. 2829CB 6）。

20

图2.9　夸祖鲁—纳塔尔岩石雕画

　　这是一个大型家族房群的雕画，有六个向岩面斜坡上方开口的牛栏，以小路相连，并环绕以小屋。

　　所雕刻岩石的宽度：约76厘米。夸祖鲁—纳塔尔省哈廷弗拉克特（Hattingvlakte）。Natal Museum, Pietermaritzburg许可使用（site no. 2829DD 19；acc. no. 1988/1/5）。

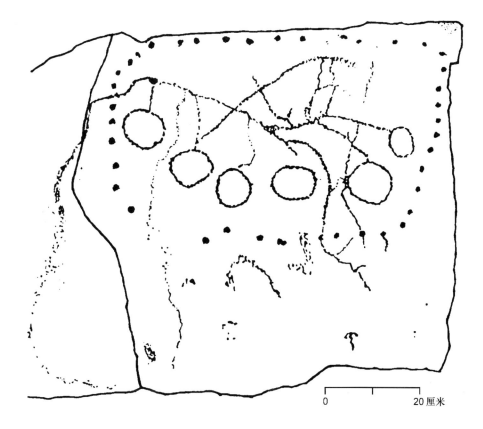

图 2.10　夸祖鲁—纳塔尔岩石雕画（图 2.9）的线绘图　　　　20

蒂姆·马格斯许可使用。

　　绘制的范围大于单独一个家族房群的雕刻作品相对较少，但也有一些作品中有几个家族房群，并以小路相连。在这些情况下，岩石表面得到了特别利用，其天然特征成为地形模　　21型。图 2.11 是一个极端的例子，其中有一个立方体状的小石块坐落于另一块较大而平的岩石上，从而可以作为模型，表现一座周围有较缓的下部斜坡的陡峭山丘（可与图 2.12 比较）。雕刻者把排成环形的家族房群置于这一表面之上，用小路网把它们连接起来。

　　今天，很多讲恩古尼语的乡村社群（包括祖鲁人）都倾向于让他们的家族房群在景观中疏散地成组。这些房群组通常以亲缘为基础，每个家族的男性首领都是近亲。这种基于男性亲属的群居基本可以肯定在考古记录中有所反映，在石质建筑遗迹和雕画中都可见到成组的家族房群。[25]

　　尽管殖民前的恩古尼社会已经明显拥有比家族房群组还大的地理单元的概念，包括一系列一级套一级的政治单元，一直到整个王国，但目前几乎还没有任何图像证据呈现了这样的单元。在图 2.13 中，蜿蜒的线条在三块相邻岩石上延伸（也见图 2.14），像这样的雕刻可能在试图描绘一个地区，其中的牛群小路会聚于同一点，而这里可能就是当地政治领袖的家

㉕　W. D. Hammond-Tooke，"In Searh of the Lineage：The Cape Nguni Case，" *Man*，n. s. 19（1984）：77 – 93，及 T. M. O' C. Maggs et al. ，"Spatial Parameters of Late Iron Age Settlements in the Upper Thukela Valley，" *Annals of the Natal Museum* 27（1985 – 1986）：455 – 479。

21

图 2.11 作为地形表现的岩石天然表面

　　雕刻者使用一块较大而平的岩石上方自然存在的较小岩石来描绘一组家族房群，它们位于一座山丘较低、较平缓的斜坡上，以小路相连。

　　所雕刻岩石的宽度：约 132×124 厘米。夸祖鲁—纳塔尔省哈莫尼（Harmonie）。Natal Museum, Pietermaritzburg 许可使用（site no. 2829DC 21；acc. no. 1994/5/34）。

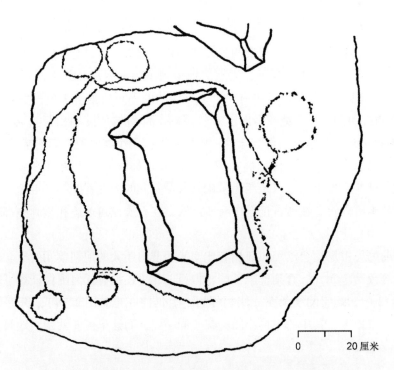

0　　　　　　20厘米

21

图 2.12 作为地形表现的岩石天然表面（图 2.11）的线绘图

蒂姆·马格斯许可使用。

图 2.13　经过三块巨砾的蜿蜒线条图案　　　　　22

　　因为线在农耕者雕画中通常代表牛经行的小路，而且画中至少包括了一个圆形，所以这幅作品可能描绘了经过三座山丘的小路。

　　三块相邻岩石的尺寸：约 320×210 厘米。夸祖鲁—纳塔尔省恩古德兰塔巴 1（Ngudlantaba 1）。Natal Museum，Pietermaritzburg 许可使用（site no. 2829DD 59；1994/5/10）。

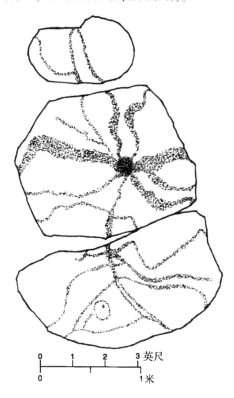

图 2.14　经过三块巨砾的蜿蜒线条图案（图 2.13）的线绘图　　　　　22

蒂姆·马格斯许可使用。

族房群。然而，这种解读只不过是猜测。

在北边的马加利斯堡（Magaliesberg）和北开普省，雕画反映了19世纪期间仍在应用的茨瓦纳（Tswana）定居格局。在这些社群中，住宅格外集中，有的村镇可有多达2万名居民。这样的镇子由许多片区构成，每个片区是围绕中央一群畜棚的一圈宅院。不过，与这些定居点有关的雕画只会展示一两个片区，而不会展示作为主要政治单元的大型聚落。㉖

在德兰士瓦东部的莱登堡地区，根据陶器和口语传统，大量石质定居点的建造社群已确定是北部索托人。一个定居点可有多至上百个的大量环形家族房群，彼此以旁边有石墙的道路相连，并环绕有石砌的梯田。一些定居点坐落于丘陵或支脊上，可延伸至少3000米远。同样，大多数与之相关的雕画只表现了单独一个家族房群或一小组家族房群，但也有几幅范围更大。最大的雕画在幅度上可达数米，覆盖多块完整的巨砾，其中绘有多达40个家族房群，并有连接它们的复杂道路网（图2.15）。在该地区已经记录的农耕者雕画中，它们既是最大的，又是最复杂的，但显然和其他雕画属于同一流派（见图2.9、图2.11和图2.13上图）。但就制图范围而言，没有迹象表明这些雕画的创作者试图呈现比山丘上单独一个定居点（虽然是很大的定居点）更宽广的空间概念。

22

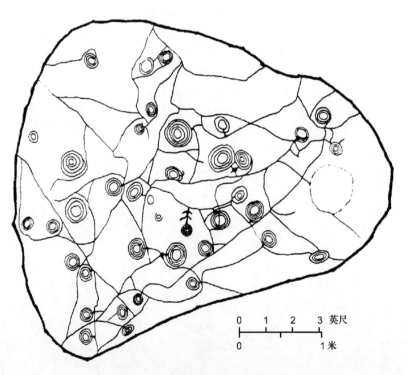

0　1　2　3 英尺
0　　　　　1 米

22

图2.15　莱登堡区的农耕者雕画

这块巨砾上面的雕画含有圆形的家族房群和彼此相连的道路，其中一些道路延
伸到砾石和地面接触的地方，好像是小路向下到达谷底的溪流。这样的例子呈现了
本地大型定居点的三维模型，其中每个定居点都各自位于一座山丘之上。

原始尺寸：约4.5×4米。东德兰士瓦省莱登堡区。蒂姆·马格斯许可使用。

㉖　可比较 Steel, *Rock Engravings*, 图13 与 Mason, *Origins of Black People*, 359, 图149a（均见注释18）；也见 Maggs, "Neglected Rock Art," 图12 或图13（137页）（注释18）。

尽管在上面描述的所有地区中，个别图像可以多少详细地反映建筑风格，但雕画本身并没有精确地呈现特别的建筑。在较大的作品中可以清楚地看到这一点，其中特别的岩石表面的不规则之处为其上雕制的图像提供了现成的丘陵模型。家族房群和小路的位置也像它们在实际的丘陵上的位置，但整幅作品并没有和邻近的哪个定居点特别相像。这些雕画实际上只是所构建的环境的简化和理念化的图像，而不是实际的平面图。

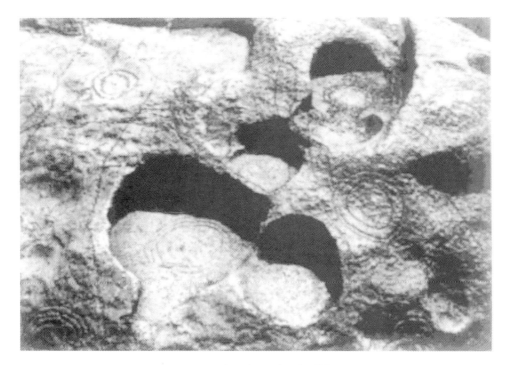

图 2.16　岩石雕画反映了地形偏好　23

恩古尼人和索托人社会都偏好把家族房群安置在高而平坦的地点，而不是谷底或较低的山坡上。这幅雕画清楚地反映了这一行为。代表家族房群的圆形位于伸向岩石顶部的平坦表面上，连接家族房群的小路则避开了通往它们的陡峭路线。

总长：1.44 米。引自 T. M. O'C. Maggs, "Neglected Rock Art: The Rock Engravings of Agriculturist Communities in South Africa," *South African Archaeological Bulletin* 50 (1995)：132 - 142，特别是图 22 (141 页)。蒂姆·马格斯许可使用。

在另一个重要方面，雕画也始终与真实的建筑物不同——它们忽视了定居点中与妇女及其经济角色有关的那些方面。在这些南部班图语社会中，妇女们关心的是作物种植及处于家族房群外环的家居部分，而男人们打交道的则是牲畜——特别是牛，它们占据了家族房群的中央。雕画中显然没有田地系统，甚至那些石砌梯田也都不存在。极为重要的谷仓只出现在少数几幅夸祖鲁—纳塔尔省的图像上，连家居的小屋也只在一些雕画上有所展示（见图2.7）。与此形成鲜明对比的是，牛棚及牛只利用的小路或旁边有墙的路是大多数雕画重点关注的对象。[27] 回到穆登那两个年轻的雕刻者的案例上来，我们可以得出结论：雕画在本质 23

---

[27] Maggs, "Neglected Rock Art,"特别是139—140 页（注释18），及 Maggs and Ward, "Rock Engravings by Agriculturalist Communities," 特别是 25 页和图 9—11（注释19）。

上是男性的作品，而且可能是年轻男性的作品。

为什么年轻男性——实际上也可能是这类社会中任何类型的个人——会如此关心他们建造的环境的图像？要理解这一点，我们需要考察这些高度父系并有复杂亲属系统的社会的宇宙观。每个家族拥有的牛群不只具有重要经济价值，而且象征了这个家族本身，包括已经逝去的老辈人。与精神世界的调解，通过家族长已经去世的男性祖先进行。社会和宗教秩序强烈反映在每个家族房群的布局中，这种布局因此既是居住在那里的社群的物理结构的地图，又是其宇宙观结构的地图。在这种语境中，居住格局的图像——特别是其理念化的呈现——就可能是雕刻者以图形方式表达其宇宙观的最好方法。

结 论

南部非洲的岩画艺术研究至今仍几乎没有关注过地图学呈现及其内容。在当前研究阶段，似乎还没有图像可以分类为地理图，如果这指的是呈现了陆地表面真实部分的地图的话。也没有任何坚实的证据，可以表明某个岩画艺术作品能解读为天体图。

但这并不是说，这些族群的社群全然没有把景观中的物体和特征的实际空间排列以图形的形式呈现出来的观念。这一地区的人群看来几乎普遍拥有在地面上创作临时草图的能力，并对这种能力相当熟悉。同样，有一位19世纪的狩猎—采集者能够为民族志学者 W. H. I. 布利克提供信息，让他为这位知情人的家乡地域创作出相当精准的地图。[28]

南部非洲狩猎—采集者和农耕者的岩画艺术的创作意图非常不同，但二者都是对社群宇宙观的表达。在狩猎—采集者艺术中，自然景观显然属于被忽略的部分。即使是在那些空间理解似乎影响了构图的作品中，这种空间也是形而上的空间，而不是物理空间；它属于公共仪式中失神的萨满的领域。

农耕者的雕画在其文化中似乎只是相对无关紧要的一部分。只有一些习惯用石头盖房的社群会制作这些雕画，其中大部分是在定居点外的岩石露头上凿出。根据民族志证据和大多数样本的粗糙性来判断，雕刻显然是男性的工作，而且可能大多由年轻人来完成。然而，家族房群平面图中表面上具有世俗性的图像并不只是房屋的儿童画。在其中我们能看到选择性，看到对家族房群中央圆形区域的强调——这里是畜栏，牛只在这里献祭给祖先，保证家族世代繁衍、既寿且康。

㉘　P. J. Schoeman, *Hunters of the Desert Land*, 2d rev. ed. （Cape Town: Howard Timmins, 1961），及 Janette Deacon, "'My Place is the Bitterpits': The Home Territory of Bleek and Lloyd's /Xam San Informants," *African Studies* 45 （1986）: 135 – 155，特别是图1。

第三章　热带非洲的本土制图*

托马斯·J. 巴塞特（Thomas J. Bassett）

尽管他们的制图技能也为世所知，但非洲人群的地图学却不如（南北美洲的）印第安人那么出名。[1]

自从布鲁诺·阿德勒（Bruno Adler）有关非西方地图学传统的开创性考察在 1910 年出版以来，我们对非洲制图的认识已经大为增长。特别是对生发自古埃及文明和伊斯兰文化的北非制图来说，情况就更是如此。[2] 然而，我们对撒哈拉以南的制图的了解仍然相对薄弱。这一地区的历史纂述不足。虽然人们确实非常留意非洲的地图，但关注的几乎全都是欧洲人绘制的这一大陆的地图。[3] 导致非洲本土制图的研究稀少的因素可能有很多，它们合起来便让本土的地图学记录处于学术边缘。

第一个因素是出于种族中心主义的蔑视性观点，认为非洲人在制作地图时不具备和欧洲人一样的认知能力。这正是阿德勒的看法，他为此写道："考虑到黑人能够进行精致的木雕和金属雕刻，他们画不好东西的事实就更让我们感到意外。……这种制图能力的

---

* 在本章写作过程的各个阶段，如果没有很多人为我提供参考文献、插图和批评性建议，那么我是无法完成这一章的写作的。我尤为感谢以下诸位：Daniel Ayana, Edmond Bernus, Donald Crummey, Jim Delehanty, Henry Drewal, Kimbwandáende Kia Bunseki Fu-Kiau, Christraud Geary, Christian Jacob, Manfred Kropp, Jamie McGowan, Philip Porter, Labelle Prussin, Allen Roberts, Mary (Polly) Nooter Roberts, Charles Stewart, Jeffrey C. Stone, Taddesse Tamrat, Claude Tardits, 及 Jan Vansina。

[1] Bruno F. Adler, "Karty pervobytnykh narodov"（原始社会民众的地图）, *Izvestiya Imperatorskago Obshchestva Lyubiteley Yestestvoznanya*, *Antropologii i Etnografii*: *Trudy Geograficheskago Otdelinitya*（帝国自然科学、人类学和民族学爱好者学会会刊：地理学报）119, no. 2 (1910)，特别是 177 页。

[2] A. F. Shore, "Egyptian Cartography"; S. Maqbul Ahmad, "Cartography of al-Sharīf al-Idrīsī"; 及 Svat Soucek, "Islamic Charting in the Mediterranean," 均见 *The History of Cartography*, ed. J. B. Harley and David Woodward (Chicago: University of Chicago Press, 1987 –), 1: 117 – 129, vol. 2. 1 (1992): 156 – 174 和 263 – 292, 及 James A. Harrell and V. Max Brown, "The World's Oldest Surviving Geological Map: The 1150 B. C. Turin Papyrus from Egypt," *Journal of Geology* 100 (1992): 3 – 18。

[3] Youssouf Kamal, *Monumenta cartographica Africae et Aegypti*, 5 vols. in 16 pts. (Cairo, 1926 – 1951), 影印本, 6 vols, ed. Fuat Sezgin (Frankfurt: Institut für Geschichte der Arabisch-Islamischen Wissenschaften, 1987); John McIlwaine, *Maps and Mapping of Africa*: *A Resource Guide* (London: Hans Zell Publishers, 1997); Jeffrey C. Stone, ed., *Maps and Africa*: *Proceedings of a Colloquium at the University of Aberdeen*, *April 1993* (Aberdeen: Aberdeen University African Studies Group, 1994); R. V. Tooley, *Collectors' Guide to Maps of the African Continent and Southern Africa* (London: Carta Press, 1969); 以及 [Oscar] I. Norwich, *Norwich's Maps of Africa*: *An Illustrated and Annotated Carto-bibiliography*, 由 Pam Kolbe 所做的参考文献描述, 2d ed., rev. and ed. Jeffrey C. Stone (Norwich, Vt.: Terra Nova Press, 1997)。

缺乏让我们只能认为，虽然他们有敏锐的视力和听力，也有一定程度的嗅觉，却只有较少
25 的智力。"④ 尽管类似的断言越来越隐晦，却一直持续到非常晚近的时候。本章希望能让人
注意到非洲人绘制世界的方法，从而开辟一条不那么欧洲中心主义的道路。即便如此，对图
形呈现的有意识强调本身仍然带有西方偏见。⑤

　　本土制图没有在学界得到应有的注意的另一个原因，在于欧洲制图传统在殖民时期传入
了非洲。大城市和殖民地、专业学会和制图商都生产地图，用来协助殖民行动和之后对被征
服的土地和人群的控制。⑥ 非洲本土制图就这样被纳入欧洲人的地图中，这可以解释为什么
本章阐明的信号系统未能继续发展，扩展到本地以外。⑦

　　贫乏的编史背后的第三个因素，是"地图"的狭隘定义把很多行为过程和人造物排
25 除在严肃研究之外。即使我们采取最宽泛的定义，认为地图是"地理环境的图形呈现"⑧，
我们还是会把在非洲语境中完全可以称为制图的很多东西排除在外。被这个定义排除的
制图的例子，如记忆地图、身体艺术（割痕和文身）、村庄布局以及建筑物的设计和朝向
等。在本章中，我们把地图视为一类社会建构，其意义在很大程度上既依赖于对构成元
素的解读，又依赖于其制作。这一进路认为制作和产品同等重要。正如艺术通过刺激思
维而不是简单地把创造它的个体或群体的观念符号化而产生意义一样⑨，地图也影响了创
造它们的社会情境。

　　考虑到非洲文化和社会具有极强的多样性，我们只能用一些制图的示例来阐明，制图很
明显是一种跨文化的创造性行为。因此，下文的内容将对人们在历史记录中可能遇到的各类
地图加以概述。本章绝无意写成穷尽式的研究，相反，其主要目的之一就是要促进这一尚未
充分研究的主题在今后得到进一步的研究和分析。

宇宙志地图

　　有多种简明地图都传达了神圣空间秩序的图形呈现，图中的标志性特征是基本方位和几
26 何形态（十字形、菱形、圆形）。这些雕刻图形的力量源于它们把神圣的方向与日常生活的
空间模式——比如生活和工作空间的布局、对资源的控制或王朝统治的政治地理——混合在
一起。非洲人群制图的一些最早证据是由岩画艺术提供的。尽管大多数绘画和雕画的动机和

---

④ Adler，"Karty pervobytnykh narodov，" 186（注释1）。

⑤ Labelle Prussin，私人通信，1995 年 2 月 22 日。亦参见 Labelle Prussin，*African Nomadic Architecture*：*Space*，*Place*，*and Gender*（Washington，D. C.：Smithsonian Institution Press，1995），34 – 37。

⑥ Jeffrey C. Stone，*A Short History of the Cartography of Africa*（Lewiston：E. Mellen Press，1995），及 Thomas J. Bassett，"Cartography and Empire Building in Nineteenth-Century West Africa，" *Geographical Review* 84（1994）：316 – 335。

⑦ Denis Wood，"The Fine Line between Mapping and Mapmaking，" *Cartographica* 30，no. 4（1993）：50 – 60。

⑧ Arthur H. Robinson et al.，*Elements of Cartography*，6th ed.（New York：Wiley，1995），9。

⑨ Jean Laude，*African Art of the Dragon*：*The Myths of the Cliff Dwellers*（New York：Viking，1973），21，30，45，及 Allen F. Roberts，"Tabwa Tegumentary Inscription，" in *Marks of Civilization*：*Artistic Transformations of the Human Body*，ed. Arnold Rubin（Los Angeles：Museum of Cultural History，1988），41 – 56，特别是51 页。

意义仍不清楚[10]，但我们有足够的证据相信一些图像起着领地标示和宇宙志地图的作用。[11]

　　按照马塞尔·格里奥尔（Marcel Griaule）的观点，多贡（Dogon）人的宇宙志地图会由放牧山羊的人以图形符号呈现，画在马里的班迪亚加拉（Bandiagara）城附近峭壁的洞穴里。[12] 按照格里奥尔的解读，这种叫作"阿杜诺基内"（*aduno kine*）或"世界生命"（*vie du monde*）的符号表现了多贡人的宇宙（图3.1）。卵形的头部代表"天之胎盘"，而腿代表了"地之胎盘"。[13] 由躯干和手臂构成的十字形则表现了基本方位。格里奥尔展示了这个图形呈现物如何在大房屋的平面图、居住区的布局和整个村庄的设计中均得到复制。在房屋中，这个图像本身是灶台，"其中的熊熊火焰来自铁匠所偷盗的天火。当房屋的朝向正确时，也就是向北开门时，火上的锅便也指示了相同的方位，石头指示了东西，而作为锅的第三个支持物的墙标志了南"。[14] 这种在"阿杜诺基内"中编码、指向一种神圣的空间秩序的朝向，在其他日常布局中也有相同的呈现，比如体现在农田的布局和栽培中或纺织设计中，甚至体现在男性和女性的就寝地点中。[15] 这种在不断增加的尺度上重复出现的宇宙秩序布局也见于其他非洲社会。比如布莱尔（Blier）在她对多哥北部和贝宁的巴坦马利巴（Batammaliba）建筑的研究中就展示，宇宙真理如何塑造了日常生活的空间布局："开口的方向和各部位的位置经常提供了面对世界和更大的宇宙的参照系。"[16]

27

---

⑩　Thomas A. Dowson and David Lewis-Williams, "Diversity in Southern African Rock Art Research," in *Contested Images: Diversity in Southern African Rock Art Research*, ed. Thomas A. Dowson and David Lewis-Williams（Johannesburg: Witwatersrand University Press, 1994）, 1 – 8, 及 Whitney Davis, "The Study of Rock Art in Africa," in *A History of African Archaeology*, ed. Peter Robertshaw（London: James Currey, 1990）, 271 – 295, 特别是 284—285 页。

⑪　举例来说，纳米比亚布兰德伯格（Brandberg）的科伊桑岩画中描绘的景观地物据信是呈现了一个人群的 *nlore*（意为"开发空间"），它们是这个人群的自然资源；参见 Andrew B. Smith, "Metaphors of Space: Rock Art and Territoriality in Southern Africa," in *Contested Images: Diversity in Southern African Rock Art Research*, ed. Thomas A. Dowson and David Lewis-Williams（Johannesburg: Witwatersrand University Press, 1994）, 373 – 384, 特别是 383—384 页。研究者认为这些绘画呈现了萨满的灵魂在失神时的出窍旅行，在失神过程中，萨满会从土地和其上的生物中汲取力量。因此，他们认为这些绘画是这种旅行的隐喻；与此同时，一个人群通过对领土上的自然资源的控制建构起其社会认同，这种建构也呈现在这些绘画中；参见 Whitney Davis, "Representation and Knowledge in the Prehistoric Rock Art of Africa," *African Archaeological Review* 2（1984）: 7 – 35, 特别是 23—24、28 页。

⑫　马塞尔·格里奥尔有关多贡人的著作曾经在学界引发了很大争论，并被视为"争议性著作"［James Clifford, "Power and Dialogue in Ethnography: Marcel Griaule's Initiation," in *Observers Observed: Essays on Ethnographic Fieldwork*, ed. George W. Stocking（Madison: University of Wisconsin Press, 1983）, 121 – 56, 特别是 124 页］。比如说，一些深入多贡人群中做研究的人类学者几乎找不到证据，表明格里奥尔介绍的那套规范日常生活的连贯的神话和信仰确实存在。这就引发一种批评，把格里奥尔有关多贡宇宙观的著作判定为"跨文化小说"（intercultural fiction），认为他找的知情人喜欢为其文化提供一种和谐的审视观点，而格里奥尔的著作正是他个人的研究议程及其知情人的这种癖好相结合的产物［Walter E. A. van Beek, "Dogon Restudied: A Field Evaluation of the Work of Marcel Griaule," *Current Anthropology* 32（1991）: 139 – 167, 特别是 152—153 和 165 页］。与当前地图学史研究中围绕"真实"或"准确"地图的观念展开的争论［J. B. Harley, "Deconstructing the Map," *Cartographica* 26, no. 2（1989）: 1 – 20］类似，一些民族志学者拒绝给格里奥尔的著作贴上"真"或"假"的标签。与此不同，民族志就像地图一样，被广泛视为一种"文本建构"，表达了一种"针对文本生产的某些关系的复杂的、协商性的、取决于历史情况的真理"。因此，本章中对多贡宇宙观的讨论应该视为对一种"对话努力"的复述，在这种"对话努力"中，"研究者和原住民都是积极的创造者，或者用术语来说，都是文化表征（cultural representations）的作者"（Clifford, "Power and Dialogue," 125、126 和 147）。

⑬　Marcel Griaule, "L'image du monde au Soudan," *Journal de la Société des Africanistes* 19（1949）: 81 – 87, 特别是 81 页。

⑭　Marcel Griaule, *Conversations with Ogotemmêli: An Introduction to Dogon Religious Ideas*（Oxford: Oxford University Press, 1965）, 91 – 98, 引文来自 94 页。

⑮　Marcel Griaule and Germaine Dieterlen, "The Dogon," in *African Worlds: Studies in the Cosmological Ideas and Social Values of African Peoples*, ed. Cyril Daryll Ford（London: Oxford University Press, 1954）, 83 – 110, 特别是 94—103 页。

⑯　Suzanne Preston Blier, *The Anatomy of Architecture: Ontology and Metaphor in Batammaliba Architectural Expression*（Cambridge: Cambridge University Press, 1987）, 36.

　　基本方位似乎是宇宙志地图的普遍特征。太阳每日的东西路线、它在周年性周期中相对的南北位置以及夜空中恒星的位置，都为界定主要方位提供了参考点。不同文化的创世神话也都会提到基本方位，暗示天空是宇宙秩序的一个普遍模型。[17] 多贡人的创世神话讲到阿马（Amma）神向外甩出了一团黏土，它向四个方向伸展，以北为顶，以南为底，大地就这样创造了出来。岩画中以十字形和圆形表现了在创造大地结束时神的姿势（图3.2）。按格里奥尔的解读，这张宇宙图显示，造物者把腿跨坐在南北轴上，躯干朝向南方，脸望向北方，手臂张开，右手指西，左手指东。十字形的"卡纳加"（kanaga）面具以及播种季节时在圣庙墙上绘制的一组符号都涉及了这四个基本方位。[18]

　　在孔戈（Bakongo）人的名为 tendwa kia nza-n'kongo（太阳的四个时刻）的宇宙图中同样显著地绘制了基本方位点。孔戈宇宙被象形地呈现为每个端点都附着圆形的十字形或菱形（图3.3）。十字形和菱形的端点呈现了四个基本方位，圆形表示了在四个阶段——日出、正午、日没和子夜——之间移动的太阳。按照孔戈宇宙学的解读，地平线（kalunga）是水体，天位于其上，大地伸展于其下。太阳的周日性周期反映了所有人的生命行程，其中有些人从冥界重生，成为景观中的不朽灵魂。[19] 在刚果民主共和国（以前叫扎伊尔）的孔戈成年礼和葬礼上，以及安哥拉东南部的岩画和雕画上，可以找到各种变形的宇宙图，这些岩画艺术的

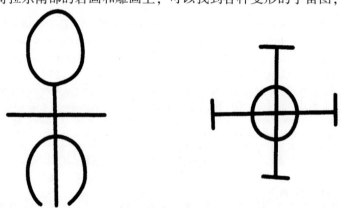

26

图3.1和图3.2　多贡岩画

　　左图是"阿杜诺基内"，也即"世界生命"的宇宙志地图。该符号绘于洞穴的壁上，其躯干和手臂呈现了基本方位。北在顶部。右图所示岩画展示了基本方位，描述了多贡创世神话中的一个瞬间——阿马神向四个方向摊开一团黏土，从而形成大地。

　　左图引自 Marcel Griaule, "L'image du monde au Soudan," *Journal de la Société des Africanistes* 19 (1949)：81–87，特别是81页（图1A）。右图引自 Marcel Griaule and Germaine Dieterlen, *Signes graphiques soudanais*, L'Homme, Cahiers d'Ethnologie, de Géographie et de Linguistique 3 (Paris：Hermann, 1951), 21（图40A）。

---

　　[17]　Edwin C. Krupp, *Echoes of the Ancient Skies：The Astronomy of Lost Civilizations* (New York：Harper and Row, 1983), 315, 及 Dominique Zahan, *Le feu en Afrique et thèmes annexes* (Paris：Harmattan, 1995), 60–64。

　　[18]　Marcel Griaule and Germaine Dieterlen, *Signes graphiques soudanais*, L'Homme Cahiers d'Ethnologie, de Géographie et de Linguistique 3 (Paris：Hermann, 1951), 14, 19–22。对"卡纳加"面具的描述见 Kate Ezra, *Art of the Dogon：Selections from the Lester Wunderman Collection* (New York：Metropolitan Museum of Art, 1988), 26–27（图11–12）和68–69，及 Laude, *African Art of the Dogon*, 图84和图98（注释9）。

　　[19]　Kimbwandáende Kia Bunseki Fu-Kiau, "Ntangu-Tandu-Kolo：The Bantu-Kongo Concept of Time," in *Time in the Black Experience*, ed. Joseph K. Adjaye (Westport, Conn.：Greenwood Press, 1994), 17–34, 及 Robert Farris Thompson and Joseph Cornet, *The Four Moments of the Sun：Kongo Art in Two Worlds* (Washington, D. C.：National Gallery of Art, 1981)。

图 3.3　刚果民主共和国兰巴泰耶一个村庄墓地出土的陶碑

上展示的孔戈宇宙图

27

菱形的顶端描绘了太阳在四个阶段（日出、正午、日没和子夜）的位置。它们也指示了基本方位，以上方为北。

引自 Robert Farris Thompson and Joseph Cornet, *The Four Moments of the Sun: Kongo Art in Two Worlds* (Washington, D. C.: National Gallery of Art, 1981), 84 （图 49）。

年代可早至 1600 年。[20] 孔戈人和多贡人宇宙图之间惊人的相似性说明，这些宇宙图的秩序和意义部分受到了天体在时空中的常规运动的启发。[21]

　　在马里的尼日尔河流域以打鱼为生的博佐（Bozo）人中，制图的交谈功能显得更清晰。他 28 们会绘制地面径流和地下水流的地图，作为控制这一至关重要的资源的手段。每个新年伊始之时，年长者会把社群中的儿童带到一处公地，展示他们的祖先马鲁鲁（Marourou）如何学习水的性质和创造力。在这个户外课堂中，儿童会在地面上绘制图形符号，表现不同类型的水，学习它们的本质和彼此之间的联系。图 3.4 就是格里奥尔复制的神秘水的地图，所依据的是由迪亚（Dya）村的两位知情人提供的信息。这个制图的过程似乎与地图本身传递的知识同等重要。在仪式性的场景再现过程中，有一个时刻是每名儿童各自站在一个符号上，年长者相信这

　　⑳　Thompson and Cornet, *Four Moments*, 44 – 46.

　　㉑　在仪式活动的朝向中，基本方位在宗教上的重要意义也有明显体现。德鲁沃尔（Drewal）注意到在约鲁巴人（Yoruba）的伊法（Ifa）占卜会进行过程中，占卜者面朝东方，而"圣地和树林的入口也须朝东，这个方向据说是奥伦米拉（Oronmila，即伊法）到来的方向"[Henry John Drewal, "Art and Divination among the Yoruba: Design and Mith," *Africana Journal* 14 （1987）: 139 – 156, 特别是 147 页]。沿东非海岸分布的斯希瓦里人的房屋大多朝北，斯瓦希里人的坟墓通常也见于清真寺的北端，在这一地区，这是天房的朝向。参见 James de Vere Allen and Thomas H. Wilson, *Swahili Houses and Tombs of the Coast of Kenya* (London: Art and Archaeology Research Papers, 1979), 特别是 6 和 33 页。

符号与那名儿童的性格是对应的。这个姿势表明"今日和未来世界中的水会由人们来控制"。[22]

　　另一种不同类型的示意图，见于18世纪到19世纪的埃塞俄比亚手稿中。地图为环形，以阿克苏姆（Aksum）古王国为中心，在公元纪年后的前7世纪，这个王国繁荣于提格雷（Tigray）省的北部地区。[23] 这些地图的环形形式让人想到以伊斯兰和古希腊传统制作的地图，

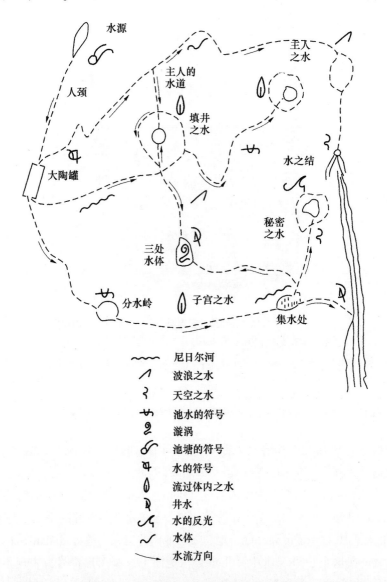

图 3.4　马里的博佐人长者绘制的神秘水体地图

地图的绘制目的是教导儿童知道从祖先那里传下来的水的力量和性质。这幅地面地图展示了池塘、井和尼日尔河。

　　据以下文献绘制：Marcel Griaule and Germaine Dieterlen, *Signes graphiques soudanais*, L'Homme Cahiers d'Ethnologie, de Géographie et de Linguistique 3 （Paris：Hermann, 1951）, 86 （图 11）。

[22]　Griaule and Dieterlen, *Signes graphiques soudanais*, 79–81 （注释 18）。

[23]　有关阿克苏姆人的文明，参见 Stuart Munro-Hay, *Aksum：An African Civilisation of Late Antiquity* （Edinburgh：Edinburgh University Press, 1991）。

已经知道这些传统对埃塞俄比亚有强烈影响。这种形式也反映了阿比西尼亚宫廷的同心圆格局。[24]

这种地图已知现存 5 个版本，其中 2 个见于题为《基卜勒·讷格什特》（Kebrä Nägäst）的手稿。[25] 这两幅图由 3 个同心环构成，阿克苏姆位于最内部的环形中央的矩形中（图 3.5，上图）。中间一环分成了 8 个部分，以用吉兹（Ge'ez）文书写的阿姆哈拉语展示了基本方位和中间方位。外环分为 12 或 14 个部分，写有提格雷的外围省份名称。图 3.5 中展示的作品复制自安托万·托马斯·达巴迪（Antoine Thomas d'Abbadie）在 19 世纪 50 年代收藏的《基卜勒·讷格什特》原件。

图 3.5 中环形地图下面的第二个示意图的标题是"风之战车"。[26] 这幅风玫瑰图或"风之轮"（wheel of winds）[27] 在外圈上包含了基本方位和中间方位的名称。一朵有很多花瓣的花位于图中央，最大的花瓣指向了这八个主方位。风之轮的上方是东。

提格雷地图与穆斯林学者的宇宙志示意图和天房朝向地图（qibla maps）最为类似，在这后两类地图中，水平的一周常划分为 12 段。以 11 世纪的学者阿尔 – 比鲁尼（al-Bīrūnī）的天球示意图为例，该图把黄道十二宫、四大元素和四个基本方位联系在一起，而提格雷地图与它有很强的家族相似性。[28] 提格雷地图还与 11 世纪以来的 12 等分的天房朝向地图类似，后者展示了许多地点朝向麦加天房的祈祷方向。[29] 古已有之的风玫瑰图，对这些地图几何形态的影响也很明显，特别是内圈的八等分画法。[30] 提格雷地图的同心圆形式似乎也属于这些多样化的传统。这种形式可以在一个有等级和秩序的框架中，把中心和外围、信仰者和不信仰者以及已知和未知区分开来。[31]

---

[24] Carlo Conti Rossini, "Geographica," *Rassegna di Studi Etiopici* 3 (1943): 167 – 199, 特别是 172 页; Otto Neugebauer, "A Greek World Map," in *Le monde grec: Pensée, littérature, histoire, documents. Hommages à Claire Préaux*, ed. Jean Bingen, Guy Cambier, and Georges Nachtergael (Brussels: Editions de l'Université de Bruxelles, 1975), 312 – 317; 以及同一作者的 *Ethiopic Astronomy and Computus* (Vienna: Verlag der Österreichischen Akademie der Wissenschaften, 1979). 有关古希腊对阿克苏姆影响的一般性介绍，参见 Munro-Hay, *Aksum*, 6 – 7; Taddesse Tamrat, *Church and State in Ethiopia, 1270 – 1527* (Oxford: Clarendon Press, 1972), 269 – 275, 该书描述了阿比西尼亚宫廷的环形排列。

[25] Alula Pankhurst, "An Early Ethiopian Manuscript Map of Tegré," in *Proceedings of the Eighth International Conference of Ethiopian Studies, University of Addis Ababa*, 1984, 2 vols, ed. Tadese Beyene (Addis Ababa: Institute of Ethiopian Studies, 1988 – 1989), 2: 73 – 88.

[26] 与 Daniel Gamachu 的私人通信，1995 年 5 月 12 日。

[27] Neugebauer, *Ethiopic Astronomy*, 186（注释 24）。

[28] Ahmet Karamustafa, "Cosmographical Diagrams," in *The History of Cartography*, ed. J. B. Harley and David Woodward (Chicago: University of Chicago Press, 1987 –), vol. 2.1 (1992), 71 – 89, 特别是 75—80 页和图 3.4; 及 Seyyed Hossein Nasr, *An Introduction to Islamic Cosmological Doctrines*, rev. ed. (Albany: State University of New York Press, 1993), 151 – 163。

[29] David A. King and Richard P. Lorch, "Qibla Charts, Qibla Maps, and Related Instruments," in *The History of Cartography*, ed. J. B. Harley and David Woodward (Chicago: University of Chicago Press, 1987 –), vol. 2.1 (1992), 189 – 205.

[30] 有关风玫瑰图的古代起源的经典著作是 Karl Nielsen, "Remarqes sur les noms grecs et latins des vents et des régions du ciel," *Classica et Mediaevalia* 7 (1945): 1 – 113。

[31] Christian Jacob, *L'empire des cartes: Approche théorique de la cartographie à travers l'histoire* (Paris: Albin Michel, 1992), 174 – 181. 把阿克苏姆置于地图正中的做法也是遵循了一种历史悠久的种族中心主义传统。古希腊的环形地图就让世界围绕着德尔斐运转，而存放着神谕的圣所则位于德尔斐。在某些中世纪地图上，耶路撒冷位于中心，从而展示了基督宗教在欧洲文明中的核心地位。参见 Germaine Aujac and the editors, "The Foundations of Theoretical Cartography in Archaic and Classical Greece," 及 David Woodward, "Medieval *Mappaemundi*," 均见 *The History of Cartography*, ed. J. B. Harley and David Woodward (Chicago: University of Chicago Press, 1987 –), 1: 130 – 147 和 286 – 370。

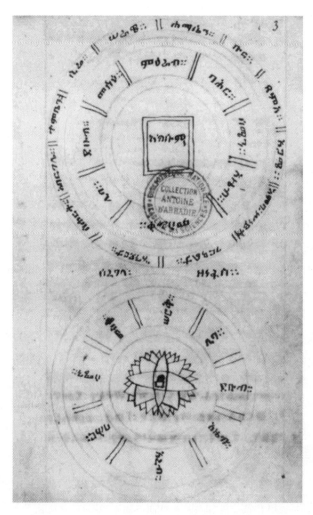

图3.5 安托万·托马斯·达巴迪收藏的提格雷环形地图
和风玫瑰图

来自"基卜勒·讷格什特",以墨水在纸上绘制。两幅地图均展示了基本方位和中间方位。圣城阿克苏姆位于上图中间,周边省份的名称标于外圈中。

原始尺寸:22.3×14厘米。承蒙 Bibliothèque Nationale du France, Paris 提供照片,安托万·达巴迪藏品,1859(no. 225, fol. 3)。

图3.5 中展示的两幅示意图最令人困惑的事情之一,是它们的多重朝向。地图本身有两个朝向。外圈含有阿克苏姆王国的 12 个古省份名,朝向为北;内圈含有 4 个基本方位和 4 个中间方位,朝向为西。㉜ 更令人困惑的是,地图下方的风玫瑰图却朝东。这种不一致性需要有进一步的研究来解释。有趣的是,由冯·霍伊格林(von Heuglin)所见和重绘的提格雷环形地图版本,其朝向为东。他注意到这个朝向(内圈和外圈均是如此)"也是教堂〔阿克

㉜ Neugebaure, *Ethiopic Astronomy*, 186(注释 24);该书认为地图的内圈事实上是个风玫瑰图。Antoine Thomas d'Abbadie, *Catalogue raisonné de manuscrits éthiopiens appartenant à Antoine d'Abbadie*(Paris:Imprimerie Impériale, 1859)一书也把该地图描述为"由八个主方位的风构成的玫瑰图,在下方又重复绘出"(Bibliothèque Nationale, Paris, Manuscrits Orientaux, D'Abbadie 255, 218 – 219)。

苏姆圣母堂］的朝向，及东方基督徒做祈祷的朝向"。^㉝ 这个版本的地图附于阿杜瓦（Adwa）的一位神职人员梅尔卡·扎德克（Melka Zadek）送给冯·霍伊格林的一部编年史中。

以阿克苏姆为中心的环形地图是一个示例，可以说明地图如何出现于特殊的社会条件之中，以引发某些政治、经济或社会变化为目标。地图与《基卜勒·讷格什特》的联系可以支持这个观点。^㉞ 在普遍的译法中，《基卜勒·讷格什特》意为"诸王之荣耀"，据信是一部历史性的、旨在使王朝合法化的著作。有一种解读认为，这部书中的传说和传统之所以要编纂在一起，是为了彰显统治埃塞俄比亚数个世纪的所罗门王系之荣耀。然而，一个由扎格维（Zagwe）王系建立的非所罗门系王朝，曾统治埃塞俄比亚 300 多年，直至 1270 年灭亡，之后所罗门王系复辟。只有到 14 世纪的时候，《基卜勒·讷格什特》这个说法才在埃塞俄比亚的吉兹语中出现，这显然不是巧合。^㉟ 很多学者认为，所罗门王系的统治者宣称以神权来统治，而"诸王之荣耀"这个说法可以让他们的复辟合法化。和《基卜勒·讷格什特》一样，提格雷地图也把阿克苏姆作为埃塞俄比亚基督教世界的中心。尽管阿克苏姆已经不再是教会和政治力量的中心，但它在埃塞俄比亚历史中已经被奉为圣城，是耶路撒冷第二，是所罗门王和示巴女王的儿子孟尼利克（Menelek）把约柜带去的地方。^㊱

曼弗雷德·克罗普（Manfred Kropp）则提供了另一种解读，把《基卜勒·讷格什特》译为"荣耀诸王之华美"，他认为形容的是王国拥有约柜这件事。^㊲ 与那种认为《基卜勒·讷格什特》是为复辟的所罗门王朝赋予合法性的著作的观点不同，克罗普认为这部书是"为了把提格雷、其王朝和阿克苏姆当成埃塞俄比亚帝国中心的意识形态小册子，针对的不仅是在《基卜勒·讷格什特》写作之时已经被废黜的扎格维王系，更主要的是针对南方绍阿（Shoa）的所罗门王国（Salomonides）！"^㊳ 提格雷王国和所罗门王国之间的争斗历史记录不详。^㊴ 不管哪种解读，权力的中心都在阿克苏姆，也就是传说中的约柜存放地点。因此，与《基卜勒·讷格什特》一样，环形地图起到了支持提格雷人或所罗门人的欲求的交谈功能，他们企图把自己和阿克苏姆这座圣城联系在一起，从而将自己有争议的权力合法化。

助记地图

在一些社会中，帮助复述起源神话和其他具有历史文化重要性的故事的视觉和触觉辅 31
物会采取地图形式。在刚果民主共和国东南部的塔布瓦（Tabwa）族群中，布特瓦人（Butwa）把他们神话中的英雄祖先的迁徙路线刻画在社会新成员的皮肤上（图 3.6），并表现在

　　㉝　Hofrath von Heuglin，"Ueber eine altäthiopische Karte von Tigreh mit Facsimile," *Zeitschrift der Deutschen Morgenländischen Gesellschaft* 17（1863）：379 – 380，特别是 379 页。

　　㉞　与 Taddesse Tamrat 的私人通信，1994 年 9 月 21 日。

　　㉟　《基卜勒·讷格什特》的最早版本于公元 6 世纪用科普特语写成。14 世纪上半叶出现了它的一个阿拉伯语译本。《基卜勒·讷格什特》在 14 世纪前期才译为阿姆哈拉语——"阿比西尼亚的语言"。参见 E. A. Wallis Budge, trans., *The Queen of Sheba and Her Only Son Menyelek（I）*, 2d ed.（London：Oxford University Press, 1932），xv – xviii。

　　㊱　Munro-Hay, *Aksum*, 264（注释 23）。

　　㊲　Manfred Kropp, "Zur Deutung des Titels 'Kəbrä Nägäśt,'" *Oriens Christianus* 80（1996）：108 – 115.

　　㊳　与 Manfred Kropp 的私人通信，1996 年 9 月 8 日。

　　㊴　与 Donald Crummey 的私人通信，1996 年 11 月 7 日。

木雕上（图 3.7）。新人会在成年仪式的最后阶段在背上、胸上或两处获得一道 V 形的割痕。这种"外皮刻画"（tegumentary inscription）的第二条线切过 V 形割痕，沿身体的中线刻画。这第二条线的名字叫"穆拉兰博"（mulalambo），同时也指地平线，或从塔布瓦地区东边的坦噶尼喀湖到西边的姆维拉（Mwila）分水岭的"背"，又指夜空中的银河及猎户座的腰带（参宿三星）。按照阿伦·F. 罗伯茨（Allen F. Roberts）的说法，V 形符号和垂直的"穆拉兰博"线把东和西、左和右分开。左有消极的意义（欺骗和堕落），右有积极的意义（力量和正直）。"这样，布特瓦人的 V 形刻画促进了人们认识对立的力量，以及可以把个体和社会引向积极行动的完美存在状态。"⑩

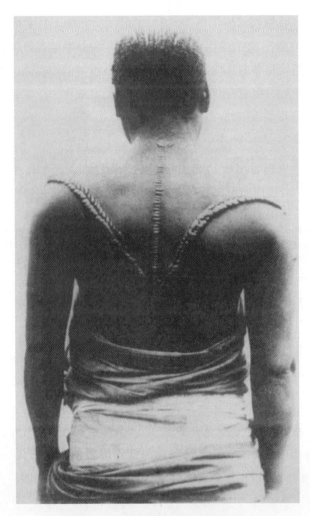

30

图 3.6　背上有布特瓦割痕的塔布瓦妇女
V 形的符号和垂直的"穆拉兰博"把东和西、左和右、恶与善分开。"穆拉兰博"线呈现了南北轴、分水岭和神话英雄的迁徙路径。Museum für Völkerkunde 许可使用。

---

⑩　Roberts，"Tabwa Tegumentary Inscription,"48（注释 9）。

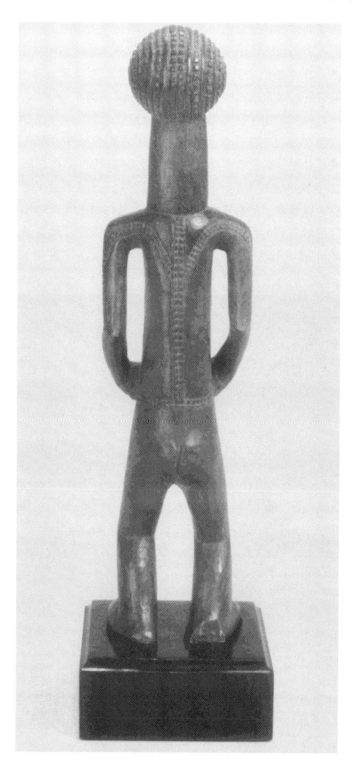

图 3.7 塔布瓦人祖先的塑像，展示了"穆拉兰博"线和 V 形
图案 31

木雕。

原始尺寸：26.4×6.6 厘米。承蒙 University of Michigan Museum of Art, Ann Arbor 提供照片。Helmut
Stern 捐赠（1987/1.157.1）。

　　与中部和南部非洲的很多其他班图语族群一样，塔布瓦人也有共同的起源神话，说有一位天上的猎人为了追逐猎物而沿着银河南行。在南半球的旱季，银河呈南北走向。罗伯茨推测"穆拉兰博"线表现了一道南北向的轴，塔布瓦人就是在 16 世纪到 18 世纪期间沿这条路线迁徙到了当前的位置。塔布瓦人的村庄也采取了南北向的布局。[41]

　　在邻近的卢巴（Luba）族群中，布迪耶（Budye）社会会在成年礼的最后两个阶段使用助记地图。布迪耶联盟在过去是基于为国王授职的工作而形成的，起着核查王室权力的作用。在四个阶段的成年礼中，新成员要学习卢巴王室的原则和神灵规诫。在第三个"卢卡拉"（lukala）阶段，新成员会被带到一间会堂里，老人们在墙上绘出地图，展示卢巴王室守护神灵的居住地点，以及新成员祖先们的迁徙路线。[42] 以白色线条画出的地图会覆盖黑墙

32　上一块广大的区域，展示主要的湖泊和河流、许多酋邦的位置以及重要神灵的居住地（图3.8）。按照伯顿（Burton）的记述：

32

图 3.8　布迪耶人成人礼上的"卢卡拉"墙壁地图

本图展示了对卢巴王族和历史有重要意义的守护神灵、酋邦和水道的位置。为 1898 年到洛沃伊河的夏尔·勒梅尔（Charles Lemaire）考察队所拍摄。

Africa Museum, Tervuren, Belgium 许可使用（E. PH. 5843，cl. 933）。

　　新成员站在墙前面，粗糙的地图用白垩画在墙上。从卢阿拉巴河（Lualaba）到桑库鲁河（Sankuru）的整片地域被标记出来，其中有主要的河湖、灵魂的著名居住点以及许多酋长所在的都城。新人接受提问：所有酋长都住在哪里？河流都向哪里流？每个地区的守护灵魂的名字是什么？等等。很多时候，新成员的教导者并不称职，整个仪式多少变成了一场滑稽剧，其间只不过是说出了几个本地的酋长名字而已。但就在成年礼开始后不久，我们便见到了一面墙，虽然其上所绘之物的实际比例错误颇多，但这片地

---

　　[41]　Allen F. Roberts, "Passage Stellified: Speculation upon Archaeoastronomy in Southeastern Zaire," *Archaeoastronomy* 4, no. 4 (1981): 26–37, 特别是 30—32 页, 及同一作者的 "Tabwa Tegumentary Inscription"。

　　[42]　Mary H. Nooter [Mary Nooter Roberts], "Luba Art and Polity: Creating Power in a Central African Kingdom" (Ph. D. diss., University of Michigan, 1991), 106–110, 115.

域的总体格局却处理得很有智慧。[43]

早期的"卢卡拉"墙壁地图由几何形状构成，如图 3.8 所示的十字形、圆形和螺线等。当代的壁画则没有这么抽象。玛丽·努特·罗伯茨（Mary Nooter Roberts）在 20 世纪 80 年代后期拍摄的墙壁地图展示了动物、人形线条画、乐器、天文和地理特征等典型内容。[44]

在布迪耶成年礼的最后也是最神秘的一个阶段，一种叫"卢卡萨"（lukasa，意为"长手"）的助记设备可以帮助长者教给新成员有关卢巴王族起源的知识。图版 2 所示的"卢卡萨"是刚果民主共和国卡邦戈（Kabongo）地区的卢巴人的典型用品，是一些覆盖有珠子和宝贝壳的木板。在布迪耶成年礼的这个最后阶段，长者读或唱出"卢卡萨"上的内容，以赞颂在那个地区居住下来的国王。珠子和贝壳构成的图案记录了国王的行程、圣湖和圣树的位置以及后来成为灵魂都城的居住点。灵魂都城在"卢卡萨"上以较大的珠子和宝贝壳描绘。珠子组成的线常意味着路径或迁徙路线，而珠子组成的圆圈代表酋长之位。根据里弗（Reefe）的说法，图版 2 中所示的木板右下方的长裂缝代表刚果河上游。[45] 木板的形态和装饰还表现了王宫和布迪耶人会堂的平面图。不同的"卢卡萨"可含有共同的珠子和贝壳构型，但随着颂歌手的目的不同，对它们的解读也会不同。从其上读出的内容依所赞颂的国王、颂歌手有关王族历史的知识及表演的政治环境而定。因此，当颂歌手强调王族历史地理中的特殊元素时，灵魂都城、湖和酋长之位的名称也会改变。[46]

对"卢卡萨"的选择性阅读与表演的夸张本质紧密相关。演说者的目标之一是强调某位国王对卢巴人历史的重要性。制作图版 2 中所示的"卢萨卡"的布迪耶社会住在第一位卢巴国王卡拉拉·伊隆加（Kalala Ilunga）所卜居的村庄中。图 3.9 专门展示了卡拉拉·伊隆加国王地位的一些历史地理元素，比如他父亲曾向博亚湖迁徙，并在那里遇见了卢巴创世神话中的平凡英雄恩孔戈洛（Nkongolo）。[47]"卢卡萨"很关注卢巴文化区内一些特殊地点的重要性，而其他社会在制图时的选择和忽略也反映了制图者的意愿，这就把"卢卡萨"和其他社会的制图联系在一起。

[43]　W. F. P. Burton, *Luba Religion and Magic in Custom and Belief* (Tervuren, Belg. : Musée Royal de l'Afrique Centrale, 1961), 166.

[44]　Nooter, "Luba Art and Polity," 108 （注释 42 ），及 Mary Nooter Roberts, "Luba Memory Theater," in *Memory*: *Luba Art and the Making of History*, ed. Mary Nooter Roberts and Allen F. Roberts (Munich: Prestel and Museum for African Art, 1996), 117 – 149, 特别是 122 页。

[45]　Thomas Q. Reefe, "Lukasa: A Luba Memory Device," *African Arts* 10, no. 4 (1977): 48 – 50, 88, 特别是 50 页。

[46]　Nooter, "Luba Art and Polity," 74 – 88 （注释 43 ）；Mary H. Nooter [Mary Nooter Roberts], "Fragments of Forsaken Glory: Luba Royal Culture Invented and Represented (1883 – 1992) (Zaire)," in *Kings of Africa*: *Art and Authority in Central Africa*, ed. Erna Beumers and Hans-Joachim Koloss (Utrecht: Foundation Kings of Africa, [1993]), 79 – 89, 特别是 84 – 86 页。有关布迪耶体系中"卢萨卡"的重要性的进一步讨论，参见 Reefe, "Lusaka" 及 François Neyt, "Tabwa Sculpture and the Great Traditions of East-Central Africa," trans. Samuel G. Ferraro, in *Tabwa*: *The Rising of a New Moon*: *A Century of Tabwa Art*, ed. Evan M. Maurer and Allen F. Roberts (Ann Arbor: University of Michigan Museum of Art, 1985), 65 – 89.

[47]　Nooter, "Luba Art and Polity," 89 – 96 （注释 42 ）。

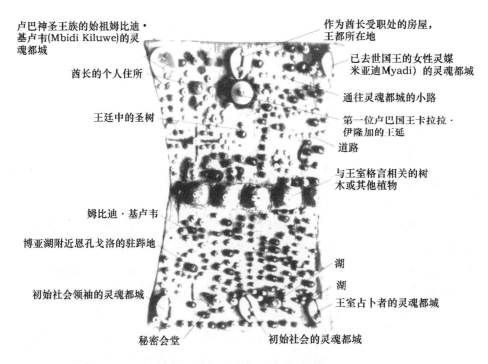

卢巴神圣王族的始祖姆比迪·　　　　　　　　　　　　作为酋长受职处的房屋，
基卢韦(Mbidi Kiluwe)的灵　　　　　　　　　　　　王都所在地
魂都城
　　　　　　　　　　　　　　　　　　　　　　　　已去世国王的女性灵媒
酋长的个人住所　　　　　　　　　　　　　　　　　　米亚迪Myadi）的灵魂都城

　　　　　　　　　　　　　　　　　　　　　　　　通往灵魂都城的小路

王廷中的圣树　　　　　　　　　　　　　　　　　　第一位卢巴国王卡拉拉·
　　　　　　　　　　　　　　　　　　　　　　　　伊隆加的王廷

　　　　　　　　　　　　　　　　　　　　　　　　道路

　　　　　　　　　　　　　　　　　　　　　　　　与王室格言相关的树
　　　　　　　　　　　　　　　　　　　　　　　　木或其他植物

姆比迪·基卢韦

博亚湖附近恩孔戈洛的驻跸地

　　　　　　　　　　　　　　　　　　　　　　　　湖

　　　　　　　　　　　　　　　　　　　　　　　　湖

初始社会领袖的灵魂都城　　　　　　　　　　　　　王室占卜者的灵魂都城

秘密会堂　　　　　　　　　　　初始社会的灵魂都城

33　　　　　　　　　　　图3.9　图版2中的"卢卡萨"的翻译

引自 Mary H. Nooter［Mary Nooter Roberts］，"Luba Art and Polity：Creating Power in a Central African

Kingdom"（Ph. D. diss.，University of Michigan, 1991），90 - 93。

募得性地图

34　　在来非洲大陆探险的欧洲探险家的报告中，我们可以遇到非洲人制图的更多证据。探险家对欧洲人不知道的地区的地理情况很感兴趣，这些旅行报告中记录的大部分地图是他们募得的。由此制作的大部分地图是当着探险家的面在地上画出来的短暂性地图。在很多案例中，我们只能在欧洲探险者的文字中找到对制图时刻的记录，但也有一些这种类型的地面地图被转画到纸上，复制在探险者的报告中。在现存资料中，我们几乎找不到保留了原貌、未经欧洲人之手做过某些修改的地图。整个大陆的非洲人制作地图的能力和意愿，不仅证明他们有制图本领，而且证明欧洲人自己在制图时需要依赖本土地理知识。

　　非洲制图最为人知晓的例子之一，是索科托（Sokoto）哈里发国苏丹穆罕默德·贝洛（Mohammed Bello, 1797 - 1837）在 1824 年提供给休·克拉珀顿（Hugh Clapperton）的地图。克拉珀顿有兴趣知道科瓦拉河（Kowara，即尼日尔河）的走向，其河口位置在当时是一个争论很大的问题。在他与苏丹的多次会晤中，有一次苏丹"在沙地上画出了夸拉河（Quarra）的流向，他并由此让我知道，这条河是在丰达（Fundah）入海"。克拉珀顿和贝洛肯定就地图交谈了很长时间，因为在他们最后一次会晤时，苏丹给了克拉珀顿"一幅国家地图"，并要求克拉珀顿在回到英格兰之后送给他一幅世界地图。[48] 在克拉珀顿出版的旅行记

⑱ "Captain Clapperton's Narrative," in *Narrative of Travels and Discoveries in Northern and Central Africa*, *in the Years 1822*, *1823*, *and 1824*, by Dixon Denham, Hugh Clapperton, and Walter Oudney (London：John Murray, 1826)，1 - 138（2d pagination），特别是 89 和 109 页。

中可以见到贝洛地图的修改版本（图3.10）。

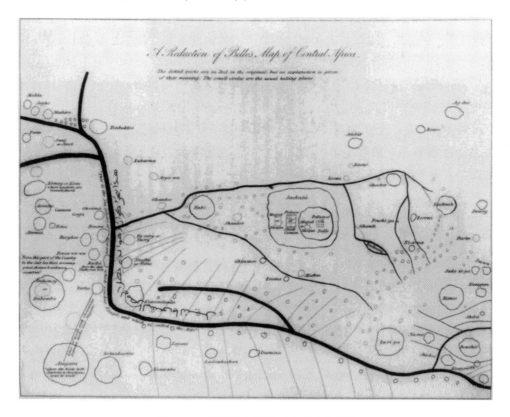

图3.10　贝洛苏丹有关尼日尔河流向的地图　34

这幅"简图"由J. 沃克和C. 沃克（J. and C. Walker）为出版商约翰·默里（John Murray）雕制。克拉珀顿没有对原图的状态加以评注，因此我们不知道这幅归于贝洛的地图原图的朝向、大小和外观。在图题之下有注释指出"原图中的点线部分为红色，但未对其意义给出任何解释。小圆圈是通常的驻跸地点"。

引自"Captain Clapperton's Narrative," in *Narrative of Travels and Discoveries in Northern and Central Africa, in the Years 1822, 1823, and 1824*, by Dixon Denham, Hugh CLapperton, and Walter Oudney（London：John Murray, 1826），1 – 138（2d pagination），facing 109。

　　贝洛地图的发表版本有很多独特的特征。首先，萨卡图（Sackatú，即索科托）国位　35
于地图中央，体现了哈利（Harley）所说的"种族中心规则"。[49]其次，作者对水系所赋予
的重要性反映了地图制作的背景。克拉珀顿对尼日尔河走向的咨询由贝洛在地图中予以
答复，图中显示尼日尔河从西向东流。贴着弯曲的河流注出的阿拉伯文和英文文字指出：
"这是科瓦拉海（河），流入埃及，也叫尼罗河。"在那个时代，认为尼日尔河和尼罗河是
同一条河的观点，是有关尼日尔河流向的许多相互竞争的理论之一。贝洛为什么要用这
种方式描述尼日尔河的走向，是个令人费解的问题，因为在他与克拉珀顿之前的一次
会晤中，他是这样说的："'我会在海边给英格兰国王一个地方，'他说，'用来建造一
座城镇：我唯一的希望是，如果船只不能在河中航行的话，就开一条通往拉卡（Rakah）

_____

[49]　Harley, "Deconstructing the Map," 6（注释12）。

的路。'"⑩ 这说明他知道尼日尔河注入大西洋。在地图上，拉卡（Racká，即 Rakah）注明为芒戈·帕克（Mungo Park）的船只（在其 1805 年第二次前往尼日尔的考察中）失踪的地方。一种可能性是苏丹在摩尔商人和阿拉伯商人的劝说之下向克拉珀顿隐瞒了尼日尔河的真实流向，以阻止欧洲人进入这一地区。⑪ 克拉珀顿本人评论说，在尼日尔河的流向问题上，他之所以收到了很多彼此矛盾的报告，是因为当地有种普遍的观点，认为"外来者如果知道了夸拉河（尼日尔河）的流向，就会来从他们手中夺走土地"。当贝洛告知克拉珀顿不得访问索科托国西边的约乌里（Youri，"Ya-oory"）和尼菲（Nyffee，"Noofee"）这两个主要的河流港口时，这位沮丧的旅行者写道："我不禁怀疑原因在于阿拉伯人的诡计；因为他们很清楚，一旦本地的非洲人知道如何通过海路与英格兰人进行商业贸易，从这一刻起，他们自己获利颇丰的内陆贸易就会中止。"⑫ 由这些可能的计谋，以及苏丹拒绝提供信息的行为，可推断贝洛制作的地图可能反映了他在政治上和经济上对欧洲影响力向非洲内陆的扩张怀有担忧。

这幅地图在西部绘出了对贝洛的祖先具有历史地理重要性的地点。在来到尼日利亚北部之前，贝洛的祖先从富塔贾隆（Futa Jallon，"Foota"）和马西纳（Maasina，"Mashira"）地区开始迁徙。地图东边展示由贝洛的父亲乌苏曼·丹·福迪奥（Usuman dan Fodio）征服的卡诺（Kano，"Kanoo"）、卡齐纳（Katsina，"Kashnah"）、扎里亚（Zaria，"Za-ri-ya"）和戈比尔（Gobir，"Ghoober"）等豪萨（Hausa）人的前城邦，它们都被并入了索科托哈里发国。

除了这幅地图，克拉珀顿还从贝洛那里得到了一份有关西非一个叫特克鲁尔（Tekrur，"Tak-roor"）的地区的历史和地理的手稿。对这个地区，欧洲人只从 12 世纪的阿拉伯地理学家伊德里西（al-Idrīsī）的著作那里获取到一点模糊的知识。贝洛的地理手稿在节译之后附在德纳姆（Denham）、克拉珀顿和奥德尼（Oudney）的报告之后。⑬ 尽管麦奎因（MacQueen）等欧洲学者对贝洛的地图评价很低，比如说该图对河流只有"粗疏的呈现"，说贝洛"缺乏地理学者的精确性"，但另一些学者却颇重视他的制图和地理著作，认为增进了欧洲人对这一地区的政治地理知识的了解。海因里希·巴尔特（Heinrich Barth）在 19 世纪 50 年代前期曾在北非和西非做过重要考察，在此之前，他曾研究过贝洛的地图和地理报告。在埃利泽·雷克吕（Elisée Reclus）有关世界地理的著作中介绍索科托和豪萨诸国的部分中，也引用了贝洛地图的一个修改版。⑭

---

⑩　"Captain Clapperton's Narrative," 90（注释 48）。

⑪　James MacQueen, "Geography of Central Africa, Denham and Clapperton's Journals," *Blackwood's Edinburgh Magazine* 19（1826）: 688 – 709, 特别是 698—699 页。

⑫　"Captain Clapperton's Narrative," 42, 88（注释 48）。

⑬　"Translation of an Arabic MS. Brought by Captain Clapperton," in *Narrative of Travels and Discoveries in Northern and Central Africa, in the Years 1822, 1823, and 1824*, by Dixon Denham, Hugh Clapperton, and Walter Oudney（London: John Murray, 1826）, app. 12（pp. 158 – 167, 2d pagination）.

⑭　MacQueen, "Geography of Central Africa," 702（注释 51）; Heinrich Barth, *Travels and Discoveries in North and Central Africa*, 3 vols.（New York: Harper, 1857 – 1859）, 3: 138; 以及 Elisée Reclus, *Nouvelle géographie universelle: La terre et les hommes*, vol. 12, *L'Afrique occidentale*（Paris: Hachette, 1887）, 600。

在 19 世纪的大量旅行和探险文献中，还可以找到募得性地面地图的其他例子。英国探险家查尔斯·比克（Charles Beke）在 19 世纪 40 年代早期曾前往绘制青尼罗河和阿瓦什（Awash）河流域之间的分水岭的地图，他就募集到了本土的地面图。有一次，曾有人为比克展示了戈贾卜（Gojab）河（错误）的流向："一位叫哈吉·穆阿迈德·努尔（Hádji Moammed Núr）的商人……用他的手杖在地上画出这条河的流向。"[55] 在 19 世纪 70 年代，波希米亚医生埃米尔·霍卢布（Emil Holub）因为对当地民族学和博物学的兴趣而穿越了今天津巴布韦的南部和南非德兰士瓦省的北部。在经过赞比西河上游马鲁策（Marutse）帝国的一次考察中，他请求统治该国的酋长塞波波（Sepopo）给他规划一条前往这条大河源头的旅行路线。霍卢布报告说："他开始用手杖在沙地上绘制一幅赞比西河上游及其支流的地图，以向我展示一条适当的路线。"看到霍卢布对他的地图有如此强烈的兴趣，塞波波很欣慰，又叫来两个熟悉那个地区的人，他们也确定了地图的准确性。[56]

1895 年，英国旅行家玛丽·金斯利（Mary Kingsley）在法属刚果（加蓬）顺奥果韦河（Ogooué River）而上的科学采集旅行中，曾向一位芳（Fan）人酋长询问上游村庄的位置和情况。在金斯利幽默生动的回忆录《西非旅行记》（*Travels in West Africa*）中，她描绘了一幅场景，在旅行和探险文献中是最著名的制图场景之一： 36

> 他取来一片菜蕉叶，把它撕成五个大小不等的部分，然后以不同的间距把它们沿着我们的独木舟的边缘排列起来。他一边排列，一边告诉姆博（M'Bo）［金斯利的向导］这些蕉叶碎块所代表的村庄的特征，他讲的东西大都是对这些村庄的侮辱中伤。当然，只有 A 号碎块他没有讲，因为这代表了他自己的村庄。碎块的间距与村庄间的距离成正比，碎块的大小则与村庄的规模成正比。第四号村庄是他唯一建议我们前往的村庄。他讲完之后，我便送给我们这些友善的知情人几块烟草，对他们千恩万谢。[57]

金斯利显然对其知情人提供的地图很满意。她提到了其中的比例式呈现，说明她相信这幅地图是按比例尺制作的。不过，很快她就发现，村庄之间的距离要比预计的远得多：

> 现在看来，毫无疑问，那位酋长的蕉叶图是个天才的想法，是他的荣誉。同样毫无疑问的是，芳人的里程有点像爱尔兰人的里程，他们的一里地是我等凡人的一里地的九倍左右。不过我不得不说，就算遵循了这样的换算关系，我也还是觉得他把那些蕉叶碎块彼此摆得不够远。我们划了很长距离的船才终于到达那幅图中提到的一号村庄。之

[55] Charles T. Beke, "On the Nile and Its Tributaries," *Journal of the Royal Geographical Society* 17 (1847)：1–84，特别是 44n。

[56] Emil Holub, *Seven Years in South Africa：Travels, Researches, and Hunting Adventures, between the Diamond-Fields and the Zambesi（1872–79）*, 2 vols., trans Ellen E. Frewer（Boston：Houghton Mifflin, 1881），2：174.

[57] 引自 Mary H. Kingsley, *Travels in West Africa：Congo Français, Corisco and Cameroons*, 5th ed.（London：Virago Press, 1982），170。

后，又划了更长的距离，才到达二号村庄。三号村庄很快也映入眼帘，位于一面山坡的高处，但此时天色渐晚，水流也越来越湍急，两岸丘坡越来越高，直至变成形体巍峨的山脉，陡坡上又生有茂林，让我们身下溅着飞沫的奥果韦河在渐浓的暮色中也伸进了它们所形成的峡谷，仿佛伸进一条铁打的巷道。我们急切想找到四号村庄，但我们却一直没见到四号村庄；因为在我们身边，黑暗仿佛从茂林和两侧的峡谷涌来。在这黑暗中，我们有几个小时就像坏天气中穿着衣服的水手一样，看着天地沉睡。我们边划船边寻找村庄篝火的讯号，但什么都没看见。[58]

在夜色中，金斯利全神贯注于应付奥果韦河的危险急流，很可能在没有察觉的情况下经过了四号村庄。深夜，她与她的八名加洛阿（Galoa）船夫最终不得不停止航行，因为她们的独木舟被一些岩石拦住了去路。她们最后设法到达了附近的一座岛屿，在那里发现了一座村庄，度过了夜晚剩余的时光。金斯利没有说这是否就是四号村庄。

一位叫昂利·多隆（Henri d'Ollone）的上尉，在与本地制图术的接触之后，改变了他对非洲人群制图能力的看法。1899—1900 年间，多隆在法属西非和利比里亚之间执行边界侦查任务时，与他的同胞让·奥斯坦（Jean Hostains）向当地人询问生活在他们要经行的稠密雨林地区中的族群的分布情况。他们请求一位叫托乌卢（Tooulou）的佩拉博（Pérabo）男子用炭条在地面上绘出这一地区中各个文化群体的位置。让他们震惊的是，托乌卢不仅展示了当地人的分布情况，而且画出了半径 100 千米范围内的村庄、山脉与河流的位置。多隆和奥斯坦对托乌卢地图的准确性有所怀疑，在接下来的几天中，他们又让他反复重画，竭力想挑出他的毛病，然而托乌卢每次画出的都是同样一幅地图，而且在他们质疑其中某些内容时，也拒绝修改地图的任何部分。当其他人也站出来在地上绘制展示其村庄位置的地图时，这两个法国人就更震惊了。让奥斯坦和多隆好奇的是，所有这些地图都绘于热带雨林深处，在这里很难找到一个便于观察周边的地点。多隆由此做出了一个重要的观察发现，就是这种地图不只是为了满足欧洲人的利益，也是在非洲人自己的群体里面表达空间信息的一种常见手段。他指出：“我有两次机会看到本地人［*des indigènes*］为了提示一个位置而给别人绘制地图：总之，这是真正的地理课！”[59]

在探险文献中，非洲人给深感意外的欧洲人绘制地面地图的场景是反复出现的主题。在赫尔曼·冯·威斯曼（Hermann von Wissmann）考察队前往刚果民主共和国的开赛（Kasai）河和桑库鲁（Sankuru）河时，随队的德国医生路德维希·沃尔夫（Ludwig Wolf），在巴库巴（Bakuba）国王的一位要人“用他自信的手在沙地上画出这些河流的流向”时，就“十分惊讶，仍然不敢相信”；“而且，没错，他的信息完全正确！”[60] 1876 年，前往撒哈拉沙漠北部的法国探险家维克托·拉尔戈（Victor Largeau），在加达米斯（Ghadāmis）城看到一位

⑤⑧　Kingsley, *Travels in West Africa*, 171.

⑤⑨　Henri Marie Gustave d'Ollone, *Mission Hostains-D'Ollone, 1898 – 1900: De la Côte d'Ivoire au Soudan et a la Guinée* (Paris: Hachette, 1901), 140 – 141, 特别是 141 n. 1.

⑥⑩　Hermann von Wissmann et al. , *Im innern Afrikas: Die Erforschung des Kassai während der Jahre 1883, 1884 und 1885*, 3d ed. (Leipzig: Brockhaus, 1891), 240.

图阿雷格（Tuareg）金匠绘制的地面地图中看上去像平行线条的纹样时，也目瞪口呆。这位男子画出四道直线，指出了的黎波里、加达米斯和加特（Ghat）、霍加尔（Hoggar）山［阿哈加尔（Ahagger）山］和阿加迪兹（Agades）以及通布图（Tombouctou）之间的相对位置。拉尔戈实在不知道如何解释"这位尼日尔人的儿子能拥有子午线的观念"。[61] 金匠所绘制的平行线可能是气候带的边界，这是中世纪欧洲和伊斯兰地图中的常见图案。[62] 阿德勒相信，阿拉伯商人在跨撒哈拉的旅行中，对这些"科学地理学"原理的扩散做出了贡献。[63]

德国地理学家卡尔·沃伊勒（Karl Weule）在1906年的一场穿越德属东非的为期六个月的研究考察中，也因其旅队中一些队员所绘制的地图数量而"深感震撼"。在行进的间隙，他为脚夫们提供纸和铅笔，想看看他们能画出什么。图3.11就是一位叫萨巴特勒（Sabatele）的曼布韦（Mambwe）男子所绘制的地图，他来自今天坦桑尼亚—赞比亚交界处的坦噶尼喀湖南岸。这幅地图呈现的是旅队穿越坦桑尼亚的路线，是在沃伊勒的考察刚开始时在林迪（Lindi）所绘（见图3.12和图3.13）。沃伊勒提到萨巴特勒的地图的朝向是以南为上，但他把这幅地图旋转了180度，"以便让它和我们的地图朝向一致"。[64] 阿德勒在他的文章中复制了沃伊勒带回欧洲的另外两幅地图，它们则是由旅队队长佩萨·姆比利（Pesa Mbili）所绘。[65]

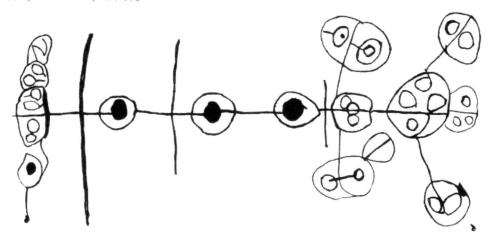

图3.11 萨巴特勒绘制的东非旅队主要路线的地图   37

以纸和铅笔绘制。本图以南为上，绘出了穿越坦桑尼亚的旅队主要路线，其终点位于达累斯萨拉姆。

原始大小：未知。当前收藏处：未知。承蒙 Archiv Museum für Völkerkunde zu Leipzig 提供照片（Neg. Af 0 1428；摄自玻璃版负片原件）。

---

[61] Wolfgang Dröber, *Kartographie bei den Naturvölkern* (1903；reprinted Amsterdam：Meridian, 1964)，29 – 30.

[62] 在托勒密（Ptolemy）和希腊化时代的希腊的著作中可以见到气候带（*climata*）绘制的早期例子；参见 O. A. W. Dilke, "The Culmination of Greek Cartography in Ptolemy," 及 "Cartography in the Ancient World：A Conclusion," in *The History of Cartography*, ed. J. B. Harley and David Woodward（Chicago：University of Chicago Press, 1987 –), 1：177 – 200, 特别是182—183页，及1：276 – 279。这一传统后来为伊斯兰制图所采用，参见 Karamustafa, "Cosmographical Diagrams," 76（注释28），及 Gerald R. Tibbetts, "Later Cartographic Developments," in *The History of Cartography*, ed. J. B. Harley and David Woodward（Chicago：University of Chicago Press, 1987 –), vol. 2.1（1992），137 – 155, 特别是146—147页。

[63] Adler, "Karty pervobytnykh narodov," 177 – 178（注释1）。

[64] Karl Weule, *Native Life in East Africa*, trans. Alice Werner（New York：D. Appleton, 1909），373 – 375.

[65] Adler, "Karty pervobytnykh narodov," 181 – 184（注释1）。

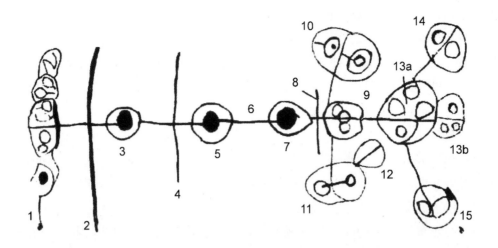

图 3.12 萨巴特勒地图 (图 3.11) 的解释

据 Karl Weule, *Native Life in East Africa*, trans. Alice Werner (New York: D. Appleton, 1909), 9, 373–375.

1. "Mawopanda", 达累斯萨拉姆

2. "Lufu", 鲁伏 (Ruvu) 河, 是瓦尼亚姆韦济 (Wanyamwezi) 脚夫在旅队主路上经常要渡过的大河; 这幅地图的作者即这些脚夫中的一员

3. "Mulokolo", 莫罗戈罗 (Morogoro), 当时中央铁路的终点站

4. "Mgata", 马卡塔 (Makata), 乌卢古鲁 (Uluguru) 山脉和鲁贝霍 (Rubeho) 山脉之间的平原, 在雨季为沼泽

5. "Kirosa", 基洛萨 (Kilosa)

6. "Balabala", 旅行道路

7. "Mwapwa", 姆普瓦普瓦 (Mpwapwa), 旧的旅行中心, 曾是到达马伦加·姆卡利 (Marenga Mkali) 大碱漠和环境险恶的乌戈戈 (Ogogo) 地区之前的内陆旅行的最后一站

8. 穆提韦 (Mutiwe), 乞力马廷代山附近的溪流

9. 乞力马廷代 (Kilimatinde), 一座山

10. 卡桑加 (Kasanga)

11. 孔多阿－伊兰吉 (Kondoa-Irangi)

12. 位于伊兰巴 (Iramba) 的卡拉马 (Kalama) 驿站 (姆卡拉马 Mkalama?)

13a. "Tobola", 塔博拉 (Tabora), 此处有新的 *boma* (围场/堡垒)

13b. "Tobola ya zamani", 有旧的 *boma* 的老塔博拉

14. 坦噶尼喀湖边的乌吉吉 (Ujiji)

15. 维多利亚湖边的姆万扎 (Mwanza)

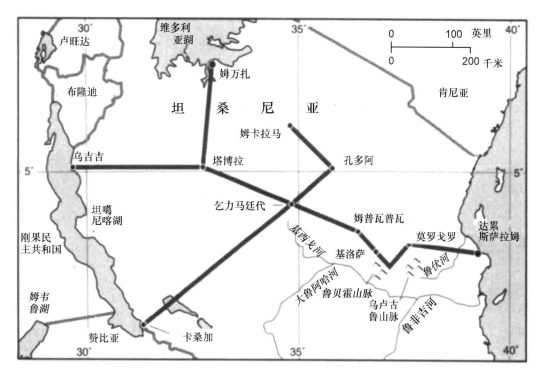

图 3.13　图 3.11 和图 3.12 的参考地图

38

总而言之，募得性地图一般是在地面上完成的暂时建构，通常（但非总是）在欧洲旅行者和探险者的要求之下制作。文献记录表明这些地图的比例尺多种多样。在非洲大陆所有主要的地理区域和所有主要的自然环境（比如荒漠、雨林等）中都有这类地图的绘制。地面地图的一个显著特征，是它们的跨文化可理解性。尽管在欧洲人和非洲的各个文化群体之间有深广的认识论分歧，但欧洲人在理解这些地图时似乎并没什么困难。[66] 这些募得性地图表明，非洲人拥有自发制作地图的空间能力和必需的符号系统。它们还能实现基本的交流功能——当外地人在不熟悉的地域中旅行时，向他们展示相对的位置和方位。事实上，有证据表明，非洲地面地图甚至影响了欧洲人的非洲地图的形式和内容。

非洲人对欧洲制图的影响

38

从非洲知情人那里获取的信息经常整合进欧洲人的地图中。对欧洲人来说，一个常见的方法是与走南闯北的非洲人（如商人、朝圣者和信使）交谈，他们可以将自己经常访问的地区中的居民点和地形告诉给欧洲人。通过这些行程收集来信息之后再与其他信息来源相互核对。1820 年英国驻阿散蒂（Ashanti）王国库马西（Kumasi）的领事约瑟夫·迪普伊（Joseph Dupuis）采用的就是这个方法。为了绘制万加腊（Wangara）和苏丹的地图，迪普伊非常依赖于用阿拉伯文写的旅行指南，而这是他从游历甚广的豪萨和朱拉（Jula）商人那里获

⑥　Jacob，*L'empire des cartes*，63（注释 31）。

得的。这些资料来源经常采取行程记的形式，把出发地和终到地（比如从库马西到孔
［Kong］）之间的居民点名字开列出来。在其知情人的协助下，迪普伊根据两个地点之间的
旅行天数计算出了它们之间的距离。[67] 迪普伊的"万加腊地图"（图3.14）中排列成一线的
地名显示了非洲行程记的影响。

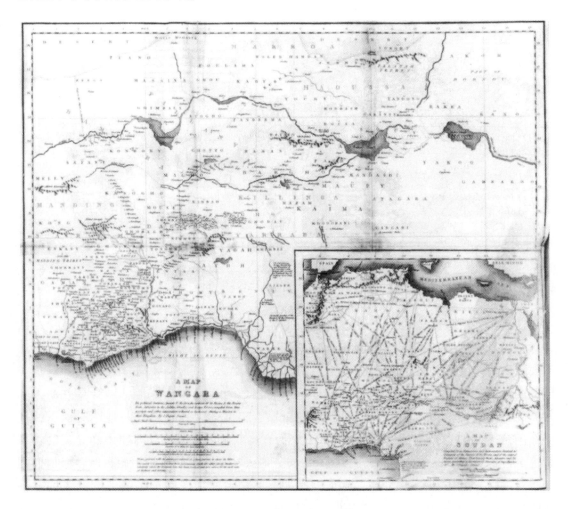

39

图3.14　迪普伊的"万加腊地图"

　　这幅地图显示了书写的旅行记的影响，地名因此被排列成线状。一个明显的例子是图中的左中部在地名"Man-
ding"以东不远处的一串西北—东南走向的地名。

　　原始大小：42×49厘米。据 Joseph Dupuis, *Journal of a Residence in Ashantee*（London：H. Colburn, 1824）。承蒙
Library of Congress, Washington, D. C. 提供照片。

---

　　[67]　Joseph Dupuis, *Journal of a Residence in Ashantee*（London：H. Colburn, 1824），该书抄录了很多这类旅行指南，均有
英文译文（cxxiv - cxxxv），并列出了他自己的计算（xv - xx）。"万加腊"一名通常与西非盛产黄金的地区相关。这一地
名最早见于12世纪阿拉伯地理学家伊德里西的著作，在其中最可能指的是在今天马里的班布克（Bambuk）附近的冲
积—沉积金矿。16世纪的利奥·阿弗里加努斯（Leo Africanus）在他的著作中也提到在豪萨人城邦赞法拉（Zamfara）附
近有一个"万加腊"。这两个万加腊相距一千多英里，一定引起了19世纪前期的欧洲人的困惑，他们那时有关西非的知
识还很贫乏。参见 Robin Hallett, *The Penetration of Africa: European Enterprise and Exploration Principally in Northern and Western
Africa up to 1830*, vol. 1（London：Routledge and Kegan Paul, 1965），23n.。迪普伊在构建其地图时，按照其知情人对万加腊
范围的界定，包括了"福尔摩萨（Formosa）以东的阿散蒂、达荷美（Dahomy）和贝宁"（xci）。也见 Thomas J. Bassett,
"Influenze africane sulla cartografia europea dell'Africa nei secoli XIX e XX," conference paper presented at La cultura dell'alterità:
Il territorio africano e le sue rappresentazioni, Bergamo, 2 - 5 October 1997。

威廉·德斯伯勒·库利（William Desborough Cooley）在谈论他于 1853 年编绘的马拉维湖地区的地图时，承认了由一位来自桑给巴尔的老年阿拉伯商人制作的地图的价值。那位制图人叫穆罕默德·本·纳苏尔（Mohammed ben Nassúr）。库利没有提到纳苏尔制作地图时的情况，但他反复提到纳苏尔的地图是他自己制图时参考的权威资源。[68]

与此类似，昂利·迪维里埃（Henri Duveyrier）的中撒哈拉地图的一部分也是基于他 1860 年在北非旅行期间所获得的地面地图。这位法国地理学家详细叙述了他如何搜集很多他所未知的地区的行程记，但发现其中有一些彼此矛盾。为了解决这些问题，迪维里埃请了一位叫奥斯曼（'Othmân）的族长做顾问，"他在沙地上画出了一幅浮雕模型，是我无法去考察的图阿雷格地区的一部分"。与这位知情人进一步讨论之后，迪维里埃画出了他自己的地图的草图，然后把它与知情人所画的地面地图相互比对。[69] 迪维里埃发表的地图中有超过三分之一的部分都以当地这些资源提供的信息为基础。[70]

一个世纪之后，法国地理学家埃德蒙·贝尔努斯（Edmond Bernus）请求尼日尔的图阿雷格牧民画出他们的旱季放牧区地图。图 3.15 是贝尔努斯发表的五幅地图之一，最初画在沙地上，然后由图阿雷格知情人绘在纸上（也见图 3.16）。地图上的线条反映了图阿雷格人的畜群在旱季放牧时所经行的干涸河谷。标有数字的小圆圈标出了沿河谷地表分布的井的位置。地名则用提菲纳（tifinag）字母写出。因为贝尔努斯要求展示出季节性畜群迁徙（转场）的路线，作为回应，这幅地图重点关注了水文网络。有趣的是，这五幅地图的朝向随每位制图者相对各个牧场的位置不同而不同。这阐明了由布罗塞（Brosset）最早提出的观点：比起固定的方位基点和基本方位来，游牧民更常使用"方向扇形"（sectors of orientation）给自己定位。[71] 正如贝尔努斯所示，图阿雷格人确定自己方位时所走的路线普遍与河

39

⑱　这幅地图的图题是"从赤道到南回归线的非洲地图，展示前往尼亚西湖（Lake Nyassi）、莫内莫济（Moenemoezi）、穆罗普埃国（Muropue）、卡赞贝国（Cazembe）和穿越非洲大陆的路线，并绘有传教士在东非的新发现"。参见 William Desborough Cooley, *Inner Africa Laid Open* (1852; reprinted New York: Negro Universities Press, 1969), 54 – 60。非洲人为了欧洲人试图填补自己地图上的空白的要求而制图的另一个例子，是哈伊勒·马里亚姆（Haïle Mariam）的"库洛王国地图"（Carte du royaume de Koullo）。在寥寥无几的得到出版的本土地图中，有一幅由法国旅行家和外交官纪尧姆·勒让（Guillaume Lejean）在他担任法国驻西奥多皇帝统治的阿比西尼亚领事期间募得，参见 Guillaume Lejean, "Note sur le royaume de Koullo au sud du Kafa（Notes verbales fournies par deux indigènes），" *Bulletin de la Société de Géographie de Paris*, ser. 5, 8（1864）: 388 – 391。

⑲　Henri Duveyrier, *Exploration du Sahara: Les Touareg du Nord*（Paris: Challamel Aîné, 1864）, xiv – xvi. 关于图阿雷格男子如何为撒哈拉的阿哈加尔山与通布图之间的地区构建浮雕模型的简明记述，参见 Erwin Raisz, *General Cartography*, 2d. ed.（New York: McGraw-Hill, 1948）, 4 – 5。莱斯（Raisz）的报告既未引用文献又未引证其他人，可能是对迪维里埃的报告的复述。

⑳　迪维里埃的地图图题是"1859、1860、1861 年的撒哈拉考察，撒哈拉中部高原地图，包含北部图阿雷格地区以及阿尔及利亚、突尼斯和的黎波里所属的撒哈拉地区，由昂利·迪维里埃绘制（Exploration du Sahara-Années 1859, 1860, 1861, Carte du Plateau Central du Sahara comprenant le pays des Touareg du Nord, le Sahara Algérien, Tunisien et Tripolitain par Henri Duveyrier）"（1/3, 000, 000），实际绘制者是巴黎的 E. 德比松（E. Debuisons），由埃拉尔（Erhard）印刷出版（79.6×61 厘米）。

㉑　D. Brosset, "La rose des vents chez les nomads sahariens," *Bulletin du Comité d'Études Historiques et Scientifiques de l'Afrique Occidentale Française* 11（1928）: 666 – 684. 也见 Prussin, *African Nomadic Architecture*, 35（注释 5）。

40　　图 3.15　由基利·基卢·阿格·纳吉姆绘制的图阿雷格转场地图，由埃德蒙·贝尔努斯修改

以纸和墨水绘制，原图画在埃德蒙·贝尔努斯的记录本上。该图以北为上，覆盖了东西 150 千米、南北 90 千米的区域。地名用提非纳文书写。线条代表干谷，贝尔努斯识别出了 26 个当地地名和井（在图上以 1—26 的数字标出）。

原始大小：13.5 × 20 厘米。引自 Edmond Bernus, *Les Illabakan*（*Niger*）：*Une tribu touarègue sahélienne et son aire de nomadisation*, Atlas des Structures Agraires au Sud du Sahara 10（Paris：ORSTOM, 1974）。

床、沙丘、山丘和景观中孤立的树木之类物理性地理特征有关。[72]

　　麦加是虔诚的图阿雷格穆斯林在一天五次祈祷时要面对的方向，通过与麦加的关系也可以确定朝向。在凯尔阿哈加尔（Kel Ahagger）部落中，东方叫作 *elkablet*，意思就是"麦加 40　的方向"。东方也用 *dat-akal* 一词指代，其定义是祈祷者的"前方之土"。西方则定义为祈祷者的"后方之土"（*deffer akal*）。北和南也同样通过与面对神圣东方之人的关系而定义。"北"这个词是 *tezalge*，意为"左"或"左侧"，而南是 *aghil*，意为"右"。[73] 通过与面向某个特定地理特征或方向（左—右，前—后，上—下）的人体的关系来定义基本方位的做法，把撒哈拉地区的图阿雷格人与撒哈拉以南非洲的人群联系在一起。在非洲中部开赛河流域的热带雨林地区，当地人经常根据河水流动方向定位。[74]

---

　　[72]　Edmond Bernus, "La représentation de l'espace chez des Touaregs du Sahel, " *Mappemonde* 1988, no. 3, 1–5；同一作者的 "Points cardinaux：Les critères de désignation chez les nomades touaregs et maures, " *Bulletin des Etudes Africaines de l'INALCO* 1, no. 2（1981）：101–106；以及同一作者的 "Perception du temps et de l'espace par les Touaregs nomades sahéliens, " in *Ethnogéographies*, ed. Paul Claval and Singaravélou（Paris：Harmattan, 1995）, 41–50。

　　[73]　Bernus, "Points cardinaux," 特别是 103 页，以及 "Perception du temps"（注释 72）。关于欧洲语言中的类似传统，参见 Woodward, "Medieval *Mappaemundi*," 337（注释 31）。

　　[74]　Jan Vansina, 私人通信，1995 年 8 月 7 日。

图 3.16　在沙地上绘制地图的妇女　41

这张照片摄于 1968 年，展示了一位图阿雷格妇女正在沙地上绘制乌赞谷（Ouzzeine Valley）的地图。她属于生活在马里的阿德拉尔·德斯伊福拉斯高原（Adrar des Iforas massif）的凯尔阿达格（Kel Adagh）族群。照片中可见乌赞谷的主轴及与之垂直的支谷。

巴黎的埃德蒙·贝尔努斯许可使用。

　　1879 年 7 月，德国探险家爱德华·罗伯特·弗莱格尔（Eduard Robert Flegel）在贝努埃地区考察期间，他所绘的贝努埃河水系地图曾得到了伊比（Ibi）国王阿卜杜勒拉哈马尼（Abdulrahamani）的纠正。弗莱格尔想要访问伍卡里（Wukari）的居民，他把伍卡里画在一条标为"科金卡莱姆"（Kogi-n-Kalem）的河流岸边。然而，国王告诉他，伍卡里那边没有这条河。然后，阿卜杜勒拉哈马尼"略微抬起他的绵羊皮——那是王座上铺的毯子——就用他自己的手指为我在沙地上画出了水系图"。国王继续沿着代表河流的线标出一些点，给出了他们所代表的村庄的名字。弗莱格尔把这幅地面地图转画到纸上，以便纠正他自己绘制 41 的贝努埃河水系地图中的错误。⑦

---

　　⑦　E. Robert Flegel, "Städtebilder aus West-und Central-Afrika," *Mittheilungen der Geographischen Gesellschaft in Hamburg*, *1878 – 79*, 300 – 327, 特别是 305—307 页。

非洲人有不计其数的向欧洲探险家提供"口头地图"（oral maps）的例子。雅各布·埃拉尔特（Jakob Erhardt）在撰于19世纪中期的回忆录中曾解释他的东非及中非地图上为什么会把维多利亚湖画成一只大蛞蝓的形状，承认他曾依赖沿东非海岸和坦噶尼喀湖之间的旅队主路从事象牙和奴隶贸易的商人为他提供地理信息。查尔斯·比克在一幅南埃塞俄比亚简图的图题中向他的知情人致敬："阿比西尼亚以南诸国地图，由比克博士根据奥马尔·伊本·内贾特（'Omar ibn Nedját）的口述绘制"。奥马尔·伊本·内贾特是来自代里塔（Dérita）的穆斯林商人，他向比克提供了有关戈贾卜河流向的详细情况。麦奎因在讨论他有关尼日尔河流向的理论时，同样承认了由非洲知情人所提供的信息的价值。[76]

总之，有大量证据表明，在19世纪和20世纪，非洲人地图对欧洲的制图产生了影响。在非洲人和欧洲人之间不计其数的制图接触中，本节所述的例子当然只是其中的一小部分。以这些有限的例子为基础，我们可以识别出非洲人制图对欧洲人的非洲地图的三种主要影响。首先，非洲人的地图被探险家用来校正他们的地图，甚至是他们构建地图的重要方式。不仅对于非洲的探险者是如此，对于在家中工作的"扶椅地理学家"来说也是如此。其次，非洲人地图有其拓扑本性，其中的位置和朝向源自本地的历史和文化（比如不依靠主要方位定位）决定因素，这些特征在欧洲人的地图中也很明显。举例来说，很多欧洲人地图中就呈现了本土制图的线性形式和计时基础，路程的距离以沿商道或宗教路线步行时一日的行程来测量。再次，非洲人地图中所包含的地名也被大量移注在欧洲人地图之上。具有讽刺意味的是，非洲人的制图为欧洲人绘制质量更高的非洲大陆地图做出了贡献，但欧洲人最终却利用这些地图瓜分了非洲，使之沦为欧洲的殖民地。

欧洲人对非洲制图的影响

20世纪早期最有野心的制图计划之一，出现在喀麦隆西部草原上的巴穆姆（Bamum）王国中。在恩乔亚国王（King Njoya，约1875—1933）的领导下，巴穆姆人制定了自己的字母，对王国做了一次重要的地形调查工作。恩乔亚究竟是自学成才的地图制作者，还是从德国传教士或一位叫马克斯·莫伊泽尔（Max Möisel）的制图员那里学到如何制作地图，目前尚不能完全确定。同样不确定的是，恩乔亚是亲自参与制图，还是由他朝廷中的某位大臣充当了国王的制图员。可能在德国占领当地之前，恩乔亚已在独立地绘制地图，而在德国占领之后，他的后期工作则受到了莫伊泽尔的影响。[77]

42　可归于恩乔亚国王的最早的地图作品是他的农场与王都富姆班（Fumban）之间的路线

⑦⑥　James［Jakob］Erhardt，"Reports Respecting Central Africa, as Collected in Mambara and on the East Coast, with a New Map of the Country," *Proceedings of the Royal Geographical Society* 1（1855－57）：8－10；Beke，"On the Nile," 44（注释55）；MacQueen，"Geography of Central Africa," 702－706（注释51）。

⑦⑦　Idellette Dugast and Mervyn David Waldegrave Jeffreys，*L'écriture des Bamum：Sa naissance, son évolution, sa valeur phonétique, son utilisation*，Mémoires de l'Institut Français d'Afrique Moire（Centre du Cameroun），Populations，no. 4（1950）。施特鲁克（Struck）认为，在莫伊泽尔第一次经过巴穆姆之前，恩乔亚至少绘制了一年半的地图。参见 Bernhard Struck，"König Ndschoya von Bamum als Topograph," *Globus* 94（1908）：206－209。恩乔亚的确曾与莫伊泽尔谈论过德国制图技术，这很可能影响了他的后期工作。克罗德·塔尔迪（Claude Tardits）相信恩乔亚国王在几次访问1906年建于巴穆姆的德国传教学校期间接触到了制图术（私人通信，1995年12月18日）。

图，及其农场的一幅平面图。在图 3.17 中展示的这幅路线图尤值关注，因为它是巴穆姆在受到欧洲影响之前的制图学的代表作。该图朝向西南方向，在左边绘出恩乔亚的农场，最右边绘出富姆班，位于弧形的城墙之后。沿二者之间的道路绘出 14 条溪流，各标以名字；山丘以树形的象形符号呈现，农场则各标有其主人的名字。在刚出富姆班就路过的溪流左边，道路盘旋攀上“邪恶山”。施特鲁克注意到这幅图以铅笔在纸上绘制，指出“路线的尽头画在纸的背面，因为正面已经没有足够的空间”。这幅地图由恩乔亚本人赠予德国传教士 M. 戈林（Göhring），以向他展示农场的位置。[78]

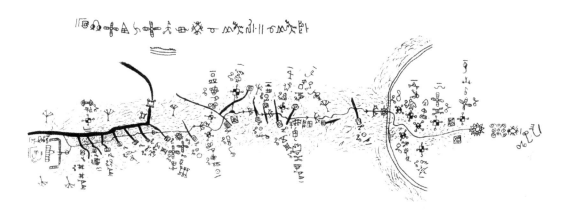

图 3.17　恩乔亚国王绘制的其农场与富姆班之间的路线图（1906 年）　　42

以纸和墨水绘制。地名以姆比马字母书写。

原始大小：未知。据 Bernhard Struck, "König Ndschoya von Bamum als Topograph," *Globus* 94 (1908)：206 – 209，特别是 208 页。

1912 年，恩乔亚决定制作一幅王国全图。他很赞赏莫伊泽尔的喀麦隆地图，但认为这些地图对他自己的行政需求——比如在巴穆姆分配地权、解决土地争端——价值不大。[79] 为了绘制这幅地图，恩乔亚组织了一次由他的 20 名随从领头的地形勘查。在勘查中组建了专门的小组，包括清除林地的小组、在记录本上记录观察的勘查小队以及侍候国王及其勘查人员的仆人。国王的 20 名地志学者则监督检查勘查人员的工作。迪加斯特（Dugast）和杰弗里斯（Jeffreys）采访了勘查队的首要领导人恩吉·马马（Nji Mama），他估计有 60 个人参与了勘查。[80]

工作始于 1912 年 4 月初，持续了差不多两个月。在王国的每个村庄都会有一位向导作为勘查队的陪同，以报告村庄边界和农田地域的范围、本地溪流和山岭的名字以及其他与工作相关的信息。距离用手表计算，方法是记录从一个暂驻地步行到下一个暂驻地所需的时间。恩乔亚在雨季开始、旅行变得越来越困难的时候暂停了勘查。由恩吉·马马保存的考察记录本显示，地志学者在 52 天时间里在 30 个地方暂驻，完成了整个王国三

---

⑦⑧　Struck, "König Ndschoya," 208；也见 Dugast and Jeffreys, *L'écriture des Bamum*, 13（均见注释 77）。

⑦⑨　Ckayde Tardits, *Le royaume Bamoum*（Paris：Armand Colin, 1980），761 – 769。

⑧⓪　Dugast and Jeffreys, *L'écriture des Bamum*, 68 – 71（注释 77）。

分之二的勘查。[81] 然而，王太后恰在这时去世，之后又是第一次世界大战爆发带来的混乱，都让恩乔亚无法重启勘查。直到 1918 年，才又对王都富姆班做了勘查。王国剩下的三分之一的勘查是 1920 年 1 月完成的。恩吉·马马和恩乔亚国王负责 *lewa ngu*（即"王国地图"）的实际制作。

43

图版 3 中展示的巴穆姆地图的创作者归于易卜拉欣·恩乔亚（Ibrahim Njoya）。该图的特色包括以西为上的朝向、王都过大的尺寸以及把王都置于地图中央的处理。在图上以蓝色表示河流，绿色表示山脉，两种黑色、白色和红色的盘状符号表示升起（底盘）和降落（顶盘）的太阳。通过把王国的西界拉伸到其实际范围之外，就使 *lewa ngu* 得以呈现矩形的外观。王国的真实形状是三角形，这在迪加斯特和杰弗里斯的插图中看得很清楚。[82]

这幅地图的形式和内容很好地说明了地图的政治用途。在 19 世纪 90 年代，恩乔亚的统治遭到了朝廷大臣的反对。富姆班一度被围困，直到巴尼奥的富尔塞（Fulße of Banyo）赶来支援时才解了围。[83] 在 20 世纪早期，恩乔亚通过外交、战争及与殖民政府合作来寻求巩固他对巴穆姆的控制。[84] 他的地图通过表现"统治的图像"来促成这个政治目标，这些"统治的图像"有效地遮蔽了那些权力斗争，创造了一种统一的感觉。[85] 在视觉形象上，这幅图像让王国为极其对称的水系所围绕，这些河道的形象本身又得到了四边形的边界设计的强化。沿着王国的边缘标出了数以百计的地名，意味着国王的地志学者通过环绕王国的周边行走而在根本上界定了巴穆姆的范围。富姆班夸大的比例是一种强调式的陈述，把观图者的注意力引向王国的政治中心。图中空白之处与深色边界线的明暗对比也着重强调出一幅权力和统一的图像。

地图边缘的圆形勋章符号和天体符号不仅朝西，而且也加强了这幅统治的图像。左边的圆形勋章符号指出"这是降雨开始之处"，右边的符号写的是"在右边是巴穆姆的降雨结束之处"。下右侧的圆形显示了满月升起之处；顶上的弯月显示了新月升起之处。与弯月最为接近的一颗恒星，在一日之中"妇女准备晚饭"的时刻出现在西方天空。在它右边是另一颗带尾巴的恒星，象征意义是："如果我们今天要打仗，我们会赢。"在底部的满月旁边是启明星，在巴穆姆的战士准备攻击敌人的时候可见于东方天空。[86]

这些装饰性的特征在一个层面上表现了前殖民时期巴穆姆的政治—经济基础，以依赖降雨

---

　　[81]　根据迪加斯特和杰弗里斯的 *L'écriture des Bamum* 第 69 页注释 2，勘查人员的记录本中有一本可见于巴黎人类博物馆的馆藏。然而，当我在 1995 年 11 月前往该博物馆的黑非洲部想要查阅这个记录本时，它已经下落不明，不见于与巴穆姆有关的藏品中。

　　[82]　Dugast and Jeffreys, *L'écriture des Bamum*, 68–71（注释 77）。他们在发表这幅地图时以北为上。易卜拉欣·恩乔亚制作的 *lewa ngu* 的另一个版本由克罗德·塔尔迪于 1960—1961 年间在富姆班收集得到。塔尔迪想到易卜拉欣·恩乔亚曾经多次复制这份地图，把它卖给欧洲人。他便用一份原稿作为底图。塔尔迪所收集到的这个手绘版本与图版 3 中所示的版本非常相似，二者的重要差别与为欧洲受众复制该图的动机有关。在图中很多地方，居民点或物理性地物的名字除了巴穆姆字母外还用罗马字母书写。在图中的圆形勋章符号（"北" Nord、"南" Sud）和图例处还写有法语单词。这幅地图似乎有两种朝向。以西为上的朝向保留了原图特征，但把图例放在东南角的做法却暗示了以北为上的朝向。要查看图例，读图者必须旋转地图，使北朝向上方。与图版 3 中显示的版本相比，这幅地图还有一处更新，就是标出了在努恩河（Noun，即穆瓦努恩河 Moinun）附近由移民而来的咖啡种植者新建的居民点。

　　[83]　Tardits, *Le royaume Bamoum*, 204–209（注释 79）。

　　[84]　Claude Savary, "Situation et histoire des Bamum," *Bulletin Annuel*（Musée d'Ethnographie de la Ville de Genève）20（1977）：117–139，特别是 120—122 页。

　　[85]　J. B. Harley and Kees Zandvliet, "Art, Science, and Power in Sixteenth-Century Dutch Cartography," *Cartographica* 29, no. 2（1992）：10–19；"统治的图像"一语来自 Thomas Da Costa Kaufmann, "Editor's Statement：Images of Rule：Issues of Interpretation," *Art Journal* 48（1989）：119–122。

　　[86]　Savary, "Situation et histoire des Bamum," 129（注释 84）。

的农业及战争为特色。如果在战争中获胜，则可以为王国的势力范围带来新的领土和奴隶，极大地扩充王国的财富和特权。[87] 在另一个层面上，地图边缘的天体和圆形勋章符号起着宇宙架构的作用，把王国置于天的循环节奏之中。这些符号意味着太阳（及其他天体元素）以一种有秩序而可预测的方式在巴穆姆的上空升起和降落。它们强调了——如果不说是歌颂的话——王国的统一的完整，而事实上这两方面都遭到了殖民统治的削弱。到1924年的时候，法国殖民政府把巴穆姆分割成了几个行政区，恩乔亚的权力仅限于处理富姆班的司法而已。[88]

1916年，当英国军队临时占领巴穆姆的时候，恩乔亚准备了这幅地图的一个较早的版本（图3.18）。图中展示了界定明确的领土，其中所有的道路都通向王都。地图的形式仿佛是一个同心圆，围有城墙的富姆班位于圆心处。两个外侧的圆形由河道组成，它们把巴穆姆界定为一个连贯的整体（如果不说是对称的整体的话）。图的朝向是以南为上，与之一致的是，地图左边有代表初升太阳的符号，而右边有代表落日的符号。图例位于下右侧。恩乔亚把这幅有关他的领地的地图附在致英格兰国王的信中，在信里他请求英国能保护他免受德国统治。在致英国殖民地大臣 C. 多贝尔少将（Major General C. Dobell）的信中，恩乔亚声称是他自己绘制了这幅地图。恩乔亚的地图确立了他想要统治其领地的要求，而他的领地在殖民统治之前存在争议，此时又成为法国和英国谈判的对象。这幅图因此是政治过渡的产物， 44 在此过程中，恩乔亚运用他的制图技能以捍卫他对巴穆姆的领土要求，确保他作为传统的最

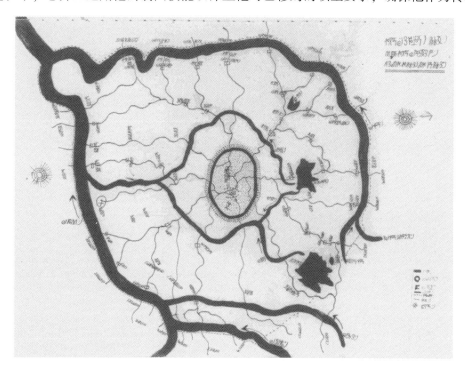

图 3.18　恩乔亚在 1916 年赠予英国当局的王国地图　　44

以南为上。以纸和墨水绘制。

原始大小：21×29.5 厘米。承蒙 Public Record Office，London 提供照片（649/7）。

---

[87]　Tardits, *Le royaume Bamoum*, 130（注释79）。在19世纪前半叶，由于姆布埃姆布埃（Mbouémboué）国王的征伐，巴穆姆的面积几乎增长到原来的七倍。

[88]　Tardits, *Le royaume Bamoum*, 241 – 266.

高统治者的身份。[89]

　　恩乔亚非常清楚地图的力量，特别是在行政和外交事务中的实用价值。图3.19暗示他还意识到了地图在增强巴穆姆统治者的政治地位方面具有符号价值。在王宫里，除了诸如王位和象牙之类象征威权的物品外，国王［或他的儿子、在1933年继其王位的年轻苏丹塞杜（Seidou）][90] 还会坐在一幅挂在墙上的地图之前。这是一幅喀麦隆地图，最有可能是莫伊泽尔所绘的德属喀麦隆地图之一。这张照片令人想起17世纪的法国和荷兰绘画，地图和地球仪在其中是财富、知识和权力的象征之物。[91] 恩乔亚的姿势和人所共知的他对照相的强烈爱好表明，这是一幅自觉的图像，地图在其中是领地和政治控制的象征符号。[92]

45

图3.19　巴穆姆国王恩乔亚（或其子塞杜苏丹）

这张照片于1917年至1933年间的某个时候摄于富姆班的王宫中。注意喀麦隆地图挂于左边墙上。

Musée de l'Homme, Paris 许可使用（no. C – 35 – 1217）。

45

---

　　[89]　"Letter from Njoya, Chief of the Bamum Tribe, to H. M. the King," 2 February 1916；"Letter to Secretary of State for the Colonies, A. Bonar Law, M. P., from Major General C. Dobell, Commanding the Allied Forces, West African Expeditionary Force," 2 February 1916, Duala（均收录于 Public Record Office, London, CO 649/7）；以及 Savary, "Situation et histoire des Bamum," 121 – 122（注释84）。

　　[90]　这幅照片中拍摄的人物究竟是谁，现在还有疑问。人类博物馆给的照片题目是"富姆班苏丹恩乔亚在王宫中"。然而，当美国史密松研究所国立非洲艺术博物馆的艾略特·埃利索芬（Eliot Elisofon）摄影档案管理员、巴穆姆的影像专家克里斯特罗德·M. 吉尔里（Christraud M. Geary）把这张照片出示给富姆班的几个人时，他们却一致认为这是塞杜苏丹，而不是恩乔亚（私人通信，1996年1月22日）。

　　[91]　Svetlana Alpers, "The Mapping Impulse in Dutch Art," in *Art and Cartography*: *Six Historical Essays*, ed. David Woodward（Chicago：University of Chicago Press, 1987），51 – 96；J. B. Harley, "Maps, Knowledge, and Power," in *The Iconography of Landscape*: *Essays on the Symbolic Representation*, *Design and Use of Past Environments*, ed. Denis Cosgrove and Stephen Daniels（Cambridge：Cambridge University Press, 1988），277 – 312，特别是295—296页；Catherine Hofmann et al., *Le globe et son image*（Paris：Bibliothèque Nationale, 1995），56 – 61。

　　[92]　有关恩乔亚对摄影的兴趣，参见 Christraud M. Geary, *Images from Bamum*: *German Colonial Photography at the Court of King Njoya*, *Cameroon*, *West Africa*, *1902 – 1915*（Washington, D. C.：National Museum of African Art by the Smithsonian Institution Press, 1988），及 Christraud M. Geary and Adamou Ndam Njoya, *Mandou Yénou*: *Photographies du pays Bamoum*, *royaume ouest-africain*, *1902 – 1915*（Munich：Trickster, 1985），特别是40、108页。

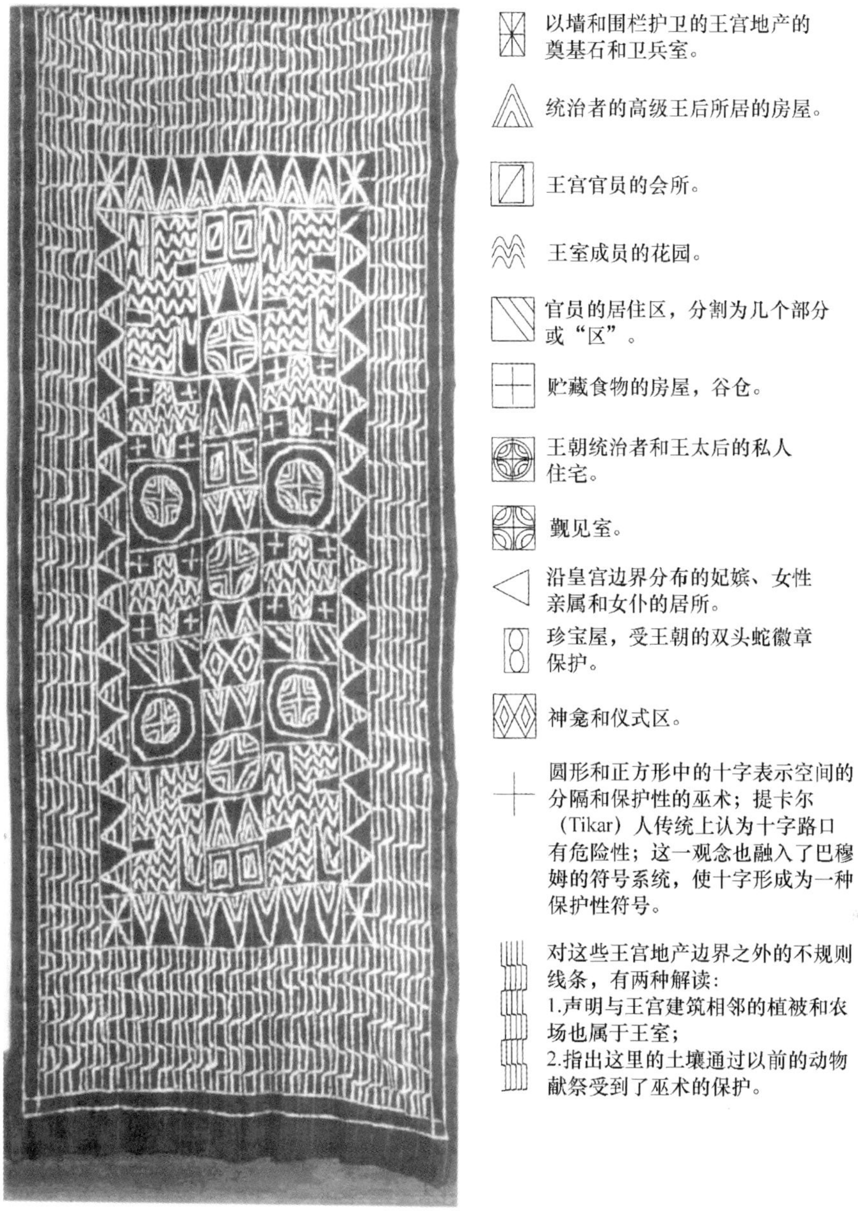

以墙和围栏护卫的王宫地产的奠基石和卫兵室。

统治者的高级王后所居的房屋。

王宫官员的会所。

王室成员的花园。

官员的居住区，分割为几个部分或"区"。

贮藏食物的房屋，谷仓。

王朝统治者和王太后的私人住宅。

觐见室。

沿皇宫边界分布的妃嫔、女性亲属和女仆的居所。

珍宝屋，受王朝的双头蛇徽章保护。

神龛和仪式区。

圆形和正方形中的十字表示空间的分隔和保护性的巫术；提卡尔（Tikar）人传统上认为十字路口有危险性；这一观念也融入了巴穆姆的符号系统，使十字形成为一种保护性符号。

对这些王宫地产边界之外的不规则线条，有两种解读：
1.声明与王宫建筑相邻的植被和农场也属于王室；
2.指出这里的土壤通过以前的动物献祭受到了巫术的保护。

图 3.20　富姆班王宫中的王家挂布

46

这幅王家挂布展示了巴穆姆王国都城富姆班的老王宫建筑的理想化平面图。平面图先描在未染色的棉布上。这些轮廓线之后被紧紧缝扎起来，然后整块织物再浸入靛蓝染料中。晾干之后，把轮廓线图案解扎，平面图就呈现为棉布上未染色的部分。图右给出了对挂布图案的说明。

原始大小：84×28 厘米。承蒙 Portland Art Museum 提供照片（cat. No. 70.10.81）。图案的解读依据 Paul Gebauer, *Art of Cameroon* (Portland：Portland Art Museum, 1979), 374。

展示了富姆班老王宫建筑的平面图的王家挂布，是制图在巴穆姆已经变得高度制度化的例证之一。这面巨大的扎染挂饰，是用本地的手纺棉制作，棉花先织成 2 英寸长的窄带，之后再缝在一起。在未染色的棉布上勾勒出王宫平面图的轮廓之后，先把它紧紧缝扎起来。在棉布用靛蓝染色并晾干之后，再把轮廓线解扎，这时平面图看上去就是棉布上未染色的区域。巴穆姆扎染挂布在当地的酋长中视为有威望之物，经常在王室举办活动的时候在富姆班展出。挂布强调了王国中传统权力的场所，其上的平面图可以看作国王在巴穆姆的政治威权的表现。恩乔亚在 1933 年采购了这幅挂布，而他也于同一年在无依无靠的流亡地去世，它的制图因此也可以解读为对殖民统治者重划边界、任命傀儡酋长、建立新的权力中心之前的古老政治地理的怀念。

治国和制图的另一个例子，是拉斯·马孔嫩（Ras Makonnen）于 1899 年在阿杜瓦的军营中制作的埃塞俄比亚地图（图 3.21）。这幅图送给了意大利史学家卡尔洛·孔蒂·罗西尼（Carlo Conti Rossini），很可能是他在图上添加了意大利语的地名和注释。地图为长方形，以北为上，孔蒂·罗西尼相信这是受了欧洲人的影响。然而，他把实际的绘图视为"阿比西尼亚地图学的最早表现；这是一幅应该为人所知的地图，因为（如果我们不考虑朝向的话）它看起来完全摆脱了欧洲人的影响"。[93] 事实上，拉斯·马孔嫩对欧洲人把地图作为构造帝国的工具的做法非常熟悉。比如在 1898 年 11 月初，他曾出席埃塞俄比亚皇帝孟尼利克（Menelik）与英国公使约翰·哈林顿（John Harrington）在亚得斯亚贝巴举行的一场会晤。在这次会晤中，哈林顿把英国最近在苏丹的军事进展通知给孟尼利克。哈林顿有关这次会晤的报告表明，埃塞俄比亚领导人意识到了地图的交谈功能：

> 听到加达里夫（Gedaref）被英国占领的消息，皇帝和其他在场者——即伊尔格（Ilg）先生和拉斯·马孔嫩（Ras Makunan）——表面上显得无动于衷；但当我提到鲁赛里斯（Roseires）也被占领时，每个人的脸上都现出震惊的表情。"那是哪里？"皇帝问道。我在地图上给他指出了鲁赛里斯的位置。皇帝于是问伊尔格先生北纬 14 度在哪里。得到指示后，皇帝把手指放在北纬 14° 和 2° 之间、西边以白尼罗河为界的土地上，对我说："这都是我的土地。"[94]

英国人所不知的是，在 1897 年 12 月，孟尼利克已经派拉斯·马孔嫩率领 8 万人的军队前往苏丹东部，目标是吞并盛产黄金的本尚古勒（Bela Shangul 或 Beni Shangul）省。尽管遭到了顽强的抵抗，但马孔嫩的军队最终还是一直攻到了北达鲁赛里斯的地方，并在那里向当地的统治者赠予了埃塞俄比亚国旗，象征那里已经拥有了埃塞俄比亚保护领地的新地位。和与他同类的欧洲扩张主义者一样，孟尼利克也在"玩着有效占领的游戏"（哈林顿语），强化其国家的领土要求，为将来有关边界地区的谈判做准备。[95]

马孔嫩的地图显示了到 1899 年为止在孟尼利克的统治下埃塞俄比亚南部边界的扩张范围。恩托托（Entotto 或 Intotto）是埃塞俄比亚都城的初址，位于地图正中。这幅地图的不同寻常之处在于，图中几乎完全略去了恩托托以西的城市、地区和族群。瓦贝（Uabe）河在地图西南部占据了很大空间，导致西南部的城市［如吉马（Gimma 或 Jīma）和卡法（Caffa

---

[93]　Conti Rossini, "Geographica," 175（图 24）。

[94]　引自 Alessandro Triulzi, "Prelude to the History of a Noman's Land: Bela Shangul, Wallagga, Ethiopia（ca. 1800–1898）"（Ph. D. diss., Northwestern University, 1980），259。

[95]　引自 Triulzi, "Prelude," 255。

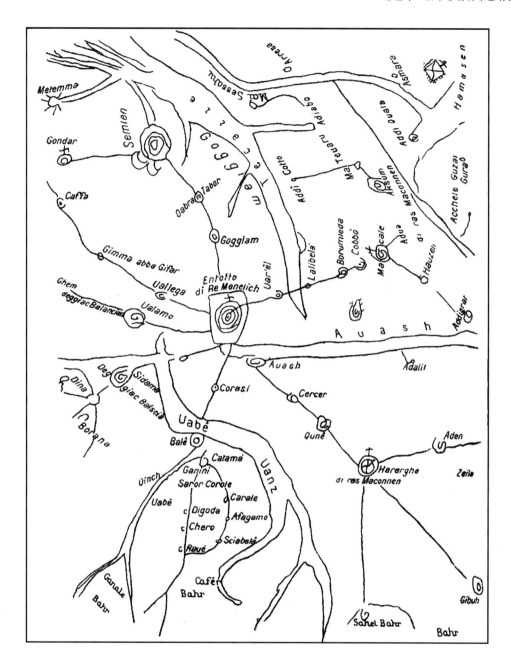

图 3.21 作者归于"拉斯·马孔嫩军营"的埃塞俄比亚地图，1899 年 47

恩托托是埃塞俄比亚都城的初址，位于地图中央。本图以北为上。

原始大小：未知。引自 Carlo Conti Rossini，"Geographica," *Rassegna di Studi Etiopici* 3（1943）：167 – 199，特别是 174 页（图 9）。

或 Kaffe）〕被放置（或曰错置）到了西边和西北边。孔蒂·罗西尼正确地指出，这幅地图对西部地区的忽视并不说明拉斯·马孔嫩对这一地区一无所知。⑯ 马孔嫩的军队最终征服了贝尚古勒、阿索萨〔Asosa，又名阿科尔迪（Aqoldi）〕和霍莫沙（Khomosha）由马赫迪分子

---

⑯ Conti Rossini，"Geographica," 175（注释 24）。

建立的酋长国。然而，出于政治原因，孟尼利克皇帝希望向居住在亚的斯亚贝巴的欧洲公使隐瞒埃塞俄比亚在瓦拉加（Wallaga）地区取得的军事进展的范围。[97] 孔蒂·罗西尼相信，禁止发布西部前线的地理信息的做法来自皇帝的禁令。任何敢于谈论本尚古勒远征的人都会遭到割掉舌头的惩罚。并不令人意外的是，当孔蒂·罗西尼身处马孔嫩的军营中时，"人们会压低声调谈及这次远征"。[98]

48　　　总而言之，欧洲人对非洲人制图的影响，在使用的材料（纸、墨水、蜡笔等）、一些地图（如拉斯·马孔嫩地图）以北为上的朝向以及制作时使用的方法（如恩乔亚的地形勘查）等方面都很明显。非洲统治者把地图当成外交工具的用途，也反映了19世纪晚期到20世纪早期非洲大陆被瓜分为殖民地期间欧洲人的影响。其他的地图学细节特征，比如把权力所在的位置放置于地图中央、根据制图者的目标选择和忽略细节、让地图上存在能传达制图者消息的符号系统等，看来都是跨文化的现象。

结　论

考虑到符号系统、地理方向和意图的文化相对性，我们必须小心使用任何单一传统的假设和标准去评估其他人群的制图能力和制品。欧洲人和非洲人制图最为普遍的共同特征，是地图的社会交谈功能。与其他传统文化的地图一样，非洲地图也是社会建构，其形式、内容和意义随制作者意图的不同而不同。材料和受众的多样性反映了生产地图的社会情境的多样性。不管是在"卢卡萨"那些珠子和贝壳的排列中，还是在巴穆姆人扎染的布料上，选择、略去和安置的过程都受到制图者欲求的影响，进而影响到特别的社会和政治情境。这种交谈功能意味着人们所运用的符号系统未必让所有人都理解。地图既可以是秘传的事物，因此只被像布迪耶社会的新成员这样的小群体所理解，又可以传达给范围大得多的受众，比如拉斯·马孔嫩的地图就是如此。正是地图这种多样而多变的社会本质，把非洲的制图与《地图学史》本册和其他卷册中调查的其他传统地图学联系在一起。

---

[97]　Bahru Zewde, *A History of Modern Ethiopia*, *1855 – 1974*（London：James Currey, 1991），66，82 – 83，及 Triulzi, "Prelude," 253 – 254（注释94）。

[98]　Conti Rossini, "Geographica," 175（注释24）。

美洲的传统地图学

51

第四章 北美洲原住民的地图、
制图和用图[*]

G. 马尔科姆·刘易斯（G. Malcolm Lewis）

　　尽管在本册中"地图"一词已经取了相当宽泛的定义，但是在北美洲的本土印第安文化、因纽特文化和阿留特（Aleut）文化中，表明地图存在的证据仍然颇为零散，在文化间有不平衡性，而且解释起来较为困难。不仅如此，所有这些文化都在不断变动，并非任何情况下都能在"印第安"地图学和"欧洲"地图学之间划出坚定不变的界限，或是确定什么才是真正"传统""本土"或"原始"的技术。① 本册其他各章也都存在这个问题，但很显然，它并没有阻碍我们试图去描述美洲原住民呈现世界和景观的方式并将其纳入世界地图学史中的努力。我们抱有这样的信念：如果我们想要比较不同文化如何处理一个基本的人类问题——建立他们自身与周边环境和宇宙之间的关系——那么这种梳理就是必不可少的；我们的研究进路正是因此而生。

---

　　* 我在撰写本章时依据了我在过去大约二十年中所做的工作。在此期间，我得到了数百位个人的帮助。如今回想起来，我要鸣谢那些我认为影响我最深或是为我提供了最大协助的人。二十年前，当我对北美洲本土地图刚刚抱有兴趣时，赫曼·弗里斯（Herman Friis）和戴维·伍德沃德（David Woodward）曾说服我去认真对待这个课题。戴维更进一步，帮助我开始落实他对我的建议。那时候，我还从另外三位地图学史学者那里获得了宝贵的帮助和鼓励，他们是路易斯·德沃西（Louis de Vorsey）、理查德·拉格尔斯（Richard Ruggles）和诺曼·斯罗尔（Norman Thrower）。不计其数的机构中的许多人都为我的研究提供了帮助。在这些人中，埃德·达尔（Ed Dahl）、罗伯特·卡罗（Robert Karrow）和查尔斯·马丁（Charles Martijn）不仅回应了我的需求，而且多次主动让我注意到新的研究材料。在我几次前往访问芝加哥的纽贝里（Newberry）图书馆期间，弗朗西斯·詹宁斯（Francis Jennings）和海伦·霍恩贝克·坦纳（Helen Hornbeck Tanner）给予了我宝贵的建议。罗伊·麦克唐纳（Roy MacDonald）是安大略省怀特多格保留地（Whitedog Reserve）的奥吉布瓦酋长，他最早让我意识到传统神话经常渗透在地形实体之中。近年来，通过与这一研究领域的几位相对来说的"新人"的接触，特别是芭芭拉·伯利亚（Barbara Belyea）、玛格丽特·皮尔斯（Margaret Pearce）、罗伯特·伦德斯特罗姆（Robert Rundstrom）和格里高利·瓦塞尔科夫（Gregory Waselkov），我受到她们很大影响。在研究的初始阶段，我在谢菲尔德大学得到了我那时的研究助理玛格丽特·威尔克斯（Margaret Wilkes）的很大协助；同样，一直到研究结束时，我又得到了吉姆·麦克尼尔（Jim McNeil）的协助，他认真地整理并深入研究了我的记录。我的妻子玛格丽特（Margaret）提供了宝贵的秘书式协助和独立的观点。我要对上面所有这些人致以诚挚谢意。

　　在我要感谢的许多机构中，有两家机构对我帮助最大。芝加哥纽贝里图书馆的赫蒙·邓勒普·史密斯（Hermon Dunlap Smith）地图学史中心为我在北美洲的工作提供了极为重要的基础，我在这里完善了我的检索网络。谢菲尔德大学地理学系给了我足够的自由，使我得以在系中的优秀秘书岗和技术岗人员的支持下发展个人研究兴趣。

　　如果没有经费支持，我的工作几乎都无法完成。我要对英国国家学术院、加拿大高级专员公署（伦敦）、英国经济和社会研究理事会及其前身英国社会科学研究理事会、威斯康星—麦迪逊大学《地图学史》项目、纽贝里图书馆、安大略遗产基金会和谢菲尔德大学的资助表示谢意。

　　① J. C. H. King, "Tradition in Native American Art," in *The Arts of the North American Indian: native Traditions in Evolution*, ed. Edwin L. Wade (New York: Hudson Hills Press, 1986), 64 – 92, 特别是 65 页。

接触前、接触时和接触后的地图

尽管有上述困难，我们还是可以把美洲印第安人的地图学划分为三大类，它们都和与欧洲人或欧裔美洲人的接触（contact）这一概念有关。第一个阶段是接触前时期，此时连欧洲人的间接影响都不存在，地图学深植于古代传统。尽管基本独立于欧洲影响而制作的地图证据不多，它们还是包括了岩画艺术和人造建筑物等类别，后者的例子如主要呈现了天体和宇宙物体的土墩（mounds）。第二个阶段在时间上从 16 世纪中期到 19 世纪后期，随地区的不同而不同；这一阶段的地图是在第一次接触的时候所绘制，所接触的人有探险者、贸易者、军人、传教士以及和原住民开展了各种探查、经济和政治谈判的早期定居者。这类地图证据的主要来源是有关发现和探险的早期文献中所报告的临时性地图，以及存世极少的桦皮、兽皮、兽骨和贝壳珠人造物。第三个阶段起于欧裔美洲人永久性定居点的建立、稳定的贸易和通信网络的发展以及资源开发的启动。属于这一类的原住民地图可用于帮助与欧裔美洲人交流，或满足他们对有关路线、战略关系和资源位置的信息的需求。它们为数众多，主要是绘在纸上的陆地图，形式上处于从加了注释的完全本土的手绘原件、由信息的二手获得者制作的抄本到雕版印刷版本等多种涵化状态。

52

在所有这些情况中，有一点值得记住：人们好奇或觉得重要的对象并不总是地图人造物本身，通常是人造物制作的过程。最早得到描述的例子之一，是由约翰·史密斯（John Smith）在 1607 年观察过的宇宙志地图，其中展示了南方阿尔贡金人的世界、环绕这一世界的大洋、位于大洋中某处的史密斯的土地以及世界的假想边界（见图 4.11 和 4.12）。尽管最终的产物绘于一间长屋的泥土地面上，可能只存在了几小时或几天，但大部分信息内容已经整合到一场为期三天的仪式表演中。在另一个不太为人所知的例子——一个完全姿势性的例子——中，一位米克马克（Micmac）酋长把拇指和食指尖靠在一起，形成一个近乎完整的圆圈，然后沿着这个圆圈把指关节识别为魁北克、蒙特利尔、纽约、波士顿和哈利法克斯（见下文图 4.10）。食指尖和拇指尖之间的狭窄空间指示的则是即将针对他的游团实施的包围。

理想情况下，北美洲传统地图学史可以主要划分出接触前证据和接触证据两类。遗憾的是，接触前证据存在定年和辨伪问题，现存的证据数量太少，很多文本报告存在歧义，这些问题都要求我们在使用那些看上去像本土制作的接触后地图时要格外谨慎。我们很难确定有多少现存的地图和历史报告可能与接触前地图有关，但它们可以为我们打开一扇窗口，瞥向那些较早期的制图实践。至于印第安人空间信息中的要素如何以多样的形式整合到欧洲人制作的地图中，这虽然不是本分册关注的中心问题，但它同样可以让我们深入理解美洲本土制图术。②

------

② 有关这一论题，参见以下文章：G. Malcolm Lewis："Indicators of Unacknowledged Assimilations from Amrindian *Maps* on Euro-American Maps of North America：Some General Principles Arising from a Study of La Vérendrye's Composite Map, 1728 – 29," *Imago Mundi* 38 (1986)：9 – 34；"Misinterpretation of Amerindian Information as a Source of Error on Euro-American Maps," *Annals of the Association of American Geographers* 77 (1987)：542 – 563；"Indian Maps：Their Place in the History of Plains Cartography," in *Mapping the North American Plains：Essays in the History of Cartography*, ed. Frederick C. Luebke, Frances W. Kaye, and Gary E. Moulton (Norman：University of Oklahoma Press, 1987), 63 – 80；"La Grande Rivière et Fleuve de l'Ouest/The Realities and Reasons

"地图"的固有词

与其他本土社会的情况一样，在欧洲人到来之前，印第安和因纽特语言中非常不太可能包含有和"map"（制图，地图）这个词等同的动词或名词。本土地图的基础是与欧洲地图不同的一些设想，并为着不同的功能而制作。它们是经验和口语传统的产物，而不是西方意义的刻写的档案史的产物。至少目前，在接触后所编纂的印第安语言的词汇表和词典往往仍然无法呈现出完整的词汇面貌，其中忽略了很多在印第安人—欧洲人对话的语境中不重要的词语。与此相反，为了接纳欧洲人的概念，印第安语言发展出了新的用词。举例来说，一本现代夏延语（Cheyenne）词典列出了意为"地图"的 *hoȝevà-hoȝxeȝèstóoȝo* 一词；其基本义由意为"土地"和"纸"的名词构成。③尽管土地无疑是个本土概念，但纸（以及与它关系密切的另两个词"书"和"字母"）显然不是。不过，姑且不论复杂的词源问题，对不同的语群（language group）来说，表示"地图"的名词的出现情况有明显不同。对91种印第安语—英语或印第安语—法语词典的抽样表明，其中有24种（26%）包含了"地图"条目，但出现频度在不同语群之间有显著差异：苏（Siouan）语群100%，纳－德内（Na-Dene）语群和阿尔吉克（Algic）语群各为35%，易洛魁（Iroquoian）语群18%，乌托－阿兹特克（Uto-Aztecan）语群14%。在总计24种的卡多（Caddoan）、萨利什（Salishan）和皮纽申（Penutian）语群的词典中完全未出现"地图"一词。在爱斯基摩/因纽特语词典中则有一半有"地图"条目。在语群之间的这些差异里面，有一些具有统计显著性，但原因尚不明确。其中反映的变量很可能包括与欧洲人第一次接触的时期、接触后遭遇的社会和经济本质、词典编纂的时期和目的以及编纂者的背景。

在最早的欧洲人到来之前，图画创作（pictography）很可能早就在整个美洲的范围内成为一种交流方式了。④ 不过，考虑到文化和时期的较大差异，印第安人的语言交流也确实整合了一些新近被称为"空间的非地图学构建"（non-cartographic structurings of space）⑤ 的东53

---

behind a Major Mistake in the 18th-Century Geography of North America," *Cartographica* 28, no. 1 (1991): 54 – 87; 及 "Metrics, Geometries, Signs, and Language: Sources of Cartographic Miscommunication between Native and Euro-American Cultures in North America," in *Introducing Cultural and Social Cartography*, comp. and ed. Robert A. Rundstrom, Monograph 44, *Carographica* 30, no. 1 (1993): 98 – 106 [法译文为 "Communiquer l'espace: Malentendus dans la transmission d'information cartographique en Amérique du Nord," in *Transferts culturels et métissages Amérique/Europe, XVIe-XXe siècle*, ed. Laurier Turgeon, Denys Delâge, and Réal Ouellet (Sainte-Foy, Quebec: Presses de l'Université Laval, 1996), 357 – 375]. 也参见 D. Wayne Moodie, "The Role of the Indian in the European Exploration and Mapping of Canada," *Zeitschrift für Kanada-Studien* 26 (1994): 79 – 93; Barbara Belyea, "Inland Journeys, Native Maps," *Cartographica* 33, no. 2 (1996): 1 – 16 [此文将作为下书的第六章: *Cartographic Encounters: Perspectives on Native American Mapmaking and Map Use*, ed. G. Malcolm Lewis (Chicago: University of Chicago Press, 1998)]; 及同一作者的 "Mapping the Marias,"将出版。

③ Northern Cheyenne Language and Culture Center Title VII ESEA Bilingual Education Program, *English-Cheyenne Student Dictionary* (Lame Deer, Mont., 1976), 66, 61, 78.

④ 参见 Garrick Mallery, "Pictographs of the North American Indians: A Preliminary Paper," in *Fourth Annual Report of the Bureau of Ethnology to the Secretary of the Smithsonian Institution, 1882 – '83* (Washington, D. C.: United States Government Printing Office, 1886), 4 – 256, 特别是157—159页（其中给出了19世纪的几个地图学例证），及同一作者的 "Picture-Writing of the American Indian," in *Tenth Annual Report of the Bureau of Ethnology to the Secretary of the Smithsonian Institution, 1888 – '89* (Washington, D. C.: United States Government Printing Office, 1893), 1 – 822, 特别是329—357页。

⑤ Kai Brodersen, *Terra Cognita: Studien zur romischen Raumerfassung* (Hildersheim: Georg Olms, 1995), 特别是31页。

西。这些实践几乎可以肯定包括运用地标和路线作为参照物的做法，但因为没有可靠的接触文本，我们并不知道原住民具体如何操作。可以确定的是，所有印第安语言都有一些词法和句法特征，允许说话人在进行语言交流时参照身边情境的位置特征。[⑥] 这些语言特征是在空间上构建的图画的语言等价物。

宇宙志的重要性

美洲原住民对宇宙的空间呈现，处在一张延伸到日常生活中的精神意义之网上。[⑦] 奥格拉拉苏人（Oglala Sioux）相信圆形是神圣的，因为自然中的万物（太阳、天空、大地、月亮）除了石头之外都是圆的，而"石头是用于毁坏的工具"。圆形也因此被视为世界的边缘和四风的来源。由此推论，圆形还是年和时间分隔的象征。圆形这个概念延伸到日复一日的生活中，便被用于构建奥格拉拉苏人的锥帐（tipi）、环形营地和仪典排列。[⑧] 有时候，圆形是个组织性（organizational）的概念，用来表明居于中央的本土的重要性。19 世纪早期的克劳人（Crow）酋长阿拉普瓦什（Arrapooash）把他率领的人民的传统居住地——黄石谷（Yellowstone Valley）的优点与一个人从这里走向外界时周边环境发生的不断败坏加以对比：向南走，会遇到贫瘠的平原、无法饮用的水和热病；向西走，是以鱼为食导致的牙病；向北走，是漫长寒冷的冬天，而且几乎没有供马食用的饲草；向东走，是满是泥泞的饮用水，还会被关押在村庄中。[⑨]

彼得·纳博科夫（Peter Nabokov）强调，宇宙志观念（以及其空间呈现）是对土地和财产所有权的声索和反声索的根基。他举了一位基奥瓦（Kiowa）药师（medicine man）的例子。这位男子叫"白鸟"（White Bird），在听到美国传教士抱怨基奥瓦人偷袭他们的时候，作为回应，在地面上摆了两个纸圈，一个是白色，另一个是蓝色。白鸟解释说，白纸圈代表大地，而蓝纸圈代表天空，天空中有"大父"（Great Father）太阳，绕着大地运行。作为一位控制着天气（降雨）、能够接触到"大父"的药师，他的力量有更坚实的道德基础；他要比华盛顿的那位大酋长离"大父"更近。[⑩]

尽管纳博科夫意识到，给美洲印第安人的宇宙观做一番公式化的概述只是一场"启发

⑥　在语言学理论中，"空间指示语"（spatial deixis）这一术语用来涵盖那些在言语交谈发生时指称情境的位置特征的语言特征。它因此在认知上与自我中心的地图构建相关联，在这样的地图中，中心得到加强，周围的重要性则被弱化。北美洲的所有语系都具备空间指示语特征。其中，位置后缀和位置方向标记实际上是普遍存在的特征，在某些情况中也与位置前缀、前置词或后置词的运用相关联。参见 Joel Sherzer, *An Areal-Typological Study of American Indian Languages North of Mexico* (Amsterdam：North-Holland, 1976)。

⑦　参见 Peter Nabokov, "Orientations from Their Side：Dimensions of Native American Cartographic Discourse," in *Cartographic Encounters：Perspectives on Native American Mapmaking and Map Use*, ed. G. Malcolm Lewis (Chicago：University of Chicago Press, 1998)，第 11 章。

⑧　J. R. Walker, "The Sun Dance and Other Ceremonies of the Oglala Division of the Teton Dakota," *Anthropological Papers of the American Museum of Natural History* 16 (1917)：51 – 221，特别是 160 页。

⑨　James H. Bradley, "Arrapooash," *Contributions to the Historical Society of Montana* 9 (1923)：299 – 307，特别是 306—307 页。

⑩　Nabokov, "Orientations," 16（注释 7），引自 Raymond J. Demallie, "Touching the Pen：Plains Indian Treaty Councils in Ethnohistorical Perspective," in *Ethnicity on the Great Plains*, ed. Frederick C. Luebke (Lincoln：University of Nebraska Press, 1980)，38 – 53，特别是 49 页。

式骗局"（heuristic conceit），但他还是总结出了不少有用的一般特征。单个中心的观念和神圣地理的枢轴在整个北美洲都很常见，特别是在密西西比州的乔克托人（Choctaws）、加利福尼亚尤罗克人（California Yuroks）、美国西南部的普韦布洛人（Pueblos）和亚利桑那州的霍皮人（Hopis）之中。当东南部或平原地区的一个印第安人站在中央，面向升起的太阳时，四方和宇宙的四隅的观念这时便会融入他们的仪式和建筑布局中。天穹（sky dome 或 "celestial vault"）这个观念为这种二维体系提供了一个遮蔽物，并常与复杂的天文学暗示一起整合进很多人群的建筑符号系统中。把天空和下界连在一起的是垂直的枢轴，经过天顶和天底，它们在四个基本方位之外又增加了两个方向，此外还有第七方——一个人所站立的中央。所有这些元素和维度都组合成为由宇宙图所描绘的复杂"整体宇宙"，整合在居所之中。[11] 因此，以波尼人（Pawnee）的土屋、塞内卡人（Seneca）的长屋或纳瓦霍人（Navajo）的"雄霍甘"（male hogan）等为代表的原住民房屋，在非常实在的意义上来说已经成了一幅宇宙图。[12]

尽管美洲原住民的精神世界体现在很多世界观之中，但我们不能肯定地认为这样的精神展示反映的一定是完全本土或完全传统的美洲原住民文化。举例来说，特拉华人（Delaware）的宗教先知尼奥林（Neolin）借用了西方文化中把基督前往天堂和地狱的行程比喻为地图的用法观念——在 19 世纪的欧洲，这是一个流行做法——改造之后用在了他自己的宗教劝诱上。他"制作了一幅灵魂在现世和来世中前行的地图……〔他〕从一个村镇走到另一个村镇，在布道的时候把这幅地图展示出来，不时用他的手指指向地图上专门的记号和斑点，解释它们的意义"。[13]

考虑到意义的这些层次，本土地图经常被现代学者误读，也就并不奇怪。举例来说，斯基里人（Skiri，属于波尼人）有一件名为"波尼星图"（见下文和图版 7）的仪式物，在鞣制的兽皮上呈现了天空。在研究这幅图时，学者曾经花了很多时间试图识别出现实的星座。然而我们必须明白，这件人造物的本意并非作为天体图，而是在一些重要的仪式中用于回忆斯基里人的宇宙的助记设备。[14] 既然它的意义只有在与"大黑流星包"和波尼人的土屋联系起来的时候才能显现，那么波尼星图就必须与这些物品一起研究才行。[15]

岩画艺术看起来可能包括了丰富的美洲原住民原创地图的丰富资源，一些史前艺术在视觉上也像是地图，但是对它们来说同样存在很多解读困难。定年技术仍不完善而在发展之

⑪　Nabokov, "Orientations," 15–26.

⑫　这些例子可参见：Ray A. Williamson and Claire R. Farret, eds., *Earth and Sky: Visions of the Cosmos in Native American Folklore* (Albuquerque: University of New Mexico Press, 1992)，特别是 Paul Zolbrod, "Cosmos and Poesis in the Seneca Thank-You Prayer," 23–51，特别是 47–48 页；Trudy Griffin-Pierce, "The *Hooghan* and the Stars," 110–130; Alice B. Kehoe, "Clot-of-Blood," 207–214，特别是 207—209 页；及 Vol Del Chamberlain, "The Chief and His Council: Unity and Authority from the Stars," 221–235，特别是 226—229 页。

⑬　Anthony F. C. Wallace, *The Death and Rebirth of the Seneca* (New York: Vintage Books, 1972), 119. 关于这位特拉华先知的地图的复原版，参见图 4.34。

⑭　Douglas R. Parks, "Interpreting Pawnee Star Lore: Science or Myth?" *American Indian Culture and Research Journal* 9, no. 1 (1985): 53–65，及 Douglas R. Parks and Waldo R. Wedel, "Pawnee Geography: Historical and Sacred," *Great Plains Quarterly* 5 (1985): 143–176。

⑮　William Gustav Gartner, "Pawnee Cartography," 未发表打字稿，Department of Geography, University of Wisconsin-Madison, 1992, 40。

中，就连那些考古记录很清楚、能把岩画艺术与创作它们的文化联系在一起的遗址，研究时也总是免不了要有假设和推测。不仅如此，一些岩画艺术还是多源的，对之前的文化知之甚少或一无所知的人群会在其上添加新内容。既然岩画艺术的意义和功能均未知，那些从 20 世纪的视角看来仿佛是具备了某种拓扑结构的地图的图像在制作时所表示的就可能不是空间排列，而是其他东西。反过来的情况也一样，北美洲岩画艺术可能整合了某种"便于从空间上理解人类世界中的事物、概念、环境、过程或事件的图像呈现"⑯ 的神话的或宇宙志式的尝试，只是还没有识别出来。

　　既然创作大多数岩画艺术的文化在当地已不复存在，尽管现代印第安人可能对其意义和功能做出猜测，但这些猜测已经几乎无法可靠地证实。他们的推断源于现代文化视野，而不可避免会受到欧裔美洲人文化涵化的影响。在大平原西北部有一些一般称之为"药轮"的原始时代的建筑，可以作为例证。它们通常在中央有一个石堆（或环形石阵），由此向外辐射出长度不等的线状石阵。这些建筑的年代和功能尚有争论，但根据 20 世纪一位黑脚印第安人（Blackfoot Indian）的解释，它们是用来纪念伟大酋长的征伐。他声称石线展示了每次出征的方位，长度指示了出征所经过的相对距离，而石线末端石堆的有无则意味着是否有敌人被杀。这位黑脚人报告的是他已故父亲的话，后者可能不知道，在 18 世纪早期，东南部印第安人在兽皮上为法国和英国殖民官员制作地图时，确曾运用过非常类似的原则。⑰ 即便如此，他对药轮的功能的解释也只是几种至今还在争论的观点中的一种。并非所有这些观点都从地图学的角度来解释。

资源来源和保护

　　现存的"原始"地图及同时代的抄本广泛散见于欧洲以及北美洲的博物馆、地图馆、档案馆、私人收藏和政府文档保管处等多种多样的藏品之中。相当比例的原始地图很可能还保存在小型收藏中。这些地图很少列在打印的目录中，或在藏品简目或卡片目录中得到单独开列；其中一些地图甚至不被其保管人视为地图。不仅如此，地图人造物还极易与其说明文档分开收藏。

　　已经发表的有关地图的制图和印刷复件的报告散见于大量而多样的文献中，时间跨度近 500 年。这些文献基本从未得到足够的编目，其中大部分甚至不能通过正常的研究渠道取阅。毫无疑问，在同样分散的档案藏品中还有更多未发表的报告的抄本，这些档案经常卷帙浩大，很难说其中哪里会有地图，而且它们几乎都没有得到足够的编目。

55　　　近年来，北美洲神圣地图的公开取阅问题显得更加严重。有数量未知的大量地图半秘密地处在原住民的保管之下。另一些地图尽管处在公共或私人收藏之中，却也只有在获得其来源族群的许可之后才能查看和复制。在奥吉布瓦（Ojibwa）迁徙图中，尽管有一些

　　⑯　J. B. Harley and David Woodward, eds., *The History of Cartography* (Chicago：University of Chicago Press, 1987 -), 1：xvi（序）。

　　⑰　Thomas F. Kehoe, "Stone 'Medicine Wheel' Monuments in the Northern Plains of North America," in vol. 2 of *Atti del XL Congresso Internazionale degli Americanisti*, *Roma-Genova*, 3 - 10 *Settembre*, 1972 (Rome：Tilgher, 1974), 183 - 189, 特别是184 页, 及 Lewis, "Indian Maps," 64（注释 2）。

在 20 世纪 70 年代得以发表，但为了照顾奥吉布瓦人的愿望，所有这些迁徙图现在已不再允许用于公共研究。可以理解的是，北美洲原住民经常不愿意透露或讨论其神圣人造物和仪式的意义。最近，拉科他人（Lakotas）揭示了其宇宙志制图背后的一些原理和实践，特别是把 19 世纪的一幅奥格拉拉苏人的布莱克山（Black Hills）地图解读为神圣畜栏，则是个明显的例外。⑱

编史学

直到 19 世纪，北美洲本土地图才开始得到系统性研究。那时候，这些地图开始吸引亚历山大·冯·洪堡（Alexander von Humboldt）和奥斯卡·佩舍尔（Oscar Peschel）（他们在考察简史或地理学史著作中对这些地图略有提及）以及约翰·格奥尔格·科尔（Johann Georg Kohl，他在 1857 年发表的一篇文章是最早提到博物馆藏品中印第安人地图重要性的文献之一）等德国学者的兴趣。⑲ 更重大的成果，则是沃尔夫冈·德罗伯（Wolfgang Dröber）在其有关原住民地图的专著（1903）中的处理，以及布鲁诺·阿德勒（Bruno Adler）有关同一主题的里程碑式的全球性研究（1910），其中有 10 页讨论了北美洲地图的例子。⑳

在 20 世纪前 50 年中，在德罗伯和阿德勒的工作之后几乎没有什么新工作，但在 1950 年代，学界对与北美洲考古相关的课题生发了一些兴趣。㉑ 自那时起，特别是在 1970 年以后，这个主题从人类学家、考古学家、民族志学家和地理学家那里获得了不断增长但仍然有限的注意，他们主要关注个别的本土地图或地图收藏，并探索这些地图对欧裔美洲人的探险

---

⑱ Ronald Goodman, *Lakȟóta Star Knowledge: Studies in Lakȟóta Stellar Theology*, 2d. ed. (Rosebud, S. D.: Siŋté Gleška University, 1992), 特别是 9—14 页。

⑲ Alexander von Humboldt, *Kritische Untersuchungen über die historische Entwickelung der geographischen Kentnisse von der Neuen Welt*, 3 vols. (Berlin: Nicolai, 1836 – 1852), 1: 297 – 298; Oscar Peschel, *O. Peschel's Geschichte der Erdkunde bis auf Alexander von Humboldt und Carl Ritter*, ed. Sophus Ruge (Munich: R. Oldenbourg, 1877), 215; 及 J. G. Kohl, "Substance of a Lecture Delivered at the Smithsonian Institution on a Collection of the Charts and Maps of America," in *Annual Report of the Board of Regents of the Smithsonian Institution … 1856* (Washington, D. C., 1857), 93 – 146, 特别是 126 页。其他提及这些地图的早期文献有：Richard Andree, "Die Anfänge der Kartographie," *Globus* 31 (1877): 24 – 27 和 37 – 43, 特别是 25 和 26 页; Georg M. Frauenstein, "Primitive Map-Making," *Popular Science Monthly* 23 (1883): 682 – 687, 特别是 684—686 页（自 *Das Ausland* 翻译）; Georg Friederici, *Die Schiffahrt der Indianer* (Stuttgart: Strecker und Schröder, 1907), 12; 同一作者的 *Der Charakter der Entdeckung und Eroberung Amerikas durch die Europäer*, 3 vols. (Stuttgart-Gotha: F. A. Perthes, 1925 – 1936), 1: 159 – 161。

⑳ Wolfgang Dröber, *Kartographie bei den Naturvölkern* (1903; reprinted Amsterdam: Meridian, 1964), 63 – 66 和 69 – 73 页; 该文是同一标题的这篇文章的摘要：*Deutsche Geographische Blätter* 27 (1904): 29 – 46, 特别是 41—44 页。Bruno F. Adler, "Karty pervobytnykh narodov"（原始社会民众的地图）, *Izvestiya Imperatorskago Obshchestva Lyubiteley Yestestvoznanya, Antropologii i Etnografii: Trudy Geograficheskago Otdelinitya*（帝国自然科学、人类学和民族学爱好者学会会刊；《地理学报》）119, no. 2 (1910), 特别是 64—79 和 161—171 页; 以及阿德勒这一著作的缩译文：H. de Hutorowicz, "Maps of Primitive Peoples," *Bulletin of the American Geographical Society* 43 (1911): 669—679, 特别是 671 页和 672—673 页。

㉑ 比如 Delf Norona, "Maps Drawn by Indian in the Virginias," *West Virginia Archeologist* 2 (1950): 12 – 19; 同一作者的 "Maps Drawn by North American Indians," *Bulletin of the Eastern States Archeological Federation* 10 (1951): 6; 及 Robert Fleming Heizer, "Aboriginal California and Great Basin Cartography," *Report of the California Archaeological Survey* 41 (1958): 1 – 9。

和制图的影响。[22]

赖纳·弗尔马尔（Rainer Vollmar）1981 年的专著《北美洲的印第安地图》（*Indianische Karten Nordamerikas*）是一部先驱性的通论，其中包含了从 16 世纪到 19 世纪的配有图示的历史事例，按年代顺序排列。[23] 另有两部读者较广的非虚构作品也引用了本土地图：一部是休·布罗迪（Hugh Brody）的《地图与梦》（*Maps and Dreams*），书中描述了河狸印第安人绘在驼鹿皮上的一幅梦之图，图中表明了通往天堂之路；另一部是巴里·洛佩斯（Barry Lopez）的《北极梦》（*Arctic Dreams*），书中对因纽特地图有所思考。[24] 还有一部著作对 1776 年以前的印第安人和因纽特人地图以及制图行为的报告做了图目学编纂，几个开列了草绘地图并为哈得孙湾公司提供草图或地图描述的原住民的名单也已出版。[25]

1992 年是哥伦布在美洲登陆的五百周年，这个事件把人们的注意力集中到欧洲人与美洲原住民人群的遭遇之上，引发了有关"发现"一词的意义以及欧洲人扩张的伦理问题的争论。结果，这引发了人们对哥伦布遭遇时代原住民文化的呈现记录的兴趣，其中包括有关美洲原住民的寻路和制图的报告。作为这些研究的一部分，J. B. 哈利（Harley）策划了一场印第安人和因纽特人的原始地图的大型借展，计划在多个地方巡回展览。哈利去世于 1991 年 12 月，加上这场展览有经费和借调政策的筹备困难，使这个计划最终只

---

[22] 有关个别地图或组图的工作，在本章主体中均有引用。总论性的工作包括：Louis De Vorsey, "Amerindian Contributions to the Mapping of North America: A Preliminary View," *Imago Mundi* 30 (1978): 71–78；同一作者的 "Silent Witnesses: Native American Maps," *Georgia Review* 46 (1992): 709–726；同一作者的 "Native American Maps and World Views in the Age of Encounter," *Map Collector* 58 (1992): 24–29；及 G. Malcolm Lewis, "The Indigenous Maps and Mapping of North American Indians," *Map Collector* 9 (1979): 25–32。同样值得注意的是凯文·考夫曼（Kevin Kaufman）为 *The Mapping of the Great Lakes in the Seventeenth Century* 一书写的序言（Providence: John Carter Brown Library, 1989），9–11；David H. Pentland, "Cartographic Concepts of the Northern Algonquians," *Canadian Cartographer* 12 (1975), 149–160；Michael Blakemore, "From Way-Finding to Map-Making: The Spatial Information Fields of Aboriginal Peoples," *Progress in Human Geography* 5 (1981): 1–24；及 William C. Sturtevant, "The Meanings of Native American Art," in *The Arts of the North American Indian: Native Traditions in Evolution*, ed. Edwin L. Wade (New York: Hudson Hills Press, 1986), 23–44, 特别是 37—38 页。

[23] Rainer Vollmar, *Indianische Karten Nordamerikas: Beiträge zur historischen Kartographie von 16. bis zum 19. Jahrhundert* (Berlin: Dietrich Reimer, 1981)。也参见他的 "Kartenanfertigung und Raumauffassung nordamerikanischer Indianer," *Geographische Rundschau* 34 (1982): 302–307。关于较新但十分简略的综述，参见 G. Malcolm Lewis, "Maps and Mapmaking in Native North America," in *Encyclopaedia of the History of Science, Technology, and Medicine in the Non-Western World*, ed. Helaine Selin (Dordrecht: Klewer Academic, 1997), 592–594。关于地图和制图的主要评述，参见 G. Malcolm Lewis, "Frontier Encounters in the Field: 1511–1925," "Encounters in Government Bureaus, Archives, Museums, and Libraries: 1782–1911," "Hiatus Leading to a Renewed Encounter," 及 "Recent and Current Encounters," 均见 *Cartographic Encounters: Perspectives on Native American Mapmaking and Map Use*, ed. G. Malcolm Lewis (Chicago: University of Chicago Press, 1998), 第1—4章。

[24] Hugh Brody, *Maps and Dreams: Indians and the British Columbia Frontier* (London: Jill Norman and Hobhouse, 1981), 266–269, 及 Barry Holstun Lopez, *Arctic Dreams: Imagination and Desire in a Northern Landscape* (New York: Scribner, 1986), 286–289。

[25] 在 1991 年到 1993 年间，当我在谢菲尔德大学地理学系工作时，我准备了 1511 年和 1775 年间的 42 幅北美印第安和因纽特地图及 40 份有关其地图和制图的报告的详细图文目录，这一工作得到了英国经济和社会研究委员会的经费支持；为哈得孙湾公司工作的本土制图者的名单见这一文献的附录 9 和 10：Richard I Ruggles, *A Country So Interesting: The Hudson's Bay Company and Two Centuries of Mapping, 1670–1870* (Montreal: McGill-Queen's University Press, 1991), 266。

能放弃。㉖

　　与本章的撰写同时，还有三个有关北美印第安地图的出版项目正在进行。第一个项目由威斯康星—密尔沃基大学的美国地理学会典藏计划开展，要对印第安和因纽特地图图像进行大规模收集，汇编在 CD-ROM 之上。㉗ 第二个项目于 1997 年出版了一部专著，即马克·沃勒斯（Mark Warhus）的《另一个美洲》（*Another America*），这是有关美洲原住民的本土地图的第一部英文专著。㉘ 第三个项目是以"地图学遭遇"（Cartographic Encounters）为题、于 1993 年夏在芝加哥纽贝里图书馆（Newberry Library）所做的一系列有关北美洲和中美洲印第安地图的讲座。这些讲稿以及其他几篇论文后来汇编成书，出版于 1998 年。㉙

　　哥伦布五百周年激发了有关欧洲人和北美原住民之间"遭遇"的本质的讨论，以及在解读由一种文化提供的信息、将之转化为另一种文化时存在的困难。20 世纪 70 年代和 80 年代开展的一些解读那些同化在西方地图中的印第安信息的研究往往根据启蒙时代的地图学标准来评价原生信息的贡献。芭芭拉·贝利亚（Barbara Belyea）批评了很多这类研究，认为其中采取了"把欧洲地图学作为衡量精度的普世方法的假设和标准"，想把"美洲印第安地图"翻译成"欧洲术语"，并"以缺乏和失败之类用语"来定义"原生传统"。㉚ 迈克尔·布拉沃（Michael Bravo）在一部简短的专著中也呼应了她的评论，指出没有证据表明因

　　㉖　不过，一个复印品的展览在不久之后得以举办，其名为"地图学的遭遇：从中墨西哥到北极地区的美洲原住民地图展览"（Cartographic Encounters：An Exhibition of Native American Maps from Central Mexico to the Arctic），在 1993 年夏于芝加哥纽贝里图书馆展出了 62 件展品；展品的说明文字连同一部分参考文献已经出版：Mark Warhus, *Cartographic Encounters：An Exhibition of Native American Maps from Central Mexico to the Arctic*（Chicago：Hermon Dunlap Smith Center for the History of Cartography, 1993）。此后又有一系列展出了印第安和因纽特地图中的代表性原件的展览，包括：1992 年夏在伦敦加拿大厅（Canada House）举办的"占领土地：四个世纪的加拿大制图"（Taking up the Land：The Mapping of Canada through Four Centuries），展出了来自哈得孙湾公司档案的地图，并有一份 12 页的展品名录；1992 年秋在英格兰埃塞克斯大学展览馆的"为美洲绘图"（Mapping the Americas）展览展出了 5 幅印第安地图，在以下文献中有复制：Pauline Antrobus et al., *Mapping the Americas*（Colchester：University of Essex, 1992），61 – 65；还有 1993 年 4 月 5 日至 7 月 30 日在多伦多大学托马斯·费舍珍籍图书馆（Thomas Fisher Rare Book Library）举办的"考察者和探险家 J. B. 蒂雷尔：1881—1898 年的地理考察年代"（J. B. Tyrrell, Explorer and Adventurer：The Geological Survey Years, 1881–1898）展览，展出了 1 幅因纽特地图和 4 幅奇帕威安人地图，于 1892—1894 年间收集于西北地区（Nowthwest Territories），其中一幅在以下的展品名录中有复制：Katharine Martyn, *J. B. Tyrrell, Explorer and Adventurer：The Geological Survey Years, 1881 – 1898*（Toronto：University of Toronto Library, 1993），22。还有在 1992 年和 1993 年之交的冬季于纽约库珀 – 休伊特国家设计博物馆（Cooper-Hewitt National Museum of Design）举办的展品甚丰、给人很大启发的展览"地图的力量"（The Power of Maps），尽管在其关注地域以及从许多文化和时期中精心选出的展品中，北美洲并不占首要地位，但其中仍然包含了一些来自传统文化的展品。遗憾的是，这次展览并未按惯例出版展品名录。

　　㉗　《美洲原住民地图 CD-ROM 档案》（*Archive of Native American Maps on CD-ROM*）包括了地图简介和名录信息，由威斯康星—密尔沃斯大学地理学系的索娜·安德鲁斯（Sona Andrews）领导的团队在 1993—1994 年制作，并得到了美国国家人文基金会的经费支持。该 CD-ROM 于 1999 年发行。

　　㉘　Mark Warhus, *Another America：Native American Maps and the History of Our Land*（New York：St. Martin's Press, 1997）.

　　㉙　The Eleventh Kenneth Nebenzahl, Jr., Lectures in the History of Cartography. 其中的五讲是：G. Malcolm Lewis, "Indian and Inuit Maps：An Introductory Survey" and "The Study of Indian and Inuit Maps：Present and Future"；Elizabeth Hill Boone, "Maps of Territory, History, and Community in Mesoamerica"；Patricia Galloway, "Debriefing Explorers：Amerindian Information in the Shaping of the Delisles' Southeast"；及 Peter Nabokov, "Orientations from Their Side：Cosmographies of Native America"。包括这些讲稿以及另 7 篇论文的专著为 *Cartographic Encounters*（注释 2）。

　　㉚　Barbara Belyea, "Amerindian Maps：The Explorer as Translator," *Journal of Historical Geography* 18（1992）：267 – 277，特别是 267 页。

纽特人运用了类似比例尺或精度的一般性范畴，在使用通约性（commensurability）的概念比较因纽特地图和西方地图时会出现两难局面。[31]

57

进　路

目前已经尝试了研究北美洲地图学的几种进路。比如，弗尔马尔的进路是严格的编年法，按推测的年代为顺序系统地描述每一件人造物。沃勒斯采用了一种宽泛的历史进路。这两种方法都根据制作时期来描述每幅地图，并追踪它们的创造环境。第十一次小肯尼斯·内本扎尔（Kenneth Nebenzahl, Jr.）地图学史讲座及根据这些讲座出版的讲稿集则在一系列的接触语境下，把北美原住民的地图作为由欧洲人和欧裔美洲人在当时或后来所见、所用和所评价之物来考察；这些接触语境包括发现和探索、科学调查、运用博物馆和档案馆中的地图进行历史研究以及土地谈判等。[32] 还有一种进路可称之为"形式主义的"（formalist），用这种方法，可以对地图的许多特征——载体、结构、符号呈现的方法和内容——进行主题分析。

既然本章和本分册的主要目的，是重点关注地图作为一种指示物、指示了文化表现其世界的方式的观念，而印第安和因纽特族群的物理和历史背景在美洲大陆上又如此多样，我在本章中便主要采取了区域进路，继之以主题分析。本章先对岩画艺术中的地图作一总论，岩画地图是拥有独特特征和问题的一个类别。之后，我将讨论北美洲东北部、东南部、远西部、大平原和加拿大草原、亚北极和北极地区文化所制作的地图。[33] 我并没有使用这些用语来定义"文化区"，而只是把它们作为与物质文化、不同的景观及与欧洲人接触的历史环境均部分相关的便利的地理范畴（有关北美洲的参考地图，见图4.1）。

岩画艺术中的陆地图

与世界其他地区的岩画艺术一样，北美洲岩画艺术中包括了一些曾被解读为地图的图像。证实这些鉴定很重要，因为如果它们确实是地图的话，那么它们几乎是纯粹本土地图学呈现的仅有例子。树皮、木头或兽皮之类其他载体则仅因为过于脆弱，就无法把接触前图像保存下来。在单独的这一节中，把看上去像是对世界或宇宙做了空间呈现的史前岩雕、雕画或图画做一总结是很方便的。[34] 本节也包括了另一些岩画艺术的例子，可能绘制于与欧洲人接触之后的历史时期中；但很少能为这些岩画艺术确定准确的年代。仅有少数可能创作于史

---

[31]　Michael T. Bravo, *The Accuracy of Ethnoscience: A Study of Inuit Cartography and Cross-Cultural Commensurability*, Manchester Papers in Social Anthropology, no. 2（Manchester: University of Manchester Department of Social Anthropology, 1996）.

[32]　Vollmar, *Indianische Karten Nordamerikas*（注释23）；Warhus, *Another America*（注释28）；及Lewis, *Cartographic Encounters*（注释2）。

[33]　我在这里使用了由史密松研究所的《北美洲印第安人手册》（*Handbook of North American Indians*, ed. William C. Sturtevant, Washington, D. C.: Smithsonian Institution, 1978 - ）制定的区划，但有所修改；其顺序则根据与欧洲人最早接触的年代（从17世纪早期到19世纪）来排列。

[34]　在本章中，岩雕（petroglyph）用于指岩石上的雕刻，雕画（pictoglyph）用于指经过涂绘的雕刻，而图画（pictograph）指绘画作品。

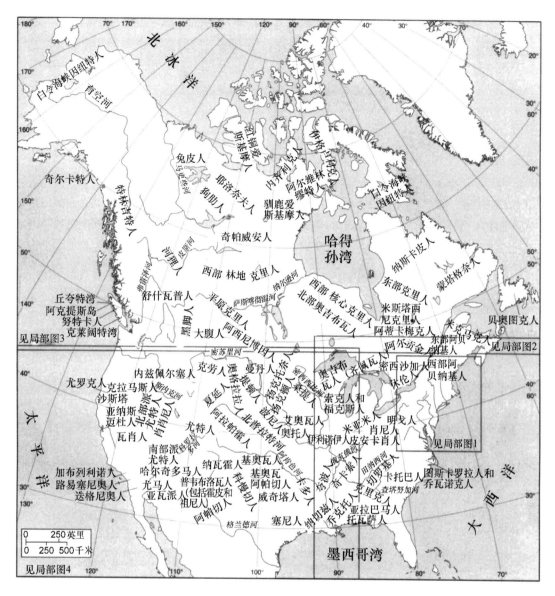

图4.1　北美洲的参考地图

58

主图展示了本章中讨论到的原住民群体的总体分布情况。后两页的局部地图则提供了有关原住民群体和地名的更多信息。大平原北部的苏语人群由许多分支和亚分支组成。其中的桑提分支或东部分支通常称为达科他人，由四个亚分支（姆德瓦坎顿、瓦珀顿、瓦珀库特和西塞顿）组成。扬克顿人与扬克托奈人共同构成了中部分支或纳科他人。奥格拉拉人则是构成提顿人（也叫拉科他人或西部苏人）的四个亚分支之一。

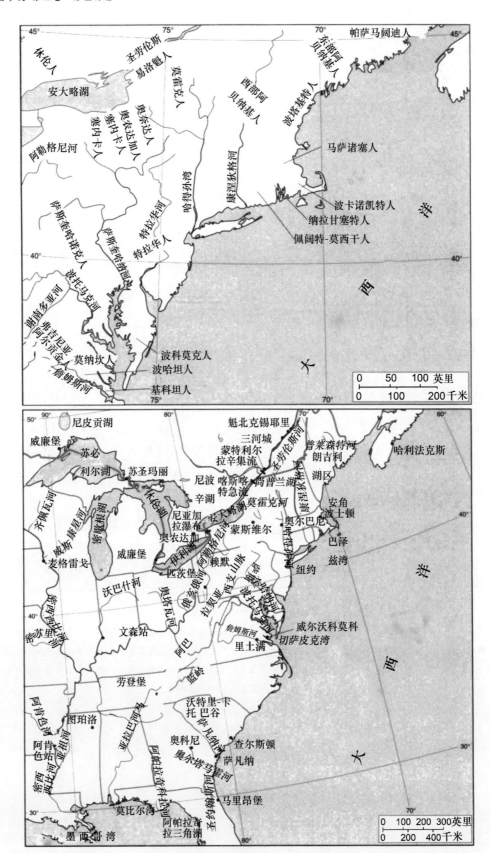

图 4.1 北美洲的参考地图（续）（局部图 1 和 2）

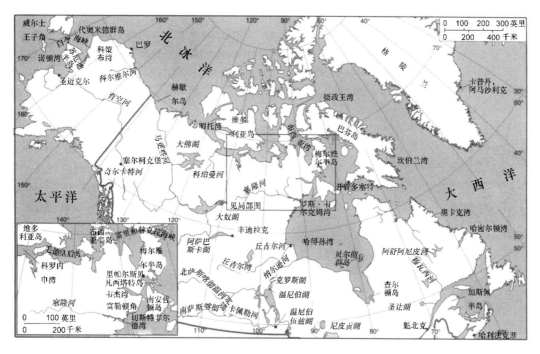

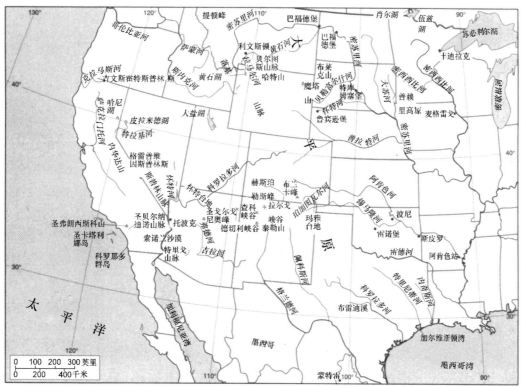

图 4.1 北美洲的参考地图（续）（局部图 3 和 4）

60

前时期的地图学图像不属于岩画艺术类别，其中的一例是对来自俄克拉荷马州斯皮罗（Spi-ro）的一个雕刻贝壳杯的碎片的描述；该贝壳杯定年为密西西比时期（Mississippian period，公元 900—1450 年），见下文图 4.42。

兰乔埃尔塔霍岩画

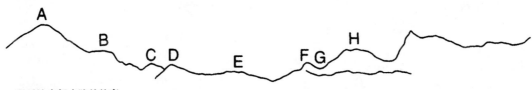

一段瓜达卢佩山脉的轮廓

61　　　　　　　　　　　　　　图 4.2　下加利福尼亚一幅岩画的图样

　　这幅图已被解读为附近天际线的符号性呈现，这一论断难于确证或否证。原画来自下加利福尼亚中部的兰乔埃尔塔霍。

　　据 W. Michael Mathes, "A Cartographic Pictograph Site in Baja California Sur," *Masterkey for Indian Lore and History* 51 (1977): 23-28，特别是 25 页（图 I 和 II）。

　　对岩画艺术的任何形式做出解读都充满困难；确定地图学内容就更是如此。事实上，岩画艺术中是否真的有地图存在现在仍有争议。仅仅通过视觉关联就确定某个图像必然呈现了某个世界参照，是很诱人的做法。然而，卡瑟琳·德拉诺·史密斯（Catherine Delano Smith）在本《地图学史》的第一卷中以警告的意味指出："对地图所做的看上去像是不假思索的识别，实际上涉及了三个假设：艺术家的意图确实是要摹画空间中物质的关系；所有作为组分的图像完成于同时；它们具有地图学的适当性。在史前艺术的语境中，很难证明这三个条件能同时满足。"[35] 在北美洲，岩画艺术中有大量地图是"不假思索的识别"，常常处在归类不当的边缘。确证这些识别的努力几乎不存在。很明显，对岩画艺术中每一幅地图的识别都得单独评估。

　　迄今为止对北美洲岩画艺术所做的最为全面的综述，考察了 20 世纪 70 年代中期以前已出版的解读；文中内容分属四个与地图相关的主题：作为岩画艺术图案的地图；猎物踪迹；房屋或营帐的平面图；天文母题。这篇综述的作者克劳斯·韦尔曼（Klaus Wellmann）也写下了如下的提醒：

---

　　[35]　Catherine Delano Smith, "Cartography in the Prehistoric Period in the Old World: Europe, the Middle East, and North Africa," in *The History of Cartography*, ed. J. B. Harley and David Woodward (Chicago: University of Chicago Press, 1987-), 1: 54-101，特别是 61 页。

　　有人认为很多岩画——特别是那些有抽象风格的作品——是附近地物的地图或轮廓平面图，或是指向"隐藏画幅"（hidden panels）的"指示物"，这种断言在很大程度上是得不到支持的。然而，也应该注意，印第安人有时候会绘制地图，严肃的学者曾经不时推断岩画艺术的某些图案可能会做出这种解读。可是，在这句话中要强调的是"可能"，任何这样的解释都还只有例外性和推测性。㊱

　　韦尔曼在以大平原地区为例时，就指出："这里到处都有某些画幅上绘着蜿蜒的线条和其他抽象元素，对有经验的观察者来说似乎意味着它们是地图，因为这些图案看上去非常近似附近天然形成的地物，比如一道山岭的轮廓或是一条河道。"然而，认为韦尔曼所引用的四个例子的未知艺术家在文化上与后接触时代的平原印第安人接近，只是未经证明、可能具有风险的假定，在此基础上，韦尔曼做了唯一的警告性陈述："可能需要在这里指出的是，锥帐、村落、山丘、河流和树木之类地点细节在 19 世纪 70 年代之前很少在平原印第安人的兽皮画、布画和纸画上出现。"㊲

　　为岩画艺术定年也是一个基本性的难题。尽管近年来已经发展出了一系列物理或化学技术，但它们尚未得到广泛应用。比如在科罗拉多河东南部的珀加图瓦尔河（Purgatoire River）附近有一幅岩雕，很可能是一场驱兽行动的平面图（下文图4.8）。通过阳离子比颜料定年技术（cation-ratio varnish dating technique），其年代已定为距今 450 ± 75 年。㊳ 但除此之外还不见有其他这样定年的案例。

　　在下加利福尼亚中部兰乔埃尔塔霍（Rancho El Tajo）遗址，有一幅雕画曾被推断为对山脉进行符号式描绘的证据；这幅岩雕被鉴定为对附近的天际线轮廓的符号性呈现。上方一条涂为红色的线条类似瓜达卢佩山（Sierra de Guadalupe）的山岭的轮廓，这道山岭可能位于艺术家身后；下方一条较直的线条则是作为其前景的山脚坡地轮廓。尽管马特斯（Mathes）知道加利福尼亚的考古学家"不承认把这些岩画和岩雕遗迹中见到的不规则波浪线或类似图形当成地图学呈现的理论"，但是他仍然相信"这位或这些艺术家的意图是要绘制轮廓线，是没有问题的，因为这幅绘图不可能只看成一条随意的波浪线，也不可能只看成一条划过岩石不规则表面的直线，因为艺术家所选择的表面是这块岩石上最平滑的地方"。㊴ 马特斯对岩画线条和天际线的关联的论述乍一听很有说服力，但考虑到解读的困难性，还是有必要在得出正面结论之前多加小心。

　　另一个得到了更仔细的研究和推断的例子，来自加利福尼亚州东部的内华达山脉（Sier-

㊱　Klaus F. Wellmann, *A Survey of North American Indian Rock Art* （Graz：Akademische Druck-u. Verlagsanstalt, 1979），18.

㊲　Wellmann, *North American Indian Rock Art*, 131.

㊳　Lawrence L. Loendorf, "Cation-Ratio Varnish Dating and Petroglyph Chronology in Southeastern Colorado," *Antiquity* 65（1991）：246 – 255，特别是 249 和 253 页（图7）。认为这幅岩雕是驱兽行动的平面图的判定，见 Lawrence L. Loendorf and David D. Kuehn, *1989 Rock Art Research Pinon Canyon Maneuver Site, Southeastern Colorado* （Grand Forks：University of North Dakota, Department of Anthropology, 1991），220 – 226.

㊴　W. Michael Mathes, "A Cartographic Pictograph Site in Baja California Sur," *Masterkey for Indian Lore and History* 51（1977）：23 – 28，特别是 23 和 27 页。

61

ra Nevada）中北部，也同样让持怀疑态度的人无法遽信。这是一幅岩雕，有人把它解读为一幅可能的"小路地图"（trail map），把 77 个岩雕地点（它们大多分布于这条推测的小路两边 50 米的范围内）联结在一起。据说可能是某位萨满镌刻了这幅岩雕，供狩猎中的仪式之用。[40]

　　海泽（Heizer）和鲍姆霍夫（Baumhoff）在一篇有关内华达州和加利福尼亚州东部的史前岩画艺术的综述中观察到今日的印第安人"否认他们对岩雕的制作者有了解，也不能为岩雕图案提供意义"。然而，尽管他们相信"内华达州的岩雕不是一种通讯书写的形式，也不是地图"，但还是引用了施罗德（Schroeder）对科罗拉多河下游一幅岩雕（下文图 4.4）所做的地图学解读，并表示赞同。[41] 之后，在对内华达州南部的岩雕遗址所做的详细研究中，海泽与赫斯特（Hester）合作，推断性地提出许多短线条组成的长带呈现了供驱赶猎物用的围栏的平面形式（图 4.3）。[42] 虽然这些线条在外观上并不能一眼看出像是平面图，但他们还是基于环境和考古证据认为它们呈现了围栏。

62　　图 4.3　来自内华达州林肯（Lincoln）县怀特河（White River）下游流域的岩雕

这幅岩雕是一幅更大的作品的一部，横贯其中的线状特征已被解读为动物的"驱赶围栏"。

引自 Robert Fleming Heizer and Thomas R. Hester, "Two Petroglyph Sites in Lincoln County, Nevada," in *Four Rock Art Studies*, ed. C. William Clewlow (Socorro, N. Mex. : Ballena Press, 1978), 1 – 44, 特别是 30 页（图 4b）。Ballena Press, Menlo Park, California 许可使用。

　　考古学家阿尔伯特·H. 施罗德（Albert H. Schroeder）当时在美国国家公园管理局工作，把亚利桑那州的一幅岩雕解读为科罗拉多河的一幅地图（图 4.4）。施罗德一直在这一地区
62 进行系统性的研究；这幅图是科罗拉多河下游东岸莫哈韦岩（Mohave Rock）上一块复杂的

　　⑩　Willis A. Gortner, "Evidence for a Prehistoric Petroglyph Trail Map in the Sierra Nevada," *North American Archaeologist* 9 (1988)：147 – 154.

　　⑪　Robert Fleming Heizer and Martin A. Baumhoff, *Prehistoric Rock Art of Nevada and Eastern California* (Berkeley：University of California Press, 1962), 279 页及注释 1 至 394 页上的附录 B。

　　⑫　Robert Fleming Heizer and Thomas R. Hester, "Two Petroglyph Sites in Lincoln County, Nevada," in *Four Rock Art Studies*, ed. C. William Clewlow (Socorro, N. Mex. : Ballena Press, 1978), 1 – 44, 特别是 2—3 页及图 3a、4a 和 4b。

岩雕画幅的一部分，施罗德对它所做的描述和解读已见图4.5。[43]

图 4.4 亚利桑那州科罗拉多河下游莫哈韦岩上的岩雕画幅之一部 62

这一画幅定年和所属文化均未详，可以解读为一幅科罗拉多河地图，其中有一条横过河流的印第安人小路，小路本身又与八道山岭相交。见图4.5。

Albert H. Schroeder 摄影。Mrs. Ella M. Schroeder, Santa Fe, N. Mex. 许可使用。

对图 4.5 中的解读加以评估并不容易；即使施罗德的解释得到接受，但要把它放在前哥伦布的文化语境之下却更为困难。在莫哈韦岩附近，有很多河沟注入科罗拉多河，很难从中鉴别出哪一条就在正对面，或是弄清楚为什么这一条河沟需要加以呈现。鉴此，除非岩雕得到定年，并识别出它所属的某个利用过莫哈韦岩遗址和在托波克（Topock）渡过科罗拉多河的印第安小路的文化，否则施罗德的解读是无法证实的。

少数接触前的岩雕被解读为面积非常大的地域的地图。在这些所谓的地图中，最有说服力的是爱达荷州的地图岩（Map Rock）；最早的欧裔美洲人定居者之所以管它叫这个名字，是因为它看上去像地图。这是一块巨大的玄武岩，其上表面和一条棱上镌出了几个线条网，以及一群动物形、人形和抽象的节点（图 4.6）。该岩雕最早由《爱达荷政治家》（*Idaho Statesman*，1889）上一篇搜寻钻石宣告失败的报告所提及，在该文中已被认定是"在落基山脉的巍峨山岭中，从岩石所占据的地点到斯内克（Snake）河源头一带的斯内克河及其支流的非常精细的描画"。[44] 受美国民族学局局长约翰·韦斯利·鲍威尔（John Wesley Powell）

---

[43] 由阿尔伯特·H. 施罗德在1951年2月20日在遗址 L：7：3 所做的田野笔记的复本，我于1979年12月3日查阅。岩雕原物位于米德湖（Lake Mead）国家游憩区，但现已移走。

[44] *Idaho Statesman*, 9 October 1889.

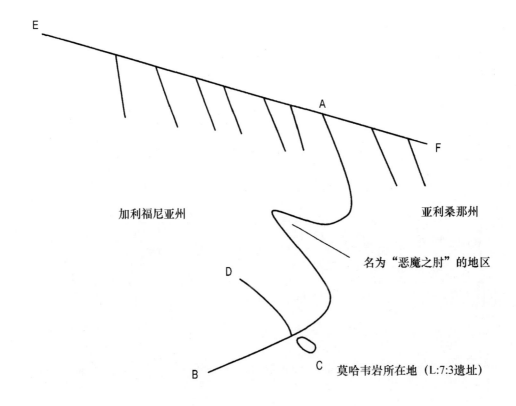

63

图 4.5　对莫哈韦岩的岩雕（图 4.4）的解读

　　根据阿尔伯特·H. 施罗德的解读，长线条（A–B）的弯曲精确地呈现了科罗拉多河下游在亚利桑那州托波克和莫哈韦岩之间的河曲。岩雕上 C 处的圆圈是岩雕地点所在处，这是一处营地，分布有很多岩屑和碎石。遗憾的是，在这一地区下游建造了一座水坝，导致莫哈韦岩和河流之间的土地为水所淹，因此这一营地在较早的时代中的范围尚无任何证据可以证明。

　　图中的圆圈在两个方面颇有趣味。它为观者提供了一个参考点，同时又摹绘了南加利福尼亚荒漠全境的许多营地可见的"睡眠圈"（sleeping circles）。这些睡眠圈有两种类型——一种是把荒漠铺石（覆盖着荒漠地表的小石头）从一个环形区域清走，在这个环形区域周围垒成低矮的石堆；另一种是把大量石块在已经清理过的荒漠地面或铺石上摆成一石之高的环形。人们认为这些石堆或岩块固定住了灌木丛，使之可以起到防风屏障的作用。

　　在营地对面的短线 D 可能很好地呈现了从 L：7：3 遗址对面接入河谷的干河沟。如果 A 是今天托波克的所在地（根据河曲判断），那么线条 E–F 可能很好地摹绘了在托波克穿过河流的已知的东西向印第安人小路。右边从 E–F 线上垂下的两条线可能呈现了两道南北向的山岭［布莱克山脉（Black Mountains）和瓦拉派山脉（Hualapai Mountains）］。河流左边的线条可能呈现了加利福尼尔荒漠中南北向的切梅韦维（Chemehuevi）、索图斯（Sawtooth）、特特尔（Turtle）、欧德乌曼（Old Woman）、西普（Ship）和布利恩（Bullion）等山脉。（1951 年 2 月 20 日所做的田野笔记的复本，我于 1979 年 12 月 3 日查阅。）

图 4.6　爱达荷州西南部地图岩的岩雕　　　　　　　　　　64

这块玄武岩位于爱达荷州卡尼昂县（Canyon County）吉文斯霍特斯普林斯（Givens Hot Springs）东北 600 米处一座 150 米高的悬崖底部，在斯内克河北岸。"地图"的图面朝向河流，略偏向上游，因此正对所有在河谷中顺河向下的人。它是以凿点和凿沟组成的岩雕，其中有直线、波浪线、圆圈、动物形、人形和抽象形象。尽管还不能证实，但它是岩画艺术中较有说服力的地图实例之一（参见图 4.7）。

岩石尺寸：2.2×1.8×1.5 米。承蒙 G. Malcolm Lewis 提供照片。Idaho Historical Society, Boise 许可使用。

之托，小 E. T. 珀金斯（E. T. Perkins Jr.）在 1897 年 1 月访问了地图岩；他的报告进一步把这幅岩雕解读为某些地物的地图：

> 主要的动机似乎是为斯内克河流域制图。岩雕中最明显的那根线条是斯内克河河道，很容易识别，且相比国土管理局和其他地图来画得非常准确。……一条支流从一眼泉水引起，另一种从一个大湖流来，这个大湖是我们地图上的亨利湖（Henry Lake）。……在河道［斯内克河］的第三个转弯处有一条支流自东而来……很可能想要表现布莱克富特（Black Foot）河。……河流南边有多组圆圈，其位置与确实位于斯内克河南边的连绵山丘的位置十分对应。[45]

---

⑤　E. T. Perkins Jr. to J. W. Powell, Washington, D. C., 14 January 1897, National Anthropological Archives, Smithsonian Institution, Washington, D. C., manuscript file 3423a. 后来的一篇专业研究进一步发展了这些观点，推断动物形图案呈现了"肖肖尼地区的动物群特征"：Richard P. Erwin, "Indian Rock Writing in Idaho", in *Twelfth Biennial Report of the Board of Trustees of the State Historical Society of Idaho for the Years 1929–30*（Boise, 1930）, 35–111, 特别是 109—111 页。1980 年，爱达荷州麦考尔（McCall）的内尔·托比亚斯（Nelle Tobias）为我提供一份未注明日期的 3 页打印稿，是"多年"前从下述资料中辑出的：J. T. Harrington of Boise, "Aboriginal Map of the Shoshone Habitat"。图 4.7 即是根据这些解读编绘而成。

对岩雕中选定的一些要素的推断性解读表明，它可能用来呈现彼此相邻的斯内克河和萨蒙（Salmon）河中上游流域的集水区、主要分水岭和选定的一些地物和景观特征；这片地区位于今爱达荷州南部（图4.7），其面积有大约 5 万平方千米。[46]

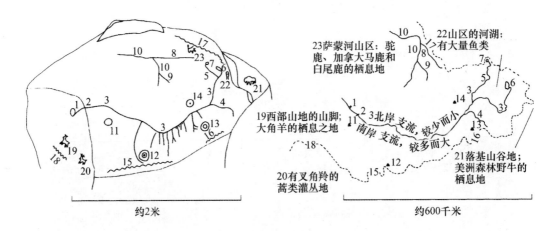

约2米　　　　　　　　　　　　　　　约600千米

65　　　　　　　　　　　　　　　　　　**图4.7　地图岩的推测性解读**

　　左图是地图岩（图4.6）岩雕的线条图，其中描绘并识别了一部分地物。右图是相应地区的地图，在较早的历史时代为肖肖尼人所占据。这一解读部分根据小 E. T. 珀金斯的一封通信（1897）及一份来自 J. T. 哈林顿（J. T. Harrington）的打印稿（无日期）；参见注释45。地物 2—10 是水文地物，11—14 是显著的山峰，15—18 是分水岭，19—23 则是动物形象。

　　1. 地图岩（遗址）
　　2. 斯万瀑布
　　3. 斯内克河
　　4. 布莱克富特河
　　5. 亨利支汊
　　6. 杰克逊湖
　　7. 亨利湖
　　8. 莱姆希河
　　9. 比格溪
　　10. 萨蒙河

---

⑯　在岩画艺术中，其他推断为较大地域的地图的图像非常少，争议极大。巴里·菲尔（Barry Fell）在 *Saga America*（New York：Times Books, 1980）的 285 和 289 页复制了一幅岩雕，据说描绘了北美洲和墨西哥的海岸轮廓。亨利埃特·默茨（Henriette Mertz）在 *Pale Ink*：*Two Ancient Records of Chinese Exploration in America*，2d. rev. ed.（Chicago：Swallow Press, 1972）中把一部中国古代旅行著作中的地理报告与北美洲西部的遗址关联起来。她把北达科他州西北部迪韦德（Divide）县的书写岩（Writing Rock）鉴定为大禹皇帝派出的"那些世界上最早的制图者所雕刻遗留下来的"标记（121 页）。但岩石上占主要地位的一个鸟图案在大多数人看来是一只雷鸟，因此是该岩雕源于较晚的史前印第安人的指示；参见 Dennis C. Joyes, "The Thunderbird Motif at Writing Rock State Historic Site," *North Dakota History* 45, no. 2（1978）：22—25，特别是 25 页。从默茨的推断出发，埃德温·法纳姆（Edwin Farnham）宣称这只雕刻的鸟是一只雕；它的尾上有一只盘，因此是禹的密码。不仅如此，他还识别出了一幅主要编码在雕的轮廓里面的地图，认为它呈现了密苏里河上游的西岸诸支流，其上所雕的 51 只杯子则据说指示了山峰、湖泊、其他自然地物和包括药轮在内的文化地物；所有这些都位于由伊利诺伊河水系在东南部、普拉特（Platte）河上游流域在南部、温哥华岛在西部、丘吉尔（Churchill）河在北部所界定的地域内。E. Farnham, 私人通信, 1978–1979。

11. 沃伊戈尔山

12. 马特霍恩山

13. 博恩维尔峰

14. 大南巴特山

15. 斯内克河—洪堡河分水岭

16. 斯内克河—大盐湖分水岭

17. 萨蒙河—密苏里河分水岭

18. 斯内克河—哈尼盆地分水岭

19. 大角羊

20. 叉角羚

21. 美洲森林野牛

22. 鱼

23. …驼鹿（或加拿大马鹿或白尾鹿）

宇宙志主题和天体主题的岩画艺术

63

在一般认为由岩画艺术呈现的世界中，并不是所有世界都是陆地性的。几乎可以确定的是，有一些是在萨满的意识发生改变的状态中对超自然世界所做的萨满式呈现。记忆、梦境和失神状态的景观，与外部的陆地世界景观相互叠加。[47] 解读者的意识非常重要。举例来说，珀加图瓦尔河附近的那幅"驱兽"的雕画，卢恩多夫（Loendorf）和屈恩（Kuehn）对它做出了基本自然主义式的解读，但也指出"保护着网的下端的鸟可能呈现了萨满传说中的鸟的力量"（图4.8）。[48]

在接触前岩画艺术中争议最少的作品，是对天体排列的空间呈现。这并不令人意外，原因有二：首先，太阳、月亮、行星及很多恒星和星云的图案可以直接观察，它们的变动以可预测的、循环往复的方式进行。其次，在北美洲很多——可能绝大多数——处在接触前不久的时代的文化中，天体世界是首要关注对象。特伦斯·格里德（Terence Grieder）曾做过大胆的尝试，想要从亚洲、太平洋盆地、澳亚地区（Australasia）以及南北美洲的多种多样的证据中辑出前哥伦布时代的艺术，追溯它们的起源。他识别出了三波文化浪潮（cultural waves）。其中，第三波浪潮的"特征是天空领域成为新的重点关注对象，为了理解和记录其发现，有秩序的体系得到发展"。格里德继续写道："现实世界位于众神所居的天堂。……大地上的事件只有得到天空的反映才具备意义。"[49] 在本章的语境中更重要的是，很多天体岩画图幅的创作中也体现了这种传统。这些岩画艺术中，得到最大关注、最多研究的位于西

---

[47] David S. Whitley，"Shamanism and Roch Art in Far Western North America," *Cambridge Archaeological Journal* 2 (1992)：89－113，及 David Maclagan，"Inner and Outer Space：Mapping the Psyche," in *Mapping Invisible Worlds*，ed. Gavin D. Flood（Edinburgh：Edinburgh University Press, 1993），151－158，特别是图3。

[48] Loendorf and Kuehn, *1989 Rock Art Research*，226（注释38）。

[49] Terence Grieder, *Origins of Pre-Columbian Art*（Austin：University of Texas Press, 1982），100 和 101。

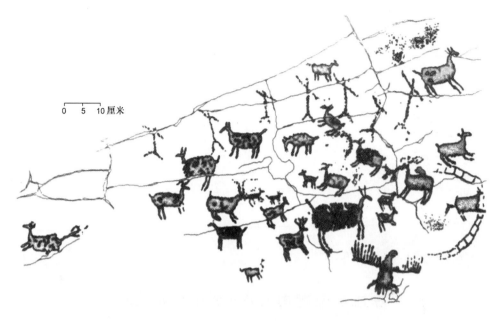

0　5　10厘米

66

图4.8　展示了猎人、动物和围栏的岩雕画幅

这是科罗拉多州东南部珀加图瓦尔河附近皮尼翁峡谷机动着陆场（Pinon Canyon Maneuver Site）中一幅岩雕上对驱兽行动的呈现。这幅图像与欧洲和亚洲的岩画艺术中的其他一些图像类似，其仪式目的据推测是呈现萨满传说中鸟的力量，这可通过保护网或围栏下端（图中右下角）的鸟形看出。"双臂外伸的人形是牧人，他们把兽群驱向已经设在它们前进途中的兽网"［Lawrence L. Loendorf and David D. Kuehn, *1989 Rock Art Research Pinon Canyon Maneuver Site*, *Southeastern Colorado*（Grand Forks：University of North Dakota, Department of Anthropology, 1991），220 – 226，特别是226页］。对蓄积在岩雕上的颜料中钾＋钙/钛比的分析可以让考古学家确定多种不同要素的年代，展示出风格随时间的变化。图中有一只兽类已经定年为距今450±75年前。Lawrence L. Loendorf, New Mexico State University, Las Cruces, N. Mex. 许可使用。

64 南部，这里是初次接触的时代已经充分受到第三波文化影响的地区。[50]

　　20世纪50年代之后，人们对西南部的天体岩画艺术的科学兴趣与日俱增，并有加速之势。1955年，威尔逊山（Mount Wilson）和帕洛马（Palomar）天文台的威廉·C. 米勒（William C. Miller）发表了两篇非常相似的论文，都是源于英国天体物理学弗雷德·霍伊尔（Fred Hoyle）的一个猜测。[51] 1054年7月4日，日本和中国的天文学家独立地在天关星（金牛座ζ星）附近观察并记录了一颗超新星。由于超新星的爆发，它的亮度会迅速增强很多，以至于在大白天也很容易看到。理论上说，在北美洲西南部本来也应该能看到它。米勒的计算表明，爆发当日的月亮处于新月月相，而且离超新星只有2度的距离。米勒认为星月之间的这种独特的近距离并排现象在亚利桑那州北部的两幅岩画艺术中有所记录。怀特台地（White Mesa）一个洞穴中的一幅壁画以及纳瓦霍峡谷的支谷查科峡谷（Chaco Canyon）崖

㊿　Grieder, *Origins of Pre-Columbian Art*, 16 – 17（图1）。

㉛　William C. Miller, "Two Possible Astronomical Pictographs Found in Northern Arizona," *Plateau* 27, no. 4（1955）：6 – 13, 及同一作者的 "Two Prehistoric Drawings of Possible Astronomical Significance," *Astronomical Society of the Pacific Leaflet*, no. 314（July 1955）：1 – 8。

壁上的一幅岩雕中都展示了一弯新月近处有一个圆圈。按米勒的观点，这两幅岩画有很大的可能性描绘的是 1054 年超新星。[52] 后来的研究则揭示，在北美洲西部分布有 15 个以上的遗址，都呈现了一弯新月和一个明亮物体的并置，按照约翰·C. 布兰特（John C. Brandt）的看法，有一些背景情况足以说明美洲印第安人独立地记录了这件事件：新月在美洲印第安人的岩画艺术中很少见；月亮和超新星的近距离并列只能在北美洲西部见到；这些遗址附近有 11 世纪的原住民在此定居的考古证据。[53]

65

1989 年，迈克尔·塞利克（Michael Zeilik）提出观点，认为查科峡谷岩画在新月旁边呈现的是金星而不是超新星，并指出把其他遗址中的图案解读为 1054 年超新星的推理过程也很可怀疑。[54] 不过，即使是这些否认那些记号呈现了超新星的学者，也都假定它们画出了某种天体并排现象。

最近，学界对西南部史前和历史时期岩画艺术中的天空主题有了很大兴趣，在这里就讨论一下其中的几个纳瓦霍人的作品。天文学家冯·德尔·钱伯兰（Von Del Chamberlain）在新墨西哥州大峡谷的一幅岩画恒星图幅中识别出了几个纳瓦霍星座，包括"第一个瘦子"（First Slender One，为猎户座的腰带和佩剑）、昴星团、兔径（Rabbit Tracks，天蝎座的尾部）以及可能是乌鸦座的"半张腿的男人"（Man with Legs Ajar）（图 4.9）。与之类似的恒星图案也见于在夜咏（Night Chant）仪式中使用的纳瓦霍瓜瓶、沙画、一位纳瓦霍歌者为伯纳德·海尔（Bernard Haile）所绘的星图以及黑神的面具（Mask of Black God，面具的左太阳穴处传统上绘有昴星团）之上。[55] 这种呈现的目的显然是仪式性的，用于捕捉所摹绘的星座的力量。

美国西南部"四角"（Four Corners）地区的纳瓦霍恒星顶棚的创作目的还不太清楚。已经记录在案的有 50 多幅作品，是在岩石庇护所和悬崖突石的下表面上绘制的一群黑、红和白色十字形（恒星）的集合。这些十字形中有很多看上去是用木头、皮革或丝兰（yucca）叶制作的工具反复戳成。[56] 根据一项有关亚利桑那州东北部切利峡谷（Canyon de Chelly）中的恒星顶棚的研究，克劳德·布里特（Claude Britt）推断，虽然——

> 它们主要具有仪式性，但在较次要的方面也起着助记的功能。星座在天空中的位置让人们注意到季节在过去的变换。这些遗址中有一些可能还帮助人们记住星座的这种用途。每个星座都有与之联系的故事或传说。这些恒星画可以让药师记起画上的星座及故事。因为有这种性能，这些画还可以用于训练新药师。[57]

---

[52] Miller, "Two Possible Astronomical Pictographs," 9.

[53] John C. Brandt, "Pictographs and Petroglyphs of the Southwest Indians," in *Astronomy of Ancients*, ed. Kenneth Brecher and Michael Feirtag (Cambridge：MIT Press, 1979), 25 – 38, 特别是 37 页。

[54] Michael Zeilik, "Keeping the Sacred and Planting Calender：Archaeoastronomy in the Pueblo Southwest," in *World Archaeoastronomy*, ed. Anthony F. Aveni (Cambridge：Cambridge University Press, 1989), 143 – 166, 特别是 144—145 页。

[55] 有关这一恒星图幅的描述，以及有关纳瓦霍星座的文献的汇总，参见 Von Del Chamberlain, "Navajo Constellations in Literature, Art, Artifact and a New Mexico Rock Art Site," *Archaeoastronomy* 6 (1983)：48 – 58, 特别是 56—58 页。

[56] Von Del Chamberlain, "Navajo Indian Star Ceilings," in *World Archaeoastronomy*, ed. Anthony F. Aveni (Cambridge：Cambridge University Press, 1989), 331 – 340, 特别是 335 页。

[57] Claude Britt, "Early Navajo Astronomical Pictographs in Canyon de Chelly, Northeastern Arizona," in *Archaeoastronomy in Pre-Columbian America*, ed. Anthony F. Aveni (Austin：University of Texas Press, 1975), 89 – 197, 特别是 104—106 页。

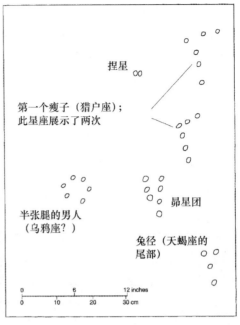

67

图4.9 新墨西哥州大峡谷的恒星图幅

这幅新墨西哥州北部大峡谷流域的图幅中的恒星图案，以图中的浅色圆点呈现；深色点是天然的孔洞。钱伯兰识别出了猎户座、天蝎座的尾部、"捏星"（pinching stars，毕星团）、昴星团以及可能是乌鸦座的星座。

引自 Von Del Chamberlain, "Navajo Constellations in Literature, Art, Artifact and a New Mexico Rock Art Site," *Archaeoastronomy* 6 (1983)：48 – 58，特别是 57 页。Von Del Chamberlain, Salt Lake City, Utah 许可使用。

坎贝尔·格兰特（Campbell Grant）赞同布里特，认为辨认出顶棚上实际的恒星图案是有可能的。[58]但钱伯兰在多年之后对这些证据进行更为谨慎的重新审视后，却得出结论，认为这些恒星顶棚并没有展现出与上文描述过的大峡谷中的岩画恒星图幅或其他纳瓦霍艺术中一直持续出现的恒星图案的相似之处。在得到了对纳瓦霍人和霍皮人的采访的证实之后，他倾向于不把这些恒星十字形图案解读为星座，而是解释为免于遭遇顶棚坠石危险的保护符。他的论证很有说服力，而且强调了把岩画艺术中的记号图案解读为地图时遇到的种种问题。[59]

东北部

北美洲东北部主要是讲阿尔贡金语（Algonquian）和易洛魁语（Iroquoian）的人群，其中有很大的文化多样性。此外，尽管他们是与欧洲人接触最早的原住民之一，但接触时间和环境也有很大不同。东海岸人群在 16 世纪和 17 世纪持续与法国和英国定居者和贸易者接触，而较内陆的地区直到 18 世纪晚期才受到很大影响。这些因素在现存的地图学人造物和文本总体中有所反映。更早的时代几乎没有人造物保存下来；早期的报告尽管相对较多，但

67

---

[58] Campbell Grant, *Canyon de Chelly：Its People and Rock Art* (Tucson：University of Arizona Press, 1978)，218 – 221.

[59] Chamberlain, "Star Ceilings," 339（注释56）。

对于制图过程或地图本身经常提供不了什么信息。⑥

临时性地图

在具有地图学研究意义的那些最古老的欧洲人报告中，有一些描述了印第安人如何绘制、铭刻或塑造临时性地图。新英格兰、新法兰西和切萨皮克湾地区的法国和英国探险家和殖民者注意到原住民可以根据需求制作地图，他们还亲眼见到有几幅地图是一些印第安人为另一些印第安人所制作。在最早的一篇报告中，1541 年在圣劳伦斯河与渥太华河（Ottawa River）汇合处以下溯圣劳伦斯河而上的雅克·卡捷（Jacques Cartier）曾在拉辛急流（Lachine Rapids）最下游处附近跨水路搬运物资。向前到达卡斯卡兹急流（Cascades Rapids）之后，他无法再前进，就向四个圣劳伦斯易洛魁人打听上游的情况。他们在回应时"拿了一些小木棍，在地面上按一定距离摆放，然后又在它们之间摆放了一些小树枝，代表索尔茨（Saults）［急流］"。这篇由哈克卢特（Hakluyt）所作的报告在此之后继续写道："以下是三道索尔茨急流的形状。"但没有复制任何图像。⑥ 不过，毋庸置疑的是，"小木棍"的摆放作为模型表现了三道拉辛急流以及在它们前面的一段未知长度的圣劳伦斯河。

1602 年，在一艘驶离缅因州南部海岸的船上，一位米克马克印第安人"以一支粉笔描绘了周边的海岸"。向他提出要求的是巴托罗缪·戈斯诺尔德（Bartholomew Gosnold），他是第一位沿这段海岸航行的欧洲人，在埃斯特旺·戈梅斯（Estavão Gomes）之前将近 18 年。⑥ 三年之后，在南边 80 千米处，萨姆埃尔·德·尚普兰（Samuel de Champlain）在安角（Cape Ann）海滩上与一群波塔基特人（Pawtuckets）或马萨诸塞人（Massachusetts）交谈。在他"用一块木炭为他们画出海湾和我们那时所在的岛屿角（Island Cape）"之后，"他们用同一块木炭为我画出了另一个海湾，把它画得非常大。在这个地方，他们以等距离放置了六块卵石，借此要我明白其中每一枚卵石标记都表示了酋长和部落的数目"。这些印第安人还补画了梅里马克（Merrimack）河，因为雾和海湾的拦门沙，尚普兰未能见到其河口。⑥尽管尚普兰为印第安人提供了线索，但是他和他们在一起总共只待了几个小时，而且在此之前他们不太可能接触过欧洲人。

从 17 世纪前期到 18 世纪，东北部印第安人制作的很多临时性地图的实例得到了欧洲人注意。在詹姆斯顿（Jamestown）建立之后不久，一位弗吉尼亚阿尔贡金人"用他的一只脚

68

---

⑥　有一份非常早的报告来自 16 世纪的英格兰人拉尔夫·莱恩（Ralph Lane）有关罗阿诺克岛（Roanoke Island）殖民地的记述，其中提到乔瓦诺克人（北卡罗来纳阿尔贡金人）的国王之子斯基科（Skiko）在切萨皮克湾地区"写下"（set downe）了一份"所有邦国的报告"（report of all the countrey）。参见 Richard Haklyut, *The Principal Navigations Voyages Traffiques and Discoveries of the English Nation*, 12 vols. （Glasgow: James MacLehose, 1903 – 1905），8：329。莱恩公开发表的报告可能故意含糊不清，以便隐瞒这一地区的信息，不为西班牙人所用。参见 David B. Quinn, ed., *New American World: A Documentary History of North America to 1612*, 5 vols. （New York: Arno Press, 1979），3：295。在另一个案例中，萨姆埃尔·德·尚普兰在 1611 年写到休伦人"非常详细地告诉我……用绘画向我展示他们已经访问过的地点，他们乐于为我介绍他们的事情"。参见 Henry Percival Biggar, ed., *The Works of Samuel de Champlain*, 6 vols. （Toronto: Champlain Society, 1922 – 1936），2：192。如果这里所说的绘画确实是地图的话，那么它们可能覆盖了非常大的区域。

⑥　Hakluyt, *Principal Navigations*, 8：270 – 271.

⑥　Samuel Purchas, *Purchas His Pilgrimes*, 4 vols. （London, 1625），vol. 4, pt. 8, p. 1647.

⑥　Biggar, *Works of Samuel de Champlain*, 1：335 – 336（注释 60）。

描绘了"詹姆斯河（James River），从切萨皮克湾开始，向上游可能一直画到了蓝岭（Blue Ridge）。[64] 在上纽约湾（Upper New York Bay），一位很可能是来自特拉华地区讲芒西语（Munsee）的人群之一员的印第安人于 1619 年为托马斯·德默（Thomas Dermer）"用粉笔在胸膛［Chest，可能本意应该是水手行李箱（sea chest）？］上绘制了一幅图"。图上明显呈现了曼哈顿（Manhattan）岛、哈得孙河下游和东河（East Rivers）、地狱门（Hell Gate）的湍急水域和哈林（Harlem）河。[65] 1650 年在切萨皮克湾德尔马瓦（Delmarva）半岛南部，一位波科莫克人（Pocomoke）用一根木棍"在营火旁边画了多个圆圈……［给］每个洞都说了名字"，以致亨利·诺伍德（Henry Norwood）发现他不用费什么力气就能想到"这些洞可以为海图提供地点位置，可以展示最有名的印第安人领地的情况"。[66] 1670 年，一位莫纳坎（Monacan）老人用一根手杖为约翰·莱德勒（John Lederer）描画了从今弗吉尼亚州里士满（Richmond）所在地到远处的阿巴拉契亚山的"地面上的两条路"。[67] 另一位名叫"野鸡"（Pheasant）的印第安老人在 1770 年向乔治·华盛顿提供了有关俄亥俄河以南野牛溪［Buffalo Creek，今名布尔溪（Bull Creek）］流域上游的信息，今天这里是宾夕法尼亚州的华盛顿（Washington）县。他"在他的鹿皮上……用粉笔画出了一片优美的土地、一处建造寓所的佳境"的情况。[68]

奥奈达人（Oneidas）在 1634 年运用造型技术为荷兰西印度公司的两位雇员、贸易者哈尔门·梅恩德尔茨·范登博加尔特（Harmen Meyndertsz van den Bogaert）和热罗尼姆斯·德拉克鲁瓦（Jeronimus de la Croix）制作了一幅地图。范登博加尔特写道，在今纽约州曼斯维尔（Munnsville）附近的奥奈达人村庄中，"我们向他们询问他们所有营堡的位置及其名字，以及这些营堡彼此距离多远。他们摆下了玉米粒和石头，热罗尼姆斯就根据这些东西绘制了一幅地图。我们把所有距离都折算成荷兰里；［也就是］所有地点彼此距离有多远"。[69]

手势是很多临时性地图的重要元素，一些地图完全是手势性的。1761 年 11 月 9 日，一位叫艾孔·奥沙布克（Aikon Aushabuc）的米克马克酋长为了向他的游团所俘虏的英格兰人加马列尔·斯梅瑟斯特（Gamaliel Smethurst）解释了当前的政治地理形势——

用食指和拇指几乎围成一个圆圈，一边指着食指尖，一边说这是魁北克，而食指的

[64]　"由殖民地一位先生［加布里尔·阿彻上尉（Captain Gabriel Archer）？］……所写的……记述"（"A relatyon...written... by a gent. of ye Colony."）手稿，Public Record Office, London, State Papers Colonial（C. O. 1/1, fol. 46v），印行于以下文献：Philip L. Barbour, ed. , *The Jamestown Voyages under the First Charter*, *1606 – 1609*, 2 vols. , Hakluyt Society Publications, ser. 2, nos. 136 – 137 (Cambridge：Cambridge University Press, 1969), 1：80 – 98, 特别是 82 页。当时，印第安人拿到了笔纸，"画下了整条河"。

[65]　Purchas, *Purchas His Pilgrimes*, vol. 4, pt. 9, p. 1779（注释 62）。

[66]　Henry Norwood, "A Voyage to Virginia," in *A Collection of Voyages and Travels*, 3d. ed. , 6 vols. , comp. Awnsham Churchill and John Churchill (London, 1744 – 1746), 6：161 – 186, 特别是 181 页。

[67]　John Lederer, *The Discoveries of John Lederer... Collected and Translated out of Latine... by Sir William Talbot* (London：Samuel Heyrick, 1672), 9.

[68]　John C. Fitzpatrick, ed. , *The Diaries of George Washington*, *1748 – 1799*, 4 vols. (Boston：Houghton Mifflin, 1925), 1：439. "野鸡"有可能是明戈人（Mingo）。

[69]　Charles T. Gehring and William A. Starna, trans. and eds. , *A Journey into Mohawk and Oneida Country*, *1634 – 1635*: *The Journal of Harmen Meyndertsz van den Bogaert* (Syracuse：Syracuse University Press, 1988), 14.

中关节是蒙特利尔，靠近手掌的关节是纽约，靠近手掌的拇指关节是波士顿，拇指的中关节是哈利法克斯，食指和拇指的间隙是普克穆什（Pookmoosh）［他们所在的地方］；他又通过让食指和拇指更加靠近，表示印第安人很快会被包围。[70]（见图4.10）。

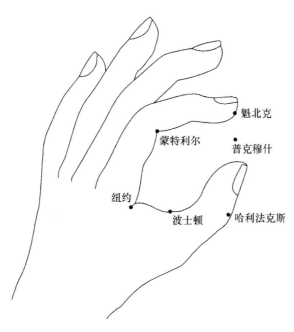

图4.10　艾孔·奥沙布克手势地图的重建　69

印第安人长期与法国人结盟，艾孔·奥沙布克指出的城市都是英国势力的中心。哈利法克斯　69
在1749年已经建立为英国军队基地，蒙特利尔和魁北克则在1759年和1760年为英军所攻
占。尽管这些据点与交易发生的新不伦瑞克海岸有相当远的距离，但法军和英军之间的局部
冲突很可能引发了艾孔·奥沙布克的警觉。[71]

　　对这些早期临时性地图的描述展示了几个属性，它们也是后来的地图的特征。和很多留
存下来的地图一样，它们是为欧洲人制作的，经常是为了让欧洲人把知识拓展进他们心目中
的未知之地。地图通常刻画在土地表面，或是用粉笔或木炭画在地板或甲板上，这让这些地
图不可避免只能存在很短时间。在有些情况中，制图者用木棍或石块之类对象来呈现自然或
文化特征。在1650年的那幅为亨利·诺伍德制作的地图中，圆圈代表居民点。圆圈的相对
大小甚至可能反映了这些地点的重要性。[72]

---

⑦　Gamaliel Smethurst, *A Narrative of an Extraordinary Escape out of the Hands of the Indians, in the Gulph of St. Lawrence*（London，1774），14.

⑦　*Historical Atlas of Canada*，3 vol.（Toronto：University of Toronto Press，1987－1993），vol. 1，图版30（"Acadian De-portation and Return," by Jean Daigle and Robert LeBlanc）和42（"The Seven Years' War," by W. J. Eccles and Susan L. Laskin）。

⑦　诺伍德报告中的关键术语（见上注释66）是"多个圆圈"（divers circles）。"Divers"这个词的拼写遵循了那个时候的习惯，它的意思可能只是"若干，几个"；但它也可能意味着"多样"（在特征或质量上不同；不属于同一种类）。William Little, H. W. Fowler, and Jessie Coulson, *The Shorter Oxford English Dictionary on Historical Principles*，3d. rev. ed.，2 vols.，ed. C. T. Onions（Oxford：Clarendon Press，1973），1：585. 如果实际情况是后者的话，那么我们就可以推断波科莫克制图者运用圆圈表示了居民点或人群的相对大小或重要性。

有关临时性制图的另外两则描述，虽然出自欧洲人的观察，但看来是来自以本土传统为基础的行动。在 1609 年的第一则描述中，尚普兰写到休伦人（Hurons）、阿尔贡金人和蒙塔格奈人（Montagnais）联盟的头人们在预料可能会与易洛魁人发生冲突时，如何把一些信息传达给他们的战士。头人们给每个人专门指定了一根棍棒，在树林中一块 6 英尺见方的特意清理过的地面上把棍棒竖直地排列成战斗队列，然后教导战士们"按他们看到的这些棍棒排成的队列去排列他们自己"。[73]

约翰·史密斯（John Smith）1607 年曾被弗吉尼亚阿尔贡金人俘虏，见到他们制作了一幅宇宙志地图，作为一场为期三天的仪式的一部分。图上以一圈玉米粉展示出他们的领地，以玉米粒标出作为边界的环形大洋，又以排成一堆的木棍象征不列颠群岛，约翰·史密斯就来自那里（图 4.11）。虽然最终制品是在一座长屋的土质地面上塑造的，可能只存在了几小时，至多数天，但作为其内容的很多信息已经整合到了作为仪式一部分的"奇怪的手势和

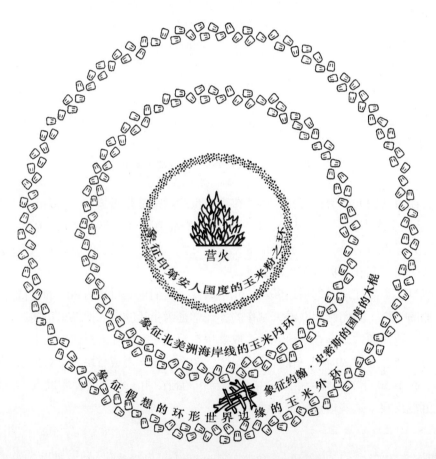

70　　　　　　　　　　　　　**图 4.11　弗吉尼亚阿尔贡金人宇宙志的重建**

这幅重建图以约翰·史密斯所描述的波哈坦人的世界模型为基础 [*Generall Historie of Virginia*（1624），48]。
这些印第安人的模型，是在史密斯于 1607 年成为他们的俘虏期间，在一场为期三天的念咒活动中构建的。参见
图 4.12，是同时代描绘这一事件的版画，不过其中唯一共有的成分只是中间的营火。

---

[73]　Biggar, *Works of Samuel de Champlain*, 4：87（注释 60）。

激情"、乞灵（invocation）和歌唱中。⑭ 在一幅描绘了仪式中一个阶段的版图上，这幅地图被称为"他们的召唤"（Their Coniuration）（图 4.12）。

图 4.12　弗吉尼亚阿尔贡金人（波哈坦）在 1607 年塑造的宇宙志地图　　　70

　　这是在约翰·史密斯的历险记中作为插图环绕在一幅弗吉尼亚地图周围的六幅场景画之一。画中描绘的仪式涉及一幅临时性宇宙志地图的构建。参见图 4.11，是该模型的现代重建。

　　场景画尺寸：约 13.1×11.5 厘米。引自 John Smith, *The Generall Historie of Virginia, New-England, and the Summer Isles: With the Names of the Adventurers, Planters, and Governours from their First Beginning Ano 1584 to This Present 1624* (London: Michael Sparkes, 1624)。承蒙 Huntington Library, San Marino, Calif. 提供照片（RB 19417）。

　　在 1608 年夏季或秋季，由弗吉尼亚阿尔贡金人的一位叫波哈坦（Powhatan）的领袖为约翰·史密斯所制作的另一幅临时性地图似乎有意要纠正后者的一个印象，就是在山脉西边远处有一片海；这个印象可能部分源于在较早前的仪式期间所绘制的环形大洋的

---

⑭　John Smith, *The Generall Historie of Virginia, New-England, and the Summer Isles: With the Names of the Adventurers, Planters, and Governours from Their First Beginning Ano 1584 to This Present 1624* (London: Michael Sparkes, 1624), 48.

观念。波哈坦告诉约翰·史密斯，对"山后面的任何盐水"来说，"我的人给你讲述的东西都是假的"。然后，波哈坦"开始在地面上（按他的叙述）画出了所有这些地区的图示"。⑦⑤ 尽管获得了这些信息，但史密斯可能希望太平洋就在附近，因此在其1612年的弗吉尼亚地图（图4.13）上仍然在波托马克河的源头以外较远的地方以点画法绘制了一片湖或一片海。图中右上角的水岸和水域范围有可能是伊利湖（Lake Erie）或太平洋的岸线，也有可能是史密斯曾见他们在其"召唤"地图中所呈现的宇宙志性质的环形大洋的岸线。

71

图4.13 弗吉尼亚（1612），约翰·史密斯绘

1612年发表于 John Smith et al. , *A Map of Virginia*, *with a Description of the Country*, *the Commodities*, *People*, *Government and Religion*（1612）。地图上的图例区分了"已被发现"的地区和地物和通过印第安人的"讲述"了解到的地区和地物。图中的主要文字说得更具体："你一直看到小十字架处的河流、山脉或其他地点都是已经被发现的；其余部分由野蛮人提供的信息所知，并根据他们的讲授画在图中。"[Philip L. Barbour, ed. , *The Jamestown Voyages under the First Charter*, *1606 – 1609*, 2 vols. , Hakluyt Society Publications, ser. 2, nos. 136 – 137（Cambridge：Cambridge University Press, 1969），2：344.] 图中右上角的小片水域可能呈现了伊利湖、太平洋或宇宙志意义的环陆大洋的一部分。

原始尺寸：33×42 厘米。British Library, London 许可使用（G7037）。

70 有一幅鲜为人知的手稿地图，暂时定年为1608年，有可能至少有一部分源于波哈坦所

---

⑦⑤ John Smith et al. , *A Map of Virginia*, *with a Description of the Country*, *the Commodities*, *People*, *Government and Religion*（1612）；参见 Barbour, *Jamestown Voyages*, 2：414（注释64）。

绘的"图示"。这幅最近发现的地图据推断是乔治·珀西（George Percy）所绘，当他在韦罗沃科莫科（Werowocomoco）与波哈坦会面时很可能与史密斯在一起。值得注意的是，韦罗沃科莫科是地图上标出的 70 个村庄中仅有的两个给出了名字的村庄之一。更值得注意的是，向东注入切萨皮克湾的诸河流均呈现为从一条笔直的山岭发源的形象，而在这条山岭后面又有三条短河流向相反的方向，所注入的水体看上去更像一条从右向左流的河流，而不是海洋。后面这几条河流有可能是波哈坦对流向西南方的阿勒格尼河—俄亥俄河上游及其发源于阿勒格尼山脉（Allegheny Mountains）、大致向西北流的三条左岸支流的良好呈现。

　　除了这些报告之外，临时性地图和手势地图（以及其他类型的印第安制图学知识）的遗迹还可见于后接触时期早期的欧洲人地图中。北美洲西北海岸及其邻近内陆地区的"贝拉斯科地图"（Velasco map）就是一个好例子。该图于 1611 年或在此之前不久编绘于伦敦，主要是线条图，其中有 5%—10% 的部分用蓝色加重，并有注记说明"据印第安人的讲述所绘"。在 17 世纪前期，"讲述"（relation）这个英文词具有"以言词讲述（relating）的行为"之意。尽管"贝拉斯科地图"的编绘者没有指出信息源是谁，但几乎可以肯定利用了几位东北部印第安人提供的地理信息，这些信息由萨姆埃尔·德·尚普兰以及约翰·史密斯弗吉尼亚考察队中的一或几位成员所报告。[76] "贝拉斯科地图"中的印第安成分，是在欧洲人的经历范围之外的地区：尚普兰（Champlain）湖、乔治（George）湖和安大略湖以及萨斯奎哈纳（Susquehanna）河上游和波托马克（Potomac）河上游，以及更远处可能是伊利湖南岸的地方。随着欧裔美洲人考察边界向前推移，整合这样的信息也越来越无必要，但还残留着些许痕迹。[77]

为欧洲人制作的地图

　　在这些临时性地图之外，可能还有其他一些地图，用持久性较强的材料制作，但后来已不存。举例来说，萨姆埃尔·德·尚普兰在 1603 年考察圣劳伦斯河时，得到了这条河上游河段以及更远地区的两幅草图，其中似乎涵盖了大量细节，包括尚普兰以里格（league）

----

[76]　虽然根据这些证据还没有分析出完全的结论，但根据尚普兰的报告，尚普兰湖和乔治湖、圣劳伦斯河最上游河段以及安大略湖的呈现似乎源于阿尔贡金人在 1603 年 6 月向尚普兰所做的汇报。参见 Samuel de Champlain, *Des Savvages*; *ov, Voyage de Samvel Champlain de Brovage, fait en la France nouuell, l'an mil six cens trois* (Paris: Claude de Monstr'oeil, 1603)。尚普兰报告中相关段落的英译文见：Quinn, *New American World*, 4: 403 – 407 各处（注释 60）；这幅地图在以下文献中有复制：William Patterson Cumming, R. A. Skelton, and David D. Quinn, *The Discovery of North America* (New York: American Heritage Press, 1971), 326 – 327。至于在约翰·史密斯 1607 年和 1608 年的四次考察中的某一次或几次期间，有印第安人向他做了汇报，然后史密斯以此为依据在地图上呈现了弗吉尼亚内陆地区，证据就远非结论性的了。史密斯 1612 年出版的印刷地图《弗吉尼亚》（图 4.13）显然并非如此，图上仍然在主要河流和山脉上用托斯卡纳十字形（Tuscan crosses）标出了已经发现之地的界限。有一件事确实很有可能，就是在 1610 年，贝拉斯科地图的编绘者正在弗吉尼亚，并能接触到由史密斯获得的、来自波哈坦的阿尔贡金印第安人及其北面的萨斯奎哈诺克人的多种版本的地理信息。

[77]　举例来说，1728—1729 年间，由皮埃尔·戈尔蒂埃·德·瓦朗讷（Pierre Gaultier de Varennes）和德·拉维朗德里（de La Vérendrye）从克里人那里搜集到的有关苏必利尔湖西北岸或其附近地区的地图和地理情报，就被他们拼接起来，创造了那时的西北地区的一份错误的地理信息。根据这份错误信息，该地区的核心是一条大河，从苏必利尔湖西北方不远处发源，流向正西，经过位置向西移动的温尼伯湖、一条较小的雷德河（Red River）和一座有光亮岩石的山脉，而注入一片开始有涨潮落潮的水域，至少根据其暗示是太平洋。在大约 70 年时间里，这个错误在质量越来越低劣的印刷地图上一直存在：Lewis, "Misinterpretation of Amerindian Information," 546 – 556, 及同一作者的 "La Grande Rivière," 54 – 62（均见注释 2）。

72   **图 4.14 1608 年手稿地图，可能是波哈坦在地面上所绘切萨皮克湾以西和以北地区的地图的抄本**

这幅鲜为人知的《克劳斯弗吉尼亚地图》（Kraus Virginia Map）具有很多印第安特征。它至少有部分可能源于弗吉尼亚阿尔贡金人波哈坦在地面上为约翰·史密斯上尉所绘的"图示"。据推断，此图为乔治·珀西所绘，当他于 1608 年在韦罗沃科莫科与波哈坦会面时很可能与史密斯在一起。值得注意的是，韦罗沃科莫科是地图上标出的 70 个村庄中仅有的两个给出了名字的村庄之一。用于呈现这些村庄的半圆形符号可能源于阿尔贡金的人的筒形拱顶房屋从其一端所见的轮廓。水系的兽角状几何形态非常具有印第安特色。向东注入切萨皮克湾的河流呈现为从一条笔直的山岭发源的形象，而在这条山岭后面又有三条短河流向相反的方向，所注入的水体看上去更像一条从右向左流的河流，而不是海洋。这整个水系有可能是对流向西南方的阿勒格尼河—俄亥俄河上游及其发源于阿勒格尼山脉、大致向西北流的三条左岸支流的良好呈现。这一解读符合波哈坦的意图，他意欲反驳其族人较早前认为山脉西边有一片海的报告。

    原始尺寸：48.5×63 厘米。承蒙 Harry Ransom Humanities Research Center, University of Texas at Austin 提供照片。

表示，但很可能从旅行时间折算而来的距离信息。他似乎还第二次打听了相关相息，以便核实它们。[78] 这两幅图今已不存。在后来的时期，在土地或贸易谈判的语境下所绘制的欧裔美洲人定居点地图有较大概率留存至今。有时候它们会作为正式记录保存；即使不是如此，欧裔美洲人的定居环境也能为它们的保存创造一个更有利的环境。这些地图通常要么直接绘在纸上，要么转抄于纸上，既反映了本土地图学原理，又反映了作为其制作目的的交易的紧迫需求。对这些地图做出解读是个复杂的工作，因为在很多情况下，欧洲人会为地图增补内容，或在转抄的时候可能漏掉他们觉得难以理解或不相关的材料，从而实际上无法让人重

73

---

    [78] Biggar, *Works of Samuel de Champlain*, 1：153 – 161（注释 60）。

建地图的原始版本。[79]

　　无论印第安人还是因纽特人，都没有对精确界定的土地实施独占的传统，但他们的地图会用于与欧洲人展开的土地谈判。1662 年，约翰·廷克（John Tinker）转抄了一幅地图，其中记录了 1637 年之前佩阔特人（Pequot）的领地范围，这片地域位于今罗得岛州西南部（图 4.15）。根据廷克的图例，那个时候居住在这一地区的三个族群各有一位成员参与了地图的绘制，包括一位佩阔特人、一位莫希干人（Mohegan）和一位纳拉甘塞特人（Narragansett）。这幅地图的绘制是试图解决康涅狄格和马萨诸塞殖民地之间土地争端的努力的一部分，但也反映了印第安人所关心之事。在图上文字中包括了那位莫希干人的

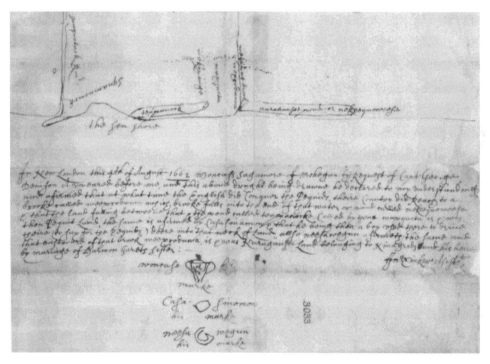

图 4.15　一幅很可能由印第安人所绘、重构了 1637 年以前佩阔特人领地东部范围的地图的同时代抄本　73

　　补充性手稿抄本，1662 年 8 月 4 日，以墨水在纸上绘成。由约翰·廷克根据一幅 1662 年的重构了 1637 年以前佩阔特人领地东部范围的印第安地图（可能是佩阔特人、莫希干人和纳拉甘塞特人所绘）绘制。鹿被驱入今天位于罗得岛州西南部的两个长形滨海水池之间的"陆地之颈"。

　　页面尺寸：23×33.5 厘米；地图部分的尺寸：约 8.5×33.5 厘米。承蒙 Massachusetts Archives Collention, Massachusetts State Archives, Boston 提供照片（vol. 30, p. 113, stamped "Mass. Archives Maps and Plans #3033"）。

---

　　[79]　沙诺迪西特（Shanawdithit）是最后的纽芬兰贝奥图克人；她在 1829 年去世前不久曾在与此不同的语境下在纸上绘制了一系列地图。她在圣约翰斯（St. John's）居住时绘制了几幅线条图，其中包括 5 幅详细的地图，呈现了 1810—1823 年间英国—贝奥图克人交往中的一系列关键事件。原始的铅笔图在为 W. E. 科马克（Cormack）所得之后写上了很多注释，现存于：the Newfoundland Museum, St. John's（NF 3304 – 8）。这些地图在以下文献中有描述和复制：James P. Howley, *The Beothucks or Red Indians: The Aboriginal Inhabitants of New foundland*（Cambridge: Cambridge University Press, 1915），238 –246 及草图 I – V，以及 Warhus, *Another America*（注释 28）。也参见 Natthew Sparke, "Between Demythologizing and Deconstructing the Map: Shawnadithit's Newfound-land and the Alienation of Canada," *Cartographica* 32, no. 1（1995）：1 –21。

一段陈述，他认为地图上标在两个海滨水池之间的土地"在他还是个孩子时常常在那里把他们（指的是佩阔特人）的鹿赶往这块陆地之颈"。印第安地图常常会标出他们所喜爱的有食物资源的地点，这些资源虽然包括食用植物，但主要是动物。

另一个实例，是一幅绘制于 1666 年或 1668 年的地图，界定了一块今天位于马萨诸塞州南部的矩形土地，是波卡诺凯特人［Pokanoket，属于万帕诺亚格人（Wampanoag）］酋长菲利普王［King Philip，也叫梅塔科姆（Metacom）］预备卖给普利茅斯（Plymouth）殖民地的土地（图 4.16）。⑧ 这幅地图是他的秘书约翰·萨萨蒙（John Sassamon）为他绘制并标注的，萨萨蒙是一位马萨诸塞印第安人，曾在哈佛学院（Harvard College）接受教育。单靠地图本身的证据还不足以知道菲利普王和萨萨蒙的意愿，因为这幅图未按比例绘制，也缺少海岸以内的内陆信息（参见图 4.17）。

地图的内容既受到与欧洲人接触的背景影响，又受到地理知识的影响。1683 年 9 月 7 日，在纽约州的奥尔巴尼，英格兰商人罗伯特·利文斯顿（Robert Livingston）从两位卡尤加人（Cayugas）和一位萨斯奎哈诺克人（Susquehannock）那里得到了一幅萨斯奎哈纳河地图（图 4.18）。这幅地图几乎肯定为利文斯顿所转抄或深描过。在地图上，萨斯奎哈纳河的河道被明显简化，这条河道与其西支汇流处的所有重要的西岸支流均予呈现，形式也都已简化，与之汇流的西支也画了出来。这条河本身则向下游呈现到切萨皮克湾的河口。与此相反的是，尽管所有的东岸支流以及萨斯奎哈纳河下游的重要西岸支流朱尼亚塔（Juniata）河明显也落在绘图区域之内，但是它们在图上均予省略。该图的背书对略画的原因有所暗示："有关萨斯奎哈纳河及印第安人向西到那里要用多久的图稿。"在图正面一段很长的题文中，对此则有详述：

> 这幅图稿来自三位印第安人，［其中］两人是卡尤加人……而［另一位是］萨斯奎哈纳人，生活在奥农达加人之中……

---

⑧ 这幅图稿展示的是菲利普王"不"（not）愿意出售的土地还是"现在"（now）愿意出售的土地，一直都不太确定［比如 Peter Benes, *New England Prospect: A Loan Exhibition of Maps at the Currier Gallery of Art, Manchester, New Hampshire*（Boston: Boston University for the Dublin Seminar for New England Folklife, 1981），75 – 76］。记在 *Records of the Colony of New Plymouth in New England*, vol. 12, *Deeds, & c., 1620 – 1651. Book of Indian Records for Their Lands*（Boston: W. White, 1861），223—244，特别是 237 页中的完整陈述是：

这可以让尊敬的阁下知道，我，菲利普，愿意出售这幅图稿中的土地；但在其上生活的印第安人仍会生活于其上，要出售的是［荒废］的土地；瓦塔奇普（Wattachpoo）也是同样的想法；我已经把我们不愿意出售的土地的所有主要地名标在图上。

自帕卡瑙克特（Pacanaukett）

1668 年 12 月 24 日

菲利普［其签名］

最近对这幅地图的一个解读认为，所出售的土地位于马萨诸塞州东南部海岸中今名巴泽兹湾（Buzzards Bay）的一段的沿岸及其西北内陆，这段海岸介于查尔斯角（Charles Neck）和温斯湾（Wings Cove）之间。这个解读还为"不"出售和"现在"出售的土地之间的表面矛盾提供了一个解释，认为前者是在矩形区域之外的带地名的土地，而后者是在矩形区域内不带地名的土地。Margaret W. Pearce, "Native Mapping in Southern New England Indian Deeds," in *Cartographic Encounters: Perspectives on Native American Mapmaking and Map Use*, ed. G. Malcolm Lewis（Chicago: University of Chicago Press, 1998），第 7 章。

图 4.16　界定了今属马萨诸塞州的一片地域的南部海岸地区的地图，梅塔科姆（菲利普王）愿意把这片土地卖给普利茅斯殖民者　74

　　这是作为一份地契一部分的一幅 1666 年或 1668 年地图的 17 世纪的文员抄本。原图由约翰·萨萨蒙所绘，他是一位在哈佛受过教育的马萨诸塞印第安人，时任菲利普王的秘书。此抄本难于识读，其中有一个关键词被一些人识为"现在"（now），但被另一些人识为"不"（not）。这就导致现在无法确定图上被围起来的土地究竟是"我们"现在"愿意出售"还是"我们"不"愿意出售"。以地图学术语来说，图中边界是围绕着可供出售的土地，还是限定了拒售的土地？也参见注释 80。

　　原件或文员抄本的尺寸：17×26.5 厘米。经 the Plymouth County Commissioners, Plymouth Court House, Plymouth, Mass. 许可装订于 "Indian deeds, Treasurer accounts; Lists of Freemen" 之中。承蒙 Dublin Seminar for New England Folklife, Concord, Mass. 提供照片。

　　［他们］问，为什么需要有关萨斯奎哈纳河的一份如此精确的报告［很可能是利文斯顿 76 本人需要］，是否有什么人会来定居在那里；这些印第安人则被问到，如果有人来定居在那里，他们是否能接受：印第安人回答说，如果有人来定居在那里，他们会非常高兴，因为那里比这里［奥尔巴尼］离他们更近；虽然他们通过水路更容易旅行和运送货物，但必须把所有东西背到这里；他们还说这里的人应该到那里去生活，他们会为此 77 高兴，然后到那里去贸易。

　　虽然这幅地图是应一个或多个英格兰商人的"需求"而绘，但它很明显是两位很可能作为其族群代表的易洛魁印第安人的请求，希望英格兰人能在萨斯奎哈纳河下流开启一个贸易站，代替哈得孙河上的奥尔巴尼，这一请求也得到了一位也能因此受益的萨斯奎哈诺克人的

瓦纳斯科霍切特

韦温塞特

这条线是一条小路

潘哈奈特

帕坦塔托奈特

塞帕科奈特

阿斯科奥查姆斯

这是一条河

马查普夸克

阿彭塞特

阿斯科波姆帕莫克

这是一条小路

科托约斯甚塞特

阿内奎塞特

74   **图 4.17   菲利普王愿意售予普利茅斯殖民者的土地地图（图 4.16）的重绘**

据 *Records of the Colony of New Plymouth in New England*, vol. 12, *Deeds*, & c., *1620 – 1651. Book of Indian Records for Their Lands*（Boston: W. White, 1861）, 223 – 244, 特别是 237 页。

支持。图上呈现的萨斯奎哈纳河支流是他们之后打算把毛皮带到新贸易站时所利用的水路。除了萨斯奎哈纳河的西支之外，他们不打算利用的支流全都在地图上省略了。

这幅地图还略去了安大略湖南岸，这毫无疑问反映了易洛魁人对法国人长期抱有反感，不愿意通过该湖和圣劳伦斯河与他们贸易。今天回顾起来，如果这幅地图的目的没有明确记录下来，并可以与更广阔的地区内的环境和事件关联起来的话，那么这种地图学沉默（cartographic silences）是很难察觉的。

这幅地图可能运用了把旅行时间折合成距离的比例绘图法。主河道的各个航段、除一条之外所有得到呈现的支流以及在水路之外通往易洛魁村庄的联运陆路都标出了四舍五入到最近的半天的行程时间。这样一来，就有可能把印第安人地图上关键地点的间距与从现代地图上获取的距离及其旅行时间做一对比（图 4.19）。联运陆路的长度显得过大，这很可能是因为旅行时间是按顺河而下的行程计算的，水流较快的支溪就呈现为较短的距离。

为图作注解者几乎都没有记录下他们在什么时候用文字替代了图画，加上了由制图者以语词或手势提供的信息，或是用其他途径得来的信息为地图做增补。在利文斯顿为 1683 年萨斯奎哈纳流域的转抄本所撰写的长图例中，有丰富的信息涉及所标出的路线上某些地点之间通过陆路和水路旅行所经的天数，但现在不清楚这些信息是否已在原图上以图画的形式呈现。

1697 年 3 月 2 日在奥尔巴尼，有另一幅地图或者是利文斯顿本人绘制，或者从某处获

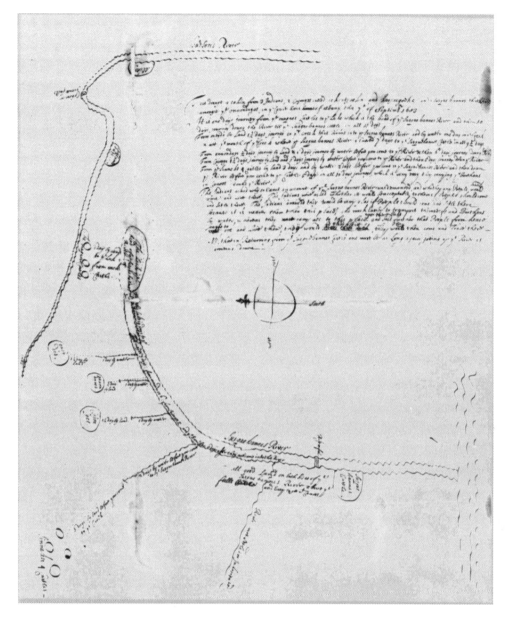

图 4.18 萨斯奎哈纳河及其在易洛魁人前往切萨皮克湾的贸易中的潜在重要性的地图 75

由两位卡尤加人（阿肯特杰孔和凯杰戈赫）及一位不知名的萨斯奎哈诺克人在 1683 年 9 月 7 日绘制的 "萨斯奎哈纳河图稿"（Draught of Ye Susquehannes River）。该图是应要求而绘，主要值得关注之处在于通过一条长期被印第安人所利用，但纽约地区的英格兰殖民者实际上并不知道的路线表现了可能的未来贸易关系。

原始尺寸：39.5×30.5 厘米。承蒙 Pierpont Morgan Library，New York 提供照片（GLC 3107 – Livingston Collection）。

得（图 4.20）。图上的线条本来似乎用红色蜡笔绘制，其上又叠加了墨迹。这幅地图在四个彼此毗邻的主要水系上游地区内呈现了地点和地物，这四个水系是圣劳伦斯河、康涅狄格河、哈得孙河和萨斯奎哈纳河。把所有这四个水系绘在一幅地图上，让图中出现了一些显著的畸变，特别是一些较小的溪流，不得不改变流向，或是把长度调整到能呈现出重要的流域间路线。比如在水文上比较次要的奥斯韦戈（Oswego）河水系，在哈得孙—莫霍克河（Hudson-Mohawk）、萨斯奎哈纳河和五大湖—圣劳伦斯河水系之间提供了关键的独木舟联

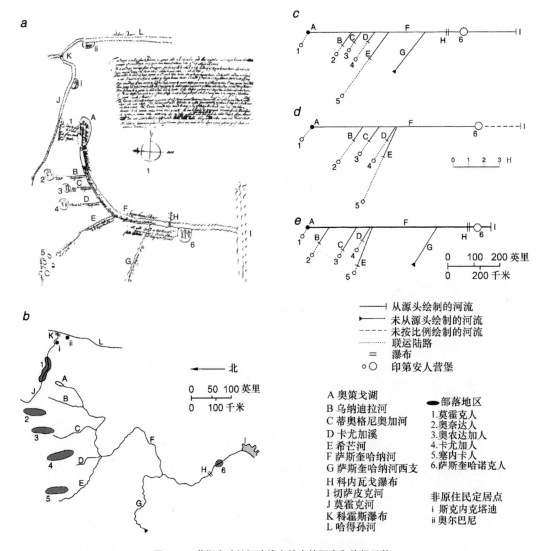

图 4.19 萨斯奎哈纳河路线上绘出的距离和旅行日数

　　图 a 是 1683 年的卡尤加 – 萨斯奎哈诺克人地图（图 4.18）；图 b 在一幅现代地图上绘制了相同信息；图 c、d 和 e 中按比例绘制了距离，其中萨斯奎哈纳河从其源头奥策戈湖（Otsego Lake, A）到萨斯奎哈诺克营堡（6）的长度已经标准化（图 c 基于该 1638 年地图；图 d 基于阿肯特杰孔提供的旅行日数；图 e 则基于现代地图上河流和联运陆路的距离）。干流、支流和联运陆路的间距按比例绘制。图 d 利用的是向下游旅行的时间［"从萨斯奎哈纳人（Susquehannes，即萨斯奎哈诺克人）营堡那里返回时，必须像顺河而下一样向这条河上游再旅行同样远"］。因为穿越陆路的旅行时间在返程中很可能没有显著差别，如果根据溯河的时间按比例绘图，那么会得到明显不同的图 d。

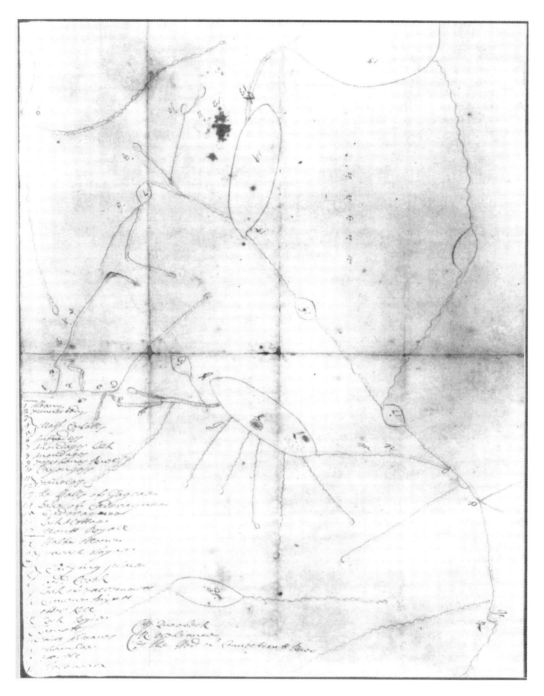

图 4.20　一幅很可能由印第安人所绘的地图，绘制了四个主要但相互隔离的水系的局部，1696 年或 1697 年

只要是在大面积地域内（对这幅图来说为大约 40 万平方千米）呈现战略关系，特别是交通运输关系时，这类地图就很常见。该图为手稿，以红色蜡笔绘于纸上，上加墨水；背书："奥尔［巴尼］1696/7 三［月］2 日这片地区的图稿"。

原始尺寸：41.3×32.8 厘米。承蒙 Pierpont Morgan Library，New York 提供照片（GLC 3107 – Livingston Collection）。

络线（也参见图4.103c）。为了展示出这些联络线，就必须在角度上加以畸变，在长度上加以夸大。[81]

在与欧洲人谈判过程中制作的地图并非总是用欧洲人的材料绘制。密西沙加人（Missisaugas）与英国人在1805年就多伦多周边的土地展开谈判，其中涉及大量的地图交换。1787年，密西沙加人出售了这块土地，史称"多伦多购地"，当时并没有进行精确的勘界。1805年会议的部分议题就是要确立"曾经是密西沙加人普遍接受的有关［那条］边界线的共识"。[82] 在会谈期间，代言人克内佩农（Quenepenon）指出了确定边界的口头传统：

> 所有把你们说的这片土地卖出去的酋长都去世了。我现在为密西沙加人的所有酋长代言。我们无法一清二楚地说出老一辈人在我们之前做过的事，只能根据这幅［由印第安人事务副总管（deputy superintedent）威廉·克劳斯（William Claus）上校绘制的］平面图以及我们自己记得的和听说过的东西发言。……我们的老酋长们告诉我们，这条线在埃托比科克（Etobicoke）河东边，从这条河的河口开始沿着它的河道向上，以直线向上走两三英里，到同一条河最东边的河湾。这条河在西边流，但从这条河河口开始、与它东边的河湾相交的连续直线才是边界线。[83]

8月1日，克内佩农制作了"一张树皮，上面用线条呈现了他们愿意让他们的父［国王乔治三世］拥有的地块"。[84] 按照当时的描述，这就是一幅边界地图，描绘的是——

> 从埃托比科克到［安大略］湖畔布兰特上尉（Capn Brant）的土地，在克雷迪特（Credit）河两侧各保留一英里到其源头，在十六里溪（Sixteen mile Creek）两侧各保留半英里，在十二里溪（Twelve mile Creek）两侧各保留半英里；一块由他们售与图斯卡罗拉人的土地，位于布兰特的土地和糖槭林（Sugar Bush）附近，他们同时还把比奇（Beech）河两侧宽两三链（chains）的土地交予布兰特夫人。把他们从这块土地上赶走可能不太容易，但他们说愿意交出这条路北边的两英里和南边的所有土地，比奇河两边的两三链除外。[85]

79

---

[81] 另一处明显的畸变，见于从蒙特利尔上溯圣劳伦斯河，经渥太华河（Ottawa River）、未予区分的休伦湖和伊利湖、尼亚加拉瀑布、安大略湖、圣劳伦斯河而返回蒙特利尔的环线。在印第安地图上，当跨越主要分水岭的联络陆路既没有用线条又没有用符号区别时，就经常出现这种类型的表面上不可能的水文状况。就这幅图而言，未予呈现的联运陆路位于渥太华河和注入休伦湖的乔治湾（Georgian Bay）的尼皮辛湖—弗伦奇河（French River）水系之间。基本可以肯定的是，图上所标记的湖泊是尼皮辛湖，那么把它与未分别的休伦湖和伊利湖相连接的长联络线就是一个佳例，说明对联络线的呈现需求经常引发畸变。

[82] Colonel William Claus, deputy superintendent of Upper Canada, introducing the proceedings of a meeting with the Missisaugas at River Credit on 31 July 1805. National Archives of Canada, Ottawa, Lieutenant-Governor's Office-Upper Canada, Indian Affairs (Correspondence, 1796 – 1806, RG 10, vol. 1), 290.

[83] Correspondence, Quenepenon, on 31 July 1805, p. 290 – 291.

[84] Correspondence, Quenepenon, on 1 August 1805, p. 296.

[85] Correspondence, Quenepenon, on 1 August 1805, p. 296.

第二天，克内佩农"在手里拿着一块扁平的石头，讲到在他们重新考虑之后同意交给他们的父［国王乔治三世］的土地里，是什么呈现了那些边界线"。[86] 他们的重新考虑很仓促，石头上的地图是在 24 小时内刮出来或画出来的。

1850 年 9 月 9 日，奥吉布瓦人参与签订了所谓的《鲁宾逊—休伦人条约》（Robinson-Huron Treaty），在为了签订该条约而就休伦湖东岸和北岸的保留地边界展开谈判的过程中，他们也使用了地图。附于这一条约的保留地一览表中确定了 17 个保留地，但并没有建立明晰的边界。比如第 17 个保留地"供马卡塔米沙克特（Muckatamishaquet）和他的族人居住，是一块位于奈什孔特翁河［River Naishconteong，即奈苏特（Naisoot）河］两侧的土地，在巴里尔角（Pointe aux Brils）附近，3 英里见方；还有一小块土地在瓦绍韦内加湾［Washau-wenega Bay，即沙瓦纳加湾（Shawanaga Inlet）］——现在他的族人已有一部分占据了那里——3 英里见方"。[87] 不仅这种界定是含糊的，连所用的测量单位也是含糊的。印第安事务部（Indian Department）的代表约翰·W. 基廷（John W. Keating）赞同一个族群的代表，认为"里格才是印第安民众通常使用的长度单位"，在一览表中使用英里是个错误。[88] 结果，每个保留地都开展了田野勘查，而在此之前，这位族群酋长和他的族人参与了一场商议，获得一个机会可以"向印第安事务部的官员更清楚地解释边界线和《保留地一览表》［中］列出的印第安人保留地的范围"。[89] 这些族群通常为谈判做足了准备，有时候会带上他们自己的地图。比如在第 17 保留地，"他们带着他们自己的'印第安平面图'，绘在桦皮上，直接表明了他们对《保留地一览表》中确定的地方之外的好几处地方有需求"。[90] 这幅桦皮平面图的原件今已不存，也不见其同时代的抄本。

在亨利·罗·斯库尔克拉夫特（Henry Rowe Schoolcraft）的《关于印第安部落的历史、环境和前景的历史和统计信息》（*Historical and Statistical Information respecting the History, Condition, and Prospects of the Indian Tribes*）中，有五幅图画组成一个系列，其中两幅具有地图学要素。[91] 这些图画于 1849 年被带到华盛顿，用于向国会和詹姆斯·K. 波尔克（James K. Polk）总统请求在威斯康星州为苏必利尔湖齐佩瓦人（Lake Superior Chippewas）建立永久性的家园。塞特·伊斯特曼（Seth Eastman）把这些画印刷成彩色。全部五幅图像以其动物图腾描绘了代表团的 44 位成员。第一幅图画（A）（图 4.21）呈现了七位齐佩瓦酋长，以眼睛和心脏象征性地联结在一起，意味着他们对定居地的请愿有相似的理解和感受。第二

──────────

⑧⑥　Correspondence, Quenepenon, on 2 August 1805, p. 298.

⑧⑦　*Copy of the Robinson Treaty Made in the Year 1850 with the Ojibewa Indians of Lake Huron Conveying Certain Lands to the Crown* (1939; reprinted Ottawa: Queen's Printer, 1964), 5.

⑧⑧　David T. McNab, *Research Report: The Location of the Northern Boundary, Mississagi River Indian Reserve #8, at Blind River* (Toronto: Office of Indian Resource Policy, Ontario Ministry of Natural Resources, 17 November 1980; revised 8 March 1984), 11.

⑧⑨　McNab, *Research Report*, 11.

⑨⓪　McNab, *Research Report*, 11.

⑨①　Henry Rowe Schoolcraft, *Historical and Statistical Information respecting the History, Condition, and Prospects of the Indian Tribes of the United States*, 6 vols., illustrated by Seth Eastman (Philadelphia: Lippincott, Grambo, 1851 – 1857), 1: 416 – 419. 另外 3 幅图画描绘了代表团中的另外 28 名成员，但不包含地图学要素。

图4.21 图画 A，展示了奥什卡巴威斯（Oshcabawis）和其他齐佩瓦酋长

图中的动物图像包括一只鹤、三只貂、一只熊、一只人鱼（man-fish，为齐佩瓦的神话动物）和 1 只鲇鱼，呈现了在 1849 年向华盛顿提出土地请求的七位齐佩瓦首长的图腾。奥什卡巴威斯首长（属于鹤氏族）的图腾处于领头位置，与威斯康星州北部的一串湖泊（图中左下角的环形图像）联结在一起，他们希望可以在那里种植菰米（wild rice）。中央直线呈现了苏必利尔湖。

原始尺寸：18.6 × 25.2 厘米。引自 Henry Rowe Schoolcraft, *Historical and Statistical Information respecting the History, Condition, and Prospects of the Indian Tribes of the United States*, 6 vols., illustrated by Seth Eastman (Philadelphia: Lippincott, Grambo, 1851 – 1857), 1: 416 –417（描述和图例）及图版 60。承蒙 State Historical Society of Wisconsin, Madison 提供照片。斯库尔克拉夫特的图例在以下文献中也有复制：David Turnbull, *Maps Are Territories, Science Is an Atlas: A Portfolio of Exhibits* (Geelong, Victoria: Deakin University, 1989; reprinted Chicago: University of Chicago Press, 1993), 18。

幅具有地图学要素的图画（E）（图 4.22）清楚地展示了这一群人中另外九个成员，均与今威斯康星—密歇根州边界上的维约德塞尔湖（Lac Vieux Desert）联系在一起。这两幅画都表明文化语境在理解图中呈现物的意义和目的时具有重要性。

桦皮地图

一直到 20 世纪中期，在东北部的森林地区，美洲原住民会在桦树的内皮上刻画出地图，有时也绘制地图。尽管桦皮比较脆弱，现在仍然有很多 19 世纪的样品存留下来，还有很多更早时期的报告。

克雷蒂安·勒克莱尔克（Chrétien Le Clercq）是一位重整会（Recollect）牧师，在 1675 年至约 1687 年间担任向加斯佩半岛（Gaspé Peninsula，今魁北克省东北部）的米克马克人传教的传教士。在这之后，他报告说："他们有很优秀的禀赋，能在树皮上画一种地图，其

图4.22　图画 E，展示了来自密歇根州和威斯康星州维约德塞尔湖的凯热奥什（Kaizheosh）及其
游团

维约德塞尔湖是威斯康星河的源头，示于图中右上角，有威斯康星河由此流出。在该湖东部（图
中以上为东）和中部可以容易地认出德雷珀岛（Draper Island）及达克岛（Duck Island）。该湖与鹰图腾
的三位成员和鸭图腾的两位成员相联结，象征了他们从此湖起源。

原始尺寸：18×26 厘米。引自 Henry Rowe Schoolcraft, *Historical and Statistical Information respecting the
History, Condition, and Prospects of the Indian Tribes of the United States*, 6 vols., illustrated by Seth Eastman
(Philadelphia: Lippincott, Grambo, 1851 – 1857), 1：419（描述和图例）及图版 63。承蒙 State Historical
Society of Wisconsin, Madison 提供照片。

中精确地标出了他们希望表现的一片地域中的所有河溪。他们把那里的所有地点都标记得很
准确，以至于他们可以成功地利用这些地图，而且一个印第安人只要拥有一幅地图，就能旅
行很长距离而不迷路。"[92] 根据 1683—1692 年间在圣劳伦斯河流域及密西西比河上游流域中
的经验，拉翁唐（Lahontan）观察到这两个地区的印第安人——

　　虽然对地理学就像对其他科学一样无知，却能画出最精确的地图，反映出他们所
熟悉的土地，因为除了地点的经度和纬度之外，图上什么都不缺：他们根据北极星确
定正北；各个湖泊的码头、港口、河流、溪流和湖岸以及道路、山脉、树林、沼泽、
草甸等等可以通过战士们一日或半日的行程计算距离，每日的行程折合 5 里格。这些
"地志图" 绘在您的桦树的皮上；当老人们召开有关战争或狩猎的会议时，他们肯定

---

[92] Chrétien Le Clercq, *New Relation of Gaspesia: With the Customs and Religion of the Gaspesian Indians*, ed. and
trans. William Francis Ganong (Toronto: Champlain Society, 1910), 136.

总是会查阅它们。^⑬

81　　　在 1712—1717 年间观察过蒙特利尔以西的北方易洛魁印第安人之后，耶稣会传教士约瑟夫－弗朗索瓦·拉菲托（Joseph-François Lafitau）就他们对方位的感觉及其制图技能得出了毫不含糊的结论。他们"（对方向）有优异的感觉。这似乎是一种与生俱来的素质。……他们可以径直去他们想去的地方，即使是在人迹罕至的荒野和看不出路的地方也不例外。他们在返回时，会观察所有事物，并在树皮或沙地上描画出非常精确的地图，图上唯一缺乏的只是经纬度标记。他们甚至还能把一些这样的地理图作为公共的藏品，在需要时查阅"。^⑭像拉菲托报告这样的欧洲人报告强调了他们把桦皮地图作为永久性的信息源使用的做法，而这是欧洲人所熟悉的地图的功能。虽然背景情况还不十分清楚，但一些东北部印第安人确实会把桦皮和其他人造物保存在中心仓库里。这些藏品包括了作为传统和信仰的助记手段的地图，虽然并非必需，但它们常常用在仪式中。保管这些人造物的责任可以落在个人或群体头上。那些制作和贮藏这些物品的人，在其社区中是握有权力的个人。

　　　拉菲托提到易洛魁人会贮藏绘在桦皮上的地图，其贮藏者可能是奥农达加人（Onondaga），因为已知在 18 世纪前期，易洛魁同盟（the Iroquois Confederacy）会把另一类具有文化
82　重要性的人造物——贝壳珠——贮藏在那里。^⑮对这种藏品的另一份更详细的描述涉及奥吉布瓦人。奥吉布瓦酋长乔治·科普韦（George Copway）虽然没有专门提到地图，但描述了 19 世纪中期他的族人和大多数附近的族群如何——

　　　　在一些地方把据说源于他们的崇拜的记录放置起来。在苏必利尔湖水域附近，奥吉布瓦人有三个这样的仓库。族群里十个最有智慧和威望的人就住在这些仓库附近，担任守护仓库的守卫。

　　　　仓库的两次开启时间间隔十五年。……在它们开启时，所有人们知道的如何敬重仓库藏品的知识都会传授给族中的新成员；然后，藏品就摆放在他们面前。……如果有哪一件藏品开始腐烂，就会被清理出去；人们会制作一份精确的复制品来代替原件。……

　　　　这些记录写在板岩、铜、铅以及桦皮之上。……

　　　　奥雷耶（Oreille）科阿尔湖（Lac Coart）的酋长［"驼鹿尾"（Moose Tail）］在 1836 年春天［报告说］：……

　　　　……守卫们很久之前就选出了最不容易被人察觉的地点作为仓库位置；他们在那里向下挖掘十五英尺，在土坑周围埋下巨大的柏木。其中再放置一根巨大而中空的柏木，一头涂上胶。有开口的一头位于最上方，把记录用雁或天鹅的绒毛包好之后，便放入木

---

⑬　Louis Armand de Lom d'Arce, baron de Lahontan, *New Voyages to North-America*, 2 vols. （London：H. Bonwicke and others, 1703），2：13 - 14.

⑭　Joseph-François Lafitau, *Customs of the American Indians Compared with the Customs of Primitive Times*, 2 vols. , trans. and ed. William N. Fenton and Elizabeth L. Moore （Toronto：Champlain Society, 1974 - 1977），2：130.

⑮　*Council Fire：A Resource Guide* （Brantford, Ont. ：Woodland Culture Centre, 1989），5.

头里面；每次检视时，绒毛都会更换。⑨⑥

科普韦从那个时候的奥吉布瓦人造物上还在使用的 200 多个图画符号中选了大约 70 个抄录，并加以解释。这些符号中有一些表示了地理地物或水文地物，如：海水、湖泊和河流（后二者明显呈平面图状）；岛屿和山脉（呈侧视轮廓状）；陆地（以图腾表示，呈龟形）。⑨⑦ 科普韦没有明确指出这些记录的起源和应用，但它们似乎与精神信仰有关："据说这记录是大灵（Great Spirit）在洪水过后授予印第安人的抄本。"⑨⑧

科普韦所讨论的材料很可能包含了由米德威温（Midewiwin，"大药师团"）或米德（Mide）所保存的画卷的样品。米德威温是奥吉布瓦人中由男性和女性组成的祭司组织，他们拥有神秘的杀戮和治疗的知识。这个团队的一些秘传的知识以图画形式记录在桦皮画卷上。杜德尼（Dewdney）分析了全世界很多地方的博物馆和私人收藏的画卷作品，鉴定出了六种类型，其中一类是迁徙画卷，展示了米德教（the Mide religion）的向西扩散。根据口语传统，这套信仰最早传授给大西洋沿岸的印第安人。历史资料记载，奥吉布瓦人在 17 世纪中期到达苏圣玛丽，而在 1780 年以后，在今明尼苏达州北部也有了定居者。这些迁徙画卷以线性的形式展示了扩散路线，但距离不成比例。⑨⑨

1966 年，杜德尼从安大略省西部肖尔湖（Shoal Lake）的一位名叫"红天"（Red Sky）的萨满那里收集到一幅画卷，从而可以立即针对其解读展开讨论。因为这幅画卷与其他迁徙图共有很多要素，这一解读的一些部分很可能也用于其他作品（图 4.23）。⑩⑩ 因为它呈现了人们所相信的米德教的传播路线，所以最好是从西向东，逆着时间顺序来解读，这在画上就是从左到右。不过，即使是画卷最左边，其解读也是困难的，因为图中除了众多的神话符号之外，"以双线勾勒的路线并没有区分陆路也即联运路线和水路"。⑩① 而越往东边，内容的识别也越发困难。尽管如此，杜德尼还是得以识别出一直到东边的一些地物；他利用了以口语保存的驻扎点地名的列表，这意味着原住民传承了记忆地名的口语传统，令其意义可以比只靠图画

---

⑨⑥　George Copway, *The Traditional History and Characteristic Sketches of the Ojibway Nation* (London: Charles Gilpin, 1850), 131 – 133.

⑨⑦　Copway, *Traditional History*, 134 – 136.

⑨⑧　Copway, *Traditional History*, 132.

⑨⑨　Selvyn Dewdney, *The Sacred Scrolls of the Southern Ojibway* (Toronto: University of Toronto Press, 1975), 57—80 和 183—184. 也参见 G. Malcolm Lewis, "Amerindian Antecedents of American Academic Geography," in *The Origins of Academic Geography in the United States*, ed. Brian W. Blouet (Hamden, Conn.: Archon Books, 1981), 19—35, 特别是 26 页。

除了奥吉布瓦人中的米德迁徙画卷外，其他邦国和人群也有类似传统。比如已知有一份记录，一些人相信它是特拉华人［伦尼莱纳佩人（Lenni Lenape）］的古代史，以史诗般的迁徙故事的形式来讲述。这份名为《红记录》（Walam Olum，也叫 Red Record）的文献来自 1820 年收集到的记在桦皮或木头上的记录，但现已佚失，其中包含了 183 幅图画。其中很多已经被解读为具有地形性质，呈现了地面、大地、家园、水体、岛屿、一处居住点、村镇和都城。有人把这部作品解读为特拉华人迁徙全程的古老叙事，他们从亚洲渡来新大陆，向南方和东方穿越北美洲，到达以特拉华河流域为中心的家园，最后又描述了欧洲人的船只于大约 1620 年抵达了特拉华河［David McCutchen, trans. and annotator, *The Red Record: The Wallam Olum, the Oldest Native North American History* (Garden City Park, N. Y.: Avery, 1993)］。然而，在 1994 年出版了"结论性的文本证据"，表明《红记录》属于伪造：David M. Oestreicher, "Unmasking the *Walam Olum*: A 19th-Century Hoax," *Bulletin of the Archaeological Society of New Jersey* 49 (1994): 1 – 44（引文出自第 1 页的编者注）。

⑩⑩　Dewdney, *Sacred Scrolls*, 特别是 23—36、57—80 页。该书中讨论了八幅迁徙画卷；虽然杜德尼还见到了第九幅，但他没有获得披露其内容的许可，只能透露其中的一些地名。

⑩①　Dewdney, *Sacred Scrolls*, 61.

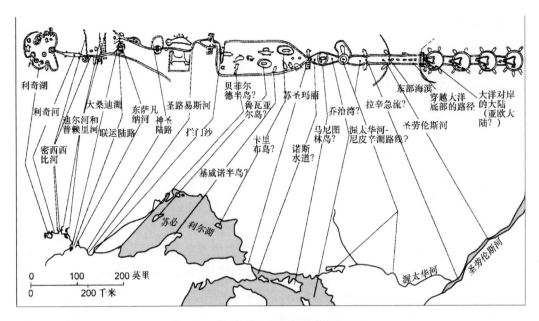

83

图 4.23　红天所绘桦皮迁徙画卷的地理解读

原画卷为南部奥吉布瓦人绘制，1966 年搜集而得，但它很可能是悠久的绘图传统中的一份逼真的抄本。（本书未能获得复制原图的许可。）这样的画卷为子孙后代记录了他们穿越圣劳伦斯河—五大湖地区的路线，他们正是在这一地区皈依了米德教。画卷上的一幅图（图中上方）显示，左边为粗略的地形呈现，向中间渐变为拓扑呈现，到右边则几乎成为宇宙志呈现。利奇湖（Leech Lake）在整条行程的终点，这里还有达布尔角（Double Point）和派因角（Pine Point）、利奇河（Leech River）、利奇河注入马德湖（Mud Lake）的水系，之后则是密西西比河上游。有两条展示为蛇的河——迪尔（Deer）河和普赖里（Prairie）河——不在这条路线之上。在更靠下游的地方，密西西比河折向南流，路线则溯一条小溪到桑迪湖（Sandy Lake），从而离开了密西西比河流域。要进入五大湖水系肯定要经过一段联运陆路，这段陆路很可能通往萨凡纳河上游。该图在这一点以后就较难解读，但在圣路易斯河（St. Louis River）河口处的拦门沙可以清楚地识别为丰迪拉克。在本图中，与所有迁徙图一样，苏必利尔湖可以"完全无误地识别出来"，但苏圣玛丽（Sault Sainte Marie）以东地理情况的任何实在的知识在图中则没有迹象。

原件长度：262 厘米，分为 6 段。基于以下文献改绘：Selwyn Dewdney, *The Sacred Scrolls of the Southern Ojibway*（Toronto：University of Toronto Press, 1975）。

保存更长时间。[102]

83　　因为米德威温的成员数目有限，而且要受长时间的培训，所以在这个组织之外的奥吉布瓦人是否能理解迁徙画卷，以至他们是否知道这些创作，是有疑问的。不仅如此，这一组织很可能创立于后接触时代，是在欧洲人从东部入侵之后原住民针对他们自己与外部世界之间关系所发生的变化而做出的创造性回应。[103] 如果事实如此，那么这些画卷既是本土的，又是对一件重大的外部事件的间接回应。

关于印第安人在桦皮上制作地图并应用这些地图，有很多早期的历史报告，但其中包括了地图如何制作的重要信息的报告却寥寥无几。然而，在北半球很多地方，原住民利用桦皮

⑩　Dewdney, *Sacred Scrolls*, 68 - 69.

⑩　比如可以参见 Lyle M. Stone and Donald Chaput, "History of the Upper Great Lakes Area," in *Handbook of North American Indians*, ed. William C. Sturtevant（Washington, D. C.：Smithsonian Institution, 1978 -), 15：602 - 609, 特别是 605—606 页。

作为绘画载体的实践已经有数千上万年之久。[104] 因此，这套技术在历史时期不太可能发生过重大变化，所以杜德尼对现代的南部奥吉布瓦人（Southern Ojibwa）在制作神圣画卷（包括迁徙画卷）时所用的技术的详细报告就很有价值。[105] 用于绘画目的的材料是桦树的外层树皮（韧皮部）及中间的薄层（形成层）。树皮最好在春季剥取，这时形成层一面（内面）覆有一层浅黄色至深砖红色的物质。在一年里的大多数时节，剥下的树皮会卷起来，形成层一面朝外。然而在春季，树皮十分柔韧，因此其张力可以调整，从而展得很平。树皮的外表面在阳光下漂白之后，就得到坚硬的银白色表面，其上分布着很多紧密排列而近于平行的短线状疤痕（皮孔），这是小枝条自然脱落之后的产物。与此相反，树皮的内面颜色较深，也较软，皮孔已经堵塞，仅余波纹。之后，便可以用一支硬木、骨头或金属制作的笔在外表面上划出细线，而同样的书写工具用于形成层一面时则可划出较深、较宽、边缘较柔和的沟痕。树皮两面都用于图画创作，但形成层一面似乎更受偏爱。[106]

原住民偶尔会用红色赭石或木炭与熊脂混合（或在后接触时代的较晚时期用商业颜料）重点标出图画上的某些成分。他们也用软铅笔画线，特别是在 19 世纪。亨利（Henry）在回忆他于 1775 年在缅因州北部的见闻时，也描述了原住民如何剥取树皮："树皮在从树上剥下时，顺着树木的纵向的长度为 1—4 英尺，宽度则与周长相等。"这样剥取的桦皮长约 120 厘米，而宽度可能达到 80 厘米。不过，大部分桦皮地图都明显小得多。[107]

树皮上的消息地图

一些桦皮地图和其他地图曾作为重要的仪式和文化物使用和贮藏，但它们似乎也可能是为他人传递消息而制作。在小路和航行水道沿线，人们常常把桦皮地图插在一根剥去树皮、引人注目的树枝的切断一端上，然后树枝会向有人走过或建议前往的旅行方向倾斜。在展示定向运动时，通常利用一个人形、动物形或运输工具的朝向。桦皮消息地图在某些地区一直用到非常晚近的时候。即使是现在，可能还有人在利用它们。[108]

[104]　"Map Surface, Birchbark," in *Cartographical Innovations*: *An International Handbook of Mapping Terms to 1900*, ed. Helen M. Wallis and Arthur H. Robinson（Tring, Eng. : Map Collector Publications in association with the International Cartographic Association, 1987），265 – 269.

[105]　Dewdney, *Sacred Scrolls*, 11 – 22（注释 99）。

[106]　在不同地区之间也可能存在差异。比如杜德尼注意到五大湖水系上游周边或更远处的印第安人更喜欢利用树皮的形成层一面，但出于未知原因，温尼伯湖周边的印第安人却更喜欢利用外表面；Dewdney, *Sacred Scrolls*, 16。

[107]　John Joseph Henry, "Campaign against Quebec," reprinted in *March to Quebec*: *Journals of the Members of Arnold's Expedition*, comp. and annotated Kenneth Roberts（New York: Doubleday, Doran, 1938），295—430，特别是 311 页。在纽约的美国自然博物馆五楼一间储藏室的墙上挂着一幅来源未知的米德迁徙地图，包括了缝在一起的尺寸大致相同的三个部分，全长为 260 厘米；参见 Dewdney, *Sacred Scrolls*, 66 – 67 和 183。

[108]　纽约州奥格登斯堡（Ogdensburg）的尼古拉·N. 史密斯（Nicholas N. Smith）送给我一张彩色幻灯片，是他于 1970 年发现的一幅米斯塔西尼克里人的桦皮地图；这幅地图当时正贴附在一棵树上，而这个地点位于一条古老小道上，不久之前有一条新修的砾石公路从这里穿过，形成交叉口。为了更好地理解这些消息，应该意识到这一人群的狩猎图案已经充分确定、广为人知。……印第安人在离开这里前往冬营地之前，猎人会在贸易站会面，让首席贸易者或代理人知道冬季期间他们所在每个营地都在哪里、他们什么时候待在那个地方。……近旁的人前往访问的时间就确定了。对猎人来说，知道访问者什么时候会来很重要，这样他们就能安排好忙碌的狩猎计划，而不会有毫无必要的休息日。……如果狩猎条件不好，让一群人不得不采取事先未能预测的迁徙，那么向别人通知计划中的任何变动就非常重要。桦皮消息是让"世界"知道"一个人的"行踪或计划的变更的手段。（尼古拉·N. 史密斯，私人通信，1994 年 11 月 2 日。）关于一般性的参考文献，参见 Mallery, "Picture Writing," 329 – 340（注释 107）。

有一份美国革命的报告，描述了 1775 年本尼迪克特·阿诺德（Benedict Arnold）率领远征队在魁北克攻打英国守军时，曾发现并利用了这样一幅地图。多年之后，约翰·J. 亨利（John J. Henry）回忆道，当他们在缅因州沿戴德河（Dead River）前行时，——

> 我们来到一条溪流，它从西流来，或者更准确地说是从西北流来。我们不知道该沿着哪条水道走，有部分人倾向于沿这条西来的溪流前进，就在这时，一位队员幸运地看到了一根粗壮的树枝，已经被砍下来插到了河边；在它顶端的断口上戳着一块折叠得很整齐的桦皮。按其放置情况，这块桦皮是在指示那条西来的溪流，它在河口处似乎比我们正在循行的水道有更大的水量。而当我们打开桦皮时，它让人更感意外，也更吸引了我们的注意力；我们看到了上面非常精美地绘出了前方的溪流，还有几个标记，一定指的是狩猎营地或是绘图者的实际居住地。图上有一些线条，从一条支流的源头画向另一条支流的源头，我们认为它们是印第安人在那个季节打算采用的小径的路线。我们把这幅地图的作者归于纳塔尼斯（Natanis）或他的兄弟萨巴蒂斯（Sabatis）；后来我们知道，他们就生活在这条西来的溪流上游大约七英里处。……在检视了如此获得的这幅地图之后，我们走起路来就无所畏惧了。[109]

萨巴蒂斯和纳塔尼斯很可能属于东部阿贝纳基人中的肯内贝克（Kennebec）方言群，过去已经知道他们会留下这样的桦皮消息。现在所不清楚的是亨利发现的这幅消息图是否故意留给了他的队员，不过东部阿贝纳基人在 1775 年殖民者掀起反叛时确实站在他们一边。[110]

上面所描述的地图，有可能与现存最古老的桦皮地图类似。后者在 1841 年发现于渥太华河—休伦湖分水岭，其时它很可能制作出来不久；它在发现之后很快就被装裱加框，由此得到了物理保护（图 4.24）。这幅地图揭露了在树皮上绘图的一些技术限制。桦皮地图常用直线绘图，因为在绘制长曲线时，画笔会被皮孔绊住。[111] 图上虽然有少量长而平滑的曲线，但是它们都避开了皮孔；图上河流由几条笔直的河段构成，它们在连接处形成折角；有很多短的阴影线与皮孔大致成直角，但也都尽可能避开它们。

用木炭或铅笔绘在桦皮上的地图较不容易受皮孔和波纹的限制。缅因州西北部朗吉利湖区（Rangeley Lakes region）有一幅 19 世纪中期的地图，似乎是用混合了熊油的木炭绘在了树皮的形成层一面（图 4.25）。图上的线条无一例外都很粗大，而且除了在呈现联运陆路的符号中的短直线外，它们几乎全都由曲线构成。不仅如此，这些线条从来没有绕开波纹，而是以各种角度与它相交。

尽管在上面讨论的这些实例中，地图是其中的优势要素，但更常见的情况是，地图只是整幅图画消息的一小部分。有一幅作品，是亨利·罗·斯库尔克拉夫特于 1820 年在凯特尔

109　Henry, "Campaign against Quebec," 314 – 315（注释 107）。

110　Dean R. Snow, "Eastern Abenaki," in *Handbook of North American Indians*, ed. William C. Sturtevant（Washington, D. C. : Smithsonian Institution, 1978 – ）, 15: 137 – 147, 特别是 144 页。

111　Dewdney, *Sacred Scrolls*, 17（注释 99）。

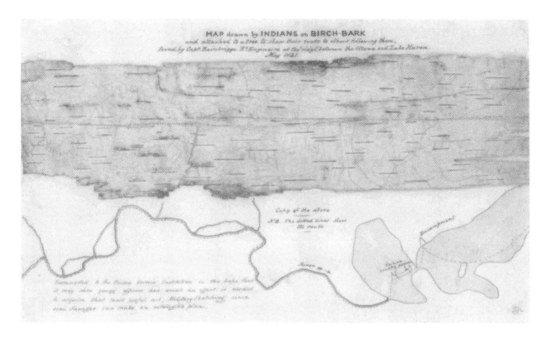

图 4.24　可能是现存最古老的桦皮地图　85

很可能为奥吉布瓦人所绘。地图所在的纸上有题文，写道："由印第安人在桦皮上所绘的地图，附于一棵树上，把他们的路线展示给跟在他们后面的其他人，由皇家工兵连贝因布里奇上校（Capt. Bainbrigge Rl. Engineers）发现于渥太华河和休伦湖之间的'山岭'上。1841 年 5 月。"

原始尺寸：10×38 厘米。British Library, London 许可使用［Map Library, RUSI (Misc.), fol. 2］。

河（Kettle River，位于今明尼苏达州东部）附近描述的桦皮上的奥吉布瓦人的消息：

> 印第安人早上在离开宿营地时，留下了有关我们行程的一份记录；他们在树皮上镌刻了一些信息，比如我们在路上会不期而遇的他们的部落的信息。我们发现这在他们中间是一种常见习惯。这份消息是在纸桦（*betula papyracea*）树皮上勾划出来的，或者是用颜料，或是用他们的小刀，其中有许多他们的人能理解的形象和圣书字。这块树皮画好之后就戳在一根木棍的顶端；木棍剥了皮，打进了地里，并向着旅行的道路倾斜。就目前这幅作品而言，整个人群是以完全无法看懂的方式表现出来的，在我们的解读人的帮助下才知道每个人都用有关其职位或工作的一些象征性的东西来特征性地表现。……龟或草原松鸡的形象指的是那些被杀的人……木棍上砍了三刀，向西北方倾斜，［是指］我们要向西北方走三天。……如果此后有某位印第安人来到这个地方的话，那么他就能从［其他很多东西中的］这份树皮记录中看到他们要前往桑迪湖（，知道向西北方的三天行程肯定会让我们到达那里）。[12]

⑫　Henry Rowe Schoolcraft, *Narrative Journal of Travels through the Northwestern Regions of the United States*（Albany：E. and E. Hosford, 1821），211–212. 斯库尔克拉夫特把这幅图与另一幅由"一位湖区印第安人"所绘的苏必利尔湖部分湖岸的地图做了对比，因为前者是"临时性事件的历史记录"（213 页）。

86

图 4.25　缅因州朗吉利湖区的桦皮地图

19 世纪中期，由班戈（Bangor）的医生以利亚·L. 哈姆林（Elijah L. Hamlin）的印第安人（可能
是东部阿贝纳基人）向导为他在一张桦皮上绘制。与渥太华河的奥吉布瓦桦皮作品（图 4.24）不同，
本图不是刻画而成，而是涂绘而成，很可能用的是传统的木炭与熊油的混合物。

原始尺寸：约 81×51 厘米。承蒙 Hamlin Memorial Library, Paris, Maine 提供照片。

86　　　　图画创作最为精巧的形式可以显得极为复杂，但又相当精确。[113] 约瑟夫·N. 尼科莱
（Joseph N. Nicollet）1836—1837 年曾在密西西比河源头地区与奥吉布瓦人在一起。根据这些

---

[113]　图画创作也可以用于表达数量信息。比如可以参见保罗·勒若纳神父（Father Paul Le Jeune）在《耶稣会汇报》
（*Jesuit Relations*）上有关 1637 年一份易洛魁消息的描述；该消息绘在一块从基督教十字架上劈下的木板上，描绘了 30 个
被俘的休伦人的人头。这些形象有意用来传达大量的定量和定性信息，以形象的重复表示数量，以不同的颜色和大小的
变化表示类别，以装饰（"羽毛"很可能是图腾）展示某些特别内容（Reuben Gold Thwaites, ed., *The Jesuit Relations and
Allied Documents: Travels and Explorations of the French Jesuit Missionaries among the Indians of Canada and the Northern and North-
western United States, 1610 – 1791*, 73 vols. [Cleveland: Burrows Brothers, 1896 – 1901], 12：215）。同样的技术很可能也常
常用在地图之上，但转抄者并非都能意识到这些技术的重要意义，图上细节也并非都能得到如实的复制。

经验，他对奥吉布瓦人使用的图画（他称之为"图形语"）的种类做了详细报告；这些图画的使用时机是"旅行、狩猎或发动战争，为了让他们知道自己的行踪和他们所见证的事件，而展示出他们从哪里来、他们要到哪里去、他们计划要做什么的内容，并记述他们所见的事物，等等。他们总是把最为显眼的地点——如河流汇流处、湖岸和联运陆路等——的所有这些事物标记出来，这些地点位于携带着这些消息的路最多经行的路径沿线"。[114] 尼科莱报告的图画中包括了留在这样的地点的桦皮消息的实例，奥吉布瓦人对它们有个名词称呼："基凯贡"（kikaigon），意为"标记，提供信息的刻画树皮"，派生自动词 kikaigem，"标记某物，刻画树皮；也意为指出或说出一个人要去哪里，交流新消息，等等"。[115] 虽然很大比例的"基凯贡"在消息中含有空间成分，但它们更强调历史事件。其中一件作品（图4.26）得到了尼科莱的解读。[116]

图4.26　具有线形空间结构的一幅"基凯贡"绘画上的图画内容　　86

奥吉布瓦人创作，1836—1837年。"三个晚上之前［左边的三短划］，熊与绵鳚（eelpout）［具有熊图腾的正常大小的男性和具有鱼图腾和乳房的女性］把一对儿女［一个小人形和一个非常小的人形，各有其图腾］留在他们的小屋中［简陋而呈锥形的锥帐，位于最左边，外面有竿压着兽皮］，把一个儿子带在身边［这对父母之间非常小的人形，有它自己的熊图腾］。他们前往那两个湖泊［以类型化的平面图呈现，在最右边有入湖的支流］，在那里晒干鹿肉［位于湖左边的架子上］，鹿为丈夫所猎杀［位于成年男性人形和晾晒架之间］。"Joseph N. Nicollet, *The Journals of Joseph N. Nicollet*: *A Scientist on the Mississippi Headwaters*, *with Notes on Indian Life*, *1836–37*, trans. André Fertey, ed. Martha Coleman Bray (St. Paul: Minnesota Historical Society, 1970), 269. 虽然这个序列是空间性的，但是图中无意表示相对距离或独特的地物。图中的一对湖呈类型化的外观——这一地区有数以千计的湖泊。

复制品尺寸：3.5×10.0厘米。承蒙 Library of Congress, Washington, D.C. 提供照片。

剥皮树上的地图　　87

　　在东北部密林中使用的消息地图的另一种形式，是把内容彩绘或勾勒在内外层树皮均已

---

[114]　Joseph N. Nicollet, *The Journals of Joseph N. Nicollet*: *A Scientist on the Mississippi Headwaters*, *with Notes on Indian Life*, *1836–1837*, trans. André Fertey, ed. Martha Coleman Bray (St. Paul: Minnesota Historical Society, 1970), 266.

[115]　Nicollet, *Journals*, 275.

[116]　也参见173页上讨论的三幅桦皮"威赫甘"。

剥除的树木的裸木上。把路线上一棵显眼的树剥皮，这样标记就可以让有意寻找所传递的消息的接收者看到。

休·琼斯（Hugh Jones）在报告他于 1717 和 1721 年间在滨海弗吉尼亚（tiderwater Virginia）的见闻时，写到印第安人——

> 有描述事物的特定的象形方法；我曾在一棵除去皮的树的一侧见过一个例子。
>
> 那里画着一些东西，像一只鹿和一条河，带有一些长长短短的笔画；鹿在向河流下游看，我们认为这是给他们一些落伍的同伴留下的信息，表示他们中的某些人已经到河下游去狩猎了，而其他人则走了不同的路。[⑪]

剥皮树上的彩绘或线条图中即使有地图般的特征，也很少能与某些桦皮地图中的这些特征媲美。它们至多只是指示了运动方向和相对位置，可能还有空间联系。乔纳森·卡弗（Jonathan Carver）描绘并解释了 1767 年这样一幅图的制作过程，制作地点在齐佩瓦河边，离它汇入密西西比河的地方不远（图 4.27）。他的向导是一位齐佩瓦人，他们正沿河向上要到达齐佩瓦人的领地。不过，当时他们还在齐佩瓦人的敌人——达科他苏人（Dakota Sioux）的领地上。向导是经苏人的完全同意而指任的。为了通知苏人中的任何还不知道这一协议的成员，——

图 4.27　一幅齐佩瓦人绘于剥皮树上的绘画的摹本，1767 年

由乔纳森·卡弗根据原画摹绘；原画以混合了熊油的木炭勾画或涂绘在一棵位置显著的树的白色外层边材上。摹本与原画的报告的不同之处在于展示了两条独木舟，把它们置于右边。

British Library, London 许可使用（Add. MS. 8950, fol. 169）。

---

⑪　Hugh Jones, *The Present State of Virginia... From Whence Is Inferred a Short View of Maryland and North Carolina*（London: J. Clarke, 1724）, 16–17.

他［齐佩瓦向导］从一条河流汇入口附近的一棵大树上剥下树皮，用混上熊油的木炭——这是他们通常使用的墨水替代品——以一种很粗陋但不失表现力的方式画出了奥塔高米斯［Ottagaumies，福克斯人的定居点，卡弗曾在那里待过几个星期］村镇的形象。然后他在左边画出一个穿着兽皮的男子，借此想表现一位瑙多韦西人［Naudowessie，即达科他苏人］；从他嘴里画出一根线到作为齐佩瓦人象征的鹿的嘴里。在这之后，他又在更左边的地方画上一条正沿河上溯的独木舟，在舟里画上一个坐着的戴帽子的男子；这个人形用来代表一位英格兰人，也就是我自己，而我的法国同行者被画成头周围系着头巾，正在划独木舟；此外他又添画了其他几个重要的符号，其中有和平烟斗（Pipe of Peace），画在独木舟的船首。

他意在传达给瑙多韦西人的意义，我怀疑他们似乎并不能完全明白；他想说的是有一位齐佩瓦酋长［也即向导——消息制作人本人］在奥塔高米斯村镇从一些瑙多韦西 88 酋长那里接受了他们的话，他们愿意让他领一位最近和他们待在一起的英格兰人溯齐佩瓦河而行；他们因此要求，尽管这位齐佩瓦人是一位公认的敌人，但不要在他行走途中攻击他，因为他在照顾着他们视为自己人的一个人［卡弗］。[113]

1781 年前的某个时候，"一位先生"描述了由一位特拉华印第安人绘在一棵剥皮树上的画，其中包括了较之卡弗所讲述的制作过程多少更详细的内容。他报告说——

他在马斯金格姆［Muskingham，现拼为 Muskingum］河岸边一棵树上发现了这些标记；他已经不能确定地回想起那棵树属于哪个树种，但觉得它是一棵糖槭；树皮从树的一侧剥掉，露出大约一英尺见方，这些形象以木炭和熊油画在这个部位；黑色是象征愤怒或战争的颜色；他们的画中没有什么非常优雅的东西，他们运用的仅有的画笔只是手指的末端或一根烧过的木棍的尖端；画这幅画的人叫温格农德［Wingenund］，他是特拉华族群的一名印第安战士，当时正要外出作战。……

他说他们在返程途中绘制的标记一般是用朱砂，它是一种和平的颜色，表明他们已经不再愤怒。[119]

这幅画是有关其绘制者的军事记录的图画陈述的综合性作品（图 4.28）。其中四个图画成分被特拉华酋长"白眼"（White-Eyes）用于表示纲要性的平面图：一座未知的小型营堡[120]，

---

[113] Jonathan Carver, *Travels trough the Interior Parts of North America in the Years 1766, 1767 and 1768*, 3d. ed. （London：C. Dilly, 1781）, 418–419.

[119] William Bray, "Observations on the Indian Method of Picture-Writing," *Archaeologia* 6（1782）：159–162，特别是 160—161 页。

[120] 白眼认为它可能是印第安人在 1762 年突袭的伊利湖边的小营堡之一。南亚拉巴马大学的格里高利·A. 瓦塞尔科夫则说，它让人想到切罗基人领地上小田纳西河（Little Tennessee River）畔的卢顿堡（Fort Loudon, 1756–1760）（私人通信，1993 年 7 月）。已知的地点和地物的排列在地形上是正确的。如果这个无名营堡的位置想要合乎这一排列，那么它就不太可能在伊利湖畔，而一定是在俄亥俄河以南的某地。在那个时期，卢顿堡是处在那个方向的唯一有防御工事的军事据点。

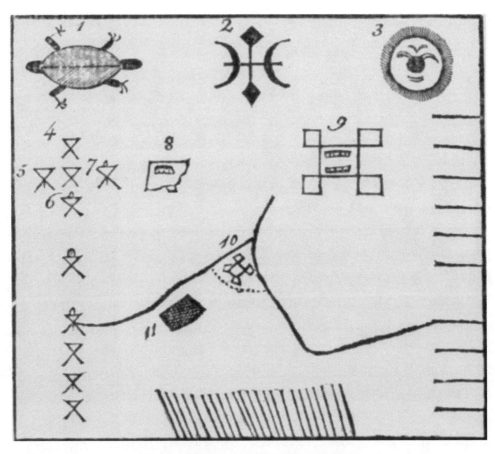

88

图 4.28　含有印第安地图的线条雕刻的早期作品

原件绘于马斯金格姆河（位于俄亥俄州东南部）旁一棵剥皮树上，其中包含了 1781 年或更早的信息。该图在表面上呈现了一位特拉华战士的功勋，其中只有第 8—11 部分有地图学性质：（1）对水龟（river turtle）的摹绘区别出这个族群（特拉华人分成三群，其标志分别是水龟、狼和雕）；（2）个人标志或绘图者的特征；（3）指的是太阳；其下的 10 道水平线在右侧依次向下排列，展示了绘图者（远征）参战的次数；（4）所获的男人头皮；（5）所获的女人头皮；（6）所俘的男性囚犯；（7）所俘的女性囚犯［头皮和囚犯位于获得它们的那次作战远征的对面；比如在他第一次远征（第一条水平线）中就一无所获，在第二次中获得了一项，在第三次中获得了三项］；（8）未知小营堡；（9）底特律堡；（10）位于阿勒格尼河和莫农加希拉河汇合成为俄亥俄河之处的皮特堡；（11）匹兹堡。

引自 William Bray, "Observations on the Indian Method of Picture-Writing," *Archaeologia* 6（1782）：159 – 162，特别是 159 页。

底特律堡（Fort Detroit），皮特堡（Fort Pitt），以及匹兹堡。后两个营堡的识别是毫无疑问的，因为它们位于两条河［莫农加希拉（Monongahela）河和阿勒格尼河；白眼没有给它们编号，但称之为 Moningalialy 和 Alligany］汇流形成第三条河（俄亥俄河）之处。此外，呈现了阿勒格尼河的线条还有一处独特的弯曲，指的是该河在今宾夕法尼亚州赖默（Rimer）以下的河曲。

贝壳珠地图

在北美洲东北部，在名为"贝壳珠带"的助记用具中包含了高度类型化的地图。"贝壳珠"（wampum）这个词来自东部易洛魁语的 *wampumpeage*，是由贝壳制作的白色珠子。贝壳珠最早是用淡水贝类制作，但到 18 世纪前期，白色的珠子几乎都是用几种海洋贝类中的某一种制作，而紫红色（或"黑色"）贝壳珠的唯一原材料则是美洲帘蛤（quahog clam）。在毛皮贸易的年代，贝壳珠也成了一项贸易品。欧洲人把它从海滨带到内陆，因为需求量变得特别大，以致在长岛（Long Island）和新泽西州都设立了加工工厂。增加的大部分需求来自易洛魁人，他们把贝壳珠在肌腱上"编成带子，上有特别的图案，作为让人记起某个条约或协定的助记用具。贝壳珠是一个誓约的即时见证，也是誓约本身，是把订约者与他们的誓言绑定在一起的活记录，因为它能帮助订约者记起自己的许诺"。⑫ ⟨89⟩

对贝壳珠地图最早的明确提及，见于弗朗索瓦·勒梅尔西埃神父（Father François Le Mercier）在魁北克对他 1652 年和 1653 年见闻的记述。他描述了一位年老的易洛魁"大使"在一场协商会议中如何谈到他的族人对魁北克锡耶里（Sillery）的阿尔贡金人所怀的友爱之情。这种情谊以礼物作为象征，一些礼物是"非常大的瓷项圈"。他拿起其中一个，——

> 把它在房间中央展开，说："看这条路线，你必须沿着它来访问你的朋友。"这个项圈由白色和紫色的瓷珠［贝壳］构成，它们排列成人形。这位重要人物用他自己的方式解释了这些人形。"这里，"他说，"有湖，这里有河，这里有你必须经过的山和山谷；还有陆路和瀑布。所有的东西都要留意，在我们要相互偿还的拜访中，到最后不会有一个人走失。"⑫

这件制品后来以道路编带或同盟编带而知名。但比起这条易洛魁编带表面上展现的内容来，大多数编带所具有的地理学内容是相当少的。

1758 年，在与易洛魁人代表的会面中，一位切罗基（Cherokee）首领用到了一条道路编带。这两个族群都支持英国人。在表达友谊的一番讲话中，"他拿出一条九列的编带，上面编出了三个人形，编带两端各有一个，中间又有一个；还有一列黑珠，从编带一端延伸到另一端"。在他讲话的时候，这位切罗基首领告诉易洛魁人，——

> 我们已经为你们开了一条路，我们会努力把这条路清理干净，让我们的兄弟们能走在上面，这是希望你们能来利用这条路；但是如果法国人的任何孩儿们［指俄亥俄河流域与法国人结盟的印第安族群，包括特拉华人、肖尼人（Shawnees）和怀安多特人（Wyandots）］敢利用我们的路，或是在路上设置任何障碍，我们一定会杀了他们。⑫

切罗基首领把编带末端的男子形象识别为易洛魁人的国王，把中央的人形识别为基奥威

---

⑫　*Council Fire*, 2（注释 95）。

⑫　Thwaites, *Jesuit Relations*, 40：203 – 205（注释 113）。

⑫　记录于 William Johnson, *The Papers of Sir William Johnson*, 14 vols.（Albany：University of the State of New York, 1921 – 1965), 2：861。

（Kiowee）国王。这很可能指的是基沃伊（Keewhoee），是位于北卡罗来纳的英国殖民定居点附近的切罗基村镇，可能是首领的家乡。首领报告说，基奥威国王说："我已经伐倒了所有的树，把所有石头从这条可以让你们来我的村镇的路上移走；同样，从我的村镇到印第安村镇乔塔［Chotta，另一个切罗基村镇，离英国人较远，位于阿巴拉契亚山脉的中心区域］的路也已清理，你们的信使可以走这条路到我们这里，把新消息告诉我们；他们在村镇之间可以安全地行走。"[124] 编带上所描绘的道路是类型化、隐喻性的，忽略了地理和地缘政治的复杂性。以菱形呈现的三个地点在地理上既不等距，又不位于同一条轴线上，而且在易洛魁人和切罗基人的家园之间的地区也为二者的共同敌人——法国人的同盟族群所占据。

在象征了地缘政治关系和空间关系的贝壳珠编带中，可能最有名的实例是"五族"（Five Nations）编带。易洛魁同盟（League of the Iroquois）中的五个族群——莫霍克人、奥奈达人、奥农达加人、卡尤加人和塞内卡人——的领地由莫霍克河谷和尼亚加拉悬崖脚下的平坡形成的天然路线相互联系。"同盟一旦成立，就会有一些人受委托把'伟大和平'（Great Peace）的约法以及同盟的规约和历史记忆在心。人们创造贝壳珠记录，辅助他们的记忆，并把它们贮藏在位于同盟的地理中心和政治中心处的奥农达加人那里。"[125] "五族"战争编带很可能造来作为同盟前时代的助记工具，那时这五个族群——也即编带上深色底色中的五对菱形——彼此还频繁发生战争（图4.29）。每个菱形上应用了一种红色颜料，以代表战争，而菱形之间缺乏联络记号更凸显了它们的分离性。与此相反，图4.30中的"五族"和平编带从一开始就展示了紫红色底色上五个等距的白色人形。这五个人形被呈现为手拉手的样子，但肘部弯曲，表示任何一个族群都可以退出同盟，但这样会削弱同盟的力量，也不再受同盟保护。[126]

虽然贝壳珠编带的完全对称性不是这种载体带来的不可避免的后果，但其典型风格却正是如此。贝壳珠为小圆柱形，正常情况下长度是直径的2—4倍。这样一来，当不同颜色的珠子以线串成浅色底上的深色图案或深色底上的浅色图案时，图案形状就被彼此以角度相交的实质上的直线所界定。此外，编带的长度也通常是宽度的5—15倍。

90　　在18世纪前期和中期，法国和英国的文官和武官在与东北部印第安人打交道的过程中鼓励了编带的双向利用。编带是信任的方便象征，是协议的助记手段。事实上，英国人把赠予他们的编带保存了下来。[127] 不过，贝壳珠的利用到18世纪后期已衰退。它们已经较难获得，而印第安领袖也发现书写是更为精确的通信方式。英国政府越来越不熟悉贝壳珠的用途，而美国人则严禁使用代表着印第安人主权和独立性的编带和其他象征物。[128]

---

[124] Johnson, *Papers*, 2：861.

[125] *Council Fire*, 5（注释95）。

[126] *Council Fire*, 5.

[127] "The Command's Room in the Forts where conferences are held, & where all the belts which the Indians deliver and hung up," Johnson, *Papers*, 3：454n（注释123）。

[128] *Council Fire*, 19（注释95）。

图 4.29　五个族群的战争编带　　90

易洛魁人所制，年代未知。贝壳珠不是制作地图的合适媒介，除非是作为类型化的助记物。在这幅作品中，五对菱形据信是呈现了五个族群在彼此发生战争的时候其领地的东西向排列：从右到左依次是莫霍克人、奥奈达人、奥农达加人、卡尤加人和塞内加人。五对菱形每对之上的红色代表战争。

原件尺寸：11.5×103 厘米。承蒙 Woodland Cultural Centre, Brantford, Ontario 提供照片。

图 4.30　五个族群的和平编带　　90

易洛魁人所制，年代未知。在它损坏之前，其上有五个拉着手的人形。他们呈现了与战争编带（图 4.29）中五个族群相同的地理顺序，但此时已是他们根据易洛魁同盟形成结盟关系之后。

承蒙 Royal Ontario Museum, Toronto 提供照片（ROM #937.39.1）。

兽皮地图

所有的北美洲原住民都可以获得多种兽皮。不过，虽然兽皮本来会更为耐久，但在东北部，兽皮地图却较为少见，无论是留存的人造物还是有关它们的报告都是如此。现存的一件可能的实例，是一幅可能制作于 1607 年的作品，其上绘制的似乎是从海上看去的缅因州海岸的一部分的天际线轮廓，而这段海岸可能是由双腿跨于其上的那位酋长所控制（图 4.31）。[129] 如果这幅作品为真，那么它就是 17 世纪所知的印第安人制作的唯一的地图学人造物。不过，即使它果然为真，其中也明显反映了欧洲人的显著影响；它可能由费迪南多·戈杰斯（Ferdinando Gorges）所遇见的三位阿贝纳基人之一的斯基德沃斯（Skidwarres）绘制，戈杰斯说他"得以让我井井有条地记下哪些大河在这片陆地上奔流，哪些值得注意的人在这里居住，他们有多大的力量，如何结盟，有什么敌人，以及诸如此类的信息"。[130] 图上的

⑫　该图的拥有者之前曾认为这是弗吉尼亚州詹姆斯河的印第安地图；Frank H. Stewart, "Jamestown, Virginia, Indian Document of May 1607, Reminder of Capt. John Smith, Found in Haddonfield," *Haddon* (*N. J.*) *Gazette*, 15 February 1945, 2。

⑬　Ferdinando Gorges, *A Briefe Narration of the Originall Undertakings of the Advancement of Plantations into the Parts of America* (London：E. Brudenell for N. Brook, 1658), 4。

91

图4.31 缅因州部分海岸的可能轮廓

以红色绘于兽皮上，"Moi［五月？］1607"。可能由一位或多位阿贝纳基人在这一年绘于英格兰。

原始尺寸：33×38 厘米。承蒙 Stewart Collection, College Library, Rowen College of New Jersey, Glassboro 提供照片。

天际线轮廓与英格兰水手在识别海岸线及其危险时所绘制的图像有很多共同之处。[131] 戈杰斯的原文写得很不通顺，很多单词的拼写明显只是记音，再加上写作日期是 1607 年，都意味着如果这块兽皮确是印第安人造物的话，那么它是在快速的涵化下制作的。

另一幅来源未知的兽皮地图所绘的是沃巴什（Wabash）河流域，包括今天印第安纳州的大部和伊利诺伊州的南中部（图4.32）。[132] 它在 1825 年作为一件珍宝被带到英格兰，自此一直被称为"印第安兽皮地图"，但未经鉴定真伪。基本可以肯定它是在 1775 年绘制的，与

91

---

[131] 举例来说，在威廉·斯特雷奇（William Strachey）的 The Historie of Travaile into Virginia Britannia (1612), British Library, London (Sloane MS. 1622) 的三个版本的手稿之一中就包括了这种轮廓线的几个实例。它们很可能是詹姆斯·戴维斯（James Davies）的 The Relation of a Voyage into New England 的转抄本，或与该文献记述的是同一地方的天际线。戴维斯的这份报告描述了 1607—1608 年的航海行程；这幅兽皮地图的可能绘制者斯基德沃斯经由这次航海被从英格兰送返缅因。遗憾的是，戴维斯的报告只有一个较晚的转抄本存世：the William Griffith copy, Lambeth Palace Library, London (MS. 850)。

[132] G. Malcolm Lewis, "An Early Map on Skin of the Area Later to Become Indiana and Illinois," *British Library Journal* 12 (1996): 66 - 87. 兽皮背面（可能是烧出？）的缩写 H. B. 很可能提示它由海珀莱特·博隆（Hypolite Bolon）所有，可能即由他所绘；他在文森堡居住了很久，当时已是或将要成为一位印第安语口译员。后来他搬到圣路易斯，很可能在此接受了早期正式教育，能够很好地书写，这幅地图也是从这里最终被带到英格兰。又过了若干年后，据说他可以讲"密西西比部落的几种语言"，是圣路易斯能够传译这些语言的唯一的口译员，并因为这种能力从美国政府那里获得了"每年 200 美元的酬劳和薪柴"；Colonel Charles Dehault Delassus to Captain Amos Stoddard, St. Louis, 6 March 1804；也参见 Frederic L. Billon, comp., *Annals of St. Louis in Its Early Days under the French and Spanish Dominations* (St. Louis, 1886), 370 - 371。

图4.32　沃巴什河和邻近山谷的兽皮地图，具有印第安特征，约1775年　92

可能部分由皮安卡肖人所绘。水系图案完全具有印第安特征。这幅地图没有图题和背书。

原始尺寸：157×91 厘米。承蒙 British Museum, London 提供照片（Stonyhurst 25a16）。Stonyhurst College, Lanca-shire 许可使用。

文森站的沃巴什土地公司（Wabash Land Company）向皮安卡肖人（Piankashaws）购买土地的谈判有关联。图上河流和小道的图案与那个时代这一地区的任何已知的欧洲人地图都不相似（见图4.33）。事实上，它拥有下面要讨论的卡托巴地图和奇克索地图的很多特征，在多少较低的程度上与齐帕维安地图也有共性。与此相反，图中所画的线条图案的精细程度却与已知的欧裔美洲人兽皮地图上的图案相似[133]；在1775年，能以如此整洁的方式写下地名、

---

⑬　举例来说，有一幅绘于山羊皮上的地籍图，以前卷绕在一根木轴之上，其中展示了18世纪后期新罕布什尔州格拉夫顿县（Grafton County）格罗顿（Groton）和希布仑（Hebron）镇已出售和待出售的土地。部分根据土地勘查的结果，羊皮上刺出了控制点，已售和待售土地的边界划成细直线，其他细节则用墨水绘制。Geography and Map Division, Library of Congress（C 3 Vault Shelf, G 3744. G 78 G 45 18 –）。考虑到位于殖民前沿地区的社会中马具制作和制鞋的重要性，在18世纪可能有在皮革上绘制地籍图的传统。

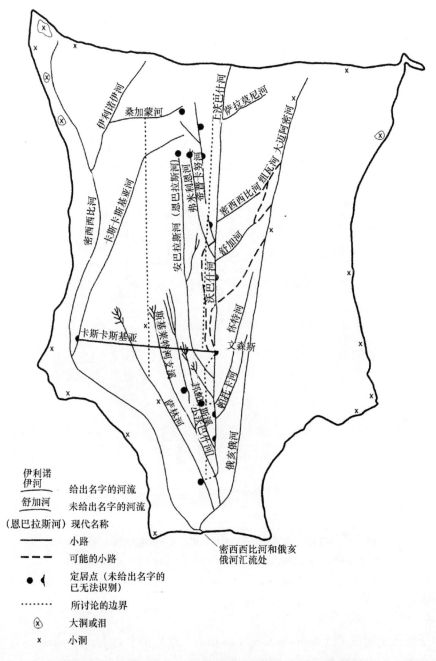

伊利诺
伊河 —— 给出名字的河流

舒加河 —— 未给出名字的河流

（恩巴拉斯河）现代名称

—— 小路

– – – 可能的小路

● ◀ 定居点（未给出名字的
已无法识别）

······· 所讨论的边界

ⓧ 大洞或泪

× 小洞

密西西比河和俄亥
俄河汇流处

　　　　　图 4.33　对绘制于约 1775 年的兽皮地图（图 4.32）的解读性重绘

绘出线条图的人极不可能是一位沃巴什河流域的印第安人。

　　1762 年，俄亥俄河上游流域的一位特拉华人宗教先知［名为受启示者尼奥林（Neolin, the Enlightened One）］把一幅绘在修整过的鹿皮上的宇宙志地图作为可视的辅助工具。⑬ 他每次布道结束时都会说这样的话："而现在，我的朋友们，为了让我讲给你们的东西能牢牢

------

⑬　参见 Arlene B. Hirschfelder and Paulette Fairbanks Molin, *The Encyclopedia of Native American Religions: An Introduction* (New York: Facts on File, 1992), 66。

记在你们心里，为了让你们的记忆随时保持鲜活，我建议你们每个人——至少是每个家庭——把这样一本书或者一幅图保存起来；只要你付给我一些报酬，我就会给你画一幅图，每幅的价格只是一张公鹿皮或两张母鹿皮。"⑬ 这位在 18 世纪 60 年代前期有很广泛的影响力的特拉华演说家假定了所有听他布道的人和"每个家庭"的成员都能理解他的宇宙志地图。

虽然这幅地图没有任何摹本留存下来，海克韦尔德（Heckewelder）对它的详细描述还是让人们得以将它重绘出来（图 4.34）：

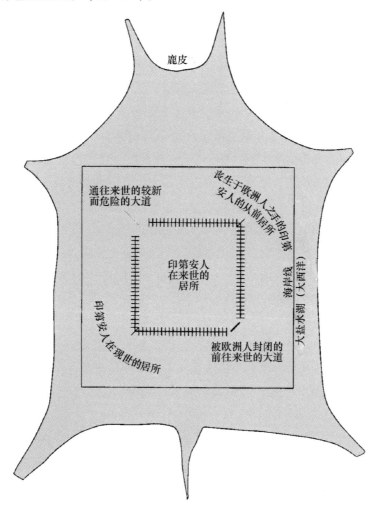

图 4.34　一幅 1762 年特拉华兽皮宇宙志地图的重绘，其上有前世、现世和来世的环境　　　　　　　　　　　　　　　　　　　　　　　　　93

这是在一个平面上呈现两个在根本上不同的世界的实例。来世世界交织在现世和前世世界的平面中。

内侧的一个正方形用画在它里面的线条构成，每条长约八英寸，但其中两根线条在

---

⑬　John Gottlieb Ernestus Heckewelder, *An Account of the History*, *Manners*, *and Customs*, *of the Indian Nations*, *Who Once Inhabited Pennsylvania and the Neighbouring States*, Transactions of the Historical and Literary Committee of the American Philosophical Society, vol. 1（Philadelphia：Abraham Small, 1819），1 - 348，特别是 290 页。

交角处没有封闭，留出了大约半英尺空隙。与这些内部线条相交的是其他一些长约一英寸的线条，此外又有其他一些各式各样的线条和标记，全都有意用来表现一道强大而不可逾越的屏障，可以阻止外面的人［也即地面世界的人］进入里面的空间，只有指定用于那个目的的地方除外。……在解释或描述这幅图上的某些地点时，［布道者］总是把他的手指指到他正在描述的地方，管里面的线条内部的空间叫"天域"，也就是由大灵［great Spirit］为印第安人预定的来世居所；这片空间在东南角敞开，他管这里叫"大道"［avenue］，是有意让印第安人进入这片天域的地方，但现在落到了白人手里；因此，大灵自那以后又让另一条"大道"造在了对侧，不过，他们要从这里进入天域既困难又危险，途中有很多障碍，比如有一条通向下方的海湾的大沟，他们就不得不从上面跳过；然而就在这个地方，恶灵会一直监视着印第安人，任何被他抓住的人再也不能挣脱他的手，只能被带到他的地域。……

　　这个内部的正方形之外的空间意在表示供印第安人在现世狩猎、捕鱼和居住的土地；它的东侧叫作大洋或"大盐水湖［大西洋］"。然后，布道者把听众的注意力特别集中到东南大道，他要对他们说："看这里！看看因为我们忽视和违抗旨意而失去的东西。这是因为我们的疏失，没有向大灵表达感激之情，感谢他赐予我们的东西；这是因为我们的忽略，没有为他提供足够的祭品；这是因为我们把一伙肤色和我们不同、穿越大湖前来的人［经由大西洋到达的英国人］看成了我们自己人的一部分；这是因为他们住到了我们旁边，而我们对他们漠然视之，因此备受苦难，他们不光从我们这里夺走土地，还夺走了这里，（他指向那个地方，）这里，这条我们自己的大道，通往为我们预定的这些美好天域的大道。"[136]

93

　　这幅图很明显在同一个表面上把中大西洋沿海低地、俄亥俄河上游流域和介于其间的阿巴拉契亚山脉构成的地面世界与为印第安人的来世预定的居所结合在一起。上述描述对于恶灵控制的地域的位置说得不太清楚，但这些地域有可能在下方一层或几层的地方，因此不能呈现在同一个平面上。

　　伦敦档案局（Public Record Office）中的文件，让我们可以深入了解殖民时期地理和政治信息的传递及印第安人为欧洲人制作地图的情况。1701 年 2 月，贸易与种植园事务委员会（the Lords of Trade and Plantations）写信给纽约总督，要求得到"一幅好地图，绘出国王陛下的种植园旁边的所有印第安人领土；其中标出几个族群的名字（包括他们的自称及英格兰人和法国人对他们的称呼）和他们所居住的地方"。[137] 6 月，因为总督在此期间去世，由副总督约翰·南凡（John Nanfan）回信，表明他有意获得这样一幅地图。[138] 英格兰人敦促他们的同盟者易洛魁人与五大湖北部的加拿大印第安人和平共处，7 月，南凡把易洛魁人五

---

[136]　Heckewelder, *History*, *Manners*, *and Customs*, 288 – 289.

[137]　Letter from the Lords of Trade and Plantations to the Earl of Belomont, 11 February 1701, Public Record Office, London, State Papers Colonial（C. O. 5/1118）, 120 – 136.

[138]　Letter from Lt. Govr. Nanfan to the Lords of Trade and Plantations, 9 June 1701, Public Record Office, London, State Papers Colonial（C. O. 5/1046/20）.

大族群的 32 名部落长召集到奥尔巴尼开会，以便确定调解的进程。[139] 在那里，一位莫霍克部落长讲道：

> 为了让你们确信我们与多瓦甘哈人（Dowaganhaes）和其他远方的印第安人已经缔 94
> 结了条约，我们已经尽力为你们提供信息，送给你们一大块兽皮，上面绘出了已经与我
> 们和平共处的营堡；这也就是由布利克（Bleeker）和戴维·斯凯勒（David Schuyler）
> 上尉送去的驼鹿皮，上面有两个营堡绘成红色；要补充说明的是他们已经和七个族群和
> 平共处，但只画了最近的两个，因为它们是最重要的族群。[140]

现在不清楚这张鹿皮上是否包含了河流、湖泊或小路之类的信息。两个"营堡"——筑有防御工事的木制建筑——可能只是用地点符号来绘制，可能与"五族"贝壳珠编带（图 4.29 和图 4.30）上线状排列的地点符号一模一样。这幅驼鹿皮地图在绘制时看来有选择性，只包括了所涉及的七个族群中的两个，地图信息则由这位部落长的口头报告补足。

到了下一个月，南凡写信给贸易与种植园事务委员会，告知他们大会的召开情况，并附上一幅图稿，"是我所能设法获得的有关我们这边五个族群情况的最精确的"图稿，其中也表示了易洛魁人作为换取英国保护的代价而割让给殖民者的土地。这幅地图有可能就是萨缪尔·克劳斯（Samuel Clowes）绘制的那幅地图，其中可能包括了来自送给南凡的驼鹿皮上的内容。[141]

另一幅仅能通过报告了解的兽皮地图绘制于 1769 年，当时法国和英国之间正有武装冲突发生，这场冲突后来被称为"威廉王之战"（King William's War）。易洛魁人忠诚于英格兰政府，于是 10 月 1 日在奥尔巴尼，他们的酋长之一卡延夸拉戈斯（Cayenquaragoes）——

> 在地上放下一捆河狸皮，在其外面是一幅加拿大河的图稿，其中标出了酋长的地
> 盘，以展示敌人的渺小以及如何沿加拿大河分布；他们渴望把这捆兽皮送到伟大的国王
> 陛下那里展示。[142]

有关同一事件的另一份报告提到他们——

> 赠给国王陛下一小捆河狸皮，在外面有四条黑道，代表了加拿大河，还有三个划出

---

[139]　参见 Francis Jennings, "Susquehannock," in *Handbook of North American Indians*, ed. William C. Sturtevant（Washington, D. C.：Smithsonian Institution, 1978 - ），15：362 - 367, 及 Helen Hornbeck Tanner, ed., *Atlas of Great Lakes Indian History*（Norman：University of Oklahoma Press for the Newberry Library, 1987），34。

[140]　易洛魁部落长的讲话文字译本：Robert Livinston, 14 July 1701, Public Record Office, London, State Papers Colonial（C. O. 5/1046/33）。

[141]　Letter from Lt. Govr. Nanfan to the Lords of Trade and Plantations, 20 August 1701, Public Record Office, London, State Papers Colonial（C. O. 5/1046/33）。克劳斯的地图是 C. O. 700 New York no. 15。

[142]　Journal of Governor Fletcher's expedition to Albany, 1 October, 1696, Public Record Office, London, State Papers Colonial（C. O. 5/1039/70, enc. 1）.

的圆圈，指的是三个主要地点。[143]

第三份报告则提到"一捆河狸皮，上有他们对加拿大的描述"[144]，其中传达了圣劳伦斯河和河畔三个主要的法国定居点——魁北克、三河城和蒙特利尔——的概念。与差不多100年之后特拉华印第安人绘在剥皮树上的地图一样（上文图4.28），黑色的运用象征了敌人，在这幅图中指的是法国人。这幅地图只是绘在一张河狸皮之上，还是绘在一捆河狸皮之上，现在已不清楚。图上肯定不会有太多细节。虽然它毫无疑问是绘在兽皮上，但其几何形状和功能看来都与贝壳珠编带有较多相同之处。

东南部

虽然在东南部没有接触前地图留存下来，瓦塞尔科夫（Waselkov）仍然从欧裔美洲殖民者的报告中得出结论，认为"绘制地图属于殖民时代东南部印第安人中所有成年人的技能"。[145] 确实，在接触后的一个短暂的时期内，来自东南部的印第安人绘制、彩饰和镌刻了一些东西，被欧洲人意指并立即识别为地图，而这种实践后来也一直在进行。1754年，南卡罗来纳总督詹姆斯·格伦（James Glen）暗示，至少在切罗基人中间，临时性地图和纸上地图可以相互转换。1743年以后，试图证实大西洋海岸南部和密西西比河下游之间地域的印第安人的口头报告，格伦"常常让他们在地上用粉笔勾画出河流，也让他们在纸上画"，由此得出结论："这些地图如此接近我们最好的地图，真让人意外。"[146]

在北美洲，天体世界是很多——可能绝大多数——处在接触前不久的时代的文化的首要关注对象。[147] 在东南部，俄亥俄河和密西西比河中游流域以大量土制建筑著称，它们一般被称为土墩。这些土墩建于霍普维尔期（Hopewellian period，约公元前200年至公元400年），与墓葬有关联。很多土墩是雕像：鸟、熊和蛇或者以平面图形式呈现，或者以轮廓呈现。其他土墩则包含有常见的一些几何图像：圆、正方形、八角形、椭圆和矩形。[148]

95

---

[143] Letter from Governor Fletcher to the Duke of Shrewsbury, 9 November 1696, Public Record Office, London（C. O. 5/1039/71）.

[144] Letter from Governor Fletcher to the Lords of Trade and Plantations, 9 November 1696, Public Record Office, London（C. O. 5/1039/70）.

[145] Gregory A. Waselkov, "Indian Maps of the Colonial Southeast," in *Powhatan's Mantle*: *Indians in the Colonial Southeast*, ed. Peter H. Wood, Gregory A. Waselkov, and M. Thomas Hatley（Lincoln: University of Nebraska Press, 1989）, 292 – 343（引文见292页）；该文献为这里讨论的地图提供了详细的描述和解释。

[146] James Glen to Sir Thomas Robinson, Secretary of State for the Southern Department, South Carolina, 15 August 1754；未出版手稿，见 South Carolina Archives Department, Columbia, Records in the British Public Record Office relating to South Carolina, 1663 – 1782（vol. 26, p. 27）.

[147] Grieder, *Origins of Pre-Columbian Art*, 100 – 101（注释49）；在接触前诸时代的晚期，东南部出现了第三波文化，以对天体的新见解为其特征；也见176页和181页。

[148] 詹姆斯·A. 马绍尔（James A. Marshall）在考察了很多遗址之后，得出了一些推测性结论。其中有两点与这里的讨论相关：他认为建筑者在"画板或沙台上"绘制了"特定尺寸和面积的土制建筑"的平面图；他们拥有"非常发达的土地测量能力"，由此"又具备把地形看成处在地图之上的能力"。同样，他识别出了一个线度测量单位，等于57米，但没有迹象表明这一单位在接触之后曾在东南部或其他地区有所应用，更不用说在制图的语境下应用。James A. Marshall, "An Atlas of American Indian Geometry," *Ohio Archaeologist* 37（1987）: 36 – 48，特别是40页。

也有人提出，这些图案中有一些呈现了星座。[149] 比如在艾奥瓦州东部麦格雷戈（McGregor）的密西西比河畔的雕像土墩国家纪念地（Effigy Mounds National Monument），就有 10 只"前进"的熊和 3 只鸟排成一道弧形；鸟雕像的位置表面上看去与弧形呈随机的关系。撒迪厄斯·科温（Thaddeus Cowan）认为：

> ［熊］雕像组成的前进队列在朝向上与大熊座（Ursa Major）围绕北极星的运行相一致，这是可以预料的。每只熊的朝向也都是根据印第安传说可以预期的结果。熊雕像的路径遵循了大熊座的夏季星迹。鸟雕像相对于熊的队列末端的方向，也与天鹅座（Cygnus）相对于位于其弧形星迹末端的大熊座的方向保持一致。鸟土墩与呈现了弧形底部的熊土墩之间的距离，意味着在大熊座运转到天空中最低点时，天鹅座在天上出现。

科温在最后承认，"证据几乎不是决定性的"，然后又希望他的主张"能得到进一步的考察"。[150]

早期的制图遭遇

埃尔南多·德·索托（Hernando de Soto）在 1539 年和 1543 年间对北美洲东南部加以考察之后，绘制了佛罗里达和墨西哥湾海岸的地区，几乎可以肯定其中整合了印第安人的信息，其中一些信息非常可能表现为地图形式（图 4.35）。这次考察有两份报告，没有一份明确地提到印第安人在回应西班牙人对信息的索求时的制图或用图行为，但这些行动是很可能存在的。[151] 德·索托考察地图基本可以肯定由阿隆索·德·圣克鲁斯（Alonso de Santa Cruz）在塞维利亚绘制，他是西班牙国王查理五世的"首席宇宙志学家"。地图与该地区的地理情况相当吻合，如果只是单单依赖德·索托在考察路线上的勘测，肯定是达不到这样的精度的。特别是图上的长河，虽然考察过程中的复杂横渡路线只渡过每条河各一次，却能被呈现得如此完整，而且在根本上是正确的，这远远超过了本土词汇或姿势可以传达的信息量。[152]

另一份早期文本描述了一幅密西西比河下游和内奇斯（Neches）河及其西边可能延伸至佩科斯（Pecos）河下游的地区的地图的制作。这幅地图的特色在于绘制于树皮之上，在这个地区很少见。其绘制地是内奇斯河源头附近的塞尼人（Cenis）村庄，今天位于得

---

[149]　Thaddeus M. Cowan, "Effigy Mounds and Stellar Representation: A Comparison of Old World and New World Alignment Schemes," in *Archaeoastronomy in Pre-Columbian America*, ed. Anthony F. Aveni (Austin: University of Texas Press, 1975), 217 – 235.

[150]　Cowan, "Effigy Mounds and Stellar Representation," 234.

[151]　Edward Gaylord Bourne, ed. *Narratives of the Career of Hernando de Soto*, 2 vols., trans. Buckingham Smith (New York: A. S. Barnes, 1904), 及 James Alexander Robertson, ed. and trans., *True Relation of the Hardships Suffered by Governor Fernando de Soto*, 2 vols. (De Land: Florida State Historical Society, 1933)。

[152]　德沃西指出，辫状水系反映了绘图者无法区分独木舟航路和跨流域的联运陆路，而这个特征指示了印第安人的信息源。De Vorsey, "Silent Witnesses," 特别是 715 – 717 页（注释 22）。对此还可以再补充图上两个命名为"盐"（sals）的地物。盐是印第安人不可或缺的资源，是广泛贸易的商品。

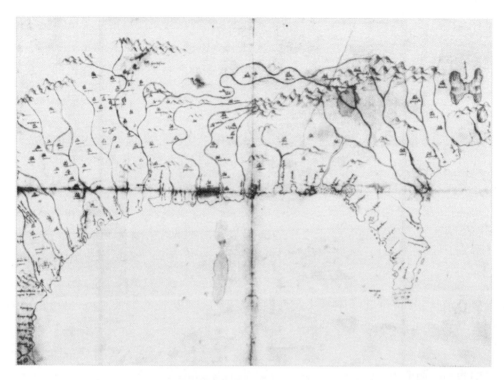

96

图 4.35 佛罗里达和墨西哥湾海岸地图，约 1544 年

原名《海湾和新西班牙海岸地图，从帕努科河口到圣埃伦娜角》（Mapa del Golfo y costa de Nuevo España, desde el Río de Panuco hasta el cabo de Santa Elena）。该图背书："绘于由阿伦索·德·圣克鲁斯从塞维利亚带来的纸上"（De los papeles que traxeron de Sevilla de Alonso de Santa Crus）。据德·索托考察成员的报告以墨水在纸上绘制，其中可能包括了印第安人所绘的地图或根据了印第安人的信息。

原始尺寸：44×59 厘米。承蒙 Ministerio de Cultura, Archivo General de Indias, Seville 提供照片（Mapas y Planos, México, 1）。

克萨斯州东部；该图应勒内－罗贝尔·卡夫利埃·德·拉萨尔（René－Robert Cavelier de La Salle）的要求，"以一块煤……在一棵树的白色树皮上"绘制。这幅图让拉萨尔确信，他"到西班牙人的地方有六天的行程"。[153] 几乎可以肯定的是，这幅图作为"附近河流和邦国的一幅非常精确的地图"，还描绘了其他地方，此外拉萨尔还补充道："他们［塞尼人］知道西班牙人，为我们描绘了他们的衣着等东西。"[154] 在有关这些为拉萨尔所绘制的地图的报告中没有提到所使用的树皮的种类。得克萨斯州东部远在纸桦（paper birch）的分布南界之外，而这种树的树皮最适合铭写和绘图，在东北部和亚北极地区最常利用。

六七年之后，在劳伦斯·范登博什（Lawrence van den Bosh）绘制的一幅手稿地图中可能也整合了一幅类似的地图。这幅手稿地图呈现了密西西比河下游及其西边的一片广阔地域（图 4.36）。在其制图者随图所附的传送函中提到了密西西比河左侧（西侧）的邦国与河流，

⑮ Louis Hennepin, *A New Discovery of a Vast Country in America*, 2 pts.（London：M. Bentley and others, 1698），pt. 2, 25.

⑭ Jean Delanglez, trans. and ed. *The Journal of Jean Cavelier：The Account of a Survivor of La Salle's Texas Expedition, 1684－1688*（Chicago：Institute of Jesuit History, 1938），102－103.

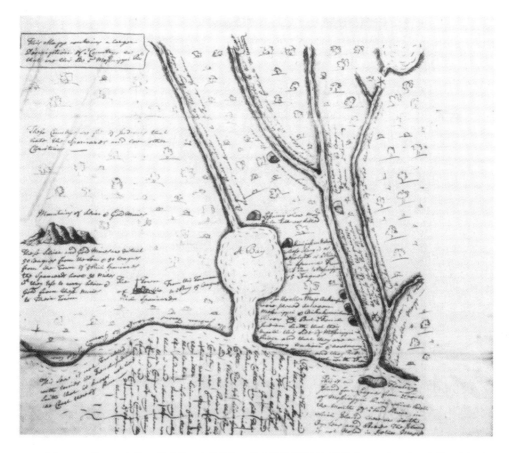

图 4.36　约 1694 年的一份手稿，为劳伦斯·范登博什所绘地图的抄本，可能以肖尼人带到东部的

一幅地图为基础　　　　　　　　　　　　　　　　　　　　　　　　　　　　　　　　　　　　　97

　　这幅地图绘出了密西西比河下游以西的土地及其西南方的邻近的海岸和土地。其中包括了一些印第安人

村庄和一个西班牙人定居点的名字，这个定居点很可能是 1691 年在内奇斯河上游流域建立的西班牙传教所。

具有印第安风格的要素包括相对较直的河流，增大的、几乎为圆形的加尔维斯顿湾（Galveston Bay），以及以

矩形表示的筒形拱顶（barrel-roofed）房屋。

　　原始尺寸：32×38 厘米。承蒙 Edward E. Ayer Collection, Newberry Lbrary, Chicago 提供照片（no. 59）。

"最近我从法属印第安人那里获得了其描绘"。[153] 他获得的描绘是什么形式尚不清楚，但就像
基于德·索托考察的那幅很早之前的地图一样，如果没有图像式呈现，他想要获知极为准确
的地理信息是非常不可能之事。[154]

　　在 1708 年上半年，一位来自佛罗里达的墨西哥湾沿岸、名叫拉姆哈蒂（Lamhatty）的　96
托瓦萨印第安人绘制了一幅地图，展示了海岸、河流和山脉，并沿一条长约 600 千米、走了
9 个月的路线给出了一些地名。图 4.37 是该图的同时代抄本。前一年春天，在其位于阿帕

---

　　[153]　见该图背面。Newberry Library, Chicago（Ayer no. 59）。

　　[154]　有关这幅重要地图的完整报告，参见 Waselkov, "Indian Maps," 294–295 和 309–313（注释 145），其中解释了
为什么马里兰州东北部的一位男性虽然从未去过密西西比河流域，但在他绘制的一幅手稿地图中几乎可以肯定整合了由
一位肖尼人或迈阿密印第安人（Miami Indian）从伊利诺伊邦国带来的信息；该文也解释了从拉萨尔考察返回的队员如何
把信息从得克萨斯东部地区带到那里。范登博什地图上的很多地物可以与那幅为拉萨尔所绘的地图的描述相对应。

98

图 4.37 拉姆哈蒂地图的同时代手稿抄本

这幅地图展示了被俘的拉姆哈蒂于1708年从佛罗里达的墨西哥湾沿岸的家乡经阿巴拉契亚山脉南部到弗吉尼亚滨海平原的行程。原图为托瓦萨人所绘；这份以墨水在纸上绘制的手稿抄本有所增补，绘者可能是罗伯特·贝弗利，在图的背面有他所撰的一页报告。在北美印第安人制作的地图中，以波状线呈现河流的做法并不常见，但也不是绝无仅有。

原始尺寸：26.5 × 29.5 厘米。承蒙 Virginia Historical Society, Richmond 提供照片（Lee Family Papers 1638 – 1867, sec. 163, MS. 1L51, f. 677）。

拉奇科拉河下游西边的家乡村庄托瓦萨（Towasa），拉姆哈蒂被克里克人俘虏，然后带到了塔拉普萨（Tallapoosa）河畔的克里克人村镇，被勒令在田里劳作。是年秋天，俘虏他的人经由奥科尼（Oconee）把他带往东部，然后穿过"非常之大"的阿巴拉契亚山脉南部到达萨凡纳（Savannah）河的源头处，在那里把他卖给了肖尼人。肖尼人带着他"沿着洛尔山脉（Lower Mountains）的山脊"北上，但他在途中逃脱，向东逃亡了九天，最后向内陆（back-country）的英格兰定居者投降，并为他们绘制了一幅地图，命名或提及了所有这些地点。[150]

在把这幅地图的一份抄本转交给弗吉尼亚州政府时，约翰·沃克（John Walker）在其

[150] Gregory A. Waselkov, "Lamhatty's Map," *Southern Exposure* 16, no. 2 (1988)：23 – 29，特别是24—25 页。在以下文献中也复制和讨论了这幅地图：David I. Bushnell, "The Account of Lamhatty," *American Anthropologist*, n. s. 10 (1908)：568 – 574，及 Waselkov, "Indian Maps," 296 和313 – 320。

中加入了他自己有关拉姆哈蒂抵达英属殖民地的报告，以及另一位英格兰人罗伯特·贝弗利（Robert Beverley）的报告。托瓦萨人讲的是一种蒂穆库安语（Timucuan），与北美洲其他的语宗（language stock）都无关系。属于北方易洛魁语言群体的一位图斯卡罗拉印第安人和另一位传译员，试图把拉姆哈蒂的故事翻译给两位英格兰人，但他们的报告都提到，虽然拉姆哈蒂很愿意交流，却无人能解他的话语。因此，现在还不清楚地图上的注记以及贝弗利和沃克所记述的拉姆哈蒂被俘的报告是以何种方式得到交流的。这些书面报告中有多少内容以图 97画的方式呈现在拉姆哈蒂的原图上也不清楚，但考虑到语言障碍问题，可以合理地推断所有报告内容可能都来自图上的信息。

　　在拉姆哈蒂地图的抄本上，主要河流呈波浪形，这与其他地图（比如可以参见图4.38和图4.43）上所见的情况形成鲜明对比。对河流的类似描绘也可见于另一幅与佛罗里达有联系的地图，它是约于1544年绘制的北美洲东南部地图（上文图4.35）。[158]因为德·索托在1540—1541年间只是渡过了这些河流中大部分的上游河段，他可能是根据佛罗里达东北部的印第安人提供的信息呈现了它们的下游；他曾与这些人一起越冬，可能在图中采用了他们 98的一些习惯风格。在这两幅地图上，河流用经过装饰的双线呈现，这与殖民时期早期中美洲人所制作的地图有一定共性。[159]在佛罗里达和中美洲的印第安人之间还存在其他联系。最近，托瓦萨语被归类为奇布查–帕埃斯（Chibchan-Paezan）语宗，该语宗的大部分语言见于中南美洲，几乎仅见于科迪勒拉山系，从墨西哥南部到阿根廷西部呈间断分布。[160]以前哥伦布艺术形式来看，这些地区也可归为一类，这包括特征性的"S形图案"，S形的朝向可前可后，也可长可短。[161]

　　在拉姆哈蒂的地图上同样不同寻常的是横向的轮廓线（区别于孤立的山丘符号），象 99征着他穿越的阿巴拉契亚山脉南部交替分布的岭谷。可能因为他出身于滨海平原的平地环境，他对穿越一系列平行的陡峭山岭时所费的很大力气具有格外深刻的感受。事实上，他在制作另一幅有关这一地区的局部的地图时，用的就是"成堆的土"。[162]

---

　　[158]　图4.35中类似的波线状河流很可能根据在途中遇到的印第安人所提供的信息绘制。有趣的是，在进入内陆之前，与他在一起待了10个月时间的印第安人是佛罗里达西北部讲蒂姆库安语的人群。遗憾的是，德·索托对这幅现存地图的影响程度尚属未知，不过几乎可以确定该图在绘制时依据了其考察队中一位或多位成员带回来的信息。

　　[159]　在以下文献中复制了一些具有类似的山丘轮廓和双线河流（并非都有装饰）的实例：Mary Elizabeth Smith, *Picture Writing from Ancient Southern Mexico*: *Mixtex Place Signs and Maps*（Norman: University of Oklahoma Press, 1973），图122–136。也参见下一章中的《萨卡特佩克图画》（图5.13）。

　　[160]　Joseph H. Greenberg, *Language in the Americas*（Stanford: Stanford University Press, 1987），382，388–389。

　　[161]　Grieder, *Origins of Pre-Columbian Art*，图1（16–17）和116–128（注释49）。

　　[162]　这篇关于地图造型的报告比本章中介绍的其他报告都简短得多，也更含糊。它包括在1708年1月16日由约翰·沃克中校（Lt. Col. John Walker）写给总督埃德蒙德·詹宁斯（Edmund Jennings）的信中，拉姆哈蒂这位印第安人曾被带到沃克的家中。信中的相关部分如下："他们［把拉姆哈蒂从俘获他的人带到沃克家中的印第安人］带他出去打了一小会猎……沿着洛尔山的支脉行走（也就是他当初用土堆向我们描述的地方，不过在他的图稿里，他的地理知识并没让他画对这个地方）。"这封信的原件存于 the Archives Department of the Virginia State Library，在以下文献中有复制：John R. Swanton, "The Tawasa Language," *American Anthropologist*, n. s. 31（1929）：435–453，特别是436—437页。根据瓦塞尔科夫的考证，带拉姆哈蒂去狩猎的印第安人是来自萨凡纳河上游地区的肖尼人［Waselkov, "Indian Maps," 320（注释145）］。如果事实如此，那么"洛尔山的支脉"很可能就是位于今南卡罗来纳、佐治亚和田纳西三州交界处附近的蓝山。

为殖民政府制作的正式地图

拉姆哈蒂地图的记录和转抄本之所以能保留下来，是因为它们被送到了殖民政府。与此类似，正式制作、用于呈递给英国皇家及其殖民代表的那些地图也是最为人熟知的例子，可以说明早期的印第安地图看起来可能是什么样子。有两幅重要的地图是为弗朗西斯·尼科尔森（Francis Nicholson）绘制的，他曾任马里兰、弗吉尼亚和南卡罗来纳总督（1721—1728年），其间对印第安人的地图和地理信息抱有浓厚兴趣。[163] 这两幅图中的一幅是奇克索人（Chickasaw）所绘的地图，约绘于1723年，内容是整个北美洲东南部，可能是北美洲印第安人所绘的面积最广阔的地域（图4.38）；另一幅由卡托巴人（Catawba）所绘，约绘于1721年，内容是南卡罗来纳的内陆，现有两个抄本传世（参见图版4）。[164] 这两幅地图的原件均由一位部落长（cacique）绘于鹿皮上，呈给时任南卡罗来纳总督的尼科尔森。之后，尼科尔森把转抄本呈给他的英格兰上级，其中包括一幅呈给威尔士亲王的卡托巴地图。抄本以黑色墨水和红色颜料在纸上绘制，图纸裁成了与鹿皮差不多的形状和大小。卡托巴地图较之奇克索地图可能更接近原图。前者上面的所有线条是自由绘制的，而后者明显运用了圆规去复制那些圆圈。出于审美、可读性或规范性等理由，抄本可能做了较大修改。比如奇克索地图中有两幅图画式绘画，一幅是指着某个方向的小手（图中左下角），另一幅是一位武装的印第安战士领着一匹马。抄本上还有很多空白，这些地方在原图上可能绘有更多的图画。

奇克索地图覆盖了今美国南中部的100平方千米以上的范围。这片地区不仅面积广阔，而且文化十分多样。[165] 该图的绘制所根据的可能不是一个人的直接经验，甚至也不是单独一代人的经验。可能要在这一广袤地区的大部出现名为莫比尔语（Mobilian）的专门语或贸易

---

[163]　此外，上文讨论过的范登博什地图也于1694年寄予尼科尔森。现在不清楚是尼科尔森要求绘制这幅地图，还是范登博什在主动试图讨好他，但这幅地图可能提醒尼科尔森，印第安人有关当时知之甚少但在地缘政治上很重要的内陆地区的地理知识具有潜在重要性。1699年，时任弗吉尼亚总督的尼科尔森警觉于法国人在外阿巴契亚山地区对英国贸易构成的威胁，敦促南卡罗来纳总督约瑟夫·布莱克（Joseph Blake）"提交一些你可以信赖的印第安人对这些土地的报告"；他所指的是至关重要的密西西比河下游流域，而南卡罗来纳离那里更近。尼科尔森还引用了路易斯·亨内平（Louis Hennepin）根据印第安信源绘制的地图，并把亨内平的《新发现》（1698）一图（注释153）的一份复制件寄给了这位同僚。Francis Nicholson, letter to Governor Joseph Blake of South Carolina, Jamestown, Virginia 25 September 1699, Public Record Office, London（C. O. 5/1311/10 liv［10］）.

[164]　卡托巴地图的两个非常相似的版本，一个见图4.39，另一个题为《描绘了南卡罗来纳和密西西比河之间一些印第安邦国的情况的地图；据一位印第安部落长描画并彩绘于鹿皮上的图稿摹画，呈予卡罗来纳总督弗朗西斯·尼科尔森阁下》；后者约绘于1721年，大小为81×112厘米；Map Room, Public Record Office, London［North American Colonies General no. 6（1）, C. O. 700］.

[165]　根据标准地区划分，该图涵盖了北美大陆10个本土文化区中3个文化区（东南部、东北部和大平原）的各一部分，17个主要本土语言区中的5个［穆斯科格（Muskogean）语、易洛魁语、阿尔贡金语、苏话和卡多语］的各一部分，以及5个主要的本土经济类型区中3个（捕鱼、作物栽培和狩猎）的各一部分；Carl Waldman, *Atlas of the North American Indian*（New York: Facts of File, 1985），图3.8、3.34和3.5。关于该图的综合性解读，参见Waselkov, "Indian Maps," 324 – 329（注释145）。该地图在以下文献中也有解读：G. Malcolm Lewis, "Travelling in Uncharted Territory," in *Tales from the Map Room: Fact and Fiction about Maps and Their Makers*, by Peter Barber and Christopher Board（London: BBC Books, 1993），40 – 41。

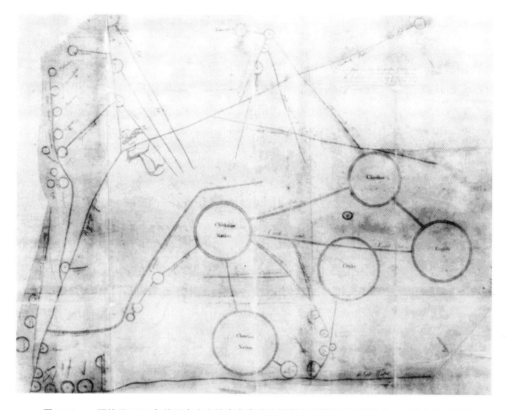

图4.38　一幅约于1723年绘于鹿皮上的奇克索地图的有内容增补的手稿抄本，内容为北美洲东南部的印第安人领地

　　图上右上角的图题是《描绘了南卡罗来纳和密西西比河之间一些印第安邦国的情况的地图；据一位印第安部落长描画并彩绘于鹿皮上的图稿摹画，呈予卡罗来纳总督弗朗西斯·尼科尔森阁下》。该图的绘制目的是申明奇克索人、其他印第安人与英国人之间的同盟和贸易关系，也强调了奇克索邦国孤立于其南、西和北部与法国人结盟的印第安人之外。

　　原始尺寸：114×145厘米。承蒙 Public Record Office, London 提供照片（C. O. 700/N. A. 6 [2]）。

100

语之后，在这种语言的很大协助之下，才有可能让这些知识得到积累和分享。[100]

---

　　[100]　对于莫比尔语的起源年代，现在尚有怀疑。最早的可靠证据出现于1699年；这一年，皮埃尔·勒穆瓦纳·迪贝尔维尔（Pierre Le Moyne d'Iberville）成为最早经海路自东边到达密西西比河三角洲的法国人。12年前，马丁·德·里瓦斯（Martín de Rivas）和彼得罗·迪·伊拉尔特（Pedro di Irarte）成为从西边最早到达这里的西班牙人；而13年后，昂利·德·通蒂（Henri de Tonty）则从上游向下到达这里。至少有一位研究莫比尔语的专家相信它"可能起源于欧洲人到来之前，最初是一种（非混合语式的？）接触语，以西部穆斯科格语为基础"；Emanuel J. Drechsel, "A Preliminary Sociolinguistic Comparison of Four Indigenous Pidgin Languages of North America," *Anthropological Linguistics* 23（1981）：93 – 112，特别是102页。需要指出的是，绘图者本人所用的奇克索语就是两种西部穆斯科格语之一。根据德雷克塞尔（Drechsel）著作中的地图（100页），莫比尔语的使用范围与这幅约绘于1723年的奇克索地图所覆盖的地域范围几乎完全吻合，不过它可能要到较晚的年代才达到最大的使用范围。关于北美洲原住民用来与欧洲人交流的非图像式手段的内容广泛的综述，参见 G. Malcolm Lewis, "Native North Americans' Cosmological Ideas and Geographical Awareness: Their Representation and Influence on Early European Exploration and Geographical Knowledge," in *North American Exploration*, ed. John Logan Allen, vol. 1, *A New World Disclosed*（Lincoln: University of Nebraska Press, 1997），71 – 126。在同一套书题为 *A Continent Comprehended* 的第3卷中则可参见 William H. Goetzmann, "A 'Capacity for Wonder': The Meanings of Exploration," 521 – 545，特别是528—532页，是一篇讨论内容较为狭窄的综述，论及北美洲原住民的地理传说及这些传说在为欧洲人和欧裔美洲人的考察和发现提供便利时的重要性。

100　　　奇克索酋长的邦国在图中几乎呈现在中央位置。把图上的水系网与现代地图作一对比，可见这个中央地区并不需要呈现出更多细节（与之相关的信息内容与地图上其他一些部分并无差别），但相对其余部分显得较大，变形也相对较少（图4.39）。从中心向各个地方延伸出去，方位的畸变越来越大，面积逐渐减小，形状则越来越扭曲，只是在向南的方向上程度较轻而已。图上的雷德河和阿肯色河相对密西西比河朝顺时针方向旋转了45°；墨西哥湾东部海岸特别顺直，靠近鹿皮的一条边并与之平行，这些毫无疑问都是因为鹿皮的形状和大小从外围对地图构成了限制。[66]

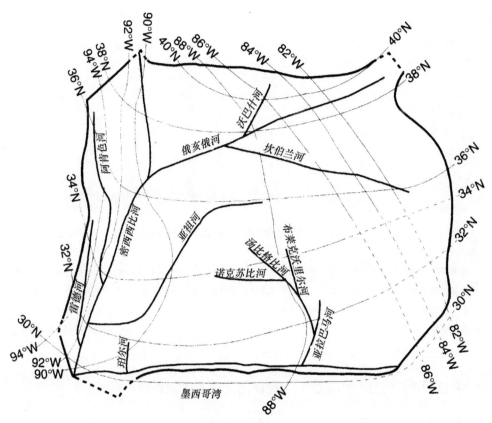

101　　　图4.39　约于1723年绘制的奇克索地图（图4.38）的距离失真和畸变

这幅示意图依据地图上描绘的河源、汇流处和一些地名叠加了经纬线。从中可见在远离奇克索人核心地域的地方出现了距离失真和越来越大的角度畸变。

101　　　不是所有物理上显著的特征都会在地图中展示。在图中东南方，佛罗里达半岛、大西洋海岸南段以及从阿巴拉契亚山脉南段流向大西洋的河流全被省略。所有这些地物可能都曾被考虑过，但与奇克索人要呈现的他们自己、其他印第安族群、英国人和法国人的地缘政治关系不相关。英国人完全控制着海岸，无论是西班牙人还是佛罗里达半岛的印第安人都不构成威胁。与此相反，亚祖河虽然是只一条相对较小的地区性河流，在呈现时却得到了强调，

---

⑥　图上对海岸线上可见的任何主要地物都没有指示，包括密西西比河鸟足状三角洲的东部，水特别深的莫比尔湾（Mobile Bay），连串的离岸岛屿和它们后面的深浅海湾，可能还有宽大的阿帕拉奇科拉河三角洲的西部。

甚至比密西西比河在俄亥俄河汇入处以下的河段都更重大。有必要提到的是，在奇克索人绘制的一幅地图上，亚祖河的上游河段被称为"奇克索奥克欣瑙（Chickasau Oakhinnau）[河]"。拓扑原理很容易让本位主义、地区的升级和地缘政治操控得到展示。对英国人来说，对这幅地图的首要兴趣是政治方面的——它并不会帮助他们规划旅程或探路。他们对图中政治内容的关注可能导致此图的英国摹绘者略去了看上去与他们自己、法国人以及与双方结盟的印第安人之间的战略关系无关的图画。

摹绘 1721 年卡托巴鹿皮地图（图版 4）的动机和原则，与摹绘两年之后的奇克索地图的动机和原则类似。事实上，转抄者可能就是同一位绘图员［可能是威廉·哈默顿（William Hammerton）］。虽然在两幅地图上，小路以及印第安族群或村庄均是主要的要素，但在卡托巴地图上，它们并没有用圆规或直尺来绘制。不过，图上的直线还是示意性地描绘了位于查尔斯顿所在处及其周边海岸的英国殖民者世界——道路，很可能是县界的线，甚至还有可能是教区边界的线。在转抄这幅地图时，绘图员重点突出了部落长尝试区分内陆的自然世界与快速增长的英国和胡格诺派定居点的较新而彻底变样的景观的努力。除了描绘切罗基人和奇克索人的大圆圈外，所有村庄看来都是卡托巴人的，那时候坐落在南卡罗来纳山前地区的沃特里—卡托巴谷。在那时，这里还是一处少为人知的地域，表现这里的印刷地图上会呈现几个并不存在的大湖。图中唯一给出名字的小路是"通往拿骚（Nasaw）的英国人小路"，这有可能是后来连接查尔斯顿和哥伦比亚（Columbia）的道路线。这幅卡托巴地图与 1723 年奇克索地图一样，都是印第安人对所关注的地缘政治关系的最新表述。[168]

有两幅印第安鹿皮地图的转抄本，由绘图员和建筑师亚历山大·德巴茨（Alexandre de Batz）绘制。这两幅地图的原件由帕卡纳首领（Captain of Pakana）收集，他在 1737 年时是亚拉巴马战争的领袖，也是法国派到奇克索人中的特使。作为特使，他有两个目的：确定奇克索族群的实力和分布，促成前一年在法国人的两场败仗中被俘者的释放。其中一幅地图叫《奇克索人村庄的平面图和情况》（Plan et Scituation des Villages Tchikachas），很可能由帕卡纳首领绘制，涉及的是第一个目的。图上展示了 10 个奇克索村庄和 1 个纳切兹人村庄的位置、它们之间的小路、附近的长沼（bayous）和砍伐迹地以及之前法国人攻击奇克索人的路线（图 4.40）。在表面上，这幅地图的制作是为了把有关奇克索人的信息传达给法国人，他们过去曾与奇克索人交战，马上又会与他们再次交战。这幅地图呈高度的类型化风格，用直线连接圈形节点。圆圈似乎有三种大小。这可能意味着村庄的等级，不过还不清楚依据的是什么准则。三个最大的圆圈包括中央的两个以及奥古拉切托卡（Oguola Tchetoka，位于今密西西比州图珀洛附近）[169]，后者是奇克索领袖明戈·乌马（Mingo Ouma）居住的地方。其他所有奇克索村庄以中等大小的圆圈呈现。有一个略小的圆圈呈现了纳切兹人的一个村庄。村庄之间的田块般的小矩形符号标有"荒地"字样。虽然在那个时期的法国人地图上，这是一个常见的传统，一定是由德巴茨引入此图，但是现在不知道它用在这里是呈现了已经耕作

⑯⑧　参见 Waselkov, "Indian Maps," 320 – 324（注释 145）。

⑯⑨　James R. Atkinson, "The Ackia and Ogoula Tchetoka Chickasaw Village Locations in 1736 during the French-Chickasaw War," *Mississippi Archaeology* 20（1985）: 53 – 72.

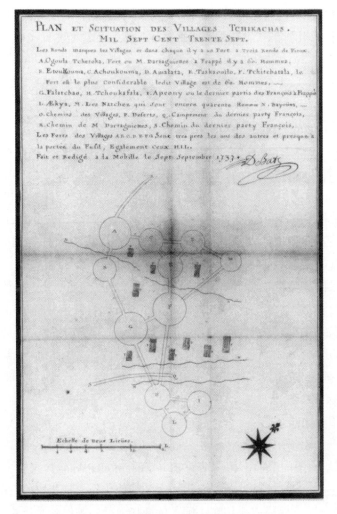

102

图 4.40 一幅亚拉巴马人地图的有增补的手稿摹本

这幅同时代的转抄本由亚历山大·德巴茨据帕卡纳首领（亚拉巴马人的头人）所绘的地图摹绘。图中展示了连接位于今密西西比州东北部的奇克索村庄的小路。此摹本的图题为《奇克索人村庄的平面图和情况》并有签名，1737 年 9 月 7 日以墨水在纸上绘制。另有一份无签名的手稿摹本，今存 L'atlas Moreau de Saint Méry（F3 290 14），Directions des Archives de France, Aix-en-Provence。

原始尺寸：51×34.5 厘米。承蒙 Archives des Colonies, Archives Nationales, Paris 提供照片（C/13/a/22, fol. 68）。

的地域，还是曾经可能耕作过的林中空地。⑩

103 　　第二份转抄本题为《奇克索人的友族与敌族》（Nations Amies et Ennemies des Tchika-chas），据明戈·乌马所绘的一幅地图绘制（图 4.41）。在帕卡纳首领与明戈·乌马这位奇

---

⑩　参见 Waselkov, "Indian Maps," 332 – 334（注释 145）；Marc de Villiers du Terrage, "Note sur deux cartes dessinées par les Chikachas en 1737," *Journal de la Société des Américanistes de Paris*, n. s. 13（1921）；7 – 9；及 Patricia Galloway, "De-briefing Explorers：Amerindian Information in the Delisles' Mapping of the Southeast," in *Cartographic Encounters：Perspectives on Native American Mapmaking and Map Use*, ed. G. Malcolm Lewis（Chicago：University of Chicago Press, 1998），第 10 章。

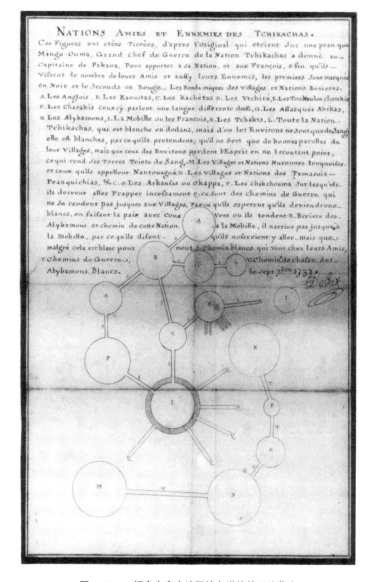

图 4.41　一幅奇克索人地图的有增补的手稿摹本

图题为《奇克索人的友族与敌族》，为亚历山大·德巴茨的同时代转抄本。另有一份
无签名的手稿摹本，今存 L'atlas Moreau de Saint Méry（F3 290 12），Directions des Archives de
France，Aix-en-Provence。

原始尺寸：51 × 34.5 厘米。承蒙 Archives des Colonies，Archives Nationales，Paris 提供照
片（C/13/a/22，fol. 67）。

克索战争领导人会面时，明戈·乌马表达了与法国人和平共处的欲望，并提议让他的族人和
亚拉巴马人与法国人联合起来攻击纳切兹人。作为其战略论述的一部分，他把这幅地图的两
份摹本交给帕卡纳首领，其中一份给亚拉巴马人，另一份给法国人，德巴茨的转抄本依据的
是后一份。⑰ 根据为地图所配的文字：

---

⑰　参见 Waselkov，"Indian Maps，" 329 – 334，及 Villiers du Terrage，"Note sur deux cartes"。

圆圈表示村庄和整个邦国［黑色表示对法国人友好，红色表示他们的敌人］。A，英格兰人。B，科韦塔人［Cowetas］。C，卡西塔人［Kashitas］。D，尤奇人［Yuchis］。E，图加卢切罗基人［Tugaloo Cherokees］。F，讲的语言与 E 不同的切罗基人。G，奥克富斯基阿贝卡人［Okfuskees Abekas］。H，亚拉巴马人。I，莫比尔［Mobile］或法国人。K，乔克托人。L，整个奇克索邦国，其内部为白色，但围绕它的空间［内侧和外侧同心圆之间的阴影区］表示的是血。它之所以为白色，是因为他们宣称他们的村庄所讲的都是好话，但那些周边地域的村庄却完全不听他们的话，而失去了理智，这便让那些人的土地染上了血污。M，休伦人和易洛魁人村庄，以及他们称为楠图瓦克人［Nant-ouaque］的邦国。N，塔马罗德人［Tamarods］、皮安卡肖人等人群的村庄和邦国。O，阿肯色人或夸波人［Quapaws］。P，查奇乌米亚人［Chachiumias］，他们马上就要前往攻击。Q，这些是没有到达那些村庄那么远的作战小路，因为他们［奇克索人］与这些小路所引向的那些村庄已和平共处。R，亚拉巴马人的河流，以及从那里到莫比尔的小路。它没有伸到莫比尔那么远，因为他们说他们不敢去那里，但尽管如此，那里对我们来说仍是白色。S，通向他们的友族的白色小路。T，作战小路。V，亚拉巴马白人的狩猎小路。

很明显，这是以一个南方族群（奇克索人）的视角所见的地缘政治陈述，其中包括了分布在南至墨西哥湾沿岸（I，莫比尔）、北至五大湖上游（M，休伦人）、东至卡罗来纳海岸（A，英格兰人）、西至阿肯色河下游（O，夸波人）的广大地域内的友族和敌族。这样一来，这幅地图就与 1723 年呈给弗朗西斯·尼科尔森总督的奇克索地图（图 4.38）一样，涵盖了类似的地区，有类似的形式，起着类似的功用。虽然在两幅地图制作年份之间的 14 年中，圆圈（族群）之间的精确联结（友好关系）和未联结状态（敌对关系）多少有些变化，而且较早的那幅地图是为英国政权所绘，较晚的这幅地图是为法国人所绘，但是它们之间有如此大的相似性，说明二者都展现了一种更深入的、可能十分古老的地图学传统。

在俄克拉何马州的斯皮罗出土了一个雕刻贝壳杯的碎片，定年为密西西比时期（公元 900—1450 年）（图 4.42）。碎片上展示了与上文描述的殖民时代的地图（图 4.38、4.39、4.40 和 4.41）有惊人相似性的图案。[172] 罗伯特·H. 拉弗蒂注意到了它们之间的相似性，认为贝壳可能呈现了重要的密西西比时期遗址以及它们之间的关系。他还进一步尝试把这些圆圈绘在已知的考古遗址上，把最大的圆圈指定为人口最多的密西西比时期遗址，又假定联结性小路的尺度与其朝向都保持了与 1737 年奇克索地图相似的状态。[173] 在这些假设前提之下，并不令人意外的是，贝壳上圆圈的图案与通过考古发掘确定的定居点的分布并不对应。尽管在方法论上有种种困难，拉弗蒂把这幅图案中的圆圈套十字形母题解读为地图的做法，很可能要比声称其他一些图案是大范围地图的研究有更强的说服力。这是因为与这种解读相关的

　　[172]　Philip Phillips and James A. Brown, *Pre-Columbian Shell Engravings from the Craig Mound at Spiro*, *Oklahoma*, 6 vols. (Cambridge：Mass.：Peabody Museum Press, 1975 – 1982), vol. 3, pl. 122.3；有文字和示意图。这个由两枚残片重建的图案被描述为"交联成网格的同心圆圈套十字形母题"。

　　[173]　Robert H. Lafferty, "Prehistoric Exchange in the Lower Mississippi Valley," in *Prehistoric Exchange Systems in North America*, ed. Timothy G. Baugh and Jonathon E. Ericson（New York：Plenum Press, 1994）, 177 – 213, 特别是 201—205 页。

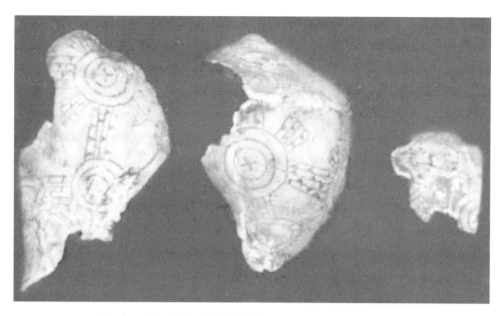

图 4.42　刻于史前贝壳杯上的交联成网格的同心圆圈套十字形母题　105

密西西比时期，约公元 900—1450 年，共三枚残片。最近有人把它们推测地识别为密西西比时期遗址和资源地点的地图。

最大残片的尺寸：约 14×9 厘米。承蒙 Department of Anthropology, National Museum of Natural History, Smithsonian Institution, Washington, D. C. 提供照片 (USNM 448828, 448877 和 448880)。

是一个谨慎地重建起来的地区经济体系，它要在特定的文化时期中一直运转；同时这种解读还要牵涉到类型化证据和几何证据。

东南部其他的制图遭遇

　　一部分东南部的印第安人地图在制作出来之后没有马上获得正式地位，现在对这样的地图所知极少。有一些（可能很多）地图可能一直未得到记录。皮埃尔·勒穆瓦纳·迪贝尔维尔 (Pierre Le Moyne d'Iberville) 的日志描述了他所乘的船只在 1699 年被风吹到岸边之后，他意外地发现了密西西比河三角洲；在这部日志中提到了一些地图。当时他不确定自己身处何地，因为拉萨尔早前的考察所提供的信息错误地把密西西比河的下游展示在了西边很远的地方[174]；于是他就继续向内陆航行，确定自己的位置。巴约古拉人 (Bayogoulas) 和穆古拉夏人 (Mougoulachas)"绘制了整个地区的地图，表明通蒂在离开他们自己的村庄之后旅行到了乌马 (Ouma) 村"。[175]迪贝尔维尔知道 10 年前昂利·德·通蒂 (Henri de Tonty) 曾沿着密西西比河下行，最远到达三角洲的顶端。印第安人为迪贝尔维尔提供的信息可能让他确　105

　　[174]　Louis De Vorsey, "La Salle's Cartography of the Lower Mississippi: Product of Error or Deception?" in *The American South*, ed. Richard L. Nostrand and Sam B. Hilliard, Geoscience and Man 25 (Baton Rouge: Department of Geography and Anthropology, Louisiana State University, 1988), 5 – 23.

　　[175]　Carl A. Brasseaux, ed., trans., and annotator, *A Comparative View of French Louisiana, 1699 and 1762: The Journals of Pierre Le Moyne d'Iberville and Jean-Jacques-Blaise d'Abbadie* (Lafayette: Center for Louisiana Studies, University of Southwestern Louisiana, 1979), 47. 根据布拉索 (Brasseaux) 的脚注，巴约古拉人（乔克托人对长沼人的称呼）即穆斯科格人；穆古拉夏人［也叫基尼皮萨人 (Quinipissas)］在文化上与乔克托人近缘。

信自己正在密西西比河上，但这也让他感到忧虑。他想返回海洋，因为他的补给越来越少，而他要在密西西比河口附近建立法国殖民地的任务还没有完成。但他还是想向内陆旅行得更远些，以确定这条河的河道，并明白确定他所在的精确位置。

迪贝尔维尔的日志包括了其他内容，涉及印第安人的制图和用图。他向他们展示印刷的地图，试图证实一条所谓的上游支流的存在；后来他评论说"印第安人，特别是那些为我绘制地图的人不太可能在谈到这条支流时撒谎"。[176] 另一次，一位战士似乎表达了异议，让迪贝尔维尔确信密西西比河"并不分叉"，并画了"一幅地图，在上面表明在我们行程的第三天期间，我们会在左［西］岸遇到一条河，叫塔塞诺科古拉河［Tassénocogoula，可能是雷德河］，它有两条支流。他称为……的八个村庄坐落在西边的支流边"。[177] 制作这幅地图部分是为了回答迪贝尔维尔提出的有关德通蒂沿密西西比河向下的考察的问题。迪贝尔维尔曾劝说法国应采取从南面开放密西西比河流域，以阻止英国贸易者从东边突然侵犯的地缘政治策略；他利用印第安人绘制地图，以便确定位置，建立穿过未知之地而与北面已经为法国人所知的地点相连接的路线。我们不妨推测，在东南部有很多类似的事件，要么没有记录，要么在记录之后佚失了；不过，为什么这些事件的数目要少于其他地区，现在还不清楚。

边界与制图

殖民政府的边界划定也包括原住人群之间的边界划定；这个举措加上东南部印第安人中已经存在的地理知识，就导致 18 世纪后期的南方印第安人越来越有边界意识。这些边界包括把一个人群的狩猎地与另一个人群的狩猎地分离开来的边界，以及把印第安人与殖民地以及后来的州领地和联邦领地分开的边界。德沃西指出：

> 尽管在那些为了图示［最早由英国殖民政府进行的］各种边界勘定的地图上几乎找不到南方部落参与合作的证据，但最可能的情况是，这些地图中包括的许多补充性细节来自由勘查队中的印第安成员提供的信息。同样很有可能的是，也正是这些印第安人，在这些勘界工作完成之后，一回到他们部落的议事营火（council fires）旁边，就马上能把他们［在田野工作中］帮助界定的新边界的位置和重要性告知他人。[178]

在 1789 年 8 月 7 日，有一组涉及与印第安人的领土争端的文件由乔治·华盛顿总统转给了参议院，其中有一幅地图，提供了一些东南部印第安人绘制了边界线的证据（图 4.43）。该图原件是在四年前由"科阿托希（Koatohee）或托夸（Toqua）人玉米须（Corn Tassel）［通常也称他为乔塔（Chota）人］"所绘。玉米须是《霍普韦尔条约》（Treaty of Hopewell）的切罗基人首席谈判官，这个条约确立了一条边界，欧洲血统的人在边界以西的定居将是违法行为。在玉米须于 1785 年 11 月 23 日向美国的专员所做的陈述中，他还记得"在 1777 年……

---

[176] Brasseaux, *Comparative View*, 35 和 60。

[177] Brasseaux, *Comparative View*, 56 – 57.

[178] Louis De Vorsey, *The Indian Boundary in the Southern Colonies, 1763 – 1775*（Chapel Hill: University of North Carolina Press, 1966），45 – 47，引文见 47 页。

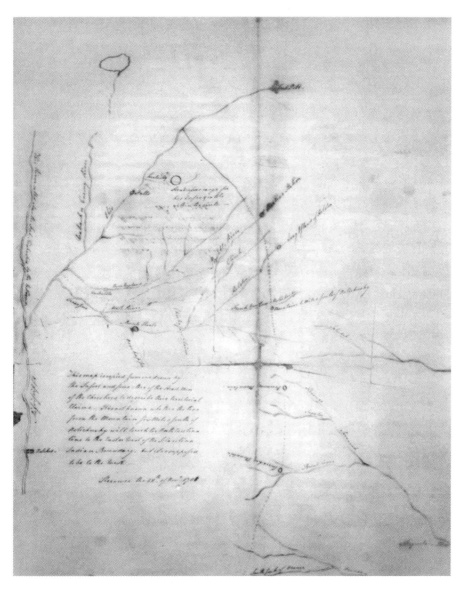

图 4.43　玉米须的地图

106 –
107

在这个案件以及其他案件中，很少有高耸的山峰明显区别于显眼的长而平缓的岭脊，由此便会在印第安人与移民者之间有关土地协议的争端中引发混乱。他们试图谈判的边界长达 600 千米以上，但在他们的这幅地图上只以与 16 条画得非常笼统的河流的交点来界定，并与三条山脉相连。这些河道交点中没有一个是汇流处、源头、定居点、独特的自然地物或其他类型的可以查实位置的地点。在三条山脉中，其中一条在一个不能查实位置的边界与河道的交点以南 9.6 千米处。如果这一区域的山脉有尖锐的山峰，而不是缓长的山岗，那么这些山峰本来可以作为精确的参考点，但图上只给出了两座山峰的名字。"这幅地图复制自一幅由玉米须和切罗基人的其他一些头人所绘、用于描述其土地声索的地图……基奥威（Keeowee），1785 年 11 月 28 日。"以墨水在纸上绘制。

原始尺寸：约 43×36 厘米。承蒙 National Archives, Washington, D. C. 提供照片（Senate 1A – E4）。

交出了我们的土地"。在其陈词中，他描述了地面上被移民者侵犯的"线"。之后，美国专员要求玉米须给出"你们国土的边界；你必须回忆出来，把它交给我们，特别是你们和公民［移民者］之间的线，以及你所掌握的与之有关的任何信息。有必要的话，你可以向你

106

的朋友咨询，然后在明天告诉我们，方便的话最好尽快告诉我们"。两天之后，这位"头人
在与同胞做了一些交谈之后，要求专员给他们一些纸和一支铅笔，让他们自行处理，然后他
们会画出自己国家的地图"。又过了一天，印第安人"制成了他们的地图，玉米须把它交给
了专员"。[179] 由玉米须及另外几位头人所制作的这幅地图及他们的陈述表明，他们对于线状
边界有非常准确的理解。不仅如此，实际边界经过了阿巴拉契亚山脉南部一些最为崎岖的地
域，并与很多溪流的上游斜交，其中一些溪流向东注入大西洋，另一些则向西注入俄亥俄
河—密西西比河流域。因此，边界中没有哪一段沿河道延伸，或是循线状的分水岭而行。

玉米须至少有"十八个春天"都参与了土地谈判。[180] 他对边界的观念、把边界与实际的
土地和水系网联系起来的能力以及在地图上绘制边界线的技能几乎肯定是在这些谈判的过程
中逐渐具备的。无论是在东南部还是北美洲的其他地方，都没有本土证据表明印第安人在开
始与政府和移民者展开土地谈判之前在地图上画过边界线。[181] 在这类谈判开展之前，根本就
没有这么做的必要。诚如后来的内兹佩尔塞人（Nez Percé）酋长约瑟夫（Joseph，本名 Hin-
mah-too-yah-lat-kekht）所言，"这个国家不靠划界的线形成，划分土地不是人类的工作"[182]，
划界这种行为本来是与整个北美洲范围内原住民内心深处的信仰背道而驰的。

远西部

来自四个文化群（西南群、西北海岸群、大平原和大盆地群及加利福尼亚群）的印第
安人居住在北美洲大平原地区和亚北极地区以西。他们的文化和营生方式差别很大，与欧洲
人接触的时间和环境也非常不同。在本节中把他们放在一起讨论，因为来自这整个地区的存
留至今的人造物和制图报告为数很少，不过，所有文化在其中都有代表。有一些地区内的差
异可能源于印第安人群的文化特征。比如加利福尼亚地区就只有非常少的本土制图的实例。
因为这一地区的大部分印第安人群只占据相对较小的领地，组织为小核心家庭（与北美洲
大部分地区特征性的大家庭明显有别），可能他们不太需要靠地图交流。不过，现在有足够
的记录表明，即使在这一地区也仍然有一些人用地图交流。[183] 而在落基山脉和内华达山脉广
阔的高山地区，可能因为人口只有稀疏的分布，又几乎没什么资源，这里几乎没有地图和制
图的证据。有些人群可能更倾向于以临时性的方式制图，比如大平原和大盆地印第安人的土

---

[179] *American State Papers*：*Documents*，*Legislative and Executive*，*of the Congress of the United States*，Class 2，Indian Affairs，
1789 – 1827，2 vols.（Washington，D. C.：Gales and Seaton，1832），1：42 – 43（该地图的雕版印刷版本在 40 页）。

[180] *American State Papers*，1：41.

[181] 不过，在宇宙志地图上存在边界；参见图版 5 和图 4.48、图 4.73。图 4.57 部分具有宇宙志性质，也通过一道粗
大的边界分隔开了两片空间。

[182] T. C. McLuhan，comp.，*Touch the Earth*：*A Self-Portrait of Indian Existence*（New York：Outerbridge and Dienstfrey，
1971），54.

[183] 举例来说，可以参见 113—114 页为弗雷蒙（Frémont）所绘的地图。艾米尔·威克斯·惠普尔（Amiel Weeks
Whipple）中尉在 1854 年以简单的线条图版画形式复制了南部派尤特人和尤曼人（Yumans）在地面上绘制的地图：*Re-
ports of Explorations and Surveys to Ascertain the Most Practicable and Economical Route for a Railroad from the Mississippi River to the
Pacific Ocean*，33d Cong.，2d sess.，Sen. Ex. Doc. 78（1856），vol. 3，pt. 3，p. 16。这两幅印刷地图与惠普尔手稿中的原始地
面地图的摹本存在显著差异。其手稿见 Whipple's Notebook 20，Oklahoma Historical Society，Oklahoma City（见下文注释
360）。下文的图 4.103*b* 据尤曼人的地图绘制。

塑技术。同样，最初和后来继续的接触的背景环境会影响到印第安地图的留存及其知识，也是当然之事。举例来说，纳瓦霍沙画的绘制是具一定保密性的临时性地图制作，其中的地图学要素的知识至今尚存，就是因为 20 世纪的收藏家和民族志学者对此颇感兴趣。

早期的制图遭遇：西班牙人

北美印第安人制图的两份非常早的记录是西班牙人"进入"（*entrada*）西南部之后的产物。1540 年 9 月，最早到达今为加利福尼亚州东南部和亚利桑那州西南部地区的西班牙人群领袖埃尔南多·德·阿拉尔孔（Hernándo de Alarcón）沿科罗拉多河向上，抵达了一个地方，在今天的阔茨峰（Quartz Peak）和特里戈山脉（Trigo Mountains）附近某处。他在那里遇到了一位老年男子，可能是哈尔奇多马人（Halchidhoma），之前不太可能与欧洲人有过接触。[184] 阿拉尔孔希望获得自己所关心的上游情况的信息，就"告诉他"（这里没有解释他是如何交流的）："我不会再问别的问题，只要他在一张纸上写下他所知道的那条河流的情况，以及河流两岸都住着什么人。他很乐意地同意了。"[185] 不管这个交流过程具体是什么情况，几乎可以肯定的是，在这位印第安人第一次与欧洲人接触的时候，他就能制作一幅科罗拉多河地图，在阿拉尔孔所到达的那个地点之上画出一定长度的河道，而且他是愿意这样做的。

1540 年，同样是在新墨西哥，弗朗西斯科·巴斯克斯·德·科罗纳多（Francisco Vásquez de Coronado）在寻找锡沃拉七城（the Seven Cities of Cibola，这是西班牙人对祖尼人的一群村落的错误认识）时到达了祖尼人（Zuni）的一个定居点，很可能是哈威库（Hawikuh）。他写道：

> 在我现在寄居的这个村镇中可能有 200 座房屋，每座都被一堵墙所围绕；在我看来，如果再加上那些没有围墙的房屋，总共可能有 500 个家庭。
>
> 附近还有另一个村镇，也是七城之一，但比这个大一些；还有一个村镇和这个一样大。另外四城要小一些。我把所有七城及其路线的草图寄给阁下［新西班牙总督安东尼奥·德·门多萨（Antonio de Mendoza）］。绘着图画的牛皮是在这里见到的，还有其他的牛皮。[186]

这份报告没有说清楚牛皮上的画是科罗纳多发现它之前还是之后所绘，但这位西班牙人注意到，"这里的原住民有一些加工得很光鲜的牛皮，他们杀完牛之后就在那里加工牛皮，

---

[184]　仅仅两个月之前，巴斯克斯·德·科罗纳多也曾到达锡沃拉的村落群，那里属于差异很大的另一个文化地区，在东边 500 千米开外，之间是难于通行的地域。在前一年，弗朗西斯科·德·乌约阿（Francisco de Ulloa）也曾经由海路到达科罗拉多河口并短暂停留，但没有尝试溯河而上。离这里最近的有分散定居的西班牙人领地加利西亚（New Galicia），在东南方 1000 千米开外，隔着索诺兰沙漠。William H. Goetzmann and Glyndwr Williams, *The Atlas of North American Exploration*: *From the Norse Voyages to the Race to the Pole*（New York: Prentice-Hall, 1992），36－39。

[185]　George Peter Hammond and Agapito Rey, eds. and trans., *Narratives of the Coronado Expedition*, *1540－1542*（Albuquerque: University of New Mexico Press, 1940），153. 这一事件在以下文献中也有报告：Hakluyt, *Principal Navigations*, 9: 315（注释60）。

[186]　Hammond and Rey, *Narratives of the Coronado Expedition*, 170－171.

在上面绘画"。⑱ 虽然这幅牛皮画没有被称为地图，但它肯定被解读为一幅地图，只是现在不知道它的绘制是否得到了印第安人的帮助。

与英格兰人遇到的情况一样，在地面上为西班牙人所绘的示意地图也是最早的遭遇过程的一部分。马尔科斯·法尔凡·德·洛斯戈多斯（Marcos Farfán de los Godos）曾在今天属于亚利桑那州的地方寻找与他在 1598 年秋天越过的三条河流有关的信息，为此把一大群亚瓦派（Yavapai）印度安人集合在一起。他们"在地面上用木棍"制作了"一幅草图"，解释说"那三条河流及另外两条在较远的地方汇入它们的河流，一共五条，汇流后通过一个山口"，成为一条宽广的河流，在那里"定居着许多人，他们在一片地势非常平坦、气候适宜的土地上种植了大片玉米、菜豆和南瓜"。⑱ 这是最早的证据，表明西班牙人已经到达了他们后来非常恰当地命名为弗德河（Verde River，意译为"绿河"）的那条河流下游流域中的皮马（Pima）农业定居点。以这种方式进行的铭写，在接触时代早期很可能是在口头语言不足以把地理信息传达给欧裔美洲人时频频发生的事情。

仪式地图和宇宙志地图

弗朗西斯科·德·埃斯科瓦尔（Francisco de Escobar）未能意识到同一幅地图上可同时存在大地的内容和宇宙志内容，这让他在叙述他于 1604 年或 1605 年在科罗拉多河下游的经历时，对所报告的这种地图内容心存疑惑。奥塔塔（Otata）是巴阿塞查人［Bahacechas，也叫巴塞查人（Vacechas）］的一位酋长⑱，曾经告诉他生活在科罗拉多河下游和加利福尼亚湾周边的人群的情况，方式是"在纸上绘制了土地的草图，在其中指出了很多族群，完全是前所未闻，以至我得冒着不被相信的极大风险才敢把这些情况报告出来"。⑲ 作为文艺复兴时期一位受过教育的人，埃斯科瓦尔对不可能发生但人们都信以为真，而且他无法证实的现象都抱有警惕。在奥塔塔告诉他的人群中，有的人群的"男性长着很长的生殖器，他们要在腰间围上四圈"；有的人群的"人只有一只脚"；有的人群"住在一个湖的岸上……在水里睡觉"。⑲ 在湖水里面睡觉的人群几乎可以肯定是一种水中精灵，这是大盆地人群的民间传说中的特征性角色。今天，瓦肖人（Washoes）仍然相信有精灵住在塔霍埃湖（Lake Tahoe）的水底；而且奥塔塔提到的只有一只脚的人群也出现在瓦肖人传说中。⑲

西南部的印第安人制作了包括在沙画（也叫地画或干画）中的仪式地图的最为人知、得到最仔细观察的作品。在所有正式的沙画中，有一些包含了天空和大地的要素。虽然纳瓦

⑱ Hammond and Rey, *Narratives of the Coronado Expedition*, 173.

⑱ George Peter Hammond and Agapito Rey, eds. and trans. , *Don Juan de Oñate: Colonizer of New Mexico, 1595 – 1628*, 2 pts. (Albuquerque: University of New Mexico Press, 1953), pt. 1, 412.

⑱ 目前对巴阿塞查人（或巴塞查人）基本上一无所知。克罗伯（Kroeber）写道："沿着科罗拉多河从吉拉（Gila）到太平洋，那里分布的所有在服饰和语言上类似巴阿塞查人的科罗拉多族群都是尤曼人（Yumans）。"（A. L. Kroeber, *Handbook of the Indians of California*, Bureau of American Ethnology Bulletin 78［Washington, D. C. : United States Government Printing Office, 1925］, 802.）

⑲ Hammond and Rey, *Don Juan de Oñate*, 2: 1024（注释188）。

⑲ Hammond and Rey, *Don Juan de Oñate*, 2L 1025.

⑲ Sven Liljeblad, "Oral Tradition: Content and Style of Verbal Arts," in *Handbook of North American Indians*, ed. William C. Sturtevant（Washington, D. C. : Smithsonian Institution, 1978 –), 11: 641 –659, 特别是 653 和 655 页。

霍人创作的这种形式最有名气，但最古老的沙画师很可能是霍皮人和西南部其他讲乌托—阿兹特克语言的阿帕切人。[193]

在纳瓦霍人中，沙画的创作是仪式的一部分，他们表演这些仪式，为的是恢复健康，获得祝福。纳瓦霍世界包括两个阶级的人群——大地人群（人类）和神圣（超自然）人群。宇宙的运转，乃是根据大地人格和神圣人群都必须遵循的规则；当他们不守规则时，就会有疾病和灾殃。根据灾祸的这个明确的本质，人们要表演一场非常正式的仪式，请求神圣人群恢复宇宙的平衡。伴随有恰当的歌咏的沙画就是这些仪式的重要组成部分。在霍甘（hogan）的地面上，一位药师在铺好的沙子上娴熟地撒上有合适颜色的干燥粉末状物质，由此"画"出错综复杂的传统图案。一些沙画可能是在歌咏过程中创作的，依据歌咏者的解读，沙画各有不同。沙画不是永久性的。没有一幅画具有完全的地图学性质，但有一些包括了地图的要素。

在歌路（chantway）仪典的过程中绘制的纳瓦霍沙画里，恒星和星座是常见而重要的成分。格里芬–皮尔斯（Griffin-Pierce）把恒星和星座的描绘分为 10 种视觉格式：天父［Father Sky，同时绘出或不绘出地母（Mother Earth）］；夜空；海洋中反映的恒星；多面天空；作为背景/与人群同绘；大地和天空（不是画成人形）；单独绘出的；夏季和冬季天空的；亮星；星图。[194] 图 4.44 展示了在天父的形象内绘制的恒星。恒星的显著程度在不同的格式中也不同，有些沙画描绘的是单独的恒星，而不是星座。

有一幅有趣但不具代表性的作品，为 20 世纪前期的歌咏者山姆酋长（Sam Chief）所绘，表现为绘画形式。与其他已知的沙画不同，这幅画只呈现了恒星和星座，恒星根据亮度的两或三个星等绘成不同颜色（图 4.45 和图 4.46）。因为山姆酋长对颜色和格式的运用并不正统，其他歌咏者曾质疑他为收集者路易萨·威德·韦瑟里尔（Louisa Wade Wetherill）绘制的这幅画和其他画是否真的是传统沙画。莱兰·怀曼（Leland Wyman）认为他可能因韦瑟里尔所提供的材料激发了创新的灵感，或者他可能改变了图案，以避免自己因为揭示了神圣仪式的内容而遭到族人或超自然力量的报复。[195]

在与纳瓦霍人的歌咏《男性射路》（Male Shootingway）有关的沙画中，天空制图格外重要。这首歌纪念的是地球上的孩子访问太阳的事件。太阳教导他们治疗的技艺，制作沙画是其中的重要部分，而这就包括呈现天空的沙画。名为《诸天》（The Skies）的沙画描绘了黎

110

[193]　Gordon Brotherston, *Image of the New World: The American Continent Portrayed in Native Texts* (London: Thames and Hudson, 1979). 布拉瑟斯顿（Brotherston）声称，"米德的书写［图画创作］和西南部的沙画与前哥伦布时期的中美洲人——托尔特克人和玛雅人——的抄本很相似"（17 页）；特别是西南部的沙画，与托尔特克人的折叠书（screenfolds）有关系（65 页）。"阿萨帕斯坎人是从太平洋西北地区迁徙出来的，与阿帕切人［和］纳瓦霍人一样，都不是西南部沙画最古老的创作者。这种特别的作品更可能属于霍皮人和这一地区其他讲纳瓦（Nahua）语的人群的亲缘群体"（98 页）。因为沙画本质上具有临时性，现在对其起源和演化几乎一无所知。特别是我们不知道地图学成分从什么时候开始出现在这些画中。不过，布拉瑟斯顿的观察确实引出了一个推测性的假说，认为虽然到目前为止人们仍默认北美洲和中美洲具有不同的地图学传统，但沙画可能是把它们关联起来的中间环节。

[194]　Trudy Griffin-Pierce, *Earth Is My Mother, Sky Is My Father: Space, Time, and Astronomy in Navajo Sandpainting* (Albuquerque: University of New Mexico Press, 1992), 104–126.

[195]　Griffin-Pierce, *Earth Is My Mother*, 120–122, 及 Leland C. Wyman, *Southwest Indian Drypainting* (Santa Fe, N. Mex.: School of American Research, 1983), 274–275. 怀曼在此书中还推测山姆酋长的风格可能代表了一种地方变体。格里芬–皮尔斯感到"它们很可能不是仪典沙画的精确复制品"（121 页）。

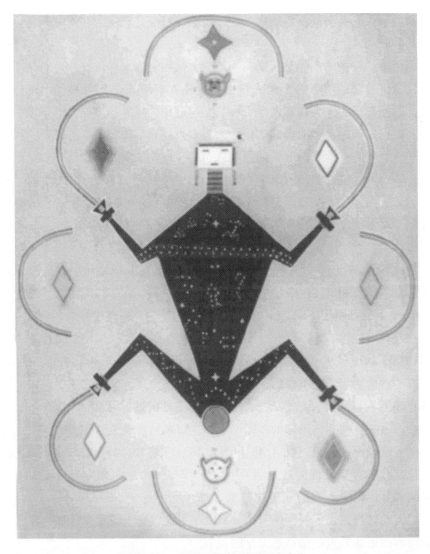

109

图 4.44　一幅纳瓦霍沙画上的天空成分

《天父》（Father Sky），1935—1936 年，弗兰克·J. 纽科姆（Franc J. Newcomb）在 1953 年绘制。此图以东为上。银河在天父的两肘间伸展，金星是银河上方的中央亮星，昴星团就在金星上方。北极星和乌鸦座在天父躯干中。像这幅画一样，纽科姆在见证了原画的创作之后，以草图和绘画摹绘了数百幅的沙画。

承蒙 Wheelwright Museum of the American Indian, Santa Fe, New Mexico 提供照片（P8 no. 16）。

明、白昼、黄昏和夜晚的天空，每个天空各被一个矩形或梯形所包围（图版 5）。在夜晚天空（位于沙画的上部）中，恒星、星座、银河、太阳和月亮都有描绘，但在雷查德（Reichard）和纽科姆（Newcomb）收集到的八个版本中，这些要素的位置有所不同。画上呈现的恒星位置如同这首歌被人们唱起的时刻的位置；因为纳瓦霍仪式并不按历法举行，而是应需求举办，所以这个唱歌的时刻实际上可能是一年中的任何时候。⑲

---

⑲　Franc J. Newcomb and Gladys A. Reichard, *Sandpaintings of the Navajo Shooting Chant*（New York：J. J. Augustin, 1937；reprinted New York：Dover, 1975），58 – 59，及 Gladys A. Reichard, *Navajo Medicine Man：Sandpaintings and Legends of Miguelito*（New York：J. J. Augustin, 1939；reprinted New York：Dover, 1977），43 – 44（图 2）。

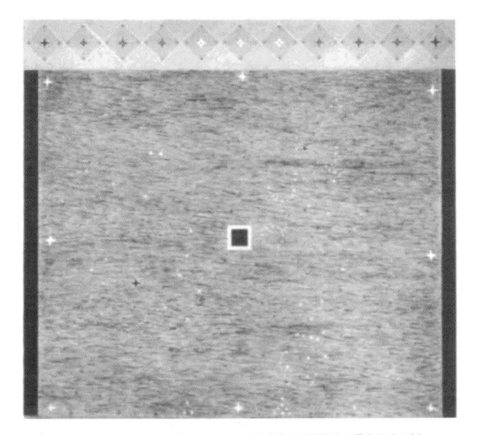

图 4.45　由黄色歌咏者（Yellow Singer，即山姆酋长）所绘的纳瓦霍沙画《天空》（The Sky）的摹写画，1910—1918 年

由克莱德·A. 科尔维尔（Clyde A. Colville）所摹绘。此画可能并不传统，因为除了中央的"恒星以外的孔口"之外，其内容完全是天体。正统的沙画会具备明显有宇宙志色彩的内容。

承蒙 Wheelwright Museum of the American Indians, Santa Fe, New Mexico 提供照片（P8B no. 14）。

110

　　沙画中也会描绘地面特征，通常是一些人们相信具有力量的地貌。它们有时候呈现为三维形式，堆起来的锥状沙堆或黏土堆代表山脉，陷在地面下的碟子或瓶盖代表湖泊。[197] 在纳瓦霍人看来，四个基本方位的每一个都与一座山和白天的一个时刻联系在一起，而它们继而用一块石头或一个贝壳以及一种颜色来象征：南方——泰勒山（Mount Taylor），与正午和计划的力量关联，由龟壳和蓝色象征；西方——圣弗朗西斯科山（San Francisco Peaks），与黄昏和生命的力量关联，由鲍鱼壳和金色象征；北方——赫斯珀勒斯峰（Hesperus Peak），与夜晚和信仰关联，由煤精和黑色象征；东方——布兰卡峰（Blanca Peak），与凌晨、出生和思想关联，由白色贝壳和白色象征。[198] 对纳瓦霍人所有的村落来说，不管其位置如何，四座圣山及与它们关联的事物都是相同的。在沙画中呈现基本方位时，颜色尤为重要。大多数纳瓦霍沙画的取向是以北为正方形的上方，虽然处于这个位置的方向偶尔会是东。对于那些像包含天空和神话成分一样包含了地面成分的宇宙志沙画来说，这一特征也为它们赋予了结构。画中的关

[197]　Griffin-Pierce, *Earth Is My Mother*, 52 – 53（注释 194）。

[198]　Jimmie C. Begay, "The Relationship between People and the Land," *Akwesasne Notes* 11, no. 3 (1979)：28 – 29 和 13。

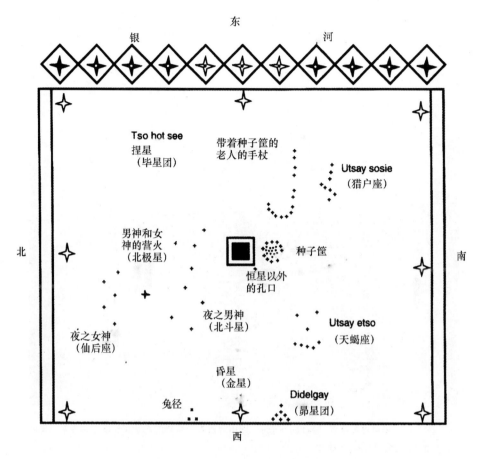

图 4.46　对《天空》（图 4.45）的解读

键地面成分四座圣山，但与宇宙志事件相关联的其他地点也会包含在内。[199]

111　1919 年，一位叫霍斯廷·克拉（Hosteen Klah）的纳瓦霍药师开始在小块地毯上织出沙画图案，后来又把这一技艺教给了他的几个侄女。[200]其中一位女性在 20 世纪 20 年代或 30 年代所织的地毯为商业艺术中的地图学呈现提供了很好的例子（图 4.47）。图中描绘了天父和地母；天父图案中包含恒星和星座，大多与图 4.44 一样。

112　加利福尼亚州南部的一些印第安人也创作沙画。根据 A. L. 克罗伯的研究，他们的沙画创作源于普韦布洛人和纳瓦霍人更为复杂的仪典活动。[201]在路易塞尼奥人（Luiseños）和迭格尼奥人（Dieguños）创作的很多沙画中，他们的世界呈现为圆形。这个圆形呈现的是地平线。在它之内是天空、神话和地面特征。在这些画里面有一幅创作于 20 世纪初，其作者是圣伊萨贝尔（Santa Ysabel）的一位迭格尼奥老年男子，他把四个小圆圈置于地平环上或其附近，它们是科罗纳多岛（Coronado Island）、圣卡塔利娜岛（Santa Catalina Island），圣贝纳迪诺山脉［San Bernardino Mountain，很可能是圣戈尔戈尼奥峰（San Gorgonio Peak）］和

[199]　Griffin-Pierce, *Earth Is My Mother*, 53, 70 – 72 和 88 – 96（注释 194）。

[200]　Susan McGreevy, "Navajo Sandpainting Textiles at the Wheelwright Museum," *American Indian Art Magazine* 7（1981）：54 – 61.

[201]　Kroeber, *Indians of California*, 661（注释 189）。

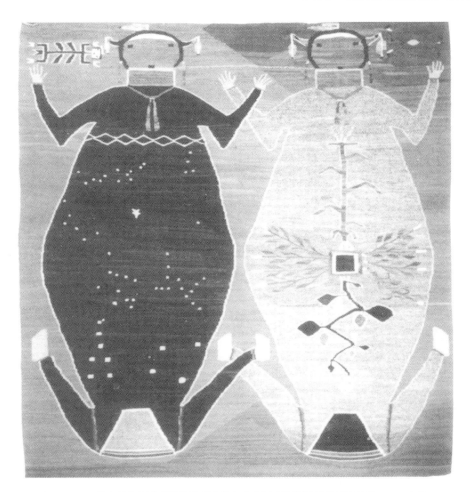

图 4.47 一块由纳瓦霍人所织的地毯上的包含有星座和恒星的天父及地母，1930 年前 111

这是把图像从一种传统媒介（沙画）转换到一种商业媒介（编织地毯）上的实例。

原始尺寸：166×160 厘米。承蒙 Wheelwright Museum of the American Indian，Santa Fe，New Mexico 提供照片（44/517）。

创世山（Mountain of Creation，未识别）（参见图 4.48）。克罗伯从地理的角度解读了迭格尼奥人的地面画，认为它们是"直白地表现了俗世表面和天球的地图"。[202] 对于地图上描画的宇宙志特征——比如"创造人类的山脉"——的重要意义，克罗伯则未予评论。[203]

造型地图

除了呈现宇宙的地图之外，还有很多为了较为世俗、较具实践性的理由而制作的地图的报告。太平洋西北海岸的努特卡人（Nootka）曾在温哥华岛西海岸的克莱阔特湾（Clayoquot Sound）的海滩上制作了一幅地图，此时他们正在准备攻击北边 150 千米处阿克蒂斯岛（Acktis Island）上的村庄：

---

[202] Kroeber, *Indians of California*, 664.

[203] 参见 T. T. Waterman, "The Religious Practices of the Diegueño Indians," *University of California Publications in American Archaeology and Ethnology* 8（1908 – 1910）：271 – 358，特别是 350—351 页（图版 24 和解释）。

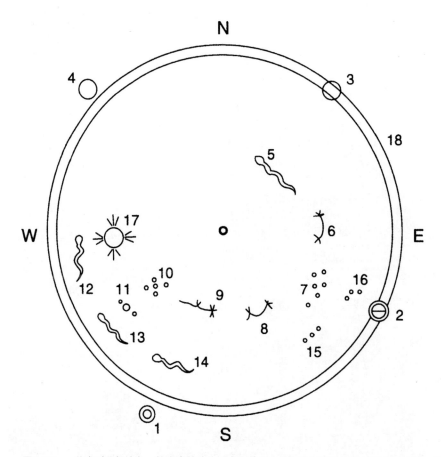

图 4.48　一位名叫马努埃尔·拉库索的迭格尼奥印第安人绘制的天空世界的地面画的重绘，约

112　　　1900 年

此画呈现了三个主要的地形特征以及一个未能识别的地物，它们位于环形地平线之上或其附近，在加利福尼亚州南部的圣伊萨贝尔地区可以观察到：（1）Atoloi，一座岛上的巫师山，该岛由知情人确定为科罗纳多岛；（2）Nyapukxaua，创造人类的山脉（未识别，可能是宇宙志地物）；（3）Wikaiyai，圣贝纳迪诺山（很可能是圣戈尔戈尼奥峰）；及（4）Axatu，圣卡塔利娜岛。此外，画中还展示了星座和恒星（5－18，其他星座和恒星在画中被略去，因为绘画者忘记了它们的方位）：（5）Awī，响尾蛇星；（6）Eteekurʟk，狼星；（7）Xatea，昴星团；（8）Namuʟ，熊星；（9）Nyimatai，豹星；（10）"十字星"；（11）Saīr，美洲鹫星；（12）Xawitai，粗鳞绿蛇（grass snake）和束带蛇（blue garter snake）星；（13）Xilkaīr，鞭蛇（red racer snake）星；（14）Awiyuk，牛蛇（gopher snake）星；（15）Watun，"射击"星座；（16）Amu，大角羊星，参宿三星；（17）唾坑，直径约 20 厘米（不是地物，而是地图里的一个地方，小男孩们曾向这里吐口水，如果没吐中就意味着他活不久）；（18）地平线，构成了大地的可见界限。

据 T. T. Waterman, "The Religious Practices of the Diegueño Indians," *University of California Publications in American Archaeology and Ethnology* 8 (1908－1910)：271—358，特别是图版 24。

参加会议的人们转移到了附近的一片平坦而未遭践踏的沙滩。一位叫阔措皮（Quartsoppy）的克莱阔特人的妻子是［来自被攻击的村庄的］基约阔特（Ky-yoh-quart）女子，他就在这里，被［酋长］命令在沙子上描画出阿克蒂斯岛，基约阔特人的村庄就在这上面。他立即开始工作，画出岛屿的轮廓，然后展示出洞穴、海滩和小路，之后是有各种房屋与各个分区及次分区的那个村庄，其间不时向其他也知道这些地点的土著确认相关信息。堆出来的小沙堆代表房屋，其中一堆是基约阔特酋长南西（Nancie）的房屋，另一座房屋属于穆钦尼克（Moochinnick），一位著名的战士；其他房屋则属于名气较低的酋长。阔措皮指着他的画，还向他的听众展示——或者说告知了那个营子里每个分区中男性的通常人数，他们的武器和可能的弹药储备，以及主要人物的特征，比如年轻程度、年龄、勇气、活跃性或力量。

在整个过程中，战士们……围着画图人站成一个大圆圈，人们提出问题，展开热切的会谈。在人们发表了几番讲话之后，［酋长］塞塔卡尼姆（Setakanim）提出的攻击的总计划被采纳了。[204]

在 1850 年之前的某个时候，在加利福尼亚州哈尼湖（Honey Lake）或其附近，有人向一位北部派尤特人（Northern Paiute）长者打听当时欧裔美洲人实际上仍然不了解的一个地区中一处传说中的金矿的信息。这位老人在回应时，——

拿来一对"马奇尔"［macheres，马鞍上未固定的铺盖］，在上面撒上沙子，绘出那片地域和比它又远一段距离的地方的模型地图。他把沙子堆起来，造出孤丘和成列的山脉；又用一根草茎画出溪流、湖泊和小路。之后，他调整"马奇尔"的方向，使之合于基本方位，然后加以解释。他指向太阳，用手势让他们都能理解从一处旅行到另一处所需的天数。在地图上，他（像我在他们的解释中所见的那样）追踪了玛丽河［Mary's river］、卡森河［Carson river］、皮拉米德湖［Pyramid lake］以及上面和下面的移民路线。他移动手指表示大车车轮的旋转，白人就沿着他讲到的这些路线带着枪前行［基本可以肯定是淘金者在 1849 年通过陆路前往加利福尼亚时所利用的几条不同路线］。他已经在他的地图上展示了他们当时所在的湖泊［哈尼湖］，还有另一个位于深盆地中的湖泊，旁边有三个孤丘［很可能是戈尔德湖（Gold Lake），在南南西方向大约 40 英里处］，说那里有大量金子。[205]

113

虽然造型地图的这个专门案例可能不像温哥华岛西海岸努特卡人中克莱阔特人群所制作的造型地图那么精致，但大盆地的印第安人对这种载体确有较多应用。在那里没有合适的树皮，兽皮很宝贵，但在常为石质的半荒漠环境中，地表材料却无处不有。与这幅在哈尼湖附近制作的地图类似，他们的地图可能会呈现较大的地区，因为他们生活在半游牧的游团中，会在广阔的地面上游徙。

1871 年，乔治·M. 惠勒（George M. Wheeler）考察队的一行人来到大盆地西南边缘附近死谷北面的格雷普维因斯普林斯（Grapevine Springs）。W. J. 霍夫曼（W. J. Hoffman）博

---

[204] Gilbert Malcolm Sproat, *Scenes and Studies of Savage Life* (London：Smith, Elder, 1868)，191 – 192. 此书后来出版的注解版指出这一事件发生于 1855 年：Gilbert Malcolm Sproat, *The Nootka：Scenes and Studies of Savage Life*, ed. and annotated Charles Lillard (Victoria：Sono Nis Press, 1987)，127。

[205] Georgia Willis Read and Ruth Ganies, eds., *Gold Rush：The Journals, Drawings, and Other Papers of J. Goldsborough Bruff*, 2 vols.（New York：Columbia University Press, 1944），2：925；也参见 2：1098 – 1099，注释 11。

士是临时代理的副队医，描述了那里的南部派尤特人（Southern Paiute）如何——

为考察队提供目的地拉斯维加斯的精确位置。这位印第安人坐在沙子上，用他的双手手掌造出一道长圆形的山岭，代表斯普林山 [Spring Mountain]，在这道山岭东南部又造出另一道平缓的山坡，在东边骤然终止；在这后一道山岭上，他移过他的手指，造出朝向东方的侧面山谷。然后他拿起一根棍子，展示了这后一道山岭较低的一段上呈东西走向的古老的西班牙人小道的方向。

这位印第安人完成这幅作品之后，就望向队员，混合着英语、西班牙语、派尤特语（Pai-Uta）和手势告诉他们，从他们现在所在地出发，他们必须往南走，经过斯普林山东面，到达派尤塔查理（Pai-Uta Charlie）营地，他们必须在那里睡觉；然后，他指出一条向东南方通往另一眼泉水 [斯塔姆普泉（Stump's）] 的线，这是第二天的行程；之后他沿着这条代表着西班牙人小路的线，指到上面提到的第二道山岭的分水岭东边，在那里离开这道山岭向北到达第一条山谷，然后就把那根短棍扔到地上，说："拉斯维加斯。"[206]

其他临时性地图

在大盆地中，不是所有地图都是造型地图，甚至不是在地面上制作。在这里和整个远西部均可遇见其他形式的临时性地图。在 1598 年为马尔科斯·法尔凡·德·洛斯戈多斯绘制草图的亚瓦派人来自这一地区的南部边界外不远处，属于西南部文化区。在与之相对的方向，克拉马斯人（Klamaths）在 1843 年为约翰·C. 弗雷蒙（John C. Frémont）"在地面上"绘制了克拉马斯河的复杂集水区域的一部分，他们来自这一地区的西北边界外不远处，属于高原文化区。[207] 1769 年，在大盆地西南方以外不远处，加布列利诺人（Gabrielinos）中费尔南德尼奥（Fernandeño）族群的成员为加斯帕尔·德·波尔托拉（Gaspar de Portolá）考察队队员胡安·克雷斯皮神父（Father Juan Crespí）和米格尔·科斯坦索（Miguel Costansó）"在地面上绘制了 [圣巴巴拉] 海峡的形状及其中的岛屿，标出了 [西班牙] 船只的航线"。[208]

弗雷蒙所描述的一幅地图中既包括了加利福尼亚的一部分，又包括大盆地的一部分。1844 年初，他竭力想要获取经过内华达山脉北部向西到达加利福尼亚北部的可能路线的信息。在特拉基河注入大盆地西北边缘附近的皮拉米德湖之处附近，他尝试从一群北部派尤特人那里获取信息，起先一直不成功，直到他们开始——

在地面上绘制这条河的图画；在图中，这条河从离此有三至四天路程的山脉中的另

---

⑳ Mallery, "Pictographs of the North American Indians," 157 – 158（注释 4）。

㉗ John C. Frémont, *Report of the Exploring Expedition to the Rocky Mountains in the Year 1842, and to Oregon and North California in the Years 1843 – '44*（Washington, D. C.: Blair and Rives, 1845）, 206.

㉘ Herbert Eugene Bolton, ed., *Fray Juan Crespi: Missionary Explorer on the Pacific Coast, 1769 – 1774*（Berkeley: University of California Press, 1927; reprinted New York: AMS Press, 1971）, 151; 也参见 Frederick John Teggart, ed., *The Portolá Expedition of 1769 – 1770, Diary of Miguel Costansó*（Berkeley: University of California Press, 1911）, 25.

一个湖泊流出，向南略偏西的方向流去；在更远的地方他们画了一座山，又画了两条河；他们告诉我们，有像我们一样的人曾沿河旅行。之后的几年中，我无法确定他们所暗示的是萨克拉门托的定居者，还是从美国出发、在南边大约三个纬度处穿越内华达山的一群人。[209]

第二年，弗雷蒙就准备循这条路线行进。

114

1834 年，在后来成为黄石公园的地方附近，一位北肖肖尼人（North Shoshone）"用一块木炭在一张白色的驼鹿皮上绘制了我们周边的土地的地图"。[210] 这幅地图基本可以肯定呈现了黄石湖以北的地区、其中的峡谷、今利文斯顿（Livingston）周边山谷的宽敞部分以及黄石河的一条支流——拉马尔（Lamar）河。有趣的是，在有关这幅地图的报告中没有提到后来的黄石公园中心附近的温泉和独特的矿化特征。不过，从传统地图学的角度来看，这是来自落基山脉地区的印第安地图的少有的实例；而且虽然这里在文化上属于大盆地，但这幅地图几乎可以肯定受到了东边不远处大平原地区的传统地图学的影响。

落基山地区的另一幅地图，于 1863 年由一位舒斯沃普（Shuswap）妇女为两位迷路的英国探险者绘制。与前述驼鹿皮地图一样，这幅地图绘出了经过非常崎岖的地域的河流和路线。遗憾的是，我们只知道它是一幅路线图，是"勾画出来的"，很"简陋"，除此之外对它就一无所知。根据文中所述，这幅地图很可能呈现了弗雷泽（Fraser）河和卡努（Canoe）河这两条河的上游，以及汤普森（Thompson）河从源头向下到坎卢普斯（Kamloops）的一段。[211]

刘易斯和克拉克的考察

1804—1806 年间梅里韦瑟·刘易斯（Meriwether Lewis）和威廉·克拉克（William Clark）的考察经过了高原文化区，在地域上包括今天的蒙大拿、爱达荷、华盛顿和俄勒冈州。考察日志常常提到印第安人制作地图。在日志最为权威的发表版本中复制了八幅这样的地图，在把它们纳入地图册一卷时，编者很谨慎地称之为"来自印第安人信息的草图"，而不是"印第安地图"。其原因是——

印第安人的一些草图仅仅是在兽皮上草率绘制的图样，或是在土地上用木棍划出来的图样，在后者中展示了河流，并用堆起来的小土丘呈现山脉。可能有很多这样的本土绘画从来没有转画到纸上，今天也没有一幅图以其原始形式存在。我们在可以查阅到的地图中所见的东西是双方知识的结合。图上记录的地域来自［发现者］团队的实际观察，所补充的周边地区则以两位上尉［梅里韦瑟·刘易斯和威廉·克拉克］在沿途测

[209] Frémont, *Report of the Exploring Expedition*, 219（注释207）。

[210] Aubrey L. Haines, ed., *Osborne Russell's Journal of a Trapper*（Portland：Champoeg Press for Oregon Historical Society, 1955），27.

[211] William Fitzwilliam Milton and Walter B. Cheadle, *The Northwest Passage by Land*, 8th ed.（London：Cassell Petter and Galpin, 1875），262.

　　试过的最可信赖的印第安知情人提供的数据为基础。[212]

　　然而，汇总起来看的话，所谓"周边地区"面积相当广阔。克拉克最终编撰成的地图集包含了穿越这一地区的路线之间及其北面和南面的广大地区的相当多的地形和水文信息。[213] 在其中整合印第安人信息的频次要比一般所认为的要高得多，所涵盖的面积也大得多，但要把欧洲人和欧裔美洲人的资料、原住民的资料和修改过的资料区分开来常常是困难的。

　　同样，从风格类型上来看，也很难指出印第安人的贡献。主要以抄本为根据对地域的呈现的观察不可能成为可靠结论的基础。举例来说，刘易斯和克拉克所绘的印第安地图的一些抄本上有代表山丘轮廓的成串的线状图画，很像基乌库斯所绘地图（下文图4.62）或梅托纳比和伊多特利亚齐所绘地图（下文图4.81）的现存摹本上的类似图案。然而，因为考察者只是穿越了这一地域，几乎没有向两侧做纵深旅行，可以认为他们的草图上大部分内容来自未被承认的印第安信息。[214] 但证据不是结论性的。

　　与刘易斯和克拉克考察相关联的，还有一件绘于兽角或兽骨之上的地图学人造物，在北美洲是个少见的实例。根据传统，刘易斯和克拉克考察队中一位成员的名叫萨卡加韦阿（Sacagawea）的肖肖尼妻子用驼鹿的鹿角制作了一件雕刻，其图案具有地图的性质（图4.49）。根据推断，其上的地图学成分是一列112个钻孔，大致与鹿角的远端和侧缘平行，差不多每到第十个钻孔就会比旁边的孔钻得更大。根据与这件现存人造物相关的传统，这一列钻孔呈现了萨卡加韦阿所体验到的考察行程。不过，这些钻孔所排成的图案与这条为期498天的闭环考察线路的几何形状并不相似，实际的考察线路的返程有将近50%与去程不同。对于记录每日的考察来说，钻孔显得太少了，而对于记录阴历月份的数目来说，钻孔又显得太多了。也许它们是对所设营地的数目的记录，但这也不能解释为什么会有较大的钻孔，而且它们有大致相等的间距。如果这件钻孔驼鹿角是真品，确实由萨卡加韦阿制作，以记录她的考察行程，那么它在功能上似乎更接近于一件助记装置，用于让人忆起停驻地点的顺序，而不是要为连接它们的路线做记录。

其他纸上地图

　　寇克勒克斯（Kohklux）是来自西北海岸文化区的一位奇尔卡特（Chilkat）酋长，在1869

---

[212]　Gary E. Moulton, ed., *The Journals of the Lewis and Clark Expedition*, 8 vols.（Lincoln: University of Nebraska Press, 1983 – 1993），1: 10 – 11.

[213]　William Clark, A Map of Part of the Continent of North America（1810），手稿，73.7×129.5 厘米，William Robertson Coe Collection, Yale University。复制于 Moulton, *Lewis and Clark Expedition*, vol. 1, 地图125。

[214]　参见 James P. Ronda, "'A Chart in His Way': Indian Cartography and the Lewis and Clark Expedition," in *Mapping the North American Plains: Essays in the History of Cartography*, ed. Frederick C. Luebke, Frances W. Kaye, and Gary E. Moulton（Norman: University of Oklahoma Press, 1987），81 – 91。与这次考察有关的大多数地图已复制于 Moulton, *Lewis and Clark Expedition*, vol. 1（atlas）。举例来说，有两幅草图，一幅（地图98）"在1806年5月8日由'削鼻'（Cut Nose）以及'卷发'（twisted hair）的兄弟为我们绘制"，另一幅（地图101）名为"Sketch given us May 8th 1806 by the Cut Nose, and the brother of the twistes hair"（地图98），另一幅"于1806年5月29、30和31日在我们设于弗拉特黑德河（Flat Head River）的营地由属于乔珀尼什族群（Chopunnish Nation）的桑德里（Sundery）印第安人一起为我们绘制"，其上的山丘轮廓线条符号与考察者自己所绘的路线图（比如地图75和104）上的类似符号就没有明显不同。

115

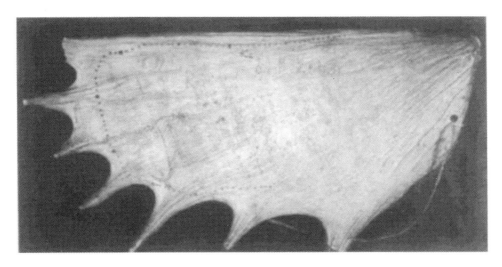

图 4.49　据说刻画了行程记录的驼鹿角，1805—1806 年　　115

这只刻画的驼鹿角上绕其边缘有一列钻孔，据说由肖肖尼人萨卡加韦阿所制作，她是图森·夏尔
邦诺（Toussaint Charbonneau）的妻子。萨卡加韦阿陪伴她的丈夫参加了刘易斯和克拉克考察，据说把
这只驼鹿角作为旅程经历的记录。但即使这是真的，这只鹿角看来也更像是一份历书记录，而不是
地图。

当前收藏地点未知。承蒙 University of California Library, Berkeley 提供照片（Map Collection）。

年绘制了两幅地图，其中较大的一幅呈现了他与其父亲在 1852 年从英属哥伦比亚北部的奇
尔卡特河出发，前往攻击和焚烧育空地区的塞尔柯克堡（Fort Selkirk）时所走的路线（图
4.50）。绘制这幅地图花了他三天时间，其间得到了他的两位妻子的协助，三人都"趴在地
上边绘图边讨论每个细节"。虽然"他此前从来没动过纸笔……［他］却没有表现出任何满
足的神情，但他的妻子显然非常欣喜"。[213] 这条路线的第一部分要穿过覆有皑皑冰川的山脉，
这些山脉似乎是按与它们的规模以及从邻近的山谷或平原所见的外观成比例的轮廓来描绘
的。这些锯齿形、偶尔为圆润形的轮廓各有名称，很可能是特林吉特（奇尔卡特）地名的
转写。不仅如此，山脉轮廓还用铅笔画上了阴影，向下画到山谷地面的位置。出于一些在野
外可能比较明显的原因，阴影的浓度有精细的渐变（参见图 4.51 的细节图）。这幅地图给
人的总体印象是，它描绘了多种地形和山体。

　　伊希（Ishi）是最后的亚希人（Yahis），于约 1914 年在加利福尼亚大学伯克利分校绘制
了加利福尼亚州东北部的地图（图 4.52）。发源于内华达山脉的基本笔直的平行河流向西
流，注入笔直的、南北朝向的萨克拉门托（Sacramento）河。有一些证据表明原住民的领地
以河流隔开，比如巴特尔溪（Battle Creek）就隔开加里西斯人［Gari'sis，即加利斯人（Gal-
ice）］与南部亚纳斯人（Southern Yanas），而巴特溪（Butte Creek）隔开迈杜人与费瑟河
迈杜人（Feather River Maidus）。不过，即使情况确实如此，也还有至少两条溪流在其较下

　　[213]　George Davidson, "Koh-Klux Map of 1869. first draft. Oct. /97," Davidson Papers, Bancroft Library, University of Califor-
nia, Berkeley, carton 8（8—9 页）。这幅地图的一份抄本带有有关其制作的较简短的报告，后来已出版: George Davidson,
"Explanation of an Indian Map," *Mazama* 2（1900 – 1905）: 75 – 82。

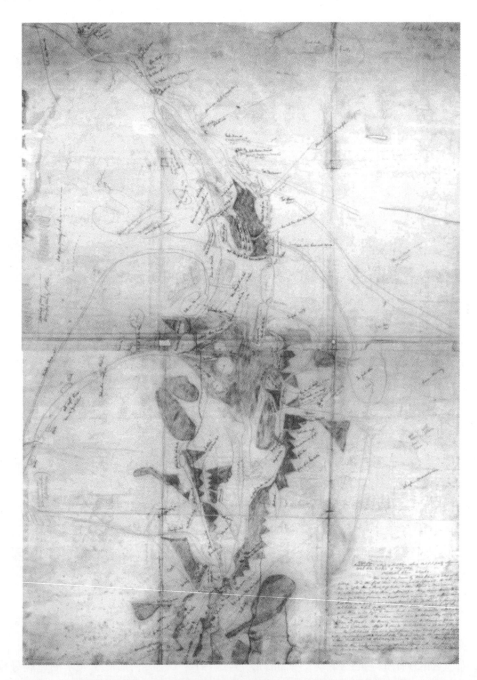

116 –
117

图 4.50　寇克勒克斯与他的两位妻子所绘的他穿越海岸山脉和育空高原的行程的地图，1869 年

　　手稿地图，以铅笔绘制，注释由乔治·戴维森（George Davidson）以墨水书写。寇克勒克斯是一位奇尔卡特人（特林吉特人）首长。"这幅地图由寇克勒克斯在 1869 年绘于他的村庄。这是他第一次使用铅笔"（引自地图的背书）。该图呈现了寇克勒克斯 17 年前的行程，为奇尔卡特河、不列颠哥伦比亚北部和育空地区的塞尔柯克堡之间的外出和返回路线。寇克勒克斯和他父亲在 1852 年经行外出路线，前去焚烧位于北边大约 500 千米处的塞尔柯克堡。1852 年行程的第一部分经过覆有皑皑冰川的山地，因此这一段占优势的是锯齿状轮廓线。如果能够表明这些轮廓线确实呈现了从山谷地面所见的景观的话，那么它们就反映了非常出色的记忆能力。大部分路线位于特林吉特人（奇尔卡特人为其中一支）领地的北面。

　　原始尺寸：109×67 厘米。承蒙 Bancroft Library, University of California, Berkeley 提供照片（G4370 1852. K6 case XD）。

图 4.51　图 4.50 的中南部分的细部　　117

　　这是林恩运河（Lynn Canal）起始处周围的海岸山脉覆有大量冰川的一段，这些冰川在一些地方有明显活动性。"煤"（Coal，图中左下方）可能是后来在这一地区证实存在的烟煤矿藏的最早提示。

　　细部尺寸：约 28×26 厘米。承蒙 Bancroft Library, University of California, Berkeley 提供照片（G4370 1852. K6 case XD）。

游的河段处流入了另一个人群的领地。遗憾的是，仅靠地图本身作为证据是无法检验这些推断的。原图现已不存，而 1925 年发表的线条图已经呈现出一个明晰性优先于真实性的时代的特征；在这个时代，字母的字体风格也变得多样，但常常没有明显的理由。㉒

　　㉒　Kroeber, *Indians of California*, 344 – 346（注释 189）。也参见 Theodora Kroeber, *Ishi in Two Worlds: A Biography of the Last Wild Indian in North America*（Berkeley: University of California Press, 1961），215。

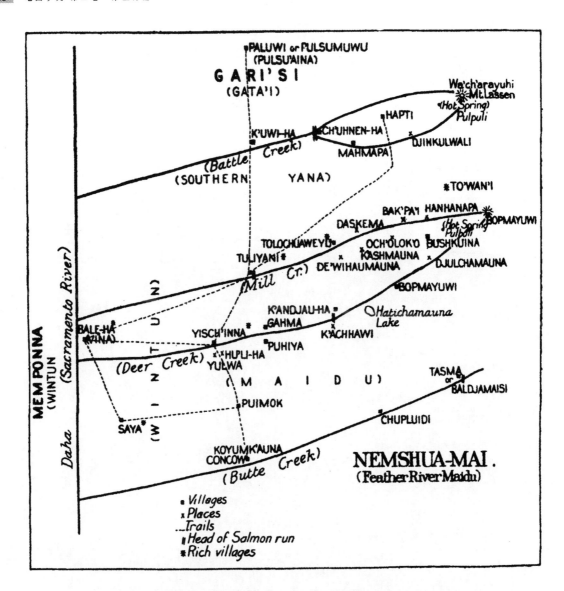

图 4.52 加利福尼亚州萨克拉门托河上游以东的印第安领地地图，伊希所绘

伊希是最后的亚希人，1911 年在奥罗维尔（Oroville）附近发现，被带到圣弗朗西斯科的人类学博物馆；他于五年之后因结核病在那里去世。在这几年中，他向加利福尼亚大学伯克利分校的文化人类学家阿尔弗雷德·L. 克罗伯（Alfred L. Kroeber）和 T. T. 沃特曼（T. T. Waterman）提供了人类学信息。1914 年，伊希成为一支前往其族人从前在米尔溪（Mill Creek）和迪尔溪（Deer Creek）之间的领地的考察队成员。这次考察"由伊希率领……涵盖了亚希人祖先领地的大部分，为之绘制了详细的地图，标出了村庄遗址、小路、隐蔽的灌丛庇护所和有烟的熏黑层的洞穴……都得到了精确定位和命名。在地图上共有 200 多个本土地名"［Theodora Kroeber, *Ishi in Two Worlds: A Biography of the Last Wild Indian in North America* (Berkeley: University of California Press, 1961), 215 – 216］。目前尚不知道伊希提供的制图信息的准确本质。田野考察时所绘的地图似乎已经不存。作为此处展示的地图的基础信息源可能要么是这些田野地图，要么是伊希所绘的一幅较小的地图。

引自 A. L. Kroeber, *Handbook of the Indians of California*, Bureau of American Ethnology Bulletin 78 (Washington, D. C.: United States Government Printing Office, 1925), 344（图 32）。

大平原和加拿大草原

在平原印第安人中，最为独特的地图学人造物，是这一地区以图形描绘历史事件和当代事件的深厚传统的一部分。狩猎和战争的经验在传统上会画在兽皮上，不过所有保存至今的具有类似地图的特征的图画作品都在与欧洲接触之后才制作出来。在 19 世纪，男性（形象艺术完全属于男性领域的活动）也会以水彩或彩色铅笔在纸上绘制类似的画，它们通常被称为"账本艺术"（ledger art），因为这些画常常绘在笔记本上。[217] 在这些兽皮或纸上的记录中，有一些运用了地图学原理，为其中的信息赋予了空间结构。另有一些兽皮地图和纸上地图，虽然数目很少，但饶有趣味，其中似乎阐释了有关天地关系的宇宙志信仰，不过对这些地图的由来还有很多需要研究的地方。与北美洲其他地区一样，在这一地区的接触和征服的过程中也创造了大量地图，或者应考察者和勘探者的要求绘制，或者为土地声索提供证据。[218]

图画地图

具有地图学要素的图画作品已知最早的实例，是一张绘有图画的 18 世纪的野牛皮，其上呈现了经由一条路线去攻击并打败其敌人的印第安战士（图版 6）。虽然图中描绘的一些地点和事件还不确定，但它展示了：

> 两只饰有羽毛的和平烟斗（calumets），印第安人之间的一场战斗，一场男人和女人都参加的剥头皮舞蹈（scalp dance），四个印第安村庄，一个法国村庄或堡垒，以及太阳和月亮的呈现。在其中三个村庄之上写着"阿肯色"（Ackansas）、"奥佐夫托沃维"（Ouzovtovovi）、"托瓦里蒙"（Tovarimon）和"奥沃阿帕"（Ovoappa）等字样。阿肯色（也拼为 Arkansas）当然是伊利诺伊印第安人（以及法国人）对夸波印第安人的通称；另外三个词是 18 世纪的三个夸波人村庄的名字。[219]

---

[217]　参见 *The Arts of the North American Indian：Native Traditions in Evolution*, ed. Edwin L. Wade（New York：Hudson Hills Press，1986），特别是 Gloria A. Young, "Aesthetic Archives：The Visual Language of Plains Ledger Art," 45–62。也参见 Janet Catherine Berlo, ed., *Plains Indian Drawings，1865–1935：Pages from a Visual History*（New York：Harry N. Abrams in association with the American Federation of Arts and the Drawing Center，1996），特别是 219 页。虽然平原印第安人制作了大部分的图画地图，它们到目前为止也是最好的地图，但是已知有一些更早的作品来自其他地方。比如可以参见图 4.27，以及大约作于 1723 年的奇克索地图的两份抄本的报告；在这份报告中给出了两幅图象画，据猜测，这可能意味着原件还包括更多的图画。

[218]　关于这一地区的地图较早的综述，参见 Lewis, "Indian Maps"（注释 2）。最近，有一篇文章详细分析了两幅 19 世纪的图画地图，由一位北部夏延人的侦察员所绘：Glen Fredlund, Linea Sundstrom, and Rebecca Armstrong, "Crazy Mule's Maps of the Upper Missouri，1877–1880," *Plains Anthropologist* 41, no. 155（1996）：5–27。

[219]　Morris S. Arnold, "Eighteenth-Century Arkansas Illustrated," *Arkansas Historical Quarterly* 53（1994）：119—136，特别是 119 页。对该图的扩充并修订后的分析请参见同一作者的 "Eighteenth-Century Arkansas Illustrated：A Map within an Indian Painting?" in *Cartographic Encounters：Perspectives on Native American Mapmaking and Map Use*, ed. G. Malcolm Lewis（Chicago：University of Chicago Press，1998），第 8 章。

图上的村庄和堡垒排列在牛皮的两肋和躯干后部周围；因此，它们并非通过平面绘法组织在一起。不过，它们被一条线连接在一起，这条线似乎呈现了来自三个村庄的一群夸波人所采取的一条经过一个法国人定居点到一片树林中去对抗另一群印第安人的路线；第四个村庄就在比这片树林再远的地方。图上的地名可能后来才添加到各个印第安村庄旁边；而法国人定居点基本可以确定是阿肯色贸易站（Arkansas Post）。这场战斗可能是 18 世纪 40 年代中期夸波人打败奇克索人的几场战斗之一（也有可能是它们的混合呈现）。⑳

118　　　　在 19 世纪，账本艺术中的地图学要素的实例可以在南部夏延人（Southern Cheyenne）"思乡人啸狼"［Howling Wolf the Nostalgic，本名霍纳尼斯托（Honanistto）］绘制的两幅作品中见到。1875 年，在来自印第安领地的基奥瓦人、科曼切人（Comanches）、夏延人和阿拉帕霍人（Arapahos）组成的同盟中有 72 名成员被关押在佛罗里达州东北部大西洋岸边的马里昂堡［Fort Marion，位于圣奥古斯丁（St. Augustin）］，啸狼和他的父亲米尼米克酋长［Chief Minimic，也叫"鹰头"（Eagle Head）］也在其中。他们的"罪行"是拒绝搬迁到保留地。这些俘虏得到了一些原材料，有机会用它们制作一些艺术品售卖。其中一些人，主要是较年轻的人以及那些有形象艺术传统的人，接过了这个活计，其中就包括啸狼；在他于 1878 年返回印第安领地之后，仍然继续描图绘画。㉑

　　1877 年，啸狼被海船从马里昂堡移送马塞诸塞州的波士顿，以治疗其眼疾。在沿着佛罗里达—佐治亚—南卡罗来纳州海岸向北航行的途中，他向仍在马里昂堡的父亲寄出了一张预付一美分的明信片，由一位不知名人士投出，经由"圣奥古斯丁，美国的普拉特上尉（Capt. Pratt）"转交（图 4.53）。㉒ 明信片上以铅笔（与一个解释性的图例相关的以墨水书写的数字是后来添加的）绘制了一幅图画性的事件地图，其中的信息呈现了啸狼从出发一直到萨凡纳以北的南卡罗来纳州海岸某处的外海的观察和体会。海岸线以一条粗大而无差异的线条描绘，它所呈现的图案并不能马上让人关联到圣奥古斯丁和萨凡纳以北某点之间的实际海岸线。图中展示了 3 个画得夸大的河口，一个很可能是圣约翰斯河口，一个可能是奥尔塔马霍河口，还有一个基本肯定是萨凡纳河口。

　　1878—1881 年间，啸狼绘制了一系列水笔和水彩草图，记录了他在保留地的生活；比起寄给他父亲的信息性图画地图来，它们明显画得更为精细。最开头的两幅画在记账本的开头几页上，在其中运用了景观和方向要素，为历史事件设定了发生场所（图 4.54 和图 4.55）。图 4.54 中的背景是典型的大平原景观：一条蜿蜒的河流在一侧有洪漫平原，另一侧是被侵削的峭壁，上生树木，远处是高地平原。图中展示了排成一列移动的野牛，它们从高地平原开始，或者是要去树林下的庇护所，或者是要去河边饮水。同时代的雷诺堡（Fort Reno）翻译官本·克拉克（Ben Clark）为这些图撰写了图题，把最开头的两幅画识别为夏延人在

---

⑳　Arnold，"Arkansas Illustrated"（1994）.

㉑　Joyce M. Szabo, *Howling Wolf and the History of Ledger Art*（Albuquerque：University of New Mexico Press, 1994），67 –68、85 –95。啸狼的几幅画在以下文献中有复制：Berlo, *Plains Indian Drawings*（注释217），其中编号为 50 和 55 的两幅部分具有地图学性质。

㉒　在以下文献中有复制，并有详细的图题：Karen Daniels Petersen, *Plains Indian Art from Fort Marion*（Norman：University of Oklahoma Press, 1971），图版 43（224 页）；作者的详细生平见 221 –222 页。

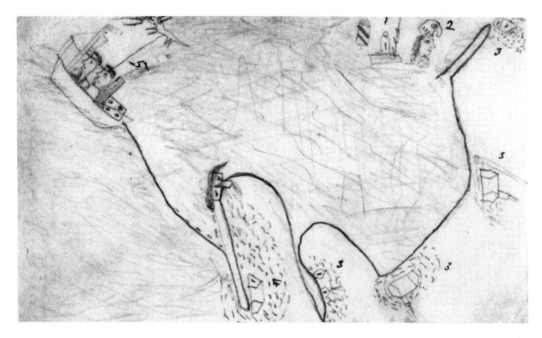

图4.53　呈现了啸狼的航行的图画消息　　119

　　这幅消息图的日期为1877年7月，由夏延人霍纳尼斯托（思乡人啸狼）在南卡罗来纳州海岸外的海上绘在一张明信片上，寄给当时位于佛罗里达州圣奥古斯丁马里昂堡的父亲米尼米克酋长（鹰头）。这段航行沿着佛罗里达州东北部、佐治亚州和南卡罗来纳州东南部的海岸进行。以墨水书写的数字为后来添加。从地图学的角度来看，这幅画有几个方面较为重要。啸狼的父亲米尼米克可以通过其图腾——鹰头（2）认出自己。他可能也知道把自己在心中置于马里昂堡，这可以通过图中的三个独特地物完成——一座带条纹的灯塔，一座瞭望塔，一根劈开的旗杆，后二者位于一座堡垒之上（1）。在这唯一的建筑周围的数字和成片的点和短划呈现了所有五个城镇定居点（所有的数字3和4），很可能表现了啸狼对这些城镇的重要性、范围或人口的感知。最后，图中的这条延伸了大约250千米的海岸线未予考虑线性比例，这可以从啸狼在萨凡纳（4）码头上转船的一些细节的呈现中看出，其中包括从一条小蒸汽船走到一条较大的蒸汽船（5）的一段路（以虚线表示）。后者上方的啸狼图腾可以让米尼米克明白无疑地知道谁在船上，而蒸汽船的朝向可以证实他的儿子仍然在驶向远离马里昂堡的方向。

　　原始尺寸：7.7×13.3厘米。承蒙 Massachusetts Historical Society, Boston 提供照片（Francis Parkman Papers）。

密苏里河所获得的"第一个白人"以及"第一匹马"。[223] 然而，近来的学术研究对克拉克的图题的准确性表示怀疑，认为在第二幅草图上记录的事件应是1840年平原印第安人在阿肯色河畔达成和平协议，可由一个燧石箭头的图画所识别。索博（Szabo）认为，第一幅和第二幅草图可能是单独一幅作品的两个部分，第一幅展示了与协议的达成同时进行的礼物交换的准备情况。[224]

　　一幅由一位叫"坏心公牛阿摩司"（Amos Bad Heart Bull）的奥格拉拉苏人在1890— 1913年间绘制的图画地图，以追溯的方式描绘了1876年平原印第安人的几个群体为了布莱克山和平谈判（Black Hills Peace Talks）聚集在一起时所在的位置（图4.56）。图上呈现的

　　[223] Karen Daniels Petersen, *Howling Wolf: A Cheyenne Warrior's Graphic Interpretation of His People* (Palo Alto, Calif.: American West, 1968), 34–40.

　　[224] Szabo, *Howling Wolf*, 131–135（注释221）。

120

图 4.54   啸狼的记账本第一页上的草图，约 1880 年

　　虽然与啸狼同时代的一位非印第安人认为这幅画呈现了大约 1743 年时法国人与夏延人在密苏里河上游的第一次
会面，但它可能实际上与图 4.55 一起呈现了 1840 年平原印第安人之间的和平大会。草图的大部为侧视或斜视视角，
但河流和踪迹——包括野牛、狗和人的踪迹——看上去是平面图视角。以墨水和水彩在纸上绘制。

　　原始尺寸：19×26 厘米。承蒙 Joslyn Art Museum, Omaha 提供照片 [JAM. 1991. 19，亚历山大·M. 迈什（Alexan-
der M. Maish）为纪念安娜·伯克·理查德森（Anna Bourke Richardson）所赠]。

　　六个族群集合在一条宽阔的山坡平地上的八个营地中，这条平坡把派因山（Pine Ridge）山
脚的陡坡与怀特河浅而陡峭的深处河谷分隔开来。图上的其他地形细节包括主河道的一些支
溪和几个岛状的孤丘。植被以符号呈现：派因山以及克劳丘（Crow Butte）两侧山坡上有针
叶树符号（松树）；怀特河的河谷深处及其支溪有落叶树符号（白杨）。虽然原件大部分以
黑墨水绘制，有六种色调，而仅记录在一张黑白照片中[23]，但可以有把握地认为描绘针叶林
时用的是一种颜色（可能是深绿色），白杨林用的是一种较浅的颜色（可能是浅绿色），而
河滩用的是又一种颜色。这三种环境后来被生态学家识别为大平原的三种基本生态系统，这
120 幅图正是对它们的描绘，每一种生态系统都与一个独特的地点紧密关联在一起。对坏心公牛

---

　　[23]   坏心公牛阿摩司的画于 1891 年到他去世的 1913 年间绘于一个记账本上。这个本子由其姐妹漂亮云朵多莉（Dol-
lie Pretty Cloud）所继承，在她于 1941 年去世时成为随葬品。1927—1940 年间，内布拉斯加大学的海伦·布利什（Helen
Brish）研究过这个本子，在 1927 年为它拍摄了黑白片。布利什编集了有关这些画中所使用的颜色和技术的信息；参见
Amos Bad Heart Bull, *A Pictographic History of the Oglala Sioux*, text by Helen H. Blish (Lincoln：University of Nebraska Press,
1967), 513–527（附录）。

来说，这些都是他所在的族群历史上一个重要事件的地形背景的一部分，于是把这一事件置于今日尚存的景观语境之下。

图 4.55　啸狼的记账本第二页上的草图，约 1880 年

参见图 4.54。

原始尺寸：19×26 厘米。承蒙 Joslyn Art Museum，Omaha 提供照片（JAM. 1991. 19，亚历山大·M. 迈什为纪念安娜·伯克·理查德森所赠）。

121

　　宇宙志信仰的表达，是平原印第安人这种图画传统的另一部分。因为这些信仰现在既不为人充分所知，又不为人充分理解，它们在地图中的表达可能尚未能识别。坏心公牛有另一幅作品是个例子，从中可以见到新近揭示出来的宇宙志内容。这幅图主要是对地点而非事件的描绘。它绘于 1891 和 1913 年间的某个时候，以南达科他州的布莱克山为中心（图4.57）。这一地区的水系格局以很大的精确性予以呈现，同时还有西经 103° 和 104° 子午线。这些都是源于欧裔美洲人的建构，与布莱克山在中央的密集的图画呈现形成完全对比。布利什（Blish）把这种中央成分描述为"具典型的想象性和地形性的呈现"，并指出形状独特的鬼塔山［Devils Tower，拉科他人称之为 Mato tipi paha（熊穴孤丘）］的位置存在严重误差——它实际上在布莱克山西北 60 千米处，在贝勒富尔什河［北夏延（North Cheyenne）河］上游北面，但在图上却显然呈现在布莱克山的范围之内，而且位于贝勒富尔什河中游的南边不远处。[29] 然而，最近有一个解读揭示出这并不是误差，而是对宇宙志性质的镜像原理的表达。拉科他人——

㉙　Bad Heart Bull, *Pictographic History*, 289 – 290.

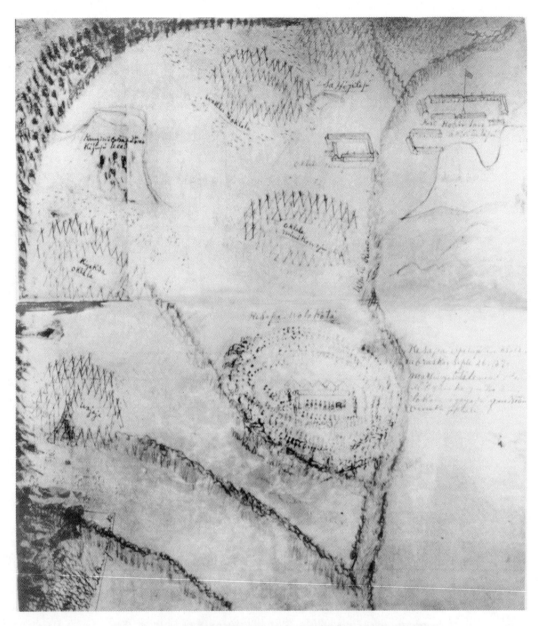

122

图 4.56 坏心公牛阿摩司所绘的 1876 年 9 月布莱克山会议的环境地图

此图为手稿，绘者为奥格拉拉苏人，以墨水和蜡笔在纸上绘制，绘于 1891—1913 年间。图中的鲁宾逊堡、参与谈判的印第安人的几个营地及和平谈判的地点位于怀特河上游，今属南达科他州西南部；它们被呈现在大平原西部的三个典型的生态系统的语境之上：松林覆盖的山崖和孤丘，多禾草的山坡平地，白杨林覆盖的山谷。原件已成为坏心公牛的姐妹的随葬品。

原始尺寸：可能为 35.6×30.5 厘米。复制自 Amos Bad Heart Bull, *A Pictographic History of the Oglala Sioux*, text by Helen H. Blish (Lincoln: University of Nebraska Press, 1967), 287 (no. 197), the University of Nebraska Press 许可使用。University of Nebraska Press 版权所有：© 1967, renewed 1995。

感觉在大宇宙、恒星世界和他们位于［南达科他州］平原上的小宇宙之间存在生动的关系。上界的事物始终会在下界的事物中有镜像。事实上，他们觉得大地本身的形
121 状就类似星座。比如环绕布莱克山的红色黏土山谷看上去就像一个由很大一圈恒星组成

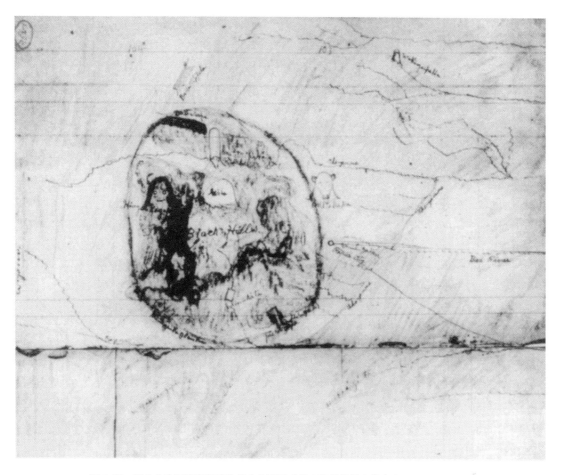

图 4.57 坏心公牛阿摩司所绘的部分为图画式的南达科他州布莱克山及周边平原地图

123

这幅地图以黑墨水和五种颜色的蜡笔绘于一个大记账本上，在 1947 年成为坏心公牛的姐妹漂亮云朵多莉的随葬品，但在 1927 年已予拍照。此图为奥格拉拉苏人绘于 1891—1913 年间，是对布莱克山的高度类型化、无疑具有传统特色的宇宙志呈现；布莱克山被置于周边水系网的空间语境中，该水系网是对一幅具有美洲原住民地名、经线和测量线的勘查地图的摹绘、修饰或凭记忆的摹写。

原件完整尺寸：约 35.6×30.5 厘米。复制自 Amos Bad Heart Bull, *A Pictographic History of the Oglala Sioux*, text by Helen H. Blish (Lincoln：University of Nebraska Press, 1967), 289 (no. 198), University of Nebraska Press 许可使用。University of Nebraska Press 版权所有：© 1967, renewed 1995。

的拉科他星座（而且前者通过口语传统便与后者关联起来）。[222]

这一大圈恒星由天狼星、南河三（Procyon）、北河二（Castor）、五车三（御夫座 β）、五车二（Capella）、昴星团和参宿七（Rigel）构成，名为"赛马道"（Race Track）或"圣环"（Sacred Hoop）。它在地上的镜像是环绕着整座布莱克山的红色黏土山谷，它们构成神圣的围栏。在拉科他神学中，所有生命都出现在时间、空间、物质和精神的无休无止的循环中。因此，布莱克山被看成一道小宇宙之环，每年都有新生命从这里降生。山内的特别地物与天空特征以及与它们相关联的传统是等同的。此外，在布莱克山之外还有一个地标——鬼塔

[222] Goodman, *Lakȟóta Star Knowledge*, 1（注释 18）。

山——也有这样的关联。有一个星座包含了双子座的八颗星，位于赛马道之内，与认为落星（Fallen Star）拯救了一对兄妹免遭熊的袭击的传统相关，而这个传统在大地上就与鬼塔山相关联。[228] 在把这个地物置于山谷之内时，坏心公牛阿摩司承认精神世界要高于智识世界或物理世界。要之，神学高于地形。对欧裔美洲人来说，自然世界和精神—神话世界的混淆会导致他们在理解美洲原住民的呈现时产生严重的误解。现在又有一个更具见地的解读，认识到大地、天空和神话世界是可以同时存在的。[229]

一幅描绘了历史事件的较晚的作品，由一位叫"坐兔"（Sitting Rabbit）的曼丹人（Mandan）在 1906 年创作，是他受北达科他州立历史学会（the State Historical Society of North Dakota）委托所创作的作品的一部分（图 4.58）。这幅密苏里河北达科他州段地图的缘起，以及它的 11 个部分合于密苏里河委员会（the Missouri River Commission）在 1892—1895 年间出版的扇区航图（sectional chart）的事实，都意味着它受到了欧裔美洲人的强烈影响。尽管如此，它还是相当详细地呈现了几个地方的环境和事件。[230]

天体图

尽管现在在博物馆藏品中只存在唯一的实例，但平原印第安人也一样会在兽皮上描绘天空特征。这些天体图与先前的图画作品有相同的载体及文化和仪式目的。这份现存的作品由波尼人中的斯基里游团所绘，是 1906 年在俄克拉何马州的波尼从他们那里获得的仪式物品收藏的一部分，其时他们刚从普拉特河流域迁徙到那里不久。这组仪式物品被称为"大黑流星包"（Big Black Meteoric Star Bundle），据说在这个游团知道欧裔美洲人或欧洲人之前就已经存在。[231] 当芝加哥的田野自然博物馆（Field Museum of Natural History）得到这包物品时，其中包含了一幅兽皮画，被鉴定为星图（图版 7）。现在不知道这幅星图是什么时候与这包物品放在一起的，但它的功用肯定早已确定，并且颇为复杂。

在波尼人中，圣包由祭司所保管和使用，他们是人与神的中介，这些神灵是控制着天气和植物生长的恒星和其他天空现象。在两场仪典之间，每个圣包都由保管者的妻子照看，其保管方法也有严格的规则。

---

[228] Goodman, *Lakȟóta Star Knowledge*, 4 和 7。

[229] 比如一些西南部的沙画就是如此。

[230] Thomas D. Thiessen, W. Raymond Wood, and A. Wesley Jones, "The Sitting Rabbit 1907 Map of the Missouri River in North Dakota," *Plains Anthropologist* 24, pt. 1 (1979): 145–167. 这篇论文的部分目的在于评估坐兔地图作为考古信息源的实用性。关于印第安地图在另一个地区作为考古信息源的评估，参见 Gregory A. Waselkov, "Indian Maps of the Colonial Southeast: Archaeological Implications and Prospects," in *Cartographic Encounters: Perspectives on Native American Mapmaking and Map Use*, ed. G. Malcolm Lewis (Chicago: University of Chicago Press, 1998), 第 9 章。

[231] James R. Murie, *Ceremonies of the Pawnee*, 2 pts., ed. Douglas R. Parks, Smithsonian Contributions to Anthropology, no. 27 (Washington, D. C.: Smithsonian Institution Press, 1981), pt. 1, 96. 欧洲人与波尼人之间最早的直接接触包括 1714 年［埃蒂安·德维尼亚尔，布尔格蒙勋爵（Etienne de Véniard, sieur de Bourgmont）］和 1719 年［克洛德·迪蒂斯讷（Claude du Tisne）］由法国人进行的接触和 1720 年［佩德罗·德·比拉苏尔（Pedro de Villasur）］由西班牙人进行的接触。不过，很可能早在 1673 年，波尼人就知道法国人在密西西比河中游流域的活动；当年，路易·若耶（Louis Jolliet）和雅克·马尔凯特（Jacques Marquette）成为最早见到密苏里河与密西西比河汇流之处的欧洲人。

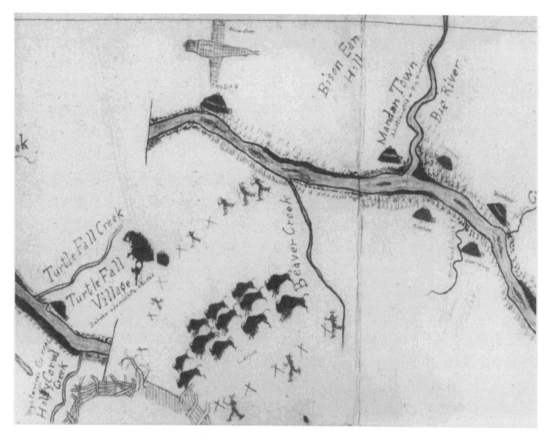

图 4.58 坐兔所绘密苏里河北达科他州段地图的细部，1906—1907 年

124

曼丹人作品，由坐兔 [I Ki Ha Wa He，也叫"小猫头鹰"（Little Owl）] 所绘，无图题，呈现的是密苏里河从斯坦丁罗克保留地（Standing Rock Reservation）到黄石河口的河段。密苏里被呈现为一张画布上的 11 个间断的部分。图上的平面绘法源自密苏里河委员会在 1892—1895 年间为战争部出版的扇区航图，但其他内容为原创性。这个细部上的内容包括向一道围栏的狭口处和一些人的方向移动的野牛，它们马上要经过一跃进入下方以木栅栏围起的收容所；这个收容所在今日密苏里河东岸的小比弗溪（Little Beaver Creek）附近，与斯坦丁罗克印第安人保留地隔河相对。图中还展示了许多以前的村庄遗址，它们主要是曼丹人的村庄；每座村庄以一个或多个土屋的侧影呈现，其中一些可由其图腾识别（比如一对相交叉的雪鞋）。在此图中没有展示的地图的其他部分还描绘了一座贸易站，以一座原木小屋的侧视图代表；另有一些自然地物以图画呈现，比如奈夫河 [Knife River，本义为"刀河"] 用一把小刀表示，布法罗黑德山 [Buffalo Head Hill，本义为"野牛头山"] 用一个野牛头表示；又有网格状图案，表示的是欧裔美洲人的定居点及印第安人事务机构的平面图。

原件完整尺寸：45.5×707 厘米。细部尺寸：约 45.5×80 厘米。承蒙 State Historical Society of North Dakota, Bismarck 提供提片（no. 679）。

这些圣包有几种类型，但无论什么类型，它们都有共同的起源，可以追溯到早前的一次超自然体验或遭遇。……所有圣包中共有的物品包括一只烟斗、包在野牛心包膜中的烟草、用芒毛乱子草（sweetgrass）编织的穗带、颜料、一个或多个玉米棒子 [他们称之为"玉米母亲"（Mother Corn）] 以及多种鸟类和兽类的皮，有时候还有一块头皮。每个圣包里还有其他物品，随圣包历史的象征意义及其仪式的专门需求的不同而不同。[222]

125

---

[222] Murie, *Ceremonies of the Pawnee*, pt. 1, 13.

田野博物馆的拉尔夫·林顿（Ralph Linton）把与大黑流星包相关联的这幅星图描述为——

> 一块鞣制的软皮，但鞣得不太好，因为表皮和内膜仍然在几块地方粘连在一起。这块兽皮似乎是羚羊皮或鹿皮，而不是野牛皮。星图画在兽皮长毛的一侧。星图和轮廓与恒星绘成黑色。图中一端（顶端）用红色绘出一个窄条。在与之相对的另一端有类似的窄条，似乎是绘成了黄色或浅褐色。在左手部分有一个卵形，长 1 英寸（2.54 厘米），宽 3/4 英寸（2 厘米），其长轴与星图的长轴平行，似乎是用烧热的骨尖所勾划，因为此处的表面多少有些压紧。此外，这幅星图似乎曾敷有浓重的红色颜料，但大部分颜料现已磨失。在兽皮边缘有很多小槽，曾经有一条牵拉线从这些孔槽中穿过。这根线如今只残留了一小段。星图两面的褪色情况表明兽皮边缘曾被牵拉而成为一个包裹。[23]

虽然人们称之为星图，但这幅兽皮画作首先不是为了展示恒星和星座的位置，而是充当着神话和宇宙助记物的功能，这二者都与天文现象有密切关系。[24]

> 为了理解本土地图，有必要先理解本土建筑、物质文化和仪式。波尼星图不只是一幅天空图。它的直接用途包括作为上天力量的指引、尘世的指导、宇宙统一性的象征以及在雷霆（Thunder）仪典和/或大洗涤（Great Washing）仪典期间作为身份标志。不过，它与大黑流星包中的人造物及波尼人的土屋有象征性的关联和互换性。因此，我们必须把波尼星图视为与这些物品在一起的一整套东西。[25]

最近发表的一部有关拉科他人的天体图的讨论著作，让我们可以更深入了解宇宙志制图背后的原理和实践。对这本有关拉科他人恒星神学的专著所做的研究发现，大地图和天空图在鞣制的兽皮上成对存在；用一位叫"红鸟斯坦利"（Stanley Red Bird）的长者的话来说，这两种地图"实际上是一样的，因为星星那里的东西也在大地上，大地上的东西也在星星那里"。在另一块兽皮上，恒星图和大地图据说结合为一体，大地上的地点以尖端朝上的三角形呈现，而天空中的位点以倒三角形呈现。"这些形状不能理解为平面三角形，而应理解为锥体，是光的旋涡。"这块兽皮的名字未知的保管者解释说："如果没有恰当指导，一个人甚至看不出来它是星图。在向他询问原因时，他回复说，这部分是因为类似他们在袍子上所画的这些恒星看上去像是楔状扇形或长三角形。他又补充说，与

㉓　Murie, *Ceremonies of the Pawnee*, pt. 1, 180 n. 46.

㉔　Von Del Chamberlain, *When Stars Came down to Earth：Cosmology of the Skidi Pawnee Indians of North America*（Los Altos, Calif. : Ballena Press, 1982）, 184 - 205；Parks, "Interpreting Pawnee Star Lore," 63 - 64（注释14）；及 Chamberlain, "Chief and His Council," 231 - 232（注释12）.

㉕　Gartner, "Pawnee Cartography," 40（注释15）.

它们最相似的大地上的形状是扭曲成锥帐形状的白杨叶。"[236] 这一解读凸显了那些既保存着人造物又保存着其解读的个体的重要性。和奥吉布瓦人的传统一样，平原印第安人的传统也常由专门指定的保管人守护，现在还偶尔会有证据表明这个习惯仍在继续。有关这种成对的地图的知识在较晚的时候才揭示出来，这可以作为证据，表明像这样的人造物是与秘传知识一起保存的。欧裔美洲人曾经有很长时间不知道原住民把天空中所见的恒星图案与大地上那些彼此相距过于遥远而不能一览无余的地物的空间布局相互关联起来的实践；这种关联必然是在很多代人不断积累经验的过程中构建起来的。

对拉科他人和斯基里波尼人来说，星图呈现了天空的大宇宙，部分在他们的小宇宙那里有镜像——他们的村庄世界中的建筑结构和住屋分布格局。把宇宙志原理世世代代记录下去，这如果不说是平原印第安人天空图的唯一功能，也肯定是它们的主要功能。

为欧裔美洲人制作的地图：17 世纪

像其他地区一样，平原印第安人也制作了一组地图，用于与欧裔美洲人交流。现存的这类地图仅是要求他们绘图的那些作者制作的抄本。其中最早的一幅（事实上也是整个北美洲现存地图里最早的一幅）绘于 1602 年 4 月，绘制者是一个叫米格尔（Miguel）的平原印第安人俘虏，他在墨西哥城遭到了唐·弗朗西斯科·德·巴尔韦尔德（Don Francisco de Valverde）的询问。巴尔韦尔德在打听有关胡安·德·奥尼亚特（Juan de Oñate）考察的情况，正是前一年秋天的这次考察俘虏了米格尔。在询问过程中，米格尔绘制了一幅地图，后来在 1602 年 5 月 11 日有人绘制了其手抄本（图 4.59）。[237] 图上印第安名称的拼写以及几条给出名字的河流的所指至今还没有完全解决。主要的河流和小路网络似乎连接了远达佩科斯谷（Pecos Valley）的地点、人群和地物，这条河谷要么是今天位于俄克拉何马州东北部的阿肯色河东岸支流，要么是达拉斯以南的特里尼蒂河（Trinity River），及得克萨斯州的另一条河流；图中还有一幅局部图（中左部），据说是一个沙金矿区，一定是位于墨西哥某地。除去这幅墨西哥的细节图外，米格尔的地图很可能涵盖了 20 多万平方千米的地域。因为米格尔所绘的原件已不存，我们只能推测它可能的样子。在皇家公证人埃尔南多·埃斯特万（Hernando Esteban）几个星期之后抄绘这幅地图时，其传抄的过程毫无疑问略掉了米格尔原件中的本土图像呈现法以及不需要或含糊的信息。

在询问米格尔的记录手稿中记载，在要求他标出"他的土地上的村庄"时，他画下了一些圆圈，"其中一些大于另一些"，其间以"caminos"（小路）连接成网。米格尔之后又用手势为地图补充了信息。他提到印第安村庄中有"很多人，用手势强调了人数"。

㉖　Goodman, *Lakȟóta Star Knowledge*, 16 和 18（注释 18）。

㉗　Hammond and Rey, *Don Juan de Oñate*, 2：871 – 877（注释 188）。令人意外的是，在这本相当完善的著作中竟未复制这幅地图，但从 20 世纪早期开始，它就有了一幅现代抄本：Woodbury Lowery, *The Lowery Collection：A Descriptive List of Maps of the Spanish Possessions within the Present Limits of the United States*, *1502 – 1820*, ed. Philip Lee Philips（Washington, D. C.：Government Printing Office, 1912），104 – 105。直到 1982 年，原件才得到复印：William W. Newcomb and T. N. Campbell, "Southern Plains Ethnohistory：A Re-examination of the Escanjaques, Ahijados, and Cuitoas," in *Pathways to Plains Prehistory：Anthropological Perspectives of Plains Natives and Their Pasts*, ed. Don G. Wyckoff and Jack L. Hofman（Duncan, Okla.：Cross Timbers Press, 1982），29 – 43，特别是图 1。也参见 Lewis, "Indian Maps"（注释 2）。

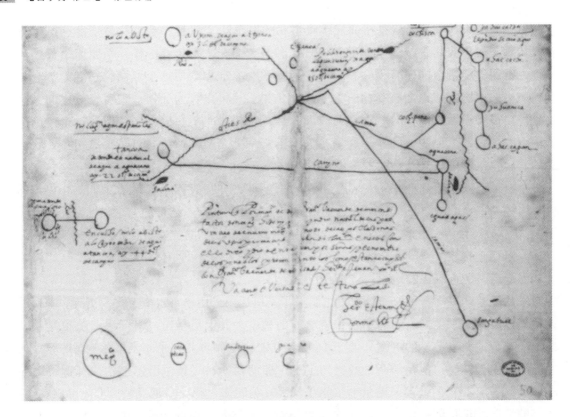

127   图 4.59   在与欧洲人第一次接触不久后的 1602 年绘制的印第安人地图的同时代手抄本

图题为 "Pintura q Por mando de don Franco Velverde mercado factor de su magd hizo myguel yndio de las pro vincias del nuevo mexco" [国王陛下的代理人唐·弗朗西斯科·巴尔韦尔德·德·梅尔卡多（Don Francisco Valverde de Mercado）命令、新墨西哥诸省的土著印第安人米格尔绘制的草图。唐·弗朗西斯科·巴尔韦尔德·德·梅尔卡多/埃尔南多·埃斯特万——此抄本（已由）埃尔南多·埃斯特万（证明）正确真实]。地图原件的绘制者米格尔很可能是来自大平原南部的印第安人，其绘制时间是 1602 年 4 月 22 日，这份抄本的绘制时间则是 1602 年 5 月 11 日。除了岩画艺术中的一些可能是地图的图像以及在欧洲人绘制的少数地图中整合进去的内容外，这幅地图便是北美洲印第安人地图的现存最古老的抄本。

原始尺寸：31×43 厘米。承蒙 Ministerio de Cultura, Archivo General de Indias, Seville 提供照片（Mapas y Planos, México, 50）。

他还以行程天数展示了各个地点之间相距多远。显然，他没有在地图上提示这些内容，而是"用玉米粒计算了天数"。[238] 地图本身则包括了一处关键：一个非常大的圆圈呈现了墨西哥城的人口，而三个较小但彼此几乎等大的圆圈呈现了今天墨西哥西北部的三个定居点，俘虏米格尔的人就是经由这三个地点把他带到了他们的城市。如果假定这幅同时代的抄本是米格尔原件的合理的复制品，那么这些信息似乎意味着米格尔自己的土地上没有任何定居点拥有像墨西哥城那样多的居民；它们彼此只有细微差别；与墨西哥西北部的定居点相比，它们规模相当或略小。尽管米格尔可能掌握了他们领地上村庄人口规模的准确知识，但他对墨西哥西北部那三个定居点却只有短暂的体会，有关这些定居点的知识一定只有模糊的印象。

---

238   Hammond and Rey, *Don Juan de Oñate*, 872 – 873, 874.

在同一场询问中还描述了另一个制图事件。胡安·罗德里格斯（Juan Rodríguez）在被问到奥尼亚特考察队为何折返时，陈述道："这是因为他们从那个定居点以及更远的地方的很多人那里获得了情报，也因为有一些报告说很多人正集合起来要攻击我们。"这些情报是由某位平原印第安人提供的，他"讲出了北面的大定居点，在他们所在的定居点那里摆上 17 个玉米粒标出它们，又在北面的每一个定居点上各摆了 700 粒，由此想要我们明白，这些定居点要比我们已经发现的这个定居点大得多。他们还在军团长（maese de campo）提供的一张纸上追溯了很多河流，说那些定居点就在这些河边"。绘制这幅地图的那个小定居点基本可以确定在《新墨西哥诸省草图》（Rasguño de las Provincias del Nuevo Mexico）上有所描绘，这是 1602 年由恩里科·马丁内斯（Enrico Martínez）绘制的手稿地图，"显然是现存最早的通过实际的现场观察描绘美洲密西西比河以西地区（American Transmississippi West）的地图"。[29] 这幅欧洲人地图在呈现这个小定居点时，称之为"pueblo de nuevo descubrimto"（新发现的印第安村庄），以 23 个小三角形表示，而不是报告中所说的玉米粒数目可能让人期望的那样是 17 个。这幅地图上其他大多数（但不是全部）定居点则用欧洲式的符号来呈现。[240]

另一次制图事件，与深入内陆的法国探险活动有关。1688 年或 1689 年，拉翁唐男爵路易·阿尔芒·德隆·达尔斯（Louis Armand de Lom d'Arce，baron de Lahontan）沿着明尼苏达河下游上溯。在返程中，四个莫泽姆勒克（Mozeemlek）奴隶陪着来自大平原东北边缘的一大群尼亚克西塔尔人（Gnacsitares）拜访了他。这些奴隶为他"描述了他们的土地，尼亚克西塔尔人则在一张鹿皮上绘制地图，呈现了这片土地"。[241] 这张鹿皮现已不存，但地图内容已整合到拉翁唐旅行报告的法文和英文版中附带的印刷地图中（图 4.60）。[242] 似乎没有疑问的是，这幅鹿皮地图呈现了明尼苏达河在其上游所流经的湖泊、这些湖泊西边普赖里高原的陡峭边缘以及更远的大苏河的河源地区。印刷地图的法文版和英文版分别提到了"peaux de Cerfs"和"Stag skins"（均意为"鹿皮"），这很可能是一只白尾鹿。地图上复数单词（"peaux"和"skins"）的使用与拉翁唐的文字相矛盾，后者用的是单数。最可能的情况是只使用了一块鹿皮——如果原图是在两块或多块鹿皮上绘制的，那可能性会非常大。

印刷地图的左侧明显有一列浓重绘制的山丘。拉翁唐没有到达这一地区，但报告说这道分水岭被描述为"六里格宽的……山脉，非常高大，以至一个人必须撒狗〔在狩猎用语中，

127

---

[29] Hammond and Rey, *Don Juan de Oñate*, 867–868.

[240] Carl I Wheat, *Mapping the Transmississippi West*, *1540–1861*, 5 vols. (San Francisco：Institute of Historical Cartography, 1957–1963)，vol. 1，地图 34 和第 29 页。这幅地图保存于塞维利亚的东西印度总档案馆（Archivo General de Indias）。胡安·罗德里格斯向西班牙国王的墨西哥宇宙志学家恩里科·马丁内斯提供了某些信息，这些信息中至少有一部分体现在后者所绘的这幅有关大平原中部或南部（或二者皆有）的地图中。地图上的河流延伸到了考察队折返处的村落以外，可能就是以印第安人在纸上所画的地图为准。

[241] Lahontan, *New Voyages*, 1：124（注释 93）。法文版为：Louis Armand de Lom d'Arce, baron de Lahontan, *Nouveaux Voyages de Mr le baron de Lahontan dans l'Amerique Septentrionale*, 2 vols. (The Hague：Chez les Fréres〔*sic*〕l'Honoré, 1703)。根据这幅地图，尼亚克西塔尔人和莫泽姆勒克人分别占据了明尼苏达河和大苏河的上游河谷。这两个人群与较晚的后接触时代所知的印第安人族群是何关系，现在均无确定的联系，但普赖里高原（Coteau des Prairies）的东部峭壁可能已经成为两个苏人族群之间的重要边界，它们可能是桑提人和扬克托奈人。

[242] 在法文版中为："Carte que les Gnacsitares ont Dessine sur des peaux de Cerfs"（这一图题位于地图的左半部，与第二个图题之间以一条双点线分隔）"Carte de la Riviere Longue et de quelques autres"；Lahontan, *Nouveux Voyages*, vol. 1。

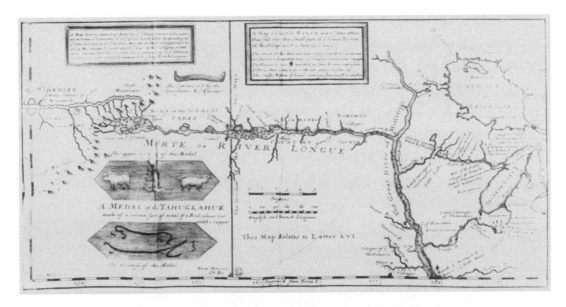

128

图 4.60　以一幅印第安兽皮地图为根据的普赖里高原地图的雕印版

图页左侧三分之一中的图题 [《由尼亚克西塔尔人绘在鹿皮上的地图》（A Map drawn upon Stag skins by ye Gnac-sitares）] 与右侧部分的图题 [《长河地图》（A Map of ye Long River）] 之间以一条标有"两幅地图的分界线"的粗线分开。这条线上有两朵小的鸢尾花饰（fleurs-de-lis），表示拉翁唐的航行所到达的上游极限。对于尼亚克西塔尔人的识别，一直没有一致的意见，但因为拉翁唐在明尼苏达河上中游遇见了他们，据推测他们可能是来自东部平原的苏人。

原件尺寸：16.5×34 厘米。引自 Louis Armand de Lom d'Arce, baron de Lahontan, *New Yoyage to North-America*, 2 vols. （London：H. Bonwicke and others，1703）。承蒙 State Historical Society of Wisconsin, Madison 提供照片（WHi [X3] 50545）。

"撒狗"（to cast）指的是让狗分散开来搜寻跟丢的臭迹] 前往无穷无尽的弯道，才能把这座山搜尽。熊和野兽是山上唯一的居民"。[243] 在雕刻地图上的这样一幅高山的景观以及粗大的山丘符号，在英文版中名为"高山"（High Mountains），这可能部分是源于翻译、转抄和雕版的原因。不过，几无疑问的是，这些山丘是原版鹿皮地图上的显著元素。这道山岭很可能是普赖里高原 230 米高的东缘陡崖。之所以这个地物得到了强调，是因为在一片非常平坦的地区，它包含了仅有的显著的山丘，但也因为这些丘陵标志着文化的分界。在从东边前来时，它们标志一个野牛非常丰富的新的资源区的开端。

128

这幅地图在"高山"的边缘描绘了一个大湖，由一系列注入其中的短溪流供水，位于"死河（Morte）或长河（Longue）"（明尼苏达河）的源头附近。"岛屿上的村落"以大量的圆点呈现。明尼苏达河在上游河段确实流向了一系列狭窄而相对较长的湖泊。要把它们全都呈现出来大概是不可能的，但避而不画却又可能忽略掉尼亚克西塔尔人文化腹地中的重要部分。把几个狭窄的湖泊合并成一个宽湖，在其中画出一些类型化的岛屿，再在其中较大的岛屿上画出圆点，便创造了权力的一种视觉效果。

---

[243]　Lahontan, *New Voyages*, 1：124－125（注释93）。

19 世纪的临时性地图

19 世纪这一地区的临时性地图，在内部召开行动讲解及与欧裔美洲人进行地理交流时均有记录。有一份 19 世纪晚期的报告描述了得克萨斯西部科曼切人之间用临时性地图开展的地图学性质的行动讲解，他们从 18 世纪开始就频繁地在墨西哥北部展开突袭，获取奴隶、马和女人[244]，有时来回路程长达 4 千米。这样的突袭很可能在 1830 年和 1845 年间达到顶峰，当时得克萨斯还没有建州。[245] 有人告诉理查德·多奇（Richard Dodge），老人们如何——

> 在教导开始前的一两天把孩儿们召集起来。所有人坐成一圈，做出一捆木棍，上面标记有刻痕，代表 [出行] 天数。首先从 1 号木棍开始，上面有一处刻痕，每个人都把它轮流拿一下。老人在地上用手指或木片画出粗糙的地图，描绘出由这根有刻痕的木棍所代表的那天的行程。地图中指示了较大的河溪、山丘、山谷、峡谷、干旱地域的隐藏水洞、所有独特或惊人的天然物体。当孩儿们都明白了这些之后，代表下一天征程 [很可能要骑行] 的木棍便也以同样的方式加以描绘，依次直至结束。他 [道奇的知情人佩德罗·埃斯皮诺萨（Pedro Espinosa）] 进一步讲述，他曾认识一群青少年，最大的也不超过 19 岁，其中没有人到过墨西哥，却从得克萨斯的布雷达溪畔的大本营出发突袭墨西哥，深入蒙特雷（Monterey）城那么远，唯一靠的就是他们记在心里的、用这种木棍表示的信息。[246]

129

从布雷迪溪到蒙特雷有 600 多千米远，其间要穿越难走的地域；然而至少从上文的暗示来看，突袭是成功的，因此之前的地理情报讲解也是成功的。

在地面上为欧裔美洲人绘制的地图有时会遭误解。1820 年，在玛雅台地（Mesa de Maya）西缘附近、今天科罗拉多州东南部甘地，一位基奥瓦阿帕切人（Kiowa-Apache）在沙地上为地质学家埃德温·詹姆斯（Edwin James）绘制了一幅地图，是"有关这处泉水的情况及周边地域的详细报告，讲述了在一个盆一般的洞穴里有大约 4 英尺半深的发红的水，洞底部存在大量的盐。但到目前为止，我们在这片地域压根儿没发现一处地物，哪怕只是勉强能对得上他的描述；因为我们已经非常细致地沿着他指给我们的路线的大方向行进过，所以他很可能是有意欺骗"。[247] 但事实可能并不是这位印第安人真的有意欺骗，而是他在地图中呈现了沿着锡马隆河（Cimarron River）向东边的下游走四五百千米后，在阿肯色河的索尔特福克（Salt Fork，直译为"盐汊"）段可遇到的大片盐水，而不是詹姆斯所期望的近处的地物。

有时候，平原印第安人会在定居者建造的建筑的木地板上绘制地图。1858 年，在今马尼

———

[244]　Waldman, *Atlas of the North American Indian*, 151（注释 165）。

[245]　William W. Newcomb, *The Indians of Texas, from Prehistoric to Modern Times*（Austin: University of Texas Press, 1961），349 – 350.

[246]　Richard Irving Dodge, *The Plains of the Great West and Their Inhabitants*（New York: G. P. Putnam's Sons, 1877），414.

[247]　Edwin James, *Account of an Expedition from Pittsburgh to the Rocky Mountains*, 2 vols. and atlas（Philadelphia: Carey and Lea, 1822 – 1823），2: 80 – 81.

托巴省西南部的埃利斯堡（Fort Ellice），探险家詹姆斯·A. 迪金森（James A. Dickinson）想要知道他在沿卡佩勒河（Qu'Appelle River）向下游走时观察到的支流的印第安名字。一位可能是平原克里人（Plains Cree）或阿西尼博因人（Assiniboine）的印第安老人便用一块烧焦的木头在地板上绘制了一幅地图，"每一道小溪都非常准确，我可以轻易把它们识别出来"。[248]

1833 年，苏人中的瓦帕库塔（Wah paa Koo ta）游团和其他游团在特库姆塞堡（Fort Tecumseh）就三年前签定的条约中的一项条款展开争论。代表苏人事务的劳伦斯·塔利亚费罗（Lawrence Taliaferro）在写给埃尔伯特·赫林（Elbert Herring）的信中封入了一份抄本，是对一位瓦帕库塔苏人"用木炭在事务所的地板上所绘"的地图的"匆忙而不完美的"摹绘。在这份抄本上不见任何图画的迹象，原图显然很大。呈递的这幅地图作为证据，对 1825 年和 1830 年的条约中据说苏人同意割让的由一道直线界定的土地的勘界提出异议（图 4.61）。威廉·克拉克在领导完刘易斯和克拉克考察返回之后被任命为圣路易斯的印第安事务总管，把这

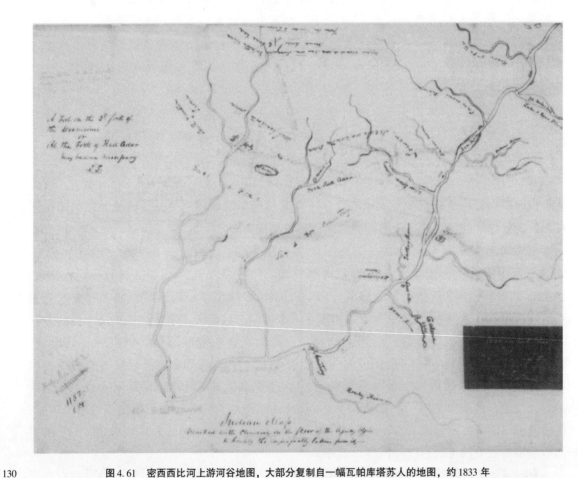

图 4.61 密西西比河上游河谷地图，大部分复制自一幅瓦帕库塔苏人的地图，约 1833 年

130

纸上的草图。地图底部的注释写道："用木炭在事务所的地板上所绘的印第安地图，据之做了匆忙而不完美的改绘。"

原始尺寸：45.5×63 厘米。承蒙 Records of the Bureau of Indian Affaris, National Archives, Washington, D. C. 提供照片（RG 75, Central Map File no. 1152）。

---

[248] Henry Youle Hind, *North-west Territory: Reports of Progress* (Toronto: Lovell, 1859), 59.

封信转交给了赫林。他报告说，在他看来，这幅地图"非常不精确"，这就表明哪怕是与印第安人打过大量直接交道的人，也可能无法用原住民自己的方式去评估本土地图。㉔

19 世纪的纸上地图

其他现存的纸上复制的地图则包括了明显较多的信息，包括自然、文化和政治地物及历史事件，其中一些类似于那些在前文论述过的图画地图里可见的内容。在 19 世纪早期，平原印第安人绘制的一些地图由彼得·菲德勒（Peter Fidler）募得，他是哈得孙湾公司的勘探员。黑脚印第安人酋长基乌库斯［Ki oo cus，意为"小熊"（Little Bear）］在 1802 年为密苏里河和南萨斯喀彻温河的河源地区绘制了一幅地图，由菲德勒摹绘的抄本至今尚存（图4.62）。菲德勒的抄本以黑脚语和英语的注文给出了大量有关植被和景观地物的信息。景观的例子包括"高岩，小杨树"和"圆丘，下有林，顶上无林"等。图中处处都对植被的资源性质做了强调，如"小杨树和浆果"，"浆果"和"许多浆果"。菲德勒的抄本还表示出了森林和草原之间的"林缘"（与北面很远处森林和苔原之间的林缘相区别）。基乌库斯是唯一知道在地图上绘制某种生物地理界线的印第安人，不过也有一些毛皮商人能绘出这种界线，而他们很可能依据的是来自印第安人的信息。考虑到黑脚人家园的地理位置，基乌库斯对于位于今艾伯塔省东南部的云杉和冷杉林、杨树林和牧麦草（wheatgrass）草原的熟悉程度，一定与他所绘地图上蒙大拿州北部的干旱带草原不相上下。

这幅地图还呈现了文化地物。单虚线呈现了横越或沿着河间高地行进的路线，沿线排列着小圆圈，呈现了夜晚的睡觉处。与其中一些圆圈相关联的是一些图画，呈现了独特的环境，如杨树、浆果或树林。相邻的两个点的间距长短不一，可能是地形发生变化的结果。现在尚不知道基乌库斯地图上的圆圈是否用来呈现锥帐的平面视角。 130

在阿巴拉契亚山区，因为岭脊浑圆，又有树木覆盖，如果这里的印第安人居然也发现有必须呈现出某些峰顶，那么可以说是件令人意外的事。㉕不过，落基山脉向着大平原一侧的山形更有区分度，其各个峰顶不仅是重要的地标，也是拥有神话意义或图腾性的地点。基乌库斯的地图把落基山脉呈现为地图边缘一道光滑的线上叠置有一条波浪线，表面上看是表现 132 侧视山丘的图画的一种较简单的类型化的形式，但其中也包含了一些类型化程度较低的侧视山丘的图画。那些呈现了东落基山单个山前低丘的图画各有其独特形态，意味着菲德勒的抄本与原图相当接近。图中有指向解释性文本的数字编号，"3 paps"即用三个乳房状的侧视图呈现，"小丘"用一个小半圆形表示，而"国王（峰）"则是所有这些符号中最大、最高的那个。

1801 年和 1802 年，另一位黑脚印第安人阿科莫基［Ac ko mok ki，意为"众羽"（the Feathers），也叫"小老天鹅"（the younger Old Swan）］为菲德勒绘制了两幅类似的地图，其

㉔　Letter from Lawrence Taliaferro, Indian Agent at St. Peters, to William Clark, Superintendent of Indian Affairs, St. Louis, and to Elbert Herring, Commissioner of Indian Affairs, Washington D. C. , 日期均为 1833 年 7 月 5 日；以及 letter from Clark to Herring, 日期为 1833 年 7 月 21 日；"Letters Received from St. Peters Agency 1824 – 70," National Archives, Washington, D. C. , Records of the Bureau of Indian Affairs, RG75（microfilm roll 757, M234）。这幅地图是致赫林的信的附件，但经由克拉克递送，克拉克对地图做了补充。瓦帕库塔游团可能就是达科他人（东部苏人）中的瓦佩库特（Wahpekute）游团。

㉕　图 4.43 为其中一例。

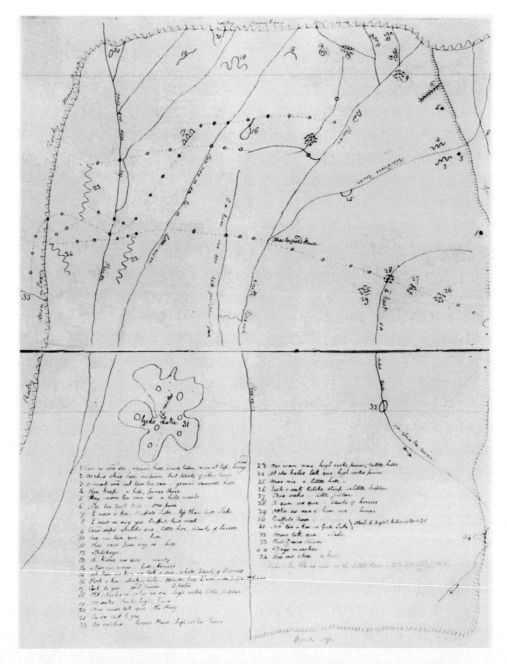

图 4.62 基乌库斯所绘的位于今蒙大拿州北部和艾伯塔省南部的草原和落基山山前地带的地图

密苏里河和南萨斯喀彻温河河源的地图，黑脚人，1802 年。为这一地区北起雷德迪尔河（Red Deer River）、南到密苏里河的无图题地图，"由黑脚人酋长基乌库斯或'小熊'在 1802 年［为彼得·菲德勒］所绘"。以铅笔绘于纸上，上加墨水。在把草原—森林过渡带呈现为一道边界线——"林缘"的传统地图中，这可能是最后一幅。哈得孙公司档案馆还拥有这幅地图的另一个同时代的抄本，绘于一本邮递日志中（B39/a2, fols. 85v–86）。

原件尺寸：48.5×38 厘米。承蒙 Hudson's Bay Company Archives, Provincial Archives of Manitoba, Winnipeg 提供照片（E3/2, fols. 104d-105）。

130–
131

中绘出了落基山中单个的山峰。在这两幅呈现了位于今怀俄明州中部到艾伯塔省南部的落基山脉中，菲德勒摹绘了较早的那幅。落基山脉以近乎笔直而间隔甚近的两条线呈现，沿线绘有表示山峰的半圆形和点。在"解释"中，菲德勒用黑脚语和英语给这些山峰命了名。[251] 这幅地图广为人知，已经有了权威的解读。[252] 一些山峰的名字现在仍然用着菲德勒的英语译名。

阿科莫基在次年所绘的第二幅较不为人知晓的地图展示了一片多少较小的地域，但包含了落基山脉同一段中的大部分区域（图4.63）。这第二幅地图的内容较不丰富，菲德勒的注记也短得多，但在某些方面看来，他的转抄似乎更接近原件。特别是图中保留了反映山峰特征的图腾式图画。沿着落基山脉有五个这样的图画：按照从南到北的顺序，它们依次是心脏、牙齿、乳房、第二颗心脏以及一个"人"头及双肩的侧视。它们已经分别被识别为阿布萨罗卡岭（Absaroka Range）中前部的哈特丘（Heart Mountain）、同一山岭较北部的贝尔图斯山脉（Beartooth Mountains）、蒙大拿州西北部提顿河（Teton River）上游河畔的提顿峰（"提顿"意为乳房或乳头）、刘易斯岭（Lewis Range）中央山麓的哈特山（Heart Butte）和艾伯塔省明尼万卡湖（Lake Minnewanka）东端的魔头山（Devil's Head Mountain）。[253]

在1825年由奥托人（Oto）格罗舒努威哈（Gero-Schunu-Wy-Ha）绘制的一幅大平原北部和中部的地图，呈现了与欧裔美洲人有关的活动（图中两处细节展示在图4.64和4.65中）。地图的图例中提到，格罗舒努威哈是奥托人战斗队的一员，地图上标出了他们的路线。印第安人—欧裔美洲人议事会在地图上也有标注，与1825年的阿特金森—奥法隆（Atkinson-O'Fallon）和平考察有关。这次考察旨在寻求加强双方的关系，并在保护和促进毛皮贸易的意图之下与密苏里河流域的印第安族群订立条约。[254] 这幅地图的现存转抄本带有描述性注释，但相关的事件也以图画的形式呈现在图中。在阿肯色河上游发生的事件以点来标出：它们组成画得很仔细的线，展示了"由五个奥托人组成的以阿拉帕霍

　　[251] "An Indian map of the Different Tribes that inhabit on the East & west side of the Rocky Mountains with all the rivers & other remarkable places, also the Number of Tents. &e. Drawn by the Feathers or ac ko mok ki-a Blackfoot Chief-7ᵗʰ Feby. 1801-reduced ¼ from the Original Size-by Peter Fidler. " 这段文字为这幅绘在纸上的抄本的背书，37.2×47 厘米，Hudson's Bay Company Archives, Winnipeg（G1/25）；在档案中还有这幅地图的另一个抄本（E3/2 fols. 106d-107）。

　　[252] D. Wayne Moodie and Barry Kaye, "The Ac Ko Mok Ki Map," *Beaver*, outfit 307（Spring 1977）: 4–15.

　　[253] 这一解读来自：Moodie and Kaye, "Ac Ko Mok Ki Map," 6–9（以较早的1801年地图为据）；Judith Hudson Beattie, "The Indian Maps Recorded by Peter Fidler, 1801–1810," 提交给渥太华召开的第十一届国际地图学史大会的未发表论文，1985年7月，特别是2—3页；以及同一作者的"Indian Maps in the Hudson's Bay Company Archives: A Comparison of Five Area Maps Recorded by Peter Fidler, 1801–1802," *Archivaria* 21（1985–1986）: 166–175, 特别是170和174页。哈得孙湾公司档案馆还拥有该地图的另一份同时代的抄本：《由黑脚人酋长众羽或阿科莫基所绘，1802年》（Drawn by the Feathers or ak ko mok ki a Blackfoort Chief 1802）（E3/2, fol. 104）。在一篇论证"在加拿大的大多数原住民人群中，本地或定居性的游团，而非部落，才是基本的社会、政治和经济实体"的论文中也复制了这幅地图，并把绘制该图的背景情况作为论据：Theodore Binnema, "Old Swan, Big Man, and the Siksika Bands, 1794–1815," *Canadian Historical Review* 77（1966）: 1–32, 特别是1和23—24页，后者包括图2。阿科莫基地图和其他黑脚人绘制的地图也曾被用作论据来论证"20世纪的地图学史学者如果选择进行跨文化对话，而不是翻译，则可以发现大量与他们自己的传统差异很大的制图传统"：Barbara Belyea, "Inland Journeys, Native Maps"（注释2）。

　　[254] R. Raymond Wood, comp. , *An Atlas of Early Maps of the American Midwest*（Springfield: Illinois State Museum, 1983）, 图版16, 以及 Russell Reid and Clell G. Gannon, eds. , "Journal of the Atkinson-O'Fallon Expedition," *North Dakota Historical Quarterly* 4（1929）: 5–56, 特别是第7页。

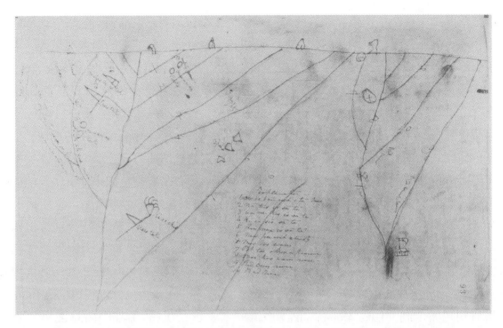

133
图 4.63 阿科莫基所绘密苏里河上游和萨斯喀彻温河上游及它们在落基山脉的河源的地图

由彼得·菲德勒在邮递日志中所绘的抄本，以墨水绘于纸上，为密苏里河上游和萨斯喀彻温河上游在落基山脉北部的集水区域的地图，最初由黑脚人酋长阿科莫基（也叫"众羽"，在其父亲去世之后还被称为"小老天鹅"）绘制。作为三份同时代抄本中最基本的一份，图中保留的图腾和完全为印第安名字的注记都很重要。所有五座图腾式的山峰都在落基山脉东部的前山中，在主要分水岭之上或与之接近，从东部草原上或高原上的黑脚人领地望去可见于西边地平线上。

原件尺寸：20×32 厘米。承蒙 Hudson's Bay Company Archives, Provincial Archives of Manitoba, Winnipeg 提供照片（B39/a/2, fol. 93）。

人为敌的战斗队"外出和返回的路线；在现在基本可以确定是北边的韦尔法诺河（Huerfano River）河源与南边的加拿大河（Canadian）和锡马隆河河源之间的分水岭附近某地，一些点又成簇画出，标出了很可能是"三个阿拉帕霍人被杀，另五个被抓"这一事件发生的"战场"。对一幅印第安地图来说，多少有些不同寻常的是，图中西南方的土地以侧视来呈现（图 4.64）。位于该图南部的这种图画创作不如图 4.65 所展示的对密苏里河部分的画法那么丰富多变；在后一部分中，一列带有方向性的马蹄形符号指明了"阿姆斯特朗上尉（Capt Armstrong）的军队和三个印第安人的路线"，在其他地方则是"阿姆斯特朗上尉的路线"。（阿姆斯特朗的40人小分队连同包括格罗舒努威哈在内的三个印第安人一起陪同参加了溯密苏里河而上的阿特金森—奥法隆考察的陆地部分。）从"议事崖"（Council Bluffs，在今内布拉斯加州奥马哈以北不远处）延伸出的马蹄形符号沿密苏里河上行，到达位于今南达科他州皮埃尔（Pierre）现址附近某处，印第安人的议事会就在那里召开。这里面有一点非常有趣。图中也展示了返程，但只画了非常短的一段距离。[59] 对于

133

---

[59] 另一条标注得很有趣的路线，可以在一幅希达查人（Hidatsa）地图的已出版的抄本中见到。这幅地图画的是从密苏里河上游的贝托尔德堡（Fort Berthold）到布福德堡（Fort Buford）的盗马之行。图中以虚线呈现了步行完成的外出行程，但构成虚线的点划在形状上和彼此之间的位置关系上都不像是一个双足动物造成的痕迹。这段行程的方向只有在把图中信息做整体看待时才能得到解读；这些信息包括返程路线，以被俘获的（一匹或多匹）马的有确定朝向的蹄形记号呈现。Mallery, "Picture-Writing," 图 342（注释4）。

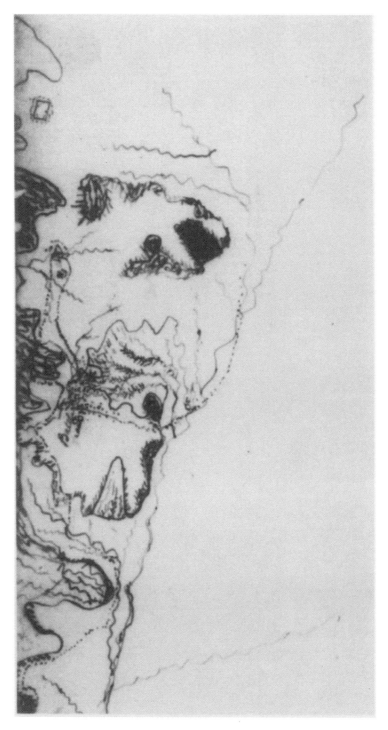

图 4.64　格罗舒努威哈所绘大平原中部和北部地图的细节，1825 年

"本图由一位奥托［Otto］印第安人所草绘，他的名字在其语言中叫'格罗舒努威哈'，意即'非常难过的人'——他是追踪着鹭［heron，原文如此］的战斗队的一员——1825 年 8 月 12 日，密苏里河。"这份有注释的抄本以墨水在纸上绘制。本图把实用的线条图与艺术上更多彩的图画传统结合一体，二者所占比例大致相同。这个局部展示了一支战斗队在霍斯溪（Horse Creek）以上的阿肯色河上游河谷中的活动。

原件完整尺寸：53×42 厘米；此局部尺寸：约 25×14 厘米。承蒙 National Archives, Washington, D. C. 提供照片（RG75，map 931）。

134

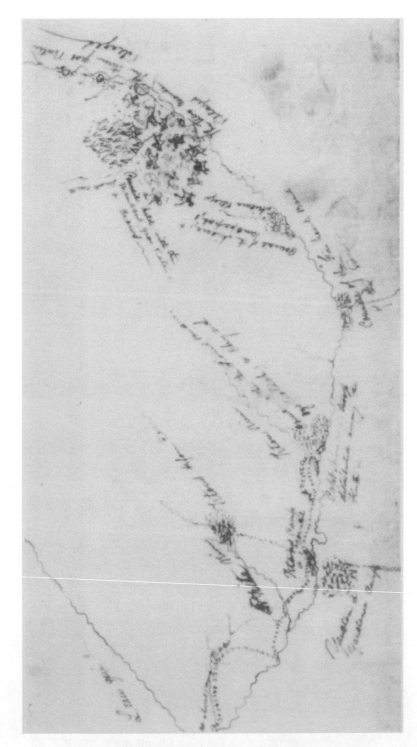

图 4.65　格罗舒努威哈地图的另一处细节，展示了密苏里河上的事件

图中复杂的事件可能与 1825 年夏天在这一地区达成的几项条约有关联，威廉·阿姆斯特朗上尉见证了其中一些事件。这个局部是尼奥布拉拉河汇流处以上的密苏里河谷。

原件完整尺寸：53×42 厘米；此局部尺寸：约 35×19 厘米。承蒙 National Archives, Washington, D. C. 提供照片（RG75, map 931）。

格罗舒努威哈地图中的水文地物的识别，参见图4.66。

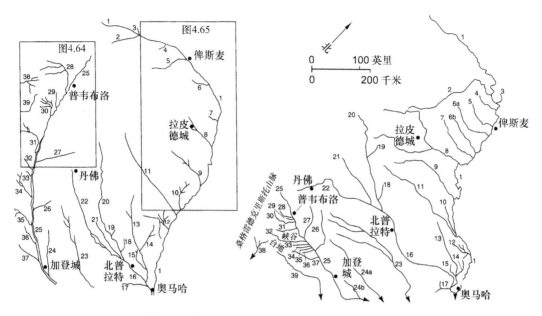

图4.66　格罗舒努威哈所绘大平原中北部地图的水文解读

135

左图是格罗舒努威哈地图的描摹，右图是同一地区的现代地图；以西北为上。也参见图4.64和4.65。

1. 密苏里河

2. 小密苏里河

3. 道格拉斯溪

4. 奈夫河

5. 哈特河

6. 坎农鲍尔河（6a）或格兰德河（6b）

7. 莫罗河

8. 夏延河

9. 怀特河

10. 彭卡溪

11. 尼奥布拉拉河

12. 鲍溪

13. 埃尔克霍恩河

14. 埃尔克霍恩河北支

15. 梅普尔溪

16. 普拉特河

17. 索尔特溪

18. 布卢溪

19. 罗海德溪

20. 北普拉特河

21. 洛奇波尔溪

22. 南普拉特河

23. 雷帕布利坎河

24. 斯莫基希尔河（24a；连接有误）或沃尔纳特溪（24b）

25. 阿肯色河

26. 大桑迪溪

27. 霍斯溪

28. 查尔斯河

29. 锡克斯迈尔溪

30. 韦尔法诺河

31. 阿皮沙帕河

32. 珀加图瓦尔河

33. 鲁尔溪

34. 卡杜溪

35. 马德溪

36. 克莱溪

37. 图巴特溪

38. 加拿大河（源头）

39. 锡马隆河（源头）

　　有名称的印第安族群的永久性村庄，在图中以成簇的点呈现，点的数目因村庄而异。大多数村庄在内部的一簇点之外环绕有圆圈，在圆圈外又分散着更多的点。现在不清楚这些点是否呈现了人口或永久性的住房，也不清楚其排列的意义。临时性的营地和议事会召开地以成族的尖锐的 V 形锥帐符号呈现。其中有一个议事地位于曼丹人、大腹人（Gros Ventres）和克劳人之间，有骑在马背上的印第安人的图画式绘画与这一地点相关（见图 4.65 的上部）。这幅现存的地图基本可以肯定是抄本，很可能是由负责写注释的人所转绘。如果确是这样，那么这些图画可能已经失去了原本的一些细节，以及其中蕴含的意义。不过，它们连同图上的锥帐和马蹄符号以及图画式的土地侧视图一起在风格上与 19 世纪的平原印第安人艺术密切相关，特别是绘在野牛鞣皮上的绘画。这幅地图部分呈现了 80 年之后由"坐兔"所绘的密苏里河流域部分（上文图 4.58）。比起坐兔的地图来，格罗舒努威哈地图在风格和结构上都更具本土特色。这是我们可以预料之事，因为这一地区在 1825 年的时候才刚刚开始受到与欧裔美洲人的接触的文化涵化，但到 20 世纪早期的时候，这里就已经经历了这种不可逆转的过程的全面冲击。

134　　　另一幅由艾奥瓦（Iowa）印第安人农奇宁加（Non-Chi-Ning-Ga）所绘的地图，在 1837 年呈递给在华盛顿特区召开的几个原住民族群的议事会，以展示"我们一直声索的土地"。这幅地图（图 4.67）中央是主要位于今艾奥瓦州及密苏里州北部的密西西比河和密苏里河之间的地域。被置于纸页中央的这片河间地区涵盖了艾奥瓦人在史前时代晚期的迁徙路线，以及艾奥瓦人和其他印第安族群通过 1830 年 7 月 15 日的条约割让给美国的土地，虽然在图

135　中并没有如此标明。条约签订后，艾奥瓦人就其内容仍然与美国政府有争议，一直到 1838 年 10 月 19 日争议才解决。那一天，这幅地图的绘者作为六名艾奥瓦人中的第二位，又签署了一项澄清性条约。㉕ 这幅地图中的一个值得注意的特征，是相对较直的河道。画于圆圈内

　　㉕　这两项条约可见于：Charles J. Kappler, comp. and ed., *Indian Affairs: Laws and Treaties*, 5 vols.（Washington, D. C.: United States Government Printing Office, 1904–1941），2: 305–310 和 518–519。

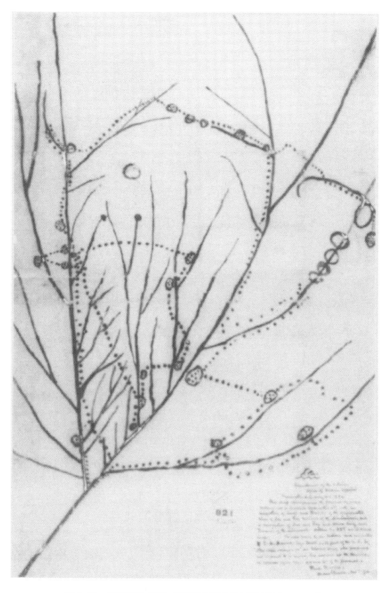

图 4.67　农奇宁加所绘其印第安祖先的迁徙地图，1837 年

密歇根湖和大平原北部之间的密西西比河上游和密苏里河上游水系的无标题手稿地图，绘于纸上。本图展示了"我〔艾奥瓦人〕祖先的路线—我们一直声索的土地"。原件由农奇宁加在 1837 年 10 月 7 日呈递给在华盛顿特区召开的代表会议。当时，索克人（Sauks）和福克斯人（Foxes）将要出售大片优质牧场，艾奥瓦人害怕他们会因此承受这些失去土地却力量强大的邻近族群的压力。

原始尺寸：104×69 厘米。承蒙 Cartographic Branch，National Archives，College Park，Maryland 提供照片（RG75，map 821，tube 520）。

136

的 2—8 列圆点呈现了以前的定居地点。图 4.68 展示了这幅地图上所描绘的地域。

亚北极地区

亚北极地区的原住民是讲阿塔帕斯坎语（Athapaskan）和阿尔贡金语的人群，占据着今

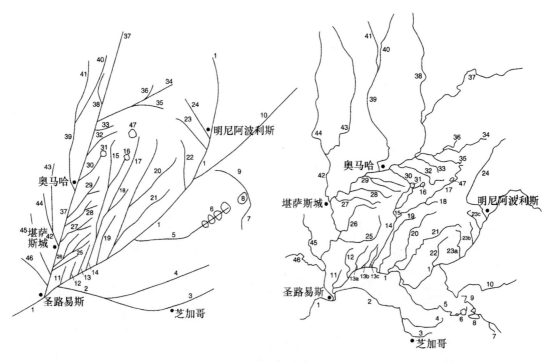

137　　　　　　　　　　图4.68　农奇宁加所绘地图的水文解读

左图是农奇宁加地图的描摹，右图是同一地区的现代地图；以西为上。

1. 密西西比河

2. 伊利诺伊河

3. 德斯普兰斯河

4. 福克斯河（伊利诺伊州—威斯康星州）

5. 罗克河（伊利诺伊州—威斯康星州）

6. 罗克河上游的一系列小湖和沼泽

7. 格林湾？

8. 温纳巴戈湖

9. 福克斯河（威斯康星州）

10. 威斯康星河

11. 奎夫尔河

12. 索尔特河

13. 南法比乌斯河（13a）或怀厄康达河（13b）或福克斯河（艾奥瓦州）（13c）

14. 得梅因河

15. 拉孔河（西支和东支）

16. 斯托姆湖

17. 得梅因河西支

18. 得梅因河东支

19. 斯康克河

20. 艾奥瓦河

21. 锡达河

22. 特基河

23. 鲁特河（23a）或赞布罗河（23b）或坎农河（23c）

24. 明尼苏达河

25. 查里顿河

26. 格兰德河

27. 普拉特河

28. 诺达韦河

29. 尼什纳博特纳河

30. 鲍耶河

31. 布莱克霍克河

32. 小苏河

33. 弗洛伊德河

34. 大苏河

35. 罗克河（明尼苏达州—艾奥瓦州）

36. 斯康克溪？

37. 密苏里河

38. 尼奥布拉拉河

39. 普拉特河

40. 北普拉特河

41. 南普拉特河

42. 堪萨斯河

43. 雷帕布利坎河

44. 斯莫基希尔河

45. 奥萨奇河

46. 加斯科纳德河

47. 赫伦湖

天加拿大的大部和阿拉斯加的内陆地区。今天原住民人群可能只有 6 万人，分成很多小型游团，分散在面积大约 320 万平方千米的土地上。⑤ 他们传统上是渔猎者，过着一种与驯鹿的季节性迁徙密切相关的游动式生活。只有在夏季，这些小型游团才会短暂地会合为较大的群体，但是游团之间的松散联系在过去很重要，特别是可以保持彼此之间的通信网络。驯鹿群的迁徙通常是可预测的，但分散的游团可以迅速侦察到未预计到的变数，他们可以"报告驯鹿移动、分散和聚集的方向"。⑧ 不管他们是不是用地图学的方式交流，相关信息显然是空间性的。动物的分布和迁徙，都是在肩骨占卜中可以识别，并在桦皮噬咬中制作的一些最重要的类似地图的要素。

树皮和兽皮上的地图

与东北部地区一样，亚北极地区的印第安人把纸桦皮用于多种用途，包括制作地图。有 136 一份报告讲述了供地图学简报之用的桦皮地图的制作过程，在其中暗示这样的地图在印第安人与欧洲人接触之前可能已经在他们之间有所应用。1861 年夏，亨利·尤尔·欣德（Henry

---

⑤　Colin Taylor, "The Subarctic," in *The Native Americans: The Indigenous People of North America* (New York: Smithmark, 1991), 182 – 203, 特别是 182 页。

⑧　James G. E. Smith, "Economic Uncertainty in an 'Original Affluent Society': Caribou and Caribou Eater Chipewyan Adaptive Strategies," *Arctic Anthropology* 15, no. 1 (1978): 68 – 88, 特别是 68 页。

Youle Hind）正在魁北克东部率领一支考察队溯穆瓦西（Moisie）河而上。魁北克的拉瓦尔大学（Laval University）的神父菲尔朗（Ferland）向他出示了一张图，由七名蒙塔格奈印第安人制作。"这张图展示了这些印第安人所经行的路线，从［拉布拉多半岛］大西洋沿岸哈密尔顿湾（Hamilton Inlet）……到内陆一个大湖……到穆瓦西河东支近源头处；他们穿过一道低矮的分水岭就到了这个源头附近，然后沿河而下到圣劳伦斯湾。"[259]

这次考察的目标之一，是检查蒙塔格奈人地图的准确性，除此之外，今天已经不知道有关这幅地图的其他任何信息。很明显，靠这幅地图是不足以旅行的。欣德有一位蒙塔格奈向导和一位阿贝纳基（Abenaki）向导，分别叫路易（Louis）和皮埃尔（Pierre），很快就不确定前方应走何路。当时他们还在穆瓦西河下游，路易竭力想劝说多姆尼克（Domenique，另一位蒙塔格奈人）和一位佚名的纳斯卡皮（Naskapi）年轻人充当前往该河源头之路和更远的路的向导。然后，他建议欣德让这两人好好吃一顿，并允许他们歇息。之后，就发生了如下的对话：

> "你要去哪里，路易？"当这个印第安人在吃完晚饭大约一小时之后拿着桦皮火把钻进树林的时候，有人问道。
>
> "搞点桦皮画地图。"
>
> "什么地图？"
>
> "多姆尼克要画联运陆路的地图，给我们指路。明天，"路易会心一笑，继续说道，"我会和多姆尼克说纳斯卡皮小伙子的事；多姆尼克很高兴，喜欢晚饭，喜欢烟叶，喜欢一切。我想他会让纳斯卡皮小伙子去的。"
>
> ……路易带着一张供多姆尼克在上面画地图的新鲜桦皮回来了。[260]
>
> 我们在营火边坐到很晚，一直在与多姆尼克和纳斯卡皮年轻人谈话。小伙子看上去非常聪明，对高地地区非常了解。他和多姆尼克一起画了穆瓦西河和蒙塔格奈古道的地图，一直画到分水岭那么远——展示了阿舒阿尼皮河（Ashwanipi River）的发源地，从那里这条河开始了几百英里长的流程，最后注入拉布拉多半岛大西洋海岸侧的哈密尔顿湾。
>
> 他画上了所有的联运陆路，把这地图解释给路易和皮埃尔听。皮埃尔负责保管地图，在我们起身之前，他反复追问每一处微小的细节，想看看他是否已经完全理解。[261]［参见图4.69和图4.70］

地图也会绘在兽皮上。曾有人提及1722年由两位奇帕威安人（Chipewyans）"用木炭在光面皮上"绘制的一幅地图。[262]该图似乎呈现了大片地域：丘吉尔港（Churchill）附近的哈得孙湾西岸，很可能还有今天向西远达科珀曼河（Coppermine River）的加拿大大陆地区的北冰

[259]　Henry Youle Hind, *Explorations in the Interior of the Labrador Peninsula, the Country of the Montegnais and Nasquapee Indians*, 2 vols. (London: Longman, Green, Longman, Roberts, and Green, 1863), 1: 10.

[260]　Hind, *Explorations in the Interior*, 1: 83 – 84.

[261]　Hind, *Explorations in the Interior*, 1: 88.

[262]　Johann Reinhold Forster, *History of the Voyages and Discoveries Made in the North* (London: G. G. J. and J. Robinson, 1786), 388.

图4.69　多姆尼克在桦皮上绘制地图的绘画，1861年　　138

威廉·乔治·理查德森·欣德（William George Richardson Hind, 1833—1889）所绘，当时他正参加由其兄亨利·尤尔·欣德领导的前往魁北克东部穆瓦西河的考察。在第一个急流处，两位纳斯卡皮向导就前方的道路向一位叫多姆尼克的蒙塔格奈人寻求建议。图中是这幅画的局部，展示了他在回复时做的第一件事是绘制了一幅穆瓦西河上游的地图。

原始尺寸：27.9×40.6厘米；此局部尺寸：约12×12厘米。承蒙Metropolitan Toronto Reference Library提供照片（John Ross Robertson Collection, T31956）。

洋沿岸。可能这幅地图仅是约翰·巴罗（John Barrow）所说的一批地图中的一幅。巴罗曾经　137
提到"由印第安人在兽皮上涂绘的粗糙图画，虽然不用比例尺或罗盘，却以可以容忍的精度标出了哈得孙湾的小海湾，并画出了直至科珀曼河的不间断的海岸线"。他又在一个脚注中提到"这些图画中有一幅藏于哈得孙湾公司"。[263] 这张图很可能指的是那幅在背面写有如下字样的光面皮地图："摩西·诺顿所绘哈得孙湾北部的草稿，根据印第安人的信息，由他于1760年带回"（Moses Nortons Drt. of the Northern Parts of Hudson's Bay laid dwn on Indn. Information

---

[263]　John Barrow, *A Chronological History of Voyages in to the Arctic Regions*; *Undertaken Chiefly for the Purpose of Discovering a North-east, North-west, or Polar Passage between the Atlantic and Pacific* (London: John Murray, 1818), 376.

138　　　　　　　　**图 4.70 蒙塔格奈酋长多姆尼克向几个纳斯卡皮人解释他的桦皮地图**

以水彩和石墨及刮画技法在商业制作的彩色纸上绘制。在这幅画中,威廉·乔治·理查德森·欣德展示了多姆尼克用他绘制的地图 (图 4.69) 向两位纳斯卡皮向导路易和皮埃尔提出建议,告知前往穆瓦西河源头及穿越分水岭进入拉布拉多半岛的丘吉尔河水系的路线。此时,他得到了一位佚名的纳斯卡皮年轻人的协助,可能就是画中跪坐展现出侧脸的人。

原始尺寸:17.8×26.6 厘米;此局部尺寸:约 11×12 厘米。承蒙 Art Gallery of Hamilton, Ontario 提供照片 (Bert and Barbara Stitt Family Collection, 84. STI. 61)。

& brot. Home by him anno 1760) (图 4.71 和 4.72)。然而,这幅地图并不是"涂绘"出来的,而是用铅笔所画,并用墨水写下了地名和注释。铅笔画部分可能是由这两位向哈得孙湾公司职员诺顿提供信息的奇帕威安人完成的,也可能不是。没有疑问的是,这张兽皮是真品,它也很可能是亚北极地区现存最古老的兽皮地图。㉖

瀑布和急流是独木舟航行的障碍和风险,也是捕鱼和设陷阱捕捉以鱼为食的小型兽类的地点,它们在地图中以一道或多道横划标出,但不清楚是什么决定了每一组短划线的数目和间距。每道瀑布用一条线表示大概最有可能,但现在有证据指出,这些短划可能微妙地传达

㉖ 另一幅尚未判明为真品的兽皮"地图"(见图 4.31),日期为"1607 年 5 月",在整个北美洲都最古老,但更像是一幅侧视图,而不是地图。

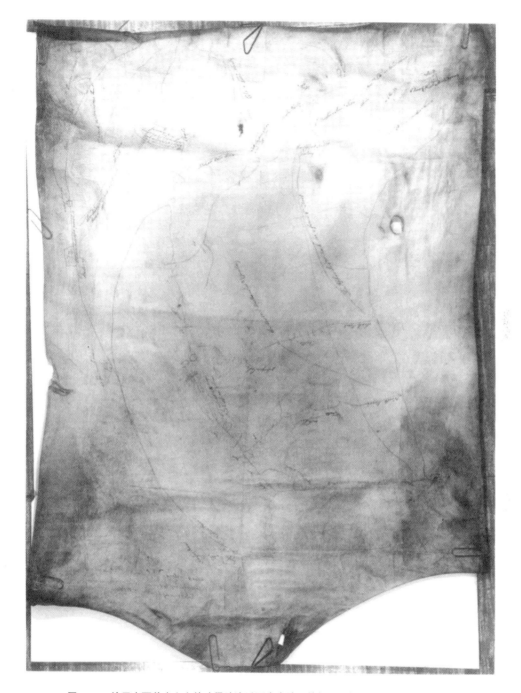

图 4.71　绘于光面兽皮之上的哈得孙湾以西广大地区的加重了标记的地图，约 1760 年

可能是奇帕威安人所绘。此图为摩西·诺顿所绘，或由他编纂，之后诺顿将此图带至伦敦，以向哈得孙湾公司的董事提供在这一基本一无所知的地区中与水道相关的有潜在价值的商业情报。

原始尺寸：88.5×64.5 厘米。承蒙 Hudson's Bay Company Archives, Provincial Archives of Manitoba, Winnipeg 提供照片（Map G2/8）。

140 –
141

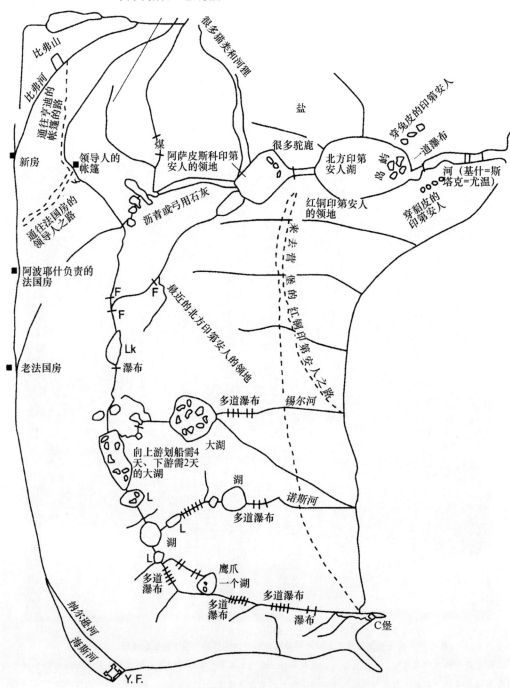

一条含硫的河，原住民饮
其水代替白兰地而沉醉

很多鲑类和河狸

盐

穿兔皮的印第安人

比弗山

比弗河

通往亭迪的
帐篷的路

煤

阿萨斯科印第
安人的领地

很多驼鹿

北方印第
安人湖

岛屿

一道瀑布

河（基什=斯
塔克=尤温）

新房

领导人的
帐篷

沥青或弓用石灰

红铜印第安人
的领地

穿貂皮的
印第安人

通往法国房的
领导人之路

阿波耶什负责的
法国房

最近的北方印第安人的领地

来去督堡的红铜印第安人之路

F
F

锡尔河

多道瀑布

Lk
瀑布

老法国房

大湖

向上游划船需4
天、下游需2天
的大湖

L

湖

多道瀑布

诺斯河

L

湖

L

鹰爪
一个湖

多道瀑布

多道
瀑布

孙尔逊河

多道
瀑布

瀑布

C堡

海斯河

Y. F.

图4.72 哈得孙湾地图（图4.71）的重绘

141

据 John Warkentin and Richard I. Ruggles, eds. , *Manitoba Historical Atlas*: *A Selection of Facsimile Maps*, *Plans*, *and Sketches from* 1612 *to* 1969（Winnipeg: Historical and Scientific Society of Manitoba, 1970）, 89。

了有关这些瀑布和急流的特征信息，而不必然是数目。㉕ 如果这种微妙而多变的图画创作曾 138
在 18 和 19 世纪有应用的话，那么欧洲人可能没有意识到它的重要性，因此可能会摹绘出简化
的抄本。尽管用于表示瀑布和急流的线条在亚北极地区地图中格外具有特征性，但是它们并非
这一地区所独有（比如可参见上文图 4.18，其中就用到线条来表示萨斯奎哈纳河上的瀑布）。

另一幅兽皮地图到相对晚近的时候才发现，但似乎可以作为一种十分古老的传统的实
例。在 1979—1980 年的初冬，河狸印第安人（Beaver Indians）与北方输油管线机构
（Northern Pipeline Agency）之间召开了正式的听证会。在这次听证会上讨论了计划铺设的输
油管线对不列颠哥伦比亚省东北部印第安人传统生活和经济的可能冲击，并展示了很多专门
为此准备的主题地图。当天结束的时候，就在官员以为会议活动应当完了之时，一对夫妇把
一捆驼鹿皮带进了会厅：

> 无论是阿甘（Aggan）还是安妮（Annie），当天早些时候都没有发言，但他们径直
> 走向了长者们所坐的桌子。他们在那里解开了捆着那捆东西的皮带，开始非常小心地把
> 外面的套子褪下来。乍一看，里面的东西像是厚厚的一张兽皮，紧紧地压在一起。阿甘
> 非常仔细地把这张兽皮从套子里取出，开始揭开它的各层。这是一幅华丽的梦境地图。

> 这幅梦境地图与桌面一样大，已经紧紧地折叠了很多年。在它上面覆盖着数以千计
> 短小、坚实、五颜六色的标记。[印第安]人们催促主席和其他白人来访者围在桌子
> 边。阿布·费洛（Abe Fellow）和阿甘·沃尔夫（Aggan Wolf）做了解释。这上面是天
> 堂；这是必须遵循的小路；这里是错误的方向；这里是所有地方中最不应该去的地方；
> 那边都是动物。他们解释说，所有这些都是在梦里发现的。

> 阿甘还说，除非有非常特殊的原因，否则把一幅梦境地图打开就是错误的做法。 139
> 但印第安人的需求必须得到知晓；听证是重要的。所有人现在都必须看一下地图。那
> 些想拍照的甚至可以拍些照。不过，他们应该意识到梦境地图上错综复杂的路线和意
> 义并不容易把握。没有时间把它们都解释清楚。来访者[主要是非原住民的加拿大
> 人和美洲人]聚集在桌子周围，啧啧称奇，并感到困惑。最吸引人的事情突然发生
> 了变化，不再是对程序的关注、输油管道、术语和条件，而变成了印第安人的世界。

> 地图缺失了一角，一位官员询问它是怎么损坏的。阿甘回答说：有一位死者很难
> 找到上天堂的路，所以这幅地图的拥有者就把地图割下来一块，与其尸体一同埋葬。
> 阿甘说，哪怕得到的只是一块碎片的帮助，那个死掉的男人也有很大可能找到正确的
> 路径，而当拥有这幅地图的人去世时，这整幅图都会陪葬。㉖

河狸印第安人的梦境地图要比其他已知的兽皮地图大得多，是一件真正的本土人造物。

㉕ 1975 年 4 月，一位叫亨利·卡克卡亚什（Henry Kakekayash）的威加莫湖奥吉布瓦人（Weagamow Lake Ojibwa）
画出了八种类型的急流，把以下一组特征的组合作为基础来区别它们：长度，流速，是否有岩石，独木舟的适航性，能
捕到多少鱼，布设捕鱼陷阱的合适程度，以及是否能见到捕鱼的兽类。画的横跨在（带有湖泊、汇流处等的）河道上的
梯状线条之间具有微妙的间距变化，其呈现如同平面图一般，让人觉得很像 18 和 19 世纪的印第安地图的抄本。Edward
S. Rogers and Mary B. Black, "Subsistence Strategy in the Fish and Hare Period, Northern Ontario: The Weagamow Ojibwa, 1880 –
1920," *Journal of Anthropological Research* 32（1976）：1 – 43，特别是 8 页（图 2）。

㉖ Brody, *Maps and Dreams*, 266 – 267（注释 24）。

这类用耐久的兽皮制作并妥善保管的人造物本来可能有很长的寿命，但在其拥有者去世的时候便无法再让人观看。很可能还存在很多这样的地图。[267]

在河狸印第安人中，可能还在其他北部阿塔帕斯坎人中，宇宙的模型会绘在萨满的仪典用鼓的皮制鼓头上。这些模型通常描绘的是很多社会都很熟悉的萨满宇宙结构：中央一根竖直的"世界之轴"，把上面和下面的两个超现实世界（天空和下界）与大地上的自然世界相连。水平的轴包括了大地平面上的四个基本方位点，其中心是通往上界和下界之门，萨满可以通过这道门以巫术的方式飞入隐藏的内部经验维度。每个基本方位点都与一种颜色、一天的某个时间、一个季节、一种性别和一种性质（比如好、危险等）相关联。在其中心，所有这些属性（雄性与雌性、温暖与寒冷、有益与有害）会相遇并联合为一。沿着这些方位组成的圆圈顺时针行进象征着婴儿期、童年和青春期的幻视探索（vision quest）。[268] 图 4.73 复制了约绘于 1915 年的一个环形模型，中央的十字形象征了创世的场所：在河狸印第安人的创世神话中，造物

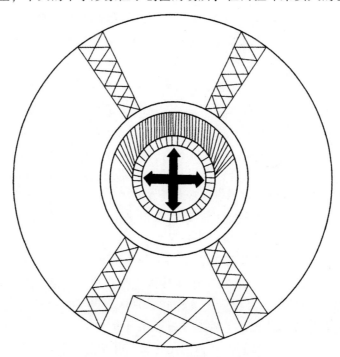

141　　　　　　　　　　　　**图 4.73　河狸印第安人鼓头上的宇宙志图案**

　　　　萨满用鼓上的这个图案表明，世界被分成了四个部分。中央十字形固定了大地的中部，确立了（水平方向上的）基本方位，每个基本方位都与河狸人的图腾有关联。十字形中央是（竖直方向上）连接上界和下界之处。

　　　　引自 Robin Ridington and Tonia Ridington, "The Inner Eye of Shamanism and Totemism," *History of Religions* 10 (1970)：49 - 61，特别是 52 页（图 1）。

---

　　[267]　虽然还没有证据表明它们在其拥有者去世时必须毁掉，但在 1762 年由俄亥俄河上游河谷的一位特拉华人布道者绘制的那些兽皮地图似乎也有非常类似的制作目的（91 页）。与 20 世纪 70 年代晚期的河狸印第安人一样，特拉华人在 1762 年的生活方式也受到了来自欧洲人和欧裔美洲人定居者的压力，他们的布道者的地图展示了他们从前的家园、他们被迫迁往的位于俄亥俄河上游河谷的土地及难于前往的死后世界之间的关系。

　　[268]　Robin Ridington and Tonia Ridington, "The Inner Eye of Shamanism and Totemism," *History of Religious* 10 (1970)：49 - 61，特别是 51—52 页。

主在水面上画了一个十字形，把动物送下来找寻陆地。当麝鼠（muskrat）在指甲下面带了一点泥土前来时，造物主捉住它，把它放到水面上的十字形中央作为大地，并告诉它要成长。图中内侧的两个圆圈呈现了两个超现实世界。从十字形向外倾斜的线条通往布满斜线阴影的通往天空的路径，是由文化英雄萨亚（Saya）在幻视探索中发现的。[29]

肩骨占卜

肩骨占卜（scapulimancy）是占卜的一种形式，人们会使兽类的肩胛骨产生随机的裂纹和灼痕（图4.74）。这种占卜在亚欧大陆和北美洲北部均有实践。肩胛骨上的图案通常是用热来引发［灼烧肩骨占卜（pyroscapulimancy）］，但也可以用打击的方法。在其他情况下，占卜可以把肩胛骨的自然形状、颜色和脉纹作为根据。在占卜时，人们常常会识别出类似地图的图案，并把它们与已知的地理地物（通常是河湖）联系起来。在19世纪中期之前，真

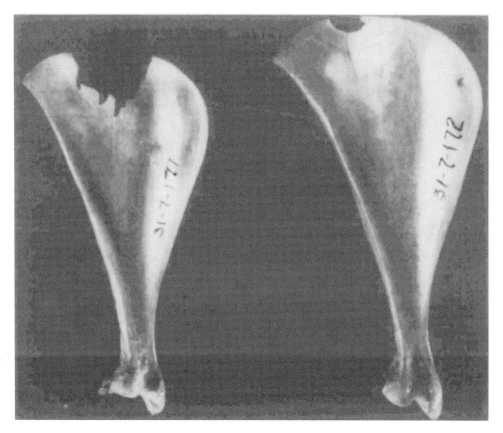

图4.74　用于占卜的肩胛骨　　142

这些是野兔的肩胛骨，由弗兰克·G.斯佩克于1931年在魁北克圣让湖收集。

原始尺寸：约5.5×3厘米和5.9×3.2厘米。承蒙 University of Pennsylvania Museum, Philadelphia 提供照片（31－7－171 及 31－7－172；neg. 54－102140）。

---

[29]　Robin Ridington, "Beaver," in *Handbook of North American Indians*, ed. William C. Sturtevant（Washington, D. C.：Smithsonian Institution, 1978 –）, 6：350－360, 特别是354页, 及 Ridington and Ridington, "Inner Eye"。

正的灼烧肩骨占卜在北美洲并无报告[20]，但它完全可能在欧裔美洲人不知情的情况下进行。

对肩骨占卜的较早描述，是由拿破仑・A. 科莫（Napoleon A. Comeau）根据他一生与蒙塔格奈人打交道的经验写成的。科莫描述了一种"习俗，名为'outlickan meskina'，直译出来是'肩骨踪迹'，在外人在场的时候很少开展。他们更喜欢用驯鹿的肩胛骨，觉得'最忠实、最有远见'"。[21] 把肩胛骨在烧到红热的煤上放置几秒钟，让骨头在多个方向上开裂，然后便对裂纹加以解读。有些是以非地图学的方式"释读"的；比如说没有分支的短之字形线意味着大麻烦和困苦。然而，大部分占卜与狩猎策略有关，并需要把裂纹和灼痕构成的图案中的一部分释读为地图。最大的灼痕斑总是代表进行占卜的营地，而较小的灼痕斑表示猎物。伸向骨头上有灼痕的部分的裂纹则解读为路径的地图，人们会在地面上遵循这些路径。[22]

在蒙塔格奈人北边和西边的纳斯卡皮人和米斯塔西尼克里人（Mistassini Crees）中间使用多种动物的骨头开展的肩骨占卜得到了弗兰克・G. 斯佩克（Frank G. Speck）的描述。[23] 坦纳（Tanner）在写作有关克里人的论著时，推测占卜术随着所用的动物的不同而不同。像驼鹿和驯鹿这样的大型兽类的肩胛骨的释读，要比那些小型兽类的肩胛骨更难，可能也更危险。较大的骨头仅在发生极大肉类短缺的时候使用，而且在坦纳撰书的那个时候，用它们的人数也越来越少。[24] 在一个案例中，人们告诉坦纳，梨形肩胛骨的狭端表示北，而在骨头一侧纵向排列的凸棱（侧突）则可以把东和西区分开来。[25]

不管传统是怎样的，也不论兆象如何解读，肩胛骨上的图案常常与地面上的陆地和水文图案相关。斯佩克得出结论说"肩骨占卜常常具有地图学性质"。[26] 他复制了肩骨占卜的一份本土草图，这次占卜向一位圣约翰湖蒙塔格奈（Lake St. John Montagnais）猎人展示了他应该去一条河的哪个支流打猎；同时复制的还有同一位印第安人绘制的一幅相关水文参照物的桦皮地图："注入圣约翰湖［也叫圣让湖（Lac Saint-Jean）］的 Atikwabe'o"河和它的支流"Kak ~ste'namickcipic，即'黑河狸河'（Black Beaver River）"。[27]

肩骨占卜的生态和社会功用是个有争议的问题。穆尔（Moore）曾论证说，在纳斯卡皮人中，它可以让狩猎图案呈现随机性，这样驯鹿就无法预测猎人的行为。[28] 亨里克森（Hen-

---

[20]　但有一个例外，就是在 1634 年对魁北克周边讲阿尔贡金语的原住民中的占卜活动已有简短提及；参见 John M. Cooper, "Scapulimancy," in *Essays in Anthropology Presented to A. L. Kroeber in Celebration of His Sixtieth Birthday*, June 11 1936, ed. Robert H. Lowie（Berkeley: University of California Press, 1936; reprinted, 1968）, 29 – 43, 特别是 29 页。

[21]　Napoleon A. Comeau, *Life and Sport on the North Shore of the Lower St. Lawrence and Gulf*, 3d ed.（Quebec: Telegraph Printing, 1954）, 264.

[22]　Comeau, *Life and Sport*, 265 – 266; 在 264 和 265 页之间有一片得到地图学解读的肩胛骨的照片。

[23]　Frank G. Speck, *Naskapi: The Savage Hunters of the Labrador Peninsula*（Norman: University of Oklahoma Press, 1935）, 138 – 164.

[24]　Adrian Tanner, *Bringing Home Animals: Religious Ideology and Mode of Production of the Mistassini Cree Hunters*（New York: St. Martin's Press, 1979）, 122 – 124.

[25]　Tanner, *Bringing Home Animals*, 118.

[26]　Speck, *Naskapi*, 146（注释 273）。

[27]　Speck, *Naskapi*, 140 – 142 和 145 – 146, 特别是图 12A 和 14D。［虽然斯佩克说这些图都由同一位猎人绘制，但这位猎人在书中一个地方叫西蒙（Cimon），在另一个地方却叫西比克（Cibic）。］

[28]　Omar Khayyam Moore, "Divination-A New Perspective," *American Anthropologist* 59（1957）: 69 – 74, 特别是 71 页。

riksen）认为纳斯卡皮人很可能只在至关重要的决策状况下才应用肩骨占卜，这样可以把到哪里搜寻驯鹿的决定归于外因。"以这种方式，好猎人可以谴责肩骨占卜可能遭遇的失败，因此可以谴责那些预防措施本身；这就让人们在关键状况下可以较为容易地采取狩猎方案。"[279] 不论间接的结论是什么，也不管这些占卜在生态上和社会上有多重要，它们在根本上都要求把骨头上出现的随机图案释读为地图。[280]

图案噬咬

通过另一种叫作"树皮噬咬"（birchbark biting）或"图案噬咬"（design biting）的本土方法，可以产生其他一些随机的图案，有时候也被看作路径地图。这是亚北极地区阿尔贡金族群的做法，通常由女性完成。制作者把一张薄桦皮折叠，在上下牙之间咬紧，便可制造出对称的图案（图 4.75）。至少在较近的时代，蒙塔格奈人有时在描述这些兆示机遇或错误的图案时会用到路径地图的概念："开始有树，但小路出现了"；"猎人的小路"；"帐篷和连接路"，等等。[281] 现在既不知道这种桦皮噬咬的分布区域范围，又不知道其历史起源，但在20世纪，相关的报告出现在西达明尼苏达州北部的南部奥吉布瓦人及萨斯喀彻温省北部的西部林地克里人（West Wood Crees）中。[282] 不过，现在没有办法确定在早期记录的噬咬树皮中是否包含了有意作为或解读为路径地图的图案。

虽然灼烧肩骨占卜和桦皮噬咬毫无疑问是古老的本土实践，但是现在并不能确定地表明，在那些兆示着机遇的图案中识别出地图的做法也同样古老，而且具有完全的本土性。虽然可能性不大，但我们也不能完全排除这种情况，就是这种做法是在与欧洲人及其地图接触之后才出现的。此外，这些做法在北美洲的主要地区中似乎也只是其中一个地区的特征。

143

---

　　[279] Georg Henriksen, *Hunters in the Barrens: The Naskapi on the Edge of the White Man's World* (St. John's: Institute of Social and Economic Research, Memorial University of Newfoundland, 1973), 49.

　　[280] 与肩骨占卜相关的占卜活动还有镜面探视（scrying）和占火术（pyromancy）。镜面占卜是在一个光滑表面（传统上几乎都是水面）多次长时间地凝视，以"看到"以某种类似平面图的形式呈现的遥远物体，这样可以"确定丛林中一些可怕的敌人、陌生人或生物的位置"；John M. Cooper, "Northern Algonkian Scrying and Scapulimancy," in *Festschrift, publication d'hommage offerte au P. W. Schmidt*, ed. William Koppers (Vienna: Mechitharisten-Congregations-Buchdruckerei, 1928), 205–217, 特别是210页。镜面探视在以下文献中也有提及：Thwaites, *Jesuit Relations*, 15: 178, 17: 210（均为1639年），33: 192–194（1648），及39: 20（1653）。占火术是用火占卜，法国耶稣会士在17世纪做了观察；它有时候也有地图学功能。1647年，有人报告魁北克三河城（Trois-Rivières）北部的阿蒂卡梅克人（Attikamek）用占火术来"在森林中寻找动物，发现是否有什么敌人入侵了他们的领地，还有其他一些类似的目的"。在1635年或此前不久，耶稣会士让·德布雷伯夫（Jean de Brébeuf）看到一位老妇人在画在泥地上的安大略湖地图旁边通过几堆小火来预测易洛魁人的一场突袭的结局。Thwaites, *Jesuit Relations*, 8: 125 及 31: 211（注释113）。

　　[281] Frank G. Speck, *Montagnais Art in Birch-Bark, a Circumpolar Trait*, Indian Notes and Monographs, vol. 11, no. 2 (New York: Museum of the American Indian, 1937), 74—80, 特别是图版 XIII。在20世纪早期，在通过噬咬折的桦皮制造的20幅实验性图案中，有7幅被解读为路径地图。这些被噬咬的树皮原件藏于纽约的美洲印第安人博物馆（the Museum of the American Indian, 编号为 19/5763–19/5771, 19/5773–19/5775）。

　　[282] 以下文献中有对被噬咬的树皮和桦皮噬咬的报告，但不一定都涉及树皮上的地图的识别：J. G. Kohl, *Kitchi-Gami: Wanderings Round Lake Superior* (London: Chapman and Hall, 1860), 412–414；Frances Densmore, *Chippewa Customs*, Bulletin of the Smithsonian Institution Bureau of American Ethnology 86 (Washington, D. C.: United States Government Printing Office, 1929), 184–185；及 Harry Moody, "Birch Bark Biting," *Beaver*, outfit 287（spring 1957）: 9–11。最早的报告见于：Thwaites, *Jesuit Relations*, 63: 291（注释113），在蒂里·伯谢弗（Thierry Beschefer）1687年的一封信中。伯谢弗没有给出那些被噬咬的树皮的来源，但根据他本人的活动范围，可推测这些树皮可能来自加拿大滨海地区和苏必利尔湖之间的某个地方。

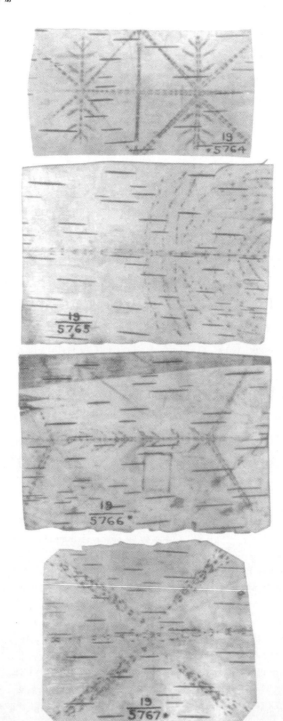

图 4.75　桦皮上的噬咬图案，有些被解读为路径地图

蒙塔格奈人中的圣约翰湖游团，20 世纪早期。这些解读意味着那些主要是女性的咬痕解读者对"地图"有本能的感知。从上到下的图案依次是：树和小路，小路，帐篷和连接小路，交叉的小路。

承蒙 National Museum of the American Indian, Smithsonian Institution, New York 提供照片（no. 19/5764 – 19/5767）。

欧洲人—印第安人接触期间绘制的地图

从 18 世纪开始，有些亚北极地区的印第安族群与欧洲人有持续接触，特别是哈得孙湾公司的雇员。正是通过这种联系，现存的很多由亚北极地区印第安人绘制的地图得以保存下来。该公司有高效而秘密的记录工作，为后人保存了已知绘制于 1670 年和 1870 年间的 837 幅手稿地图（大多绘于纸上）中的大约四分之三。这些地图大多数绘的是亚北极地区，几乎全部仍然保存在该公司在温尼伯的档案馆里。这些地图中包括了由原住民草绘的 16 幅地图和根据原住民提供的草图或描述而绘制的 20 幅地图。在这 36 幅地图中，大多数是由亚北极地区印第安人绘制的，所有地图均绘于 1766 年以后。[233] 很多地图画的是非常广大的地域，其中结合了两种类型的积累性经验：其一是跟随驯鹿的许多代人累积的有关南北的知识；另一是来自较少几代人的每年旅程的有关东西的知识，经常涵盖很远的距离，他们做这样的行程为的是把毛皮带给哈得孙湾公司在哈得孙湾岸边的贸易站（参见图 4.62，4.63，4.71，4.78，4.81 和 4.83）。

在亚北极地区印第安人为欧洲探险者绘制的临时性地图中，有几幅因为覆盖了极为广大的地域而知名。1789 年，在马更些河下游，一位兔皮（Hare）或狗肋（Dogrib）印第安人在亚历山大·马更些（Alexander Mackenzie）应允付给他一些珠子之后，为他"在地上"绘制了一幅地图，其中的地域显然是今育空地区和阿拉斯加州。[234] 差不多 30 年之后，有一群印第安向导——包括一名在狗肋人和耶洛奈夫人（Yellowknives）中成长的混血儿——为约翰·富兰克林（John Franklin）"在地面上用木炭……绘制了一幅图"，"展示了向北延伸的一串 25 个小湖"。[235] 这幅地图涵盖的地域，在那幅为马更些所绘的地图所示的地域之东，从大奴湖（Great Slave Lake）向北到大熊湖（Great Bear Lake），直到科罗内申湾（Coronation Gulf）。这两幅地图都未有复本，但它们加起来可能呈现了 100 多万平方千米的地域。

在 1742 年或 1743 年，有一幅"用白垩绘制"在伦敦一个饭厅地板上的地图后来成为 18 世纪中期反映加拿大西部和北部的印刷地图中最有名的作品之一。这幅地图是由约瑟夫·拉弗朗斯（Joseph La France）绘制的，他是一位法国毛皮商人和一位奥吉布瓦妇女的儿子。这幅地图的内容作为主要成分，整合进了阿瑟·多布斯（Arthur Dobbs）的

144

[233]　Ruggles, *Country So Interesting*, 193 – 255 和 266（注释 25）。对这些地图已经有大量参考文献，除了拉格尔斯（Ruggles）的著作外，可看的文献如：Judith Hudson Beattie, "Indian Maps in the Hudson's Bay Company Archives," *Association of Canadian Map Libraries Bulletin* 55（1985）：19 – 31；同一作者的 "Five Area Maps Recorded by Peter Fidler"（注释 253）；D. Wayne Moodie, "Indian Map-Making: Two Examples from the Fur Trade West," *Association of Canadian Map Libraries Bulletin* 55（1985）：32 – 43；John Warkentin and Richard I. Ruggles, eds., *Manitoba Historical Atlas: A Selection of Facsimile Maps, Plans, and Sketches from 1612 to 1969*（Winnipeg: Historical and Scientific Society of Manitoba, 1970），66 – 71，86 – 105；以及 David H. Pentland, *Cree Maps from Moose Factory*（Regina: Privately printed preliminary edition, 1978），共 5 页并有 20 幅照相复制的手稿地图。

[234]　W. Kaye Lamb, ed. *The Journals and Letters of Sir Alexander Mackenzie*, Hakluyt Society, extra ser., no. 41（Cambridge: Cambridge University Press, 1970），213.

[235]　John Franklin, *Narrative of a Journey to the Shores of the Polar Sea*, 3d ed., 2 vols.（London: John Murray, 1824），1：318 – 319.

《北美洲部分地区新图》（A New Map of Part of North America）之中。拉弗朗斯地图的绘制，是欧洲人或欧裔美洲人与原住民相互质询和修正彼此的信息、借此互动来最终达成共识的过程之一例。[26] 印第安人把欧洲人有关河流和海岸线的地图延展到后者的探险所及的界限之外，这种特别的做法意味着这种过程在传统上也很可能在不同的印第安族群之间进行。

这些大部分未能留存下来的印第安地图对欧洲人和欧裔美洲人手稿和印刷地图的编纂所做的贡献，常常可以从湖泊和河流的类型化、简单化的呈现中推断得知。举例来说，在加拿大地盾（Canadian Shield）的很多印刷的预调查地图上，复杂而不规则的水系会呈现为小型圆形的直线排列，很像是串在一条略微抻直的项链上的珠子。这种图案是因纽特人以及亚北极地区印第安人所绘地图的特征，他们关注的不是距离、方位或水平投影形状，而是河流的流入、湖泊的流出以及在频繁使用的水路沿线所见地物的顺序。[27] 在欧裔美洲人地图中偶尔也有些部分可以轻易与对应的本土地图相匹配，但本土内容整合进欧裔美洲人地图的更多情况无疑还有待证明。

在应外人的要求绘制的地图上始终有对印第安人格外重要的地物以及具有印第安人特征风格的地物存在。不够显眼但有文化重要性的地物常常呈现在相对较为空旷的地图上。皮埃尔·戈尔捷·德瓦伦纳·埃·德·拉维伦德里（Pierre Gaultier de Varennes et de La Vérendrye）1729 年用三幅克里人地图编纂而成的复合地图就是一个好例子（图 4.76；图 4.77 展示了其印第安资料来源）。[28] 在左边多少有些稀疏的内容（大致位于法国势力范围的西北部和最远处）中有一条"朱砂河"（Rivière au Vermillon）和一座"亮石山"（montagne de pierre brillanté）。在有很多河流的地区中只呈现这一条河流，这可能是源于它作为"奥纳曼"产地的重要性——"奥纳曼"是一种有颜色的神圣沙子，可以入药。"亮石山"也是类似的特殊地物，有一位印第安知情人把它描述为"一座小山，山上的石头日夜都在闪光……神灵的居所，没有人敢冒险走到它近处"。克里人之所以关注这些地物，很可能是为了回应拉维伦德里对砂金矿和西边远处的山脉的询问。[29] 然而，他们的回复却指向了赋有文化重要性的小型地物。

在亚北极地区的印第安人所绘的地图上呈现特殊化地物的理由，并非总是特别明显。举

㉖　Christian Brun, "Dobbs and the Passage," *Beaver*, outfit 289（autumn 1958）：26–29，特别是 29 页。其中抄录了沃尔特·博曼（Walter Bowman，是多布斯的朋友）对拉弗朗斯的画作所做的报告。这幅地图在阿瑟·多布斯以下引发政治争议的著作中发表：*An Account of the Countries Adjoining to Hudson's Bay*（London：J. Robinson, 1744）。

㉗　在《卡弗上尉于 1766 年和 1767 年在北美洲内陆地区旅行的平面图》（A Plan of Captain Carver's Travels in the interior Parts of North America in 1766 and 1767）中，就有两个很好的例子是以这种方法对苏必利尔湖以西地域所做的呈现。该图基本可以肯定整合了印第安人的信息，第一次发表在：Jonathan Carver, *Travels through the Interior Parts of North-America, in the Years 1766, 1767, and 1768*（London, 1778）。

㉘　Lewis, "Misinterpretation of Amerindian Information," 及同一作者的 "La Grande Rivière"（均见注释 2）。这两篇文章讨论了这幅地图、其资料来源及其影响。

㉙　Lewis, "La Grande Rivière," 72–78；印第安知情人的描述可见于：Pierre Gaultier de Varennes de La Vérendrye, *Journals and Letters of Pierre Gaultier de Varennes de La Vérendrye and His Sons*, ed. Lawrence J. Burpee（Toronto：Champlain Society, 1927），58。

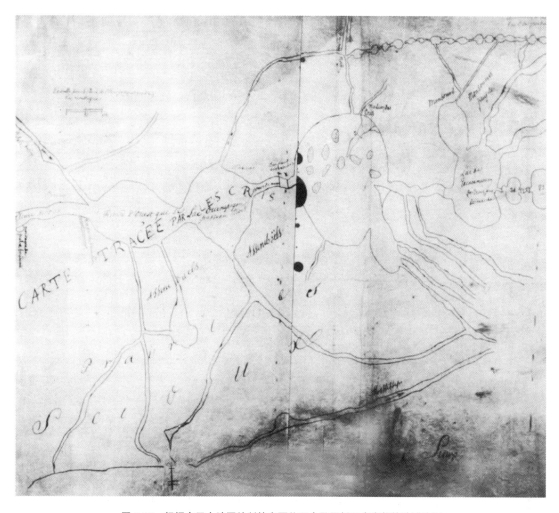

图4.76 根据克里人地图绘制的主要位于今马尼托巴省南部的地域地图   144

这是一份无标题的手稿的左部，以墨水在纸上绘制，基本可以确定由皮埃尔·戈尔捷·德瓦伦纳·埃·德·拉维伦德里编绘于1728年或1729年。根据拉维伦德里随图的报告，这幅地图根据三幅克里人地图绘制。图中这一部分描绘了温尼伯湖［威尼皮贡湖（Ouinipigon）］、伍兹湖（Lake of the Woods，较大而无标注的湖）、雷尼湖［Rainy Lake，特卡卡米温湖（Lac de Tecacamiouen）］和与它们关联的河湖。这幅图通常根据左侧的粗体标记而被称为《克里人所绘地图》（Carte Tracée par les Cris）。图中所示是可能为原件的地图的照片。

原件整体尺寸：25.5×73.5厘米。承蒙 National Archives of Canada, Ottawa 提供照片（NMC24556）。原件现藏 Centre des Archives d'Outre-mer, Aix-en-Provence（Archives Nationales, France），E 199, dossier Gaultier de la Verendrye de Varenne（Pierre）。

例来说，另一张19世纪早期的克里人地图，画的是今马尼托巴省的东北部（图4.78）。这幅地图上清晰地呈现了一道长150千米的灰岩山崖［"与灰岩急流——纳尔逊河和大瀑布丘吉尔河——相同的山脊，一座大山（大瀑布）"］和哈得孙湾的两条古岸线（"一道砾石山脊和一座有林之山"），除此之外图上就近于空旷。一种可能的解释是，在这片毫无疑问难于通行的地域中，它们是供穿行的陆路；但如果情况确实如此，为什么图上没有指出它们是路径或小道呢？

在1894年绘有一张同一地区的更详细的地图，其中也包括了类似的地物，其原因就

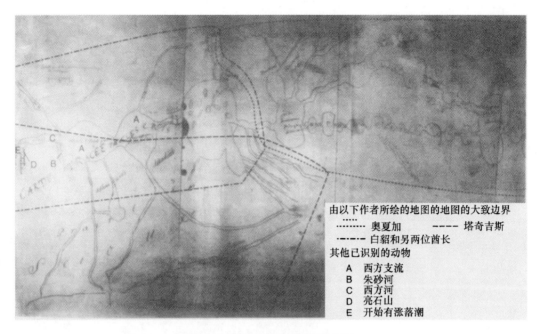

由以下作者所绘的地图的地图的大致边界
.... 奥夏加　　　---- 塔奇吉斯
-·---·- 白貂和另两位酋长
其他已识别的动物
A　西方支流
B　朱砂河
C　西方河
D　亮石山
E　开始有涨落潮

145　　　　　　　　　　　　　　　　　　**图 4.77　图 4.76 的印第安资料来源**

拉维伦德里的地图是他在 1729 年提交的报告《拉维伦德里先生有关西海的发现的报告续篇》（Continuation of the Report of the Sieur de La Vérendrye Touching upon the Discovery of the Western Sea）中不可分割的一部分。这篇报告提供了三幅克里人地图［其作者分别是奥夏加（Auchagah）、白貂（La Marteblanche）和另两位首长、塔奇吉斯（Tacchigis），这些地图今均不存］上的信息，它们是图 4.76 的资料来源。根据他的报告中的证据，这幅插图展示了拉维伦德里的复合地图的左部和中部的可能的本土地图来源。

较为明显了。两位名叫吉米·安德森（Jimmy Anderson）和"卷毛头"（Curly Head）的奇帕威安人在丘吉尔河下游北面呈现了几道沙脊；这些沙脊基本可以肯定是在末次（威斯康星）冰期中沉积下来的一些蛇丘（eskers）和鼓丘（kames）（图 4.79）。因为这幅地图是为地质学家 J. B. 蒂雷尔（Tyrrell）绘制的，他肯定对地质特征抱有特别的兴趣，所以他可能要求把这些地物标记在地图上。在 1894 年地图上，两位奇帕威安人还为蒂雷尔勾勒出了"林缘"，用虚线作为位于今马尼托巴省和萨斯喀彻温省北部的云杉—冷杉林和更北部偶尔点缀着几片乔木和灌木的苔原之间的界线，这两种植被迥然不同，但都是他们同等熟悉的环境。事实上，在画这道"林缘"时，他们遵循了奇帕威安人的悠久传统，这一传统在图 4.80 中有复合式的呈现。最早的证据来自 18 世纪中期的地图的三幅同时代抄本（图 4.81 和 4.83；图 4.71 上部）。合观这些地图，并在它们所绘制的语境下解读，那么很清楚的一点是，奇帕威安制图者对这两个生态上不同的世界拥有非常敏锐的感知。

　　梅托纳比（Meatonabee）是绘制图 4.81 中所示地图的原件的印第安人之一，在萨缪尔·赫恩（Samuel Hearne）第三次尝试到达科珀曼河下游河谷中的低品位铜矿并终于成功时，是他的向导。赫恩报告中，梅托纳比在规划应走的路线、根据不同的季节条件安排所打算的旅行的不同阶段时，有意识地为"林缘"赋予了重要的策略意义。赫恩在 1772 年所绘的手稿地图，有部分是在"对原住民做了严厉的询问"之后编绘而成的，其中清晰地描绘了

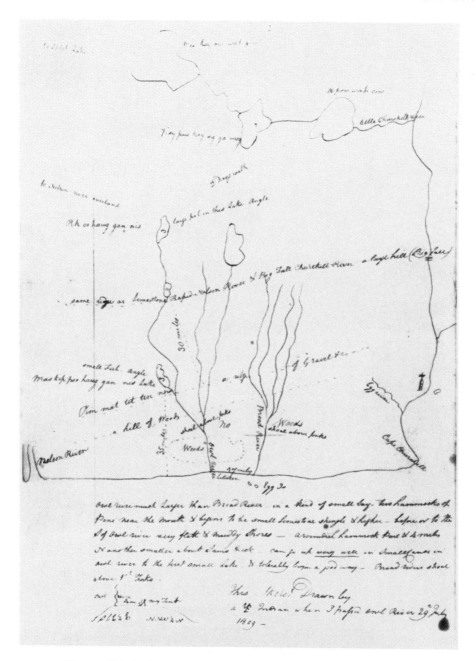

图 4.78　约克站印第安人所绘的纳尔逊河下游和丘吉尔河下游之间地区的地图　147

　　本图绘于彼得·菲德勒的笔记本上，图题为"当我在 1809 年 7 月 29 日经过奥尔河（Owl River）时由一位 YF［约克站（York Factory），基本可以肯定是克里人］印第安人所绘的草图"，其中展示了马尼托巴州东北部纳尔逊河和丘吉尔河口之间的哈得孙湾海岸线和内陆地域。

　　原始尺寸：37.5×24 厘米。承蒙 Hudson's Bay Company Archives, Provincial Archives of Manitoba, Winnipeg 提供照片（E3/3, fol. 65d）。

图 4.79 吉米·安德森和"卷毛头"绘制的哈得孙湾以西的河湖地图

以墨水在纸上绘制的手稿抄本，1894 年。图上的注记为："由吉米·安德森和卷毛头所绘的哈得孙湾西部陆地图，丘吉尔堡（Fort Churchill），1894 年 11 月，J. B. 蒂雷尔（急流以红色表示）（抄本）"。图中的主题内容包括：作为"林缘"的虚线；标为"大树林"（Large Timber，苔原上孤立的针叶林）的一条细虚线；以及印第安地名的英译，其中一些名字包含有主题信息，如"沼地湖"（Boggy Ground L.）和"砾岭湖"（Gravel Ridge Lake）等。同一批藏品中另有一份档案，由四页纸构成，可能是这幅地图的一个较早的版本，其上用铅笔画的线条可能是奇帕威安人的原迹；但它抄绘得不太好。

原始尺寸：95×76.5 厘米。承蒙 J. B. Tyrrell Papers, Thomas Fisher Rare Book Library, University of Toronto 提供照片（1894.016）。

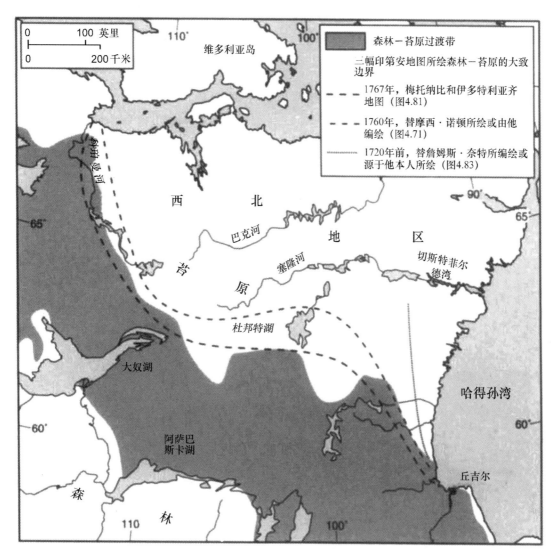

图4.80 来自印第安人所绘北方内陆地图的森林—苔原边界 149

这幅地图展示了来自一幅无图题的哈得孙湾西部和西北部的大面积地图（图4.83）、"摩西·诺顿图稿"（图4.71）及梅托纳比和伊多特利亚齐地图的"图稿的解释"（图4.81）的边界。这三幅地图分别是本图中1720年前、1760年和1767年虚线的依据。

"林缘"，用的是一条点划线，并以规则的间距在其上装饰有针叶林符号。[59] 毫无疑问，梅托纳比是就这个长约2000千米的地物向赫恩提供情报的知情人之一。图4.81展示了在科珀曼河和丘吉尔堡之间"两位领导人前来贸易站的行迹"，但其中没有其他线条可以推断为苔原—森林过渡带的概括线。不过，在图中有两个地方，在海岸附近标出了森林的缺失，而在地图上最大（但不是最深重）的字样是用铅笔写的"森林"，从内陆方向非常接近这条标

---

[59] "A Map of part of the Inland County to the Nh Wt of PRINCE of WALE'S Fort Hs; By, Humbly Inscribed to the Govnr Depy, Govnr and Committee of the Honble, Hudns, By Compy By their Honrs, moste obedient humble servant. Sam, l Hearne; 1772." 手稿，以墨水在纸上绘制，76.7×82.5厘米，Hudson's Bay Company Archives, Winnipeg（G2/10）；关于该图的图像，参见 Ruggles, *Country So Interesting*，图版9（注释25）。

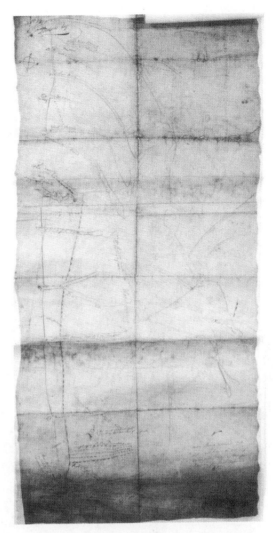

图4.81 梅托纳比和伊多特利亚齐所绘哈得孙湾西北部加拿大大陆的大

面积地图

150 –
151

奇帕威安人，1767年。原件绘于鹿皮上，抄本（可能由摩西·诺顿所绘）以铅笔绘于纸上并用墨水加重；背书："对两位名叫梅托纳比和伊多特利亚齐的北方印第安人领袖所带来的图稿的解释，所绘为丘吉尔河以北，即哈得孙湾。"至少从几何形状上看，这个抄本似乎是兽皮版本的原图的精确复制。

原始尺寸：144.8×71.8厘米。承蒙 Hudson's Bay Company Archives, Provincial Archives of Manitoba, Winnipeg 提供照片（G2/27）。

记出来的行迹。[290]

---

[290] 有关这幅地图的更多情况，参见 June Helm, "Matonabbee's Map," *Arctic Anthropology* 26, no. 2 (1989): 28 – 47。最近有一项研究，利用树木年代学和历史记录作为证据考察了林缘位置对气候变化的响应。这篇文章在复制了图4.83的抄本之后，得出结论说："不过，图中的基本方位没有以现实主义的方式呈现，让这幅地图对我们的目标来说不足为据。"（189页）与此相反，该文作者认为"萨缪尔·赫恩的地图""对于基本方位和河湖形状的呈现有高得多的保真度"（189—190页）。虽然该文作者认识到"赫恩所走的路线表明他实际上并不可能看到在他的总图之上描绘的所有地物[脚注290]，他一定依据了原住民向导的报告"（190页），但他们似乎没有意识到赫恩几乎没有调查过林缘，有关其位置的信息肯定也是从梅托纳比和伊多特利亚齐那里得来的。如果他们对此有更清醒的认识的话，本来并不能得出结论说"赫恩有关林缘的地图"作为证据"格外重要"。Glen M. MacDonald et al., "Response of the Central Canadian Treeline to Recent Climatic Changes," *Annals of the Association of American Geographers* 88 (1998): 183 – 208。

　　梅托纳比和伊多特利亚齐（Idotlyazee）地图的这个可能由摩西·诺顿绘制的抄本用了一条有圆齿状饰边的线，展示了后部低地（Back Lowlands）——塞隆平原（Thelon Plain）与加拿大地盾本身的高地和山脉之间的边界，从几乎位于科珀曼河口的切斯特菲尔德湾（Chesterfield Inlet）的湾口处延伸到内陆地区。在同一幅地图上，同一种图案还有五个短小的片断呈现了山体较大的巴瑟斯特山（Bathurst Hills），在图上标为"多石山"。圆齿状饰边线是表现侧视山丘的图画的简化版本，北美洲印第安人普遍采用这种图画来呈现山脉（参见图4.82）。

　　在18世纪，有两幅亚北极地区印第安人所绘的地图中有一个值得注意的特征，在两幅因纽特人地图上也可见到（见下文图4.94和图4.95）。这个特征就是对位于今加拿大西北地区的长达4000千米的大陆海岸线的奇特概括。这段海岸线呈现为几乎笔直的形状，虽然其间有两个巨大的半岛［梅尔维尔（Melville）半岛和布西亚（Boothia）半岛］，在整体走向上也有一处较大变化。两幅地图中较早的一幅由詹姆斯·奈特（James Knight）编绘，当时他是哈得孙湾公司所属领地的总督。这幅图有很大部分以克里人和奇帕威安人在他去世的1719年或1720年之前为他绘制的地图为根据（图4.83）。图中呈现了从丘吉尔堡到科珀曼河口的海岸线，近乎一条直线，其走向在里帕尔斯贝（Repulse Bay）有轻微的变化，但实际上海岸线在这里的走向并无变化。奈特用了两幅或多幅印第安地图作为资料来源，因为他对海岸线整体缺乏清晰的认识，可能误解了它的走向，而以一种未能呈现出印第安人对海岸的理解的方式把图上的各部分整合在一起。

　　在梅托纳比和伊多特利亚齐于1767年所绘的地图上，同一段海岸线甚至被呈现得比奈特地图更直，对此尚无类似的解释。奇帕威安人经常造访丘吉尔站（Churchill Factory），这幅地图就是在那里由摩西·诺顿转抄和补充；他们也非常熟悉内陆地区，所以梅托纳比能成功地为萨缪尔·赫恩对科珀曼河的考察充当向导。然而，他们可能并不具备丘吉尔站以北沿海地区的知识。那里完全属于因纽特人文化区，语言和生活方式都与内陆讲阿塔帕斯坎语的印第安人不同。到1892年的时候，又有一位叫安德鲁（Andrew）的奇帕威安人为蒂雷尔绘制了一幅独木舟航线图，其中的航线止于大印第安（Great Indian）河［即塞隆（Thelon）河］中游。在该图的同时代抄本的注释中提到，这条航线"只有爱斯基摩人知道"（图4.84）。而在梅托纳比和伊多特利亚齐的地图中，除了所呈现的内陆河湖外，其中也以不错的精度画出了它们更下游的入海水道。

　　安德鲁地图呈现了一条高度复杂的路线，位于今西北地区，从阿萨巴斯卡湖（Lake Athabasca）向东北到塞隆河几乎长1000千米，经过了几段联运陆路，又穿越了几十个形状复杂的湖泊。画这幅地图是为了表明知情者所知道的一条可通行的航线，它把绘制这幅地图的地点与蒂雷尔希望到达的一处主要地物（哈得孙湾）连接起来。对于一个没有经验的向导来说，这幅地图是否能起到作用是有疑问的。蜿蜒的河道在图中被拉直，复杂的湖岸线要么以圆形和卵圆形代表，要么夸张地强调出其中的重要湖湾和半岛。沿这条航线的地物间距显然不是平面投影式的，甚至也可能未根据航行时间来画。在不计其数的可能会把人引入歧途的航线中，没有一条呈现在地图上。

　　与大多数独木舟航线图不同，安德鲁地图没有呈现急流或瀑布。但这样的地物在亚北极

149

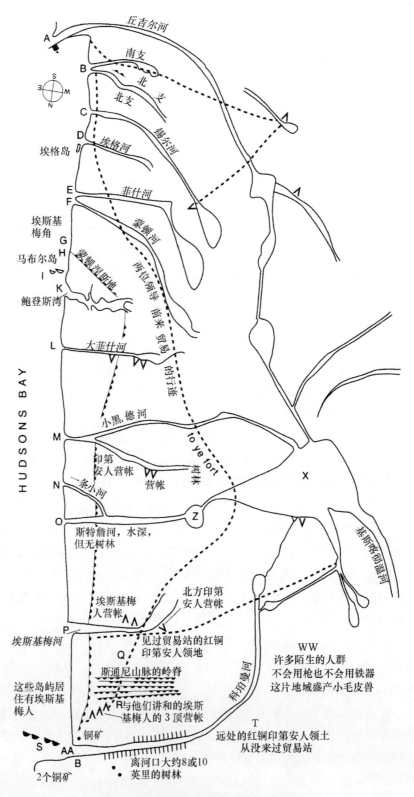

图 4.82 梅托纳比和伊多特利亚齐地图的重绘

据 John Warkentin and Richard I. Ruggles, eds. , *Manitoba Historical Atlas*: *A Selection of Fascimile Maps*, *Plans*, *and Sketches from* 1612 *to* 1969 (Winnipeg: Historical and Scientific Society of Manitoba, 1970), 91。

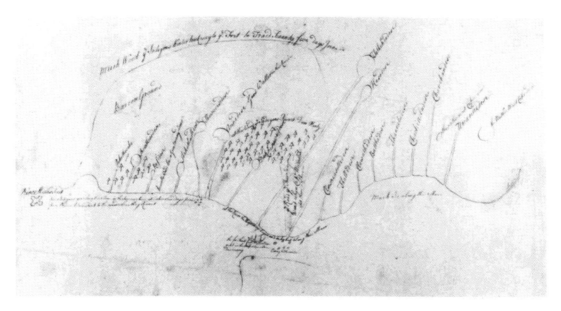

图 4.83 哈得孙湾西北部加拿大大陆的大面积地图

152

这幅地图整合了 1720 年以前的一些克里人和奇帕威安人地图；它由詹姆斯·奈特编绘或源于他编绘的地图，但有到 1742 年的补充。对于这幅地图，尚无足够信息可以确定印第安人是否给出了它的整体形状，但在几幅把哈得孙湾西侧、布西亚湾（Gulf of Boothia）以及毛德皇后湾（Queen Maud Gulf）和科罗内申湾的复杂海岸线表现为近于直线的地图中，它是最早的一幅。

全图原始尺寸：52×66.5 厘米。承蒙 Hudson's Bay Company Archives, Provincial Archives of Manitoba, Winnipeg 提供照片（G1/19）。

地区印第安人绘制的地图上早就很常见，一直是以横过河道线的一道或多道短划线呈现的。

约 1760 年绘制于光面兽皮之上并加重了标记的哈得孙湾以西地区地图就是个好例子（图 4.71）。

虽然在为欧裔美洲人绘制的地图中一直存在印第安特征，但是这些地图也必然会受到由欧裔美洲人带来的因素的影响。用于绘制地图的载体会影响到地图外观。1869 年由奥吉布瓦人（虽然是东北地区的印第安人，但在北边的亚北极地区与他们直接相邻的北部奥吉布瓦人与他们有很多共同之处）在威廉堡（Fort William）为地质学家罗伯特·贝尔（Robert Bell）绘制的尼皮贡湖（Lake Nipigon）地图，就是载体的尺寸比例会影响到整个地图形状的生动例子（图 4.85）。这幅地图由温迪戈（Windigo）绘制，并得到了来自尼皮贡湖的其他印第安人的协助；他们是应贝尔的要求，把地图绘在他提供的一张纸上。如果纸页的朝向是以长轴作为地图的纵向的话，那么这幅地图很可能在形状上会更接近于平面投影形状（图 4.86）。从贝尔对绘图过程的报告可看出他的要求得到的是比较随意的回应——

我把一张纸给了他们中的一位 [温迪戈]，他把纸铺在厨师的烤案上，开始用一支铅笔绘制湖泊 [尼皮贡湖] 的草图；其他所有人都在他周围站成一圈，提出建议和如何改进来帮助他。在这个有趣的工作和讨论正在进行时，有人知道他们的弱点，（在一个邪恶的时刻）扔给他们一副牌。只一瞬间的功夫，烤案和纸笔都被丢在一边，牌戏

151

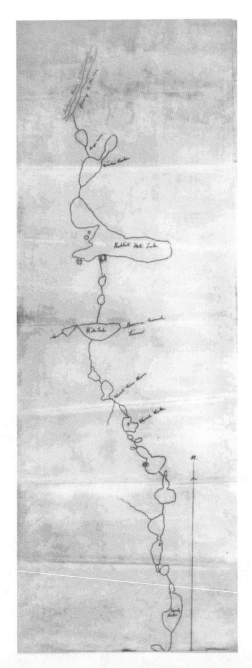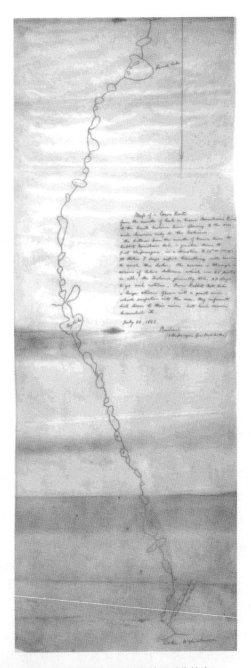

152 —
153

图 4.84　安德鲁所绘从西北地区的阿萨巴斯卡湖到塞隆河的七日独木舟行程地图的同时代抄本

穿越几乎没有资源、只有有限的进入机会的地域的路线常常用最简单的方式呈现，也即单独一条路径，而几乎或完全不关注其岔路或腹地特征。这幅地图是同时代的抄本，以黑色墨水绘于描图麻布（tracing linen）上，水道间陆路则为红色，日期为 1892 年 7 月 30 日，上有 J. B. 蒂雷尔的注解。绘制该图所据的原图是安德鲁所绘的六张图；他是丰迪拉克的一位奇帕威安人。

抄本尺寸：139×25 厘米。承蒙 J. B. Tyrrell Papers, Thomas Fisher Rare Book Library, University of Toronto 提供照片（1892.012）。

开始了，他们以很大的热情玩了整整一下午。……之后，我把这幅地图画完，此处就是他们共同努力的结果，只进展到上了一点颜色的进步。我要指出的是，图中的形状是一

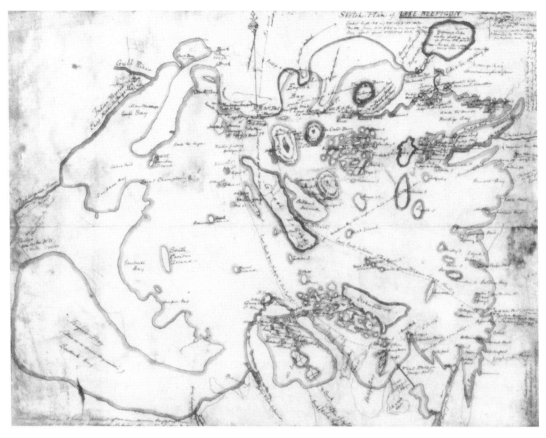

图 4.85　温迪戈酋长所绘安大略的尼皮贡湖地图　　154

奥吉布瓦人的尼皮贡游团，约 1869 年。印第安人所绘的原件很可能是纸上的铅笔画，以墨水和蓝色的晕线加重，再补上很多地名。温迪戈在绘图时有助手，并通过互动得到了其他印第安人的纠正。

原始尺寸：53×65.5 厘米。承蒙 Robert Bell Collection, National Archives of Canada, Ottawa 提供照片（NMC 21734）。

种畸变的印第安风格，为的是适应纸张大小，利用纸面的大部分地方。㉒

　　温迪戈地图上的其他形状可能不是纸张尺寸和比例造成的后果。尼皮贡湖左侧（差不多是西方）的两个湖湾呈现出不成比例的巨大形状并向陆地伸入。这两个湖湾——格兰德湾（Grand Bay）和格尔湾（Gull Bay）——所在的岸段分布有根据 1850 年的《鲁宾逊—苏必利尔条约》（the Robinson-Superior Treaty）给予奥吉布瓦人的一些小块保留地。在温迪戈地图上，这两个湖湾和其间的岸段占整个湖岸线的大约 30%；在现实中，它们只占大约 10%。在展示格尔湾地区时，这种夸大极可能是已经建立了很长时间的传统：这个湖湾长期以来一直是印第安人乘着他们的桦皮小独木舟进入湖泊的最重要的地点，而格尔河（Gull River）又是用于前往苏必利尔湖畔的威廉堡以及从那里前来的路线。㉓ 在温迪戈地图上，格尔河便别具意义

　　㉒　"Lecture on 'Exploration in the Nipigon Country' by R. Bell, Delivered under the Auspices of the Nat. Hist. Socy. of Montreal, Feby. 10th 1870. Being the First of the Sommerville Course," manuscript, Robert Bell Collection, National Archives of Canada, Ottawa（MG 29 B 15, vol. 36）.

　　㉓　*Historical Atlas of Canada*, vol. 1, pl. 63（"Transportation in the Petit Nord," by Victor P. Lytwyn）（注释71）。

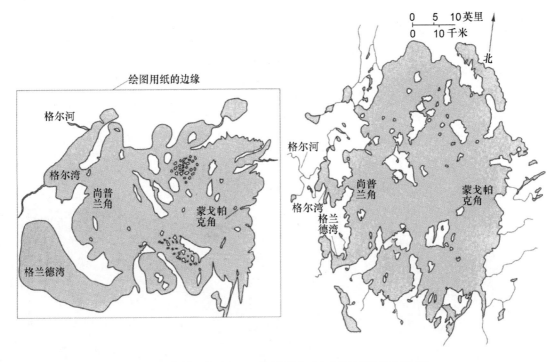

155

图 4.86　温迪戈的尼皮贡湖地图的线条图与现代地图的线条图对比

温迪戈地图的轮廓线见左图；现代轮廓线见右图。这个对比突出了纸张比例对温迪戈地图整体形状的影响。

地画得又宽又重。

　　科学调查也会促进和影响远北部的印第安制图。1838 年，一位克里人曾在鲁珀特堡（Fort Rupert）向哈得孙湾公司的贸易者罗伯特·迈尔斯（Robert Miles）建议，位于詹姆斯湾南端的查尔顿岛（Charlton Island）可以作为河狸的一个好的保护地。那里无人定居，基本无人知晓，既没有河狸，它们在大陆的大部分捕食者也不存在（但这个岛确实有水獭，会捕杀河狸）。在 1838—1839 年冬天，两位克里人受令绘制这个岛的地图并捕捉水獭。他们用铅笔画了一幅图，其中包括"他们布下的六十一个湖，他们认为在各方面都适合而值得供河狸栖息，但他们说那里还有其他更多的较小的湖，他们没有留意，但如果岛上的河狸很多，河狸会通过它们特有的智慧建造堤坝，来让这些小湖变得宜居"。[204] 在 1839 年春，一些成年河狸以船运到了查尔顿岛。[205] 在第二个冬天又完成了另一项调查，克里人绘了一幅图，其上新增了 31 个湖泊。[206] 在之后的四个冬天里，克里人被派去记录被占据的河狸穴的繁殖

152

<hr/>

　　[204]　"Rupert House Journals, 1838 – 39," Hudson's Bay Company Archives, Winnipeg, B186/a/58, 33 页, 1839 年 4 月 16 日和 20 日。原图已遗失，但现存有一份 1839 的抄本："Copy. – Survey of Charlton as laid down by Kennewap & Cauc-chi-che-nis themselves in pencil whilst at Charlton, February and March 1839, In [k]' d over their own marks by C. T. R. Miles at Ruperts House 16 April 1839… signed Robt. Miles. Copied by henry Connolly," 53.4 ×65.5 厘米, 以墨水在草纸上绘制。Hudson's Bay Company Archives, G1/65.

　　[205]　"Rupert House Journals, 1838 – 1839," 1839 年 4 月 13 日日志, 32 页。

　　[206]　"Sketch Simpson's Bever-preserve Charlton Island as originally laid down by the Indians 1838/39 Red Ink additions thereto by them 1839/40," 52.8 ×65.3 厘米, 以墨水在纸上绘制, 1842（？）年, Hudson's Bay Company Archives, G1/68. 1844 – 1845 年的第三幅图以字母和数字报告了之前未到访的 36 个湖泊, 以及其他湖泊中被占据并有幼崽的 35 个河狸穴、1 个被占据而无幼崽的河狸穴和 1 个不确定是否被占据的河狸穴的位置。

和分布情况。在1839年和1846年间一共绘制了8幅地图，其中6幅现存（图4.87）。[207]

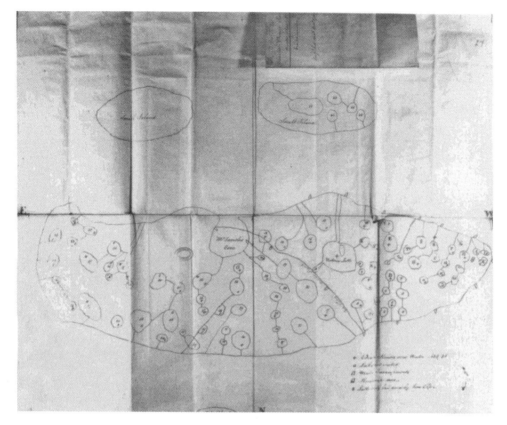

图4.87　汤姆·派普斯（Tom Pipes）为其在作为河狸保护地的查尔顿岛上第六个冬天中所做的调查而绘制的索引地图

"由印第安人汤姆·派普斯所绘、用作有关查尔顿河狸保护地的报告插图的草图"。在1839年和1846年间共绘制了八幅与河狸保护地有关的地图。

原始尺寸：53.6×66.3厘米。承蒙 Hudson's Bay Company Archives, Provincial Archives of Manitoba, Winnipeg 提供照片（B186/b/49, fol. 27）。

　　查尔顿岛调查和绘图可能是第一次有北美洲原住民参与的科学调查——而明显不同于探险性调查——的一部分。经常的情况是，这两种类型的调查之间的差异并没有那么明显。1858年至1914年间，加拿大地质调查局的官员在他们的野外记录本上复制了30多幅地图，最初是在魁北克南部、不列颠哥伦比亚沿海、拉布拉多和育空等相隔甚远的几个地区进行调查的过程中主要由印第安人、偶尔由因纽特人所绘。其中大部分地图绘来用于帮助指路，或是用于展示被未知内陆地域分隔的已知地物之间的关系。不过，也有一些揭示了地质特征和矿产资源。举例来说，1896年7月13日在克罗斯湖（Cross Lake）地区，约瑟夫·B.蒂雷尔（Joseph B. Tyrrell）做了以下记录："我们进入一位叫［空白］的印第安人的房屋，他给我们出示了一些大块的黑色电气石和几块非常好的白云母，来自周围邻近地区的白色粗粒伟晶岩带。……他

156

154

---

　　[207]　参见 Ruggles, *Country So Interesting*, 86（注释25）；其中这些地图罗列在212—215页（240A，251A，256A，268A，275A和276A）和250页（136C和140C）上。

还画了一幅地图，是从约翰·斯科茨湖（John Scotts Lake）到威库斯科湖（Wikusko Lake）的地域并包含了后一个湖。"[298]

北极地区

155　　北极地区的因纽特人有时候被特地突出，当成水平高超的制图者。[299] 这种观点在北美洲以外比北美洲以内更流行，很可能是三种一般性因素相结合而引致的结果。首先，因纽特人与欧裔美洲人之间的接触虽然相对较晚，但有很好的记录；其次，在 19 世纪的一些读者广泛的有关北极地区考察的著作中都复制了因纽特地图的重绘版本[300]；最后，在后来的一些科学考察中对表现为地图形式的信息有过系统性的收集，其中很多实物在后续出版的报告中有详细介绍。[301] 最近就有一部著作，挑选了一幅因纽特地图作为例子，意在以图像的方式说明"原住民有绘制精确地图的能力"。在其中复制的这幅地图是 1910 年由韦塔尔托克（Wetall-

⑳　约瑟夫·B. 蒂雷尔的野外笔记本#1950，7 月 13 日所做的有关印第安保留地岛屿的记录，30 页，National Archives of Canada，Ottawa，RG45，vol. 174。

㉙　Robert A. Rundstrom，"A Cultural Interpretation of Inuit Map Accuracy，" *Geographical Review* 80（1990）：155 – 168，特别是 157 页。有人说因纽特人"可能是唯一一试图描画地形特征"的人群，实际情况当然不是这样；Leo Bagrow，*History of Cartography*，rev. and enl. R. A. Skelton，trans. D. L. Paisey（Cambridge：Harvard University Press；London：C. A. Watts，1964；reprinted and enl. Chicago：Precedent，1985），27。

在最近的一篇文章中，伦德斯特罗姆（Rundstrom）考察了 19 世纪及 20 世纪早期因纽特人与欧洲人和欧裔美洲人之间的地图与地理信息的交换，并提出了如下的问题：为什么因纽特人是如此杰出的制图者？为什么他们并没有明显的绘制地图的文化基础，却如此热心地提供地图？他的结论是："因纽特地图最好被视为行为，而不是人造物"，转交物品才是最重要的。"模仿表演实际上影响了因纽特生活的方方面面，从这一点来看，制图也不应视为任何其他类型的行为。"参见 Robert A. Rundstrom，"Expectations and Motives in the Exchange of Maps and Geographical Information among Inuit and *Qallunaat* in the Nineteenth and Twentieth Centuries，" in *Transferts culturels et métissages Amérique/Europe，XVIe-XXe siècle*，ed. Laurier Turgeon，Denys Delâge，and Réal Ouellet（Sainte-Foy，Quebec：Presses de l'Université Laval，1996），377 – 395，特别是 387—388 页。

㉚　比如：William Edward Parry，*Journal of a Second Voyage for the Discovery of a North-west Passage from the Atlantic to the Pacific*（London：John Murray，1824），197，198 和 252 对页（facing）；John Ross，*Narrative of a Second Voyage in Search of a North-west Passage*，2 vols.（London：A. W. Webster，1835），1：262 对页；及 Charles Francis Hall，*Life with the Esquimaux：A Narrative of Arctic Experience in Search of Survivors of Sir John Franklin's Expedition*（London：Sampson Low，Son，and Marston，1865），105 和 537。

㉛　比如：Franz Boas，"The Central Eskimo，" in *Sixth Annual Report of the Bureau of Ethnology to the Secretary of the Smithsonian Institution*，1884 – '85（Washington，D. C.：United States Government Printing Office，1888），409 – 669，特别是 643—647 页（图版Ⅳ和图 543 – 546）；Knud J. V. Rasmussen，*Iglulik and Caribou Eskimo Texts*，Report of the Fifth Thule Expedition 1921 – 24，vol. 7，no. 3（Copenhagen：Glydendalske Boghandel，1930），89 – 99 和 146 – 160（草图Ⅰ – Ⅺ）；同一作者的 *The Netsilik Eskimos：Social Life and Spiritual Culture*，Report of the Fifth Thule Expedition 1921 – 24，vol. 8，nos. 1 and 2（Copenhagen：Glydendalske Boghandel，1931），91 – 113（草图Ⅰ – Ⅷ）和 477 – 480（草图Ⅰ和Ⅱ）；同一作者的 *Intellectual Culture of the Copper Eskimo*，Report of the Fifth Thule Expedition 1921 – 24，vol. 9（Copenhagen：Glydendalske Boghandel，1932），86 – 89（草图Ⅰ和Ⅱ）；Therkel Mathiassen，*Material Culture of the Iglulik Eskimos*，Report of the Fifth Thule Expedition 1921 – 24，vol. 6，no. 1（Copenhagen：Glydendalske Boghandel，1928），98（图58）；同一作者的 *Contributions to the Physiography of Southampton Island*，Report of the Fifth Thule Expedition 1921 – 24，vol. 1，no. 2（Copenhagen：Glydendalske Boghandel，1931），11 – 12（图 1 和 2）；同一作者的 *Contributions to the Geography of Baffin Land and Melville Peninsula*，Report of the Fifth Thule Expedition 1921 – 24，vol. 1，no. 3（Copenhagen：Glydendalske Boghandel，1933），图版2；及 George Miksch Sutton，"The Exploration of Southampton Island，Hudson Bay，" *Memoirs of the Carnegie Museum* 12，pt. 1（1932）：特别是 45 和 46 页（图 1 和 2）。

tok）绘制、交予罗伯特·弗莱厄蒂（Robert Flaherty）的贝尔彻群岛（Belcher Islands）地图，在它旁边还给出了在此之前和之后印行的哈得孙湾这一部分的海图。[302] 因纽特地图上岛屿的数量、形状和排列图案与之前的海图非常不同，却与之后的海图极为相似。不过，因纽特人绘制的平面投影形态却与欧裔美洲人地图上表现的情况有显著差别，人们认定这是源于拙劣的绘画技能或不完备的空间知识，或是二者的共同结果。在某些情况下可能确实是这样，但因纽特人把地理知识与宇宙志传统结合在一起，这本身就与欧裔美洲人有差异。因此，在根据平面投影绘法来评价因纽特地图的精度时，必须记住这些提醒。

在一篇较早的有关因纽特地图和加拿大属北极地区东部（Canadian Eastern Arctic）的制图活动的报告的综述中，斯平克（Spink）和穆迪（Moodie）得出结论：

> 因纽特人只用地图来交流部分地域知识。这些地图是朴实无华的线条图，设法呈现景观中足以记住的特征，让一个以前从来没走过某条路的人也能导引这条路线。这些地图拥有独一无二的比例尺、内容和风格特征，在欧洲人到来之前绘在独特的载体上。尽管它们存在缺陷，不是令人满意的图，但对于一份绘声绘色、极为生动的口头报告来说，它们可以起到实用辅助物的作用。在北极地区，大多数地名和恰切的地形命名之中都蕴含有故事，这表明地图在交流地域知识的过程中只起到了部分作用。
>
> 因纽特地图一般仅限于摹绘绘图人曾经到访过的地区，但这种局限并没有为图上所能呈现的地域范围大小带来严重妨碍。……爱斯基摩人中制图的广泛运用不仅反映了他们的地域知识，也反映了旅行的频度。他们有很大的机动性，这部分解释了为什么他们愿意接受制图术，而那些不怎么移动的人群则因为生活方式决定的运动距离的快速减少而不愿意从事这一活动。制图术明显是爱斯基摩文化的本土要素，甚至可能是附属于游徙的生活方式的本质要素。[303]

不过，斯平克和穆迪并没有解释在欧裔美洲人的报告中可以见到的娴熟程度的差异。

欧裔美洲人的观念

有关北极地区原住民制图技能的主张，在提出时常常是些没有依据的泛泛说法。比如杰本科夫（Teben'kov）在1849年或之前曾写道："阿留特人编绘其居住地的草图的能力是卓著的。我拥有很多由他们绘制的草图，与测地勘查的结果非常相似。"[304] 与此类似，法国海军军官约瑟夫·勒内·贝洛（Joseph René Bellot）在他到达北极地区的第一天，就对伊格卢利克人（Iglulik）所绘的位于巴芬岛沿岸的两艘船的位置的草图发表了评价，认为它"再一

---

[302]　David Turnbull, *Maps Are Territories*, *Science Is an Atlas*: *A Portfolio of Exhibits* (Geelong, Victoria: Deakin University, 1989; reprinted Chicago: University of Chicago Press, 1993), 24 – 25（图4.9 – 4.11）。

[303]　John Spink and D. Wayne Moodie, *Eskimo Maps from the Canadian Eastern Arctic*, ed. Conrad Heidenreich, Monograph 5, *Cartographica*（1972），特别是29页。

[304]　Mikhail Dmitrievich Teben'kov, *Atlas of the Northwest Coasts of America*: *From Bering Strait to Cape Corrientes and the Aleutian Islands*, *with Several Sheets on the Northeast Coast of Asia*, trans. and ed. Richard A. Pierce (Kingston, Ont. : Limestone Press, 1981), 76.

次见证了他们独有的地理才能"。[305] 他这么快就能得出这种结论，说明心中早已对因纽特人的制图才能有了先入为主的成见。

正如我们能想到的，大多数因纽特地图都呈现了海岸线，这是陆地和海洋资源世界之间的关键地带。与大面积的未知地域的地图不同，当人们在沿着海岸线探险和做临时性的调查时，海岸线地图可以在绘成之后不久就得到评估。1851 年，一群康加留瓦季亚尔缪特（Kangarjuatjiarmiut）男女为"调查者"号（Investigator）的船员绘制了一幅海岸线地图，"其精确性后来由雷（Rae）先生的沿岸航行完全证实"。[306]

但在其他时候，欧裔美洲人的后续经验却似乎暴露了因纽特地图的局限性。1853 年，在维多利亚岛（Victoria Island）东岸，理查德·科林森（Richard Collinson）船长报告说，他的一位船员"成功地让他们［可能是红铜爱斯基摩人（Copper Eskimos）中的埃卡卢格托尔缪特（Eqalugtormiut）族群］中的几个人画了一幅东边海岸的地图，这幅地图反复画了几次，彼此都非常符合，但完全不像我后来航行时所见的海岸"。[307] 威廉·爱德华·帕里（William Edward Parry）在评价 1822 年由伊格卢利克爱斯基摩人绘制的许多梅尔维尔半岛的海岸线图时，观察到"没有两幅图是彼此非常相似的，其中大部分又与我们所熟悉的这几个部分的海岸线的真实情况甚少相似之处"。[308]

在 19 世纪，对因纽特海岸线地图与同时期的英国海军部地图有一个直接的比较（图 4.88）。所涉及的是阿拉斯加北海岸从巴罗角（Point Barrow）到可能是赫歇尔岛（Herschel Island）的大约长 800 千米的海岸线。对于萨满厄克辛拉（Erk-sin'-ra）所绘的原图，英国皇家海军舰艇"鸻鸟"号（Plover）的随船医生、第一部有关北阿拉斯加海岸原住民的详尽报告的作者约翰·辛普森（John Simpson）写到它"在很多细节上与迪斯（Dease）和辛普森先生的叙述和海图只有微小的"相同之处，唯一的例外是厄克辛拉不承认在科尔维尔河（Colville River）以西有一座佩利山脉（Pelly Mountains）。这位萨满后来让步说："我们从来没见过这座山，但你们用那些长长的侦查镜也许能看到吧。"[309] 事实上，托马斯·辛普森（Thomas Simpson）所报告的佩利山脉确实不存在。[310]

1823 年对另一位叫图勒马克（Toolemak）的萨满绘制的地图的评价就不太客气了。帕里报告说："虽然图勒马克是个聪明睿智的人，我们却很快发现他干不了绘图员的工作；如

[305] Joseph René Bellot, *Memoirs of Lieutenant Joseph René Bellot*, 2 vols. （London：Hurst and Blackett, 1855）, 1：102.

[306] Alexander Armstrong, *A Personal Narrative of the Discovery of the North-west Passage* （London：Hurst and Blackett, 1857）, 338 – 339。这个事件在船上另两人的报告中也有记载：Robert John Le Mesurier McClure, *The Discovery of the North-west Passage by H. M. S. "Investigator," Capt. R. M'Clure, 1850, 1851, 1852, 1853, 1854*, 2d ed., ed. Sherard Osborn （London：Longman, Brown, Green, Longmans, and Roberts, 1857）, 190, 及 Johann August Miertsching, *Frozen Ships：The Arctic Diary of Johann Miertsching, 1850 – 1854*, trans. and ed. Leslie H. Neatby （New York：St. Martin's Oress, 1967）, 116 – 117。康加留瓦季亚尔缪特人生活于明托湾（Minto Inlet）附近。

[307] Richard Collinson, *Journal of H. M. S. "Enterprise," on the Expedition in Search of Sir John Franklin's Ships by Behring Strait, 1850 – 55*, ed. T. B. Collinson （London：S. Low, Marston, Searle, and Rivington, 1889）, 286.

[308] Parry, *Journal of a Second Voyage*, 197 （注释 300）。

[309] John Bockstoce, ed., *The Journal of Rochfort Maguire, 1852 – 1854*, 2 vols., Hakluyt Society Publications, ser. 2, nos. 169 – 170 （London：Hakluyt Society, 1988）, 2：501 – 550 （app. 7：Dr. John Simpson's Essay on the Eskimos of Northwestern Alaska）, 特别是 541 页。

[310] Thomas Simpson, *Narrative of the Discoveries on the North Coast of America* （London：R. Bentley, 1843）, 129, 132, 171.

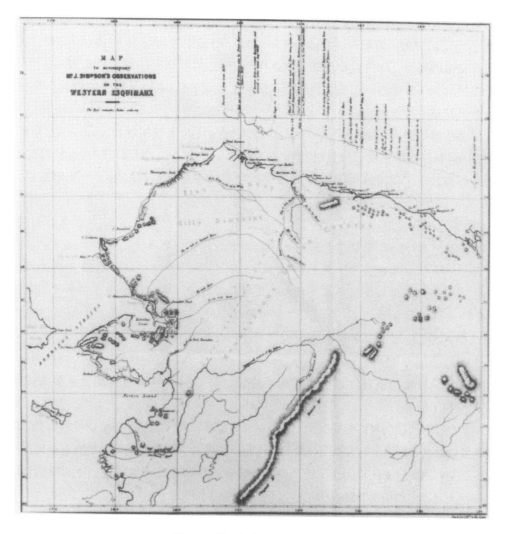

图 4.88　同一段海岸线的两幅地图

　　其中一条黑色海岸线根据一幅海军部海图绘制，另一条靠北并与之平行的绘为红色的海岸线来自一位叫厄克辛拉的因纽特萨满所画的海图。本土地图在 10 个地方以连接点线与海军部海图相关联。

　　原始尺寸：36.6×37 厘米。引自 *Further Papers relative to the Recent Arctic Expeditions in Search of Sir John Franklin and the Crews of H. M. S. "Erebus" and "Terror"*（London：G. E. Eyre and W. Spottiswoode, 1855），916。承蒙 Special Collections and Rare Books, Wilson Library, University of Minnesota, Minneapolis 提供照片。

果单独把他那样完成的作品拿出来说，那就不是对海岸线的非常聪明的勾勒。"[⑪] 反倒是图勒马克对这张草图的口头解释为帕里提供了更多的有用信息。

　　对于因纽特人理解欧洲人地图的情况的报告也有很大差异。1853 年，罗奇福特·马圭尔（Rochfort Maguire）记录了登上"鸻鸟"号来到舱室里的三位男性"在转而谈论这艘船时能够非常好地理解"正式的海岸线图，但他也补充道："如果我在另一个时候问他们问

---

⑪　William Edward Parry, *Journals of the First, Second, and Third Voyages for the Discovery of a North-west Passage from the Atlantic to the Pacific*, 6 vols.（London：J. Murray, 1828－1829），4：100－101.

158 题，在他们想着别的事时带他们去看海图，那要让他们理解与它有关的任何事情可能都会比较困难。"[312] 但戴蒙德·詹尼斯（Diamond Jenness）根据他在 1913 年和 1916 年间与红铜爱斯基摩人打交道的经验，却持有相反的观点。他报告说："我遇见的原住民中没有一个人对地图有哪怕是最微不足道的一点概念，只有乌洛克萨克（Uloksak）是唯一的例外。但就连他，也只是有个模糊的理解而已。"[313]

159 在解读欧裔美洲人的地图时，一些因纽特人所面对的某些问题在 1846 年已为 F. A. 米尔青（Miertsching）所察觉。他是驻拉布拉多海岸的奥卡克（Okkak 或 Okak）村的摩拉维亚弟兄会的传教士。在向成年因纽特人教授地理学的课堂上，他使用了一架地球仪，却发现——

> 要让这些……人理解这上面对地球表面的呈现，需要很大的耐心和艰辛；因为他们中的一些人认为［欧裔美洲人的］地图非常不完美，因为在诸如格陵兰的海岸等地方他们观察不到任何房屋、帐篷、独木舟或海豹的图案；他们同样很失望地发现在地图上伦敦只是用个简单的"o"来标注，可是那里却有那么多的人、房屋和船只。我们必须把这个事情讨论很久，才能在概念的清晰上取得进展。[314]

对这些因纽特人（很可能其他人也是如此）来说，对地图的解读显然至少也要像依赖呈现形式那样依赖于语境。

由北极探险者所做的观察的同时代记录虽然通常都很精确，但缺少环境语境和人类学的洞察力，而这些恰恰是我们得出有关制图技能的结论时所需要的。同样，现存的所有这些地图本身也都不能提供足够的证据来比较因纽特地图和其他传统人群所绘地图的质量。然而很明显的一点是，因纽特人对"地图精度"的观念与西方人是非常不同的。

临时性地图

与其他北美洲原住民一样，因纽特人也在沙地和雪地上绘制临时性地图，既给自己人画，也给其他人画。[315] 因为在欧裔美洲人和因纽特人之间的大多数早期接触都在海岸上进行，很多报告描述了在沙地上绘制或用卵石或海滨碎石摆成的临时性地图。比如弗雷德里克·威廉·比奇（Frederick William Beechey）就描述了 1826 年的一次冲突，其间，一群白令海峡爱斯基摩人——

> 在沙子上画了一幅海岸图，我那个时候几乎没有注意。……他们继续工作，以一种非常本土、非常聪明的方式在沙滩海滩上展示了他们的作品。首先以一根木棍标出海岸线，距离由旅行天数来确定。接下来，丘陵和山脉用堆起来的沙子和石头表示，岛屿则

---

[312] Bockstoce, *Journal of Rochfort Maguire*, 1: 235（注释 309）。

[313] Diamond Jenness, *The Life of the Copper Eskimos*, Report of the Canadian Arctic Expedition, 1913 – 18, vol. 12, pt. A (Ottawa: F. A. Acland, 1922), 229.

[314] F. A. Miertsching, "From Okkak," *Periodical Accounts of the Work of the Moravian Missions*, 1846, 338.

[315] 比如可以参见 Spink and Moodie, *Eskimo Maps*, 4 – 5（注释 303）。

用一堆堆的卵石呈现，而且注意表现了适当的比例。⑯

村庄和捕鱼站用木棍标记，他们一度还用划桨的动作和呈现了船只的木片表明了一条水道过于狭窄、无法让两条船并排划行的事实。比奇也一度纠正了代奥米德群岛（Diomede Islands）中一座岛屿的位置。制图者本人一开始是反对的，但另一位因纽特人指出这个群岛从威尔士亲王角（Cape Prince of Wales）开始呈线状排列（"看上去成一个"），赞同了比奇的纠正，之前那位因纽特人也就同意了。⑰ 这段报告值得注意，不仅因为其中有对地物标记和三维建模的生动描述，其中还包括了用旅行天数确定长度比例、注意到地物的大小比例和对准的地理原则的少见证据。不那么特别但同样值得注意的是，其中还报告了旁观者如何介入而解决岛屿位置的观点差异。

纸上地图

大多数存留下来的 19 世纪因纽特地图是应探险者、民族志学者或为博物馆工作的收集者的要求绘制的纸上地图。其中一些内容可能是为了回应这些欧洲人和欧裔美洲人的问题而加上去的，这些人又几乎总是在地图上写下地名和注释。

搜求地理信息的探险者普遍采用的一种方法，是绘制覆盖一片人们当时已知的地域的地图，或者拿来一幅已有的地图，要求北极地区原住民继续画下去。这种方法要求因纽特人既有绘图技能，又能理解欧洲人地图。1830 年，当内齐利克人（Netsiliks）把约翰·罗斯（John Ross）的里帕尔斯贝和摄政王湾（Prince Regent Inlet）之间地域的地图进一步延伸之时，他们就同时展现了这两种能力（图版 8）。⑱ 在另一幅地图中呈现了春季梅尔维尔半岛东海岸的陆缘冰向海一侧的界限，这个内容很可能是伊格卢利克妇女伊利格利亚克（Illigliak）应帕里的要求加进去的；在这个季节，经由陆缘冰做沿岸旅行，要比在陆地上旅行更容易（图 4.89）。帕里在纸的下半部画了海岸线的草图，伊利格利亚克加上了有阴影的部分，可能还提供了相关信息，而让图上写下了"麝牛""淡水鱼和鹿"及"有海豹但无海象和鲸"等注记。G. F. 莱昂（Lyon）把伊利格利亚克称为"我们的［两位］水文专家之一"。⑲ 帕里在他的观点中明确地表示，如果给因纽特人提供一幅绘有已知陆地的图，要他继续画下去，那么就可能得到更高质量的地图，"如果想要的东西不只是一件奇珍，还包括情报的话"。⑳

在 1897—1898 年冬天，伊格卢利克人中艾维林缪特（Aivilingmiut）族群中的一名叫梅　160

⑯　Frederick William Beechey, *Narrative of a Voyage to the Pacific and Beering's Strait*（London：H. Colburn and R. Bentley, 1831），290.

⑰　Beechey, *Narrative of a Voyage*, 291.

⑱　Ross, *Narrative of a Second Voyage*, 1：259－260（注释 300）。

⑲　G. F. Lyon, *The Private Journal of Captain G. F. Lyon, of H. M. S. "Hecla,"* new ed.（London：J. Murray, 1825），160.

⑳　Parry, *Journal of a Second Voyage*, 196（注释 300）。第 198 对页是伊利格利亚克地图的雕版版："爱斯基摩地图第 2 号。阴影部分由伊利格利乌克（Iligliuk）于 1822 年绘于温特岛（Winter Island）。原图由帕里船长所有。"图中包括了"爱斯基摩人在春季旅行时所沿的冰缘线"，但没有包括涉及涨落潮方向及"鹿"和"麝牛"所在位置的主题内容。关于帕里使用爱斯基摩人地图的彻底而富有洞察力的分析，参见 Bravo, *Accurary of Ethnoscience*（注释 31）。布拉沃的专著改自他的学位论文 "Science and Discovery in the British Search for a North-west Passage, 1815－1825"（Ph. D. diss., Cambridge University, 1992）。

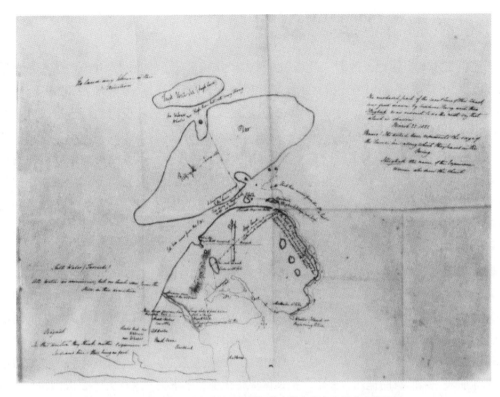

图 4.89 伊利格利亚克所绘西北地区梅尔维尔半岛和巴芬岛的地图

由伊格卢利克人绘于 1822 年 3 月；手稿，以墨水在描图纸上绘制，其中的海岸线为伊利格利亚克所绘，并用蓝色阴影加重。右侧的注记是："这幅图中海岸线上无阴影的部分先由帕里船长绘制，之后伊利格利亚克如人们所期望绘制了其余部分，也即有阴影的部分。1822 年 3 月 22 日备忘/点线表示他们在春天旅行时所沿的陆缘冰。伊利格利亚克是绘制此图的爱斯基摩妇女的名字。"

原始尺寸：44.5×59.5 厘米。承蒙 Board of Trustees of the National Museums and Galleries on Merseyside，Liverpool 提供照片（Liverpool Museum，1957.1）。

利基（Meliki）的成员以铅笔在纸上绘制了一幅地图，可以作为小范围地图的好例子（图4.90）。图中所绘是哈得孙湾西北海岸上的富勒顿角（Cape Fullerton）港口，是新英格兰捕鲸船船长乔治·科默（George Comer）那年的冬季船坞，这位船长后来为纽约的美国自然博物馆（American Museum of Natural History）的弗兰茨·博厄斯（Franz Boas）工作，成为因纽特人造物的收集者。[20] 在冬季，沿岸海水会冻结，在地图上不易识别出海岸线。图中有两个显著的成分：其一是科默的两艘帆船的侧视图，另一是以平面视角呈现的一系列圆形的雪屋。图中有很多擦除的痕迹，似乎表明梅利基竭力想要把呈现处理得更细致。雪屋根据其内部的平面图展示出来。伴随此图还有一张粗糙的草图，确定了其中一些睡凳的所有者。[22] 尽

161

---

⑳ 科默是为博厄斯工作的三位因纽特人造物收集者之一。另两位是苏格兰捕鲸船船长詹姆斯·默奇（James Mutch）和传教士埃德蒙·J. 佩克（Edmund J. Peck）神父，后者从 1894 年到 1905 年住在坎伯兰湾（Cumberland Sound）。这三人都收集因纽特地图。科默和默奇收集的地图现藏于美国自然博物馆。佩克所收集的五幅地图现藏于：Anglican Church of Canada Archives，Toronto，file XXXIII。

㉒ 这幅以铅笔所绘的草图题为"如梅利基所绘的冰屋位置，1898 年 1 月 25 日"，绘在一张题为"鸢尾"（Iris）的印张的背面，24.5×16 厘米，Department of Anthropology，American Museum of Natural History，New York（cat. no. 60/2842 I）。

图 4.90　一位叫梅利基的伊格卢利克人所绘的在富勒顿角港口进行的活动的平面图，约 1898 年

该图背书："伊威利克（Iwilic）因纽特人梅利基绘制"；正面以墨水写有："呈现了富勒顿角港口的冬季船坞"，很可能出自乔治·科默之笔。这幅地图显然展示了康涅狄格捕鲸船船长乔治·科默的冬季船坞。科默把这幅图交给了纽约的美国自然博物馆的人类学家弗兰茨·博厄斯，后来科默就正式成为替博厄斯工作的因纽特人造物收集者。

原始尺寸：41.5×57 厘米。承蒙 Department of Library Services, American Museum of Natural History, New York 提供照片（cat. no. 60/2842 – B）。

管图中各要素的大小不成比例，但整幅图还是具有一幅地图的连接性特征——往返地图界限之外的地点的狗拉雪橇路线；雪屋和船只之间的步道；以及似乎是海岸的图案。

　　在绘制了富勒顿角港口地图的一两年后，梅利基又为科默绘制了另一幅地图，展示了在1893—1894 年冬天去狩猎麝牛的一次行程，以及另两次显然是在 1895—1896 年和 1897—1898 年完成的行程（图 4.91）。图上描绘的地域在罗斯·韦尔克姆湾（Roes Welcome Sound）西部，今属基瓦廷区（Keewatin District）。显然，这些旅行的距离是很可观的。沿线所画的"表示冰屋所建之处"的点意味着在内陆可能有一个月的行程。虽然在一座冰屋（igloo）里可能会待一晚以上，但相邻冰屋的间隔很可能呈现了一日的行程，因为如果没有冰屋，在冬季想要睡过夜基本是不可能的。有趣的是，在韦杰湾（Wager Bay）受到保护而可能较为平滑的冰面上，点与点之间的距离要比陆地上或罗斯·韦尔克姆湾可能较崎岖的沿岸冰面上的平均间距宽得多。甚至在陆地上，相邻的点之间的距离也有很大变化，非常像1802 年由黑脚人酋长基乌库斯所绘的雷德迪尔河上游和密苏里河上游之间地区的地图上的情况（上文图 4.62），图中每个圆圈呈现了一晚的睡眠地。在梅利基地图上，由 8—15 个点组成的点簇表示了 10 群麝牛的位置，很可能还有牛群的相对规模。图中没有呈现其他动物。

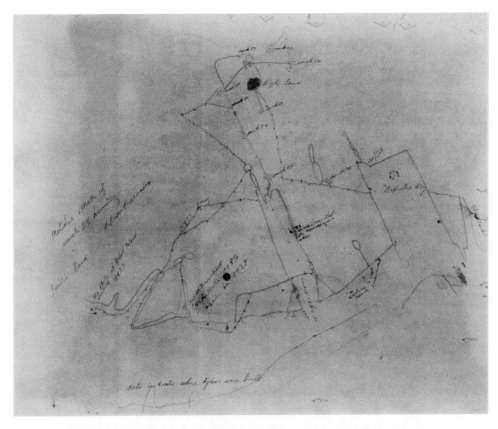

162

图 4.91　梅利基所绘的切斯特菲尔德湾和里帕尔斯贝之间的麝牛狩猎地图，约 1898 年

由艾维林缪特人所绘的南安普顿岛（Southampton Island）、罗斯·韦尔克姆湾及德波特岛（Depot Island）和里帕尔斯湾（Repulse Sound）之间大陆的西海岸的无图题手稿地图。以铅笔绘制线稿，名字和图例以墨水注记。虽然乔治·科默的注文提到了"不同季节的麝牛狩猎"，但只有标有"1893.4 去程"的路线的第一部分呈现得非常清楚。

原始尺寸：41.5×56.5 厘米。承蒙 Department of Library Services, American Museum of Natural History, New York 提供照片（60/2842/E）。

韦杰湾中的一处图例指出"原住民说这座岛屿曾经是一条鲸鱼"。

包括了同一地域以及富勒顿角以南更多的海岸线的另一幅较详细的地图，由另一位艾维林缪特人特塞乌克（Teseuke）差不多在同一天为科默绘制（图 4.92）。特塞乌克用小圆点详细地展示了牛群的位置。此外，在地图近中心处（在图 4.92 的局部图中显示于左下方）富勒顿角以南的固定冰（fast ice）上还有由文字图表示的一幕，由带长矛的因纽特人、雪橇、狗和狗鞭构成。一位因纽特人正忙于宰杀一只动物，这一幕的注文是"冬天冰上的海象狩猎"。不过，就像梅利基所绘的麝牛狩猎地图一样，在可能是弗罗森海峡（Frozen Strait）正对面的凡西塔特岛（Vansittart Island）的地方（上右方）另一则注文认可了这样的本土传说："据说灵魂住在这个岛上。"梅利基和特塞乌克的地图呈现的地域，在那位名叫伊利格利亚克的伊格卢利克妇女在几乎 80 年之前所绘地图呈现的地域之南并与之相连（前文图 4.89）。

至少有一幅广为人知的因纽特地图，似乎不是出于科学探险者或民族志学者的命令绘制，而可能是为了满足对遥远家乡的思念情感（图 4.93）。1910 年，罗伯特·弗莱厄蒂前往哈得孙湾东岸外的纳斯塔波卡群岛（Nastapoka Islands），希望在那里寻找铁矿；途中，他

164

165

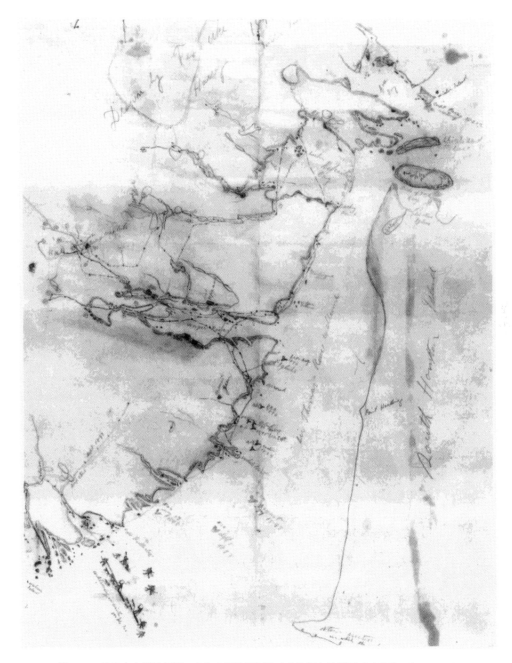

图4.92 特塞乌克所绘罗斯·韦尔克姆湾两侧的动物资源和狩猎活动地图的局部，1898 年 162 –

"伊威利克 [很可能是艾维林缪特人] 因纽特人特塞乌克·哈里（Teseuke Harry）所绘"，为手稿，以墨水和蜡笔 163
在纸上绘制。这幅十分详尽的地图包含了一些位置细节，比如在富勒顿角西北方的河边有"鲑鱼"，在南安普顿岛北
岸以外似乎是怀特岛（White Island）的地方有"据说很多的熊"。

原始尺寸：97.5×64.8 厘米；此局部尺寸：约 52×37 厘米。承蒙 Department of Library Services，American Museum
of Natural History，New York 提供照片（60/2842/A）。

图 4.93 韦塔尔托克所绘其昔日家乡哈得孙湾中的贝尔彻群岛的地图

由可能是魁北克人的因纽特人所绘的贝尔彻群岛的无图题手稿地图，在 1910 年 12 月之前某日由因纽特人韦塔尔托克以铅笔绘于一份传教印刷品的背面。弗莱厄蒂因为机缘巧合看到这幅地图，导致了人们在这个久不为人注意的群岛上发现了铁矿石资源。

原始尺寸：35.5 × 31.5 厘米。承蒙 American Geographical Society Collection, University of Wisconsin-Milwaukee Library 提供照片（Rare 772.3-c/. B44 A – 19 – ）。

在詹姆斯湾中的查尔顿岛上遇到了一位叫韦塔尔托克的因纽特人。此人从"一堆零碎中……抽出了一张旧的石版印刷的彩画，已是破旧不堪。在这张画背面是一幅地图，用铅笔草草画成，很明显是他自己的手绘作品"。[32] 这是一幅贝尔彻群岛地图，画在一张传教印刷品的背面，那里是韦塔尔托克的故乡。贝尔彻群岛在查尔顿岛北面很远处，在哈得孙湾中居于比纳斯塔波卡群岛远为深入的位置，几乎已经被欧裔美洲人所遗忘。弗莱厄蒂自己的地图

㉜　Robert Joseph Flaherty, *My Eskimo Friends*："*Nanook of the North*"（London：Heinemann, 1924），18.

显示贝尔彻群岛非常小，他怀疑这样大的一片陆地——按照韦塔尔托克对旅行用时的描述，主岛竟长约 160 千米——是否真的能这么长时间都没有引人注意。韦塔尔托克把这幅地图给了弗莱厄蒂，说他还有别的地图。在后来的考察中就发现，这幅地图非常精确地描绘了这个面积广阔、形状复杂的群岛。[324]

几年之后，韦塔尔托克的地图开始广为公众所知。1918 年，在弗莱厄蒂所撰的一篇很受好评、广为阅读的日志中影印了这幅地图。[325] 不过，韦塔尔托克在绘制这个极为复杂的群岛时所呈现的可观细节，一直要到 20 世纪 60 年代 1∶500000 的高精度地形图出版之后才为人所充分认知。

由因纽特人所绘的两幅哈得孙湾在丘吉尔以北的海岸线地图和由亚北极地区印第安人所绘的同一地域的两幅地图（前文图 4.81 和 4.83）提供了比较同一个地域的不同地图的机会。这四幅地图都把长而曲折的海岸线展示为近于直线（图 4.94）。两幅因纽特人地图中较早的那幅是由内希克蒂洛克（Nay hik til lok）在 1809 年所绘的草图的彼得·菲德勒抄本，图上内容起于丘吉尔堡南面不远处，向北终于刚过切斯特菲尔德湾的地方（这一段海岸线确实近于笔直）。[326] 第二幅地图由一位佚名因纽特人所绘，在 1820 年由威廉·奥尔德（William Auld）交给沃纳学会（Wernerian Society），目前仅知该学会会议公报中印刷的雕版版本（图 4.95）。[327] 该图的起点与内希克蒂洛克地图相同，描绘了远远超过切斯特菲尔德湾的海岸线。图中有个长而底部狭窄、形状独特的半岛，是"麝牛众多"之地，在最远端又有"原住民捕杀很多海豹的海峡"；它们非常可能是梅尔维尔半岛与富里和赫克拉海峡（Fury and Hecla Strait）。这个半岛的狭窄底部后来被命名为雷地峡（Rae Isthmus）；而在它左侧近处的短而呈针状的半岛基本可以肯定是对里帕尔斯贝和莱昂湾（Lyon Inlet）之间狭长的凡西塔特岛的呈现，该岛在一年中的大部分时间里以固定冰与大陆连接，在其他时间中与大陆之间也仅有几千米之隔。对更远处的海岸线的解读更具有推测性，但在富里和赫克拉海峡这个转折点处其走向并没有大变化。这种把漫长海岸线呈现为近于笔直的习惯，在因纽特人和亚北极地区印第安人中都很普遍。

海象牙和木头地图

因纽特人和爱斯基摩人有雕刻海象牙的悠久传统。在阿拉斯加，考古证据表明，通常描

[324]　Flaherty, *My Eskimo Friends*, 18 –47，特别是 41 页。

[325]　Robert Joseph Flaherty, "The Belcher Islands of Hudson Bay: Their Discovery and Exploration," *Geographical Review* 5 (1918): 433 –458，特别是图 4. 之后弗莱厄蒂又出版了《我的爱斯基摩朋友》（*My Eskimo Friends*），并制作了著名纪录片《北方的纳努克》（*Nanook of the North*, 1922）。

[326]　图 4.94b 中因纽特人所绘的海岸线，所根据的是一张南起丘吉尔、向北到刚过切尔特菲尔德湾的某点的哈得孙湾西岸的"爱斯摩草图"（Is ke mo Sketch）的彼得·菲德勒抄本，该图分两部分："Drawn by Nay hik til lok an Iskemo 40 years of age 8th July 1809,"以墨水绘于纸上，19×24.7 厘米，Hudson's Bay Company Archives, Winnipeg（E3/4, fol. 16r，页面下部；这幅地图本书未引用）。图 4.94c 根据的是由威廉·奥尔德转抄的地图（参见图 4.95）。

[327]　1820 年 12 月 2 日，罗伯特·詹姆森（Robert Jameson）教授在沃纳学会在爱丁堡召开的一次会议上展示了"由一位爱斯基摩人所绘的哈得孙湾西北侧的海图"。"Proceedings of the Wernerian Natural History Society," *Edinburgh Philosophical Journal* 4 (1821): 194 –196. 该图基本可以确定是威廉·奥尔德所拥有的手稿。老威廉·奥尔德在 1790 年和 1815 年间为哈得孙湾公司工作，大部分时间住在丘吉尔。他退休之后住在爱丁堡附近的利斯（Leith）。他的儿子小威廉·奥尔德也在加拿大为这家公司工作，在 1820 年 10 月 26 日与兄弟一起返回伦敦。因此，无论父亲还是儿子都有可能提供这份手稿，供雕印之用。

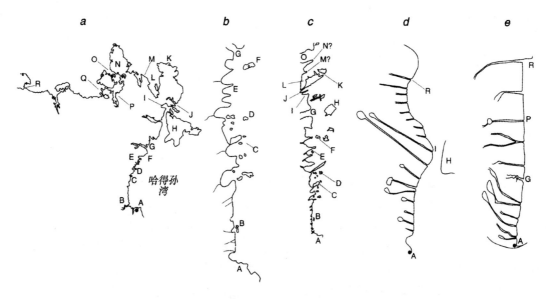

165

图 4.94　哈得孙湾海岸线的现代呈现及因纽特人和印第安人的呈现

A. 丘吉尔堡

B. 埃格岛（赫巴德角?）

C. 努武克岛（比比岛?）

D. 锡霍斯岛（莫索岛?）

E. 地图 b 和 c 的南部因纽特人（后来称为驯鹿人）绘制者从未或很少到这一点以北；此处以北的（伊格卢利克）因纽特人据说对他们"不友好"。

F. 马布尔岛

G. 切斯特菲尔德湾

H. 南安普顿岛

I. 里帕尔斯湾

J. 莱昂湾

K. 富里和赫克拉海峡

L. 科米蒂湾

M. 辛普森半岛

N. 布西亚半岛

O. 詹姆斯罗斯海峡

P. 钱特里湾

Q. 阿德莱德半岛

R. 科珀曼河口

　　这里展示了西北地区 4000 千米的海岸线的一幅现代呈现图、两幅 19 世纪的因纽特人呈现图和两幅 18 世纪的印第安人呈现图。来自现代地图的海岸线示于 a 图；b 图以内希克蒂尔洛克 1809 年地图为据；c 图以威廉·奥尔德所获因纽特地图（图 4.95）为据。在 d 图中所示的印第安人呈现图以一幅整合了 1720 年之前的几幅印第安人地图的 1742 年后的图稿（图 4.83）为据，而 e 图以约 1767 年绘制的梅托纳比和伊多特利亚齐地图（图 4.81）为据。

　　绘了单个物体的图画雕刻从史前时代晚期就开始了。到 19 世纪早期，用雕刻的海象牙制作的物品开始装饰有人类、人造物品和动物的形象，几乎都是侧视图。目前还未见到以这种传统风格绘制的地图。阿拉斯加原住民在海象牙上雕刻地图的行为从 19 世纪晚期才开始，当时已经建立了针对海象牙制品的商业贸易。这些地图集中绘制于圣迈克尔（Saint Michael）。

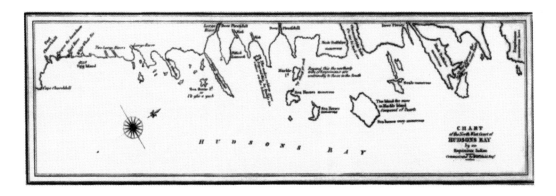

图 4.95　由佚名因纽特人（可能是驯鹿爱斯基摩人）所绘的哈得孙湾西北海岸图，1812 年之前

为一幅"由爱斯基摩印第安人"所绘之图的雕版印刷版。与这段海岸的亚北极地区印第安人地图（参见图 4.81、4.83 和 4.94）不同，这张图夸大了岬角、岛屿和宽窄不同的海湾，这无疑反映了因纽特人对海岸更为熟悉，在经济上也更依赖这一地带。

原始尺寸：7.2×27.4 厘米。引自 *Edinburgh Philosophical Journal* 4（1821），该卷末尾图版 V 下部。

166

阿拉斯加商业公司（The Alaska Commercial Company）通过向越来越多的专业化的雕刻师提供海象牙而推动了这个市场，这些雕刻师的作品具有以下特色：用整根海象牙雕刻，所雕形象较大，细节更丰富，常常运用因纽特人在印刷图像中可以见到的西方绘画风格。[28]

为了这个市场，人们以相对较大的数量生产地图作为纪念品，其中很多留存至今。它们显然是由少数专业雕刻师制作的，在这些人中，在圣迈克尔工作的卡卡鲁克（Kakarook）家族的一些成员尤为重要。几乎所有已知的现存作品都含有地名，描绘的是诺顿湾（Norton Sound）、苏厄德半岛（Seward Peninsula）和科策布湾（Kotzebue Sound）地区的海岸线和离岸岛屿。在几乎所有作品中，其资料来源似乎都是某幅出版的地图，意味着西方市场施加的强大影响。因为地图的载体是长的并略微弯曲，雕刻师几乎总是不得不把海岸线拉直。其中一些作品只是用地图学内容装饰的海象牙，而另一些作品则有腿或支架，按照设计，其用途是作为牌戏的记分板（cribbage boards，图 4.96）。虽然这些地图值得注意，但它们非常特殊，只是一小片地域和较晚的时期的特色，而且内容来自印刷的资料，而不是传统知识或个人经验。

与北美洲印第安人一样，在因纽特人中似乎并没有广泛存在过在木头上雕刻、绘画或绘制可携带地图的传统。然而，在格陵兰东海岸有一个族群——阿马萨利克（Ammassalik）爱斯基摩人——似乎曾制作过木制地图，在 19 世纪晚期曾收集到其样品。[29] 1898—1990 年阿姆德鲁普（Amdrup）考察的成员就收集到一种类型的作品，是制作在一个木板上的浅浮雕

㉘　自 1874 年起，圣迈克尔就成为美国的军事通信站（Signal Service Station），它是 E. W. 纳尔逊（Nelson）在 1877 年和 1881 年间为史密森学会收集人造物的中心。参见 Dorothy Jean Ray, *Eskimo Art: Tradition and Innovation in North Alaska*（Seattle: University of Washington Press, 1977），22－28。

㉙　在以下文献中讨论了这些地图并将它们作为插图：Gustav Frederik Holm, "Ethnological Sketch of the Angmagsalik Eskimo," 及 William Carl Thalbitzer, "Ethnographical Collections from East Greenland（Angmagsalik and Nualik）Made by G. Holm, G. Amdrup and J. Petersen," 均见 *The Ammassalik Eskimo: Contributions to the Ethnology of the East Greenland Natives*, 2 vols, ed. William Carl Thalbitzer, Meddelelser om Grønland, 39－40（Copenhagen, 1914），1: 1－148，特别是 107 页，及 1: 319－754，特别是 665—666 页。霍尔姆论文的丹麦文原版为：*Den Østgrønlandske Expedition, udført i Aarene, 1883－85*, Meddelelser om Grønland, 10（Copenhagen, 1888），特别是图版 XXXXI。

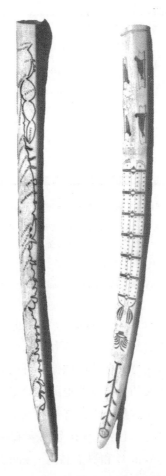

　　　　　　图4.96　雕刻于一个海象牙记分板之上的阿拉斯加部分西海岸的地图

由白令海峡因纽特人制作，19世纪晚期。所呈现的从威尔士亲王角到圣迈克尔的海岸线构成了深深凹入陆地的诺顿湾的大部分边界，但在图中被拉直，以适应海象牙的形状。在地图的对侧则是记分板。海象牙中间的空腔用于贮藏记分用的插钉。

原始长度：65厘米。承蒙 Board of Trustees of the National Museums and Galleries on Merseyside, Liverpool 提供照片（Liverpool Museum, 36.135.14）。

海岸线地图（图4.97）。在此之后领导了另一次考察的塔尔比策（Thalbitzer）相信，这幅地

图，可能还有其他地图，是"较晚年代"的作品。对这种晚期性的判断，他并没有给出证据，也没有做出解释。⑩ 这些浅浮雕雕刻得很精巧，制作它们需要像欧洲木板那样光滑平坦的表面。虽然阿马萨利克人在北美洲所有文化中距离欧洲最近（最近处离冰岛有大约400千米），但是他们居住的海岸地区并不在10—11世纪北欧人的航线上，也不在15世纪晚期以来几位搜寻西北航线的探险家中任何一位的航线上。因此，他们与欧洲人的接触看来是比较晚的。

　　比浅浮雕传统更不同寻常的是阿马萨利克人用木块雕刻的三维地图（图4.98和4.99）。虽然这些地图可能是用漂流木制作的，但也可能不是，而且其制作肯定需要非常锐利的切割工具。图4.98中的两条长棱得到了精巧的雕刻；长而不规则但精心制作出来的凹缺隔开

---

⑩　Thalbitzer, "Ethnographical Collections," 666.

图4.97　阿马萨利克人在木板上雕刻的格陵兰部分东海岸轮廓的浅浮雕，

1884—1885 年　　　　　　　　　　　　　　　　　　　　　　　　　　　168

　　这种类型的地图可能为格陵兰东部所独有，可能是后接触时代的产物。图中展示了卡普丹（Kap Dan），即阿马萨利克（Ammassalik，也拼为 Angmagssalik）峡湾的东侧。水体是被刻掉并用铅笔涂画的部分。

　　原始尺寸：20×8.5 厘米。承蒙 National Museum of Denmark，Department of Ethnography，Copenhagen 提供照片（L. 6654）。

了同样不规则但形状经过有意设计的凸起。这些形状雕刻出来用于呈现实际的峡湾和岬角。它们呈现在右棱上的顺序在左棱上延续下来。木块的面也刻有沟纹并劈为斜形，这样呈现的"不仅是这片土地的轮廓，还有它的外貌和山脉的浮雕"。在描述这些地图时，霍尔姆（Holm）注意到其上不太明显的信息内容："所有具有古老房屋废墟的地点（它们形成了把船只拖上岸的极佳地点）都标记在这幅木制地图上；地图同样指出了当绕过两道峡湾之间的山鼻［岬角］的航线被海冰封锁时，在两道峡湾尾部之间可以把单人独木舟拖过去的地方［谷间山脊］。"㉝

㉝　Holm, "Ethnological Sketch," 107（注释329）。

图 4.98　阿马萨利克爱斯基摩人雕刻于木头上的格陵兰东部峡湾海岸一部分的三

维海岸地图

现在不确定如何使用这些地图，但似乎必须把它们旋转一下。有一些作品可能是为收藏者制作的。

原始长度：14 厘米。承蒙 Greenland National Museum and Archives, Nuuk 提供照片。

　　图 4.99 中的地图要细得多，也更呈结节状，每个结节呈现了一列离岸岛屿中的一座。图 4.98 中的海岸地图和这幅岛屿地图是同时代作品，通过"操作这根［多结节］的木棍以便让岛屿出现在主陆的右侧，航行者能够利用这幅地图把他所走的航线告诉其他人"。[332] 图 4.98、4.99 以及霍尔姆收集到的另一幅地图似乎都是由"乌米维克的库尼特"（Kunit fra Umivik）制作的。[333] 唯一的另一件已知的作品很可能也是同一个人制作的。[334] 因此，库尼特有非常大的可能是一位创新者。

---

[332]　Holm, "Ethnological Sketch," 107.

[333]　Holm, *Den Østgrønlandske Expedition*, 图版 **XXXXI**（注释329）。

[334]　格陵兰东海岸从康格德卢格苏瓦齐亚克（Kangerdlugsuatsiak）到阿马萨利克的模型，尺寸为 16.4 × 5.9 厘米，以木头雕刻，可能为库尼特所作（或是他的作品的复制品）；Museam, Michigan State University, East Lansing, Michigan（item 896.17, 62154）。

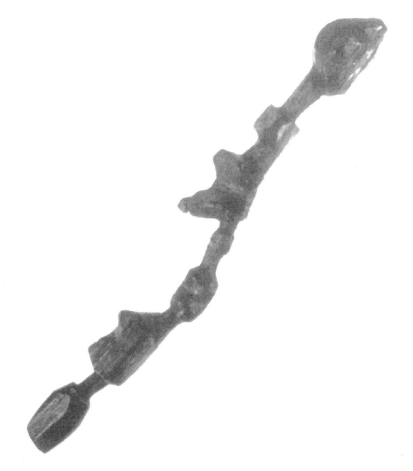

图 4.99　阿马萨利克爱斯基摩人雕刻于木头上的格陵兰东部峡湾海岸以外的三维岛屿地图　169

这幅岛屿地图如果与那幅海岸地图（图 4.98）彼此处在合适位置并正确地移动，则可以成为后者的补充。

原始长度：约 24 厘米。承蒙 Green land National Museum and Archives, Nuuk 提供照片。

20 世纪晚期因纽特艺术和社会政策中的地图　169

就像在澳大利亚原住民和其他很多原住民族群中发生的那样，传统地图要素也已经成为因纽特商业艺术中的重要成分。麦格拉斯（McGrath）描述过制作于 1964 年和 1986 年间、包含有地图学元素的因纽特艺术中的几件代表作。所有作品都展示了非常近于平面图视角的海岸和河流；除了最早的作品之外，所有作品又都以侧视图展示了混合在一起的人类、动物、居所或欧裔美洲人的物品（比如枪支和轮船）。在由通加卢克（Toongalook）所作的最早的作品《北冰洋海湾地图》［Map of the Arctic Bay，约 1964 年作于多塞特角（Cape Dorset）］中，以音节文字写下的内容指出这位艺术家以前从来没有绘制过地图，也不认为自己擅长此道（图 4.100）。[65] 然而，它仍然像一幅地图：带有岛屿并用晕滃法绘出的海岸线非常　170 像大约 80 年前在这同一个巴芬岛（Baffin Island）上东边 700 千米开外居住的较早一代人中

---

[65]　Robin McGrath, "Maps as Metaphors: One Hundred Years of Inuit Cartography," *Inuit Art Quarterly* 3, no. 2（1988）: 6-10，特别是 8 页，并可参见同一作者的 "Inuit Maps and Inuit Art," *Inuit Art Enthusiasts Newsletter* 45（1991）: 1-20。

图4.100　北冰洋海湾地区的地图（多塞特角，1964 年）

由通加卢克（1912—1967）以石墨绘于纸上。

原始尺寸：65.5 × 50.6 厘米。照片，引自 Jean Blodgett, *North Baffin Drawings*［（Toronto）：Art Gallery of Ontario, 1986］, 77（图 37）；Art Gallery of Ontario 版权所有，West Baffin Eskimo Cooperative, Cape Dorset 许可使用。

的成员为弗兰茨·博厄斯所绘的那些地图。㉞ 更晚的作品则更类型化，地图学性质也较不明显。

对商业艺术的分析能够很好地揭示因纽特艺术家的空间观念的变化㉟，这无疑是受到了20 世纪中生活方式的变化的影响，包括对地形图的接触。现在对这些广大地区已经有了很好的地形图，但在 20 世纪中期之前，这些地区的地图就是有也只是一些粗糙的侦察地图。因纽特人口向更少、常常更大的中心集结，也提升了他们对这些地图的意识。在 1973 年和1974 年间，分布在整个加拿大北极地区的 33 个北方定居点的大约 1600 名因纽特人，参加了因纽特土地利用和占用项目（Inuit Land Use and Occupancy Project）。其中一项重要的工作是创建地图履历，每个人要在地形图上标出他成年之后曾经狩猎、设陷阱、捕鱼和露营的地域。㊳ 虽然因纽特人必须克服一些操作上的障碍，但他们却有在印刷底图上标注内容的能力，在这方面并没遇到困难。"如果对于真相还需要进行交叉检验和整体一致性的测验的话，那么可以放心地说，精度和诚实性在几乎所有情况之下都是毋庸置疑的。"㊴ 在之前的一个半世纪中，欧裔美洲人地图的精度和标准化程度有了很大提升，而因纽特人带着可信度和精确度来使用这些地图的能力也有了比地图本身的变化更大的提升。现在不清楚的是，因纽特人在多大程度上失去了他们早前的地图观念。有趣的是，虽然因纽特制图者可以轻松地把地形图作为底图使用，但他们发现要把握由欧裔美洲人提出的现象归类方式却比较困难。因纽特猎人在应要求表示狩猎范围时，会用开放线条和环线，而不是把那片地域用一个圆圈包围起来。如果要求他们使用圆圈，那么他们只会用它们来标记"内部的狩猎区——最喜欢的地点、屠宰动物的地点、核心地区——而不是其外部范围"。㊵

亚欧大陆与美洲的北极和亚北极地区的地图学类似性

以本章和下文第八章汇总的材料为根据，在北美洲和亚洲的北极和亚北极地区之间有证据表明它们在风格、载体和语境上具有类似性。自弗兰茨·博厄斯的工作以来，越来越清晰的事情是，不仅"环太平洋的风格平行性要比环大西洋地带更充分、更有说服力"，而且"随着人们从哥伦比亚河口向北到白令海峡，类似之处的数目也在增长，而且越来越

㉞ 在 1883 年和 1884 年于巴芬岛南部开展的人类学野外工作的过程中，弗兰茨·博厄斯引导因纽特人绘制了 40 多张纸上地图。其中大部分藏于：the National Anthropoligical Archives, Natural History Museum, Smithsonian Institution, Washington, D. C. （"129, 270 Eskimo," Gift of Franz Boas, c/o Bureau of American Anthropology, through O. I. Mason, February 25, 1895, U. S. N. M. acc. 29, 060）。另外至少还有三幅留存在：the Museum für Völkerkunde, Berlin。在博厄斯因纽特地图已经出版的几幅中，与通加卢克地图最为相似的是由努古缪特（Nugumiut）人伊图（Itu）所绘的坎伯兰湾地图；参见Boas, "Central Eskimo," 图 545（注释 301）。

㉟ 参见 Peter Osmers, "Inuit Perspective in Drawings," 未发表论文，Carleton University, 1992。

㊳ 除了马更些河三角洲外，标注都在国家地形系统 1：500000 地形图页上进行。

㊴ Milton M. R. Freeman, ed., *Inuit Land Use and Occupancy Project*, 3 vols.（Ottawa：Minister of Supply and Services Canada, 1976），2：56.

㊵ Freeman, *Inuit Land Use*, 2：55.

171 特别"。[341] 这些类似之处包括绘画和图案上的一些相似性。比如在阿拉斯加州东南部的特林吉特人和沿中国东北边境分布的黑龙江族群那里，绘图和雕刻艺术都很重要，都"明显地展示在服饰和日常用品上及类型接近的岩雕艺术中"。内陆西伯利亚人和阿塔帕斯坎人"共同拥有某些服饰观念、刺绣技术和图案"。在楚科奇海和白令海两岸，滨海楚科奇人（Maritime Chukchi）或亚洲爱斯摩人（Asian Eskimos）与阿拉斯加爱斯基摩人共有很多文化属性，其中包括宗教生活、节日和毛皮刺绣。[342]

欧洲最早接触的大部分美洲北极地区人群是新大陆爱斯基摩人（Neo-Eskimos）。从大约公元 1000 年的阿拉加斯北部开始，他们的祖先迅速向东迁徙到北极滨海地区，到 1200 年前已经占据了这里大地分地域，到 1550 年时基本上已经全部占据。[343] 在考古学上，他们被称为图尔（Thule）人，其语言、大多数神话和大部分物质言化都源自阿拉斯加北部。[344] 细线条画、图画创作和呈现都是从东北亚开始、经过整个美洲北极滨海地区到格陵兰东部的海象牙和兽骨雕刻传统的特色。

在阿拉斯加内陆和加拿大亚北极地区西北部的讲纳—德内语的北部阿塔帕斯坎人中，语言、萨满教信仰和活动以及许多民间传说都与东北亚有很强的相似性，但对包括艺术形式在内的物质文化来说，这种相似性却不那么强。[345] 在史前时代较晚期，这些人群中有一些被吸引到了更远的地域——西北部滨海地区，那里有渔业经济、驯鹿丰富的苔原、一直分布到科迪勒拉山系东部的北方针叶林，还有野牛丰富的大平原北缘。在所有这些地方，他们都和已经生活在那里的人群混合。最后，有一些人群到达大平原南部，成为纳瓦霍人和阿帕切人的祖先，开始参与与西南部的印第安村庄社会的贸易。[346] 在所有这些地区，用来制作切削工具的黑曜岩和可通过剥片来制作工具的硅质岩都会为了贸易被运输极远的距离。[347]

在北极和亚北极地区人群传统地图学的语境下，这些类似性和起源仍然需要细加考察。这种考察需要排比更多的人造物证据；特别是宇宙志材料，需要参照民间传说和传统世界观来解读。

随着苏联的博物馆藏品重新向西方开放，以及北美洲和俄罗斯的专家开始启动联合研究

[341] William W. Fitzhugh, "Crossroads of Continents: Review and Prospect," in *Anthropology of the North Pacific Rim*, ed. William W. Fitzhugh and Valérie Chaussonnet (Washington, D. C. : Smithsonian Institution Press, 1994): 27 – 51, 特别是 29 页。关于博厄斯: Franz Boas, "America and the Old World," in *Congrès International des Américanistes: Compte-Rendu de la XX-Ie Session*, *deuxième partie tenue a Göteborg en 1924* (Göteborg: Göteborg Museum, 1925): 21 – 28, 及同一作者的 "Relationshops between North-west America and North-east Asia," in *The American Aborigines: Their Origin and Antiquity*, ed. Diamond Jenness (1933; reprinted New York: Russell and Russell, 1972), 357 – 370。

[342] Fitzhugh, "Crossroads of Continents," 34 – 35.

[343] *Historical Atlas of Canada*, vol. 1, pl. 11 ("Peopling the Arctic," by Robert McGhee) （注释71）。

[344] Robert McGhee, "Thule Prehistory of Canada," in *Handbook of North American Indians*, ed. William C. Sturtevant (Washington, D. C. : Smithsonian Institution Press, 1984), 5: 372 – 373.

[345] Galina I. Dzeniskevich, "American-Asian Ties as Reflected in Athapaskan Material Culture," in *Anthropology of the North Pacific Rim*, ed. William W. Fitzhugh and Valérie Chaussonnet (Washington, D. C. : Smithsonian Institution Press, 1994), 53 – 62. 尽管这篇文章有这样的题目，但其中并没能给出物质文化联系的结论性证据。最有力的证据仅是鹿皮服饰上的装饰（56 页）。

[346] John W. Ives, *A Theory of Northern Athapaskan Prehistory* (Boulder, Colo. : Westview Press, 1987), 351 – 353.

[347] *Historical Atlas of Canada*, vol. 1, 图版 14 ("Prehistoric Trade," by J. V. Wright and Roy L. Carlson) （注释71）。

项目，时机现在变得有利起来。[348] 在亚欧大陆亚北极地区由萨满涂绘在鼓头上并应用的宇宙志地图在北美洲很可能也有对应的物品，比如由北部阿塔帕斯坎人群的鼓手所用的鼓。北美洲藏品中的人造物必须加以重新检查，特别是整合在东北亚萨满的仪典外套中的天体图。拉科他天体图和科里亚克舞袍（图版14）就共有一个有趣的特征：二者所描绘的天体图案都不是从大地上所见的模样，而是表现为被镜子反射之后所呈现的镜像。占卜活动也需要从环北极的大背景下加以重新审视。虽然并不是所有占卜都与空间中的环境和事件有关，但肯定有一部分如此。

在纸桦树皮和剥皮树上所做的世俗类型的制图，也应该就其风格和分布上的相似性加以重新检查。在包括仪式器皿的把手、独木舟座椅和桨叶等物品的一系列东北亚人造物上可见有装饰性的仪典地图，如果在北美洲原住民那里也能发现对应物的话，那是并不令人意外的（见下文 344—348 页）。

北美洲西北部和东北亚的传统地图学之间的类似性足以表明它们有共同的史前起源，而不是独立起源之后在类似环境中趋同发展的结果。更深入的证据毫无疑问将出现在岩画艺术和史前人造物中，特别是如果专门研究这些形式的专家能够加强注意力，意识到其中可能会有地图的话。在接触后时代早期收集的民族志人造物中还有更多尚待识别的证据。在接触早期所写下的记录也必须仔细检查其中是否有支持性的证据。不过，想要评估各种联系的本质并为它们定年，就有待于对过去差不多 1 万年间的人群迁徙和文化特征散播取得更充分的理解了。

172

结论主题

在本章中，我为北美洲原住民中的本土制图提供了证据。行文至此，我将从这些大部分为地域性的讨论中提取出一些总结性的主题，作为本节的目的。这些主题包括：在解释体现于北美洲地图多种类型的作品中的涵化程度时所遇到的方法论困难，这些地图的物理属性（载体），构图，信息内容，以及社会目的。

涵化的阶段

在所有地区性报告中始终显而易见地存在着原住民与欧裔美洲人遭遇的语境。与欧洲人"初次接触"的观念不仅分开了史前时期和历史时期，还与后世可利用的证据的本质性变化相关联。这场接触还预示了地图本身以及制作和应用地图的语境的加速涵化。

不过，作为一种工作性观念，初次接触的概念仍然带来了严重的操作难题。首先，所推测的初次接触的年代存在地区际变化，前后跨度几乎达 400 年之久。埃尔南多·德·阿拉尔孔在 1540 年报告了一名哈尔奇多马印第安人如何绘制科罗拉多河下游的地图，这固然是初次接触；但在图 4.52 中也展示了伊希作为最后一位亚希人在 1914 年绘制的那时已经灭亡的亚希人在加利福尼亚北部的领地地图，这也被视为初次接触。

哈尔奇多马人和亚希人的例子也说明了接触这个观念在应用时所面临的第二个操作性难

---

[348] 举例来说，从 20 世纪 80 年代晚期开始，史密松研究院已经组织了一些考古学、人类学和民族志方向的合作项目。

题：这些人群到底处在何种程度的未涵化状态？虽然阿尔瓦尔·努涅斯·卡韦萨·德·巴卡（Alvar Núñez Cabeza de Vaca）与纳尔瓦埃斯（Narvaez）考察的另外三位幸存者很可能在阿拉尔孔开展考察的几年前就在阿拉尔孔与原住民遭遇之地的东南方走过大约 500 千米的路，但阿拉尔孔考察队的成员却是最早进入科罗拉多河下游河谷的欧洲人。我们因此可以推测，哈尔奇多马人的地图可能是未涵化的。但另一方面，就来自北加利福尼亚的伊希来说，虽然他曾被称为"北美洲最后一个未驯化的印第安人"，但在他于 1911 年被俘的 90 年前，欧裔美洲人贸易者和捕兽者已经第一次进入了北加利福尼亚地区。事实上，到 1911 年的时候，在非常靠近亚希人领地的地方建立的那些欧裔美洲人的永久性定居点已经有几十年历史了。[549] 虽然在历史上最早的初次接触先于涵化（或者说标志着涵化的开始），但在历史上较晚的初次接触却不能也假定成同样的情况。

　　而当我们试图界定初次接触时期何时结束时，第三个操作性难题就出现了。在哈尔奇多马人的案例里，16 世纪期间在这一地区来自西班牙人的偶然活动的间接涵化的可能性是不能低估的。[550] 另外，就算我们同意伊希在 1911 年被俘时是"未驯化"之人，但他 1914 年的地图能算是初次接触的地图学实例吗？从 1911 年到 1914 年，在这三年的大部分时间里他生活在圣弗朗西斯科的人类学博物馆里，与杰出的人类学家打交道。[551] 我们不知道那幅地图是他自发绘制的，还是与研究者互动而绘制的，而且原件也已不存在了。仅仅三年之前，在委身于欧裔美洲人定居者之前，伊希可能会在地面上做出什么样的刻画或造型呢？它又可能会与那幅发表的地图有什么样的区别呢？

　　即使允许北美洲的几个地域在初次接触的年代上存在巨大差异，真正本土的人造物也仍然非常少；18 世纪中期的夸波人彩绘兽皮（图版6）可能就是最古老的了。早期接触的地图人造物的同时代报告也同样稀少——其中最早的可能是巴斯克斯·德·科罗纳多 1540 年在祖尼人村庄哈威库所发现的彩绘野牛皮。不过，也有一些非常有用的早期接触报告，讲述了似乎是以传统方式进行的制图——比如雅克·卡捷对圣劳伦斯易洛魁人在 1541 年塑造拉辛急流和圣劳伦斯河地图的报告。事实上，这类报告提供了早期接触地图的最好证据，其数目超过现存地图，与后者的比例几乎达到 2∶1。比如说，正是通过这种报告，我们才能知道桦皮在东北部广泛作为地图载体来应用，在地上塑造地图几乎在各个地区均可见，而地图又有教学和规划的本土用法。

　　最近，有人在生物多样性保护项目的语境之下对原住民当前的制图作了全球性分析，识别出了三个层次的基本制图活动，有助于清楚地说明历史上的接触地图学和接触后地图学之间的差别。第一个层次包括当环境评估正在进行时有意用作交流工具的地图。这些地图常具临时性，其中有沙地上的轮廓图，又有在地面上排列有颜色的材料而制成的地图。它们简单灵活，是在当地族群内部和之间交流信息的理想工具。第二个层次是示意制图，始于多个领域的技术人员和从业人员之间的互动；这些领域包括医药、农业、狩猎和捕鱼等，有时会要求把当地居民训练为调查者，去采集和绘制数据。第三个层次涉及把示意地图与已有的地形

173

⑲　Goetzmann and Williams, *Atlas of North American Exploration*, 148 - 149（注释 184），及 Helen Hornbeck Tanner, ed., *The Settling of North America：The Atlas of the Great Migrations into North America from the Ice Age to the Present*（New York：Macmillan, 1995），128 - 129。

⑳　Goetzmann and Williams, *Atlas of North American Exploration*, 32 - 33 及 36 - 39。

㉑　有一份较晚的资料，在其中复制了那幅地图的另一个重绘版本。根据这份资料，这"是伊希于大约 1914 年时在人类学博物馆就地图绘制所做的首次尝试"[Kroeber, *Ishi*, 215（注释 216）]。

图相结合，从而产生可与外部机构交易的文档记录。这样的地图可被视为证据，表明土地在使用中，地方社区由此可以加强他们对土地所有权的声索要求。[62]

在本章讨论的地图的语境中，第三个层次明显是"西方化的"，因此是接触后的制图活动，因为它利用了已有的地形图。在第二个层次上，"技术人员和从业人员"之间的差别以及把原住民"训练为调查者"的行为也具有同样的意味。与此相反，第一个层次上的"沙地上的轮廓图"和"地面地图"让人想到接触阶段的传统制图模式。与有意作为非正式草图的现代地图类似，其历史对应物也在最难记录之列。

现存的在 1839 年和 1846 年间由克里人绘制的一系列查尔顿岛地图（如图 4.87），是在类似现代本土生物多样性保护地图的语境中绘制的；它们是接触传统的好例子。与此相反，1907 年由坐兔所绘的密苏里河北达科他州部分的地图（图 4.58）就显然是接触后文档记录之一例。这幅地图的内容以一幅出版的密苏里河委员会地图为基础，而后者的部分内容由奥林·G. 利比（Orin G. Libby）确定，他是为北达科他州立历史学会（the State Historical Society of North Dakota）而负责此图的绘制。[63]

大多数存留下来的由印第安人和因纽特人制作的地图，是应欧裔美洲人的要求而绘制的。因为大多数地图是为了专门目的而募集，通常是为了满足对地理信息的需求，所以有很多能保存下来，但也基本得到了改进。几乎所有这些地图都是绘在纸上的。有一些在绘制之后不久就保存在档案中。在这些地图里，那些绘来供正式呈递给皇家及其殖民地代表的地图可能——出于美学、可读性或礼节的理由——也是印第安来源的地图遭到最多修改的那些。比如在 1723 年由奇克索人所绘、呈递给卡罗来纳总督弗朗西斯·尼科尔森的东南部地图的那个广为人知的现存版本，就包含了两幅图画式绘画：一幅是指着方向的小手，另一个是武装的印第安战士牵着一匹马（图 4.38）。然而，在抄本上还有很多空白，我们会怀疑原图上是否还包含更多的图画；可能因为这些信息要么不可理解，要么与英国人对这幅地图的观念——作为对他们自己、结盟的印第安人、法国殖民者及与法国人结盟的印第安人之间战略关系的陈述——不相关，而被抄图员省略掉了。

在 19 世纪，对北极地区的探险、北美洲大陆内陆和西部的开放以及人们对这些地区和其中的传统人群施加的越来越多的关注，共同导致了很多正式报告、半正式出版物和旅行记述的编撰。在这一世纪中，随着时间的推移，出版物里的雕印线条图插图（常为木刻画）也越来越多，其中包括了很多印第安和因纽特地图的实例。这些雕印地图常是原图的小而简化的版本。在原图和出版版本之间会发生的这种变化，可以通过比较华盛顿的国家人类学档案馆（the National Anthropological Archives）保存的地图与 19 世纪晚期发表在《美国民族学局年报》（*Annual Reports of the Bureau of American Ethnology*）上面的地图来了解。在原件地图中有一套三幅约 1887 年由缅因州普莱森特河（Pleasant River）地区的帕萨马阔迪（Passamaquoddy）酋长萨皮尔·塞尔莫（Sapiel Selmo）交给加里克·马勒里（Garrick Mallery）的桦皮绘图。它们叫作"威赫甘"（*wikhegan*），是整合了近期事件和直接意图的地图，留在

[62]　Peter Poole, *Indigenous Peoples*, *Mapping and Biodiversity Conservation*：*An Analysis of Current Activities and Opportunities for Applying Geomatics Technologies* (Landover, Md. : Biodiversity Support Group, 1995), 6.

[63]　Thiessen, Wood, and Jones, "Sitting Rabbit 1907 Map," 146 – 149（注释230）。

某个地方作为信息，供预期会跟在后面的人之用。㉝ 原件上的铅笔标记连同它们的递交和收集背景都意味着它们是应要求制作的样品。出版的雕印图上缺失了在原图上可见的一些微妙的细节——包括对图上内容的强化和修改，以及对地物的编号。

对于涵化的过程，基奥瓦人的一件从 1889 年 8 月到 1892 年 7 月的月历可以提供一份有趣的洞察。这件月历以彩色墨水绘在鹿皮上，是转抄了在一个笔记本上所绘的较早的铅笔画版本（图 4.101）。每个月都用与某个事件相关联的图画所呈现。1891 年 6 月的图画是一位欧裔美洲人与一位印第安人在一个框架的两侧交谈，框架的上面和上方有好几个小圆圈（图 4.102）。正是在这个月里，一个委员会达成了与卡多人（Caddos）和威奇塔人（Wichitas）关于出售他们的保留地的协议；这两个族群生活在基奥瓦人东南方并与之相邻。小圆圈象征着购地所花的钱，而框架被分隔成几部分，则以网格地图的形式呈现了土地的分配。㉟

以本章中讨论的地图的各种涵化水平为根据，我们有可能把美洲印第安人制图学的发展概括成三个宽泛而不可避免会相互重叠的阶段。它们在表 4.1 中有描述。

174

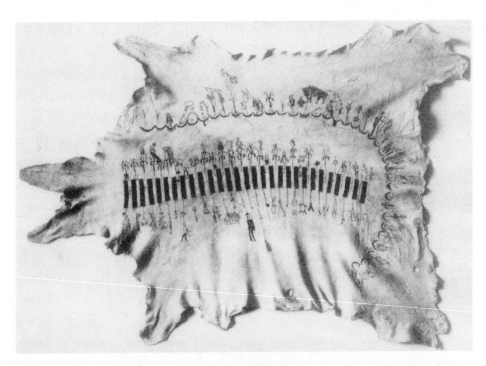

174

图 4.101　基奥瓦月历

这件月历由安科（Anko）在 1892 年根据一个笔记本上用铅笔所绘的原图，为詹姆斯·穆尼（James Mooney）而以彩色墨水重绘于鹿皮之上。目前仅存照片。

承蒙 National Anthropological Archives，Smithsonian Institution，Wahington，D. C. 提供照片（neg. no. 46. 856）。

㉝　华盛顿的国家人类学档案馆中的这三幅桦皮"威赫甘"在以下文献中复制为雕印线条图：Mallery，"Picture-Writing，" 347－350（图 456－458）（注释 4）。

㉟　James Mooney，"Calendar History of the Kiowa Indians，" in *Seventh Annual Report of the Bureau of American Ethnology to the Secretary of the Smithsonian Institution*，1895－'96（Washington，D. C.：United States Government Printing Office，1898），129—445，特别是 145、373—379 页和图版 LXXX。

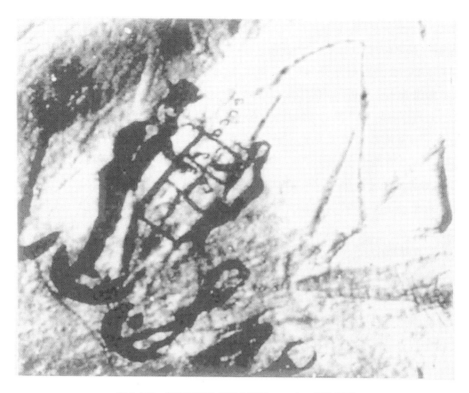

图 4.102　基奥瓦鹿皮月历上表示 1891 年 6 月的图画　　　　174

　　在图 4.101 右上部分的这处局部中，框架象征着土地售卖协商中使用的分割地图。虽然这件月历是由基奥瓦人安科所绘，但象征着这个月的是与基奥瓦人为邻的卡多人和威奇塔人的保留地土地的出售。

　　承蒙 National Anthropological Archives, Smithsonian Institution, Wahington, D. C. 提供照片（neg. no. 46. 856）。

表 4.1	北美洲原住民地图学发展阶段的概括	175
接触前阶段	**接触阶段**	**接触后阶段**
时期：在欧洲人的间接影响到达之前，开始于几千年前。 **证据**：岩画艺术和人造建筑，但二者都存在问题。 **地图类型**：天空图，很多可最终证实；陆地图，较难证实；宇宙志地图，最难证实。 **地点**：野外，特别是半干旱的西部，但也包括密西西比河和俄亥俄河流域的建筑。 **数量**：无法计数，但很可能极多。 **特征**：在构图、风格和信息内容上具真正的本土性。作为迁徙和文化扩散的结果，很可能会随时间而变化。 **问题**：在野外的发现；定年；证实地图功能。	**时期**：沿东北部和东部海岸地区、在圣劳伦斯河和密西西比河下游流域及西南部为 16 世纪中期和 17 世纪中期。在北部和西部内陆为 18 世纪中期至 19 世纪早期。在远西部为 19 世纪早中期。在北极边缘地带为 19 世纪晚期。 **证据**：探险者、贸易者、军人、传教士和早期殖民者的人造物和报告。 **地图类型**：很少为天空图和宇宙志地图，陆地图相当多。很多绘于桦皮上，一些绘于兽皮上，较少制作于坚硬的动物组织和贝壳珠上。临时性地图和模型地图已不存。 **地点**：收藏人造物的博物馆。包含有报告的有关发现和探险的早期文献。 **数量**：人造物极少；报告很多。 **特征**：在构图和风格上具本土性，但在内容上有越来越受接触影响的趋势。 **问题**：人造物的贫乏，很多报告——特别是较早的报告表述含糊。	**时期**：自最早的欧裔美洲人定居点建立、常规贸易和通信网络发展起来和资源开发开始之后。 **证据**：为了帮助与欧裔美洲人交流，满足他们对有关路线、战略关系和资源位置的情报的需求而绘制的地图。 **地图类型**：主要是绘于纸上的陆地图，包括完全由原住民手绘的图、加了注释的原图以至欧裔美洲人的转抄本和印刷版。 **地点**：主要藏于档案馆。印刷版主要见于正式出版物。 **数量**：为数众多，来自北美洲所有地区。 **特征**：毫无争议的地图，但缺失了很多甚至极多的本土属性。 **问题**：对涵化程度的评估，如何确定每幅地图的制作、特征和功能可在多大程度上提供本土地图学传统的证据。

物理属性（载体）

　　虽然在整个北美洲都有北美洲原住民地图的报告，但其载体和制作工艺却有很大不同。有些材料和方法基本上在各地均可见，但另一些则是特定地区的特色。

　　在地面上刻画和塑造临时性地图——不管是陆地图还是天空图——是一种自发的、广泛的活动；可能因为在欧洲观察者看来，这样做有新颖性和便利性，在接触时代这种做法可能得到了过度的报告。虽然建造模型地图的实践在某些地区不那么普遍，但一些族群会在萨满教表演的过程中这样做。因为表演会限制在一定的时间和地点，其中的制图学成分通常只是更为复杂的图案的一部分。经过许多代人的重复，这些成分会逐渐变得模式化，常常把陆地、天空和宇宙志要素结合在一起。在 20 世纪之前，欧裔美洲人很少能目睹这些仪典表演。而当他们像约翰·史密斯在 1607 年观察弗吉尼亚阿尔贡金人的"妖术"那样有机会见证这样的表演时，其报告往往更强调形式和行为，而不是图案、目的和意义。这种类型的地图塑造中最为人知的例子出现在西南部的某些干沙画仪典中，其时会有多种颜色的沙子用于描绘多种天体元素。在这些仪式中（其中与纳瓦霍人有关的仪式是普遍征引的案例），人们小心翼翼地撒下沙子，在准备好的由具有天然颜色的沙子构成的背景上创造图案，之后又会毁坏它们。

　　树皮可能是最独特的地图载体，主要用的是纸桦的树皮，但也不是只有这一种。纸桦生长在东起马里兰州和拉布拉多省之间的东海岸、向西到蒙大拿州的落基山脉和加拿大亚北极地区西部马更些河下游的广大地带。其将树皮作为地图载体的用法，在这一地带东部的东北印第安人中以及位于亚北极地区最东地段的上五大湖地区最为普遍。在这些地方的大多数人群中，桦皮的应用见于接触阶段早期的报告中。在做短期利用时，桦皮非常适合用来刻画，或是用油脂和天然颜料的混合物做标记（到较晚的时候也用铅笔）。这让它成为传递即时的图画信息的近乎完美的载体。

　　绘在兽皮上的地图基本可以肯定没有刻画在地面上的临时性地图或绘于桦皮上的相对短命的地图那么普遍。它们往往较大，往往为了特别的目的和场合绘制。其他载体则更具地方性或更不典型。在北美洲东北部大部分地区，名为贝壳珠带的助记设备用加工成珠子的彩色贝壳制作，将它们编织成象征着地缘政治关系和空间关系的图案。在得到报告的物质形式中，可能以亚北极和北极地区最为特别。在亚北极地区东部，兽类的肩胛骨曾用于一种叫肩甲占卜的占卜术，它常常具有地图学性质。在格陵兰东海岸的阿马萨利克爱斯基摩人中，浅浮雕或三维形式的地图会雕刻在浮木上，不仅用来呈现复杂的峡湾海岸线，而且用来呈现沿海岸分布的山脉形状。因纽特人还有在海象牙上雕刻图形的传统，但在前现代的作品中似乎并没有地图。在其他地区，虽然地图偶尔也会绘在剥了皮的树干上，但木板却很少使用，即使在欧洲人引进了锯木板之后也是如此。可能在纸上绘制地图是在地面上或桦皮上绘制地图的最方便的对应方法。不仅如此，在木头上涂绘或雕刻地图所带来的相对持久性可能也被认为没有必要。

构图

　　印第安和因纽特地图的几何构图几乎未曾得到关注。如果不知道一种文化中作为空间的组织和呈现方式的基础观念，那么另一种采用不同的空间结构的文化就不可能解读这些本土地图。没有证据表明在后接触时代晚期之前，西方的定型化的几何图形在北美洲原住民那里有任何对应物，而且把西方的几何观念强加于本土呈现形式之上始终是个危险的做法。这些西方观念包括公制比例尺、测量的标准单位、标准朝向和系统性的投影。

在北美洲，对于这种距离和方位的规范化几乎没有需求。陆地和水域上的距离靠的是经验性的行程测量——白天的行程、过夜的停驻点、两次停留地的间距以及可以听见一声枪响的距离。这些全都是相对性的测量，无一例外。影响它们的因素包括一年里所处的季节、环境条件、旅行的方式和目的、最为羸弱的人员或马匹的体格和技能、以前有关所行路线的经验，等等。

不过，几何规范图形在宇宙志观念中显然是可以看到的，比如宇宙的基本轴、基本方位和圆形的隐含重要性等。波尼人和拉科他苏人关于天空是大地镜像的观念也属于这种情况：在格里德对接触前艺术的起源解释中，第三波也是最后一波文化以一种基本信仰为其特色，即认为大地上的事件只有通过反映天空的事物才显现出意义。[56]

在考察现代纳瓦霍人（第三波人群的后代）时，里克·平克斯滕（Rik Pinxten）认识到他们的空间呈现植根于三个基本观念：立体/平面、运动和维度。它们隐含在很多次生空间观念中：附近/分离/接触，部分/整体。边界，内/外，中央/外围，开放/封闭，重叠，会聚/分歧，秩序和继承，前/后，上/下，左/右，以及在近旁。[57] 所有这些次生观念都是无维度的，既不要求线性度量，又不要求角度测量系统，而且它们包括了很多在结构发生变形时仍然保持不变的拓扑性质。

实际上，基本所有印第安和因纽特地图在非正式的意义上都是以拓扑的方式构造的。在受到欧裔美洲人的涵化之后，或是在宇宙志位置优先于地理之时，则会出现例外。在1891年和1913年间某个时候由坏心公牛阿摩司所绘地图中的布莱克山部分（图4.57）是个好例子。把鬼塔山置于布莱克山之中，本来是拓扑不正确的，但它完全合于拉科他人的信仰，即认为地界只是天界的镜像。因为他们的神学凌驾于地形之上，位置固定的地物有时候就有必要在观念上重新定位。

以拓扑方式构造的河流和小路的网络也会包括在地图中，因为它们起着路线的功能，偶尔也作为边界。但在没有坐标网格的情况下，它们也可以作为一种构图基础，有可能用来在心理上安置小的区域性或节点性的地物。举例来说，如果没有河流和小路，那么1723年的奇克索地图（图4.38）不仅会显著丧失许多信息内容，而且可能在外人看来实际上是无法理解的，特别是当它的原图刚画出来、还没有添加名字的时候。

在陆地图上呈现的地面面积，从几公顷到100平方千米以上不等。[58] 大多数小面积地图以个人或一小群人仅仅一次或一生的直接经验为根据。与此相反，制作大面积地图必然要求把可能贯穿几代的许多人提供的信息整合在一起，基本可以肯定传统会在其中起

177

㊶　Grieder, *Origins of Pre-Columbian Art*, 101（注释49）。

㊷　Rik Pinxten, *Towards a Navajo Indian Geometry*（Ghent, Belgium: Communication and Cognition, 1987）, 16–23.

㊸　在本章中复制的陆地图的实例中，图4.59、4.66、4.67、4.71、4.79、4.81和4.83，特别是图4.38，都是大面积地图。

重要作用。[59] 陆地图上有多种类型的网络，但如果把它们排成从非常简单到高度复杂的一个等级系统来认识，会是有用的做法。这个等级系统包括：单路径网络（single-path networks）、单分支网络（single-branch networks）、多分支网络（multibranch networks），以及环路网络（circuit networks）（图4.103）。

单路径网络可能是这四种类型里面最常见的（图4.103a）。它们呈现的通常是路线，但在风格、复杂性和信息内容上有巨大的变异。较简单的网络几乎都是在指示专门路线的过程中创造的，特别是在接触后阶段，印第安人会频繁地成为欧裔美洲人的地理知情人和野外向导。1892年由奇帕威安人安德鲁为地质学家 J. B. 蒂雷尔绘制的独木舟航线地图就是一个好例子（图4.84）。单路径地图的信息内容在本质上就是口语行程的信息内容。

并非所有单路径地图绘的都是简单路线。南部奥吉布瓦人的米德迁徙图（如图4.23）虽然在总体形式上呈带状而不是线状，但在本质上也是单路径、单向迁徙（或扩散）路线的地图。但它们具有图画复杂性和神话信息内容，而与1841年在渥太华河—休伦湖分水岭上发现的简单桦皮信息地图（图4.24）形成强烈对比。

单分支网络在单路径上增加了一条或多条分支（图4.103b）。之所以绘出分支，要么为了展示可选择的其他路线，要么为了把其他信息更清楚地定位在地图上。一个例子是1854年2月由一位尤曼［奎查恩（Quechan）］印第安人为艾米尔·威克斯·惠普尔（Amiel Weeks Whipple）中尉在地面上描绘的科罗拉多河下游地图。尤曼人之所以把它画成单分支的形式，是为了给出许多印第安人群的位置和名称。[60] 因为科罗拉多河的这一河段流经半干旱灌丛，支流稀少，且间隔甚远，因此可以有效地为其他地物进行清楚的定位。这幅地图很可能与300多年前据记载曾由一位哈尔奇多马人（他们是尤曼人的近邻）为阿拉尔孔所绘制的科罗拉多河同一河段的地图非常相似。

多分支网络包括了两个或多个彼此分离但相邻的单分支网络组分（图4.103c）。大多数大河水系的大面积地图（比如图4.38、4.59、4.66、4.57、4.71、4.78、4.81和4.83）都呈现了这种类型的网络。

环路网络构成了最为复杂的范畴（图4.103d）；在这种网络中，有可能通过几条不同的路线均可从环路中的一点到达另一点。它们可见于完全由陆路组成的印第安路线体系，或具有跨分水岭联运陆路的可通航独木舟的河流构成的路线体系，或这二者的结合。在呈现于地图上的这类网络中，只有一小部分完全由陆路构成；这样的例子如亚拉巴马头人所绘10个奇克索村庄和1个纳切兹村庄的位置及它们之间的小路的地图（图4.40）。远为普遍的情况是在环路网络中结合了陆路、可通航河道和跨分水岭的联运陆路。属于这种类型的典型例子

㊾　虽然前后的制作年代间隔超过150年，图4.79、4.81和4.83可能都是这种传统的一部分。如果是这样，那么这会是一种受到毛皮贸易很大影响的接触后传统；在毛皮贸易中，印第安人要参与更长、更频繁的旅程，在印第安人群之间订立新契约（由此便带来信息流），开通新的河道路线，并产生与毛皮本身一样大的对地理信息的需求。

㊿　惠普尔在笔记本上抄绘了这幅地面地图；Lieutenant W. Whipple，以铅笔绘于纸上的无图题地图，1854年2月，Notebook 20, Pacific Railroad Survey on 35 Parallel, Mississippi River to Pacific Ocean, 15 April 1853 to 22 March 1854, Oklahoma Historical Society, Oklahoma City。该图最容易获得的出版版本是一幅线条图《尤马人的科罗拉多河地图，在河谷中标有部落的名称和位置》（Yuma map of Rio Colorado, with the names and location of tribes within its valley），见于 *Explorations and Surveys*, 16（注释183）。

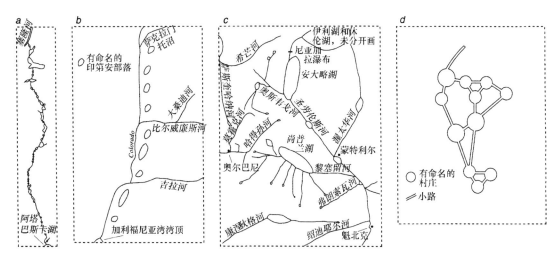

图4.103　印第安地图所示的4种网络类型

单路径网络（*a*）以1892年奇帕威安人所绘从阿萨巴斯卡湖到塞隆河的独木舟航线示意——这段航线包括7天以上的行程，并有45处联运陆路（图4.84）。单分支网络（*b*）以尤曼人所绘科罗拉多河下游及支流的地图（1854）描述，其中展示了有命名的印第安族群（参见注释183和360）。在*c*中的多分支网络以1696年或1697年佚名（印第安人？）所绘的圣劳伦斯河、萨斯奎哈纳河、哈得孙河和康涅狄格河水系部分地区的地图（图4.20）为根据。在*d*中展示的环络网络则来自帕卡纳上尉（亚拉巴马头人）所绘的地图（1737），展示了其族群位于今密西西比州东北部的村庄之间的小路（图4.40）。

是1602年转抄的新墨西哥部分地域的地图（图4.59），其中结合了彼此相交的河流和小路。

　　有少数地图实例体现了根据旅行时间"按比例"地绘出其简单呈现形式——比如单路径和单分支网络——的尝试。1683年由卡尤加人和萨斯奎哈诺克人所绘的萨斯奎哈纳河的单分支网络地图（图4.18和4.19）就是这样的例子。在单路径地图中，这样的例子可能更普遍，但沿其中大部分路径确立足够可靠的参照物是很困难的，再加上缺乏与旅行时间有关的知识（实际时间、平均时间、是向上游还是向下游、旅行季节，等等），实际上排除了获取证据的可能性。

　　印第安和因纽特地图的构图也受到可用载体的形状的影响，这正是奥吉布瓦印第安人在约1859年绘于纸上的尼皮贡湖地图的情况（图4.85和4.86）。虽然看上去不太明显，但1837年艾奥瓦人地图上对复杂单分支网站的呈现（图4.67）也因为用于绘制该图的纸张的限制而出现了相当程度的畸变。在这幅图中，密西西比河上游东岸支流（主要位于今威斯康星州以及伊利诺伊州北部）所占据的空间几乎与西岸支流（其流域包括明尼苏达州大部，艾奥瓦、南达科他、内布拉斯加州，堪萨斯州北部，以及密苏里州部分地区）一样大（图4.68）。

　　在18世纪和19世纪，因纽特人和亚北极地区印第安人倾向于把丘吉尔堡以北到富里和赫克拉海峡东边附近的漫长而形状复杂的海岸线呈现为近于笔直的形态，但也常常夸大地描绘其间的海湾、河口、岬角和离岸岛屿——这些对于旅行、狩猎、捕鱼和其他至关重要的任务来说具有重要意义。因纽特人也确曾把这段海岸线的一些部分以更大的比例尺、更详尽的细节呈现出来（比如图4.92）。然而，表示陆地和海洋之间这道关键边界的传统方式，就是略微修饰过的一条近乎笔直的线。他们可能在其中做了某种传统地图学方式的概括，非常类似于黑脚人的概括；黑脚人至少在接触后不久就会在地图上安排一道光滑的边界，表示他们的两个世界——森林和草原之间的过渡地带（图 4.62 和 4.80）。同样，在 18 世纪接触后不久，亚北极地区印第安人也普遍会在地图上安置森林和苔原的边界。

没有单独一种因素可以决定印第安和因纽特地图的几何和构图。虽然这些地图与现代欧洲人地图不同，既不是源自抽象的线性度量，又不具备坐标网格的对应物，但其上的图案和形状并不是随机的。一幅特定地图的几何构图可能同时受到了几个相关因素的影响，其中大部分因素是隐蔽的。

信息内容

就其信息内容来说，北美洲原住民地图与按照欧裔美洲人传统制作的地形图或主题地图均有差别。[60] 在所描绘的地域内，北美洲原住民地图从来没有试图把许多不同种类的现象的每一次发生都始终如一地表现出来。即使大部分北美洲原住民对于他们自己的领地以及他们所在的大陆这一部分的更宽广的地理知识具有很好的了解，他们也绝对无意把陆地图绘成这些信息的概要。每一幅图都只包括足够实现目的的信息，而这个目的总是受条件约束的。在这背后的原则是信息的俭省选择。人们默认了一幅专门的地图有意提供的信息应该让这幅地图能够补充他们已经知道的东西，或是提醒他们一些可能会遗忘的东西。如果说补遗是陆地图的主要功能的话，那么备忘就是宇宙志地图和天空图的用处。地图并不是按空间组织的信息荟萃，供各色人群和个人按照自己的需要从中提取信息。形式、功能、重要性、文化意义、神话和宗教属性或这些性质的某种组合，都可以作为信息选择的根据。

179　　对本土制图和欧裔美洲人制图实践之间的这些差异的认识生发得颇为缓慢。在 16 世纪以及 17 世纪的相当长时间里，这些差异对探险者、贸易者和早期殖民者的影响还不大。在此之后，特别是在启蒙运动期间，欧洲地图学的规范和标准也被人们默默认定可以用于本土地图。在 300 多年时间里，欧裔美洲人一边从本土地图中"读"出其中的信息内容，一边对这些根本性差异只有很少察觉或全无察觉，直到前不久他仍然是这样。

天然的物理地物——水网、海岸线、关键地点和分水岭——在选择和强调的时候与它们在地图的交流功能的语境中的意义直接相关。这种做法和它们的物理重要性几乎不成正比。在呈现那些作为常规旅行路线的河流时，常常会排除掉在其他方面与它们相同的另一些河流。由罗伯特·利文斯顿在 1683 年获取的萨斯奎哈纳河地图（图 4.18 和 4.19）就省略了所有东岸支流、西岸的一条主要支流（朱尼亚塔河）以及安大略湖的南岸。因为这幅地图的绘制背景记载得比较清楚，这些省略可以充分解释为政治和策略因素的结果。

与此相反，那些虽然很小但意义重大的地物却常常在地图上得到夸大呈现。比如南达科他州东北部的普赖里高原在局部比较明显的东缘，就不仅仅是只在局地比较突出的地文特征。它标志着不同的环境、资源基础和原住民人群之间的分界线。在根据 1688—1689 年交给拉翁唐的印第安"鹿皮"地图原件所雕印的版本中，它被呈现为一道巨大的山岭（图

---

⑥　本节中的一些观念在以下文献中提出，并有更详细的阐述：Lewis，"Metrics，Geometries，Signs，and Language"（注释 2）。

4.60）。这种高大山脉的图像的最终成形，也可能部分源于转抄和雕版过程。与此类似，虽然现在不知道在转抄和拼合过程中经过了多大程度的修改，但是拉维伦德里 1729 年的复合地图（图 4.76 和 4.77）在一片有很多河流的地区中仅仅展示了单独一条"朱砂河"以及一座"亮石山"，除此之外该图的这个部分就相当空旷。这两个地物都很特殊，具有文化地位，但都不大，也都不显眼。

在印第安和因纽特地图所有已知的作品上描绘的现象，其类型相当多样。出于策略理由，或者因为与自然资源有关联，环境信息通常都会包含其中，以展示空间关系。奇帕威安地图上的"林缘"就不是一种抽象的生物地理表述，而是对旅行、生计以至生存具有重要策略意义的符号（参见图 4.79—4.83）。坏心公牛阿摩司对谷底、山坡平地、陡崖和孤丘的区分也展现了大平原西部根本性的空间关系，这些地域在一个半世纪或更长的时间之后又被生态学者划分为不同的生态系统，被乡村社会学者划分为军贩地（sutlands）和边远地（yonlands）。在很多地图上都表示出了关键资源的位置。其中最早的例子是 1602 年米格尔地图（图 4.59）上间隔较远的盐矿（"salinas"）。在大平原中部和南部，盐是至关重要的资源。整整两百年后，基乌库斯所绘的大平原西北部地图（图 4.62）上也标出了另一种类似的关键资源——浆果。不过，产浆果的地点仅展示在标出的路径上，在路径之间的广大空间里并没有指示浆果资源的存在与否。

比起食用植物来，兽类是分布多少较为局限的食物资源。因此，在地图上会更经常地呈现适于捕兽的地点。约翰·廷克 1662 年转抄了印第安人所绘的昔日佩阔特人领地的地图（图 4.15），其中就有一段相关文字，指出了印第安人曾经驱鹿进入的"陆地之颈"。在地图上标出动物资源的例子还有：1839 年至 1846 年间绘制、展示了河狸在引入查尔顿岛之间的扩散情况的一系列克里人地图（图 4.87）；呈现了沿着一些路径移动的野牛的几幅 19 世纪平原印第安人的绘画地图（图 4.54 和 4.58）；以及艾维林缪特人所绘的到罗斯·韦尔克姆湾西边狩猎麝牛的路线地图，在路线上有成簇的点表示牛群的位置和相对规模（图 4.91）。

在印第安和因纽特地图上，文化信息几乎肯定会超过那些与自然世界相关的信息：个人和人群；居所和定居点；路线和行程；狩猎、设陷阱和捕鱼活动；迹地和田野；驯化的动物；战场、萨满仪式和议事会；以及偶尔出现的边界。

因为广为流传的观点是北美洲原住民没有土地产权或明确的土地界限的概念，所以边界的呈现应受关注。在相对稀少的情况下，印第安人确实会呈现地权边界，但它们通常是建议或协商边界，而不是事实边界。一个较早的案例是 1666 年或 1668 年所绘、界定了准备售与普利茅斯殖民地的矩形地块的地图（图 4.16）。较不为人知的地图还是 1805 年由一位密西沙加发言人连续几天制作的树皮和石头地图。这两幅地图都展示了他们愿意割让的土地边界，但极不同寻常的是，他们是在理解了上一代印第安人已经出售的土地边界的语境下如此绘制的。因此，至少那些密西沙加领导人已经继承了有关地权边界的已涵化而仍用口语传递的传统，按此传统，他们在有必要的时候便可以把边界记录下来。

地图的本土功能

人们制作、使用地图，有时候也保存地图，为的是多种世俗和精神目的，虽然这二者的 180

区别并不总是那么明显。地图的大部分世俗功用都可归属于三大功能类别：为通信留下讯息；教导、信息核查和计划；举行纪念活动。

通信地图几乎是东北部和邻近的亚北极地区东部一些地方的地图的唯一类型。大部分地图在桦皮上制作，然后留在一些关键的地点，以便为预期很快会到达这里的人群提供信息（例如图 4.24 和 4.25）。尽管也有早期接触时的报告说这些地区的印第安人在桦皮上制作过地图，但明确提到把这些地图用于通信的报告后来才出现。[62] 英国和法国之间存在利益冲突，主要与毛皮贸易有关；这刺激了印第安人的旅行和迁徙，特别是生活在五大湖地区东部周边、至今还基本生活在世居地的那些种植玉米的族群。新盟约、新矛盾、新经济、新领土范围和新路线出现了。在这样一个新的印第安世界中，对信息肯定会有更大需求，在 17 世纪后期和 18 世纪前期报告的那些多少较为正式的桦皮地图中，完全可能有一些地图用于更为直接的功利用途。[63] 这些通信地图是否在与欧洲人接触之前，由印第安人在传统狩猎旅行、季节性迁徙和偶然出现的危机期间主动制作，是摆在未来研究北美洲传统地图学的历史学者面前的最重要、最吸引人的问题之一。

地图在计划、信息收集和教导方面的用途，通常与战争或超出正常领土界线之外的旅行有关。虽然大部分证据来自早期接触阶段，接触的直接和间接后果可能几乎马上就促进了地图在这方面的运用。萨姆埃尔·德·尚普兰对圣劳伦斯河流域印第安人在准备作战指令时用棍棒制作平面图的概述，就同时包括了这些地图的计划和教导功用。酋长们以预先确定的图案摆放棍棒以指示战斗位置；战士由此获得信息，从而能够在一次又一次的实践中坚守自己在行列中的计划位置。给人更深刻印象的，则是由努特卡人在沙滩上制作的 150 千米开外将要被袭击的一个村庄的模型。在那次冲突中，制图、计划和学习在参与者之间发生了很大的互动。相比之下，更有教导性的是报告中所述得克萨斯西部的科曼切长者如何用临时性地图为年轻的勇士提供情报，告诉他们在开展远到自己领地的界限之外的长距离突袭时应该采取的路线。

印第安人和因纽特人可以把欧洲人所绘的河流和海岸线的地图继续扩展到欧洲人探险的界限之外，这种能力已得到了很好的记录。[64] 这可能本来就是印第安人收集地理信息、制作延伸到远超他们自己经验界限之外的广大地域的地图的实践过程之一（例如图 4.38）。举例来说，1861 年，在魁北克省东部穆瓦西河下游，印第安人就在桦皮上绘制了一幅地图，用于交换有关通往该河源头和更远之处的路线的信息（图 4.69）。两个新的印第安向导利用这幅地图，来教导已经聘请的两个已经到达了他们自己的能力边界的向导。

用地图来记录从前的事件，似乎也是常见做法，在平原印第安人中尤为常见，但这样做的并非只有他们。现存最早的实例很可能是参与夸波人战争的一方所经的路线；就像定年为 18 世纪中期的一张彩绘野牛皮上所绘，这条路通往成功打败了敌对的印第安势力

---

⑫　在最早报道的地图中，有一幅于 1775 年见于缅因州北部，其时由本尼迪克特·阿诺德（Benedict Arnold）率领的革命军远征队正在魁北克攻打英国守军 [Henry, "Campaign against Quebec"（注释 107）]。

⑬　有关这些地图的概述，见 84—86 页。

⑭　举例来说，波塔基特人或马萨诸塞人在 1605 年就把萨姆埃尔·德·尚普兰为他们绘制的当时刚探索过、后来属于缅因州和新罕布什尔州的海岸向南做了延伸（68 页）；同样，内齐利克人也在 1830 年把约翰·罗斯所绘的里帕尔斯贝和摄政王湾之间陆地的地图做了延展（图版 8）。

的战斗发生地（图版 6）。该图的艺术品质和所选载体的耐久性意味着这幅图是作为这个重要事件（或者也可能是一系列类似的事件）的象征性记录而绘制的，并有意留传给后代。另一件 19 世纪的作品是奥托人格罗舒努威哈在 1825 年所绘的地图，其中涵盖了一大片地域，并记述了多个事件的过程，包括在阿肯色河上游河谷中一场战斗的参战一方的路线（图 4.64、4.65 和 4.66）。由非大平原地区的印第安人绘制的记录事件的地图，可以举出如下例子：来自东北部的很多桦皮信息地图（图 4.26），由奇尔卡特酋长寇克勒克斯在事件发生 17 年之后绘制的那类一次性返程地图（图 4.50 和 4.51），以及描绘了一年一度的狩猎旅行顺序的地图，在约 1898 年时由艾维林缪特人梅利基绘制的地图即为其代表作（图 4.91）。在 1839 年和 1846 年间由克里人绘制的一系列 8 幅查尔顿岛地图，用于标注新引入该岛的河狸的扩散情况，则是为了展现空间随时间的变化而做的引人注目的尝试（图 4.87）。

主要出于精神和形而上学目的绘制的地图，基本可以肯定在与欧洲人接触之前很久就已经存在，受西方思想的影响也最小。这些呈现物表达了有关世界和宇宙的创造的观点，其功能首先是记录传统，在仪式中起协助作用。很多这类地图是临时性的，在萨满仪典的过程中制作，之后又故意毁坏。[365] 其中一些人造物的实例则被其保管者严加看守和庋藏。[366] 只有在 181 罕见的情况下，欧洲人才能见到它们，今天仅有的证据都是由这些观察者的介入才幸存下来的。[367]

在涵化期间，解读的问题变得复杂化。当欧裔美洲人开始见证仪典、收集人造物，一直持续到 19 世纪末，他们能做到这些的唯一原因可能不过是与这些事物相关的本土信仰体系已经进入了最终的衰败阶段。到那个时期，本土知情人的知识情况已经不像前几代里面的新成员那么好了。不仅如此，传统人造物有时还会以商业的方式制作复制品，售与欧裔美洲人；后者把它们视为艺术品，却缺乏理解它们的民族志知识。从纳瓦霍沙画整合到商业艺术品中的天体图案就是一个好例子（图 4.47）。此外，美洲原住民的口语宇宙志有时会由西方地图所呈现。其中之一例，是由加利福尼亚人类学家 T. T. 沃特曼所绘制的线条图，展示了"尤罗克人（Yurok）的世界观念"。在图中，北加利福尼亚位于中心，周围环以海洋，海洋外面又以"天空边缘"为界。在这之外又有"沥青海"，其中有"鲑鱼之家"，再外面则是

---

⑭ 举例来说，虽然并非所有的西南部沙画（干画）中都有地图，但实际上所有这些沙画都会在制作它们的仪典结束的时候遭到系统性的毁灭。布莱辛（Blessing）举了这种做法的另一个例子，对于米德迁徙图的识认和解读来说，对这种习惯的违背具有重要意义。一位米德祭司在 1946 年去世，留下了转抄在纸和硬纸板上的"数量惊人"的桦皮和图画材料。因为"找不到这些材料可以按常规方式传递的可信任的继承者"，就在它们"按照习俗即将被烧掉"的时候，通过干预，才终于被拯救下来。Fred K. Blessing, "Birchbark Mide Scrolls from Minnesota," *Minnesota Archaeologist* 25 (1963): 90 – 142，特别是 100 页。

⑮ 南部奥吉布瓦人的米德迁徙图即其一例。早在 1850 年，乔治·科普韦就描述了桦皮图卷保留和不时复制换新的方法。然而，这些图卷作品在 20 世纪前期之前几乎不为非原住民所知。塞尔温·杜德尼（Selwyn Dewdney）所提到的最早作品收集于 1903 年 [Dewdney, *Sacred Scrolls*（注释 99）]。最早的严肃的描述则直到 1963 年才发表（Blessing, "Birckbark Mide Scrolls"）。而直到 1975 年，杜德尼通过把民族史和民族志的零星材料汇总在一起，才终于令人信服地把它们解读为地图。

⑯ 这种情况的例子之一，是 1607 年在一场仪典上表演出来的环形宇宙；在仪典上，弗吉尼亚阿尔贡金人以行为的方式表达了他们的世界观，展示了他们所想象的英国人俘虏的家乡所在地，而这些是由约翰·史密斯所目击和描述下来的（图 4.11、4.12 和 4.14）。

"宇宙的边界"。⑯ 然而，没有证据表明这幅地图源自尤罗克人造物；事实上，也没有证据表明尤罗克人曾理解或认同这个出版形式的世界观。

虽然在解读方面有很多困难，岩画艺术还是提供了本土宇宙志呈现的重要证据，其中大部分见于北美洲极西部。它们大部分是萨满及萨满教的新成员在宗教仪式上的创造，描绘了他们在意识发生改变的状态中体会到的以相应文化为背景的视觉或幻觉。⑯ 运用早期接触文化的民族志证据，格里德得出结论，认为在接触之时作为北美洲大部分地区的特色的第三波文化中，圆圈象征着平面视角的天界，与此同类，方形则呈现了地界（既包括已知的又包括未知的）。圆形和方形的同心式图案［所谓"坛城"（mandala）］象征着平面视角的整个宇宙。⑰ 如果是这样，那么这些图案就是类似的小宇宙或"心像宇宙图"（physocosmograms），而类似于人们在南亚等地区的地图学中所识别出的那些图案。⑰ 然而，如果要下结论说岩画艺术中所有或绝大多数简单的几何形状都是对大地、天空或宇宙世界的抽象象征，这又会是错误的。有些图形可能连一点地图学意义都不具备。有些图形可能本来是营地或小屋等圆形结构的平面图，而这些圆形结构又常通过其形状和朝向象征着世界。举例来说，史上著名的平原印第安人的环形日舞屋（sun dance lodge）、奥格拉拉苏人的锥帐以及纳瓦霍人的霍甘都被视为对宇宙的复制。⑰ 不仅如此，这些象征还是可变的。在第三波族群用圆形象征天空之前，在千年之久的时间里，人们用它象征大地。⑰ 其他简单的几何形状也能象征世界。比如在接触时代的北美洲大部分地区，十字形被等同于整个宇宙。⑰ 当这样的符号出现在岩画艺术中时，假定它们用来呈现平面视角的世界的做法几乎是没有依据的，在区分大地、天空和宇宙诸界的象征手法时就更显无稽——特别是如果画板尚未定年，或已经有结论表明与它们相关联的是世界观已经被独立重构的文化的时候。

进一步解读这些形式的目的和意义的进展可以为我们提供新的深刻见解；除了现在所猜测的这些内容外，在岩画艺术中可能仍有大量对天文事件和恒星图案的呈现。如今，考古天文学是备受关注而日新月异的领域，天文学家、考古学家和文化人类学家（以及很多热情的业余田野工作者）都参与其中；这一学科在这个方向上可能实现理论突破，182 尽管一些早期的推测性观点也可能会发现是谬误。⑯ 与此相反，要找到宇宙志地图的结论性证据仍然会是困难的，可能只有那些在接触时期有相关民族志证据的接触前晚期的文化是例外。

---

⑯   T. T. Waterman, *Yurok Geography*, University of California Publications in American Archaeology and Ethnology, vol. 16, no. 5 (Berkeley: University of California Press, 1920), 192（图1）。

⑯   Whitley, "Shamanism and Rock Art," 89（注释47）。

⑰   Grieder, *Origins of Pre-Columbian Art*, 111 和 129（注释49）。

⑰   Joseph E. Schwartzberg, "Cosmographical Mapping," in *The History of Cartography*, ed. J. B. Harley and David Woodward (Chicago: University of Chicago Press, 1987 –), vol. 2.1 (1992), 332 – 387，特别是379—382 页。

⑰   参见注释12 及 Åke Hultkrantz, *The Religions of the American Indians*, trans. Monica Setterwall (Berkeley: University of California Press, 1979), 28。

⑰   Grieder, *Origins of Pre-Columbian Art*, 100（注释49）。

⑰   Hultkrantz, *Religions*, 28（注释372）。

⑯   在南北美洲范围内，从20 世纪70 年代中期起，推动这个领域发展的主要是科尔盖特大学（Colgate University）的天文学家安东尼·F. 阿维尼（Anthony F. Aveni）。

　　和欧洲人一样，北美原住民制作和应用地图，是为了让超出他们直接经验的世界具有意义，这些是由萨满所臆测和想象的宇宙志世界。他们数个世纪来代代从事此道，在接触之前可能已经实践了千年之久。和欧洲人一样，他们制作和应用地图，也为了交流有关地界的某些部分、某些方面的按空间排列的信息。那些凭经验致知的人——旅行者、猎人、作战的酋长和向导——会与那些需要这些知识的人交流。

　　与此相反，北美洲原住民与欧洲人的不同之处在于，他们不曾用地图来把他们的大地世界划分为堪与欧洲人的国家、领地、城镇和地产相比的界限严明的地块。至少从这个角度看来，北美洲原住民制作的地图过去从来就不是世俗权力的表达，在他们与西方人充分接触之前也不会有这样的意义。

第五章　中美洲地图学*

芭芭拉·E. 芒迪（Barbara E. Mundy）

导　论

　　西班牙征服者在 1517—1521 年间首次到达美洲大陆，对这个"新世界"上的大城市和复杂社会惊奇不已。包括玛雅（Mayas）文明和阿兹特克（Aztecs）文明在内，前哥伦布时代的美洲的很多高等文明都集中分布在今属墨西哥、伯利兹和危地马拉的地域内（图 5.1）。最近，有学者创造了"中美洲"（Mesoamerica）（译注：英文中尚有 Central America 一语，也译为"中美洲"，但指的是北起危地马拉、南到巴拿马的现代中美洲七国，而不包括墨西哥。）这个术语，以指称这个历史文化地区，其大致的地理范围是北纬 14°到北纬 21°。他们之所以关注这个独特的地区，不仅因为它有独特的文明，也因为生活在那里的人群拥有一些共同的文化特征；中美洲的独特文化包括人牲的使用、菜豆和玉米构成的食谱、260 日的仪式历书的应用以及以 52 年为一"纪"（century）。①

　　在中美洲与欧洲人最早接触的时候，其大部分地区都处在库尔瓦—墨西卡人（Culhua-Mexicas）的松散控制之下；这是一个强大的族群，统治着阿兹特克帝国。库尔瓦—墨西卡人的都城是特诺奇蒂特兰（Tenochtitlan），今天被压覆在现代墨西哥城之下。虽然这个阿兹特克"帝国"大致与中美洲地区相邻，但我们仍然不能说中美洲有什么国家政权（state）或国家（nation）。② 阿兹特克人确实让他们的语言——纳瓦特尔语（Nahuatl）——成为中美洲的共同语，但是除此之外，他们几乎没有做什么努力把这一地区多样的族群整合为一个国家，或是在他们控制的地区逐渐灌输一种国家文化。因此，中美洲人的成就实际上是一群民族上非常多样的人群的成就，其中包括阿兹特克人、玛雅人、米什特克人（Mixtecs）和萨波特克人（Zapotecs），等等。

---

　　* 我要感谢伊丽莎白·希尔·布恩（Elizabeth Hill Boone），Edward Douglas，Dana Leibsohn 和 Mary Ellen Miller，她们看过了本章的初稿，提供了宝贵的意见建议。邓巴顿橡树庄园（Dumbarton Oaks）图书馆的伊丽莎白·布恩组织了饶有趣味的圆桌会议，拓宽了我对中美洲地图的理解，我要感谢与会的学者。Mary Elizabeth Smith 是我最为感谢的人；她不仅仔细审读了本章初稿，她的研究工作本身就颇值借鉴，加上她始终如一的慷慨，都为这一领域的所有研究者树立了榜样。

　　① Paul Kirchhoff, "Mesoamerica," *Acta Americana* 1（1943）：92 – 107.

　　② R. H. Barlow, *The Extent of the Empire of the Culhua Mexica*, Ibero-Americana 28（Berkeley：University of California Press, 1949）. 在多数情况下，本章中的地名拼写反映了 16 世纪的形式，来自以下索引：Peter Gerhard, *A Guide to the Historical Geography of New Spain*, rev. ed.（Norman：University of Oklahoma Press, 1993）。

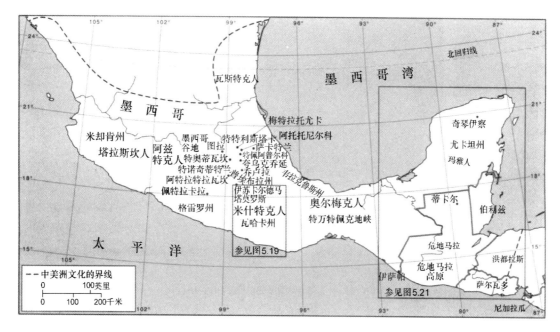

图 5.1　中美洲的参考地图

　　在中美洲的许多成就中，中美洲的这些文化在地图的制作和利用水平上与新世界的其他地区呈现出不平行之势。中美洲地图学完全堪称美洲的伟绩，是独立于欧洲、亚洲和非洲传统而演化出的成果。通过现存的人造物（见附录 5.1），我们可以看到中美洲地图学的独特性和精细性。这些地图，是在呈现空间时涉及符号转化的平面图像，为我们展示了中美洲人所创造和发展的独特的空间观念和呈现方式。在被西班牙人征服之时，在特万特佩克（Tehuantepec）地峡之上，中美洲北部的地图学实践尤为活跃。这里的人群利用"圣书字（hieroglyphics）、图画和抽象符号"来进行书面记录。[3] 通过这种书写，中美洲人无须依赖字母系统或纯粹的表音文字便可表达概念和事件；这种"图画书写"不对词符（blocks of words）进行严格排序，而是可以在载体表面采取更为宽松的排列。这样的书写因为具有图画特征，所以可以方便灵活地用于制图。

　　中美洲地图学的绝大多数作品从 15 世纪和 16 世纪留存至今，其中既包括美洲原住民遭受欧洲人的政治和文化统治之前的时代，又包括这之后的时代。[4] 早在奥尔梅克（Olmecs）文明的时代（公元前 1200 年至公元前 300 年），中美洲人就为他们的宇宙创作了纲要式的呈现；到公元后第一个千年开始之时，雕刻石板（stelae）又展现了宇宙布局，成为当时广泛采取的标准做法（图 5.2）。绘于公元 200 年和 1200 年间的少数现存壁画见证了中美洲的景观绘画传统（见附录 5.2）。然而，理念化的雕刻宇宙模型和景观与地图并不相同；因为地图作品通常年

---

　　③　Elizabeth Hill Boone, "Introduction: Writing and Recording Knowledge," in *Writing without Words: Alternative Literacies in Mesoamerica and the Andes*, ed. Elizabeth Hill Boone and Walter Mignolo（Durham: Duke University Press, 1994），3 – 26，特别是 17 页。

　　④　"中美洲（的）"（Mesoamerican）和"本土（的）"（indigenous）用于描述风格上具有明显原生性的人造物，也即"展示了源自本土传统的图画内容、风格、构思或正式的象征习惯的特性"的人造物；John B. Glass, "A Survey of Native Middle American Pictorial Manuscripts," in *Handbook of Middle American Indians*, vol. 14, ed. Howard Francis Cline（Austin: University of Texas Press, 1975），3 – 80，特别是 4 页。这些人造物的制作时间可能在西班牙人的征服之前或之后。"前哥伦布的"（pre-Columbian）和"前西班牙的"（pre-Hispanic）则严格用于指称那些在征服之前制作的人造物。

185

图 5.2 伊萨帕的宇宙志石板

这块石板于大约公元前300年至公元1年安置在墨西哥靠近危地马拉边境的伊萨帕的一个大型开放广场之上。目前对伊萨帕文明几无所知，但在这块石板上我们可以发现以后一直到16世纪都在中美洲流行的宇宙志框架的非常早期的版本。在石板中央是"世界之轴"或世界树。它的八个枝条长出果实和叶，它的根从树干的基部向外延伸。这些树根在图中展示成穿透一个水平平板的样子，这个平板似乎是大地表面，因为在它上面坐着七个人形。在这个平面下面有一列三角形，它们的顶点支撑着大地平层；这些三角形可能是对一位地神的类型化描绘，可能是被很多中美洲人群当作大地表面的巨鳄的牙齿或皮肤。最下的底线主要呈现为波浪状图案，无疑是原初海洋。世界树的枝条向上伸，支撑着类型化的天带，天带位于整个图景的最顶端。本图来自5号石板，其中描绘的这种对宇宙的总体理解在一千多年的时间里都保持不变。

原始尺寸：2.55×1.60米。引自 Gareth W. Lower, "The Izapa Sculpture Horizon," in *Izapa*: *An Introduction to the Ruins and Monuments*, by Gareth W. Lowe, Thomas A. Lee, and Eduardo Martínez Espinosa, Papers of the New World Archaeological Foundation 31（Provo：New World Archaeological Foundation, 1976），17–41，图 2.10（石板5）。V. Garth Norman, American Fork, Utah 许可使用。

代较晚，现在很难就这两种形式的人造物之间的影响和关联提出假说。[5] 虽然中美洲制图学的较大影响到1600年即告终止，但它在今日仍然以名为"连索"（*lienzos*）的原住民社群地

---

⑤ George Kubler, *The Art and Architecture of Ancient Ameirca*：*The Mexican*，*Maya and Andean Peoples*，3rd ed.（New York：Penguin Books, 1984），316 这一文献指出了"武士庙的景观"如何"让人想到在南墨西哥（米什特克）手稿中的条状排列和地图学图案"。汤普森（Thompson）也注意到在一幅塔瓦斯科（Tabasco）的殖民地图中，山脉"非常像奇琴伊察（Chichen Itza）遗址的美洲豹神庙壁画上的那些山脉"[John Eric Sidney Thompson, *A Commentary on the Dresden Codex*：*A Maya Hieroglyphic Book*（Philadelphia：American Philosophical Society, 1972），10]。不过，绘制景观的艺术家的目的可能与制图者的目的差别很大：景观绘画者本来可能试图用大型图像创造深空间的图像幻觉，而制图者则非如此；在其载体的平坦、非虚幻的表面，制图者可能主要用符号和圣书文字呈现了某个景观。

图的形式存留下来；这些地图把领地的呈现与历史报告相结合，其前身可以追溯到前西班牙时期。

中美洲地图是什么？

自从与欧洲人第一次接触的时刻起，中美洲人制作的地图就开始得到外部观察者的利用和评论。中美洲地图学作品集以其多样性而引发了学者的兴趣：有一篇关于这个主题的早期文章有助于我们理解中美洲地图的多样性；该文讨论了《马盖麻纸平面图》（Plano en papel de maguey，图 5.3）、《梅特拉托尤卡地图》（Mapa de Metlatoyuca，图 5.4）和《金斯堡抄本》（Codex Kingsborough）第 204r 页（图 5.5）。《马盖麻纸平面图》是农业和房屋用地的地籍图，很可能按比例尺绘制；《金斯堡抄本》地图是社区地图，吸收了欧洲的景观传统。《梅特拉托尤卡地图》最为典型，该图有由圣书文字地名界定的空间的简明描绘，借此把制图术与谱系学结合起来。⑥

因为中美洲地图学是在未与新大陆以外的地图学传统接触的情况下诞生和成熟的，它与其他传统的关系以及与我们自己的传统的关系就成了个大问题。中美洲人制作地图吗？是的。——如果用本套《地图学史》所采用的定义来衡量，他们当然创造了大量我们可以称之为地图的人造物。然而，这个回答忽视了中美洲人的观点。我们不禁要问：中美洲人自己是否清晰地把地图视为独立的一类物品？还是说他们只是通过其用途和功能隐晦地认识着地图？

词汇，为中美洲人的地图观提供了一些线索。在很多情况下，讲本土语言的人会把地图当成书写物的一个子集，而正如我在前文已经说过的，书写物包括了圣书字、图画和符号。当中美洲的书写者在本土语言的文档中描述地图时，最经常发生的情况是，他们会用一个可以用来描述任何绘制或写成的东西的通用术语开头，然后通过定语和语境才把意义表达得更清楚。举例来说，16 世纪有一份以阿兹特克人所讲的纳瓦特尔语写成的文本，在其中把地图称为 *tlapallacuilolpan*（上色的绘画或书写），并讲到 "统治者会以上色的绘画或书写来决定城市建在哪里"。⑦ 另一份 1600 年的尤卡特克人（Yucatec）的玛雅语文档把地图描述为

185

---

⑥　讨论这些地图的文献是：Eulalia Guzmán, "The Art of Map-Making among the Ancient Mexicans," *Imago Mundi* 3 (1939)：1 - 6. 古斯曼（Guzmán）赞同《梅特拉托尤卡地图》的图名所示的来源，因为据说它是在普埃布拉（Puebla）州北部的同名遗址发现的。最近，同样认为该图来自梅特拉托尤卡的伯格（Berger）尝试把地图上的圣书文字地名与梅特拉托尤卡［梅特拉尔托尤卡（Metlaltoyca）］地区的地名建立对应关系：Uta Berger, "The 'Map of Metlatoyuca' — A Mexican Manuscript in the Collection of the British Museum," *Cartographic Journal* 33 (1996)：39 - 49. 然而在我看来，她所构建的这种相关性并没有更确定地把地图呈现的地域固定到梅特拉托尤卡地区，反而让其来源引发了疑问。对该图来源提出怀疑的有 Harold B. Haley、Thoric N. Cederström、Eduardo Merlo J. 和 Nancy P. Troike，他们根据地形相似性、风格和圣书文字的相关性认为该图属于科伊什特拉瓦卡（Coixtlahuaca）人群（位于瓦哈卡州）（附录 5.1）。参见 Harold B. Haley et al., "Los lienzos de Metlatoyuca e Itzquintepec：Su procedencia e interrelaciones," in *Códices y documentos sobre México：Primer simposio*, ed. Constanza Vega Sosa (Mexico City：Institutio Nacional de Antropología e Historia, 1994), 145 - 159。

⑦　"Oquinemili in tlatoani, tlapallacuilolpan omotlali in altepetl"（这是笔者的翻译）。Bernardino de Sahagún, *Florentine Codex；General History of the Things of New Spain*, 2d rev. ed. , 13 vols. , trans. Arthur J. O. Anderson and Charles E. Dibble (Santa Fe, N. Mex. ：School of American Research, 1970 - 1982), 9：51 (bk. 8, chap. 17)。复合词（比如 *tlapallacuilolpan*）是纳瓦特尔语之类黏着语的典型特征。

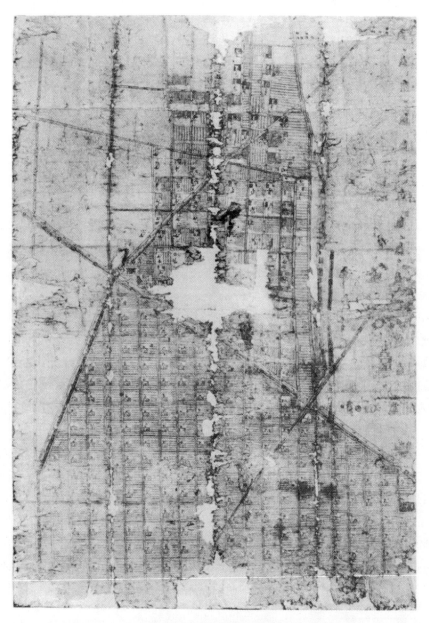

图5.3 《马盖麻纸平面图》

186 –
187

　　这幅《马盖麻纸平面图》是非常珍稀的16世纪早期墨西哥谷部分地域的手稿地图。尽管它有这样的图题，但它其实是绘在一大张"阿马特尔"纸上，边缘已经磨损。这幅征服后的本土地图是大约300个方形宅地的拼图，每一块宅地都有一座房屋和几块由灌溉渠分隔开来的垄地。房主的名字以拉丁字母和本土圣书字写在每座房屋上方。道路与运河相交替，把竖直的每一列宅地与下一列分隔开。这些宅地可能是在墨西哥谷中的沼泽化浅湖上建成的；看上去像一条深色线的一道石堤沿着这片已开垦的地带的整个左侧伸展，可在洪水期保护宅地。也参见下文224页。

　　原始尺寸：238 × 168 厘米。承蒙 Instituto Nacional de Antropología e Historia, Museo Nacional de Antropología, Mexico City 提供照片（35 – 3）。

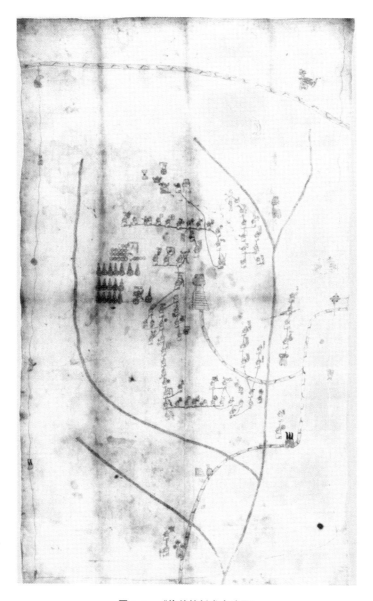

图5.4 《梅特拉托尤卡地图》

这幅16世纪的大型地图绘在一匹布上，典型地展现了中美洲历史、谱系和土地的复杂联系。地图上所示的土地是一个城镇周边的地域，这个城镇呈现为图中央的一座陡角锥形寺庙；图上的深色分支线条呈现了河流。横过地图顶端和穿过右下象限的道路以脚印标出。沿地图边缘又绘有一条细黑线，其上点缀着命名了地区边界的圣书字地名。其他圣书字地名呈现了中央城镇周围的村庄网络，则沿着道路分布。在地图中央聚集着人形，其中很多由一根绳状线连接，表示一个家系；这些谱系很可能描绘了这一地区的统治世系。本图据说在19世纪发现于位于今普埃布拉州的梅特拉托尤卡废墟中的一个石匣里，但其上的圣书字至今仍未有可靠的破译。

原始尺寸：175×102厘米。British Museum，London 版权所有（Add. MS. 30，088）。

188 –
189

189

图 5.5　《金斯堡抄本》地图

这幅绘于约 1555 年的手稿地图见于一部装订的书册中，涵盖了特佩特拉奥斯托克镇周围地区。"洞窟山地"坐落于墨西哥谷东部。在本图左上部有特佩特拉奥斯托克的圣书字地名，以一个环形标出的山丘符号（"特佩特尔"）是地怪大张的嘴，象征了洞窟（"奥斯托克"）。其他地名性质的圣书字则命名了定居点和地物。更为保守的中美洲制图者在这幅地图上本来只会使用这些地名，但本图作者却把有关岩石和山丘的符号词汇拉长而创造了一幅景观，很可能是遵循了自外引入的欧洲印刷品的范例。这位绘画者把山丘符号连接起来展示山脊，它们沿着地图的对角线呈波状起伏。图中右上方的三角区域里面画满了树木，其形状很可能来自欧洲地图，借此为我们展示了覆有葱翠森林的谷底；图中左下方的三角区域里则有山丘和岩石符号，绘出了这片崎岖之地的特征。在特佩特拉奥斯托克地区中纵横交错的道路标有脚印；图上还有两条河，一条在地图上缘，另一条沿底部右角伸展，其中都点缀着旋涡。

原始尺寸：21.5×29.8 厘米。British Museum, London 版权所有（Add. MS. 13，964, fol. 204r［以前为 209r］）。

pepet dz'ibil（圆形绘画或书写）。[8] 16 世纪的中美洲人用这样灵活的术语来称呼地图，其表述要比把地图称为 *pinturas*（绘图）或 *descripciones*（描述）的同时代的西班牙人更具体。

最能够指明中美洲人把地图作为独特的一类物品的证据，可能来自 16 世纪的三部翻译了中美洲主要语言的词典。[9] 这三部词典都包括了对应于拉丁文 *mappamundi*（"世界图"）

⑧　Ralph Loveland Roys, *The Indian Background of Colonial Yucatan*（Washington, D. C.：Carnegie Institution, 1943），184.

⑨　Alonso de Molina, *Vocabulario en lengua castellana y mexicana y mexicana y castellana*, 2d ed.（Mexico City：Editorial Porrua, 1977），fol. 82r；Francisco de Alvarado, *Vocabulario en lengua mixteca*, facsimile of 1593 ed.（Mexico City：Instituto Nacional Indigenista and Instituto Nacional de Antropología e Historia, 1962），fol. 146r；及 Juan de Córdoba, *Vocabulario castellano-zapoteco*, ed. Wigberto Jiménez Moreno, facsimile of 1578 ed.（Mexico City：Instituto Nacional de Antropología e Historia, 1942）。除这三部外还有一部本土语言的词典是 *Diccionario de motul*，为一部玛雅语—西班牙语词典，据信由 16 世纪晚期或 17 世纪早期的安东尼奥·德·修达德·雷阿尔（Antonio de Ciudad Real）所著。该词典中几乎没有条目能像"世界图"这样明确地表达出制图学含义（其手稿存于 John Carter Brown Library, Providence, Rhode Island；New York Public Library 影印，6 卷）。

的本土语言条目。⑩ 在定义这个用语时，中美洲人展示出他们明白在他们自己的领域内有 187
这样一类地图学人造物——"世界图"——存在。在方济各会传教士阿伦索·德·莫利纳
（Alonso de Molina，约卒于 1579 年）于 1571 年编纂的纳瓦利尔语词典中，知情人为他提
供了 *mapamundi o bola de cosmografía*（"世界图或宇宙之球"）的高度屈折的描述用语。这个
用语是 *cemanauactli ymachiyo*，*tlalticpactli ycemittoca*，前一部分意为"世界，其模型"，后一
部分意为"通过（它）来研究、注视和把握地面"。⑪ 另一位西班牙教士弗朗西斯科·德·
阿尔瓦拉多（Francisco de Alvarado，卒于 1603 年）在 16 世纪晚期提供了"世界图"的米什
特克语翻译，是 *taniño nee cutu ñuu ñuyevui*，这个短语意为"对整个世界的呈现"，派生自米什
特克语中表示"范例/模型"、"全部"和"世界"的词。⑫ 在萨波特克语中，"世界图"是
tòanacàaxilohuàaquitobilayòo，派生自萨波特克语中表示"绘画"和"整个大地"的词。⑬ 虽
然这些讲本土语言的人有可能是在西班牙教士持续不断的提问的敦促下才当场发明了这些用
语，然而更可能的情况是，他们本就把"世界图"理解为与他们自己的宇宙志地图类似的
东西，早就有了给它们命名的词语。

　　中美洲人也通过供寻路和财产管理的绘制文档来隐蔽地认识地图，这两种用处都是现代
使用者为地图指定的功能。16 世纪有一些欧洲学者亲眼见到在本土语境下使用的中美洲地
图，就描述说它们是为这些常见的用处而绘。16 世纪的两位征服者埃尔南·科尔特斯
（Hernán Cortés，1485 – 1547）和他的同伙贝尔纳尔·迪亚斯·德尔·卡斯蒂约（Bernal Díaz
del Castillo，1492 – 1581）都说过中美洲人有用于寻路的旅程地图，其上有详尽的地形信息。
科尔特斯得到了一幅库尔瓦—墨西卡地图，他称之为"上面绘有所有海岸的画布"（*figura-
da en un paño toda la costa*），在图上可见滨海的河流和山岭。卡斯蒂约赞成科尔特斯对绘于
布上的寻路地图的描述，进一步写明这是"一幅剑麻布……上面标出了我们会在途中经过
的所有印第安村庄，最远达格阿卡拉［Gueacalá］"。⑭ 阿伦索·德·索里塔（Alonso de Zori-

----

　　⑩　上文提到的西班牙教士都在词典中首先开列西班牙文单词列表，这一列表很可能取自以下这部 1516 年的著作：
Antonio de Nebrija，*Vocabulario de romance en latín*［Frances E. Karttunen，*An Analytical Dictionary of Nahuatl*（Austin：University
of Texas Press，1983），xxx］。在这一列表中，"世界图"（*mappamundi*）是这些教士所翻译的唯一明确具有地图学含义的
词汇用语。

　　⑪　Molina，*Vocabulario*，fol. 82r（注释 9）。关于后世语言学家以莫利纳的著作为基础的较近期的词典，参见 R. Joe
Campbell，*A Morphological Dictionary of Classical Nahuatl*（Madison：Hispanic Seminary of Medieval Studies，1985），及 Kart-
tumen，*Dictionary*。另有一个词 *quaxochamatl*，一些学者用来指地图；该词直译为"边界之纸"，在莫利纳的词典中并不
存在。

　　⑫　Alvarado，*Vocabulario*，fol. 146。玛丽·伊丽莎白·史密斯（私人通信，1993 年）提供了这个短语的意义。当她把
阿尔瓦拉多的西班牙语—米什特克语词表转换为米什特克语—西班牙语词表时，便发现 *taniño* = *figura，señal，muestra，
dechado，materia，molde，pisada*；*nee cutu* = *todo，de cosa continua*；*ñuu ñuyevui* = *mundo*。也参见以下这部补充性的现代著
作：Evangelina Arana and Mauricio Swadesh，*Los elementos del mixteco antiguo*（Mexico City：Instituto Nacional Indigenista and In-
stituto Nacional de Antropología e Historia，1965）。

　　⑬　Juan de Córdoba，*Vocabulario*，fol. 258v（注释 9）。该词的构词成分有：*lohuàa*，意为 *lo pintado*；*quitobi*，意为 *todo*；
layòo，意为 *tierra*。

　　⑭　Hernán Cortés，*Letters from Mexico*，rev. ed.，trans. and ed. Anthony Pagden（New Haven：Yale University Press，1986），
94，340，344，349（引文见 94 页），及 Bernal Díaz del Castillo，*The True History of the Conquest of New Spain*，5 vols.，e-
d. Genaro García，trans. Alfred Percival Maudslay，Hakluyt Society Publications，ser. 2，nos. 23，24，25，30，40（London：Hakluyt
Society，1908 – 1916），5：12，14，24 – 25（引文见 12 页）。

ta，约 1512—1585）是另一位敏锐的观察者，也描述了阿兹特克人用大片地区的地图来掌握地产所有权的最新情况。⑮

我们可以同意，16 世纪的中美洲人在认识地图时，有显式（通过词语定义）和隐式（通过使用）两种方式。然而，对于他们本来可能为其地图学产品创立的类别中的大类及其子集，我们缺乏详细的报告。学者们知道有这种缺憾，因而发现把地图按主题事物来分类是最令人满意的做法。中美洲地图由此可以划分为四大类：

1. 包括了历史记录的陆地图；也叫"地图式史志"（cartographic histories）。

2. 无历史叙事的陆地图；其中包括地产平面图和城市平面图，可能还有旅程地图。

3. 展示了水平宇宙和垂直宇宙的宇宙志地图；前者分为五个部分（基本方位和中央），后者沿着 axis mundi 也即世界之树划分成不同的层。

4. 夜空中恒星和星座的天空图。

189　　我们概括出这些大类的材料证据过于倚重 16 世纪征服后所制作的地图。然而，这是在没有特别要求的情况下审视中美洲地图学传统的最佳视角。中美洲还有一些雕塑和建筑，有些可追溯至早在公元 1200 年就建立了城市中心的奥尔梅克人，其中也有丰富的宇宙空间模型。因为证据残缺不全，我们尚不知道其他类型的地图在这么早的时代是否也有制作。⑯

190

编史学

对马虎的观者来说，中美洲地图最独特、最体现其特点的要素是用于书写地名的圣书字。但对于更有实际经验的人来说，很多中美洲地图的特别之处在于其中包括了历史。因此并不令人意外的是，圣书字和历史这两种要素最先引起了学者的注意。到 19 世纪末的时候，地图已经成为历史学者和金石学者欣然采纳的史料，前者关注其中蕴含的历史，后者关注其书写体系。这两条学术探索的途径对于我们理解历史和书面语贡献良多，但几乎都没有去探索第三个也是至关重要的领域：中美洲地图的独特空间性质，包括地图如何呈现空间、什么样的空间得到呈现、为什么是这样等问题。近年来，这方面已经成

⑮　Alonso de Zorita, *Life and Labor in Ancient Mexico*：*The Brief and Summary Relation of the Lords of New Spain*, trans. Benjamin Keen（New Brunswick：Rutgers University Press, 1963），110.

⑯　关于中美洲建筑中的宇宙志模型，已有丰富的文献。比如可参见：Davíd Carrasco, *Quetzalcoatl and the Irony of Empire*：*Myths and Prophecies in the Aztec Tradition*（Chicago：University of Chicago Press, 1982）；同一作者的 *Religions of Mesoamerica*：*Cosmovision and Ceremonial Centers*（New York：Harper and Row, 1990）；Mary Ellen Miller, "The Meaning and Function of the Main Acropolis, Copan," in *The Southeast Classic Maya Zone*, ed. Elizabeth Hill Boone and Gordon Randolph Willey（Washington, D. C.：Dumbarton Oaks, 1988），149 – 194；Johanna Broda, "Templo Mayor as Ritual Space," in *The Great Temple of Tenochtitlan*：*Center and Periphery in the Aztec World*, by Johanna Broda, Davíd Carrasco, and Eduardo Matos Moctezuma（Berkeley：University of California Press, 1987），61 – 123；Eduardo Matos Moctezuma, "Symbolism of the Templo Mayor," and Johanna Broda, "The Provenience of the Offerings：Tribute and *Cosmovisión*," 均见 *The Aztec Templo Mayor*, ed. Elizabeth Hill Boone（Washington, D. C.：Dumbarton Oaks, 1987），185 – 209, 211 – 256；María Elena Bernal – García, "Carving Mountains in a Blue/ Green Bowl：Mythological Urban Planning in Mesoamerica," 2 vols.（Ph. D. diss., University of Texas, 1993）；Elizabeth P. Benson, ed., *Mesoamerican Sites and World-Views*（Washington, D. C.：Dumbarton Oaks, 1981）；及 Linda Schele, "The Olmec Mountain and Tree of Creation in Mesoamerican Cosmology," in *The Olmec World*：*Ritual and Rulership*（Princeton：Art Museum, Princeton University, 1995），105 – 117.

为一个丰沃的学术领域。

对地图的历史成分的研究已经有了悠久而光辉的记录。从 16 世纪以降，编年史学者就利用地图式史志——以及其他图画式手稿——作为他们撰写的文字史的资料来源。费尔南多·德·阿尔瓦·伊什特利尔肖奇特尔（Fernando de Alva Ishtlilxochitl，约 1578—1648）的研究就是史家依赖地图式史志书写的最清楚的例子之一。他是一位前西班牙时期的贵族的欧印混血儿后代，其两部主要著作《记事》（*Relaciones*）和《奇奇梅克人史》（*Historia chichimeca*）至少有部分内容以《肖洛特尔抄本》（Codex Xolotl）为根据，而这正是一部地图式史志。[17] 伊什特利尔肖奇特尔对本土图画资源的重视，在他以前的学者和与他同时代的学者中是普遍之事，比如弗雷·迭戈·杜兰（Fray Diego Durán）和迭戈·穆尼奥斯·卡马尔戈（Diego Muñoz Camargo）等人也是如此。像《肖洛特尔抄本》这样的地图式史志对历史学者所具备的价值，导致学界从 16 世纪以来一直在热情收集它们，并加以小心翼翼的保管。

基于地图式史志撰史的工作至今还在继续；在这个学术领域，可能 20 世纪最具里程碑意义的成就是阿方索·卡索（Alfonso Caso）1949 年发表的论文。卡索把 1580 年的《特奥萨科阿尔科地图》（Mapa de Teozacoalco，图 5.23）上出现的两个家系与在一组米什特克折页手稿中的另一些家系关联起来，证明这些手稿也是历史记录，而不是人们以前认为的那样是神话记录。通过使用地图，卡索开始重建米什特克人的统治家族自公元 10 世纪以来的历史。卡索一生的成果都汇集在他去世后的 1977—1979 年间出版的《米什特克人的国王与王国》（*Reyes y reinos de la Mixteca*）中。[18]

卡索在重点关注《特奥萨科阿尔科地图》上概述的家系时，却轻视了同样作为该图特色的数以十计的圣书字地名。金石学的研究所关注的领域曾经在历史学研究之外，自 19 世纪以来，破译以纳瓦特尔语圣书字书写的地名的工作得到了很大注意，以至一度主导了地图研究。墨西哥独立（1821 年）之后横扫全国的民族主义大潮催生了对前西班牙时代的普遍兴趣，金石学也恰逢其会。此外，《门多萨抄本》（Codex Mendoza）在 1831 年的出版也是件盛事，等于把一块罗塞塔碑石送到历史学家手里。[19] 这部著作写成于约 1541 年，在记录纳瓦特尔圣书字地名的同时，还给出了它们的拉丁字母转写（第 17—55 页）。1877 年，墨西哥学者马努埃尔·奥罗斯科·伊·贝拉（Manuel Orozco y Berra，1810—1881）发表了一系列有关圣书字地名（特别是《门多萨抄本》中的地名）的文章的第一篇；他此前于 1871 年发表的《墨西哥地图学史料》（*Materiales para una cartografía mexicana*）充分地展示了中美洲

---

[17]　伊针特利尔肖奇特尔可能也利用了《基南钦地图》（Mapa Quinantzin）和《特洛钦地图》（Mapa Tlotzin）。参见 Charles Gibson, "A Survey of Middle American Prose Manuscripts in the Native Historical Tradition," in *Handbook of Middle American Indians*, vol. 15, ed. Howard Francis Cline（Austin：University of Texas Press, 1975），311－321，及 Charles Gibson and John B. Glass, "A Census of Middle American Prose Manuscripts in the Native Historical Tradition," in *Handbook of Middle American Indians*, vol. 15, ed. Howard Francis Cline（Austin：University of Texas Press, 1975），322－400，特别是 337—338 页。

[18]　Alfonso Caso, "El Mapa de Teozacoalco," *Cuadernos Americanos* 47, no. 5（año 8）（1949）：145－181；同一作者的 *Reyes y reinos de la Mixteca*, 2 vols.（Mexico City：Fondo de Cultura Económica, 1977－1979）。

[19]　Edward King, Viscount Kingsborough, *Antiquities of Mexico, Comprising Fac-similes of Ancient Mexican Paintings and Hieroglyphics*（London：Robert Havell and Conaghi, 1831），vol. 1.

地图学的研究对本土地图中独特的圣书字地名的关注和倚重程度。[20] 到 19 世纪 80 年代，在受过教育的墨西哥人中，破译那些画谜一般的纳瓦特尔地名甚至成为一种流行的活动，安东尼奥·佩尼亚菲埃尔（Antonio Peñafiel）1885 年的《墨西哥地名》（*Nombres geográficos de México*）就是生动的例子，这是根据《门多萨抄本》中的地名加上彩绘而成的一本书。[21]

对于理解什么样的地点会得到呈现的问题来说，这种破译的工作——搞清楚地图上的圣书字地名——是有必要的，而这个问题本身又是解决如何和为什么的问题的前提。纳瓦特尔语人群的地图学研究先行一步，这部分是受到了《门多萨抄本》"密码本"的影响。基希霍夫（Kirchhoff）、雷耶斯·加西亚（Reyes García）、比特曼·西蒙斯（Bittmann Simons）和米田（Yoneda）对于我们理解今属普埃布拉州的纳瓦特尔语人群的地图学做出了尤为重大的贡献。[22] 基希霍夫、古埃马（Güema）、雷耶斯·加西亚、比特曼·西蒙斯和库布勒（Kubler）都指出了社会结构对前西班牙时期和殖民时期的空间布局的影响，并且表明这种影响会反映在地图中。[23] 范·赞特威克（Van Zantwijk）继续了这一研究方向，对墨西哥谷做了富有争议的研究。[24]

比起纳瓦特尔地图来，米什特克地图较晚获得学术关注，因为它缺乏与《门多萨抄本》具有同等意义的破译材料，也几乎没有学者懂米什特克语。然而，卡索对米什特克建筑和历史的研究仍然让人们对米什特克人有了更多关注。受到卡索影响的学者之一是玛丽·伊丽莎白·史密斯（Mary Elizabeth Smith），她揭示了米什特克圣书字的语音本质，从而得以破译大量的圣书字地名。在《古代墨西哥南部的图画书写》（*Picture Writing from Ancient Southern Mexico*，1973）中，她仔细考察了许多"连索"，而其著作的成果之一，就是展示了这些地图式史志如何发挥地图的功能。[25] 后来，罗斯·帕门特（Ross Parmenter）也表明，来自瓦哈

[20]　Manuel Orozco y Berra, "Códice Mendocino: Ensayo de descifración geroglífica," *Anales del Museo Nacional de México*, época 1, vol. 1（1877）: 120–186, 242–270, 289–339; vol. 2（1882）: 47–82, 127–130, 205–232, 及同一作者的 *Materiales para una cartografía mexicana*（Mexico City: Imprenta del Gobierno, 1871）。

[21]　Antonio Peñafiel, *Nombres geográficos de México*（Mexico City: Oficina Tipográfica de la Secretaria de Fomento, 1885）。也参见同一作者的 *Nomenclatura geográfica de México: Etimologías de los nombres de lugar*（Mexico City: Oficina Tipográfica de la Secretaria de Fomento, 1897）。

[22]　Paul Kirchhoff, Lina Odena Güema, and Luis Reyes García, eds. and trans. *Historia tolteca-chichimeca*（Mexico City: Instituto Nacional de Antropología e Historia, 1976）; Luis Reyes García, *Cuauhtinchan del siglo XII al XVI: Formación y desarrollo histórico de un señorío prehispanico*（Wiesbaden: Steiner, 1977）; Luis Reyes García, ed. , *Documentos sobre tierras y señorío en Cuauhtinchan*（Mexico City: Instituto Nacional de Antropología e Historia, 1978）; Bente Bittmann Simons, "The Codex of Cholula: A Preliminary Study," *Tlalocan* 5（1965–1968）: 267–339; 同一作者的 *Los mapas de Cuauhtinchan y la Historia tolteca-chichimeca*（Mexico City: Instituto Nacional de Antropología e Historia, 1968）; 及 Keiko Yoneda, *Los mapas de Cuauhtinchan y la historia cartográfica prehispánica*, 2d ed. （Mexico City: Centro de Investigaciones y Estudios Superiores en Antropología, 1991）。

[23]　这尤其要参见 Kirchhoff, Odena Güema, and Reyes García, *Historia tolteca-chichimeca* 及 George Kubler, "The Colonial Plan of Cholula," in *Studies in Ancient American and European Art: The Collected Essays of George Kubler*, ed. Thomas Ford Reese（New Haven: Yale University Press, 1985）, 92–101。

[24]　R. A. M. van Zantwijk, *The Aztec Arrangement: The Social History of Pre-Spanish Mexico*（Norman: University of Oklahoma Press, 1985）。

[25]　Mary Elizabeth Smith, *Picture Writing from Ancient Southern Mexico: Mixtec Place Signs and Maps*（Norman: University of Oklahoma Press, 1973）。

卡州科伊什特拉瓦卡（Coixtlahuaca）地区的许多"连索"有类似的地图学性质。[26] 更晚近的延森（Jansen）、波尔（Pohl）和拜兰（Byland）都表明米什特克抄本中有大量空间的精细呈现；他们以及其他学者重返了几个世纪前制作这些地图和抄本的米什特克社群，从今天这些讲米什特克语的人群中获取他们当前有关地形的知识，于是在地图和空间构念上都丰富了我们的认识。[27] 至此，一些中美洲地图完成了整个循环流动的过程：它们在本土社群中诞生，来到藏书家、历史学家和收藏者手中，但只有当它们再回到其由来之地——本土社群的时候，其中的地图意义才能被充分理解。

因为中美洲地图依赖于一般人看不懂的书写系统，也因为其空间维度还没有得到完全理解，所以在有关地图学传统的研究中，它们一直没有获得应有的地位。古斯曼（Guzmán）和伯兰（Burland）的两篇发表于《世界图像》（*Imago Mundi*）之上、常常被引用的文章尝试把中美洲地图学介绍给非相关专业的读者。[28] 然而，因为中美洲地图学对于西方制图来说并没有明显影响，目前它还不能摆脱其边缘地位。

中美洲地图与时间的空间化

在上面概述的地图类别中，我们可以识别出中美洲地图的一些显著特征，注意到它们的风格与旧世界的同类地图的差异程度。中美洲地图学的独特性可以归为两个表现领域：包括在地图的空间框架中的要素内容；这些多样的要素的呈现方式。

一个关键要素是时间。在与西班牙人接触之前，中美洲人一般不会在不借助时间概念的情况下对空间做出直接的描绘；莱昂－波尔蒂亚（León-Portilla）把这种做法称为"时间的空间化"（spatialization of time）。[29] 这是说中美洲人也会给社群的边界绘图，但是他们一定会在其中加入一些描绘或一份报告，讲述造成这些边界的历史上的征服事件。他们也会展示世界的布局，但只能是在日历的框架内。反过来，他们也会创造一种环形日历，把社群的每个四分区域指定到一个基本方位。如果一个社会制图的方式能反映他们对空间的理解的话，

193

㉖　Ross Parmenter, *Four Lienzos of the Coixtlahuaca Valley*, Studies in Pre-Columbian Art and Archaeology 26（Washington, D. C.：Dumbarton Oaks, 1982）.

㉗　John M. D. Pohl and Bruce E. Byland, "Mixtec Landscape Perception and Archaeological Settlement Patterns," *Ancient Mesoamerica* 1（1990）：113 – 131；Bruce E. Byland and John M. D. Pohl, *In the Realm of 8 Deer：The Archaeology of the Mixtec Codices*（Norman：University of Oklahoma Press, 1994）；Maarten E. R. G. N. Jansen, *Huisi Tacu：Estudio interpretativo de un libro mixteco antiguo. Codex Vindobonensis Mexicanus* 1, 2 vols.（Amsterdam：Centrum voor Studie en Documentatie van Latijns Amerika, 1982）；同一作者的 "Mixtec Pictography：Conventions and Contents," in *Supplement to the Handbook of Middle American Indians*, vol. 5, ed. Victoria Reifler Bricker（Austin：University of Texas Press, 1992）, 20 – 33；及同一作者的 "Apoala y su importancia para la interpretación de los códices Vindobonensis y Nuttall," in *Acets du XLIIe Congrès International des Américanistes*（1976）, 10 vols.（Paris：Société des Américanistes, 1977 – 1979）, 7：161 – 172。

㉘　Guzmán, "Map-Making among the Ancient Mexicans"（注释6），及 C. A. Burland, "The Map as a Vehicle of Mexican History," *Imago Mundi* 15（1960）：11 – 18。

㉙　Miguel León-Portilla, *Aztec Thought and Culture：A Study of the Ancient Nahuatl Mind*, trans. Jack E. Davis（Norman：University of Oklahoma Press, 1963）, 54 – 57. 伯兰在一篇简短但很有洞察力的文章中也发现了中美洲地图的这种关键特征，写道："墨西哥人通过时间来构建路径，认为时间与经过空间的路径密切相关。" Burland, "Map as a Vehicle," 11（注释28）。虽然中世纪早期的欧洲人也常常在"世界图"中包括时间的方面，但这种涵盖空间的方式在现代没有继续对西方地图学产生影响。

那么很多中美洲社会看待世界的方式确实与同时代的欧洲人不同。在他们看来，空间与时间——不管是历史时间还是历书时间——有极深的关联，以至这二者不可分开考量。因此，在世俗领域，"地图"和"历史"之间的界线非常模糊，就像在神圣领域，"地图"和"历书"之间的界线也非常模糊一样。用实践性的用语来说，这种时间的空间化意味着中美洲人会在诸如宗教地图之类的地图中包括种种类型的信息，它们远不只是在欧洲人的地形图上占主要地位的那些地理信息和定居点信息。[30]

另外，中美洲人把一幅地图的信息编码为圣书字、绘画图像和抽象符号，这样一套系统与欧洲人地形图上对词语、图画和符号的使用呈平行关系。虽然图画乍一看是"普世"的要素，任何文化中的任何人都能阅读，但圣书字却常常针对特定的语言，而符号也有文化特异性。圣书字、图画与符号的这种复杂交织关系未能为地图史家 P. D. A. 哈维（Harvey）所察觉；他把阿兹特克地图（以及其他中美洲地图）描述为简单的图画地图，其中的景观地物展示为"普遍可识别的呈现物"。[31] 然而，如果我们考察阿兹特克人都城特诺奇蒂特兰的地图，我们就会清楚地看到其中大部分信息并不是靠图画传达的，而是靠符号和圣字书。不仅如此，我们还会看到上面描述过的"时间的空间化"。

在《门多萨抄本》这部大约写成于1541年的手稿本中，一位库尔瓦—墨西卡绘者以传统方式为特诺奇蒂特兰绘了地图（图5.6）。[32] 地图意在展示特诺奇蒂特兰在1325年建城后的第一"纪"（阿兹特克人的一纪为52年）。这座城可由地图正中的一个圣书字识别，这个圣书字是长出一块石头的一棵仙人掌，代表了城名。特诺奇蒂特兰的地理空间以构成抄本这一页内侧边界的蓝色条带展示，它表示环绕这座城的湖。分割这座岛城的主要运河以蓝色的X形呈现。[33] 对湖泊和运河的这种呈现并不像图5.17（见下文）所揭示的那样，是这座岛屿的几何投影。这种四分的划分实际上是对这座城的社会布局的呈现，城中的居民认为这座城是四等分的。

194   这幅地图不仅关注地形和社会空间，也关注时间的流逝。这一页最外侧的边框由绿松石色的方块构成。左上角的第一个方块展示了特诺奇蒂特兰建城的"房屋二年"的圣书字，也就是公元1325年。接下来的每一个方块都标出了一个年份，这个年份的计数一直进行到

---

[30]　Donald Robertson, *Mexican Manuscript Painting of the Early Colonial Period：The Metropolitan Schools*（New Haven：Yale University Press, 1959），179‒189（第十章，"Cartography and Landscape"）。

[31]　P. D. A. Harvey, *The History of Topographical Maps：Symbols, Pictures and Surveys*（London：Thames and Hudson, 1980），14 和 116。

[32]　《门多萨抄本》据推测可能是在西班牙总督安东尼奥·德·门多萨（Antonio de Mendoza, 1535—1550 年在任）的命令下绘制的。参见 Frances Berdan and Patricia Rieff Anawalt, eds., *The Codex Mendoza*, 4 vols.（Berkeley：University of California Press, 1992）。

[33]　这些蓝色条带是否呈现了这座城中实际的运河，还是一个有争议的问题。参见 Elizabeth Hill Boone, "The Aztec Pictorial History of the *Codex Mendoza*," in *The Codex Mendoza*, 4 vols., ed., Frances Berdan and Patricia Rieff Anawalt（Berkeley: University of California Press, 1992），1：35‒54，以及同一作者的 "Glorious Imperium：Understanding Land and Community in Moctezuma's Mexico," in *Moctezuma's Mexico：Visions of the Aztec World*, by Davíd Carrasco and Eduardo Matos Moctezuma（Niwot：University Press of Colorado, 1992），159‒173。范·赞特威克对这幅地图做出了争议性的分析，认为它是这座库尔瓦—墨西卡人早期城市的社会结构的示意图，而他所做的一些解读也对我的讨论有影响，参见 Van Zantwijk, *Aztec Arrangement*, 57‒93（注释24）。

图 5.6　《门多萨抄本》中的特诺奇蒂特兰

192 –
193

这幅约绘于 1541 年的本土彩绘手稿地图展示了 216 年前的卡伊二年（2 Calli，"卡伊"意为"房屋"）由库尔瓦—墨西卡人始建时的特诺奇蒂特兰。表示这个年份的符号是侧视的顶上有两个点的一座房屋（请与下文图 5.10 比较），在图中展示于左上角的第一个蓝色方框内。年份的计数按逆时针方向累加，最终止于阿卡特尔十三年（13 Acatl，"阿卡特尔"意为"芦苇"）。在这一圈年份计数之内是特诺奇蒂特兰的地图，其上有一个显著的蓝色 X 形，标出了在地理上和社会上都把这座城分割开的四条运河。在这四个城区周边坐着这座城市的 10 位创始人。他们的领袖叫特诺奇，在图中可见位于正中左侧不远；在他头部左边是他的名字，由其圣书字组件构成：一块石头（纳瓦特尔语为 *tetl*），从中长出一株仙人掌（prickly pear cactus，*nochtli*）。特诺奇的名字也体现在他所创建的城市名字"特诺奇蒂特兰"（Tenochtitlan）中。这座城的圣书字地名写在这一页正中运河相交汇处，其底部是一块石头和从中长出的仙人掌。在仙人掌的顶部则栖息着一只雕，这是部落神威齐洛波奇特利传递给库尔瓦—墨西卡人的信号，向他们表示他们应当建立特诺奇蒂特兰城。在石头下面是位于一排箭头前面的一面圆盾，它们既是威齐洛波奇特利的象征，又是好战的库尔瓦—墨西卡人后来能掌控权力的方法。

原始尺寸：约 31.5×22 厘米。承蒙 Bodleian Library, Oxford 提供照片（MS. Arch. Selden. A. 1, fol. 2r）。

"芦苇十三年"，也就是 1375 年。这样一个 51 年的周期与这座城的建立者之一特诺奇（Tenoch）的统治时间相对应，他的形象则可见于图中特诺奇蒂特兰城的左城区中，旁边标有 *tenoch* 的圣书字。[34]

㉞　《门多萨抄本》展示了 51 年，比阿兹特克人 52 年的一"纪"少一年。但正如布恩（Boone）所指出的，这一页并没有记录特诺奇的统治元年，因为他没有统治这一整年。然而，这一页所涵盖的时间段确是一个完整的 52 年周期（Boone，"Aztec Pictorial History," 37）。

　　这幅地图运用了图画和符号的快捷形式传达了特诺奇蒂特兰第一纪中的事件。首先，在画页中部，在构成了特诺奇蒂特兰城名的圣书字的仙人掌上落着一只雕。在特诺奇蒂特兰的历史上，这是一个决定性的时刻：这只雕是部落神威齐洛波奇特利（Huitzilopocht-li）送来的，为 10 位库尔瓦—墨西卡氏族的领袖展示了他们可以定居、结束漫长旅程的地方。在这只雕出现时，包括特诺奇在内的氏族领袖便建立了特诺奇蒂特兰。地图展示了这 10 个人坐在这座新建的城市的四个城区里。此处他们的顺序和位置很重要，因为他们各自领导的人群正如图上所呈现的那样，是分别定居在绘有其领袖的城区里。到这幅地图绘制的 16 世纪，这些氏族的后代中有很多人仍然居住在同一城区。特诺奇蒂特兰建城之后，其军队便向外开进，征服了邻近的城市，以便获得更多财富和统治地域。这些一直不断的征服之战的头两场以呈现了湖泊的蓝色方框下面的符号表示。每个符号都是一位代表特诺奇蒂特兰军队的战士击败了另一位战士，后者代表一座湖畔城市中战败的军队。这两组战斗符号右边各有一座燃烧的神庙的图像——这是表示征服的另一个符号——以及被打败的城市的圣书字名称。

　　如果我们把这幅阿兹特克人的特诺奇蒂特兰地图与同一座城市的欧洲人地图加以对比的话，就能清晰地看到它们的区别。已知最早的欧洲人所绘的特诺奇蒂特兰地图于 1524 年在纽伦堡（Nuremberg）印行，附在科尔特斯致西班牙国王查理五世（1517—1556 年在位）的第二封信之中。[⑤] 它的作者未知，但很可能是纽伦堡本地的一位画家，绘画的根据是文字描述，可能还有科尔特斯提供的一幅本土地图。这幅欧洲人地图展示的是与《门多萨抄本》书页中所示的同一座城市，但其周围的景观是用全景视角呈现的（图 5.7）。在湖中，所绘的城市中有鳞次栉比的房屋和宫殿；整个图的大部分形式是一个人站在正中央时可以看到的景象，而其中的建筑都以立面图来展示。在标注地名时使用了书面语，正如在《门多萨抄本》中使用了圣书字一样。与库尔瓦—墨西卡地图相比，这幅欧洲人地图的符号较少。它也不关注时点：这幅地图展示的只是特诺奇蒂特兰历史上的一瞬间，仿佛摄影抓拍下的一幕。与库尔瓦—墨西卡地图中包含的那些高度符号化的人形不同，这幅地图中的所有人均没有名字，其中大部分在忙于世俗活动，比如在城周围的湖里划船。

　　与之相反，库尔瓦—墨西卡地图中包括了时间维度，展示了时间的流逝和其间发生的事件。它也依赖于具有文化特异性的圣书字和符号来传达大部分信息。作为它们基础的是权威问题——这些惯例性的元素让这幅中美洲地图在其受众中具备了权威性，比如其中对特诺奇蒂特兰所做的具有社会精确性的四分式描绘就是如此。

　　如果我们再回来看科尔特斯地图这幅在欧洲广为翻印、在当时可能是最有名的新大陆图像的地图，那么我们会发现，它的权威性来自它的形式——仿佛绘图者曾经"到过那里"，把他所捕捉到的这幅画面作为他在视觉上征服了对方的象征带回了欧洲。他还用观众所熟悉的风格来绘图，以进一步对他们产生感染力。制图者的目标并不是用实际景观的系统性几何变形来给人留下印象；这座欧洲人的特诺奇蒂特兰所呈现的圆环套圆环的形态，在几何上具

---

　　⑤　参见 Barbara E. Mundy, "Mapping the Aztec Capital: The 1524 Nuremberg Map of Tenochtitlan, Its Sources and Meanings," *Imago Mundi* 50 (1998): 1 - 22。

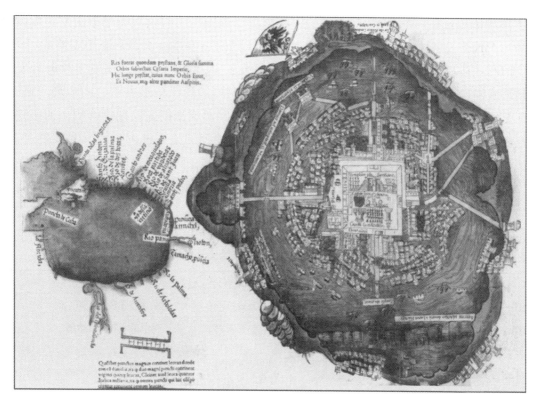

图 5.7　科尔特斯的特诺奇蒂特兰地图，1524 年

195

当征服者埃尔南·科尔特斯的第二封致西班牙国王查理五世的信在 1524 年印行之时，一位不知名的欧洲雕匠雕刻了特诺奇蒂特兰的这幅木版地图，连同图上左侧的墨西哥湾草图一起附在科尔特斯那篇对阿兹特克都城的生动描述的信件之中。这座岛上的都城展示于圆形地图正中，城中有围墙的神庙区在城市居民区的中央得到了夸大。有堤道把它与周围的湖岸连接起来，在湖岸上则有其他城市。因为这是欧洲人所绘的第一幅阿兹特克城市的地图，它的资料来源就饶有趣味。其中一些内容来自科尔特斯的文字报告。比如科尔特斯描述了华丽的鸟舍，于是雕匠就在神庙区下面展示了关在笼子里的鸟。有些内容来自欧洲人为城市制图的一些传统；此图的绘者在绘制这座湖城时无疑想到了威尼斯的景象，于是把城中居民展示在类似贡多拉（gondolas）船的高船首船只上。然而，地图中还有其他内容揭示了城内人有关特诺奇蒂特兰的知识，这意味着这幅欧洲地图有可能源自该城的一幅本土地图。在地图中央的双子神庙之间有一张微小的面孔；这可能是太阳，在夏至日时恰在这个方向升起。到这幅地图在欧洲出现的时候，它所绘制的城市已经不存，在毁灭性的征服之战中化为瓦砾与灰烬。

原始尺寸：30×47.5 厘米。承蒙 Newberry Library, Chicago 提供照片（Ayer ＊655.51 C8 1524d）。

有抽象性和反系统性，正如那幅本土地图中方框里的那个叉形一样（请与下文图 5.17 比较）。相反，制图者居中一瞥所"望见"的城市中的房屋、神庙和船民的真实感觉才是这里所着重强调的。如果说科尔特斯地图的绘者企图呈现空间的可见特征，那么中美洲的绘者则致力于把蕴含着社会维度和历史维度的空间呈现出来。

载体和形式

地图可制作在多种载体之上，包括纸、布、兽皮（最常见的是鹿皮）、羊皮纸和墙壁等。来自同一地区的相似的地图常常绘制于相同的载体上；在表 5.1 和 5.2 中汇总了

195 地点和载体的总体相关性。㊱用棉花或马盖麻纤维纺织的大幅画布是绘制大型地图式史
志的常用载体，这样的史志通常包括单独一个社群的边界和历史。讲纳瓦特尔语、米什
特克语和萨波特克语的人群常常利用这样的画布，他们都生活在今普埃布拉州和瓦哈
卡州内或周边；这些地区的其他族群也有这样的载体偏好。㊲这些社群之所以使用画布，
可能是因为它易于获得，而且布面还可以缝在一起，形成他们在绘制社群史志时爱用的
大幅画布。西班牙征服者也注意到中美洲人提供给他们的旅程地图是绘在布张之上的。
遗憾的是，布在中美洲的气候条件下很容易毁坏，因此，现存仅有的社群地图在绘制日
期上都在征服之后，而且没有任何像西班牙人描述过的地图那样的作品幸存下来（表
5.3）。

196 表5.1 地图类型、载体和起源之间的大致相关性

类型	载体	起源地	实例
地图式史志	土纸，未定大小的纸张	墨西哥谷（纳瓦人）	《肖洛特尔抄本》第1页
地图式史志	兽皮	普埃布拉州（纳瓦人）	《夸乌克乔延圆形地图》
地图式史志	布张	普埃布拉州和瓦哈卡州（纳瓦人、米什特克人和其他人群）	《科伊什特拉瓦卡连索1》；《夸乌克乔延连索》（Lienzo of Cuauhque-chollan）[a]
地图式史志	土纸，折页手稿中确定大小的纸张	玛雅地区（尤卡坦州、危地马拉）	《马德里抄本》第76—77页
地图式史志	确定大小的兽皮	墨西哥，特万特佩克地峡以北	《费耶尔瓦里—迈尔抄本》第2页；《博尔吉亚抄本》第29—46页；《奥本抄本》20号

[a] John B. Glass with Donald Robertson, "A Census of Native Middle American Pictorial Manuscripts," in *Handbook of Middle American Indians*, vol. 14, ed. Howard Francis Cline (Austin: University of Texas Press, 1975), 116 – 117 (no. 89).

196 表5.2 中美洲地图的格式

格式	常见度	实例
矩形	常见，常用于地图式史志	《萨卡特佩克连索1》，《托尔特克－奇奇梅克人史》地图

㊱ 关于本土手稿的概论，参见 Glass, "Survey"（注释4），及 John B. Glass with Donald Robertson, "A Census of Native Middle American Pictorial Manuscripts," in *Handbook of Middle American Indians*, vol. 14, ed. Howard Francis Cline (Austin: University of Texas Press, 1975), 81 – 252。后一文献中的完整参考文献列表可见：John B. Glass, "Annotated References," in *Handbook of Middle American Indians*, vol. 15, ed. Howard Francis Cline (Austin: University of Texas Press, 1975), 537 – 574。这篇名为《调查》（"Census"）的文章对于本章所引用的所有手稿地图均可供备查之用。也参见 Robertson, *Mexican Manuscript Painting*（注释30）；Esther Pasztory, *Aztec Art* (New York: Harry N. Abrams, 1983), 179 – 208；及 Smith, *Picture Writing*（注释25）。

㊲ 格拉斯（Glass）统计了大约50幅现存的"连索"——绘于单幅布面上的手稿——注意到它们在墨西哥州和联邦区（阿兹特克帝国的核心地域）比较少见，而在墨西哥东南部、尤卡坦州和危地马拉（玛雅地区）及墨西哥的伊达尔戈州完全不存在（"Survey," 9）。需要说明的是，"连索"这个术语用于称呼任何绘在一幅布面上的手稿；虽然"连索"的内容并无限制，但常常都是地图式史志。

续表

格式	常见度	实例
圆形	相对少见，已知约有6例	来自阿莫尔特佩克和特奥萨科阿尔科的"地理叙述"图，《夸乌克乔延圆形地图》，《马尼人地图》，《圣安德雷斯锡纳什特拉平面图》，索图塔省地图
正方形	少见	《费耶尔瓦里—迈尔抄本》第2页
不规则形状	常用于地产平面图，合于平面测量	奥斯托蒂克帕克土地图；《马盖麻纸平面图》

表5.3　　　　　　　　　　**地图类型的相对常见度或幸存率**　　　　　　　　　　196

地图式史志/旅程史志	
中墨西哥	常见（已知80多件作品）
玛雅	仅报告1例
其他陆地地图	
地产平面图：地籍图	少见
地产平面图：个人地产图	较常见
城市地图	少见
贸易和战争地图	仅报告1例
宇宙志地图	
手稿	少见
雕塑模型	常见
建筑模型	常见
天空图	少见

　　地图也可绘在兽皮上，用石膏粉（gesso）仔细加工和确定画幅大小。这种材料非常宝贵，也极为耐久；在15件幸存下来的征服前手稿中，除了4件之外，其他所有来自玛雅地　196区的手稿都绘在确定了大小的兽皮上。多数情况下，兽皮会被整齐地裁剪，通过一根长条（tira）用胶粘在一起，然后折叠为手风琴式的折页。由此制得的成品是一本矩形的折页书[screenfold，通常就叫抄本（codex）]，看上去多少像是纸书。[38] 在前西班牙时代的折页书中有三本包含有宇宙志地图；在一本装订书中还发现了另一件征服后的作品，很可能是一本征服前的折页书的摹本（附录5.1）。

　　同样，纸也常常用于绘制地图。土纸在当地叫"阿马特尔"（amatl；有时拼作amate），以当地一种榕树的内层树皮制作，或用马盖麻纤维制作。[39] 纸似乎是墨西哥谷制作社群史志　197

　　[38]　中美洲手稿的命名尚未有标准，具有一定的误导性。所有的折页书，也就是通过把一长条纸张或兽皮的手风琴折页叠成紧密的正方形或矩形而成的手稿，都叫作抄本，但那些绘在大型画张的手稿（比如下文要讨论的《肖洛特尔抄本》）或那些在一侧装订起来的征服后时期的手写书（比如《门多萨抄本》和下文也要讨论的《里奥斯抄本》）也叫作抄本。

　　[39]　Hans Lenz, "Las fibras y las plantas del papel indígena mexicano," *Cuadernos Americanos* 45, no. 3（año 8）（1949）: 157–169.

时爱用的载体。作为一种贵重的贡品，纸流向墨西哥谷，那里的绘图者可能比其他任何地方都更容易接触到它。纸有重要的仪式用途，很可能比平纹布更贵重。在玛雅地区，用于绘制珍贵的折页手稿的是长形纸页，而不是兽皮。和布一样，纸在中美洲气候条件下也极易损毁；除了一件作品［玛雅人的《马德里抄本》（Codex Madrid）］之外，所有现存的土纸地图都是在征服之后绘制的。

不管是绘在布、纸还是兽皮上，中美洲地图都用一种以树脂为成分的墨水绘制，它呈持久的深黑色。绘者会通过一支芦苇笔使用这种墨水，意在创造宽度均匀的线条。所有形状都用黑色勾边，这些勾勒出来的形状常常再用彩色颜料填充。[40] 陶器也会加以彩绘，整个中美洲的制陶者都会用各色的黏土装饰尚未烧制的容器；把这些黏土加入水中制成泥釉，最后就可以创造出一系列烧制后呈现的颜色。为了增加陶器上的颜色范围，有些文化更喜欢用彩绘灰泥给烧制后的陶器加以装饰。陶器彩绘的内容既有日常场景又有几何抽象图形；有的容器上还有宇宙图，是宇宙的垂直排列的简明图示——天在上，地在中，下界在下。

壁画是另一个展示绘画的场所；它们常常画在重要的建筑和居所上，内面和外面均有。现存的很多可能与地图有关的景观绘画都是壁画（附录5.2）。其中至少有一幅壁画展示了一幅简明宇宙图，它发现于玛雅城市里奥阿苏尔（Río Azul）的一座皇家陵墓中。

还有一种与壁画类似但更能耐久保存的载体，是装饰了很多建筑物内面和外面的浅浮雕和立体雕塑，以雕刻的石头或型塑的灰泥制成。雕塑是中美洲人常常用来呈现宇宙层级的某些部分的载体。学者如今开始认识到，整组建筑物会把所呈现的宇宙的各个组分结合成整体。这些与图像地图相应的建筑和雕塑会在下文与宇宙志地图一起讨论。

在16世纪被征服之后，很多制图者更喜欢用进口的欧洲纸，而不是画布或土纸。这在实践上和象征上都有好处。进口纸表面更光滑，让绘者能更容易用墨水绘出他们喜爱绘制的均匀线条。它们又稀有而昂贵，可以提高在其上书写的任何东西的地位。绘于欧洲纸上的本土地图一般是在西班牙的赞助之下完成的：出于这种背景，加上更强韧的载体，这些地图要比那些在土纸上绘制的地图更为耐久。[41] 在西班牙殖民者引入新载体并使一些传统载体失去价值之后，表5.1中所总结的载体与类型之间的相关性也就逐渐模糊，随着时间推移越来越不可分辨。

生产模式

很多中美洲社会中有熟练的职业雕匠、画匠和写匠。艺术家和写匠似乎属于精英群体，是统治等级的成员。这些主要为男性、偶尔为女性的匠人有多种多样的任务，其中之一就是生产地图。在大型而高度特化的社会中，艺术家可能只应用一至两种载体；但在较小的社群中，他们可能被要求涂绘从地图到罐子的各种东西。

创作包含有宇宙志地图的折页手稿，是最为稀有的工作。艺术家很可能要在专门的作坊中把新手稿中的大部分（如果不是全部的话）内容从已有的手稿中誊抄过来。[42] 但他们不只是誊抄员。艺术家是受过高度训练的，他们必须精通宇宙观、占卜或历史，才能把手稿每一

---

[40] Robertson, *Mexican Manuscript Painting*, 16（注释30）。

[41] Robertson, *Mexican Manuscript Painting*, 112.

[42] 关于殖民时代早期手稿如何创作的描述，参见 Ellen T. Baird, *The Drawings of Sahagún's "Primeros Memoriales": Structure and Style*（Norman：University of Oklahoma Press, 1993），155–157。

页所包含的大量复杂细节忠实地复制出来。这种制作手稿的方式从本质上是保守的，非常适合于呈现那种几个世纪以来本质上保持了很大恒定性的宇宙。

比起绘制宇宙志地图来，绘制陆地图可能是相对不太繁重的工作，但又是需要更多创造力和协作力的工作。有两份稀见的殖民时代早期的文档保存了本土社群的划定地界的记录，其中之一是玛雅人（下文图5.22的马尼人地图），另一是纳瓦人（Nahua）。在这两份记录中，地图似乎都是作为划界的成果而绘制的，而这些征服后的文档可能是对前西班牙时代的实践很好的指示。[43] 它们描述了社群领袖在绕行仪式期间识别和命名一个地区的行为。很可能在领袖完成这些活动之后，作为他们的随从精英的绘画—书写匠就创作了所经行的空间的图像呈现。最可能的情况是，绘画—书写匠在绕行仪式期间通过步数做出了粗略测量，又通过遥远的山丘之类可见的地标或太阳的轨迹判定了朝向。征服后的档案还表明，当地块是一小块个人地产的时候，书写匠可能会估计它的大小，或直接利用绳子或步数测量，然后可能会在纸上画下一幅小地图，其中的真实性可亲眼见证。[44] 不管是宇宙图还是地块地图，所有这些地图在制作上都有一整套本质特征，比如画页在作坊里摹绘，土地由精英绕行，所有权要靠目击证实，正是这全套特征构成了其权威性的来源。

地图学惯例

中美洲地图强烈依赖于圣书字、图画和抽象符号来传达意义，这让它们与其他所有中美洲书写作品有了密切的相似性。中墨西哥的书写曾被叫作图画书写，会使用大量图画，通过圣书字、图像和符号的结合来传达一般观念和事实；它不像书面英语那样规范，并不用一个个的单词拼成短语。[45] 因此，书写和制图都实行于同样的图像本底之上，使用了同样的图画惯例。在中美洲的所有书写体系中，只有玛雅人的书写体系习惯于创作更多的系统性文本；玛雅雕刻石板中包含有圣书字的页域（register），每一个圣书字代表一整个单词或构成它的音节。在玛雅地区几乎没有本土陆地图的实例[46]，可能就是因为文本书写排挤了图像呈现。

既然大多数非玛雅的中美洲地图都运用了与史志或历书相同的一套圣书字、图画和符号系统，那么这些作品自然共有同一套惯例中的很多做法。人物形象的服饰、体态和手势可以传达其性别、地位和意图。[47] 圣书字用于书写人名、地名和日期。比如《门多萨抄

㊸　不过，这些地图里只有一幅有一个摹本保存在1596年的马尼人地图中。与这幅玛雅人作品相关的文档已经转译出来，发表在：Roys, *Indian Background*, 175－194（注释8）。纳瓦人的作品见于：Reyes García, *Documentos sobre tierras*（注释22）。前西班牙时代夸乌廷钱人和特佩亚卡克人之间曾长期不和，在1546—1547年间这种世仇再次爆发。在这时的法庭证词中有一份记录记载道这种不和导致了他们之间的划界行动。关于奠基仪式的相关议题，参见 Angel J. García Zambrano, "El poblamiento de México en la época del contacto, 1520－1540," *Mesoamérica* 24（1992）：239－296。

㊹　比如可以参见 James Lockhart, *Nahuas and Spaniards*：*Postconquest Central Mexican History and Philology*（Stanford：Stanford University Press, 1991）, 97－101。

㊺　Boone, "Writing and Recording Knowledge"（注释3），及 Joyce Marcus, *Mesoamerican Writing Systems*：*Propaganda, Myth, and History in Four Ancient Civilizations*（Princeton：Princeton University Press, 1992）。

㊻　在以下文献中可见对玛雅地图的物质证据的简要考察：Thompson, *Dresden Codex*, 9－10（注释5）。

㊼　关于米什特克抄本中手势的使用，参见 Nancy P. Troike, "The Interpretation of Postures and Gestures in the Mixtec Codices," in *The Art and Iconography of Late Post-classic Central Mexico*, ed. Elizabeth Hill Boone（Washington, D. C. Dumbarton Oaks, 1982）, 175－206。关于图画惯例的描述，参见 Smith, *Picture Writing*, 20－35（注释25）。关于服饰，参见 Patricia Rieff Anawalt, *Indian Clothing before Cortés*：*Mesoamerican Costumes from the Codices*（Norman：University Of Oklahoma Press, 1981）。

本》中名为阿托托特尔（Atototl）或"水鸟"的男子就可用他名字的圣书字识别，这个名字包括一只鸟和一道与鸟头相连、按惯例绘制的溪流（图5.8）。他的服饰是男子的斗篷，在肩上打结，这清晰地表明了他的性别。他的旅行和方向或运动以成列的脚印展示（见图5.4和5.5）。通过用图画形象和惯用符号所做的表达，地图的大部分内容可以跨越分隔中美洲的语言边界，而得到普遍的理解。

199

图5.8　《门多萨抄本》中描绘阿托托特尔的局部

阿托托特尔是特诺奇蒂特兰的建立者之一，可通过其名字的圣书字识别。这是一个鸟头（在纳瓦特尔语中的 *tototl*），从一道溪流（*atl*）上出现。在这一页绘完之后，另有一人在图上添加了注解，以拉丁字母拼出了阿托特尔的名字（也见图5.6）。

此局部的尺寸：约 3.3 × 2.6 厘米。承蒙 Bodleian Library, Oxford 提供照片（MS. Arch. Selden. A. 1, fol. 2r）。

图画和书写

因为陆地图无论如何要呈现空间的框架，所以它们深深依赖于数目有限的一整套图画和符号——标准化的抽象图像——来表示地物。[48] 它们之中最常见的一些展示在图5.9中。而建筑物上的描绘则展示在图5.10中。这些地形图画和符号常常并不是图像，而是圣字书的组成部分，或图画式书写；这是说它们代表的不是事物的视觉外貌，而是词语或词语的部

---

[48]　我在这里用"符号"（symbol）一语作为更一般的"记号"（sign）的一个子集；符号就是代表物体或观念的抽象图像；文字画则与它们所呈现的事物有直接的图像关联。

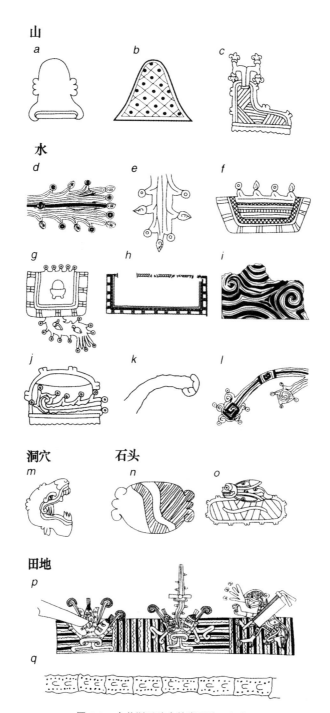

图5.9　中美洲手稿中的常见地理文字画

来自不同手稿中的地理和地形文字画显示了地区和族群上的差异。

山：（a）阿兹特克人（库尔瓦—墨西卡人）的山的文字画，在侧面展示了连续的弯曲形（来自《门多萨抄本》第31r页）；（b）阿兹特克人［阿科尔瓦人（Acolhua）］的山的文字画（来自《肖洛特尔抄本》第6页）；（c）米什特克人的山的文字画［来自《塞尔登抄本》（Codex Selden）第10–ii页］。

水：（d）流水［来自《博尔博尼库斯抄本》（Codex Borbonicus）第5页］；（e）流水（来自《门多萨抄本》第28r页）；（f）经常用于纳瓦特尔语地名的水的符号（来自《门多萨抄本》第16v页）；（g）河流或水体的米什特克文字画［来自《纳塔尔抄本》（Codex Nuttall）第51页］；（h）有湍急水流的湖（来自《纳塔尔抄本》第75页）；（i）来自墨西

哥谷的湖［来自伊什塔帕拉帕（Ixtapalapa）的"地理叙述"（Relación geográfica）地图］；（j）米什特克人的地点记号，展示了流水（来自《塞尔本》第5–Ⅲ页）；（k）用于展示泉或水源的新月形符号（来自《肖洛特尔抄本》第6页）；（l）泉［来自瓦什特佩克（Oaxtepec）的"地理叙述"图］。

　　洞穴：（m）（来自《门多萨抄本》第18r页）。

　　石头：（n）表示石头的文字画（来自《门多萨抄本》第18r页）；（o）米什特克语的大石头，顶上有昆虫（来自《维也纳抄本》第49页）。

　　田地：（p）种有玉米的田地，中央和左部［来自《博尔吉亚抄本》（Codex Borgia）第20页］；（q）犁过的田地［来自《洪堡残卷2》（Humboldt Fragment 2）］。

建筑

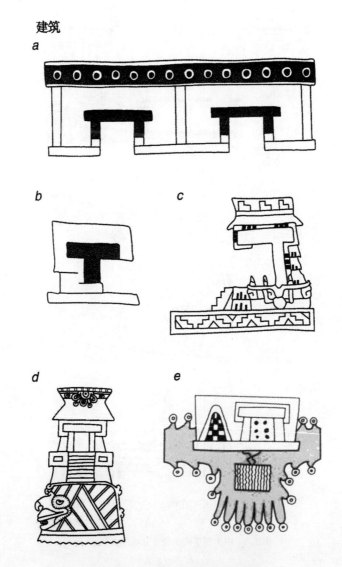

201　　　　图5.10　中美洲手稿中常见呈现的建筑

　　（a）正面观的纳瓦特尔房屋，有两根大门梁（来自伊什塔帕拉帕的"地理叙述"图）；（b）以侧视展示的纳瓦特尔建筑［来自科阿特佩克查尔科（Coatepec Chalco）的"地理叙述"图］；（c）以侧视展示的米什特克神庙（来自《塞尔登抄本》第9–Ⅲ页）；（d）米什特克语地名图图特佩克（Tututepec），为一个山的文字画，顶上有一座精心建造的正面观的神庙（来自《纳塔尔抄本》第50页）；（e）两条河流交汇处的发汗浴室（sweat bath）（来自《维也纳抄本》第46d页）。

分，而且它们所表示的词语通常是地名。举例来说，在一幅接触前风格的地图上如果有一个表示山的符号或文字画，它确实呈现了景观中的一座山的情况是非常罕见的。相反，这个山形文字画更可能是地名的一部分，表示了这个地名，而不是地物的图像。图像和圣书字的这种区别很微妙，但非常重要：这意味着中美洲地图向我们展示的空间是通过名字而可见的，而不是通过其轮廓线或表面特征。

中美洲的书写体系，习惯上称为圣书字体系［与象形字（logographic）体系是同义词］；圣书字地名通常易于解码，因为很多都是简单的词语图画或字谜，其中的图画［pictures，当它们表示语言时则可称为文字画（pictographs）］表示了词语或其组成部分。⁴⁹ 比如希洛特佩克（Xilotepec）镇，意为"青玉米穗之山"，在纳瓦特尔语中就可以用一座钟状山丘的文字画 *tepetl* 上面组合两个玉米穗 *xilotl* 而成的简单文字画表示（图5.11）。在墨西哥中部盛行文字画，但其书写体系也使用一些在语音上表示词语发音的元素；这种混合了图画和语音符号的书写就叫圣书字，纳瓦特尔语讲者用它来表示日期、人名和地名。⁵⁰ 米什特克人和萨波特克人的地图使用圣书字来构造人名和地名，但正如其语音组分所揭示的那样，这些名字利用的是米什特克语或萨波特克语中的词语，而不是纳瓦特尔语中的词语。⁵¹

指涉某些城市和遗址的圣书字，在古典时代（公元250—900年）由玛雅人镌刻于石头上的文本中已经出现。这些圣书字与玛雅文字的总体特点一样，会把地名以音节的方式拼出，而这种对音节表示法的更大量的使用让玛雅圣书字体系在整个中美洲书写谱系中占据了另一端，而与中美洲其他地区使用的以文字画为主的书写体系相对。玛雅金石学者把十几个圣字书与已知的遗址建立了联系。⁵² 如果我们假定古典玛雅人也制作地图，那么他们可能会

199

---

⑭　关于书写体系的总体介绍，参见 Michael D. Coe, *Breaking the Maya Code*（New York：Thames and Hudson，1992），特别是13—45页。有两项有关纳瓦特尔语地名的早期研究，分别是：Peñafiel, *Nombres geográficos*，及同一作者的 *Nomenclatura geográfica*（均见注释21）。对于地名和书写的较晚近的讨论，择其要者如下：Joaquín Galarza, *Estudios de escritura indígena tradicional*（*azteca-náhuatl*）（Mexico City：Archivo General de la Nación，1979）；Charles E. Dibble, "Writing in Central Mexico," in *Handbook of Middle American Indians*, vol. 10, ed. Gordon F. Ekholm and Ignacio Bernal（Austin：University of Texas Press，1971），322 – 332；还有 Hanns J. Prem, "Aztec Writing," in *Handbook of Middle American Indians*, suppl. vol. 5, ed. Victoria Reifler Bricker（Austin：University of Texas Press，1992），53 – 69。有一项聚焦于《门多萨抄本》的研究是：Karl Anton Nowotny, "Die Hieroglyphen des Codex Mendoza：Der Bau einer mittelamerikanischen Wortschrift," *Mitteilungen aus dem Museum für Völkerkunde in Hamburg* 25（1959）：97 – 113，及近年的 Frances Berdan, "Glyphic Conventions of the *Codex Mendoza*," in *The Codex Mendoza*, 4 vols. , ed. Frances Berdan and Patricia Rieff Anawalt（Berkeley：University of California Press，1992），1：93 – 102。以下文献提供了这一主题的有用概述：James Lockhart, *The Nahuas after the Conquest：A Social and Cultural History of the Indians of Central Mexico, Sixteenth through Eighteenth Centuries*（Stanford：Stanford University Press，1992），326 – 373，及 Marcus, *Mesoamerican Writing*, 153 – 189（注释45）。

⑮　关于这些地名中语音表示法的讨论，参见 H. B. Nicholson, "Phoneticism in the Late Pre-Hispanic Central Mexican Writing System," in *Mesoamerican Writing Systems*, ed. Elizabeth P. Benson（Washington, D. C. ：Dumbarton Oaks，1973），1 – 46；Charles E. Dibble, "The Syllabic-Alphabetic Trend in Mexican Codices," in *Atti del XL Congresso Internazionale degli Americanisti*（1972），4 vols. （Genoa：Tilgher，1973 – 1976），1：373 – 378；及 Hanns J. Prem, "Aztec Hieroglyphic Writing System-Possibilities and Limits," in *Verhandlungen des XXXVIII. Internationalen Amerikanistenkongresses*（1968），4 vols. （Munich：Klaus Renner，1969 – 1972），2：159 – 165；还有 Nowotny, "Die Hieroglyphen," Berdan, "Glyphic Conventions," Dibble, "Writing in Central Mexico," 及 Galarza, *Estudios*（均见注释49）。

⑯　关于米什特克语地名的构造，参见 Smith, *Picture Writing*, 36 – 54（注释25），及 Caso, *Reyes y reinos*, 1：34 – 36，165 – 167和图版16 – 20（注释18）。关于萨波特克书写，参见 Joyce Marcus, "Zapotec Writing," *Scientific American* 242, no. 2（1980）：50 – 64，及 Javier Urcid Serrano, "Zapotec Hieroglyphic Writing," 2 vols. （Ph. D. diss. , Yale University，1992）。

⑰　David Stuart and Stephen D. Houston, *Classic Maya Place Names*, Studies in Pre-Columbian Art and Archaeology 33（Washington, D. C. ：Dumbarton Oaks，1993）；Joyce Marcus, *Emblem and State in the Classic Maya Lowlands：An Epigraphic Approach to Territorial Organization*（Washington, D. C. ：Dumbarton Oaks，1976）；Heinrich Berlin, "El glifo 'emblema' en las inscripciones mayas," *Journal de la Société des Américanistes*, n. s. 47（1958）：111 – 119。

用地名圣书字来标明地点；但是这些圣书字唯一留存至今的用途却只见于书写的文本中和历史纪念建筑之上。已知没有任何使用了地名圣书字的玛雅古地图在征服后幸存下来。

与此相反，在墨西哥中部，圣书字地名在整个 16 世纪所有类型的书写作品中都有广泛应用，特别是在大部分的地图中；这个时候早已在西班牙人征服并引入拉丁字母之后了。在那个时代的读者——包括仔细阅读了本土手稿的西班牙教士——眼中，圣书字地名只是地名。但是如果对这些圣书字的图像学加以细察，便可见它们反映了原住民对世界本质的理解。

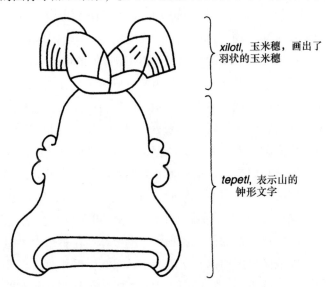

xilotl, 玉米穗，画出了羽状的玉米穗

tepetl, 表示山的钟形文字

201

图 5.11　希洛特佩克的圣书字地名

一个表示"玉米穗"的圣书字坐落在山的文字画顶上。像这样的文字画，是略微抽象为一种习惯形式的图像，它们常常表示词语或词语的部分。

200　我们可以看一下表示"山"的文字画，它在纳瓦特尔语中读作 *tepetl*，在米什特克语中则读作 *yucu*（见图 5.9*a*-*c*）。这幅文字画用在了数以百计的圣书字中，这有两个原因。*Tepe* 是纳瓦特尔语地名中广泛出现的成分，而 *yucu* 在米什特克语中也常见，在美洲地名中，它们大多意为"城镇"或"市镇"。此外，在阿兹特克图画手稿中，山的文字画常常作为地名的一部分，哪怕 *tepe* 并不是该名字中的成分。在这种情况下，它只是代表一个已命名的地点。有学者称之为"限定词"（determinative），是该单词所属范畴的标志，而与作为单词本身的圣书字、图画或符号相对。[53] 无论是作为圣书字（代表一个词或词中的一个部分）还是作为限定词（代表一个范畴），山的文字画都常常装饰以菱形和圆点组成的图案。这个母题在中美洲北部有悠久的历史，代表鳄鱼的粗糙皮肤。根据中美洲北部的信仰，这只巨大的鳄鱼状怪物就是大地本身（图 5.12）。[54] 因此，即使在世俗的语境下，用在地图中的文字画也

---

[53]　Prem, "Aztec Writing," 66（注释 49）。玛丽·伊丽莎白·史密斯（私人通信，1993 年）指出，米什特克语词 *ñuu* 是纳瓦特尔语的 *tepetl* 的限定词用法的对应词，它的呈现图画是里面有一个阶梯图案的方板。

[54]　Edouard de Jonghe, "Histoyre du Mechique: Manuscrit français inédit du XVIe siècle," *Journal de la Société des Américanistes de Paris*, n. s. 2 (1905): 1–41, 特别是 25 页, 及 *Codex Borgia: Biblioteca Apostolica Vaticana (Messicano Riserva 28)* (Graz: Akademische Druck-u. Verlagsanstalt, 1976), 3, 22, 39, 71。玛雅人对地表的呈现是用带下垂尾部的螺旋线, 而菱形—圆形图案专用于睡莲, 这是水体的符号。参见 Linda Schele and Mary Ellen Miller, *The Blood of Kings: Dynasty and Ritual in Maya Art* (New York: George Braziller, 1986), 46–47。

作为牺牲的鸟被斩下的头

地怪的牙齿

从鸟头流出的血流

脊柱

张开的口

菱形—圆点图案

地怪的眼

图 5.12 鳄鱼状的地怪 201

这是来自一部征服前的仪式历书中的呈现图像（《博尔吉亚抄本》第71页），其中的大地接受了一只被斩下的鸟头的血作为祭品。在本图中也正如在其他地方，大地被象征性地呈现为鳄鱼状的怪张大的口部。它的双颚伸得如此开展，以至形成了一个平面，其上嵌着钩状的牙齿。地怪的眼睛位于下面，虽然被眼皮遮了相当部分，但仍是瞪视状。这只爬虫的皮肤展示为菱形和圆点组成的图案，这是对大地表面的简略表示，也可见于山的文字画上（请比较图5.9b）。

携带着大地的神圣图案的印记。

比例尺和方向性

当西方制图者在16世纪越来越关心比例尺和惯用的朝向时，中美洲绘者却几乎不关心是否要在构造陆地图时使用恒定的比例尺。相反，地图中最重要的地点也画得最大，而且通常置于图的中心。随着一个人走向外围，呈现陆地的比例尺也越来越小。因此，到遥远地点 201 之间的距离被极大地压缩，这样它们就可以呈现在地图上。举例来说，在《萨卡特佩克连索1》（Lienzo of Zacatepec 1）上，呈现在该图边缘的地点距离展示在地图中上部的萨卡特佩克镇有30—47千米远（图5.13）。中美洲观者清楚，置于外围的事物通常离中心有很大距离。

中美洲人把世界看成沿着三个轴组织而成的样子。东西轴是太阳的轨迹，是主要的水平轴，可以同样根据观察太阳来测定。[55] 与之垂直的是南北轴。另外还有一条竖直的轴，穿过 203 上界和下界的各个层次。[56]

每个主方位都与一种特定的颜色和52年的一"纪"中的特定年份相关联。不同的中

---

[55] 早期的中美洲人可能知道罗盘，并用它们来为仪典场所定向，但几乎没有证据表明他们也在制图中使用罗盘。参见 Robert H. Fuson, "The Orientation of Mayan Ceremonial Centers," *Annals of the Association of American Geographers* 59 (1969): 494–511, 及 John B. Carlson, "Lodestone Compass: Chinese of Olmec Primacy?" *Science* 189 (1975): 753–760。

[56] 这根轴可能沿着地轴延伸。参见 David A. Freidel, Linda Schele, and Joy Parker, *Maya Cosmos: Three Thousand Years on the Shaman's Path* (New York: William Morrow, 1993)。

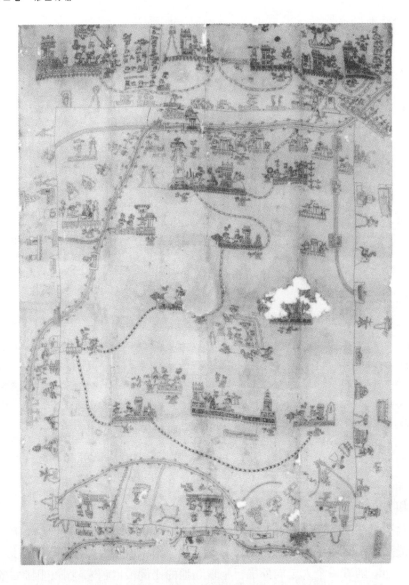

202 –
203

图 5.13 《萨卡特佩克连索 1》

这幅征服后的米什特克"连索"展示了米什特克城镇萨卡特佩克的历史和边界。这幅大型布画约于 1540—1560 年绘于萨卡特佩克，保存在该社群中，直到 19 世纪末。"连索"上的多数内容与萨卡特佩克统治者的家系有关。"连索"的顶部页域不是地图学式的内容；这里展示了一排 5 个平台，代表了不同的社群王国。每个平台上注有一个圣书字地图和一位统治者或统治者夫妻。按惯例用脚印表示的一条路径在它们之间绕成环形，看上去像是莲叶边。这是一个叫"11 虎"（11 Tiger）的男子的路线，他可能是萨卡特佩克的第一位统治者，因为他在这些地点穿梭，可能是在参与登基和受权的仪式。11 虎的儿子"8 鳄"（8 Crocodile）及其妻子"13 风"（13 Wind）是图中展示的这个朝代中最早以萨卡特佩克为都的统治者。这个城镇的圣书字地名展示在本"连索"的上中部，为一座高山的符号，顶上有一棵"萨卡特"（zacate）树（见下文图 5.20）。与这份手稿顶端的一排地点相反，萨卡特佩克处在地图学空间之中。在它周边标出的一个矩形之上是一些圣书字地名，标出了萨卡特佩克的边界。位于边界之外的地名是那些与萨卡特佩克邻近的社群的名字，根据它们的空间排布安排在图页的相应位置。因此，这幅"连索"展示的不只是萨卡特佩克所占据的物理空间，还有导致萨卡特佩克创立的历史事件及其领地的范围。这幅地图及其他米什特克"连索"的主题和惯用手法使之与米什特克历史折页书有密切关系。不过，绘制折页书的艺术家受到了狭窄页域和大多数手稿遵循的严格阅读顺序的限制；与此相反，用于绘制"连索"的大幅布张却可以在其上展示出空间排列。

原始尺寸：325×225 厘米。承蒙 Instituto Nacional de Antropología e Historia, Museo Nacional de Antropología, Mexico City 提供照片（35–63）。

美洲文化（和资料来源）为方位和年份指定了不同的颜色（表5.4）。⁵⁷这样的方位体系和颜色最常表达在宇宙志地图和历书中。地图的朝向有时是以东为上，但这在中美洲基本不称其为标准。一幅地图常常没有"上"，也就是说可以从任一侧边去看它。对于陆地图来说，一个首要的构图原则是中央和外围的对立。比起方向性来，这个原则在安排地图上各要素的位置时更为主要。

表5.4　　　　　　　　　中墨西哥和玛雅与基本方位相关的年号和颜色　　　　　　　　　203

方位	中墨西哥		玛雅	
	年号	颜色	年号	颜色
东	阿卡特尔	红	坎	红
北	特克帕特尔	黄	穆卢克	白
西	卡伊	蓝	伊什	黑
南	托奇特利	绿	考阿克	黄

度　量

已知有一小组小面积地域的陆地图是按绝对比例尺绘制的，使用了一套度量系统和测量记号。来自墨西哥谷的很多地产平面图也都仔细地注上了与本土单位"夸威特尔"（*quahuitl*，约2.5米）对应的数字测量结果，以及用另一些长度因地区的不同而不同但据信是"夸威特尔"的某个分数的单位测量的结果。⁵⁸这些其他的测量值以人体的比例为根据；最常用的是"塞马特尔"（*cemmatl*，在纳瓦特尔语中意为"臂"或"手"），很多学者发现它约等于1.67米，据信很可能是从脚到举起的手的距离。讲纳瓦特尔语者使用的其他单位包括用一枚箭头表示的*cemmitl*（一箭）、用一颗心表示的*cenyollotli*（一心）以及用一根骨头表示的*omitl*（一骨）。隔一段距离打一个结的绳子则可能作为"夸威特尔"这个单位来测量。

征服后地图和地产文档证实，人们对于精确测量确有关注，不仅因为中美洲人拥有地产，想要知道其尺寸，而且因为中美洲人群似乎还有一项相关的重要测量任务，就是确　204

⑤ Anthony F. Aveni, *Skywatchers of Ancient Mexico*（Austin：University of Texas Press, 1980），135，及 John Eric Sidney Thompson, *Sky Bearers, Colors and Directions in Maya and Mexican Religion*, Carnegie Institution of Washinton Contributions to American Archeology, vol. 2, no. 10（Washington, D. C.：Carnegie Institution of Washington, 1934），209 – 243。

⑧ 参见以下一些对大约1540年绘成的《奥斯托蒂克帕克土地图》（Oztoticpac Lands Map）（或提及了与之相关的《洪堡残卷4》）的研究：Howard Francis Cline, "The Oztoticpac Lands Map of Texcoco, 1540," *Quarterly Journal of the Library of Congress*, 1966, 77 – 115，重印于 *A la Carte：Selected Papers on Maps and Atlases*, comp. Walter W. Ristow（Washington, D. C.：Library of Congress, 1972），5 – 33，及 H. R. Harvey, "The Oztoticpac Lands Map：A Reexamination," in *Land and Politics in the Valley of Mexico：A Two Thousand Year Perspective*, ed. H. R. Harvey（Albuquerque：University of New Mexico Press, 1991），163 – 186。也参见 Barbara J. Williams, "Mexican Pictorial Cadastral Registers：An Analysis of the Códice de Santa María Asunción and the Codex Vergara," in *Explorations in Ethnohistory：Indians of Central Mexico in the Sixteenth Century*, ed. H. R. Harvey and Hanns J. Prem（Albuquerque：University of New Mexico Press, 1984），103 – 125。关于阿兹特克度量系统，参见 Victor M. Castillo F., "Unidades nahuas de medida," *Estudios de Cultura Náhuatl* 10（1972）：195 – 223，及 Lockhart, *Nahuas after the Conquest*, 144 – 146（注释49）。涉及来自米什特克地区的地产地图的研究则极少。

定世界的秩序。基切玛雅人（Quiché Maya）的创世史诗《波波尔·武》（Popol Vuh）以世界的创造开头，就如此描述——

> 定下四条边，定下四个角，
> 测量，立下四个桩，
> 把绳子减半，拉直绳子
> 于天空，于大地，
> 于四条边，于四个角。[59]

在征服前的米什特克折页书《维也纳抄本》（Codex Vienna）中，就展示了两个人物以类似的方式在世界初创的时候用绳子测量（图 5.14）。通过测量地产，很多中美洲人有可能重现他们的创世神话中诸活动中的某一种。

图 5.14   《维也纳抄本》中一场仪式测量的局部

这幅来自西班牙前时期的米什特克抄本《维也纳抄本》的画作展示了两个无名和未穿衣服的人像，他们正在相对拉着一根绳子。这两个人可能是在进行世俗的土地丈量，但从这幅图的语境来看则不太可能。他们出现在这部抄本中描述世界创生、之后地面出现的部分，所以他们的任务似乎是世界起始的仪式测量。这幅图是征服前时代仅有的几幅与度量相关的图画之一。在殖民时代，对于用绳子来丈量土地的做法有一些描述，把这些描述与这幅图合而观之，便可知度量既是一种仪式活动，又是一种世俗活动。

此局部尺寸：约 4×7 厘米。承蒙 Österreichische Nationalbibliothek, Handschriftensammlung, Vienna 提供照片（Cod. Mex. 1, p. 21）。

---

[59]   Dennis Tedlock, trans., *Popol Vuh: The Mayan Book of the Dawn of Life*, rev. ed. (New York: Simon and Schuster, 1996), 63-64.

中美洲地图的类型

中美洲人留下了许多地图遗产，但没有留下把它们组织起来的系统。不过，这批地图可以通过主题内容来分成几类，这种分类大纲可以涵盖所有地图，还有额外的好处，就是在地图类型之间展示出载体的相似性。这些地图类型的相对常见程度见表5.3。不过，这个分类大纲也确实抹平了地图之间的地区差异，而这也是一个有众多可能性的研究主题。

地图式史志

在中美洲地图学领域中占据优势地位的是地图式史志。整个中美洲的社群都会制作自己的地图式史志；每幅地图通常都利用圣书字展示了这个社群的领地，其中该社群自己的地名居于地图中央或附近。[60] 在地图的边缘常常写有边缘标记的圣书字地名；有一道把它们连接在一起的线，对应于把这个社群所拥有的土地与邻近社群所拥有的土地分隔开来的边界线。在地图上某处还可能包括有社群历史的报告。在整个中美洲，这种史志有几个必备的要素：它总是会关注精英的家系、征服的战役、城市的建立以及迁徙。

地图式史志以单一的社群为主题，这就正好体现了在中美洲占主要地位的社会政治单位。纳瓦特尔语讲者所说的"阿尔特佩特尔"（*altepetl*），即自治的社群王国（community-kingdoms），是标准的形式；中美洲人对于他们自己的个体城邦有强烈的依恋，远甚于某种更大的政权。社群王国由一个世袭的精英家族统治，这个精英家庭就是这些地图中包括的历史的主题。社群王国在面积和人口上差异很大；在这一点上，它们有些类似于美国的州。举例来说，在征服时代人口最多的"阿尔特佩特尔"是特诺奇蒂特兰——加上它的姊妹城市特拉特洛尔科（Tlatelolco），总人口在25万—40万。米什特克人的社群王国特舒帕（Texupa）虽然按照米什特克人的标准来衡量是个人口大邦，但可能只有大约6500人。[61]

地图式史志提供了有关绘制它们的社群的选择性真相；研究米什特克文化的学者玛丽·伊丽莎白·史密斯曾把它们与现代的商会地图（Chamber of Commerce maps）加以比较，展示了社群想要提供的美好景象。[62] 因此，地图式史志不能用我们认为客观的一些标准来评价。比如一个社群王国的实际范围很难靠它的地图式史志来衡量。圣书字地名通常展示在地图边缘，而

205

---

[60] 地图式史志常常被称为"连索"，但这个用语含义模糊，描述的是载体而非内容。关于地图式史志的简介，参见 Glass and Robertson，"Survey"（注释4）；一个有注解的史志列表见 Glass and Robertson，"Census"（注释36）。近年来有关地图式史志的研究有：María del Carmen Aguilera García，"Códice de Huamantla: Estudio iconográfico, cartográfico e histórico, in *Códice de Huamantla*［（Tlaxcala）: Instituto Tlaxcalteca de la Cultura, 1984］; José Luis Melgarejo Vivanco, *Los lienzos de Tuxpan* (Mexico City: Editorial la Estampa Mexicana, 1970)；及 Elizabeth Hill Boone，"Manuscript Painting in Service of Imperial Ideology," in *Aztec Imperial Strategies*, by Frances Berdan et al. (Washington, D. C.: Dumbarton Oaks, 1993), 181 – 206。

[61] Charles Gibson, *The Aztecs under Spanish Rule: A History of the Indians of the Valley of Mexico*, 1519 – 1810 (Stanford: Stanford University Press, 1964), 378; Ronald Spores, *The Mixtecs in Ancient and Colonial Times* (Norman: University of Oklahoma Press, 1984), 96；及 Bruce F. Byland，"Political and Economic Evolution in the Tamazulapan Valley, Mixteca Alta, Oaxaca, Mexico: A Regional Approach"（Ph. D. diss., Pennsylvania State University, 1980）。

[62] Mary Elizabeth Smith，私人通信，1994 年。

不是布置在网络中。所描述的地域成比例的地图的尺寸在每一幅作品中都不一样。而由处于统治地位的精英所撰写的历史展示的也是他们想要让人知道的事情。

在征服后的 1547—1560 年间撰写的著作《托尔特克—奇奇梅克人史》中，有一幅代表性的地图式史志强调了一个"阿尔特佩特尔"的边界和历史（图 5.15）。这幅地图展示了一个叫夸乌廷钱（Cuauhtinchan）的社群王国，位于今普埃布拉州。夸乌廷钱意为"雕之地"，其圣书字地名位于这两张纸页的中央，展示为一只雕站立在一个洞口里。[63] 图上的地名（其中大部分包含了山的文字画）沿着地图的边缘排列，呈现了把夸乌廷钱与邻近的"阿尔特佩特尔"分隔开来的边界标记的名称。虽然这些圣书字地名的顺序与夸乌廷钱的边界相符，但是它们在地图上的位置与这些边界在地面上的位置并不精确符合。[64] 由这些边界界定的地区已经被标在一张现代地图上，它所覆盖的普埃布拉州中部的一片地区，是跨度大约为 90 千米的一个粗略的多边形（图 5.16）。

在这幅领地的地图上，一段历史叙事像一部电影投在银幕上一样投射其中。图中展示了新近抵达的一群讲纳瓦特尔语者征服了这一地区的原来居民；在当地城镇的地名旁边是那个城镇的领袖，已经成了献祭的牺牲。右边和中间的八人，脖子被箭头刺穿；左下方和右上方的另两个人则被拉展在架子上，身中多箭。在他们所征服之地里面，获胜的领袖们勘察了其边界。在地图上，他们的活动以一串脚印标出，仿佛留在他们身后似的。

《肖洛特尔抄本》是另一部现存最早的地图式史志，定年为大约 1542 年。[65] 它是墨西哥谷幸存的少数几部这样的作品之一（图 5.17），也是墨西哥谷中所有那些"阿尔特佩特尔"各自一定都绘制过的许多地图式史志之一。[66]《肖洛特尔抄本》横跨了 10 张未装订的大幅土纸，以年代为顺序讲述了阿兹特克人中一个叫阿科尔瓦（Acolhuas）的人群的社群王国的历史。第 1 页以统治者肖洛特尔（Xolotl，约 1150—约 1230）开篇，他进入墨西哥谷，在特纳尤卡（Tenayuca）建立了他的都城（图版 9）。[67] 抄本的每一页都运用了图片、圣书字和抽象

⑥③ 关于《托尔特克—奇奇梅克人史》，参见 Kirchhoff, Odena Güemes, and Reyes García, *Historia tolteca-chichimeca*，及 Reyes García, *Cuauhtinchan*（均见注释 22），还有 Dana Leibsohn, "The Historia Tolteca-Chichimeca: Recollecting Identity in a Nahua Manuscript"（Ph. D. diss., University of California, Los Angeles, 1993）。现在在夸乌廷钱中心并不见有洞穴存在（Dana Leibsohn, 私人通信, 1994 年）。这个洞穴之所以成为夸乌廷钱地名的一部分，很可能是因为洞穴在中美洲常常是起源神话的发生场所。

⑥④ Kirchhoff, Odena Güemes, and Reyes García, *Historia tolteca-chichimeca*，特别是地图 7。在以下文献中也提出了同样的总观点：Robertson, *Mexican Manuscript Painting*, 180（注释 30）。

⑥⑤ 参见以下文献中的注释和复制图像：Charles E. Dibble, ed., *Códice Xolotl*, 2d ed., 2 vols.（Mexico City: Instituto de Investigaciones Históricas, Universidad Nacional Autónoma de Mexico, 1980）。

⑥⑥ 肖洛特尔的故事似乎有不同的版本。第 i 重页和第 ii 重页可能是讲述了肖洛特尔故事的另一个抄本的一部分，这个抄本也是征服后的作品（Dibble, *Códice Xolotl*, 1: 12 及 46 页）。在约 1542—1548 年间绘制的《基南钦地图》中也记录了阿科尔瓦人迁徙和定居的另一个版本，该图现藏巴黎国家图书馆。关于《基南钦地图》的颜色复制、绘图和描述，参见 Pasztory, *Aztec Art*, 202 - 204, 彩色图版 39 和 40, 及图版 152（注释 36）。

⑥⑦ 肖洛特尔的故事由殖民时代的历史学家伊什特利尔肖奇特尔写了下来；他似乎把《肖洛特尔抄本》作为这部历史的一个资料来源。参见 Fernando de Alva Ixtlilxochitl, *Obras históricas*, 4th ed., 2 vols, ed. Edmundo O'Gorman（Mexico City: Universidad Nacional Autónoma de México, 1985）。伊什特利尔肖奇特尔把肖洛特尔进入墨西哥谷的时间定在 10 世纪，但是迪布尔（Dibble）则定在 13 世纪［Dibble, *Códice Xolotl*, 1: 122（注释 65）］。不过，至少有一位考古学家论证了较早的那个肖洛特尔入谷年代更合于考古记录：Jeffrey R. Parsons, "An Archaeological Evaluation of the Codice Xolotl," *American Antiquity* 35（1970）: 431 - 440。

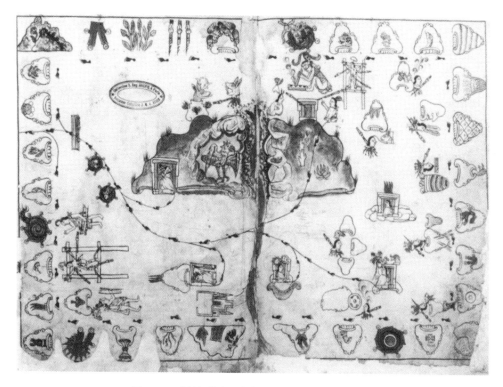

图5.15　《托尔特克—奇奇梅克人史》中的夸乌廷钱

这幅社群王国夸乌廷钱的地图展示了夸乌廷钱人群声明占有的领地以及他们的占领历史。在图中央是一个拉长的山的符号；其左半边是开放的，像一个洞穴，其中有一只雕（纳瓦特尔语叫 *cuauhtli*），代表了夸乌廷钱（意为"雕之地"）这个名字。在今夸乌廷钱并未见有洞穴，它可能是一种习惯的图形隐喻，意味着"起源地"。地图边缘的许多圣书字地名排列成线，代表了夸乌廷钱与邻近城邦之间的边界。几乎所有这些地名都含有山的文字画，它们要么代表了纳瓦特尔语词 *tepetl*，要么是更为一般的地点概念的标志。这两页上所绘的边界勾勒出了一片位于今墨西哥普埃布拉州、面积大约 5000 平方千米的地域，形状大致像一只风筝。其边界呈矩形格式的有节奏的排列更多是出于艺术上的习惯，而不是所展示的边界实际的形状。

图中展示的这片土地，是在它被夸乌廷钱领袖征服之后的样子，脚印把征服后的叙事组织了起来。这个叙事始于左边界中部，因为图中展示了脚印从这里进入这个有边界的地区。这是五位夸乌廷钱领袖的路径，他们在向当地原住民发动战争之后，便沿此路径绕地行走。经过一个逆时针的环路之后，他们每个人都占据了以前这里的一位领袖的宫殿，从而拥有了其土地，由此巩固了他们对这一地区的占有；这些原来的领袖则成为人牲。

原始尺寸：30×44 厘米。承蒙 Bibliothèque Nationale, Paris 提供照片（46–50, fols. 32v–33r）。

符号来讲述肖洛特尔及其后代家族的故事的某一部分。通过征服或联姻，肖洛特尔和他的家族控制了墨西哥谷的大部分地区，最终把都城建在特什科科（Texcoco）。这个家族的权力在 1418 年被邻近的特帕内克人（Tepanecs）打败之后遭到了削弱；通过参与阿兹特克三角同盟（Aztec Triple Alliance），他们的权力仅有部分恢复。而在这个同盟中，库尔瓦—墨西卡人始终处于支配地位而不可挑战。

《肖洛特尔抄本》中多数书页用了墨西哥谷的地区作为事件背景。它们像很多本土地图那样以东为上，墨西哥谷中的大湖绘于中央，其形状被抽象为钩形。这一系列的地图细致地描绘了墨西哥谷中城邦的兴衰。举例来说，库尔瓦坎（Culhuacan）城邦在肖洛特尔到达谷

207

图5.16 夸乌廷钱人领土的参考地图

这幅现代地图展示了夸乌廷钱人的历史领土，与《托尔特克—奇奇梅克人史》地界地图（图5.15）中所展示的诸地区相同。这些土地位于墨西哥普埃布拉州乔卢拉的东南方，很多现代地名都与手稿中以圣书字给出的地名有关联。这幅地图表明，夸乌廷钱人地界的平面呈现与那幅地界地图展示的情况有所不同，但次序是一致的。

据 Joyce Marcus, *Mesoamerican Writing Systems：Propaganda, Myth, and History in Four Ancient Civilizations* (Princeton：Princeton University Press, 1992), 164.

中时是个大国、因此，在《肖洛特尔抄本》开头的几页上，库尔瓦坎的圣书字地名十分显眼。1325 年建立的特诺奇蒂特兰后来才在墨西哥的政治环境中出现，直到涵盖了 13 世纪大部分时间和 14 世纪早期的历史的第 4 页才能见到其圣书字名字。随着特诺奇蒂特兰的圣书

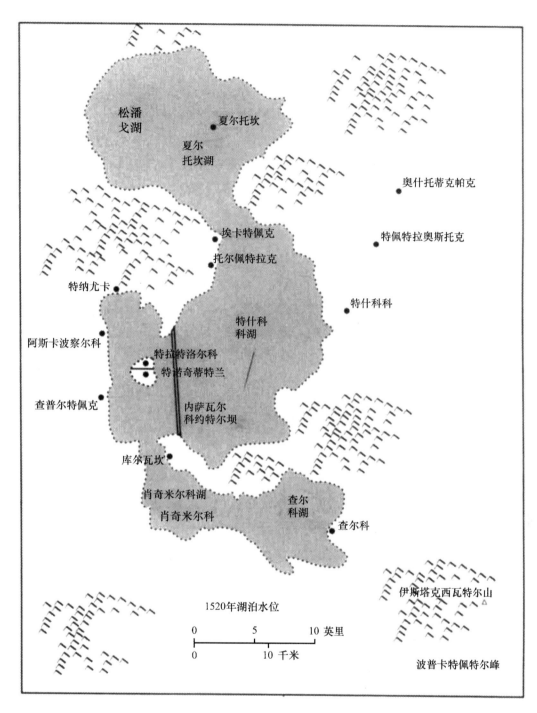

图5.17 墨西哥谷地的参考地图 207

字名字在后面的图页中越来越大，库尔瓦坎的名字也随之缩小，最后消失；根据历史和考古
证据，我们现在知道原先的均势确实颠覆了。[68] 因此，《肖洛特尔抄本》地图不是严格的理 206

---

[68] 关于墨西哥的历史，参见 Nigel Davies, *The Aztecs: A History*（London: Macmillan, 1973; reprinted Norman: University of Oklahoma Press, 1980）。墨西哥谷的考古史可见 William T. Sanders, Jeffrey R. Parsons, and Robert S. Santley, *The Basin of Mexico: Ecological Processes in the Evolution of a Civilization*（New York: Academic Press, 1979）。

性的估画，而与这段历史进程期间墨西哥谷中的政治变动紧密同步。

　　《肖洛特尔抄本》是传统式样的地图式史志，但它仿佛是以大音量播放的广播，其中涵盖了很大面积的地区，比大多数地图式史志展示的地域都大得多。它固守传统，在第一页上就画了一张边界地图。在这一页的现已严重损毁的边缘写有圣书字地名，代表着城市和山峰。从实地测绘来说，它们构成了一个直径大约 240 千米的粗略的圆圈，墨西哥谷位于其中部（图 5.18）。根据 17 世纪历史学家伊什特利尔肖奇特尔的记载，这些构成边界的地点是肖洛特尔在一次仪式漫步中所拜访过的地方，他的漫步则界定了他有朝一日要控制的地域范围。[69]《肖洛特尔抄本》通过展示肖洛特尔的脚印来纪念他的出行；这些脚印把一些边界地名连缀成线，这很像《托尔特克—奇奇梅克人史》中夸乌廷钱领袖所做的绕行。不过，这幅地图也有不合惯例的地方，就是所绘制的领地展示了多于一个的"阿尔特佩特尔"；其中还包括了很多在墨西哥谷地面上散布的城邦。《肖洛特尔抄本》用边界把这整片领域都框起来，于是夸耀地表示了所有这些"阿尔特佩特尔"一度都被阿科尔瓦人的城邦所吞并而成为其属邦。地图式史志毕竟是一种自我吹嘘的手段。

　　在这一抄本写成之后，肖洛特尔故事的这个征服后的版本就通过拉丁字母的词汇加以修改，以引导未经过成年礼的人慢慢熟悉这个故事里的曲折情节。与此相反，这部地图式史志

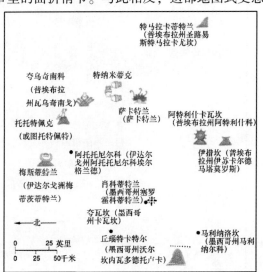

图 5.18　《肖洛特尔抄本》地图的边界圣书字

　　《肖洛特尔抄》第 1 页上的外侧圣书字地名勾勒出了肖洛特尔在墨西哥中部的统治地域的边界；它们的位置既由这一页的构图决定，又由其主体的实际平面布局决定。左图中的框架展示了《肖洛特尔抄本》第 1 页上可见的圣书字地名构成的扩大的外侧边界（请与图版 9 比较）。这些边界点的识别，以 17 世纪的混血历史学家费尔南多·德·阿尔瓦·伊什特利尔肖奇特尔所做的识别为依据。在右图中，已知的边界按其实际平面位置排列，依据的是墨西哥中部的一幅现代地图。中央的星状符号表示特诺奇蒂特兰，而圆点表示由伊什特利尔肖奇特尔命名但不见于抄本的边界场所。两相比较，可以清楚地看到《肖洛特尔抄本》的绘者保持了边界场所的顺序和大致的朝向。比如萨卡特兰（Zacatlan）在两幅地图上确实都位于墨西哥谷的东部和特纳米蒂克（Tenamitic）的南边。然而，绘者并不关注是否要呈现出距离墨西哥谷的绝对隔离，以及是否要把场所的位置安排在一个按比例尺确定的模型网络上。和很多本土地图一样，一个地物离中心越远，其比例尺就越小。

---

　　⑥　Ixtlilxochtl, *Obras históricas*, 1：295 - 296（注释 67）。

的那些今均不存的前西班牙时代版本，则仅仅依赖于圣书字、图画式图像、记号以及读者——背记者预备的知识。这样一来，肖洛特尔地图从来就不是为不熟悉墨西哥谷的人提供的地理指南。相反，它的作用是把这个故事紧紧扎定在这片古代的竞技场——墨西哥谷。

　　其他族群也制作地图式史志。比如科伊什特拉瓦卡组文书是一套重要的文献，绘者为讲乔乔（Chocho）语和波波卢卡（Popoluca）语的人（见图 5.19）。[70] 讲米什特克语者创作了

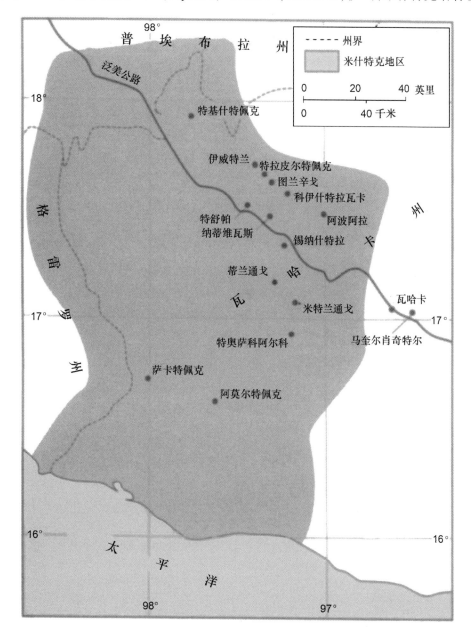

图 5.19　米什特克地区的参考地图

209

---

　　[70]　科伊什特拉瓦卡组文书包括了来自科伊什特拉瓦卡谷的本七风格的手稿，其中大部分是地图式史志。参见 Parmenter, *Four Lienzos*（注释 26）；Carlos Rincón-Mautner, "A Reconstruction of the History of San Miguel Tulancingo, Coixtlahuaca, Mexico, from Indigenous Painted Sources," *Texas Notes on Precolumbian Art, Writing, and Culture* no. 64 (1994): 1–18；及 RIncón-Mautner 将要发表的学位论文，Department of Geography, University of Texas。

《萨卡特佩克连索1》，这是约1540—1560年前创作的大型布画（因此叫"连索"）（见图5.13）。沿着这大幅布张边缘排列的圣书字地名绘出了萨卡特佩克社群的边界，该社群本身的圣书字名字位于这一圈边界的中部（图5.20）。在圈外则展示了邻近城镇的圣书字地名。玛丽·伊丽莎白·史密斯用文档和地图识别了其中一些圣书字地名；《萨卡特佩克连索》描述的可能是跨度大约20千米的一个形状不规则的地域。⑪

208

在这种地图学结构之上，又安排了历史叙事。萨卡特佩克统治者的家系——以成对的人形表示——见于上方，位于由地名圈确立的边界地图内部。⑫这幅"连索"展示了在一个历史故事中彼此紧密相关的三代萨卡特佩克统治者；这个故事开始于公元1068年，讲到了萨卡特佩克镇的建立及其领地的确立。

209
图5.20　来自《萨卡特佩克连索1》的萨卡特佩克地名的局部

　　萨卡特佩克的地名以双语给出，既表达为该城镇的纳瓦特尔语名字（萨卡特佩克，意为"'萨卡特'之山"），又表达为其米什特克语名字（*yucu satuta*，意为"七水之山"）。较小的纳瓦特尔语地名在左侧，展示了一个山的记号，其上长出"萨卡特"（可能是某种禾草）。从其底部引出一条细黑线，把它与位于中央的米什特克语地名连在一起。后者更高、更明显，其中包括表示日份的符号"水"，它连着七个圆点。米什特克语地名显示出一些不同寻常而值得注意的特征。山的记号在其底部标有一只张开大口的怪物，而在其顶部有一个双面鸟头和一棵长着三个树杈的树。这种怪物、鸟和树的组合也是宇宙志地图的一个特征（请比较下文图5.40）。

　　此局部尺寸：约31×66厘米。承蒙 Instituto Nacional de Antropología e Historia, Museo Nacional de Antropología, Mexico City 提供照片（35-63）。

---

　　⑪　《萨卡特佩克连索1》已经得到了史密斯的研究［*Picture Writing*, 89-121（注释25）］，她的分析是下面讨论的基础。

　　⑫　叠加于这幅地图之上的历史叙事可能来自一部折页手稿，因为它以钟摆式风格书写——先从左到右，再从右到左，沿页域逐渐向上或（在这幅地图中）向下；这种阅读顺序为一些米什特克折页书所共有（Smith, *Picture Writing*, 10, 93, 图1）。这幅"连索"和折页书之间的更深联系来自历史叙事中的图片，一个叫"4风"（4 Wind）的男子同时也是四部前哥伦布风格的米什特克折页书中的人物；参见 Alfonso Caso, "Vida y aventuras de 4 Viento 'Serpiente de Fuego,'" in *Miscelánea de estudios dedicados a Fernando Ortíz*, 3 vols. （Havana, 1955-1957), 1: 289-298, 及同一作者的 *Reyes y reinos*, 1: 137-144（注释18）。

地图式史志在整个中美洲都广泛存在，玛雅人可能也会绘制这样的作品（图 5.21）。有一份罕见的报告，大约记录于 1690 年，描述了一部地图式史志，其撰写语言是玛雅语，也可能是在其邻近地区使用的皮比尔语（Pibil）。[73] 这幅玛雅语或皮比尔语地图似乎与墨西哥中部的同类地图相似，因为据说它把一幅陆地图与有关其占领的历史结合在了一起。然而，这幅地图如今仅存描述，此外并没有别的作品留存下来，能够回答玛雅人的地图式史志是否存在的问题。

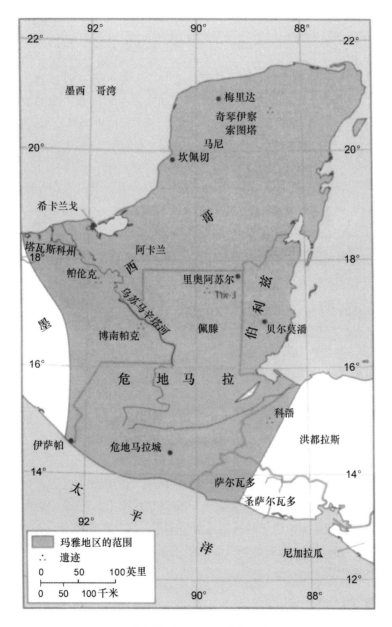

图 5.21　玛雅地区的参考地图

210

㊗　Francisco Antonio de Fuentes y Guzmán, *Recordación Florida*, 3 vols., Biblioteca "Goathemala" de la Sociedad de Geografía e Historia, vols. 6 – 8（Guatemala City, 1932 – 1933），2：107 – 108（pt. 2, bk. 2, chap. 11）.

地图式史志是存在还是阙如，只是围绕玛雅地图这个主题的许多谜团之一。在墨西哥中部，很多征服后的地图留存下来，让我们可以推定有大量征服前的类似作品存在。阿兹特克帝国在全盛的时候遭到了西班牙征服者的打击，所以我们能够拥有好几十件书面记录和地图，它们生动地记录了征服前阿兹特克人的生活断面。但是玛雅人的情况就不同了。几乎没有玛雅地图留存下来，能让我们了解他们的制图传统的质量和广度。何况，宏大的古典玛雅文明在9世纪的某个时候已崩溃，所以在差不多七个世纪之后，它已经极大程度地从集体记忆中抹去了。玛雅学者约翰·埃里克·西德尼·汤普森（John Eric Sidney Thompson）认为征服前存在类型相当广泛的玛雅地图，但是他能够收集利用的殖民时代地图的二手报告给他的假说所提供的支持并不可靠。[74]

最近有一项研究，为玛雅陆地地图的稀缺提供了一种似乎比较合理的解释。玛雅人有文本书写的传统——这是说，他们的书写是把圣书字组织成文本段落，因此他们主要以文本的格式记录领地和历史，这样的话，图像格式就是次要的。[75] 玛雅的马尼省（province of Maní）的边界地图，是根据一幅1557年的原图在1596年所摹绘的二手摹本，甚至更可能是三手摹本。在该图中，边界标记（上面有基督教十字架的平台）都置于一个朝向东方的双重圆圈的外面（图5.22）。在两个圆之间的窄带中，以拉丁字母书写了边界的名字；玛雅人本身拥有部分为音节式的文字，所以很快就适应了西班牙人带来的字母文字。在圆圈内部，则用教堂的符号标出了玛雅城镇，也用同样的方式给出名字。[76]

如果马尼地图更像是一幅墨西哥中部的地图式史志的话，那么我们可以期望，就在这地图上面会用图画、圣书字和符号写有与地图相关的历史。但实际情况是，这些历史是在以拉丁文字撰写的随图文档中记述的。这些历史记载讲述了 *halach uinic*（大领主）唐·弗朗西斯科·德·蒙特霍·修（Don Francisco de Montejo Xiu，约1557年在世）如何把他所统治的马尼省内外的其他贵族召集起来，就这个省的边界取得共识并使之神圣化。[77] 弗劳克·约翰娜·里泽（Frauke Johanna Riese）对马尼地图和文档做了详细研究，发现这幅地图完全是补充性的——它是文本中包含的信息的二手版本。我们从文档而不是地图中可以知道唐·弗朗西斯科那时与贵族中的某些人一起绕着马尼省的边界行走，以让这些边界神圣化。这样一篇有关漫步的报告就像我们在《托尔特克—奇奇梅克人史》和《肖洛特尔抄本》（图5.15和图版9）中所见的以图像的方式呈现的脚印，但它完全仅在文本中体现，而没有画在地图上。[78]

拉丁字母文本的首要地位，使马尼地图与地图式史志的传统相去甚远；但它的圆形格式却让它又较为接近其他中美洲地图。圆形的地图式史志和边界地图在整个中美洲都有绘制。虽然矩形格式更常见，这可能是因为地图的载体通常呈矩形，但是仍然有很多这样的地图是圆形；玛雅语中对地图的描述是 *pepet dz'ibil*（圆形绘画或书写），暗示了许多玛雅地图可能是圆形

---

[74] Thompson, *Dresden Codex*, 9（注释5）。

[75] Frauke Johanna Riese, *Indianische Landrechte in Yukatan um die Mitte des 16. Jahrhunderts: Dokumentenanalyse und Konstruktion von Wirklichkeitsmodellen am Fall des Landvertrages von Mani*（Hamburg: Hamburgisches Museum für Völkerkunde, 1981），175 – 177.

[76] 关于马尼地图及另一幅非环形的摹本的讨论及其复制图像，以及与它们相关的文档，参见 Roys, *Indian Background*, 175—194 页和图 1 – 3（注释8）。这些地图在 Riese, *Indianische Landrechte* 中也有讨论，并重建了它们的原型。

[77] Roys, *Indian Background*, 185 – 186.

[78] Rise, *Indianische Landrechte*（注释75）。

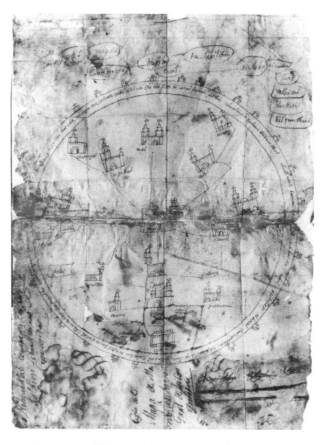

图 5.22 马尼省地图，1596 年

这幅马尼地图是一幅现已不存的玛雅边界地图的摹本，也是殖民时代所知的少数玛雅地图之一。它受到了西班牙传统的很大影响：马尼镇（中央）呈现为一座天主教堂，并用拉丁字母词语标明。呈放射状排列在马尼周边的是其管辖区中的其他城镇，其中大部分均以教堂和拉丁字母词标明。整个马尼省周边围以一条以双重圆圈表示的边界，这个圆形的格式似乎是本土惯例，在整个中美洲都能见到类似的例子。在外侧圆圈上，顶上有十字形的矩形也同样呈现了实际的边界标记——竖有十字架的石堆。在内侧圆圈上可见这些边界的名字。虽然这些边界中有一些是定居点，但其他一些很可能是树或泉之类的地物。现代学者已经把这些边界名字中的很多名字与马尼附近尤卡坦半岛上的遗址关联在一起，它们大致组成椭圆形，东西轴约长 70 千米，另一条北—西走向的轴约长 100 千米。马尼镇位于这个椭圆形中，在其中央略偏东北处。

此摹本尺寸：41×31 厘米。承蒙 Latin American Library, Tulane University, New Orleans 提供照片。

210 –
211

的。与马尼省毗邻的索图塔（Sotuta）省的一幅地图就把这个省的边界展示为环形的排列格式，另一幅描绘尤卡坦州北部城镇的简明地图（没有边界）也是如此。[79] 此外，来自塔瓦斯科州的一幅 1579 年的地图虽然是由一位欧洲人所绘，但也是圆形，可能是依据了玛雅惯例。[80] 在 16 世纪 80 年代米什特克人绘制了两幅地图，一幅在特奥萨科阿尔科，一幅在阿莫尔特佩

---

[79] 索图塔地图的一幅线条图复制于：Ralph Loveland Roys, *The Titles of Ebtun* (Washington, D. C. : Carnegia Institution, 1939), 9。尤卡坦州北部的地图在以下文献中有讨论，并提供了其线条图：Ralph Loveland Roys, trans., *The Book of Chilam Balam of Chumayel* (Washington, D. C. : Carnegie Institution, 1933), 125。

[80] 在以下文献中复制了这幅地图，对其上文字注记有翻译：France Vinton Scholes and Ralph Loveland Roys, *The Maya Chontal Indians of Acalan-Tixchel: A Contribution to the History and Ethnography of the Yucatan Peninsula*, 2d ed. (Norman: University of Oklahoma Press, 1968), 16, 地图 2。

克（Amoltepec），它们也都是圆形地图，其中的环形分别是特奥萨科阿尔科和阿莫尔特佩克的边界的文字画地名（图5.23—5.25）；在相当晚近的18世纪，在绘于圣安德雷斯锡纳什特拉（San Andres Sinaxtla）的一幅简明地图中也重现了米什特克边界地图的圆形格式。[81]

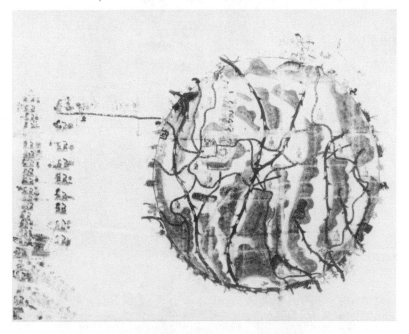

212

图5.23　特奥萨科阿尔科的"地理叙述"图

这幅手稿地图于1580年绘制于一座米什特克小镇，是受西班牙国王菲利普二世委托而绘制的许多这样的社群地图之一。它展示了由特奥萨科阿尔科控制的领地，呈现为由特奥萨科阿尔科与邻近城镇之间所界定的大圆圈；这个圆圈围住了这一地区的一幅绘制得十分生动的地形图。这幅地图不断在欧洲和中美洲制图传统中变换。它的幅面很大，很像绘在布上的米什特克社群史志，但特奥萨科阿尔科地图却是用23张在边缘粘在一起的欧洲纸绘制的。这幅地图的圆形格式体现了本土传统，但其绘者毫无疑问受到了欧洲人地图和景观绘画习惯的影响。在圆圈之内，特奥萨科阿尔科及从属于它的城镇各用一座天主教堂标识，它们处在一片精心绘制的欧洲风格的起伏群山的景观中。在很多方面，欧洲元素只起填充作用；就其核心而言，这幅地图反映的还是本土地图学传统。此图也体现了地图式史志的需求，其中包括了特奥萨科阿尔科和另一座城镇蒂兰通戈（Tilantongo）的统治者的家系记录；前者的统治者就是来自后者的统治阶层。这个家系以人像竖排而成的列来表示，它们绘在整幅图左侧和圆形地图内部；家系始于10世纪，终于特奥萨科阿尔科的一位征服后的统治者。在界定了特奥萨科阿尔科领地的圆圈上注写了46个圣书字，它们表示了特奥萨科阿尔科的边界名字。地图右上角的新月形突起上也排列着圣书字地名；它们标出了以前的一群边界。特奥萨科阿尔科地图与现代地图的关联之处可见于图5.24。

原始尺寸：142×177厘米。承蒙 Nettie Lee Benson Latin American Collection, University of Texas, Austin 提供照片（JGI xxv－3）。

---

[81]　阿莫尔特佩克地图和特奥萨科阿尔科地图均在以下文献中有编目：Donald Robertson, "The Pinturas（Maps）of the Relaciones Geográficas, with a Catalog," in *Handbook of Middle American Indians*, vol. 12, ed. Howard Francis Cline（Austin：University of Texas Perss, 1972），243－278。参见 Caso, "El Mapa de Teozacoalco"（注释18）；Barbara E. Mundy, *The Mapping of New Spain：Indigenous Cartography and the Maps of the Relaciones Geográficas*（Chicago：University of Chicago Press, 1996），112－117；及 Fernand Anders, Maarten E. R. G. N. Jansen, and Gabina Aurora Pérez Jiménez, *Crónica mixteca：El rey 8 Venado, Garra de Jaguar, y la dinastía de Teozacualco-Zaachila, libro explicative del llamado Códice Zouche-Nuttall, MS. 39671 British Museum, Londres*（Mexico City：Fondo de Cultura Económica；Graz：Akademische Druck-u. Verlagsanstalt, 1992），此篇文献是该地图上的圣书字地名的最新报告。圣安德列斯锡纳什特拉地图列于：Glass and Robertson, "Census," 198（no. 291）（注释36）。

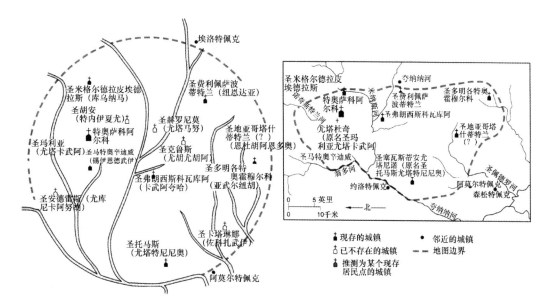

图 5.24　特奥萨科阿尔科地区与特奥萨科阿尔科的"地理叙述"图的比较　213

左侧是特奥萨科阿尔科"地理叙述"图的地形（参见图 5.23），右侧是这一地区的现代地图。米什特克地
名以括注给出。

在阿兹特克地图中也存在一例圆形地图，即《夸乌克乔延圆形地图》（Mapa circular de Cuau-
hquechollan）。[82] 因此，整个中美洲都在绘制圆形地图，在我看来，它是完全的本土起源。[83]　212

目的和语境

我们知道，有很大数目的中美洲社群都保存有地图式史志，因为很多幸存至今。这些地　213
图的功能体现在两个层次上：它们的地图学信息在社群与其他社群打交道的时候扮演了重要
的角色，它们的历史组分则界定了社群成员之间的关系。

社群地图的社群外功能是清晰的。既然中美洲人群以社群的形式持有大多数土地，[84] 那
么由边界所围绕的田地、分水岭和森林就既是他们的生存资源，又是他们的财富；人们有充
分的理由谨慎地守卫着边界。社群之间的边界争端在征服前和征服后都频繁发生，边界的详
细地图不仅可以让一个社群记起自己的地产，而且可以在与邻邦发生领土争端的时候作为一
种法定的权利。

在征服之前，中美洲人可能已经把地图用于向他们所在地区的高级政治当局上诉。在征

---

[82]　《夸乌克乔延圆形地图》在以下文献中有描述和复制：Glass and Robertson,"Census,"117（no. 90）和图 34（注
释 36）。

[83]　史密斯［Picture Writing, 166（注释 25）］指出了欧洲人的 T–O 地图可能对本土艺术家产生了影响，因为阿兹特
克艺术家在给萨阿贡的《弗洛伦丁抄本》画插图时对这些地图有了较好的了解。史密斯把这种格式描述为"欧洲的引进
格式"，但罗伯逊（Robertson）认为这种圆形格式"有前哥伦布时代的先例"［Mexican Manuscript Painting, 180（注释
30）］。我在以下文献中支持罗伯逊的观点：Barbara E. Mundy,"The Maps of the Ralaciones Geográficas, 1579–c. 1584: Native
Mapping in the Conquered Land"（Ph. D. diss., Yale University, 1993），209–210。

[84]　整个墨西哥的本土土地所有权体系已经是很多研究的主题。虽然近年来这个体系在墨西哥谷地区的面貌越来越
清楚，但其他地区的具体情况还很模糊。参见 Lockhart, Nahuas after the Conquest, 141–176（注释 49），可见相关讨论和
参考文献。

214

图 5.25　阿莫尔特佩克的"地理叙述"图，1580 年

阿莫尔特佩克这个米什特克人的小城镇为了回应菲利普二世对社群地图的需求，而制作了这样一幅在很多方面都与其近邻的特奥萨科阿尔科的地图类似的地图。阿莫尔特佩克的边界也排列成环形的格式，有 19 个圣书字地名写在一个圆圈上。这个边界圈在右边被呈现为直线状的流水的一条河切断。在被边界和河流所围绕的内部有几个圣书字。阿莫尔特佩克这个地名，或在米什特克语中叫 *yucu nama*（意为"肥皂植物之山"），位于中央。它是一个 L 形的山的符号，包围着一棵植物，在它的顶峰上还长着两棵类似的植物。在阿莫尔特佩克地名的左侧是这个城镇的天主教堂，有拱形门廊和钟楼。在教堂和圣书字地名下面，阿莫尔特佩克的统治者夫妻被展示为面对面的形象，坐在一个 T 形的宫殿里。与特奥萨科阿尔科地图不同，本图几乎没有提供相关的历史；这对统治者夫妻并未给出名字，也没有追溯他们的家系。

原始尺寸：86×92 厘米。Nettie Lee Benson Latin American Collection, University of Texas, Austin（JGI xxv-3）. 承蒙芭芭拉·芒迪提供照片。

服之后，他们还用地图向社群以外的政府部门上诉，在上述情况中是上诉到西班牙人建立的法庭——自 16 世纪以来，很多本土地图会附在法庭记录中，或在其中有所提及。[85] 我们可以在《萨卡特佩克连索》的两个版本中见到目的的连续性。第一个版本（图 5.13）是萨卡特佩克镇边界的详细地图。它几乎完全是按米什特克风格绘制的，其上有用圣书字命名的地

---

⑧⑤　关于前西班牙时代的争端，参见 John M. D. Pohl, *The Politics of Symbolism in the Mixtec Codices*（Nashville：Vanderbilt University, 1994）。关于征服后的诉论，参见 Lockhart, *Nahuas after the Conquest*, 353-357（注释 49）；Gibson, *Aztecs under Spanish Rule*, 268（注释 61）；及 Mundy, *Mapping of New Spain*, 180-211（注释 81）。

点，毫无疑问意在供完全由米什特克人构成的观者使用，最可能是想要用来表明萨卡特佩克对图上所示的领地的声索。在这幅"连索"绘制的大约 40 或 60 年后，人们绘制了它的摹本，但在这个版本之上，圣书字旁全都注出了拉丁字母的转写。[86] 这个变动似乎表明，这幅新的"连索"——《萨卡特佩克连索 2》——的目标观众不只是可以阅读圣书字的米什特克人，也包括西班牙人；他们会阅读拉丁字母的注文，且最终控制着所有的地权。这两幅"连索"都在 1892 年的一场土地争端中被带到墨西哥城，作为证据呈给讲西班牙语的政府部门；其中的第二幅"连索"可能在几个世纪之前就是为了一场类似的诉论而绘制的。

虽然地图式史志曾用作地权的证据，但是针对这些地图在绘制它们的社群内部的使用方式，我们却只有很少记录。但在社群中，没有疑问的是，其中所记录的历史至关重要。这些历史重点关注精英家族，常常为精英的支配地位提供理据；乔伊斯·马库斯（Joyce Marcus）在这个问题上走得极远，甚至称它们为宣传。[87] 不管是宣传还是启蒙，"连索"格式的地图式史志都是向社群展示这段历史的一般手法。"连索"非常巨大的格式——有床单那么大——意味着它们是用来供公众观瞻的，可能在社群节庆期间会像旗帜一样悬挂出来。此外，这些社群史志上的圣书字、图画和符号词汇都相当简单；圣书字地名和家系可以轻易为社群中几乎所有成员解码。布匹作为它们的半永久载体，也表明这些史志并不准备永久保存，因此，在边界发生变动、历史叙事改变走向的时候就可以重新摹绘和更新。

其他格式的地图式史志可能仅供精英利用，用于在一个小圈子里面加强他们的权威性。举例来说，手稿著作《托尔特克—奇奇梅克人史》中包括了四部完好的地图式史志，讲述了在乔卢拉（Cholula）周围定居的多个人群。它似乎是专门给一位叫唐·阿隆索·德·卡斯特涅达（Don Alonso de Casteñeda，约 1550 年在世）的当地领袖绘制的，为的是在所有乔卢拉精英中确立他的家系的古老性和卓越性。[88]

起 源

地图式史志并不是唯一能让我们见到对精英家系和征服的关注的文书；这种关注在整个中美洲都是历史书写的任务。事实上，地图式史志很可能是书面历史的一个分支。它们起先可能是历史抄本中的页上插图——画在折页手稿中的专门页域中——然后独立成一种新的文书。有关这种起源的证据是推测的，而不是直接的。首先，在很多地图式史志和折页史志中，历史的类型及其呈现的惯例几乎是相同的。二者都通过家系和征服确立了精英家族的权威性[89]，二者也都运用了相同的书写形式。其次，一部名为《纳塔尔抄本》的前西班牙折页手稿中就有一些页看上去很像地图式史志。[90]

86　以下文献讨论了这两幅"连索"：Smith, *Picture Writing*, 89 – 121（注释 25）。

87　参见 Marcus, *Mesoamerican Writing*（注释 45）。

88　参见 Kirchhoff, Odena Güemes, and Reyes García, *Historia tolteca-chichimeca*；Reyes García, *Cuauhtinchan*（均见注释 22）；及 Liebsohn, "Historia Tolteca-Chichimeca"（注释 63）。

89　参见 Caso, *Reyes y reinos*, vol. 1, 书中多处（注释 18）。

90　《纳塔尔抄本》也叫《祖什—纳塔尔抄本》（Codex Zouche-Nuttall）。参见 Zelia Nuttall, ed., *The Codex Nuttall: A Picture Manuscript from Ancient Mexico*（New York：Dover, 1975）。也参见 Anders, Jansen, and Pérez Jiménez, *Crónica mixteca*（注释 81）；Byland and Pohl, *Realm of 8 Deer*（注释 27）；及 Pohl, *Politics of Symbolism*（注释 85）。

214
215

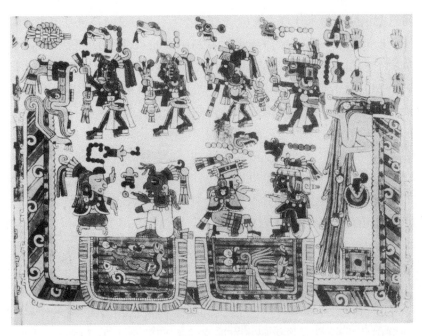

216

图 5.26 《纳塔尔抄本》中的前西班牙时代地图

这一页来自一部稀见的征服前的米什特克折页书，是幸存至今的少数前西班牙时代的地图之一。本图是阿波阿拉谷的简明地图，这是一个重要的米什特克遗址。谷地的大部分以横剖图展示。占了图页三分之二的 U 形大框架呈现了谷底和陡峭的谷壁。其上的条纹带用于象征大地表面：在它外面又用双线勾画出旋曲形，这是多石的象征。U 形谷地的底部又嵌入了两个小 U 形，这是米什特克人表示河流的惯用符号，也呈现为从横剖的视角看去的样子（见上文图 5.9g）。这两个河流符号里填充了相间分布的水平的波浪带纹和直带纹、蓝色的颜料及水纹图像，以表示河水。U 形谷地的左侧和右侧在终点都有重要的地物。在左边，U 形止于一条与地怪张开的口部在一起的蛇，用于表示一个洞穴。U 形的右边止于一棵有四个分枝的树；在它的基部涌出一道瀑布，瀑布下面是一个从地下钻出的人的臀部和双腿。这些都是地物和地名的组合。比如在阿波阿拉谷的中部，确有一道瀑布跌下一道悬崖。这棵树可能指的是阿波阿拉诞生树，重要的米什特克人家系自此诞生，而阿波阿拉居民最近已把它鉴定成一棵巨大的墨西哥山楂（tejocote）树，或者也可能是一棵吉贝（ceiba）树，它曾经生长在瀑布上方的河岸边。（需要注意的是，虽然地图所在的这一页通常识别为书中第 36 页，但大英博物馆所用的页号却是 37，且用了《祖什—纳塔尔抄本》来称呼这部折页书）

原始尺寸：约 19×23.5 厘米。British Museum, London 授权使用（Add. MS. 39671, p. 37）。

《纳塔尔抄本》是一部米什特克史，多数人同意它绘于西班牙人征服之前，因为其中没有任何受欧洲人影响的迹象。它的大多数页上在不同页域排列着图像、地点和日期，要按顺序阅读。[91] 然而，第 36 页的排列却与这部手稿其余部分的大多数页上的排列明显不同。它不分断为几个页域。相反，整个页面都用于绘制一幅阿波阿拉谷（Apoala Valley）的简明地图，是米什特克王系的"源泉和由来"（fons et origo），因为就是在这道山谷里，王室的祖

---

⑨ 《纳塔尔抄本》与其他米什特克折页书一样，以钟摆式风格来阅读。

先神奇地从一棵树降生。⑫ 图 5.27 和 5.28 把《纳塔尔抄本》第 36 页上的地名和地物与阿波阿拉谷的草图做了对比，可见学者们发现的相关性。图左缘的张口的蛇代表米什特克语地名 *yahui coo maa*（蛇之深穴），这是谷地东北缘一眼泉的名字。在谷地底部画的两条河中，每条河里面的中央符号都是一个地名。左边河中的一团打结的禾草代表米什特克语地名 *yuta ndua nama*（肥皂植物的深谷之河）。在右边的河中，一只手攥着一束羽毛的符号用于表示 *yuta tnuhu*（家系之河）。*Tnuhu* 意为"家系"，但在这幅地图上用一个近音词 *tnoho* 表示，其意义为"拔（毛，如鸟毛）"，因此表示为一只拿着一束羽毛的手。⑬ 这两条河事实上也的确流经谷底。图下半部的一个人的形象可能呈现了阿波阿拉谷上游平原和下游平原之间的陡坎，或者可能表示名字 *cahua quina*（分娩之崖），这也是这道悬崖在今天的名字。⑭ 这幅图与谷地简明地图的比较证实了《纳塔尔抄本》第 36 页的图示就是完全可以理解的阿波阿拉谷地图，它结合了南向的视角和某些横剖面视角的成分。

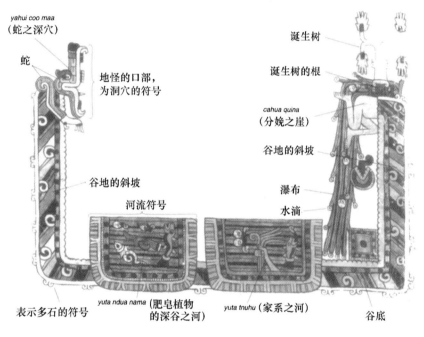

图 5.27　根据《纳塔尔抄本》绘制的景观元素图

217

这幅地图是一场戏剧中的一幕。就像大多数中美洲人一样，这个舞台上的主要演员的名字是根据他们的生日而起。这种一个数字加一个日份的组合名字，相当于我们管威廉·莎士比亚叫"23 星期日"。在地图的底部我们可以看到两位神，即 13 花（13 Flower）和她的丈夫 1 花（1 Flower）、他们的女儿 9 鳄（9 Crocodile）及她的丈夫 5 风（5 Wind）。13 花可以用一幅旁边有 13 个圆点的一朵花的文字画识别，而她的丈夫则展示为一朵花加一个点。

⑫　Jill Leslie Furst, "The Tree Birth Tradition in the Mixteca, Mexico," *Journal of Latin American Lore* 3（1977）：183 - 226。延森（Jansen）识别出这幅地图展示的是阿波阿拉谷，并把《纳塔尔抄本》上的圣书字地名与阿波阿拉地名关联起来。Jansen, "Apoala y su importancia"（注释 27）。

⑬　Smith, *Picture Writing*, 75（注释 25）。

⑭　请比较以下文献中的解读：Jansen, "Apoala y su importancia"（注释 27），及 Ferdinand Anders and Maarten E. R. G. N. Jansen, *Schrift und Buch im alten Mexiko*（Graz：Akademische Druck-u. Verlagsanstalt, 1988），173。

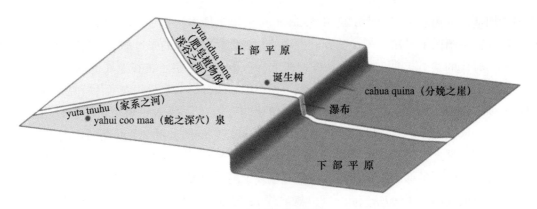

图5.28 阿波阿拉谷地图

9 鳄和 5 风这两个角色也可通过类似的方式识别；表示鳄鱼的文字画和表示风的符号旁边都
有相应的数字。正如我们从其他前西班牙的抄本中所知道的，9 鳄和 5 风建立了阿波阿拉的
统治王朝。[95] 他们坐在这一页的下部页域中，周围框住他们的既有地名，又有界定了阿波阿
拉谷的景观地物。

《纳塔尔抄本》这张地图页可以表明，地图式史志是从书写在折页手稿中的叙事性的、
非地图学式的历史发展出来的。《纳塔尔抄本》的这一图页并不是唯一的例子，因为它与这
部手稿中第 19 页和 21 页这另外两页类似，它们似乎是米什特克地图其他部分的投影。[96] 这
些图页又与《维也纳抄本》中的一些页面部分（比如第 45c 页和 14b 页）相似，这些地方
展示了成列的圣书字，似乎是以地图学的方式排列的。

总之，地图式史志正如这个词组式的名称所表示的那样具有双重目的。首先，一个目的
来自历史，是为了确定这片领地中的统治精英的身份、起源和地位。其次，另一个目的来自
地图，是为了记录一个社群所拥有的领地的范围。这些地图已知最早的语境——在《纳塔
尔抄本》中——似乎证明了历史目的早于地图学目的。

相关的行程式史志

上面描述的地图式史志不是孤立的存在。我已经讨论了它们与历史文书的密切关系，以
至它们被包含在历史文书之中的情况，而且这些历史文书既有征服后的著作又有征服前的折
页书。同样与地图式史志有关的是行程式史志（itinerary histories）。与地图式史志类似，行
程式史志似乎也是书面历史传统的一个分支，在墨西哥谷中的一些族群和整个普埃布拉州的
其他一些族群中比较繁盛。它们在格式上与地图式史志不同，本质上是线性的，展示了一列
地点。沿途发生的著名事件会像行程中的戏剧画面一样呈现出来。行程式史志和地图式史志
在空间排布上的区别，类似于一条直线和一张网之间的区别，但它们的功能大部分相同。在
《肖洛特尔抄本》中，特什科科的阿科尔瓦人用一幅地图记录了肖洛特尔及其家族在历史上
的征服和联姻，由此表达了他们对领地拥有权利。在附近的特诺奇蒂特兰，库尔瓦—墨西卡

⑨⑤ Jill Leslie Furst, *Codex Vindobonensis Mexicamus Ⅰ: A Commentary* (Albany: Institute for Mesoamerican Studies, State Uni-
versity of New York, 1978), 62. 也见 Jansen, *Huisi Tacu*（注释 27）。

⑨⑥ Pohl and Byland, "Mixtec Landscape Perception"（注释 27）。

人则不用地图、而是用行程来记录他们对领地的权利。

库尔瓦—墨西卡人可能比较偏爱行程史志，因为它符合他们有关占有的意识形态。在过去半神话时代的某个时候，库尔瓦—墨西卡人声称他们被从阿兹特兰（Aztlan）的岛屿天堂召出，之后游徙多年，为了寻找新的家园而忍受着艰难与挫折。⑰ 在他们的游徙背后的驱动力量，是他们的守护神威齐洛波奇特利，他把他们及时地引到了特诺奇蒂特兰。库尔瓦—墨西卡人相信这段漫长的行程是让他们成为神选之民的成年礼，授予了他们定居于特诺奇蒂特兰的权利。在呈现这段历史时，库尔瓦—墨西卡人发现，把地点按顺序排列成一往无前通往特诺奇蒂特兰的这种行程格式最能够抓住神赐使命给他们带来的感觉。

这些图画式的迁徙史志之一，是《锡古恩萨地图》（Mapa de Sigüenza，图 5.29），这个图题中的"地图"（Mapa）一词是指它绘制了库尔瓦—墨西卡人的迁徙路线。然而事实上，《锡古恩萨地图》多少介于线性的行程格式和二维的地图式史志格式之间。图上右侧地点的顺序由它们沿着行程路线的排列决定，而不是由它们的平面测量关系决定。然而在图左边，地点之间的平面测量关系却得到了更专门的表达（图 5.30）。在图上，墨西哥谷中的城镇库尔瓦坎和谷中的沼泽化湖泊画得很明显。湖、库尔瓦坎以及谷中可识别的圣书字地名的位置都表明，在《锡古恩萨地图》的这一侧——但也仅在这一侧——大致展示了这些地物之间的平面测量关系。

《博图里尼抄本》［Codex Boturini，也叫《迁徙长卷》（Tira de la peregrinación），图 5.31］讲述的是与《锡古恩萨地图》类似的叙事，但它呈现为线性格式，几乎没有提供路线的方向，而突出地表现了行程顺序。⑱ 库尔瓦—墨西卡人在迁徙中经过的地点沿着一长条"阿马特尔"纸——长卷（tira）排列，其上的圣书字地名一个连着一个，仿佛一条线串起的许多珠子。在这道空间轨迹上，《博图里尼抄本》的绘者又叠加了时间顺序，在圣书字地名中散置了圣书年的日份。没有事件发生的日期和地点的长列被事件所打断，事件呈现为场景画面，一如《锡古恩萨地图》。不管威齐洛波奇特利神是哄骗还是惩罚，他的形象都被显眼地表现为催促着库尔瓦—墨西卡人向着他们预定的都城特诺奇蒂特兰进发的样子。

在讲纳瓦特尔语的人群中，库尔瓦—墨西卡人不是唯一用行程史志来展示神谕行程，由此具备占有某处领地的权利的人群。在他们东面的今普埃布拉州中部，其他讲纳瓦特尔语者也用行程地图展示他们从神话中的起源洞穴奇科莫斯托克（Chicomoztoc）或托尔特克人的古都图拉（Tula）开始的外徙。举例来说，《夸乌廷钱地图 2》左侧就展示了两个英雄人物伊克希科瓦特尔（Icxicohuatl）和克查尔特韦亚克（Quetzaltehueyac）从乔卢拉城向神话中

219

---

⑰　库尔瓦—墨西卡人的迁徙史志似乎是以历史事件为根据的，就像其他那些在后古典时期的某个时候向南进入墨西哥谷的纳瓦人的迁徙史志一样。Michael Smith，"The Aztlan Migrations of the Nahuatl Chronicles：Myth or History?" *Ethnohistory* 31（1984）：153 – 186。关于包括下文要讨论的《锡古恩萨抄本》（Codex Sigüenza）在内的更大的另一组迁徙史志，参见 Elizabeth Hill Boone，"Migration Histories as Ritual Performance，" in *To Change Place*：*Aztec Ceremonial Landscapes*，ed. Davíd Carrasco（Niwot：University Press of Colorado，1991），121 – 151。

⑱　这场迁徙在地图式史志《阿斯卡蒂特兰抄本》（Codex Azcatitlan，藏于巴黎的法国国家图书馆）中也有讲述，该抄本有很多特征与《博图里尼抄本》相同。它在以下文献中发表并有讨论：R. H. Barlow and Michel Graulich，*Codex Azcatitlan/Códice Azcatitlan*（Paris：Bibliothèque Nationale de France/Société des Américanistes，1995）。

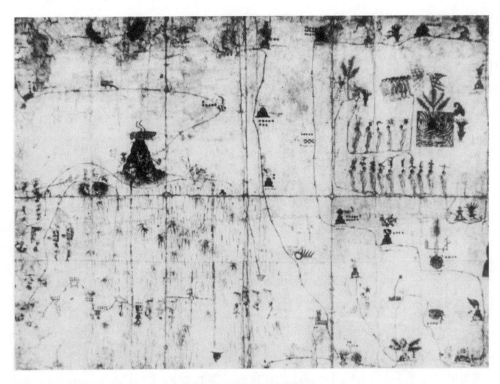

219

图 5.29 《锡古恩萨地图》

　　这幅 16 世纪晚期的地图或 17 世纪早期的摹本展示了库尔瓦—墨西卡人离开祖先之地阿兹特兰之后向南迁入墨西哥谷的漫长征程。这场叙事始于右上区中央的方形饰框。这个方框内填充了水；其中画着一个山的符号，顶端是一棵树，树上飞起一只鸟。这只鸣啭的鸟是威齐洛波奇特利神的表现形象，他向一群阿兹特克人的领袖讲话，很可能是催促他们离开，因为在这幕场景下面就展示了他们动身开始漫长游徙。他们的路径以脚印标出，呈来回的蜿蜒状，在页面向上、到顶再向下，然后又打圈，最终横过页面中部，到达左半部的顶部，在这里应该把地图翻转。根据那些可以与现存的地点相对应的少数地名，我们可以看到这幅地图的右半部复制了一条迂回往复的道路，但并没有把这些已知的地点根据它们的平面测量位置关系展示出来。在图的左侧，平面测量关系则表达得较准确。地图的这一部分绘制了特诺奇蒂特兰这座库尔瓦—墨西卡人都城在 1325 年初建时周边的墨西哥谷地区。其中填满了芦苇，以展示沼泽化的浅湖床，并绘上了库尔瓦—墨西卡人的历史场景中的许多角色。显眼地置于左半图中央的是查普尔特佩克（Chapultepec），意为"蚱蜢山"，位于特诺奇蒂特兰西边。地图这一部分的平面图展示在图 5.30 中。

　　原始尺寸：54.5 × 77.5 厘米。承蒙 Instituto Nacional de Antropología e Historia, Museo Nacional de Antropología, Mexico City 提供照片（35－14）。

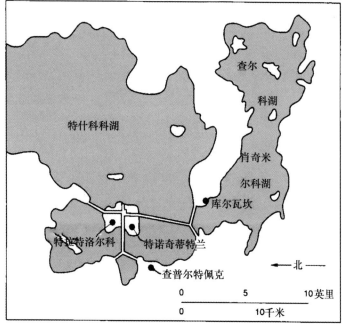

图 5.30　《锡古恩萨地图》左侧的地名与同一地区的现代地图的比较　　　　　　220

　　该图的这部分细部较之它在图 5.29 中的样子做了颠倒，因为该图的使用者在跟随该图从右侧到左侧的叙事时本来也会将它颠倒。

图 5.31 《博图里尼抄本》中的两页

　　《博图里尼抄本》或《迁徙长卷》是一部征服后时代早期的手稿，本图是其 21 页中的两页。《博图里尼抄本》具有始终如一的清晰而精确的外观，让它成为阿兹特克图画文本中的杰作。该抄本描绘了库尔瓦—墨西卡人寻找家园的漫长迁徙。第 11 页（左图）以四个穿着斗篷的男人作为代表，展示了游徙的库尔瓦—墨西卡人到达墨西哥谷中的城市夏尔托坎（Xaltocan）的场景。墨西卡人的旅行动作以脚印构成的线条来表达；所经的地点用圣书字地名表示，可以像画谜一样阅读。夏尔托坎这个名字意为"沙中蜘蛛之地"，表示它的地名展示了一只蜘蛛爬在一个布满圆点的盘状地面之上，可见于最左侧。四个墨西卡人面对着四个方形饰框，每个方框中均有数字（以圆点计数）和一个年份的圣字书名称。这些日期自往上依次是 7 特克帕特尔（Tecpatl，燧石刀）、8 卡伊（房屋）、9 托奇特利（Tochtli，兔子）和 10 阿卡特尔（芦苇），表明墨西卡人在这四年期间一直待在夏尔托坎。然后，他们迁往阿卡尔瓦坎（Acalhuacan，有独木舟的人之地），在那里停留四年，从 11 特克帕特尔（最上）直到 1 阿卡特尔（最下）。在这段时间结束时，他们再前往埃卡特佩克（Ecatepec，风神山），绘于第 12 页左侧（右图）。他们在这里又停留四年，然后抵达托尔佩特拉克（Tolpetlac，芦苇垫之地），该地绘于这一页中右部。

　　每页尺寸：19.8 × 25.5 厘米。承蒙 Instituto Nacional de Antropología e Historia, Museo Nacional de Antropología, Mexico City 提供照片（35 – 38, pp. 11 – 12）。

的奇科莫斯托克（"七个洞穴"）进发再返回乔卢拉的旅程（图 5.32）。[99] 与库尔瓦—墨西卡人的《锡古恩萨地图》类似，《夸乌廷钱地图 2》的这个部分更强调线状的行程，而不是二维的呈现。属于科伊什特拉瓦卡组文书的《特拉皮尔特佩克连索》（Lienzo of Tlapiltepec）也把一段始于奇科莫斯托克的行程与瓦哈卡州科伊什特拉瓦卡地区的更具平面测量关系的呈现图结合在一起，特拉皮尔特佩克就位于这个地区。[100]

　　在西方人眼中，像《锡古恩萨地图》《博图里尼抄本》和《夸乌廷钱地图 2》这样的地图可以视为具有向平面图式呈现发展的趋势但还没有具备恒定比例尺的作品。然而，在做出这样的判断时，会忽视掉这些作品的首要目的——讲授一段叙事。具有仔细排列成线状顺序的行程格式很容易拿来讲述一段有关旅行的线性叙事，在这样的旅行中，地点是相继排列的。请比较基于行程的《博图里尼抄本》和更具平面测量特点的《肖洛特尔抄本》。前者的叙事顺序让它显得格外清晰，甚至对阅读圣书字的新手来说也是如此。与此相反，《肖洛特尔抄本》的一页虽然提供了更为丰富的信息，但其中没有线性的叙事理路。除非是最为娴

220

　　[99] Bittmann Simons, *Mapas de Cuauhtinchan*, 25 – 80（注释 22）；Glass and Robertson, "Census," 119（no. 95）（注释 36）；及 Yoneda, *Mapas de Cuauhtinchan*（注释 22）。

　　[100] Parmenter, *Four Lienzos*, 15 – 44（注释 26）。

图 5.32　《夸乌廷钱地图 2》的摹本

222

　　《夸乌廷钱地图 2》是来自夸乌廷钱的一部重要的地图式史志，夸乌廷钱是墨西哥谷以东的一个讲纳瓦特尔语的地区。这幅地图在形式和主题上都与《锡古恩萨地图》相近。与《锡古恩萨地图》类似，此图分左右两侧；左侧展示了两位叫伊克希科瓦特尔和克查尔特韦亚克的领袖在乔卢拉和神话中的奇科莫斯托克之间所做的仪式朝圣，奇科莫斯托克是有七个洞的起源洞穴。在这一侧，地名按顺序排列，而不是按平面测量关系排列。两位领袖的行程有时扭曲为折页手稿中常见的蜿蜒状，意味着这条路线可能也记录在某部折页书中。图右侧是夸乌廷钱—特卡利（Tecali）—特佩阿卡（Tepeaca）地区的边界地图，其中包括了作为仪式中心的乔卢拉。同样与《锡古恩萨地图》类似，《夸乌廷钱地图 2》讲述了一场离徙和建立家园的历史。虽然存在地区差异，但是这种基于行程的地图式史志在整个中美洲都是用于记录漫长迁徙史的广为应用的载体。这份摹本绘制于 19 世纪末，当时原图还保存在夸乌廷钱；如今原图收藏于私人之手。

　　摹本尺寸：约 109 × 204 厘米。承蒙 Instituto Nacional de Antropología e Historia，Museo Nacional de Antropología，Mexico City 提供照片（35 – 24）。

　　熟的史家，否则其故事线看上去是模糊难辨的。尽管在讲述历史时，叙事序列和地图学清晰性之间的竞争性要求最终可能是不可调和的，但是墨西哥中部的原住民仍然觉得有必要把历史和空间结合在一起。他们寻找着适合于他们所理解的世界的形式，最终就形成了从《肖洛特尔抄本》到《博图里尼抄本》的一系列地图构成的连续谱。

永久性和姿势性地图式史志之间的关系

　　地图式史志让我们对地图产生的过程能够有更深的理解。在一些地图中——比如上文描述过的《托尔特克—奇奇梅克人史》地图——其中画有脚印，标明所经行的路径，它们与边界的圣书字地名同时出现（图 5.15）。随这幅图像而写的文本也告诉我们，夸乌廷钱的领袖完成了一次仪式绕行，以确立这些边界。《肖洛特尔抄本》第 1 页（图版 9；上文已讨论）展示了肖洛特尔绕行边界，以让他对其领地的占有产生效力。这让我相信，仪式绕行会记录在地图中；如果边界发生变化，那么地图也会重绘，或者像《特奥萨科阿尔科地图》的情况那样（图 5.23）加以修改。

　　今天，数以百计的墨西哥和中美洲社群仍然在举行绕行仪式，特别是在历史上有过边界争端的城镇。举例来说，在瓦哈卡州的萨波特克人城镇马奎尔肖奇特尔（Macuilxóchitl），社群财产委员（comisario de bienes comunales）及他的助手们差不多每年仍要经行其边界，以确保边界标记仍然设立得很清晰，保持着未被邻近城镇扰动的样子；他们假定邻近的这些城镇始终想要占有这些边界。虽然确实有一幅边界地图存在，但引导他绕行社群地产的不是这幅地图，而是他记住的边界场所的长篇口语记述。[100] 无疑，自 16 世纪以来的这些绕行的价值是由西班牙人确定的，作为确立法定所有权的一部分工作，他们也进行着类似的漫步。[102] 不管西班牙人对这些仪式究竟起了什么样的影响，原住民在 16 世纪对漫步所做的记录以及今日对这种仪式的重视，都意味着我们所知的现存的边界地图可能是一种表演传统的图像记录。

其他陆地图

虽然地图式史志占优势地位并广泛分布，但也还存在其他类型的陆地图。其他这些地图中的大部分是在高度特殊的语境下生产的，是本土制图传统的副调。其中很多来自墨西哥谷，在那里设计出来用来服务于气派而集权化的阿兹特克官僚的需求，像阿兹特克人的政权组织达到的这种高水平，在同时代的中美洲是无可匹敌的。不过，我们只能通过征服后的作品来了解它们，那个时候西班牙人已经推翻了阿兹特克的政权机构。这些地图可以分成两大类，即地产平面图和城市中心地图；前者绘制的通常是用于农业和宅地的土地，这些地图为个人或社群所持有，后者则常常是简明地图。

地产平面图：地籍图

在 16 世纪中晚期观察阿兹特克人生活各个位面的西班牙评论者，对于社群领袖命人仔细绘制的农地地图做过评论。[103] 在人口稠密的墨西哥谷，那里的居民开垦大量的沼泽地，把每一英尺的可耕作之地都用作农田，其生计依赖复杂地产体系的顺利运转，而这套体系就记录在地图之中。大多数土地本身并没有地权，而是分配给了不同的人群。阿兹特克地图用颜色代码展示了这一点，以标出不同的土地：深红色指王室的土地，粉红色或胭脂红色是贵族的土地，黄色则是"卡尔波伊"（calpolli）的土地——"卡尔波伊"是由大多数人口组成的社会群体。[104] 虽然今天已经没有这样的描绘了这种土地三层级系统的上色地图留存，但有一些地图

---

[100] 私人通信，Victorino Zarate（马奎尔肖奇特尔的代表），Matías Santiago, Saturnino Mendoza Valeriano, Saturnino García Jiménez, Jacobo Lopez, 及 Aron Villanueva Martínez, 1990 年 8 月。1600 年，尤卡坦州的玛雅人也运用了类似的口语边界地图 [Roys, *Titles of Ebtun*, 87 – 89（注释 79）]。有一份描述了阿胡斯科（Ajusco）镇建镇的文档也描述了边界巡行 [Marcelo Díaz de Salas and Luís Reyes García, "Testimonio de la fundación de Santo Tomás Ajusco," *Tlalocan* 6 (1970): 193—212, 特别是 200—201 页]。

[102] 西班牙人有关法定所有权的实践对纳瓦人产生影响的证据可见以下文档："Sale of Land, with All the Acts of Investigation, Confirmation, and Possession; Will Attached, Azcapotzalco, 1738," 载于 *Beyond the Codices: The Nahua View of Colonial Mexico*, ed. and trans. Arthur J. O. Anderson, Frances Berdan, and James Lockhart (Berkeley: University of California Press, 1976), 101 – 109, 特别是 107 页。

[103] Juan de Torquemada, *Monarquía indiana*, 3d ed., 7 vols. (Mexico City: Instituto Nacional de Antropología e Historia, 1975), 4: 332 – 334 (bk. 14, chap. 7), 及 Zorita, *Life and Labor*, 110（注释 15）。

[104] 这里的介绍依照了以下文献中描述的基本情况：Torquemada, *Monarquía indiana*, 4: 332 – 334 (bk. 14, chap. 7); 米田在 *Mapas de Cuauhtinchan*, 26（注释 22）中则提供了墨西哥谷中使用的另一套略有不同的颜色体系。关于"卡尔波伊"的本质的更多讨论，参见 Lockhart, *Nahuas after the Conquest*, 16 – 20（注释 49）。

展示了其局部。《洪堡残卷2》是征服后某年绘于大幅土纸上的地图，其中就展示了墨西哥谷中某些地点的带状土地（图5.33）。每条土地都兼用圣书字和拉丁字母标出了拥有人的名字。这些人包括库尔瓦—墨西卡王室的成员，其中有统治者莫特库索马·肖科约钦〔Motecuhzoma Xocoyotzin，即蒙特祖马二世（Montezuma Ⅱ），1502—1520 年在位〕，他见证了西班牙人的到来和自己帝国的覆灭。[105] 这些尊贵者——显然不是犁耕土地的人——的名字也同样写在这些土地上，因为地里的出产会作为贡品献给他们。

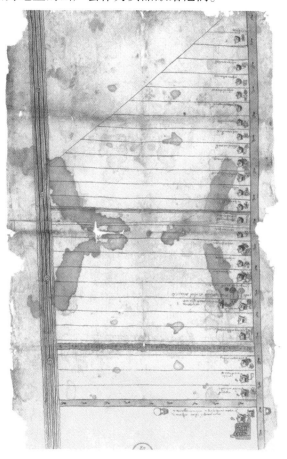

图5.33　《洪堡残卷2》

　　这幅于征服后绘在"阿马特尔"纸上的陆地图记录了一些未知的土地的所有权，它们可能在墨西哥谷中。所展示的这些土地位于一条沟渠和一条与之平行的道路之间；沟渠是图左边的一条点缀着圆形旋涡的竖直条带，道路在右边标有脚印。一条较小的沟渠水平地流经地图中部，另一条道路则横贯过地图的底部。除了左上方的一片三角形区域外，这些土地都被划分为狭窄的水平条带。这些田地的保管人或拥有人以他们的头像展示在右边，每个人都用其名字的拉丁字母格式和圣书字格式相区分。最底部的土地面积最大，也最好。图上显示，拥有它们的是阿兹特克高级贵族，起头的就是皇帝莫特库索马·肖科约钦，他坐在图上的右下角。在他上方与他相邻的是在墨西哥谷中控制着城镇的统治者；他们的等级和重要性似乎越向上越低。今天，这幅地图已经不详其创作目的，但它可能是本土中美洲人呈到西班牙官员面前的许多"图画"（*pinturas*）之一。

　　原始尺寸：76 × 45 厘米。承蒙 Staatsbibliothek zu Berlin-Preussischer Kulturbesitz 提供照片（MS. Amer. 1, fol. 1）。

---

[105]　参见 Eduard Seler, "The Mexican Picture Writings of Alexander von Humboldt in the Royal Library at Berlin," *Smithsonian Institution*, *Bureau of American Ethnology Bulletin* 28 (1904): 123 – 229。

224　　　　"卡尔波伊"头人——也就是控制着大多数平民的地方领袖——也掌管着详细的地图，因而能掌握他们的地区的最新情况、分配土地以及收集合适数量的贡品。[106] 图 5.3 中的《马盖麻纸平面图》似乎就是这样一幅"卡尔波伊"地图的征服后摹本。这幅地图是绘在一大张"阿马特尔"纸上，其图名有一定的误导性。[107] 不过，这幅地图符合"卡尔波伊"地图的描述，是一幅细心绘制的大比例尺地图，展示了 300 多所房屋及与之毗邻的田地，并用圣书字注出每一位居民的名字（图 5.34）。学者们相信，《马盖麻纸平面图》呈现了特诺奇蒂特兰北部的一片郊区。但遗憾的是，这幅地图没有提及其位置，也没有提供可以表明其比例尺的丈量信息，而这些本来可以让我们算出特诺奇蒂特兰的人口密度和当地地块的大小。[108]

　　仍是为"卡尔波伊"地图的用途作注的西班牙人，还注意到它们会由其持有者定期更新和修订。[109] 因为这些地图后来被西班牙政府（或他们任命的代替他们裁判的本地人）接受为法律证据，像《马盖麻纸平面图》这样的早期地图可以在法庭上使用。很多本土地图通过夹在保存了开庭记录的文件中而留存了下来。该《平面图》的原始内容——房产所有人及它们的土地的丈量记录——在这幅地图绘成一些年之后似乎有所修改，以便可以在法庭上作为证据。1427—1562 年间特诺奇蒂特兰统治者的列表被添加到右上角，地图上的其他内容也通过在原来的"阿马特尔"纸上粘上欧洲纸而得到修订。[110] 所有这些施加在这幅地籍图上的变动似乎都想要表明，通过在前西班牙时代中大约 1430 年发动的征服战争，特诺奇蒂特兰的库尔瓦—墨西卡人夺取了这片土地。失败一方的成员在受到西班牙人统治之后，利用这幅地图试图重新获得他们此前对这些地产的管辖权。[111] 但他们又一次失败了。这样一来，最初为"卡尔波伊"领袖设计的地图，便可能变成了呈给法官的文档。很多本土地图都有这种双重的经历。[112]

---

[106] Zorita, *Life and Labor*, 110（注释 15）。"卡尔波伊"领袖也利用地籍册。这些地籍册列出了单个的地块，仿佛是一幅拼图的单个拼块，而没有把它们放在一起组成地图的格式；参见 H. R. Harvey, "Aspects of Land Tenure in Ancient Mexico," in *Explorations in Ethnohistory*: *Indians of Central Mexico in the Sixteenth Century*, ed. H. R. Harvey and Hanns J. Prem（Albuquerque: University of New Mexico Press, 1984）, 83 – 102; Williams, "Mexican Pictorial Cadastral Registers," 103 – 125（注释 58）; 及 Hanns J. Prem, ed., *Matrícula de Huexotzinco*（Graz: Akademische Druck-u. Verlagsanstalt, 1974）。关于把圣书字用于识别土壤类型的用法，参见 Barbara J. Williams, "Aztec Soil Glyphs and Contemporary Nahua Soil Classification," in *The Indians of Mexico in Pre-Columbian and Modern Times*, International Colloquium, Leiden, 1981（Leiden: Rutgers B. V., 1982）, 206 – 222。

[107] Robertson, *Mexican Manuscript Painting*, 77（注释 30）, 依据的是 Lenz, "Las fibras y las plantas"（注释 39）。研究这幅地图的文献有: Edward E. Calnek, "The Localization of the Sixteenth-Century Map Called the Maguey Plan," *American Antiquity* 38（1973）: 190 – 195, 及 Manuel Toussaint, Federico Gómez de Orozco, and Justino Fernández, *Planos de la Ciudad de México*, *siglos XVI y XVII*: *Estudio histórico, urbanístico y bibliográfico*（Mexico City, 1938）。

[108] 地图所呈现的位置在 Calnek, "Maguey Plan" 中有详细的考证。

[109] Zorita, *Life and Labor*, 110（注释 15）。

[110] Robertson, *Mexican Manuscript Painting*, 81 – 83（注释 30）, 及 Calnek, "Maguey Plan"（注释 107）。

[111] 此处据 Calnek, "Maguey Plan." 也参见 Toussaint, Gómez de Orozco, and Fernández, *Planos de la Ciudad México*, 55 – 84（注释 107）。

[112] 比如，可以参见 Mary Elizabeth Smith, "Las glosas del Códice Colombino/The Glosses of the Codex Colombino," published with the facsimile reproduction *Códice Colombino*（Mexico City: Sociedad Mexicana de Antropología, 1966）。

图 5.34　根据《马盖麻纸平面图》所绘的线条图　　224

　　这幅草图展示了该地图上的 300 多块宅地之一。这块宅地包括 7 块供农业生产的田垄（chi-
nampas）。中左部有一个房屋的文字画，以侧视表示。在这幅地图上，所有房屋都用这种方式画出，
但现实中它们的形状和外观可能各不相同，而分别符合于居者的要求。在这块宅地的房屋文字画之
上是一个男子的头部，代表占有者；他的名字用圣书字的鱼表示，用拉丁字母对译出来是 milmich。
在纳瓦特尔语中，这个名字意为"鱼之田"。宅地左侧用交叉细线渲染的竖直条带呈现了一条沟渠，
宅地底部还横贯一条较窄的小沟。右边则有一条路，按惯例用脚印标出。

地产平面图：个人地产地图

　　从殖民时代早期以来，有很多记录了个人地产——宅地、果园、花园——的地图留存下
来，特别是在墨西哥谷地区。这些地图可能来自前西班牙的两套模式——上文讨论过的　225
"卡尔波伊"地图，以及另一种用来呈递给法官以解决争议的书写文档。[113] 这些更古老的前
西班牙形式逐渐发展成殖民地时期的地产地图，在西班牙官员支持个人财产声明的时候制
作，而这些个人地产常常来自在前西班牙的生活中占据主要地位的公地。很多这类征服后地
产地图都是作为法律文档绘制的，特别是用于诉讼和地产转让，而它们正是在这些语境之下
在今天为我们所知。举例来说，1576 年的唐·米格尔·达米安（Don Miguel Damian）地产
地图就是典型例子（图 5.35）。[114] 这幅地图似乎用在了达米安家族和佩德罗尼亚·弗朗西
斯卡（Pedronilla Francisca）之间的诉讼中，后者是墨西哥谷城镇肖奇米尔科（Xochimilco）

---

　　[113]　关于墨西哥谷一部分地区的前西班牙法律体系，参见 Jerome A. Offner, *Law and Politics in Aztec Texcoco*（Cam-
bridge：Cambridge University Press，1983）。
　　[114]　在以下文献中讨论了这幅地图及其诉讼：Glass and Robertson，"Census，"238 – 239（注释 36）；关于其风格，参
见 Lockhart，*Nahuas after the Conquest*，353 – 357（注释 49）。

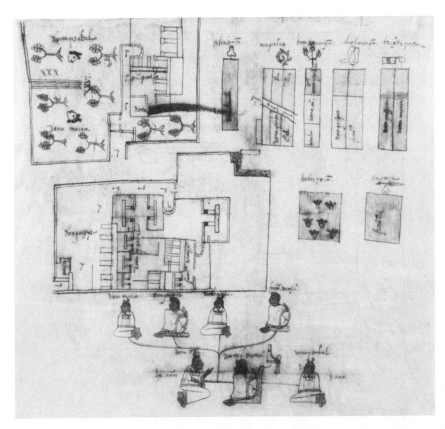

226

图 5.35　唐·米格尔·达米安地产地图

这幅小型地图登记了一位叫唐·米格尔·达米安的纳瓦精英的地产；在这幅绘于土纸纸页上的地图中，他本人被画成底部中间那个坐着的人。1576 年，在两位讲纳瓦特尔语者之间发生了一场诉讼，催生了这幅地图；像这样的法律斗争常常促成地图的绘制。唐·米格尔家族簇拥他而坐，其排列方式展示了谱系关系。地图上部包括了他的两块宅地（左侧）和七块田地（右侧）的布局。田地均以圣书字和拉丁字母命名，它们和宅地都根据唐·米格尔的继承人做了细分。这些地产可能分散在这幅地图上没有表现的景观之中——虽然这幅地图对这九块地产的名称、布局和比例都表现得非常具体，但它没有展示出它们彼此的空间关系。可以预期观者要么是通过这幅地图一度所附属的文本知道它们的位置，要么他们事先已经掌握了有关肖奇米尔科的知识——这是该图的绘制地点。这幅地图对于房屋和田地的大小也没有提示，但是同时代的其他地图则运用了本土系统的整单位和分数，而把长度和面积的测量都呈现得很准确。

原始尺寸：38.5×39.3 厘米。承蒙 Newberry Library, Chicago 提供照片（Ayer MS. 1900）。

的一位原住民。该图底部展示了唐·米格尔与他的妻子冬尼亚·安娜（Doña Ana），以一个女性形象展示了他的另一位亲属，可能是其姐妹或女儿；在他们上面则是唐·米格尔和冬尼亚·安娜的四个子女。再上方的左侧是他的两组房屋和封闭的果园的平面图。右侧是七块田地的平面图，每一块都有圣书字地名。所有这些地产都在唐·米格尔的继承人之间进一步细分，这些继承人也就是画在下面的那些人，都标上了名字。目前没有征服前的作品可以让我们确定这样的地产地图是征服之前的本土制图传统的一部分。尽管如此，一旦原住民——特别是阿兹特克人——适应了西班牙殖民法庭和政府把地图作为所有权证据的要求，这样的地产地图便迅速流行起来。

城市中心地图

中美洲人可能绘制过他们的大城市，包括其中的仪典中心——也就是那些建有宏大棱塔、布满雕塑的神圣景观。在《托尔特克—奇奇梅克人史》中可见两幅大城市乔卢拉的简明地图，另有两幅描绘了中美洲最大的城市中心特诺奇蒂特兰的本土地图留存下来。[113] 其中来自《门多萨抄本》的一幅上文已有讨论（图5.6），另一幅则只展示了特诺奇蒂特兰中央的神庙区（图5.36和5.37）。这幅地图出现在16世纪的一本手稿书中，其名为《主要纪念物》（Primeros memoriales），撰者和绘者是在方济各会教士贝尔纳迪诺·德·萨阿贡（Bernardino de Sahagún, 1499–1590）指导下工作的阿兹特克书写匠。[116] 这幅地图展示了有城墙围绕的神庙区，其中央是宏大的双子神庙（也见于科尔特斯1524年的特诺奇蒂特兰地图中，图5.7），此外还有其他神庙、宫殿和神像。

这幅地图不仅是中美洲城市中心地图的罕见例子，而且预示了一个伟大的考古学发现。在16世纪20年代西班牙人占据和重建特诺奇蒂特兰期间，这片仪典中心被全部夷平；这幅地图是目前所知唯一一幅展示了这片神庙区如何布局、包含什么建筑的16世纪本土地图。因为这幅地图最先出版于19世纪中期，学者们对它的重要性颇有争议，但近年来的发掘已经证明它非常精确地符合于已经发掘的部分神庙区的布局。[117]

这幅地图只是很多类似作品之一吗？还是说它是一个孤例，是为了包括在他的《主要纪念物》一书中而下令创作的作品？虽然我们还有双子神庙的其他描绘以及宫殿群的平面图，但这幅地图在它所展示的事物上却非常独特。[118] 萨阿贡了解欧洲人绘制城市平面图的丰富传统，知道其中会有标志性的建筑呈现；他有可能催促他手下的匠人们为他的著作绘制一幅类似的作品。最后的成品虽然基本不能说是照着欧洲范例所绘，但从其拙劣的设计和绘工以及所描绘的神祇的特点来看，这幅地图可能并非代表了一个传承清晰的传统的最末阶段，而应该是阿兹特克人在殖民时代的创新。

贸易和战争地图

对阿兹特克人来说，贸易和战争是紧密交织的，甚至可以说是不可分割的，都意味着要实现他们征服和扩张的帝国目标。其中的关键人物是"波奇特卡"（pochteca），也即长途贸

---

⑬ 墨西哥谷中单组宫殿的呈现图现有留存，比如《基南钦地图》第2页、《门多萨抄本》第69r页以及《托尔特克—奇奇梅克人史》第26v–27r页。其他建筑物的呈现图在以下文献中有讨论：*Las representaciones de arquitectura en la arqueología de América*, vol. 1, ed. Deniel Schávelzon（Mexico City：Universidad Nacional Autónoma de México, 1982 – ）。普兰琼·德·拉斯菲古拉斯（Planchón de las Figuras）玛雅遗址有一些雕画可能属于古典时期（公元250—900年），展示了一群未识别的棱塔，而可能是一幅反映了仪典建筑群的地图。Stephen Houston, "Classic Maya Depictions of the Built Environment," 在 Dumbarton Oaks 提交的论文，1994年10月9日。

⑯ 这部手稿绘于欧洲纸张上。它分成两个部分，一部分藏于马德里的皇宫图书馆（Biblioteca del Palacio Real），另一部分藏于马德里的皇家历史学院（Real Academia de la Historia）。包含这幅地图的第269r页在皇宫图书馆。Bernardino de Sahagún, *Primeros memoriales*, facsimile ed.（Norman：University of Oklahoma Press, 1993）。

⑰ Elizabeth Hill Boone, "Templo Mayor Research, 1521–1978.

⑱ Miguel León-Portilla, "The Ethnohistorical Record for the Huey Teocalli of Tenochtitlan," in *The Aztec Templo Mayor*, ed. Elizabeth Hill Boone（Washington, D. C.：Dumbarton Oaks, 1987），71–95，特别是85—87页。

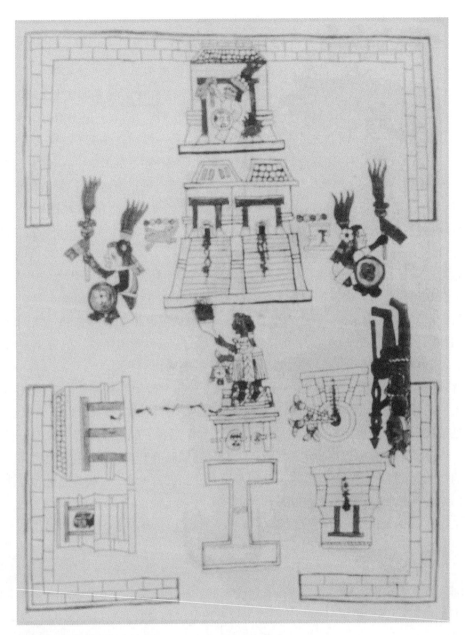

227

图 5.36　《主要纪念物》中的一页

　　这幅地图展示了库尔瓦—墨西卡人都城特诺奇蒂特兰有城墙围绕的中央神庙区。就是在这里，曾让西班牙人感到毛骨悚然的以人的心脏献祭和血腥杀戮的仪式在大规模地举行。这幅地图就通过展示许多溅有血迹的神庙来表现这些血腥的活动。在建筑学上，这幅地图的独特特征是中央的双子神庙，左侧一座供奉雨水和农业之神特拉洛克（Tlaloc），右边一座供奉库尔瓦—墨西卡人的庇护神威齐洛波奇特利。

　　原始尺寸：31×22 厘米。Patrimonio Nacional, Biblioteca del Palacio Real, Madrid 授权使用（Códice Matriense，Ⅱ-3280, fol. 269r）。

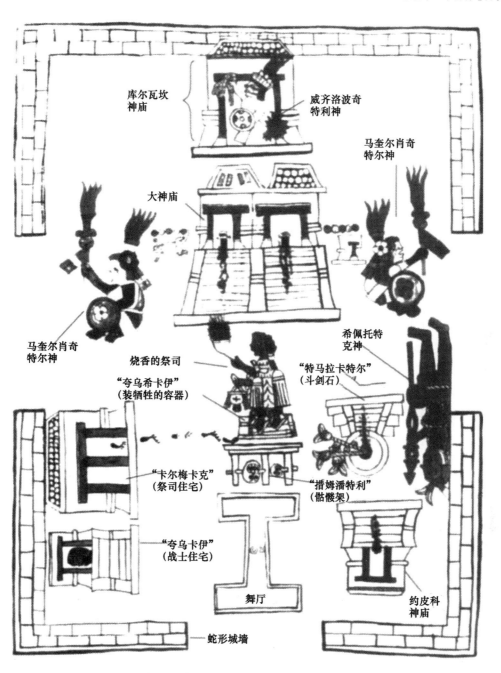

库尔瓦坎
神庙

威齐洛波奇
特利神

马奎尔肖奇
特尔神

大神庙

马奎尔肖奇
特尔神

希佩托特
克神

烧香的祭司

"夸乌希卡伊"
（装牺牲的容器）

"特马拉卡特尔"
（斗剑石）

"卡尔梅卡克"
（祭司住宅）

"措姆潘特利"
（骷髅架）

"夸乌卡伊"
（战士住宅）

舞厅

约皮科
神庙

蛇形城墙

图5.37　加上注解的《主要纪念物》中的一页

请与图5.36比较。除了中央的双子神庙外，图中所示在这片神庙区界限之内的值得注意的建筑还有"措姆潘特利"（*tzompantli*）或"骷髅架"，在图中下半部倒置呈现，这里是展示被献祭的牺牲者的头骨之处；在它之下是一个 I 形结构，呈现了一个舞厅，是仪式表演的地方。手稿对页（在这里未展示）列出了图中包括的建筑，这也是本图中的建筑在识别时参考的资料。这是已知唯一的神庙区地图。近年来的发掘表明这幅地图对神庙区的内容物及这些建筑结构的位置的描绘均非常准确。

227

易的阿兹特克商人，其中混杂有军事间谍。库尔瓦—墨西卡人会从他们的都城特诺奇蒂特兰派出波奇特卡到其控制地域以外的地区，把贸易的触须精细地伸探出去。没有疑心的城镇居　226民会欢迎波奇特卡来到他们的市场；直到这些人走后，城中居民才会听到阿兹特克军团正从地平线那边开来的消息。[19]

227　　　　有两类彼此相关甚至可以互换的地图，在攫取权力的阿兹特克人中起着重要作用：一类是波奇特卡用于抵达边远省份的地图，另一类是他们带回国帮助军事领导人谋划征服袭击的地图。这两类地图均无原件留存，所以它们的样子现在仍只能推测。不过，有一部接触后的抄本叫《弗洛伦丁抄本》（Codex Florentine，约 1575 年），是阿兹特克人生活的百科全书，在《主要纪念物》的基础上编撰而成，其中就描述了阿兹特克军事领导人可能使用的地图，并以插图示意。图 5.38 中的画作在中上方展示了一个正前往某城镇的阿兹特克军事间谍。后来，他所收集的战略情报就通过一幅地图传达出来。间谍地图的图像表明它是某种城市平面图。就我们所知的中美洲战争的情况来说，这个图像是有意义的：主要的神庙区也是一座城镇在抵抗时的核心区；它的陷落意味着整个城镇的投降。

　　　　不过，这个间谍地图的图像所引发的问题，和它所回答的问题一样多。该图的绘者可能只是根据有关这样一幅地图的文字报告来绘制，而并没有掌握第一手知识。绘者的理解也可能有偏差，因为间谍被画成了一个战士，而非一个商人，但他打扮成商人才是更可能的情况。况且，因为绘者想要把这幅地图迅速表现出来，而不是加以精准的复制，所以我们所见的这幅地图被掐头去尾，内容也压缩了。

228　　　　用于谋划军事攻击的地图的报告，为《弗洛伦丁抄本》中描绘的梗概性的地图添加了更多细节。除了主要神庙区之外，这些地图还详细描绘了通往一座城镇的许多陆上路线，很可能还通过圣书字地名展示了邻近城镇的位置。西班牙征服者埃尔南·科尔特斯写道，在他的军队于 1519 年进入墨西哥谷之后，他帮助挑起了一场毁灭性的内战，在其中他就使用了这样一幅地图。查尔卡（Chalco）是墨西哥谷南部的一座城镇，在反叛位于北方大约 30 千米的特诺奇蒂特兰的时候与西班牙人结盟（见图 5.17）。当特诺奇蒂特兰的库尔瓦—墨西卡人前来镇压查尔卡人的反叛并驱逐西班牙人的时候，查尔卡人便用一幅描绘了其敌人的位置和路线的地图向科尔特斯请求增援。科尔特斯把这幅与查尔卡人的请求一同呈上来的地图描述为"一块大白布，展示了将要攻击他们的所有城镇和他们将要遵循的路线的符号"。[20]

　　　　查尔卡人给科尔特斯的地图，在功能和外观上很可能与库尔瓦—墨西卡人自己在几个月之前给他的地图类似；当时，他们正试图对西班牙入侵者开展第一次的绥靖，结果没有成功。科尔特斯被谨慎地迎入了莫特库索马·肖科约钦的宫廷。他一进入宫殿，就大胆地索要莫特库索马统治地域东岸的地图。这幅地图及时地绘制出来，科尔特斯说它"把所有海岸都画在了上面"，包括注入海洋的河流。[21]绘制这幅地图的目的是协助科尔特斯的士兵探索墨西哥湾沿岸，特别是确定从古巴驶来的船只如何航向内陆。为了给科尔特斯创作这样一张地图，莫特库索马的匠人们很可能动用了具有相同功能的本土地图——兼为波奇特卡和军队

　　⑲　关于波奇特卡的角色，参见 Ross Hassig, *Aztec Warfare: Imperial Expansion and Political Control* (Norman: University of Oklahoma Press, 1988)，特别是 48—52 页。Sahagún, *Florentine Codex*, 10: 3 – 20 (bk. 9, chaps. 2 – 5)（注释7）。

　　⑳　Cortés, *Letters*, 192（注释14）。

　　㉑　Cortés, *Letters*, 94。有些学者认为，作为 1524 年特诺奇蒂特兰地图基础的正是这幅行程图。然而，如果细读相关段落，就可知莫特库索马所提供的行程图展示的是海岸的轮廓，是另一幅墨西哥湾海岸草图的资料来源，而这幅海岸图就印在特诺奇蒂特兰地图旁边。参见 Mundy, "Aztec Capital"（注释35）。

图 5.38 来自《弗洛伦丁抄本》的阿兹特克军事地图 228

　　这幅展示了一幅战争地图的画绘于约 1570 年，是《弗洛伦丁抄本》中的插图；《弗洛伦丁抄本》是用西班牙语和纳瓦特尔语撰写的前西班牙时代阿兹特克生活的百科全书式的报告，其中有丰富的插图。这幅画位于一段有关军事间谍的文字旁边，提供了地图在前西班牙时代如何绘制和使用的少数报告之一。间谍给纳瓦人的军队司令官提供有关他们统治领域之外的城镇和人口的情报，他们会混在长距离贸易商"波奇特卡"之中旅行。这幅插图在一个画框里包括了两个相继出现的画面部分。在画面右半部，军事间谍考察了一个陌生城镇，它展示在图中右上角，为正面视角的一组五所房屋。穿过周围的景观进入这座城镇的主路以脚印标出。这个间谍很可能画了一幅地图，并带着它返回特诺奇蒂特兰。下一幕场景出现在这幅图左侧。其中有一位战士坐在图底部中间。他与两位名叫 *tlacochcalcatl* 和 *tlacatecatl* 的军事司令官（坐在图左侧中间和下面）交谈，一手指着地图，通过它来向他们汇报新发现。

　　原始尺寸：约 9×12 厘米。承蒙 Biblioteca Medicea Laurenziana, Florence 提供照片（Med. Palat. 219, c. 283 v., bk. 8, chap. 17）。Ministero per i Beni Culturali e Ambientali 许可使用。

绘制、让他们能前去探索和袭击的地图。

　　阿兹特克战争地图和贸易地图很可能是可以互换的。不过在中美洲其他地区，商人所绘的长距离路线地图可能不具有这样大的战争用途。与这些阿兹特克地图一样，有关商人地图的知识主要通过西班牙人的资料而为我们所知，特别是科尔特斯的信件及他的步兵战士贝尔纳尔·迪亚斯·德尔卡斯蒂约的著作。在科尔特斯 1524—1526 年前往今洪都拉斯的远征中，他提到有人给他提供了本土地图，它们一定与那些由长距离贸易者所绘制的地图非常相似。⑫ 在这次

------

⑫ Cortés, *Letters*, 339–340, 344.

远征中给予科尔科斯的第一幅地图，由来自塔瓦斯科和希卡兰戈（Xicalango）的贵族特使创作，科尔特斯说这幅本土地图展示了"整个国家"。[123] 后来在这次旅程中，阿卡兰（Acalan）省的琼塔尔玛雅（Chontal Maya）领主也为科尔特斯草绘了一幅地图。[124] 虽然这些地图今都不存，但它们似乎都是简单的行程图，就像那些贸易者所用的地图一样，其上只有贫乏的图像描绘，但可以由贸易者彼此分享的口头报告加以详细阐述。这些地图所依赖的口语传统虽然很容易为科尔特斯所理解，而他也从其主人那里取走了这些地图，但他仍然非常依赖当地的向导。或者是因为存在跨文化的误解，或者可能是因为故意的错误沟通，玛雅地图和向导对西班牙征服者都只起到了有限的作用；科尔特斯和他的部下仍然一次又一次迷路。[125]

宇宙志地图

中美洲人共有同样的宇宙观，它跨越了语言和地理屏障。他们的水平宇宙和垂直宇宙的模板上文已有描述。虽然这一宇宙的许多位面的呈现形象看上去不相似，但是它们都是同一个整体的部分。这样一个整体的宇宙景象在图 5.39 中做了示意。现存的宇宙志地图通常要么呈现出宇宙的垂直层次，要么呈现出其水平布局。

这些地图的观众可以从它们的语境中领会其内容。很多展示了三层大地的宇宙志地图采取了雕刻公共纪念碑的形式，它们放置的位置面向大广场，或是在棱碑前面。这些类型的宇宙志地图可以迅速被中美洲观者所识别，其内容是完全显豁的。在绘图手稿上所见的宇宙志地图则与之不同（见表 5.3）。它们呈现的是宇宙志层次和布局的十分复杂而细微的面貌，只有经过成年礼的精英才能解读。我们知道，在阿兹特克人中存在祭司阶层，而宇宙志手稿地图可能就是保管在这些人的藏书中。

描绘宇宙的水平格局的地图强调了世界四大区之间的联系，这四大区与基本方位和历书时间相对应。《费耶尔瓦里—迈耶尔抄本》（Codex Fejérváry-Mayer）包括了一幅可能是最著名的中美洲宇宙图（图 5.40）。在其中我们能看到对中美洲世界观的浓缩而优雅的陈述；并不意外的是，考虑到中美洲人对空间化的时间的兴趣，这幅图也把空间布局放在了历书的框架内。虽然这部抄本可能不是阿兹特克人的作品（它有可能是米什特克人的创作），但是中墨西哥的阿兹特克人在 16 世纪对他们的宇宙观有很好的记录，通过他们的资料我们能够最

---

[123] 汤普森（Thompson）认为这幅地图由这一地区的琼塔尔玛雅居民所绘 [*Dresden Codex*, 9（注释 5）]。然而，希卡兰戈是一个讲纳瓦特尔语的城镇，其中驻扎有阿兹特克军队。来自希卡兰戈的任何地图可能反映的都是阿兹特克传统而非玛雅传统。以下文献描绘了阿兹特克军队的驻扎：Nancy M. Farriss, *Maya Society under Colonial Rule: The Collective Enterprise of Survival* (Princeton: Princeton University Press, 1984), 21。

[124] Cortés, *Letters*, 365。科尔特斯关于玛雅地图的报告也由另两个人提及，其一是他的传记作者和秘书戈马拉（Gómara），另一是征服者贝尔纳尔·迪亚斯·德尔卡斯蒂约，他随科尔特斯一起远征洪都拉斯。Francisco López de Gómara, *Cortés: The Life of the Conqueror by His Secretary*, ed. and trans. Lesley Byrd Simpson (Berkeley: University of California Press, 1964), 345；及 Díaz del Castillo, *True History*, 5: 12, 14 和 24–25（注释 14）。

[125] Cortés, *Letters*, 354–355。

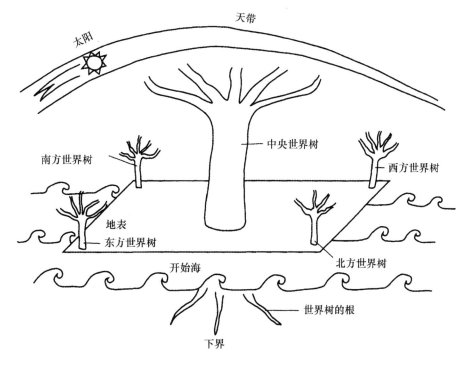

图 5.39 中美洲人宇宙的示意图

在整个中美洲，人们构想的宇宙都有类似的布局。大地表面分成四等份，与四个基本方位
对应。东是主方位，因为太阳从这个方向升起。宇宙的主要垂直轴是世界树，它把大地与天空
分隔开来。世界树在大地的中央和四隅都有生长。天空通常呈现为一个条带，但一些中美洲人
认为它包含13层，最低一层是大地。大地浮在原初海洋上，这是下界的表面。下界也像天空一
样分成多层。

好地理解这幅图。[126]《费耶尔瓦里—迈耶尔抄本》以马耳他十字（Maltese cross）的形状为我
们展示了大地的表面。绘者运用了一种独特的中美洲放射视角，其中垂直的物体都水平地安
排在这一页上，都被从中点向外推动。举例来说，一位中美洲绘者会把一圈站立的舞者画成
仿佛是轮子的一圈轮辐的样子。

在这部抄本中，立在十字形的四个臂里的四棵树呈现了世界四隅的四棵树，它们撑着天
空，使之不会坠落在大地上。[127]在顶部那棵树的基部，太阳在一座神庙的平台上升起：这是
东方，阿兹特克人称之为 *tonalquizayampa*，或"黎明之地"（图5.41a）。左侧的四分区呈现

---

⑫ 关于阿兹特克宗教的简要概述，参见 H. B. Nicholson, "Religion in Pre-Hispanic Central Mexico," in *Handbook of
Middle American Indians*, vol. 10, ed. Gordon F. Ekholm and Ignacio Bernal（Austin：University of Texas Press, 1971), 395 – 446。
《费耶尔瓦里—迈耶尔抄本》的这一页得到了以下文献的详细分析：Eduard Seler, *Codex Fejérváry-Mayer*；*An Old Mexican
Picture Manuscript in the Liverpool Free Public Museums*（London, 1901 – 1902), 以及 Eduard Seler, *Comentarios al Códice Borgia*,
3 vols. , trans. Mariana Frenk（Mexico City：Fondo de Cultura Económica, 1963), 即其下述著作的西班牙文版：*Codex Borgia*：
Eine altmexikanische Bilderschrift der Bibliothek der Congregatio de Propaganda Fide, 3 vols.（Berlin, 1904 – 1909)（这几个版本
的第三卷均包含了《博尔吉亚抄本》的影印图像）。我的解读即依照塞勒（Seler）的解读。也参见 Miguel León-Portilla,
Tonalámatl de los pochtecas（*Códice mesoamericano* "*Fejérváry-Mayer*")（Mexico City：Celanese Mexicana, 1985), 及 Aveni, *Sky-
watchers*, 156 – 158（注释57）。

⑫ "Historia de los Mexicanos por sus pinturas," in *Nueva colección de documentos para la historia de México*, ed. Joaquín
García Icazbalceta, vol. 3（Mexico City, 1891), 228 – 263, 特别是234 页。

229

230

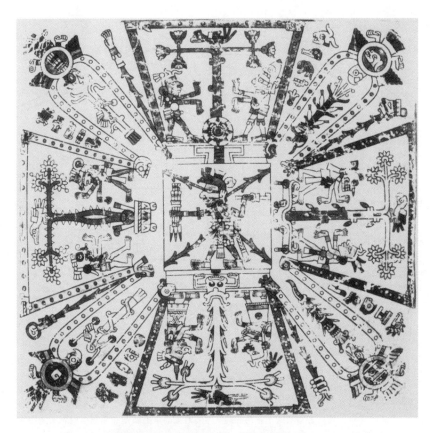

230

图 5.40　《费耶尔瓦里—迈耶尔抄本》中的宇宙图，约 1400—1521 年

这部前哥伦布时代的兽皮折页手稿展示了一幅中美洲宇宙图。这个宇宙沿着四条轴伸向支撑着天之四隅的四棵世界树。整个宇宙处在呈现为马耳他十字形的一个历书日内，这个十字形是中美洲人表示完成的符号。也见图 5.41 – 5.44。

原始尺寸：约 16.5 × 17.5 厘米。承蒙 Board of Trustees, National Museums and Galleries on Merseyside, Liverpool Museum 提供照片（M12014, p. 1）。

了北方 mictlampa，即"死者之地"，是自我牺牲者和死者的领域；在这里画的标记有盛着一团橡胶或制焚香的树脂的碗、一枝荆棘和一把刺肉放血的尖锐骨锥。西方叫作 cihuatlampa，
231　即"女人之地"；阿兹特克人相信这里居住着在分娩时已经死亡的女人灵魂。在西方世界树的根部是一个蹲伏的"齐齐特尔"（tzitzitl），即暮色之魔，它卧在这里等待不知情者的灵魂。南方（huitztlampa，"荆棘之地"）世界树从地怪（earth monster）张开的大口中长出；地怪是令人生畏但又能令地产繁盛的怪物，在其他手稿中，它爬虫般的皮肤下面覆盖着一些平民的山丘符号（见图 5.9 和 5.12）。¹²⁸《费耶尔瓦里—迈耶尔抄本》中的每一棵世界树都有其独特属性（图 5.41b）。东方生长着蓝色或绿松石色的树；西方是一棵乔木形状的玉米；
232　北方是一棵有刺的植物，像是一棵仙人掌；南方是一棵树干上结果荚的树，可能是可可的果荚。¹²⁹ 这些树与中美洲的生物地理大致相符：肥沃的农田在西边，荒漠在北边，而热带低地在东南边。最重要的方位是东，正如抄本中所绘，绿松石王子（Turquoise Prince）——这是

---

⑫　Sahagún, Florentine Codex, 8：21（bk. 7, chap. 7）及书中其他地方（注释 7）。

⑫　Aveni, Skywatchers, 157（注释 57）。

阿兹特克人给太阳的名字——从这里的这棵绿松石色的树木上升起。[⑩]

在世界树两侧的是四对神，另外还有一位神统治着中央世界树。其他的手稿把这九位神描绘为九位黑夜之主，展示了他们主导着每九个夜晚为一周的循环。在《费耶尔瓦里—迈耶尔抄本》中，它们与四个基本方位和中央有关联。在这个示意图中，主导着四分区中的西区（cihuatlampa，"女人之地"）的两位神是女性，穿着裙子，而不是男人的缠腰布。

这幅地图上的广袤的神话空间在中央被压缩；这个第五方位展示了一个人用壁炉与神话的密切关系，它象征的是中央的"火主"（Fire Lord）修特库特利（Xiuhtecuhtli）的形象，他是全中美洲地区的古老神灵，家用的壁炉就是他无所不在的神龛。[⑩] 把火神修特库特利连回到更大的宇宙上的是四道血流。像《费耶尔瓦里—迈耶尔抄本》中的情况一样，这些血流从创世神特斯卡特利波卡（Tezcatlipoca）的身体流向中央。他被肢解的身体部位——头、脊柱、腿和手——可以在四分区的间隙中看到（图5.41c）。[⑩] 这些血流可以提醒中美洲观者，他们对这些神负有血债，因为这些神通过自我牺牲创造了人类。作为回报，这些神需要血祭——常常是用鸟或人。

虽然《费耶尔瓦里—迈耶尔抄本》中的这幅宇宙示意图为我们提供了大地的形状以及它所受的支柱的信息，但是它的首要功能却是把基本方位与历书时间整合在一起。围绕花朵一般的马耳他十字形的边缘是仪式所用的260天的历书，其计日法是把20个日份名称与1—13的数字配合在一起。《费耶尔瓦里—迈耶尔抄本》中的计日起于东方，历书的第一天是1鳄（1 Crocodile），这只鳄鱼的小头可以在太阳和神庙平台的右边看到。接下来的12天是2—13，呈现为点在鳄鱼上方的圆点。之后的下一天是1虎猫（1 Ocelot），这个形象被描绘在上部的角落里。日期继续按着逆时针计算下去，这种由13天构成的一"周"第一天都会绘出形象，最终完成循环，再回到每个周期的第一天——1鳄。因此，正如《费耶尔瓦里—迈耶尔抄本》所表现的，宇宙是概括在日份推移的永久周期之中的，而每个日子都会朝向四个基本方位之一。

年份也与方位有关联。在马耳他十字形的四隅，阿兹特克人所用的四个年号——卡伊（Calli，房屋）、托奇特利（Tochtli，兔子）、特克帕特尔（Tecpatl，燧石刀）和阿卡特尔（Acatl，芦苇）——显示为带圆框的图画（图5.41d）。这幅示意图可以让我们更清楚地看到阿兹特克书写和绘画文书告诉我们的东西：以阿卡特尔为名的年份与东相关，托奇特利与南相关，卡伊与西相关，特克帕特尔与北相关。[⑩] 这些方向和年份又进而与颜色联系在一起（表5.4）。空间和时间的这种密切联系，可能会给现代观者留下怪异甚至不可理喻的印象。我们可能比较容易把握的是地图式史志中给出的空间和时间的类比性联系；在这里，以社群

⑩ Sahagún, *Florentine Codex*, 8：1–2（bk. 7, chap. 1）（注释7）。

⑩ 关于库尔瓦—墨西卡人仪式活动的分析，包括修特库特利在其中扮演的多重角色，参见 Inga Clendinnen, *Aztecs: An Interpretation*（Cambridge：Cambridge University Press，1991）。

⑩ 特斯卡特利波卡的肢解场景可能在阿兹特克人的托什卡特尔（Toxcatl）节上再现，届时人们会取出特斯卡特利波卡的扮演者的心脏，作为献祭。Diego Durán, "*Book of the Gods and Rites*" *and* "*The Ancient Calendar*," ed. and trans. Fernando Horcasitas and Doris Heyden（Norman：University of Oklahoma Press，1971），107. 《费耶尔瓦里—迈耶尔抄本》第1页中的大部分元素——世界树和鸟、历书计日、夜晚的九位神——在博尔吉亚组文书中的其他作品的书页上也可见到，比如《博尔吉亚抄本》的49—52页和《梵蒂冈抄本3773》（Codex Vaticanus 3773）的17—23页及其他各处。不过，它们仅在《费耶尔瓦里—迈耶尔抄本》中才全都排列在同一页上，以展示出它们在空间中的朝向。

⑩ Durán, "*Book of the Gods*," 388–393.

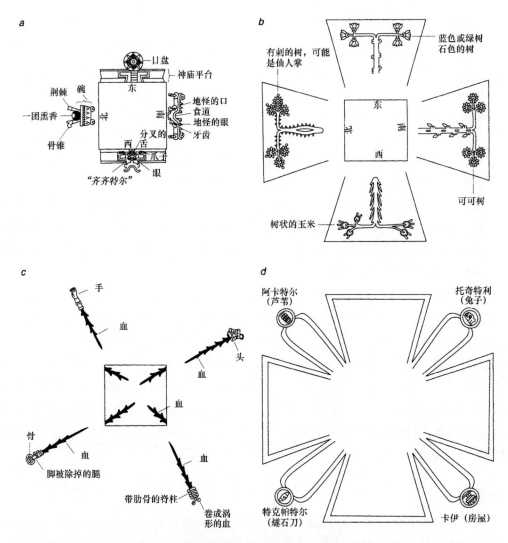

231　　　　　　　　　　　　图 5.41　《费耶尔瓦里—迈耶尔抄本》的解释性示意图

（a）中心；（b）四棵世界树；（c）创世神特斯卡特利波卡（Tezcatlipoca）的身体（肢解后的各个部分——头、脊柱、脚和手——可在四个区域的间隙看到）；及（d）置于框架性的马耳他十字之上的年份符号的环形边框。

领地的形式表现的空间也与时间吻合，展示了人类历史上的时段。

　　《马德里抄本》是玛雅人在前西班牙时代制作而幸存至今的四部手稿之一。这部折页书中有两页是一部历书，与《费耶尔瓦里—迈耶尔抄本》的扉页图画非常相近（图 5.42）。⑬
与《费耶尔瓦里—迈耶尔抄本》一样，《马德里抄本》也用到了由日份名称及其计数构成

　　⑬　最先指出《马德里抄本》和《费耶尔瓦里—迈耶尔抄本》之间相似之处的是：Cyrus Thomas, "Notes on Certain Maya and Mexican Manuscripts," in *Third Annual Report of the Bureau of Ethnology* (1881 – 1882) (Washington, D. C. : United States Government Printing Office, 1884), 3 – 65；在 Seler 的 *Codex Fejérváry-Mayer*（注释 126）中则有详细讨论，后来又加以讨论的文献则有 Ernst Wilhelm Förstemann, *Commentar zur Madrider Mayahandschrift* (*Codex Tro-Cortesianus*) (Danzig: L. Saunier, 1902), 136。

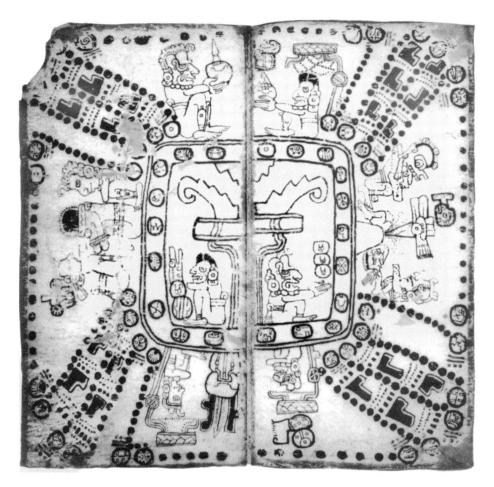

图 5.42　《马德里抄本》中的玛雅宇宙志地图　　233

　　这两页展示了与墨西哥中部的《费耶尔瓦里—迈耶尔抄本》相近的玛雅宇宙志地图。在这个版本中，类型化的世界树从地图中央长出，两边有两位神，可能是始祖夫妇。四个区域中各有一对正在从事仪式活动的神；右区或北区中的一对神正在监视从一个拉伸在一块石头上的人牲中取出的心脏。每个四分区的顶部中央写有圣书字，从上方开始按顺时针顺序依次是西、北、东和南，从而标出了图的朝向。正如《费耶尔瓦里—迈耶尔抄本》一样，《马德里抄本》把世界的方向与一部 260日的历书绑定在一起。从内侧正方形的左下角开始是一个日期计数，每逢第 1 天和第 13 天就用圣书字标出日名，而其他的日份则用作为计数记号的黑点标示。这个日期计数形成了马耳他十字形的框架。

　　原始尺寸：约 22.6×24.4 厘米。承蒙 Museo de América, Madrid 提供照片（fols. 75–76）。

的 260 天的历法，由此构建了大致呈马耳他十字形的框架。在十字形四个分区的上部中央各有一组圣书字，标记了四个方位，从而使这个图像成为世界表面的四分式划分。但与《费耶尔瓦里—迈耶尔抄本》不同，《马德里抄本》在这两页以西为上。虽然这两页上缺少《费耶尔瓦里—迈耶尔抄本》里面那些位于世界边缘的支柱树，只有一棵树位于中央，但同样强调了历书日份的方向性。

　　有很多陶器上的图案展示了宇宙层次的简单布局。但用于展示分层宇宙的图像绘法常常 　233比较复杂。举例来说，来自古典时代晚期（公元 600—900 年）的一块玛雅三足陶盘把天空呈现为拱跨在板的上半部边缘的天怪（图5.43和5.44）。[133] 在下半部主要是下界怪物的大口，而在陶盘的中央则有世界树，从一个叫查克希布查克（Chac Xib Chac）的玛雅神的头上长出。这种宇宙格局以典型的玛雅风格展示出华丽堂皇的样子，宇宙的各个部分都用神化人格来象征。

234

235

图5.43　玛雅三足盘

虽然很多已知的宇宙志地图见于手稿中或出现在雕刻上，但是它们也可见于陶器上。这个精致的陶盘上的图像的绘制目的在于表现宇宙的布局，它通过视觉上的类似性和隐喻来实现这个目的。其上的细线图画可能来自手稿画作；这个"抄本风格"的陶盘与同时代的抄本可能不仅风格相似，也具有共同的主题内容。

原件直径：约31厘米。Barbara and Justin Kerr, New York 许可使用。

　　然而，在一些地区，这种三分的宇宙与呈千层酥般形象、至少有21层的宇宙同时存在。后面这种分层的宇宙见于《里奥斯抄本》（Codex Ríos），这是一部为欧洲赞助人制作的后西班牙时代的文书（图5.45）。[134] 书中第1v和2r页展示了宇宙的垂直排列，像考古学家的土

---

　　[133]　在以下文献中对此图图像有引用和分析：Schele and Miller, *Blood of Kings*, 310–312, 图版122（注释54）。关于玛雅陶器的更多例子，参见 Dorie Reents-Budet, *Painting the Maya Universe：Royal Ceramics of the Classic Period*（Durham：Duke University Press, 1994）。

　　[134]　《里奥斯抄本》是一部现已不存的较早的文书的意大利摹本；原书由讲纳瓦特尔语的绘者创作，并在其中复制了前西班牙时代的折页书。参见 Stacey Simons, *The Codex Ríos*, Vanderbilt University Publications in Anthropology，即将出版。

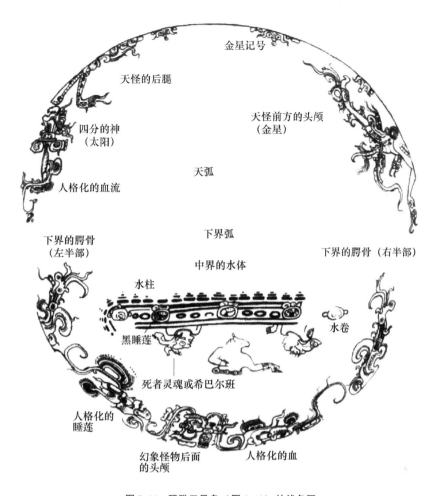

金星记号

天怪的后腿

天怪前方的头颅
（金星）

四分的神
（太阳）

天弧

人格化的血流

下界弧

下界的腭骨
（左半部）

下界的腭骨（右半部）

中界的水体

水柱

水卷

黑睡莲

人格化的
睡莲

死者灵魂或希巴尔班

幻象怪物后面
的头颅

人格化的血

图 5.44　玛雅三足盘（图 5.43）的线条图

沿陶盘的上缘延伸的是天怪伸长的身体，它表现了天空；陶盘的下缘则展示了下界的
口部。在盘面下三分之一处水平延伸的宽黑圆圈和线条呈现了地表的水体。盘上的圣书字
文本进一步描述了天上的事件——这是作为昏星的金象征的升起，被描绘为在这幅宇宙志
地图中发生的样子。

据 Linda Schele and Mary Ellen Miller, *The Blood of Kings*: *Dynasty and Ritual in Maya Art*
（New York：George Braziller, 1986），图版 122c（310 页）。

235

芯样品一样横切成 21 层。[135] 天空的 12 层和大地的 1 层由 13 位神分别统治，它们并没有都画
在这两页中，但可以从其他资料中获知。这些神也负责让 13 天的周期永不停息地循环下
去。[136] 另一些司管夜晚的神是夜晚的九位领主，在《费耶尔瓦里—迈耶尔抄本》的宇宙志
地图中有描绘。这些夜晚神统治着下界的九个区域（其中包括大地），灵魂在到达底部的
静止区之前会穿过这些区域。出于这个理由，古典时代（公元 250—900 年）的玛雅人通
常把他们的统治者埋葬在由九层构成的棱塔中，比如科潘（Copan，即 16 号建筑）、帕伦克

---

⑬⑤　《里奥斯抄本》中提供的宇宙模型可能不是标准模型。在以下文献中描述了另一个版本，其下界分九层：
Sahagún, *Florentine Codex*, 4：43 – 44（bk. 3, appendix, chap. 1）（注释 7）。这两个以及其他的不同版本在 Nicholson, "Reli-
gion"（注释 126）中有整理、比较和讨论。

⑬⑥　这 13 层的天空可能是更早的九层天空的变体。参见 Nicholson, "Religion"。

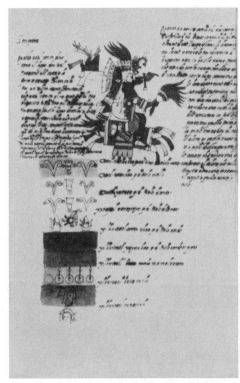

236

图 5.45 《里奥斯抄本》中的宇宙志地图

这幅地图来自一部殖民时代的文书（以颜料和墨水绘于欧洲纸上），其中展示了宇宙的层次：天空的 13 层和下界的 9 层（大地则既被视为天空的层次又被视为下界的层次）。在宇宙的中部（见于第二页的上方中部），已开垦的大地（tlalticpac）出产食用植物。在第 1v 页的底部和第 2r 页的大地之上展示了天空的另 11 层，其中很多有不同的颜色；在顶层上有一位创世神奥梅特奥特尔（Ometeotl）。下界的另外 8 层则描绘在大地之下，每一层有一个小图像，画的是在那一层能见到的东西。《里奥斯抄本》用纳瓦特尔语和意大利语给出了这些天空和下界层次的名字：(13) Hometeule（奥梅特奥特尔）；(12) Teotl tlatlauhea，红天；(11) Teotl Cocauhea，黄天；(10) Teotl Yztaca，白天；(9) Yztapal Nanazcaya，蔷薇之天；(8) Ylhuicatl Xoxouhca，绿天；(7) Ylhuicatl Yayauhea，绿和黑色之天；(6) Ylhuicatl Mamaluacoca；(5) Ylhuicatl Huix Tutla；(4) Ylhuicatl Tunatiuh；(3) Ylhuicatl Tztlalicoe；(2) Ylhuicatl Tlalocaypanmeztli；(1) Tlaltic Pac，大地。下界层次的名字是：(1) Tlaltic Pac，大地；(2) Apano Huaya，水的流动；(3) Tepetli Monana Mycia，打斗之山；(4) Yztepetl，刀山；(5) Yee Hecaya；(6) Pacoecoe Tlacaya；(7) Temimina Loya，一个人向自己射箭之地；(8) Tecoylqualoya；(9) Yzmictlan Apochcaloca。《里奥斯抄本》解释了很多阿兹特克宗教信仰。它是一份已不存的原件的意大利摹本，似乎是由天主教牧师委托绘制，以向欧洲人解释本土文化。虽然在这幅图中描绘的宇宙结构与其他书面材料一致，但现在没有其他地图保存下来，而这幅图中对宇宙秩序的图像表现也可能是在教士的命令之下创作的。

每页大小：46×29 厘米。承蒙 Bibliotheca Apostolica Vaticana, Rome 提供照片（Vat. Lat. 3738, fols. 1v–2r）。

（Palenque）和蒂卡尔（Tikal）棱塔均是如此，这样便可象征逝去的统治者在下界的旅程中的九个层次。⑬

---

⑬ 关于科潘棱塔，参见 Miller, "Main Acropolis," 165–166（注释 16）；关于帕伦克塔，参见 Alberto Ruz Lhuillier, *El Templo de las Inscripciones*, *Palenque*（Mexico City：Instituto Nacional de Antropología e Historia, 1973）；关于蒂卡尔棱塔，则见 Aubrey S. Trik, "The Splendid Tomb of Temple I at Tikal, Guatemala," *Expedition* 6, no. 1（1963）：2–18, 及 Michael D. Coe, "The Funerary Temple among the Classic Maya," *Southwestern Journal of Anthropoogy* 12（1956）：387–394。

宇宙垂直分层、水平分为四分区并由世界树联合在一起的构想非常古老，在奥尔梅克人的作品中即可见到。比如有一块小型的正方形斑点绿岩（mottled greenstone）石牌，不大于一个香烟盒，定年为公元前 900—前 500 年，其上就雕有一幅简单的宇宙图。它的四个角雕成直角，仿佛是在强调其方位。图中央隆起一座山，山顶是一棵世界树。在山脚是三块家用壁炉的石头，这比《费耶尔瓦里—迈耶尔抄本》的宇宙图中所见的灶神修特库利的形象早了两千年。[140] 在奥尔梅克人之后，其他社会也在雕刻中纪念了他们所居的宇宙的模型。伊萨帕 5 号石板（Izapa stela 5）定年为公元前 300 年至公元 1 年（图 5.2）。在这块雕刻石板的中轴处长着世界树；在它上方是一条抽象的天带，下方则是原始海，展示为波浪状的图案。[141] 像伊萨帕石板这样的宇宙志地图把宇宙表现为不变而有秩序的样子，与混乱不堪而危险重重的人类世界形成尖锐对比。在一个变化不息的世界中，这些图像的永久性让它们由此具备了很大力量。

因为这种力量，宇宙志地图常常得到统治者的利用；他们让自己在一个宇宙舞台上表演，而不是在一个大地或世俗舞台上登场。人们相信中美洲的统治者是大地上的人类和居于上界和下界中的神灵之间的半神化中介。[142] 统治者命人绘制公共作品，在其中把他们展示为在生前和死后都处在宇宙秩序中的关键节点处的样子，以此把人们的这种理解延续下去。因此，宇宙志地图所表达的人类事务，常常与宇宙的形状一样重要。在玛雅城市里奥阿苏尔，一位大约公元 450 年的玛雅领主在他的陵墓中就被处理成了一根"世界轴"。陵墓的四壁上生动地绘着标出四个方位和相关现象的圣书字——东与太阳相联系，南与金星相关。而在陵墓中央矗立着世界树的地方，去世的国王就躺在那里。[143]

死去的领主和世界树之间的联系，在 7 世纪的领主帕卡尔（Pacal，公元 615—683 年在位）的石棺盖上表现得更清楚。帕卡尔是帕伦克（Palenque）城的玛雅统治者，他的石棺盖是与里奥阿苏尔陵墓壁画类似的雕刻。这面位于帕卡尔遗体上方的浅浮雕灰岩石板一直藏在九层的刻铭神庙（Temple of the Inscriptions）的地下墓室中，直到 1952 年，考古学者才让这埋葬

---

[140]　这件雕刻在以下文献中有编目：*The Olmec World*：*Ritual and Rulership*（Princeton：Art Museum，Princeton University，1995），234，及 Schele，"Olmec Mountain"（注释 16）。前一文献的相应条目中讨论了这个宇宙模型与拉文塔（La Venta）奥尔梅克遗址的建筑之间的相关性，后一文献进一步详细阐述了奥尔梅克艺术和建筑中的宇宙图。也参见 Frank Kent Reilly，"Visions to Another World：Art，Shamanism，and Political Power in Middle Formative Mesoamerica"（Ph. D. diss. ，University of Texas at Austin，1994）。

[141]　V. Garth Norman，*Izapa Sculpture*，2 pts. ，Papers of the New World Archaeological Foundation 30（Provo：New World Archaeological Foundation，1973 – 1976），pt. 2，165 – 236. 诺曼（Norman）把这棵世界树与中美洲的其他世界树作了比较（pt. 2，65 – 67）。

[142]　关于玛雅国王的角色更完整的解释，参见 Schele and Miller，*Blood of Kings*（注释 54）。关于阿兹特克人，参见 Richard F. Townsend，*State and Cosmos in the Art of Tenochtitlan*，Studies in Pre-Columbian Art and Archaeology 20（Washington，D. C. ：Dumbarton Oaks，1979）。Susan D. Gillespie，"Power，Pathways，and Appropriations in Mesoamerican Art，" in *Imagery and Creativity*：*Ethnoaesthetics and Art Worlds in the Americas*，ed. Dorothea S. Whitten and Norman E. Whitten（Tucson：University of Arizona Press，1993），67 – 107。

[143]　Ian Graham，"Looters Rob Graves and History，" *National Geographic* 169（1986）：452 – 460，特别是 456 页，及 Freidel，Schele，and Parker，*Maya Cosmos*，72，418 – 419（注释 56）。

了 1300 年之久的石板重见天日。石棺盖把帕卡尔展示为一幅宇宙图中的关键角色（图
5.46）。[114] 帕卡尔——连同下方的希巴尔巴（Xibalba，即下界）及上方的天空——都位于宇
宙层次的中央。八个世纪之后，有一座与帕卡尔的石棺盖有类似的强调内容的纪念碑树立起
来，以纪念库尔瓦—墨西卡人的统治者蒂索克（Tizoc）的短暂统治，他从 1481 年至 1486

图 5.46　帕卡尔的石棺盖

帕卡尔，亦即帕伦克的玛雅统治者，是他的这个石棺盖上的中心形象。画面上可见他
略呈倚靠状，向上凝视。抱着他身体的是下界的双腭；双腭的顶端碰到他的脖子基部和屈
起的膝部。因为这双腭标志着通往希巴尔巴也就是下界的通路，这幅图像有意让我们看到
帕卡尔离开人间所在的中界、落入死者所在的下界的场景。一棵十字形的世界树从帕卡尔
的耻部长出；在它顶端栖息着一只天鸟，非常像是《费耶尔瓦里—迈耶尔抄本》的宇宙志
地图上的那些鸟。石棺盖顶端的狭窄条带标有表示太阳和夜晚的符号，因此意在呈现天空。
通过把帕卡尔展示为这个世界秩序中的关键节点，玛雅人既尊崇了他们去世的国王，又重
申了统治者在他们的宇宙秩序形成中扮演的核心角色。

原始尺寸：372 × 217 厘米。Merle Greene Robertson, San Francisco 许可使用。

---

[114]　关于这面石棺盖，参见 Schele and Miller, *Blood of Kings*, 282 – 285, 及 306 页注释 2（注释 54）；Linda Schele and
David A. Freidel, *A Forest of Kings: The Untold Story of the Ancient Maya* (New York: William Morrow, 1990), 225 – 226, 231 及
书中各处；及 Freidel, Schele, and Parker, *Maya Cosmos*, 77 – 79。

年为阿兹特克帝国的领导者。这是一个石盘（图5.47），从侧面看像一个轮子，其上展示了库尔瓦—墨西卡战士反复不断地沿着环形的条带获取俘虏。在这些战士中最为突出者就是那个名为蒂索克的人（在图5.48的线条图中位于最左侧），他身着战服的形象宛如一根柱子一样竖立，支撑着他上面的天空之带，避免天空垮塌到他脚下的大地之鳄身上。[143]

图5.47 蒂索克石雕　238

这个鼓形的大型石雕，是为库尔瓦—墨西卡人的统治者蒂索克雕刻，以纪念他本人和之前的统治者的征服伟绩。其中既展示了宇宙志地图的流行程度，又展示了统治精英运用宇宙图像的绘制为他们自己的政治目的服务的方式。

原始尺寸：90 厘米高，直径 270 厘米。承蒙 Instituto Nacional de Antropología e Historia, Museo Nacional de Antropología, Mexico City 提供照片。

　　这些雕塑只是众多作品中的少数例子，它们为我们展示了宇宙志地图的古老性及它与统治者的关联。[146] 很多宇宙志地图是大型的公共纪念碑——比如伊萨帕5号石板就放置在面对一个开放的大广场的位置上[147]——因此其上的图像既简单又巨大，天空在上，下界在下。另一方面，手稿和精英绘制的陶器意在近距离的仔细审查，因此可以把为极少数人准备的对宇宙所做的更复杂的理解明确表达出来。这正是玛雅三足盘和帕卡尔石棺盖的情况。对我们来说，这样复杂的图像很难轻易做出解读。

　　正如统治者会运用宇宙志地图来把自己安置在宇宙中一样，一座城市也会这样做。我们

---

　　[143] Charles R. Wicke, "Once More around the Tizoc Stone: A Reconsideration," in *Actas del XLI Congreso Internacional de Americanistas* (1974), 3 vols. (Mexico City: Instituto Nacional de Antropología e Historia, 1975), 2: 209 – 222, 及 Townsend, *State and Cosmos*, 43 – 49（注释142）。

　　[146] 参见 Schele, "Olmec Mountain"（注释16）。

　　[147] Gareth W. Lowe, Thomas A. Lee, and Eduardo Martínez Espinosa, *Izapa: An Introduction to the Ruins and Monuments*, Papers of the New World Archaeological Foundation, no. 31 (Provo: New World Archaeological Foundation, 1976), 158 – 177.

在上文中比较了《门多萨抄本》中的特诺奇蒂特兰地图（图5.6）和同时代的欧洲人地图，
但是这幅库尔瓦—墨西卡地图更应该与《费耶尔瓦里—迈耶尔抄本》中的宇宙图（图5.40）
比较。特诺奇蒂特兰地图通过形式上的模仿，而表现了它是宇宙志地图的分支。从图的中央
向外伸出四条蓝带，把特诺奇蒂特兰分成四个城区；而在《费耶尔瓦里—迈耶尔抄本》的
宇宙志地图中，从中央向外伸出的是四条血河，把宇宙分成四个方位。《门多萨抄本》图页
的最外侧框架是一系列的年中日份，每个日子都位于蓝色的矩形内；《费耶尔瓦里—迈耶尔
抄本》地图上也有花朵形的边界，是一个日份计数。这些形式上的相似性是故意为之：阿
兹特克艺术家有意在回响着宇宙秩序的人类世界中展示出空间、时间和历史的交融。同样是
这种把人类空间塑造在人们所意识到的宇宙秩序之上的图案，也充斥于基切玛雅人的神话
《波波尔·武》之中。比如在这首史诗的一节中，通往死亡和腐烂之神的可怕家园希巴尔巴
的道路就与通往佩滕（Petén）低地的道路有大量形态上的相似之处；佩滕是基切人的敌人
伊察人（Itzás）曾经生活的地方，对于今天的基切人来说仍然是"邪恶的居所"。[148] 这些把
人类活动与宇宙秩序整合在一起的考量，在所有中美洲地图中也都很明显，不管它们是宇宙
志地图、陆地图还是二者兼有的地图。

天空图

　　所有中美洲人群都一直密切追踪着行星和星座的运动。[149] 在他们的天空中，最引人关注
的是金星，阿兹特克人和其他墨西哥中部的人群相信它就是羽蛇神（Quetzalcoatl）。中美洲
的天文学家在金星的584天的视运动周期中一直观察它，看着它从晨星变成昏星，以及处在
与太阳上合和下合的位置上时完全消失。他们也观察昴星团，昴星团在天空中出现的时节常
常与周期性循环的农业年的开端相合。此外，中美洲人在规划城市时会让建筑物与重要的天
空事件相一致；他们还建造了用作天文台的建筑。

　　我们早就知道中美洲人对于夜空有浓厚的兴趣，但是目前才刚刚开始理解他们的天空图
的本质和范围。中美洲人像我们一样，给星座起了名字，并把这样的恒星群用"表现地图"
记录下来。正如西方人曾用一对双生子的形象来展示双子座（Gemini）中恒星的排列一样，
玛雅人也运用性交的西貒（peccaries）的形象表现这个星座。对玛雅人来说，猎户座腰带上
的参宿三星位于一只海龟的背上。这些"表现地图"又可以组合成更大的星图。比如在一
座名为博南帕克（Bonampak）的古典时代玛雅城市的2号房间的北墙上，在壁画中的主场
景上方就有四个饰框。[150] 最外侧的饰框在左边展示了那对西貒，右边则是一只海龟。在它们
之间是两个蹲伏的形象，据信是呈现了火星和土星这两颗行星。这幅博南帕克壁画的主场景

　　[148] Tedlock, *Popol Vuh*, 116, 354（注释59）；希巴尔巴与伊查人家乡的联系见以下文献的论述：Delia Goetz and Syl-
vanus Griswold Morley, trans. Adrián Recinos, *Popol Vuh: The Sacred Book of the Ancient Quiché Maya*（Norman: University of O-
klahoma Press, 1950），114 n. 6。

　　[149] Aveni, *Skywatchers*（注释57）；Anthony F. Aveni, ed., *Archaeoastronomy in Pre-Columbian America*（Austin: University
of Texas Press, 1975）；及 Anthony F. Aveni, ed., *Native American Astronomy*（Austin: University of Texas Press, 1977）。

　　[150] Mary Ellen Miller, *The Murals of Bonampak*（Princeton: Princeton University Press, 1986），30 – 38，及 Freidel, Schele,
and Parker, *Maya Cosmos*, 59 – 122（注释56）［这几位作者在《巴黎抄本》（Paris Codex）中识别出了13个玛雅星座，构
成了玛雅人的黄道带］。

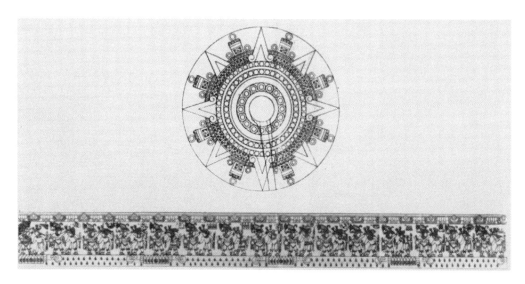

图 5.48　蒂索克石雕的线条图

在石雕上方雕刻了一个放射状的日盘，一条呈现天空的窄带构成了侧面装饰的上缘。在这条天空之带下面展示了 15 个库尔瓦—墨西卡战士，他们穿着精致的作战服饰，每个人都攥着他所俘虏的敌人的一把头发。其中的主战士以圣书字给出了名字蒂索克，他的双脚站立在地怪之上，地怪的四张大张的口点缀着最下的页域。蒂索克头饰上的羽毛似乎支撑着上方的天带。这个构图把蒂索克放在了世界树的位置上，而把地与天分开。蒂索克的这幅有力的形象——一位征战英雄，又是世界轴——是纯粹的宣传。他其实是一位势力较弱的统治者，一个无能的战士，在王位上仅坐了五年，最后很可能为对手所暗杀。

引自 Manuel Orozco y Berra, "El cuauhxicalli de Tizoc," *Anales del Museo Nacional de México* 1 (1877)：3 –38，特别是图 20。承蒙 Special Collections and Rare Books, Wilson Library, University of Minnesota, Minneapolis 提供照片。

238

展示了 792 年 8 月 6 日发动的一场战斗。如同谢勒（Schele）所指出的，这一排形象大致符合于这四个星座和行星在那天晚上的平面排列关系，因此是夜空那个部分的一幅多少简略化的星图。⑮¹

阿兹特克人可能还制作了类似的夜空星图，但他们有关星座的观念只有零星的记录保存下来。《主要纪念物》是由萨阿贡及其阿兹特克知情人编撰的著作，在其中介绍本土占星术的几页上描绘了一些星座（图 5.49）。⑮² 其他一些看起来是星座的绘图也见于前哥伦布时代的历书石刻（Calendar Stone）。⑮³

如果与我们在《博尔吉亚抄本》中所见的天空制图所具有的那种管弦乐队一般的和谐的复杂性相比，这些星座图未免显得朴素。《博尔吉亚抄本》是前哥伦布时代来自墨西哥中部的手稿之一，也是现存的前西班牙时代抄本中最精美的作品之一；其上密密地画满了历法和占卜图像，这又让这部抄本成为最复杂的作品之一。其中有 18 页（第 29—46 页）绘制了

238

239

⑮¹　Freidel, Schele, and Parker, *Maya Cosmos*, 79 – 82.

⑮²　Sahagún, *Primeros memoriales*（Códice Matritense del Palacio Real del Madrid）（注释 116）。这些星座在以下文献中也有讨论：Sahagún, *Florentine Codex*, 8：11 – 15 及 60 – 71（bk. 7, chaps. 3 – 4 及 bk. 7, appendix, chaps. 3 – 4）（注释 7）。

⑮³　Aveni, *Skywatchers*, 32 – 34（注释 57）。

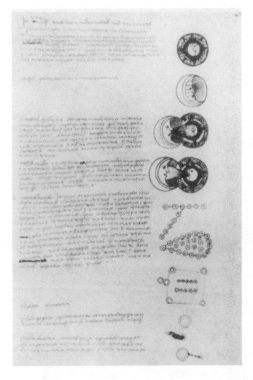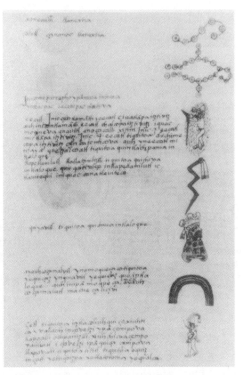

239

图 5.49 《主要纪念物》中的星座

这部征服后的著作中有几页涉及本土天文学；这里展示的八个图像（后六个在右页，前两个在左页）均伴有描述它们的纳瓦特尔语文本。第一个 T 形的星座叫 Mamalhuaztli（钻头），其下是 Tiyanquinztli（市场），再往下是 Citlaltlachtli（布满星星的舞厅）。这些星座下面的三个圆形图像是 Citlapol（金星）、一个 Citlalinpopuca（冒烟的星或彗星）和 Citlalintlamina（流星）。在右页上的最后两个星座则描述为 Xonecuilli（人员）和 Colutl（天蝎座）。这些星座里面有一些可以指定到现代星座：Tiyanquinztli 显然是昴星团；Colutl 是天蝎座；而 Mamalhuaztli 可能是猎户座的佩剑。阿兹特克人有可能会像玛雅人一样，在夜空图中把诸如此类的几个不同星座的图像组合起来。

每一页尺寸：约 43×23 厘米。Patrimonio Nacional, Biblioteca del Palacio Real, Madrid 授权使用（Códice Matriense, fols. 282r-v）。

金星一个完整周期的第一阶段（图版 10）。[154] 在这些页上追踪了金星从晨星向其上合期（此时金星因被太阳挡住而不可见）运行、之后又作为昏星出现的过程。[155] 当金星在夜空中升起、落到地平线下、之后再次升起时，《博尔吉亚抄本》把它描绘成穿越多个天空层次而移动的样子，就像《里奥斯抄本》中那些图页上所绘的那样。

金星在天空中的行程，是以隐喻的方式展示的。虽然现代学者还不能解读出《博尔吉

---

[154] 参见 Seler, *Comentarios al Códice Borgia*, 2：9–61（注释 126）。在以下文献中，其作者讨论了《博尔吉亚抄本》这些页中的场景之一：Karl A. Taube, "The Teotihuacan Cave of Origin：The Iconography and Architecture of Emergence Mythology in Mesoamerica and the American Southwest," *Res* 12 (1986)：51–82。

[155] 我在这里坚持采用了苏珊·米尔布拉思提供的解读；她令人信服地论证了《博尔吉亚抄本》描绘的是金星周期中晨星—上合—昏星的阶段。爱德华·塞勒（Eduard Seler）的观点与她不同，他将这些页解读为上合—昏星—下合—晨星的阶段：Susan Milbrath, "A Seasonal Calendar with Venus Periods in Codex Borgia," in *The Imagination of Matter：Religion and Ecology in Mesoamerican Traditions*, ed. Davíd Carrasco (Oxford：British Archaeological Reports, 1989), 103–127。

亚抄本》这 18 页上所有形象和活动的意义，但是我们可以理解其中运用的一些基本比喻。金星被描绘为多位神灵，其中有羽蛇神、风神埃埃卡特尔—克查尔科阿特尔（Ehecatl-Quetzalcoatl）、犬形怪物肖洛特尔（Xolotl）和"暮光之主"（Dawn Lord）特拉威斯卡尔潘特库特利（Tlahuizcalpantecuhtli）。当金星可见的时候，中美洲人认为它正在上界的天空中穿行。当它不可见的时候，他们相信它正在下界的天空或夜间太阳的天空中穿行。

与《费耶尔瓦里—迈耶尔抄本》一样，《博尔吉亚抄本》中的这 18 页既是地图，又是历书。在苏珊·米尔布拉思（Susan Milbrath）提供的概述中，这 18 页的每一页都涵盖了一个 20 天的时段，这是中美洲一个"月"的长度，并用相应的造型来展示这个月中的金星事件。前 10 页（29—38 页）呈现了金星作为晨星而可见的 200 天。在这 10 页中，羽蛇神被画在上部天区中。在第 39 页上，羽蛇神向着表现为一只地怪张开的大口的地平线俯冲下去，而进入下界。这呈现了金星从早晨天空消失、在与太阳上合之时在地平线下运行的情况。接下来的 4 页展示了羽蛇神在这颗行星不可见的时期经过了 4 层下界。在第 44 页上，金星呈现为穿着由蜂鸟羽毛做成的服饰的华丽样貌，像一只不死鸟一样升起，而成为昏星。[154]

金星经过的许多站，用来让人理解为天空的不同层次，这与《里奥斯抄本》中的宇宙志地图（图 5.45）是类似的。金星就好比一部升降电梯，在一座多层楼房中穿行。而为了把这些天层展示为水平的层次，《博尔吉亚抄本》的绘者采取了不同寻常的做法，把这部折页手稿的这一部分做了重定向。它的阅读顺序不是从右向左，而是从上向下。因此，第 29 页的底部在第 30 页的顶部之上，这一整套书页可以连缀伸展成竖直的长卷。大多数书页都有边框图像，有时候金星看上去是从顶部边界向下冲入这一页，或冲破这一页底部的边界而出，就这样从一层移动到另一层。简而言之，《博尔吉亚抄本》的第 29—46 页就是金星在天空中穿行的精细复杂的行程地图。

但是在其他抄本中，金星的运动及其变化是用列表而非地图来记录的。在现存的 4 份玛雅手稿中，有 3 份——《德累斯顿抄本》（Dresden Codex）、《格罗利尔抄本》（Grolier Codex）和《巴黎抄本》——包括了天文现象的详细列表，其中《德累斯顿抄本》因为其中有极为详尽的金星运动表而最为知名。举例来说，《德累斯顿抄本》的很多页都为我们展示了与金星相关联的日期和预兆，还有很多列表标出了金星 584 日的周期中的时段。[155] 虽然这份列表式报告让中美洲天文学家可以密切地追踪金星，但它不能被视为地图学作品。不过，像《博尔吉亚抄本》那样的地图的复杂性意味着过去很可能曾经存在过这样的传统：绘制兼为天空图和宇宙志地图的作品。

征服后本土制图的连续性

西班牙人的征服，以灾难性的力量给了本土中美洲人沉重一击，结束了一个在文化和政

---

[154] 第 45 和 46 页所表现的金星也是昏星。Milbrath, "Seasonal Calendar."

[155] 阿维尼（Aveni）在 *Skywatchers*, 173 – 199（注释 57）中描述了这些页上的内容。Thompson, *Dresden Codex*, 62 – 71（其中涵盖了《德累斯顿抄本》的第 24 和 46—50 页）（注释 5）。

治上自治的中美洲的存在。短短几十年之内，数以百万计的美洲原住民就被迫重新塑造了他们的社会、政治和宗教体系，以适应于西班牙的殖民统治。本土地图学也得到了重构。在所有这些于征服后发生在中美洲人群生活中的变化中，有五个方面的核心变化对地图学产生了巨大影响。其中三个方面对地图的内容产生了重大冲击，而另两个方面影响了它们的格式和外观。在 16 世纪，中美洲遭受的巨大的人口崩溃改变了其地图式史志的历史组成。宗教信仰向天主教的皈依实际上宣告了宇宙志制图的结束。与此相反，一种新类型的司法系统的引入却让陆地制图充满生气，特别是边界地图的绘制。拉丁字母读写体系的到来，和新的呈现模型的引入，也都极大地改变了中美洲人绘制其世界的可视化方式。

人口崩溃和历史的书写

在一系列征服战争与 1520—1521 年、1545—1548 年和 1576—1581 年间的三次传染病大肆虐以及其间的其他传染病暴发事件之后，所有中美洲人中可能只有十分之一幸存下来。[158] 我们如今只能想象一下这样一场大屠杀给中美洲人的心理施加了怎样的毁灭性影响：仅仅两代人之内，中美洲人不仅战败而被奴役，而且——在他们看来简直不可理喻——走向了死亡。

我们无法判断本土地图学生产在征服之后衰退到了什么程度，因为现存的地图的绘制日期大都在征服后时期。不过，如果考虑到大尺度的人口崩溃的话，地图在数目上的衰减是不可避免的。受到影响的不只是地图的制作，还有作为本土传统的支柱的地图式史志的主题内容。地图式史志本来常常描绘统治精英的家系和活动，但是 1580 年的阿莫尔特佩克地图（图 5.25）就只展示了这个米什特克人城镇的当前统治者坐在宫殿中的场景。到 1555 年的时候，阿莫尔特佩克的人口已经因为疾病和迁徙而近于消亡。[159] 阿莫尔特佩克人口衰亡的效应本身在这幅地图上似乎也有体现：只有当时的统治者——而不是他们祖先的整个谱系——被展示在画面中央。在米什特克人中，一度繁盛的家系仅剩四分五裂的碎片，在整个中美洲，本土历史的声音都沉寂了。

宗教皈依和宇宙志地图

紧随西班牙征服者而来的是天主教教士，他们组成的托钵修会由教宗授予了让美洲印第安人改宗的特权。教士们生活在本土社群中，学习本土语言，每天都与征服后的中美洲人接触，对他们的生活施加了极大影响。他们竭力要重塑本土的意识形态，使之合于天主教的准则；为了这个目的，他们狂热地焚毁文书和手稿，砸碎石像和石板。在这些被毁灭的人造物中本来也会有类似《费耶尔瓦里—迈耶尔抄本》中或蒂索克石雕上那样的本土宇宙地图；但托钵僧们对于他们在原住民中所见的"异教"神和"魔鬼的"仪式的图像无法容忍。用来服务于宗教事务的手稿，只有当它们在欧洲收藏者眼中具有成为珍宝的价值时，才会幸存下来；大多数绘在仪式—历书手稿中的幸存下来的宇宙志地图今天都保存在欧洲，并用它们的欧洲收藏者的名字命名（比如《费耶尔瓦里—迈耶尔抄本》和《博尔吉亚抄本》）。雕塑也是要么被掩埋，要么被重新切割，用于新的建筑工程；蒂索克石雕在 1791 年出土的时候，

158　关于传染病造成的死亡人数，参见 Gerhard, *Historical Geography*, 23（注释 2）。

159　Gerhard, *Historical Geography*, 277.

如果没有被拯救下来的话，也会面对被切割成铺路石的命运。[160]

教士禁止和焚毁了本土宗教图书，但后来又赞助制作那些可以向欧洲人解释本土信仰和实践的图书。因此，他们鼓励创作了一些新的宇宙志地图，并由此在实际上促成了征服前所没有的一类地图的出现，比如《里奥斯抄本》中的那幅地图。但总体来说，在丧失了仪式实践的新鲜活气之后，本土宗教手稿也就停止制作，同时停止的便有本土宇宙的手稿地图。诸如陶器和石雕等其他载体上的宇宙志地图也遭到审查，而最终消亡。

司法系统和陆地图

虽然作为征服的后果之一，中美洲地图学表达的一些途径逐渐闭塞，但另一些途径却由此开启。教士可能压制了宇宙志地图的制作和使用，但是他们以及西班牙管理者却也关心锐减的人口和萎缩的劳动力。在征服后的头一个 50 年中，他们试图通过鼓励中美洲人绘制陆地图，而对本土资源进行一定保护。他们提倡在法庭上使用地图来证明所有权，于是 16 世纪的文档中充满了提及原住民个人或社群向法庭提供"图画"（pinturas，基本可以肯定是地图）的记载。举例来说，玛雅人的马尼地图就可能是应西班牙仲裁官的命令而绘制，这位仲裁官希望把这些玛雅人之间大量的边界争端彻底解决。[161]当时的总督通过土地授予（merced）来把土地分配给居民——通常是殖民者——来耕种或豢养家畜；墨西哥的第一任总督安东尼奥·德·门多萨（1535—1550 年在任）就看到在土地授予的流程中有大量的文本文档都添加了地图。几乎可以肯定，门多萨增补了地图条款，让本土社群有机会证明或否证土地的可用性（图 5.50 和 5.51）。[162]此外，当本土社群寻求保护以抵制他人对他们领地的侵占时，他们常常在西班牙人运作的法庭上提供地图，作为他们这一方的证据。

一旦中美洲陆地图被西班牙仲裁机构所接受，它们的内容就发生了变化；新的西班牙观众和他们的需求可能在无意中让地图学史中曾经亲密无间的两个部分出现了裂痕。比如我们已经看到，运用类似《萨卡特佩克连索 1》（图 5.13）这样的地图式史志，一个社群有关领地的权利如何既以领地所有权为根据，又以其统治家族的历史声明为根据。但是对于西班牙官员和仲裁官来说，所有权几乎就是法律的全部内容。因此，后来的中美洲绘者更可能强调边界——这是西班牙人完全承认的——而不再强调家系。在 1580 年的来自米什特克城镇阿莫尔特佩克的地图（图 5.25）上，这种强调通过清晰表示的边界符号来表达，而不是通过统治精英的家系表达。而在阿特拉特拉瓦坎地图（图 5.50）这幅专门为总督法庭所绘的本土地图上，除了定居点和边界之外就几乎不再有其他内容。

要衡量地图在保护原住民土地免受侵占，特别是西班牙人的侵占时有多成功是十分困难的，因为有太多包含地图的法庭记录是不完整的。此外，即使一个本土社群可以在法庭上证明他们的所有权，这也无法保证殖民政府能够（或乐意）把他们权利的保护落到实处。

[160]　Marshall Howard Saville, *Tizoc: Great Lord of the Aztecs, 1481 – 1486*, Contributions from the Museum of the American Indian, Heye Foundation, vol. 7, no. 4 (New York: Museum of the American Indian, Heye Foundation, 1929), 44 – 45.

[161]　Roys, *Indian Background*, 178（注释 8）；Riese, *Indianische Landrechte*, 175 – 177（注释 75）。

[162]　土地授权地图在以下文献中有讨论：Mundy, *Mapping of New Spain*, 180 – 211（注释 81）。

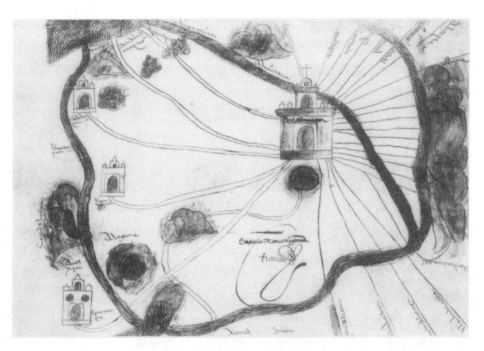

242

图 5.50 阿特拉特拉瓦坎边界地图

这幅手稿地图在 1539 年用于确立和保护阿特拉特瓦坎社群的边界，当时由安东尼奥·德·门多萨担任总督。在图中央是阿拉特拉特瓦坎教堂，象征着这座城镇。从教堂右侧放射出单线条，每条都引向社群的一处边界。在教堂左侧引出的双线条表示道路，其中三条伸向阿拉特拉特瓦坎的属镇，以较小的教堂表示。图左上角多是山；图中又有用粗黑条带展示的水系，在这个地区形成环状。地图中央的注记表明这是一份摹本，其原件可能是本土风格的边界地图，应该涵盖了相同的信息，但以圣书字地名和符号而不是拉丁字母文字来表达这些信息。这幅地图和相关的文档迟至 1853 年仍用来作为阿拉特拉特瓦坎人对周边土地的声索证据。

原始尺寸：25×34 厘米。承蒙 Archivo General de la Nación, Mexico City 提供照片（Ramo Tierras, vol. 11, pt. 1a, exp. 2；Mapoteca no. 546）。

242 ## 图像变化：拉丁字母书写和地图学惯例

在中美洲地图学的物质记录中，西班牙人的征服给我们带来了一个无法忽视的事实：地图的外观发生了变化。像《纳塔尔抄本》中的地图（图 5.26）那样的 15 世纪的征服前地图在外观上与同一地区 17 世纪早期的地图绝少相似之处。到 16 世纪末，已经没有什么地图还保持着本土惯例。其中一个原因在于，中美洲人逐渐把圣书字改成了拉丁字母书写。拉丁字母从某些方面来看是更为有效的交流手段，但更重要的是，它可以被西班牙人统治阶级所理解。对本土地图来说，如果它们要在西班牙人维持的氛围——比如法庭——中发挥作用，那就必须能让西班牙人读懂。本土精英很快就学会了用拉丁字母书写。一开始教他们的是托钵修士，这些教士在征服后的几十年中一直在教精英家族中的儿童学习书写和阅读他们的母语西班牙语，有时候也教拉丁文；因此，在征服后差不多只要过一代人，一些精英就既能读写拉丁字母，又掌握了双语或三语。

拉丁字母读写为信息的记录带来了全新的体系。中美洲精英以前用圣书字和图画书写的
243 词语和观念，现在可以用拉丁字母来书写了。因此，装饰了 1580 年阿莫尔特佩克地图的圣

书字地名，到 16 世纪末很快就变得过时了。这种转换的速率随地区的不同而不同，通常取决于西班牙人在某个地区的在场程度。本土地图逐渐依赖于拉丁字母书写而非圣书字来表达名字。举例来说，16 世纪中期那些来自莫雷洛斯州阿特拉特拉瓦坎的地图似乎就是源于一幅前文描述过的那些与本土边界地图类似的地图，其中的边界地名排列在地图边缘。但绘制这个征服后的版本的地区有很多托钵修士和西班牙人存在，在其图像中，位于从中央教堂放射出的射线状线条末端的边界就全都用拉丁字母文字命名，而没有用圣书字。

这种新类型的读写，通过牺牲本土社群的利益，让本土地图更易于为西班牙人所理解。拉丁字母读写仅仅由非常少的中美洲精英掌握；当地图越来越依赖文字传达意义时，在那些曾经绘制过它们的社群中的大多数人看来，这些地图也就越来越不易把握、不易理解了。

对于地图外观的变化来说同样重要的，是教士和西班牙人引入的新的呈现模式。简单来说，新大陆的欧洲人更喜欢视觉上的模仿，而不是中美洲人曾经运用的那种更多是观念意义上的表现方式——我们可以在比较纽伦堡的特诺奇蒂特兰地图和《门多萨抄本》中的地图时看到这种对比。在西班牙人的期望的压力之下，中美洲地图学符号被更换掉了。景观不再通过圣书字地名和抽象记号的组合来呈现。在约 1555 年由一位本土艺术家绘制的地图中，我们可以看到绘者努力想要把本土和欧洲的呈现模式调和起来（图 5.5）。这幅地图见于《金斯堡抄本》，这是一部在墨西哥谷中的特佩特拉奥斯托克（Tepetlaoztoc）镇绘制的文书，详细记录了当地居民针对他们的西班牙领主发起的法律控告。[163] 这是一幅表现得很漂亮的地图，展示了特佩特拉奥斯托克周边地区，在《肖洛特尔抄本》的绘制地点附近。这幅《金斯堡抄本》地图中很多 *tepetl*（山）的文字画都没有地名功能；相反，它们混在一起，就给人创造了一列山岭的印象，仿佛就是这列山岭在眼中的样子。在一幅 1573 年来自韦拉克鲁斯州索利帕（Zolipa）的地图中，有一座表示地名的山的文字画上长出了禾草和其他植物（图 5.51）。然而，因为在类似山的文字画这样的符号中嵌入了本土意识形态，地图上的有些本土词语可能在新的欧洲图像表示法面前也坚持不改变；欧洲的做法欠缺它们所具备的深层意义。

再也没有比《圣克鲁斯地图》（Mapa de Santa Cruz）能让人更好地看到本土制图的发展轨迹的地图了。这幅地图展示了新的图像习惯、拉丁字母书写和宗教建构的合流，以及与制图学的传统历史的割裂（图版 11）。[164] 地图由约 16 世纪中期的一位本土绘者所制作，描绘了墨西哥谷以及特诺奇蒂特兰（墨西哥城就位于它中央），所涵盖的地域大致与 1524 年科尔特斯地图（图 5.7）中的那片地域相同。这幅地图的绘者显然受到了包括科尔特斯地图在内的欧洲图像传统的很大影响，而且很可能在与特诺奇蒂特兰直接毗邻的特拉特洛尔科的修道院中得到了方济各会教士的训练。特拉特洛尔科修道院是绘画教育的中心，它在这幅地图上

---

[163]　Francisco del Paso y Troncoso, ed., *Códice Kingsborough: Memorial de los Indios de Tepetlaoztoc...*, facsimile ed. (Madrid: Fototipia de Hauser y Menet, 1912).

[164]　Albert B. Elsasser, ed., *The Alonso de Santa Cruz Map of Mexico City and Environs, Dating from 1550* (Berkeley, Calif.: Lowie Museum of Anthropology, 1974), 及 Sigvald Linné, *El Valle y la Ciudad de México en 1550* (Stockholm: Statens Etnografiska Museum, 1948).

243

图 5.51　韦拉克鲁斯州索利帕的土地大图

这幅手稿地图绘制于 1573 年，展示了殖民时代早期本土制图的巨大变化和令人惊奇的连续性。本土绘者在此图上继续绘制着前西班牙时代的图像。右侧的弯形是山的符号，其上有旋涡形的突起，表示山上多石。其表面是菱形和圆点组成的图案，呈现了地怪的皮肤。与此类似，河流中也填充了前西班牙绘画中典型的旋涡纹样。然而，这幅地图在很多方面都与前西班牙时代的类似作品有别。举例来说，从山的符号向外绘有对植物的自然主义描绘，这种描绘就来自欧洲图像。最重要的是，这幅地图的创作语境在西班牙人征服之前并不存在。它是作为一项土地授予的一部分内容，因此其中最重要的信息对准的是西班牙观众，并以拉丁字母的注记写出。这幅地图意在展示其中被索取的土地是在与原住民的村庄和土地的指定距离之外；这些至关重要的信息片断是用拉丁字母的词语标注的。比如底部的三株植物呈现了一块田地，标注有"这些田地在［指定］地点的 3 里格之外"。这条注记和其他注记一样，是由一位使用西班牙文书写的写匠所注，而不是由本土的绘图者所写；后者在根本上不得不让出了他对这幅地图的意义的控制权。

原始尺寸：31 × 40 厘米。承蒙 Archivo General de la Nación, Mexico City 提供照片（Ramo Tierras, vol. 2672, exp. 18, f. 13；Mapoteca no. 1535）。

显得比其他任何建筑群都大。特诺奇蒂特兰已经不再是像《门多萨抄本》中那样的一组形式化的符号。相反，这座城市和周围的墨西哥谷都画成仿佛是一位观者从谷地西边高处一个偏斜的视角所看到的样子；同样的透视视角在欧洲的城市平面图中是普遍使用的。图上也确实还有圣书字地名——其中可识别的在 32 个以上——但是它们不再是为地图赋予形状的框架。它们写得很小，在满是树和波状起伏的山丘的景观中几不可见。绘者可能意识到圣书字只能让他的一部分观众感兴趣，因为这些地名大部分都音译成了拉丁字母。这幅地图的作者曾长期归于阿隆索·德·圣克鲁斯（Alonso de Santa Cruz，卒于 1567 年），他是查理五世（1517—1556 年在位）和菲利普二世（Philip Ⅱ，1556—1598 年在位）时代杰出的西班牙地图学家。然而，今天人们认为这位绘者是墨西哥谷中的一位原住民，因为圣书字地名本来只可能由原住民所知晓。

《圣克鲁斯地图》上没有历史。或者，也可能是有关家系和征服的传统中美洲历史已被另一种历史取而代之。图上的景观中充满了马背上的骑士、货物搬运工和渔人，乍一看似乎受到了格奥尔格·布劳恩（Georg Braun）和弗兰斯·霍根伯格（Frans Hogenberg）出版的著名欧洲城市地图上的风俗人物的启发。然而，《圣克鲁斯地图》上的人物具有历史特殊性，揭示了16世纪50年代新西班牙的本土生活环境。虽然很多居民在悠闲从容地捕鱼捉鸟，但另一些人却在背上沉重的负荷之下竭力劳作，在监督他们的西班牙人高举的鞭子和木棍之下恐惧畏缩。

变化的速率："地理叙述"

上面概述的变化，在整个中美洲地区以不同的步调发生。本土地图首先在墨西哥谷地区内及其周边发生变化；这里吸引了最大规模的西班牙人口，定居在建立在特诺奇蒂特兰的废墟之上的新首都中。随着阿兹特克人和其他本土居民皈依天主教，聚居于规划好的社群之中，这里的本土地图也反映了周遭世界的变化。本土艺术家很快就采用了教堂的图像作为定居点的符号，他们常常会着重表现殖民者在其城镇中规划出来的方格状布局。

在墨西哥谷之外，本土制图的变化比较缓慢，这有两个原因。首先，本土人口与欧洲定居者的接触不够充分，因而对其制图传统的影响也不够大。其次，本土地图很可能被用在本土语境中——这意味着它们制作出来供社群成员观看，而不是呈给西班牙人的法庭。

征服之后本土制图传统的沿革，可以用"地理叙述"图来衡量；这是一组可以视为地平线标记的地图。在16世纪70年代末，菲利普二世的政府印发了书面的调查要求，这些地图就是为了回应要求而绘制。在1579年和1584年间，调查要求引起了中美洲所有地方的回应，本地城市、城镇和村庄中的官员——既有西班牙人又有原住民——都在书面上描述和绘制了他们周围的世界。通过新西班牙的政府（*gobierno*，也就是管制了中美洲大部分地区的殖民当局）的保存，今天可见69幅这样的地图，大部分出于本土绘者之手。在展示本土制图的不同变化速率方面，这一组地图是独一无二的，也是最有价值的。[165]

这组地图之一是上文讨论过的《特奥萨科阿尔科地图》（图5.23），其圆形格式和对家系的强调把它与悠久的米什特克制图和手稿传统紧紧联系在一起。即使特奥萨科阿尔科只是一个几乎只有原住民居民的小城镇，远离西班牙人的影响势力范围，但是其中的米什特克绘者仍然已经接触过欧洲的图像表现方式，并把它用在自己的地图中。城镇在景观中以基督教十字架标出；景观以丰富的颜色绘制，这很可能也是学自欧洲印刷品，因为在本土传统中并不存在类似的绘法。这组地图中的另一幅地图也显示了类似的变化（图5.52）。它绘制于特特利斯塔卡（Tetliztaca），在墨西哥谷东北方，位于今伊达尔戈州。[166] 这幅地图的绘者可能

⑯ 来自新西班牙（尤卡坦州除外）和危地马拉的地图出版于：*Relaciones geográficas del siglo XVI*, 10 vols., ed. René Acuña（Mexico City：Universidad Nacional Autónoma de México, Instituto de Investigaciones Antropológicas, 1982–1988）。它们在以下文献中有编目：Robertson, "Pinturas (Maps) of the Relaciones Geográficas"（注释81）。Mundy, *Mapping of New Spain*（注释81）对它们做了深度研究。

⑯ 这幅地图在以下文献中有编目：Robertson, "Pinturas (Maps) of the Relaciones Geográficas", 273 (no. 67)。

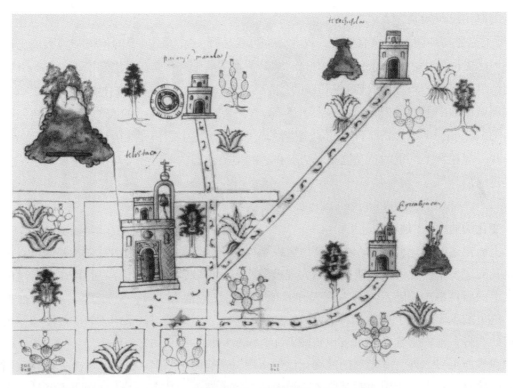

246

图 5.52　特特利斯塔卡"地理叙述"图，1580 年

　　这幅绘制精美的手稿地图，是应西班牙国王的要求绘于欧洲纸上，其中结合了本土和欧洲的要素。四个类型化的教堂标出了主要定居点，其中最大的是图左下方的特特利斯塔卡教堂。每个村庄都命名两次，一次用拉丁字母地名，一次用圣书字地名。特特利斯塔卡的意思是"白岩之地"，其地名写在该镇的左上方，是一个具有白色呈崎岖状的山丘圣书字。在该镇右上方是蒂安吉斯马纳尔科（Tianguismanalco），意为"集市之地"，则用一个表示集市的盘状符号来展示。特佩奇奇尔科（Tepechichilco）意为"红丘"，以上方有一个红辣椒的山丘表示。西瓦尤加（Cihuayuca）意为"妇女之地"，以长有棕榈幼苗（"索亚特尔"）的山丘符号表示，而它可能是"西瓦特尔"（cihuatl）的同音异形词。主要道路遵循了本土传统，标有整齐的脚印，它们全都从附属的城镇朝向特特利斯塔卡。图中大部分树木和其他植物同时绘出根、干、茎和叶，也可归于本土传统。特特利斯塔卡的网格状组织形式显然是外来的要素，是本土城镇在 16 世纪的大改宗计划中为托钵僧所搬迁和重新组织时推行的形式。

　　原始尺寸：31×43.5 厘米。承蒙 Nettie Lee Benson Latin American Collection，University of Texas，Austin 提供照片（JGI xxv－12）。

　　在附近的方济各会修道院受过书画训练，在作品中混合了欧洲人和原住民的符号和传统，从而可以既吸引当地的原住民受众，又吸引远方的西班牙人。

　　"地理叙述"图可以说是本土地图学的最后一次大繁荣。随着 16 世纪接近尾声，西班牙殖民者对本土表达形式——其中包括陆地图——所表现出来的宽宏大度越来越少。这个世纪结束于一个让殖民者感到极为悲观的年代：原住民人口（以及劳动力）萎缩到了最低点，一度不断扩张的殖民经济到了平台期，而让原住民皈依天主教的千年计划也宣告失败。门多萨总督在 16 世纪 30 年代晚期和 40 年代曾经欣然接受本土地图作为一种本土赔偿品，但是 60 年之后，他的一位继任者却尖锐地指责，当西班牙人允许美洲印第安人在法律上发出声音的时候，他们就打开了潘多拉的魔盒。蒙特斯克拉罗斯侯爵（marqués de Montesclaros，1603—1607 年在任）在 1607 年写道，就算他准备把远达佛罗里达的土地划给西班牙人，墨西哥城的原住民也会反对他的批准，好像这些土地跟他们的住宅毗邻似的。[167] 毫不意外的是，到蒙特斯克拉罗斯时代，以西班牙语书写的文档胜过了本土的图画文档。本土领导人迅速察觉到了风向的转变，于是也改变了行动，比如竭力想要通过把社群的土地记录在一份书面的总督"土地授予书"（merced）中，以便巩固他们对这些土地的所有权。[168] 在几个世纪的过程中，西班牙殖民势力每隔一段时间就会"规范"一次地权，或是为用作表明所有权的证据的文档制定新标准，于是给本土社群带来一次又一次折磨。最后，很多本土作品，特别是地图，都转变成了拉丁字母的文档，它们用西班牙语书写，盖上了官方的印章。[169]

今日的延续

尽管西班牙人的征服只留下了贫瘠的遗产，但中美洲地图学的主枝在今天仍能开花结果——在中美洲，特别是墨西哥谷以外的地区，地图式史志仍然一直存在。[170] 有些社群仍然保存着绘于 16 世纪的地图式史志，人们仍然在阅读和重新解读它们。几个世纪以来，这些"地图"和"连索"（这是它们在西班牙语中的常用叫法）作为土地所有权证据的法定地位曾因西班牙语文档的出现而降低；然而，很多社群还是小心翼翼地保管着它们。这些图是不可丢弃的。如果单靠"连索"和"地图"所具有的法律文档功能还不足以解释它们如此强的耐久性的话，那么还有什么可以解释它们持续不断的存在呢？在作为土地文书的价值之外，它们似乎还起着重要的意识形态功能。因为很多图中包含了通过口语传统始终鲜活的历史叙事，所以这些"连索"和"地图"就通过记录下社群成员之间的纽带而表达了集体身份——它们是一部共同史，也是一块共有之土。它们的重要性连续不断地得到社群仪典的重新确定；在仪典上，这些通常由社群领袖保管的地图会被拿出来展示。

有一些城镇所持有的"连索"或"地图"可追溯到 16 世纪，但也有一些城镇在几个世纪的历史进程中会复制、更新他们的"连索"，在做这个工作时，便改变了图中内容，而反映出有关领地和历史的当前想法。有一幅《佩特拉卡拉连索》（Lienzo of Petlacala），来自今格雷罗州一个偏远的讲纳瓦特尔语的城镇，今天所见的版本就是一系列摹本中的最新一幅，

246

---

[167]　*Instrucciones que los vireyes de Nueva España dejaron a sus sucesores*, 2 vols. （Mexico City：Imprenta de Ignacio Escalante，1873），1：94.

[168]　Gibson，*Aztecs under Spanish Rule*，265（注释 61）。

[169]　在西班牙统治之下的原住民绘制的地图，为殖民的时刻提供了新的洞察视角。参见 Serge Gruzinski，"Colonial Indian Maps in Sixteeth-Century Mexico," *Res* 13（1987）：46 – 61，及 Walter D. Mignolo，"Colonial Situations, Geographical Discourses and Territorial Representations：Toward a Diatopical Understanding of Colonial Semiosis," *Dispositio* 14（1989）：93 – 140。

[170]　关于殖民时期"连索"及其复制品的描述，参见 Marion Oettinger，*Lienzos coloniales*：*Una exposición de pinturas de terrenos comunales de México*（*siglos XVII – XIX*）（Mexico City：Universidad Nacional Autónoma de México，Instituto de Investigaciones Antropológicas，1983）。关于瓦哈卡州马萨特克语人群的"连索"的报告，参见 Howard Francis Cline，"Colonial Mazatec Lienzos and Communities," in *Ancient Oaxaca*：*Discoveries in Mexican Archeology and History*，ed. John Paddock（Stanford：Stanford University Press，1966），270 – 297。

完成于 20 世纪 50 年代（图版 12）。⑰ 该图结合了这个城镇的建立者绕其边界的迁徙叙事，用拉丁化的纳瓦特尔语写在图上；这一叙事与库尔瓦—墨西卡人在《锡古恩萨地图》和《博图里尼抄本》（图 5.29 和 5.31）中以圣书字和图画记录的叙事有相似性。同样位于画框处的还有社群边界的地图，非常像《托尔特克—奇奇梅克人史》（图 5.15）中边界图画的框架。不过，佩特拉卡拉的边界不仅用圣书字命名，还用拉丁字母标出名字，反映了 1807 年佩特拉卡拉领地的范围。在这幅佩特拉卡拉"连索"中央，城镇的建立者们直接从西班牙国王查理五世（Charles V）那里获得了地权。显然，这个事件并不为人所知。它在形象上被画出了年代错乱感，因为图上那位征服时代的西班牙国王竟然穿着 18 世纪的服饰，这很可能反映了这幅"连索"的某一个新版本摹绘的时代的风尚。不过，因为这幅"连索"仍然只供社群领袖观看，它并没有被重新解读，也没有在社群内部加以纪念——佩特拉卡拉与前西班牙时代的历史之间的联系也就尚未断绝。

结 论

按照本套《地图学史》使用的定义，中美洲人确实制作了我们可以理解为地图的东西。同样显而易见的是，中美洲人可以清晰或隐晦地理解他们作为制图人的角色。他们的地图意味着我们的定义多少有些不充分；这个定义没有表达出中美洲地图的一个关键评价标准，就是时间与空间的联合——这既可以是一日一日永不停息的流逝，又可以是人类历史的循环。

中美洲制图的完整性遭到了西班牙征服的破坏，而西班牙的殖民统治又导致新大陆的地图学朝向了一条新道路发展，把它引向了接近欧洲规范的方向。然而，中美洲地图学的根基并没有被彻底除灭。墨西哥和中美地区拥有欧洲人和美洲印第安人的双重遗产，这意味着中美洲人的后代一边可以为他们国土的每一平方英尺绘制出基于测绘数据的地形图，一边又可以绘制源自其征服前时代的祖先的地图式史志。这二者的结合，就导致今日的地图学传统呈现出可观的丰富性和多样性。

---

⑰ 《佩特拉卡拉连索》是现代的应用有记录可查的少数"连索"之一。关于它的更详细的分析和详细内容，参见 Marion Oettiner and Fernando Horcasitas, *The Lienzo of Petlacala: A Pictorial Document from Guerrero, Mexico*, Transactions of the American Philosophical Society, n. s. 72, pt. 7 (Philadelphia: American Philosophical Society, 1982)。在邻近的特拉帕（Tlapa）地区还有一组"连索"，是以下文献作者的研究主题：Joaquín Galarza, *Lienzos de Chiepetlan: Manuscrits pictographiques et manuscrits en caractères latins de San Miquel Chiepetlan, Guerrero, Mexique* (Mexico City: Mission Archéologique et Ethnologique Française au Mexique, 1972)。

附录 5.1

重要的中美洲地图列表（按地图类型分组）

图名和保存地	呈现的地点	来源和年代	尺寸（cm）（高×宽）	语言	载体	目的和描述	已出版的报告
地图式史志							
1.《纳塔尔抄本》（Codex Nuttall），第 19、22、36 页；British Museum, Museum of Mankind, London（Add. MS. 39671）	蒂兰通戈-米特兰通戈（Tilantongo-Mitlantongo）地区（19 页）、蒂兰通戈地区（22 页）、阿波阿拉谷（Apoala Valley, 36 页）	米尔特卡阿尔塔（Mixteca Alta）；1520 年前	47 页的折页书，每页约 19×25.5	米什特克语	以绘画石膏绘于兽皮上	手稿讲述了米什特克统治精英到 12 世纪的历史，地图页与更广泛的历史叙事有关	Nuttall, *Codex Nuttall*
2.《肖洛特尔抄本》（Codex Xolotl），第 1 页；Bibliothèque Nationale, Paris (1–10)	墨西哥谷及附近	墨西哥谷特什科科（Texcoco）；约 1542 年	约 42×48	纳瓦特尔语	绘于"阿马特尔"纸上	阿科尔瓦人征服者肖洛特尔及其家族的历史	Dibble, *Códice Xolotl*
3.《托尔特克-奇奇梅克人史》（Historia tolteca-chichimeca），《平塔多地图》（Mapa Pintado），第 30v–31r、32v–33r、35v–36r 页；Bibliothèque Nationale, Paris (46–58)	《平塔多地图》：托托米瓦坎（Totomihua-can）和夸乌廷钱（Cuauhtinchan）的土地边界：托托米瓦坎及其领地（30v–31r 页）；夸乌廷钱地（30v–33r 页）；夸乌廷钱地（32v–33r 页）；夸乌廷钱的建立（35v–36r 页）	普埃布拉州夸乌廷钱，约 1547—1560	52 页，每页 30×22	纳瓦特尔语	以墨水和颜料绘于欧洲纸上	迁徙到夸乌廷钱的纳瓦人群的历史；从 12 世纪一直讲到 16 世纪中期。《平塔多地图》与《托尔特克-奇奇梅克人史》装订在一起，但其绘制似乎在该手稿其余部分之前，且是 30v–31r、32v–33r 和 35v–36r 页上的边界地图的部分资料来源	Kirchhoff, Odena Güema, and Reyes García, *Historia tolteca-chichimeca*

248–255

续表

图名和保存地	呈现的地点	来源和年代	尺寸（cm）（高×宽）	语言	载体	目的和描述	已出版的报告
地图式史志							
4.《萨卡特佩克连索1》(Lienzo of Zacatepec 1)；Museo Nacional de Antropología, Mexico City (35-63)	萨卡特佩克（Zacatepec）及附近地区	瓦哈卡州萨卡特佩克；约1540—1560年	325×225	米什特克语	以墨水绘于布上	属于萨卡特佩克领地的边界地图；包括其统治家族的家系	Smith, *Picture Writing*, 264-290
5.《萨卡特佩克连索2》(Lienzo of Zacatepec 2, 1893年摹本)；原件未知，摹本藏Municipal Archive of Zacatepec	萨卡特佩克及附近地区	瓦哈卡州萨卡特佩克；为16世纪晚期原图的1893年摹本	300×245	米什特克语	以墨水绘于布上	萨卡特佩克领地的边界地图，是《萨卡特佩克连索1》的一个较晚而更欧化的版本	Smith, *Picture Writing*, 298-306
6.《马尼地图》(Map of Maní, 1596年摹本)；Latin American Library, Tulane University, New Orleans	尤卡坦州马尼（Maní）及附近地区	尤卡坦州马尼；1557年原图的1596年摹本	原始尺寸未知	玛雅语	以墨水绘于欧洲纸上	附于马尼人领袖及其邻邦之间谈判的土地条约中	Roys, *Indian Background*
7.《梅特拉托尤卡地图》(Mapa de Metlatoyuca)；British Museum, Museum of Mankind, London (Add. MS. 30, 088)	梅特拉托尤卡（Metlatoyuca）?及附近地区	普埃布拉州的梅特拉托尤卡?瓦哈卡州的科伊什特拉瓦卡（Coixtlahuaca）?16世纪	180×105	纳瓦特尔语?奥托米语（Otomí）?托托纳克语（Totonac）?特佩瓦语（Tepehua）?乔乔语（Chocho）?	以墨水绘于布上	为河流、道路和神庙的地图，展示了图上所绘79个人之间诸家系关系	Guzmán, "Art of Map-Making"
8. 特奥萨科科阿尔科《地理叙述》图（Relación geográfica map of Teozacoalco）；Nettie Lee Benson Latin American Collection, University of Texas at Austin	瓦哈卡州特奥萨科科阿尔科（Teozacoalco）及附近地区	瓦哈卡州特奥萨科科阿尔科；1580年	142×177	米什特克语	以墨水和颜料绘于23页欧洲纸上	为了回应西班牙政府的要求而绘制的大型圆形边界地图	Caso, "Mapa de Teozacoalco"

续表

图名和保存地	呈现的地点	来源和年代	尺寸（cm）(高×宽)	语言	载体	目的和描述	已出版的报告
地图式史志							
9. 阿莫尔特佩克《地理叙述》图（Relación geográfica map of Amoltepec）; Nettie Lee Benson Latin American Collection, University of Texas at Austin	瓦哈卡州阿莫尔特佩克（Amoltepec）及附近地区	瓦哈卡州阿莫尔特佩克; 1580年	86×92	米什特克语	以墨水和颜料绘于欧洲纸上	为了回应西班牙政府的要求而绘制的圆形边界地图	Mundy, Mapping of New Spain, 图版6和图51（133页）; Relaciones geográficas del siglo XVI, vol. 3, Antequera, 第150对页
10. 《锡古恩萨地图》(Mapa de Sigüenza); Museo Nacional de Antropología, Mexico City (35-14)	墨西哥谷和未识别的地区	墨西哥谷合; 16世纪晚期或17世纪早期的摹本	54.5×77.5	纳瓦特尔语	以墨水绘于"阿马特尔"纸上	库尔瓦—墨西卡人经过漫长迁徙进入墨西哥谷并在1325年建立特诺奇蒂特兰的编年史	Glass, Catálogo de la colección de códices, 54-55; Ruiz Naufal et al., El territorio mexicano
11. 《博图里尼抄本》(Codex Boturini); Museo Nacional de Antropología, Mexico City (35-38)	墨西哥谷和未识别的地区	墨西哥谷合; 16世纪早期	21½页的折页书, 19.8×549	纳瓦特尔语	以墨水绘于"阿马特尔"纸上	库尔瓦—墨西卡人从神话中的阿兹特兰迁入墨西哥谷的行程地图。与《锡古恩萨地图》并木特别相近	Antigüedades de México, 2: 7-29
12. 《金斯堡抄本》(Codex Kingsborough) 第209r页; British Museum, Museum of Mankind (Add. MS. 13964)	特佩特拉奥斯托克（Tepetlaoztoc）及附近地区	墨西哥特佩特拉奥斯托克; 约1555年	29.8×21.5	纳瓦特尔语	以墨水和颜料绘于欧洲纸上	作为特佩特拉奥斯托克居民起诉其西班牙领主的诉状的一部分而绘制; 此图兼有中美洲和欧洲传统	Paso y Troncoso, Códice Kingsborough

续表

图名和保存地	呈现的地点	来源和年代	尺寸（cm）（高×宽）	语言	载体	目的和描述	已出版的报告
	夸乌廷钱组（参见 Yoneda, *Mapas de Cuauhtinchan*, 及 Reyes García, *Cuauhtinchan del siglo XII al XVI*）						
13.《夸乌廷钱地图1》(Mapa de Cuauhtinchan 1); Bibliothèque Nationale, Paris (375)	夸乌廷钱镇及附近地区	普埃布拉州夸乌廷钱; 16 世纪	113×167	纳瓦特尔语	以墨水和颜料绘于土纸上	展示了进入夸乌廷钱地区的奇奇梅克人群的征服	Yoneda, *Mapas de Cuauhtinchan*
14.《夸乌廷钱地图2》(Mapa de Cuauhtinchan 2); 私人收藏	左半部: 到神话中的奇奇莫斯托克 (Chicomoztoc) 及从那里到普埃布拉州乔卢拉 (Cholula) 的迁徙路线; 右半部: 夸乌廷钱—特卡利 (Tecali) —特佩阿卡 (Tepeaca) 地区	普埃布拉州夸乌廷钱; 16 世纪	109×204	纳瓦特尔语	以墨水和颜料绘于土纸上	展示了一些讲纳瓦特尔语者迁入普埃布拉地区的历程; 左半部展示了前住神话中的起源地奇科莫斯托克及及从那里回来的迁徙	Yoneda, *Mapas de Cuauhtinchan*
15.《夸乌廷钱地图3》(Mapa de Cuauhtinchan 3); Museo Nacional de Antropología, Mexico City (35-70)	普埃布拉地区的乔卢拉—夸乌廷钱	普埃布拉州夸乌廷钱; 16 世纪	92×112	纳瓦特尔语	以墨水和颜料绘于"阿马特尔"纸上	展示了韦肖钦科 (Huexotzinco) 和特佩阿卡之间的迁徙	Yoneda, *Mapas de Cuauhtinchan*
16.《夸乌廷钱地图4》(Mapa de Cuauhtinchan 4); Museo Nacional de Antropología, Mexico City (35-31)	包括特拉什卡拉 (Tlaxcala)、普埃布拉 (Puebla)、特佩阿卡和特卡马查尔科 (Tecamachalco) 在内的普埃布拉和特拉什卡拉地区	普埃布拉州夸乌廷钱; 约1563年	113×158	纳瓦特尔语	以墨水和颜料绘于"阿马特尔"纸上	展示了方格状的城镇平面图; 为夸乌廷钱组中最欧化的一幅	Yoneda, *Mapas de Cuauhtinchan*

续表

图名和保存地	呈现的地点	来源和年代	尺寸（cm）(高×宽)	语言	载体	目的和描述	已出版的报告
科伊什特拉瓦卡组（参见 Caso, *Reyes y reinos de la Mixteca*, 1: 118 – 136）							
17.《伊威特兰连索》（Lienzo of Ihuitlan）；Brooklyn Museum, New York	瓦哈卡州伊威特兰 [Ihuitlan, 又名普卢马斯（Plumas）] 及附近地区	瓦哈卡州伊威特兰（普卢马斯）；16 世纪	244×152	地图上为纳瓦特尔语；伊威特兰人讲乔乔语	以墨水和颜料绘于布上	展示了来自伊威特兰和地图上描绘的其他地点的统治家族的家系，这些地点包括了科伊什特拉瓦卡组中其他"连索"上也涵盖的地点	Caso, *Lienzos mixtecos*, 237 – 274
18.《特拉皮尔特佩克连索》[Lienzo of Tlapiltepec, 也叫《安东尼奥·德·莱昂连索》（Lienzo Antonio de León）]；Royal Ontario Museum, Toronto	瓦哈卡州科伊什特拉瓦卡（Coixtlahuaca）谷地的特拉皮尔特佩克（Tlapiltepec）；普埃布拉州特瓦坎（Tehuacán）	瓦哈卡州特拉皮尔特佩克；16 世纪	432×165	"连索"上有纳瓦特尔语注记；当地为乔乔—波波洛卡语（Popoloca）地区	以墨水绘于布上	此"连索"展示了从神话中的奇科莫斯托克迁入科伊什特拉瓦卡谷的迁徙；亦展示了科伊什特拉瓦卡统治家族的家系	Caso, *Lienzos mixtecos*, 237 – 274
19.《科伊什特拉瓦卡连索 1》（Lienzo of Coixtlahuaca 1, 也叫《伊什特兰抄本》（Codex Ixtlan）]；Museo Nacional de Antropología, Mexico (35 – 113)	科伊什特拉瓦卡及附近地区	瓦哈卡州科伊什特拉瓦卡, 16 世纪	425×300	乔乔—波波卡语	以墨水绘于布上	"连索"展示了科伊什特拉瓦卡的家系	*Codex Ixtlan*, 及 Glass and Robertson, "Census," 图30
20.《科伊什特拉瓦卡连索 2》[Lienzo of Coixtlahuaca 2, 也叫《塞勒 2》（Seler 2）]；Museum für Völkerkunde, Berlin	科伊什特拉瓦卡地区	科伊什特拉瓦卡地区；16 世纪	375×425	乔乔—波波卡语	以墨水绘于布上	可能是科伊什特拉瓦卡组中最早的一幅"连索"	未出版

续表

图名和保存地	呈现的地点	来源和年代	尺寸(cm)(高×宽)	语言	载体	目的和描述	已出版的报告
		科伊什特拉瓦卡卡组(参见 Caso, *Reyes y reinos de la Mixteca*, 1:118-136)					
21.《特基什特佩克连索 1》(Lienzo of Tequixtepec 1);瓦哈卡州特基什特佩克(Tequixtepec)	瓦哈卡州特基什特佩克及科伊什特拉瓦卡地区	瓦哈卡州特基什特佩克;16世纪	305×248	乔乔-波波洛卡语	以墨水和颜料绘于布上	展示了沿着框架分布的边界标记,并包含统治家族的家系;该"连索"可能是奇奇梅克的底部区域展示了洞穴中的建立者夫妻和他们的后代	Parmenter, *Four Lienzos*, 45-63
22.《特基什特佩克连索 2》(Lienzo of Tequixtepec 2);瓦哈卡州特基什特佩克	瓦哈卡州特基什特佩克及科伊什特拉瓦卡地区	瓦哈卡州特基什特佩克;16世纪	285×70	乔乔-波波洛卡语	以墨水和颜料绘于布上	内容大多为家系	Parmenter, *Four Lienzos*, 45-63
23.《梅许埃罗抄本》[Codex Meixueiro,也叫《连索 A》(Lienzo A),仅通过尼古拉斯·莱昂(Nicolás León)的摹绘而知];摹本藏于Tulane University, Latin American Library	科伊什特拉瓦卡地区	科伊什特拉瓦卡地区;原图可能为16世纪	原图未知;摹本为380×360	乔乔-波波洛卡语	未知	边界地区,在中央有科伊什特拉瓦卡的图画,并有与统治者家系混合的战斗和神灵场景	*Codex Meixuero*,及Glass and Robertson, "Census,"图44
24.《图兰辛戈连索 1》(Lienzo of Tulancingo 1);Municipal Archive, Tulancingo	图兰辛戈(Tulancingo)及附近地区	图兰辛戈;16世纪	约115×145	乔乔语	以墨水和颜料绘于布上	展示了用边界标记描绘的图兰辛戈的领地,以及10对统治夫妻的可能为家系式的列表;林孔-毛特纳(Rincón-Mautner)还提出版了另一幅1753年的较晚的"连索",主要呈现为欧洲风格,他称之为《图兰辛戈连索2》(Lienzo of Tulancingo 2)	Rincón-Mautner, "History of San Miguel Tulancingo"

续表

图名和保存地	呈现的地点	来源和年代	尺寸（cm）（高×宽）	语言	载体	目的和描述	已出版的报告
科伊什特拉瓦卡卡组（参见 Caso, *Reyes y reinos de la Mixteca*, 1: 118－136）							
25.《圣马利亚纳蒂维塔斯连索》（Lienzo de Santa María Nativitas）；圣马利亚纳蒂维塔斯（Santa María Nativitas）	瓦哈卡州圣马利亚纳蒂维塔斯及附近地区	圣马利亚纳蒂维塔斯；16世纪	173×175	乔乔—波波卢卡语	以墨水绘于布上	圣马利亚纳蒂维塔斯的边界地图，展示了统治家族的家系	Dahlgren de Jordán, *La Mixteca*, 366－370, 及 Glass, "Survey," 图48
地籍图							
26.《马盖麻纸平面图》（Plano en papel de maguey）；Museo Nacional de Antropología, Mexico City（35－3）	墨西哥谷的部分定居点，可能是阿斯卡波查尔科（Azcapotzalco）地区	墨西哥谷，可能是阿斯卡波查尔科地区；16世纪	238×168	纳瓦特尔语	以墨水和颜料绘于"阿马特尔"纸上	让地区领袖可以随时得知每块所有者的地块的最新情况；后来在修改该图时添加了特诺奇蒂特兰领袖的列表，以用于诉讼	Díaz del Castillo, *Conquest of New Spain*, 3: 3－25 页和地图
27.《洪堡残卷2》（Humboldt Fragment 2）；Staatsbibliothek zu Berlin-Preussischer Kulturbesitz（MS. Amer. 1）	墨西哥谷中的未知田地	墨西哥谷；1565年后	68×40	纳瓦特尔语	以墨水绘于"阿马特尔"纸上	展示了长条形的田地，注有其拥有者的图画名字；其中包括接触时的阿兹特克统治者莫特库索马·肖科约钦	Seler, "Picture Writings of Alexander von Humboldt"
城市图							
28.《门多萨抄本》（Codex Mendoza），第 2r 页；Bodleian Library, Oxford（MS. Arch, Seld. A, 1, fol. 2r）	特诺奇蒂特兰	特诺奇蒂特兰；约1541年	32.7×22.9	纳瓦特尔语	以墨水和颜料绘于欧洲纸上	展示了库尔瓦—墨西卡人的都城在1325年的建立和之后年份中的事件	Berdan and Anawalt, *Codex Mendoza*

续表

图名和保存地	呈现的地点	来源和年代	尺寸（cm）（高×宽）	语言	载体	目的和描述	已出版的报告
城市图							
29.《主要纪念物》（Primeros memoriales），第269r页；Palacio Real，Madrid（Códice Matriense, MS. 3280）	特诺奇蒂特兰的中央神庙区	伊达尔戈州特佩阿普尔科；约1558—1561年	21.5×45	纳瓦特尔语	以墨水和颜料绘于欧洲纸上	库尔瓦－墨西卡人的中央仪式区的唯一已知的地图，这一场所在西班牙人的征服战争中被夷平	Sahagún, *Primeros Memoriales*
30.《托尔特克－奇梅克人史》（Historia tolteca-chichimeca），第9v－10r，26v－27r页；Bibliothèque Nationale, Paris（46-58）	9v－10r页：乔卢拉和复合的镇区；26v－27r页：乔卢拉仪典区内的神庙	普埃布拉州乔卢拉；约1547—1560年	52页，每页30×22	纳瓦特尔语	以墨水和颜料绘于欧洲纸上	纳瓦人群向夸乌廷钱洛迁徙的历史；涵盖了12世纪到16世纪中期	Kirchhoff, Odena Güema, and Reyes García, *Historia tolteca-chichimeca*
31.《弗洛伦丁抄本》（Florentine Codex），bk. 8, chap. 17; Biblioteca Medicea Laurenziana, Florence（Palat. Col. 218-220）	未知	特拉特洛尔科（Tlatelolco）和特诺奇蒂特兰；约1570年	约9×12	纳瓦特尔语、西班牙语和一些拉丁语	以墨水和颜料绘于欧洲纸上	为殖民时代罕见的对前西班牙时代如何使用地图的描绘；展示了阿兹特克战士正在用一幅地图来策划一场攻击	Sahagún, *Códice Florentino*
地产地图							
32.《唐·米格尔·达米安安地产图》（Don Miguel Damian's properties）；Newberry Library, Chicago（Ayer Collection, 1270）	肖奇米尔科（Xochimilco）地区的田地和房屋	墨西哥谷肖奇米尔科；1576年	38.5×39.3	纳瓦特尔语	绘于土纸上	用于针对肖奇米尔科的土地的诉讼；展示了属于唐·米格尔·米格尔的个人宅地，但没有涉及它们的空间总体排布情况	Glass and Robertson, "Census," 79

续表

图名和保存地	呈现的地点	来源和年代	尺寸 (cm)(高×宽)	语言	载体	目的和描述	已出版的报告
地产地图							
33.《奥斯托蒂兑帕克土地图》(Oztoticpac lands map)；Library of Congress, Washington, D. C.	特什科科图的田地和地产	墨西哥特什科科；约1540年	75×84	纳瓦特尔语	以墨水和颜料绘于土著纸上	绘制了在一位叫唐·卡洛斯·奇奇梅克特科尔（Don Carlos Chichimecatecotl）的特什科科贵族在1539年被宗教裁判所处决后在所有权上发生争议的一些地产和果园	Cline, "Oztoticpac Lands Map"
宇宙志手稿地图							
34.《费耶尔瓦里—迈耶尔抄本》(Codex Fejérváry-Mayer)，第2页；Merseyside County Mseum, Liverpool (12014 Mayer)		未知；约1400—1520年	23页的折页书，每页在16.2×17.2和17.5×17.5之间		以黑墨水和彩色颜料绘于大小的兽皮上	展示了为马雅他十字形的260日计日图案所包围的布局世界树	Codex Fejérváry-Mayer
35.《奥班手稿》(Aubin MS.)第20号；Bibliothèque Nationale, Paris (20)		米什特克地图；1520年前	51×91	米什特克语	以黑墨水和彩色颜料绘于大小的兽皮上	环绕着一个圆形饰框的四个帕克点记号既与四个基本方位有关，又与米什特克地区内的四个地点有关	Lehmann, "Las cinco mujeres del oeste muertas"
36.《博尔吉亚抄本》(Codex Borgia)，第29—46页；Biblioteca Apostolica Vaticana, Rome		未知；1520年前	39页的折页书，每页27×26.5	未知	以黑墨水和彩色颜料绘于大小的兽皮上	展示了金星的一部分视周期中的宇宙分层次	Codex Borgia

续表

图名和保存地	呈现的地点	来源和年代	尺寸（cm）（高×宽）	语言	载体	目的和描述	已出版的报告
宇宙志手稿地图							
37.《里奥斯抄本》(Codex Rios) 第1v–2r 页; Biblioteca Apostolica Vaticana, Rome (Cod. Vat. 3738)		意大利罗马? 1566—1589 年	101 页的装订书, 46×29	意大利语并有一些纳瓦特尔语	以彩色墨水绘于欧洲纸上	展示了宇宙的 21 层; 可能是本土原作的意大利副本, 意在向欧洲教土解释前西班牙时代的信仰	Pasztory, *Aztec Art*, 彩色图版 8 和 9
38.《马德里抄本》(Codex Madrid) 第 76—77 页; Museo de América, Madrid		玛雅地区; 15 世纪中到晚期	56 页的折页书, 每页约 22.6×12.2	玛雅语	以黑色墨水和彩色颜料绘了大小不一确定了大小的"阿马特尔"纸上	在马雅耳他十字形的 260 日计日图案中展示了四个基本方位的圣书字	*Codex Tro-Cortesianus* (*Codex Madrid*)
非手稿载体上的宇宙志地图							
39. 伊萨帕 5 号石板 (Stela 5, Izapa); 墨西哥恰帕斯州伊萨帕 (Izapa) 原地保存		墨西哥伊萨帕; 公元前 300 年—公元 1 年	2.55×1.60 米	未知	石雕	宇宙层次的早期呈现, 展示了原始海、世界树和天带	Norman, *Izapa Sculpture*, 图版 2, 165—236
40. 玛雅三足盘; 私人收藏		未知; 公元 600—800 年	直径约 31	玛雅语	陶器彩绘	展示了三个宇宙层次, 上方有表示天空的天怪, 下方有下界的大口	Schele and Miller, *Blood of Kings*, 310–312, 图版 122 和 122c
41. 帕卡尔 (Pacal) 石棺盖; 墨西哥帕伦克 (Palenque) 原地保存		帕伦克; 约公元 683 年	372×217	玛雅语	灰岩石雕	在宇宙层次的中央展示了帕伦克的统治者帕卡尔	Schele and Miller, *Blood of Kings*, 图版 111a

续表

图名和保存地	呈现的地点	来源和年代	尺寸（cm）（高×宽）	语言	载体	目的和描述	已出版的报告
非手稿载体上的宇宙志地图							
42. 蒂索克石雕（Tizoc Stone）；Museo Nacional de Antropología, Mexico City		特诺奇蒂特兰；约1481—1486年	高90；直径270	纳瓦特尔语	石上的浅浮雕	这块石雕意在纪念阿兹特克皇帝蒂索克的征服，在宇宙图中展示了他作为"世界轴"的形象	Pasztory, Aztec Art, 图版90–92。线条图和照片见图20；Townsend, State and Cosmos, 图20
43. 里奥阿苏尔12号陵；危地马拉佩滕省里奥阿苏尔（Rio Azul）原地保存		里奥阿苏尔；约450年	无数据	玛雅语	墙面灰泥上的彩绘	陵墓墙上的图画标出了基本方位	Stuart, "Paintings of Tomb 12," 及 Graham, "looters Rob Graves," 456
天空图							
44. 《主要纪念物》第282r-v页；Palacio Real, Madrid（Códice Matritense, MS. 3280）		伊达尔戈州特佩阿普尔科（Tepeapulco）；约1558—1561年	21.5×45	纳瓦特尔语	以墨水和颜料绘于欧洲纸上	展示了各组恒星排列成的星座	Sahagún, Primeros memoriales
45. 历书石（Calendar Stone）；Museo Nacional de Antropología, Mexico City		特诺奇蒂特兰；约1502—1519年	直径3.5米	纳瓦特尔语	石上的浅浮雕	这块圆石的边缘有一些啄雕图案，似乎展示了某些星座	Aveni, Skywatchers of Ancient Mexico, 33
46. 博南帕克2号房间北墙壁画饰框；墨西哥恰帕斯州博南帕克（Bonampak）原地保存		墨西哥博南帕克；约公元792年	无数据	玛雅语	墙面灰泥上的彩绘	其上四个饰框似乎呈现了792年8月2日夜晚双子座、火星、土星和参宿三星的排列	Miller, Murals of Bonampak

资料来源：Antigüedades de México, 4 vols. （Mexico City: Secretaría de Hacienda y Crédito Público, 1964 – 1967）；Anthony F. Aveni, Skywatchers of Ancient Mexico （Austin: University of Texas Press, 1980）；Frances Berdan and Patricia Rieff Anawalt, eds. , The Codex Mendoza, 4 vols. （Berkeley: University of California Press, 1992）；Alfonso Caso, "El Mapa de Teozacoalco," Cuadernos

Americanos 47, no. 5 (1949): 145 – 181; 同一作者的 *Los lienzos mixtecos de Ihuitlan y Antonio de León* (Mexico City: Instituto Nacional de Antropología e Historia, 1961); 同一作者的 *Reyes y reinos de la Mixteca*, 2 vols. (Mexico City: Fondo de Cultura Económica, 1977 – 1979); Howard Francis Cline, "The Oztoticpac Lands Map of Texcoco, 1540," *Quarterly Journal of the Library of Congress*, 1966, 77 – 115, 重印于 *A La Carte: Selected Papers on Maps and Atlases*, comp. Walter W. Ristow (Washington, D. C.: Library of Congress, 1972), 5 – 33; *Cordex Borgia: Biblioteca Apostolica Vaticana (Messicano Riserva 28)* (Graz: Akademische Druck-u. Verlagsanstalt, 1976); *Codex Fejérváry-Mayer: M 12014 City of Liverpool Museums* (Graz: Akademische Druck-u. Verlagsanstalt, 1971); *Codex Ixtlan*, facsimile ed., Maya Society Publications 3 (Baltimore: Johns Hopkins University Press, 1931); *Codex Meixuero*, facsimile ed., Maya Society Publications 4 (Baltimore: Johns Hopkins University Press, 1931); *Codex Tro-Cortesianus prehispánicas* (Mexico City: Imprenta Universitaria, 1954); Bernal Díaz del Castillo, *The True History of the Conquest of New Spain*, 5 vols., ed. Genaro García, trans. Alfred Percival Maudslay, Hakluyt Society Publications, ser. 2, vols. 23, 24, 25, 30, and 40 (London: Hakluyt Society, 1908 – 1916); Charles E. Dibble, ed., *Códice Xolotl*, 2d ed., 2 vols. (Mexico City: Instituto de Investigaciones Históricas, Universidad Nacional Autónoma de Mexico, 1980); John B. Glass, *Catálogo de la colección de códices* (Mexico City: Museo Nacional de Antropología and Instituto Nacional de Antropología e Historia, 1964); 同一作者的 "A Survey of Native Middle American Pictorial Manuscripts," in *Handbook of Middle American Indians*, vol 14, e-d. Howard Francis Cline (Austin: University of Texas Press, 1975), 3 – 80; John B. Glass with Donald Robertson, "A Census of Native Middle American Pictorial Manuscripts," in *Handbook of Middle American Indians*, vol. 14, ed. Howard Francis Cline (Austin: University of Texas Press, 1975), 81 – 252; Ian Graham, "Looters Rob Graves and History," *National Geographic* 169 (1986): 452 – 460; Eulalia Guzmán, "The Art of Map-Making among the Ancient Mexicans," *Imago Mundi* 3 (1939): 1 – 6; Paul Kirchhoff, Lina Odena Güema, and Luis Reyes García, eds. and trans., *Historia tolteca-chichimeca* (Mexico City: Instituto Nacional de Antropología Historia, 1976); Walter Lehmann, "Las cinco mujeres del oeste muertas en el parto y los cinco dioses del sur en la mitología mexicana," *Traducciones Mesoamericanistas* 1 (1966) 147 – 175; Mary Ellen Miller, *The Murals of Bonampak* (Princeton: Princeton University Press, 1986); Barbara E. Mundy, *The Mapping of New Spain: Indigenous Cartography and the Maps of the Relaciones Geográficas* (Chicago: University of Chicago Press, 1996); V. Garth Norman, *Izapa Sculpture*, 2 pts., Papers of the New World Archaeological Foundation 30 (Provo: New World Archaeological Foundation, 1973 – 1976); Zelia Nuttall, ed., *The Codex Nuttall: A Picture Manuscript from Ancient Mexico* (New York: Dover, 1975); Ross Parmenter, *Four Lienzos of the Coixtlahuaca Valley*, Studies in Pre-Columbian Art and Archaeology 26 (Washington, D. C.: Dumbarton Oaks, 1982); Francisco del Paso y Troncoso, ed. *Códice Kingsborough: Memorial de los Indios de Tepetlaoztoc* ⋯, facsimile ed. (Madrid: Fototipia de Hauser y Menet, 1912); Esther Pasztory, *Aztec Art* (New York: Harry N. Abrams, 1983); *Relaciones geográficas del siglo XVI*, 10 vols., ed. René Acuña (Mexico City: Universidad Nacional Autónoma de México, Instituto de Investigaciones Antropológicas, 1982 – 1988); Luis Reyes García, *Cuauhtinchan del siglo XII al XVI: Formación y desarrollo histórico de un señorío prehispánico* (Wiesbaden: Franz Steiner, 1977); Carlos Rincón-Mautner, "A Reconstruction of the History of San Miguel Tulancingo, Coixtlahuaca, Mexico, from Indigenous Painted Sources," *Texas Notes on Precolumbian Art, Writing, and Culture*, no. 64 (1994): 1 – 18; Ralph Loveland Roys, *The Indian Background of Colonial Yucatan* (Washington, D. C.: Carnegie Institution, 1943); Victor M. Ruiz Naufal et al., *El Territorio mexicano*, 2 vols. and plates (Mexico City: Instituto Mexicano del Seguro Social, 1982); Bernardino de Sahagún, *Códice Florentino: El manuscrito 218 – 220 de la colección Palatino de la Biblioteca Medicea Laurenziana*, facsimile ed., 3 vols. (Florence: Gunti Barbéra and Archivo General de la Nación, 1979); 同一作者的 *Primeros memoriales*, facsimile ed. (Norman: University of Oklahoma Press, 1993); Linda Schele and Mary Ellen Miller, *The Blood of Kings: Dynasty and Ritual in Maya Art* (New York: George Braziller, 1986); Eduard Seler, "The Mexican Picture Writings of Alexander von Humboldt in the Royal Library at Berlin," *Smithsonian Institution, Bureau of American Ethnology Bulletin* 28 (1904): 123 – 229; Mary Elizabeth Smith, *Picture Writing from Ancient Southern Mexico: Mixtec Place Signs and Maps* (Norman: University of Oklahoma Press, 1973); David Stuart, "The Paintings of Tomb 12, Rio Azul," in *Rio Azul Reports 3, The 1985 Season/Proyecto Rio Azul, Informe Tres: 1985*, ed. R. E. W. Adams (San Antonio: University of Texas, 1987), 161 – 167; Richard Fraser Townsend, *State and Cosmos in the Art of Tenochtitlan*, Studies in Pre-Columbian Art and Archaeology 20 (Washington, D. C.: Dumbarton Oaks, 1979); 及 Keiko Yoneda, *Los mapas de Cuauhtinchan y la historia cartográfica prehispánica*, 2d ed. (Mexico City: Centro de Investigaciones y Estudios Superiores en Antropología Social, 1991)。

附录 5.2　　　　　　　　　　　　前哥伦布时代中美洲的景观绘画

遗址	文化	年代	载体	主题
特奥蒂瓦坎（Teotihuacan）a				
特潘蒂特拉（Tepantitla）宫殿群，下部带状装饰	特奥蒂瓦坎	公元 600—750	壁画	在山的周围嬉戏的人群；可能是后世的乐园
农神庙（仅知摹本）	特奥蒂瓦坎	公元 200—400	壁画	用于供给山或神的祭品
奇琴伊察（Chichén Itzá）b				
战神庙	玛雅	约 12 世纪	壁画	海滨村庄，陆地村庄
美洲豹神庙（壁画 1，2，3，4，7，8）	玛雅	约 12 世纪	壁画	战斗场景，地上森林，山丘，村庄

a Kathleen Berrin, ed. , *Feathered Serpents and Flowering Trees*：*Reconstructing the Murals of Teotihuacan*（San Francisco：Fine Arts Museums of San Francisco, 1988）; Kathleen Berrin and Esther Pasztory, eds. , *Teotihuacan*：*Art from the City of the Gods*, exhibition catalog（New York：Thames and Hudson, 1993）; Manuel Gamio, *La población del valle de Teotihuacán*, 2 vols. in 3（Mexico City：Dirección de Talleres Gráficos, 1922）; George Kubler, *The Art and Architecture of Ancient America*：*The Mexican, Maya and Andean Peoples*, 3d ed. （New York：Penguin, 1984）, 65 – 68; Arthur G. Miller, *The Mural Painting of Teotihuacán*（Washington, D. C. ：Dumbarton Oaks, 1973）; Esther Pasztory, *The Murals of Tepantitla, Teotihuacan*（New York：Garland, 1976）; Agustín Villagra Caleti, "Mural Painting in Central Mexico," in *Handbook of Middle American Indians*, vol. 10, ed. Gordon F. Ekholm and Ignacio Bernal（Austin：University of Texas Press, 1971）, 135 – 156。

b A. Breton, "The Wall Paintings at Chichen Itza," in *Congrès International de Américanistes*, *XVe session*, 2 vols. （Quebec, 1907）, 2：165 – 169; 同一作者的 "The Ancient Frescos at Chichen Itza," *Proceedings of the British Association for the Advancement of Science*（Portsmouth, 1911）, section H; Marvin Cohodas, *The Great Ball Court at Chichen Itza, Yucatan, Mexico*（New York：Garland, 1978）, 特别是 63 页和图 42—49; Paul Gendrop, "Las representaciones arquitectónicas en las pinturas mayas," in *Las representaciones de arquitectura en la arqueología de América*, ed. Daniel Schávelzon（Mexico City：Universidad Nacional Autónoma de México, 1982 – ）, 1：191 –210; Kubler, *Art and Architecture*, 315 – 319。

第六章　中安第斯地区的制图[*]

威廉·古斯塔夫·加特纳
（William Gustav Gartner）

　　布鲁诺·阿德勒曾把有关南美洲原住民的空间计算和临时性绘图的报告编在一起；这些报告固然令人惊叹，但他只能描述出地图的四个民族志实例，其中没有一幅地图来自中安第斯地区（图6.1）。阿德勒的结论是，南美洲原住民在正常情况下不会把他们有关空间的可观知识铭写在永久性的载体上。[①]

　　尽管非正式的绘图（mapping，空间知识的类比表达或表演）可能是普世的人性，正式的制图（mapmaking，空间知识的铭写）是否倾向于只在高度组织化的官僚社会中作为一种话语功能（discourse function）出现，却还有争论。正式制图的必需条件包括"农业、私人地产、长距离贸易、军事行动、朝贡关系和其他再分配经济的特征"。[②] 如果此言不差，那么我们应该期望中安第斯地区的居民会有古老的制图传统。安第斯原住民曾经实施了几千年的集约农业，包括灌溉梯田和精细的培高田（raised fields）的营建，其规模在世界上其他的前现代社会中罕有匹敌。[③] 几千年间，安第斯地区的军事活动也非常频繁。不仅如此，我们还有证据表明从前陶器时代晚期（约公元前2500—前1800年，见图6.2）开始，在太平洋沿岸、安第斯山区和亚马孙平原之间就已经有贵重商品和常规商品的定期长距离贸易。[④] 最后，自早层期（约公元前900—前200年）开始以来，农产品和其他商品的获得和再分配以

　　* 我极为感谢 Benjamin S. Orlove, Frank Salomon, Carolyn Dean, Karl S. Zimmerer 和 Clark Erickson，特别是 William M. Denevan；他们看过本章几个版本的初稿并给予意见。我还要感谢 R. Tom Zuidema, Dan Shea, Michelle Szabo 和 Margo Kleinfeld 提供的建议。

　　① Bruno F. Adler, "Karty pervobytnykh narodov"（原始社会民众的地图）, *Izvestiya Imperatorskago Obshchestva Lyubiteley Yestestvoznanya, Antropologii i Etnografii: Trudy Geograficheskago Otdelinitya*（帝国自然科学、人类学和民族学爱好者学会会刊：地理学报）119, no. 2 (1910), 171 – 177。我非常感谢威斯康星—麦迪逊大学的米歇尔·索博（Michelle Szabo）把阿德勒文章中的这几节从俄文翻译过来。

　　② Denis Wood, "The Fine Line between Mapping and Map Making," *Cartographica* 30, no. 4 (1993): 50 – 60，特别是56页，及同一作者的 "Maps and Mapmaking," *Cartographica* 30, no. 1 (1993): 1 – 9。

　　③ William M. Denevan, Kent Mathewson, and Gregory Knapp, eds., *Pre-Hispanic Agricultural Fields in the Andean Region: Proceedings, 45 Congreso Internacional de Américanistas, International Congress of Americanists, Bogotá, Colombia, 1985*, 2. Vols. (Oxford: BAR, 1987)，特别是 William M. Denevan, "Terrace Abandonment in the Colca Valley, Peru," 1: 1 – 43。也见 R. A. Donkin, *Agricultural Terracing in the Aboriginal New World* (Tucson: University of Arizona Press, 1989)，及 William M. Denevan, "Aboriginal Drained-Field Cultivation in the Americas," *Science* 169 (1970): 647 – 654。

　　④ Richard L. Burger, *Chavín and the Origins of Andean Civilization* (London: Thames and Hudson, 1992), 31 – 33 和 53 – 54。

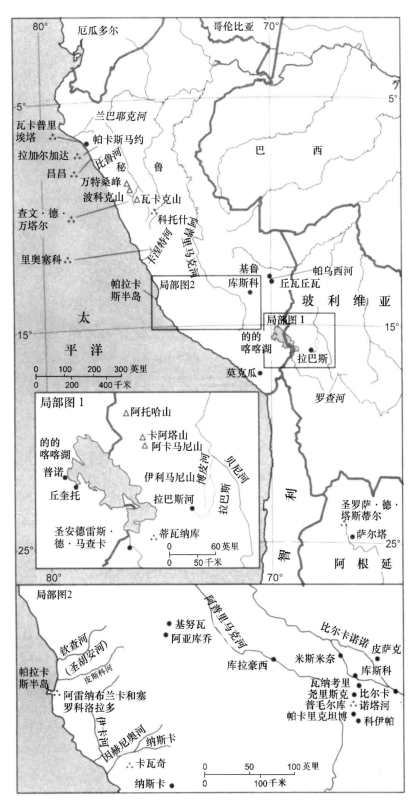

图 6.1　中安第斯地区的参考地图

本图显示了正文中提到的地点和地物。

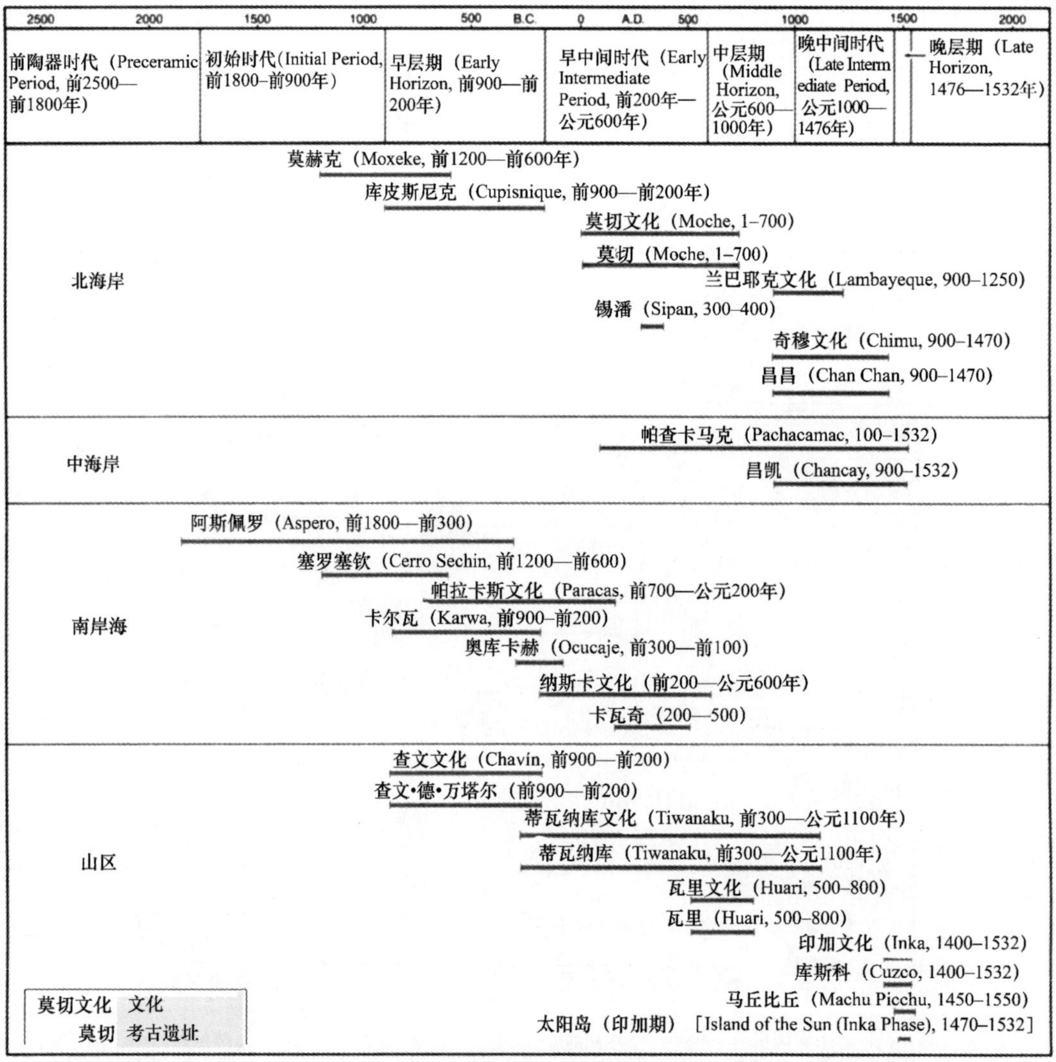

2500 2000 1500 1000 500 B.C. 0 A.D. 500 1000 1500 2000

前陶器时代（Preceramic Period, 前2500—前1800年）	初始时代（Initial Period, 前1800—前900年）	早层期（Early Horizon, 前900—前200年）	早中间时代（Early Intermediate Period, 前200年—公元600年）	中层期（Middle Horizon, 公元600—1000年）	晚中间时代（Late Intermediate Period, 公元1000—1476年）	晚层期（Late Horizon, 1476—1532年）

北海岸

莫赫克（Moxeke, 前1200—前600年）
库皮斯尼克（Cupisnique, 前900—前200年）
莫切文化（Moche, 1–700）
莫切（Moche, 1–700）
兰巴耶克文化（Lambayeque, 900–1250）
锡潘（Sipan, 300–400）
奇穆文化（Chimu, 900–1470）
昌昌（Chan Chan, 900–1470）

中海岸

帕查卡马克（Pachacamac, 100–1532）
昌凯（Chancay, 900–1532）

南岸海

阿斯佩罗（Aspero, 前1800—前300）
塞罗塞钦（Cerro Sechin, 前1200—前600）
帕拉卡斯文化（Paracas, 前700—公元200年）
卡尔瓦（Karwa, 前900—前200）
奥库卡赫（Ocucaje, 前300—前100）
纳斯卡文化（前200—公元600年）
卡瓦奇（200—500）

山区

查文文化（Chavín, 前900—前200）
查文·德·万塔尔（前900—前200）
蒂瓦纳库文化（Tiwanaku, 前300—公元1100年）
蒂瓦纳库（Tiwanaku, 前300—公元1100年）
瓦里文化（Huari, 500–800）
瓦里（Huari, 500–800）
印加文化（Inka, 1400–1532）
库斯科（Cuzco, 1400–1532）
马丘比丘（Machu Picchu, 1450–1550）
太阳岛（印加期）[Island of the Sun (Inka Phase), 1470–1532]

莫切文化	文化
莫切	考古遗址

258

图 6.2　中安第斯地区的文化年代表

这张年代表列出了中安第斯地区的考古文化、时代和层期（horizon）。

据 Richard F. Townsend, ed., *The Ancient Americas：Art from Sacred Landscapes*（Chicago：Art Institute of Chicago, 1992），263。

及为了建造纪念性建筑或为精英人士服务的劳力役使也已经存在。⑤

　　然而，"地图"这个用语在对古代中安第斯地区的人造物和艺术所做的现代考古、艺术史和民族志分析中几乎不存在，除非是在隐喻的意义上使用，但就连这种隐喻的用法也极为稀少。⑥ 可能在早层期到中层期（约公元前900—公元1000年），一个组织化的官僚体制中的这些个别要素还展现得不够清晰，而不足以促成某种制图传统。但在1532年，印加人统

---

⑤　Michael Edward Moseley, *The Incas and Their Ancestors：The Archaeology of Peru*（New York：Thames and Hudson, 1992），123 – 125 和 140 – 142。

⑥　一个明显的例外是 William Harris Isbell, "The Prehistoric Ground Drawings of Peru," *Scientific American* 239, no. 4（1978）：140 – 153，特别是 150 和 153 页。伊斯贝尔（Isbell）把纳斯卡线条归为一幅巨型的地面地图，认为其传达了有关纳斯卡社会运作的重要信息。（对于纳斯卡在英文中应拼作 Nazca 还是 Nasca，见注释 75。）

治了生活在地球上最为崎岖的地区之一的大约 750 万人口。他们控制的路网总长超过 2.3 万千米，获取和再分配的常规商品和贵重商品的数量都非常惊人，为公共事务所组织的人力在新世界也达到了空前水平。[7]

殖民管理者是否只是没有去收集地图，哪怕他们曾收集过印加官僚体系的其他人造物?[8] 有一种不易理解但似乎颇有说服力的学术解释，认为印加政府的地图和其他实物的缺乏可能源于西班牙人的严厉征服。然而，尽管安东尼奥·德·门多萨（Antonio de Mendoza）赞助了胡安·德·贝坦索（Juan de Betanzo）的权威性著作《印加人的报告和传说》（*Suma y narración de los Incas*, 1551 – 1557）的出版，在墨西哥的时候还收集了图画抄本，但当他在安第斯地区担任秘鲁总督时，一直到去世，都没有收集过类似的东西。同样，第三任总督安德雷斯·乌尔塔多·德·门多萨（Andrés Hurtado de Mendoza）也没有收集过安第斯地区的图画抄本或地图，或委托当地人制作这些东西。正如汤姆·卡明斯（Tom Cummings）所说，更为可能的情况是，安第斯人对空间及其象征系统的观念过于抽象，与那些和欧洲人经验相关的观念差异过大，以致西班牙人干脆没有注意到它们。[9] 在西班牙人没有意识到的情况下，安第斯象征系统便未能在殖民时期过后还得到完整的文化传承。

针对中安第斯地区的制图是否存在的问题，我们有可能得出与阿德勒的观点非常不同的结论。然而，这就需要我们扩大"地图"的定义——就像在本册其他各章中所做的那样——并提出如下的问题：对于一个在空间、地理关系、呈现的模式和载体等方面都与西方经验迥异的文化来说，如何识别一个东西是地图?

为了回答这个问题，我将先展示，从早层期到印加时代（约公元前 900—公元 1532 年），安第斯人民制作过起着地图功能的空间和景观的呈现物。在考察考古记录中制图活动随时间表现出的发展之前，我们需要先从考古、民族志和历史证据中建立安第斯人有关空间、地理关系和呈现规则的观念。

安第斯人有关空间和地理关系的观念：过去和现在

只有当我们试着从安第斯人的视角去打量，才会识别出安第斯人地图。包括西方地图在内的任何地图的内容和结构都不只由环境中的事物所决定，也由社会组织、文化习惯和人的

---

⑦　参见 William M. Denevan, ed. , *The Native Population of the Americas in* 1492, 2d ed. （Madison：University of Wisconsin Press, 1992）, 291; John Hyslop, *The Inka Road System*（Orlando：Academic Press, 1984）; 及 Terence N. D'Altroy and Timothy K Earle, "Staple Finance, Wealth Finance, and Storage in the Inka Political Economy," in *Inka Storage Systems*, ed. Terry Y. LeVine（Norman：University of Oklahoma Press, 1992）, 31 – 61。"印加"（Inka）是广为接受的盖丘亚语拼写形式，在学术文章中已经十分常见。

⑧　印加人有一种专门的寺庙叫"波昆坎查"（Poquen Cancha），意为"太阳宫"，其中存有画板（*tablas*），描绘了每位印加统治者的生平、所征服的土地的细节以及印加仪式和传说的图示。何塞·德·阿科斯塔（José de Acosta）认为印加人的绘画（*pinturas*）和基普斯是传达重要历史信息的方式，是印加人所缺乏的书写和字母的替代物。然而，现在已知没有任何哥伦布以前的画板或绘画保存下来。参见 Cristóbal de Molina, *Fábulas y mitos de los Incas*, ed. Henrique Urbano and Pierre Duviols（Madrid：Historia 16, 1989）, 49 – 50, 及 José de Acosta, *Historia natural y moral de las Indias*, 2 vols. （Madrid：Ramón Anglés, 1894）, 特别是 2：165 – 166。

⑨　Tom Cummins, "Representation in the Sixteenth Century and the Colonial Image," in *Writing without Words：Alternative Literacies in Mesoamerica and the Andes*, ed. Elizabeth Hill Boone and Walter D. Mignolo（Durham：Duke University Press, 1994）, 188 – 219, 特别是 189—191 页和注释 11。

感知所决定。[10] 安第斯人的重要准则包括：以"艾尤"（*ayllu*）的概念把人与景观结合一体，以放射状的形式、平行条带和格网状的几何结构组织符号和其他呈现物；"华卡"（*huacas*）和"帕拉赫"（*parajes*）的文化重要性；动物—身体—景观的隐喻；以及读图活动具有可反映在绘图仪式中的表演性方面。每条准则都植根于社会话语，常关系到土地和水的用益权。不仅如此，这些规则还以安第斯社会的组织和自然之间的两种本质性联系为基础。

第一种联系是陆地性的，植根于安第斯山脉上相对立的生物带之上（图6.3）。安第斯地区政治经济的空间组织与生物—气候生物带的特殊构型密切相关，因为每个生物带都有一组独特的资源，并有不同的生产潜力。[11] 中安第斯人群与其他垂直带和水平带的社群发展了互惠关系。这样一种安排可以最大程度地利用多种资源和产品带，而让风险最小化。[12] 景观的这种经济组织方式称为"互补性"（complementarity），是由单一族群或社会政治群体对几个地理上分散的生态带的同时控制。互补性的规模和形式随地理和历史的不同而不同，可以是单独一个家系在同一条山谷内对不同海拔处的土地的所有，或是城邦之王对遥远的山谷和低地地区的控制。在这两种情况中，互补性在过去和现在都通过正式的关系来维持，这些关系乃是基于对等互惠、再分配、共享劳役和亲属关系。[13]

第二种本质联系，是空间计算的安第斯系统与天体运动之间的联系。举例来说，在南天极附近缺乏亮星的情况下，克丘亚（Quechua）人和他们的祖先通过参照他们称之为"马尤"（Mayu）或"天河"的银河及其视觉上的十字形旋转来组织天空。[14] 在24小时的周期内，银河可形成两个相交的主方位间轴（intercardinal axis），把天空划分成四个象限（图6.4）。因为银河平面与地轴倾斜相交，随着地球旋转，一个象限的恒星升起时，与它相对的象限的恒星会降落。天文现象可以通过参照这些象限来追踪，这便创造了一种系统方法，可用于为世界及其自然的节律和社会节律实施空间和时间计算（图6.5）。这一原则是前哥伦布时代的空间计算的核心。对在库斯科谷地（Cuzco Valley）定居的印加人来说，对角线式的相对方位反映了由此推出的婚姻和居住规则。[15] 在安第斯地区的都会区的城市设计中，四分环是经常重复使用的一种形式。[16]

260

---

[10] David Turnbull, *Maps Are Territories, Science Is an Atlas: A Portfolio of Exhibits* (Geelong, Victoria: Deakin University, 1989; reprinted Chicago: University of Chicago Press, 1993).

[11] 参见 Carl Troll, "The Cordilleras of the Tropical Americas: Aspects of Climatic, Phytogeographical and Agrarian Ecology," in *Geo-ecology of the Mountainous Regions of the Tropical Americas* (Bonn: Ferd Dümmlers, 1968), 15–56。

[12] 大多数涉及原生安第斯经济和景观的空间组织的现代研究都受到约翰·V. 穆拉（John V. Murra）的著作的启发。尤可参见他的 "El 'control vertical'de un máximo de pisos ecológicos en la economía de las sociedades andinas," in *Visita de la provincia de León de Huánuco en 1562: Iñigo Ortiz de Zúñiga, visitador*, 2 vols., ed. John V. Murra (Huánuco, Peru: Universidad Nacional Hermilio Valdizán, 1967–1972), 2: 427–476, 及 "An Aymara Kingdom in 1567," *Ethnohistory* 15 (1968): 115–151, 特别是 121—127 页。术语"垂直性"（verticality）强调了互补性的海拔维度，而"群岛性"（archipelago）强调了互补性的水平维度，在这些较早的文献中也常出现。

[13] 有关互补性的论文集，参见 Yoshio Shozo Masuda, Izumi Shimada, and Craig Morris, eds., *Andean Ecology and Civilization: An Interdisciplinary Perspective on Andean Ecological Complementarity* (Tokyo: University of Tokyo Press, 1985)。

[14] 库斯科省米斯米奈（Misminay）村的克丘亚人把银河与比尔卡诺塔（Vilcanota）河及其灌溉系统等同起来。实际上，他们的土地计算系统反映了天文过程。此外，在植物和动物的暗星云区域（银河中的阴影区域）与动物生态之间也有关联，进一步强化了这个系统。参见 Gary Urton, *At the Crossroads of the Earth and the Sky: An Andean Cosmology* (Austin: University of Texas Press, 1981), 特别是 37—65 页。

[15] R. Tom Zuidema, *The Ceque System of Cuzco: The Social Organization of the Capital of the Inca* (Leiden: E. J. Brill, 1964).

[16] 参见 Alan L. Kolata, *The Tiwanaku: Portrait of an Andean Civilization* (Cambridge, Mass.: Blackwell, 1993), 98–103, 及 John Hyslop, *Inka Settlement Planning* (Austin: University of Texas Press, 1990), 202–221。

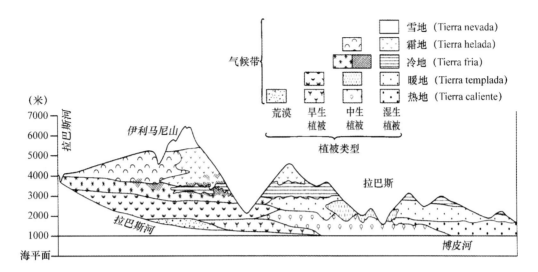

图 6.3　地形与空间　　260

在安第斯地区，地形和其他因子创造了生物—气候生物带的独特系列。海拔的变化或同一高度东西向或南北向的横向位置变化可以让生物带出现剧变。安第斯文化信仰和生存经济的空间组织反映了彼此分化的景观。这幅示意图展示了雷亚尔山脉（Cordillera Real）和拉巴斯河（La Paz River）谷地的横截面。

据 Carl Troll, "The Cordilleras of the Tropical Americas: Aspects of Climatic, Phytogeographical and Agrarian Ecology," in *Geo-ecology of the Mountainous Regions of the Tropical Americas*（Bonn: Ferd Dümmlers, 1968），15－56，特别是 48 页。

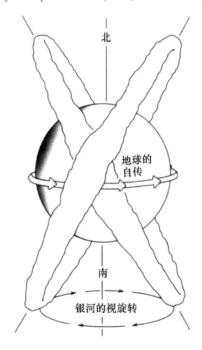

图 6.4　四分环和银河的视运动　　261

四分环在很多安第斯社会中是社会秩序和空间秩序的图像，很可能受到了银河在夜晚的视旋转的启发。天体运动也摹拟了今日生活在米斯米奈的克丘亚人群的陆地空间组织。印加人也以类似的方式为其空间和社会环境划分结构，印加社会被四分为"苏尤"就是明证。

据 Gary Urton, *At the Crossroads of the Earth and the Sky: An Andean Cosmology*（Austin: University of Texas Press, 1981），特别是 58 页（图 19）。

"艾尤"：连接土地与社会

人群与景观连为一体，是"艾尤"这个概念的核心。"艾尤"是中安第斯地区的基本社会和土地单元。随社会和生态环境的不同，"艾尤"的准确定义也会不同。此外，"艾尤"作为控制着土地的本地亲属群的角色也取决于历史条件。[⑰] 最狭义来说，"艾尤"是可以彼此区分的社会政治群体，其成员身份基于以下因素的某种组合：土地所有情况的安排，为维护诸如道路、城市仪典建筑或灌溉渠等社群基础设施而共有的劳动责任，对宗教节日的赞助，某种可能反映在婚姻和居住规则或是源自同一祖先的真实或虚构的血统中的正式亲属关系。[⑱]

一个"艾尤"同时所指的一片地理区域的大小，随文化和生态环境而变化。"艾尤"常组成更大的社会政治实体，如"苏尤"（suyu）和半偶族（moieties）。[⑲]"苏尤"是整体中的一部分；半偶族是根据单系继嗣（unilateral descent）把一个族群划分而成的两半人群中的一半。"苏尤"可能等同于一种四分法，比如印加人就管他们的帝国叫"塔瓦廷苏尤"（Tawatinsuyu，意为"四分之地"）。半偶族是对社会和空间的二分，这种二分在安第斯地区颇为古老。里奥塞科（Río Seco）、拉加尔加达（La Galgada）和科托什（Kotosh）这几个前陶器时代（约公元前3000—前2000年）晚期的遗址均有成对的平顶丘（platform mound），就是二分的社会和土地组织在建筑上的展现。[⑳] 二分和四分的组织原则，在瓦卡普里埃塔（Huaca Prieta）的前陶器时代遗址中发现的瓜雕上也有明示。[㉑]

261

262

⑰　比如可以将以下文献作一比较：Frank Salomon, *Native Lords of Quito in the Age of the Incas: The Political Economy of North Andean Chiefdoms* (Cambridge: Cambridge University Press, 1986), 167–169; Steve J. Stern, *Peru's Indian Peoples and the Challenge of Spanish Conquest: Huamanga to 1640*, 2d ed. (Madison: University of Wiscousin Press, 1993), 42–43; 及 Karen Spalding, *Huarochirí: An Andean Society Under Inca and Spanish Rule* (Stanford: Stanford University Press, 1984), 176–179。

⑱　Jeanette E. Sherbondy, "Water and Power: The Role of Irrigation Districts in the Transition from Inca to Spanish Cuzco," in *Irrigation at High Altitudes: The Social Organization of Water Control Systems in the Andes*, ed. William P. Mitchell and David Guillet (Arlington, Va.: Society for Latin American Anthropology, American Anthropoligical Association, 1993), 69–97, 特别是72—78 页; Harold O. Skar, *The Warm Valley People: Duality and Land Reform among the Quechua Indians of Highland Peru*, 2d ed. (Göteborg: Göteborgs Etnografiska Museum, 1988), 166–172; Joseph William Bastien, *Mountain of the Condor: Metaphor and Ritual in an Andean Ayllu* (St. Paul, Minn.: West, 1978), xxiii–xxv 和 189–192; Spalding, *Huarochirí*, 28–30; 及 Billie Jean Isbell, *To Defend Ourselves: Ecology and Ritual in an Andean Village* (Austin: Institute of Latin American Studies, 1978), 105–108。

⑲　Patricia J. Netherly, "The Management of Late Andean Irrigation Systems on the North Coast of Peru," *American Antiquity* 49 (1984): 227–254. 内瑟利（Netherly）用西班牙语的"派系"（parcialidad）一词代替克丘亚人的"艾尤"，建议在谈及殖民时期时可以用"艾尤"代替"派系"，以强调社会群体中的亲属维度。一般来说，可以认为"艾尤"是"派系"中的亚群体或组分。也见 Gary Urton, "Andean Social Organization and the Maintenance of the Nazca Lines," in *The Lines of Nazca*, ed. Anthony F. Aveni (Philadelphia: American Philosophical Society, 1990), 173–206, 特别是195—196 页。

⑳　有关二分组织及它在所构建的景观中的角色的例子，参见 David Guillet, *Covering Ground: Communal Water Management and the State in the Peruvian Highlands* (Ann Arbor: University of Michigan Press, 1992), 18–19, 85–98, 及 104–105。

㉑　Junius Bouton Bird, "Pre-ceramic Art from Huaca Prieta, Chicama Valley," *Ñawpa Pacha* 1 (1963): 29–34, 特别是图版 II。

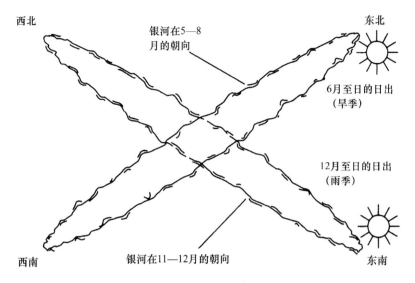

图 6.5　银河的季节性视旋转　　　　　　　　　　　　　261

除了银河在夜晚的旋转外，在一年之中它还把天划分为四个象限。第一个象限在旱季见于傍晚天空，此时银河（马尤）从东北方延伸至西南方。在雨季，银河在清晨的朝向是从东南方到西北方。这些季节性旋转与陆地、社会和宇宙的组织都有关联。

据 Gary Urton，*At the Crossroads of the Earth and the Sky: An Andean Cosmology*（Austin：University of Texas Press，1981），特别是 62 页（图 22）。

放射状和平行状结构

土地所有的两种几何结构，放射状组织和平行条带，是受到自然和天（图 6.6）启发而成的形式。正如我们已经看到的，四分环参照的是银河的视运动。土地所有的平行条带反映的则是安第斯生物带的垂直分布。

安第斯社会和土地划分的最著名形式可能是放射状图案。图 6.7 展示了玻利维亚拉巴斯（La Paz）省圣安德雷斯·德·马查卡（San Andrés de Machaca）社区的社会和土地组织。在这里，"艾尤"所有的土地合起来组成半偶族。在理想情况下，会有一个突出的自然或文化地物——如一条河流或一条道路——作为对半均分两个半偶族的土地边界。但因为现实的地理条件，放射状的结构并不完美。这种与理想条件的偏离，使社区内的张力由此而生。其他社区结构的存在以及源于理想状态的土地所有情况都表明，作为土地单元的"艾尤"始终是社会话语的一部分（图 6.8）。[22]

㉒　Javier Albó，"Dinámica en la estructura inter-comunitaria de Jesús de Machaca，" *América Indígena* 32（1972）：773 – 816，特别是 780—782 和 804 页。出于当地的经济和生产的社会关系，土地使用的实际格局可能会偏离安第斯形式。参见 Karl S. Zimmerer，*Changing Fortunes: Biodiversity and Peasant Livelihood in the Peruvian Andes*（Berkeley：University of California Press，1996），117 – 126；同一作者的 "Agricultura de barbecho sectorizada en las alturas de Paucartambo：Luchas sobre la ecología del espacio productivo durante los siglos XVI ʸ XX，" *Allpanchis*，no. 38（1991）：189 – 225，特别是 213—220 页；及 Daniel W. Gade and Mario Escobar，"Village Settlement and the Colonial Legacy in Southern Peru，" *Geographical Review* 72（1982）：430 – 449。

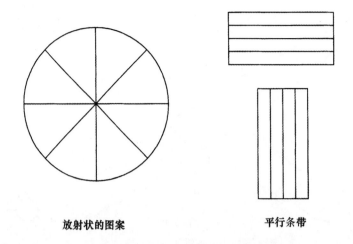

放射状的图案　　　　　　平行条带

262　　　　　　　　　图6.6　安第斯空间思想的图像构造

　　在传统安第斯社会中，放射状图形和平行条带这两种几何结构体现了社会和陆地空间，可以反映在陆地和水的家庭用益权的大规模组织之中。这两种结构最终都受到自然的启发，分别是银河的运动和生物—气候生物带的空间构型。把偶像、符号、母题和绘图叙事组织为放射状或平行的几何结构的做法因此可以体现安第斯空间思想中的地理关系。网格在概念上是平行条带的亚类，比如可见下文的图6.10。

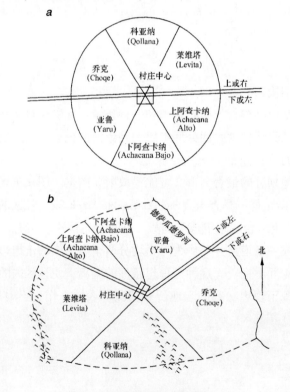

263　　　　　　　　　图6.7　安第斯景观的放射状组织

　　这两幅地图展示了属于玻利维亚圣安德雷斯·德·马查卡的"艾尤"的楔形土地的（a）理想格局和（b）实际格局。"艾尤"所有的土地组成两个半偶族，由双线分隔，而可区分为上和下或左和右。河流、山脉、道路和农业设施常在安第斯社区中形成社会边界和陆地边界。

　　据 Javier Albó, "Dinámica en la estructura inter-comunitaria de Jesús de Machaca," *América Indígena* 32（1972）：773–816，特别是图1和2。

图6.8　对基鲁人农业用地的解读　　　　263

　　这幅地图是人类学家盖尔·P. 西尔弗曼－普鲁斯特根据洛伦索·基斯佩（Lorenzo Quispe）对他出生的秘鲁库斯科省丘瓦丘瓦（Chuwa Chuwa）村一块织物的解读而绘制的属于两个基鲁半偶族的农业用地。中央双线呈现了帕乌西（Pausi）河，它把两个基鲁半偶族的农田分开。河流两边的三个半圆和其中的放射状线条呈现了根据海拔高度组织的农田。

　　引自 Gail P. Silverman-Proust, "Weaving Technique and the Registration of Knowledge in the Cuzco Area of Peru," *Journal of Latin American Lore* 14（1988）: 207–241，特别是234页。

　　安第斯的土地也可以组织为平行的矩形条带。图6.9展示了一份16世纪的草图的18世纪抄本；该图绘出了西班牙人格雷戈里奥·冈萨雷斯·德·昆卡（Gregorio Gonzalez de Cuenca）在前往北海岸谷地视察（*visita*）时所购得的本土水渠和土地，他记录本土的土地权和水权，作为西班牙殖民管理的基础。图6.9中的每一条三级水渠都注有负责保养水渠的"派系"或"艾尤"的名字。无论是以作物总量表示的田地大小还是面积，都用小引水渠的数目来测量，这反映在16世纪"视察"的土地登记项"五沟［渠］玉米"之中。[23] 尽管"派系"又组织为更大的社会政治群体，但证据表明，把水渠与土地等同的做法只在地方层面上实行。不过，土地的平行条带也可能反映了官僚决策。例如印加人在科恰班巴谷地（Cochabamba Valley，属中玻利维亚）再定居时，那里的1.4万印第安人就编组为"苏尤"，各指定了横穿罗查（Rocha）河的平行土地条带。[24]

　　灌溉或农业系统关键点可能具有土地功能的观念，得到了17世纪前期当地的编年史作者费利佩·瓜曼·波马·德·阿亚拉（Felipe Guamán Poma de Ayala）的支持；他给西班牙国王写过一封长达500页并配有插图的信。在他所绘的种植季的图像（图6.10）中，在一

----

[23]　Netherly, "Late Andean Irrigation Systems," 特别是239页（注释19）。

[24]　Nathan Wachtel, "The *Mitimas* of the Cochabamba Valley: The Colonization Policy of Huayna Capac," in *The Inca and Aztec States*, *1400–1800*: *Anthropology and History*, ed. George A. Collier, Renato I. Rosaldo, and John D. Wirth（New York: Academic Press, 1982），199–235，特别是205—213页。

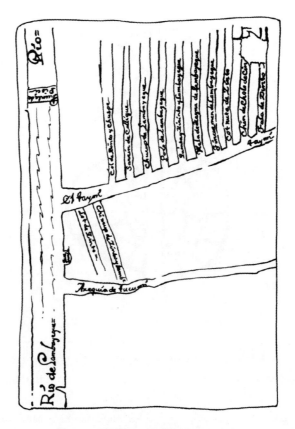

264　　　　　　　　　　　　　　　　图 6.9　安第斯土地的平行条带组织方式

这是格雷戈里奥·冈萨雷斯·德·昆卡在 16 世纪所绘的兰巴耶克河草图的 18 世纪抄本。图中展示了一条河流（实际上是一条主水渠）与两条次级灌溉渠呈垂直相交。12 条三级水渠与泰米（Taymi）渠相交，每条都注有"派系"（"派系"是负责维护这条水渠的一个有明确界定的社会经济群体）。这些水渠把农地分成平行的条带，分别对应不同的"派系"的土地和水的用益权。

　　Archivo Arzobispal Trujillo, Trujillo, Peru（Causas 66. 6, 1753, ff 47）. 帕特里西亚·J. 内泽利（Patricia J. Netherly）许可使用。

　　处有石砌水岸的泉水或蓄水池（estanque）近旁是呈网格状的农田（chakras）。在种植季期
263 间存在的浅沟，到了瓜曼·波马绘制的收获季图像中便被长高的农作物所遮蔽。这些浅沟的
功能是分隔家庭所有的土地。㉕

　　讲克丘亚语和艾马拉（Aymara）语的现代人群生活在的的喀喀湖（Lake Titicaca）西
岸，他们在与政府官员协商对肥沃的湖边苇塘的控制权时会使用地图。本杰明·奥尔洛夫
（Benjamin Orlove）分析了很多这类地图，将它们分为"政府地图"（state maps）和"农民

　　㉕　Urton, "Andean Social Organization," 201 – 202（注释 19）。关于与 chakras 关联的更细致的测量，参见 Bernabé Cobo, Inca Religion and Cuustoms, trans. and ed. Roland Hamilton（Austin: University of Texas Press, 1990），240；同一作者的 History of the Inca Empire: An Account of the Indians' Customs and Their Origin, Together with a Treatise on Inca Legends, History, and Social Institutions, trans. and ed. Roland Hamilton（Austin: University of Texas Press, 1979），211；及 Juan Polo de Ondegardo, El mundo de los Incas, ed. Laura González and Alicia Alonso（Madrid: Historia 16, 1990），59 – 60 和 63 – 65。网格或正交格局是平行条带式土地组织的一种变形。参见 Hyslop, Inka Settlement Planning, 192 – 202（注释 16）。

图6.10 安第斯土地的网格状组织

根据安第斯地区的空间组织方式，土地除了可以按放射状和条带状方式划分，也可以作网格式划分。在这幅由费利佩·瓜曼·波马·德·阿亚拉所绘的画中，印加人的农业用地在种植季和收获季期间会被浅沟构成的网格分割开来。泉、水塘、水沟和河渠在传统安第斯社会中都起着社会边界和土地边界的作用。

原始尺寸：约 18×12 厘米。承蒙 Royal Library, Copenhagen 提供照片（Nueva crónica y buen gobierno, fol. 1162）。

地图"（peasant maps）。㉖尽管每幅地图的文化组合不同，但他分析的所有农民地图样本都混合了西方和安第斯式的呈现准则（图6.11）。绘制这些地图的安第斯社群对创建成比例的呈现物或事件的时间序列不感兴趣。相反，我们可以从中推断出制图者想要展示村庄土地和的的喀喀湖苇塘之间不变的拓扑关系。自然地物和文化地物在安第斯地区常构成村庄边界，在图6.11中是水道起着这个作用。三条溪流把几个社群拥有的土地分割为与的的喀喀湖岸垂直的相邻条带。实际上，这种不成比例的呈现表现了政治对等性及各个社群获取苇草资源的平等性。与苇塘争端期间制作的其他原生地图一样，图6.11确定每个村庄控制专门的一块土地，所有社群合起来就控制了这一地区。㉗

㉖ Benjamin S. Orlove, "Mapping Reeds and Reading Maps: The Politics of Representation in Lake Titicaca," *American Ethnologist* 18 (1991): 3-38；同一作者的 "Irresoluciun suprema y autonomía campesina: Los totorales del Lago Titicaca," *Allpanchis*, no. 37 (1991): 203-268；及同一作者的 "The Ethnography of Maps: The Cultural and Social Contexts of Cartographic Representation in Peru," *Cartographica* 30, no. 1 (1993): 29-46。

㉗ Orlove, "Mapping Reeds," 25-27. 政府代表认为农民地图是对政府地图的简陋模仿，这很可能是因为农民地图无法组合起来形成这一地区的统一的、成比例的俯视图。

264

264

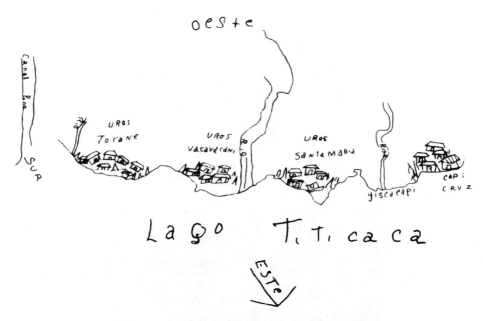

265

图 6.11　的的喀喀湖在秘鲁普诺（Puno）一带的湖岸地图

　　像图中这幅来自的的喀喀湖的现代艾马拉人和克丘亚人地图经常把西方和原生的地图学准则结合在一起。此图来自秘鲁国家林业中心（Peruvian National Forestry Center, CENFOR）的档案，是当地农民社群对苇塘控制权的声索的一部分。图中根据西方传统，以平面图视角绘出河流和的的喀喀湖湖岸，水体与陆地以一条线隔开，整幅地图绘在一张长方形的纸上，注记文字是西班牙文。图中的本地特色则包括非北的朝向（在本图中以西为上）以及以正面视角绘制单个的房屋。分隔村庄土地的水道把土地隔成平行条带，反映了基于社群权利的政治权力和资源控制的平等性。安第斯人群认为社区土地的次序和形状比线性距离更重要。

　　引自 Benjamin S. Orlove, "The Ethnography of Maps: The Cultural and Social Contexts of Cartographic Representation in Peru," *Cartographica* 30, no. 1 (1993): 29 – 46, 特别是图 6。

　　中安第斯地区人群会在一种地图学史学者不常想到的载体——陶器——上呈现社会和土地的区隔。秘鲁中部基努瓦（Quinua）的现代陶器反映了以条带图案和母题组织而成的家族土地和"艾尤"住宅布局的分布情况（图 6.12）。基努瓦的土地由阿亚库乔（Ayacucho）盆地中部沿东面山坡不同高度分布的几个资源带构成。整个社区分为两个半偶族，根据的是
265　灌溉系统，它在这两个区之间起着行政界限的作用。陶器上的条带图案的排列反映了把社区的环境和社会空间组织起来的结构性原则。竖直堆垛的结构反映了资源带，而被竖直条带分隔的图案反映了社会划分。其他生态、文化和象征空间则以条带图案的组织、装饰性母题和器物形状来呈现。[28]

神圣"华卡"和"帕拉赫"的角色

　　地图内容显然反映了在制图者和地图使用者看来具有文化重要性的景观成分。在中安第斯地区，两种重要的文化要素是"华卡"和"帕拉赫"。

---

　　[28]　Dean E. Arnold, "Design Structure and Community Organization in Quinua, Peru," in *Structure and Cognition in Art*, ed. Dorothy Koster Washburn (Cambridge: Cambridge University Press, 1983), 56 – 73.

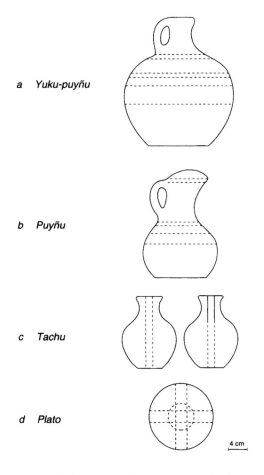

a *Yuku-puyñu*

b *Puyñu*

c *Tachu*

d *Plato*

4 cm

图 6.12 基努瓦陶器上的空间组织和陶器装饰条带 266

这里展示的四种类型的陶器是基努瓦居民常用的实用容器。在这些容器上编码了对社群的社会结构至关重要的空间知识。容器 a 和 b 上竖直堆垛的条带图案反映了在多种海拔高度上组织起来的土地和资源带。在容器 c 上，单独一条竖直的条带把容器一分为二，反映了社区被一条主灌溉渠所分隔。基努瓦社群中的每个人都是两个亲属群中的成员，这种双边的血统可能反映在容器 c 和 d 上某些母题的两侧对称性上。陶碗 d 中央的圆形与作为社会和生态环境中心的村庄可以类比。

据 Dean E. Arnold, "Design Structure and Community Organization in Quinua, Peru," in *Structure and Cognition in Art*, ed. Dorothy Koster Washburn (Cambridge：Cambridge University Press, 1983), 56 – 73，特别是图 5.5 – 5.8。

  "华卡"是指称一种神圣之物的宽泛用语。山、泉、树、河流汇合处、砾石、干尸和人造物都可以是"华卡"。"华卡"对于安第斯人空间呈现的重要性绝不仅仅是"把一棵树或一块砾石展示在地图上可以意味着比它的物理位置更多的东西"这种简单观察。那些被人们认为对事物的当前秩序负有责任的权力性"华卡"可以在它们的周边建立起精巧的社会和政治制度。[29] 水文、政治机构、宗教和土地全都交织在"华卡"的观念中。当印加人再次定居在库斯科谷地中时，他们重新为 300 多个"华卡"指定了权利和责任，其中很多与

---

  [29] Frank Salomon, "Introductory Essay：The Huarochirí Manuscript," in *The Huarochirí Manuscript*：*A Testament of Ancient and Colonial Andean Religion*, trans. Frank Salomon and George L. Urioste (Austin：University of Texas Press, 1991)，1 – 38，特别是 16—19 页。

水相联系，由此让新世界的秩序获得合法性。[30]

　　根据克里斯托瓦尔·德·莫利纳（Cristóbal de Molina）的观点，波昆坎查（Poquen Cancha）遗址的画板是对印加人的神话起源的图画叙事。这个神话主要讲到造物神在蒂瓦纳库（Tiwanaku）制作了所有本土人群的黏土肖像，并根据每个人群特有的服饰和发型装饰了这些肖像。造物神还为每个人群赋予了各自的语言、歌曲和食物。当造物神做完这些人形的黏土块的塑造和上色工作之后，每个人群中一男一女的黏土肖像就潜行地下，在造物神为它们安排好的精确地点和景观地物处重新出现。印加人起源神话的这个版本勾勒出了景观和社会结合一体的基本框架，这种结合既是"艾尤"的核心，又是"华卡"在纪念神话历史开端、解释事物的当前构型时所具备的地理重要性。"因为他们从这些地方出现，开始繁衍，是由他们开始的家系的开端，所以他们就创造了'华卡'和崇拜地点，用来纪念他们的起源。每个民族所穿着的服饰上，都有他们的起源'华卡'。因此，他们所利用和崇拜的'华卡'全都各有各的形式。"[31] 个别种类的"华卡"具有地图学意义，因为它们既呈现了某个印加人家系的起源地，又呈现了由神话联系及与专门行政区的关联所决定的可识别的土地分配。[32]

　　详述了"华卡"历史的口语传统——比如秘鲁中部的华罗奇里抄本（Huarochirí Manuscript）——是景观的注释。就华罗奇里抄本来说，"华卡"在文化上如此重要，以至于现代研究者曾用400年前记录的"华卡"的名字绘制出了地图。[33] 在详述了景观形成和某个"艾尤"家系建立的神话历史的安第斯口语传统中，"华卡"常被拟人化。这样的祖先"华卡"不只是安第斯人地图上的宇宙象征物或有力量的物体。它们也是社会话语的一部分，因为它们让根据家系的权利所做的土地分配拥有了合法性。[34] 4000多年前，智利北部的钦乔罗人（Chinchoros）和秘鲁中部的帕洛曼人（Palomans）基于对有形的共同祖先的尊崇而建立了安第斯社会形态的持久传统。[35]

　　来自秘鲁库斯科省基鲁谷（Q'ero Valley）的讲克丘亚语的现代人群曾在所制作的织物上呈现了一个"华卡"，其中运用了地理和时间的母题（图6.13和6.14）。"第一个印加人"印加里（Inkarri）是祖先"华卡"的化身，被描绘在 k'iraqey puntas（直译是"齿状点"）旁边，后者作为母题呈现了山峰，这些山峰作为天然的边界标志起着把基鲁人的土地界定出来的作用。[36] 这幅织物地图是有关印加里在塑造基鲁景观中扮演的角色的图画叙事。

---

[30]　Jeanette E. Sherbondy, "Water Ideology in Inca Ethnogenesis," in *Andean Cosmologies through Time*: *Persistence and Emergence*, ed. Robert V. H. Dover, Katherine E. Seibold, and John H. McDowell (Bloomington: Indiana University Press, 1992), 46–66, 特别是59—60页。

[31]　Molina, *Fábulas y mitos*, 49–51, 引言见51页（注释8）。

[32]　Polo de Ondegardo, *El mundo de los Incas*, 100–103（注释25）。也参见 Juan de Matienzo, *Gobierno del Perú*, ed. Guillermo Lohmann Villena (Paris: Institut Français d'Études Andines, 1967), 128–131。

[33]　Gerald Taylor and Antonio Acosta, trans., *Ritos y tradiciones de Huarochirí*: *Manuscrito quechua de comienzos del siglio XVII* (Lima: Instituto de Estudios Peruanos, 1987), 特别是39页。

[34]　Salomon, "Introductory Essay," 19–24（注释29）。

[35]　Moseley, *Incas and Their Ancestors*, 93–94（注释5）。

[36]　Gail P. Silverman-Proust, "Weaving Technique and the Registration of Knowledge in the Cuzco Area of Peru," *Journal of Latin American Lore* 14 (1988): 207–241, 特别是219—223页。

图 6.13　绘制了山脉的基鲁"帕亚伊"织物　　267

生活在基鲁谷的克丘亚人群会编织一种双面布，叫"帕亚伊"。见图 6.14。

引自 Gail P. Silverman-Proust，"Weaving Technique and the Registration of Knowledge in the Cuzco Area of Peru，"*Journal of Latin American Lore* 14（1988）：207 – 241，特别是图 19。

基鲁人的"帕亚伊"（*pallay*）地图通过使用呈现了阳光方位的影子而把时间绘制为空间。[37] 四分的菱形被一个矩形框所环绕，这个图形叫 *tawa inti qocha*，是几种"因蒂"（*inti*）母题之一。"因蒂"可表示日出、日落、太阳过天顶（正午）或太阳过反天顶（子夜），具体表示哪个取决于织者的目的（图 6.15）。[38]　267

另一块织物是图 6.16 中双色的克斯瓦（Qheswa）"帕亚伊"，展示了土地和陆地地物的空间关系。在它上面织出了 *tawa t'ika qocha* 母题，由四分的菱形构成，菱形又被一条 *son-qocha* 线分割为两半。与安第斯社会的二分式空间组织的其他情况一样，菱形的分隔是对社会和土地空间的理想划分的一般性参照。*Tawa t'ika qocha* 母题也用红色和白色的矩形勾勒，称之为 *órgano*，重复地排成行（图 6.17）。按盖尔·P. 西尔弗曼—普鲁斯特（Gail P. Silverman-Proust）的观点，*órgano* 织纹象征了一系列的方形田沟，形成了一块块的农地。

---

[37]　Silverman-Proust，"Weaving Technique，"227 – 232. 过去和现在均有一些安第斯人群通过观察太阳投下的影子授时。一种方法是留意山峰投射的影子长度。

[38]　Silverman-Proust，"Weaving Technique，"209 – 211. 在西尔弗曼—普鲁斯特的采访中，基鲁的克丘亚人群创作了一系列景观画和天体地图，以解释基鲁"帕亚伊"。

山区地带

(*K'iraqey puntas motif*)

中轴

印加里
（第一印加人）
祖先"华卡"

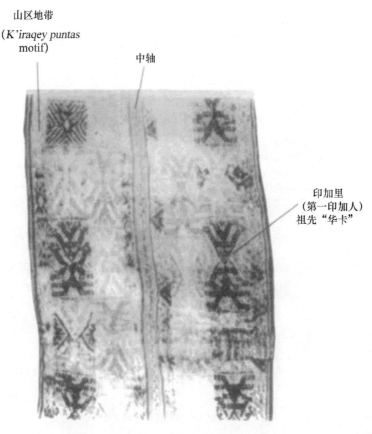

267　　　　　　　　　　　　　**图 6.14　对基鲁"帕亚伊"（图 6.13）的解释**
基鲁人通过环绕山谷的山峰类型来识别某条山谷。锯齿母题（*k'iraqey puntas*）呈现了环绕基鲁谷的
山脉。母题的形状和大小的细微变化可能象征着山峰的某种特性。双臂上伸下放的站立人像是作为祖先
"华卡"的印加里的化身，而中轴呈现了诸如基鲁河之类位于村庄之间的自然或文化边界。

　　简而言之，克斯瓦"帕亚伊"的单个菱形组织成了网格状，呈现了农用土地。[39] 家族的农田
的高度位置也可能由作为 *órgano* 边界的多色带纹"利斯塔"（*lista*）所象征，尽管这个观点
是推测性的。"利斯塔"象征了农产品的一种颜色分类法。比如黄条纹意指黄色的玉米或马
铃薯，红条纹意指红色的玉米或马铃薯。因为专门的作物会有最适合其生长的某个高度的生
物带，"利斯塔"的数目和顺序可能代表了土地的海拔高度。[40]
　　安第斯人群常用某种当地的物理特征来为某个资源带（"帕拉赫"）命名，比如一眼泉、
有某种植物生长的一个地方、一块岩石露头或一种动物生境。这些资源带的名字不应该被概
念化，应视为有清晰边界的地区。尽管"帕拉赫"指的是专门某个地区，但这些场所之间

---

　　[39]　Silverman-Proust, "Weaving Technique," 236.

　　[40]　Gail P. Silverman-Proust, "Significado simbólico de las franjas multicolores tejidas en los wayakos de los Q'ero," *Boletín de Lima* 10, no. 57（1988）: 37-44.

图 6.15 具有"因蒂"母题的基鲁"帕亚伊" 268

这块基鲁织物整合了四种"因蒂"母题，分别呈现日出（*inti lloqsimushan*）、日落（*inti chinkia-pushan*）、正午的太阳（*hatun inti*）和子夜的太阳（*tawa inti qocha*），具体呈现什么取决于织者所用的纺线的不同颜色和图案组合。克丘亚妇女根据她们希望描绘的一天中的时刻把这些母题整合到织物中去，这些时刻由能看到的阳光的量和所利用的影子来呈现。

引自 Gail P. Silverman-Proust, "Weaving Technique and the Registration of Knowledge in the Cuzco Area of Peru," *Journal of Latin American Lore* 14（1988）：207 – 241，特别是图 1。

的边界却是模糊的。[41]"帕拉赫"在绘图上的重要性在于，单一地物在地图上的呈现事实上 268 可以被安第斯人解读为代表着一块更大的区域。"帕拉赫"概念的一个实例，是图 6.16 中的多色"利斯塔"，其上的颜色意指了某种作物及其所在特产高度的生长带。[42]

景观隐喻

一些艺术史学者和人类学者已经注意到隐喻在纳斯卡文化等前哥伦布时代安第斯社会的艺术中的重要性。[43] 身体—景观隐喻在印加时代当然也有运用。[44] 现代民族志学者也已经注

---

[41] David H. Andrews, "The Conceptualization of Space in Peru"（paper presented at the sixty-fifth annual meeting of the American Anthropological Association, Pittsburgh, 19 November 1966）. Cobo, *Inca Religion and Customs*, 183（注释25）注意到所有安第斯地名都是对该地点特有的一些属性的复合意符。关于具体的例子，参见 Karl S. Zimmerer, "Transforming Colquepata Wetlands: Landscapes of Knowledge and Practice in Andean Agriculture," in *Irrigation at High Altitudes: The Social Organization of Water Control Systems in the Andes*, ed. William P. Mitchell and David Guillet（Arlington, Va.: Society for Latin American Anthropology, American Anthropological Association, 1993）, 115 – 140，特别是122—123页。

[42] Silverman-Proust, "Significado simbólico", 41 – 42（注释40）。

[43] 比如 George Kubler, *The Art and Architecture of Ancient America: The Mexican, Maya, and Andean Peoples*（Baltimore: Penguin Books, 1962）, 289 – 292，及 Catherine J. Allen, "The Nasca Creatures: Some Problems of Iconography," *Anthropology* 5, no. 1（1981）: 43 – 70，特别是44—46页。

[44] Constance Classen, *Inca Cosmology and the Human Body*（Salt Lake City: University of Utah Press, 1993）.

268

图 6.16 来自秘鲁皮萨克（Pisac）的克斯瓦"帕亚伊"织物

这块克斯瓦"帕亚伊"是呈现了空间概念的织物。它可能象征了皮萨克谷地中农用地的位置。见图 6.17。

引自 Gail P. Silverman-Proust, "Weaving Technique and the Registration of Knowledge in the Cuzco Area of Peru," *Journal of Latin American Lore* 14（1988）: 207 –241，特别是图 2。

意到在中安第斯山区，人们在寻路时或在绘图仪式期间会利用动物—景观隐喻和人体—景观隐喻。

玻利维亚拉巴斯省较大的卡阿塔（Kaata）社群由讲艾马拉语和克丘亚语的人构成，他们用人体隐喻使景观人格化。举例来说，高原上的罗普（Roop）湖和绿湖（Green Lake）是左眼和右眼，山坡是胸部（*kinre*），胡鲁库（Huruku）河和艾尤（Ayllu）河是左臂和右臂

269 地。具体的某个社区则通过它在隐喻性的山之身体中的位置而为人所知，而且常根据其位置指派仪式任务。[45]

绘图仪式和临时性地图

中安第斯地区有多种仪式可以称为"绘图仪式"（mapping rites），为了达成仪式目标，其间需要一幅某个景观的临时性地图。绘图仪式有两大类型。一类与宗教绘图相关，通过使用临时性地图来为超人（preterhuman）和世外（extramundane）力量定位或影响它们，或把

---

[45] Bastien, *Mountain of the Condor*, 43 –50（注释 18）。

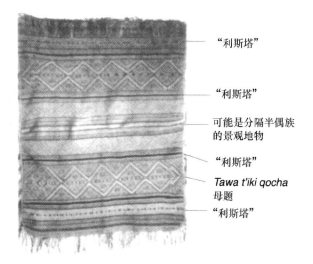

"利斯塔"

"利斯塔"

可能是分隔半偶族
的景观地物

"利斯塔"

Tawa t'iki qocha
母题

"利斯塔"

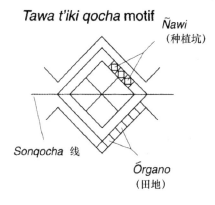

Tawa t'iki qocha motif

Ñawi
（种植坑）

Songocha 线

Órgano
（田地）

图 6.17 对克斯瓦"帕亚伊"（图 6.16）的解释   269

　　中央的一组水平条带可能呈现了某个景观地物，比如一条路或河流，它把两个"艾尤"或
半偶族拥有的土地隔开；*tawa t'ika qocha* 母题则编码了更多地理信息。西尔弗曼—普鲁斯特把颜
色相间、中央有一个点的矩形识别为 *ñawi* 母题，这个词意为"种植坑"；又把红白相间的矩形识
别为 *órgano* 或农田母题。田地的高度由套在菱形的 *tawa t'ika qocha* 母题外面的"利斯塔"所指
示。西尔弗曼—普鲁斯特注意到套在该母题外的"利斯塔"的数目和颜色随织物产地的不同而
有变化。

　　它们导向某个位置。宗教绘图仪式的参与者会排列辟邪物（amulets），使之呈现景观地物和
土地，他们认为某些物体可以作为入口，通向精神世界——经常是"华卡"。"梅萨"（*me-
sa*，魔力物体的某种排列）经常在一块可移动的桌面上或在一面毯子上布置。[46] 绘图仪式的
第二种类型则大致描述了土地的分配以及社群内的社会责任。

　　秘鲁丘奎托（Chucuito）的艾马拉"巫师"（magicians）在动物繁衍仪式和其他繁殖力
仪式上用辟邪物来呈现某个社区中的牲畜财产（图 6.18 是玻利维亚的一个类似的例子）。
只有巫师会拥有一块代表着社会单元及其在尘世的所有物的石质辟邪物，因为这件人造物

---

　　[46] 神桌（table shrines, *mesas*）在整个新世界的萨满仪式中都有广泛使用。参见 Douglas Sharon, "Distribution of the
Mesa in Latin America," *Journal of Latin American Lore* 2 (1976): 71–95, 及 Stephen C. Jett, "Cairn Trail Shrines in Middle and
South America," *Conference of Latin Americanist Geographers Yearbook* 20 (1994): 1–8。

269

图 6.18　来自玻利维亚拉巴斯省的土地辟邪物

这个辟邪物描绘了一个村庄广场，周围是以现实主义透视方式表现的多种建筑和一个教堂（可根据其外墙上铭刻的十字架识别）。村庄广场两侧各有七头大羊驼（llama），很可能呈现了由两个村庄半偶族构成的"艾尤"所饲养的牲畜。这种类型的辟邪物通常用于动物繁衍仪式。一位巫师会用这个石雕辟邪物和其他仪式用品构建一个仪式"梅萨"（"神桌"）——相当于一幅呈现了更大的谷地和想象的精神世界的临时性地图——然后引导精神力前往辟邪物所意指的地点，前往与它相联系的牲畜那里。

引自 Harry Tschopik, "The Aymara of Chucuito, Peru," *Anthropological Papers of the American Museum of Natural History* 44 (1951)：137–308，特别是 237 页（图 5）。

会影响并引导整个家族的守护灵。巫师在一块神圣的布之上排列辟邪物和其他人造物，使之呈现单独一个家族的畜栏和牲畜，然后识别出那些负责牲畜蕃盛、农产丰饶的自然灵，将它们定位，并把它们的祝福导向这个家族拥有的土地。[47]

270　　　虽然在所有宗教绘图仪式中都贯穿着一套通用的宇宙志符号系统，很多这样的仪式涉及的只是某个专门的景观。比如前面提到的卡阿塔社群也构建了一种专门的"梅萨"，在亡灵节期间呈现了卡阿塔山（Mount Kaata），而在家系仪式中，他们还用这种"梅萨"象征着阿卡马尼山（Mount Aqhamani）。[48]

　　　库斯科省帕鲁罗（Paruro）区的帕卡里克坦博（Pacariqtambo）是讲克丘亚语的村庄，有 10 个"艾尤"，各归于两个半偶族之一。每个"艾尤"都负责赞助收获季和种植季之间的一个宗教节日，并负责召集劳力维护社区的基础设施。这些节日期间的主要活动是受尊敬的圣人穿过教堂庭院和广场游行。村民把 9 个名为"丘塔"（*chhiuta*）的平行土地条带刻画在教堂庭院和广场上（图 6.19）。其中 9 个"丘塔"得到清扫，由每个半偶族中各 4 个最古

　　㊼　Harry Tschopik, "The Aymara of Chucuito, Peru," *Anthropological Papers of the American Museum of Natural History* 44 (1951)：137–308，特别是 190–199、239—240、253 和 275—277 页。

　　㊽　Bastien, *Mountain of the Condor*, 51—56, 135—149 和 178—183 页（注释 18）。丘奎托的艾马拉人在绘图仪式中有时把更为永久性的地物用作地形参照。在干旱期间，他们会前往阿托哈（Atojja）山附近的同名石砌圣地朝觐。据乔皮克（Tschopik）的记载，圣地的"眼睛"呈现了的的喀喀湖。参见 Tschopik, "Aymara of Chucuito," 197 和 277–278（注释47）。

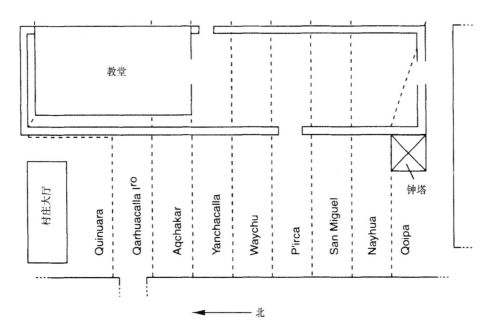

教堂

村庄大厅

Quinuara Qarhuacalla Iʳᵒ Aqchakar Yanchacalla Waychu P'irca San Miguel Nayhua Qoipa

钟塔

← 北

图6.19 帕卡里克坦博的教堂庭院和广场中的"丘塔" 270

　　在秘鲁帕卡里克坦博村的宗教节日期间，"艾尤"的代表仪式性地"清洁"指派给他们的"丘塔"，这是教堂庭院和广场地面上的矩形条带，呈现了各块土地的用益权。"丘塔"的仪式性清洁象征着每个"艾尤"在维护村庄基础设施上的责任。"艾尤"和半偶族通过条带的编组暗中决定了"丘塔"的拓扑次序。这一次序以最南的条带为基准，它由帕卡里克坦博南边的小村庄科伊帕（Qoipa）负责。

　　据 Gary Urton, "Andean Social Organization and the Maintenance of the Nazca Lines," in *The Lines of Nazca*, ed. Anthony F. Aveni (Philadelphia: American Philosophical Society, 1990), 173 – 206, 特别是 180 页（图Ⅳ.5）。

老的"艾尤"管理；第9个"丘塔"由帕卡里克坦博南边不远处的邻村科伊帕（Qoipa）来管理。科伊帕的"丘塔"在广场南端，这意味着"丘塔"的位置顺序根据的是每个"艾尤"拥有的土地的相邻关系。"丘塔"有灵活的边界和形态，在每个宗教节日之前必须重新协商，反映了每个"艾尤"的土地所有和社会责任的变化。因此，清扫"丘塔"就象征了每个"艾尤"管理一部分社区基础设施的责任。帕卡里克坦博的绘图仪式，使社群内的土地分配和社会责任合法化，而主保圣人穿过教堂庭院和广场的游行又使绘图仪式神圣化。[49] 类似"丘塔"这样的呈现在古代建筑中也有考古意义上的显示，而平行条带大小和数目的变异反映了遗址所在地的独特地理环境和历史环境。[50]

　　在安第斯地区很多前哥伦布时代的都会区中常可发现绘图仪式辟邪物（比如下文

　　[49] Gary Urton, "Chuta: El espacio de la prática social en Pacariqtambo, Perú," *Revista Andina* 2 (1984): 7 – 43, 及同一作者的 "Andean Social Organization," 179 – 183（注释19）。

　　[50] Urton, "Andean Social Organization," 184 – 193.

图6.24）。都会区是通过整齐的设计及建筑营造出大地和宇宙的理想场面的遗址。[51] 当绘图仪式在安第斯都会区或"华卡"圣地得到表演时，它就成为一种神圣的技术，因为人们设计建筑物为的是通过呈现大地和宇宙来改变它们的元素。

岩画艺术

岩画艺术作为一个整体，通常是多重指涉的，现代观者无法简单地"阅读"它。我不知道对安第斯岩画遗址有过什么系统发掘，因此在解读图像时，语境和定年一样，仍然是个重大的难题。不过，在一些岩画图像和前哥伦布时代的人造物之间有很强烈的形态相似性。[52] 尽管风格分析和图像内容强有力地暗示很多得到报告的岩画实例来自前哥伦布时代，但这样的估计只是给出了年代下限而已。

271　　安东尼奥·努涅斯·希梅内斯（Antonio Núñez Jiménez）对秘鲁的岩画做了里程碑式的编目，其中有很多图像作品可能是地图，只是他并没有把它们都归入地图这一类型。[53] 有些图像使用了自然或文化地物来分离或框定相邻的地点和事件（它们既可是真实的又可是想象的）。在景观场景中，文化形象和人形几乎都以侧面或低角度的视角来表现。地理空间通常以俯瞰的方式描绘，就像在很可能是河道和山洞的平面图视角的绘图中所显示的那样。在努涅斯·希梅内斯的编目中，还有几幅岩画很可能涉及旅行，其中一些可能运用了点和线来把真实的和想象的地点或事件联结在一起。在描绘地平线地物时，偶尔也会用到天体。有几幅图像让人想到前文讨论过的空间主题，包括景观—动物—身体的隐喻以及拿矩形块来呈现居室和土地的可能做法。

图6.20来自安第斯地区阿根廷部分的萨尔塔（Salta），是由埃尔西利亚·纳瓦穆埃尔（Ercilia Navamuel）识别出来、据说展示了村庄、畜栏、农业用地、溪流和山涧、山脉和泉的位置的七幅岩画之一。岩画上描绘的几个村庄看上去像是今日已知的考古遗址。此外还有一些岩画也值得关注，因为它们据说在同一块岩石上展示了太阳轨迹和一部历书，可能还有景观特征。[54]

考古记录中安第斯制图的年代学观点

本节将通过类比，以编年顺序追踪安第斯考古记录中出现的上述文化和几何准则。在进行历史和民族志类比时有很多陷阱。安第斯的文化变化常为征服和镇压所推动，不光来自西

---

[51] 有关这一世界性实践的一般综述，参见 Paul Wheatley, *The Pivot of the Four Quarters: A Preliminary Enquiry into the Origins and Character of the Ancient Chinese City* (Chicago: Aldine, 1971), 225 – 257 和 411 – 476; Yi-Fu Tuan, *Space and Place: The Perspective of Experience* (Minneapolis: University of Minnesota Press, 1977), 85 – 117; 及同一作者的 *Topophilia: A Study of Environmental Perception, Attitudes, and Values* (Englewood Cliffs, N. J. : Prentice-Hall, 1974), 129 – 172。

[52] 相关例子可参见 Antonio Núñez Jiménez, *Petroglifos del Perú: Panorama mundial del arte rupestre*, 2d ed. , 4 vols. (Havana: Editorial Científico-Técnica, 1986), 109。

[53] Núñez Jiménez, *Petroglifos del Perú*.

[54] Ercilia Navamuel, *Atlas histórico de Salta: Conocimiento geográfico indígena e hispano* (Salta, Argentina: Aráoz Anzoátegui Impresores, 1986), 特别是 7 页。

图 6.20　阿根廷萨尔塔的岩画　271

据埃尔西利亚·纳瓦穆埃尔，这幅发现于埃尔杜拉斯尼托（El Duraznito）考古遗址的岩画是附近城市圣罗萨·德·塔斯蒂尔（Santa Rosa de Tastil）在前西班牙时期的地图，也展示了一条前往拉斯米纳斯（Las Minas）山涧的道路。

阿根廷萨尔塔的埃尔西利亚·纳瓦穆埃尔许可使用。

班牙人，也来自印加人和早期的城邦帝国。每次征服过后，空间和景观呈现便可能发生变化。基于人造物序列定义的考古文化与由文化和生物繁衍所界定的社会群体之间不相重合的概率，随时间增长会剧烈增大。类比还容易忽略掉一个文化的历史变异，因此遮蔽了文化演化的根本基础。

查文·德·万塔尔古庙

查文·德·万塔尔（Chavín de Huántar）是查文文化（约公元前900—前200年）的主要宗教中心。尽管在漫长的时段中古安第斯人使查文·德·万塔尔的面貌发生了大规模变化，但被称为"古庙"（Old Temple）的最初的建筑群却仍可以分辨出来。和秘鲁的其他仪典中心一样，形态为环绕着较低的环形院子的∪形锥状平顶丘的古庙据信具有勘舆（geomantic）功能。[55] 此外，在古庙的供品地廊中还发现了数以千计的陶器，有可能是绘图仪式的一部分。有人推测这些陶器中有一些可能制成于一些遥远的村庄，并可能呈现了这些人群

---

[55] William Harris Isbell，"Cosmological Order Expressed in Prehistoric Ceremonial Centers," in vol. 4 of *Actes du XLIIe Congrès International des Américanistes* (1976) (Paris：Société des Américanistes，1978)，269 – 297，特别是286—295 页，及 Donald Ward Lathrap，"Jaws：The Control of Power in the Early Nuclear American Ceremonial Center," in *Early Ceremonial Architecture in the Andes*，ed. Christopher B. Donnan (Washington，D. C.：Dumbarton Oaks Research Library and Collection，1985)，241 – 267，特别是242—245 页。

的神话和"华卡",而被用作仪式的供品。[56]

与之前的同类建筑不同,古庙的开口并不朝着当地河流的源头方向,而是与布兰卡山脉(Cordillera Blanca)的最高峰万特桑(Huantsán)峰相对。万特桑峰是附近的莫斯纳(Mosna)河和瓦切克斯塔(Wacheksta)河的发源地之一,也是印加帝国时期和殖民时期受崇拜的一个"华卡"的化身。[57] 厄顿(Urton)和阿韦尼(Aveni)的研究注意到遗址建筑并不按照主方位布局,其朝向是正东方向再顺时针旋转13度多——这可能与天文现象有关。[58] 古庙的朝向象征性地把作为庙之水源的万特桑峰与昴星团的轨迹联合在一起,昴星团是雨季将来的天文征兆。[59]

在古庙内部有几条称为"地廊"(galleries)的地下通道。最重要的是十字形的兰松(Lanzón)地廊,位于∪形的中央。地廊包含有一根朝东的花岗岩石柱,高5.5米,雕刻有拟人的形象——兰松,亦即查文·德·万塔尔的最高神。石柱是整个建筑结构中的一部分。它伸出上方另一个十字形的廊室,基部则深扎在地面以下,象征了兰松作为"世界之轴"(axis mundi)的神职,把天、地和下界统合为一。[60]

除兰松之外,还有一件形态独特的雕塑,具有特别的神圣性——特约方碑(Tello Obelisk,图6.21)。特约方碑不像古庙中其他任何雕塑,而是与兰松一样,是作为"世界之轴"的花岗岩雕柱。其上的雕刻曾被解读为两只高度类型化的宽吻鳄,其间被一道粗大的中轴隔开,每只宽吻鳄都是"大鳄"(Great Caiman)的一个位面。宽吻鳄普遍被视为众鱼之长,这指的是它在鱼类繁衍和亚马孙静水经济中的关键性地位。唐纳德·沃德·拉斯拉普(Donald Ward Lathrap)尤为强调宽吻鳄的重要性。他认为宽吻鳄呈现了整个宇宙,在美洲核心地区是最重要的宇宙象征。[61]

特约方碑上的每条宽吻鳄都包含有一些图画,其上以侧视的方式描绘了融合于一体的植物、动物和人物元素。[62] 生物形式和地物从水、地和天界抽象出来,组织成关联性的

[56] Burger, *Chavín*, 139-140(注释4);Luis Guillermo Lumbreras, *Chavín de Huántar en el nacimiento de la civilización andina*(Lima:Instituto Andino de Estudios Arqueológicos, 1989), 183-216;及同一作者的 *Chavín de Huántar:Excavaciones en la Galería de las Ofrendas*(Mainz:P. von Zabern, 1993)。

[57] Johan Reinhard, "Chavín and Tiahuanaco:A New Look at Two Andean Ceremonial Centers," *National Geographic Research* 1(1985):395-422, 特别是398-401页。万特桑峰是一个最终的水源地,从那里来的水通过一个精巧而隐蔽的封闭导水渠系统在古庙建筑群中响亮地向下跌落。参见 Luis Guillermo Lumbreras, Chacho González, and Bernard Lietaer, *Acerca de la función del sistema hidráulico de Chavín*(Lima:Museo Nacional de Antropología y Arqueología, 1976), 特别是13—15页。

[58] Burger, *Chavín*, 132(注释4), 及 Gary Urton and Anthony F. Aveni, "Archaeoastronomical Fieldwork on the Coast of Peru," in *Calendars in Mesoamerica and Peru:Native American Computations of Time*, ed. Anthony F. Aveni and Gordon Brotherston(Oxford:BAR, 1983), 221-234, 特别是表1。

[59] 高耸于查文·德·万塔尔遗址上方的崎岖山岭不利于对地平面进行天文观测。天文观测更可能是在附近的山顶如波科克(Poqoq)山和瓦卡克(Huaqaq)山处进行的。参见 Reinhard, "Chavín and Tiahuanaco," 401(注释57)。

[60] Burger, *Chavín*, 135-137(注释4), 及 Julio C. Tello, *Chavín:Cultura matriz de la civilización andina*(Lima:Universidad Nacional Mayor de San Marcos, 1960), 特别是104—109页。

[61] Lathrap, "Jaws," 245-246(注释55)。

[62] Tello, *Chavín*, 177-186(注释60), 及 Donal Ward Lathrap, "Gifts of the Cayman:Some Thoughts on the Subsistence Basis of Chavín," in *Variation in Anthropology:Essays in Honor of John C. McGregor*, ed. Donald Ward Lathrap and Jody Douglas(Urbana:Illinois Archaeological Survey, 1973), 91-105.

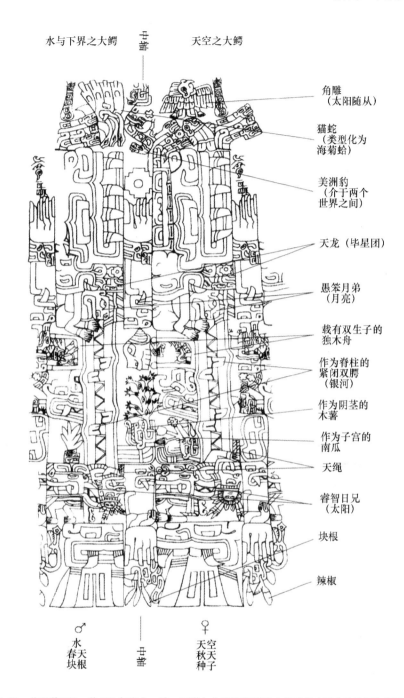

水与下界之大鳄　中轴　天空之大鳄

角雕
（太阳随从）

猫蛇
（类型化为
海菊蛤）

美洲豹
（介于两个
世界之间）

天龙（毕星团）

愚笨月弟
（月亮）

载有双生子的
独木舟

作为脊柱的
紧闭双腭（银河）

作为阴茎的
木薯

作为子宫的
南瓜

天绳

睿智日兄
（太阳）

块根

辣椒

♂
水
春天
块根

中轴

♀
天空
秋天
神子

图 6.21　公元前 600—前 500 年查文·德·万塔尔古庙建筑群出土的特约方碑上的绘画和解读　272

　　特约方碑是大约 2.5×0.3 米的棱镜形花岗岩柱，其上的浮雕是一棵宽吻鳄造型的世界树，描绘了晨昏之时在天空中相对两侧出现的太阳和弯月，并把陆地的一套象征与天空的神职融合起来。两只高度类型化的宽吻鳄一左（水与下界之大鳄）一右（天之大鳄）位于方碑中轴两侧，描绘了宇宙志、天体和陆地元素。其几何组织类似它们所意指的查文·德·万塔尔的社会和土地组织，不过其上描绘的很多植物和动物来自域外地点，比如亚马孙地区的角雕和木薯，及厄瓜多尔的海菊蛤（spondylus）。在作为每只宽吻鳄脊柱的紧闭双腭之上有一条类型化的独木舟，代表的是多种亚马孙神话中把双生子渡过银河的天舟。其他神话中的化身包括天阳、月亮和一些星座。

　　引自 Janet C. Smith 的一幅画，所依据的原始拓片由 John Howland Rowe 制作，见其"El arte de Chavín; estudio de su forma y su significando,"*Historia y Cultura* 6（1973）：249–276，图 6。John Howland Rowe 许可使用，由威廉·古斯塔夫·加特纳解读。

关系。[63]中轴左边是水域和下界的大鳄，与春天、块根作物和营养繁殖的植物相关联。中轴右边是天空的大鳄，与秋天和种子植物相关联。[64] 两只大鳄合起来象征了二分法，如动物—植物、野生—驯化和上—下的二分。[65] 特约方碑的两侧对称性反映了查文·德·万塔尔由考古记录推断出的二分式的土地和社会组织。

　　在方碑上还描绘了天空神话中的一些人物，展示了一条基本的天文—生物原则——天体运动与大地上的生命周期相关联。睿智日兄（Wise Solar Elder Brother）执着天绳登上天空，天空以构成脊柱母题的紧闭双腭表示，它呈现的是银河。角雕（harpy eagle）也叫"太阳随从"（Attendant of the Sun），扮演着向导的角色。一只类型化的独木舟载着神话中的双生子（Twins）渡过银河，驶向愚笨月弟（Foolish Lunar Younger Brother），他的双腿在昴星团的注视中被天龙（毕星团）弄断。[66] 总体来说，特约方碑是一幅宇宙志地图，是对神话史和民族生态学的图画叙事，是把神异信息整合进查文生活的日常几何结构之中的视觉尝试。

帕拉卡斯织物和人造物

　　帕拉卡斯文化传统在秘鲁南海岸的帕拉卡斯半岛（Paracas Peninsula）周边的主要河谷中至少持续了 900 年（公元前 700 年—公元 100 年）。一些早期帕拉卡斯织物和人造物很明显受到查文艺术的影响，但二者在载体、功能、技术和图像系统上都有不同之处。[67]

　　帕拉卡斯文化以其精美的织物著称，这些织物通常描绘了专门生境中的植物和动物。[68] 对古代帕拉卡斯人来说，捕猎者可能具有"帕拉赫"的功能，也就是可以作为把粗略划分的景观带归类的方法。植物和动物图像在帕拉卡斯图像系统中可以起着作为生态带的视觉隐喻的作用。这也可能有助于我们解释为什么在帕拉卡斯织物图像中，身着动物和植物服饰的人像如此众多，占据优势地位。安·保罗（Anne Paul）推测帕拉卡斯领袖会在把自然地物与社会和宇宙秩序相联系的仪式期间穿着这些织物。[69]

[63]　John Howland Rowe, "Form and Meaning in Chavín Art," in *Peruvian Archaeology*: *Selected Readings*, ed. John Howland Rowe and Dorothy Menzel (Palo Alto, Calif. : Peek, 1967), 72 – 103. 劳（Rowe）把这些关系描述为"比喻复合词"（kennings）或视觉隐喻，它们在查文艺术中十分流行。有关查文艺术风格的更多信息，参见 Burger, *Chavín*, 146 – 149（注释 4）。

[64]　Lathrap, "Jaws," 249 – 251（注释 55）。

[65]　Burger, *Chavín*, 131（注释 4），及 R. Tom Zuidema, "An Andean Model for the Study of Chavín Iconography," *Journal of the Steward Anthropological Society* 20, nos. 1 – 2 (1992): 37 – 54.

[66]　Peter G. Roe, "Obdurate Words: Some Comparative Thoughts on *Maya Cosmos* and Ancient Mayan Fertility Imagery," *Cambridge Archaeological Journal* 5 (1995): 127 – 130, 特别是图 4。

[67]　卡鲁瓦（Carhua）织物和来自伊卡河谷地的帕尔卡斯陶器在这方面尤为明显。参见 Richard L. Burger, "Unity and Heterogeneity within the Chavín Horizon," in *Peruvian Prehistory*: *An Overview of Pre-Inca and Inca Society*, ed. Richard W. Keatinge (Cambridge: Cambridge University Press, 1988), 99 – 144, 特别是 120 页；John Howland Rowe, *Chavín Art*: *An Inquiry into Its Form and Meaning* (New York: Museum of Primitive Art, 1962), 5 – 6；及 Dwight T. Wallace, "A Technical and Iconographic Analysis of Carhua Painted Taxtiles," in *Paracas Art and Architecture*: *Object and Context in South Coastal Peru*, ed. Anne Paul (Iowa City: University of Iowa Press, 1991), 61 – 109, 特别是 104—108 页。

[68]　Ann H. Peters, "Ecology and Society in Embroidered Images from the Paracas Necrópolis," in *Paracas Art and Architecture*: *Object and Context in South Coastal Peru*, ed. Anne Paul (Iowa City: University of Iowa Press, 1991), 240 – 314.

[69]　Anne Paul, "Paracas Necrópolis Textiles: Symbolic Visions of Coastal Peru," in *The Ancient Americas*: *Art from Sacred Landscapes*, ed. Richard F. Townsend (Chicago: Art Institute of Chicago, 1992), 278—289, 特别是 285—286 和 288—289 页。织物常描绘了仪式活动中的舞者，他们主要面向织物编织的方向。参见 Mary Frame, "Structure, Image, and Abstraction: Paracas Necrópolis Headbands as System Templates," 及 Anne Paul, "Paracas Necrópolis Bundle 89," 均见 *Paracas Art and Architecture*: *Object and Context in South Coastal Peru*, ed. Anne Paul (Iowa City: University of Iowa Press, 1991), 110 – 171, 特别是 134—144 页，及 172 – 221, 特别是 177—210 页。

胡里奥·特约（Julio Tello）考察过帕拉卡斯多色披风（图 6.22），这是从帕拉卡斯半岛上的塞罗科洛拉多大墓（Necrópolis of Cerro Colorado）那里劫掠来的织物。他把这面织物上少见的多种形态的图像解读为一部历书，注意到相同的盛装舞者个体在其他帕拉卡斯织物上是孤立出现的。[70] 这面披风可能纪念的是在帕拉卡斯"艾尤"或其他社会群体中按历书确定时间的绘图仪式，这些仪式为沿干旱海岸分布的宜耕低洼庭园或浅谷（"马哈迈斯"，ma-hamaes）的土地划分赋予了合法性。四列块状几何图形中央均有一个断头母题，对这一解读来说至关重要，表达了通过血统与此地产生的紧密联系。[71] 32 个家系组织成四列。每一列都与帕拉卡斯核心文化区内的社会和土地的大规模划分相对应。帕拉卡斯四个主要的"马哈迈斯"——分别沿皮斯科（Pisco）河、卡涅特（Cañete）河、钦查（Chincha）河和伊卡（Ica）河上游分布——是最可能与之对应的划分。与"丘塔"仪式类似，对社区公共设施的团体责任的公共宣示加强了"艾尤"作为社会群体和土地的性质。仪式上的扮演者佩戴着面具、身着全套仪典服饰，站在广场的边缘。其他地理关系可能由舞者服饰上的动物和植物元素来象征。

一个世界性的宇宙主题，是灵魂经过位于此世与来世之间的迷宫。[72] 在一个帕拉卡斯坟墓中，与其他来世所需的人造物一起发现的一个瓜雕[73]上就展示了一个灵魂迷宫中的三个灵魂（人头）（图 6.23）。其中一个灵魂出现在两个位置处，意味着粗线和几何符号分别是通道和想象的景观符号。在断头的底部是一对几何线纹，与图 6.22 中的断头下部出现的线纹相同，暗示了血与社会和土地空间之间的联系。没有合适的工具和教导，很难在精神世界中航行，而一幅灵魂地图可以成为准备工作的一部分。

根据胡里奥·特约和梅希亚·谢斯佩（Mejía Xesspe）的观点，图 6.24 是阿雷纳布兰卡（Arena Branca）村庄住宅的精准复制。[74] 它也是对一个荒漠"帕拉赫"的部分呈现。罐体下部描绘了不同房屋的内部，而上部描绘了一套复式住宅的外部。这件陶罐在描绘家族时看来同时考虑了现实和精神两方面，悬在房壁上的灵魂面具体现的便是精神方面。每个面具都有微妙的类型化变异，意味着它们把不同的家族区分开来。

纳斯卡线条和纳斯卡陶器

在公元 2 世纪期间，秘鲁的权力中心从帕拉卡斯半岛向南转移到了干旱的纳斯卡平原。尽管在帕拉卡斯和纳斯卡文化传统（约公元前 700 年—公元 200 年及公元前 200 年—公元

⑦⓪　Julio C. Tello, *Paracas*, vol. 1, *El medio geográfico: La explotación de antiguedades en el centro Andino. La cultura Paracas y sus vinculaciones con otras del centro Andino* (New York: Institute of Andean Research, 1959), 70 – 71 和图版 79。

⑦①　纳斯卡文化等南美洲文化中的猎头活动看来可以确定社会和土地状态。参见 Helaine Silverman, *Cahuachi in the Ancient Nasca World* (Iowa City: University of Iowa Press, 1993), 218 – 216, 特别是 224—225 页。

⑦②　Catherine Delano-Smith, "Cartography in the Prehistoric Period in the Old World: Europe, The Middle East, and North Africa," in *The History of Cartography*, ed. J. B. Harley and David Woodward (Chicago: University of Chicago Press, 1987 –), 1: 54 – 101, 特别是 87—88 页。

⑦③　关于坟墓出土物品的描述，参见 Julio C. Tello, *Paracas*, vol. 2 中他与 Toribio Mejía Xesspe 合写的 *Cavernas y necrópolis* (Lima: Universidad Nacional Mayor de San Marcos, 1979), 133 – 146。

⑦④　Tello and Xesspe, *Cavernas y necrópolis*, 259.

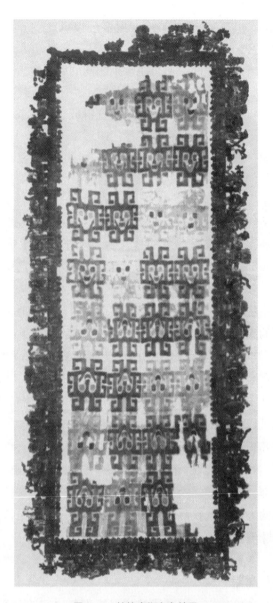

274

图 6.22　帕拉卡斯多色披风

这块发现于塞罗科洛拉多大墓的织物描绘了一个大型的长方形广场。广场包括平行的四
列各八个块状几何图形，每个图形中央均有一个断头母题，意指通过血统产生的祖先家系和
地方性。每一列很可能都与帕拉卡斯四个主要的"马哈迈斯"（耕作地）之一相对应，它们分
别沿皮斯科河、卡涅特河、钦查河和伊卡河上游分布。周围的几何形母题呈四分状，可能具
有一般性景观联系，比如可能指的是四个方向。还有人曾推测这块织物起着历书的作用。

原始尺寸：1.24×0.49 米。承蒙 Brooklyn Museum, New York 提供照片。

600 年）之间存在艺术和意识形态上的连续性，我们却不能说后者完全由前者演化而来。[75]

---

[75]　Helaine Silverman, "The Paracas Problem：Archaeological Perspectives," in *Paracas Art and Architecture*：*Object and Context in South Coastal Peru*, ed. Anne Paul（Iowa City：University of Iowa Press, 1991），349 - 415. 我们遵从其他学者的用法，以地理术语 Nazca 指称市镇、河流、平原、地区和纳斯卡平原上的地画，以 Nasca 指称早中间时代的文化和人群。（译注：这两个词的中文译名没有区别，都是"纳斯卡"。）

图 6.23 帕拉卡斯瓜雕上的灵魂地图 275

　　这个瓜雕发现于一座坟墓中，其中还包括来世生活所需的仪式性和实用性的人造物。迷宫路径和灵魂形象所展示的三个断头可能会帮助灵魂在精神世界中航行。

　　引自 Julio C. Tello, *Paracas*, vol. 2 中他与 Toribio Mejía Xesspe 合写的 *Cavernas y necrópolis*（Lima：Universidad Nacional Mayor de San Marcos, 1979），145（图 23）。Universidad Nacional Mayor de San Marcos, Fondo Editorial, Lima, Peru 许可使用。

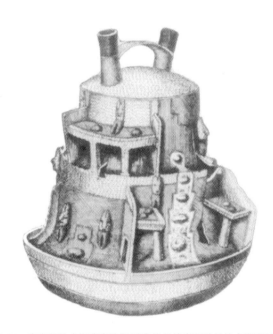

图 6.24 来自帕拉卡斯半岛塞罗科洛拉多的岩洞的帕拉卡斯房屋模型 275

　　这个陶罐底部直径 14 厘米，以现实主义手法描绘了阿雷纳布兰卡的帕拉卡斯房屋的内部结构和一套复式住宅。悬在房壁上的面具占据突出位置，彼此又有类型化的区别，可能说明它们区分了不同的家族。

　　引自 Julio C. Tello, *Paracas*, vol. 2 中他与 Toribio Mejía Xesspe 合写的 *Cavernas y necrópolis*（Lima：Universidad Nacional Mayor de San Marcos, 1979），278（图 77）。Universidad Nacional Mayor de San Marcos, Fondo Editorial, Lima, Peru 许可使用。

纳斯卡地区是一个因大量大型地面绘画——地画（geoglyph）而闻名的世界，这些地画称为"纳斯卡线条"（Nazca lines）。它们在因赫尼奥（Ingenio）河和纳斯卡河之间海岸附近的海拔较高的干旱平原（"潘帕"，pampa）上覆盖了大约200平方千米的地面。构建地画需要移除被干旱气候磨蚀的深色岩石，露出下方的浅色沉积物。一些纳斯卡地画由彼此不重叠的线条构成，仿佛一个人不让笔尖离开纸张而画出的图形。其他地画则由重叠而混乱的交织线条构成繁复的迷宫。尽管有各种推测，但目前还没有发现所有地画共同的统一度量单位。[76] 现代分析表明，只需一些相对简单的测量方法——比如利用木桩、统一的线长和好眼力——便足以创作出纳斯卡线条几何图形。[77]

最有名的纳斯卡地画是那些形状像植物、动物、穿着特殊服饰的表演者或几何图形的作品。不过，最常见的地面画作，据信可能也是制作得比较晚的，是由直线构成的作品，很多直线连接起来，形成多组从一个中心点向外发出的射线。[78] 这些地画可能是放射状景观组织的最早表达（图6.25）。目前已经识别出了62个射线中心，从这些中心共放射出750条以上的射线。大部分射线中心位于潘帕平原边缘自然形成的小型山鼻上；所有射线中心都位于主河道或支流的岸边，或位于向潘帕平原逐渐隐没的最后的山丘的脚下，这导致有人提出假说，认为它们以某种方式与水和灌溉连接在一起。[79] 此外，这些射线还常常与其他线条中心、远处的山丘及其他影响到地上水流的地物（比如河曲或高踞于河岸上的沙丘）连接在一起。[80]

少数纳斯卡地画展现出了天文学排列，比如昴星团、天顶的太阳以及半人马座 α 和 β 星（南门二和马腹一）。[81] 包括这些恒星在内的很多天体都与营生体系有特别的时间关系，比如山地积雪融水向纳斯卡河流和沟渠的季节性灌注，或是鱼群向近岸水域的洄游等。[82] 虽然对于纳斯卡线条的布局来说，天文学排列说是早期一个有力的解释，但后续的研究已经表

[76] Anthony F. Aveni, "An Assessment of Previous Studies of the Nazca Geoglyphs," in *The Lines of Nazca*, ed. Anthony F. Aveni (Philadelphia: American Philosophical Society, 1990), 1–40, 特别是22页。阿韦尼主编的这本书中的章节由几位一流专家撰写，是对这个主题的优秀导论。该书评估了之前的文献，考察了学界当前有关地画的形式、功能和制作者的考证。

[77] Evan Hadingham, *Lines to the Mountain Gods: Nazca and the Mysteries of Peru* (New York: Random House, 1988), 135–140. 考古学提供了这样的调查技术：从砸入一根纳斯卡线条末端的一根木桩上获得了公元525±80年的放射碳测年结果，而在考瓦奇（Cauhuachi）的一个神庙丘的地下发掘出了一件长160英尺以上的织物，有不同长度的织线。参见 William Duncan Strong, *Paracas, Nazca, and Tihuanacoid Cultural Relationships in South Coastal Peru* (Salt Lake City: Society for American Archaeology, 1957), 特别是14—16和46页（表4）。

[78] 安东尼·F. 阿韦尼（Anthony F. Aveni）为下书所写的导言: *The Lines of Nazca*, ed. Anthony F. Aveni (Philadelphia: American Philosophical Society, 1990), vii–x, 特别是viii页。

[79] Anthony F. Aveni, "Order in the Nazca Lines," in *The Lines of Nazca*, ed. Anthony F. Aveni (Philadelphia: American Philosophical Society, 1990), 40–113, 特别是82—83页。

[80] Aveni, "Order in the Nazca Lines," 110–111. 统计分析也展示，这些线条并不指向山峰。参见 C. L. N. Ruggles, "A Statistical Examination of the Radial Line Azimuths at Nazca," in *The Lines of Nazca*, ed. Anthony F. Aveni (Philadelphia: American Philosophical Society, 1990), 247–269, 特别是268页。

[81] Aveni, "Order in the Nazca Lines," 98.

[82] Gary Urton, "Astronomy and Calendrics on the Coast of Peru," in *Ethnoastronomy and Archaeoastronomy in the American Tropics*, ed. Anthony F. Aveni and Gary Urton (New York: New York Academy of Sciences, 1982), 231–247.

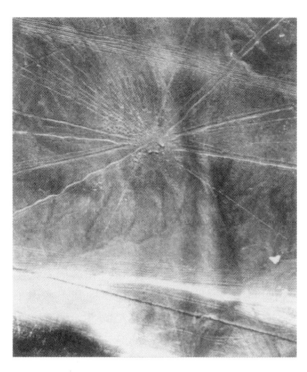

图 6.25　来自纳斯卡潘帕平原的射线中心地画

　　纳斯卡地画最常见的类型是射线中心，这是一个从中心点向外发出的线条体系。这些向外发出的线条呈明显的放射形，最常对准水源，而且通常与控制着地面径流的地形轮廓相垂直。射线中心线条常与其他的射线中心连接，其中一些线条不是直的，而是弯的。有很少一些射线中心出乎意料地展示出了天文学排列。

　　Servicio Aerofotográfico Nacional, Lima, Peru 许可使用（0 - 17123, del 22 - 6 - 65）。

276

明只有少数地画展示了天文学排列。[83]

　　纳斯卡线条纪念的当然是宇宙志观念，但对于这些地画来说，要想充分地传达对纳斯卡世界的地理理解，仪式表演是必不可少的。很多射线中心线条都指向卡瓦奇（Cahuachi），它是这一地区最大的仪典中心，也因此可能是一个朝圣中心，一个举办与农业和水有关的仪式活动的中心。[84] 考古勘查指出，地画可能是过程性的路线，因为沿着它们集中分布有石堆、祭品和成堆破碎的彩饰过的陶器。[85] 这些线条肯定是可以在上面行走的，除了是仪式朝

　　[83]　关于代表性的早期研究，参见 Maria Reiche, "Giant Ground-Drawings on the Peruvian Desert," in vol. 1 of *Verhandlungen des XXXVII. Internationalen Amerikanistenkongressess* (1968)（Munich：Klaus Renner, 1969），379 - 384；同一作者的 *Mystery on the Desert* (Stuttgart-Vaihingen, 1968)；及 Paul Kosok, *Life, Land and Water in Ancient Peru* (New York：Long Island University Press, 1965), 49 - 62。较近期的分析包括：Aveni, "Assessment of Previous Studies," 15 - 23（注释76）；同一作者的 "Order in the Nazca Lines," 88 - 98（注释79）；及 Ruggles, "Statistical Examination," 261 - 269（注释80）。

　　[84]　Helaine Silverman, "The Early Nasca Pilgrimage Center of Cahuachi and the Nazca Lines：Anthropological and Archaeological Perspectives," in *The Lines of Nazca*, ed. Anthony F. Aveni (Philadelphia：American Philosophical Society, 1990), 207 - 244, 特别是 232—240 页，及同一作者的 "Beyond the Pampa：The Geoglyphs in the Valleys of Nazca," *National Geographic Research* 6 (1990)：435 - 456, 特别是 444—446 页。

　　[85]　Persis Banvard Clarkson, "The Archaeology of the Nazca Pampa：Environmental and Cultural Parameters," in *The Lines of Nazca*, ed. Anthony F. Aveni (Philadelphia：American Philosophical Society, 1990), 115 - 172, 特别是 136—151 页，及 Silverman, "Beyond the Pampa," 446 - 447。

圣的通道外，有学者还推测它们可能不过就是潘帕平原上为人们所使用的道路。[86]

加里·厄顿（Gary Urton）推测存在一个管理这些放射状地画的系统，类似于上文描述过的帕卡里克坦博人对"丘塔"的仪式清扫。在他看来，纳斯卡的社会政治组织与领地景观的区划相对应。单个的地画通过一套轮换和对等的以亲族为基础的劳动义务系统来管理；这个系统类似印加人的"米塔"（mit'a）系统（一种要求个人定期为国家资助的农业活动和其他活动提供服务的劳役系统）。因此，纳斯卡线条可能呈现了把领地具体划分为社会空间的做法，这是作为社会群体和领地的"艾尤"的图像展示。[87] 这可能解释了为什么较晚创作的地画常常会截断比较早的地画，因为它们要表达构建它们那个时候的社会和经济状况，这比保存前几代人的图像更重要。

纳斯卡地面图画的大规模和正投影透视引出了很多争议性的解读。纳斯卡地画有可能有部分设计意图在于吸引超人类（preterhuman）和世俗外（extramundane）的力量，把他们对水和繁殖力的祝福导向某些"艾尤"所拥有的地产。[88] 在这个意义上，纳斯卡线条是为安第斯神灵绘制的地图。另一种有关它们的用途和构建的观点考虑了其中纯粹的艺术表达可能占据的成分。虽然这些地面雕塑的复杂度和尺寸都无法让人得出一种单一的、确定的解释，来阐述其构建和用途，但是比较清楚的是，纳斯卡线条在今后也会继续启发我们的想象。

在纳斯卡陶器中也编码着文化主题。[89] 一件不同寻常的陶制容器上的图案（图6.26）曾由安·彼得斯（Anne Peters）解读为类似"洛马斯"（lomas）牧场（一种由雾气提供水分的滨海植被）的形象，其中有波状扭曲的蛇，呈现山脉一般的形状。她进一步推测图案中漂浮的驼形动物像是银河中的一个特别的星座，即大羊驼"暗云"（llama "dark cloud"）。[90]

图6.27展示了一种类型的纳斯卡陶罐，其名为"酋长"（chieftain）罐或"神话形象"（figura mitológica）罐。这个陶罐上描绘了一个特别的人像，双眼大睁，嘴被缝上，身上佩有黄金的丧葬饰品，就像那些在南部海滨的干尸包（mummy bundles）中发现的饰品。[91] 这个酋长罐可能呈现的是一个干尸包，而为了丧葬精心制作的这样一件陶器意味着它是一件祖先"华卡"。祖伊德马（Zuidema）详细阐述了"神话形象"罐和农业之间的象征性关联，

---

[86]　比如阿韦尼给下书写的后记：*The Lines of Nazca*, ed. Anthony F. Aveni（Philadelphia：American Philosophical Society, 1990），285 – 290，特别是289页。

[87]　Urton, "Andean Social Organization"（注释19）。

[88]　Johan Reinhard, *The Nazca Lines：A New Perspective on Their Origin and Meaning*, 3d ed.（Lima：Editorial Los Pinos, 1987），特别是9—11和55—56页，及同一作者的"Interpreting the Nazca Lines," in *The Ancient Americas：Art from Sacred Landscapes*, ed. Richard F. Townsend（Chicago：Art Institute of Chicago, 1992），291 – 301。

[89]　Reinhard, "Interpreting the Nazca Lines," 298；Richard F. Townsend, "Deciphering the Nazca World：Ceramic Images from Ancient Peru," *Museum Studies* 11（1985）：116 – 139，特别是122—124页；及 Isbell, "Prehistoric Ground Drawings," 146（注释6）。

[90]　Peters, "Ecology and Society," 281 – 282（注释68）。关于包括"大羊驼"在内的"暗云"动物星座，参见 Urton, *At the Crossroads*, 170 – 173（注释14）。

[91]　Tello and Xesspe, *Cavernas y necrópolis*, 464（图125）（注释73）。

图 6.26 水文纳斯卡

这个陶制水瓶来自秘鲁南部海滨，可能描绘了"洛马斯"，即干旱的太平洋沿岸由雾气提供水分的植被；这也是羊驼类家畜的重要季节牧场，在图案上位于两条纠缠在一起的巨蛇之间，巨蛇呈现的是潘帕平原上的山丘。在安第斯人所构想的水文循环的所有关键点上都出现了圆圈加点的母题；这些关键点在某个明显的地形特征的下面、里面或顶部。圈点母题也绘在天空中——这让人想到安第斯的恒星图像。两只相对的、有瞪大的眼睛的驼形动物被一个变形的十字形所分隔，它们浮在潘帕平原之上。其眼睛可能表示半人马座 α 和 β 星（南门二和马腹一），它们也叫"大羊驼之眼"。这两只相对的大羊驼可能体现了大羊驼暗云这个星座的早期构想。

Ann H. Peters, Le Moyne College, Syracuse, New York 许可使用。

他注意到本土编年史学者曾在制作这些容器的将近一千年后描述了编码其中的宇宙学观念。[92] 这个陶罐可能呈现了特定的"艾尤"地块。古代纳斯卡人群在声称他们是图 6.27 中描绘的祖先"华卡"的真实或虚构的后代时，便把他们对某些受到灌溉的土地的所有权加以合法化。

古代纳斯卡人群构建了一套由名为"普基奥"（puquios）的地下水渠构成的精细的水力系统，从而让干旱的南部海滨也可以从事农业生产。[93] 在图 6.27 中，"普基奥"展示为把人像双臂和一条腿连在一起的线状"横条"，之后它消失在腿下，最终又在这件陶器底部由割断的人头组成的矩形网格上方重新出现。这些由断头组成的网格可能呈现了农田，因为断头与农业祭品相关，也因为安第斯人群会通过后代传承来表达他们与领地的关系。[94] 这里展示 278
的景观图像模仿了水从山上的河流向滨海平原的地下"普基奥"流动、再在纳斯卡农田中

[92] R. Tom Zuidema, "Significado en el arte Nasca: Relaciones iconográficas entre las culturas inca, huari y nasca en el sur del Perú," in Reyes y guerreros: Ensayos de cultura andina, comp. Manuel Burga (Lima: FOMCIENCIAS, 1989), 386 – 401, 特别是 399—400 页。

[93] Katharina J. Schreiber and Josué Lancho Rojas, "The Puquios of Nasca," Latin American Antiquity 6 (1995): 229 – 254. 不过，以下文献论证了"普基奥"起源于殖民时代: Monica Barnes and David Fleming, "Filtration-Gallery Irrigation in the Spanish New World," Latin American Antiquity 2 (1991): 48 – 68。

[94]

278

图 6.27 纳斯卡陶制酋长罐，秘鲁南部海滨

这些所谓的"纳斯卡酋长罐"描绘了身穿丧葬服装的不同个体，因此，每个陶罐都代表一个干尸包祖先"华卡"。所有纳斯卡酋长罐都有相同的结构，但是它们在艺术细节上有很明显的不同。纳斯卡陶制酋长罐的头、肩和腿从罐体凸出，这与安第斯景观的人体结构隐喻相符：头是顶峰，肩是中部山坡，而下臀部代表从山里流出的河流出现分汊的滨海平原。其腿具有河流的弯曲形状，比头的高度还短，这正如安第斯山的顶峰高高耸立在蜿蜒的水系之上。同样的雕刻工艺也用于在其他纳斯卡容器上描绘现实主义的小丘。

原件高度：74.5 厘米；最宽处直径：42.9 厘米。承蒙 Instituto Nacional de Cultura, Museo Nacional de Arqueología, Antropología e Historia del Perú, Lima 提供照片（C-54196）。

重新涌现的场景。实际上，这件陶器描绘了一个干尸包祖先"华卡"，在它的表面图像之下可存有液体，正如"普基奥"在纳斯卡沙漠的地下存有渠水一样。[95]

莫切陶器

莫切文化在大约公元 1—700 年时繁荣于秘鲁的北部海滨，与南部海滨的晚末期和古典纳斯卡传统相重叠。莫切艺术以其现实主义而知名，其陶器景观模型很常见。莫切艺术中的人物和动物肖像，除了那些画在多色壁画上的之外，大多数的高度在 5—20 厘米之间。雕刻的景观元素通常合乎它们自然的相对大小，但人物、人造物和动物则可能得到极大夸张，以强调某种信息。[96] 某些特殊的植物和动物特征也可能被夸大，常常孤立出来出现在仪式服装之上。莫切艺术家在彩陶上以侧视视角描绘植物和动物。淡水生植物的花和非哺乳动物

⑮ Townsend, "Deciphering the Nazca World," 297-298（注释89）。

⑯ 关于莫切人对比例尺、相对大小和透视的运用的总结，参见 Christopher B. Donnan, *Moche Art of Peru*: *Pre-Columbian Symbolic Communication*, rev. ed.（Los Angeles: Museum of Cultural History, University of California, Los Angeles, 1978），29-33。

（其中几种与水有关，比如蟹、章鱼、鳐鱼、蜘蛛等）是例外，它们以平面图视角表现。[97]

有两件莫切景观容器（图6.28和6.29）符合于上文概述的艺术原则。山脉及由灌溉渠和河流组成的羽状水系常常塑造在莫切陶器上，很多描绘在山脉场景中的活动似乎都有仪式或象征上的重要性。[98] 图6.28中的景观背景展示了单独一列高海拔山脉——可能是生物—气候上的"普纳"（puna）地带。在图6.29中，较高的一列山脉可能也呈现了"普纳"带，而较低的一列呈现了相对较暖的低海拔的"永加斯"（yungas）地带；战士的住所因此位于这两个生物带之间。山岳崇拜在莫切人群中显然存在，特定的山峰与特定的神和代表性地理环境联系在一起。很多莫切陶器展示了神灵，常常根据头饰来分别；他们从山洞中出现，或是在多种山地献祭仪式上降临。[99]

图6.28　带有山狐的陶制莫切景观容器　　279

这件陶器在造型上是一只山狐（Andean fox），站在相当高的山脉和单独一个水系的上方。这单独的一列山脉所指的是高海拔山脉（"普纳"）。山狐可能是某个地名或"山狐"（atoq）暗云星座的视觉化身。

原件高度：约21厘米。Boyer Fund, Logan Museum of Anthropology, Beloit College, Beloit, Wisconsin（cat. no. 7229）. 承蒙 William Gustav Gartner 提供照片。

在莫切语境中，陶制房屋模型普遍存在。多种不同类型的建筑在这些模型中均有呈　　279

㊍　Donnan, *Moche Art of Peru*, 33, 37 – 41, 及 73 – 76, 及 Rafael Larco Hoyle, *Los Mochicas*, 2 vols.（Lima: Casa Editora "La Crónica" y "Variedades," 1938 – 1939）, 1: 77 – 141 和图版6。

㊎　Donna, *Moche Art of Peru*, 144.

㊏　Elizabeth P. Benson, *The Mochica: A Culture of Peru*（New York: Praeger, 1972）, 27 – 44.

279

图 6.29　展示了房屋和盾牌的陶制莫切景观容器

在这件莫切陶器上，在两列较为庞大的山脉之间展示了夸大了其规模的一座房屋和战士的盾牌，它们以色块与场景中的其他部分隔开。有一条道路把战士的这处住所与较低的一列山脉连接在一起。具有两个羽状水系的山谷呈现了两条主要的沟渠，其侧线呈现了这个灌溉系统中的次要部分。

Christopher B. Donnan, Los Angeles, California 许可使用。

现——有具简单斜顶或重叠三角顶的开放式结构，也有顶部具有多种装饰的封闭式复合结构，这些顶饰包括雉堞形和战棍（war clubs）形等。[100] 虽然在考古发掘中还没有确认这些结构的存在，但是在莫切艺术中所呈现的其他大多数图像都以已经发现的人造物为根据。目前有一些证据表明这样的结构可能位于某些棱塔丘的顶部，这可能反映了它们在象征和仪式中的重要性。正如描绘了建筑结构的莫切陶器可能会用在仪式之中一样，描绘了建筑群的模型（"马克塔"，maquetas）也可能在绘图仪式中起到辟邪物的功能。[101]

莫切房屋模型也通过平行条带母题描绘了空间关系和土地分配。根据乔治·库布勒（George Kubler）的研究，图 6.30 中在垂直方向上堆叠的彩带呈现了棱塔的梯台和平台。这件容器本身则可能描绘了一个典型的莫切风格的房屋群。[102]

---

[100]　Donnan, *Moche Art of Peru*, 79 – 83（注释 96）。

[101]　建筑物的"马克塔"以平面视角和比例方式呈现了每个房间和结构的承重墙。可参见的代表文献如 Cristóbal Campana, *La cultura mochica*（Lima: Consejo Nacional de Ciencia y Tecnología, 1994），29。

[102]　Kubler, *Art and Architecture*, 253（注释 43）。

图 6.30　比鲁谷的陶制莫切房屋复合群模型

280

这件容器呈现了一个莫切时期的房屋复合群，它位于一座棱塔丘之上，其中有矩形的围地、居住区、小路和台阶。容器上的彩色条带呈现了相互分离的不同高度的地面。彩带还可能暗示了距离。

原件高度：19 厘米；宽度和深度：11 厘米。承蒙 Instituto Nacional de Cultura, Museo Nacional de Arqueología, Antropología e Historia del Perú, Lima 提供照片（C – 54613）。

蒂瓦纳库文化

蒂瓦纳库位于玻利维亚的的喀喀湖湖岸附近，这个湖是安第斯山区海拔最高的大湖。泰皮卡拉（Taypikala）是蒂瓦纳库文化（约公元 300—1100 年）的城市—仪典核心，是对大地和宇宙的建筑展现。泰皮卡拉周围环绕着护城河，能够唤起后来在印加创世神话中永久存在的圣岛的想象。[103] 其中的纪念建筑对准了显著的景观地物和二分日的日出方向。泰皮卡拉中有两座巨大的棱锥状丘，其中之一叫阿卡帕纳（Akapana），在其表面和地下都有水道，模仿了基姆萨奇塔山（Quimsachta range）不同寻常的水文特征。因为布满了阿卡帕纳上部的梯台铺设了来自基姆萨奇塔山中一座山峰的独特的蓝绿色卵石，二者的相似性肯定是有意为之。作为一个大都市的中心，泰皮卡拉表现了人们所感知的宇宙秩序。它被视为宇宙的一

280

---

⑩　Kolata, *Tiwanaku*, 87 – 88 和 93 – 94（注释 16）。印加人相信比拉科查（Viracocha）从的的喀喀湖中现身，在蒂瓦纳库创造了大地和宇宙。不过，以下文献认为科拉塔（Kolata）对蒂瓦纳库城市布局的解读是有问题的：William Harris Isbell, review of *Tiwanaku：Portrait of an Andean Civilization*, by Alan L. Kolata, *American Anthropologist* 96（1994）：1030 – 1031。

个会聚点，从这里延伸出去就是蒂瓦纳库统治地域的社会和领地结构。[104]

民族史研究为古代蒂瓦纳库人呈现地理关系的可能方式提供了重要的深刻视角。特雷兹·布伊斯–卡萨涅（Thérèse Bouysse-Cassagne）对 16 世纪的的喀喀湖周边的艾马拉酋邦的空间观念做了概述。艾马拉文化和领地的空间组织是围绕一个双重二元结构（double dualism）的系统建立起来的（图 6.31）。"乌尔科"（urco）和"乌马"（uma）是这一地区性的社会政治景观的空间划分。"阿拉阿"（alaa）和"曼卡"（manca）则分表代表太平洋和亚马孙平原附近的低海拔山谷的社会和领地划分。"乌尔科"的概念也包括了西、高、干旱、高海拔牧业经济、天空、男性等范畴，可能还有块根茎作物。"乌马"则涵盖了东、低、湿、玉米农业、下界、女性以及低海拔动植物等概念。[105]

把处于外围亚马孙平原或太平洋海滨的酋邦与那些以的的喀喀湖为中心、环绕该湖分布的酋邦整合在一起的做法，促使人们构建了一种由"乌尔科"和"乌马"的概念所主导的多族群互补形式。[106]各来自两个半偶族之一的两位领主统治者卢帕卡（Lupaqa）王国，这是 16 世纪一个有丰富文献记载的的的喀喀酋邦，常作为这一地区的社会政治模型。卢帕卡的半偶族由多族群的"艾尤"构成，它们保证了所有构成这一王国的人群对于资源和劳力都有类似的所有权。[107]在这样一个复杂的社会政治景观中无疑会滋生族群矛盾，但是这种矛盾可以通过在一处名为"泰皮"（taypi）的象征空间中举行的仪式来调解。"泰皮"意为"中央之地"；在 16 世纪这个散碎的社会政治景观中，的的喀喀湖就是"泰皮"。在中层期，"泰皮"则是蒂瓦纳库。[108]

在蒂瓦纳库的半地下神庙中树立的本内特石柱（Bennett Stela）可能面对着正西方的蓬塞石柱（Ponce Stela），后者是另一根单石雕成的石柱，沿着太阳轨迹对准本内特石柱。[109]这个建筑群中还有一组石像，它们风格各异，排列在本内特石柱周围的从属性的位置上。[110]这281些石像大都表现出非蒂瓦纳库式的风格，代表了被俘获的"华卡"，是遥远族群的象征。[111]遗憾的是，它们原先的空间排列可能永远不可知了；不过，有人推测它们是以拓扑的方式排列在本内特石柱周边，从而以地图般的形式展示了蒂瓦纳库的权力和对周边的征服。[112]

---

[104]　Kolata, *Tiwanaku*, 8 – 10, 96 – 98, 108 – 109 和 111 – 117，及 Reinhard, "Chavín and Tiahuanaco," 415（注释57）。科拉塔和赖因哈德（Reinhard）都为阿卡帕纳的尖顶附加了重要意义，认为这里是少数几个能让人见到的的喀喀湖的朝圣点和天气圣地以及伊利马尼山（Mount Illimani）海拔近 6500 米高的山顶的地点之一。

[105]　Thérèse Bouysse-Cassagne, "Urco and Uma: Aymara Concepts of Space," in *Anthropological History of Andean Polities*, ed. John V. Murra, Nathan Wachtel, and Jacques Revel（Cambridge: Cambridge University Press, 1986），201 – 227，特别是201—213 页。

[106]　Bouysse-Cassagne, "Urco and Uma," 215.

[107]　Murra, "Aymara Kingdom," 117 – 118 和 125 – 128（注释 12）。

[108]　Bouysse-Cassagne, "Urco and Uma," 209 和 215 – 221（注释 105），及 Kolata, *Tiwanaku*, 89（注释 16）。

[109]　Kolata, *Tiwanaku*, 143.

[110]　Kolata, *Tiwanaku*, 135，及 Carlos Ponce Sanginés, *Descripción sumaria del templete semisubterráneo de Tiwanaku*, 5th rev. ed.（La Paz: Librería y Editorial "Juventud," 1981），109 – 176. 蓬塞·桑希内斯（Ponce Sanginés）为这个半地下建筑群中发现的许多雕刻石板和石柱提供了描述和位置。

[111]　关于印加时代俘获"华卡"的重要性，参见 Cobo, *Inca Religion and Customs*, 47，及同一作者的 *History of the Inca Empire*, 187 – 188 和 191（均见注释 25）。

[112]　Kolata, *Tiwanaku*, 141 – 143（注释 16）；最初提出这个推测的是: Lathrap, "Jaws," 251 – 252（注释 55）。

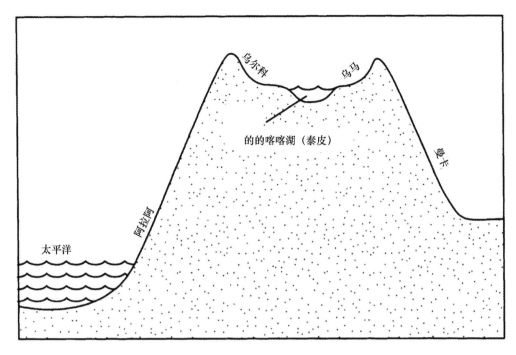

图 6.31　艾马拉的空间构想

281

对环绕的的喀喀湖的艾马拉王国的历史和考古研究展示了以 "双重二元结构" 为基础的社会和领地组织；这样一种几何结构在本内特石柱的图像结构中也有复制（见图 6.32）。 "泰皮" （的的喀喀湖）之轴把 "乌尔科" 与 "乌马" 、 "阿拉阿" 与 "曼卡" 的领域分隔开来。

据 Thérèse Bouysse-Cassagne, "Urco and Uma: Aymara Comcepts of Space," in *Anthropological History of Andean Polities*, ed. John V. Murra, Nathan Wachtel, and Jacques Revel（Cambridge: Cambridge University Press, 1986），201－227，特别是图 12.2。

　　本内特石柱的两种类型的几何结构反映了艾马拉人的空间构想（图 6.32）。在石柱的脊柱（头带）顶部有一圈凸起由人像雕板构成，另一圈凸起则在腰带的顶部。在脊柱的底部又有纵向叠置的人像雕板。水平的人像雕板带把一些与牧业和农业有关的符号融合在一起，牧业和农业是蒂瓦纳库可持续经济的基石。[113] 每一条水平带还具有与高海拔环境（ "乌尔科" ）相关联的代表元素，以及低海拔的热带生物带（ "乌马" ），前者如大羊驼，后者的代表如鹦鹉。这两个包含了 "乌马" 和 "乌尔科" 的指示物的水平带与艾马拉的空间二元结构相一致。这种水平图像的对称本质反映了两个半偶族之间权力的均衡。

282

　　根据祖伊德马的研究，本内特石柱的下部包层有 177 个圆形，代表了 6 个阴历（会合）月的总日数。其上雕刻的 30 个人像象征了一个阳历月的日数。他还把从大羊驼长出的栽培植物和野生植物解读为象征土地在牧业用地和农业用地之间季节性轮转的符号。[114] 在石柱的肩部和胸部弯弯曲曲地排列着穿着特别的头饰和斗篷、拿着手杖的人——可能象征着构成蒂瓦纳库政权的多族群的人群。本内特石柱的空间象征和布局暗示了脊柱就是 "泰皮" 或

　　[113]　Kolata, *Tiwanaku*, 135－141.

　　[114]　R. Tom Zuidema, "Llama Sacrifices and Computation: The Roots of the Inca Calendar in Huari-Tiahuanaco Culture," 即将出版。

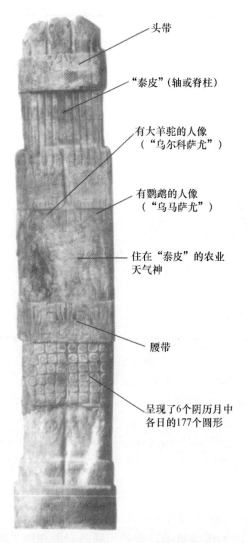

头带

"泰皮"（轴或脊柱）

有大羊驼的人像
（"乌尔科萨尤"）

有鹦鹉的人像
（"乌马萨尤"）

住在"泰皮"的农业
天气神

腰带

呈现了6个阴历月中
各日的177个圆形

281　　　　　　　　　　　**图 6.32　把本内特石柱作为宇宙图的解读**

　　　　本内特石柱是蒂瓦纳库人群所感知和控制的空间和时间的图形呈现。在这根石柱的脊柱底部呈现了一位居住
于"泰皮"的农业天气神，这是印加神比拉科查的前身。这位神外伸的双臂支持着两个人像，右边的人像有几只
热带鹦鹉，呈现了"乌马萨尤"，而左边的人像有几个大羊驼的头，呈现了"乌尔科萨尤"。"泰皮"具有在蒂瓦
纳库社会和领地结构中起调解作用的功能，则由这根脊柱呈现；它把石柱上的 30 个人像和其他符号元素组织成
"乌尔科"和"乌马"、"阿拉阿"和"曼卡"的双重二元结构。

　　　　据 Arthur Posnansky, *Tihuanacu*：*The Cradle of American Man*, 2 vols., trans. James F. Shearer（New York：
J. J. Augustin, 1945），vol 2，图 115。由威廉·古斯塔夫·加特纳解读。

　　"中央之地"，可能是泰皮卡拉；它可以让那些由人像和符号元素通过空间排列而展示出来
的社会和宇宙的划分部分融合一体，而成为一个等级式的、和谐的整体。

　　在蒂瓦纳库发现了很多房屋模型[115]，可能是辟邪物，用于在泰皮卡拉内举行的绘图仪式
上。在蒂瓦纳库的另一个建筑群卡拉萨萨亚（Kalasasaya）内部和周边也发现了多种石制房

　　⑮　Carlos Ponce Sanginés, *Tiwanaku*：*Espacio*, *tiempo y cultura*, 4th ed. （La Paz：Editorial "Los Amigos del Libro,"
1981），图 81 – 83。

屋和石哨（图6.33）。雕刻的檐饰（cornices）和门道具有多样的形式，这意味着像图6.33中的这类模型可能呈现了不同地区的房屋。石制房屋模型可能会在绘图仪式期间排列在某些参照物周边，以呈现某个特定的地点。与此类似，根据本内特石柱的象征系统，历法仪式也详细说明了土地的季节性使用权。[⑯]其他仪式可能召唤了普马蓬卡（Puma Punka）的力量；普马蓬卡是蒂瓦纳库的双子棱塔之一，召唤其力量可以把超自然力量的祝福汇集起来，引到由房屋模型的排阵所呈现的地点。

图6.33　蒂瓦纳库房屋模型，公元前500—前300年　　282

这个石制房屋模型（四面观）发现了蒂瓦纳库的卡拉萨萨亚神庙附近，其上有雕刻的门饰和檐饰，为其独特的建筑特征。在绘图仪式上，石制房屋辟邪物可能会排列在卡拉萨萨亚的石头"华卡"之类的某个地理参照物周边。

承蒙 Dirección Nacional de Arqueología，Antropología de Bolivia，Secretaria Nacional de Culture de Boliva，La Paz 提供照片。

　　蒂瓦纳库的影响力超出了的的喀喀湖盆地，远达秘鲁的莫克瓜（Moquegua）。最近在奥莫（Omo）遗址的发掘已经发现了一处由三个庭院构成的仪典建筑，还有一件雕塑，似乎是这座神庙的上部庭院的石制比例模型（图6.34）。像台阶、梯台、下沉庭院以及平台之类蒂瓦纳库建筑的特征，在这个遗址中也显而易见。这支持了戈尔德斯坦（Goldstein）认为奥莫遗址是蒂瓦纳库在行政上的卫星城的观点。[⑰]

　　阿图尔·波斯南斯基（Arthur Posnansky）相信蒂瓦纳库人使用了一种测量装置把他们的城市—仪典建筑对准天空。[⑱]按照波斯南斯基的争议性理论，他们在两个金属制的照准仪　　283

　　⑯　Zuidema，"Llama Sacrifices"（注释114）。

　　⑰　Paul Goldstein，"Tiwanaku Temples and State Expansion：A Tiwanaku Sunken Court Temple in Moquegua，Peru，"*Latin American Antiquity* 4（1993）：22－47，特别是38—40页。

　　⑱　Arthur Posnansky，*Tihuanacu：The Cradle of American Man*，2 vols.，trans. James F. Shearer（New York：J. J. Augustin，1945），2：57－64.

图 6.34　秘鲁莫克瓜的神庙上部庭院的 "马克塔"

图中所示为一个在秘鲁莫克瓜谷中的奥莫遗址出土的房屋模型（"马克塔"），其中呈现为台阶、梯台、下沉平台以及这一遗址上部庭院的建筑物和房间的外墙和内墙。奥莫的城市—仪典建筑物与蒂瓦纳库有惊人的相似性。

原残片尺寸：15×13 厘米。Paul S. Goldstein 许可拍摄。

（diopters）上钻洞，然后把它们架在一个假想的底座上，底座的水平性经过装满水的容器的校准（图 6.35 和 6.36）。蒂瓦纳库的建筑师通过运用一套标准化的瞄准装置，来获得朝向景观和天文特征的准确视线。然而，这些所谓的照准仪更常被解读为装饰品或仪典用具。[119] 不过即使如此，蒂瓦纳库人可能仍然拥有一个标准化的测量系统。蒂瓦纳库是少数具有地下输水和废水排放系统的前哥伦布时代的城市中心之一。蒂瓦纳库人也重新布设了沟渠、培高田和道路，使之构成一个统一的地区系统。[120]

　　第二类测量装置可能也起源于中层期。奇穆（Chimú）王国及其都城昌昌（Chan Chan）在 15 世纪是印加人的对手。然而，他们的势力在 10 世纪就已经崛起。大约公元 1000 年时，奇穆人建造了新大陆最长的谷内灌溉系统。在比鲁谷（Virú Valley）发现了一个不同寻常的陶碗，其功能可能就是供这个灌溉工程和其他公共工程使用的测量装置。根据查尔斯·奥特洛夫（Charles Ortloff）的研究，奇卡马—莫切渠（Chicama-Moche canal）在建造的时候可能就用了校准距离的装置，使用了一个装满水并保持水平的碗、观测管和

---

[119]　Javier F. Escalante Moscoso, *Arquitectura prehispánica en los Andes bolivianos* (La Paz, Bolivia: CIMA, 1993), 386 – 389, 该文献解释了 *tupu*（波斯南斯基称为 *topo*）这个用语在克丘亚语和艾马拉语中都是同形异义词，可在不同情况下表示测量、动物的垫草、印加人联盟、皇家道路、单块农田的大小或是胸针或胸饰等意义。

[120]　Kolata, *Tiwanaku*, 155 – 156（注释 16），及 Alan L. Kolata, "The Technology and Organization of Agricultural Production in the Tiwanaku State," *Latin American Antiquity* 2 (1991): 115 – 119.

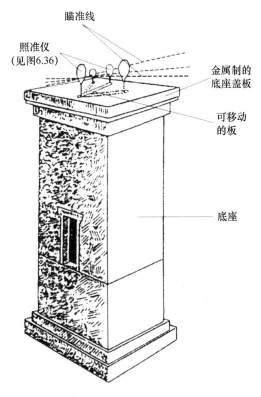

瞄准线

照准仪
(见图6.36)

金属制的
底座盖板

可移动
的板

底座

图 6.35　假设的蒂瓦纳库测量工具　　　　283

阿图尔·波斯南斯基推测蒂瓦纳库测量者运用了一种装置来设计其都城的布局，并把城市—仪典建筑对准天空。根据他的推测性方案，首先通过一个装满水的容器保持底座的水平。之后，测量者把合适长度的照准仪固定在底座顶部一个有钻孔的板上，以获得一条瞄准线。

据 Arthur Posnansky, *Tihuanacu：The Cradle of American Man*, 2 vols., trans. James F. Shearer (New York：J. J. Augustin, 1945), vol. 1, 图 18。

竖杆（图 6.37）。[120] 虽然奥特洛夫的解读是推测性的，但是在中层期的图像中确实常常见到等距　　284
排布的竖杆，从而为他的解读多少提供了一些支持。[122]

印加制图

西班牙编年史学者的著作透露了印加文化（约 1438—1532 年）中绘图和制图的十分发达而高度抽象的体系。安第斯史学者常常引用的重要著作包括以下人的作品：传教士贝

---

[120]　Charles R. Ortloff, "Surveying and Hydraulic Engineering of the Pre-Columbian Chimú State：AD 900 – 1450," *Cambridge Archaeological Journal* 5 (1995)：55 – 74, 特别是 63—67 页。奇穆人的这种测量系统可能不太有效，因为 74 千米长的奇卡马—莫切灌溉渠可能从来就没有流过水。这条水渠的一些渠段似乎是向上爬升的，而水渠的粗糙工艺和宽度的变化可能会在某些地方限制水的流动。奥特洛夫、莫斯利（Moseley）和费尔德曼（Feldman）用构造抬升来解释水渠的向上爬升。但与此相反，库斯（Kus）推测这条水渠只是一种形式的纪念建筑，用来让重新兴起的精英们公开展示他们的特权和经济优越性。参见 Charles R. Ortloff, Michael E. Moseley, and Robert A. Feldman, "Hydraulic Engineering Aspects of the Chimu Chicama-Moche Intervalley Canal," *American Antiquity* 47 (1982)：572 – 595；及 James S. Kus, "Irrigation and Urbanization in Pre-Hispanic Peru：The Moche Valley," *Association of Pacific Coast Geographers Yearbook* 36 (1974)：45 – 56, 特别是 54—55 页。

[122]　巴库洛（Báculo）是持竖杆的神，在以下文献中有讨论：Anita Gwynn Cook, *Wari y Tiwanaku：Entre el estilo y la imagen* (Lima：Pontificia Universidad Católica del Peru, Fondo Editorial, 1994), 特别是 183—190 页和图版 7。

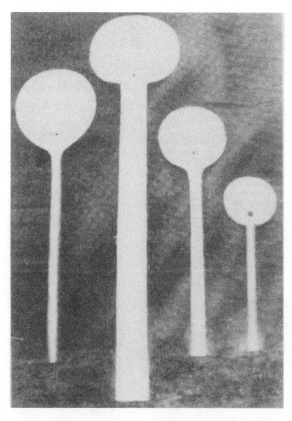

283

图 6.36　在蒂瓦纳库发现的银制照准仪

在蒂瓦纳库附近发现了几枚银制的照准仪，其柄部的先端尚未削尖。阿图尔·波斯
南斯基相信蒂瓦纳库的建筑匠利用这些工具来获得瞄准线。参见图 6.35。

引自 Ar thur Posnansky，*Tihuanacu：The Cradle of American Man*，2 vols.，trans. James
F. Shearer（New York：J. J. Augustin，1945），vol. 2，图 16a。

尔纳贝·科博（Bernabé Cobo，1580—1657）和克里斯托瓦尔·德·莫利纳（Cristóbal de Moli-
na，1494? —1578）；政府官员胡安·波洛·德·昂德加尔多（Juan Polo de Ondegardo，卒于
1575 年）和佩德罗·萨尔米恩托·德·甘博阿（Pedro Sarmiento de Gamboa，1532? —1608?）；
以及征服者佩德罗·德·西耶萨·德·莱昂（Pedro de Cieza de León，1518—1560）和胡安·
德·贝坦索斯（Juan de Betanzos，卒于 1576 年），其中贝坦索斯在征服之后通过婚姻加入了印
285　加王室。⑫ 这样丰富的一批历史著作有时也遭受批评，认为其中有种族中心主义的歪曲和忽
略、不加鉴别的内容抄录以及历史矛盾。此外，我们还有两部难得的幸存手稿，由两位本土
安第斯作者撰写，他们是费利佩·瓜曼·波马·德·阿亚拉（Felipe Guamán Poma de Ayala）
和胡安·德·圣克鲁斯·帕查库蒂·亚姆基·萨尔卡迈瓦（Juan de Santa Cruz Pachacuti

⑫　Cobo，*Inca Religion and Customs*，9 – 10, 13 和 17 – 18；同一作者的 *History of the Inca Empire*，94, 99, 211 – 214, 223 –
227 及 253 – 254（均见注释 25）；Molina，*Fábulas y mitos*，49 – 50 和 127 – 128（注释 8）；Polo de Ondegardo，*El mundo de los
Incas*，46 – 50 和 93（注释 25）；Pedro Sarmiento de Gamboa，*Historia de los Incas*，3d ed.，ed. Angel Rosenblatt（Buenos Aires：
Emecé，1947），114 – 115, 117 – 120 和 197；Pedro de Cieza de León，*The Incas of Pedro de Cieza de León*，trans. Harriet de Onis，
ed. Victor Wolfgang von Hagen（Norman：University of Oklahoma Press，1959），128, 135 – 138, 139 – 140, 168 – 169 和 249；及
Juan de Betanzos，*Narrative of the Incas*，trans. and ed. Roland Hamilton and Dana Buchanan（Austin：University of Texas Press，
1996），7 – 8, 44 – 111 各处，155 – 157, 159, 175 和 278。

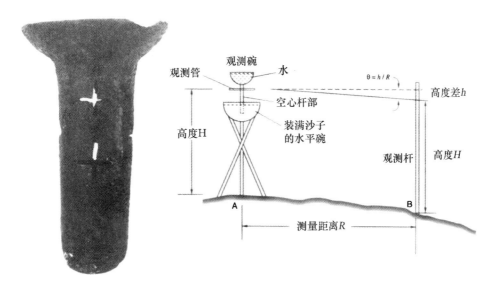

图 6.37 **假设的奇穆测量工具** 284

这张照片和解释性的示意图展示了 15 世纪的奇穆文化在公共建筑工程——特别是水渠工程中使用测量工具的可能方式。这套由查尔斯·奥特洛夫提出的推测性的系统受到了一个不同寻常的陶碗的启发。这个陶碗发现于比鲁谷，有一个附着其上的空心杆部，杆上有十字形的钻洞。把碗装满水，通过调整碗和插在一碗沙子中的附着其上的杆部使之保持水平，直到水平面到达碗沿处，此时，在设计上保证与水面平行的观测管就提供了一个人工的水平面。在建造水渠时，所需的坡度角可以这样获得：通过运用十字形孔洞上的标记，观察一根校准杆即可获得一个想要的倾角。之后，校准杆可以在想要的高度上在其周围的土地上描出一个轮廓，从而产生正确的坡度。此外，水平角也可以通过在十字形孔洞里侧向移动观测管而得到观测。运用这样一套装置的田野测量试验确实可以达到奇穆水渠的渠床坡度角通常所具备的精度。

承蒙 Museo Arqueológico de Ancash，Instituto Nacional de Cultura-Ancach，Peru 提供照片。示意图据 Charles R. Ortloff，"Surveying and Hydraulic Engineering of the Pre-Columbian Chimú State：AD 900 – 1450," *Cambridge Archaeological Journal* 5（1995）：55 – 74，特别是 65 页（图 11）。

Yamqui Salcamayhua），他们的写作年代都在征服之后不到一百年的时候。[124] 他们著作的优点在于采用了本土视角，但他们常常改变时态，并把西班牙语和本土语言混用，因此也难于解读。

最负盛名的编年史学者可能是加尔西拉索·德·拉·韦加（Garcilaso de la Vega，1539 – 1616），他是欧洲人和原住民的混血后代。虽然加尔西拉索提供了印加生活的最为详细的细节，但是他的著作充满了内部矛盾，他的陈述也并不是总能得到其他证据的佐证。[125]

在库斯科以南 5 里格的地方有个叫穆伊纳（Muina）的村庄，本土村民曾为在利马皇家法院（royal chancery）担任人口普查员的西班牙人达米安·德·拉·班德拉（Damián de la Bandera）制作了一幅临时性地图。加尔西拉索似乎是班德拉的陪同，他对这幅地图做了如下描述——

我看见了库斯科和周围部分地区的模型，以黏土、卵石和木棍制作。它以比例表现了大大小小的广场、宽宽窄窄的街道、城区和房屋，甚至那些最少有人知的也可见于其

[124] Felipe Guamán Poma de Ayala，*Nueva crónica y buen gobierno*，3 vols.，ed. John V. Murra，Rolena Adorno，and Jorge L. Urioste（Madrid：Historia 16，1987），及 Juan de Santa Cruz Pachacuti Yamqui Salcamayhua，*Relación de antigüedades deste reyno del Piru*，ed. Pierre Duviols and César Itier（Lima：Institut Français d'Études Andines，1993）。

[125] John Hemming，*The Conquest of the Incas*（New York：Harcourt Brace Jovanovich，1970），18。

上；还有三条溪水流过城市，塑造得惟妙惟肖。郊外有高高低低的山丘，有平地和峡谷，有河，有溪，其蜿蜒和弯曲全都表现得令人称奇，哪怕是世界上最好的宇宙志学者也不可能做得更好了。[126]

加尔西拉索喜欢夸大其词。然而，贝坦索斯也注意到西班牙人在征服之后也常常依赖于印加官员的地理知识。[127] 而且，正如本章所示，民族史、民族志和考古记录都表明临时性地图——常常是作为绘图仪式的一部分而创作，而不是在欧洲官员的催促下创作——在整个中安第斯地区广泛分布。

在使用历史文档时会有一些陷阱，这从一场有关库斯科的城市规划以及美洲狮（puma）的图像和隐喻的功能的争论就能看出来。有些学者相信库斯科中央部分的布局呈现为一只巨大的美洲狮的形状。贝坦索斯和萨尔米恩托在描述库斯科时就引用了"狮子"（美洲狮）的象征。库斯科城内的主要河流交汇处的地点叫"普马普丘潘"（Pumap Chupan），意即"美洲狮尾"。[128] 但是祖伊德马论证说，美洲狮是印加帝国全体国民的象征，是定居在库斯科谷的印加人的隐喻。他还认为整合了美洲狮某个身体部位名称的地名常常与泉、河和灌溉渠相关联，因为美洲狮本身与水有象征联系。[129] 还有其他学者认为，库斯科与美洲狮象征的关联是受到了 16 世纪和 17 世纪的欧洲地图学传统的启发。[130] 这种争论表明，对于历史信息以及可能影响其编撰的多种视角可以有很多解读。

印加"塞克"系统

第九位印加国王帕查库蒂·印加·尤潘克（Pachacuti Inka Yupanque，1391？－1473？）曾用黏土模型"马克塔"规划了库斯科的布局，他亲自调查了领地的划分，并设计了科里坎查（Coricancha）神庙，即印加人的太阳神庙。据信他还建立了印加"塞克"（ceque）系统，这是一组 41 条照准线（sighting lines），从科里坎查神庙向外辐射，并组织起了印加"华卡"系统（图 6.38）。

> ［他］勾勒出城市的轮廓，制作出黏土模型，就像他按规划想要建成的样子。……
>
> ［而且］亲自动手，与这座城的其他领主一起带来了一根绳子；用这绳子标示和测量了将要划定的地块和将要建起的房屋，以及它们的地基和结构。……
>
> 当这座城的营造结束而竣工的时候，印加·尤潘克下令库斯科的所有领主和其他居

---

[126] Garcilaso de la Vega, *Royal Commentaries of the Incas, and General History of Peru*, trans. Harold V. Livermore（Austin: University of Texas Press, 1966），124.

[127] Betanzos, *Narrative of the Incas*, 278（注释 123）。

[128] John Howland Rowe, "What Kind of Settlement Was Inca Cuzco?" *Ñawpa Pacha* 5（1967）：59 – 76，特别是 65—66 页和图版 34；Betanzos, *Narrative of the Incas*, 74（注释 123）；及 Sarmiento de Gamboa, *Historia de los Incas*, 233（注释 123）。

[129] R. Tom Zuidema, "The Lion in the City: Royal Symbols of Transition in Cuzco," *Journal of Latin American Lore* 9（1983）：39 – 100，特别是 40—42 和 78—87 页。印加人把美洲狮和水文循环等同起来，因为它弯曲的尾巴像是河曲，而它红棕色的皮毛又让人想到雨季期间库斯科周围含有大量沉积物的河水的颜色。

[130] 举例来说，正如尼古莱斯·维舍（Nicolaes Visscher）1633 年题为《荷兰狮》（*Leo Hollandicus*）的地图那样，16 世纪和 17 世纪的欧洲人地图常常把一个国家的政治边界类型化为一只动物。Monica Barnes and Daniel J. Sliva, "El puma de Cuzco: ¿Plano de la ciudad Ynga o noción europea?" *Revista Andina* 11（1993）：79 – 102。

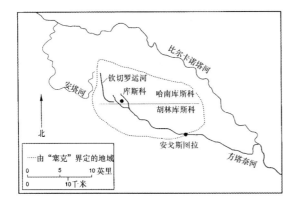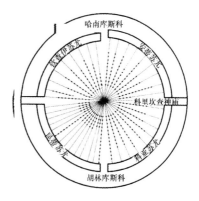

286

图 6.38　印加人的"塞克"系统

右图是 41 条照准线（"塞克"）的理念化的图示，它们从库斯科的太阳庙科里坎查神庙向外辐射，到达当地地平线上的点及更远的地方。线上的点代表"塞克"上的 328 个"华卡"，每一个都对应印加恒星阴历年中的一天。库斯科谷地灌溉系统中的天然泉、人工泉和关键地点占到了"华卡"的大约三分之一。印加统治者在移居到库斯科谷之后，便利用"塞克"线作为文化和领土边界。印加帝国的省叫"苏尤"，4 个"苏尤"中的任何一个至少也包含了 9 条"塞克"，并具有每个社会阶级 ["科亚纳"（collana，印加人）、"帕延"（payan，印加尊者）和"卡尧"（cayao，非印加人）] 中的至少一个成员。"苏尤"又进一步组成"哈南"（上）库斯科和"胡林"（下）库斯科。左边的地图描绘了由全部 41 条"塞克"界定的地域，但也有一些"塞克"延伸到印加帝国的边界。

据 Jeanette E. Sherbondy, "Water and Power: The Role of Irrigation Districts in the Transition from Inca to Spanish Cuzco," in *Irrigation at High Altitudes: The Social Organization of Water Control Systems in the Andes*, ed. William P. Mitchell and David Guillet (Arlington, Va.: Society for Latin American Anthropology, American Anthropological Association, 1993), 69—97, 特别是 75 页（图 3.1）和 77 页（地图 3.1）。

286

民都到一块开放的田地上集会。他们集合之后，他便下令把城市的草图和他命令制作的黏土画拿来。把这些摆在他面前之后，他便把已经建好的房屋和地块分配给众人。[⑬]

各个家族、家系和社会阶级都分配到了相应的房地产。一些家系还分配到了与"华卡"的保管和历法节日相关的仪式责任。帕查库蒂·印加·尤潘克通过在印加都城中仔细地把社会和领地融合一体，而在这样一种可以看作"华卡"起源神话的生动重演的仪式中实质上担当了印加创世神比拉科查的角色。[⑫] 在这两个事件中，对景观所做的仔细的空间计算、仪式绘图以及制图很明显都是必不可少的关键工作。

土地分配、地形、天文和文化史使"塞克"组织形式一直用到了当地地平线上的点，有时甚至到达超出地平线之外的点。[⑬] 水源和库斯科谷中的水文地物决定了大多数"塞克"

---

⑬　引文来自 Betanzos, *Narrative of the Incas*, 69 和 71（注释 123）；也参见 John Howland Rowe, "An Account of the Shrines of Ancient Cuzco," *Ñawpa Pacha* 17 (1979): 1–80, 特别是 10 页。

⑫　Molina, *Fábulas y mitos*, 58–134（注释 8）。

⑬　R. Tom Zuidema, "Catachillay: The Role of the Pleiades and of the Southern Cross and α and β Centauri in the Calendar of the Incas," in *Ethnoastronomy and Archaeoastronomy in the American Tropics*, ed. Anthony F. Aveni and Gary Urton (New York: New York Academy of Sciences, 1982), 203–229, 特别是 204—211 页。某些"塞克"瞄准了天体升起和降落的方向，但从科里坎查神庙所做的唯一的观察是 12 月的至日日落和昴星团的螺旋形升起。"塞克"也可瞄准一些山口之类的地形特征以及有历史意义的位点。比如有一个"塞克"从库斯科向瓦纳考里（Huanacauri）再向比尔卡诺塔延伸，最终到达 300 千米之外的蒂瓦纳库废墟。这些场所在印加起源神话中都与太阳的诞生有关。并不令人意外的是，这根"塞克"是一条重要的朝圣路线。

线条的位置，以及三分之一以上的"华卡"的位置。[134] 与其他地方一样，库斯科谷中的沟渠和河流常常形成社会政治群体之间的地理边界。分配给库斯科谷中每个"艾尤"的土地根据沟渠和河流来划定，并用整齐统一地截出的绳子丈量。[135] 在设定"塞克"系统时，山口和印加道路也很重要。[136] 几乎没有"塞克"瞄准天文目标。不过，某些"塞克"对于与农业历法相关联的仪式来说是重要的参照，因为它们与 328 个"华卡"有关，而这个数字是一个恒星阴历年（sidereal lunar year）中的天数。印加人把举办这些仪式的责任指定给了某些"艾尤"和社会群体。"塞克"也构成了社会和亲族的边界。[137]

上面所介绍的"塞克"系统并非没有不赞同者。有些学者相信"塞克"不是直的，而是以之字形穿过景观。然而，决定印加人把"塞克"视为直线（作为两个或更多的"华卡"的心像绘图或照准线，这些"华卡"有时位于不同的"塞克"上）还是不规则线条（作为把单独一根"塞克"线上所有"华卡"连接在一起的仪式路径）的，可能是文化语境。[138] 有关天文精度和"塞克"在历法结构中的功能的问题，也曾在许多安第斯学者中引发激烈的争论。[139] 最后，还有少数学者相信"塞克"系统过于复杂，可能不足以满足上面所说的那些目的。[140] 然而，主要由祖伊德马和谢邦迪（Sherbondy）对"塞克"系统所做的阐述和分析，较之其批评者的反驳显然更令人信服。关于"塞克"系统对于安第斯空间呈现史的重要性，祖伊德马说得好："所有'塞克'在其中心的可见性，意味着在一个身处太阳神庙的人面前有'一本打开的书'。'塞克'像地图一样把空间组织起来，让这个人可以审视它、思考它，就好像是在看一幅真实的地图。"[141] "塞克"系统和纳斯科射线中心的相似性包括其放射状布局和仪式功能；这两种结构还都可能具有在观念上瞄准重要水源的作用。[142]

---

⑭　Jeanette E. Sherbondy, "Irrigation and Inca Cosmology," in *Culture and Environment: A Fragile Coexistence*, ed. Ross W. Jamieson, Sylvia Abonyi, and Neil A. Mirau (Calgary: University of Calgary Archaeological Association, 1993), 343 – 351, 特别是 348 页。

⑮　用绳子来丈量空间的事例在以下文献中有报告：Betanzos, *Narrative of the Incas*, 45 和 55（注释 123）。

⑯　Zuidema, "Catachillay," 206（图 2）（注释 133），及 Rowe, "Shrines of Ancient Cuzco," 3 – 4（注释 131）。

⑰　R. Tom Zuidema, *Inca Civilization in Cuzco*, trans. Jean-Jacques Decoster (Austin: University of Texas Press, 1990), 73 – 78；同一作者的 *Ceque System*, 40 – 67, 213 – 235（注释 15）；及同一作者的 "Hierarchy and Space in Incaic Social Organization," *Ethnohistory* 30 (1983): 49 – 75。

⑱　Molina 的 *Fábulas y mitos*（注释 8）在 127 页暗示"塞克"仅在用于特殊仪式时为直线。这意味着对于其他仪式来说它们是之字形的。关于"塞克"线的线状不规则性的更多讨论，参见 Susan A. Niles, *Callachaca: Style and Status in an Inca Community* (Iowa City: University of Iowa Press, 1987)；Brian S. Bauer and David S. P. Dearborn, *Astronomy and Empire in the Ancient Andes: The Cultural Origins of Inca Sky Watching* (Austin: University of Texas Press, 1995)，特别是 93—94、97—98 和 130—133 页；及 Brian S. Bauer, "Ritual Pathways of the Inca: An Analysis of the Collasuyu Ceques in Cuzco," *Latin American Antiquity* 3 (1992): 183 – 205, 特别是 202 页。

⑲　比如可参见 "Comments," in *Archaeoastronomy* 10 (1987 – 1988): 22 – 34。

⑳　参见 Mariusz S. Ziółkowski, "Knots and Oddities: The Quipu-Calendar or Supposed Cuzco Luni-Sidereal Calendar," 及 Robert M. Sadowski, "A Few Remarks on the Astronomy of R. T. Zuidema's 'Quipu-Calendar,'" 均见 *Time and Calendars in the Inca Empire*, ed. Mariusz S. Ziółkowski and Robert M. Sadowski (Oxford: BAR, 1989), 197 – 208 和 209 – 213。

㉑　R. Tom Zuidema, "Bureaucracy and Systematic Knowledge in Andean Civilization," in *The Inca and Aztec States, 1400—1800: Anthropology and History*, ed. George A. Collier, Renato I. Rosaldo, and John D. Wirth (New York: Academic Press, 1982), 419 – 458, 特别是 445—446 页。

㉒　Aveni, "Order in the Nazca Lines," 50 – 71 和 110 – 113（注释 79）。

"塞克"系统中的"华卡"：雕刻景观模型和绘图仪式

在"塞克"系统中，有一些"华卡"是某些特定地点的模型，特别是那些来自遥远地区或形似遥远地区的大小石头。[143] 举例来说，有一个"华卡"由"三块呈现了帕查亚查奇克（Pachayachachic）山、因蒂伊拉帕（Inti Illapa）山和蓬乔（Punchau）山的石头构成"，这三座山都与印加创世神话中的比拉科查神相关联。在库斯科和印加帝国的主要边界之一安蒂苏尤（Antisuyu）路上，有一处圣地"形似瓦纳考里山"，于是被移到了这条路的末端，用来指引方向。在科拉苏尤（Collasuyu）路上，另一个山形的"华卡"则具有由"所有四个苏尤的很多偶像"组成的地图式列阵。[144]

"华卡"位于库斯科谷的神圣地理中的关键地点，既起着地理参照物的作用，又是绘图仪式期间通往其他世界的门户。在瓜曼·波马著作的一幅插图中，在"华卡"圣地之下是一些辟邪物，呈现了一些显眼的山峰及其灵魂；这些辟邪物排列成了库斯科谷的一幅临时性地图（图6.39）。[145] 第10位印加国王托帕·印加（Topa Inka）通过他的提问展示了相信某些山峰可以控制天气的安第斯信仰；他向山峰发问："你们中有谁在说'不要下雨，要冰冻，要下雹子'？马上回答。"[146] 要获得让人期盼的回应，需要把模型做出精确的空间排列。这意味着它们呈现了当地的地理；单座山峰的位置肯定是印加人已经了解的。

印加人也会在巨石上雕出景观的概要，其中一些雕石是"华卡"。最著名的一块巨石雕是塞威特石（Sayhuite Stone），位于离库斯科大约190千米的库拉奥西（Curahausi）附近一座辟有梯田的山丘的顶上。塞威特石据说是其脚下河谷的呈现（图6.40）。其上雕有当地的沟渠、梯田、建筑、一座广场、道路、人工泉或天然泉等，可能还有对另一块名为鲁米瓦西石（Rumihuasi Stone）的巨石雕的指示。[147] 对来自水、陆、空域的动物的呈现——比如两栖类、海洋生物、猫科兽类和鸟类——在石雕上也有展示，可能表示它们在与水有关的仪式中的角色[148]，或呈现了"帕拉赫"，即地名。石雕上还描绘有带着武器的蟹，这种形象在莫切陶器上也有，可能呈现了印加人从北部海滨借用的古老神话。在塞威特石上，猫科兽类常常见于河流和沟渠交汇点附近。这可能指的是印加人把美洲狮皮置于这样的交会点处作为地标的做法。[149]

金库石［Q'inku Stone，一名肯科石（Kenko Stone），图6.41］也在库斯科附近，据说是用于纪念印加统治者印加·尤潘克的埋葬。[150] 在金库石底部附近有一座尚未识别的皇家圣所的模型。其上的台阶和沟槽极有可能呈现了印加帝国的梯田和灌溉系统，从这一点来看，

288

---

[143] Hyslop, *Inka Settlement Planning*, 102 – 128（注释16）。

[144] Rowe, "Shrines of Ancient Cuzco," 21（shrine Ch-4：8），35（shrine An-4：7），及41（shrine Co-2：2）（注释131）。

[145] Guamán Poma, *Nueva crónica*, 1：252 – 254（注释124）。

[146] Rowe, "Shrines of Ancient Cuzco," 15（注释131）。也参见Reinhard, "Chavín and Tiahuanaco," 396 – 397（注释57）。

[147] Hyslop, *Inka Settlement Planning*, 114（注释16）；John Hemming and Edward Ranney, *Monuments of the Incas*（Boston：Little, Brown, 1982），164 – 167；及Maarten van de Guchte, "'Carving the World'：Inca Monumental Sculpture and Landscape"（Ph. D. diss., University of Illinois at Urbana-Champaign, 1990）。

[148] Rebeca Carrión Cachot de Girard, *El culto al agua en el antiguo Perú：La Paccha elemento cultural pan-andino*（Lima：Museo Nacional de Antropología y Arqueología, 1955），10 – 18。

[149] Zuidema, "Lion in the City," 95（注释129）。

[150] Enrico Guidoni and Roberto Magni, *The Andes*（New York：Grosset and Dunlap, 1977），147和167。

287

图 6.39   由费利佩·瓜曼·波马·德·阿亚拉所绘的印加绘图仪式，约 1615 年

托帕·印加把呈现了库斯科谷的山之"华卡"的辟邪物排列在名为"科科波纳"的石雕"华

卡"前面。托帕·印加说出的文字讲到了他所感知的山脉在水文循环以及天气模式的产生中的作用。

在仪式中构建临时性地图的做法在安第斯地区已经有千年历史，并延续至今。

原始尺寸：约 18×12 厘米。承蒙 Royal Library, Copenhagen 提供照片（Nueva crónica y buen gobi-

erno, fol. 261）。

它类似于塞威特石。

坎萨达石（Piedra Cansada）是早期的很多编年史学者都提到的另一块巨石雕。它也叫
"累人石"（Tired Stone），因为人们走过了一段漫长的行程之后才把它安置在这个地点。坎
萨达石是"塞克"系统中的一个"华卡"。[151] 这块巨石坐落在萨克萨瓦曼（Saqsahuaman）正
北，既是这个印加人的大型堡垒的指示物，又是附近的灌溉和梯田系统的指示物。[152] 虽然其
上的图像缺乏塞威特石那样的泛灵论色彩，其中包含了很多尚待破解的几何形状，但是民族
志报告表明"累人石"与"哈南"（上部）库斯科的一个皇家"艾尤"有关。[153]

---

[151]　Hyslop, *Inka Settlement Planning*, 115–117（注释 16）。

[152]　Maarten van de Guchte, "El ciclo mítico andino de la Piedra Cansada," *Revista Andina* 2（1984）: 539–556.

[153]　Hyslop, *Inka Settlement Planning*, 115（注释 16），及 Rowe, "Shrines of Ancient Cuzco," 21（shrine Ch-4: 6）（注
释 131）。

图 6.40　塞威特石　288

塞威特石是在库斯科省发现的许多景观石雕之一。在这块巨石上可见微缩的梯田、呈现了
河流和灌溉渠的沟槽、路径、大门、建筑平台和神坛等，意味着它是一片真实地域的模型。所
构建的这片景观上满是想象的动物，包括猴、美洲狮、羊驼类、蛇、蛙、蜥蜴以及带着箭头的
蟹。这些动物可能以几种方式呈现了地理信息，比如可能表示了地名或"帕拉赫"，可能描绘
了有地点特殊性的神话，也可能呈现了边界。

引自 Enrico Guidoni and Roberto Magni, *The Andes*（New York: Grosset and Dunlap, 1977），
127。

印加道路系统

　　虽然印加帝国道路系统的首要目的是交通，但它对于安第斯文化地理学来说也是一种概　289
念装置，对于安第斯的空间划分来说则是一种布局时的参照物。有四条主路连接了帝国的四
隅，它们既是四个"苏尤"之间的陆地边界，又用作"塞克"列阵的划分。[154]

　　图 6.42 展示了行走在从库斯科到太平洋海滨的路上的一位印加路政官员。瓜曼·波马记
载了印加帝国设置有"在四个分区里的每条路边丈量和标记的专员"。[155] 石制路标以一定间隔
放置，这个间隔经过丈量，长为 1—1.5 西班牙里格，这是由第八位皇帝比拉科查·印加（Vi-
racocha Inka，公元 1400 年即位）在整个帝国内确立的标准长度。[156]

---

[154]　Hyslop, *Inka Road System*, 340 – 341（注释 7），及 Rowe, "Shrines of Ancient Cuzco," 3 – 4。

[155]　Guamán Poma, *Nueva crónica*, 1: 358 – 359（注释 124）。

[156]　Hyslop, *Inka Road System*, 296 – 297（注释 7）。对印加人来说，标准化测量是关系性的。举例来说，"图普"（*tu-
pu*）是根据土地的出产量而确定的一对无子女的夫妻维生所需的土地面积的量。（在其他语境下，*tupu* 这个词也用于表示
距离。）因为不同土地的产量也不同，这个测量值的大小也不同，虽然定义都是一样的。道路距离也有变化的原因，现在
仍未知。不过，旅行距离在今天常常以时间用语来表述；比如可以说点 A 距离点 B 有四个小时的行走路程。这种时间性
的测量值——比如一次步行可以长四五个小时——也会因为所经之地的路况、一个人的步速以及其他因素的不同而不同。

289

图6.41 金库石 (肯科石)

金库石描绘了很多在塞威特石上可见的同类动物和人工建造的景观的成分。然而, 金库石上景观要素的布局则有所不同。金库石和塞威特石描绘了景观环境, 但不清楚其中的地形是真实的、想象的还是两种情况的结合。

Edward Ranney, Santa Fe, New Mexico 许可使用。

290

图6.42 费利佩·瓜曼·波马·德·阿亚拉所绘的印加道路系统

根据历史报告, 印加帝国的管理者通过道路来构想他们的管理地域, 并根据与印加大路的关系来描述人和地点的位置。如上图所示, 沿大路树立的石碑标出了印加道路系统中的关键点, 并用到了 "图普" 这个长为1—1.5里格的标准化丈量单位。

原始尺寸: 约18×12厘米。承蒙 Royal Library, Copenhagen 提供照片 (Nueva crónica y buen gobierno, fol. 354)。

这样的路标在毗邻印加道路的地区用作土地边界。[157]

"基普"

"基普"（*khipus* 或 *quipus*）是把数据以等级层次的方式组织起来之后、以此为基础制作的结绳装置；这些数据采用了十进制系统，信息在其中依据个位数、十位数和百位数来定位。[158] 最古老的"基普"发现于定年为中层期的遗址，可能是由早中间时代（约公元前200年—公元600年）对空间、时间和记事的构想演化而来。[159] 瓜曼·波马在著作中提到了记账的、管宝库的、信使的和占星的（天文的）"基普"记事官。"基普"与欧洲人的记事方式如此不同，以致瓜曼·波马在他的著作中第一次用图像对"基普"加以说明时用了一个符号来表示它——这个图像是一位男子，右手中同时拿着一件"基普"和一个标牌（在他的书中这是唯一一个以这种方式加以标注的人造物），这个标牌符号上还写了个单词 *carta*（图6.43）。在西班牙语中，*carta* 可以指一封信、一份文档、一张图表或一幅地图。编年史学者都写道，"基普"是记录历史事件、普查和进贡信息、仪式和法律、历法信息以及地理叙事的人造物，它们也可以作为地图使用。[160]

"基普"由一条主绳和一组附在其上的次级绳或垂绳组成（图6.44）。在垂绳之上又可以附有任何数量的从属线。绳结通常打在垂绳和从属线上，其位置之间的距离固定，反映了一种十进制的布局。[161] 颜色、绳型及织法、绳结的方向性和其他变量在解读"基普"的时候也都有潜在的重要性。[162]

早期研究强调了线的数目和层级排列，以及绳结的位置顺序——这些是具有首要意义的

[157]　Betanzos, *Narrative of the Incas*, 110 和 120（注释123）；Cobo, *History of the Inca Empire*, 211（注释25）；Cieza de León, *Incas of Pedro de Cieza de León*, 137, 140 和 306（注释123）；及 Sarmiento de Gamboa, *Historia de los Incas*, 193（注释123）。以上这些文献都讨论了作为边界标记的道路。

[158]　结绳记事在全世界广泛存在，在所有美洲原住民中也都流行。考古发现的大多数"基普"来自精英墓葬，因此不能体现"基普"的所有功能。参见 Cyrus Lawrence Day, *Quipus and Witches' Knots: The Role of the Knot in Primitive and Ancient Cultures*（Lawrence: University of Kansas Press, 1967）, 1 – 40, 及 Garrick Mallery, "Picture-Writing of the American Indians," in *Tenth Annual Report of the Bureau of Ethnology to the Secretary of the Smithsonian Institution, 1888 – '89*（Washington, D. C. : United States Government Printing Office, 1893）, 1 – 822, 特别是 223—227 页。

[159]　William J. Conklin, "The Information System of Middle Horizon Quipus," in *Ethnoastronomy and Archaeoastronomy in the American Tropics*, ed. Anthony F. Aveni and Gary Urton（New York: New York Academy of Sciences, 1982）, 261 – 281. 有几位研究者考察了"基普"和纳斯卡射线中心之间的可能联系，以及这二者在景观的放射状布局中的功能。其中的代表文献如 Tony Morrison, *Pathways to the Gods: The Mystery of the Andes Lines*（New York: Harper and Row, 1978）, 122 – 129, 及 Aveni, "Order in the Nazca lines," 50 – 71（注释79）。

[160]　Betanzos, *Narrative of the Incas*, 51, 90 – 91 及 161（注释123）；Cobo, *History of the Inca Empire*, 94, 99, 142 和 253 – 256（注释25）；Cieza de León, *Incas of Pedro de Cieza de León*, 77 – 78, 105, 163, 166 – 167, 173 – 175, 177, 187 和 231 – 232（注释123）；Guamán Poma, *Nueva crónica*, 1: 196 – 197, 338 – 340, 352 – 353 和 362 – 365; 2: 858 – 860 和 966 – 969（注释124）；Molina, *Fábulas y mitos*, 57 – 58 和 128（注释8）；Matienzo, *Gobierno del Perú*, 24, 51 – 56, 116 和 119（注释32）；Polo de Ondegardo, *El mundo de los Incas*, 35 和 111（注释25）；及 Vega, *Royal Commentaries*, 98, 124 – 125, 226 – 227, 262, 267, 269 – 270, 274 – 275, 326, 329 – 333 和 397（注释126）。

[161]　Marcia Ascher, "Mathematical Ideas of the Incas," in *Native American Mathematics*, ed. Michael P. Closs（Austin: University of Texas Press, 1986）, 261 – 289.

[162]　Marcia Ascher and Robert Ascher, *Mathematics of the Incas: Code of the Quipu*（Mineola, N. Y. : Dover, 1997）, 特别是 12—35 页［初版为 *Code of the Quipu: A Study in Media, Mathematics, and Culture*（Ann Arbor: University of Michigan Press, 1981）］。以 Z 形和 S 形纺织的纱线的各种组合，在拧成左向或右向的绳股时，会同时变化。厄顿的研究则表明，纺纱和编股的各种变化，与"基普"绳结的方向性一起编码了意义的二元类别。参见 Gary Urton, "A New Twist in an Old Yarn: Variation in Knot Directionality in the Inka Khipus," *Baessler-Archiv*, n. s. 42（1994）: 271 – 305, 特别是 291—292 页。

290

291

图6.43　与写有 "*carta*" 字样的标牌一起展示的 "基普"

在16世纪费利佩·瓜曼·波马·德·阿亚拉致西班牙国王的信中，他用插图描绘了一件
"基普"，同时画上了一个标牌，把 "基普" 解释为一件 "*carta*"。西班牙语词 *carta* 曾用于表
示地图和其他文档。

原始尺寸：约18×12厘米。承蒙 Royal Library, Copenhagen 提供照片（Nueva crónica y
buen gobierno, fol. 202）。

291　变量。[163] "基普" 绳结常常集聚为离散的簇，代表十进制占位类别中的单位数目。垂线常用
一根打结的绳子系在一起，这根绳子把这一组中的每条线上的数值加总在一起。更复杂的绳
结则把计数的量级提高到了4、5以至6位数，而没有绳结意为0。有些 "基普" 缺乏汇总
绳，但有另一些数值，与阳历年、木星和水星的运动相关，可能还有其他对于农业历法来说
很关键的天体运动。[164] 亨利·瓦森（Henry Wassén）编纂了一些历史报告，其中指出了某些
专门的印加文书官会把 "基普" 与其他以十进制的方式组织的媒介一起使用；图6.45 中的

---

[163] L. Leland Locke, "The Ancient Quipu: A Peruvian Knot Record," *American Anthropologist*, n. s. 14 (1912): 325–332;
同一作者的 "A Peruvian Quipu," *Museum of the American Indian* 7, no. 5 (1927): 1–11; 及 Erland Nordenskiöld, "The Secret
of the Peruvian Quipus," in *The Secret of the Peruvian Quipus*, Comparative Ethnographical Studies, vol. 6, pt. 1 (1925; reprinted
New York: AMS Press, 1979）。

[164] Erland Nordenskiöld, "Calculations with the Years and Months in the Peruvian Quipus," in *The Secret of the Peruvian Qui-
pus*, Comparative Ethnographical Studies, vol. 6, pt. 2 (1925; reprinted New York: AMS Press, 1979）.

图 6.44 来自秘鲁伊卡谷的"基普"，约 1500 年

这件"基普"记录了伊加景观的历法布局，是根据库斯科的"塞克"系统而制作的模型。这件"基普"有一根主线，其上附有 7 组线。其中一组包括 6 根垂绳，每条垂绳又有附于其上的从属线；有 5 组线各有 8—10 根垂绳构成而没有从属线；最后一组由 3 根垂绳构成，其上无绳结。第一组 6 根垂绳是本章主要关注的部分，因为每根垂绳可能呈现了伊卡谷 6 个已知的"艾尤"的领地。6 根垂绳上绳结的总数值等于 104，这是太阳在伊卡第一次和第二次经过天顶的时刻之间的天数。这件"基普"有可能是"艾尤"的仪式责任的记录 [R. Tom Zuidema, "A Quipu Calendar from Ica, Peru, with a Comparison to the Ceque Calendar from Cuzco," in *World Archaeoastronomy: Selected Papers from the Second Oxford International Conference on Archaeoastronomy*, ed. Anthony F. Aveni (Cambridge: Cambridge University Press, 1989), 341 – 351, 特别是 345—350 页]。

Museo Nacional de Arqueología, Anthropología e Historia del Perú, Lima. Marcia Ascher and Robert Ascher, Ithaca, New York 许可使用。

算盘式玉米板 [abacal maize tablet, "尤帕纳" (*yupana*)] 是其他这些媒介之一。[169]

---

[169] Henry Wassén, "El antiguo ábaco peruano según el manuscrito de Guaman Poma," *Etnologiska Studier* 11 (1940): 1 – 30; 同一作者的 "The Ancient Peruvian Abacus," in *Origin of the Indian Civilizations in South America*, ed. Erland Nordenskiöld, Comparative Ethnographical Studies, vol. 9 (1931; reprinted New York: AMS Press, 1979), 189 – 205; 及 Ortloff, "Surveying and Hydraulic Engineering," 70 – 72 (注释 121)。"尤帕纳"在整个中安第斯地区均有发现，已经有几种计算方法认为是由它来完成的。可能有重要意义的是，一些"尤帕纳"也曾识别为建筑物的"马克塔"，这可能表示它们在地理上有专门的用途。参见 Carlos Radicati di Primeglio, "Tableros de escaques en el antiguo Perú," 及 Hugo Pereyra Sánchez, "La yupana, complemento operacional del quipu," 均见 *Quipu y yupana: Colección de escritos*, ed. Carol Mackey et al. (Lima: Consejo Nacional de Ciencia y Tecnología, 1990), 219 – 234, 特别是 221—227 页, 及 235 – 255, 特别是 242—255 页, 及 Kubler, *Art and Architecture*, 图版 163b (注释 43)。

图 6.45 费利佩·瓜曼·波马·德·阿亚拉所绘的持有"基普"和算盘式
玉米板（"尤帕纳"）的"基普"官员

293

一位"基普"官员正在展示他的职业用具。专设的"基普"文书官用"基普"保管着普查、进贡
和生产账目，可能还会用这种方法来记录历史事件、仪典和法律、历法和天文信息及地理记述。历史
资料表明"基普"会与图画板或"尤帕纳"之类其他的人造物一起使用。

原始尺寸：约 18×12 厘米。承蒙 Royal Library, Copenhagen 提供照片（Nueva crónica y buen gobier-
no, fol. 360）。

已经有几位学者注意到"基普"和印加"塞克"系统之间的相似性。[166]"塞克"系统的
"基普"地图当然一度也存在——克里斯托瓦尔·德·莫利纳曾说过他从一位"基普"文
书官［"基普卡马约"（khipucamayo）］那里学到了库斯科的所有 328 个"华卡"的地名、
位置和历法关联。[167] 马蒂恩索（Matienzo）写到西班牙编年史学者波洛·德·昂德加尔多
从"基普"中学到了库斯科的"华卡"。[168] 遗憾的是，"塞克"系统的"基普"地图已经
丢失，而莫利纳和昂德加尔多也都没有提供足够多的细节来完整地重建这种"基普"地
图。不过有一点很清楚：印加人在他们的整个帝国中都在贯彻"塞克"系统的放射状原

---

[166] 关于"基普"和"塞克"系统之间的详细比较，参见 John Howland Rowe, "Inca Culture at the Time of the Spanish
Conquest," in *Handbook of South American Indians*, 7 vols., ed. Julian H. Steward (Washington, D. C.: Bureau of American Ethnolo-
gy, 1946 – 1959), 2: 183 – 330, 特别是 300 页, 及 R. Tom Zuidema, "The Inca Calendar," in *Native American Astronomy*, e-
d. Anthony F. Aveni (Austin: University of Texas Press, 1977), 219 –259, 特别是 231 页。

[167] Molina, *Fábulas y mitos*, 122 – 123 和 128（注释 8）。

[168] Matienzo, *Gobierno del Perú*, 119（注释 32）。

则和功能。[169]

图6.44中展示的"基普"可能是在秘鲁南部伊卡谷（Ica Valley）中施行的景观布局的地图。根据祖伊德马的研究，其上有66条垂绳，分隔为7组。第一组包括6条垂绳；每一条可能呈现了在征服时期居住在伊卡谷的6个"艾尤"之一。印加农业历法把太阳第一次和第二次经过天顶这两个时刻之间所举办的具有地点特殊性的仪式指定给了专门的社会群体。这个间隔期取决于纬度。在伊卡谷的纬度（14.5°S），太阳两次经过天顶的时刻之间相隔104天。这就是第三、第四和第五垂绳上的绳结所记录的总数。并非巧合的是，垂绳是一条接一条连续不断的，因为它们表示了负责这些天顶间历法仪式的半偶族所辖属的"艾尤"的拓扑次序。第六、第一和第二垂绳上的绳结所记录的总数值等于178——这个单位大于6个会合阴历月的总日数。这表示另一个半偶族的历法责任总数，再加上一个历法校对因子。当这件"基普"平展开来时，解读者便可以看出这些垂绳的拓扑顺序。[170]

马尔蒂·帕尔西南（Martti Pärssinen）曾提出还有第二种"基普"地图，与印加历法或"塞克"系统无关。根据帕尔西南的假说，地理信息可以通过数字的方式编码在"基普"中。编年史学者提到印加省份的所有主要城镇都有一个指定的数字。有一份殖民时代的文档记述了托帕·印加在1485年和1489年间经行被印加帝国所征服的省份的行程。这次出行可能依据了一件"基普"上的本土记叙，因为这份文档中一直以同一种顺序列出地点、事件和陪同托帕·印加的人——就像"基普"总是保持着等级性类别的同一种次序一样。[171]

如图6.46中所展示的，句子"他征服了帕尔塔（Paltas）省，然后是帕卡斯马约（Pacasmayo）谷"可以绘制在一件"基普"中。[172]因为省会可以用数字识别，这件"基普"右侧的两条从属绳因而可以用数字22记录帕尔塔，用数字21记录昌昌（Chan Chan）。帕卡斯马约谷不是省会，但无论是其地名还是其位置都仍然可以通过克丘亚语音节Pa-cas-mayo的语音而记录在"基普"上。每条从属线可以代表一个类别，比如"栽培植物"。那条线上的数值也可以表示某种特别的事物，比如马铃薯（papa）。[173] Papa这个词由此便可在语音上与"基普"上的其他词连接在一起，创造出一个地名。正如"基普"上的帕卡斯马约谷从属线在呈现了省会的两条线之间与垂绳相连接所表示的那样，帕卡斯马约谷位于帕尔塔和昌昌之间。根据指定给那些与印加大路（上文图6.42）或"华卡"相关联的石制标记的数字，我们也可以想象会有一种类似的"基普"地图系统。

---

[169] 虽然大多数有关放射状布局的讨论聚焦于库斯科的"塞克"系统，但是放射状的思想系统在晚层期的整个安第斯地区都有建筑上和物质上的展现。参见 Hyslop, *Inka Settlement Planning*, 202–215（注释16）; John Hyslop, *Inkawasi, the New Cuzco: Cañete, Lanahuaná, Peru*（New York: Institute of Andean Research, 1985），特别是52—56页; 及 Jeanette E. Sherbondy, "Organización hidráulica y poder en el Cuzco de los Incas," *Revista Española de Antropología Americana* 17（1987）: 117–153，特别是118—120页。

[170] R. Tom Zuidema, "A Quipu Calendar from Ica, Peru, with a Comparison to the Ceque Calendar from Cuzco," in *World Archaeoastronomy: Selected Papers from the Second Oxford International Conference on Archaeoastronomy*, ed. Anthony F. Aveni（Cambridge: Cambridge University Press, 1989）, 341–351.

[171] Martti Pärssinen, *Tawantinsuyu: The Inca State and Its Political Organization*（Helsinki: SHS, 1992），特别是31—50页。

[172] Pärssinen, *Tawantinsuyu*, 36–37 和 45–47。

[173] John V. Murra, *Formaciones económicas y políticas del mundo andino*（Lima: Instituto de Estudios Peruanos, 1975），243–254。这一文献描述了1561年的一份欧洲人与印加人之间的商品交易账簿记录。货物类别的种类以及这些类别中货物项目的顺序一直保持不变，只有很少例外。

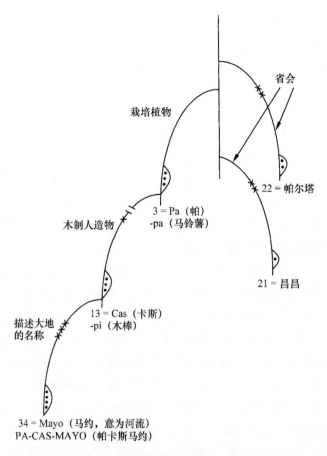

省会

栽培植物

22 = 帕尔塔

3 = Pa（帕）
-pa（马铃薯）

木制人造物

21 = 昌昌

描述大地
的名称

13 = Cas（卡斯）
-pi（木棒）

34 = Mayo（马约，意为河流）
PA-CAS-MAYO（帕卡斯马约）

294　　　　　　　　　　　　　　**图 6.46　作为帕卡斯马约谷地图的"基普"**

马尔蒂·帕尔西南推测了一种可以让"基普"起到地图的作用的方法。印加人为帝国内的所有省会指定
了数字。省会地名可能由派生自农产品、文化历史事件和其他很多可能的地理叙词等类别的音节构成。这件
"基普"右侧的线表示了省会类别。为省会指定的数字由十位（以 X 表示）和个位（以点表示）位置处的绳
结表示。数字 22 是帕尔塔的省数，而 21 代表昌昌。左侧的每条线可能对应着货物的一个总类别，比如"栽
培植物"。每个类别中的专门项目可以根据为它们指定的数字来识别。比如马铃薯（papa）可以通过"栽培植
物"线上的数字 3 来识别。地名可以通过把每项货物的音节在语音上连缀在一起而拼成，这一地点的位置则
与省会有相对的关系。帕卡斯马约谷位于帕尔塔和昌昌之间。

据 Martti Pärssinen，*Tawantinsuyu：The Inca State and Its Political Organization*（Helsinki：SHS, 1992），47。

"托卡普"图案

"托卡普"图案是包含有抽象的几何图案的矩形，常常排列成网格。"托卡普"图案方
框以不定的间距重复，每一个方框可能呈现了某个社会政治群体。"托卡普"图像系统似乎
表达了政治和宇宙学信息。[174] 在致西班牙国王的信中，瓜曼·波马从头到尾常常在著作中插
绘展示"托卡普"图案的长袍、披风和腰带（比如可以见图 6.39 中的腰带）。[175] 在"华卡"
举行的"塞克"节庆和仪式期间，要人们会穿着有"托卡普"图案的服装。

有几位 16 世纪的西班牙作者，都见证了生产"托卡普"图案的仔细而严格的工作。他

[174] Zuidema, "Bureaucracy and Systematic Knowledge," 447 – 449（注释 141）。

[175] 其他一些例子可见于：Guamán Poma, *Nueva crónica*, 1：90 – 135 和 238 – 257（注释 124）。

们还提到部分"托卡普"图案可与其他图像装备共同使用，一起记录了社会、历史信息或其他信息。[176] 祖伊德马推测，因为某些单个的方框是较大织物的微缩呈现，方框的不定间隔的重复可以反映一种"地平观念……可能由此形成'华卡'及其社会群体的实际分布的地理格局"。[177] "托卡普"图案排列成网格的做法也暗示了某些类型的地理关系——可能是与中美洲的地籍图类似的位置列表。[178]

本土手稿中的地图

圣克鲁斯·帕查库蒂有关秘鲁古王的著作完成于 1613 年。他的书写和呈现的风格与同时代的另一位安第斯人瓜曼·波马迥异。瓜曼·波马曾给西班牙国王写信，恳求殖民者领主能够更仁慈地对待他的人民；在这封信中，他采用了某些欧洲惯例来为欧洲的受众呈现安第斯人的生活，比如把图文分开。[179] 与此相反，正如图 6.47 和 6.48 所示的那样，圣克鲁斯·帕查库蒂并不区分图文。

图 6.47 表示了半神话的印加国王曼科·卡帕克（Manco Capac）的住宅，这位国王于 13 世纪中期征服了库斯科谷上游和下游的王国，在帕卡里克坦博建立了印加王朝。[180] 这幅图 ₂₉₅ 展现了地理位置和祖先的紧密结合，这是"艾尤"的观念核心。为了与安第斯的呈现模式保持一致，较之图像的模拟表示，这幅图像更强调隐喻上的联系，比如象征祖先的树和象征地理位置的方框。[181] 曼科·卡帕克在神话中的住宅也以同样的原则构建，如同库斯科的"塞克"系统和印加帝国的领地划分。库斯科半偶族的二重组织由左下方和右下方的洞穴象征，具有来自金树和银树的二重后代身份。"艾尤"的三个阶级呈现为每个洞穴都划分成三个部分。最后，四个分区的土地以中央方框中菱形的四个角象征，这个方框也界定了中部的一处空间，可以确定指的是库斯科。

圣克鲁斯·帕查库蒂为科里坎查神庙的一面墙画了一幅侧视图，用符号和场景传达了编码在神庙的建筑物及与之相关的人造物和城市—仪典仪式中的意义（图 6.48 和 6.49）。科里坎查神庙地图的信息是很清楚的——它是社会和自然秩序生发的焦点，是促进人们对印加世界做出空间和时间理解的建筑法典。表达在科里坎查庙的墙上的印加人的宇宙志秩序曾根据几种彼此不同但不是完全互斥的解释而得到分析。其中包括了水文循环、性别平行性、

---

[176]　Cummins，"Representation in the Sixteenth Century，" 199 – 200（注释 9）。

[177]　Zuidema，"Bureaucracy and Systematic Knowledge，" 448（注释 141）。

[178]　参见 Barbara J. Williams，"Mexican Pictorial Cadastral Registers：An Analysis of the Códice de Santa María Asunción and the Codex Vergara，" in *Explorations in Ethnohistory：Indians of Central Mexico in the Sixteenth Century*，ed. H. R. Harvey and Hanns J. Prem（Albuquerque：University of New Mexico Press，1984），103 – 125，特别是 117—120 页。

[179]　Cummins，"Representation in the Sixteenth Century，" 204（注释 9）。

[180]　帕卡里克坦博神话包含了大量有关特定地点和地理关系的宝贵信息。厄顿把普毛尔库（Pumaurqu）的考古遗址识别为坦普托科（Tampu T'oco），相信现代城镇亚里斯克（Yarisque）呈现了神话中的海斯基斯罗（Haysquisrro）。在这个神话的一个版本中，10 个社会政治人群跟随曼科·卡帕克从坦普托科出来。它们的名字和住所与管理库斯科的灌溉区的印加阶级相同。帕卡里克坦博神话以及曼科·卡帕克住宅的地图都很好地展示了在印加口语传统和呈现中占据主要地位的神话和历史的相互交织。帕卡里克坦博在库斯科的"塞克"系统中也是一个重要的"华卡"。参见 Gary Urton，*History of a Myth：Pacariqtambo and the Origin of the Inkas*（Austin：University of Texas Press，1990），18 – 40；Zuidema，*Inca Civilization*，10 – 22（注释 137）；及 Rowe "Shrines of Ancient Cuzco，" 47（shrine Co-6：7）（注释 131）。

[181]　Cummins，"Representation in the Sixteenth Century，" 202 – 204（注释 9）。

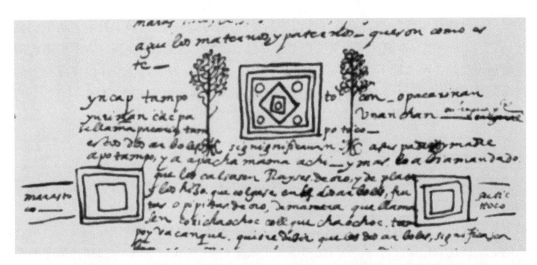

295　图 6.47　由胡安·德·圣克鲁斯·帕查库蒂·亚姆基·萨尔卡迈瓦所绘的曼科·卡帕克的住宅，1613 年

这幅图像把印加祖先神话与印加空间传统结合在一起。圣克鲁斯·帕查库蒂把印加王族的开创者曼科·卡帕克的"住宅"描绘为洞穴，他、他的三个兄弟以及他们的妻子都从这个洞出现，开始他们建立印加帝国的征程。根据印加口语传统，曼科·卡帕克住宅的窗户（三个方框）呈现了坦普托科洞的三个开口。这些洞穴的位置可能是在帕卡里克坦博，位于库斯科以南大约 35 千米处。左侧的银树象征着曼科·卡帕克的母系祖先，右侧的金树则表示他的父系祖先。图上文本把金树描绘为一座住宅，而银树是一个"华卡"。曼科·卡帕克的统治权的创立来自他的住宅（金树，表示人类对这片土地的占领）与土地本身（银树）的统一 [R. Tom Zuidema, *Inca Civilization in Cuzco*, trans. Jean-Jacques Decoster（Austin：University of Texas Press, 1990），9]。

承蒙 Biblioteca Nacional, Madrid 提供照片（Sigmatura MS. 3169, fol. 8v）。

天文学和仪式等解读。[182]

　　瓜曼·波马有关安第斯城市和城镇的报告包括了一幅印加统治地域和西班牙人的征服的地图，其中结合了西方和本土的地图学准则（图 6.50）。[183] 他对地图记号和布局的选择意在展示印加社会和欧洲社会之间的相似性。举例来说，印加人和西班牙人都有纹章图案，通过其符号系统把景观和家系融合起来。纹章学对于瓜曼·波马的重要性可以由他的信件第一页上和整个请愿书中的盾徽图案体现出来。另一个共同之处，是通过几组线条的交会而组织的地理关系，这既见于欧洲人的经纬网系统，又见于图 6.50 中所示的网格。

　　瓜曼·波马显然相信这网格和圆形一样，是空间组织的普遍形式。他对教宗世界的呈现表明了这一点（图 6.51）。这幅图像的上部方框内描绘了 5 座城镇以及山脉，其中库斯科城标于中央。下部方框内展示了卡斯蒂利亚（西班牙），是围绕着一个权力中心而组织起来

297

---

⑱　比如可以参见 John Earls and Irene Marsha Silverblatt, "La realidad física y social en la cosmología andina," in vol. 4 of *Actes du XLIIe Congrès International des Américanistes*（1976）（Paris：Société des Américanistes, 1978），299 – 325，特别是318—323 页；Sherbondy, "Irrigation and Inca Cosmology," 348 – 349（注释134）；Irene Marsha Silverblatt, *Moon, Sun, and Witches：Gender Ideologies and Class in Inca and Colonial Peru*（Princeton：Princeton University Press, 1987），40 – 47；Zuidema, "Catachillay," 212 – 215（注释133）；R. Tom Zuidema and Gary Urton, "La constelación de la Llama en los Andes peruanos," *Allpanchis*, no. 9（1976）：59 – 119，特别是61—67 和109—110 页；Urton, *At the Crossroads*, 129 – 134 页（注释14）；及 Bauer and Dearborn, *Astronomy and Empire*, 118 – 121（注释138）。

⑱　Guamán Poma, *Nueva crónica*, 3：1075 – 1161（注释124）。也参见 J. B. Harley, *Maps and the Columbian Encounter：An Interpretive Guide to the Travelling Exhibition*（Milwaukee：Golda Meir Library, 1990），137 – 139。

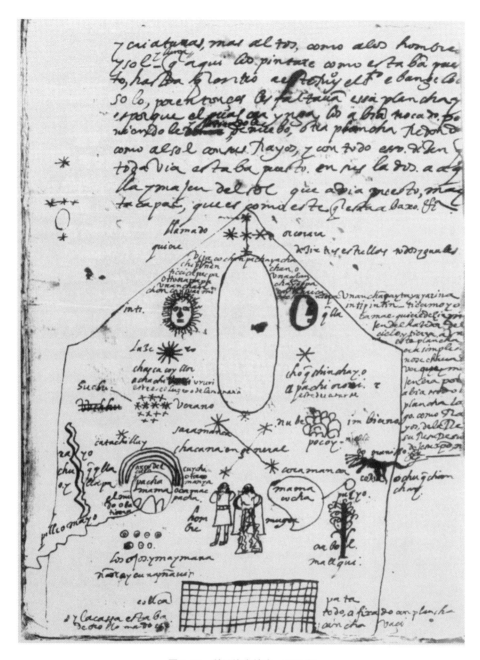

图 6.48 科里坎查神庙，1613 年

由本土编年史学者胡安·德·圣克鲁斯·帕查库蒂·亚姆基·萨尔卡迈瓦绘制的这幅科里坎
查神庙一面墙壁的侧视图，展示了印加人如何在空间上和社会上排布他们的环境。参见图 6.49。

承蒙 Biblioteca Nacional Madrid 提供照片（MS. 3169, fol. 13v）。

296

的分成 4 个部分的一片土地，就像围绕着图 6.50 中的库斯科而组织起来的 4 个印加"苏尤"
一样。这两个方框上下摞在一起，这种方式让人想到库斯科的二分（见上文图 6.38）。占据
了"哈南"库斯科——也就是印加时代的权力位点——的位置的正是安第斯世界。可能库
斯科和卡斯蒂利亚的这种上下并排的做法也象征了原住民对殖民统治的反抗。

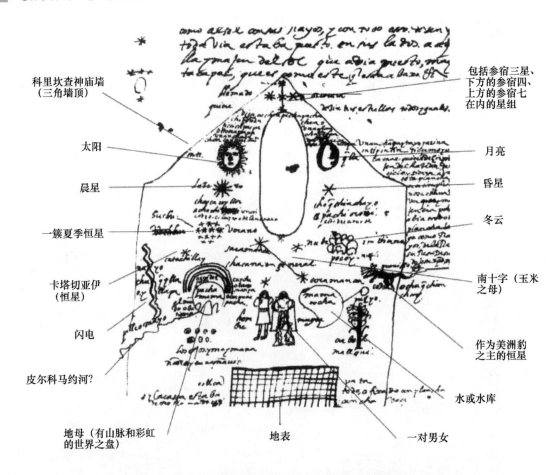

科里坎查神庙墙
（三角墙顶）

太阳

晨星

一簇夏季恒星

卡塔切亚伊
（恒星）

闪电

皮尔科马约河？

地母（有山脉和彩虹
的世界之盘）

地表

一对男女

包括参宿三星、
下方的参宿四、
上方的参宿七
在内的星组

月亮

昏星

冬云

南十字（玉米
之母）

作为美洲豹
之主的恒星

水或水库

297

图 6.49　科里坎查神庙墙壁（图 6.48）的符号系统

　　图 6.48 中有九个符号和场景已识别为天文学内容，其中包括对太阳、月亮、行星（晨星和昏星）、单颗恒星、星组和星座的呈现。皮尔科马约河（Pillcomayo River，可能是今 Pilcomayo 河？）从地母（*pacha mama*）的呈现图像那里流出。大地展示为盘状，并通过其旋转来帮助人们识别它，其上有侧视的山脉。在皮尔科马约河上方是一道闪电。在神庙的基部，一个男人和一个女人站在一个网格上；网格呈现了地表。在女人的右边是水的呈现，或者更可能是供灌溉系统使用的水库（*estanque*）。

图 6.50　费利佩·瓜曼·波马·德·阿亚拉所绘的印加帝国地图

298 – 299

瓜曼·波马所绘的西班牙人征服印加人的地图整合了印加人的呈现模式和西方地图学传统。印加帝国的四个分区（安蒂苏尤、科亚苏尤、康德苏尤和钦查苏尤）有清晰的标注，加强了印加式的空间划分。相互交错的平行线很明显是参照了欧洲人的经纬线系统，但位置有误。城市旁边各有盾徽。在地图底部是西班牙船只以及 16 世纪和 17 世纪常在欧洲人地图上描绘的幻想的海怪。瓜曼·波马的地图可以看作一件把这两种文化连接在一起的作品。

原始尺寸：约 18×24 厘米。承蒙 Royal Library, Copenhagen 提供照片（Nueva crónica y buen gobierno, fol. 983 – 984）。

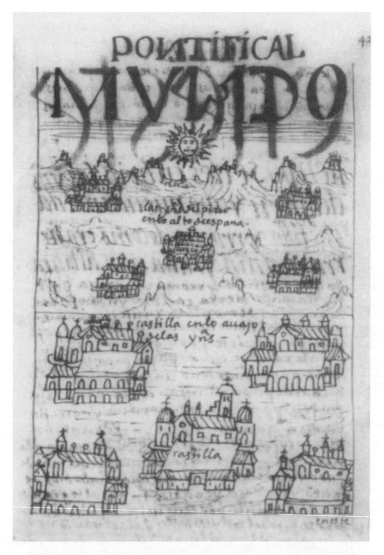

图 6.51　费利佩·瓜曼·波马·德·阿亚拉所绘的教宗世界

　　瓜曼·波马采用了模仿自然主义的西方规则，去标出教宗世界中的地点和地区。不过，他沿用了在安第斯人群中使用了上千年的几何形状去展示地理关系，比如对一个权力中心周围的空间所做的四分，以及把社会和领地空间排列到"上"和"下"的位置。

　　原始尺寸：约 18×12 厘米。承蒙 Royal Library, Copenhagen 提供照片（Nueva crónica y buen gobierno, fol. 42）。

结　论

　　地理、历史、社会关系、亲缘、天文和神话，都交织在西班牙人征服之时的安第斯文化中。这样的文化复杂性，再加上印加帝国管理面积广大的地区的巨大责任，都需要一套能给人方便的、高度抽象的体系，用于绘制真实世界和想象世界。然而，空间知识的系统表达在印加帝国建立之前很久就已经在中安第斯地区存在了。自从查文时代开始，安第斯文化的多种表现就已为我们所识别——对土地、资源、水体与农业景观的所有权，贵重品和日用品的再分配和贸易，军国主义，为精英人士所服的劳役，以及把超人类和世俗外的力量唤来影响世界秩序的尝试。

研究者在他们对安第斯符号系统和呈现的分析中只有很少的时候会讨论地图的主题。的确，如果无论是图形呈现的规则还是地理关系的构建都与欧洲人的经验大相径庭的话，那么一个人又如何能把地图识别出来呢？在本章中，我使用了现代民族志的类比分析，来探讨安第斯空间呈现的可能主题。社会和景观在"艾尤"这个概念中的融会，应用祖先和"华卡"来使领地秩序合法化的做法，以单一的物体或记号对景观所做的抽象，以及地理关系的几何构建——所有这些对于理解中安第斯文化中空间呈现和景观描述的功能都至关重要。

把记号和图符组织成放射状、平行状的条带或网格状的几何形状，可以为安第斯思想中地理关系的呈现提供一个结构。这些几何结构在农地图案中可见，并受到生物—气候生物带和天体运动的启发。平行条带是安第斯空间呈现中最为常见的几何结构。这一结构的早期表达包括特约方碑上的两只宽吻鳄，以及其上的一些堆叠的方形图像。其他的实例还有帕拉卡斯多色披风上的四条呈现了"艾尤"所属土地的平行条带，以及本内特石柱上象征了"乌马"和"乌尔科"的元素的两条平行的人像带。用平行条带来表示地理关系的做法，在民族志中有丰富记载，比如由现代农民绘制的的的喀喀湖岸地图上的河流和沟渠的位置，基努瓦陶器上的垂直和水平图案带，表现了农业带的克斯瓦"帕亚伊"织物，以及基鲁"帕亚伊"织物上的山脉与谷地、外部世界与内部世界的区分，等等。在帕卡里克坦博的"丘塔"绘图仪式中，平行条带也呈现了"艾尤"所拥有的土地的排列顺序。

网格，是平行条带的一个概念上的子类。网格的一个早期的考古表现，是纳斯卡酋邦陶器上由代表灵魂的断头组成的表示了农业用地的块状绘画。这个网格图案与印加人的十进制布局有密切关系，这反映在算盘式玉米板（在图6.45中可见）和"托卡普"图案中。圣克鲁斯·帕查库蒂在他所绘的科里坎查神庙图中把大地表面呈现为网格，而瓜曼·波马的"世界图"则展示了欧洲人对经纬网的用法与网格之间在观念上的相似性。

纳斯卡射线中心地画可能是放射状景观结构的最古老的考古表达，但印加"塞克"系统却是最著名的。印加人根据当地的地理和社会环境调整了"塞克"系统，就像伊卡谷中绘制了伊卡景观的历法结构的"基普"一样。一个织物母题的解读性绘画表明了基鲁谷中根据海拔高度对农业用地所做的放射状组织。社会中的这样一种放射状布局，在今天通常作为一种理念存在，这由玻利维亚圣安德雷斯·德·马查卡的"艾尤"土地布局便可看出。

表演，是反映在绘图仪式等活动中的安第斯空间呈现的关键成分。这样的仪式有很多民族事例，在仪式期间常常通过在一个地理物或灵魂门户周围排列辟邪物来制作一幅临时性地图。在绘图仪式中，地面绘画可能也起着地理参照物的作用。帕卡里克坦博的"丘塔"仪式、丘奎托的天气和繁殖力仪式以及卡阿塔的后世仪式只是展示了表演绘图的广泛性的几个例子。托帕·印加在一个天气仪式中曾把呈现了显眼的山峰的辟邪物排列成库斯科谷的一幅临时性地图，而古代人群则在巨大的纳斯卡地画上表演了多种绘图仪式。

描绘了地理关系或物体的纪念碑也可能在古代绘图仪式中起到地理参照物的作用。这方面的例子包括特约方碑、本内特石柱以及印加"塞克"系统中的"华卡"或景观石雕。房屋模型和"马克塔"在考古记录中常见，可能与丘奎托的绘图辟邪物类似。绘图辟邪物的例子包括房屋模型、景观陶器、"马克塔"以及在托帕·印加的天气仪式中所用到的山峰灵魂辟邪物。

299

既然一个"艾尤"中的成员身份常常以真实或虚构的血统为根据，那么描绘祖先就是一种重要的呈现方式，因此可以把土地的使用权和所有权合法化。祖先图像系统在秘鲁南部海滨有很大发展，反映这一点的实例如：在一个帕拉卡斯陶器上发现的面具，区分了不同的家族，帕拉卡斯灵魂地图，以及作为灵魂母题而呈现了"艾尤"所拥有的土地的断头。祖先的文化重要性是独立于政治官僚体系的，这又反映在曼科·卡帕克住宅的绘画和现代基鲁织物对印加里的描绘之中。

人和动物的呈现，常常是理念化的景观的隐喻。在特约方碑上，短吻鳄呈现了大地和天空的领域。纳斯卡酋长陶器上的凸起部分与安第斯人为那些影响水流方向的地物所做的隐喻相一致，而雕刻的巨石常常描绘了动物，这可能与地名或某些资源带相对应。

300   安第斯人造物和呈现物很少被学界作为地理呈现或安第斯空间思想的象征性展示来分析。本章的目的就是开启一扇门，希望有可能经此解读之路，而为安第斯思想中那些展现在安第斯文化生态和文化史的语境中的地理关系的构想提供深入的理解角度。

第七章　南美洲低地和加勒比地区的本土地图学

尼尔·L. 怀特黑德（Neil L. Whitehead）

本章考察的是加勒比地区和南美洲低地本土文化中的空间呈现传统，以及在欧洲人地图中表达的地理观念。这片广袤的地域涵盖了很大范围的文化传统、语言和社会形态，在本章中所示的案例来自低地地区所有主要的文化—语言群体——加勒比（Carib）、阿拉瓦克（A-rawak）、图卡诺（Tukano）、热（Gê）和图皮—瓜拉尼（Tupi-Guarani）。来自瓦劳（Warao）人等独立或孤立的文化—语言群系的材料在本章中也有涉及，因为人们有时候推测他们代表了进入美洲的最古老移民的后裔。

欧洲人对南美洲的殖民，导致很多原生的社会和传统被彻底摧毁，特别是那些一度存在于亚马孙（Amazon）河和奥里诺科（Orinoco）河流域的较为复杂的政治体系。欧洲人的殖民占领始于哥伦布在加勒比地区的活动，在巴西一直持续到 19 世纪末；在此期间，原住民为殖民地图学提供信息，从而导致本土习惯和欧洲习惯在空间呈现中有所混合。除了以文字画（pic-tographs）形式表现的天体图和宇宙志地图之外，我们所知的南美洲低地和加勒比地区地图学的所有实例都零星收集于他们与西方人接触的过程中，或是通过现代民族志研究所获得。这个过程并不总是令人满意，因为它可能带有"反历史"（antihistorical）性质，要么忽略了欧洲人殖民在影响本土传统时的重要性，要么把现代实践强加于过去的社会之上。不过，这些过去的传统很可能具备的精细性至少能够体现在它们延续至今的实践中。通过现代的类似实践，我们当然可以体会到物理空间绘图和社会空间建构之间的联系，也能意识到祭司—萨满群体在通过控制宇宙秩序来构建道德秩序时扮演了卓越的角色。当我们从历史资料中获知天象观测和解读是祭司阶层的特殊责任时，我们便可恰当地推断物理空间绘图既是一种玄奥的技能，又传达着政治权力。这也意味着殖民前的种种地图学实践一定要比我们现在重构的这些广泛得多。这些社会显然曾有过精细的历法和天文学传统，也有用复杂的方式呈现空间的能力。①

不过，因为这些原生传统是在很长一段时间内表现出来的，我们无法说有单独一种原生地图学传统；相反，我们必须承认那些广泛散播的空间观念有多种多样的编码和表述方式，特别是在作为时间构念和社会构念的时候。建筑和工艺设计、反映了天地关系的天空观以及严格编排的舞蹈和歌咏形式都是传达空间观念的具体语境。

在本章中，"地图学"和"地图"在意义上均比较宽泛，因为在欧洲地图学方式引入之前，纸面上的空间呈现并不属于原生传统的一部分。这并不表明在本土人群中缺乏空间知

---

① 参见以下论文集中的系列论文：Anthony F. Aveni and Gary Urton, eds. , *Ethnoastronomy and Archaeoastronomy in the American Tropics*（New York：New York Academy of Sciences, 1982）。

识，也不表明他们缺乏呈现空间的积极兴趣。事实上，通过岩雕和岩画、容器编织、木工、舞蹈、歌咏、人体装饰和建筑等多种类型的载体，大地和天空都得到了积极的绘制。

本章考察了三种类型的本土制图。第一类是白昼和黑夜天空的天体图。它们与宇宙志绘图关系密切，通常以萨满的视角描绘了灵魂在飞过遥远的地区时所见的内容，或是呈现了编码在大地传说（telluric lore）中的空间关系。一个核心的主题是大地和天空在复杂的宇宙志系统中的联系，在这样一个系统中，陆地地物的布局密切反映了天上恒星的图案。

第二类本土制图，是一些历史报告中记载的在欧洲人的委托之下所进行的本土制图。欧洲人出于多种目的诱使原住民提供地理信息，比如传教活动、军事征服、边界勘定以及对矿302 产、可可和橡胶等多种自然资源的持续搜求等。这些信息有时是在死亡或拷打的威胁之下被迫吐露的，但也有自主提供的情况，而毫无疑问地带上了当地知情人的偏见，以满足他们自己的目的。② 在较晚近的年代中，民族志学者和人类学家也从原住民那里获得一些募得性地图，以便研究他们对大地和宇宙的本土观念。

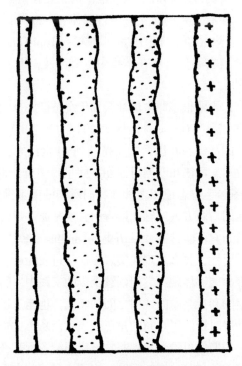

304

图 7.1　星路（银河）

这幅银河的呈现图是一系列的星带，强烈暗示着精液流的图像。天穹之人是最初生育了宇宙的人。最右边的星带展示了单个的恒星，而其他条带暗示了"乳浊性"（milkiness）。这一图案中所整合的类型化元素在多种媒介中都有重复出现，比如编织容器和鼓面。马罗尼河（Maroni River，苏里南）的卡里尼亚人（Kariña，即加勒比人）卡特里娜·科洛伊（Catherina Koloi）绘制。

引自 Edmundo Magaña, *Orión y la mujer Pléyades: Simbolismo astronómico de los indios kaliña de Surinam* (Amsterdam: Centre for Latin American Research and Documentation, 1988), 图 2。Ren Spoelstra 许可使用。

---

② 比如说圭亚那地区大西洋沿岸的阿拉瓦克人在 16 世纪末曾专门被雇用，以便为专程前去惩戒其敌人加勒比人的西班牙人的行动提供地理方位和路线指导。然而，"加勒比人"是阿拉瓦克人建构的一个政治范畴，所以对加勒比人的识别反映的不是某种民族学上不带偏见的方法运用的结果，而是与那个年代的原住民群有关的权力关系，只是以民族的形式呈现罢了。同样，较早的欧洲人在对加勒比人进行民族学制图时，尽管其结果从未以人造物的形式做出最终的地图学表达，但强烈反映了非加勒比人的原住民领袖的偏见。

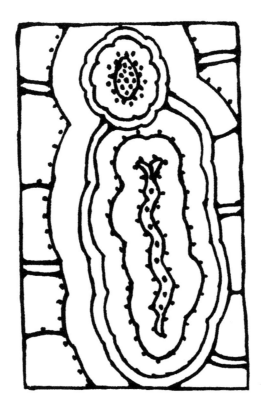

图 7.2　巨蟒和昴星团

304

在天蝎座中可见巨蟒——有时称为"天之水蚺"（celestial anaconda）——一般认为体现了男性在社会中的各个方面（见下文图 7.4）。与之对比的是昴星团，这一群星与女性相关，它们每年出现的时候恰好也是雨季开始的时候，对它们的绘制是从宇宙观角度对生态关系加以整理的例子。巨蟒和昴星团的性交，由巨蟒（底部）向昴星团（顶部）的接近所提示，暗指了陆地上的人类生殖出天空的神灵社会的方式。马罗尼河（苏里南）的卡里尼亚人（加勒比人）卡特里娜·科洛伊绘制。

引自 Edmundo Magaña, *Orión y la mujer Pléyades：Simbolismo astronómico de los indios kaliña de Surinam*（Amsterdam：Centre for Latin American Research and Documentation, 1988），图 17。Ren Spoelstra 许可使用。

　　尽管这样的借用不是严格的本土绘图，但它们仍然有助于把原生的空间概念表达方式整合到欧洲人地图中，因为它们为理解本土地图学提供了语境。这些欧洲人地图就构成了第三类。对大地空间关系进行图像描述的专门兴趣在很大程度上根植于西方观察者的殖民欲望。属于这一类本土制图的现存实例以二维的图像形式表达了原生地图学观念，是把本土大地描述包含于欧洲人的地图学实践中的产物。然而，这些外来的观念绝非无足轻重，它们在几个世纪中经常成为欧洲人对这一地区所做的地图学工作的基础。比如一直到 19 世纪中期，欧洲人地图上仍然保留着一个地物，就是广阔的内陆湖帕里马（Parime）湖，在湖岸上坐落着马诺阿（Manoa）城，也即传说中的黄金之城埃尔多拉多（El Dorado）。

　　地图是权力的象征，所以把本土信息包括在欧洲人地图之内的做法也反映了权力关系的协商；在对这些地图和其他视觉历史资料加以解读时，这些协商的结果是需要专门考察的对象。事实上，在这一地区，这样的行动一直在反复进行；直至今日，负责与那些与世隔绝的原住人群接触、把他们整合为国民的政府机构——如巴西的国家印第安人基金会（Fundação Nacional do Índio, FUNAI）——要想成功，仍然依赖于本土的地理知识。

理论检讨

地图也是个体及其环境之间某些类型的社会关系的象征。在美洲，驱动欧洲人进行早期制图的因素是对私人地产的"规划"以及航海的实用需求，而不是要对一片新的地理空间展开无关利益的制图工作。相应地，传统的以北为上的朝向有时候会被忽略，而河道会仅以示意的方式给出。其中包括的信息类型既可以是地理的，又可以是神话的、民族学的，还可以是社会学的，取决于制作该地图的理由。有关欧洲人制图及其方法的各种类型的讨论不应该作为本章的内容，但这些考量确实强调了一点：西方传统所熟悉的地图类型只能在非常特殊的社会和文化语境下才能制作出来。在南美洲低地和加勒比地区，陆地和水体的某些区别对从海上来的欧洲航海者来说可能至为关键，但对那些已经熟悉南美洲低地环境的人来说却无足轻重。在这个意义上，对已经"精通"（at home）相关知识的原生文化来说，对由欧洲人始创的那种地图学呈现方式的需求在很大程度上是多余的。

除了在某些历史和社会语境之下，地图学实践的多余性从人们绘制生活空间的方式来看是非常明显的。在南美洲低地，这种多余性因为环境在地形上的同一性而更为明显，但它同时也说明空间通常是从主体在此时此刻的特定位置来绘制的——在绘制一幅欧洲式地图时，要从一种超时间或超空间的"观点"来构思，而原住民并没有这种"观点"。下面这个来自厄瓜多尔的阿丘瓦尔（Achuar）人的例子可以让我们体会到这一点。

303　　在阿丘瓦尔文化中，右和左的概念仅用于指示直接的、相对的位置，较长的距离用走完全程所需的时间来表达。[③] 对于在本地之外的目的地，旅行时间以日计算，或只是简单地称为"很远"，因为在一个时间很长的行程中会发生什么事是不可预测的。衡量距离是出于建筑的目的，而不是旅行的目的。为了表明一个此前从未到访过的地方的方向，人们会使用一套地标系统，这些地标在阿丘瓦尔人生活的整个环境中都常见，任何人都能理解。河道是这个系统中的结构性要素，但把它们作为地标需要个人对这个系统中至少某个部分有亲身经验。通过这些方法，每个阿丘瓦尔人都能描述出整个河网中的一部分，或者通过罗列连续的河道把它表述为线性形式，或者以横截的方式描述，就好像在走路时依次越过这些河道似的。由于定居点必须沿河而建，因此人们很容易找到一个指定的定居点，因为通过使用这样一套河道坐标系可以确定它的位置。除了这套系统，用来绘制环境的还有更玄奥的地标——西貒打滚的泥坑，动物舔食盐的地方，产陶土之地，或有一片独特植被之处。类似这样的地标，是由打猎归来的猎人讲述的，可以帮助人们为环境的空间特征构建并维持一套活灵活现的知识。可能同样重要的是，"迷路"对于那些在文化上依赖于地图学呈现的人来说是个灾难，但对阿丘瓦尔人来说却不是。在缺乏那种制图方法的情况下，基本的生存技能和定向技术足以让大多数外出者返回家园。阿丘瓦尔人并不把太阳的轨迹作为基本定向法，而是利用河道的流向，它们总体上都呈西北—东南

---

③　以下有关阿丘瓦尔文化的讨论参考了 Philippe Descola, *In the Society of Nature*：*A Native Ecology in Amazonia*, trans. Nora Scott（Cambridge：Cambridge University Press, 1994），特别是 62—67 页。

走向。因此，地理知识总是具有社会嵌入性。南美洲低地和加勒比地图的原生绘图没有欧洲殖民者那样坚持不懈的政治需求，不需要在主体人群中进行内部划界，也不需要呈现外部的、不熟悉的人群，因而采取了不同的形式。

在综述性的本章中，我们不可能以足够的深度去讨论所有原生地图学的案例，并让其中的那种地图学为外部观察者所理解。要领会本土地图的方法和内容，我们还必须领会一套有关天空、海洋和陆地的观念，这些自然物激发了本土人群的兴趣。我们也必须知道这些有关有形客体和地点的观念如何与有关人类在宇宙中扮演何种角色的评估发生紧密联系。要总结现代西方观念和南美洲原生观念之间的对立性，可能最好是强调以下事实：对南美洲原住民来说，宇宙及其秩序构成了人与神的合作领域。这种秩序可以从天穹、陆地及其水体的形式以及有关神和人各自精神倾向的知识那里看出来。因为这些原因，本土地图学大都导向了地理呈现以外的结果；对自然环境的地理状况的绘制仅仅是对心智空间和物理空间进行十分宽泛的界定时附带而成的产物。因为人们不具备抽象出地理呈现的动机，"地点"便被视为"事件"的同延语（coextensive），如果它在当下无意义，或没有特别的意义，那人们什么都不会呈现。换句话说，"无处"（nowhere）完全等同于"无事发生之处"。地点的观念就像事件的观念一样，具有文化依赖性；因此，在本章中我们会看到南美洲的本土观念会展示出对时空的迥然不同的理解，它挑战了把"事实"和"想象"对立起来的理性主义传统。

正是因为这些原因，把空间关系与它们的多种形式的呈现——如舞蹈、音乐和词语——从地图学的狭隘定义中区分出来，就非常重要。按照狭隘定义，地图学只是以图像方式做出这些呈现的实践；而在得到更恰当定义的地图学实践中，需要表达的不只是地理知识，也有宇宙志或生物志知识，比如萨满的灵魂飞升，或神、英雄和祖先经行的通道和路径。

出于启发式目的，具有地图学内容的本土呈现可以分为两步：把具有特殊位置重要性的自然地点标记为文化地点；把这些文化地点以地图学的方式呈现出来。把自然地点标记为文化地点的过程会针对诸如具有特殊社会政治意义的场址等地点。南美洲东北部的阿拉瓦克人［洛科诺（Lokono）人］会用吉贝树（kumaka tree）标记居住点，因为他们的祖先洛阔（Loquo）在氏族初建时曾坐在这种树之下。④ 通过参照地理地物，有特殊宇宙观意义的地点也会标记出来。这些场址包括赤道线、重要神灵居住的洞穴以及举行仪式活动的地点，比如舞蹈区。最后，瀑布和水塘以及林地之间的热带草原也被视为具有生态重要性的地点，这种重要性为列举了动物资源或描绘了鱼种及其渔获方法的系列岩画所表现。通过同样的象征，文化地点也是生境的一部分，在社会政治的意义上得到标记。这反映在人群中的人体绘画、割痕或截肢的方式上，这些行为意在表达宇宙观观念、房屋和村庄的布局方式以及陶器和编织容器等物质产品在运用编码了空间关系（特别是天文空间关系）的母题时所采取的方式。

304

④　"阿拉瓦克"一词指的是在南美洲整个北部地区广布的文化—语言群体。"洛科诺"特指今天生活在圭亚那和苏里南沿岸的一个族群。参见 Everard Ferdinand Im Thurn, *Among the Indians of Guiana: Being Sketches Chiefly Anthropologic from the Interior of British Guiana* (London: Kegan Paul, Trench, 1883)。

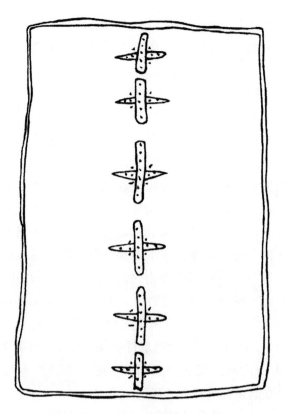

305

图 7.3 昴星团

　　除了图 7.2 中提到的关联外，昴星团在更具地方性的文化传统中也有设定，在本图中展示为几个恒星排成的图案。显然，这幅图的中心思想并不是枚举恒星（图中只有 6 颗星，而不是 7 颗）；其中要呈现的本质特征是它们的解体（与上文图 7.2 对比）。在加勒比人有关图蒙（Tumong）的传说中，这个星座呈现了他散落的内脏。图蒙被觊觎他妻子的兄弟所杀，他的鬼魂一直纠缠着兄弟，直到他被重新埋葬，内脏被分散放置。这种杀兄弟的罪行是对兄弟这种基本男性亲属关系的威胁，与昴星团在天空的起源相关联。马罗尼河（苏里南）的卡里尼亚人（加勒比人）特雷西亚（Theresia）绘制。

　　引自 Edmundo Magaña, *Orión y la mujer Pléyades：Simbolismo astronómico de los indios kaliña de Surinam*（Amsterdam：Centre for Latin American Research and Documentation, 1988），图 18。Ren Spoelstra 许可使用。

天体和宇宙的本土绘图

　　不管是白昼还是黑夜的天空，可能都是原住民最常绘制的有形地物。不过，天空的意义并非像西方思想中表达的那样，来自宇宙的日心说观念，而是源于把天空视为支持生命的太阳光和热以及强烈体现了热带森林特色的降雨的来源，对它加以体会和密切观察。从这种重要意义以及天空中物体——恒星、月亮和太阳——的行为出发，大地上人群、动物和植物的关系常通过参照天文现象来理解或呈现。

　　宽泛地说，对天空实体的绘图，在有关天体运动的神话、房屋和村庄布局以及以编织容器为主的物质人造物中得到了社会性编码。事实上，这三种载体是协同的，因为它们让每个文化场域中天体母题的生产得到了同步的合性化，与此同时，天体运动的明示性绘图要通过参照其文化类比物来"解释"。

举例来说，星座会在视觉上表现为动物或人，它们的历险记与日常关切和兴趣密切相连。这些历险记被人们讲述为星辰传说（star lore），体现了天文观测在与社会学注释交织时的敏锐性，只是每个故事专门的地图学表现看上去却很简单，与这种敏锐性不符。通过这种方式，天体运动被类同为大地上生物的行动，神话由此叙述了它们的历史。[5]

从加勒比海到巴西南部和巴拉圭，在那里的本土人群中都有反复出现的神话和象征母题。[6] 比如有关大犬座（Canis Major）、昴星团和猎户座（Orion）的起源神话都关注于人类和宇宙之间的象征性历险记。一位妇女从她的继子（捕鱼笼星座）那里偷窃东西，被宽吻鳄肢解，然后她的头升上天就成了大犬座；一位妇女为她的恋人捕捉了一只貘（tapir），她变成昴星团；一位男子的腿被其妻子或内兄弟切断，他变成了猎户座。然而，在把这些人物对应到专门的星座时，也存在一些十分常见的变异，有的人群还会引入其他的天空登场者，比如见于天蝎座（Scorpio）的巨蟒。[7] 巨蟒母题也用于编码社会地位（图7.4）。最后，虽然所有恒星都被说成是人，但不是所有恒星都在这种神话中具备重要意义。[8] 那些具备重要意义的星座大都位于银河或"星路"（star path）沿线，银河本身又与太阳的路径相区别。通过这种方式，天空中便既有了人物又有了他们的用具（图7.5 – 7.7）。

| 酋长 | 萨满 | 舞者 | 战士 | 随从 |

图7.4　亚马孙地区西北部的神话巨蟒

　神话巨蟒在图卡诺社会中用于象征首长、萨满、舞者、战士和随从的等级关系。本图展示了把世界的宇宙观、动物和社会学特征之间的视觉类比加以绘图的方式。置于巨蟒头部的六边形象征了太阳能，它维持着宇宙，由此也维持着图卡诺社会前往其源头的线状路径。

　据 Gerardo Reichel-Dolmatoff, "Algunos conceptos de geografía chamanística de los índios Desana de Colombia," in *Contribuições à Antropologia em homenagem ao Professor Egon Schaden*（São Paulo：Coleção Museu Paulista, 1981），255 – 270，图2。

除了提供神话参照之外，还有其他直接的有形模式可以把天文和社会过程整合一体。这种整合在以下模式中有明显体现：村庄的东西向布局，与天空实体的每日运动相符的村庄结构编码和排列，仪式进程的主方位性，男人在其生活循环中向村庄中不同房屋的运

---

　⑤　关于天空神话和社会实践之间联系的例子，参见 Stephen Michael Fabian, *Space-Time of the Bororo of Brazil*（Gainesville：University Press of Florida, 1992），125 – 140。

　⑥　参见 Claude Lévi-Strauss, *Le cru et le cuit*（Paris：Plon, 1964），及同一作者的 *Du miel aux cendres*（Paris：Plon, 1966）。

　⑦　Edmundo Magaña, *Orión y la mujer Pléyades：Simbolismo astronómico de los indios kaliña de Surinam*（Amsterdam：Centre for Latin American Research and Documentation, 1988）.

　⑧　在卡蓬（Kapon）人和佩蒙（Pemon）人的地方天文学中有一个很好的例子。尽管恒星和星座都被拟人化，它们的重要意义却依赖于其气候学影响。参见 Audrey Butt Colson and Cesáreo de Armellada, "The Pleiades, Hyades and Orion（Tamökan）in the Conceptual and Ritual System of Kapon and Pemon Groups in the Guiana Highlands," *Scripta Ethnologica：Supplementa* 9（1989）：153 – 200。

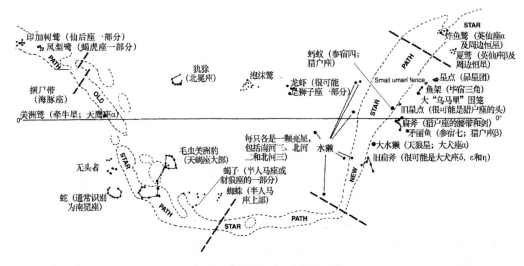

图 7.5　巴拉萨纳天文学者的星座

图 7.5 和图 7.6 都展现了图卡诺人和其他亚马孙族群研究夜空、为夜空绘图的深入程度。本图标出了独由巴拉萨纳天文学者能识别的星座的位置。识别的方式可以让我们感受到这些天体的运动如何能够整合到处理人群、社会和宇宙之间相互联系的内容更广泛的神话之中。

据 Stephen Hugh-Jones, "The Pleiades and Scorpius in Barasana Cosmology," in *Ethnoastronomy and Archaeoastronomy in the American Tropics*, ed. Anthony F. Aveni and Gary Urton (New York：New York Academy of Sciences, 1982), 183–201, 图 1。

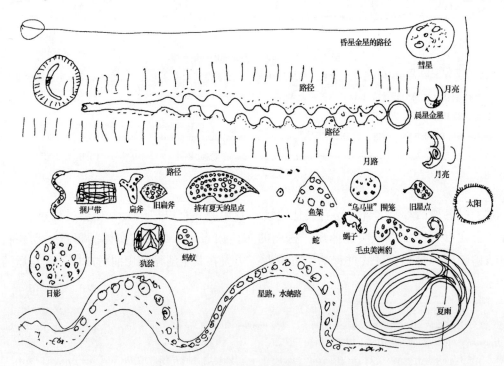

图 7.6　一位巴拉萨纳萨满画的巴拉萨纳宇宙

本图中的星座组成了巴拉萨纳神话中的实体。其中的星路就是前一幅图中的星路。昴星团或"女星"（Star Woman）在本图中展示为"持有夏天的星点"。关于天文观测和全套神话的相互关系的完整解释，参见 Hugh-Jones, "Pleiades and Scorpius"。

据 Stephen Hugh-Jones, "The Pleiades and Scorpius in Barasana Cosmology," in *Ethnoastronomy and Archaeoastronomy in the American Tropics*, ed. Anthony F. Aveni and Gary Urton (New York：New York Academy of Sciences, 1982), 183–201, 图 1。

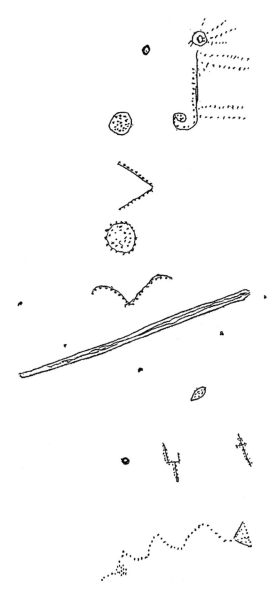

图 7.7　图卡诺人的夜空，由一位图卡诺印第安人为泰奥多尔·科赫—格林伯格所绘　　308

在这幅画底部是天之水蚺的星路，其上有多个彼此孤立的星座，以及横过夜空的金星轨迹。在上半部分还可见 V 形鱼架星座、鱼笼星座［"乌马里"（*umari*）围笼］和美洲豹。请与图 7.6 比较。

据 Theodor Koch-Grünberg, *Anfänge der Kunst im Urwald: Indianer-Handzeichnungen auf seinen Reisen in Brasilien gesammelt*（Berlin: E. Wasmuth, 1905），图版 55。

动，村庄里某种亲属单位的位置，以及交换婚姻对象的村庄的协同定位。⑨

在亚马孙地区西北部的德萨纳（Desana）人中，起源神话会涉及"对中心的寻找"或

---

⑨　关于巴西中部马托格罗索（Mato Grosso）州两个族群的社会过程和空间过程相整合的考察，参见 Fabian, *Space-Time*, 37 – 63（注释 5），及 Thomas Gregor, *Mehinaku: The Drama of Daily Life in a Brazilian Indian Village*（Chicago: University of Chicago Press, 1977），35 – 62。

306 "一天的中心"。[⑩] 一位文化英雄带着一根杖去搜寻不会投下任何影子的地点，最终得以确定它的位置是在赤道线上；这里就是古时候的人们所居之处。[⑪] 这根杖也被认为是射进子宫状湖泊的一束阳光，在那里让大地怀孕，成为宇宙性交发生的地点，随后大地上的生命就围绕着那里发展开来。这样构建起来的空间模型可见于天空，由一个巨大的六边形组成，它又让人想到在萨满活动中处于中心位置的巫术水晶；这个六边形由北河三（Pollux）、南河三（Procyon）、老人星（Canopus）、水委一（Achernar）、天苑十［波江座（Eridanus）τ3］和五车二（Capella）构成。[⑫] 这个天空六边形再投射到大地上，在那里划出了图卡诺社会的各个社会单位的领地。整个本土图像因此便是一根巨大而透明的水晶柱，在大地上矗立，它的六个棱角在天空中由上面提到的6颗星构成，在大地上则由图卡诺人的土地上的6个瀑布构成。此外，还有两个大瀑布伊帕诺雷（Ipanoré）瀑布和希里希里莫（Jirijirimo）瀑布位于赤道与六边形底面相交的两点（图7.8）。这根水晶塔的中轴是参宿二（猎户座 ε）与一块叫"尼伊（Nyí）岩"的绘有岩画的巨大岩石的连线（下文图7.15），尼伊岩所在地点是赤道与从北向南流的皮拉帕拉纳（Piraparaná）河的交点。这根水晶轴由此又被视为一根阴茎杖，把雄性的天空和雌性的大地联结起来。这种六边形图案也在图卡诺人的多种社会单位的理想分布格局以及这些单位内部的通婚氏族的居住位置中反复出现。作为通往上界的通道及与上界的联系的阴茎杖或萨满杖，是原生空间组织中的常见特征，成为在多种载体上表达的许多象征性变形的基础，这些载体包括葬礼明器和埋葬时的朝向。[⑬]

　　从建筑学上来说，上述观念可见于长房的设计中，这些房屋的结构和位置是有形结构如何与天空过程和社会过程整合在一起的好例子（图7.9）。由房柱标志的6个参考
307 点等同于天空六边形的6颗星，房顶的中截面"由另一套6根竖直的房柱支持，这些房柱界定了一个具有仪式功能的六边形中央部分"[⑭]。不过，假定这些宇宙观原则仅用于为社会的组织提供模范的想法有可能是错误的，因为它们也成了哲学原则。包含了神圣地点的天空六边形的6条线也是一种叫"星路即道"（the path，the way）的道德主张的形而上学模型，它们是个体一生中必须经行的道路。[⑮] 人脑本身可看成按照与天穹相同的原则组织而成，所以使用有效力的精神药物来引发萨满的幻视就构成宇宙绘

　　⑩　Gerardo Reichel-Dolmatoff, "Astronomical Models of Social Behavior among Some Indians of Colombia," in *Ethnoastronomy and Archaeoastronomy in the American Tropics*, ed. Anthony F. Aveni and Gary Urton（New York：New York Academy of Sciences，1982），165 - 181，特别是167 页。

　　⑪　"古代"（old-time）人或"初代"（first-time）人的观念频繁出现在本土历史叙述中，作为一种修辞方式，标志着"真实"历史的开端或正在谈论的人群的历史。参见 Richard Price, *First-Time：The Historical Vision of an Afro-american People*（Baltimore：Johns Hopkins University Press，1983），6 - 8，及 Neil L. Whitehead，ed.，*The Patamona of Paramakatoi and the Yawong Valley：An Oral History*（Georgetown，Guyana：Hamburgh Register Walter Roth Museum of Anthropology，1996），5 - 9。

　　⑫　下面有关图卡诺天空六边形及其地面对应物的描述依据的是 Reichel-Dolmatoff，"Astronomical Models，" 167 - 170（注释10）。

　　⑬　Denis Williams, "The Forms of the Shamanic Sign in the Prehistoric Guianas," *Journal of Archaeology and Anthropology* 9（1993）：3 - 21，特别是7—14 页及图3 和图6。

　　⑭　Reichel-Dolmatoff，"Astronomical Models，" 172 - 173（注释10）。

　　⑮　Reichel-Dolmatoff，"Astronomical Models，" 175.

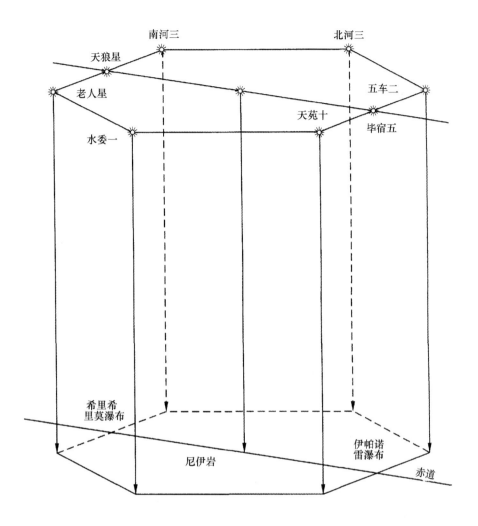

图 7.8　连接大地和天空的六边棱柱　　　　308

　　伊帕诺雷瀑布是图卡诺人的起源地点，希里希里莫瀑布是陆地上的最大瀑布。棱柱中央是尼伊岩（见下文图 7.15）。这个六边形也是图卡诺社会的陆地图和社会地图。图卡诺社会分为六个部族单位，由三对相互通婚的氏族单位联合而成，它们在地理上排列成六边形。

　　据 Gerardo Reichel-Dolmatoff, "Astronomical Models of Social Behavior among Some Indians of Colombia," in *Ethnoastronomy and Archaeoastronomy in the American Tropics*, ed. Anthony F. Aveni and Gary Urton（New York：New York Academy of Sciences, 1982），165－181，图 1。

图的重要方法，也是在药效发作期间探索由灵魂的旅行所揭示的其他宇宙维度的重要方法。[16] 结果，天文绘图就几乎无法察觉地混合在更广阔的宇宙观中，因为天体可被理解为人类历史中的登场者，作为离散的实体出现，而与它们在整个天空秩序中的相对定位有区别。不仅如此，对宇宙观知识的探求也参与到"超越了银河系"的活动中，进入元现实（metareality）领域，萨满会在那里通过一种叫"亚赫"（*yajé*）的失神过程与这些天空

---

⑯　Reichel-Dolmatoff, "Astronomical Models," 176.

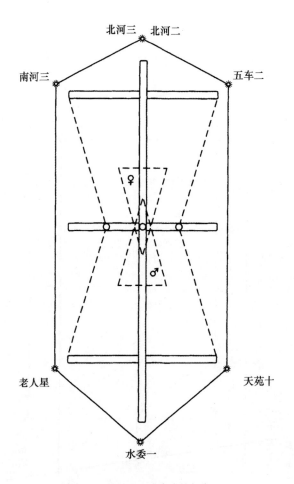

图7.9　可识别为猎户座的长房

　　图 7.9 中六边棱柱的六颗星也编码在长房的建筑结构中，这样舞者在房内的运动便复现了房外的天体运动。房内沙漏形的通道标志着男性和女性舞者相互重叠的路线图案。

　　据 Gerardo Reichel-Dolmatoff, "Astronomical Models of Social Behavior among Some Indians of Colombia," in *Ethnoastronomy and Archaeoastronomy in the American Tropics*, ed. Anthony F. Aveni and Gary Urton（New York：New York Academy of Sciences, 1982），165 – 181，图 4。

中的人物战斗。[17] 图版 13 和图 7.10 – 7.12 绘制了这个正常情况下不可见的宇宙，但它可以直接与日常观测的宇宙相连，并与之互动。[18]

　　这种萨满幻视是包括生存行动在内的日常生活的观念组织的一部分。在奥里诺科河三角洲的瓦劳人中，无论是居住点位置的确定还是之后开发生态系统资源的方法，都要依从萨满对与宇宙秩序相关的大地地物的解读。文化英雄道瓦拉尼（Dauarani）和哈布里（Haburi）

---

　　[17]　Gerardo Reichel-Dolmatoff, *Beyond the Milky Way*：*Hallucinatory Imagery of the Tukano Indians*（Los Angeles：UCLA Latin American Center Publications, 1978），7 – 14.

　　[18]　图版 13 和图 7.11 – 7.13 由两个图卡诺人比亚（Biá）和耶巴（Yebá）制作，当时民族志学者为他们提供了书写夹板、几页白纸（28 × 22 厘米）和彩色铅笔。关于创作这些图画的更多信息，参见 Reichel-Dolmatoff, *Beyond the Milky Way*, 49 和 145 – 148。

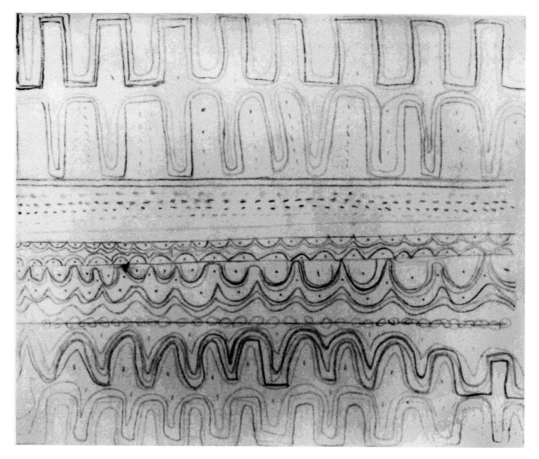

图7.10　一位名叫耶巴（Yebá）的图卡诺萨满所绘制的幻视探索地图

310

　　六幅图板从上到下是对萨满连续饮下数杯名为"亚耶"（*yayé*）的迷药之后产生的幻觉图像的介绍。这些图案绘制了一条精神旅程，供向新人介绍之用。第一幅图板展示了饮下第一杯"亚耶"之后所看到的情景，方齿状的线呈现了图卡诺创世神话中的蛇舟。一旦饮下第二杯和第三杯"亚耶"，下一幅图板上的波状线条（原画分别为红色和褐色）就显示了蛇体的姿势。第三幅图板是第四杯迷药饮下之后的所见，它是银河，其中一个个的点代表云彩，一些红点则是用作鱼饵的浆果。第四幅图板上由连续的弧形构成的一系列锯齿状线呈现了日父（sun-father），而它下面的一层包一层的线（第五幅图板）呈现了人类，暗示了互相渗透性和对等性。第六幅图板是饮完第七杯"亚耶"之后所见，起于一排呈现了鱼饵的点（红色），继之是一系列圆齿状线，其中重复着神与人类的对等性的主题。

　　引自 Gerardo Reichel-Dolmatoff, *Beyond the Milky Way: Hallucinatory Imagery of the Tukano Indians*（Los Angeles：UCLA Latin American Center Publications，1978），图版Ⅵ。Gerardo Reichel-Dolmatoff Foundation, Bogotá, Colombia 许可使用。

311

图 7.11 耶巴所绘的神人之间的路线

这幅图展示了帕穆里马赫塞（Pamuri-mahsë，创世者）的曲折行进。地图底部的七根柱子呈现了与创世神话的不同唱段对应的歌唱。一列叉形元素描绘了男人在集合时使用的一列仪式雪茄烟嘴；当两个互补的族外婚群体相遇并开展仪式对话时，男子就会集合。右边是载着最初的人类及其后裔的独木舟，它们上方是一扇天门，在视觉上绘制了作为歌者和演说者的男子在接近神时的行动。画面上左方是一个人形，可能是帕穆里马赫塞，在向着具有瓜制沙锤（L 形元素）和仪式歌曲（弯曲花纹）的地面俯冲。整幅图像绘制了大地和宇宙之间的路线，因此强调了人与神的对等性。

引自 Gerardo Reichel-Dolmatoff, *Beyond the Milky Way: Hallucinatory Imagery of the Tukano Indians* (Los Angeles: UCLA Latin American Center Publications, 1978), pl. X. Gerardo Reichel-Dolmatoff Foundation, Bogotá, Colombia 许可使用。

图 7.12　耶巴所绘的来自帕穆里马赫塞之殿的视角

　　这幅画为我们提供了从帕穆里马赫塞的宫殿可以看到的场景示意图。左边是一只美洲豹，位于"众山之殿"（house of the hills）顶上；右边是一只海龟，卧在"众水之殿"（house of the waters）之上。众山之宫远方是一扇天门，其下方是阴茎状的生灵。在帕穆里马赫塞的宫殿前方近处，我们可以看到第一个男人和第一个女人包含于子宫状的∪形中，在制造人类。

　　引自 Gerardo Reichel-Dolmatoff, *Beyond the Milky Way*: *Hallucinatory Imagery of the Tukano Indians*（Los Angeles: UCLA Latin American Center Publications, 1978），图版 XVII。Gerardo Reichel-Dolmatoff Foundation, Bogotá, Colombia 许可使用。

312

的路径是通过这种方式界定了相对立的生态行动带，并把这些行动与宇宙秩序坚固地联系起来（图 7.13 和图 7.14）。[19]

　　另有一套类似的观念，指导了图卡诺人的生态实践；人们利用岩画和文字画的呈现来为环境资源绘图，甚至界定了"动物之主"（master of animals）的"房屋"。赖歇尔－多尔马托夫（Reichel-Dolmatoff）写道：

　　　　另一种神圣地点，环绕着在雨林地平线上零星隆起的孤立石丘。……在很多这种石丘平坦的侧壁上或凸出的悬崖上可以观察到用深浅不同的赭石所绘制的文字画，呈现了狩猎动物或抽象的几何图案。……这些岩层也被旅行者所规避，最终变成了狩猎保护

309

---

⑲　Johannes Wilbert, "Geography and Telluric Lore of the Orinoco Delta," *Journal of Latin American Lore* 5（1979）: 129 – 150.

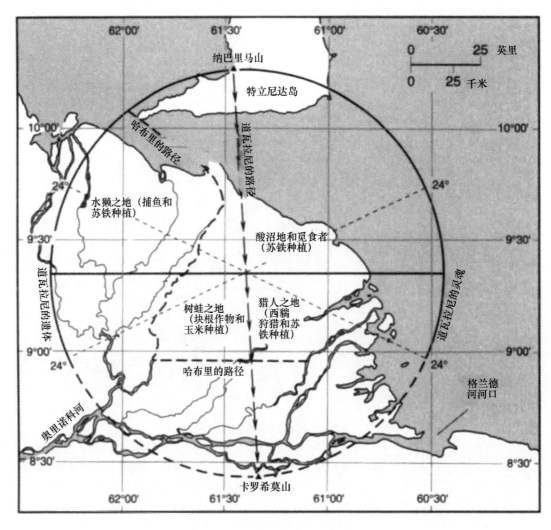

313

图 7.13 霍巴希（Hobahi），瓦劳人之土

图 7.13 和图 7.14 来自约翰尼斯·威尔伯特的研究，有助于我们以视觉化的方式了解奥里诺科河三角洲的古老居民瓦劳人根据生态和神话准则绘制其世界的方法。本图展示了景观根据奥里诺科河三角洲每个象限的生态意义所做的划分，四个象限分别适合于苏铁类和玉米的种植、西貒的狩猎、外出觅食和捕鱼。这些划分嵌入有关宇宙起源的歌曲和故事中，这些歌曲和故事会追踪文化英雄哈布里的神话旅程。

据 Johannes Wilbert, "Geography and Telluric Lore of the Orinoco Delta," *Journal of Latin American Lore* 5 (1979)：129 – 150，特别是 136 页。

地，因为猎人很少会接近这些地点。这些山丘或水池连同它们各自的岩画或文字画的神圣性缘于一组复杂的信仰，它们涉及……动物之主……这个基本观念认为这些地方是侏儒状的超自然生灵的居所，他们是所有陆地猎物和水生生物的繁养者和保护者。……山丘和水池被想象为子官般的围场，动物就在其中繁衍。[20]

萨满在致幻的失神过程中会拜访动物之主，然后为猎人和渔人恳求捕杀猎物的许可。然后动

---

[20] Gerardo Reichel-Dolmatoff, *Shamanism and Art of the Eastern Tukanoan Indians* (Leiden：E. J. Brill, 1987), 6 – 7.

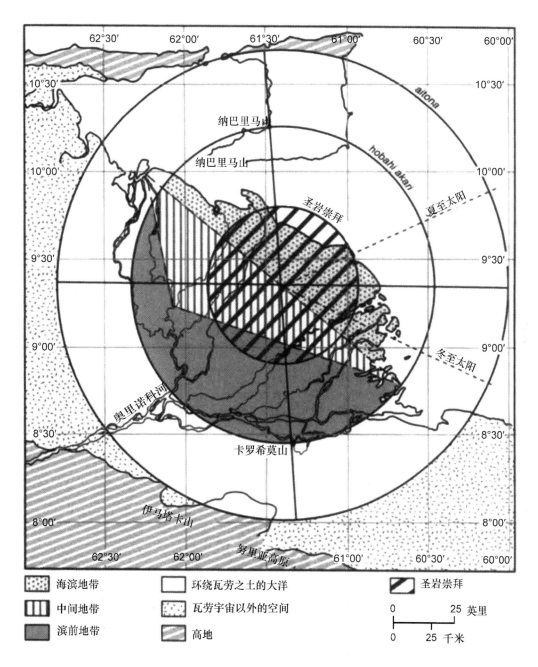

图 7.14 瓦劳人的大地传说

313

在这幅示意图中，霍巴希的神话地理得到了进一步揭示。北面是地神纳巴里马（意为"波浪之父"）的居所，以特立尼达岛圣费尔南多（San Fernando）附近的纳巴里马山为其形象。南面是地神卡罗希莫（意为"红颈"）的居所，以委内瑞拉的马诺瓦山（Cerro Manoa）为其形象。连接它们的圆弧界定了大地之盘的范围，它漂浮在大洋的海水上。通过把陆地地物与瓦劳人的宇宙观联系起来，威尔伯特确定了大地之盘的直径是 212 千米。瓦劳人的大地的总表面积因此是 35299 平方千米，而大地之盘的半径（106 千米）则确定了字面上的大地中心。这样构想的大地之盘把瓦劳人自己的固有领域界定在 *hobahi akari*（意为"大地裂开之处"）之内，其周围以环绕它的 *aitona*（宇宙本身的边缘）为界。

据 Johannes Wilbert，"Geography and Telluric Lore of the Orinoco Delta," *Journal of Latin American Lore* 5（1979）：129–150，特别是 137 页。

物之主会向森林或河流放出一定数目的动物，但人类灵魂必须为这个交易付出代价。那些违背仪式和社会规则的人因此会冒很大风险，而萨满和动物之主的关系便成了社会和生态管理的有效方法。[21]

另一幅岩画是尼伊岩（图7.15），这是皮拉帕拉纳河与赤道相交之处。这块岩石的重要意义来自如下观念：图卡诺人的先祖在寻找他的萨满沙锤的柄投不下影子的地方时，确定尼伊岩就是这个地方，最早的人群便在此出现。这位先祖乘着水蜘舟航行，最终到达皮拉帕拉纳河的这个地点，第一批人群就从这里向外扩散，占据了这片土地。[22] 尼伊岩既是有形景观中的地物，又是图卡诺人的神圣地理中的地物。

在亚马孙地区东部，人们也注意到了非常类似的观念，就是把岩画作为生态实践的地图，用于绘制和表示适当的捕鱼技术。特别是在卡西凯蒂尤（Kassikaityu）河沿岸有一组复杂的岩画，很可能与人们在这条河中对鱼群的控制相关。单幅岩画呈现了适合不同鱼种的鱼笼（图7.16）。对这些河流的系统性开发因此导致了对会出现特定鱼种的产卵池的利用。[23]

还有其他岩画，被解读为先于人类占据或促成人类占据的祖先或幻想生物的行迹。"美洲鸵印迹"（nandu prints）是其中尤为知名者。无论是南美洲大陆南部的图皮—瓜拉尼人还是欧洲传教士，都相信这些岩画标出了一位文化英雄所经之路。对于原住民来说他叫苏美（Sumé 或 Sommay），传教士则把他等同于多美（Tomé），也即圣多马（Saint Thomas）。[24] 遗憾的是，大多数与这些岩画有关的文化传统久已失传，以致人们只能从近期的一些民族志案例中复原这些精神地图的文化语境。

绘制或标记自然地物也是更广泛地理解大地及其居者的宇宙观位置的一部分内容，这样的理解要同时考虑到天空的秩序和位于"大地之盘"之下不可见的下界。委内瑞拉的瓦劳人认为，大地之盘漂浮在世界之海上，其底面和侧面都是光滑的，但表面像天际线一样崎岖不平，而且有裂纹，形成这一地区众多的水道。在大地之盘的边缘，一个人可以望见海洋另一端的地平线，那里是世界的尽头（图7.17）。在世界之海中，环绕大地的是巨大的"生灵之蛇"（snake of being），它的身体包含了所有生命的清晰本质，它的呼吸则创造了潮汐。在大地和世界之海下方是天底女神，其形态为巨蛇，有四个头，每个头都有兽角，各指向四个主方位之一。所有这一切都包含在钟形的天穹之下，天穹就是天界。这个宇宙的其他地区居住的是"古代神"（ancient ones）——北方是蝴蝶神，南方是蟾蜍神，东方是（鸟形的）起源神，西方是金刚鹦鹉神。使人类起源的萨满则生活在天穹的顶部，那里有一根"世界之轴"与下方的世界连接，让人想到图卡诺宇宙观中从天空刺向大地的阴茎杖。居于天穹之上的是一枚宇宙蛋，它是一只叫马瓦里（Mawári）的燕尾鸢（swallow-tailed kite）所生，其

310

311

㉑ Reichel-Dolmatoff, *Shamanism and Art*, 8 – 9.

㉒ Reichel-Dolmatoff, *Shamanism and Art*, 4.

㉓ 威廉斯（Williams）广泛地记录了南美洲北部和亚马孙地区东部的岩画：Denis Williams, "Petroglyphs in the Prehistory of Northern Amazonia and the Antilles," in *Advances in World Archaeology*, 5 vols. (Orlando: Fla.: Academic Press, 1982 – 1986), 4: 335 – 387, 特别是364—367和376—380页，及同一作者的 "Controlled Resource Exploitation in Contrasting Neotropical Environments Evidenced by Meso-Indian Petroglyphs in Southern Guyana," *Journal of Archaeology and Anthropology* 2 (1979): 141 – 148。

㉔ C. N. Dubelaar, *South American and Caribbean Petroglyphs*, Caribbean Series 3 (Dordrecht: Foris, 1986), 63 – 65。

图 7.15 哥伦比亚皮拉帕拉纳河的尼伊岩

314

镌刻的岩画展示了神话中的具柄沙锤,其形状如同带翅的阴茎。其上端指向一个三角形的
面孔,一些人认为是阴道。这块岩石标志着宇宙的中轴,它本身又由具柄沙锤的图像所标记,
这个图像暗示了萨满把大地生灵与神话中的英雄和神灵在天空的行动联系起来的角色。

引自 Gerardo Reichel-Dolmatoff, *Shamanism and Art of the Eastern Tukanoan Indians* (Leiden: E.
J. Brill, 1987), 图版 I。Gerardo Reichel-Dolmatoff Foundation, Bogotá, Colombia 许可使用。

中有一些昆虫之灵在玩着一场游戏,决定着大地上生命的命运,并可由萨满阐释出来。[25] 这
样的宇宙首先是个参与式宇宙(participatory universe)*,萨满和死者在其灵魂穿越宇宙景观
的行程中必须遵循指定的路径,正如人类必须通过他们的意识和参与来保证宇宙秩序的连续
性一样。不过,这并不是一件抽象或纯智力的事情,因为婴儿死亡率非常高,可达 49%,
本土宇宙的神灵必须以人类灵魂为食。人在与神的斗争中要冒很高风险,人们认为有将近一
半的新生儿因为超自然的生灵而失去性命。[26]

其他南美洲低地人群中也存在类似的观念,其中包括图卡诺人和耶夸纳(Ye'cuana)

---

[25] Johannes Wilbert, "Warao Cosmology and Yekuana Roundhouse Symbolism," *Journal of Latin American Lore* 7 (1981):
37 – 72, 特别是 37—40 页。

* 译者注:也译为"互渗式宇宙"。

[26] Johannes Wilbert, "Eschatology in a Participatory Universe: Destinies of the Soul among the Warao Indians of Venezuela,"
in *Death and The Afterlife in Pre-Columbian America*, ed. Elizabeth P. Benson (Washington, D. C. : Dumbarton Oaks Research Li-
brary, 1975), 163 – 189, 特别是 180—182 页。

a

b

c

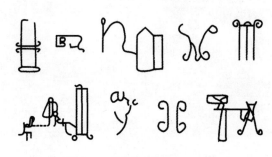

d

315

图7.16　为生态用途绘图

　　按这个次序排列的岩画展示了对景观的直接铭刻在经过恰当的解读之后如何能够作为一幅地图来指示允许从事的生态活动。这些来自圭亚那南部的例子展示了赋予给能控制在景观中存在的不可见力量的"巫术"权力或萨满权力的重要性。虽然制作这些岩画的文化久已不存，但是制作它们的信仰体系可能类似于通过民族志调查已知的图卡诺人的信仰体系。这些岩画通过提示最佳捕捉技术来列举物种：（*a*）弹簧笼捕鱼器（圆锥形）；（*b*）矩形鱼笼；（*c*）圆柱形鱼笼；（*d*）鱼笼布置点的变化。理想中的技术不会过分扰动人、动物和神之间的宇宙观联系。

　　据 Denis Williams, "Petroglyphs in the Prehistory of Northern Amazonia and the Antilles," in *Advances in World Archaeology*, 5 vols. （Orlando, Fla.：Academic Press, 1982 – 1986）, 4：335 – 387, 图 7. 17 – 7. 19 和图 7. 22。

人。事实上，在圆房（roundhouse）象征体系的建筑表达和瓦劳人的宇宙模型之间存在一些惊人的相似性。[27] 环绕世界的海洋和漂浮其上的大地之盘的圆柱形地面与耶夸纳圆房的地面

㉗　Wilbert, "Warao Cosmology," 40, 注释 4 和 45—54 页。

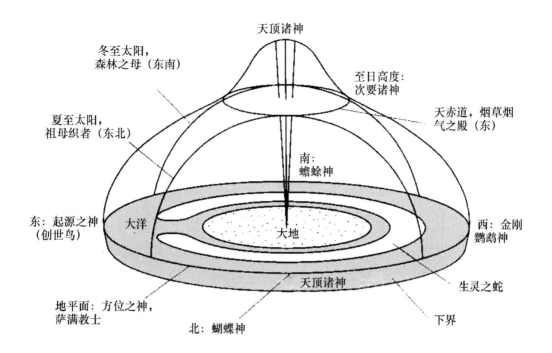

图 7.17 瓦劳人宇宙的侧视图

　　图 7.13 为我们提供了奥里诺科河三角洲的瓦劳人如何根据编码在神话英雄跨越景观的旅行中的生态智慧组织空间关系的观念。在本示意图中，我们看到他们在构想大地之盘时如何考虑它与宇宙其余部分的空间关系。在环绕一切的大洋中，大地之盘由巨大的生灵之蛇包围。在宇宙的四个主方位点那里有四位神。蝴蝶和蟾蜍指示北方和南方。上面是天顶之神。日出和日落沿地平线的周年位置变化用来说明次要神的居所。在太阳地平线和瓦劳人的家园上的这些点之间的线变成了为灵魂命运而设的有形路径，灵魂在死后向天顶旅行，最终与神之极乐相遇。

　　据 Johannes Wilbert, "Eschatology in a Participatory Universe: Destinies of the Soul among the Warao Indians of Venezuela," in *Death and the Afterlife in Pre-Columbian America*, ed. Elizabeth P. Benson (Washington, D. C.: Dumbarton Oaks Research Library, 1975), 163 – 189, 图 2。

平面图相符，而下界之蛇类似"家庭住所之环，其末端像蛇的末端一样在东面彼此靠近"。[28] 这也让人想到通过运用本土思想中与天之水蚺的智力联系而用蛇母题来绘制社会等级及其源起的做法（上文图 7.4）。蛇也是呈现河流、迁徙的有形路径以及由此而来的民族起源的视觉图标（图 7.19）。

　　对巴西中部热带草原上的热人——如卡亚波（Kayapó）人、夏万特（Xavante）人、卡内拉（Canela）人和廷比拉（Timbira）人——来说，村庄的布局是由小路连接的一圈住所，构成轮辐状图案，它和房屋的建筑结构一样象征性地表达了氏族和半偶族的划分。村庄中的 4 条主路沿主方位伸展。与瓦劳人一样，卡亚波人把世界设想为盘形。但对卡亚波人来说，世界由一系列的同心环构成，在其核心处是人们的房屋（图 7.20）。讲热语的人群中的另一个亚群是阿皮纳耶（Apinayé）人，他们也把社会奠基在理想的环形之上（图 7.21）。[29] 村庄

　　㉘　Wilbert, "Eschatology," 48.

　　㉙　参见 Roberto Da Matta, *A Divided World: Apinayé Social Structure*, trans. Alan Campbell (Cambridge: Harvard University Press, 1982), 特别是 35—45 页和图 2 – 6。

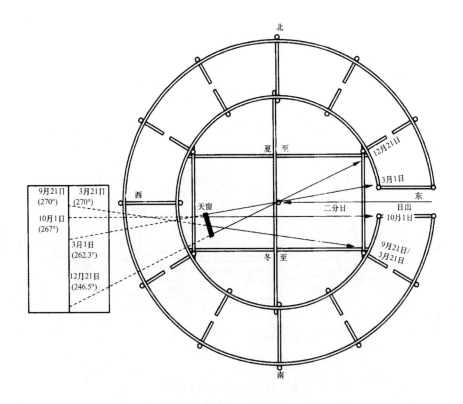

316

图 7.18 作为宇宙地图的圆房

委内瑞拉南部（约北纬 3 – 6°）耶夸纳圆房的结构捕捉并体现了一年中的关键太阳位置。圆房的入口廊道朝向正东，这样二分日的日出可以把光照在中央桩柱上。房顶有一面顶窗，可以让冬至日（12 月 21 日）的一束落日阳光与中央桩柱以及二至日矩形（这个中间的矩形的四个角呈现了二至日时日出和日落在地平线上的方位点）的东北角排成一线。二分日的落日光线照进天窗，照亮矩形的东南角。3 月 1 日和 10 月 1 日前后的落日光线则照在入口廊道的一侧或另一侧。从这个意义上来说，圆房是与宇宙对应的微宇宙，其中居者的活动都负有宇宙观意义。

据 Johannes Wilbert, "Warao Cosmology and Yekuana Roundhouse Symbolism," *Journal of Latin American Lorei* 7 (1981): 37 – 72, 图 20。

生活的空间排布及村庄平面布局的制定的其他例子还可见于与之相邻的梅伊纳库（Mehinaku）人的民族志材料中。[30]

312　　　与一个社会的起源密切联系的是它所占据的环境的起源。对瓦劳人而言，世界之盘以及它在宇宙观范畴和生态范畴中的划分也构成了一幅地图，可用于生态目的。世界之盘表达的不仅是某些景观的位置和身份，而且是与神灵之间关系的引人入胜的特征，这些神灵本身又依赖于人类，正如人类也依赖他们。从这个意义来说，世界之盘绘制了有形的和形而上的地域，因为它对于建立人类在多重领域而非只有地理领域中的正确位置来说至关重要。正如约翰尼斯·威尔伯特（Johannes Wilbert）所写：

　　　　这个例子展示了加勒比海舟上人群的精神特征……这是一个心智上主动、身体上可

㉚　参见 Gregor, *Mehinaku*, 48 – 60 和图 9（注释 9）。

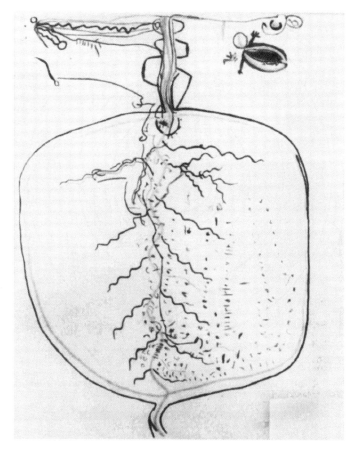

图 7.19　塔图约（Tatuyo）人巴雷托（Barreto）绘制的作为祖先水蚺的亚马孙流域　316

虽然多数本土绘图考虑的是物理空间和精神空间之间的本地关系的结构，但这并不妨碍人们对更宽泛的地图知识进行绘图，本图绘制的就是大陆地理。图中亚马孙河的河口是水蚺的尾部，反映了定义地理意义的其他方式。它是对亚马孙流域的追溯，一直到达祖先们第一次建立社会的地方，因此吸引了本土制图者的兴趣，把这条路线的踪迹包在一个"子宫"中，暗示了创世。图的上右方是引导祖先前往其目的地的萨满鸟，则暗示了这种对水系的追溯不只是物理意义的，也是精神上的追溯，通往真实的人类应该如何生活的知识。

引自 *L'Homme* 33，nos. 126 – 128（1993），封面插图。Collection Patrice Bidou，Laboratoire d'Anthropologie Sociale，Collège de France，Paris。

移动的社会，适应于生活在安全锚定于环绕大地的世界之蛇所围之圆内部的大地上；大地由知识所维持，只要人能根据已建立的文化规范生活，他就可以安全地生活在其宇宙的中心。只要人们认为大地之盘悬挂在纳巴里马（Nabarima）山和卡罗希莫（Karoshimo）山这两条地神之山脉之间，这个世界观上就构建了北—南的动力，因为东方代表了起源之神的不可到达的世界（位于大西洋中），而西方是下界的不祥之地。在跨越海洋的航行中，瓦劳人可始终保持在宇宙中央，因为地平环也随他们移动；而如果　313
有需要的话，他们可以在任何有两道山脉可作为大地极点和地神居所的地方建立新的家园。㉛

㉛　Wilbert，"Geography and Telluric Lore，" 148（注释19）。

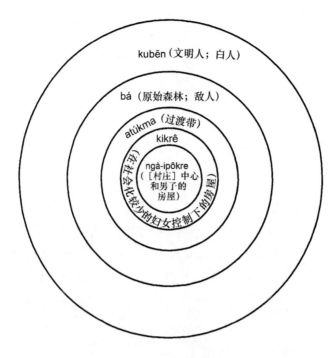

图 7.20 卡亚波人的世界

317

这幅图是卡亚波人对村庄地点的同心圆观念的示意图，村庄位于更外面的敌人和白人的环带中。

据 Darrell A. Posey, "Pyka-tó-ta: Kayapó mostra aldeia de origem," *Revista de Atualiade Indígena* 15 (1979): 50 – 57, 图 1。

如果景观要素的特征可同化为已经存在的宇宙地图，那么同样，就像欧洲人为这一地区绘制的早期地图一样，搜寻能由宇宙观观念提示其存在的地点的行动也形成了原生地图学的一个要素。这一行动最有名的例子来自南美洲南部地区，是图皮—瓜拉尼文化传统的一部分。这是对无邪恶之地"瓜尤皮亚"（*guayupia*）的精神上和物质上的搜寻。这块永生和知足之土是"卡赖"（*karai*，先知萨满）的天启幻视的产物，发现它的希望激起了原住民人群的大规模迁徙，他们废弃了自己的村庄和酋长，跟随着"卡赖"以满足自己的神秘需求。这样的迁徙统一呈东西朝向，一些人群直接把目的地确定为坎迪雷（Kandire），也就是西面的印加帝国。1549 年，这些维持了上千年迁徙的一部分幸存者到达秘鲁的查查波亚斯（Chachapo-yas），从而引发了西班牙人的神秘探险时代，西班牙人也加入了图皮人的队伍去搜寻奥马瓜（Omagua）王国，相信它就是埃尔多拉多。[32]

315 加勒比海大安的列斯群岛的人群也持有类似的观念，但在那里，人们所做的萨满式搜寻和物质搜寻针对的是"瓜宁"（*guanín*，金和铜的魔力合金）之地。我们再次发现这种搜求深深铭刻在岛民的宇宙观中，但也表达为地理实在。[33]"瓜宁"之土确实位于群岛的南边和

---

③ Hélène Clastres, *The Land-without-Evil: Tupí – Guaraní Prophetism*, trans. Jacqueline Grenez Brovender（Urbana: University of Illinois Press, 1995），特别是 22—24 和 49—51 页。

③ Sebastián Robiou Lamarche, "Ida y Vuelta a Guanín, un ensayo sobre la cosmovisión taína," in *Myth and the Imaginary in the New World*, ed. Edmundo Magaña and Peter Mason（Amsterdam: Centre for Latin American Research and Documentation, 1986），459 – 498，特别是 486—489 页。

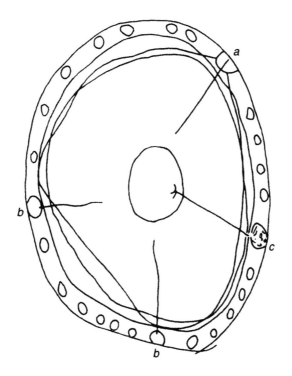

图7.21　圣若泽（São José）酋长绘制的理想村庄布局　　　　317

村庄中心是村庄广场，有辐状小路把酋长的房屋（*a*）连接到他的助理（*b*）和顾问（*c*）的房屋，整个图与图7.21中示意图里最内侧的两个圆形对应。尽管圣若泽酋长的草图精确地反映了村庄布局形态，它也反映了酋长自己对社会关系的看法，并提醒我们在地图与更广泛的政治权力之间在今天仍然存在的联系。

据Roberto Da Matta, *A Divided World*: *Apinayé Social Structure*, trans. Alan Campbell（Cambridge：Harvard University Press, 1982），图24。

东边，"卡尼巴"（*canìba*，敌方战士）从那里来售卖金制器物，并购买活人。[34]　就像我们在下一节会看到的，这种宇宙观和有形制图的相互作用也是文艺复兴早期欧洲地理学的特征。搜寻埃尔多拉多的语境将会为欧洲宇宙观和美洲原住民宇宙观如何混合提供例证。　　316

在本土观念中，有关人与宇宙相互关系的概念可以通过服饰图案和舞蹈动作在仪式中直接表达，或通过歌曲和吟诵直接抒发，因为在一个参与式宇宙中，只有通过仪式才能掌握宇宙秩序。无论是舞者的服饰还是由萨满巫术所预先规定的舞步，都可用来指涉宇宙。哥伦比亚沃佩斯（Vaupés）省的巴拉萨纳（Barasana）人服饰上装饰的羽毛有很多潜在意义，包括它们对鸟——与天空世界的中介者——的指涉；与此同时，白鹭羽毛则明确地让人想到恒星和雨。这些具备宇宙意义的装饰物在长房中绕舞蹈地面循环转动，遵循的是天体的路径；长房本身又是天穹的复现。通过仪式和舞蹈的周年循环，恒星和季节的周年循环也得到了复现。[35]

---

[34]　Neil L. Whitehead, "The Mazaruni Pectoral：A Golden Artefact Discovered in Guyana and the Historical Sources concerning Native Metallurgy in the Caribbean, Orinoco and Northern Amazonia," *Journal of Archaeology and Anthropology* 7（1990）：19—40，特别是30—31页。

[35]　Stephen Hugh-Jones, "The Pleiades and Scorpius in Barasana Cosmology," in *Ethnoastronomy and Archaeoastronomy in the American Tropics*, ed. Anthony F. Aveni and Gary Urton（New York：New York Academy of Sciences, 1982），183—201，特别是198—199页。

在属于阿拉瓦克人的瓦奎奈（Wakuénai）人中，这些类型的呈现以歌咏的形式表达。在男子成年礼仪式中，仪式专家或神圣的"马利凯"（málikai）歌咏的"拥有者"会念出一些场址的名字，它们在有关文化英雄库瓦伊（Kuwái）和阿马鲁（Amáru）的神话中具有重要意义；通过这种方式，他们便构建了自己所在地点的图像。这让我们想到瓦劳人的大地传说也涉及道瓦拉尼和哈布里的路径（见上文图 7.13）。地名念唱开始和终结的地点，都是人类从世界之脐出现之地，也是库瓦伊和阿马鲁通过一条宇宙脐带与人界相连之地。因此，一系列的歌咏就画出了一条经过瓦奎奈景观的旅程，由此构建了瓦奎奈人世界的地图，显示他们对自己所在地在南美洲讲阿拉瓦克语人群的更大世界中的位置有所意识。㊱ 这些歌咏可能也是讲阿拉瓦克语人群的深层文化传统的一部分，因为分布到加勒比海群岛上的洛科诺人和卡里普纳（Karipuna）人的复杂天文学也在早期资料中得到了特别注意。尽管对自然和文化空间的绘图很大程度上局限于通过"阿雷托"（areyto，圣咏）表达的口语地图学，但像星座之类有形地物却被认为是活的，因此也会被给予石制"塞米"（cemi，偶像）之类拟人形态（图 7.22），或与宇宙观的权威人士联系起来，而被铭刻在上层人士的仪典"杜奥"

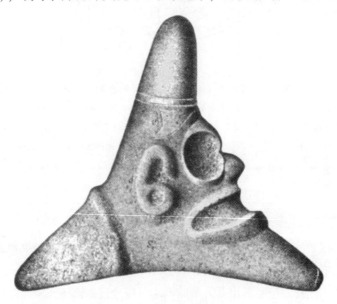

图 7.22 作为内在景观的"塞米"

在艾蒂（Aïtï，其地域为今天的海地 [Haiti] 和多米尼加共和国）的原住民农夫的常识世界中，陆地神灵的力量十分突出，实际上作为"塞米"（偶像）内在于树木、岩石和大地中。把石头或木头雕成"塞米"被认为可以把内在的"塞米"的形式释放出来而现实化。"塞米"中最有力量者，是与高耸的三角形山峰相联系的那些，这些山峰是火山所在地，有的仍在活动。火山使大地变形的特性十分明显，再加上火山土壤的肥沃，都使位于三角形中的"塞米"在农业活动中也很有力量，所以要埋在农田里，增强土地的肥力。因此，"塞米"是对联系着加勒比海群岛的孤立山峰与大地出产的神力的景观形式的空间领会。

引自 Jesse Walter Fewkes, "The Aborigines of Porto Rico and Neighboring Islands," in the *Twenty-fifth Annual Report of the Bureau of American Ethnology to the Secretary of the Smithsonian Institution*, 1903 – 1904（Washington, D. C.：United States Printing Office, 1907），3 – 220，特别是 122 页（图 21）。

㊱ Jonathan David Hill, *Keepers of the Sacred Chants：The Poetics of Ritual Power in an Amazonian Society*（Tucson：University of Arizona Press, 1993），43 – 44 及图 2.1 和图 2.3。

（*duho*，宝座）之上（图 7.23）。[37]

图 7.23　雕刻在仪典用"杜奥"之上的宇宙简图　　318

这幅图展示了一个 16 世纪前由艾蒂的原住民制作的木制宝座（"杜奥"）背面上的宇宙图案，是空间地物的美学应用。这个"杜奥"上雕刻的是由猎户座的腰带（具有三个圆形的横带）支撑着昴星团的图案，这些星座在南美洲大陆具有广泛的重要意义。酋长宝座上雕上这些具有力量的符号，也暗示了一种通过萨满和他的宝座维持与宇宙的关键联系的方式。这种双重负载的指涉由此便把宝座上的酋长与大地的力量和神力都联系在一起。

承蒙 Museo del Hombre Dominicano，Santo Domingo 提供照片。

不过，这样的仪式知识路线也是针对贸易契约和政治同盟的实用指导。对内格罗河（Rio Negro）上游的巴雷（Baré）人来说，连接了亚马孙地区、奥里诺科地区和大西洋沿岸的贸易路线编码到了描述诸如库瓦伊和普鲁纳米纳利（Purunaminali）等卓越祖先和神话英雄的路径的神圣地理中。[38]

对刚开始接触这些意义及其形式的人来说，编织容器上或处理在人体绘画中的图案富含　318意指性，可以当成地图来看，这激发了一连串类比，用于描述编码在这一母题中的观念空间和物理空间。比如对银河的呈现也可以指一条河、一道小径、一条蜕下的蛇皮或精液流

---

[37] Ramón Pané, *An Account of the Antiquities of the Indians*, ed. José Juan Arrom, trans. Susan Griswold（Durham：Duke University Press，待出）。

[38] 参见 Sylvia Margarita Vidal Ontivero，"Reconstrucción de los procesos de etnogenesis y de reproducción social entre los Baré de Río Negro（siglos XVI – XVIII）"（Ph. D. diss. , Instituto Venezolano de Investigaciones Cientificas，Caracas，1993）。

（见上文图7.1）。通过参照在文化和自然中都有结构类似性的物体，意义便得以产生。有关这一点的一个精巧的例子来自耶夸纳人的编织容器，特别是"瓦哈"（*waja*）器形，这是一种扁而圆的托篮（图7.24）。一个圆形中闭合的直线形状复现了房屋及其庭园，从而让这个编织托篮拥有了与房屋本身的结构（见上文图7.18）相同的空间象征性。它也复现了房中居民在进食时按规定好的方式围绕着"瓦哈"的场景。[39]

图7.24　作为地图学图标的托篮

正如家居建筑可以让人想到构建了宇宙的基本关系，家居人造物对那里具备正确文化知识的人来说也很有意义。考虑到这一点，耶夸纳圆房（上文图7.18）和本图展示的"瓦哈"（扁而圆的托篮）具有部分的同构性。托篮也可以传达耶夸纳文化中其他各处可见的相同的空间象征，比如由房屋和庭园布局展现的那些，或是由人体装饰、陶器或其他手工艺器具展示的那些。这张照片中的母题让人想到狩猎用箭毒（中央的蛙）的起源、编织容器（正方形）的萨满起源、最初的"星民"（Star People，组成正方形的十字星）的行动以及白人在地理上对耶夸纳人的包围（以蛙周围的方齿状正方形表示的白鹭）。

Philip Galgiani 拍摄。David M. Guss 许可使用。

南美洲本土空间观念及其呈现的现代民族志记录，使我们能够体会到作为这些实践的基础的现已式微的传统。其他可利用的资源还有本土制图的历史记录，以及包含在欧洲人对新世界的地图学活动中的本土信息。

---

[39]　David M. Guss, *To Weave and Sing：Art，Symbol，and Narrative in the South American Rain Forest*（Berkeley：University of California Press，1989），120–121，163–170.

本土制图的历史报告

319

如果我们对作为空间关系本土呈现的基础的文化观念已有理解，那么我们就能更好地评价西方人有关本土制图的报告。不过，对这个问题来说有一点需要警惕。西方人报告本土制图的原因多种多样，有些与原生地图学无关——报告者可能是想证明自己有值得信任的对付"野蛮"人的资格，甚至可能想暗示本土人群中不存在发达的地图学技能或地理知识。前一种动机的例子之一可能是拉雷（Ralegh）对奥里诺科河下游地理情况的报告，这一报告明显出于他想声明他自己很高兴得到这一地区的本土统治者的信任的目的，这因此让他有可能最终找到埃尔多拉多的位置。[40] 与此相反，在下面的很多例子中，后一种动机看来是暗含其中的；这多位作者观点中的值得注意之处，在于原住民能够以外人可以理解的方式实现空间关系的抽象呈现。然而，正如我们已经看到的，这种观点完全没有体现一个关键要点，就是本土绘图具有地理呈现以外的文化目的，人们用它展示了多种类型的空间关系。

之所以能得出这些结论，是基于如下事实：下文的所有地理呈现的例子都是从原住民那里诱导而得，以帮助问询者的外生性学习、弥补他们与对地理的无知同样程度的对语言的无知。结果，我们便无法简单地假定这些演习是原生传统的一部分。应该认为它们提供的是本土地图学实践具有灵活性的证据，同时它们也强调了"当地人"和"外来者"不同的地图学需求。在任何情况下，哪怕地图是制作在外来人可直接理解的载体之上，这样的呈现也可以看成理念现实——而非物理现实——的图像，因为这些铭写表达的不仅是有形关系，还有精神和政治力量的关系。体现这些考量重要性的一个当代的好例子，来自内格罗河上游的巴尼瓦（Baniwa）人。一位巴尼瓦长者为人类学家罗宾·赖特（Robin Wright）画了一幅他所在的村庄希帕纳（Hipana）的地图（图7.25）。[41] 虽然地图画得很仔细，其上还是略去了这位巴尼瓦长者反对的地点，比如传教士的住宅和学校，从而把这种"利达纳"（lidana，"理念"）置于精神和政治景观的语境中，就像上文讨论过的卡亚波人的例子一样。只要能记住这一点，我们便能更好地评估下面这些由欧洲人委托绘制的本土地图的历史案例的意义。

最早提到这种诱导性地图的史料，是巴托洛梅·德·拉斯卡萨斯（Bartolomé de las Casas）的报告。他讲述了葡萄牙国王若昂二世（João Ⅱ）的故事：国王命令哥伦布带到欧洲的一位印第安人用蚕豆拼出他的家乡所在的群岛，这是哥伦布声称由他发现的地方。"这位印第安人成竹在胸，毫不迟疑地指出了伊斯帕尼奥拉岛、古巴岛、卢卡约（Lucayos）群岛（巴哈马）和他知道的其他岛屿。"国王之后把蚕豆拨到一边，又向另一位印第安人下达了同样的要求，这个人也用豆子摆出了同样的布局，但又添加了很多其他岛屿，"用他自己的

320

---

　　[40]　关于拉雷的外交和地理报告的详尽讨论，参见怀特黑德为拉雷著作所作的导读：Walter Ralegh［Raleigh］，*The Discoverie of the Large, Rich and Bewtiful Empyre of Guiana*, ed. Neil L. Whitehead（Manchester：Manchester University Press；Norman：University of Oklahoma Press，1997）。

　　[41]　Robin Wright，"History and Religion of the Baniwa Peoples of the Upper Rio Negro Valley"（Ph. D. diss. , Stanford University，1981），49 - 50.

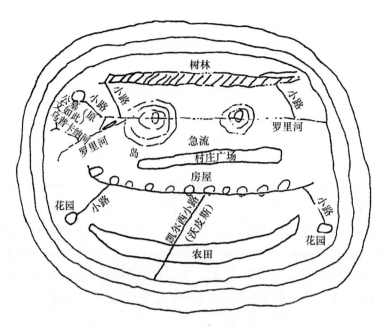

320

图 7.25　"利达纳"：一幅理想的巴尼瓦村庄地图

　　这幅图展示了希帕纳村有一个神圣中心，外面环绕着三个界定了世界中心的环、一个过渡带和一个森林以外的外部地带。

　　Robin M. Wright, State University of Campinas, Campinas, Brazil 许可使用。

（没人能听懂的）语言介绍了所有这些岛的情况"[42]。

　　不管这种表面上的地图学呈现与外人的需求和目的有多不相符，这个例子强调了上面已经谈到的有关这种地图学呈现的意义的问题。有一点看上去非常重要——虽然加勒比岛屿可能通过蚕豆地图的媒介被"印第安人"呈现为可理解的形式，这幅地图的制作时机和形式却是由问询他的欧洲人安排的。不仅如此，一旦这种演习由第二位"印第安人"加以延伸，所呈现的形式的完整意义可能就无法为听众所知，因为其间存在语言障碍。

　　这样的诱导出地理呈现的演习，在殖民史进程中一定出现过多次，但记录在文献中的寥寥无几，大多数是制作沙地地图，表达一个地区的基本水文情况或居民点分布。除了有一条非常早的记录见于伊夫·戴夫勒（Yves d'Évreux）在 1614 年有关亚马孙河下游的报告[43]之外，文献中的例子均来自 19 世纪民族志调查的初创时期，而且均是知情人用手指或小棍在沙地或泥地上绘制草图，作为对某种外部需求的回应。[44] 不过，在本章第一节中综述过的材

---

[42]　Bartolomé de las Casas, *Historia de las Indias*, 3 vols. （Hollywood, Fla.：Ediciones del Continente, 1985）, 1：324－325.

[43]　Yves d'Évreux, *Voyage dans le nord du Brésil fait durant les années 1613 et 1614*, ed. Ferdinand Denis （Lepizig：A. Franck, 1864）, 70－71.

[44]　参见 Alexandre José de Mello Moraes, *Corographia historica, chronographica, genealogica, nobiliaria, e politica do Impero do Brasil*, 4 vols. （Rio de Janeiro, 1858－1863）, 2：263－264；William Chandless, "Ascent of the River Purûs," *Journal of the Royal Geographical Society* 36 （1866）：86－118，特别是 106－107 页；Karl von den Steinen, *Durch Central-Brasilien：Expedition zur Erforschung des Schingú im Jahre 1884* （Leipzig：F. A. Brockhaus, 1886）, 247；同一作者的 *Unter den Naturvölkern Zentral-Brasiliens：Reiseschilderung und Ergebnisse der Zweiten Schingú-Expedition, 1887－1888* （Berlin：Dietrich Reimer, 1894）, 153；及 Theodor Koch-Grünberg, *Anfänge der Kunst im Urwald：Indianer-Handzeichnungen auf seinen Reisen in Brasilien gesammelt* （Berlin：E. Wasmuth, 1905）, 特别是 55—63 页。

料的大部分来自其他情况；在这些情况中，虽然问询者提供了纸笔，但他们的请求较为宽泛，由此绘出的结果便成为作为文化表达的原生地图学的更清楚的例子。这看来主要不是地图学能力的问题，而是地图学形式和目的的问题。

针对我所考虑的现代民族志案例在理解过去时的文化连续性和相关性，图卡诺人提供了一个重要的案例。本章中的很多材料引自有关图卡诺人群（巴拉萨纳人、德萨纳人）的民族志出版物。在斯蒂芬·休－琼斯（Stephen Hugh-Jones）1982 年发表的一些材料和泰奥多尔·科赫－格林伯格（Theodor Koch-Grünberg）在超过四分之三个世纪之前搜集到的材料之间存在相似性。[45] 把图 7.6 和图 7.7 作比较，马上就能看出来夜空在呈现时的类型化相似性——点画的图案指示恒星，多种星路等同于天之水蚺的形态，鱼架、美洲豹毛虫和"乌马里"围笼（捕鱼器）等星座均有出现。

来自诱导的绘图的最后一个例子，似乎凭借了一种至今仍然不十分清楚的三维呈现的原生传统，它涉及了地形的建模。理查德·朔姆布尔克（Richard Schomburgk）提供了一个直白的例子，报告说他在索求地理信息时，得到了一幅沙地地图，其中展示了山脉、河流和居住点。[46] 这让我们想到温德尔·C. 贝内特（Wendell C. Bennett）注意到的印加人用黏土塑造城市和领地的实践。[47] 我还曾见过由圭亚那的帕塔莫纳（Patamona）人制作的类似的黏土模型，把学校、医院和土地条带整合其中，作为一种预言诱导——想要把这些东西变成现实存在。这还让人想到巴尼瓦人的"利达纳"。值得注意的是，托马斯·格雷戈（Thomas Gregor）提到在梅伊纳库人中有一类呈现形式叫"帕塔拉皮里"（patalapiri）："'帕塔拉皮里'是对现实存在的某物的呈现，但呈现物自身也是现实存在的。"[48] 这种分离的现实存在涉及了呈现物在冀望成真的预言中的角色，就像帕塔莫纳人的情况那样，同时也提醒我们那些存在于呈现活动中的更广泛的文化价值。 321

在现代，专业人类学的出现导致了人们为呈现原生观念所做的更贴近实际的尝试，但空间信息的图形式生产对西方文化来说似乎格外重要，在西方文化中，看就是知，绘图即力量。[49] 当代美洲原住民领袖没有忽视利用地图学可视化的西方形式的重要性，对委内瑞拉的耶夸纳人来说，在"自我划界"（autodemarcation）中实行的这样一种演习已制作出了一幅令人印象极为深刻的地图（图 7.26）。图中的呈现形式最有效地利用了委内瑞拉政府的地理敏感性——这不只是因为这一地区经常为巴西来的采矿者所"入侵"。以这种形式呈现的对耶夸纳人祖传土地的声明，象征了耶夸纳人在其家土中的权力，特别是在进行这个工作的时 322

---

　　[45]　Hugh-Jones, "Pleiades and Scorpius," 187, 图 2（注释 35），及 Koch-Grünberg, *Anfänge der Kunst im Urwald*，图版 54。

　　[46]　Moritz Richard Schomburgk, *Richard Schomburgk's Travels in British Guiana*, 1840 – 1844, 2 vols. , ed. and trans. Walter E. Roth（Georgetown, Guyana, 1922 – 1923）, 2：128.

　　[47]　Wendell C. Bennett, "Engineering," in *Handbook of South American Indians*, 7 vols, ed. Julian Haynes Steward（Washington, D. C.：United States Government Printing Office, 1949 – 1959）, 5：53 – 65, 特别是 58 页。

　　[48]　Gregor, *Mehinaku*, 41（注释 9）。

　　[49]　像多米尼加共和国中给加勒比人保留地划界的情况一样，欧洲地图学在支持原住民的土地声索中扮演的角色让这些外部传统也成为现代本土政治实践的一部分。参见 Peter Hulme and Neil L. Whitehead, eds. , *Wild Majesty*：*Encounters with Caribs from Columbus to the Present Day*, an Anthology（Oxford：Clarendon Press, 1992）, 257［图 24, "加勒比保留地（1901）的建议边界平面图"］。

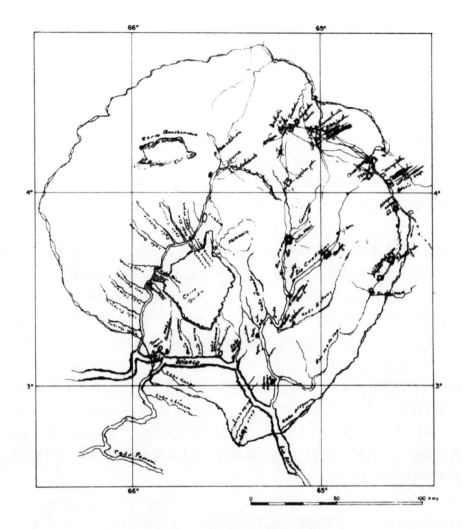

图7.26　耶夸纳人制作的历史文化地图

这幅地图精确地描绘了奥里诺科河的上游，特别是库努库努马（Cunucunuma）河、帕达莫（Padamo）河和马塔库尼（Matacuni）河这三条支流。它也指出了对耶夸纳人具有祖源意义的场址。地图最初印在透明纸上，这样它就可以便捷地叠加在这一地区的标准政府地图上。由此也突出了本土地图的精确性。

引自 Simeón Jiménez Turón and Abel Perozo, eds. , *Esperando a Kuyujani*: *Tierras*, *leyes y autodemarcación. Encuentro de comunidades Ye'kuanas del Alto Orinoco*（Caracas: Instituto Venezolano de Investigaciones Cientificas, 1994）, 21. Dra. Nelly Arvelo, Instituto Venezolano de Investigaciones Cientificas, Caracas, Venezuela 许可使用。

候，他们已经受到了丧失"库尤哈尼"（*kuyujani*）的紧迫威胁。[50]　"库尤哈尼"的观念与"瓜尤皮亚"类似，都是"利达纳"的一种形式，是"帕塔拉皮里"的一个例子（见上文图7.25）。这意味着理解制图的文化差异的关键，与其说是地图学形式，不如说是地图学意图。行文至此，我们需要考察一下这些不同形式的原生呈现如何为欧洲人在南美洲低地的地

50　Simeón Jiménez Turón and Abel Perozo, eds. , *Esperando a Kuyujani*: *Tierras*, *leyes y autodemarcación. Encuentro de comunidades Ye' kuanas del Alto Orinoco*（Caracas: Instituto Venezolano de Investigaciones Cientificas, 1994）.

图学活动做出贡献。

欧洲人对本土信息的整合

在讨论原生空间观念如何整合到欧洲人地图中时，很重要的一点，是意识到地理信息可以通过图形呈现以外的多种方式传达，比如手势、词语、歌曲等等。考虑到由民族志报告揭示的原生绘图的复杂性和难以理解性，我们可能会觉得欧洲人和南美洲原住民几乎无法理解彼此的时空观念。事实上，从原住民人群那里采集地理信息的社会语境各不相同，会让文化差异也随之发生有意义的变化。比如说，河流在表面上会像突出的景观地物一样通过名字来列举。然而，欧洲人用来确定名实对应关系的手势可能在最顺利的情况下也仍然意义模糊；以一种疑问的表情指向某物并不能自动诱发针对性的回应。指点的手势可能被理解成指向视野所及范围内的几乎所有事物，或是完全没有即时的所指。欧洲人有关视野之外的地形和地点的询问——比如在寻找主要河流的河道或埃尔多拉多城时——实际上困难重重。不过，我们也很容易夸大这种文化对立，以为所有这样收集的信息都是本土狭隘地方观念和非本土的轻信性的产物。这种情况当然也是有的，但更一般的情况是，能讲双语的本地知情人是欧洲地图学工作中的稳定要素；因为即使地理知识为不同的观念框架所编码，原住民仍然能够完美地把这些知识解码为欧洲人能够理解的形式。事实上，在人们打算采取互惠性行动的时候——比如在针对原住民人群中敌对部分的军事行动中——为欧洲人提供信息也是原住民自身利益的一部分。原住民为他们未来的征服者提供地理情报或与之同仇敌忾的事实并不意味着他们不会欺骗这些殖民者，也不意味着这样的错误信息反映了他们欠缺地理知识，虽然那些被欺骗的人可能会这样想。(51)

我还应该强调，这样的地图学活动通常是本土政治或宗教领袖独有的特权。在本土社会中，处理与人或构建了宇宙空间的神的外部关系是萨满和酋长的责任。这种对外部关系的精英式控制又进一步让地理识别和定位成为一件具有高度政治和精神意义的事情，并不是所有人都适合从事这件事。结果并不令人意外——对地图学事务的兴趣局限在某些阶级的人士中，而不是一种公共知识。空间观念彻底融合在一系列文化特性中，对这些特性的解读是萨满巫术技能和酋长职务履行的关键特征；这些空间观念并不局限于某种特别形式的制图。

把本土地理学观念翻译成欧几里得空间的复杂过程的一个好例子，是阿拉瓦克本地福音派教徒耶普塔（Jeptha）所作的“Bericht”（德语“报告”）。(52) 这份报告是在18世纪40年

---

(51) 比如，在沃尔特·拉雷前往奥里诺科河三角洲的旅程报告中，他记录到：“夜色渐深时……他告诉我们只要再过四个河段就行：我们划了四段又四段，却看不见任何信号。……最后我们决定把这个导航者吊起来，如果我们熟悉在夜间返航的路的话，他肯定早就跑了。……但我们开始怀疑是返航更好，还是继续前进更好，对导航者背叛我们的疑心也越来越深：可这位可怜的老印第安人还在向我们保证只要再往前走一点点就行……最后……我们看到了一盏灯火，向它划去，这时听到了村庄里的狗叫声。”［Ralegh, *Discoverie*, 161 - 162（注释40）］。也见 John Hemming, *The Search for El Dorado*（London: Joseph, 1978），其中评论了多位探险家所获得的有关埃尔多拉多城的地理信息。

(52) Felix Staehelin, *Die Mission der Brüdergemeine in Suriname und Berbice im achtzehnten Jahrhurdert*, 3 vols. In 1（Herrnhut, Germany: Vereins für Brüdergeschichte in Kommission der Unitätsbuchhandlung in Gnadau,［1914］), pt. 2, sec. 2, 173 - 181. 在日记原稿中，耶普塔的“报告”的日期为1751年5月26日，在64页。

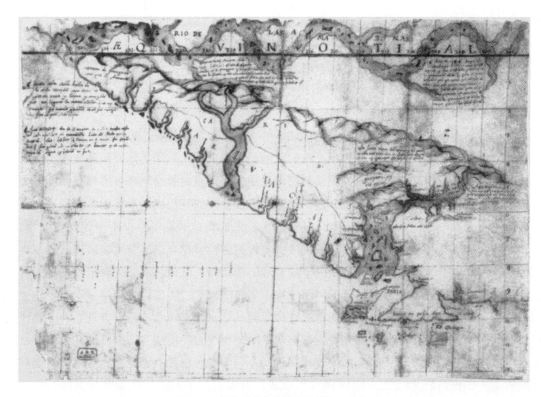

323

图 7.27 阿鲁瓦卡人地域地图，约 1560 年

除了逆转了传统的以北为上的朝向外，这幅地图在视觉表现上并不难解读。它的重要意义在于其水文信息，其中强调了当地领袖的地理知识。

原图尺寸：42.6×60.9 厘米。承蒙 Archivo Nacional de Madrid 提供照片（Sección de Diversos Planos，file 1，no. 1）。

代由摩拉维亚的传教士诱导完成的，旨在帮助他们在内陆未知的原住民人群中传教。他们的知情人耶普塔是一位皈依基督教的教徒，描述了主要的人群、他们的一些历史以及与苏里南科兰太因（Corantijn）河流域的阿拉瓦克人（洛科诺人）之间的政治关系。有赖摩拉维亚传教士费利克斯·施泰赫林（Felix Staehelin）的日记记录，这份报告保存了下来；它不是一幅绘好的地图，而是编绘这样一幅地图的指导，包括河流的经纬度和所提及的人群。这些信息似乎很可能是从这一地区的一幅已经存在的地图那里提取的，因为原住民人群的位置是原生社会文化范畴和欧洲地理学的结合。报告的不寻常之处在于，这些信息涵盖了南美洲大陆的整个北部，说明阿拉瓦克人虽然是居住在大西洋沿岸的人群，但知道太平洋。耶普塔的"报告"因此是引人注目的一份证据，说明本土人群在殖民占领的漫长痛苦期中获得了大洲尺度的地理知识。如果我们把《阿鲁瓦卡人地域地图》（Mapa de la Provincia de los Aruacas，约 1560 年）视为整合了本土信息的欧洲地图的最佳例子，那么阿拉瓦克人（洛科诺人）拥有这种传统的事实可能就不那么让人意外了。

《阿鲁瓦卡人地域地图》反映了 16 世纪阿鲁瓦卡人（Aruaca，洛科诺族群的阿拉瓦克人）与西班牙人在圭亚那沿岸的紧密联盟。[53] 因为这个联盟对双方都很重要，阿鲁瓦卡人领

323

---

53 Joel Benjamin，"The Naming of the Essequibo River，" *Archaeology and Anthropology* 5（1982）：29–66，特别是 31—33 页。

地的地理呈现也同样详细。尤其是圭亚那海岸和亚马孙流域之间的河道联系，在图的上中部得到了清楚的标记，正如给出这些数据的本土来源一样。图上的题记翻译出来是："阿拉瓦克酋长亚尤瓦（Yayua）在 1553 年带着四只独木舟溯埃塞奎博（Essequibo）河而上，到达其上游地区，把这些独木舟搬过山岭，来到对侧的另一条河，沿河到达亚马孙地区的大河，见到许多人而归。"这条路线显然利用了鲁普努尼（Rupununi）河，拉雷把它和埃尔多拉多城联系在一起（见下文图 7.28）。美洲原住民很熟悉这种河道联系，西班牙人通过他们也得以熟悉。不过，这条重要的河流通道直到 18 世纪早期才为荷兰人、英国人和葡萄牙人所充分了解。这样重要的一条本土贸易大动脉，在很早就已经揭示给西班牙人之后，在这么长的时段里对欧洲人来说可能仍然是个谜，这与欧洲人和美洲原住民之间结盟关系的变化有直接关系。

324

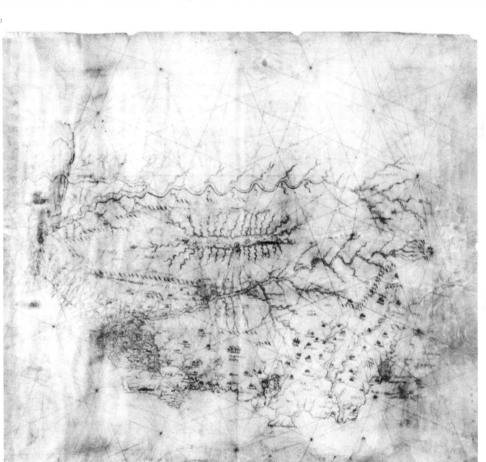

图 7.28　为沃尔特·拉雷准备的圭亚那地图，约 1599 年　　325

　　马诺阿，也就是传说中的埃尔多拉多城，被推断坐落在帕里马湖的岸边。然而，拉雷和他的同伙收集到的有关埃尔多拉多的信息虽然不是假的，却遭到了错误解读。图中对奥里诺科河下游地区的制图非常精确，而且正如西班牙人绘制的《阿鲁瓦卡人地域地图》（图 7.28）一样，其中实际上描绘的是本土知识，而不是欧洲人的地理调查。为拉雷的地图提供指导的是美洲原住民对空间关系的观念，而不是欧洲人对这些空间关系的测绘。

　　原图尺寸：71.7×80.7 厘米。British Library, London 许可使用（Add. MS. 17，940A）。

从哥伦布抵达美洲那一刻起，地理信息对于接下来的探索和开发就至关重要。殖民者需要这些知识，不仅是为了识别重要资源的位置或开展劫掠，还因为"发现"美洲这件事所意味的世界的扩大打乱了欧洲人的世界观；未知的地域需要整合到已经存在的欧洲宇宙志中。哥伦布的日记中理所当然地充满了地理观察记录，以及包括了多种本土信息的报告，如陆块的位置、黄金资源、可怕的"卡尼巴"的位置——他们曾经被认为是蒙古大汗的军队。[54] 不过，日记中也包含了许多奇闻怪事的信息，比如居住在马蒂尼诺（Matinino）岛上的亚马孙妇女及加勒比人的食人习俗；日记中还灌输了一种敏锐的宇宙观意识。比如加勒比海诸岛的命名，就充满了宗教偶像崇拜；而西班牙人给予帕里亚湾（Gulf of Paria）和大西洋之间海道的名字是"蛇口"（Boca del Serpe）和"龙口"（Boca del Dragos），则让人想到美洲原住民也用蛇的想象来描述奥里诺科河和亚马孙河。

同样明显的是，15 世纪的欧洲人和美洲人都专注于地形的精神意义，而不只是地形的物理位置。对与哥伦布接触的时代的加勒比地区北部原住民来说，最重要的地点是某地特有的洞穴、从海面上陡然升起的陡峭山脉以及巫术合金"瓜宁"前往和离开环绕它的巨大陆地时所经的路线。[55]

欧洲人的地理和宇宙志观念在接下来的几个世纪中相互独立地发展。这并不是说欧洲人的制图就不再那么依赖本土信息，只是说制图中的宇宙观方面已经被法典化（codified）或剔除了。这种根据地理学准则对宇宙观观念所做的法典化最适合用埃尔多拉多的测绘——尤其是帕里马湖的测绘——来说明。美洲原住民的国王像有关埃尔多拉多的报告所详细描述的那种方式夸耀地使用黄金制品的场景得到了大量文化语境的证实，其中突出者如哥伦比亚的奇布查（Chibcha）人、泰罗纳（Tairona）人和锡努（Sinú）人等；[56] 尽管如此，因为在整个南美洲北部，黄金制品具有作为威望和权力的象征的普遍意义，这意味着有很多地方都可能是埃尔多拉多传说的基础。[57] 相应地，在殖民者劫掠了哥伦比亚那些使用黄金的文化之后，他们的注意力转到了亚马孙河上游；在那里，帕里马湖变成了佩蒂蒂（Paytiti）湖，而埃尔多拉多被等同于奥马瓜城邦的一个酋长。然而，确定黄金的集中产地位置的努力最终失败，这导致埃尔多拉多的假定位置又一次发生移动，这次移到了它最后的地图学位置——布朗库河（Rio Branco）的源头。在雨季的时候，那里与埃塞奎博河的支流鲁普努尼河的源头之间形成了联运的陆路。这片会被洪水淹没的热带草原位于亚马孙河流域和奥里诺科河流域之间的古老贸易路线上，直到 19 世纪 40 年代才从西方地图中删去，因为在此之前，英国皇家地理学会的特派员罗伯特·朔姆布尔克（Robert Schomburgk）深入内陆做了考察。[58] 本土政治地理为这一地区赋予了如此重大的意义，以致它能保留在非本土的制图中。

---

[54] Hulme and Whitehead, *Wild Majesty*, 17 – 28（注释 49）。

[55] Robiou Lamarche, "Ida y Vuelta a Guanín," 489 – 490（注释 33），及 Antonio M. Stevens Arroyo, *Cave of the Jagua*: *The Mythological World of the Taínos*（Albuquerque：University of New Mexico Press, 1988），特别是 54, 151 页。

[56] 参见 Warwick Bray, *The Gold of El Dorado*, exhibition catalog（London：Times Newspapers, 1978），及 Gerardo Reichel-Dolmatoff, *Orfebreria y chamanismo*: *Un estudio iconográfico del Museo del Oro*（Medellín：Editorial Colina, 1988）。

[57] Neil L. Whitehead, "El Dorado, Cannibalism and the Amazons-European Myth and Amerindian Praxis in the Conquest of South America," in *Beeld en Verbeelding van Amerika*, ed. Wil G. Pansters and J. Weerdenberg（Utrecht：University of Utrecht Press, 1992），53 – 69。

[58] Catherine Alès and Michel Pouyllau, "La conquête de l'inutile：Les géographies imaginaires de l'Eldorado," *L'Homme* 122 – 124（1992）：271 – 308。

如果没有沃尔特·拉雷的努力的话，埃尔多拉多的传说可能不会这么牢固地与这一地区联系在一起。拉雷在奥里诺科河地区的航行和对这一地区的描述包含了大量直接从本土知情人那里收集到的宝贵地理信息。当然，拉雷也依赖于西班牙人之前获得的情报，但在对这一地区的地理情况进行这些最初步的概述时，本土知情人是摆在首位的。[59] 这些本土信息源合起来便成了原生观念的一份有实质意义的摘编，而我们绝不能确定拉雷或在他之前的西班牙人已经充分理解了本土话语中的对象。[60] 不过，拉雷的地图为涉及这一地区具有文化和地理意义的单元的原生观念赋予了地图学形式（图 7.28）。根据拉雷的尉官劳伦斯·凯米斯（Lawrence Keymis）在《记第二次圭亚那之行》（*A Relation of the Second Voyage to Guiana*）中所述，这幅图"发明"了帕里马湖，也叫罗波诺诺威尼（Ropononowini）湖。[61] 它也成功地绘出了重要的美洲原住民定居点的位置。

结　论

很多本土地图学传统——尤其是那些非视觉载体上的传统——可能没等到民族志学者的细致工作就已经失传了。然而，作为民族志调查请求的成果的示意图和图画形象必然会与非原生性的视觉传统相符。不仅如此，在地图不作为独立的有形实体存在的地方，地理信息或宇宙观信息的交流方式仍然占据了地图学活动的很大部分。歌曲的表演、幻觉失神的体验、夜空的观察以及造图的决定全都属于认识一个参与式宇宙的行动；每种行动都以各自不同的方式绘制了宇宙。单独的地理位置知识只是偶尔表达为抽象的地图学形式；对我们中间那些习惯了西方地图形式呈现的人来说，这些形式却又经常让人觉得陌生。

因此，正是参与式个体和所有式个体之间的认识论对立，成为南美洲的本土地图学和非本土地图学之间差异的根源。尽管以更为直接的方式参与到宇宙的构成中来也曾是欧洲传统的一部分，但只是我们近年来前往外层空间的航行才让我们再一次意识到，我们想要客观地绘制的宇宙同时也由我们自己主观地创造。在让世界可视化的时候，我们也定位和定义了我们自己。这在过去是、现在也是南美洲低地和加勒比地区本土地图学的意义。

325

326

---

[59]　Ralegh, *Discoverie*（注释 40）。

[60]　Neil L. Whitehead, "The Historical Anthropology of Text: The Interpretation of Ralegh's *Discoverie of Guiana*," *Current Anthropology* 36 (1995): 53 – 74.

[61]　Lawrence Keymis [Kemys], *A Relation of the Second Voyage to Guiana* (1596; facsimile, Amsterdam: Theatrum Orbis Terrarum, 1968), B4v.

亚欧大陆北极和亚北极
地区的传统地图学

第八章 亚欧大陆北极和亚北极地区的传统地图学

叶列娜·奥克拉德尼科娃
（Elena Okladnikova）

　　如今，仍然有许多葆有传统文化特征的人群生活在北冰洋以南的沿岸、苔原地带、泥沼和山脉的周边以及泰加林（taiga）中——这是一条从北斯堪的纳维亚直到白令海和楚科奇海的广袤地带，长近5000英里，平均宽度在500英里以上。在最西边的萨米人（Sami）和最东边的亚洲爱斯基摩人（Asian Eskimos）之间生活着数十个族群，现在全都继续保持着他们的文化习俗。① 这些族群总共不到25万人，平均人口密度远低于每平方英里1人，然而他们实际上只是占据了沿河地带和一些分散的飞地而已。这些有人活动的地域被广阔的空旷地区分隔开来，除了那些季节性的旅行者之外，这些空旷地区在过去一直未有人迹，因此，让各族群长时间形成的文化差异保存了下来。尽管如此，这些人群仍然有三个重要的共同特征：环境，经济，信仰系统。

　　长而寒冷的冬天和普遍严酷的陆地环境，给人类生存带来了很多危险，所能提供的经济资源又相当之少。北冰洋沿岸的传统经济是捕鱼、狩猎和捕鲸的混合，内陆的传统经济则包括采集、淡水捕鱼、狩猎和驯鹿放牧。为了进行这些经济活动，人们通常要进行季节性迁徙，距离常常十分可观，迁徙前后的环境也常常迥然不同。因此，很多人的地理知识十分广泛，所有族群共有的地理知识也十分广泛。同样，人们也普遍掌握着有关自然界的丰富知识。事实上，北极和亚北极地区人民对周边世界的态度带有深重的宗教意味。"在整个北极地区，萨满教（shamanism）的活动都具有中心地位……它很可能是……这种北方人生观的原始要素之一。"②

　　萨满教有多种功能，其中之一与个人的微世界（microcosm）和自然或宇宙的宏世界（macrocosm）的平衡有关。萨满（shaman）是神话权威，这些神话包括讲述生命起源、

---

　　① 尽管整个环北极地区都存在联系，但是本卷把北美洲的北极和亚北极地区放到了别处讨论（第135—170页）。已有著作考察了许多早期北美洲和西伯利亚人造物（特别是岩雕和面具）在宇宙观上的重要性，其中的代表著作是Ye. A. ［Elena］Okladnikova, *Model' vselennoy v sisteme obrazov naskal'nogo iskusstva Tikhookeanskogo poberezh'ya Severnoy Ameriki*；*Problema etnokul'turnykh kontaktov aborigenov Sibiri i korennogo naseleniya Severnoy Ameriki*（北美洲太平洋沿岸岩画图案系统中的宇宙模型：西伯利亚和北美洲人口的族群文化接触问题）（St. Petersburg：MAE RAN, 1995），可供参考。William W. Fitzhugh 和 Aron Crowell 所编 *Crossroads of Continents*：*Cultures of Siberia and Alaska*（Washington, D. C.：Smithsonian Institution Press, 1988）一书通过人造物探究了西伯利亚和美洲文化的多样性和彼此间的相互关系；该书是一部展览目录，考察了纽约的美国自然史博物馆、圣彼得堡的人类学和民族学博物馆及华盛顿的美国国家自然史博物馆的大量藏品。

　　② Juha Pentikäinen, "Northern Ethnography-Exploring the Fourth World," *Universitas Helsingiensis*：*The Quarterly of the University of Helsinki*, no. 1（1993）：20–29，特别是26页。

328 氏族兴起、部众如何获得土地以及人与动物之间详细的图腾联系的故事。这样一来，神话中融入了有关自然的观念，这二者一起支配了这些族群的世界观，也就不足为奇。不过，大多数地图仍然可以归入宇宙志地图和陆地图这两种类型中的某一类。那些一般被识别为地图的岩画图像，以及很多绘制在早期现代人造物上的地图都是宇宙志地图，至少是含有明显的宇宙志地图要素。与此相反，接触后时代（postcontact period）的大多数应欧洲人（主要是俄国人）要求绘制的地图，以及很多非萨满绘制的地图，则基本上都是陆地图。

　　比起北美洲来，亚欧大陆北部在末次冰期中被永久冰盖覆盖的地方相对较少。但是今天属于亚北极地区大部和北极地区的地方，那时却是冰缘地区，其自然条件过于严酷，不适合人类生存。差不多要到 5000 年前，狩猎、捕鱼、采集人群才开始从南方进入这一地区，放牧驯鹿的人群的进入又多少更晚一些。到大约 3000 年前，另一些具有爱斯基摩式经济方式的人群也开始向北移居到适宜居住的地区，特别是海滨地带。③ 在这些最早的亚欧大陆北方

330 居民中，有一些要么马上开始在岩石上雕绘，要么没过多久也开始这种创作。这种岩画艺术有些存留至今，它们作为范例，为我们提供了最早的暗示，说明这些人群对事物的空间性质具有神话和非神话两种方式的理解，而且可以把这种理解表达出来。

　　从欧洲、东地中海、中东和中国文明的视角来看，在 15 世纪之前，亚欧大陆北极和亚北极地区基本是一片未知区域。那里的居民大体上还处在史前时代。到 15 世纪末，俄国只控制了乌拉尔山以西地区很小的一部分。④ 在接下来的两个世纪中，哥萨克人（Cossacks）不断推进他们的控制范围，向东一直到达北太平洋沿岸。他们并不是狩猎者，而是贸易者，一直寻求与原住民接触，以迫使他们向俄国进贡毛皮。⑤ 哥萨克人建立的哨所寥寥无几，对路线的记录往往只是一份行程单；上面有连串的地名，有以旅行时间表示的两个地点之间的距离，却没有方向提示。这些路线记录因而几乎无法用作编绘地图的数据。然而，哥萨克人有时候却会带回由原住民绘制的地图。⑥ 尼古拉斯·威特森（Nicolaas Witsen）曾著有一书，其中包含鞑靼地方（Tartary）北部和东部的地图；在该书第二版（1705 年）的序言中，他

　　③ Geoffrey Barraclough, ed., *The Times Atlas of World History*, 4th ed., ed. Geoffrey Parker（Maplewood, N. J.：Hammond, 1993），36 – 38，及 Christopher Scarre, ed., *Past Worlds：The Times Atlas of Archaeology*（London：Times Books, 1988），272 – 273，特别是图版 1。亦见 Janusz Kozlowski 和 Hans-Georg Bandi, "The Paleohistory of Circumpolar Arctic Colonization," in *Unveiling the Arctic*, ed. Louis Rey（Fairbanks：University of Alaska Press for the Arctic Institute of North America, 1984），359 – 372。

　　④ 对相关神话、猜测和可能为事实的知识的综述参见 Edmond Pognon, "Cosmology and Cartography," Raymond Chevallier, "The Greco-Roman Conception of the North from Pytheas to Tacitus," O. A. W. Dilke, "Geographical Perceptions of the North in Pomponius Mela and Ptolemy," 以及 Piergiorgio Parroni, "Surviving Sources of the Classical Geographers Through Late Antiquity and the Medieval Period," 均见于 *Unveiling the Arctic*, ed. Louis Rey（Fairbanks：University of Alaska Press for the Arctic Institute of North America, 1984），334 – 340，341 – 346，347 – 351 及 352 – 358。

　　⑤ 哥萨克人主要从托博尔斯克（Tobolsk）开始活动，他们的多数路线沿大河或海岸线前进，所以他们很可能没怎么深入西西伯利亚平原、中西伯利亚高原和勒拿河以东山地的广阔中间地区。参见 Felipe Fernández-Armesto, ed., *The Time Atlas of World Exploration：3, 000 Years of Exploring, Explorers, and Mapmaking*（New York：HarperCollins, 1991），158 – 159，特别是图版 2。

　　⑥ 多数情况下，我们并不清楚他们从原住民那里获得的地理知识是图形形式还是叙述形式。"一直要到 18 世纪……俄国人（对西伯利亚）的制图还只包括手稿地图，他们称之为 *chertezhi*（草图）……距离主要以旅行的天数计算。他们制图所依据的信息来自因寻求紫貂毛皮和原住民的给养而进入西伯利亚新地域的哥萨克人和 *promyshlenniki*（贸易者）的报告。这些报告包括了他们自己的观察，以及从原住民那里获得的信息。报告人常常会绘制 *chertezhi*，附加到报告中。"参见 Raymond H. Fisher, "The Early Cartography of the Bering Strait Region," in *Unveiling the Arctic*, ed. Louis Rey（Fairbanks：University of Alaska Press for the Arctic Institute of North America, 1984），574 – 589，特别是 574—575 页。

承认他"对每个地区、每条河流使用了大量不完美的地理标记，特别是那些由上述地区的居民自己或邻近地区居民粗率绘制的草图"⑦。威特森还拥有一些木板，是在西伯利亚制作的，其上刻有"对这一地区的描述，历经艰辛才到达我的手里"⑧。1665 年，他对莫斯科做了短暂的访问，遇到了"萨莫耶德人（Samoyeds）、鞑靼人（Tartars）、波斯人等"，与他们的接触为他绘制地图、撰写包含这些地图的书的工作奠定了基础。⑨ 对这种原住民地图的借鉴使用，一定比我们已经意识到的还要多得多。

除了与北斯堪的纳维亚的萨米人有关的人造物和记录外，大多数相关材料都保存在俄罗斯，其他地方保存的材料则知之甚少。同样，几乎所有重要的二手文献现在也都藏于俄罗斯。但即使在俄罗斯，现在也几乎没有人试图从人造物、岩画、民间传说、萨满教、印刷和档案记录这几种类型的资料下手，对原住民的地图和制图术加以综述、得出结论。⑩ 然而，我们仍有可能完成这项工作，特别是由于这一地区幅员广大，苏联又限制基督宗教针对北方居民的传教活动，这都让这一地区比诸如北美洲之类的其他地区更好地保留了文化传统。⑪ 有几个任务现在仍然摆在我们面前：搜集相关的民族志材料，记录民间传说，考察关键遗址，在博物馆、档案馆和图书馆搜寻文献。本章下面的内容因而只是试图对当前我们有关北方居民过去和最近绘制的地图及其制图术的知识做一综述。

史前制图的证据

有一些史前的岩画艺术类似于西方人观念中的地图，但是它们是否具备地图学功能，是否建立了地标指称或神话指称，却一直存在疑问。有几个原因造成了这种不确定性。用于给雕画和绘画定年的物理和化学手段还在发展阶段，很少付诸应用。因此，即使是在考古记录比较清晰的地方，要把岩画与创造它们的文化联系起来，也总是需要假设和推断。不仅如此，有些岩画还是多次创作而成的；有的后来者对早先的一种或几种文化略无所知或全不知晓，却会为岩画添加较晚期的内容，显示出不同的认知风格。此外，这一地区的很多岩画很可能是由宗教领袖雕制或绘制的，他们具有深奥的知识和神秘的观念，因此，他们创作的很多图像必然会有双重意义。⑫

亚欧大陆北极和亚北极地区陆地制图的最令人信服的实例，是狩猎远足平面图。图上的

331

---

⑦ Johannes Keuning, "Nicolaas Witsen as a Cartographer," *Imago Mundi* 11（1954）: 95 – 110，特别是 99 页。

⑧ Keuning, "Nicolaas Witsen," 100［引自 Witsen, 2nd ed.（1705），Keuning 译］。1601 年后的某个时候，荷兰商人伊萨克·马萨（Isaac Massa）也同样以从萨莫耶德人［可能是涅涅茨人（Nentsy）］那里获得的地图为部分依据刊印了俄国北极地区的 1612 年地图。参见 Leo Bagrow, *History of Cartography*, R. A. Skelton 修订扩充，D. L. Paisey 译（London: Watts, 1964；Chicago: Precedent 重印并扩充，1985），172。

⑨ Keuning, "Nicolaas Witsen," 95 – 96.

⑩ 对于这句结论来说，尽管 Bruno F. Adler 的 "Karty pervobytnykh narodov"（原始社会民众的地图），*Izvestiya Imperatorskago Obshchestva Lyubiteley Yestestvoznaniya, Antropologii i Etnografii: Trudy Geograficheskago Otdeleniya*（帝国自然科学、人类学和民族学爱好者学会会刊：地理学报）119, no. 2（1910）一文并未专注于亚欧大陆北极和亚北极地区，但它仍然算是个部分的例外。然而，这篇发表于近 90 年前的文献从观念上来说已经过时了。不仅如此，该文一直没有发表过从俄语翻译成其他语言的版本，研究地图学史的学者对这一工作只闻其名，不详其实。

⑪ Pentikäinen, "Northern Ethnography," 26（脚注 2）。

⑫ 对岩画艺术进行追溯式解释时存在内在风险，本册绪论（第 7 页）对此已有讨论。不过，Okladnikova 的 *Model'vselennoy v sisteme obrazov*（脚注 1）还是对北极和亚北极地区岩画艺术作了饶有趣味的宇宙观解释。

初级事物或自然事物很明显，尽管雕刻者也可能有意把次级内容甚至是内在意义传达给具有初步知识的同伴。虽然地形特征不一定会表示出来，但图上的路线或踪迹往往会提供一种典型关系，常把某个事件中的人和动物联系起来。尽管猎人和猎物都用侧视图表示，但只有放在平面图中去感知，他们针对彼此的行为才是有意义的。

　　卡累利阿（Karelia）的维格（Vyg）河地区有丰富的岩雕，一般认为其定年为公元前3000—前1000 年。[13] 这些岩雕的特点之一是多有狩猎和捕鱼场景。1963 年在萨瓦捷耶夫（Savvateev）主持的发掘过程中于扎拉夫鲁加Ⅱ号（Zalavruga Ⅱ）遗址发现的一幅岩雕，可以作为范例。它描绘了120 多个动物和人的形象。这幅非常巨大的岩雕左侧以平面图方式展示了3 个滑雪者正在狩猎3 只驼鹿（图 8.1）。驼鹿的行走路线由带有方向的分趾蹄形印迹表示，尾随其后的则是猎人的足迹。[14]

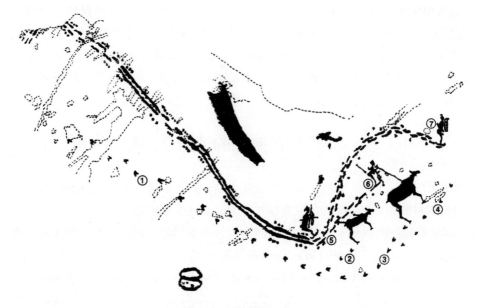

332　　　　　　　　　　　　　　　**图 8.1　卡累利阿的岩雕**

　　　　画中显示了驼鹿的路线。一列较粗的蹄迹（1）一分为三（2，3，4），最后一列蹄迹明显引向了岩雕的边缘，很可能是逃脱的第三只驼鹿的蹄迹。驼鹿的蹄迹之后紧跟的是猎人的足迹——由连续的平行线和呈梯形排列的间断线交替构成。前者基本可以肯定代表了路线中的下山段，滑雪板始终位于雪面上；后者则显示了路线中的水平段，需要带板徒步行走。间断线的两侧还有一些圆点，可能表示了滑雪杖较为频繁的使用。这些圆点每三个形成一组，提示了经过这条路线的滑雪者人数。这一点进一步由路线分成两岔（位于 5 处）之后的图像证实，分岔之后的两条路各只有一名滑雪者（分别位于 6 和 7 处）经过，这个人数即只用一个圆点表示。一名猎人（7）手中有弓，到达了滑雪道的最远端；他可能仍在追逐沿着小路（4）到达岩雕边缘的第三只驼鹿。另一名猎人（6）看来已经成功地击中了画上两只驼鹿中较大的那只，但他用的武器更像是矛形武器，而不是箭。

　　　　原件尺寸：约 1.5×2.5 米。此画定名为"扎拉夫鲁加Ⅱ号（Ⅵ）"。据 Yu. A. Savvateev, *Zalavruga: Arkheologicheskie pamyatniki nizov'ya reki Vyg*（扎拉夫鲁加：维格河下游的古代纪念物），2 vols.（Leningrad：Nauka, 1970 – 1977), vol. 1, 200 页和 201 页之间的图绘制。

---

⑬　N. N. Gurina, *Mir glazami drevnego khudozhnika Karelii*（古代卡累利阿艺术家眼中的世界）（Leningrad, 1967), 16, 18.

⑭　Yu. A. Savvateev, *Zalavruga: Arkheologicheskie pamyatniki nizov'ya reki Vyg*（扎拉夫鲁加：维格河下游的古代纪念物），2 vols.（Leningrad：Nauka, 1970 – 1977), 1, 202 – 213.

　　这一类型的岩画与接触后时代在其他载体上制作的地图有一些共性，有些还有完全世俗的功能。然而，所有卡累利阿岩雕的研究专家——拉夫多尼卡斯（Ravdonikas）、劳什金（Laushkin）、布留索夫（Bryusov）、利涅夫斯基（Linevskiy）和萨瓦捷耶夫——都认识到了它们的神秘特征。不过，在这些特征体现了什么样的神秘主义方面还有争议。[⑮]

　　即使是像图8.1展示的这个令人信服的史前制图实例，创作它的艺术家也仍有可能在其中呈现了次级内容，或是隐晦地表达了几乎不能合理确定的意义。相反的情况也同样存在——表面上看缺乏初级内容或自然内容、现在看来无法被视为地图的岩画，却有可能在次级或传统的层次上蕴含了对空间的表达。只有通过传统习俗所包含的间接证据，才能预料到这些可能性的存在。这些传统习俗要么一直保持到接触后时代，要么可以在邻近地区（特别是那些拥有早期文字记录的地区）发现并得到令人信服的解读。迷宫（labyrinth）就是后一种情况的典型例子。

　　在旧世界，人们广泛承认迷宫具有宇宙观内涵，在亚洲史前艺术中，迷宫符号也是最常见的母题之一。[⑯] 人们通常相信这种符号与人类灵魂在死后前往来生或彼世的道路有关联。在亚欧大陆北极和亚北极地区，迷宫既被建成地面建筑物，又被当作一种雕刻纹式镌刻在墓石或墓穴中的小砖上（约公元前100—200年），以小砖上的雕饰更为常见。[⑰] 在科拉（Kola）半岛沿岸地面上有一个石砌的迷宫，是极北地区的迷宫实例之一。人们已经把类似这个迷宫的仪式建筑解读为宇宙的模型。[⑱]

　　墓石和墓砖上的迷宫图案也被解读为代表了死者灵魂重生的必经之路，或是描绘了萨满前往冥界旅行的主题。据说它们反映了一个共同的主题："寻找道路，寻求宗教归宿。"[⑲] 图8.2中的迷宫来自叶西诺（Esino，属哈卡斯共和国）的墓葬，其中有40多块墓石绘有迷宫图样。它们都为螺旋形，象征了冥界。每一幅完整的作品因此都可以作为地图指导死者在下界中的旅行。[⑳]

332

---

⑮　V. I. Ravdonikas, "Elementy kosmicheskikh predstavleniy v obrazakh naskal'nykh izobrazheniy"（石雕图像中宇宙观念的要素），*Sovetskaya Arkheologiya*（苏联考古），no. 4（1937）：11 – 32；K. D. Laushkin, "Onezhskoe svyatilishche"（奥涅加圣所），*Skandinavskiy Sbornik*（斯堪的纳维亚收藏）4（1959）：83 – 111；A. Ya. Bryosov, *Istoriya drevney Karelii*（卡累利阿古代史）（Moscow，1940）；A. M. Linevskiy, *Petroglify Karelii*（卡累利阿石雕）（Petrozavodsk，1939）；以及 Yu. A. Savvateev, *Risunki na skalakh*（岩画）（Petrozavodsk：Karelskoe Knizhnoe Izdatelstvo，1967）。拉夫多尼卡斯和劳什金相信岩雕表达了太阳神的创世信仰；利涅夫斯基、布留索夫和萨瓦捷耶夫则把它们解读为当地的渔猎信仰。

⑯　Catherine Delano Smith, "Cartography in the Prehistoric Period in the Old World：Europe, the Middle East, and North Africa,"及 "Prehistoric Cartography in Asia,"分别收于 *The History of Cartography*, ed. J. B. Harley and David Woodward（Chicago：University of Chicago Press, 1987 – ），1：54 – 101，特别是 87—88 页，及 2.2（1994）：1 – 22，特别是 13 页。按珀思（Purce）的观点，艺术史上第一个螺旋形图案是贝加尔湖地区一个仪式墓穴中出土的旧石器时代护身符，这一出土地点刚好在本章论述的地区的南边。参见 Jill Purce, *The Mystic Spiral：Journey of the Soul*（New York：Avon, 1974），100 – 101，图 13 – 14。

⑰　D. G. Savinov, "Tesinskie 'labirinty' – K istorii poyavleniya personifitsirovannogo shamanstva v yuzhnoy Sibiri"（捷辛斯基"迷宫"——论南西伯利亚个性化萨满教的历史），*Kunstkamera：Etnograficheskie tetradi*（昆斯特卡梅拉：民族学笔记）1（1993）：35 – 48，特别是 36 页。尽管这些用红色厚石板制作、雕有迷宫的小砖被视为巫术仪式的一部分，其准确的使用目的还不清楚。萨维诺夫（Savinov）提出假说，认为这些小砖可能是萨满教表演（特别是萨满的旅行仪式）的象形记录。

⑱　N. Vinogradov, *Solovetskiye labirinty：Ikh proiskhozhdeniye i mesto v ryadu odnorodnykh doistoricheskikh pamyatnikov*（索罗夫基的迷宫：起源及在同类史前纪念物中的地位）（Petrozavodsk, 1947）；N. N. Gurina, "Kamennyye labirinty Belomor'ya（白海的石迷宫），*Sovetskaya Arkheologiya*（苏联考古）10（1948）：125 – 142；及 A. A. Kuratov, "O kamennykh labirintakh Severnoy Yevropy（Opyt klassifikatsii）"［北欧的石迷宫（分类尝试）］，*Sovetskyaa Arkheologiya*（苏联考古），1970, no. 1, 34 – 48.

⑲　Savinov, "Tesinskie 'labirinty'" 39（脚注 17）。

⑳　Savinov, "Tesinskie 'labirinty'" 37 – 40. 类似的迷宫图样的另一实例是图斯图赫凯里（Tustukh Kel'）的墓葬；参见 Yu. S. Khudyakov, "Raboty khakasskogo otryada v 1975 g."（1975 年哈卡斯分队的工作），in *Istochniki po arkheologii severnoy Azii*（1935 – 1976 *gg*.）（北亚考古原始资料，1935—1976）（Novosibirsk, 1980）。

333

图8.2　叶西诺古墓中的迷宫图案

迷宫螺旋图案代表了冥界，螺纹本身描绘了神话中的蛇——冥界的主宰。

据 D. G. Savinov, "Tesinskie 'labirinty' -K istorii poyavleniya personifitsirovannogo shamanstva v yuzhnoy Sibiri"（捷辛斯基 "迷宫" ——论南西伯利亚个性化萨满教的历史），*Kunstkamera*：*Etnograficheskie tetradi*（昆斯特卡梅拉：民族学笔记）1 (1993)：35 –48，特别是图4。

宇宙志地图和天体地图

333 　　很多宇宙志地图包含在与萨满教相关的传统人造物中。萨满服饰的局部可以象征一个三部分的世界——最常见的情形是把上界和下界描绘出来（有时也会画出中界）。以穗带（俄语 *kosy*）为例，它们附着于高大的金属头饰——萨满教的头冠——或是塞尔库普（Sel'kup）萨满的绒面革（suede）帽子之上。头饰的外侧朝向观者，其上装饰有灵魂助手的形象，而穗带或流苏则象征着灵魂从下界升往上界所经之路（图8.3）。[21] 萨满服装上的纤维条带和发辫也象征着同样的来自下界的路，以及萨满通过经历宇宙的各个部分来完成的神秘旅途所经之路。现存于东西伯利亚雅库茨克博物馆的一件鄂温克（Evenk）萨满服也提供了与萨满的旅行相关的专门的地形信息。这件服装在其绶带之上缝有不同颜色的条带。对这件服装的档案描述指出，红色条带意味着 "有火的" 地方，绿色条带代表繁茂的草木，蓝色条带则意味着火烧迹地或沼泽地。条带的顺序也很重要：每根条带意味着一日的旅行和一夜的停留；条带之间的空隙指示了一日旅程的长度；用缠拧的头发制作的条带则代表萨满路上的转折，

---

[21]　S. V. Ivanov, *Materialy po izobrazitel'nomy iskusstvu narodov Sibiri XIX-nachala XX v.*（19 世纪至 20 世纪早期西伯利亚人民的美术作品）（Moscow: Izd-vo Akademii Nauk SSSR, 1954），66 – 67；不过谢罗夫（S. Ia. Serov）注意到海上的萨满不用头饰 [参见 "Guardians and Spirit-Masters of Siberia," in *Crossroads of Continents*：*Cultures of Siberia and Alaska*, ed. William W. Fitzhugh and Aron Crowell（Washington, D. C.：Smithsonian Institution Press, 1988），241 – 255，特别是 246 页]。

　　上揭伊万诺夫（Ivanov）的百科全书式著作在本章多次引用。该书大量汇总了相关的原始材料和信息，具有其他著作不能比拟的综合性，脚注内容也既全面又准确。

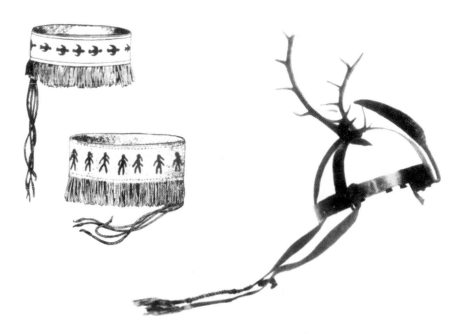

图 8.3　萨满头饰　　　　　　　　　　　　　　　　334

左边是两个绒面革头饰或头带，其外侧绘有灵魂助手形象；右边是金属头饰。穗带和流苏代表了灵魂前往上界的道路。一些头饰（特别是埃文人和鄂温克人的头饰）上有鹿角，象征了野生驯鹿的保护者之灵。

左图引自 S. V. Ivanov, *Materialy po izobrazitel'nomy iskusstvu narodov Sibiri XIX-nachala XX v*。（19 世纪至 20 世纪早期西伯利亚人民的美术作品）（Moscow：Izd-vo Akademii Nauk SSSR, 1954），67（图 49）。

右图承蒙 Museum of Anthropology and Ethnography of Peter the Great, St. Petersburg 提供照片（1048–65）。

他必须在这里绕过障碍。[22]

　　线状的绶带、纤维条带和发辫象征着道路，其他装饰则象征着宇宙的结构。缝在衣服上的、在上部枝条上栖息有鸟的树木形象象征了宇宙之轴，这种"世界树"（*tura*，"图拉"）在很多神话系统中占据着中心位置（图 8.4）。水平横梁把相互分离的树或构成"图拉"的竖杆连在一起，这样一来，整棵"图拉"就代表了一架"通往天界之梯"。萨满在仪式中会沿梯子向上爬，横梁就是他们休息的地方。树梢代表了天球，灵魂在那里顺利投生为活人。[23] 按照希罗科戈罗夫（Shirokogoroff）有关鄂温克人的著述，萨满的围裙上总是绘有"图拉"，而这条围裙是鄂温克萨满服饰中最重要的部分。他所描述的"图拉"包括一棵落叶松（larch），树的上方就是上界（*ugidunda*，"乌吉东达"）。"图拉"的上部包含有人形符号，代表了杰出的萨满（可以是 2 个、4 个或 6 个）；图案中部代表大地（*jorko*，"约尔科"）；下部则代表了下界。[24] 在整个西伯利亚，人们也会在雪橇板和船舱门上运用类似的主题（图 8.5）。

　　萨满服饰的另一种装饰则叫作"廷吉林"（*tyngirin*，挂饰）。图 8.6 中的实例来自涅尔琴斯克（Nerchinsk）鄂温克人的萨满服饰，它描绘了布满繁星的天空，以沿着挂饰边缘代

㉒　Ivanov, *Materialy po izobrazitel'nomy*, 134. 这件服装的描述由民族学研究者瓦西里耶夫（V. N. Vasiliev）所写，他在 1926 年得到了这件服装。

㉓　Ivanov, *Materialy po izobrazitel'nomy*, 141–142.

㉔　S. M. Shirokogoroff, *Psychomental Complex of the Tungus*（London：Kegan Paul, Trench, Trubner, 1935），289.

335　　　　　　　　　　　　图 8.4　鄂温克萨满服装上的世界树

萨满的服装上有时会绣有世界树或宇宙之轴。上界、中界和下界均有展示。

引自 S. V. Ivanov, *Materialy po izobrazitel'nomy iskusstvu narodov Sibiri XIX-nachala XX v.*
(19 世纪至 20 世纪早期西伯利亚人民的美术作品)（Moscow：Izd-vo Akademii Nauk SSSR,
1954），144（图 41a）。

表繁星的小圆点表示。太阳位于正中，从它放射出四条由星星组成的条带。这种图样把整个
挂饰盘对称地分成了"世界的四个部分"。㉕

　　在东北西伯利亚，星座和天体在萨满传统中是很重要的。以楚科奇（Chukchi）人的宇
宙观来看，萨满要从一界通往另一界，就必须经过北极星下面的天洞。在雅库特（Yakuts）
人看来，星星标志着通往上界的道路，因而经常绘在萨满的衣服上。科里亚克（Koryak）萨
满的主要特征就是从一界通往另一界的能力。一件差不多 100 年前收藏的科里亚克萨满袍，
334　最近被发现绘有一幅天体地图（图版 14）。这件舞袍由软驯鹿皮制成，其上的装饰画长期被
认为是随意分散地缝在袍面上的漂白皮盘。直到最近经过推断，袍子正面的皮盘组成的图案
才被解读为呈现了夏季和冬季星空中的科里亚克人的星座，而袍子上的带子呈现了夏季银河
（图 8.7）。皮盘的直径据推断与恒星的亮度成正比。在这件服装的背面也有不那么复杂的图
案，可能是对冬季银河和相关星座的描绘。"极具意味的是，这些星座——如果它们的确可

────────────────

㉕　Ivanov, *Materialy po izobrazitel'nomy*, 150.

图 8.5　雪橇板上雕刻的生命树

这些图案雕在凯特人使用的运货雪橇座椅上或河船的舱门上，它们展示了一棵由驯鹿守卫的萨满树。这棵树连通宇宙三界，是西伯利亚居民的宗教神话中的一个关键观念。

承蒙 Museum of Anthropology and Ethnography of Peter the Great, St. Petersburg 提供照片（1048 – 127）。

335

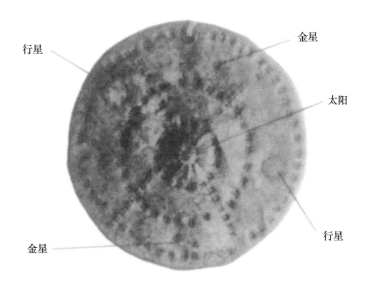

图 8.6　涅尔琴斯克鄂温克人的"廷吉林"

此挂饰由萨满所佩戴，其上的天体图案部分为印制，部分为刻制。太阳位于中央，整个挂饰盘据说代表了鄂温克人的典型"天空图"（Ivanov, *Materialy po izobrazitel'nomy*, 150）。

原件直径：13 厘米。承蒙 Museum of Anthropology and Ethnography of Peter the Great, St. Petersburg 提供照片（1859 – 8）。

335

以这么解读的话——的方向朝向穿袍者本人，而不是观者，因此可以为萨满的天界旅行提供一幅星图。"[26]

---

[26]　Valérie Chaussonnet and Bernadette Driscoll, "The Bleeding Coat: The Art of North Pacific Ritual Clothing," in *Anthropology of the North Pacific Rim*, ed. William W. Fitzhugh and Valérie Chaussonnet（Washington, D. C.：Smithsonian Institution Press, 1994），109 – 131，特别是 117 页。

正面

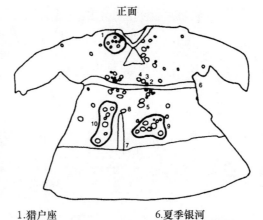

1.猎户座　　　　　　　　　　6.夏季银河
2.河鼓三（天鹰座）　　　　　7.冬季银河
3.河鼓二（牛郎星，天鹰座）　8.天狼星（大犬座）
4.河鼓一（天鹰座）　　　　　9.昴星团（金牛座）
5.织女一（织女星，天琴座）　10.仙后座

背面

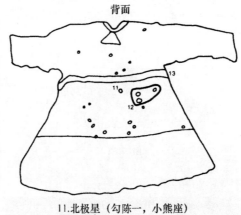

11.北极星（勾陈一，小熊座）
12.双子座
13.冬季银河

336　　　　　　　　　　　　图 8.7　科里亚克舞袍（图版14）的解读

假定袍子正面的假袍带是夏季银河，那么就可以把一些恒星和星座辨识出来。背面的袍带则代表了冬季银河。

现藏史密松学会航空航天博物馆，由汤姆·卡伦（Tom Callen）解读。据 Valérie Chaussonnet and Bernadette Driscoll, "The Bleeding Coat: The Art of North Pacific Ritual Clothing," in *Anthropology of the North Pacific Rim*, ed. William W. Fitzhugh and Valérie Chaussonnet（Washington, D. C.：Smithsonian Institution Press, 1994）, 109 – 31, 图 7 – 7。

萨满鼓是亚北极地区原住民创世信仰的最佳视觉表达之一。在很多情况下，这些鼓都是作为创世模型来构思的。绝大多数装饰过的鼓都描绘了宇宙的部分或全部（图 8.8 和 8.9），尽管在细节上各有不同，但它们在居住在环北极地区的各个族群之间仍然有引人注目的连续性。[27]

㉗　有相当多的文献涉及了北极和亚北极地区的萨满鼓。以亚欧大陆北部的鼓为例，就可以参见 Ivanov, *Materialy po izobrazitel'nomy*, 70 – 74, 80 – 81, 92 – 96, 104 – 105, 163 – 181, 208, 212 – 213, 316, 368 – 375, 380 – 383 和 385 页（脚注 21）；M. Jankovics, "Cosmic Models and Siberian Shaman Drums," in *Shamanism in Eurasia*, part 1, ed. Mihály Hoppál （Göttingen：Edition Herodot, 1984）, 149 – 173；Shirokogoroff, *Psychomental Complex*, 297 – 299（论鄂温克鼓）（脚注 24）；及 Ye. D. Prokof'eva, "Kostyum sel'kupskogo（ostyako-samoedskogo）shamana"（塞尔库普萨满的服饰）, *Sbornik Muzeya Antropologii i Etnografii*（Leningrad-St. Petersburg）（列宁格勒—圣彼得堡人类学和民族学博物馆年刊）11（1949）：335 – 375, 特别是 343—354 页（论塞尔库普鼓）。

图 8.8　多尔干（Dolgan）萨满鼓

336

　　鼓的周边环绕有圆点和平行线，它们又在鼓的中部形成十字相交，把鼓分成四个部分。其他的鼓在中央也有十字交叉形，末端则有三个短延伸，象征了"天空的接缝"（Ivanov, *Materialy po izobrazitel'nomy*, 105）；很多鼓还有圆圈形纹样和驯鹿图形。

　　承蒙 Museum of Anthropology and Ethnography of Peter the Great, St. Petersburg 提供照片（5658 – 51）。

图 8.9　凯特（Ket）萨满鼓上的画

337

　　在这个宇宙模型中，鼓的边缘有两条曲线，曲线有短直的分支，代表世界的支撑物。底部边缘的中断意味着下界的入口。环绕鼓面的七个半圆代表了七片海；其中六片海有丰富的鱼，这由半圆内部的鱼形所表示（第七片海则是"坏"海或空海）。鼓的上部画出了太阳和月亮。中部是巨大的人像，从头上放出光线，代表了萨满的思想。沿着鼓缘（图中未显示）还绘出了人形、鹿、萨满的帐篷和权杖、游牧营地和狗的图案——这些可能是中界（俗世）的场景。

　　描述和图画引自 V. I. Anuchin, "Ocherk shamanstva u eniseyskikh ostyakov"（叶尼塞奥斯蒂亚克萨满教概述）, *Sbornik Muzeya po Antropologii i Etnografii pri Imperatorskoy Akademii Nauk*（皇家科学院人类学和民族学博物馆馆刊）, 17, pt. 2, no. 2 (1914), 特别是 50—51 页。

鼓面中间可能会画有世界树，或是三部（上、中、下）或二部（上、下）世界的其他呈现形
335　式，常常还展示有太阳和月亮。作为符号地图的图画描绘了萨满在上界和下界的神秘旅行。有
时鼓面上也呈现了俗世，而鼓的其他部分（侧面或背部）则代表上界和下界。有些人相信在
非萨满的旅行中，某些鼓可实际用于地形定向，但这一猜测的证据全都只是传闻。[23]

　　像其他很多北极和亚北极地区人群的鼓一样，拉普人（Lapp）的鼓也用于召集和进入灵魂世
界（图8.10）。17世纪和18世纪期间，拉普人皈依了基督教。他们的"魔"鼓被认为稀有而珍
贵，因而被传教士、旅行者和收藏家所收集，从而散落于全欧洲公开或私人的机构中。托马斯·
冯·韦斯滕（Thomas von Westen）是一位丹麦—挪威传教士，在1723年收集到了一百多面鼓，
全都送到了哥本哈根；其中有70面不幸焚毁，剩下的很多也重新散落。在20世纪前期曾有一些
人共同努力，想为所有尚存的鼓编目，到20世纪中叶已鉴定出81面鼓，其中71面是完整的真

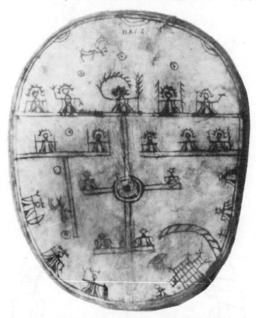

337　　　　　　　　　　　　　　**图8.10　萨米萨满的"魔"鼓**

　　　　这面松木鼓上面蒙以硬化的驯鹿皮，其上有用从桤木树皮提取的红棕色颜料绘制的图画。这面鼓于
1710年获得；它之前的历史已无从得知，但是它很可能是传教士在18世纪初搜集到的。鼓面由一道水平
线分割为上下两部分。水平线之上是上界（占鼓面的上三分之一）的一列神，通常画出五个（根据他们手
臂的位置和所持之物可以识别）。众神之上是三个中有圆点的圆圈，可能代表了星星。圆圈附近的驯鹿象
征祭品，鼓面顶部的三组双弓形线据说代表了朝阳、夕阳和正午或午夜的太阳。鼓面下三分之二中间的图
像是太阳，一条光线把下部和上部联结起来。在其他光线之上有四个人形。鼓面下部的右上方有三个人
形，有人解释为基督及其使徒或圣三位一体像；就在他们之下立于鼓边的两个人形则被看作人像、低阶位
的神或"凡人"。饰以十字形的方格图案（右下方）代表一座教堂及其庭园——可能是"亚布梅艾摩"
（jabmeaimo），即冥界。左下方的三个人形有直形光晕，与其他一些人形头上的弯曲光晕形成对照，他们代
表了三位女神：萨拉卡（Sarakka）、尤克萨卡（Juksakka）和塞尔格埃德娜（Saelgeaedne）。左边的T形是
一片神圣的区域：其中有两个神、一只献祭的动物和三个很可能代表了星星的圆圈。据Ernst Manker, *Die
lappische Zaubertrommel*, 2 vols. （Stockholm, 1938–1950），1: 732–37及2: 387–389解读。

　　　　鼓的尺寸：42.7×36.3×9.9厘米。基特·魏斯（Kit Weiss）拍摄。National Museum of Denmark, De-
partment of Ethnography, Copenhagen许可使用。

　　㉓　Jankovics, "Cosmic Models," 152. 这篇文章相信一些鼓可用于实际定向，比如可以使用象征昴星团的小孔定向。

品。恩斯特·曼克尔（Ernst Manker）曾详细研究过这一群"魔"鼓。㉙

　　有些宇宙模型是应民族学研究者的要求绘制的。有一个模型是一位叫萨维利（Saveliy）
的奥罗奇（Oroch）萨满及其众多的年轻助手在 1929 年应民族学研究者阿夫罗林（Avrorin）
和科兹明斯基（Koz-minskiy）的要求制作的。㉚ 这幅图的绘制时间较晚，在两位民族学研究
者和参与绘图的奥罗奇人之间又开展了广泛的对话，这显然对最终绘成的复杂地图产生了重
大影响。不过，它仍然是一件有趣的现存人造物，展示了被一个椭圆形所包围的整个宇宙
（图 8.11 和图 8.12）。这幅图是在三四天里用了大约 15—20 个小时完成的。虽然萨维利本
人画得最多，萨维利的氏族里的所有男子也均到场，并在不同阶段参加了绘制。他们一边画
图，两位学者一边记录下其详细传说（这份记录在第二次世界大战期间被毁，但他们后来
又将其修复）。地图描绘了奥罗奇宇宙观中的下、中、上三个世界，并描述了萨满和亡灵的
各种神秘旅行。

336

337

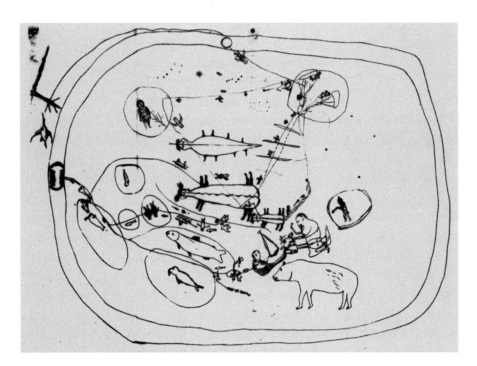

图 8.11　奥罗奇人为民族学研究者绘制的宇宙，1929 年

以铅笔在纸上绘制。

承蒙 Museum of Anthropology and Ethnography of Peter the Great, St. Petersburg 提供照片。

338

　　㉙　Ernst Manker, *Die lappische Zaubertrommel*, 2 vols.（Stockholm, 1938 – 1950）；也见同一作者的 *Samefolkets konst*
（Stockholm：Askild and Karnekull, 1971）。*Die lappische Zaubertrommel* 一书对鼓的物理特征做了全面记录，并对其上的符号
做了深入研究。

　　㉚　V. A. Avrorin and I. I. Koz'minskiy,"Predstavleniya Orochey o vselennoy, o pereselenii dush i puteshestviyakh shamanov,
izobrazhennye na 'karte'"（奥罗奇人在"地图"中描绘的有关宇宙、灵魂重生和萨满旅行的观念），*Sbornik Muzeya Antro-
pologii i Etnografii*（*Leningrad-St. Petersburg*）（列宁格勒—圣彼得堡人类学和民族学博物馆年刊）11（1949）：324 – 334。

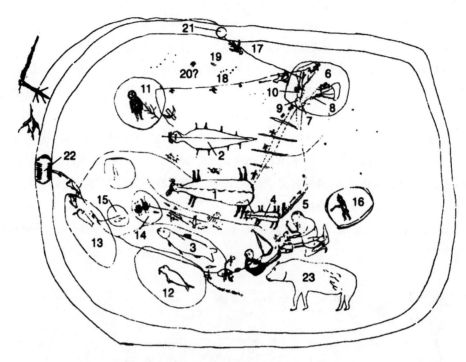

339

图 8.12　奥罗奇宇宙志地图（图 8.11）的解读

民族学研究者阿夫罗林和科兹明斯基记录下了与地图相关的传说，并鉴定出 113 项事物。正中的大驼鹿代表了大地，说得更精确些是代表了"我们的（亚欧）大陆"（1）。驼鹿的脊柱代表了一列 9 座山岭，把大地分成两部——东部（由奥罗奇人及其亲缘族群居住）和西部（由俄罗斯人和"其他人"居住）。中国位于驼鹿的头部。美洲和萨哈林岛（库页岛）也分别画成一条龙（2）和一条鱼（3）。在大驼鹿下的小驼鹿（4）代表了下界，从那里沿着一条河（5）即可到达上部的"月界"（6）。在上界有一些无名河湖、一片有"熊河"注入的"熊海"（7 和 8）以及一片有"虎河"注入的"虎海"（9 和 10）。"日界"的图像（11）位于月界左侧，画得远不如月界详细。环绕大地的是几片海洋——海象海（12）；鲸海（13）；"水域之主"海（14）、溺者之海（15）和寒冰海（16）。大地的上方是"猴子天界"（17）。猴子是象征了天花的邪灵。图上还描绘了天文现象［据推测可鉴定为猎户座（18）、昴星团（19）和金星（20?）］。整个宇宙局限在一个球壳里，球壳里面又蓝又硬，是我们所见的天空。球壳外面则软如棉絮。球壳上有两个开口：一个位于大地正上方（北极星，21），另一个位于地下（22）。尽管被画到大地图像（1）之外，23 处的巨熊是所有动物的俗世之主。图上的其他图像描述了几个有关亡灵和著名萨满的创世旅行的奥罗奇传说。

以上解读基于 V. A. Avrorin and I. I. Koz'minskiy, "Predstavleniya Orochey o vselennoy, o pereselenii dush i puteshestviyakh shamanov, izobrazhennye na 'karte'"（奥罗奇人在"地图"中描绘的有关宇宙、灵魂重生和萨满旅行的观念）, *Sbornik Muzeya Antropologii i Etnografii*（*Leningrad-St. Petersburg*）（列宁格勒—圣彼得堡人类学和民族学博物馆年刊）11（1949）：324－334。

338

陆地制图和陆地图

陆地制图的历史报告
（与鲍里斯·波列沃伊合写）

在与北极和亚北极地区人群接触之后，我们已经有了几份有关他们绘制的陆地图的报告。在上文有关北美洲地图学的章节中已经介绍了一些地图和制图报告。[31] 18 世纪后期，拉佩鲁兹（La Pérouse）考察活动的成员曾要求库页岛（Sakhalin）的居民——

> 画出他们的领地和满族人的领地的轮廓。之后，一位老人起身，用他的矛尖在西边画出了鞑靼地方的海岸，大致呈南北走向；面对着这海岸，他在东边则画出了他们自己的岛，大致也呈相同的走向。他几次把手放在胸膛上，让我们知道他刚画出了他们自己的领地；他在鞑靼地方和岛之间留出一道海峡，然后又转而朝向我们的船——从岸上可以看到它——以一条线表明这道海峡可以通行。在岛的南端，他画出了另一块土地，在其间也留出一道海峡，表明这是我们的船只可以行驶的路线。这位老人很厉害，可以猜出我们所有问题的意思，但另一位三十岁上下的岛民就更厉害了。他看到沙地上画出的陆地的轮廓正在消失，就从我们这里拿了一支铅笔和一些纸。他画出了他们的岛，称之为"塔普肖卡［Tapschoka，千岛群岛或库页岛的本地名称］，又画出一条线，从北到南大约有全岛的三分之二长，表示岛上的一条小河，我们此刻正站在这条河［可能是伊林卡（Ilikna）河］的岸边……在会谈中，所有其他的岛民都在场，用手势表示他们的同胞所绘之东西准确无误。[32]

几年之后的 1811 年，戈洛夫宁（Golovnin）也对千岛群岛中部的当地阿伊努人解读俄国人所绘这一地区的地图的能力感到惊讶。"我们的地图上画着他们的岛屿，一看到这些地图，他们马上就认出了这些岛屿……（还）告诉我们岛的真正名字，也就是它们的阿伊努语名字。"[33] 1849 年，涅维利斯科伊（Nevel'skoy）在库页岛西北部遇到了尼夫赫（Nivkhi）人。其中一人用铅笔在纸上为他画了阿穆尔河（黑龙江）河口的地图，标出各个地区的名字；另一人用符号标明了河口航道的深度，第三个人则在沙滩上画出了吉利亚克（Gilyak，即尼夫赫人）人领地的范围。[34]

339

对北极和亚北极地区原住民的制图过程和步骤，我们还知之甚少。日耳曼人博物学家、旅行家雅各布·格奥尔基（Jacob Georgi）在 18 世纪后期曾到西伯利亚旅行，注意到鄂温克人会绘制临时性的地图："当（鄂温克人）想在其他地方会面时……他们就用手指在雪上或

㉛　北美洲的实例参见 135—170 页。

㉜　Jean-François de Galaup, comte de La Pérouse, *The Journal of Jean-François de Galaup de la Pérouse*, 1785 – 1788, Publications of the Hakluyt Society, 2d ser. nos. 179 – 180 (London: Hakluyt Society, 1994 – 1995), 2: 289 – 291. 全书共 2 卷，由约翰·邓摩（John Dunmore）编译为英文。

㉝　V. M. Golovnin, *Sakrashchennye zapiski flota kapitana Golovnina o plavanii ego na shlyupe "Diana" dlya opisi Kuril'skikh ostrovov v 1811 g.* （舰队船长戈洛夫宁所写的在 1811 年驾驶单桅纵帆船"黛安娜"号发现千岛群岛的简要回忆）(St. Petersburg, 1819), 81 – 82。

㉞　B. P. Polevoy, "Podrobnyy otchet G. I. Nevel'skogo o yego istoricheskoy ekspeditsii 1849 g. k ostrovu Sakhalin i ust'yu Amura" （G. I. 涅维利斯科伊对他 1849 年前往库页岛和阿穆尔河口的历史性考察的详细报告），*Strany i narody Vostoka* （东方国家和人民），vol. 8, bk. 2 (1972): 114 – 149，特别是 134 页；民族志学家 L. Ia. 施捷因别尔格（Shternberg）也曾向阿德勒（Adler）报告了尼夫赫人出色的制图能力，并把一幅由一位尼夫赫人（"吉利亚克人"）用铅笔在纸上绘制的"非常精确"的库页岛南部地图寄往圣彼得堡，参见 Adler, "Karty pervobytnykh narodov," 154 – 155 （注释 10）。阿德勒提供了很多由原住民为民族志学者和探险家绘制的"相对精确"的地图的实例。

土上画出示意图，之后便可准确无误地在指定地点见面。"㉟ 19 世纪中期，尽管已经有人向斯维尔别耶夫（Sverbeev）介绍了鄂温克人的制图本领，但是他还是惊讶于他们的制图速度。在乌第（Uda）河谷中离乌第斯利耶（Udskoye）不远的某个地方，有四个鄂温克人拜访了他；于是他打算考考他们制图的本事。在先说过想要绘成地图的地区名称之后——

> 我给每个人发了一支铅笔和一张纸。让我大为惊讶的是，所有这四个人根本不假思索，甚至一言不发就开始了绘图工作：只用了一个小时，各人的地图就都绘制完成，在我面前展示出了乌第河地区的全貌，直至最小的细节。这些地图虽然没有遵循比例尺，但主要河流的流向、山脉的走向都与波兹德尼亚科夫（Pozdnyakov）的俄国亚洲部分全图提供给我们的贫乏的地理信息相符，但有一点不同，就是通古斯人［Tungus，即鄂温克人］向我展示的河溪的内容在那幅地图上并无标注。㊱

340　　　到 19 世纪晚期，人们已经普遍认为鄂温克人具有善于在纸上表达地理知识的杰出能力，尽管这种判断基于何种标准和证据还不清楚。㊲ 按照西伯利亚民族志学者的说法，鄂温克人非常清楚泰加林中的复杂水系，能够清楚地把它以图像的方式表现在桦树皮上的平面图、概图或地图中。波德戈尔本斯基（Podgorbunskiy）就在 1919 年描述过鄂温克人瓦西里·安东诺夫（Vasiliy Antonov）的制图术：

> 安东诺夫的绘制方法如下：首先，他总是会标出一个地区的主河道——马亚（Maya）河，按照从上游到下游的流向把它画出来。其次画出支流，从干流的源头开始一直画到河口，同时还绘出沿河道分布的其他特征。瓦西里·安东诺夫绘起地图来又迅速又胸有成竹，仿佛这整幅复杂的水文系统图就在这位绘稿人眼前似的；在他绘图的时候，他还标出了各自独立的图题（地名），并解释了标在地图上的各种便捷符号的意义。㊳

㉟　Ivanov, *Materialy po izobrazitel'nomu*, 125（注释 21）所引 Georgi 之话。

㊱　N. Sverbeev, "Proezd s Urchenskoy yarmarki do Udskogo ostroga"（从乌尔臣市场到乌茨基堡之路）, *Vestnik Russkago Geograficheskago Obshchestva*（俄国地理学会简报）4（1853）：95 – 109，特别是 108—109 页。斯特鲁维（Struve）也对鄂温克人（通古斯人）的地图略有提及，特别是一幅绘有马亚河上游和注入鄂霍次克海的水系的地图［B. V. Struve, *Vospominaniya o Sibiri*（西伯利亚回忆录）, (St. Petersburg, 1889), 146 – 147］；别卡尔斯基（Pekarskiy）和茨维特科夫（Tsvetkov）则带走了由鄂温克人（通古斯人）绘制的鄂霍次克海岸的地图［E. K. Pekarskiy and V. P. Tsvetkov, "Ocherki byta priayanskikh Tungosov"（阿延地区通古斯人日常生活简述）, *Sbornik Muzeya po Antropologii i Etnografii pri Imperatorskoy Akademii Nauk*（帝国科学院人类学和民族志博物馆馆刊）, vol. 2, no. 1 (1913), 特别是 126 页］。"F. I. 波兹德尼亚科夫的俄国亚洲部分地图（1825 年）"在下书中有提及：*A Short History of Geographical Science in the Soviet Union*, ed. Innokenty Gerasimov, trans. John Williams (Moscow: Progress, 1976), 90。

㊲　P. Ye. Ostrovskikh, *Poyezdka na Ozero Yesei*（叶谢伊湖之旅）, *Izvestiya Krasnoyarskogo podotdela Vostochno-Sibirskoog otdela Imperatorskogo Geograficheskogo Obshchestva*（帝国地理学会东西伯利亚分会克拉斯诺雅尔斯克支会学报）, 1, no. 6 (1904)：21 – 32，特别是 32 页。

㊳　V. I. Podgorbunskiy, "Dve karty Tungusa s reki Mai"（一位来自马亚河的通古斯人的两幅地图）, *Izvestiya Vostochno-Sibirskogo otdeleniya Russkogo Geograficheskogo Obshchestva*（俄罗斯地理学会东西伯利亚分会年报）, 1924, 138 – 148。

其中，矩形代表房屋，因为雅库特人和俄罗斯人的房屋有四个角（鄂温克人则住在圆锥形毡包中）。折线代表山脉，但并非所有山脉都会绘出，因为这样就会让地图上留不出绘制河流的地方。晒制干草的地方则以短的平行线条表示。[39]

另一个例子涉及尤卡吉尔（Yukagirs）人。天文学家 E. F. 斯克沃尔佐夫（Skvortsov）参与了 1908 年 I. P. 托尔马乔夫（Tolmachev）领导的北极考察，他描述了尤卡吉尔人尼古拉·恩卡昌（Nicolai Enkachan）如何应考察队中的地形测量学者的要求绘制了因迪吉尔卡（Indigirka）河和阿拉泽亚（Alazeya）河地区的草图。"我们都惊得吸气……他把所有的地物都画得这么出色：河流，山脉，所有山岭的走向，这一切又都得到了主要方位点的支持，特别是北，位于地图的上方。他把几百平方俄里的广阔地区如此清楚明白地表现出来，让我们十分惊讶……不仅如此，他很可能从来没见过任何地图，也很可能不会阅读。"[40]

有证据表明，这些人群中至少有一些人在绘制和使用地图时采用天体确定方位。阿尔森耶夫（Arsen'ev）颇为惊异地描述到，鄂温克人可以在泰加林和苔原中精准定位，主要靠恒星和太阳。[41] 在传统文化中，天体定向与地图绘制和应用的这种结合具有独特性，但天位定向在确定地图拓扑结构时的具体作用还不清楚。

进入 20 世纪后，一个显而易见的事实是，欧洲（主要是俄国）探险者和野外科学家不断惊讶于北极和亚北极地区人群在和欧洲人接触过程中表现出的绘制地图的能力，对此留下了深刻印象——这种能力几乎可以肯定是来自陆地制图的世俗传统。[42] 保存至今的陆地制图的实例有几种形式和绘制背景：它们可以画在树皮和木头上，作为空间信息交流的方式，特别是用于和不在场的人交流；它们可以作为世俗手工艺品的装饰，可能具备（或可能不具备）象征意义；而在和欧洲人及北美人接触之后，也可能作为贸易品而绘制。

木头和树皮上的地图

尼古拉斯·威特森在 1705 年前后描述过一些在西伯利亚制作的木板，其上刻有"对

[39]　Podgorbunskiy, "Dve karty Tungusa s reki Mai."

[40]　D. A. Shirina, *Ekspeditsionnaya deyatel'nost' Akademii Nauk na Severovostoke Azii*, 1861 – 1917 gg.（1861 – 1917 年科学院东北亚考察活动）（Novosibirsk：Nauka, 1993），136 – 137.

[41]　V. K. Arsen'ev, "V tundre：Iz vospominaniy o pyteshestvii po Vostochnoy Sibiri"（在苔原：来自东西伯利亚旅行的回忆），*Novyy Mir*（新世界）11（1928）：258 – 266，特别是 264—265 页。

[42]　此外还有一些实例，表明他们具有通过垂直透视理解大型地物形状形态的能力。比如说，17 世纪中期的楚科奇人和爱斯基摩人把 3 万平方英里的楚科奇半岛称为"大石鼻"（*bolshoy kamennyy nos*）；参见 B. P. Polevoy, "O tochnom tek-ste dvukh otpisok Semena Dezhneva 1655 g."（论谢缅·杰日尼奥夫 1655 年两份报告的准确文字），*Izvestiya Akademii Nauk SSSR：Seriia geograficheskaia*（苏联科学院年报：地理学部分）6（1965）：101 – 111。

有几个著名的例子表明，欧洲人在编绘地图时，也曾利用过原住民的地图图像，尽管这非本章关注的中心内容。其中一些例子参见 G. M. Vasilevich, "Drevniye geograficheskiye predstavleniya evenkov i risunki kart"（鄂温克人的古老地理学观念和示意地图），*Izvestiya Vsesoyuznogo Geograficheskogo Obshchestva*（全联盟地理学会年报）95, no. 4（1963）：306 – 319 及 A. V. Postnikov, "Kartografiya v tvorchestve P. A. Kropotkina"（P. A. 克鲁泡特金所研究的地图学），in *P. A. Kropotkin i sovre-mennost*（P. A. 克鲁泡特金和现代性）（Moscow, 1993），80 – 92。

341 领地的描绘"；而因为威特森把它们视为他自己的地图的原始材料，这些描绘肯定不只是些活动场景。[43] 楚科奇人把地图绘在大块木板（*derevyannye planshety*）上，现存有两套几乎相同的木板，每套各有9张。每一块木板都详细描绘了一条河流的一段。其中一套木板藏于彼得大帝人类学和民族志博物馆，由俄国民族志学者 N. L. 贡达季（Gondatti）在 1898 年购买并送至圣彼得堡（图 8.13）。[44] 另一套木板则由莫斯科州立大学人类学博物馆购得。木板描绘了一条河流的流向，如果把它们首尾拼连，则可组成一条大型的双重曲线（见图 8.14）。[45] 贡达季对这些图没有提供任何描述或讨论，它们在何种背景之下制作，这两套木板之间的准确关系（是否同一人制作？其中一套是否为另一套的复制品？），我们现已不得而知。

这些木板上的地图如何使用也不得而知，但它们拼在一起的总长达 4.25 米，暗示了它们可能不是作为易携带品而制作。作为一份统一的作品，这幅地图描绘了沿河的日常生活。最大的一块木板显示了河口，它具有不规则的海岸线，以及较小的有支流注入的河湾。溯游而上，河流急转而收狭。沿河岸绘出了灌丛，更上游的地方则有密灌丛、树木、岛屿和沙堤、鹿行走的路线，以及从各个方向走近河岸的鹿。就河流本身来说，其中则绘有小舟、鹿和猎鹿人。在最后一张木板的岸边绘有四名猎人所居住的小屋。[46]

这些在 19 世纪后期获得的楚科奇木板地图显示了相当大的精细性。俄国人在这一地区
342 活动了一百多年之后，一些近期的文化涵化是很可能发生的，但是在木板上绘制地图的传统很可能要古老得多；威特森提及的地图就绘制于近两百年前。

1887 年，有几幅刻有图画的木板被送到俄罗斯帝国地理学会。这些图画由西西伯利亚平原泰加林中的曼西（Mansi）猎人绘制，他们称之为"兽迹"（*zverinye znaki*），是些小形木板（约 8×11 cm），通常两面都有雕刻，内容较为抽象（以至于非群体中人根本无法理解）（图 8.15）。木板的制作时间很可能非常接近于它们在 19 世纪晚期被人获得的时间。其上的图案已被解读为展示了松鼠、狗、人群、小舟、貂熊、水獭、猎人和狩猎场景——包括讲述谁去了哪里、他们猎杀了什么种类的兽类的曼西猎人。[47] 在一些画面中，方向性由动物踪迹所提示。这些木板的功能尚不清楚。[48]

曼西人制作的木板，在风格上和另外两种以木头为载体的图画有关，这两种图画是刻在

---

[43] B. P. Polevoy, "O tochnom tekste dvukh otpisok Semena Dezhneva 1655 g."（论谢缅·杰日尼奥夫 1655 年两份报告的准确文字）, *Izvestiya Akademii Nauk SSSR: Seriya geograficheskaia*（苏联科学院年报：地理学部分）6 (1965): 330。

[44] 在下述文献中有简要提及：V. G. Bogoraz, "Ocherk material'nago byta olennykh Chukchey"（驯鹿楚科奇人的日常生活一瞥）, *Sbornik Muzeya po Antropoglogii i Etnografii pri Imperatorskoy Akademii Nauk*（帝国科学院人类学和民族志博物馆刊）2 (1901), 特别是 55 页。对这套地图的最详尽的讨论见 Adler, "Karty pervobytnykh narodov," 61–62（注释10）。

[45] Adler, "Karty pervobytnykh narodov," 62–63, 该文把图上河流鉴定为阿纳德尔（Anadyr）河，并把这套木板和该地区的现代地图做了比较；Ivanov, *Materialy po izobrazitel'nomu*（注释 21），该书没有确定所绘河流是哪一条。

[46] Ivanov, *Materialy po izobrazitel'nomu*, 454–456.

[47] K. Nosilov, *U vogulov*（在沃古尔人中）(St. Petersburg, 1904), 231。

[48] Ivanov, *Materialy po izobrazitel'nomu*, 18–19（注释 21）。

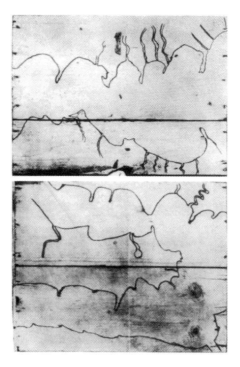

图 8.13　一套楚科奇地图木板　　　　　　　　341

这里展示了九块木板，它们拼在一起便描绘了一条河流的走向。木板以鹿或驯鹿的血上色。

原件尺寸：首尾相接时长 4.25 米。承蒙 Museum of Anthropology and Ethnography of Peter the Great, St. Petersburg 提供照片。

桦树皮上的通信和削去皮的树干上的绘画，其中至少有一些是地图。虽然在北美洲没有类似木板地图的制作品，但桦树皮雕刻画和树干绘画看来是环北极文化的特征。[49] 我们知道，桦树皮可用作家居用品。[50]

在北极和亚北极地区，桦树皮上的雕刻地图很可能相当普遍，但与鄂温克人和尤尔吉卡人更为相关。特别是在狩猎远足中，桦树皮通信图可被插在分叉的树枝上，置于显眼之处，意在让后来之人可以看到。图上的重要信息包括远足的方式和方向，已经追踪的路线和建议路线，地形和水文特征，以及和狩猎有关的事件。因此，这些图画在形式和功能上都像地图。这种放置桦树皮通信的方式，和北美洲东北部印第安人广泛应用的方式几乎完全相同。[51]

民族志学者 S. 沙尔戈罗茨基（Shargorodskiy）和 V. I. 约赫尔松（Iokhel'son）收集了尤　343
卡吉尔人的桦树皮通信。原图以小刀尖刻在桦树皮上，现已不存；然而，约赫尔松重绘并公

---

　　[49]　一些例子见上文 135 – 136 页和 142 – 143 页。

　　[50]　Ye N. Orlova, "Naselenye po r. r. Keti i Tymu, yego sostav, khozyaystvo i byt"（凯特河和特姆河流域的人口，其构成、经济和日常生活），*Raboty Nauchno-Promyslovoy Ekspeditsii po Izucheniyu Reki Obi i Yeye Basseyna*（勘探鄂毕河及其流域的科学和经济考察报告）（Krasnoyarsk）1, no. 4（1928）。

　　[51]　在北极和亚北极地区，男性和女性均有其桦树皮通信；参见 Ivanov, *Materialy po izobrazitel'nomu*, 519 – 520（注释 21）。

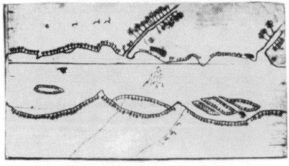

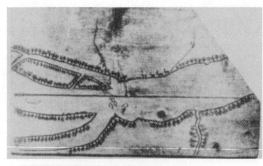

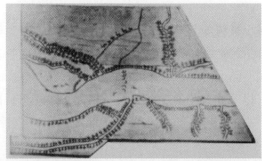

图 8.13　（续）

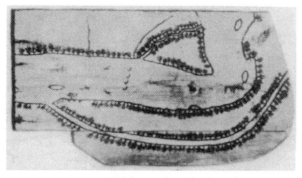

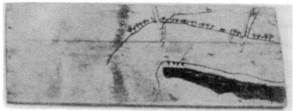

图 8.13　（续）　　　　　　　　　　　　　　342

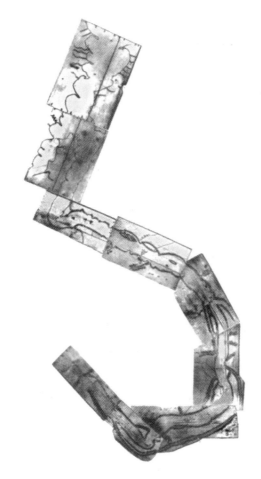

图 8.14　拼合在一起的楚科奇地图木板　　　　　343

九块木板拼在一起展示了一条河流的走向。

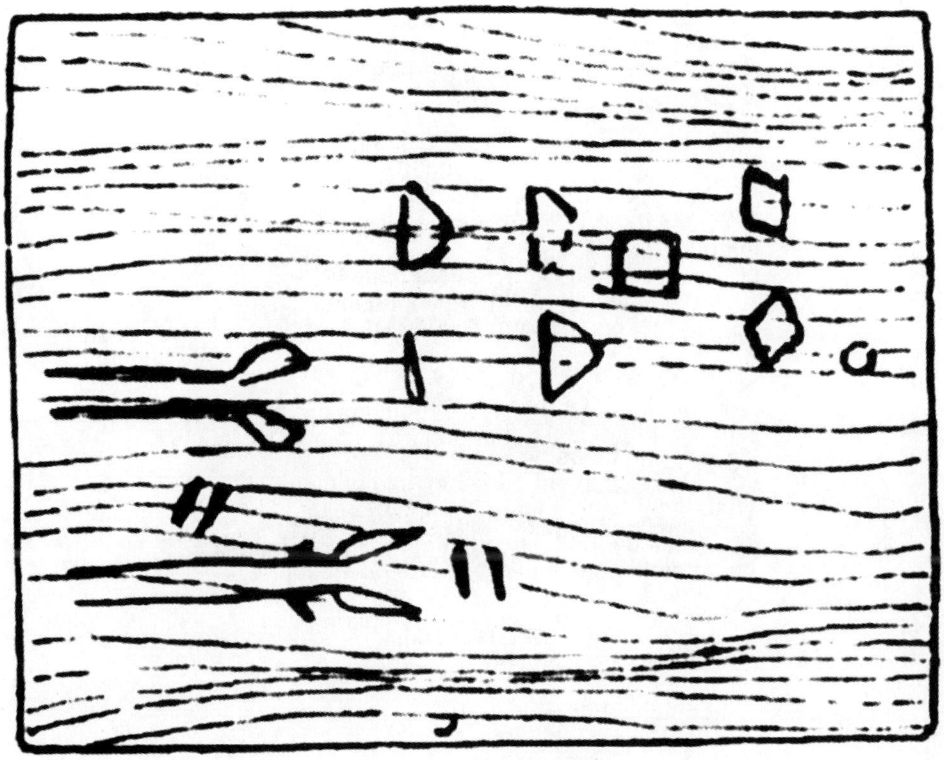

344 **图 8.15 曼西人的木板象形画，很可能为 19 世纪后期绘制**

木板一侧刻出了两头驼鹿的腿，爪子代表一头熊，两对短划线意味着两名猎人，很可能还意味着两条狗。

原件尺寸：约 8×11 厘米。引自 S. V. Ivanov, *Materialy po izobrazitel'nomy iskusstvu narodov Sibiri XIX-nachala XX v.*（19 世纪至 20 世纪早期西伯利亚人民的美术作品）（Moscow：Izd-vo Akademii Nauk SSSR, 1954），19（图 1 分图 1）。

布了这些图像，本书因而得以展示（图 8.16 – 8.18）。(52) 其中一幅（图 8.16）在很多方面都类似上文介绍过的维格河岩雕（图 8.1）。同一时间收集到的另一幅桦树皮通信上绘有可沿其行进的路线，考虑到这一本质，这幅图的含义要清晰得多（图 8.17）。这些路线代表了当地水系中的一个复杂部分，一条支流上绘有一道鱼栅或急流，这让这幅图有了地图的性质。任何了解这一地区水系的人，都能非常准确地识别出这些地点。在这方面，这幅图与 1841 年发现的一幅反映了渥太华河和休伦湖之间水道的桦树皮雕刻地图有很大共性（见上文 84—85 页和图 4.24）。

在这两幅图中，水文都以现实主义方式描绘，帐篷表示居民点或临时营地，船和独木舟的朝向和使用者则可能提示了运动方向。同一时间收集到的最后一幅图，可能也是对河流水系的最清晰的地图性描绘（图 8.18）。

在削掉树皮的树干上涂绘地图，是给预期会经过的人留下消息的更显眼的方式。考古学家 E. D. 斯特列洛夫（Strelov）曾报告，在勒拿河和阿尔丹（Aldan）河上游之间沿鄂温克

(52) V. I. Iokhel'son, "Po rekam Yasachnoy i Korkodonu"（沿着亚萨奇尼亚河和科尔科东河），*Izvestiya Imperatorskago Russago Geograficheskago Obshchestva*（《俄国地理学会会刊》）34, no. 3（1898）：255 – 290。

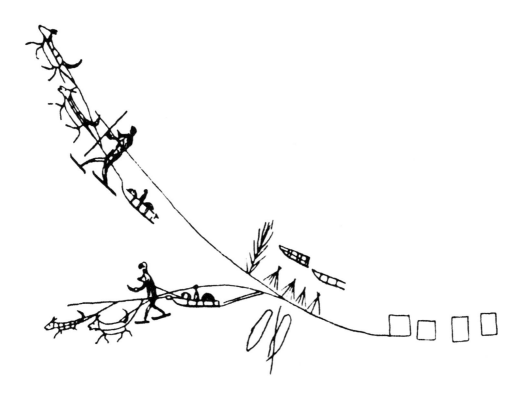

图 8.16　尤卡吉尔人的桦树皮通信　344

此图由搜集到原始信息的民族学家约赫尔松重绘。图中展示了四个帐篷和两艘载重狗拉雪橇，每艘雪橇旁边都有一名滑雪者。图中的连续线可能是路线标志，也可能构成了一个滑雪者沿其分岔行进的二岔水系，具体情况现在不得而知。

引自 S. V. Ivanov, *Materialy po izobrazitel'nomy iskusstvu narodov Sibiri XIX-nachala XX v.* （19 世纪至 20 世纪早期西伯利亚人民的美术作品）（Moscow: Izd-vo Akademii Nauk SSSR, 1954），522（图 83 分图 1）。

人的小道行进时，他经常发现削了皮的树上有用煤涂黑的图画。[53] 1903 年，在中西伯利亚高原西南边缘附近的石泉通古斯卡河谷中，A. A. 马卡连科（Makarenko）在松树树干上刀削过的部分发现了图画。[54] 其中至少有一些反映了地形信息（图 8.19）。

1934—1938 年间，在努姆（Num）湖地区阿姆尼亚（Amnya）河上游发现了汉特（Khant）人的记号（图 8.20）。[55] 原始记号以猎刀刻在桦树上，尺寸不详。这里复制的图画由民族志学者 I. S. 古德科娃（Gudkova）重绘。古德科娃对她重绘的图画没有留下任何文字报告，因此这些图画的描述文字很少，在她去世后才发表。[56] 桦树雕刻上常见描绘的事物有动物、狩猎场景、人物形象和水系干流。在泰加林北缘附近的沼泽地区，淡水鱼是重要的食

---

[53] 斯特列洛夫的信件引用于 N. N. Gribanovskiy, "Svedeniya o pisanitsakh Yakutii"（雅库特岩雕的相关信息），*Sovetskaya Arkheologiya*（《苏维埃考古学》）8（1946）: 281 – 284。

[54] Ivanov, *Materialy po izobrazitel'nomu*, 124 – 125（注释 21）（该书未引用马卡连科的论著）。

[55] Ivanov, *Materialy po izobrazitel'nomu*, 21 – 22。

[56] 这些图画发表于 V. V. Senkevich-Gudkova, "K voprosu o piktograficheskom pis' me u kazymskikh khantov"（卡济姆汉特人图画语言的问题），*Sbornik Muzeya Antropologii i Etnografii*（*Leningrad-St. Petersburg*）（《列宁格勒—圣彼得堡人类学和民族志博物馆年鉴》）11（1949）: 171 – 174。

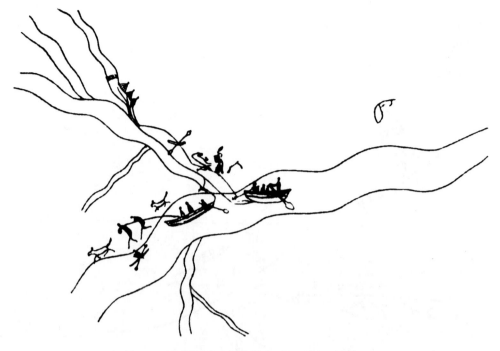

344

图 8.17 尤卡吉尔人有关集体沿河旅行的桦树皮通讯图

此图由搜集到原始信息的民族志学家约赫尔松重绘。图中展示了一艘大船、一只由二人牵引的小船和一只独木舟。大船和为人所牵引的小船看来正沿着相反的方向前进。

引自 S. V. Ivanov, *Materialy po izobrazitel'nomy iskusstvu narodov Sibiri XIX-nachala XX v.*（《19 世纪至 20 世纪早期西伯利亚人民的美术作品》）（Moscow: Izd-vo Akademii Nauk SSSR, 1954），523（图 83 分图 3）。

物成分，很多记号都以平面图的视角描绘了打鱼活动。绘制这样的平面图显然是更广泛的地区传统的一部分。

344　　1901 年，一位来自东部直接相邻地区的塞尔库普人用铅笔在纸上画了一幅图，尽管不是绘或刻在削皮树木上，却是一幅非常类似的反映捕鱼场景的平面图（图 8.21）。该图以及另几幅图画都是应一位民族志学者的请求绘制，在这幅平面图中展示了一条小河、一道渔栅或捞网。[57] 在 20 世纪 30 年代，原图是 P. Ye. 奥斯特罗夫斯基赫（Ostrovskikh）的私人收藏。

不管是刻在树皮上还是绘在削去皮的树干上，北方人群的这些空间信息几乎总是代表了范围较小的地域，因此可以和平面图或大比例尺的地图比较。此外，因为这些图用来通知不在场的人，它们都强调了湖泊的形状之类独特的地物特征，以及水系网络之类的独特图案。因为这些图描绘的是小范围地区，除非在收集这些图时就做了仔细的记录，否则如今已经很难把它们和所指示的地物关联起来了。

装饰地图和贸易地图

地图有时也用于装饰仪式性物品。尼夫赫文化是阿穆尔河流域的原住民文化之一，猎熊

---

[57] Ostrovskikh, *Poezdka na Yenisay*（注释37）及 Ivanov, *Materialy po izobrazitel'nomu*, 63–64（注释21）。

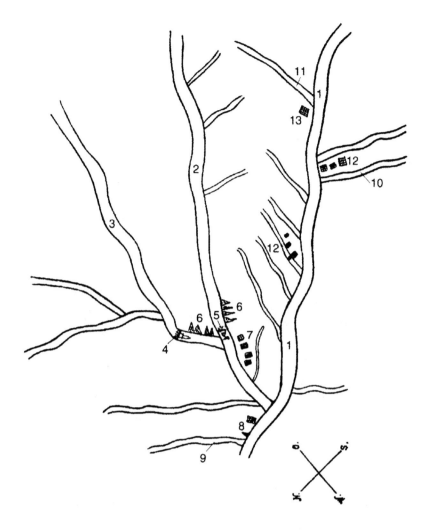

图 8.18 尤卡吉尔人展示了河流和临时住所的桦树皮地图 345

此图由约赫尔松重绘，展示了以下内容：(1) 科雷马河；(2) 科尔科东河；(3) 拉兹索哈河；(4, 5) 渔栅；(6) 科尔科东尤卡吉尔人的夏营地；(7) 科尔科东尤卡吉尔人的冬营地；(8) 夏德林先生的夏季和冬季住所；(9) 斯托尔博瓦亚河；(10) 巴雷格昌河；(11) 布云达河；(12) 雅库特人的毡包；以及 (13) 阿穆尔贸易公司一位代理人的住宅。

据 V. I. Iokhel'son，"Po rekam Yasachnoy i Korkodonu"（沿着亚萨奇尼亚河和科尔科东河），*Izvestiya Imperatorskago Russago Geograficheskago Obshchestva*（《俄国地理学会会刊》）34，No. 3 (1898)：255 – 290，特别是图版Ⅳ。

是非常受敬重的活动，总是伴随有精心准备的仪式。[58] 在一年一度的冬季熊节中使用的仪式器皿的把手上会刻有地图元素，描述了狩猎活动中的重要事物：熊，熊穴（由此处开始追踪熊），足迹，爪印，追猎的途径。仪式用勺则装饰有熊、太阳和月亮，并以螺旋形带饰连

---

[58] Lydia T. Black，"Peoples of the Amur and Maritime Regions，" in *Crossroads of Continents：Cultures of Siberia and Alaska*，ed. William W. Fitzhugh and Aron Crowell（Washington，D. C. ：Smithsonian Institution Press，1988），24 – 31，特别是27 和29—30 页。

345

图 8.19 伐木之上的地形图

　　这幅图系用煤在一棵松树被砍削的地位绘制而成，是鄂温克人象形书写的范例。整幅图的上部
展示四个三角形，描绘的是帐篷；图的下部以一条宽阔的条带代表了一条河。在它之上是船和三个
人形的图像（Ivanov, *Materialy po izobrazitel'nomy*, 124 – 125）。

　　原件尺寸：28 × 22 厘米。引自 S. V. Ivanov, *Materialy po izobrazitel'nomy iskusstvu narodov Sibiri
XIX-nachala XX v.*（《19 世纪至 20 世纪早期西伯利亚人民的美术作品》）（Moscow：Izd-vo Akademii
Nauk SSSR, 1954），124（图 26）。

接起来。[59] 每件器皿都属于某个尼夫赫氏族，在两个节日期间，这些器皿被保存在特别的小
屋中，一同保存的还有熊的颅骨及其他和猎熊节有关的物品。

345　　　仪式器皿所容之物，或者是被杀动物的心脏，或者按其他报告的说法，是被杀动物的
肉、脂肪或头。器皿以桦木或杨木雕刻而成，尺寸不一，最大者长可达 1.5 米。器皿由 3 个
区别明显的部分组成：把手、伸长的容器部分，以及长而扁平的前部尖嘴。每件器皿都刻有
作为一次特定的狩猎活动的记录，活动过程通过把手和尖嘴上的一系列雕刻来叙述。狩猎的
进展以熊和猎人的行迹来描绘，本地的那些可以用作定向点的地形特征如森林、河流和树丛
等也会加以体现（图 8.22）。

---

　　[59] Ivanov, *Materialy po izobrazitel'nomu*, 393 – 396（注释 21），及 Black, "Amur and Maritime Regions," 29（图 26 和
27）。

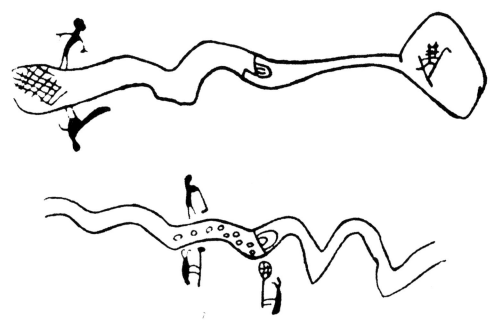

图 8.20　汉特人刻在桦树上的图画的摹绘　346

上面的场景描绘的是在夏季捕鱼。渔栅设在河中央，左边有一张网，岸边有两名渔民。下面的场景描绘的是人们在进行冰下捕鱼。冰面上是一列冰洞，身上带着钩子的渔民正在拉围网。引自 S. V. Ivanov, *Materialy po izobrazitel'nomy iskusstvu narodov Sibiri XIX-nachala XX v.*（《19 世纪至 20 世纪早期西伯利亚人民的美术作品》）（Moscow：Izd-vo Akademii Nauk SSSR, 1954), 23（图 3 分图 1–2）。

　　楚科奇人和爱斯基摩人有装饰船桨桨叶用于捕鲸等仪式场合的传统。1945 年，一位叫拉瑙塔金（Ranautagin）的楚科奇人在纸上用红色颜料画了几幅用来装饰桨叶的场景（得到装饰的船桨本身均已不存）。在场景中通常会有一道海岸线，陆地上的活动画在一侧，海洋中的活动画在它们旁边的海岸线另一侧。人类、住所、陆地动物、海洋动物和各种船只都以侧视图表示。这位信息提供者声称，这些场景源自梦中。图 8.23 中所示的绘画，是拉瑙塔金在纸上所绘的几幅图中的一幅的复制品。伸入海中的线条据说是一道沙堤，海中的捕猎活动就发生在这里。[60]

　　楚科奇人和爱斯基摩人还把类似的图案用于装饰独木舟或蒙皮木舟（umiak）的座　346
椅。这些图案在一年一度的仪式庆典上绘制，其中很明显包括了人和动物的图像，但也基本可以肯定还有次级内容，很可能对于群体中人有内在意义。伊万诺夫认为这些图案描绘了在节日期间表演的象征性的狩猎仪式的过程。举办庆典的目的是向魂灵控制者（spirit masters）献祭，吸引好的灵魂，安抚那些在狩猎中被杀的动物，保证未来的狩猎也能圆满

---

　　[60]　Ivanov, *Materialy po izobrazitel'nomu*, 423–426. 在阿拉斯加爱斯基摩人的传统桨画中，其主题不像图 8.24 所描绘的狩猎场景那么具体，而是更一般化。举例来说，有一幅阿拉斯加爱斯基摩人的桨画，其上有两个同心圆，里面有一个简单的叉形符号，外面则有一只雷鸟和一只海獭，参见 William W. Fitzhugh, "Eskimos：Hunters of the Frozen Coasts," in *Crossroads of Continents：Cultures of Siberia and Alaska*, ed. William W. Fitzhugh and Aron Crowell（Washington, D. C.：Smithsonian Institution Press, 1988), 42–51, 特别是图 51。

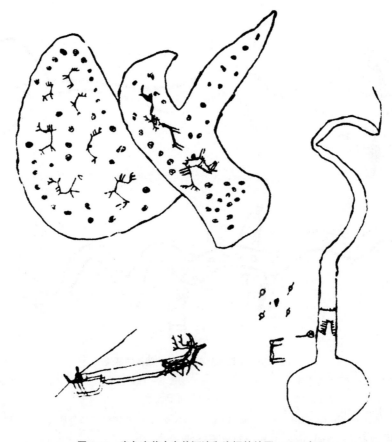

346

图 8.21　塞尔库普人有关河流和渔栅的绘画，1901 年

原图是在民族学者奥斯特罗夫斯基赫的请求下用铅笔在纸上绘制的。上述摹绘图描述了：一条流进一个小围场或湖泊的小河，河中有一道渔栅或捞网；一个仓库或储物棚；四个在一堆鱼周边设置的捕狐夹（尽管画得十分不清晰）。在同一幅画中还有两个围场，与前述图像不相关；围场明显把驯养的公鹿分隔开来，其中有两只看来正在争斗。两个围场中还有很多小标记，一般可以解释为鹿为了获得藓类而在雪上挖的坑。两个围场之下是一幅侧视图，画的是一个驾驶着驯鹿雪橇正在前往渔栅的人。

引自 S. V. Ivanov, *Materialy po izobrazitel'nomy iskusstvu narodov Sibiri XIX-nachala XX v.* （19 世纪至 20 世纪早期西伯利亚人民的美术作品）（Moscow: Izd-vo Akademii Nauk SSSR, 1954），63（图 45 分图 2）。

成功。[61] 图 8.24 就是伊万诺夫在 1940 年的西伯利亚考察中请求一位叫卡西加（Kasyga）的爱斯基摩人在纸上绘制的独木舟座椅图案。然而，伊万诺夫也被告知，座椅上的这些图画并没有描绘任何真实的狩猎经历。[62]

梯形的座椅被一条代表海岸线的水平线分成陆地世界和海洋世界。如果仅对图案进行初级解读，那么大部分图画内容都是显而易见的。陆地上有住所、猎人和兽类，沿海岸绘制的是和海中狩猎有关的场景，海中则有各种海兽，还有正在拖动一条鲸的几条独木舟。[63]

㉒　Ivanov, *Materialy po izobrazitel'nomu*, 427 – 443.

㉓　Ivanov, *Materialy po izobrazitel'nomu*, 431. 伊万诺夫假定这些图画多少和狩猎的法术有关，特别是和被猎杀的动物会转世的信仰有关。

㉔　Ivanov, *Materialy po izobrazitel'nomu*, 428.

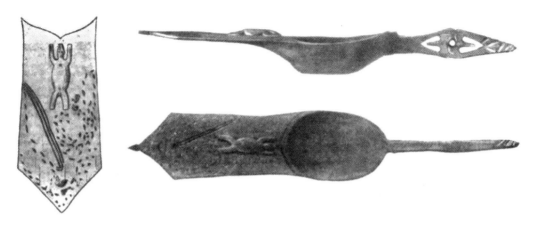

图 8.22　熊节的仪式器皿　　　　　　　　　　　　　　　347

右边是该器皿，左边是其上的装饰图案的摹绘。器皿底部中央的小凹陷是熊穴。在它周围雕刻有熊的爪印和猎人的足迹，还有描绘了滑雪杖行迹的小圈。在爪印旁边，人的足迹包围了熊穴。一看到这种象形画，木板上所雕刻的狩猎场景便变得清晰了——有一或两名猎人接近并包围了熊穴，把熊赶了出来；然后他们便开始追捕这头野兽。

圣彼得堡彼得大帝人类学和民族学博物馆馆藏，引自 S. V. Ivanov, *Materialy po izobrazitel'nomy narodov Sibiri XIX-nachala XX v.* （《19 世纪至 20 世纪早期西伯利亚人民的美术作品》）（Moscow: Izd-vo Akademii Nauk SSSR, 1954），393（图 245）和 397（图 247 分图 1）。

　　另有一种类似装饰地图绘制，但有时候具有强得多的制图成分的绘图传统，似乎是在 19 世纪后半叶与在北冰洋捕鲸的北美人和欧洲人接触的过程中逐渐发展出来的。[64] 胡珀（Hooper）于 1848—1849 年间在乌列利（Uurel'）曾见到一幅在一张漂白的海豹皮（*mandarka*）上绘制的图像，其中包括了人、动物和捕鲸场景。[65] 另一个留存至今的实例，现在保存在牛津大学，系由一条美国捕鲸船的船员在 19 世纪 60 年代晚期或 70 年代从楚科奇人那里获得（图 8.25）。这张兽皮已经得到几位学者研究，其中一位认为它是一年中在楚科奇半岛海岸进行的各项重大事件的一览图，但其他人则把它看成楚科奇人日常生活场景的简单汇总。[66] 图上除了描绘有陆地上和海洋中的场景外，人们还识别出楚科奇半岛上的一些地点，包括普洛弗湾（Plover Bay）、恰普利诺（Chaplino）、米奇格梅（Michigme）和圣劳伦　348

---

[64]　Ivanov, *Materialy po izobrazitel'nomu*, 448.

[65]　W. Hooper, *The Month among the Tents of Chukchi* (London, 1853), 65.

[66]　霍夫曼认为这张兽皮是一年之中的大事表的观点源自卡洛斯·博瓦利乌斯（Carlos Bovallius），后者相信兽皮上的记录"涉及整整一年的副业和狩猎"。参见 Walter James Hoffman, "The Graphic Art of the Eskimos," in *Annual Report of the Board of Regents of the Smithsonian Institution . . . for the Year Ending June* 30, 1895, including the Report of the U. S. National Museum (Washington, D. C.: United States Government Printing Office, 1897), 739 – 968, 特别是 938—944 页（然而，其中没有提供博瓦利乌斯观点的出处）。讨论过这张兽皮并给出图像的文献还有：Hans Hildebrand, "De lägre naturfolkens knost," in *Studier och forskningar föranledda af mina resor i höga Norden*, by A. E. Nordenskiöld (Stockholm: F. och G. Beijer, 1883), translated as "Beiträge zur Kenntniss der Kunst der niedern Naturvölker," in *Studien und Forschungen*, ed. A. E. Nordenskiöld (Leipzig: F. A. Brockhaus, 1885), 289 – 386, 特别是 316—322 页; Bogoraz, "Ocherk material'nago byta olennykh Chukchey"（注释 44）; J. G. Noppen, "A Unique Chukhi Drawing," *Burlington Magazine for Connoisseurs* 70 (1937): 34; Ivanov, *Materialy po izobrazitel'nomu*, 449 – 454（注释 21）; 以及 William W. Fitzhugh, "Comparative Art of the North Pacific Rim," in *Crossroads of Continents: Cultures of Siberia and Alaska*, ed. William W. Fitzhugh and Aron Crowell (Washington D. C.: Smithsonian Institution Press, 1988), 294 – 312, 特别是 308—309 页和图 443。

图 8.23　在纸上绘制的桨叶装饰图，1945 年

此图由嫩利格兰（Nunligran）村的拉瑙塔金绘制。左侧是两群鸟、一只被鱼叉叉中的巨鲸和两条载着猎手的带帆的蒙皮木舟；下方是海洋动物，包括海豹、海象和虎鲸（逆戟鲸），圆点则代表较小的鱼类。在沙堤的末端，一只巨大的海象已经被抓住；在沙堤另一端之上，猎人们把鱼叉投向海象，第三个猎人拄着一支手杖在拖动身后的一块肉向岸边走去。在岸上，另一名猎人也拖着一块肉，伸入陆地的一条线则指向几个填有肉的坑。沿着陆地的外缘画了几个亚栏架（yarangas，用驯鹿皮蒙盖的可移动框架式住宅）。在右下方展示了一场庆祝狩猎成功的庆典，其中一名男子拿着一个手鼓。在桨叶的末端是带辐射光线的太阳。

引自 S. V. Ivanov, *Materialy po izobrazitel'nomy iskusstvu narodov Sibiri XIX-nachala XX* V. （《19 世纪至 20 世纪早期西伯利亚人民的美术作品》）（Moscow: Izd-vo Akademii Nauk SSSR, 1954），424（图 9 分图 1）。

斯湾（St. Lawrence Bay）。[67] 霍夫曼（Hoffman）和伊万诺夫都认为这件兽皮的尺寸、所绘个体图像的数目、整体构思的精细性均不同寻常。在楚科奇艺术中还没有能和这幅兽皮画媲美的作品；事实上，楚科奇艺术的精细程度要差得多，从来不会像这张存世兽皮一样包含如此大量的人物。伊万诺夫猜测，这张兽皮有可能是特意绘制，用来卖给欧洲或北美洲的贸易者。[68]

结　论

生活在北冰洋以南的亚欧大陆上长达 5000 英里地带的居民的环境、经济和信仰系统，让他们创造了独具特色的传统制图术。与捕鱼、狩猎、捕鲸和驯鹿放牧相关的季节性迁徙要求人们具备广泛的地理知识，这些知识曾通过多种多样的图形载体得到表达。

这些地理知识与萨满教的宗教知识不可分割，而萨满教在北方居民的人生观中具有极为核心的地位。表达了萨满教世界模型的原始材料源于亚欧大陆的石器时代文化。除世界模型之外，萨满有关族群起源和土地由来的神话，以及有关自然的观念也一起决定了他们的世界

---

[67]　在如下著作中可见这张兽皮的摹绘本，其上的事物已得到编号和鉴定：Hoffman, "Graphic Art of the Eskimos," 图版 81（标出 52 项）；Ivanov, *Materialy po izobrazitel'nomu*, 图 28（标出 81 项）。

[68]　Hoffman, "Graphic Art of the Eskimos" 及 Ivanov, *Materialy po izobrazitel'nomu*, 448. 这张图是爱斯摩人还是楚科奇人所绘尚有争论。皮特·里弗斯博物馆在得到这张图后即把它装裱起来，标注的说明是"由一条来自白令海峡的北极捕鲸船的船长购得的楚科奇人海豹皮绘画，后由这位船长转予已故的爱德华·古德雷克（Edward Goodlake），由古德雷克转予沃尔辛厄姆勋爵托马斯（Thomas Lord Walsingham），再由勋爵在 1882 年转予我，阿尔弗雷德·丹尼森（Alfred Denison）"，此说明由比阿特丽斯·玛丽·布莱克伍德（Beatrice Mary Blackwood）所写。博物馆的档案记录中则有一条未注明日期的铅笔记录："并不像报告中所说那样是爱斯基摩人的作品"（据 Hoffman, "Graphic Art of the Eskimos"）。最近，费茨休表示"尽管此图被断言来自楚科奇人，但它可能是亚洲爱斯基摩人的作品，他们的风格和文化活动与此图更为接近"（Fitzhugh, "Comparative Art," 308, 图 443 的标题及注释 66）。

图8.24　仪式用独木舟坐席的图案　　　　348

由爱斯基摩人卡西加绘制的木制独木舟座椅。此绘画表现了陆上（上方）和海上（下方）的多种狩猎
活动。四个角上的洞用于把座椅固定到独木舟上。爱斯基摩人的独木舟座椅绘画的起源和意义还不清楚，
但是它们的应用看来与狩猎仪式有关。曾有一名爱斯基摩人报告说一年绘制两块以上的座椅是不合适的，
绘制的时间是在节日，据说那时人们会把它和诸如船桨等其他有魔力的人工制品一起用在念咒的活动中。

承蒙 Museum of Anthropology and Ethnography of Peter the Great, St. Petersburg 提供照片（70 - 24 - 1）。

观。然而，我们上面讨论了北方居民的地图的两大类别——宇宙志地图和陆地图。前一类别
的地图大部分绘于接触前时代，一般认为可以从岩画艺术和早期现代人造物上识别出来。大
多数陆地图的实物则制作于与欧洲人（主要是俄国人）的接触之后。

除了北斯堪的纳维亚的萨米人文化之外，本章讨论的大多数人工制品都收藏在俄罗斯，
还有很多发现、记录以及对具有地图学意义的民族学材料的分析工作有待完成。在从事这一
工作时需要谨慎，特别是在给史前岩画中的神秘和世俗元素定年、对它们做出解读和破译的
时候。还有一些宇宙志地图和天体地图与萨满教有关，比如那些画在萨满的衣服或鼓上的图
案就是如此，它们常常描绘了在本书中描述的一些文化中具有特征性的三层世界。在研究这
些地图时同样需要谨慎。

有关制图的历史报告，提供了审视原住民活动的另一窗口。原住民中的知情人——特别
是西伯利亚的鄂温克人——能够把广大的地域画成不能长久保存的草图，他们的绘制速度和
技巧总是令报告者感到惊讶。

陆地制图的实物通过几种载体保存下来：就我们仅知的实例来说，木头地图主要见于楚
科奇人之中，桦树皮地图多与鄂温克人和尤卡吉尔人相关。整个环北极地区的居民则共有一
个特点，就是在削皮的树干上绘制地图并上色，用以保存信息。地图装饰了一年一度的冬季
熊节期间使用的仪式器皿，这些器皿在节日以外的时间段里与其他仪式用品一起储藏起来。
出于庆典的需求，桨叶、独木舟和独木舟座椅也都可以用地图来装饰。

多种多样用于制图的材料表明了这些地图的古老用途。当然，随着亚欧大陆原住人群的

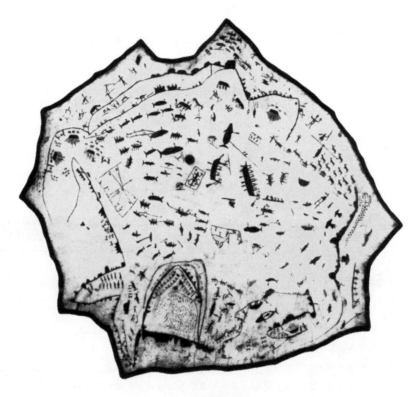

349

图 8.25　海豹皮地图？

　　图上展示的事物包括鲸、海象、熊和海豹的狩猎场景，鹿群，本地人，俄国人和
欧洲人，楚科奇人日常生活的场景，萨满，村庄，住宅，战斗场面，捕鲸帆船以及皮
划艇。在地图边缘的海岸线上已识别出普洛弗湾、恰普利诺、米奇格梅和圣劳伦斯湾。

　　原件尺寸：114.3×119.3 厘米。承蒙 Pitt Rivers Museum, University of Oxford, Ox-
ford, England 提供照片（1966－19－1）。

　　代表与俄国和欧洲贸易者、制造商和旅行者之间的贸易纽带逐渐形成，以地图形式进行的表
349　达也在与时俱进地变化。然而，就像本章所述，我们仍然可以对许多有特色的人工制品加以
描述，它们为我们理解亚欧大陆北极和亚北极地区渔猎人群的传统而神秘的地理观提供了宝
贵线索。

澳大利亚的传统地图学

第九章　邦域圣像：原住民古典传统中的地形呈现*

彼得·萨顿（Peter Sutton）

导　论

经过来自优势性的盎格鲁—凯尔特文化200多年的殖民和后殖民影响之后，澳大利亚原住民（Australian Aboriginal people）仍然保留了他们作为一个群体的文化身份。这些原住民分布在澳洲大陆各处，包括了大量次级群体（图9.1）。目前，原住民是一个规模较小的少数族群，在澳大利亚1800万人口中占到2%—3%。在大多数地区，其古代文化传统已经部分或全面遭受了许多力量的改造，组成这一合力的因素有：早期在各个地方与殖民者发生的暴力冲突，主要由疾病造成的人口减少，学校义务教育和制度化（institutionalization），酗酒。

在澳大利亚东部和西南部土地较为肥沃的地区，这些古典文化传统的很多方面已经高度消亡。然而，主要是在澳洲大陆北部和中部的较边远地区，原住民继续实践着文化传统中视觉、音乐和仪典的很多重要表现形式；这些传统深植于多少连续保持至今的文化历史，而这些文化至少可以追溯到6万年前，可能比这还更悠久。这些表现形式中无处不在的主题，就成为实践它们的人群所知的地方文化景观。

20世纪90年代，在从南部的大澳大利亚湾（Great Australian Bight）海滨到北部地区和西澳大利亚州的北部海岸的一条宽达数百千米的宽阔地带上，原住民的年青一代仍然在几十个地方不断参与古老仪式。与此不同，在非原住民人群分布最稠密的定居地区如悉尼、墨尔本和布里斯班的城市化地区，这些仪式的最后表演还是19世纪的事情。在都市中心区，年轻的原住民可能会学习新传统的舞蹈、来自已灭绝的本地语言的词汇以及当地神话的记录；很多情况下，连他们的父辈和祖父辈可能都不知道这些东

---

* John Stanton、Kate Alport、Carol Cooper 和 David Nash 为本章所用的资料提供了极有益的协助。本章中的一些较短的段落曾发表在其他著作中。感谢以下机构惠允我使用这些文字：南澳大利亚博物馆（Philip Jones and Peter Sutton, *Art and Land: Aboriginal Sculptures of the Lake Eyre Region*, 1986），南澳大利亚博物馆和亚洲学会（Peter Sutton, ed. , *Dreamings: The Art of Aboriginal Australia*, 1988），以及昆士兰博物馆［Peter Sutton, "Bark Painting by Angus Namponan of Aurukun," *Memoirs of the Queensland Museum* 30（1990 – 1991）: 589 – 598］。

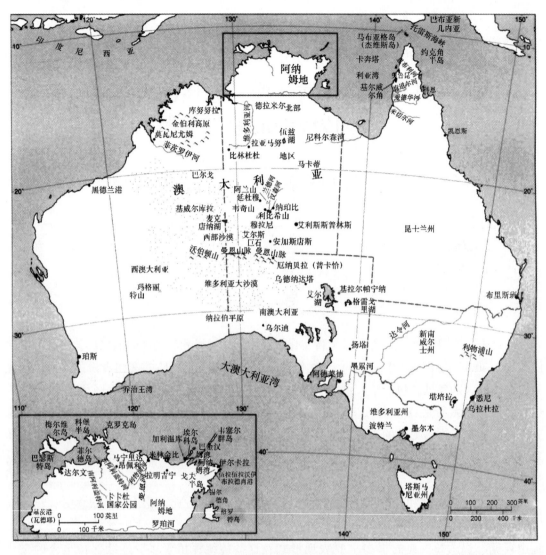

352

图9.1　澳大利亚的参考地图

本图展示了第九章和第十章中提到的地区和地点。

　　西，这些学习于是成为广泛的文化复兴运动的一部分。因此，"原住民文化"（Aboriginal culture）这个用语可能会包括很多内容，很难对它们加以概括。然而，各地的原住民仍然通过他们的古典传统内容来确立身份，甚至在已经几乎无法通过一手的经验来了解这些传统的地区也是如此。① 比起其他地方的传统来，澳大利亚的本土传统并没有更易变或更稳定，但在最近两个世纪的殖民和后殖民时期，它们确实已经经历了很大改变，速度明显越来越快。鉴此，在当代原住民文化中，把古典传统和后殖民传统区分开来就很有益处。

　　所谓古典传统，是指在最早的非原住民人群抵达澳大利亚开始永久定居之时，他们所实

---

　　①　在本章中我以大部分文字讨论了澳大利亚本土的原住民以及他们的作品。昆士兰州托雷斯海峡（Torres Strait）的人群源于美拉尼西亚的文化基础（澳大利亚本土的原住民也是如此），人数也比澳大利亚原住民少得多；在下文399页会提到他们。我在本章中讨论的这一类型的本土作品中的大多数都由澳大利亚原住民制作，而非由托雷斯海峡的岛民制作。

践的传统，② 在某些族群中，这些传统的很多方面仍然保存至今。后殖民传统和这些来自古代的传统有明显差别。古典传统中最广为人知、最受国际赞誉的内容，在英语中通常包括在"原住民艺术"（Aboriginal art）的名号之下。

354

现在已经有了海量的文献讨论这类表现形式。③ 文献中所提及的典型原住民艺术是视觉性最强的作品，创作它们的艺术家可能把他们觉得重要的本地文化景观拿来作为创作素材。这些作品不仅表现了特定地点的已知地文特征以及它们彼此之间的空间关系，而且表现了附于其上的宗教、土地所有权、政治意义和其他意义。事实上，尽管这两方面彼此紧密结合在一起，但对于这些作品的创作者来说，是后一方面——而非前一方面——在作品中具有更显著的重要性。

就此而言，区分出文化的"古典"阶段的理由之一，是有必要识别出近期的、有时相当突然的文化转变与在此之前的巨大连续性之间的差异。考古学证据明确显示，澳大利亚的殖民前本土文化拥有一个漫长而较为稳定的时期。④ 最近两百年来许多事件的冲击，已经让古典传统在很多地区经历了极大的消亡；但在其他地区，尽管也有一些表明社会和文化发生了快速改变的社会行为，但古典传统多少还是保持了较为完好的状态。本章聚焦于原住民的可以多少明确地归于古典传统类型的图像系统和文化目的的地形呈现物。下一章"澳洲原住民的地图和平面图"重点论述另一类地形呈现物，它们大多制作于近期，其图像系统和文化目的已经和过去的行为有了显著差别。

人造物的范围

澳大利亚原住民在呈现场所、景观及其图腾和神话形象时，曾使用过多种多样的载体，

---

　　② 欧洲殖民者的影响（在一些地区还有华人的影响）始于 1788 年的悉尼地区，但没有马上传到澳大利亚大陆的所有地方。澳大利亚较为干旱的内陆和北部热带地区在英国人占领的第一个世纪中只得到了很少的考察，大多数地方未被殖民。半游牧的原住民人群以一种零散的、经常高度个人化的方式与后来的定居者接触，而非通过大规模战争接触，尽管在早期，双方的接触在很大程度上仍然充满暴力，甚至不乏屠杀（遇害的主要是原住民）。最后一群放弃完全的游食经济（foraging economy）、开始过上较为定居的生活的原住民是西部沙漠（Western Desert）地区的原住民，其中的最后一批人在 1984 年离开那片沙漠，作为一个小群体到西澳大利亚州东部的基威尔库拉（Kiwirrkura）定居。

　　③ 在一般性的著作中，以下几部可作为代表著作参考：Ronald Murray Berndt and Catherine Helen Berndt with John E. Stanton, *Aboriginal Australian Art*：*A Visual Perspective*（Sydney：Methuen, 1982）；Peter Sutton, ed. , *Dreamings*：*The Art of Aboriginal Australia*（New York：George Braziller in association with the Asia Society Galleries, 1988）；Wally Caruana, *Aboriginal Art*（London：Thames and Hudson, 1993）；Judith Ryan, *Spirit in Land*：*Bark Paintings from Arnhem Land in the National Gallery of Victoria*［Melbourne：National Gallery of Victoria,（1990）］；以及同作者的 *Paint up Big*：*Warlpiri Women's Art of Lajamanu*［Melbourne：National Gallery of Victoria,（1990）］。有关传承至今的原住民图像传统的主要学术研究有以下几位人类学家的著作：Nancy D. Munn, *Walbiri Iconography*：*Graphic Representation and Cultural Symbolism in a Central Australian Society*（Ithaca：Cornell University Press, 1973；reprinted with new afterword, Chicago：University of Chicago Press, 1986）；Howard Morphy, *Ancestral Connections*：*Art and an Aboriginal System of Knowledge*（Chicago：University of Chicago Press, 1991）；以及 Luke Taylor, *Seeing the Inside*：*Bark Painting in Western Arnhem Land*（Oxford：Clarendon Press, 1996）。

　　④ 这并不是说在英国人于 1788 年开始入侵之前，澳大利亚就不受外来文化影响。有充分记录表明美拉尼西亚文化对约克角半岛有影响，而印度尼西亚群岛的人群对海岸原住民的文化影响更是遍及澳大利亚北部的其余地区；参见 Josephine Flood, *Archaeology of the Dreamtime*（Sydney：Collins, 1983）：220 – 225, 及 Tony Swain, *A Place for Strangers*：*Towards a History of Australian Aboriginal Being*（Cambridge：Cambridge University Press, 1993）。但另一方面，石器技术在根本上却一直保持着更新世人类刚占据澳大利亚时的原样；只是在最近五千年中，小型石制工具的出现才带来较为显著的变化，同时发生的还有人口的普遍增长，以及狗的引入，等等。参见 J. Peter White and James F. O'Connell, *A Prehistory of Australia*, *New Guinea and Sahul*（Sydney：Academic Press, 1982）, 102 – 105。

在一些地区至今仍是如此。⑤ 对于以这些载体呈现的很多图像而言，在记录中保存下来的仅是它们的外在形式或一般性的描述，表明它们有神圣意义。有一个可靠的假设——虽然只是假设——认为，这类记录得很不充分的旧时作品中的符号运用在很大程度上经常关注于与土地有关的主题（它们可能占主导地位），比如具有场所特殊性的图腾生物，或者旅行中的梦者（Dreaming）* 的叙事。

殖民前和殖民早期的作品

属于这一类别的作品包括大多数壁画艺术（岩画和雕画）和石阵，它们在整个澳大利亚大陆广泛分布；此外还有东南澳大利亚的一些保存时间较短的仪典用土雕。⑥ 新南威尔士的早期殖民者见到的装饰坟冢（tumuli），以及像弗朗索瓦·佩隆（François Péron）1801年在澳大利亚西南部所见的那种由沙和植物构成、具有精巧几何结构的"纪念碑"之类的其他建筑物，也可以归入这一类别。⑦ 归属其中的还有 19 世纪初在塔斯马尼亚所见、1861年在维多利亚州所见、1839—1844 年间在新南威尔士所见的树皮彩画或线条画。⑧

355
历史较悠久的澳大利亚博物馆收藏有大量以几何纹饰（有时为人像纹饰）装饰的武器（如棍棒、盾牌、投枪等）和器具（如掘土棒和碗），它们也都来自澳大利亚东南部。虽然我们知道这一地区的人群会把特殊的几何图案与专门的人群联系在一起，这些图案也可能具有图腾或领地的指涉之义，但我们现在却没有足够的报告能揭示它们的意义。⑨ 同样缺乏记录的作品类型还有：新南威尔士变化多端的几何形树雕，维多利亚州具有类似传统的高度装饰性的兽皮地毯（图 9.2），达令河（Darling River）地区常有雕画的圆柱—圆锥形石头，东南澳大利亚有雕刻的神圣物品［包括吼板（bull-roarers）］，昆士兰州东南部在仪典上使用的以黏土和禾草制作的动物像和人像，在澳大利亚西南部雕于木头上、澳大利亚东南部绘于木

⑤ 图腾形象是与氏族、半偶族等作为社会结构的人群（有时则为个人）有象征性关系的图像。它们可能与神话或神圣场所相关联，也可能无关。有大量人类学文献涉及澳大利亚原住民的图腾系统。有关这一主题的最好的导论性著作仍然是：W. E. H. Stanner, "Religion, Totemism and Symbolism" in *Aboriginal Man in Australia*：*Essays in Honour of Emeritus Professor A. P. Elkin*, ed. Ronald Murray Berndt and Catherine Helen Berndt (Sydney：Angus and Robertson, 1965), 207–237。

* 译者注：Dreaming 一词，曾有人译为"梦幻"。然而，正如下文所述，多数原住民的语言中并不用"梦"表示这个概念，英语把这一概念翻译为 Dreaming，已经是一种失真的意译，译为汉语时如再加"幻"字，就更不准确。因此，本书将这个词译为"梦者"，用比较虚化的"者"字表示该词所指的种种形象。

⑥ Ronald Murray Berndt, *Australian Aboriginal Religion*, 4 fascs. (Leiden：Brill, 1974), 特别是 fasc. 1, 27—31 页，以及图版。

⑦ E. L. Ruhe, "Poetry in the Older Australian Landscape," in *Mapped but Not Known*：*The Australian Landscape of the Imagination*, ed. P. R. Eaden and F. H. Mares (Netley, South Australia：Wakefiled Press, 1986), 20–49, 特别是 29—44 页，以及 François Péron, *A Voyage of Discovery to the Southern Hemisphere*, *Performed by Order of the Emperor Napoleon*, *during the Years 1801, 1802, 1803, and 1804* (London：R. Philips, 1809), 62–63。

⑧ Péron, *Voyage of Discovery*, 212；R. Brough Smyth, comp., *The Aborigines of Victoria*, 2 vols. (Melbourne：J. Ferres, Government Printer, 1878), 1：292；以及 Mrs. Charles Meredith, *Notes and Sketches of New South Wales*, *during a Residence in That Colony from 1839 to 1844* (London：Murray, 1844), 91–92。

⑨ Carol Cooper, "Traditional Visual Culture in South-east Australia," in *Aboriginal Artists of the Nineteenth Century*, by Andrew Sayers (Melbourne：Oxford University Press in association with the National Gallery of Australia, 1994), 91–109, 特别是 107—108 页，以及 Peter Sutton, Philip Jones, and Steven Hemming, "Survival, Regeneration, and Impact," in *Dreamings*：*The Art of Aboriginal Australia*, ed. Peter Sutton (New York：George Braziller in association with the Asia Society Galleries, 1988), 180–212, 特别是 185—186 页。

头上或彩绘的树皮上的类似形象；甚至很可能还有在新南威尔士用于成年礼仪式上的一只"填充的鸸鹋"（stuffed emu）。[⑩]

图 9.2　来自维多利亚州康达（Condah）的一幅原住民兽
皮地毯的图样，约 1872 年

355

地毯原件来自澳大利亚东南部波特兰（Portland）以北的地方，由负鼠皮制作，以大袋鼠尾筋缝制，并在其上雕出图样。参见 Charles Pearcy Mountford, "Decorated Aboriginal Skin Rugs," *Records of the South Australian Museum* 13 (1960)：505–508。

原始大小：176×123 厘米。承蒙墨尔本的维多利亚州博物馆委员会提供照片。

在很大程度上未予记录，但可能曾是以土地为基础的宗教图像传统的一部分的作品，还

⑩　关于树雕，参见 Robert Etheridge, *The Dendroglyphs, or "Carved Trees" of New South Wales*（Sydney：W. A. Gullick, 1918），及 David Bell, *Aboriginal Carved Trees of Southeastern Australia：A Research Report*（Sydney：National Parks and Wildlife Service, 1982）。关于地毯（或披风）及有雕刻的圆柱—圆锥形石头，参见 Carol Cooper, "Art of Temperate Southeast Australia," in *Aboriginal Australia*, by Carol Cooper et al.（Sydney：Australian Gallery Directors Council, 1981），29–40，特别是 34—35、39—40 页，及 118—120 页的插图。关于有雕画的神圣物品，参见 W. J. Enright, "Notes on the Aborigines of the North Coast of New South Wales," *Mankind* 2 (1936–1940)：88–91，及 A. W. Howitt, *The Native Tribes of South-east Australia*（London：Macmillan, 1904），509–710 各处，有关吼板的内容亦可见下文注释 27。关于黏土和禾草塑像，参见 Constance Campbell Petrie, *Tom Petrie's Reminiscences of Early Queensland*（Brisbane：Watson, Ferguson, 1904），49。关于类似的木质雕像，参见 Daisy Bates, *The Native Tribes of Western Australia*, ed. Isobel White（Canberra：National Library of Australia, 1985），329–330。关于彩绘木质或树皮雕像，参见 W. Scott, "Notes on Australian Aborigines," MS. A2376, Mitchell Library, Sydney, ca. 1871–1928，也见 Cooper, "Traditional Visual Culture," 96–97 和参考文献。关于填充的鸸鹋，参见 A. C. McDonald, "The Aborigines of the Page and Isis," *Journal of the Anthropological Institute* 7 (1878)：235–258。

有一些建筑物，比如：威廉·韦斯托尔（William Westall）于 1812 年在卡奔塔利亚湾（Gulf of Carpentaria）岸边看到并画下来的放置有神圣物品的凉亭，约翰·奥克斯利（John Oxley）于 1824 年在昆士兰州东南部一个仪式场地上看到的"神奇的丛生于山顶的树"，以及几年之后汤姆·佩特里（Tom Petrie）在同一地区的一个成年礼仪式上看到的顶端饰有带图案的树皮花边的倒置的树。⑪

356   这些作品一般发现于澳大利亚大陆上今天已经高度定居的部分，其中很多壁画和一些石阵仍然留存于原地（图 9.3），⑫ 在博物馆馆藏中则保存了一幅树皮画、一幅树皮雕像、一件雕皮斗篷、一些神圣物品、很多有雕画的武器和器具以及很多圆柱—圆锥形的石头。⑬ 然而，澳大利亚殖民较早、程度较高的地区的总体面貌却已经惨遭损失，既包括物品本身的损失，更包括其意义的彻底丢失。

20 世纪

在澳大利亚较偏远、较近期殖民的地方，原住民继续创作着同样类型的作品。此时，专业的人类学家已经开始在澳大利亚原住民中开展研究，他们仔细的记录常常展示出这些图案与当地宗教地理之间密切而详细的关系。在古典条件下，以及在今日的非商业性的仪式语境中，这些作品的"受众"相应非常局限，只来自很小的人群，规模至多也就是几百人。在这样的环境中，那些制作邦域图像的人来自当地的小群体，而不是因为他们跨地域的优异名声而应招。事实上，并不存在专业的"制图师"这种身份，正如在澳大利亚原住民的古典传统中也没有"艺术家"——尽管"艺术家"这个用语及它所指的角色在 20 世纪已经广为应用，特别是在 20 世纪 50 年代之后一大批绘画和雕塑作品进入博物馆和艺术市场的时候。目前，以古典模式创作的现存原住民作品中的大多数创作于 20 世纪，但来自中澳大利亚的固定的岩画和神圣石板是主要例外。除了武器和器具之外，很少有创作时间更为古老的可移动作品，虽然也有少数树皮彩绘和线条图从 19 世纪后期幸存至今。⑭ 最古老的作品通常缺乏相关信息记录，因此无法做出专门的解读，比如无法识别出图像的某些部分所指示的特别地物。

就澳大利亚岩画的案例来说，目前已经开展了一些有关在世的岩面画家的研究，但也有一些研究，是在世的原住民与人类学家合作，表达出他们对前人创作的雕刻和绘画的理

---

⑪   关于凉亭，参见 Bernard Smith, *European Vision and the South Pacific*, 2d ed. （New Haven：Yale University Press, 1985），196 – 197 and pl. 21。关于"神奇的丛生于山顶的树"，参见 R. H. Cambage and Henry Selkirk, "Early Drawings of an Aboriginal Ceremonial Ground," *Journal and Proceedings of the Royal Society of New South Wales* 54 （1920）：74—78，特别是 76 页。关于倒置的树，参见 Petrie, *Tom Petrie's Reminiscences*, 49。

⑫   F. D. McCarthy, *Rock Art of the Cobar Pediplain in Central Western New South Wales* （Canberra：Australian Institute of Aboriginal Studies, 1976）；R. G. Gunn, *Aboriginal Rock Art in the Grampians*, ed. P. J. F. Coutts （Melbourne：Victoria Archaeological Survey, 1983）；Charles Pearcy Mountford, "Cave Paintings in the Mount Lofty Ranges, South Australia," *Records of the South Australian Museum* 13 （1957 – 1960）：467 – 470 and pl. LI；以及 T. D. Campbell and Charles Pearcy Mountford, "Aboriginal Arrangements of Stones in Central Australia," *Transactions of the Royal Society of South Australia* 63 （1939）：17 – 21。

⑬   参见 Cooper, "Traditional Visual Culture"（注释 9），及 Cooper, "Art of Temperate Southeast Australia"（注释 10）。

⑭   参见 Philip Jones, "Perceptions of Aboriginal Art：A History," in *Dreamings：The Art of Aboriginal Australia*, ed. Peter Sutton （New York：George Braziller in association with the Asia Society Galleries, 1988），143 – 179，以及 Andrew Sayers, *Aboriginal Artists of the Nineteenth Century* （Melbourne：Oxford University Press in association with the National Gallery of Australia, 1994）。

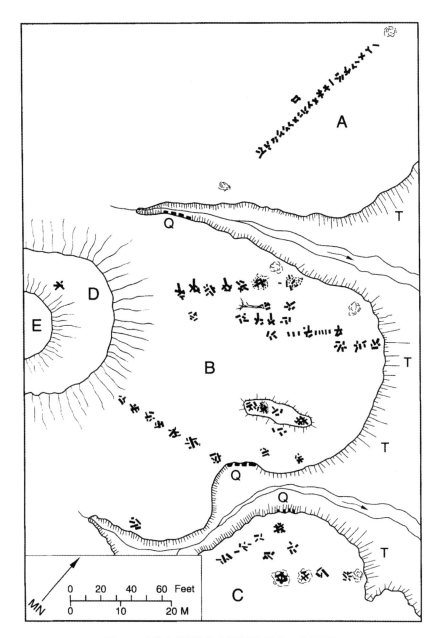

图9.3　大维多利亚沙漠中原住民石阵的示意平面图

地图中的这个石阵位于澳大利亚中南部，是一处低阶地，为两条水道或排水沟所分割。由此形成的三个部分（A，B 和 C）就是由灰岩石板排布的石阵所在之处。在两条水道上游之处有灰岩出露的地方，石阵所用的灰岩石板就是采自这两处采石场（Q）。B 部分西边有两个小而较高的半圆形石架（D 和 E；高约 1.5 米和 1.2 米）。一处高约 2 米的崩石斜坡（T）上有形状类似、但比上面描述的石板小得多的碎石块。

据 T. D. Campbell and P. S. Hossfeld, "Australian Aboriginal Stone Arrangements in North-west South Australia," *Transactions of the Royal Society of South Australia* 90 (1966): 171–178, 特别是 172 页（图 1）。

解（图9.4）。这种做出当代解读的尝试包括：黑尔（Hale）和廷代尔（Tindale）以及特雷齐兹（Trezise）在约克角半岛（Cape York Peninsula）的工作，廷代尔在西澳大利亚黑德兰港（Port Hedland）地区的工作，刘易斯（Lewis）和罗斯（Rose）在维比利亚河（Victoria

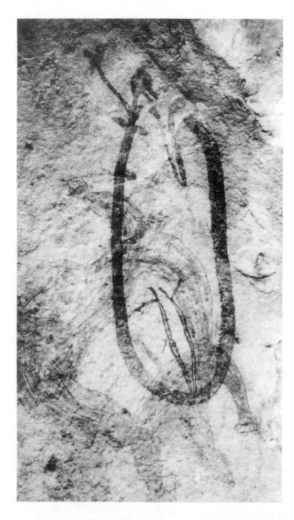

357

图 9.4 呈现阿尔穆吉（Al-mudj）形象的早期岩画

图中的形象叠加在一只海龟之上，被鉴定为阿尔穆吉，即彩虹蛇，是戴夫阿德溪（Deaf Adder Creek）地区的神话形象。它正处在由女人的形象变形成蛇的状态中。在西阿纳姆地卡卡杜国家公园朱温（Djuwen）遗址群中一处低矮悬顶的下表面以赭石绘制。

原始大小：111×37 厘米（蛇）。乔治·查卢普卡（George Chaloupka）摄影，承蒙达尔文的北部地区博物馆与画廊提供照片（reg. no. 09/MAY87M）。巴尔戈山（Balgo Hills）的瓦莱伊尔提（Warlayirti）艺术家联合会许可使用。

357　River）地区的工作，查卢普卡和塔松（Taçon）在阿纳姆地（Arnhem Land）西部的工作，以及莱顿（Layton）在金伯利高原（Kimberleys）、中澳大利亚和约克角半岛的研究等。[15] 不

---

⑮　Herbert M. Hale and Norman B. Tindale, "Aborigines of Princess Charlotte Bay, North Queensland," *Records of the South Australian Museum* 5 (1933 – 1936)：63 – 172; P. J. Trezise, *Rock Art of South-east Cape York* (Canberra：Australian Institute of Aboriginal Studies, 1971); Norman B. Tindale, "Kariara Views on Some Rock Engravings at Port Hedland, Western Australia," *Records of the South Australian Museum* 21 (1987)：43 – 59; D. Lewis and Deborah Bird Rose, *The Shape of the Dreaming：The Cultural Significance of Victoria River Rock Art* (Canberra：Aboriginal Studies Press, 1988); George Chaloupka, *Journey in Time：The World's Longest Continuing Art Tradition* (Chatswood：Reed, 1993); Paul S. C. Taçon, "Contemporary Aboriginal Interpretations of Western Arnhem Land Rock Paintings," in *The Inspired Dream：Life as Art in Aboriginal Australia*, ed. Margie K. C. West (South Brisbane：Queensland Art Gallery, 1988), 20 – 25; 以及 Robert Layton, *Australian Rock Art：A New Synthesis* (Cambridge：Cambridge University Press, 1992)。

过，正如默兰（Merlan）在她参与北部地区中北部的德拉米尔（Delamere）地区的岩画记录实习后所做的报告中所说，这些当代解读本身是否能为学者们所理解，是件非常复杂的事情。[16]

作为一条一般性规则，如果岩画或雕画可识别为神话生物，那么它们会是特属于岩画艺术本身所在的那一地区——常常就是属于这个场所——的生物。这种类型的图像可以称为"自我指涉的"（self-referential），它们描绘了出现在神话场所本身所在之处、具有场所特殊性的生物和事件。有时候，也有的图案提示了前往同一地方相关场所的路线。这种类型的古代图像常常被视为祖先自己的创作物，而非人类的作品。

在阿纳姆地中部和东北部，研究表明葬礼上使用沙雕的方式呈现了与逝者所在的拥有土地的群体相关联的重要场所和图腾生物（图9.5）。类似的雕塑在同一地区的地方宗教仪典上也有运用。[17] 约克角半岛奥鲁昆（Aurukun）地区令人印象深刻的上色雕画和悬挂装置也用来指涉具有高度特殊性的地形和叙事内容。[18] 来自昆士兰州凯恩斯（Cairns）雨林地区的彩绘盾牌、仪式用船桨、回旋镖和投枪都有图腾图案，暗示了特别的地点及其人群。[19] 来自阿纳姆地的木雕中有一些呈现了祖先物，物品上绘出的装饰形式暗示或有时明示了它们在特别的地点之间的旅行。[20] 类似的对特别的邦域的指示也见于同一地区的舞竿、纪念桩和原木遗骨匣上的装饰图案中。[21]

对巴瑟斯特（Bathurst）岛和梅尔维尔（Melville）岛上有雕画的纪念性墓标来说，"根据为［雕刻］委员会、死者所属的领地和家庭以及他与艺术家的关系和图腾联系所选择的

358

　⑯　Francesca Merlan, "The Interpretive Framework of Wardaman Rock Art: A Preliminary Report," *Australian Aboriginal Studies*, 1989, no. 2, 14 – 24. 也见以下著作中的论文: M. J. Morwood and D. R. Hobbs, eds., *Rock Art and Ethnography: Proceedings of the Ethnography Symposium（H）, Australian Rock Art Research Association Congress, Darwin, 1988*（Melbourne: Australian Rock Art Research Association, 1992）。

　⑰　Margaret Clunies Ross and L. R. Hiatt, "Sand Sculptures at a Gidjingali Burial Rite," 及 Ian Keen, "Yolngu Sand Sculptures in Context," 均见 *Form in Indigenous Art: Schematisation in the Art of Aboriginal Australia and Prehistoric Europe*, ed. Peter J. Ucko（Canberra: Australian Institute of Aboriginal Studies, 1977）, 131 – 146 及 165 – 183。

　⑱　Peter Sutton, "Dreamings," in *Dreamings: The Art of Aboriginal Australia*, ed. Peter Sutton（New York: George Braziller in association with the Asia Society Galleries, 1988）, 13 – 32, 特别是 23—29 页。

　⑲　Ursula H. McConnel, "Inspiration and Design in Aboriginal Art," *Art in Australia* 59（1935）: 49 – 68；同一作者的 "Native Arts and Industries on the Archer, Kendall and Holroyd Rivers, Cape York Peninsula, North Queensland," *Records of the South Australian Museum* 11（1953 – 1955）: 1 – 42, 特别是 36—39 页；以及 Norman B. Tindale, Collection Object Documentation, Cairns Rainforest Shields, South Australian Museum, Adelaide, 1938。

　⑳　其代表作参见 Karel Kupta, *Dawn of Art: Painting and Sculpture of Australian Aborigines*（Sydney: Angus and Robertson, 1965）, 145 – 178；同一作者的 *Peintres aborigènes d'Australie*（Paris: Musée de l'Homme, 1972）；Louis A. Allen, *Time before Morning: Art and Myth of the Australian Aborigines*（New York: Crowell, 1975）；Berndt, Berndt, and Stanton, *Aboriginal Australian Art*（注释3）；Peter Cooke and Jon Altman, eds., *Aboriginal Art at the Top: A Regional Exhibition*（Maningrida: Maningrida Arts and Crafts, 1982）；John E. Stanton, *Images of Aboriginal Australia*, exhibition catalog（Nedlands: University of Western Australia, Anthropology Research Museum, 1988）；Michael A. O'Ferrall, *Keepers of the Secrets: Aboriginal Art from Arnhemland in the Collection of the Art Gallery of Western Australia*（Perth: Art Gallery of Western Australia, 1990）。

　㉑　其中的代表作可见于 Berndt, Berndt, and Stanton, *Aboriginal Australian Art* 及 Margie K. C. West, ed., *The Inspired Dream: Life as Art in Aboriginal Australia*（South Brisbane: Queensland Art Gallery, 1988）。

358

图 9.5　沙雕，阿纳姆地东北部，1976 年

包括歌手在内的古帕派因古（Gupapuyngu）氏族成员坐在沙雕旁边。创作沙雕是葬礼的一部分，

呈现了与巴金汉姆湾吉尔威里（Djilwirri）的神圣生物诺瓦（Nowa）有关的水坑和地块。

伊安·基恩（Ian Keen）许可使用。

359

'故事'"，其上可能有"具有特殊意义的雕刻元素"[22]。西澳大利亚莫瓦尼尤姆（Mowanjum）地区的仪典表演者的"便携式布景"包括有木头、锡和线做的器物，其上描绘了某些地理区域的神话主题，都属于在原住民传统中演化出来的最引人注目的随身物品。[23] 澳大利亚中南部艾尔湖（Lake Eyre）地区的"托阿"（toas）或道路标记，在本章后面会有更详细的讨论；它们本身以雕塑的形式呈现了复杂的地形，还包含了绘于其上的图案和附于其上的物品。[24]

　　然而，对相关的图像传统及其文化复杂性记录最充分、分析最彻底的作品，是阿纳姆地的树皮画，以及来自中澳大利亚的西部沙漠地区的地面图案及在帆布或亚麻画布上所绘的丙

[22]　Jennifer Hoff, *Tiwi Graveposts* (Melbourne：National Gallery of Victoria, 1988), 5, 也见 Charles Pearcy Mountford, *The Tiwi：Their Art, Myth and Ceremony* (London：Phoenix House, 1958), 特别是 107—121 页, 及 Margie K. C. West, *Declan：A Tiwi Artist* (Perth：Australian City Properties, 1987), 特别是 17—19 和 28—29 页。

[23]　Elphine Allen, "Australian Aboriginal Dance," in *The Australian Aboriginal Heritage：An Introduction through the Arts*, ed. Ronal Murray Berndt and E. S. Phillips (Sydney：Australian Society for Education through the Arts in association with Ure Smith, 1973), 275–290, 特别是 277 页。

[24]　Philip Jones and Peter Sutton, *Art and Land：Aboriginal Sculptures of the Lake Eyre Region* (Adelaide：South Australian Museum, 1986)。

烯油画。㉕ 下文也会较详细地介绍它们。

　　在呈现了地形的原住民人造物中，秘圣物品（secret-sacred objects）是一个主要类别。因为原住民法施加的限制，这里不能展示它们的图像。这些物品包括阿纳姆地东北部的神圣氏族徽章或"朗加"（rangga），及同一地区的高达 8 米的大型库纳皮皮（Kunapipi）仪式竿。㉖ 在中澳大利亚和西部沙漠有一些卵形的石板或木板，其上通常雕有祖先物、神圣场所和神话事物的几何呈现形式，其中一些也有吼板的功能；它们构成了这类秘圣物品的一个主要类别。㉗ 有关这些物品的早期民族志即使记载详细，也几乎没有对其中的图像系统加以分析。㉘ 泰勒（Taylor）曾经以芒恩（Munn）的工作为基础，对皮钱恰恰拉（Pitjantjatjara）神圣物品及蜡笔画做了精细的分析。㉙ 在 19 世纪后期和 20 世纪前期，博物馆和私人收藏家对这些物品曾做了大规模的收集；而在 1995 年，以下机构继续开展了大型的收集工作：阿德莱德的南澳大利亚博物馆，墨尔本的维多利亚州博物馆，艾利斯斯普林斯（Alice Springs）的施特雷洛（Strehlow）研究中心，艾利斯斯普林斯的古斯全景画（Panorama Guth，一家私人的商业博物馆），此外还有澳大利亚、欧洲和北美洲的其他博物馆。㉚ 把这些物品返还给具有可追溯的习惯财产权的原住民，是一件一直在进行的工作，也于 1985 年在南澳大利亚博物馆正式立项。㉛

　　指涉了关注于地形的神话的秘圣人造物还包括一些仪典用的随身物品，它们常常固定在仪式表演者的身体上，或由他们所携带——因此，仪式服装和雕塑的界限常常是模糊的。这些制品通常有一个木制的底座或框架，其上附着有发丝、捻线、羽毛、模塑的蜡块或石膏以

　　㉕　关于树皮画，参见 Morphy, *Ancestral Connections*，及 Taylor, *Seeing the Inside*（均见注释 3）。关于地面图案和丙烯油画，参见 Munn, *Walbiri Iconography*（注释 3），及 Christopher Anderson and Françoise Dussart, "Dreamings in Acrylic: Western Desert Art," in *Dreamings: The Art of Aboriginal Australia*, ed. Peter Sutton（New York: George Braziller in association with the Asia Society Galleries, 1988），89 – 142。

　　㉖　关于"朗加"，参见 W. Lloyd Warner, *A Black Civilization: A Social Study of An Australian Tribe*, rev. ed.（New York: Harper, 1958），特别是 39 – 51 页；关于仪式竿，参见 Ronald Murray Berndt and Catherine Helen Berndt, *The World of the First Australians*, 4th rev. ed.（Canberra: Aboriginal Studies Press, 1988），436 – 438。

　　㉗　这些物品已经普遍用阿伦特语（Arrernte，即阿兰达语 Aranda）词 *tywerrenge*（旧拼写有 *churinga*, *tjurunga*）来称呼［比如 Helen M. Wallis and Arthur H. Robinson, eds., *Cartographical Innovations: An International Handbook of Mapping Terms to 1900*（Tring, Eng.: Map Collector Publications in association with the International Cartographic Association, 1987），214 and fig. 19］。吼板是木制的板状物，通常为有明显狭尖的卵形，其上附有线绳。几名男子手执线绳的一端，在他们的头的周围晃动吼板；吼板在绕着他们的头转动时也在自转，从而发出吼叫的声音。在仪式上，这一场景通常出现在秘圣物品或图案向新人揭示时，或是男子示意女子和儿童不得靠近仪式场所时。吼板的"嗓音"常被当成某个神话生物或图腾生物的声音。

　　㉘　比如 Baldwin Spencer and F. J. Gillen, *The Native Tribes of Central Australia*（London: Macmillan, 1899），特别是 128 – 166 页，及 Charles Pearcy Mountford, "Sacred Objects of the Pitjandjara Tribe, Western Central Australia," *Records of the South Australian Museum* 14（1961 – 1964）: 397 – 411。

　　㉙　Luke Taylor, "Ancestors into Art: An Analysis of Pitjantjatjara Kulpidji Designs and Crayon Drawings"（B. A. honors thesis, Department of Prehistory and Anthropology, Australian National University, 1979）; Nancy D. Munn, "The Spatial Presentation of Cosmic Order in Walbiri Iconography," in *Primitive Art and Society*, ed. Anthony Forge（London: Oxford University Press, 1973），193 – 220；及同一作者的 *Wlbiri Iconography*（注释 3）。

　　㉚　关于澳大利亚以外的收藏，参见 Carol Cooper, *Aboriginal and Torres Strait Islander Collections in Overseas Museums*（Canberra: Aboriginal Studies Press, 1989），及 Gerhard Schlatter, *Bumerang und Schwirrholz: Eine Einführung in die traditionelle Kultur australischer Aborigines*（Berlin: Reimer, 1985）。

　　㉛　Christopher Anderson, "Australian Aborigines and Museums-A New Relationship," *Curator* 33（1990）: 165 – 179.

及多种多样的其他物品；它们是原住民的宗教人造物中最引人注目的一类。在中澳大利亚，这类物品中最为知名的是 *waninga*（或 *wanigi*）交叉线和有装饰的 *tnatantja*（或 *nurtunja*），它们具有令人震惊的美感和多样性，但出于宗教保密的原因大多不会让公众关注。[32]

360

观　念

古典原住民地形呈现物的内容在本质上是宗教性的。他们挑选出地点和地理特征加以描绘，根据它们在神圣神话中的出场情况把它们展示在一起。这些神话在原住民的传统文化中占据核心位置，而这整个传统又是奠定在"梦者"的观念之上（见下）。

制作这些地形呈现物的人群，并不是无动于衷地做着这项工作。在原住民的观念中，所有景观都是某个人的家。"土地""邦域""营地""家"这些含义在原住民语言中全都由一个词所包括。在本章讨论的作品中所呈现的地点通常蕴含了热烈的宗教、政治、家庭和个人情感。

很多神话的核心内容是构建一组场所及其人群之间在精神上的等同性，由此概述和申明了某些地域在习惯法上对于某个人群的利益。复制神圣地形图案的习惯性权利经常建立在土地所有权之上，而且其所有者可能会警戒地捍卫着这种权利。如果换个不甚精确的说法，那么我们也许可以说，拥有神圣图案（以及歌舞）的人就拥有了与它们相关的土地。神话—地形图案也可以象征以土地为基础的截然不同的群体之间的结盟或解盟关系，对那些流传很广的神话来说尤是如此。不过，这些神话，以及兼以视觉和表演模式对它们所做的多少传统的描绘，具有一定程度的独立性，并不总是与当前的土地所有情况或当前的政治同盟状态非常匹配。[33]

梦者（祖先物）行走所循的路径通常称为"梦径"（Dreaming tracks），有些会经过数以十计的人群的邦域。在澳大利亚大部地区，特别是内陆地区，根据其行走的类型，通常可以把梦者划分成四类，即固定梦者、特定地域梦者、区域旅行者和全陆旅行者。固定梦者永居于一地，只在这一场所处或其附近活动；特定地域梦者可在场所之间行走，但这些场所都位于拥有土地的单一下级人群或氏族在当地的领地之上；区域旅行者可以经过某个地区的几处相邻的领地，但其行程无论起点还是终点都在它们所属的成员的社会和仪式范围之内；至于全陆旅行者，可以经过数以十计的领地，行走数百或数千千米，至少在现代社群到来的时代之前把互不相识的土地所有者联系在一起。

梦者和原住民宗教

有一位澳大利亚原住民男子曾努力教导人类学家 W. E. H. 斯坦纳（Stanner）理解他们的一个重要观念，这个观念在英语中通常称为"梦者"（Dreaming），通常显现为"梦者之

---

[32]　Spencer and Gillen, *Native Tribes*, 特别是231—237, 306—315, 360—363 和627 页（注释28），及 T. G. H. Strehlow, *Aranda Traditions*（Melbourne: Melbourne University Press, 1947），特别是67—86 页。

[33]　Peter Sutton, "Mystery and Change," in *Songs of Aboriginal Australia*, ed. Margaret Clunies Ross, Tamsin Donaldson, and Stephen A. Wild（Sydney: University of Sydney, 1987），77–96.

地"的形态。斯坦纳为此做了如下的记载：

> "我父亲……这样说：'小子，你看！你的梦者在那儿；它是个大家伙；你别让它溜了（对它视而不见）；所有梦者［图腾物］都从那儿来；你的灵魂也在那里。'"这个白人现在懂了吗？这位热心而友好的澳洲土人又做了最后一把努力。"老头，你听着！那儿有种东西；我们不知道它是啥；一种东西。"他在拼命搜寻词汇，很可能是陷在英语的泥潭之中。"就像发动机，就像一种力量，很多力量；它能干重活；它能推。"（现在，那位人类学家大概有点明白了。……）㉞

梦者这个基础观念，把原住民意象的大部分符号系统有条理地组织起来，却不太容易解释清楚。这部分是因为它与其他宗教体系的基础观念都不一样。比如说，尽管梦者有时候呈现为一种"创世时代"，即使不说在时间上更早，至少在逻辑上处于先导位置，但并非对过去的理念化。梦者和梦者物（Dreaming beings）不是人类做梦的产物。虽然不是所有原住民语言都一样，但在大多原住民语言中，就算某人有时候会通过做梦而与梦者接触，但在英语中用"Dreaming"这个词表示的那些观念事实上并不是用与梦或做梦有关的原住民词汇表达的。英语单词"Dreaming"的选用，与其说是翻译，不如说是隐喻。同样的隐喻也体现在一些原住民语言中，他们会运用以动词"做梦"为基础的用语表达梦者的概念。㉟梦者可呈现为生物形式，这些生物也叫作"梦者"（祖先物），并不是对人物的理念化。它们展现了人类的德性、邪恶、愉悦和痛苦的所有方面。这些生物的图像、它们旅行与栖息之地以及它们的经验就构成了原住民意象中最大的单一题材来源。尽管大多数人群让它们呈现为澳大利亚的动物和植物的形象［比如大袋鼠和铅笔薯蓣（Long Yam）］，或是个人英雄的形象［比如"两位女子"（Two Women）、"阿佩莱奇人"（Apelech Men）］，但也有一些形象作为图腾生物不太容易为外人所理解——比如"咳嗽梦者"、"死尸"（Dead Body）或"腹泻"（Diarrhea）。梦者显然不只是吃起来让人觉得好的东西。正如克洛德·列维－施特劳斯（Claude Lévi-Strauss）所说，图腾生物其实是"想起来让人觉得好"的东西。㊱

在古典原住民思想中，精神与物质、神圣与世俗或自然与超自然之间并无强有力的、居于文化中心的二分法。尽管梦者物与其物理对应物和显现的形象（如某个物种、水坑、岩层或人群）之间各有区分，但在某个层面上，梦者与它们的可视变身仍然是同一的。

在原住民的地形意象中，地点的中心性，特别是有重要意义的土地和场所的中心性，甚至让人们把宗教雕塑也视为景观。对于具有传统思维的人来说，绘画、雕画和雕塑本身都可属于梦者显现自身的一个连续的形象谱系，同属其中的还有制作这些作品的人自身、反映在

361

㉞　Stanner, "Religion, Totemism and Symbolism" 231（注释5）；方括号和斜体（译注：斜体在译文中改用着重号表示）为原文所加。

㉟　对非原住民使用"梦者"这一观念的批评，参见 Patrick Wolfe, "On Being Woken Up: The Dreamtime in Anthropology and in Australian Settler Culture," *Comparative Studies in Society and History* 33（1991）：197－224。约翰·莫顿（John Morton）则反驳了沃尔夫（Wolfe）的观点，见："Essentially Australian, Essentially Black: Australian Anthropology and Its Uses of Aboriginal Identity"（将发表）。

㊱　Claude Lévi-Strauss, *Totemism*, trans. Rodney Needham（Harmondsworth, Eng.: Penguin, 1969）, 162.

图案中的天然物以及所呈现的地形特征。景观特征本身是梦者的标记，是更大的意义系统中的元素。

在澳大利亚大部分地区，梦者的场所不仅在神话中彼此关联，在系列长歌的歌词序列中也是如此。这些歌曲的典型代表是在宗教仪式上演唱的那些歌曲。由此，景观便与人们称为"歌路"（songlines）的东西相互交错在一起。

歌　路

澳大利亚的传统原住民歌曲，与把距离很远的地点连接起来的神话路径之间存在独特的关系。布鲁斯·查特温（Bruce Chatwin）的畅销普及著作《歌路》（*The Songlines*），让这种独特关系得到了国际性的认知。[37] 澳大利亚大陆的大部分现在仍然（或曾经）布满了这样的路径，也即梦者的轨迹。[38] 尽管并不是所有这样的路线都有与之相伴的歌曲，但大多数都有。

这样一来，描绘位于这些神话轨迹（包括那些也呈现为歌路形式的轨迹）之上的场所的绘画和雕塑，与其说是整个地域的"地形呈现物"，不如说是对经过这些地域的轨迹的选择性描绘。由一位民族志学者绘制的梦者路径地图通常会展示一组自然特征，梦者的场所及这些场所之间的联系就叠加其上。处理相同的轨迹和歌路的原住民图像通常主要只展示这些彼此关联的场所，并把它们排列成在根本上为对称形态的图案（图9.6）。

比起最为人所知的澳大利亚内陆和北中部地区来，在澳大利亚还有一些地区，梦者物的神话旅行在当地的地权中扮演的角色在结构上远没有那么重要。在约克角半岛，尽管这些旅行得到了叙事、歌曲和表演的详述，但它们在文化上强调的是场所本身，而不是场所之间的这些联系。比起以干旱腹地为代表的地区来，这整个进路呈现出强烈的原子化色彩，网络化的取向则要少得多。

---

[37] 有关这些歌路的权威而细致的报告，可参见以下代表作：T. G. H. Strehlow, "Geography and the Totemic Landscape in Central Australia: A Functional Study," in *Australian Aboriginal Anthropology: Modern Studies in the Social Anthropology of the Australian Aborigines*, ed. Ronald Murray Berndt (Nedlands: University of Western Australia Press for the Australian Institute of Aboriginal Studies, 1970), 92–140; 同一作者的 *Songs of Central Australia* (Sydney: Angus and Robertson, 1971); Richard M. Moyle with Slippery Morton, *ALyawarra Music: Songs and Society in a Central Australian Community* (Canberra: Australian Institute of Aboriginal Studies, 1986); 及 Francesca Merlan, "Catfish and Alligator: Totemic Songs of the Western Roper River, Northern Territory," in *Songs of Aboriginal Australia*, ed. Margaret Clunies Ross, Tamsin Donaldson, and Stephen A. Wild (Sydney: University of Sydney, 1987), 142–167. 布鲁斯·查特温的著作《歌路》（New York: Viking, 1987）含有一些业余爱好者式的错误，因为作者对这个主题只有非常少的经验，大部分是间接获得的。然而，这本书对一些人来说可能是了解一个不易理解的主题的有用入门书。但该书作者把旅行经验与已经发表的其他人（特别是 T. G. H. 施特雷洛）的结论的复述做了虚构性的混合，该书因而并不像它声称的那样只是一部旅行者报告。

[38] 很多澳大利亚原住民认为这种梦者场所和路径的损失是可以恢复的。来自艾斯斯普林斯的一位老年阿伦特人，以及来自阿纳姆地的纳里钦·迈穆鲁（Narritjin Maymurru）各自颇为独立地用他们非常遥远的家乡地区的梦者和神话来解读堪培拉地区的景观。参见：Peter Sutton, "The Pulsating Heart: Large Scale Cultural and Demographic Processes in Aboriginal Australia," in *Hunter-Gatherer Demography: Past and Present*, ed. Betty Meehan and Neville White (Sydney: University of Sydney, 1990), 71–80, 特别是71页, 及 Howard Morphy, "Landscape and the Reproduction of the Ancestral Past," in *The Anthropology of Landscape: Perspectives on Place and Space*, ed. Eric Hirsch and Michael O'Hanlon (Oxford: Clarendon Press, 1995), 184–209, 特别是184页。在堪培拉所在的地区，殖民时的大屠杀已经把对景观的大部分——甚至可能是全部的较早的本地宗教解读毁灭一空。金伯利高原的戴维·莫瓦利亚尔莱（David Mowaljarlai）认为整个大陆上的梦者轨迹结构具有永久性和内在性，这些活下来的原住民已经不再知道它们的地区也只是潜伏起来而已。参见图10.34 和 David Mowaljarlai and Jutta Malnic, *Yorro Yorro: Everything Standing up Alive: Spirit of the Kimberley* (Broome, Western Australia: Magabala Books, 1993), 190–194 and 205。

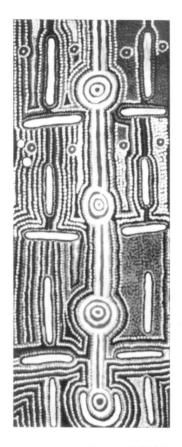

・亚姆帕尔利尼（山）
　・尤利尤普尼尤

・亚库尔鲁卡伊

↑
东（大致方向）・瓦努库朱帕恩塔

图 9.6　蜜蚁梦者（Honey Ant Dreaming），1983 年　362

帕迪・亚帕利亚里・斯图尔特（Paddy Japaljarri Stewart）创作的丙烯画。画左侧是延杜穆（Yuendumu）的 30 扇学校木门之一，由本地人绘制。最下方的圆圈是瓦努库朱帕恩塔（Wanukurduparnta）。上方的 3 个圆圈是尤利尤普尼尤（Yulyupunyu）、亚姆帕尔利尼（Yamparlinyi）山和亚库尔鲁卡伊（Yakurrukaji）的井。在该画中描绘的这几个场所之间的相对位置如上图所示。

承蒙 Pictorial Collection, Australian Institute of Aboriginal and Torres Strait Islander Studies, Canberra 提供照片。Paddy Japaljarri Stewart, Yuendumu, Australia 许可使用。位置地图据 Kay Napaljarri Rossa, "Traditional Landscape around Yuendumu," in *Kuruwarri*: *Yuendumu Doors*, by Warlukurlangu Artists（Canberra: Australian Institute of Aboriginal Studies, 1987），4–5。

空间范畴

澳大利亚原住民图像的空间范围通常是可以识别的，甚至在缺少记录的地方也是如此。这种空间范围通常可以归入四个空间—文化范畴之一：（1）特定的一片土地，通常由神话叙事中的特定段落所确定；（2）广阔的地区政治地理；（3）宇宙观范畴，比如大地和天空；（4）某个居住场所及其房屋或棚屋（shelters）的平面图，或船舶及其内容物的平面图。

范畴一很可能出现于所有的载体中。范畴二通常局限于由民族志学者指导出的地图，或　362
由原住民所绘、作为地权斗争的一部分（见第十章）的地区。范畴三出现于几种载体，但与地理相比，天文是相当少见的原住民视觉主题（见下文）。范畴四主要见于蜡笔画和石阵（见第十章）。就古典的原住民图像体系来说，我们主要考虑的是范畴一和范畴三。第一类和第三类图像通常是强调图案而非它们所呈现的事物的形象真实性的传统宗教图像，在这个意义上说，我们可以把它们视为圣像（icon）。在第十章我会讨论属于范畴二和范畴四的图像，分别把它们当成“地图”和“平面图”。

圣像还是地图?

尽管在“地图”这个用语的某种极广义的定义之下，所有四种形式的呈现都可以视为地图，但对这些作品本身的细察可以揭示出以下两类图像的关键差别，一类是主要旨在展示本地宗教叙事中的段落的图像体系，另一类是把邦域勾勒出来作为一般性的政治地理信息或其他类似的地理信息的图像体系。尽管这两类作品的目的都是充满意义地呈现地点和景观，二者也都运用了根本上是圣像式的技法及以相似性为基础的技法，但它们的区别不仅在于绘图目的和文化内容，也在于不同的视觉传统，包括其作者究竟有多彻底地采用了圣像式的技法。不过，具体的某件作品有可能介于这两类图像之间。我对它们所做的这种区分乃是出于启发式的目的。

363 此外，我们还可以把图像清楚地分成以下两类，一类是人群有关地形的实际知识，另一类可以称之为他们有关地形的“图案知识”（design knowledge）。盖尔（Gell）则做了如下的划分：以主体为中心、通常具指代性（indexical）的空间知识形式，构成“图像”；不以主体为中心、非指代性（nonindexical）的空间知识形式，构成“地图”。指代性知识（图像）以非指代性知识（地图）为基础。尽管这种二分法很有用，但盖尔也指出，“图像和地图能够以彼此关联的形式从一种变成另一种”[39]。

就我在本章和下一章讨论的澳大利亚原住民人造物来说，我在圣像和地图之间做了类似的区分，但它们并非就是盖尔的用语的简单等价词。盖尔的图像和地图是知识的类别，可能显现为明确的形式，也可能不显现。我自己对某些种类的人造物做出的区分，则是以其意义、视觉传统和文化功能的特别组合为基础。特别地，当原住民的圣像包括了空间知识和其他知识时，最好应将其描述为由知识渊博而情感丰富的表演构成，而不是只由某种类型的知识本身构成。这可以解释为什么这些圣像与一个人有关距离和方位的地形经验之间存在如此彻底的类比失谐（analogic mismatch），甚至可能必须如此。

另外，对于澳大利亚原住民的地图来说，把它们看成要么跨越知识鸿沟、要么同时跨越知识和文化鸿沟来交流地形信息的尝试，要合适得多。这类作品强调的不是展示或仪式表演，而是传达实际知识，借助的形式是地形及其文化焦点或次级划分的类比图像，这种图像在诸如找路之类的活动中具有实在的用处。[40] 地图的可达性（accessibility）也很重要，为其特色——这是说地图需要最大限度地利用创作者和消费者双方所知的传统。在这个意义上

---

[39] 参见 Eric Hirsch 的序言，“Landscape: Between Place and Space,” in *The Anthropology of Landscape: Perspectives on Place and Space*, ed. Eric Hirsch and Michael O' Hanlon (Oxford: Clarendon Press, 1995), 1—30，特别是 18 页；在序言中，他总结了 Alfred Gell 在以下文章中的态度：“How to Read a Map: Remarks on the Practical Logic of Navigation,” *Man*, n. s. 20 (1985): 271—286，特别是 278—280 页。有关指代/非指代这对概念的更多信息，参见 Michael Silverstein，“Shifters, Linguistic Categories, and Cultural Description,” in *Meaning in Anthropology*, ed. Keith H. Basso and Henry A. Selby (Albuquerque: University of New Mexico Press, 1976), 11 -55。

[40] 不过，原住民出于土地声索的目的绘制的地图，也可能在高度仪式化的法庭语境中承担着强烈的表演意义。

说，地图需要"客观"（用盖尔的话来说是"不以主体为中心"）。与此相反，圣像对一些
"消费者"（比如说仪典上的新人）来说通常是模糊的，常常格外不易理解，仅对那些较年
长的观察者来说具有"可读性"，而这仅仅是因为已经有人教过他们圣像的传统和所指。正
如我要在下一章中论述的，在欧洲人到来之前，除了出于临时的解释目的而在沙地上草草绘
制的"泥地图"之外，澳大利亚原住民并不创作地图。正如他们自己所说："我们不需要纸
质的地图——我们把地图放到了脑子里。"不过，他们确实为需求所驱动，创作地形的宗教
图像，也就是我称为圣像的东西。

　　尽管两类作品的较深层的语义内容可能彼此相关，甚至在细节上非常相似，尽管对任
何描述举动来说，这两类作品之间都有某种连续的特征，但在理念类型的层次上，把它
们区分开来是有用的。圣像的关键意义，在表面上由其关联的神话及圣像图案在仪式表
演中扮演的角色所承担。地图的关键意义，在表面上由它们在传送信息中扮演的角色所
承担——原住民通常是为了帮助非原住民人群理解其邦域的布局，或在地权争端审理法庭
之类源自欧洲的语境之下维护自己的土地权益、驳斥其他原住民的土地利益时才会制作
地图。这样的区分虽然比较简单，可能会带来一些问题（见第十章），但没有疑问的是，
把那些制作出来用于原住民内部消费和那些为美术和人造物市场而制作的作品都包括在
内的圣像，在数量上要远远大于地图。

　　最为促使我们把原住民的邦域图像划分为地图——或至少是地图状作品——而不仅仅是
景观的理由，在于它们的垂直视角。[41] 这是因为工业文化的成员易于把地理的垂直呈现与知
识联系在一起，而把其水平描绘与艺术联系在一起。[42] 在原住民古典传统中，以水平方
式——也就是以剖面而非平面图视角的方式——制作的景观特征的图像可谓寥寥无几。[43]

　　古典式的原住民邦域圣像常常被学者当成地图状作品，甚至认为就是地图。[44] 比如人类

364

---

[41]　芭芭拉·格罗切夫斯基（Barbara Glowczewski）在澳大利亚北中部的拉贾马努（Lajamanu）地区做过人类学研
究，发现聚焦于可视世界的空中视角可以为聚焦于梦者的德性和内在世界的地下视角所补充。（不过，这两种视角也可以
说处在同一个垂直面上）她写道："大多数沙漠中的原住民绘画看起来都像地形图：他们把梦者神话以圆形、卵形或弧形
的形式转化出来，这些图形与地场场所相对应，最终又由以直线或弯曲线表示的路程（轨迹）联结在一起。这种表面上
的空中视角（自上而下）事实上也是地下视角（也即自下向上）：神话生物从它们永居的四维空间（恒星在这里进入大
地内部）观察大地上的生命时采取的双重视角。"参见 Barbara Glowczewski, ed., Yapa: Peintres aborigènes de Balgo et Laja-
manu（Paris：Baudoin Lebon, 1991），166。也见以下文献中的综述：Peter Sutton, "From Horizontal to Perpendicular: Two Re-
cent Books on Central Australian Aboriginal Painting," Records of the South Australian Museum 21（1987）：161–165。
[42]　不过，欧洲的海洋探险家曾长期在海图上把这两种视角结合起来，这种改进可能促成了文艺复兴和后文艺复兴
时期欧洲绘画中具有形象准确性的"事实景观"的出现，特别是在为荷兰的重商主义市民阶级创作的艺术家的笔下。参
见 Kenneth Clark, Landscape into Art（Mitcham, Victoria：Penguin Books, 1949），31–49。
[43]　动物、人类和树木——后者在很多方面类似人类的身体——即使在荒漠或半荒漠地区也可能以剖面图来展示。
当一个人从荒漠地区前往澳大利亚北部海岸时，他偶尔也能发现一些例子，其中的总的图像视点是水平的而非垂直的。
阿纳姆地西部绘画中的岩石露头常常（但非总是）以剖面视角展示，这是一种多少有点少见、但已经确立得非常牢固的
改进。以树皮画为例，相关的参考文献可见 Peter Sutton, "Responding to Aboriginal Art," in Dreamings: The Art of Aboriginal
Australia, ed. Peter Sutton（New York：George Braziller in association with the Asia Society Galleries, 1988），33–58，特别是45
页（图71）。
[44]　此外，很多原住民图像的收集者还曾用"地图"这个词来指某幅图像，但不能认为这反映了创作该物品的人对
用语的选择。举例来说，库普卡（Kupka）把1963年收集自阿纳姆地西部克罗克（Croker）岛、由米贾乌—米贾伍
（Midjau-Midjawu）创作的一幅绘画描述为"昂佩利（Oenpelli）地区的地图（Carte de la region d'Oenpelli）"，其中描绘了
某些溪流、潟湖、岩画场所和画家诞生地的位置；参见 Kupka, Peintres aborigènes d'Australie, XLV（注释20）。

学家尼古拉·彼得森（Nicolas Peterson）就把瓦尔皮里（Warlpiri）人的投枪和圣板之上的图案称为"简明地图"（schematic maps）。[45] 地理学家费·盖尔（Fay Gale）也曾用"地图形式的艺术"一语指称类似的图像，她又用荒漠艺术家裘布鲁拉（Tjuburrula）的绘画作为进一步的范例（见图 9.22 的下图）。[46] 在其书中题为"澳大利亚原住民地图"的一章中，海伦·沃森（Helen Watson）把阿纳姆地东北部的树皮画称为"高度传统的地图"兼"宗教圣像"。[47] 然而，对这类作品使用"地图"一词的做法很成问题。在关于阿纳姆地东北部的约尔努（Yolngu）人传统图案的重要研究中，莫菲（Morphy）把其中一节的标题取为"作为地图的绘画"；但是他没有惯常地把树皮画当成地图本身。他指出，约尔努绘画中的图案元素可能具有一或两类意义，即那些指向神话事件的意义和指向地形特征的意义，尽管因为地点可能也是祖先事件的显现，这种二分并不总是截然分明。"很多约尔努绘画可以从两个非常不同的方面解读：第一个是作为神话事件的记录，第二个是作为特定陆地区域的地图。"[48] 最近，莫菲又指出，对这些作品来说，"地形呈现"可能是比地图更好的用语，"尽管我并不反对像地图这样的词成为人类学元语言（metalanguage）的一部分；在这种元语言中，你会实际上加入一个让术语的中心意义远离其传统欧洲意义的过程，但既然它能以另一种方式起作用，你也可以说这是一场冒险"[49]。

地图的地图，或变形？

"地图"这个词携带着它自己的文化负载。这样一个词在澳大利亚原住民语言中并无直接的译法。让原住民的地形呈现带有地图学性质的条件，在于他们要成为全球性的地理学者和地图学史学者受众的兴趣所在。

我绝无暗示原住民的图像是原始地图或假想的属于现代文明的更进步的地图的前身的意思。这种单线性的进化观很久以前就被学者抛弃了。然而，也不能说原住民的邦域图像只是与诸如葡萄牙人的地图或日本人的地图略有不同的地图。虽然原住民图像中对地形象征体系的高度关注可能证明本章应合理地归入地图学史，而不是书写史或艺术史，但是如果有人把这三种历史都解读为由一种强大的、现在已经全球化分布的工业社会所实施的智力挪用（intellectual appropriation）模式，那么把本章归入三种历史的任何一种可能都是合理的，或可能都应予批评。

原住民的绘图者从来没有夸口说他们对地形本身的呈现是一种前文化的地理学。当

---

[45] Nicolas Peterson, "Totemism Yesterday: Sentiment and Local Organisation among the Australian Aborigines," *Man*, n. s. 7 (1972)：12–32，特别是 21 页。

[46] Fay Gale, "Art as a Cartographic Form," *Globe*：*Journal of the Australian Map Circle* 26（1986）：32–41.

[47] Helen Watson, "Aboriginal-Australian Maps," in *Maps Are Territories*, *Science Is an Atlas*：*A Portfolio of Exhibits*, by David Turnbull（Geelong, Victoria：Deakin University, 1989；reprinted Chicago：University of Chicago Press, 1993），28–36，特别是 33 和 36 页。在另一部著作中，沃森和钱伯斯（Chambers）更为宽泛地把这些作品称为文本；参见 Helen Watson and David Wade Chambers, *Singing the Land*, *Signing the Land*：*A Portfolio of Exhibits*（Geelong, Victoria：Deakin University, 1989），49。随当地原住民语言（大约有 250 种）的不同，树皮画也有很多不同的称呼用语。沃森用的是 *dhulaŋ*，它只在约尔努人所讲的阿纳姆地东北部诸语言中具有树皮画的意义。

[48] Morphy, *Ancestral Connections*, 221–225 及 218–219 页上的引语（注释 3）。

[49] Howard Morphy, 私人通信，1995 年 6 月 15 日。

然，他们在有关自己家乡地区的物理细节、场所之间的相对距离以及每个场所相对于另一个场所的方位等方面的知识通常是高度准确的。然而，出现在他们作品中的地形元素常常会在图像表面重新排列，看上去有很大的自由度。在原住民的实践中，一些人在进行地形呈现时所保持的"正确性"只是为了遵从某种图案设计的原则，而不是要维持圣像对地文、相对距离和方位的保真度。[50]

　　做出这种解读的理由之一，是在原住民传统中，人们对邦域的呈现的感知不是自然的图像（"自然"也是一个无法翻译为原住民语言的词），而是只展示了图案本身的一些图案。我们可以把这些图像描述为"圣像的圣像"，而不是陆地图，因为人们在其头脑中所持的图案就是他们在绘画和雕塑中展示的图案，而不是他们眼中保持了实际的景观、植被、距离和方位的细节的视觉图像。带有地形内容的原住民圣像描绘了一些本身与其说是呈现、不如说是变形（transformation）的东西。地形——或者它在原住民绘画和雕塑中作为图案的表现——并没有"呈现"梦者或祖先事件，而是它们的变形。 365

　　南茜·芒恩（Nancy Munn）是澳大利亚（特别是中澳大利亚）原住民图像系统领域的先驱性学者。[51] 她的论文"瓦尔皮里和皮钱恰恰拉神话中主体向客体的变形"［The Transformation of Subjects into Objects in Walbiri（Warlpiri）and Pitjantjatjara］在让人们更广泛地理解原住民与空间的关系方面起到了深远作用。她提出在这一地区的原住民神话中有三种类型的变形：身体变形（metamorphosis，即祖先的身体变化为某种物质的客体），印记（imprinting，祖先留下他/她的身体或一些工具的遗迹），外在化（externalization，一些客体源自或直接取自祖先的身体）。[52] 因此，某个地形特征经常可能既是一座山丘或一条溪流，同时又是这类特征的变形，而它还可被理解为某位祖先的身体或身体部位，或是由某位祖先留下的赘生之物或印记（比如一条轨迹）。同一特征也可以是一件神圣物品，它"是"祖先的身体。因此，某一座山丘可以同时是一根掘土棒、由这根掘土棒变化而成的吼板、一位祖先物的身体和一座山丘。在中澳大利亚，刻有呈现了神话中某地点的图案的"裘鲁纳"（tjurunga，churinga，神圣石质物品）通常本身就被视为一位祖先变形后的身体或身体部位，并被与这位祖先的现世化身——某位人们认识的个人——等同起来。这些变形并不是"变成之物"，而就是"等价之物"。

　　芒恩发现，瓦尔皮里男性会用圆形和线条的组合来呈现被祖先的旅行所连接在一起的场所。在这些图形排列与它们所描绘的事物之间存在圣像式关系，但在狭隘的圣像意义上，这些图形并不具有严格的地图性质。举例来说，3个营地排成的一条线可能会展示为由直线连接的3个圆形——但在实际所知的空间中，这些场所排成的可能并不是直线。与此类似，当

---

　　[50]　不过，圣像准确性也可以用作一种原住民的评判标准，来评价他们对动物物种之类事物的形象描述是否出色；参见 Morphy, *Ancestral Connections*, 153（注释3）。

　　[51]　Nancy D. Munn, "Totemic Designs and Group Continuity in Walbiri Cosmology," in *Aborigines Now: New Perspective in the Study of Aboriginal Communities*, ed. Marie Reay（Sydney: Angus and Robertson, 1964）, 83 – 100；同一作者的 "The Transformation of Subjects into Objects in Walbiri and Pitjantjatjara Myth," in *Australian Aboriginal Anthropology: Modern Studies in the Social Anthropology of the Australian Aborigines*, ed. Ronald Murray Berndt（Nedlands: University of Western Australia Press for the Australian Institute of Aboriginal Studies, 1970）, 141 – 163；同一作者的 "Spatial Presentation"（注释29）；以及同一作者的 *Walbiri Iconography*（注释3）。

　　[52]　Munn, "Transformation of Subjects," 142.

一条弯弯曲曲的线把呈现了祖先物路径上的场所的圆形连接在一起时，祖先物可能确实是蜿蜒行进的，比如它可能是一条蛇或一道溪流。同样，在两个祖先的道路相交之处，图案中的线条也会相交。但是芒恩评论说，"正如这些例子所示，瓦尔皮里人运用了描绘地点的不同空间分布的方式来处理多种类型的排列，这些排列不只是运用了圆—线母题的装饰游戏。正是出于这个理由，中澳大利亚的图案有时候会被当作'地图'"[53]。

是表演还是信息

我们之所以要小心，不能把澳大利亚原住民以绘画和雕塑方式展现的邦域圣像轻易当成某种地图，其中的关键理由之一是它们的创作主要源于展示或表演，而不是解释或记录。[54]毫无疑问，原住民的仪典表演，特别是那些用新知识教导新成员的表演，过去曾涉及信息的传递，现在也是如此；然而，即使有了专人指导，新成员对古典原住民图像体系的解码通常也要依赖一些预先的知识，其中既有所描绘的景观的知识，又有展示这些景观时要用到的传统。这又特别是因为在原住民仪式语境之下，"解释"常常具有高度隐秘性，而且让主体担负了义务，需要在多少碎片化的口头指导的基础上生成他/她自己的理解。在原住民文化中，信息传递总体上更像经由自然语言的传授，而不是产业学术团体的正式教导，尽管有时候可能与二者都有些类似。这也就是说，新成员的学习过程主要并不是在程序化的教导下吸收预先存在的事实，而是在禁止他们提问的总体状况下，从混合了清晰陈述和一大堆散乱的碎片式和补丁式的解释中去生成反映了世界各个方面的模型。[55]

366

方法和解读

持久的模板，临时的材料

像巴纳帕纳（Banapana）的贾拉克皮（Djarrakpi）树皮画（见下文图版18）这样的原住民圣像，通常运用传统图案构造，其绘制者常常说他们所绘的图像采取的是祖先用过的样式。虽然很多原住民图案元素确实至少在过去大约一个世纪里保持了稳定，但是也有明显的样式变化。

我所谓的图案，并不是指固定的整个图像。在这样的图形体系中保持稳定的，是一套在样式上同质的反复出现的模板（templates）和多少表现为标准形态的可视化装置。在每一次具体的行动中，它们组合起来，便构成多少较为独特的完整图像。[56] 在原住民艺术和人造物

---

[53] Munn, *Walbiri Iconography*, 136（注释3）。（这一族群名称现在的标准拼写是 Warlpiri）

[54] 在中澳大利亚的"沙画故事"（sand stories）中，叙事的讲述者在沙地上绘出场所和它们的空间关系，以及营地的平面图，在某一幕故事讲完之后又把它们清除掉。这些沙画故事是叙事表演的一部分，作为图解或叙事活动的可视化呈现。然而，因为它们整合到了口语语篇中，从这个意义上来说，它们更像是把前方的地物画出来告诉旅行者的解释性的"泥地图"（见405—408页）。

[55] Strehlow, *Aranda Traditions*, 5–6, 110（注释32）；同一作者的 *Songs of Central Australia*, 70, 197–198（注释37）；Ken Hale, "Remarks on Creativity in Aboriginal Verse," in *Problems and Solutions: Occasional Essays in Musicology Presented to Alice M. Moyle*, ed. Jamie C. Kassler and Jill Stubington（Sydney：Hale and Iremonger, 1984），254–262；及 Ian Keen, *Knowledge and Secrecy in an Aboriginal Religion*（Oxford：Clarendon Press, 1994）。

[56] 关于原住民图像学的模板，参见：Morphy, *Ancestral Connections*, 235–241（注释3）。

市场诞生之前，大多数可移动的原住民作品——至少那些属于古典传统的作品——只是为了短期的目的而制作，之后就任其腐坏崩解，或作为与之相关的仪典的一部分而有意毁坏。事实上，原住民所制作的东西几乎不会保留照管很长时间（如果以大多数其他文化的标准来衡量的话）。人们并不会觉得载体的临时性与赋予这些物体本身的象征和神圣性质的永久性有什么抵牾之处。除了岩面上的图案外，大部分描绘了具有神圣意义的场所的神圣石板和神圣木板很可能是仅有的能够保存数天或数月之上的地形呈现物。阿纳姆地的木制"朗加"（圣竿）常常保存在圣井的泥中，但每次使用它们的时候，其上的图案都要重加涂绘。

尽管在外人的眼中很少会这样看，但在原住民的眼中，图案本身才几乎始终是最重要的，远比它所装饰的物体重要。一处神圣水坑的图像、氏族的细线晕滃（hatching）样式、对某种梦者的描绘通常是可以在载体之间转换的。举例来说，同一个图案可以在成年礼期间绘在一个男孩的身体上、雨季棚屋的墙壁上、供售卖的油画上、树皮或原木棺上、饼干盒盖上、铝制的小舢板上或是一双球鞋上。[57] 是图案——或者更准确地说是作为其要素的模板——具有连续性。然而，在博物馆收藏的文化语境中，大多博物馆员和观众对于这些物品的连续性的兴趣不仅与其图案组分的生活史有关，至少也有同样多的兴趣与人造物本身的年龄与其物理保存状况有关。国家机构中勤勉的人造物保管者有时会震惊于原住民那种乍一看漫不经心的态度——他们是这些物品能够被真正感知的意义的保管者，可以利用它们在某些语境下做出物质性的表达。

非原住民土地所有者可能需要一幅纸质地图，以便在他们自己的法律系统内显示其产权。原住民则常常指出，在他们自己的习惯法中，地契并不是纸页，而是像神圣图案之类的事物。因此在理论上，他们如果愿意的话，可以"烧掉地图而领有邦域"（burn the map and hold the country）。[58] "地图"对于原住民的地形图像来说可能是误导性称呼的另一个理由，在于这些作品在技术精度的追求上常常几乎不做任何尝试。澳大利亚的欧洲殖民者往往会轻视原住民的视觉作品，认为它们原始而粗糙，不仅因为它们在制作时几乎不采取什么技巧，而且因为其载体也是草草劈下的桉树皮（图版15）或岩棚侧壁之类。

至少在澳大利亚北部的几个地方，树皮绘画的历史可以追溯到现金市场在此建立之前。很多早期观察者记录了人们在其树皮棚屋的内侧绘画的活动（图9.7）。[59] 尽管那些没有通知原住民就从其营地收集走（也即偷窃）的非常早期的树皮，至少也大略呈矩形，但是较古老的树皮相较那些比较新的作品来说则确实具有较为破碎的边缘。

大多数用于绘画的树皮是按如下方式准备的。用一把斧子，在一棵桉树树干上间隔一段距离的两处各砍出两圈环形浅痕。这个工作通常在雨季进行，因为这时候流动的树液可以让树皮更容易撬取。（剥取树皮会导致树死亡，但这并不是这一工作的目的）剥下来的树皮要

㊄　参见 Sutton, "Responding to Aboriginal Art," 图 50, 51 和 85（注释 43）。

㊅　我在这里向弗雷德·R. 迈尔斯（Fred R. Myers）表示歉意，参见他的"Burning the Truck and Holding the Country: Property, Time, and the Negotiation of Identity among Pintupi Aborigines," in *Hunters and Gatherers*, 2 vols. , ed. Tim Ingold, David Riches, and James Woodburn（New York: Berg, 1987 – 1988）, vol. 1, *Property, Power and Ideology*, 52 – 74。

㊆　Norman B. Tindale, "Natives of Groote Eylandt and of the West Coast of the Gulf of Carpentaria, Part II," *Records of the South Australian Museum* 3（1925 – 1928）: 103 – 134, 特别是 115 和 117 页, 及 Baldwin Spencer, *Wanderings in Wild Australia*, 2 vols.（London: Macmillan, 1928）, 2: 792 – 794。

367

图 9.7 雨季的树皮棚屋（单人间），20 世纪 70 年代中期

这座树皮棚屋位于阿纳姆地中部曼恩河（Mann River）畔的芒加洛德（Manggalod），在内壁上有世俗树皮画。

Howard Morphy 许可使用。

加以烘烤，除去松动的小片，并有助于将其展平。可以把它在石头或沙子下面压几天，也有助于将其展平。把树皮表面刮净，在其内表面上刷绘出一片作画的背景。之后，先绘出主图案的轮廓，包括准备在其内添加细节的边界线，然后绘出更多细节，类似交叉细线晕渲和圆点晕渲这样的重复性和装饰性的元素在最后添绘。所用的颜料是天然的固体，在碾碎或压碎之后，与水和一种固定剂混合。到 20 世纪 80 年代之时，主要使用的固定剂已经是一种品牌名为 Aquadhere 的木工胶（在过去更常用的则是用兰花榨的汁）。红赭石、黄赭石、高岭土和木炭是主要使用的颜料。画笔由木棍、露兜树（pandanus）纤维、兽毛及其他原料制作；偶尔也会用到商用画笔，特别是在刷绘背景的时候。很多树皮绘者——特别是在 20 世纪 50 年代之后——还会在树皮的顶部和底部附加支撑棍。

367

惯　例

当古典的视觉模板结合为完整图像的时候，它们排列成的样子通常取平面图视角，其中的主要元素是山丘、溪谷、水坑（water holes）、岛屿等天然地物或井［渗水处（soakage）］之类的人工地物的简明图像。然而，它们在比例上遵循的标准并不是高度自然主义的，而是为图像绘制者提供了选择；这些选择常常反映了绘者对不同事物的强调，比如各种神话主题、土地所有者之间的社会关系、通常极度简化的对称性和几何性的图像原则以及所应用的载体为绘图施加的限制等（在20世纪90年代，除了雕塑或地面图案之外，大部分图像绘在一个矩形的背景表面上，其所在的载体为画布或树皮）。

虽然像彼得·斯基珀（Peter Skipper）的《伊拉·亚平卡》（*Jila Japingka*，图版16）这样的绘画不仅展示了特定的梦者场所，也展示了由平行沙丘构成的广泛分布的地文带，但这个地文带本身在展示时仍然采取了简明图像的方式，更像是一种类型化的图案，而不是对实际的、特定的地形的摹绘（图9.8）。在西澳大利亚沙漠和阿纳姆地的绘画中，植物群丛、流水、云、烟以及类似的呈广延分布或块状分布的无定形地物也常常展示为固定形态的背景图案。在这些作品中，作为某个地区的典型特征的环境地物本身因此只得到了类型化而非形象化的摹绘。

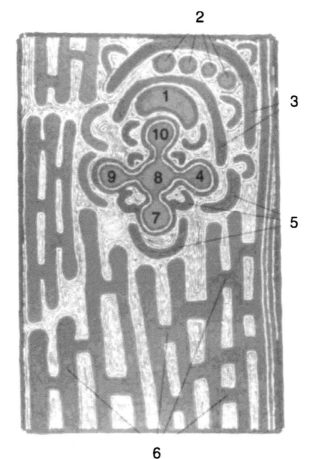

图9.8　《伊拉·亚平卡》（*Jila Japingka*）和《帕伊帕拉》（*Pajpara*）上的水坑的概图（图版16）　　　　367

据 Christopher Anderson and Françoise Dussart, "Dreaming in Acrylic: Western Desert Art," in *Dreamings: The Art of Aboriginal Australia*, ed. Peter Sutton（New York: George Braziller in association with the Asia Society Galleries, 1988），89–142，特别是图141a。

除了个别例外，不管图像主要体现了地点之间的关系图案，还是关注于单个场所，它们

368　都采取了平面图视角。我认为这种绘法反映了绘者对地点之间，与地点相关联的不同人群之间的横组合（syntagmatic）关系的强调，而不是对其纵聚合（paradigmatic）关系的强调，这是深植于原住民文化中的传统。

　　原住民的地形呈现物在视觉复杂性的程度上有巨大差异。阿纳姆地东北部那些高度分隔和填充的图案，就与沙漠地区贫乏到仅有单独一个草草绘就的圆形的图案形成了鲜明对比。然而，多数原住民图像中的形式简单性掩盖了它所体现的复杂社会、仪典和神话意义。这种简单性常常以密码术和隐晦性的运用为基础，理解它们需要特定的一些宗教知识，这些知识是传统原住民社会中如此之大的权力的基础。[60] 虽然很多视觉传统的实践者竭力想要完成复制视觉印象之类的工作，但澳大利亚原住民的圣像绘者一般来说只致力于为想要呈现的事物创造简化的符号。有些符号比另一些符号更简化。最为神圣、最具仪式危险性的图像常常是最概略、最呈几何形的图像，因此在表面上看来也最简单。从原住民的观点来看，这样的图像常常是最深刻的作品，拥有最多层次的意义。

　　宇宙本身也是分层的，这是说它包括地下、地上和天空带，在原住民的视觉呈现中会得到非常不同的处理。虽然梦者常常在地下运动，因此会让场所在神话和歌咏中连接起来，但在呈现这些场所的图像传统中往往几乎看不到表现这一点的迹象。在这些传统中同样少见的是把恒星和行星与大地地形整合在一起的图像。

宇宙志和天文描绘

　　比利（Billy）和梅宁（Maning）的蜡笔画《带有天空的世界观》（*Conception of the*
369　*World with Sky*，图9.9）与尼延（Njien）的《恒星平面图》（*Star Plan*，图9.10）均作于1941年，都是在南澳大利亚州西部的乌尔迪（Ooldea）应罗纳德·伯恩特（Ronald Berndt）的委托绘制，由他所收集。J. G. 罗伊特（Reuther）也收集到一个约制作于1905年的艾尔湖托阿，描绘了大地、大气层、天空和恒星。在原住民的图像中，这两幅画和这个托阿都属于数目相对较少的有关天地较大范围的简明图像。原住民对天空的完整描绘相当罕见。虽然这并不是说在原住民的图像中不会把太阳和月亮画成神话角色，但原住民几乎不会把天文实体——比如某个星座——作为一幅图像的基础；尽管从20世纪50年代早期开始，米尼米尼·马马里卡（Minimini Mamarika）于1948年创作的《猎户座和昴星团》（*Orion and the Pleiades*，图9.12）[61] 成为原住民绘画中流传最广的图像之一，被反复出版和展览，但这只是给人提供了一种误导性的假象。这是个饶有趣味的现象，因为至少在中澳大利亚，原住民有关恒星的传统知识普遍比外行的城市居民丰富，也更精确；这些知识已经不只是附加在很多星座上的神话象征系统，更包括有关两种类型的恒星视运动的知识以及不同恒星各

　　[60]　参见 Morphy, *Ancestral Connections*（注释3）；Keen, *Knowledge and Secrecy*（注释55）；及 Eric Michaels, "Constraints on Knowledge in an Economy of Oral Information," *Current Anthropology* 26（1985）：505－510。在下文中对这个问题有详细论述。

　　[61]　这幅画的这个充满欧洲异域色彩的题目由蒙特福德（Mountford）所起。该作品的绘者几乎可以肯定从来没有听说过这两个星座有"猎户座"和"昴星团"这样的名字。也参见 Sutton, *Dreamings：The Art of Aboriginal Australia*, 221, no. 35（注释3）。

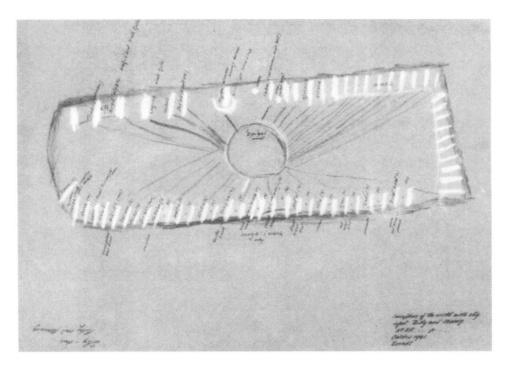

图 9.9　《带有天空的世界观》，1941 年　368

由南澳大利亚州乌尔迪的比利和梅宁以蜡笔绘于纸上。

承蒙 Berndt Museum of Anthropology，University of Western Australia，Nedlands 提供照片（P22144）。

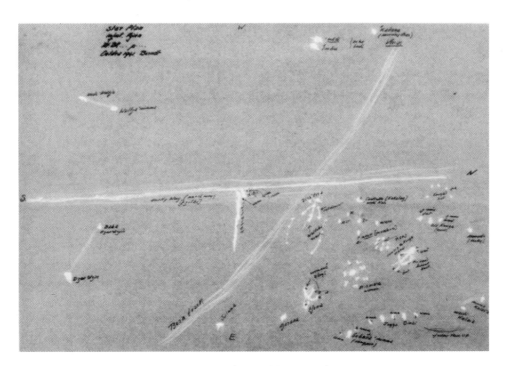

图 9.10　《恒星平面图》，1941 年　369

由南澳大利亚州乌尔迪的尼延以蜡笔绘于纸上。

承蒙 Berndt Museum of Anthropology，University of Western Australia，Nedlands 提供照片（P22143）。

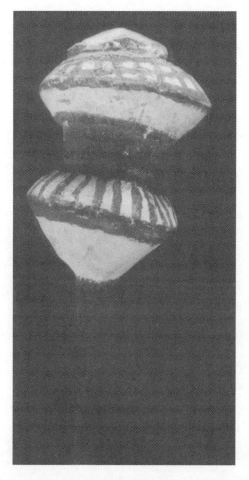

图 9.11 指示了帕尔卡拉卡拉这一场所的
托阿（道路标记），约 1904 年

370

帕尔卡拉卡拉（Palkarakara，"在晨昏的微光中攀上某物"）在南澳大利亚州艾尔湖附近，是祖先英雄米尔基马德伦奇（Milkimadlentji）和米奇马纳马纳（Mitjimanamana）在他们的心灵之眼中看见向上攀爬的死者灵魂的地方。下部的白色部分代表大地，凹入的腰部有黄色带纹，是天地之间的大气层。上部的白色部分是天空，其上的竖直线条是向天空攀爬的死者灵魂。再上面则是恒星，是以白色斑块表示的死者灵魂。这个用石膏、赭石和木头制作的托阿来自南澳大利亚州现已不存在的基拉尔帕宁纳路德宗教会。

原件高度：26.9 厘米。承蒙 South Australian Museum, Adelaide 提供照片（A6168）。

有其独特颜色和亮度的知识。[62]

我认为天空图像之所以阙如，一个主要原因在于古典原住民文化中的地理象征系统格外关注于由不同人群所拥有的土地利益的宗教政治问题，而天空通常是中立的领域。天空，以

---

[62] B. G. Maegraith, "The Astronomy of the Aranda and Luritja Tribes"（Adelaide University Field Anthropology, Central Australia, no. 10），*Transactions and Proceedings of the Royal Society of South Australia* 56 (1932): 19–26.

图 9.12 《猎户座和昴星团》，1948 年 370

由米尼米尼·马马里卡（1904—1972）在格罗特岛为民族志资料收集者绘制，以赭石和锰绘制于树皮上。上方是渔人布隆布隆布尼亚的诸位妻子，坐在她们圆形的草屋里面。对欧洲人来说，这个星座叫昴星团。下方的 T 形是欧洲人所知的猎户座。T 的上部一横是三位渔人（即参宿三星），下部是渔人的篝火、两条鹦鹉鱼和一只鳐鱼。

原始尺寸：76 × 32 厘米。承蒙 Art Gallery of South Australia, Adelaide 提供照片（701PA46）。Anthony Wallis, Aboriginal Artists Agency, Sydney 授权使用。

及在澳大利亚的滨海地区所见的离岸很远的远海，是人死之后其个体灵魂常常被带去的地方。[63] 这两个地点都是作为灵魂目的地的极佳候选地，因为它们都是政治上"自由"的。371（与此相反，灵魂图像或肉身鬼魂常常是这个人在死后生活中的第二个位置，它通常会被歌咏或以仪式的方式送到一个在领地上非常具有象征性的地点，这个地点就在这个人自己的家乡里或离家乡很近）不过，也可能有另一个因素，就是人们会通过与生俱来的权利或土地的传统拥有者的许可而在某个邦域中拥有合法权利，而他们也只把这片邦域呈现为图案，这可能是古典传统中的一般情况。

---

[63] 有一幅蜡笔画与这个主题有关，参见 Mawalan Marika 的 *The Voyage of Yawalngura to the Dua Moiety Land of the Dead*，Yirrkala 1947，在以下文献中有复制：Ronald Murray Berndt and Catherine Helen Berndt, *The Speaking Land：Myth and Story in Aboriginal Australia*, 1st United States ed.（Rochester, Vt.：Inner Traditions International, 1994），图版 28。

在空间中描绘时间

澳大利亚原住民的图像以及他们的圣歌唱段不仅常常暗示了某个地形和它所在的场所，而且为它添加了时间维度，比如一年里的季节或一天的不同时段。不过，相关联的神话时间——也即在神话领域中事件或创世阶段的顺序——却始终是罕见的。针对约尔努人思想的案例，莫菲把这种情况称为"时间对空间的从属"（subordination of time to space）。[64] 作为梦者的叙事世界中首要的结构性力量的，是与祖先有关的事件所发生的地点及其相对关系，而不是它们发生的时代或严格的场景时序。

另外，以一年的季节或昼夜的时段表现的时间，在原住民古典思想中承载了很多象征力。利伍康·布库拉奇皮（Liwukang Bukurlatjpi）有一幅树皮画作，被博物馆命名为《枪乌贼和海龟梦者》（*Squid and Turtle Dreamings*，图 9.13）；它关注了韦塞尔群岛（Wessell Islands）的景观历史，可以说明这个情况。画左侧的枪乌贼为雌性，沿着韦塞尔群岛的岛链创造了所有的家庭和地点。右侧的枪乌贼为雄性，把雌枪乌贼创造的地点分配为地产，由不同的原住民氏族所有，这些氏族一直延续至今。沿着韦塞尔群岛的岛链向南，雄枪乌贼把已命名的圣地转交给大约 11 个氏族。南澳大利亚博物馆档案记录了 11 个场所名字及据说它们在分配之后所归属的氏族的详细情况。所有这些场所名字在这些氏族所讲的各种语言中据说都意为枪乌贼。

这幅画中的图像不仅暗示了韦塞尔群岛的神圣地缘政治情况，而且也把时间绘制在空间之上。雄枪乌贼旁边以及海龟背壳上用交叉细线晕滃而成的纹带上所涂的颜色顺序是黑、红、黄和白。在这里，这些颜色呈现了夜晚、日落和日出以及正午的静水。这一图像进一步暗示了某个季节的到来。按照利伍康·布库尔奇皮 1987 年在伊尔卡拉（Yirrkala）与我们会谈时所解释的，枪乌贼变形之后就成为海龟。这一地区的天气与航海的相对安全性之间有关系，这只海龟与这种关系之间有关联。[65]

画左侧的雌枪乌贼至今仍以岩层的形式保存在韦塞尔群岛中的吉迪尼亚（Djidinja）岛上；在那里的景观中，可见枪乌贼墨汁的黑色标记从陆地流向海洋。在画中，枪乌贼之上的黑色颜料也呈现了其墨汁。因此，吉迪尼亚岛可能得到了颜料颜色本身的暗指，因此，不需要对这个岛的外在形式做任何描绘即已呈现。实际上，在画中图像里，一整套地点和时间主要就只由这 3 个海洋生物所象征，但只有地方性知识才能让人理解这一点。

《枪乌贼和海龟梦者》的地形维度因此被隐蔽起来，除非有人把这些讲述出来。这并非偶然现象：宗教图像的原住民解释通常都是俭省、零散而含糊的。如果以为某个人应该一次就能把这种类型的综合性信息揭示出来，哪怕只是觉得有这种可能性，都是外人之见。

隐晦性的类型

隐蔽，隐晦，多义，含蓄，秘密——所有这些特征都是澳大利亚原住民图像学传统的总

64　Morphy, "Ancestral Past," 187–189（注释 38）。

65　有一年，海龟沿着岛链向北游动。当她浮出水面呼吸时，她呼出的气就变成了云。这些云是海面平静、天气安定、渔获丰盛的季节信号。

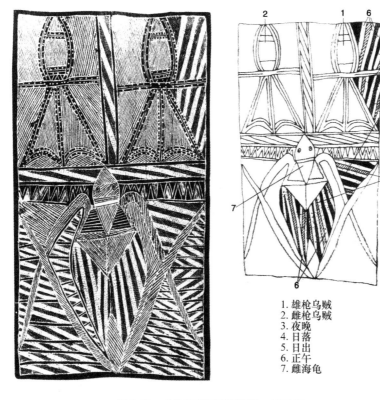

1. 雄枪乌贼
2. 雌枪乌贼
3. 夜晚
4. 日落
5. 日出
6. 正午
7. 雌海龟

图9.13 《枪乌贼和海龟梦者》，1972 年

372

左图是这幅画作，以赭石绘于树皮上，由阿纳姆地东北部加利温库（Galiwinku）的利伍康·布库尔奇皮创作供出售。

原始尺寸：92 × 52 厘米。承蒙 South Australian Museum，Adelaide 提供照片（A67540）。Anthony Wallis，Aboriginal Artists Agency，Sydney 授权使用。

右边的概图据 Peter Sutton，"Responding to Aboriginal Art，" in *Dreamings*：*The Art of Aboriginal Australia*，ed. Peter Sutton（New York：George Braziller in association with the Asia Society Galleries，1988），33–58，特别是图81a。

体特色；针对阿纳姆地、中澳大利亚和西澳大利亚沙漠地区，学者们已经十分详尽地撰写了对这些特色的分析研究。霍华德·莫菲（Howard Morphy）的力作《祖先的联结：艺术与澳大利亚原住民的知识体系》（*Ancestral Connections*：*Art and an Aboriginal System of Knowledge*，1991）中的关注重点，就是在一个复杂而受到不同程度保密的知识体系中，阿纳姆地东北部的图像学的功用。有关同一地区的另一部重要的民族志著作是伊安·基恩（Ian Keen）的《澳大利亚原住民地区的知识和秘密》（*Knowledge and Secrecy in an Aboriginal Religion*，1994），研究的是更偏西的地方，在其中也有大约三分之一的描述和分析关注了知识的保密及其文化母体。[66]

这一地区的约尔努人所运用的主要对立，在内部知识和外部知识之间——多少限制于入会男性（内部）的知识，与女性和儿童也可以知道的东西（外部知识）形成对立。这两种类型都可以组合在单独一个关注地形的图像中，比如戴维·马兰吉（David Malangi）的《米尔明贾

---

[66] Morphy，*Ancestral Connections*（注释3）及 Keen，*Knowledge and Secrecy*（注释55）。

尔的圣地》（*Sacred Places at Milmindjarr'*，图版 17）即是如此，我在 1987 年与马兰吉在拉明吉宁（Ramingining）见面时得以对它加以详细记录。画中的故事与开拓性的祖先形象的旅程有关，她们在阿纳姆地大部分地区以"詹卡伍姐妹"（Djan'kawu Sisters）之名为人所知。

这幅画作部分呈现了马兰吉本人在拉明吉宁地区的氏族地域的神话地理。他的氏族是马纳尔努（Manharrngu）人中的朱瓦（Dhuwa）半偶族，[67] 讲吉囊（Djinang）语。画中央的故事是詹卡伍姐妹故事中的一段，这两位女性在阿纳姆地曾做过传奇般的旅行，经过了很广阔的距离，这个故事在当地非常有名。当她们或者划着独木舟、或者在陆地上行走，从一处旅行到另一处时，便创造了那里的氏族（拥有土地的人群）及其语言，为自然现象命名，还通过把掘土棒插进地里而创造出泉水。这个故事中仅仅少数几幕中的要素在画中有所展示（见图 9.14）。[68] 在我们 1987 年针对这幅画的讨论中，当马兰吉讲到母题 7（他的梦者）时，对于我常问的有关其意义何在的问题，他的回答是："我知道，你不知道。"而我也没打算让他告诉我。在这样的语境中，保密之线是始终要画出来的。

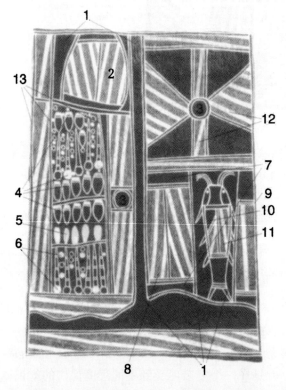

图 9.14 《米尔明贾尔的圣地》（图版 17）的概图

据 Peter Sutton, "Responding to Aboriginal Art," in *Dreamings：The Art of Aboriginal Australia*，ed. Peter Sutton（New York：George Braziller in association with the Asia Society Galleries, 1988），33–58，特别是图 80a。

---

⑥ 朱瓦和伊里恰（Yirritja）是约尔努社会中外婚父系半偶族的名称。

⑧ 这个故事从阿纳姆地的多种观点来看有丰富的细节，在很多文献中均有介绍，如：Warner, *Black Civilization*，特别是 335—370 页（注释 26）；Ronald Murray Berndt, *Djanggawul：An Aboriginal Religious Cult of North-eastern Arnhem Land*（Melbourne：Cheshire, 1952）；及 Ian Keen, "One Ceremony, One Song：An Economy of Religious Knowledge among the Yolŋu of North-east Arnhem Land"（Ph. D. diss.，Australian National University, 1978）。最后这篇博士论文所记述的视觉图像和神话细节尤有条理，但因为对其解释有宗教限制，故其讲述方式无法在这里予以揭示。

解读的不确定性

除了种种程度的限制性之外，澳大利亚原住民的古典邦域图像还有另一个共同的、具有文化独特性的特征：在解读上具有不确定性。虽然在原住民图像中，地形与其呈现之间的关系通常是圣像式的，但这并不意味着它是典型的形象化风格；事实上，正如我们已经看到的，地文特征的精确细节、地点之间的相对距离以及场所之间的方位关系普遍都从属于绘制者的图案设计的需求。而绘制者的设计本身又通常限制在当地图像学传统的惯例之内，哪怕因此生产的每一幅完整图像都是独一无二的。

这样一种概略化、惯例化的绘图方法，意味着每一幅完成的图像都无法轻易与单独一种解读紧密联系在一起。它可以得到多种多样的解释，甚至同一个人都可能会这样做。这种不确定性可能由简单的多义性组成，也即一幅图像中的要素可能代表了在象征上有关联或具有不同秘密性层级的不同事物。举例来说，一个圆形可能呈现了一个已命名的水坑，也可能呈现了一位女性梦者形象的乳房，而她据说就是用掘土棒创造了这个水坑的梦者；在更深或更秘密的层次上，这个圆形还可能呈现了她的阴道。不过，也有一些不同的解读并不必然以这种方式构成同时存在的意义层次。我把这样的解读称为替代性解读（alternatives）。

对于这后一种类型的不确定性，霍华德·莫菲为我们提供了一个有用的例子。莫菲的知情人纳里钦（Narritjin）属于芒加利利（Mangalili）氏族，曾在几个不同的场合以几种不同的方式解释他儿子巴纳帕纳所绘制的一幅图像（图版 18 及图 9.15）。[69] 首先，他曾把这幅图像解读为两只噪鹃（koels，为一种鸟类）、两只负鼠、两只鸸鹋和其他许多祖先物的神话行程的报告。虽然在这幅画背后的神话确定了特别的地点和与之有关的氏族领地，但这样一种专门的解读却把地理、梦者的旅行和时间的流逝全都压缩进了单独一幅图像中，为这场行程在整体上提供了一份总括性的报告。在另一个场合，纳里钦把这同一幅画解读为贾拉克皮地形在神话中如何形成的特别报告，贾拉克皮位于纳里钦所在的芒加利利氏族领地中的锡尔德角（Cape Shield）上。在第三个场合，纳里钦以一种不同寻常而相当独特的方式又把这幅画用作一幅地形图，向莫菲展示了他自己前不久前往那里旅行的最后阶段，以及在锡尔德角贾拉克皮建设芒加利利定居点时所完成的工作（见图 9.16）。

岩画和雕画

374

大多数澳大利亚原住民对邦域的呈现是绘于临时性的载体上，直到商业化的原住民艺术生产开始之后这种情况才有改观。不过，岩画和雕画以及石阵是重要的例外。虽然岩画常常呈现个别的神话和图腾形象，而不是看上去明显是景观的东西，但它们经常会把嵌入在某个仪式和神话系统中的意义表达出来；这种意义以特定的已知景观特征及其歌咏和梦者事件为根据。[70]

㊽　Morphy, *Ancestral Connections*, 218–227（注释 3）。

㊾　比如可参见 Layton, *Australian Rock Art*, 及 Chaloupka, *Journey in Time*（均见注释 15）。

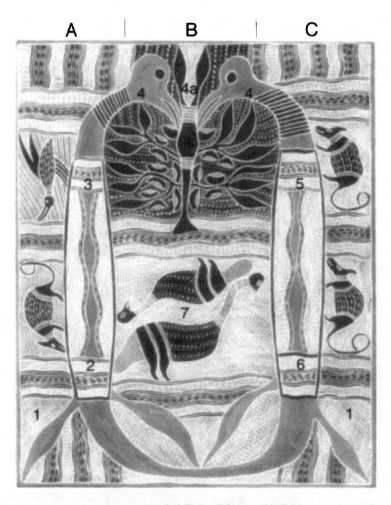

374　　　　　　　　　　　　图9.15　贾拉克皮景观（图版18）的概图

　　巴纳帕纳·迈穆鲁（Banapana Maymuru）的父亲纳里钦为这幅画提供了三种解读。在第一种解读中，噪鹛（4）每天晚上在不同地点会栖坐在一株澳洲腰果（native cashew tree, 4a）的树梢上。负鼠（图像中的三只尾巴有环纹的动物）也会爬上树，把它们的毛纺成线。每根毛线都给予在那个时候停在其领地中的氏族。鸸鹋（7）与它们一同旅行，在从一处走到另一处的时候用脚钻出了水坑。

　　在第二种解读中，当噪鹛飞来时，它们会停栖在一些澳洲腰果树（6）上。在它们进食的时候，负鼠（尾巴有环纹的动物）在纺线。然后噪鹛把毛线在两个地点（5,6）之间抻开，测量其长度，把毛线的片段给予与芒加利利氏族有宗教关联的其他氏族。这些毛线变成了一个湖泊北面的冲沟，每条冲沟都与一个不同的氏族有关联。祖先物们带着毛线跳舞，走向一棵神圣的腰果树（4a），它们在那里测量更多的毛线，其中最长的一根变成了湖西边的沙丘。一位祖先女性尼亚皮利尔努（Nyapililngu）住在湖对侧的树林中（2,3）。她在湖的这一侧上下来回纺制毛线，后来则成为湖东岸的沙丘。鸸鹋（7）在贾拉克皮湖床上钻洞寻水，但只找到了咸水。它们沮丧地把长矛投进附近的海中，便创造了在低潮位时露出的淡水泉。

　　纳里钦的第三种解读则把这幅画视为一幅地形图。比如画中展示了他的路虎（Land Rover）车在最近一次到访中开到了何处（在C1处）、沿着沙丘通过哪里到达了树丛（6）、在露营之后又通过哪里开到下一个树丛（5）、他在哪里向马拉威利树（marrawili, 即腰果树）祈祷，以及最后他们在哪里开始建造简易机场（在右边的鸟头的右边）。也参见图9.16。

　　据 Howard Morphy, *Ancestral Connections: Art and an Aboriginal System of Knowledge* (Chicago: University of Chicago Press, 1991), 219。

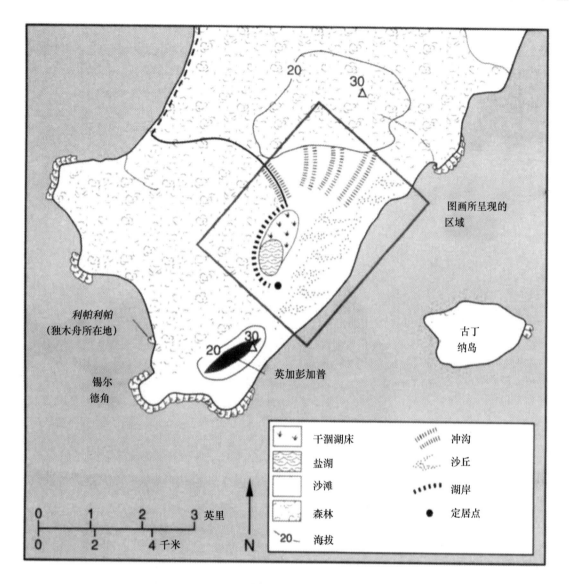

图 9.16　阿纳姆地东北部扎拉克皮地区的参考地图　　375

请与图 9.15 和图版 18 比较。

据 Howard Morphy, *Ancestral Connections：Art and an Aboriginal System of Knowledge*（Chicago：University of Chicago Press, 1991），223。

所谓"帕纳拉米蒂风格"（Panaramitee style）的啄雕（pecked engravings）必定是极为古老的原住民岩画艺术之一（图 9.17）。[71] 这些雕画毫无疑问是古代起源，它们广泛分布于澳大利亚大陆，所跨越的地域中的岩画、其他绘画和木制人造物的风格均有很大差别。雕画中占优势的类型化图案是圆形、动物和岛的踪迹以及线条。原住民人群反复申说他们不是由人类所创造，而是由梦者物所创造。不过他们在很多情况下确实能"读懂"雕画。他们所

⑦　Charles Pearcy Mountford and Robert Edwards, "Rock Engravings of Panaramitee Station, North-eastern South Australia," *Transactions of the Royal Society of South Australia* 86（1963）：131 – 146，及 Margaret Nobbs, "Rock Art in Olary Province, South Australia," *Rock Art Research* 1（1984）：91 – 118。

实施的阅读通常把岩石上的图案与邻近地区的梦者景观联系在一起，但在具体情况中，这些阅读行动都要严格禁止把图像中任何特别形式和意义扩散到一群当地的、已经过成年礼的男性听众之外。出于这个理由，这样的场所也只会用一般性的用语来描述，而不会提供任何细节。

图 9.17　南澳大利亚州扬塔（Yunta）的一处帕纳拉米蒂风格的雕画

Grahame L. Walsh 许可使用。

在北部地区的北中部一个名为马卡蒂（Muckaty）的大型牧牛场中，1992 年中的一天，我和我的同事戴维·纳什（David Nash）被原住民带到了一个岩石露头处。我们正在研究一份土地声索，其传统拥有者对这份地产宣称具有永久不可剥夺的自由保有权，而这块土地的牧场租约已经由人代表他购买了下来。具有适当亲属关系和仪式地位的年长男性先爬上了这处露头。我们剩下的人跟在他后面。一个标志着顶点的石堆被人们视为来自两位雌性梦者物的行动；在穿越邦域的广阔行程中，她们曾在这里停下。这是一条带有许多事件和重要场所的行程，其中大部分会在为这两位梦者而作的仪典歌路中加以颂扬。在这处露头的平坦部分，有一些属于非形象化类型的古老啄雕图案。每一个图案要么识别为故事中这两个生物所经的梦者踪迹上的一处场所，要么识别为沿着她们的英雄行程的路径把场所连接起来的一条线。

各地区举例

在本章中没有足够的篇幅对本土澳大利亚所有地区的地理图像学均予以介绍，但下面的讨论包括了阿纳姆地东北部、约克角半岛西部、西澳大利亚沙漠（Western Desert）和艾尔湖盆地的传统中最为突出的方面。

被小心翼翼守护的图案：阿纳姆地东北部

在古典原住民传统中，神圣图案是非公共的、匿名的财产。祖先物也即梦者把这些图案赐予特定的人群，以神圣的信任持有它们。对这种类型的著作权的违犯在一些地方仍然会引致积极实施的制裁。澳大利亚法律也承认原住民的著作权，但只针对完整图像，而不针对特别的母题，比如那些具有氏族特异性的样式。

原住民图案的传统拥有者可以是松散的地区性群体，由梦者踪迹联系在一起的分教派（cult lodges）的成员[72]，父系氏族的成员，等等，这取决于他们是澳大利亚哪个部分的人群。这种独特的体系在阿纳姆地东北部似乎最为精确、最为有力；在那里，对其他人群的图案的不当使用可能会有极大的害处。[73] 甚至连"谈论"另一个人群的氏族图案都可能招致大麻烦，特别是从那些更传统的人（"老人们"）的眼光来看的话。[74] 古典原住民活动的圣像因此从来不只是宗教地理情况的陈述，还表达了政治和经济地理情况。支持这些做法的主要理由是，在传统法中，原住民的土地利益在本质上是由宗教原则塑造的，而不是由土地的物理占据和经济利用的历史决定的。即使是他们的用益权和居住权，最终也还是以人群与土地之间的象征性联系为基础，这种联系是通过神圣领域来促成的；其中最重要的联系，是由神话、图腾和仪典活动所认可的那些联系。

在阿纳姆地东北部，氏族一般是由父系传代线联系在一起的小型人群，在土地所有上是主要单位；[75] 每个氏族都有独特的图案，可用于绘画。这些氏族图案正如莫菲所说，"在绘画中覆盖了由形象化的呈现物和某些其他组分所界定的区域。……这些图案包括了通过重复组成序列的几何元素，其中精细地用交叉细线做了晕瀚。这些图案随着与它相关联的祖先梦者以及它所属的氏族的不同而不同。"[76]

为了说明这一点，莫菲举了一个例子，是与属于同一个伊里恰半偶族的 5 个氏族人群相关联的菱形图案的五种独特的变体（图 9.18）。不过，我在本章中多次引以为据的莫菲的这一系列关于阿纳姆地东北部艺术体系的重要研究也显示，在作为氏族成员的绘者、氏族地产

[72] 在澳大利亚北中部，一个图腾教的父系分派（totemic cult patrilodge）的成员从社会结构上来说是某个以地方化的形式展现的梦者的核心守护者。参见 Mervyn J. Meggitt, *Desert People：A Study of the Walbiri Aborigines of Central Australia* (Sydney：Angus and Robertson，1962)，47 – 74。

[73] 我们曾在阿纳姆地东北部的伊尔卡拉采访甘巴利（Gambali），了解将在"梦者"展览上使用的绘画的情况 [Sutton, *Dreamings：The Art of Aboriginal Australia*（注释 3）]，当时他便提醒我们可能会有这种危险。

[74] "对老人来说，"甘巴利警告道，"什么都是政治。"在原住民英语中，"老人"（Old People）通常用来指祖先及其持续存在的灵魂，或尚在世的年长的权威人士。

[75] 基恩在《知识和秘密》一书的 63—64 页（注释 55）令人信服地证明了"氏族"（clan）这个用语在讨论这一地区的情况时是不恰当的，应该避免使用，而代之以"人群"（group）。然而，"氏族"这个词在有关这一地区的文献中已经广为应用，至今可能还具有一定的持久力。我在本章中出于便利保留了这个用语，而避免了"人群"这个词的不精确性，但我并没有主张说这些氏族是界限长久清晰、比最优秀的民族志所描述的情况还分明的团体。

[76] Howard Morphy, "What Circles Look Like," *Canberra Anthropology* 3 (1980)：17—36，特别是 26—27 页。

CLAN DESIGN　　OWNING CLAN AND DESCRIPTION

扎尔瓦努（Dharlwangu）氏族
等边菱形，比穆尼尤库氏族的小。

穆尼尤库（Munyuku）氏族
等边菱形，比扎尔瓦努氏族的大。

古马奇（Gumatj）氏族1和2
拉长的菱形，比古马奇氏族3的小。

古马奇（Gumatj）氏族3
拉长的菱形，比古马奇氏族1和2的大。

马扎尔帕（Mardarrpa）氏族
由拉长的菱形组成的分离条带，以ᨈᨈ形结尾。

376　　　　　　　图 9.18　阿纳姆地东北部伊里恰半偶族的菱形图案类型的不同氏族变体

伊里恰半偶族的这 5 个氏族通过一组祖先物（其中包括火和野蜜）的行程而联结在一起。对这些不同图案的起源的神话解释会分别涉及蜂巢的格、折叠起来的书写用树皮的样式以及用火烧的烙印，包括在神话事件中在一只鳄的背上灼烧出的烙印，它们构成了鳄鳞的网格状样式。举例来说，在古马奇氏族的火图案中，红色菱形代表火焰，红色和白色有交叉细线晕滃的菱形代表火花，黑色菱形代表烧焦的木头，白色菱形则代表烟。

据 Howard Morphy, *Ancestral Connections: Art and an Aboriginal System of Knowledge*（Chicago: University of Chicago Press, 1991），172。

（所拥有的土地）上的梦者场所和绘画中的氏族图案之间并没有简单的关系。[77]

---

[77]　Howard Morphy, "'Too Many Meanings': An Analysis of the Artistic System of the Yolngu of North-east Arnhem Land"（Ph. D. diss. , Australian National University, 1977）. 也参见霍华德·莫菲的下面这些文章："Yingapungapu-Ground Sculpture as Bark Painting," in *Form in Indigenous Art: Schematisation in the Art of Aboriginal Australia and Prehistoric Europe*, ed. Peter J. Ucko（Canberra: Australian Institute of Aboriginal Studies, 1977），205 – 209; "The Art of Northern Australia," in *Aboriginal Australia*, by Carol Cooper et al. （Sydney: Australian Gallery Directoers Council, 1981），52 – 65; "'Now You Understand': An Analysis of the Way Yolngu Have Used Sacred Knowledge to Retain Their Autonomy," in *Aborigines, Land and Land Rights*, ed. Nicolas Peterson and Marcia Langton（Canberra: Australian Institute of Aboriginal Studies, 1983），110 – 133; *Journey to the Crocodile's Nest*（Canberra: Australian Institute of Aboriginal Studies, 1984）; "On Representing Ancestral Beings," in *Animals into Art*, ed. Howard Morphy（London: Unwin Hyman, 1989），144 – 160; "From Dull to Brilliant: The Aesthetics of Spiritual Power among the Yolngu," *Man*, n. s. 24（1989）: 21 – 40; *Ancestral Connections*（注释3）; 及 "Ancestral Past"（注释38）。

相对的自由：约克角半岛西部的象征和地权 377

在这种类型的社会中，人群所拥有的图案的政治经济情况在复杂性上与土地利益的宗教政治情况相对应，这两方面有很大重合。在正常情况下，一个来自阿纳姆地东北部的人如果在绘制表示另一个氏族的领地的图案时使用了另一个人的独特装饰性纹样，但这个人在血缘上与那个氏族并无关系，或者在那个氏族的"圣规"（sacra）中也不拥有其他任何法典化的权利，那么这样做就违犯了原住民法，会引发严重的冲突。但与此相反，在约克角半岛西部讲威克（Wik）语的地区，人们在创作图案时，可以相对自由地使用与附近另一个人群相关联的符号和地点。

至少在约克角半岛的西部沿海地区，人们有很大的自由度——以沙漠和阿纳姆地东部的标准来看简直令人震惊——来使用与这一地区其他氏族的领地相关的符号。[78] 因此，威克人有可能在他们自己拥有所有权利益的地产之外合法地呈现其他氏族地产中的场所。[79]

在威克人的图案中会有使用具有场所特殊性的图像的相对自由，这可以用 1976 年由安古斯·南波南（Angus Namponan）创作的一幅树皮画作为例子（图 9.19）。[80] 画中的图像包括了 3 个方格图，每个方格图内多种多样的母题都已识别出来（图 9.20）。其中所涉及的场所可见图 9.21。

方格图 A（"在夜色中叉刺虱目鱼"）是来自一则重要神话及与之相关的仪典表演的图像，这种表演又是温切内姆（Winchenem）仪典人群的精神传承的一部分。有 3 个人在用鱼叉刺虱目鱼（milkfish）。[81] 南波南指出了这个方格图里所指涉的场所是伍本（Wuben，见图 9.21）。[82] 画图的艺术家既不是包含了这里展示的神话事件发生地的地产所归属的氏族的成员，又不是这个仪典人群的成员。他自己的地产在基尔威尔角（Cape Keerweer）内陆方向不远处，而他的仪典人群是阿佩莱奇（Apelech）人。另两幅方格图 B 和 C 则描绘了发生在属于阿佩莱奇氏族的场所处的神话事件，不过这些地方同样既不是南波南自己氏族的领地的

---

[78] 这个说法不仅适用于从恩布利河（Embley River）到爱德华河（Edward River）、向内陆到科恩（Coen）附近的威克地区，而且适用于南边的米切尔河（Mitchell River）地区（Barry Alpher，私人通信，1995 年 10 月 4 日）。

[79] 这种自由不仅体现在二维的图像上，也体现在神话和音乐上。这些人群的神圣叙事总是会描绘在一些已知地点发生的事件，也就是发生在他们所知的氏族的地产上的某些地点，但在这一地区内，那些与叙事中的地产未必有密切关系的人群中的成员也仍然可以讲述这些故事。

[80] 关于这幅画的更多细节，包括其中以原住民语言书写的文本的翻译，参见 Peter Sutton，"Bark Painting by Angus Namponan of Aurukun," *Memoirs of the Queensland Museum* 30（1990 – 1991），589 – 598。

[81] 虱目鱼在英文中也叫 bonefish。在温切内姆人群的仪典表演中常常用到这些鱼的雕刻呈现物。参见在以下文献中作为图示的昆士兰大学人类学博物馆（University of Queensland Anthropology Museum）的例子：J. Bartlett and M. Whitmore（Saitama, Japan：Saitama Prefectural Museum, 1989），13—70，特别是 66 页和 cat. A158；还有在以下文献中作为图示的澳大利亚国家博物馆（National Museum of Australia）装置：Morphy，"Art of Northern Australia," 58, 129（彩色图版 9），及 154—155 页（cat. N217）（注释 77）。也参见 1962 年的纪录片《奥鲁昆之舞》［*Dances at Aurukun*，由堪培拉的澳大利亚原住民和托雷斯海峡岛民研究院（Australian Institute of Aboriginal and Torres Strait Islander Studies）摄制］，该片记录了在温切内姆表演中使用这些虱目鱼雕刻的例子。

[82] 由戴维·马丁（David Martin）与相关氏族成员所做的详细田野制图已经确定其准确的地点叫瓦尔卡恩奥（Wal-kaln-aw），直译是"虱目鱼图腾中心"。有关这个场所的更多细节以及与这幅画有关的其他画作均已包含在以下文献中：Peter Sutton et al.，*Aak：Aboriginal Estates and Clans between the Embley and Edward Rivers，Cape York Peninsula*（Adelaide：South Australian Museum, 1990）。它在现在还是内部文档。

378　　　　　　　　　　**图 9.19　单独一幅图像中的三幕各具内容的神话**

这幅画以赭石绘于树皮上，并装有木轴和线，是约克角半岛西部奥鲁昆的安古斯·南波
南在 1976 年绘来售卖的作品。这幅画中有三个竖直排列的方格图。关于其中三幕神话场景
的解释，见图 9.20。

原始尺寸：55 × 20 厘米。承蒙 Queensland Museum Board of Trusters, Brisbane 提供照片。
Garry Namponan, Aurukun, Queensland 许可使用。

一部分，又不属于与他有某种密切家系联系的氏族。

　　方格图 B（"曼耶尔克的鲨鱼母亲"）中的神话指的是关注于曼耶尔克（Man-yelk）地
区的一组与鲨鱼图腾有关的故事，曼耶尔克地区是基尔威尔角内陆方向不远处柯克河
（Kirke River）的大型河口。对于领地位于这一河口周边的氏族来说，鲨鱼是重要的图腾。[83]
柯克河两岸属于不同的氏族。这些氏族讲不同的语言，其图腾有重大差别，但长期结为同
盟。通过引出这个特别的故事及其地理，南波南在单独一幅图像中"像地图一样"绘出了
这个事实，即这两个人群差异很大，但仍然联系在一起，或者用当地的俗话来说是"相同

---

　　[83]　鲨鱼故事群中的主要叙事是两位年轻女性所讲的故事。这个故事的一个发表版本可见于我对安古斯·南波南所创作
的雕塑《基尔威尔角的两位年轻女性》（Two Young Women of Cape Keerweer）的解释：Sutton, "Dreamings," 26 – 29（注释
18）。南波南在创作雕塑时得到了彼得·皮穆吉纳（Peter Peemuggina）和纳尔逊·沃尔姆比（Nelson Wolmby）的协助。

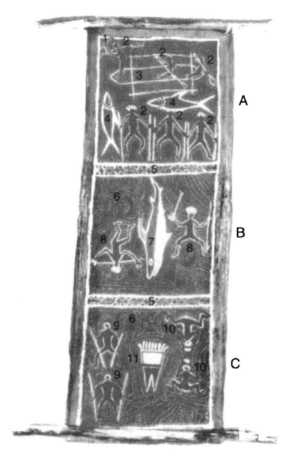

图9.20 图9.19 的概图

　　方格图 A 展示了三个男人（2）在用鱼叉刺虱目鱼。其中一人有一根多齿鱼叉，箍在他的投枪上，另两人则手执船桨。他们乘坐的边架艇独木舟（3）以平面图视角展示，而其中的人像则以前方四分之三的视角展示。他们在夜晚叉鱼——边架艇独木舟上的一个人把一支火把（1）举高——而叉鱼的季节也有提示，因为这些鱼只在8月至10月能够以这种方式捕获。虱目鱼本身由典型的流线形鱼形表示，为暗色的侧面观（4）。方格图之间的部分边界以较大的半圆形（5）绘制，这些半圆形被称为"温切内姆圆点"，也意味着"从上往下"。这是因为与温切内姆仪典相关联的大部分氏族的地产在滨海洪漫平原以东的干旱硬叶林高地上。内陆的邦域在"上"，而滨海的邦域在"下"。方格图 B 展示了两个男人（9）拿着鱼叉（其中一人还拿着投枪）及一只大鲨鱼（7）。这两个人戴着羽毛帽饰，正在进行仪式表演；其表演以一个似乎也是季节性的自然过程为依据，这个过程是把年幼的鲨鱼从怀孕的母鲨鱼中除去，然后把还活着的母鱼放回到水里。这是阿佩莱奇仪典表演的一部分，在其中要用到鲨鱼雕刻。在方格图 C 中，两个男性灵魂的图像（9）刚刚由他们还活着的亲属以仪式的方式送走，因为逝者的灵魂图像在逝者去世后不久仍要被送到在基尔威尔角南边不远处的地域中的一个场所。他们在那里遇到两位女性（10），她们坐着，从刺虹（stingrays）肉中榨出白色的汁液。她们手中的白色物品是成块的刺虹肉。这个神话的发生地点是一口井，以几何形状绘于方格图中央（11）。

　　据 Peter Sutton, "Bark Painting by Angus Namponan of Aurukun," *Memoirs of the Queensland Museum* 30 (1990 – 1991)：589—598，特别是591页。

又不同"。[84] 这个方格图中专门的神话内容及其装饰纹样（阿佩莱奇圆点晕瀹）[85] 都直接指

---

　　[84] 对于阿佩莱奇的整套神话和仪典来说，这组鲨鱼故事具有关键意义；这整套神话和仪典在地理上从阿彻河（Archer River）以南不远处一直分布到约克角半岛西部滨海地区的诺克斯（Knox）河和肯道尔（Kendall）河之间。关于这套神话和仪典的已发表材料，参见 Sutton, "Mystery and Change," 84（注释33）。

　　[85] 关于这种圆点纹样及其与阿佩莱奇人群的关系的更多情况，参见 Sutton, "Dreaming," 28 – 29（注释18）。

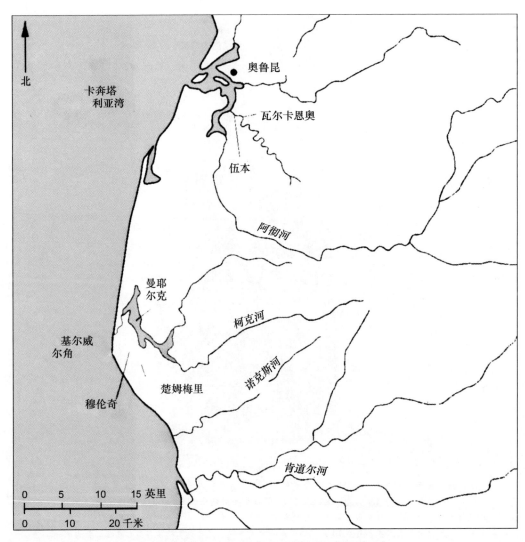

379

图9.21 图9.19和图9.20中涉及的地点的参考地图

据 Peter Sutton, "Bark Painting by Angus Namponan of Aurukun," *Memoirs of the Queensland Museum* 30 (1990 – 91): 589 – 598, 特别是 594 页。

向了一个人们已知的地域。这个神话事件会让人想到某些场所，而圆点纹样会让人想到一片宽广的地域以及由其传统拥有者构成的整个人群。南波南的图像因此可以唤起威克文化中的另一个有力的文化主题：部分（在这里是局地的氏族地产）之于整体（整个地区性的人群）的关系。

379   在方格图 C（"穆伦奇的两个口渴的灵魂"）中展示了两个男性灵魂的图像，他们拿着仪式竿，正在一场阿佩莱奇仪典上跳舞。这个神话的发生地点是一口水井，用图中央高度几何化的形状描绘。这个形状中包括的三角状底部图案，是这一地区的绘画传统中非常独特的特征。⑧⑥ 在这幅画中，这个场所的名字（由南波南）称作楚姆梅里（Thum-merriy）。这是一

---

⑧⑥ 在传统澳大利亚原住民图案中，三角形很少见。除了约克角半岛之外，能够找到三角形的主要地区是阿纳姆地东北部。这两个地区都受到了外来艺术的长期影响——阿纳姆地所受的是望加锡人（Macassans）的影响，而约克角半岛西部所受的是托雷斯海峡的影响——这可能就是这种形状的由来。

个很有名的场所名字，但是由南波南和沃尔姆比提供的更多细节表明这个故事的准确发生地实际上是楚姆梅里中的一个地点，叫作穆伦奇（Moolench）。[87]

树皮绘画在这个地区从来都没有成为常用的表达载体。[88] 不过，南波南的绘画在几个方面的特点常常被视为北部地区树皮画的典型特征：对称性，制作的精细性，单色的主要母题和细节丰富的填充之间的对比，以及在呈现神圣神话的时候所用的"节选"法——用这种方法只需展示神话中的一两幕，却能暗示出整个故事的其余部分。

沙漠中的形式和构图

在中澳大利亚，绘画活动开展于巨大而不规则的表面上，比如岩壁、岩板或由碾成粉末的白蚁冢铺出的地面区域。绘画活动也常常在更不对称、范围十分有限的人体上以及主要呈卵圆形的盾牌、木盘（图版 19）、圣板、圣石、仪式竿和吼板等人造物上进行。这些载体中只有极个别是矩形。

从 20 世纪 70 年代早期开始，西澳大利亚沙漠的丙烯画者便在这些更古老的载体之外新增了矩形画布和绘画板作为工具；它们或者是现成的制品，或者在社区的手工艺品店中制作。直角和直边于是为古老的图案绘制活动突然施加了新的压力。

对那些不熟悉其表面意义的人来说，澳大利亚沙漠地区的丙烯画会在构图上引起他们的更大注意，而不是画中对画外事物的描绘。比起大部分树皮画来，这些画作的风格的圣像性很不明显，形象程度很低。虽然有一些树皮画看上去确实就像是丙烯画，但它们只占少数。[89] 在丙烯画中，人们关注的经常是母题在底面或以圆点晕渲的背景区域上的排列方式。

20 世纪 70 年代以来的沙漠绘画中的这些构图排列，奠基在古老的过去之上，尽管它现在正在走向不确定的未来。作为政治地理的圣像式制图产物——这只是它们众多的功用之一——这些作品是有关人与土地之间关系的传统陈述，而这关系是由梦者认可的。因此，它们所带来和增强的不只是秩序，而且在每件具体的作品中都有专门的一种秩序。这样一来，它们被加以概略化，把桀骜不驯的地理事实压缩成一种均衡而对称的表象，以及人际关系本身所需要的互惠性，就是合适的做法。在原住民的图像传统中，沙漠图案位于几何和对称程度表的最高端。

现代西澳大利亚沙漠绘画有直线性和对称性的强烈特色，这在原住民的宗教和智慧上都是有古典基础的。这种内在的特色，也是让这些画作在其他文化的成员看来具有特别的可理解性水平的主要因素，因此让它们能更容易通过商业艺术市场和画廊而为广阔的观众所见。然而，在对已发表的作品加以释读时，得到最大强调的是单个的母题，而非整体的图像及其构图。

380

---

[87] 对于与穆伦奇相关的这些信息，我要深深感谢戴维·马丁所做的人类学田野制图工作。穆伦奇是个极为危险的地点，是一个叫伍彻尔帕尔（Wuthelpal）的怪物的老巢；这是一种巨大的蛇形生物，长有浓密的长毛和羽毛，像是一头"狮子"。

[88] 树皮画作为一种载体，从 20 世纪 70 年代开始才通过工艺美术品产业的影响引入约克角半岛，在那里绘制的作品或进入公共收藏的作品寥寥无几。南波南本人更喜欢的载体是木头，他会定期雕刻木头鳄鱼（不上色）和圣雕（上色）；前者用来售卖，后者用于启用新房的仪典。

[89] 参见 Sutton，*Dreamings：The Art of Aboriginal Australia*，图 40 和 88（注释 3）。

研究西澳大利亚沙漠和相关地区的原住民艺术的学者常常花费很大精力把这些反复出现的母题分离出来，把它们所指称的意义开列成表。[⑩] 与这些母题注释相伴的还有对一幅画作中展示的一则或多则神话的报告，以及画上所表现的场所之间的地理关系，人们可能以为把所有这些资料合观之，可以为整幅画作提供一种累积性的解读，就像一幅印刷的地形图上的图例解释了图中采用的惯例，有助于人们看出这幅图中的独特内容一样。然而，从这样的图像中排除掉的内容也有很大意义，正如那些被选中绘入图像的内容具有意义一样。只有有关某种地理情况的特定神话，会在正常情况下展示在单独一幅原住民画作中，让它更像是一种节选，而非试图对神话加以全面描绘。与此类似，在画作中通常展示的只有某些场所，是与之相关的梦者在旅行时所经的全部场所中的一部分。不仅如此，在这样一幅图像中，把关键景观特征加以对称性重排的行为本身也是一种排除——在按比例呈现地点之间距离时表现出来的凌乱状况，以及它们在彼此参照时的实际朝向，都遭到了极大程度的删减。

空间关系的概略化

381　戴维·刘易斯（David Lewis）在 20 世纪 70 年代对这一地区的原住民航海做过研究，发表了西澳大利亚沙漠绘画运用场所—路径框架把地点之间的空间关系概略化的实例。[⑪] 在图 9.22 和 9.23 中，刘易斯为我们提供了大彼得·裘布鲁拉（Big Peter Tjuburrula）有关一组通过神话相互连接的场所的绘画与在一幅 1 : 250000 的地图上所绘的同一景观的"西方"视角的直接比较。[⑫] 通过这一比较可以清楚地看到，虽然这幅画展示的场所与刘易斯的地图相同，但是它们之间的相对位置在相互的朝向和彼此之间的距离上都有很大差异。由地图所表明的高度可变性被大幅简化；其地形背景——这是艺术家本人十分熟悉的知识——实际上也都被省略掉了；这些场所在分布格局上的不对称性得到了彻底的矫正；各个场所那里不同的地物形状也都被重整为圆形的几何形状。用我在前文讨论过的过分简单化的术语来说，裘布鲁拉的画显然是一幅圣像，而不是一幅地图。当然，它也不是一幅仅在美感上悦人的图案。它确实也还有指示性或指路的能力，但这样的一种功能会带着观者沿一条故事线行进，而不是在岩石和沙丘之间穿越。

场所—路径框架

大多数西澳大利亚沙漠绘画的对称构图可以总括性地解读为对"场所—路径框架"这样一种假说性模板或网格的系统演绎，或是其均衡的提炼（图 9.24）。[⑬] 以这样的模板为根据的图案可以在古代石头圣物（但在本章中无法展示）、彩绘盾牌、洞穴绘画、为民族志学

---

⑩　以下文献中有更详细的讨论：Peter Sutton, "The Morphology of Feeling," in *Dreamings: The Art of Aboriginal Australia*, ed. Peter Sutton（New York: George Braziller in association with the Asia Society Galleries, 1988）, 59 – 88，特别是 81 页和注释 31（246 页）。

⑪　David Lewis, "Observations on Route Finding and Spatial Orientation among the Aboriginal Peoples of the Western Desert Region of Central Australia," *Oceania* 46（1975 – 1976）: 249 – 282.

⑫　"西方"在本章中可能不是一个合适的用语，这有两个原因。第一，这样的视角和地图对于全球工业社会的成员来说都很常见，不管他们身处或出身之地是"西方"、"东方"还是像太平洋这样的地方。第二，"西方"这个词的使用来自早已成为过去的一种情况，那时候西欧人群可以把他们自己的地方性视角普世化。

⑬　Munn, *Walbiri Iconography*, 128 – 138（注释 3）。也参见 Sutton, "Morphology of Feeling," 80 – 86（注释 90）。

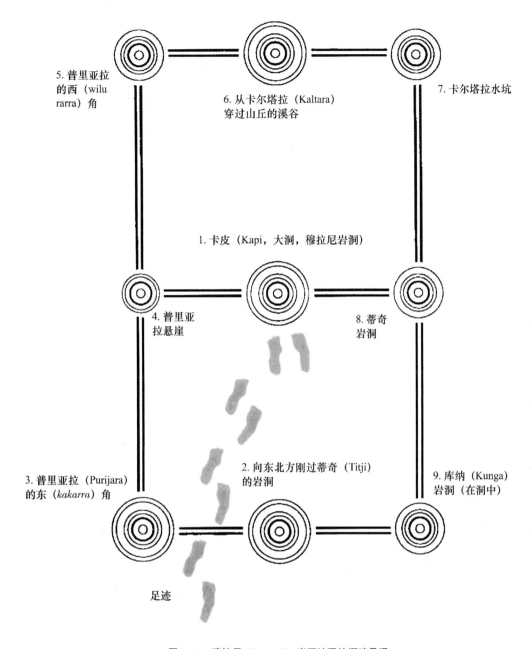

5.普里亚拉的西（wilurarra）角

6.从卡尔塔拉（Kaltara）穿过山丘的溪谷

7.卡尔塔拉水坑

1.卡皮（Kapi，大洞，穆拉尼岩洞）

4.普里亚拉悬崖

8.蒂奇岩洞

3.普里亚拉（Purijara）的东（kakarra）角

2.向东北方刚过蒂奇（Titji）的岩洞

9.库纳（Kunga）岩洞（在洞中）

足迹

图 9.22　穆拉尼（Muranji）岩洞地区的概略呈现　　　　380

　　根据大彼得·裘布鲁拉约 1974 年的画作绘制。裘布鲁拉把这一地区的场所重排成新的图案，反映了故事中的事件序列；这个故事讲述了一个年轻男孩从一个食人老妇人那里逃脱的经历。故事从图像中央的岩洞（1）开始，其中的事件按顺时针顺序经过其他编号场所，其中悬崖的东南角和西南角（3 和 5）为这幅画与现实空间中场所的空间分布之间的相似之处中最呈圣像式的部分提供了比对基础。裘布鲁拉的图像和所有这样的西澳大利亚沙漠绘画一样，采取了平面图视角，正如上文已经见到的那样。

　　据 David Lewis, "Observations on Route Finding and Spatial Orientation among the Aboriginal Peoples of the Western Desert Region of Central Australia," *Oceania* 46（1975 – 1976）：249 – 282，特别是 268 页。

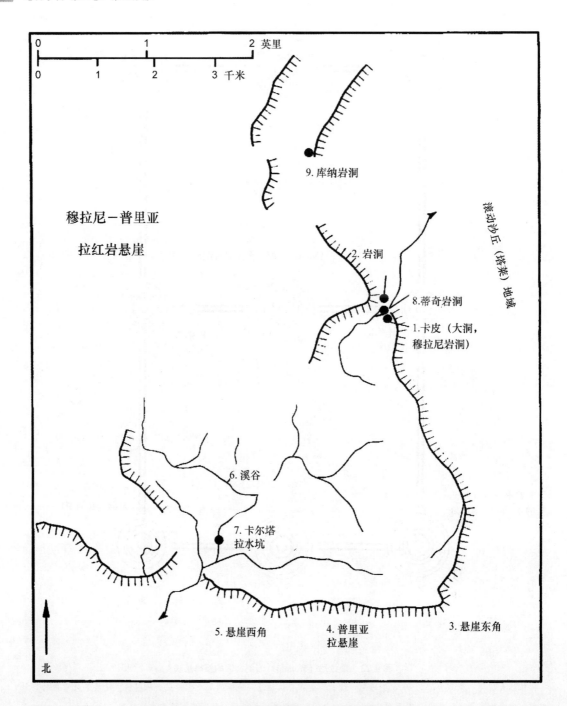

图 9.23 图 9.22 中所展示的地域的"西方"传统展现方式

根据一幅现代地形图绘制。

据 David Lewis, "Observations on Route Finding and Spatial Orientation among the Aboriginal Peoples of the Western Desert Region of Central Australia," *Oceania* 46 (1975-1976): 249-282, 特别是 269 页。

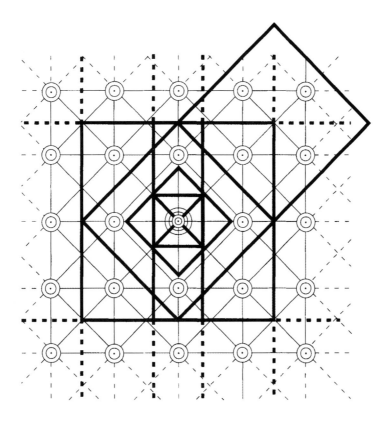

图9.24 场所—路径框架 381

图中的边界是西澳大利亚沙漠画的典型提炼。

据 Peter Sutton, "The Morphology of Feeling," in *Dreamings*: *The Art of Aboriginal Australia*, ed. Peter Sutton (New York: George Braziller in association with the Asia Society Galleries, 1988), 59–88, 特别是图 132。

者描绘邦域和梦者的沙漠人群在 20 世纪 30 年代至 50 年代所创作的峡谷绘画、树皮绘画等作品中见到，而其中最突出者是西澳大利亚沙漠的丙烯油画（图 9.25）。

考古学家丹尼尔·萨瑟兰·戴维森（Daniel Sutherland Davidson）注意到原住民艺术可以利用数目有限的元素产生数量无限的图案。[94] 在我看来，大多数西澳大利亚沙漠艺术通过减法——可能是"引用"——从彼此相连的地点—梦者—人群具有潜在无穷性的网格中生产出了有限的图案；而在这种网格中，实在的空间关系得到了矫正，靠对称地组织在场所—路径框架中的圆形图案呈现出来。这个框架以图形方式展示为通常均衡分布的几套圆形—路径组分，或是几套未连接的圆形。圆形通常代表场所，而连接它们的线是在神话中把场所连接在一起的梦者路径。

这种本质上为无限大的模板或网格，与景观中会有某些中心较之所有其他中心更受重视的思想相对立，这反映了这样一种文化，其中没有边界完全确定的人群，其基本格局是连续重叠的以自我为中心的社会网络。这也反映了如下事实：西澳大利亚沙漠人群通常关注于深

---

[94] Daniel Sutherland Davidson, *A Preliminary Consideration of Aboriginal Australian Decorative Art* (Philadelphia: American Philosophical Society, 1937), 特别是 93 页。

图 9.25 麦克唐纳湖（Lake McDonald 或 MacDonald）的廷加里（Tingar-

ri，祖先男性），1979 年

由西澳大利亚沙漠的乌塔·乌塔·廷加拉（Uta Uta Jangala）以丙烯颜料绘在画布上的油画，用于售卖。

原始尺寸：187×154.5 厘米。承蒙 South Australian Museum, Adelaide 提供照片。Anthony Wallis,

Aboriginal Artists Agency, Sydney 授权使用。

居澳大利亚内陆的地域，而最终极的边界——海洋——在他们的地形呈现中很少有描绘。

　　这种模板是沙漠政治地理的模型，强调了当地关注的多个中心，以及地点及其人群之间的多重联结性。从这种模板中提取的片断都比较小，就像我们在西澳大利亚沙漠画作中所见到的那样，这反映了在为专门的叙事目的选择内容时，时间和空间会对选择施加限制，也反映了绘者描绘邦域的权威程度具有地缘政治界限。在以传统为导向的原住民社会中，那些控制着神秘之事的人拥有大部分权力。原住民社会中的宗教权威总是要让其他人知道，他们所揭示的东西只是更大东西的一部分。

　　商业艺术市场已经创造了比那些展示了一或两段梦者历史的微小片段的作品内容更丰富的西澳大利亚沙漠绘画的需求。更大的画作会在同一处景观中包含数目更多的不同梦者，售价也更高。这些画作的呈现方式进一步与图案本身的仪典起源相背离——弗雷德·迈尔斯评论说："一种突然涌现的形式是'地图'，在［平图皮人（Pintupi）］绘者的邦域中呈现了多种多样的梦者。……传统上，某种形式的地图会绘在地面上，供交流复杂信息之用，但是我认为这里并不存在一种仪典语境，能让所有这些故事立即显示出关联，而被整合到单独一幅图案中。"[95]

沙漠雕塑：艾尔湖的托阿

写到这里，我们再来考察另一类展示了具有典型澳大利亚原住民风格的沙漠地区图像学技术和风格的物品，不过这一类物品据说其设计目的在于把它们竖直立在地面上，作为地点的指示——这就是南澳大利亚州艾尔湖地区的托阿。路德教会的传教士和收藏家 J. G. 罗伊特（1861—1914）在 1907 年把他的收藏卖给了南澳大利亚博物馆。其中有 385 件属于单一类型的物品，在迪亚里（Diyari）语中叫作"托阿"，它们也是罗伊特的藏品中最富特色的部分。[96] 托阿是小型雕塑，大多长 15—45 厘米，大部分是雕在一段把下端削尖的木头上（图版 20）。它们仅见于艾尔湖地区，尽管罗伊特的传教士同事奥斯卡·利布勒（Oskar Liebler）在同一时期的相同地点也收集到一些托阿，但除了路德教会的传教士之外，完全属于这种类型的物品在艾尔湖地区的早期观察者的报告中便全无提及。20 世纪 60 年代，当 L. A. 赫库斯（Hercus）就托阿展开详细的询问时，还活着的原住民老人已经都没有听说过有这东西了。[97] 因此，托阿在历史上也仅见于单独一个时代。

根据罗伊特的记载：

> 对原住民来说，托阿是道路标记［或方向标杆］和寻地标记。每枚托阿都通过一个地方的地形特征而指示着这个地方，还通过其形状对意欲寻找的地点的名称加以指示。根据［托阿上的］颜色，原住民［可以］通过关注其［总体］构成而识别出其朋友营地目前所在的位置，而一些托阿头部的附属物［或"头饰"］可以通过它们的象征意帮助把地名确定得更准确。一位原住民［可以］从托阿那里破解出相关的地名。出于这个原因，我们大概可以说，在［某种］意义上，托阿就是［一种形式的］原住民"手语"。

> 当原住民从一个营地旅行到另一个营地、但又期望在接下来的几天之内能有朋友或熟人去拜访他们时，他们就会制作一枚与当前的营地相关的托阿，告诉访者［居住在此的人］因为这种或那种原因已经搬到了另一个地点，［而］可以在［那些］地点见到他们。访者［之后］便可相应性追踪到那个地点。……

> 托阿以其下端点扎在营地无人居住的棚屋［wurleys，容身处］之一的里面［地面上］，这样可以保护它免遭风雨。在棚屋前面的沙地上雕刻有信号，这样任何仿者都［会］知道他［能］从棚屋里面获得信息。[98]

---

[95] Fred R. Myers, "Truth, Beauty, and Pintupi Painting," *Visual Anthropology* 2 (1989): 163—195，特别是 182 页。

[96] 参见以下文献对罗伊特的手稿所做的概述：Edward Stirling and Edgar R. Waite, "Description of Toas, of Australian Aboriginal Direction Signs," *Records of the South Australian Museum* 1 (1919 – 1921): 105 – 155; Jones and Sutton, *Art and Land*（注释 24）; 及 L. A. Hercus, "Just One Toa," *Records of the South Australian Museum* 20 (1987): 59 – 69。

[97] Hercus, "Just One Toa," 61.

[98] J. G. Reuther, *The Diari*, 13 vols., trans. Philipp A. Scherer, AIAS microfiche no. 2 (Canberra: Australian Institute of Aboriginal Studies, 1981), 12: 1 – 2. 原文为德文（未出版）；方括号中的词为译者所加。英格兰中学教师和画家 H. J. 希利尔曾为罗伊特的藏品绘画，他的报告也与罗伊特的报告相合：H. J. Hillier, Letter to the Director of the Queensland Museum, 1916 年 9 月 12 日，及同一作者的 Letter to the Director of the Queensland Museum, 1916 年 9 月 27 日，Petersburg, South Australia; 这两封信均藏于昆士兰博物馆档案中。

实际上，所有托阿上的图案都象征了艾尔湖地区东部的某个已命名的地点。在多数情况下，托阿通过象征式的指涉来做到这一点，它可以指示某一组自然特征，或是指示据信在那个地方曾经发生的神话事件。

在这一地区，某些图腾由父亲传给孩子。[99] 这些父系图腾在迪亚里语中叫作一个人的"平查拉"（pintharra），是一些植物、动物或其他事物，它们作为神话生物，会在景观中运动，既留下它们自己的踪迹，又留下由其活动造成的地物，比如树木、岩石、沙丘和水坑等。这些生物叫"穆拉穆拉"（Muramuras，是迪亚里语词），即拥有土地的父系氏族的祖先英雄和象征。这也就是说，一个人的邦域主要是根据他或她的"平查拉"与其神话场所的关系而继承下来的。[100]

384
罗伊特说，他记下了大约 300 首仪典歌曲，它们"融会到传说之中"，还说"歌会［仪典］是从前的'穆拉穆拉'生平的戏剧化的和描述性的呈现"。[101] 因此，就托阿描绘神话路线上的场所而言，它们以片段的方式把艾尔湖地区的歌路绘制成图。

在这一地区，通常在仪典语境下使用的图腾和神话图案在某些时期有可能也会变成实用的指路用信号体系的一部分，就像罗伊特在研究托阿时所做的推测那样。然而，这个问题本身晦涩难解，又有一位罗伊特的同时代者声称托阿是一场骗局，这都增添了它们作为人造物的神秘性。[102]

就所有的独特特征而言，托阿看起来确实体现了非常典型的古典原住民文化，它们所提及的神话和地名当然也已经得到了大量信息来源的独立证实。在同样的地区有很多关于回旋镖或其他木制用具插在地上的记录，有的来自神话，有的是对巫术或仪典活动的陈述。[103] 托阿确实与艾尔湖地区和阿纳姆地的某些宗教物品、中澳大利亚的仪式竿以及昆士兰州西部的方向标记和雕刻的信息木棍在视觉上有相似性。[104] 它们为人所推测的功能实际上也与曾在昆士兰州东北部和维多利亚州用过的方向标记的功能相同。[105] 运用颜色的象征体系来指示所指的场所中某种类型的石头或土壤，这个做法让托阿与树皮画更为相似（图 9.26）。然而，托阿的图像

---

[99]　Reuther, *Diari*, vol. 11; A. P. Elkin, "Cult-Totemism and Mythology in Northern South Australia," *Oceania* 5（1934 – 1935）: 171 – 192; H. K. Fry, "Dieri Legends," *Folk-lore* 48（1937）: 187 – 206, 269 – 287; 及 Ronald Murray Berndt, "A Day in the Life of a Dieri Man before Alien Contact," *Anthropos* 48（1953）: 171 – 201。

[100]　这一地区的人群也有母系图腾，但是这些图腾就像澳大利亚其他各地［比如伍兹湖（Lake Woods）地区、北部地区等］一样不是地方化的。

[101]　Reuther, *Diari*, 11: 13 – 14（注释 98）。

[102]　Jones and Sutton, *Art and Land*, 54 – 61（注释 24）。

[103]　Reuther, *Diari*（注释 98）; George Horne and G. Aiston, *Savage Life in Central Australia*（London: Macmillan, 1924）, 25 – 26; Elkin, "Cult-Totemism and Mythology," 184 – 185（注释 99）; 及 Philip Jones 对 Ben Murray 的采访, Port Augusta, South Australia, 磁带录音（South Australian Museum, Adelaide）, 1985 年。

[104]　C. W. Nobbs, "The Legend of the Muramura Darana," 打字稿（照片复本）（Adelaide, South Australian Museum ［ca. 1985］）; Warner, *Black Civilization*, 图版Ⅲb（注释 26）; Strehlow, *Aranda Traditions*（注释 32）; Thomas Worsnop, comp., *The Prehistoric Arts, Manufactures, Works, Weapons, etc., of the Aborigines of Australia*（Adelaide: Government Printer, 1897）, 47 – 49; 及 Walter Edmund Roth, *Ethnological Studies among the North-West-Central Queensland Aborigines*（Brisbane: E. Gregory, Government Printer, 1897）, 132 – 133, 136 – 138 和图版ⅩⅧ。

[105]　Walter Edmund Roth, "North Queensland Ethnography, Bulletin No. 11", *Records of the Australian Museum* 7（1908 – 1910）: 74 – 107, 特别是 82 – 84 页, 及 Howitt, *Native Tribes*, 722 – 723（注释 10）。

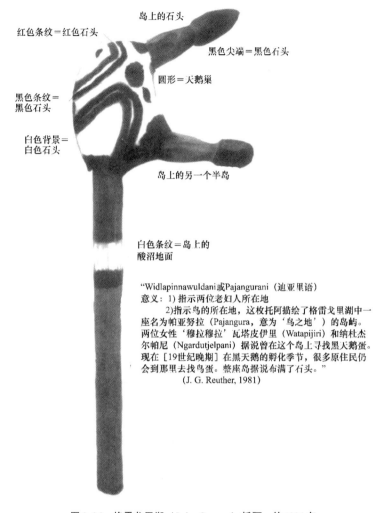

岛上的石头

红色条纹＝红色石头

黑色尖端＝黑色石头

圆形＝天鹅巢

黑色条纹＝
黑色石头

白色背景＝
白色石头

岛上的另一个半岛

白色条纹＝岛上的
酸沼地面

"Widlapinnawuldani或Pajangurani（迪亚里语）
意义：1）指示两位老妇人所在地
　　　2）指示鸟的所在地，这枚托阿描绘了格雷戈里湖中一
座名为帕亚努拉（Pajangura，意为'鸟之地'）的岛屿。
两位女性'穆拉穆拉'瓦塔皮伊里（Watapijiri）和纳杜杰
尔帕尼（Ngardutjelpani）据说曾在这个岛上寻找黑天鹅蛋。
现在［19世纪晚期］在黑天鹅的孵化季节，很多原住民仍
会到那里去找鸟蛋。整座岛据说布满了石头。"
　　　　　　　　　　　　　　　　　（J. G. Reuther, 1981）

图 9.26　格雷戈里湖（Lake Gregory）托阿，约 1904 年　　　　　　385

这枚格雷戈里湖托阿的图示由罗伊特描述了其神话象征意义和地形指涉。以赭石
绘于木头上并有线和石膏；来自南澳大利亚州的基拉尔帕宁纳路德教会。

原件高度：40 厘米。承蒙 South Australian Museum, Adelaide 提供照片（A6169）。
图上的注释据 Philip Jones and Peter Sutton, *Art and Land：Aboriginal Sculptures of the Lake
Eyre Region*（Adelaide：South Australian Museum, 1986），62。

学复杂性却把它们与其他任何地方较为简单的指路标记明确区分开来。霍华德·莫菲详尽地
分析了托阿的大量样品。他发现它们有三种主要类型（图 9.27），其上所绘的符号则主要可
以分为 8 组。[106]

　　托阿有可能是一种之前已经存在的传统的创新性延伸。但它们也似乎只在大约一代人的
时间里骤然出现，骤然消失。托阿不是中澳大利亚的"裘鲁纳"（也即圣石）和圣板的等价

---

[106]　Howard Morphy, "A Reanalysis of the Toas of the Lake Eyre Tribes of Central Australia：An Examination of Their Form and
Function"（M. Phil. thesis, London University, 1972），及同一作者的 "Schematisation, Meaning and Communication in *Toas*,"
in *Form in Indigenous Art：Schematisation in the Art of Aboriginal Australia and Prehistoric Europe*, ed. Peter J. Ucko（Canberra：Aus-
tralian Institute of Aboriginal Atudies, 1977），77－89。

385

图 9.27   托阿的类型

由 H. J. 希利尔（H. J. Hillier）所绘的这三个示例，以霍华德·莫菲总结的三种类型为根据。类型Ⅰ（左）在其头部附有一个自然物或人造物（比如枝叶、鸟羽、人的头发、牙齿、树皮或木片等），在其杆部和头部也可绘有图案。类型Ⅱ（中）具有对某种人造物或天然物（比如呈现了回旋镖，身体彩饰，地物或手、脚、腿、鸟头等人或动物的身体部位的形象）的型塑或雕刻的呈现。类型Ⅲ（右）在木杆和石膏头部上绘有形式化的图案，所用的符号也是类型Ⅰ和类型Ⅱ的托阿上的绘画中的那些符号，但在这类托阿上没有附加上型塑的或雕刻的呈现对象。

引自 Philip Jones and Peter Sutton, *Art and Land*: *Aboriginal Sculptures of the Lake Eyre Region*（Adelaide：South Australian Museum, 1986），63。

物。在艾尔湖地区也有圣板和圣石的报告，但它们都没有提到托阿。[107] T. G. H. 斯特雷洛（Strehlow）以他掌握的有关中澳大利亚地区的深刻知识而知名，则认为没有理由怀疑罗伊特所做的托阿是公共物品的论断。[108] 不过，在 20 世纪 80 年代和 90 年代，有少数原住民人群宣称托阿是秘圣之物，它们不应该被公众观瞻。

结　论

观察者们曾经长期为澳大利亚原住民社会和宗教生活的丰富性与他们传统的觅食经济和技术的简陋之间的对比所震惊。古典原住民文化聚焦于人类的关系，或事物彼此之间以怎样的关系存在，而不是事物本身。人与人之间的关系（亲族、社会组织、友好、冲突）以及人与地点之间的关系（故乡、圣所、神话、歌路、地形圣像）在这样的传统中构成了核心

---

[107] 比如可以参见 T. Vogelsang, "Ceremonial Objects of the Dieri Tribe, Cooper Creek, South Australia（Ochre Balls, Woven String Wrappers, and Pointing Sticks）Called the 'Hearts of the Two Sons of the Muramura Darana,' " *Records of the South Australian Museum* 7（1941 – 1943）：149 – 150, 及 Horne and Aiston, *Savage Life*, 90, 112, 164（注释 103）。

[108] T. G. H. Strehlow, "The Art of Circle, Line, and Square," in *Australian Aboriginal Art*, ed. Ronald Murray Berndt（Sydney：Ure Smith, 1964），44 – 59, 特别是 55 页。

的关注之事。

原住民文化更强调俭省的知识，以及人与人之间有价值的联系状态，而不是积累多余的生产，或是把个人从对他人的物质依赖中解放出来，这便让这种文化无法呈现出空灵的姿态。有关地形和自然资源的实在而可靠的知识，至少在过去还是让活着的原住民能免于以并不算低的可能性因饥渴或受寒而死的主要因素。总体而言，人们只为一日的需求采集恰好足够的食物。不过，他们对有意义的形式的强调，以及他们在货币经济中通常会采取的不去崇拜那些在其他人看来可能成为商品的物品的行为，都保证了在古典原住民活动中，让人觉得价值最高的是图案的持久式样以及它们常常具备的神圣而多层次的意义，而不是这些图案所在的物体。　385

然而，我已经通过某些类型的物品以及单个的物品审视了上面提到的大量材料。在保有其中很多材料的一些机构中，对物品的崇拜是演化出这些机构的那种以积累为取向的文化中不可缺少的部分。这些物品里面的大部分之所以能持久存在，是因为专家——他们通常不是原住民——在致力于保证它们不会腐烂，或是在寒冷的夜晚用于生火取暖。当然，可以确定的是，本章的读者中几乎没几个人见过这些物品本身，只能见到我在本章中选择引用的那些图片。对很多物品来说，这也就足够了。

行文至此，我们大概可以在工业思维和古典原住民思想之间找到一些意想不到的深层共性。我们控制主题材料的感觉——不管是地形还是地形的图像——在很大程度上依赖我们把其混乱的实际情况简化为梗概、处理为与终极的关注对象有一定距离的简化图像。在这个意义上，读者可以把本章自身也解读为一幅地图。特别是在类似这样的情况下，词语的效力会取决于它们唤起可视化过程的能力，而非唤起推理的能力。因此，（正如原住民人群自己常常建议的那样，）对竭力想要理解原住民的地点图像的非原住民来说，观看就是理解，这个说法在某种层次上仍然是至理名言。⑩　386

---

　⑩　Morphy，"'Now You Understand'"（注释77），及 W. E. H. Stanner, *White Man Got No Dreaming: Essays*, 1938 – 1973（Canberra：Australian National University Press, 1979），278 – 279。

第十章　澳大利亚原住民的
地图和平面图[*]

彼得·萨顿（Peter Sutton）

在第九章中我考察了澳大利亚原住民呈现地形的古典模式，并在"邦域圣像"和"地图"之间做了启发式的区分。圣像属于原住民的古典传统，是主要源自仪式展示的语境的图像。这些图像在很大程度上与我在本章中归为"澳大利亚原住民的地图和平面图"的作品迥然不同。地图和平面图则是对政治、居住和宗教地理的描绘，大都是为了回应与他人交流实际知识的需求而创作。①

在本章中，我将着重关注画在纸上的作品，因为很多已经得到了人类学家的收集和记录。但我也会讨论"泥地图"（mud maps）和沙画，它们是一边叙述或给出方向、一边刻在地面上的图像；同样得到讨论的还有某些石阵，它们则以平面图的视角绘出了船只和住宅的布局。

原住民地图的主要收藏

南澳大利亚博物馆

从 1930 年到 1954 年，阿德莱德的南澳大利亚博物馆的民族学馆长诺曼·B. 廷代尔（Norman B. Tindale）定期到澳大利亚内陆地区开展田野考察，并与陪同他一起考察的许多其他同事一起在中澳大利亚和西澳大利亚系统地收集了原住民的蜡笔画。这些考察主要关注的是生物人类学、本土人造物的收集以及有关社会和地方组织的一些社会学工作，这些收藏的绘画并不是他们主要研究的一部分。然而，在引导原住民说出母语词汇和神话的时候，把纸和蜡笔发给当地知情人的调查对象的工作却是考察中较不困难的例行公事之一（图10.1）。这些文档大多描绘了专门的景观及相关的古典原住民神话，随着时间推移，它们陡然变得重要了起来。

这些蜡笔画已装订成十卷，藏于南澳大利亚博物馆（South Australian Museum，附录 10.1）。

---

* John Stanton、Kate Alport、Carol Cooper、David Trigger、David Nash 和 Philip Jones 为本章所用的资料提供了极有益的协助。

① 我在这里没有提到原住民的空间地理的语义和语法，这一体系是本章和上文第九章观察到的表现物的基础，但也是更为复杂的论题。关于这一体系的详细报告，参见 David Nash, "Notes towards a Draft Ethnocartographic Primer (for Central Australia)"（撰写中）。

图 10.1　澳大利亚原住民在绘制蜡笔画　　388

这幅照片大约于 1932 年摄于人类学研究理事会前往中澳大利亚李比希山（Mount Liebig）考察期间。

承蒙 South Australian Museum Archives, Adelaide 提供照片。

在本章中我会用代码 SAM 1 到 SAM 10 指代这些画作。廷代尔在给这些装订好的画册起标题时所用的用语 "收集"（collected）、"采集"（gathered）和 "获得"（obtained）却可能有误导性。所有这些作品很明确地都是由民族志学者委托创作的，所有用到的材料——主要是棕色的纸张和色彩范围不太大的蜡笔——也都是由研究考察队的成员提供的。除了 SAM 10 之外，民族志学者看来没有引导创作者绘制某些特别的内容，或采用某些专门的绘法。查尔斯·珀西·蒙特福德（Charles Pearcy Mountford）在写到 1935 年采自沃伯顿山（Warburton Range）的绘画（SAM 5 – SAM 7）时，说道："人们特别留意不去影响绘画者对画作主题或色彩的选择。在原住民开始了解笔者的希冀之前，唯一给他们的指示就是在纸上画点 *walka*（标记）。然而，只过了几天，这样的请求就无须再提出了；原住民想要 '画点标记' 的想法变得如此急切，以至于笔者甚至无法把所有相关信息采集下来。从那时起，纸和蜡笔的供应就相应缩减了。"[②]

　　在原住民传统中，在这种环境下让他们 "画点标记" 的请求很可能不是被理解成让他们进行无意义的涂鸦。"标记"（*walka*）这个词在西部沙漠原住民语言中意为："1. 图案，

---

② Charles Pearcy Mountford, "Aboriginal Crayon Drawings Ⅲ: The Legend of Wati Jula and the Kunkarunkara Women," *Transactions of the Royal Society of South Australia* 62 (1938): 241 – 254 and pls. ⅩⅢ, ⅩⅣ, 特别是 241 页。

线条画，任何有意义的记号；2. 诸如鸟类或兽类身上的图案。"③ 特别地，祖先图腾图案也
涵盖在这个词的语义范围之内。④ 在原住民语言中，同一个词通常既指任何图案或标记，又
指神圣图案，因此常常带有对宗教重要性的强调。⑤ 不仅如此，传统导向的原住民人群的主
要视觉艺术传统的宗教性甚于世俗性，特别是在沙漠腹地。⑥ 很可能，除了一些儿童的画作
之外，南澳大利亚博物馆藏的蜡笔画上的大部分图案不仅能导向示意性的地理图像意义，而
且能导向神圣的意义。

在这批收藏的男性画作中，有相当一部分——可能占很大比例——实际上是秘圣的。⑦
出于这个原因，凡是可能属于这一类的作品我都无法在本章中引用。不过，在廷代尔—蒙特
福德的收藏画作中，有一些附有注记，明确指出画上的图像并非只限经过成年礼的男性观
看。我在本章中用作插图的，就是从这些画作以及其他一些世俗画作中挑选的范例。

1935 年的 SAM 5 – SAM 7 这几卷包括 277 幅画作，其风格仍然是典型的西澳大利亚沙漠
地区风格（图 10.2）；这种风格从 20 世纪 70 年代早期开始通过由西澳大利亚沙漠人群绘制
的丙烯油画的展览和售卖而得到了国际性认识。⑧ 其他几卷则展示了应民族学者针对某种主
题事物的专门要求而绘画的证据，可能还有艺术家在主题偏好上体现了不同时代风潮的证
据。以 SAM 8 来说，这一卷中大部分是对仪典装备以及一些世俗人造物和动物图像的描绘。
虽然这些图案无疑都指涉了梦者⑨及其特别的空间联系，但在 SAM 8 中，对场所或地形的公
开指涉却很少见。不过，也有些图案被描述为 "邦域之图"（比如第 118 幅）；而由来自瓦
尔马贾里（Walmadjari）语人群的杰里（Jerry）绘制的第 116 幅图尽管完全只由相互连接的
圆形构成，却被描述为 "他们领地的水体"。

SAM 4 可作为另一个例子。它由西澳大利亚沙漠地区南缘的大约 30 幅画作构成；它们
于 1934 年收集于乌尔迪（Ooldea），其中包括很多身上绘有神圣体饰、头戴头饰的仪典庆祝
者的图像。同样，虽然这些图案指涉了地方性的神话生物和事件，但收集人却通常没有把相
关的地点记录下来。不过，在 SAM 4 中的一幅图上写有一些注记，我们可以从中感受到廷
代尔在面对西澳大利亚传统中那些常常极为抽象的惯用呈现方法时为了理解所做的努力。由

---

③ Cliff Goddard, *A Basic Pitjantjatjara/Yankunytjatjara to English Dictionary*（Alice Springs：Institute for Aboriginal Development, 1987），168.

④ Nancy D. Munn, "The Transformation of Subjects into Objects in Walbiri and Pitjantjatjara Myth," in *Australian Aboriginal Anthropology：Modern Studies in the Social Anthropology of the Australian Aborigines*, ed. Ronald Murray Berndt（Nedlands：University of Western Australia Press for the Australian Institute of Aboriginal Studies, 1970），141 – 163，特别是 142 页。

⑤ 相关例子可参见 Howard Morphy, *Ancestral Connections：Art and an Aboriginal System of Knowledge*（Chicago：University of Chicago Press, 1991），102；R. David Zorc, *Yolngu-Matha Dictionary*（Darwin：School of Australian Linguistics, 1986），189；及 Peter Sutton, "Dreamings," in *Dreamings：The Art of Aboriginal Australia*, ed. Peter Sutton（New York：George Braziller in association with the Asia Society Galleries, 1988），13 – 32，特别是 19 页。

⑥ 见上文第九章。

⑦ 参见 Eric Michaels, "Constraints on Knowledge in an Economy of Oral Information," *Current Anthropology* 26（1985）：505 – 510；Morphy, *Ancestral Connections*, 75 – 99（注释 5）；Ian Keen, *Knowledge and Secrecy in an Aboriginal Religion*（Oxford：Clarendon Press, 1994），169 – 254；及 Christopher Anderson, ed.，*Politics of the Secret*（Sydney：University of Sydney, 1995）。这些是讨论澳大利亚原住民社会中秘密性的重要功能一些最有帮助的文献。

⑧ 这些丙烯画的范例可见图 9.25 和图版 16。

⑨ 祖先物；见上文 360—361 页。

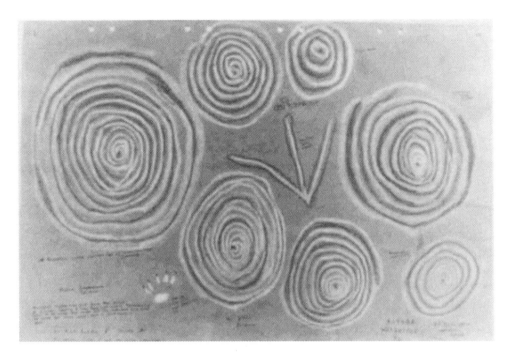

图 10.2　中澳大利亚的亚利亚尔纳（Jaliarna）地区　　　389

　　由卡特布尔卡（Katbulka）于 1935 年在沃伯顿山以蜡笔绘于纸上。收集者的注记为："这里没有歌，也没有仪典点。"

　　原始尺寸：35.9×54.2 厘米。承蒙 South Australian Museum Archives, Adelaide 提供照片（SAM 5, A49482）。

名为亚拉努（Jalanu）的男子（大约 45 岁）所绘的第 27 幅画包含了很多以踪迹连接的圆　389
形。廷代尔因此在画上写下注记：

> keinika walka
> 土猫的踪迹
> 每一个同心圆
> 呈现了一块水体＋那些
> 它们之间的踪迹线条，
> 按照习惯所绘。
> 整幅图似乎并未
> 构成一幅地理平面图；
> 更像是一幅概括性的图。

廷代尔所考量的概括性的平面图，在比较晚近的时候曾被描述为地理知识的一种变形形式，是运用了简化、矫正（也即使之几何图形化）和强行对称化的手段把地理知识加工成一幅图案。⑩ 虽然这些手法在澳大利亚的所有原住民地区都有广泛应用，但是它们似乎在西澳大

---

⑩　参见上文 381 页。

利亚沙漠地区呈现出了所能达到的最极端的形式。

SAM 中的大多数画作是男性所绘，但在 SAN 7 中有不少画作是由妇女和儿童所绘。与男性的画作不同，这些画作几乎完全由同心圆构成，看上去彼此既不连接，也不与其他图案连接。在这些画作上几乎没有表明它们的意义的注解，但也有少数例外，在画作上注明圆形呈现了某些山丘、洞穴和水坑。在一张可能是儿童所绘的画作（A49763）上，有民族学者写道：“这些是漫无目的的画作，不具备什么意义。”

这些绘图中最早的一卷（SAM 1）包含的作品有最少的归档记录，没有记下其绘者的性别和年龄。不过，自 1935 年起，廷代尔和他的同事——特别是蒙特福德——在每幅画作的相关图案上直接写下的注记越来越多，这些注记包括地名、神话生物以及画中描绘的很多地物的自然范畴等。每一画页上可含有很多词，通常是当地语言的词，但有时候也有英语词，散见于绘者做出的标记上。因此，观者常常可以在同心圆旁边见到 jabu（yapu，“山”），ka-bi 或 kapi（“水”）之类词语。在画页的边缘，民族学者还记录了与绘制这幅画作的人（“艺术家”）有关的信息，比如名字、性别、大致年龄和部落归属等。他们也记录了收集画作的日期和收集者的姓名。收集者不是把他们的姓名印在画上，或只使用姓氏，而是在每张作品上写下正式的签名，由此为那些明显是联合创作的作品创造了一种作者凭证。但在这样的作品上，其主要内容——地点的呈现——仍然明白无误地是原住民艺术家兼制图者的创作，而且在多数情况下，画作中只使用了艺术家的图像传统。

每一位绘者都被指定了一个代码数字，前面有一个字母，代表该次考察在阿德莱德的人类学研究理事会（Board for Anthropological Research）安排的调查的年度顺序中的位置［比如 SAM 5 中的年轻男性卡克尔比（Ka：kelbi）的编号就是 K33，因为 1935 年沃伯顿山调查的代号是“考察 K”］。考察者通常会为这些绘者详细测量体质，为其拍照，详细记录其家系，还会采集其血液和头发样品。考察者偶尔也会制作绘者身体部位的石膏型，在个别情况下甚至会制作其全身的石膏型。

这些考察通常为期两到三个月，执行考察的几个人联合起来成为多学科的团队，在考察期间要对大量个人做出迅速的调查，而不是对某种文化做出深度学习。⑪ 除了通过后见之明可以轻易对这些考察做出的政治和伦理批评之外，这可能是这些调查工作的主要缺点。尽管如此，这些工作完成得系统而仔细，调查结果一直很有用处；特别是对原住民来说，他们可以在调查结果中找到更多有关他们的家族历史、祖先和基于土地的从属关系等内容的信息。

SAM 10 很独特。其中的地图在西澳大利亚州西北部获得，其中大部分由廷代尔收集，也有一些由他的同事约瑟夫・B. 伯德塞尔（Joseph B. Birdsell）收集。值得注意的是，只有最后这一卷的标题使用了“本土地图”（Native Maps）的字样，而其他各卷在标题里用的都是“原住民（蜡笔）绘画”［Aboriginal（Crayon）Drawings］。这种区别可能有一定合理之处，因为这一卷里面体现了最为多样的描绘地理的方式，而且与其他各卷不同，这一卷的画

----

⑪　考察从 1925 年开始，之后大部分年份里一直在继续进行，直到 1954 年，但在 1941—1950 年间有空档。1938—1939 年间，廷代尔与约瑟夫・B. 伯德塞尔参与了重要的哈佛大学—阿德莱德大学考察，之后他又与伯德塞尔再次参加了 1952—1954 年间的加利福尼亚大学洛杉矶分校考察的头两年的工作。承蒙南澳大利亚博物馆的菲利普・琼斯（Phlip Jones）提供以上信息。

作明显试图想以欧洲式的制图风格来绘制。有证据表明，这一卷中的"艺术家"总体要比其他卷中的大多数绘者更多受到欧洲文化的影响，包括接受了欧式的学校教育。较早的卷册主要包括那些由很少体验过西方文化或完全没有西方文化经验的沙漠人群所绘的图像。甚至连记录下来的有英语名字的绘者都寥寥无几。与此相反，SAM 10 中的作品绘者有很多人有英语名字，而且有很多人曾在牧牛场或传教所定居过一段时间。

SAM 10 还同时包括了由来自沙漠腹地和海滨的人群创作的作品。以图形惯例的术语来说，在这一卷中，呈现地理的沙漠风格要么与较早卷册中的那些高度观念化的风格非常相似，比起地文或陆地带来更强调神话景观，要么试图想表示成片山丘和溪谷之类主要的地文特征，并（在民族学者的手书中）把语言群体的名字或土地使用权益的范围叠加在它们之上。

SAM 10 中由海滨人群绘制的作品与西方的形象式风格要相似得多。图 10.5 展示了西澳大利亚州北部包括菲茨罗伊（Fitzroy）河在内的多条河流，以及内陆地域。在这张图中值得注意的是，河流实际上是以一系列平行的直线所呈现的。这种惯例与罗纳德·默里·伯恩特（Ronald Murray Berndt）所收集的阿纳姆地西部的一些绘图及鲍勃·霍尔罗伊德（Bob Holroyd）所绘的约克角半岛西部的地图中所用的风格十分相似。[12] 所有这些地点都与沿海和近海地区有关。

另有一幅 1953 年的地图，由一个叫"船长"（Captain）的男子绘制，所绘的是西澳大利亚州在黑德兰港（Port Hedland）附近入海的河流的地图。像这幅地图这样的作品可能是这些画作中最接近纯粹而简单的"部落地图"的作品（图 10.3）。在这里和其他地方的地图绘制者都有一种强烈的倾向，想要把他自己的邦域或语言地区展示在图像中央，而把邻近的地域以相当不完整的状态呈现在外围。

SAM 10 中的地图体现出了内陆沙漠地区人群的图像和滨海地区人群的图像之间的这种总体差异；前者不是非常有形象性，而倾向于做几何式的简化，而后者较有形象性，而较不简化（也因此更像那些体现了欧洲传统的图像）。滨海人群的画作很像罗纳德·伯恩特收集到的呈现了阿纳姆地滨海地区的地图。

SAM 8 中的很多绘画也来自西澳大利亚州西北地区，它们由单个的名为"万吉纳"（Wandjina）的人形形象构成，这些形象来自金伯利高原的滨海地区。[13] 虽然在很多这样的形象上注出了神话细节，但是这些神话中没有一则有地理定位。万吉纳形象与来自同一地区的海滨地图的共同之处，以及与来自阿纳姆地的海滨地图的共同之处，包括对线条的熟练使用、对颜色的大胆使用以及在澳大利亚基本颜色（红、白、黑、黄）之外使用更多的颜色；这些特征在来自沙漠腹地的作品中一般是不存在的，但有不少描绘了神圣物体上的图案的图

⑫　伯恩特收集的作品包括了那些作为以下文献插图的例子：Ronald Murray Berndt，*The Sacred Site：The Western Arnhem Land Example*（Canberra：Australian Institute of Aboriginal Studies，1970），40 和 41 页，并见下文 397 页。鲍勃·霍尔罗伊德在 1992 年绘制那些地图的时候，在约克角半岛西部他的家乡所在的地区也正是发生着针对土地的地方政治动乱的时候；这些地图在我即将于 *Oxford Companion to Aboriginal Art and Culture* 发表的文章中有详细讨论。

⑬　关于万吉纳形象的例子，参见 Peter Sutton，"Responding to Aboriginal Art，" in *Dreamings：The Art of Aboriginal Australia*，ed. Peter Sutton（New York：George Braziller in association with the Asia Society Galleries，1988），33—58，特别是 48 页，图 76。

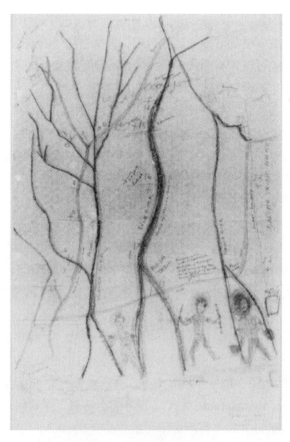

图 10.3　卡里亚拉地区的河流

由"船长"以蜡笔绘于纸上。收集者的注记写道："任何女性都可以看。"制图者展示了黑德兰港附近他自己所在的地域 [这片地域与讲卡里亚拉（Kariara，即 Kariyarra）语的人群有关]，放在地图中央；邻近的讲其他语言 [尼亚马尔（Njamal，即 Nyamal）语和纳尔卢马语（Ngaluma，即 Ngarluma）] 的地域放在外围。图上展示了海洋，但它不是主要的关注对象。

原始尺寸：54.1×35 厘米。承蒙 South Australian Museum Archives, Adelaide 提供照片（SAM 9，203 页）。

像则属例外。沙漠地区的圣像和地图是以蜡笔画的形式收集而来的，它们常常由含义模糊的线条组成蜘蛛状，在纸上只有很轻的笔触。画作上的颜色填充没有规律，也几乎不运用内部边界。为了与这类作品比较，可以看图 10.4 中所展示的西澳大利亚州库努努拉（Kununurra）南边的一位基恰（Kitja）男子所绘地图的含义的明确性，以及图 10.5 中高度抽象的菲茨罗伊河地区地图中对颜色填充的全面运用。

沙漠地区地图的这种蜘蛛般的形态可能源于如下的事实：沙漠地区的古典绘图技艺主要运用的是点，而不是线状形式，而且在丙烯油画中使用点画法已经成为他们的国际性艺术特色。然而，线条的运用即使在产业性的绘画兴起之前，也并非在西澳大利亚沙漠视觉艺术中全然不存在。比如在碾成粉末的白蚁冢上创作的地面绘画、身体绘画以至会谈和叙事期间在沙地上随意创作的图示都会用到线条，而不只是排成一列的点或轨迹一般的形式。这些图像中的地文景观地物以平面图视角展示，而即使在沙漠或半沙漠地区，动物、人类和树木也通常是以剖面图视角展示，就像图 10.6 中的树木那样。

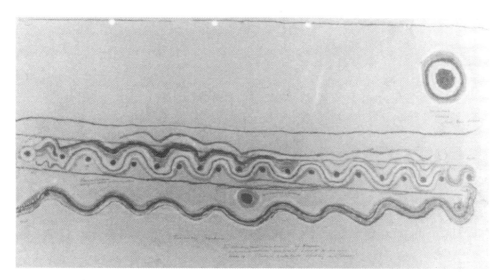

图10.4　我的岩洞沃罗莱阿（Worolea）＝这里北面的尼姆吉（Nimdji）钻水孔　　　　391

1953 年由一位基恰男子以蜡笔绘于纸上。

原始尺寸：35.5×54 厘米。承蒙 South Australian Museum Archives，Adelaide 提供照片（SAM 9，163 页）。

图10.5　西澳大利亚州北部的菲茨罗伊河　　　　391

以蜡笔绘于纸上，1953 年。

原始尺寸：35.2×54.6 厘米。承蒙 South Australian Museum Archives，Adelaide 提供照片（SAM 8，第 2 部分，166 页）。

　　蒙特福德还在南澳大利亚国立图书馆（State Library of South Australia）中收藏了原住民的蜡笔画和手指画，作为所谓"蒙特福德—谢尔德收藏"（Mountford-Sheard Collection）的

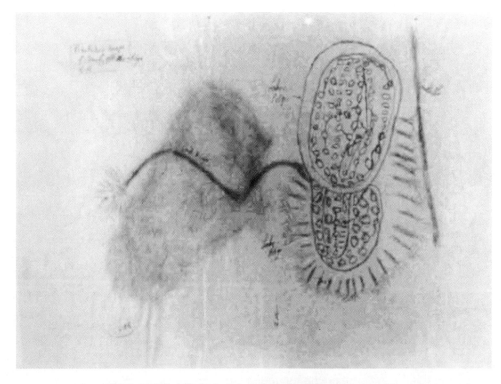

图 10.6　波尔古湖（Lake Polgu）和米尔加里溪（Milgari Creek）

以蜡笔绘于纸上，绘者是波科波科（Poko Poko）? 图上以平面图视角展示了沼泽地、湖泊和溪流，而以剖面图视角展示了树木。

原始尺寸：36×49.9 厘米。承蒙 South Australian Museum Archives, Adelaide 提供照片（SAM 10, 22 页）。

一部分。这些藏品中包括了 1940 年的 300 多幅收集于中澳大利亚的作品。其中大部分画作与南澳大利亚博物馆收藏的系列绘图一样，都还没有发表。蒙特福德是发表其中的图案最多的研究者，大部分由他发表的图案都重绘为剪影图或线条图，以使图像更为清晰。[14] 他的主要著作《澳大利亚沙漠的游牧民》（*Nomads of the Australian Desert*）中包含了一些这样的重绘图，并专有一节名为"蜡笔画艺术"。[15] 该书中的一些图像，特别是由蒙特福德所拍摄的神圣物体的影像，仅能给那些已经过成年礼的男性观看。这本著作的出版因此导致了中澳大利亚的原住民人群发起了法律诉讼，该书因而在出版之后不久就回收了。卢克·泰勒（Luke Taylor）曾把蒙特福德的书中所发表的蜡笔画与那些和画中所描绘的一些地点有关的神圣物体上的图像做了非常深刻的比较，他由此得以表明，虽然这些画作在绘制方法更有形象性，但是它们与那些在形式上明显高度几何化而简单的神圣物体图案仍然具有相同的核心

⑭　参见 Charles Pearcy Mountford, "Aboriginal Crayon Drawings from the Warburton Ranges in Western Australia relating to the Wanderings of Two Ancestral Beings the Wati Kutjara," *Records of the South Australian Museum* 6（1937–1941）：5–28；同一作者的 "Aboriginal Crayon Drawings [I]：Relating to Totemic Places Belonging to the Northern Aranda Tribe of Central Australia," *Transactions and Proceedings of the Royal Society of South Australia* 61（1937）：84–95；同一作者的 "Aboriginal Crayon Drawings II：Relating to Totemic Places in South-western Central Australia," *Transactions and Proceedings of the Royal Society of South Australia* 61（1937）：226–240；同一作者的 "Aboriginal Crayon Drawings III"（注释2）；同一作者的 "Contrast in Drawings Made by an Australian Aborigine before and after Initiation," *Records of the South Australian Museum* 6（1937–1941）：111–114；及同一作者的 *Nomads of the Australian Desert*（Adelaide：Rigby, 1976），94–97。

⑮　Mountford, *Nomads*, 94–114。

视觉结构。⑯ 出于原住民法律的原因，这些比较无法在本章中引述。

　　不过，我们在这里引用蒙特福德所发表的一位妇女有关世俗主题的一幅绘画，还是没有违法之虞的（图10.7）。⑰ 这幅作品于1940年创作于中澳大利亚的厄纳贝拉［Ernabella，即普卡恰（Pukatja）］。蒙特福德一直在那里与男性原住民在一起开展调查工作，他们的画作除了少数例外之外，都是以神圣的神话为主题。为了避免让他们怀疑自己会把他们的秘密传授给当地的妇女，蒙特福德自己没有与妇女在一起开展工作，而是让他的年轻同事 L. E. 谢尔德（Sheard）和一位原住民妇女一起获得了类似这里展示的这幅图的一系列女性绘画；这位原住民妇女是他们考察途中赶骆驼的人的妻子。⑱

图10.7　一日的狩猎

1940年由中澳大利亚厄纳贝拉的艾丽斯（Alice，"汤米［Tommy］的女孩"）所作的蜡笔画：A和B是在营地（左中部）睡觉的两位妇女；C是她们的防风设备；E是她们的两堆篝火；F是一条水道；G是长在水道岸边的无脉相思树（mulga trees）；H是由两位妇女所掘的兔子窝的地面平面图——黑点是里面的兔子；J是两位用木盘挖掘兔子窝的妇女；K是烤兔子的两堆火；L是两位妇女返回她们在C的营地的小路；M和O是蛇爬出的蜿蜒踪迹；N和P是蛇所钻入的兔子窝的剖面；Q是另一道蛇的踪迹；R是这条蛇藏身的兔子洞；S是注入单独一个水坑的两条溪流；T是这个水坑；U是另一处汇水地；V是把水坑T与U相连的溪流；X是人的脚印；Y尚未识别。

原始尺寸：37×52.5厘米。承蒙 Mountford-Sheard Collection, Special Collections, State Library of South Australia, Adelaide 提供照片。Sammy Dodd 许可使用。图注据 Charles Pearcy Mountford, *Nomads of the Australian Desert*（Adelaide：Rigby, 1976），111–112 和图版51。

393

⑯　Luke Taylor, "Ancestors into Art: An Analysis of Pitjantjatjara Kulpidji Designs and Crayon Drawings" (B. A. honors thesis, Department of Prehistory and Anthropology, Australian National University, 1979).

⑰　Mountford, *Nomads*, 112, 图版51（注释14）。

⑱　Mountford, *Nomads*, 109.

伯恩特收藏

罗纳德·默里·伯恩特是澳大利亚原住民研究史上非常杰出的人类学家之一，他从 1939 年到 20 世纪 80 年代早期在澳大利亚很多地点开展了田野工作。几乎在所有的田野工作地点，他都会劝说知识渊博的知情人以原住民的方式把他们的邦域画成地图，以及把包括仪典服饰图案、仪式表演布局和梦者形象的图像在内的宗教主题描绘出来。他的妻子凯瑟琳·海伦·伯恩特（Catherine Helen Berndt）自 20 世纪 40 年代中期之后也参加了他的田野工作，在大多数地点的原住民女性中收集了类似的画作。她所用的纸页通常比她丈夫分发的纸页要小，而她为女性所创作的绘画所写的归档记录，包括每张画页的日期和绘制地点等出处信息在内，也不太能始终做到详细的记写。他们二人所收集的绘画，现存于西澳大利亚大学的伯恩特人类学博物馆（Berndt Museum of Anthropology）中。[19]

这些绘画大多以蜡笔绘于纸上，总数接近两千张。如果我们除掉上面所说的南澳大利亚收藏中的儿童画作，那么伯恩特收藏明显是这类收藏中为数最多的一批。伯恩特收藏的归档记录，总体上也比南澳大利亚收藏要深入得多。这有部分原因在于伯恩特夫妇受过更为严格的训练，他们都是职业的人类学家，从伦敦大学获得了博士学位；但也是因为他们在每个田野地点都会停留很多月，研究至少一种当地语言，收集以这些语言写成的文本，打探原住民的家系，研究当地的和社会的组织和亲属关系、当地的历史、神话以及宗教和仪典生活，从而能从广泛的方面获得对当地文化的理解。比起廷代尔和蒙特福德所做的大部分注记来，他们对原住民绘画所做的注记可谓浩繁。

在大约 35 年间，伯恩特夫妇单独或一起出版了大量专著，其中很多是细节详尽的民族志，针对专门的族群或某个族群的文化中有意选择的几个方面。与此不同，虽然廷代尔后来成为一位职业的博物馆策展人，但他的民族学基本是自学；蒙特福德则是一位邮递员和热情的人类学爱好者。他们二人从未出版过专门针对一个原住民人群的重要民族志著作。不过，伯恩特夫妇的绘画收集却是建立在前人所做的系统而定期进行的实践工作之上，这些前代学者既包括廷代尔和蒙特福德，也包括其他那些参加了由阿德莱德的人类学研究理事会组织的考察的成员。罗纳德·伯恩特也来自阿德莱德，在年轻的时候也参加了这个理事会的一场考察（1939 年南澳大利亚西部乌尔迪的考察）。在他们篇幅宏大的关于乌尔迪田野工作的"初步报告"中，伯恩特夫妇写道：

393

我们获得了绘画，这是记录有地文重要性的细节的优秀媒介。[伯恩特夫妇的脚注：这个领域的先驱是 C. P. 蒙特福德先生，他曾经收集了大量原住民绘画。他所用的尺寸约为 2½ × 1½ 英尺的结实的褐色纸张以及几种颜色的木材记号蜡笔也为我们所采用。] 这些绘画大多是由成人所绘的水坑以及与祖先生物的游历有关联的邦域的平面图、儿童绘画和有特别内容的独特画作。[20]

---

⑲ 在下文 412—413 页也讨论了来自这批收藏的两幅作品。

⑳ Ronald Murray Berndt and Catherine Helen Berndt, "A Preliminary Report of Field Work in the Ooldea Region, Western South Australia," *Oceania* 12 (1941 – 1942): 305 – 330; 13 (1942 – 1943): 51 – 70, 143 – 169, 243 – 280, 362 – 375; 14 (1943 – 1944): 30 – 66, 124 – 158, 220 – 249, 338 – 358; 15 (1944 – 1945): 49 – 80, 154 – 165, 239 – 275, 特别是 12: 313。1941 年的 3 幅乌尔迪绘画发表于: Ronald Murray Berndt and Catherine Helen Berndt with John E. Stanton, *Aboriginal Australian Art: A Visual Perspective* (Sydney: Methuen, 1982), 73 (图版 60 - 62)。

不过，蒙特福德是在廷代尔已经把蜡笔画的收集作为其田野工作的常规部分的几年之后才开始这种工作的。当然，最激励年轻的罗纳德·伯恩特仿效的人还是蒙特福德，正如伯恩特后来也在激励20世纪60年代开始在西澳大利亚沙漠开展工作的罗伯特·汤金森（Robert Tonkinson）那样。[21]

伯恩特曾经把他的方法描述如下："我的工作流程是让当地的知情人把他们的邦域的轮廓画出来，不要参照欧洲人地图。只有在画完之后，才允许他们尝试与后者建立关联。这样一种进路肯定有内在的困难性，但在我看来，所获得的好处远远超过了困难。……另外，原住民地图不按比例绘制，在任何意义上都没有地形上的准确性。"[22]

有大约59幅乌尔迪绘画，专门描绘了地形，而不是神话形象的描绘，也不是儿童画作。其中两幅宇宙学主题的绘画已见于本书另一章（图9.9和9.10），还有一幅乌尔迪营地的平面图在下文有引用，即图10.28。其中一幅多少比较典型的绘画是比利（Billy）所绘的梦者踪迹的图示；这些梦者是"鸟女"（Bird Woman）和"双男"（Two Men），他们从内陆的沙漠出来下到海滨，然后从那里分两次进入海洋本身（图10.8）。

伯恩特收藏中最令人惊叹的作品之一，是一组6页（分为7个部分）的地图部分（图10.9）以及另一大幅由4页拼合而成的绘画（图10.10），二者涵盖的是西至玛格丽特山（Mount Margaret）、北至沃伯顿山、东至厄纳贝拉和乌德纳达塔（Oodnadatta）、南至穿过纳拉伯平原（Nullarbor Plain）的东西铁路线的同一片地域（图10.11）。在后一幅地图上有几百个地名，由罗纳德·伯恩特在收集的过程中把它们标注在图上，但得到了那些把他们有关这一广阔地域的方方面面的知识告诉他的几位男子的指导。与收藏中为数甚多的蜡笔画地图相反，这一幅是由好几位男性所完成的集体性作品。它说明了有关一片真正广袤的土地的精细知识如何能在确定的地点和时间成为"群体知识"的一部分，而无需群体中的成员以个人的方式通盘掌握。[23]

1958年，在西澳大利亚州北部沙漠地区的巴尔戈（Balgo），罗纳德·伯恩特要求一些"母语为混合方言"的成年男子绘制展示了神话路径和"他们从一个地点走到下一个地点所经的路径"，之后伯恩特把这些信息里面的一部分结合到一张草图中。[24] 这幅地图涵盖的地

394

395

21　Robert Tonkinson，私人通信，1994年11月。参见 Tonkinson 的 *The Mardu Aborigines: Living the Dream in Australia's Desert*, 2d ed.（Fort Worth, Tex.: Holt, Rinehart and Winston, 1991），112和114–115，其中引用了他在那里收集的两幅绘图。遗憾的是，汤金森收集的大部分西澳大利亚沙漠绘画已经遗失。

22　Berndt, *Sacred Site*, 14（注释12）。他在这里可能专门指的是他在阿纳姆地西部工作的情况，但是我认为他的这些说法很可能适用于他在所有地区开展的引导原住民绘制地图的工作。

23　参见以下文献中题为"Crayon and Other Drawings"的一节：Ronald Murray Berndt and Catherine Helen Berndt, *The World of the First Australians*, 4th rev. ed.（Canberra: Aboriginal Studies Press, 1988），425–426。罗纳德·伯恩特认为在他的蜡笔画收藏中，最令人惊奇的一幅是1945年在北部地区的比林杜杜（Birrindudu）为他所创作的一幅。不过，这些画作中能达到我在本册中所使用的地图的定义标准的作品寥寥无几。比林杜杜绘画的代表作品已经发表于：Ronald Murray Berndt and Catherine Helen Berndt, "Aboriginal Art in Central–Western Northern Territory," *Meanjin* 9 (1950): 183–188 和图1–10，及 Berndt, Berndt, and Stanton, *Aboriginal Australian Art*, 74–76, 图版63–68（注释20）。

24　参见 Ronald Murray Berndt, "Territoriality and the Problem of Demarcating Sociocultural Space," in *Tribes and Boundaries in Australia*, ed. Nicolas Peterson（Canberra: Australian Institute of Aboriginal Studies, 1976），133–161，特别是136—139页。

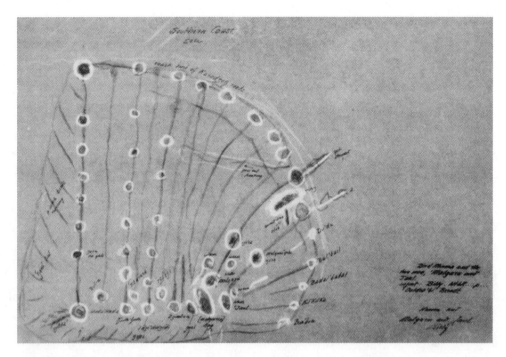

394　　　　图 10.8　比利所绘的"鸟明马［女性］"与"双男"马尔加鲁（Malgaru）和尧尔（Jaul）

1941 年绘于南澳大利亚乌尔迪。以蜡笔绘于纸上。其中呈现的是他们的梦者从沙漠出来到海滨的踪迹，以及两条延伸到海中的踪迹。

J. E. Stanton 拍摄，承蒙 Berndt Museum of Anthropology，Perth 提供照片（P22142）。

域大部分与伯恩特在 1972 年出版的一幅类似的神话路径地图相同。[25] 第三幅涵盖了相同地域的地图可能是 1953 年为廷代尔绘制的，于 1974 年发表（图 10.12 和 10.13）。在所有这三幅图像中央是与库卡恰（Kukatja）语言人群相关联的地域。[26] 在所有这三幅地图上，我们能看到邻近人群的地域大都只有部分展示，位于图像边缘。作为沙漠地区描绘邦域时的典型性，这三幅地图都重点关注于相互连接成线的呈现了神话的或人类的旅行的场所，而对地形特征本身只有极少的关注或根本不关注。[27] 这与澳大利亚北部的原住民地图形成了很大对比。[28]

　　有大量展示了地形特征的澳大利亚北部的原住民地图已经出版。罗纳德和凯瑟琳·伯恩特在 20 世纪 40 年代、50 年代和 60 年代在阿纳姆地西部几次从事田野工作期间，收集了那里的许多原住民地图。

　　㉕　参见 Ronald Murray Berndt, "The Walmadjeri and Gugadja," in *Hunters and Gatherers Today: A Socio economic Study of Eleven Such Cultures in the Twentieth Century*, ed. M. G. Bicchieri (New York: Holt, Rinehart and Winston, 1972), 177 – 216, 特别是 184—186 页。

　　㉖　伯恩特把库卡恰（Kukatja）拼成 Gugadja，廷代尔则拼成 Kokatja。

　　㉗　更多情况见上文 379—383 页。

　　㉘　这个现象的一个例外是 1981 年作为一本土地声索书中的附图的罗珀河（Roper River）中游的红大袋鼠（Plains Kangaroo）神话路径地图；参见 Howard Morphy and Frances Morphy, *Yu t pundji-Djindiwirritj Land Claim* (Darwin: Northern Land Council, 1981), 62。该书作者并没有说这幅图像是声索者为他们绘制的，只是说他们"制作"了该图。

图 10.9 由多位男性所绘的大幅多部分地图中的一页 395

　　这是一幅 6 页地图中的一页，该图涵盖了澳大利亚中南部从乌德纳达塔到厄纳贝拉、沃伯顿山、玛格丽特山和东西铁路线沿线的地域。由罗纳德·伯恩特于 1941 年收集于乌尔迪。以蜡笔绘于纸上。

　　J. E. Stanton 拍摄，承蒙 Berndt Museum of Anthropology, Perth 提供照片（P22145 – P22150；上图所示为 P22146）。

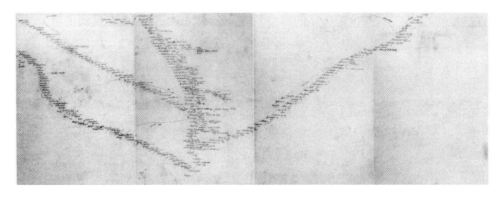

图 10.10 澳大利亚中南部一片地域的组合地图 396

　　这幅地图由 4 张相连的画页组合，在 1941 年由南澳大利亚乌尔迪的多位男性绘制。由罗纳德·伯恩特收集。以蜡笔绘于纸上。乌尔迪在第二页的近底部。

　　J. E. Stanton 拍摄，承蒙 Berndt Museum of Anthropology, Perth 提供照片（P22152 – P22155）。

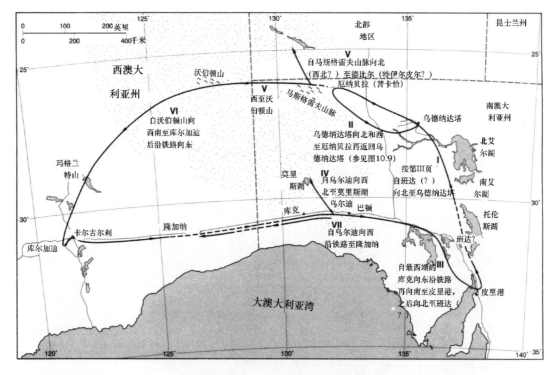

396

图 10.11 图 10.9 和 10.10 的参考地图

图中所示地区，为伯恩特 1941 年在乌尔迪所收集的地图图页所涵盖的地域，这些地图由多位男性所绘。Ⅰ – Ⅶ展示了一幅 6 页地图的 7 个部分（其中的Ⅱ在图 10.9 中有展示）。图 10.10 涵盖了同一片地域，其中的尤尔丁加比（Juldiŋ'gabi，在该组合地图的底部以一个小 x 标出）即乌尔迪。

其中 3 幅地图在 1970 年作为一部重要民族志的一部分发表。[29] 其中两幅引用在本章中，并添加了以伯恩特的研究为根据的解读（图 10.14 – 10.17）。

图 10.14 中是一块氏族地产的地图，其中强调了景观中的两处主要的结构地物：水道和山丘。这处地产具有分水岭地区可见的典型景观，因为其中包括了几条溪流的源头。沿水系较为向下的原住民地产则常常只包含单一的次级水系。在这里，我们再次碰到了原住民制图者的常见做法的实例——他们会把自己的土地画在图像中央，而把一些邻近的邦域展示在周边的外围地区。

与之相反，图 10.16 展示了马宁里达（Maningrida）地区利物浦河（Liverpool River）畔
397 的 6 块氏族地产，但是制图者仍然保持了自己的土地居中的形象。这幅地图的大部分地方也如前一幅地图一样，只包括了两种地图，但在这里是水道和水坑。

1968 年，伯恩特得到了一幅阿纳姆地东北部埃尔科岛（Elcho Island）的详细地图，以 5 个片段绘在 5 大张褐色纸上；该图的一个重绘版于 1976 年发表。这幅组合地图展示了 164 个由伯恩特编号的场所。[30] 这些场所位于 14 处氏族地产中，这些地产几乎都是不连续的。

㉙ Ronald Murray Berndt and Catherine Helen Berndt, *Man, Land and Myth in North Australia: The Gunwinggu People* (Sydney: Ure Smith, 1970)，图 2 – 4。

㉚ Berndt, "Territoriality," 148 – 154（注释 24）。伯恩特在同一地区 1946—1947 年的田野工作中也引导原住民绘出了类似而更加详细的地图（154—155 页）。

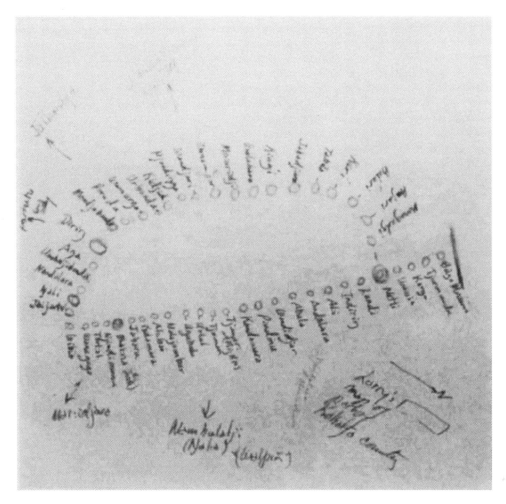

图 10.12 科卡恰男性所绘的西澳大利亚州巴尔戈以南地域的画作，约 1953 年 397

地名、这位科卡恰男性称呼远处的部落人群的名字和罗盘方位标记由观察者所添加。见图 10.13。

承蒙 South Australian Museum Archives, Adelaide 提供照片（SAM 10，第 34 页）。

较小的岛屿、礁石和岩石等海中场所也包括在图中，此外还有一些地物精确到单独一棵有名字的树。海岸线本身是占据主导地位的地物，大多数场所都沿着海岸线聚集分布。与阿纳姆地西部的情况一样，内陆沼泽以圆形展示。伯恩特还添加了阴影和非阴影的对比，表示地产属于两个父亲半偶族中的哪一个。

在一部 1970 年出版的有关神圣场所的著作中，罗纳德·伯恩特为书中的主题配了一系列重绘的原住民地图，它们像马赛克一样拼起来，部分覆盖了阿纳姆地西部从克罗克岛（Croker Island）向南到昂佩利附近的地域。[31] 虽然这些地图片段里面有很多描绘的是海岸和岛屿，在其中以高度形象化的方式（取的是垂直透视视角）把它们呈现出来，但是也有几幅展示的是内陆地域。其中有两幅关注于默加奈拉（Murganella 或 Marganala）洪漫平原及其上的各条水道，它们都只在边缘表示了很小的一段海岸线。[32] 在原住民地图上，水道展示

---

[31] Berndt, *Sacred Site*（注释 12）。

[32] Berndt, *Sacred Site*，40 和 41 页。

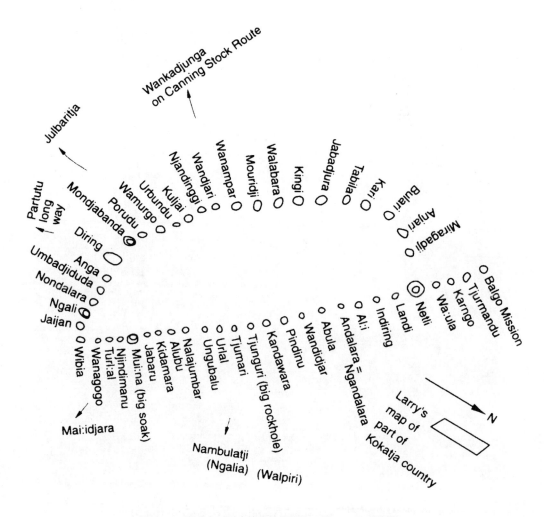

397   图 10.13   廷代尔对科卡恰男性的画作（图 10.12）的解读

据 Norman B. Tindale, *Aboriginal Tribes of Australia*: *Their Terrain*, *Environmental Controls*, *Distribution*, *Limits*, *and Proper Names* (Berkeley: University of California Press, 1974), 39。

为直线，但它们在地面上不可能是直的。不仅如此，在原住民地图上，缺少重要支流的河流下游河段看上去像被拉展开来，占据了这条河的大部分长度。这可能反映了原住民文化对资源相对丰富的河流下游地域的强调，相比之下，上流地域在经济上较不重要。不过，在图像上把河流拉直的做法在许多原住民作品中都可以见到。另一方面，用一条封闭线表示洪漫平原的做法则极不同寻常。

1964 年，罗纳德·伯恩特来到阿纳姆地东北部的伊尔卡拉（Yirrkala），这是他与凯瑟琳·伯恩特自 20 世纪 40 年代晚期以来开展主要民族志工作的另一片田野地域。在之前到访时，他已经获得了很多蜡笔画，大部分展示了神话和仪典主题，并运用了古典的图像传统来表示地形地物。但这一次，更大范围的政治语境变得不同了——在戈夫半岛（Gove Peninsula）开始开采铝土矿的活动激起了很大的争议。[33] 伯恩特需要在这片受影响的地域获取有关

---

[33]   Ronald Murray Berndt, "The Gove Dispute: The Question of Australian Aboriginal Land and the Preservation of Sacred Sites," *Anthropological Forum* 1 (1964): 258 - 295, 特别是 258—264 页。

图 10.14　芒古贾（Manggudja）所绘古马迪尔（Gumadir 或 Goomadeer）河地区的原住
民地图

在阿纳姆地西部，以蜡笔绘于纸上，约 1950 年。此图展示了昂佩利（Oenpelli）以东古马迪尔河附近的马伊尔古利吉（Maiirgulidj）氏族地产。请与图 10.15 比较。

J. E. Stanton 拍摄，承蒙 Berndt Museum of Anthropology，Perth 提供照片（P22157）。Anthony Wallis, Aboriginal Artists Agency，Sydney 授权使用。

神圣场所的分布的信息。在这个地区，还从来没有人做过任何真正有意义的详细的实地田野制图。伯恩特组织了戈夫半岛地图的绘图工作，把褐色纸页和红色的木材蜡笔发给执行这项工作的万朱克·马里卡（Wandjuk Marika）。不过，至少有 8 位当地的原住民老年男性参与了这幅地图的创作。[34] 这幅地图非常详尽，而不得不分成 6 个片断；但就是这样的一组图，也"还可以画得更详尽"。根据伯恩特的记录，他们明确指出了——

那些神圣而传统的场所和地区，除非遇到极端情况（比如国家紧急状况下），否则不应该割让给非由本地人群控制的权力机构之外的任何权力机构，也不应该割让给政府行政部门，虽然从理论上讲这个部门的建立是为了保障他们的利益。在做出这样的声明时，这些男性作为发言人……展示了他们在评估其地位时的深思熟虑和责任感。他们指出了可供经济开发的合理范围，涵盖了一大片灌丛地区，在好几

---

[34]　他们之中有一位是万朱克的父亲马瓦兰（Mawalan），另一位是蒙古拉威（Munggurrawuy），其余 6 人的名字是：Mathaman, Milirrpum, Bununggu, Narritjin, Nanyin 和 "Gongujuma 或 Gunggoilma"（Berndt, "Gove Dispute," 269－270）；我已经把这些人名转换成按当前的正字法拼写的形式，只有最后一个例外，这是我不熟悉的名字。

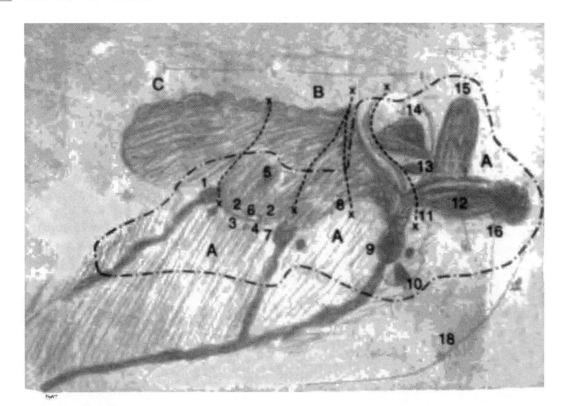

x ------- x　原住民小路

A, B, C,　氏族地产

— · — · —　地产边界

399　　　　　　　图 10.15　对原住民所绘古马迪尔河地区的地图（图 10.14）的解读

马伊尔古利吉氏族地产周围环绕着一条点划线，该地产标为 A。邻近的氏族地产展示为 B［巴尔宾（Barbin）地产］和 C［纳恩巴利（Ngalngbali）地产］。这三处地产的人群被识别为"一个家族"，这是说他们有密切的亲缘关系。马伊尔古利吉地产包含了大量场所，其中 16 个以叠加在地图上的数字表示。有几条原住民步行小路穿过这块地产，这些小路以 x—x 展示。水道用填充了的大致平行的粗线表示。水坑是 1 和 12 处的椭圆形膨大形状。（16 处的圆形可能也是一处沼泽或水坑。）编号为 2 的线条是一列山丘的边缘，而编号为 13、14 和 15 的形状是特别的山丘。10 处较小的形状是一块特别的岩石。

据 Ronald Murray Berndt and Catherine Helen Berndt, *Man, Land, and Myth in North Australia: The Gunwinggu People* (Sydney: Ure Smith, 1970), 图 3。

个地点有出海口。[35]

戈夫地图因此不只是一幅原住民地点的地图，而且是一幅为了回应一种呈现为破坏形式的发展带来的威胁而绘制的这些地点的地图。

这体现了这类人造物的一条基本原则：它们的内容总是在一种特别的语境下生成，这个语境会反映在作品本身之中。没有适合所有目的的"原住民邦域地图"。我敢说，哪怕是同一位制图者在同一天也不可能把任何一幅地图加以精确的复制。它们是独一无二的表演，就

---

[35]　Berndt, "Gove Dispute," 288 和 291。

图 10.16　杜本古（Dubungu）所绘马伊尔古利吉班（Margulidjban）和附近地区的原住民地图：一些主要场所

400

在阿纳姆地西部，以蜡笔绘于纸上，约 1950 年。请与图 10.17 比较。

J. E. Stanton 拍摄，承蒙 Berndt Museum of Anthropology，Perth 提供照片（P22156）。

像古典原住民实践中的大多数仪典表演一样。虽然地图和仪典的要素可能保持不变，但是每一个具体情况中的选择和组合将始终具有事件特殊性。[36]

较小规模的学术收藏

很多原住民地图的小型收藏是私人的，通常由某位人类学者或类似的学者在田野工作的过程中收集而得。这些地图偶尔有一些也会有机会印刷出来。最早的例子之一是 20 世纪早期出版的帕皮（Papi）所绘托雷斯海峡中马布亚格岛（Mabuiag Island）附近的珊瑚礁地图，其中以剖面图展示了马布亚格岛，以平面图展示了珊瑚礁。[37]

类似的收藏还包括罗伯特·汤金森的收藏和迈克尔·鲁宾逊（Michael Robinson）的收藏，后者是另一位来自西澳大利亚州的人类学家。[38] 然而，很多绘画是孤立的、一次性的工作，比如克利福德·波苏姆·恰帕恰里（Clifford Possum Tjapaltjarri）1988 年所绘的

[36]　关于阿纳姆地东北部仪典表演中的即兴表演和创新，参见 Keen, *Knowledge and Secrecy*, 132–168（注释 7）。

[37]　Alfred C. Haddon, ed., *Reports of the Cambridge Anthropological Expedition to Torres Straits*, vol. 5（Cambridge：Cambridge University Press, 1904）, 60.

[38]　参见 Tonkinson, *Mardu Aborigines*, 112–115（注释 21）。Michael V. Robinson, 私人通信。

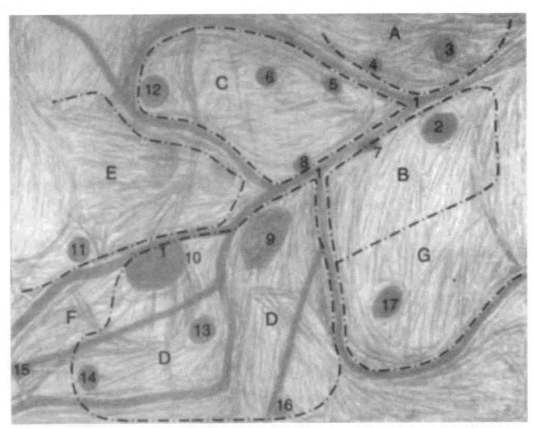

A - G 氏族地产
ー·ーー 地产边界

图 10.17 对马尔古利吉班和附近地区的原住民地图（图 10.16）的解读

　　制图者杜本古属于地产 C（他的出生氏族），位于这幅图像的中上部。地产 A、E 和 F 位于地图的外围，只展
示了部分。水道以填充了的平行线表示，水坑则以圆形表示。短划线表示地产边界。按照图上的展示，大多数地产
以水道为边界，但地产 D 是一处"分水岭"地产，这是说它包括了几条溪流的上游溪段。

　　据 Ronald Murray Berndt and Catherine Helen Berndt, *Man, Land, and Myth in North Australia: The Gunwinggu People*
(Sydney: Ure Smith, 1970), 图 4。

那一幅（图 10.18）。这幅地图的标题是《安马泰尔地域地图》（Map of Anmatyerre Coun-
try），可能是维维安·约翰逊（Vivien Johnson）所起；它是一幅纸上的铅笔画。恰帕恰里
是知名的丙烯画艺术家，此图绘于他"1988 年 11 月的一个深夜在纽约与克里斯·霍奇斯
（Chris Hodges）会谈期间。……这幅地图始于内容密集的中下部分，其中有绘者在韦奇山
（Mt Wedge）、纳珀比（Napperby）、阿兰山（Mt Allan）和延杜穆（Yuendumu）周围的主
要场所；之后，随着梦者的小路超过绘者的家族地产向其起始点追溯，地图也向北、南
和东展开"[39]。这种从制图者自己的核心邦域开始并向外移动的做法，与上文已经讨论过
的南澳大利亚博物馆收藏中的地图的绘法偏好非常相似；后者通常也是把制图者的"部
落"邦域或梦者邦域展示在中央，并常常只展示出邻近人群的邦域的一部分，对它们一

―――――――――――――

[39]　Vivien Johnson, *The Art of Clifford Possum Tjapaltjarri* (Basel: Gordon and Breach Arts International, 1994), 12（图版
1），引文在 153 页。

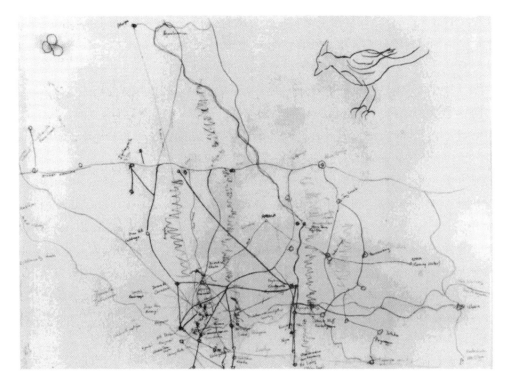

图 10.18　《安马泰尔地域地图》，1988 年

由克利福德·波苏姆·恰帕恰里以铅笔绘于纸上。此图绘于他与一位非原住民男性会谈期间，意在解释这片地域的广阔布局及其梦者。

原始尺寸：56×76 厘米。承蒙 Vivien Johnson 提供照片。Anthony Wallis, Aboriginal Artists Agency, Sydney 授权使用。

带而过。按照原住民传统，在正常情况下这就是开展绘画的正确方式。创作一幅"地图"是一种宣布一个人与土地的关联的行为。因为绘者只能为他自己的地域代言，所以这样的地图在正常情况下必然可以预期会具有地理上的自我中心性，因此是一个人的实际知识的具有高度偏见性的呈现。

这幅地图看起来一点不像恰帕恰里的绘画，但非常像"泥地图"，具有重要地点的基本框架，以及连接它们的道路 [这幅地图被斯图特尔公路（Stuart Highway）分隔成两部分]。[40] 如果以地图上的书写作为其朝向的指示的话，那么该图以东为上；但因为恰帕恰里没有在图上写字，有可能在他参与绘制的时候，该图只是简单地在平面位置上对准了主要方位。这幅图的教导目的以及其图像惯例可以明白无误地把它归于我在本册中界定的"地图"范畴。

约翰逊有关克利福德·波苏姆·恰帕恰里的著作有一章题为"梦者的制图者"（Cartographer of the Dreaming）；她在其中写道，恰帕恰里与他已故的兄弟蒂姆·勒乌拉·恰帕恰里

_____

⑩　关于他的绘画的代表作，参见 Johnson, *Clifford Possum Tjapaltjarri*; Christopher Anderson and Françoise Dussart, "Dreamings in Acrylic: Western Desert Art," in *Dreamings: The Art of Aboriginal Australia*, ed. Peter Sutton（New York: George Braziller in association with the Asia Society Galleries, 1988），89 - 142（特别是图 149, 152, 163, 172 和 173）和 224 - 225；及 Wally Caruana, *Aboriginal Art*（London: Thames and Hudson, 1993），119 页，图 101，及 120—121 页，图 102。

（Tim Leura Tjapaltjarri）一起提出了把很多梦者结合在单独一大幅画布上的创新想法，并且促成了把这种特别的绘画工艺视为制作"邦域地图"的观点，而不是认为它们只是展示了某些梦者及其场所。蒂姆·勒乌拉生前常常说他的绘画是"地形画"。约翰逊相信，施加在这两位绘者身上的影响之一可能来自他们的父亲，他曾经为制作邦域的场所地图的人类学者担任过向导工作。她还断言："与西方地形图一样，这些绘画是陆地地域的大比例尺地图，以地面勘测为根据，十分注意通过其上所绘制的事物之间的位置关系所体现的准确性。这些图可以用于场所定位，而因为它们的准确性具有法律文件的效力，可以说它们就是欧洲人的所有权契约在西澳大利亚沙漠的图形形式的等价物。"[41]

我不同意这样的绘画"可以用于场所定位"，因为这意味着某个不熟悉这片邦域的人也能拿着由这些艺术家绘制的一幅画作来找到他们的路。虽然这些绘画包括了一些与西方地形图类似的内容，但是其图像总体上是高度形式化、抽象化的，常常呈现为非常对称的面貌，并不依赖于以一种形象化的方式表示了主要自然地物的地形底图。有一幅图可以让人清楚地看到丙烯绘画和多少以欧洲方法绘制的草图之间的对比，这是 1971 年蒂姆·勒乌拉·恰帕恰里与美术教师杰夫·巴登（Geoff Bardon）绘制的中澳大利亚纳珀比站（Napperby Station）的"梦者地图"。[42] 它在风格上与克利福德·波苏姆草图（图 10.18）类似。

在中澳大利亚另一个与之相邻的地区，在 20 世纪 50 年代和 60 年代期间，人类学家南茜·D. 芒恩（Nancy D. Munn）在她工作期间收集了相当数量的原住民蜡笔绘画。[43] 她关于这些作品的讨论深刻领会了它们能够可靠地告诉我们的有关原住民如何理解空间秩序、宇宙学和图像学传统的情况。她收集的一些画作展示了欧洲人对景观视角的影响的一种早期形式。[44]

芒恩作为收集者，对制作这些画作的文化语境具有相对深入的了解。类似这样的收藏的学术价值，一般来说要比南澳大利亚博物馆和国立图书馆中所藏的廷代尔和蒙特福德收藏所代表的那种类型的藏品大得多。我在下面还要再简单地讨论另外两个这样的由学者所做的小型收藏，这两位学者——南茜·M. 威廉斯（Nancy M. Williams）和已故的 W. E. H. 斯坦纳（Stanner）——为所收集的地图所写的归档记录在深度上可与伯恩特和芒恩的收藏媲美。

人类学家南茜·M. 威廉斯从 1969 年开始曾经在阿纳姆地东北部的约尔努人中间开展

---

[41]　Johnson, *Clifford Possum Tjapaltjarri*, 47. 蒂姆·勒乌拉对英语词"地形的"（topographical）的使用极不同寻常，因为这是一个技术用语，人们从来不会想到他那一代人或是来自这个地区的人竟会知道这个词。

[42]　Geoffrey Bardon, *Papunya Tula：Art of the Western Desert*（Ringwood, Victoria：McPhee Gribble, 1991）, 4 – 5.

[43]　芒恩在以下文献中发表了 3 幅瓦尔皮里人的作品：Nancy D. Munn, "Totemic Designs and Group Continuity in Walbiri Cosmology," in *Aborigines Now：New Perspective in the Study of Aboriginal Communities*, ed. Marie Reay（Sydney：Angus and Robertson, 1964）, 83 – 100, 图 1 – 3；在以下文献中又发表 3 幅："The Spatial Presentation of Cosmis Order in Walbiri Iconography," in *Primitive Art and Society*, ed. Anthony Forge（London：Oxford University Press, 1973）, 193 – 220, 图版 2 – 4；又有 2 幅发表于 *Walbiri Iconography：Graphic Representation and Cultural Symbolism in a Central Australian Society*（Ithaca：Cornell University Press, 1973；加了新后记的重印版：Chicago：University of Chicago Press, 1986）, 图版 7 和 9. 关于芒恩工作的更详细的讨论，见上文 365 页。

[44]　比如可见 Munn, "Totemic Designs," 图 1。

了有关土地关系的深入研究。[45] 1995 年，她手头已有大约 30 幅地图，大都由阿纳姆地东北 402
部伊尔卡拉的原住民绘于 1969 年底和 1970 年底。这些地图尺寸不一，包含的细节地物的数
目也多寡不一，其中有地文地物和"图腾"地物的呈现形象。它们绘在几种类型的纸上，
通常用的笔是彩色铅笔，偶尔也用了彩色记号笔。很多地图上还有威廉斯用铅笔做的注记，
是这些地图在绘制的过程中，在绘者向她解释其上的地物时所记。这些注记所涉及的事物包
括图上所展示的地物、神话和历史主题以及与它们有关联的活着的人群；这些注记是制图者
对威廉斯所提问题的答案。她还在地图上写下了场所、地点、地区和地物的约尔努语名字，
有时候还有英文翻译。

　　绘制这些地图，是用来呈现阿纳姆地东北部拥有土地的人群所知、在传统上由他们管辖
的陆地和海洋。它们大都由这些拥有土地的人群中的头人和其他年长的成员所绘，绘者几乎
全部是男性。

　　绘制这些地图的人，在图中呈现了他们通过父系关系而继承了利益的地域，或他们通过
母系关系而继承（或宣称继承）的地域，或他们通过子宫联系而获得保管—管理责任的地
域。在所有这些情况中，这群人都会绘制呈现地理地物的底图，并在他们解释地文和文化地
物时把它们画在图上——通常与底图的绘制同时进行。

　　图版 21 中所展示的地图由威廉斯所收集，主要由金本（Djimbun）和马丘吉（Maṯjidi）
所绘。金本是古鲁穆鲁—扎尔瓦努（Gurrumuru Dhalwangu）的老人，扎尔瓦努是氏族名， 403
古鲁穆鲁是小氏族（subclan）名。这个小氏族的主要地产集中于注入阿纳姆湾的戈罗穆鲁
（Gurrumuru 或 Goromuru）河畔。很明显，虽然金本和马丘吉所绘的图像是类型化和简化的，
但它仍然与戈罗穆鲁河水系有可识别的圣像式关系（请比较图 10.19）。马丘吉后来成为马
拉库卢（Marrakulu）氏族的头人，这个氏族与古鲁穆鲁—扎尔瓦努人之间有悠久的同盟
关系。

　　拉尔钱纳·加南巴尔（Larrtjannga Ganambarr）绘制的一幅地图展示于图 10.20 中
（请与图 10.21 比较）。该图的制作过程如下：威廉斯问拉尔钱纳这位奈米尔（Ngaymil）
老人，他是否能接受一项委托，在一张树皮上制作一幅地图——树皮画——来展示他的氏
族的部分地产，这样约尔努人和欧洲人都会承认或认识到它是一幅"地图"。威廉斯说，
她想把这样一幅地图用作她正在写的一部有关约尔努人土地所有权的专著的封面，于是
拉尔钱纳接受了这个委托。[46]

　　用图像技术的用语来说，这幅作品与这一地区制作的大多数树皮绘画非常不同。大部
分这样的画作通常具有更呈形式性的构图，常有内部的直线边界，展示了高度的对称性，
并以用交叉细线晕瀚的填充图案为其特征。它们描绘的通常是地点，但不是以一种非常
形象化的方式来描绘。而这幅图的不同之处在于它在根本上是不对称的、形象化的，也
没有交叉细线晕瀚——只有一处小小的例外。在这幅绘画里面，有一处区域看上去非常像

　　⑤　比如可以参见 Nancy M. Williams, *The Yolngu and Their Land: A System of Land Tenure and the Fight for Its Recognition*
(Canberra: Australian Institute of Aboriginal Studies, 1986)。下面的报告引自 Nancy M. Williams, "Yolngu Geography: A Prelim-
inary Review of Yolngu Map-Making"（写作中）。

　　⑥　Williams, *Yolngu and Their Land*, 封面图和图 15（注释 45）。关于树皮绘画及其制作的描述，见上文 366—367 页。

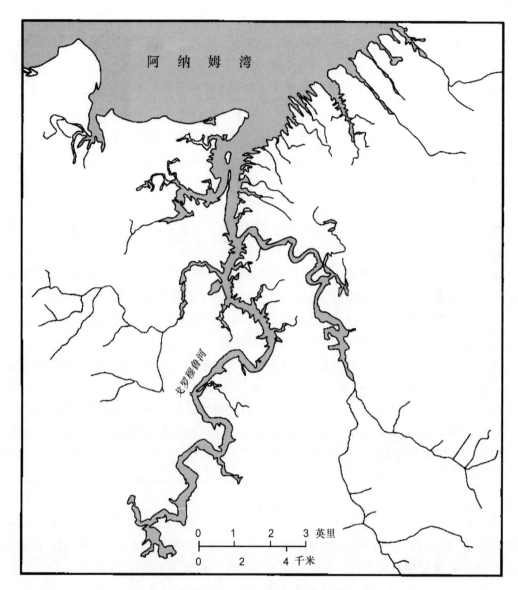

图 10.19　戈罗穆鲁河地区的参考地图

以北为上。请与图版 21 比较。

是更为常规类型的小型树皮画。

　　万朱克·马里卡的伊尔卡拉海滩营地地图，可能称为平面图更适合，这幅图也是应威廉斯的要求而绘（图 10.22）。她要求万朱克展示每一座居住的房屋和相关的地物，并向她解释住在那里的人之间的关系。万朱克还绘制了第二幅地图，描绘了同样的居住人群彼此之间在历史联盟和当前联盟及图腾从属情况上的关系，这种从属关系以淡水和咸水水流的流动表示（图 10.23）。虽然这第二幅地图被称为"上覆图"（overlay），但它与展示了居住地物的那幅地图并不是同构的，所以在本章中分别展示。

　　已故的 W. E. H. 斯坦纳是研究澳大利亚原住民文化的最为杰出的学者之一。当他在基茨港（Port Keats，位于北部地区）开展田野工作时，曾为迪米宁（Diminin）氏族［属于穆林巴塔（Murrinh-patha）语群］的尼姆·潘达克［Nym Pandak，也叫班达克（Bunduk）］提

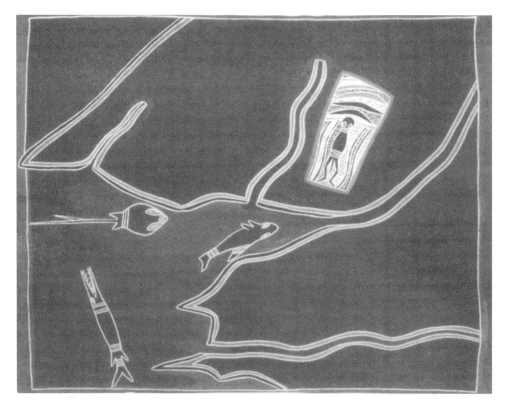

图 10.20　阿纳姆湾地图

由拉尔钱纳·加南巴尔绘于阿纳姆地东北部。以赭石、二氧化锰和制管黏土（pipe clay）绘于桉树皮的内表面。右上角有一小块像是更典型的树皮画的区域。此画呈现了布尔努（Bul'ngu，"雷人"）在奈米尔氏族土地上所施加的变形奇迹，布尔努展示为那块小的树皮画"引证图"。作为灵魂生物的鲨鱼、缸鱼和鲦鱼则展示在离岸的水体里。

原始尺寸：74×85 厘米。私人收藏。Anthony Wallis, Aboriginal Artists Agency, Sydney 授权使用。

404

供了几张美森耐（Masonite）板；潘达克便在其上绘制了为数众多的一组反映了他自己的传统家乡地区的图像（图 10.24）。在笔记中，斯坦纳对这些画作做了速写，为潘达克确定的元素标上编号，其中大多为圣地和地物。

斯坦纳笔记有一部分录为打字稿，其名为《潘达克在基茨港所绘的图腾景观画作解释》（Key to Pandak's painting of a totemic landscape at Port Keats）。该稿在开头识别了 44 个这样的编号地点，其中大部分有名字。之后，是一些"一般性注记"——

这幅"地图"由潘达克（传教所管他叫尼姆·班达克）在 1959 年 2 月至 3 月期间绘于基茨港传教所。我一直在那里与包括他在内的一群人开展工作，进行家系调查，绘制氏族领地，这些工作以 ANU ［澳大利亚国立大学］根据航拍照片绘制的大比例尺地图作为底图。所有这些原住民都对我填图的工作着迷，他们全都很快就都理解这幅底图，既因为：（i）它是大比例尺的；（ii）溪流和河溪有清晰的描绘；更是因为他们可以认识到（iii）我在上面画图，是为了把我已经知道是原住民地形特征之类的东西表达出来。……有一天，潘达克完全主动地问我是不是"喜欢地图"。我就是的；因为它

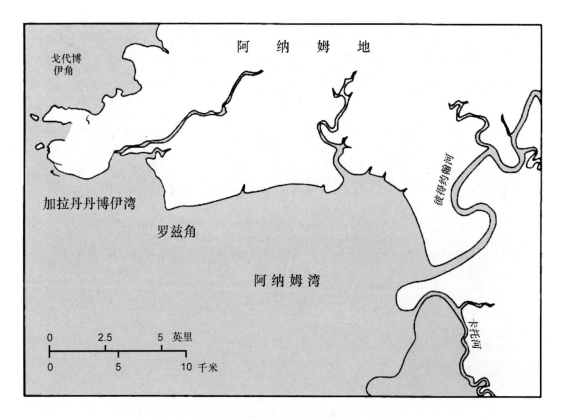

405   图 10.21   阿纳姆湾东北部的参考地图，基于澳大利亚地形测绘地图

以北为上。请与图 10.20 比较。

406   图 10.22   万朱克·马里卡所绘伊尔科拉海滩营地的地图，1970 年

以记号笔绘于纸上，为人类学家南茜·M. 威廉斯绘制。房屋的编号与威廉斯所做的笔记编号对应。

私人收藏。Anthony Wallis, Aboriginal Artists Agency, Sydney 授权使用。

们可以帮助我查看和理解"邦域"。之后他问我，他是不是可以为我画一幅地图。我问
道："什么类型的地图？"我记得他好像说的是"ngakumal 地图"（也就是一幅图腾或
404 "梦者"的地图。我说："好的，我想要一幅。"）他每天都在我从传教站拿到的一块复
合板上绘画，画了大约四五周。我在 1959 年 3 月 20 日摹绘了他的画作……在那个时候
注意到他在工作期间做了两处修改。他在第一周完成了这幅画三分之一的内容；然后他

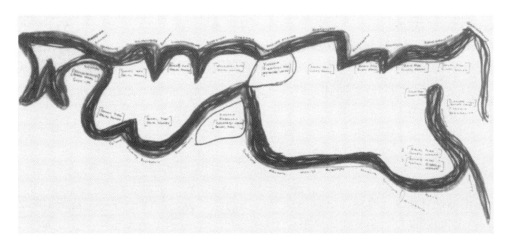

图 10.23　图 10.22 中所展示的由万朱克·马里卡在 1970 年所绘的海滩营地地图中居住人群之间的关系　　406

以记号笔绘于纸上，为人类学家南茜·M. 威廉斯绘制。图中展示了与图 10.22 相同的居住人群，并展示了住宅成员之间的关系，包括以方括号括注的配偶的氏族名，以及场所和地点名。

私人收藏。Anthony Wallis，Aboriginal Artists Agency，Sydney 授权使用。

图 10.24　尼姆·潘达克（本杜克）所绘穆林帕塔地域的地图，1959 年　　407

以天然颜料绘于复合板上。

原始尺寸：89 × 156 厘米。私人收藏。承蒙 South Australia Museum，Adelaide 提供照片。Anthony Wallis，Aboriginal Artists Agency，Sydney 授权使用。

开始感到这幅画变得太拥挤了，于是又擦除了一部分。在第三周，他再次出于同样的理由擦掉了一部分。之后，他就再没做改动，直到最后完成。

我认为这幅"地图"应该被视为一位艺术家的尝试；他想通过那些超出它们本身而指向宗教实体的视觉符号来对景观加以审视。

这幅绘画的构图、图案和制作在整体上都是潘达克自己做出的。上面说到的"拥挤"让他不得不苛刻地选择那些要呈现出来的地点和图腾。我在那个时候（通过在他完成绘画之后的询问）从他那里获得了图像说明，这个说明似乎表明他不得不略去了大量地点，其中有一些是 ngakumal［梦者场所］，有一些则不是。所以他确实没有标榜自己要为整个穆林巴塔地域做出完整的呈现。

他所用的颜色完全由他自己利用天然的土质颜料来制作，只在非常小的一些色块上，他用了一些我随身携带的铅白（flake-white）颜料。[47]

405　　这批由潘达克绘制、有详细记录的小型"地图"收藏，与同一时期在基茨港供售卖或提供给收藏者收藏而绘制的其他作品形成了鲜明对比。[48] 潘达克的作品较少具几何性，在视觉形式上展示了更大的变化，还以非常具体的方式绘出了地形地物。如果潘达克那些以"地图"的名义创作出来用于为斯坦纳提供信息的绘画是为了那时的树皮画市场而绘制的话，那么它们作为艺术市场上的产品，应该可以与 20 世纪 80 年代和 90 年代名气很大的丙烯油画作品分庭抗礼。然而，很可能正是它们在邦域的详细阐述、土地归属以及神圣场所的定位方面的解释性目的，让它们在图像上与同时代、同地区的其他作品区分开来。

正如我在本章前面所说过的，教导的功能应该是区分"地图"和"圣像"的有用方法——地图是以地形为根据的图像，意在指导或教导，或兼有这两种功能；圣像则是特定地点的梦者和神话事件的图像，在展示和表演中起着核心作用。[49]

土地声索时代的原住民地图：
尼科尔森河土地声索

虽然对于原住民人群来说，教导和解释他们的土地的需求几十年来一直是他们从事制图的主要动机，但是从 20 世纪 70 年代起，这种工作出现了一种新的语境——对未转让的土地的法律声索。在 1980—1982 年间，在北部地区尼科尔森河（Nicholson River）地区有一场原住民土地声索正得到研究和处理，在此期间，这个案件的首席人类学家戴维·S. 特里格（David S. Trigger）得到了至少 3 幅草图，其中呈现的地域由一位声索者的父亲所有。[50] 这位

㊼　W. E. H. Stanner (1958–1959)，迄今尚未出版（原件藏于堪培拉的澳大利亚原住民和托雷斯海峡岛民研究院图书馆）。这幅图像在以下文献中有引用，并有一些评论：Caruana, *Aboriginal Art*, 96，图 82（注释 40）。这组绘画中的另一幅是潘达克的《穆林巴塔地域的场所》（Sites in Murinbata Country），引用于：Peter Sutton, "The Morphology of Feeling," in *Dreamings: The Art of Aboriginal Australia*, ed. Peter Sutton (New York: George Braziller in association with the Asia Society Galleries, 1988), 59–88，特别是 60 页，图 87。

㊽　请与以下文献中引用的基茨港作品比较：Caruana, *Aboriginal Art*, 93–95 页和图 79–81；Michael A. O'Ferrall, *Keepers of the Secrets: Aboriginal Art from Arnhemland in the Collection of the Art Gallery of Western Australia* (Perth: Art Gallery of Western Australia, 1990), 18—25 页和图 1—10；及 Sutton, "Morphology of Feeling," 61，图 88。

㊾　这并不是说为市场创作的丙烯绘画和树皮绘画在其背后就没有教育的意图——它们当然也是有的。在阿纳姆地人们甚至还创作了一种流派的树皮绘画，在英语中叫"教学树皮"（teaching barks）。

㊿　关于尼科尔森河土地声索，参见 David S. Trigger, *Nicholson River (Waanyi/Garawa) Land Claim* (Darwin: Northern Land Council, 1982)，及 Aboriginal Land Commissioner, *Nicholson River (Wannyi/Garawa) Land Claim* (Canberra: Australian Government Publishing Service, 1984)。

声索者画下这些草图，以展示一些重要场所的位置。在这些地图中有一幅贴在与这位男子的邦域的图腾意义有关联的关键神话的书写版本背面（图 10.25）。因为他自己不会书写，这个故事由他口授给家族中的一位年轻的成员。地图和叙事都与红袋鼠梦者（Red Kangaroo Dreaming）的部分踪迹有关。由同一个人提供给特里格的另两幅草图与之类似，展示的是同一片地域，描绘了景观中的自然地物，还有一些场所名字。

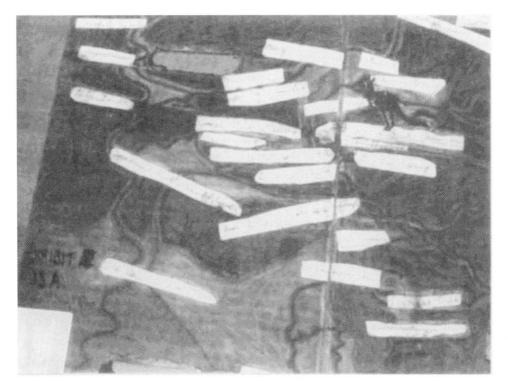

图 10.25　北部地区尼科尔森河地区的红袋鼠梦者邦域地图　　　　　408

由原住民土地声索人阿奇·罗克兰（Archie Rockland）绘于 1982 年。以圆珠笔和铅笔绘于纸板上；

地名写在纸条上，以胶粘于其上。

承蒙 Northern Land Council, Darwin 提供照片。昆士兰州的阿奇·罗克兰家人许可使用。

当制图者试图对人们公认属于其父亲的土地提出声索要求时，这些地图就制作了出来。承认和接受他的土地声索要求的人起先是作为研究者在为这场土地声索准备文件的特里格，最后则是法庭听证会上的原住民土地专员。这并不是一件直截了当的案件，因为制图者根据原住民习惯法所做的有关这一地域和他对这一地域的权利的声明并没有被全部声索人所接受。制图者自己承认，他只是在年轻的时候与他父亲一起到访过这一地域，而这是大约三四十年之前的事；其他一些原住民则指出他对这片地域的了解远远称不上详尽。特里格记录道："他看到我携带着地图工作，知道我认为这些地图在引发土地声索的研究的语境下是重要文件（这无疑是准确的），这可能促使他采取了这样的策略。"[51]

51　David S. Trigger，私人通信，1995 年 3 月 24 日。

泥地图和沙画

在政治的温度刻度的另一端，可能是澳大利亚原住民的泥地图和沙画。在澳大利亚，在给人展示方位时，或是出于任何理由要描画出景观地物和地点的布局时，原住民和非原住民都普遍会在泥地或沙地上制作一幅速成的、粗糙的草图，所用工具常常是木棍，但也普遍用手指或脚。这些画作在英语中有些不同寻常地叫作"泥地图"（说不同寻常，是因为在澳大利亚大部分地区的大部分时间里天气是干旱的）。

原住民泥地图有一种倾向，就是与邦域呈相同的朝向（如果一个人面向西方，描绘西方的邦域，那么西就展示在这幅呈现图的上方）。非原住民的这类地图更可能武断地以北为上（就像现代地图集那样）。原住民泥地图常常包含平行线，每一条画下的平行都伴随有地名的口语序列，或是旅行天数的罗列。

1909年，在中澳大利亚汉森河（Hanson River）下游附近，查尔斯·丘因斯（Charles Chewings）记录了他体验到的原住民的绘图实践，其方式是——

帕迪（Paddy）非常善于制作"泥地图"。这些地图用一根小棍画在地上，是这位黑小伙展示他感兴趣的自然地物位于什么地方，彼此之间以怎样的方式排列。当我要求他展示更远处的东西时，帕迪画了一幅地图，展示了汉森溪（其本土名字是 Ahg-waanga）的河道，还有较大的兰德溪［Lander Creek］（本土名字是 Allallinga），在西边好几英里开外。他在兰德溪附近表示了一些明显的山峰，以及他曾旅行过的路线上的某些泉水和水洼，又通过标出各个营地的方法，表示了从一处水源旅行到另一处水源时所花的时间。这幅地图的完成当然需要很多催促和询问。我摹绘了它的草图，觉得以后会有用。[52]

廷代尔在原住民泥地图中注意到一种类似的总体偏好，就是注重那些由公认的不同难度的行走路段所隔开的场所的线状呈现——

一位西欧人常常很难进入他们的世界。我们在接受地图学平面图训练的时候，有罗盘作为辅助，有角度和距离之类相对准确的测定；我们通过书写地名、使用符号，还分享和应用了相对统一的一套惯例。但西澳大利亚沙漠南部地区的原住民却会使用不同的辅助工具。他用地面来绘画，会用到两种基本符号，洞形和线条。在光滑沙子上画的一个圆形符号或洞形表示他所关注的地点或水体；根据条件的不同，它也可以是一个图腾生物的起源地、一位男性自己的出生地或只是这场讨论开始的地方。在任何情况下，它都包含了家园或居住地点的一般概念。地点的名字被宣布出来，因此成为叙述或描述的开始点。原住民用手指或小棍从这个点引出线条。一般来说，它会沿

---

[52] Charles Chewings, "A Journey from Barrow Creek to Victoria River," *Geographical Journal* 76 (1930)：316–338，特别是319—320页。感谢戴维·纳什让我知道这段引文。不幸的是，丘因斯（Chewings）所提及的这幅草图似乎已不存。

着一条运动的路线，在正确的罗盘方位上向一个邻近地点引出。这条线通常画得比较短；它是一个单位的距离。它表示的距离用我们的系统来衡量的话是多变的——一天的行程，也即到下一个取水地点所必须经过的距离。第二个圆形记号或洞形也画了下来，并宣布了它的名字。在本土符号系统中，这常常表示一次步行；其距离可以用一个或多个"睡眠"或"坐下"来定义；对这段旅程的形容性描述可以界定其长度——在近处（e：la），不远的一段长路（'parari），到远处的一段累人的长路，等等。这些词所界定的里程是：在近处或 'e：la 是 3—5 英里（5—8 千米）；正常的一天步行行程是 10 英里（16 千米），这个距离通常不需要专门说明；parari 可以指大约 20 英里（30 多千米）；任何比这更长的距离都可以简单地称为"累人的距离"（'parari'pakoreŋo）。……以类似这样一幅画的地面绘画来描绘一个人的部落或所属人群的地域时，可以从他的出生地开始画。他在这里和他的成人之地之间，沿着一条顺次经过所有重要的水体的路线标注了所有地点，直到抵达一个极重要的场所，这或者是他将要重点讨论的地方，或者是他们进行谈话的地方。人们一般会发现，主要水体在这样一幅地图上是顺序排列的，较小的水体会被忽略。在这样一幅地图上，评论者和观众会低着头，把注意力集中在地面上；罗盘方位的微小改变会被忽略，而路线常常会沿着一个大致的方向描绘。[53]

廷代尔所记述的东西，照例在本质上与古典时期的文化有关。然而，在牧场土地上长大的原住民却倾向于绘制泥地图，在其中既强调自然地物或有精神意义的场所，又同等强调牧场景观中的关键景点——钻水孔、围栏、房群等。

1962 年，一位有原住民和苏格兰血统、名叫阿瑟·利德尔（Arthur Liddle）的男子为人类学家弗雷德里克·罗斯（Frederick Rose）提供了一幅绘在纸上的草图，展示了他在安加斯唐斯（Angas Downs）的牧牛场的布局。[54]虽然它确实展示了一对"本土水洼"（native soaks，即水源），但它首先关注的还是围栏、钻水孔、建筑以及山岭之类的重要地形地物。它与罗斯在同一专著中引用的正式的牧场地图一样也以北为上，其图像惯例在根本上也是一样的。[55]这种类型的纸上草图在澳大利亚英语中也可以被称为"泥地图"，而不管它实际的载体是什么。这个例子提醒我们，在这样的语境中，一幅地图、平面图或圣像要显出"原住民性"，与其说只取决于制图者的祖先族群，不如说更取决于原住民实践的文化惯例。

原住民的沙画在表面上与泥地图非常相似。特别是在澳大利亚沙漠地区，人们在讲故事时，甚至只是会谈时，都普遍会把他们所讨论的事件通过在他们所坐的地方的沙子或尘土中绘画的方式表示出来。这种实践的最为详尽的报告，是芒恩对瓦尔皮里人的"沙画故事"

⑤③　Norman B. Tindale, *Aboriginal Tribes of Australia*：*Their Terrain, Environmental Controls, Distribution, Limits, and Proper Names*（Berkeley：University of California Press, 1974 [revised from 1940]）, 38 – 39.

⑤④　Frederick G. G. Rose, *The Wind of Change in Central Australia*：*The Aborigines at Angas Downs*, 1962（Berlin：Akadamie-Verlag, 1965）, 130.

⑤⑤　Rose, *Wind of Change*, 第 14 对页。

（sand stories）的考察；这样一种流派的绘画最具独特性，而且有女性的大量参与。[56] 在瓦尔皮里人的沙画里，正如在他们绘画中的情况一样，他们常常一边叙事，一边在一个平面中表示出神话、人类或动物角色与特定的地点之间的空间关系。在这个意义上，这样的沙画是地图式的。它们与同一地区的地面绘画以及阿纳姆地东北部的沙雕有区别，特别是因为它们较不复杂，通常并不是作为仪典的一个不可分割的部分而制作。[57] 它们也与泥地图和蜡笔画地图有区别，因为它们更多关注事件和其中的角色以及局部地形，而不是更大范围的地形及其地物和场所。它们还有更明显的多幕性，用手一抹擦除图像之后，便可以准备绘制接下来的图像。因此，它们具有一种横组合的特征，除了仪式中出现的群像的序列外，这种特征是原住民的其他视觉呈现形式所缺乏的。

平面图

409　　沙漠沙画常常描绘一些世俗主题，比如旅行故事中的营地布局，以及营地中单个棚屋里人和火的排布等。在这个意义上，它们也包含了我要称为平面图的作品。如果说地图通常以一个较小或较大的地区地形为根据，那么澳大利亚原住民的平面图的根据就通常是一处灌丛营地或现代定居点、单个居所或船之类的交通工具。

　　现存最古老的绘在纸上的原住民平面图，是由来自西澳大利亚西南部的加利普特（Galliput）于 1833 年以羽毛笔和墨水绘制的《原住民营地地图》（Map of Native Encampment，图 10.26）。蒂尔布鲁克（Tilbrook）告诉我们：“［这幅草图的］绘者加利普特与另一位原住民马尼耶特［Manyet］一起在 1833 年被人从乔治王湾［King George Sound］带上‘蓟草’号［Thistle］驶到珀斯，以便促进两个地方的原住民之间的良好关系。他以前从来没有用过羽毛笔和墨水，但在与他待在一起的 J. 摩根往英国国内写信时，他也坐着试用。摩根被加利普特画的画惊住了，对他和马尼耶特在来访期间的举止颇为称赞。”[58]

　　加利普特的画与其说是一幅邦域地图，不如说是一个营地和附近一些资源中心的平面图。它也多少有点像一幅永久记录下来的泥地图、一幅迅速绘成的草图，而不是一个花费很多功夫精心装饰或填充的正式的图案，所以我们可以看到，在泥地图、平面图和地图之间并非总能做出清晰的划分。

　　另一幅早期的平面图，是威廉·巴拉克（William Barak）在 1898 年所绘的维多利亚州萨缪尔·德普里（Samuel de Pury）葡萄园的水彩画，位于澳大利亚东南部温带地区（图 10.27）。在这幅画中，我们可以看到一种多少熟悉的透视组合：地面特征（比如葡萄园）
410 以平面图视角展示，而房屋、树木和篱笆以剖面图视角展示。然而，这绝不仅仅是一幅葡萄园的画。其中也有原住民地理学，就像巴拉克在画上的注记中所说的那样。注记的部分内容是：

---

[56] Munn, *Walbiri Iconography*, 58 – 88（注释 43）。

[57] 关于沙雕，见 357 页注释 17 和 411—412 页。

[58] Lois Tilbrook, *Nyungar Tradition：Glimpses of Aborigines of South-western Australia, 1829 – 1914*（Nedlands：University of Western Australia Press, 1983）, 11.

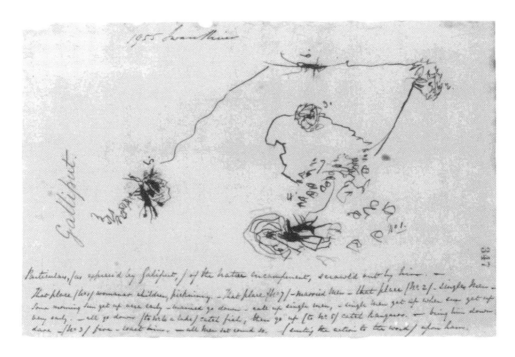

图 10.26　原住民营地的平面图

409

　　由乔治王湾的加利普特（Galliput 或 Galiput, Gyallipert）以羽毛笔和墨水绘制，标注日期为 1833 年 1 月 28 日/2 月 3 日，附于约翰·摩根（John Morgan）致伦敦殖民官员 A. W. 海（A. W. Hay）的信后。图例（由珀斯的 J. 摩根所记）："（如同加利普特所述的）原住民营地的细节（由他草绘）。这里（No. 1）：女人，儿童，婴儿。这里（No. 7）——已婚男人们——这里（No. 2）单身男人们——有天早晨太阳升起得非常早——已婚男人下来——叫上单身男人，——单身男人在太阳早早升起的时候起床——他们都下来（到 No. 6，一个湖）捕鱼，然后上去（到 No. 5）捉袋鼠——带它下到那里——（No. 3）火——烤它——所有男人围着坐——（行动与）对他说的话（一致）。"

　　原始尺寸：18.5×30 厘米。承蒙 Public Record Office, London 提供照片（CO 18/13/347）。

我送给你两幅画
一个叫古林·努林［Gooring Nuring］的原住民
英文名是秃山［Bald Hill］
这是你的整个葡萄园[59]

　　罗纳德·伯恩特于 1941 年在中澳大利亚南部沙漠中的乌尔迪收集到的尼延（Njien）所绘《营地平面图》（Plan of Camp，图 10.28）也以简练的风格罗列出了当天乌尔迪营地中的大约 74 个棚屋或居住单位。那幅平面图运用了相当抽象的技法，需要有伯恩特的注释，才能让人明白这是在那样一处非正式的居民点中谁住在哪里的报告。[60]

　　万朱克·马拉卡所绘阿纳姆地东北部伊尔卡拉（Yirrkala）原住民村庄的布局图（上文

---

[59]　Andrew Sayers, *Aboriginal Artists of the Nineteenth Century*（Melbourne：Oxford University Press in association with the National Gallery of Australia, 1994），120.

[60]　该图藏于 the Berndt Museum of Anthropology, University of Western Australia, Perth。

410 **图 10.27 萨缪尔·德普里的葡萄园**

由威廉·巴拉克以水彩绘于纸上，1898 年。

原始尺寸：56 × 75 厘米。承蒙 Musée d'Ethnographie，Neuchâtel，Switzerland 提供照片（acc. no. V. 1238）。Alain Germond，Neuchâtel，Switzerland 拍摄。

图 10.22）是正式得多的平面图视角，所绘的是类型相当不同的居民社群，其中有现代的机构建筑。在他绘制那幅平面图的大约 23 年前，还是年轻人的万朱克与他的父亲马瓦兰一起为人类学家罗纳德·伯恩特绘制了很多蜡笔画，其中有几幅包括了民宅排列的平面图，比如以垂直视角呈现的干栏式房屋结构、其中的居住者和壁炉等。(61)

这一热带地区的男性还为伯恩特提供了很多仪典表演的蜡笔画。这些画以一种类型化的方式展示了多种仪式活动中志愿表演者的近体语（proxemics）、土工、遮阳棚、小路、
411 仪式竿和其他地物。在那个人们常常把秘圣图像公开印刷的时代，伯恩特发表了其中很多画作。(62) 这些类型的图像在本章中未引用，但是它们也都符合平面图的一般准则，不仅呈现了仪典场地，而且常常同时绘出活动。从这个意义上说，它们可以视为编舞术（choreography）的一种类型。19 世纪的许多在纸上绘画的原住民艺术家——比如威廉·巴拉克、托米·麦克雷（Tommy McRae）和乌拉杜拉的米基（Mickey of Ulladulla）——都制作了仪典表演的令人难忘的图像。除了少数例外，这些图像把舞者展示成横过纸张长轴的单一平面中的

(61) 在以下文献中引作插图：Ronald Murray Berndt, *Three Faces of Love: Traditional Aboriginal Song-Poetry* (Melbourne: Nelson, 1976)，如图版 2 和 5。

(62) 参见以下文献中的图示：Ronald Murray Berndt, *Kunapipi: A Study of an Australian Aboriginal Religious Cult* (Melbourne: Cheshire, 1951)；同一作者的 *Djanggawul: An Aboriginal Religious Cult of North-eastern Arnhem Land* (Melbourne: Cheshire, 1952)；及同一作者的 *Australian Aboriginal Religion*, 4 fascs. (Leiden: Brill, 1974)。

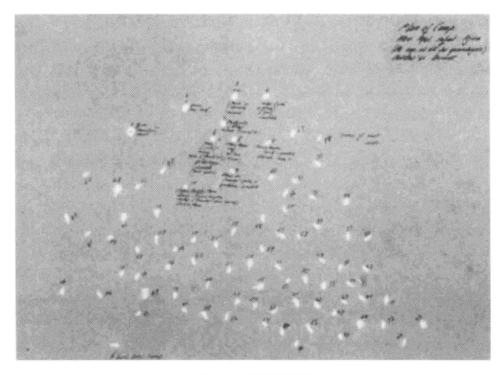

图 10.28　《营地平面图》

411

乌尔迪（中澳大利亚南部）的尼延所绘蜡笔画。

J. E. Stanton 拍摄，承蒙 Berndt Museum of Anthropology，Perth 提供照片（P22151）。

一排（图 10.29）。这些编舞术图像与平面图有很多相同之处。

　　石阵有时也可以分类为平面图。澳大利亚很多原住民石阵的叙事意义常常在很早的过去就已佚亡。在这种意义得到记录的地方，它们通常证实了石阵与其他大多数原住民的呈现传统具有很大的相似性——石阵会标出神圣神话中的生物和事件；在石阵所展示的神话剧集中，它们被定位在专门的地点。[63] 在这个意义上，在石阵与"真实"景观的神话结构之间具有圣像式的关联性。不过，石阵本身也是景观的一部分，而且就像非原住民可能会视为"自然地物"的那些具有神话重要性的景观地物一样，石阵在原住民的传统中也被人们极普遍地认为不是由人类所创造，而是由祖先梦者形象所创造。[64]

　　与此相反，C. C. 麦克奈特（Macknight）和 W. J. 格雷（Gray）却记录了阿纳姆地东北部一些场所的石阵被人们视为他们所记得的人类祖先的创造；这些祖先生活的年代，距离他们在 20 世纪 60 年代晚期做调查的时刻至少有一个世纪。[65] 这些特别的石阵在最开始是否有宗教和表演取向的目的，而与主要是世俗性的、解释性的目的相对立？这还是一个只能推测的问题。我个人认为，它们在仪典中具有功用，就像这一地区的那些现在

　　[63]　关于一些具体的例子，参见 Mountford, *Nomads*, 90–94（注释 14）。

　　[64]　比如可以参见 T. D. Campbell and Charles Pearcy Mountford, "Aboriginal Arrangements of Stones in Central Australia," *Transactions of the Royal Society of South Australia* 63（1939）: 17–21。

　　[65]　参见 C. C. Macknight and W. J. Gray, *Aboriginal Stone Pictures in Eastern Arnhem Land*（Canberra: Australian Institute of Aboriginal Studies, 1970）。

411 图 10.29 《仪典》(*Corroboree*)

威廉·巴拉克以铅笔道、薄层涂绘和土质颜料绘于纸上，约 1898 年。舞者展示为上方横贯的一排。原始尺寸：50.6×80.9 厘米。承蒙 National Gallery of Victoria，Melbourne 提供照片（acc. no. 1215B/5）。

仍在塑造的望加锡小舟的沙雕一样。

原住民知情人向麦克奈特和格雷解释说，很多石阵是望加锡人房屋、附近的烹饪区、海参加工区（烟熏房）等等地物的地面平面图（图 10.30）。(66) 其他石阵则展示了望加锡海参船（praus），包括其船帆、索具以及舵之类的部位，还有多种内部分隔，比如船主的住处和作为船员住所、厨房、壁炉、食物仓库和货舱的船舱（图 10.31 和 10.32）。这样的海参船图像也见
412 于这一地区的沙雕(67)和树皮绘画传统中。它们通常以平面剖面图展示了海参船的外部形态，并以或多或少的平面图视角展示其内部分隔。(68) 阿纳姆地东北部的石阵也包含了捕鱼陷阱的呈现图像，与同一地区描绘了捕鱼陷阱的沙雕有相似之处。它们也都采取了平面图视角。(69)

---

(66) 在 1807 年以前，来自西里伯斯岛（现名苏拉威西岛）望加锡（Macassar）地区的男性每年都会驾着他们的海参船前往澳大利亚北部海岸，采集澳大利亚热带浅海中普遍分布的海参（trepang 或 sea slug），将其熏制之后带回去供贸易之用，这一活动已经持续了几个世纪之久。参见 C. C. Macknight, *The Voyage to Marege': Macassan Trepangers in Northern Australia* (Carlton: Melbourne University Press, 1976)。

(67) Macknight and Gray, *Aboriginal Stone Pictures*, 35（注释 65）。

(68) 比如可以参见马瓦兰·马里卡在约 1947 年所绘的一条望加锡海参船的蜡笔画，发表于：Ronald Murray Berndt and Catherine Helen Berndt, *Arnhem Land: Its History and Its People* (Melbourne: F. W. Cheshire, 1954)，图版 12a；还可参见他在 1964 年所绘的望加锡海参船的一幅非常相似的树皮绘画，发表于：Judith Ryan, *Spirit in Land: Bark Paintings from Arnhem Land in the National Gallery of Victoria* [Melbourne: National Gallery of Victoria, (1990)], 6。

(69) 参见 Margaret Clunies Ross and L. R. Hiatt, "Sand Sculptures at A Gidjingali Burial Rite," in *Form in Indigenous Art: Schematisation in the Art of Aboriginal Australia and Prehistoric Europe*, ed. Peter J. Ucko (Canberra: Australian Institute of Aboriginal Studies, 1977), 131－146，特别是 136 页。

图 10.30　伍拉伍拉沃伊一个呈现了有八个房间的望加锡房屋的石阵　412

原始尺寸：约 200 × 115 厘米。承蒙 C. C. Macknight 提供照片。

　　当然，我在本章和讨论"邦域圣像"的前一章中使用"平面视角"或"垂直透视"之类分量过重的术语，可能有过分简单化和种族中心主义之嫌。我的意图在于从客位的角度提出一种基本的图像态度，而不是从主位的角度对制图者所运用的惯例加以阅读。行文至此，我想到了南茜·芒恩曾讨论过瓦尔皮里人对树木的一种呈现方法：他们把树的顶部—枝条—外部与其底部—根—内部呈现为两组同心排列的同心圆，前面一组环绕着后面一组："我在这里避免使用类似'鸟瞰视角'这样的描述，它们暗示了原住民的答案来自观看物体的一种特别的方式，或者暗示了图像从一种特别的视角向我们展示了该物体。我真正想暗示的是，答案来自呈现系统的内在结构，我们不能自动地从这种结构'读出'一个观看物体所用的视角。"[70]

　　现存的最为精细的原住民平面图之一，是由蒙古拉威（Munggeraui 或 Munggurrawuy）用蜡笔所绘的印度尼西亚西里伯斯岛上的望加锡港的地图，由罗纳德·伯恩特于 1947 年在伊尔卡拉所收集。在这个案例中，这位绘者虽然从未到过望加锡，但是根据他从父亲那里获得的知识绘制了它的图像。该图描绘了这个港口的水道、登岸码头、房屋和工厂。有一所房屋　413

---

[70]　Munn, "Spatial Presentation," 219 页注释 24（注释 43）。

412

图 10.31 伍拉伍拉沃伊一个呈现了望加锡海参船的石阵

原始尺寸：约 800×200 厘米。承蒙 C. C. Macknight 提供照片。

中有几位原住民男子，他们在望加锡人前往澳大利亚捕海参之后被带回了西里伯斯岛。[71] 另一所房屋中有蒙古拉威称为"白骗子"（white crookmen）的人，他们是欧洲盗贼，"偷窃望加锡人的东西，［而且］之后还偷偷射杀他们"。很多房屋上写有望加锡船长的人名，是伯德特在询问之后添加的。[72]

与之相关的一幅图像，是 1947 年由马瓦兰·马里卡［Mawalan Marika，或叫毛瓦兰（Mauwalan）］所绘的蜡笔画，也在伯恩特收藏中并绘于同地、同时。该图展示了望加锡人以前在阿纳姆地东北部布拉德肖港（Port Bradshaw）的定居点，并有海湾、岬角、很多下锚的海参船以及陆地上的季节性的定居点地物（图 10.33）。[73] 这样两幅画作说明了一件事：虽

---

[71] 这种前来捕海参的活动持续了好几个世纪，直到澳大利亚政府在 1907 年终止了这种活动［Macknight, *Voyage to Marege'*（注释 66）］。

[72] 罗纳特·默里·伯恩特所写的归档记录。在以下文献中引用了这幅图文密集的大型图像的局部：Berndt and Berndt, *Arnhem Land*，图版 7（注释 68）。

[73] 全图引用于 Berndt and Berndt, *Arnhem Land*，图版 2。

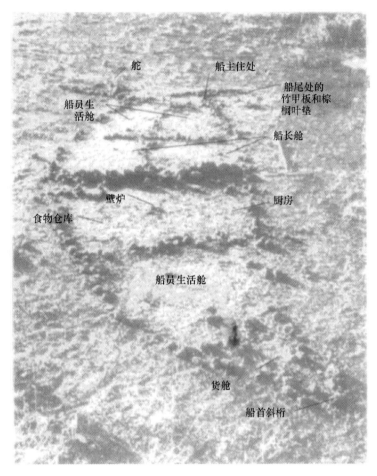

图 10.32　望加锡海参船（图 10.31）各部分的识别　413

据 C. C. Macknight and W. J. Gray, *Aboriginal Stone Pictures in Eastern Arnhem Land*（Canberra：Australian Institute of Aboriginal Studies, 1970），图 5。

然这一地区的树皮画风格在这两幅画中都有体现，但是这样的图像却因为把典型的氏族绘画中的模板和交叉细线晕滃的风格做了独特的重组，而与这些氏族绘画有别。[74] 出于这个原因，我认为它们不是圣像，在宽泛的意义上来说是世俗的局地地图或平面图。布拉德肖港图像既可以视为地图又可以视为平面图，因为它采用了一种集中性很强的地形基础，在其上添加了大量定居点地物。

布拉德肖港图像是复杂的。在中央的岛 ［瓦利皮纳（Walipina）岛］ 上展示了一所望加锡房屋、望加锡人的锅、巴伊尼（Bayini）桨、灰烬中的海参图案以及几株酸豆树，所有这些元素都与非原住民的影响和输入的物品有关联。这幅图像中的其他很多地物则与当地起源的神话主题有关，但基本没有采用这一地区的古典图像学表现法。在伯恩特做了编号的很多海湾和岬角中包括很多与梦者有关的场所，但是几乎全都展示为地形地物。这样的做法堪称对古典实践的极度偏离。

[74]　参见 Morphy, *Ancestral Connections*（注释 5）。

414 **图 10.33 马瓦兰·马里卡［毛瓦兰］所绘的亚朗巴拉地图**

1947 年绘于阿纳姆地东北部，为蜡笔画。在这幅呈现了望加锡人以前的定居点布拉德肖港的复杂图像中，罗纳德·伯恩特注出了平面图上的 94 个地物。（具体注记见于他的田野记录本，现藏西澳大利亚大学的伯恩特人类学博物馆。）这幅图像把静态的地形背景与在空间和时间上运动的提示结合起来。举例来说，图中展示了一些踪迹，是那些曾经渡海而来穿过这一地域的人所留下的，比如欧洲捕海参者弗雷德·格雷（Fred Gray）就是如此，20 世纪 30 年代他曾在这一地区工作。图中还描绘了：神话中的詹卡伍姐妹，她们的旅行发生在创世时代或 *wangarr* 时代；巴伊尼的踪迹，据说他们是在望加锡人开始前来澳大利亚北部之前就已经到这里旅行的浅肤色的访问者；以及望加锡人自己。

原始尺寸：61 × 153.5 厘米。J. E. Stanton 拍摄。承蒙 Berndt Museum of Anthropology，Perth 提供照片（WU7153）。Anthony Wallis，Aboriginal Artists Agency，Sydney 授权使用。

原住民地图：政治与法律

激起澳大利亚原住民对邦域图像的热情的，并非只有上文第九章讨论过的那种类型的神圣图案。在 20 世纪 90 年代，土地权利斗争已经有 20 年一直居于国家和地区的原住民政治的核心，此时有一类主要为世俗性的原住民地图也可能满怀了感情。像尼科尔森河土地声索地图那样的地图，在一个复杂的政治环境中也现了；在这种环境中，争议性的土地声索不仅存在于原住民人群之间，也存在于原住民人群与政府、私人产业和其他利益者之间。(75) 所有类型的文档突然在原住民的话语中有了以前从未归到它们之上的可信度和价值。以前这些文档还只是“白人的方法”，现在却已经变成了有潜在力量的原住民标志物，可以用在涉及他们自己的土地权益的交易中。显然，这种必需性在根本上是外界所强加的。也就是说，在澳大利亚政权到来之前，原住民本来并不使用我在本章中所描述的这种类型的“地图”。

以前，原住民既不具备整个澳大利亚大陆的地理知识，又没有明确地认同一个全大陆性的政治身份，成为同一群人民。如今，这两种情况都已变化。西澳大利亚州金伯利区的一位长者戴维·莫瓦利亚莱（David Mowaljarlai）最近就制作了一幅地图，名为“澳大利亚的身

(75) 关于鲍勃·霍尔罗伊德的地图，也参见 Sutton 即将在 *Oxford Companion to Aboriginal Art and Culture* 上发表的文章（注释 12）。

体"（The Body of Australia，图 10.34）。[76] 莫瓦利亚莱的地图极为怪异，可能他自己对事物 414
的感知就是独一无二的。这幅地图有高度的创新性，但它又不只是对非原住民的知识加以吸
收的简单情况。该图为泛原住民主义（pan-Aboriginality）提供了精神的、以亲族为根据的基
础的地图学陈述；虽然原住民人口不多，但这种泛原住民主义却已经成为澳大利亚的一股重
要的政治力量。这种发展，是原住民人群在从无国家政权的传统状态转而与以基于民族国家
的高度组织化的更庞大的社会遭遇和交往时，对他们相对缺少权力的状况的直接回应。

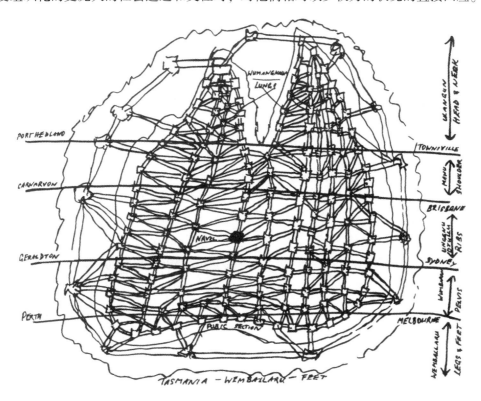

图 10.34 班代延（Bandaiyan）：澳大利亚的身体， Corpus Australis 415

戴维·莫瓦利亚莱为一位传记作者所绘的图。正方形是原住民社群，联结它们的是古老的贸易路
线，也是"历史故事"之线；所谓历史故事很可能是神话中的梦者旅行。这些交错的线都是一个共享
系统的一部分。整个大陆被想象为一具人体。肚脐大致在乌卢鲁（Uluru）也即艾尔斯岩（Ayers Rock）
的位置。北边广阔的卡奔塔利亚湾（Gulf of Carpentaria）构成了肺。南边的离岸岛屿是脚。整个大陆及
周边岛屿联合成为单一的、具有社会和精神联系的网格系统。即使在原住民人群已经不再知道他们的
"符号"的城市化地区，这些精神象征也仍然留在这片土地上，就算大陆沉于海中，它也会继续存在。
[描述和照片引自 David Mowaljarlai and Jutta Malnic, *Yorro Yorro：Everything Standing up Alive：Spirit of the
Kimberley*（Broome, Western Australia：Magabala Books, 1993), 190.] David Mowaljarlai, Derby, Western
Australia 许可使用。

然而，这并不是说这种对权力不均衡的反应是完全新出现的事情。在古典原住民宗教体
系里，景观的宗教圣像的创造本身也是以权利的不对称性为特征的。并非只有欧洲人才把兼

---

[76] David Mowaljarlai and Jutta Malnic, *Yorro Yorro：Everything Standing up Alive：Spirit of the Kimberley*（Broome, Western
Australia：Magabala Books, 1993), 205.

并定性为"地图的重绘"。就我们现在所知，只要古老的传统还坚持存在，对土地的政治控制与对神圣图案或其他符号的宗教控制在澳大利亚原住民中间通常便无法分割。

所以，呈现的行为和控制的行为在地图学上是紧密关联的，在古典原住民体系中是如此，在前来殖民、至今继续主导着他们大多数土地的人群的体系中也是如此。不过有一点很清楚：这些深层次上的相似性，如果与澳大利亚政体中在当下呈现的严重的不均衡性并列审视的话，就不再具备那么大的意义了。原住民会被法庭要求通过一位人类学家所绘的地图来提供有关其邦域的证据。与此相反，法庭却不会被原住民要求把一场仪典及其沙画视为景观的一种"更好"的报告，并由此选择"圣像"而不是"地图"作为证据。就算是要求了，又岂会有这种可能？

新的原住民所有权法[77]在很大程度上仍然未经实践检验；这些法律可以解读为把比来自欧洲传统的证据法更高的优先权赋予了原住民的习惯证据法。如果能在一个测试性的案例中做到这一点，那么这将是逆转潮流的第一次正式行动。在此之前，从 1606 年威廉・扬茨（Willem Jansz）驾驶着"杜伊夫肯"（*Duifken*）号沿约克角半岛西部海岸南下时所绘的第一批荷兰海图所开启的争夺这片被呈现的景观的斗争开始，潮流的大方向就在背离古典的原住民邦域圣像，拒绝它们的有效性和权力，最终诱使这些邦域圣像被那些以本章中讨论的地图为典型的原住民地图所取代。

415

附录10.1　南澳大利亚博物馆蜡笔画收藏

我为这些装订的卷册指定了编号，这样便于提及其中的具体作品。在每一卷中，单张画作都绘于纸页上（通常是褐色纸页），其编号中有一个数字，作为仅用于某一次考察的连续编号中的一部分。有些画页还有南澳大利亚博物馆登录号的特有开头 A－。

由博物馆工作人员为这些卷册指定的题目照抄如下；我的补充说明注于方括号中。

SAM 1：诺曼・B. 廷代尔在中、南和西澳大利亚收集的原住民绘画，第 1 卷，1930—1933。

416　　SAM 2：诺曼・B. 廷代尔在中、南和西澳大利亚收集的原住民绘画，第 2 卷，1934—1939。［本卷也包括 1930 年在麦克唐纳・唐斯（Macdonald Downs，其中有一些是 R. 普莱恩［Pulleine］博士所收集）、1931 年在科卡图溪（Cockatoo Creek）、1932 年在李比希山（Mount Liebig）、1934 年在乌尔迪所收集的绘画］

SAM 3：来自南澳大利亚曼恩和马斯格雷夫山脉的皮钱恰恰拉人的原住民绘画，诺曼・B. 廷代尔［收集］，第 1 卷 1933 年 5 月至 8 月。

SAM 4：来自南澳大利亚曼恩和马斯格雷夫山脉的皮钱恰恰拉人的原住民绘画，诺曼・B. 廷代尔［收集］，第 2 卷 1933 年 5 月至 8 月（以及 1934 年来自乌尔迪的同样的绘画）。

SAM 5－7：纳达贾拉（Ngadadjara）和金德勒（Kindred）部落的原住民蜡笔绘画。诺曼・B. 廷代尔和 C. P. 蒙特福德在 1935 年 7 月 26 日至 9 月 6 日人类学研究理事会前往西澳大利亚沃伯顿山脉瓦鲁普尤（Warupuju）所做的考察 K 期间所收集，共 3 卷。

---

⑦　Native Title Act of the Commonwealth Parliament of Australia, 1993.

　　SAM 8 - 9：来自西北澳大利亚的原住民绘画，在 1953 年诺曼·B. 廷代尔率领的加利福尼亚大学洛杉矶分校人类学考察期间获得。共 2 部分。

　　SAM 10：来自西澳大利亚北部的本土地图，在 1953—1954 年诺曼·B. 廷代尔率领的加利福尼亚大学洛杉矶分校人类学考察期间获得。［其中包括 J. B. 伯德塞尔博士收集和注释的地图］

太平洋盆地的传统地图学

第十一章 太平洋盆地：导论

本·芬尼（Ben Finney）

大洋洲是太平洋岛屿构成的世界，传统上划分为 3 个地区，即美拉尼西亚（Melanesia）、密克罗尼西亚（Micronesia）和波利尼西亚（Polynesia）。美拉尼西亚得名于其许多原住民的暗色肤色，由面积较大的新几内亚岛及其东面一直延伸到斐济的岛屿组成。密克罗尼西亚由菲律宾以东、美拉尼西亚以北的许多较为微小的岛屿组成。波利尼西亚是一大群大小不等的岛屿，包括了以北边的夏威夷、东南方的复活节岛［当地波利尼西亚原住民现在称为拉帕努伊（Rapa Nui）］及西南方的新西兰［当地波利尼西亚原住民现在称为奥特阿罗阿（Aotearoa）］为顶点的广袤的三角形区域（图 11.1）。在 19 世纪 30 年代早期，法国探险家迪蒙·迪尔维尔（Dumont D'Urville）最早提出了这种三分法。①

另有一种对太平洋岛屿世界的划分方法，可以更好地反映移民史和航海技能的分布，这就是把它二分为近大洋洲（Near Oceania）和远大洋洲（Remote Oceania），这是由考古学家罗杰·格林（Roger Green）首创的划分法。② 近大洋洲包括了最容易从东南亚到达的岛屿，即新几内亚及其邻近的外围岛屿。人类在这一地区的定居可能早在 6 万至 5 万年前即已开始。那个时候，全球的冰川禁锢了大量的水，因而使海平面降低，东南亚大陆得以向东一直延伸到巴厘（Bali）岛，而塔斯马尼亚（Tasmania）岛、澳大利亚、新几内亚及邻近的大陆架也都连在一起，形成大澳大利亚（Greater Australia）。大陆范围大为延伸的东南亚和大澳大利亚之间因此只有狭窄分隔，其间又存在一系列彼此可以相互望见或几乎可以相互望见的踏脚石岛屿。早期航海者虽然可能只有原始的浮筏和挖制独木舟，却可以逾越这一分隔，到达东部未有人居住的大片土地。然而，在随后的几万年中，他们的后代似乎未能到达太平洋中比俾斯麦群岛（Bismarck Archipelago）和所罗门群岛（Solomon Islands）更远的地方，而

---

① 这一三分法是迪尔维尔在向巴黎地理学会所做的报告中提出的，发表在以下著作中：Jules Sébastien César Dumont d'Urville, *Voyage de la corvette "l'Astrolabe" … pendant les années* 1826 – 1827 – 1828 – 1829, 5 vols.（Paris：J. Tastu, 1830 – 1833），2：614 – 616。对人类在太平洋地区定居过程的较能满足一般需求的简介，参见 O. H. K. Spate, *Paradise Found and Lost*（London：Routledge, 1988），1 – 30。

译注：美拉尼西亚（Melanesia）由希腊语词 *melas*（黑）和 *nesos*（岛）构成；密克罗尼西亚（Micronesia）由 *micros*（小）和 *nesos*（岛）构成；波利尼西亚（Polynesia）由 *polys*（多）和 *nesos*（岛）构成。

② Roger C. Green, "Near and Remote Oceania—Disestablishing 'Melanesia' in Culture History," in *Man and a Half：Essays in Pacific Anthropology and Ethnobiology in Honour of Ralph Bulmer*, ed. Andrew Pawley（Auckland：Polynesian Society, 1991），491 – 502。

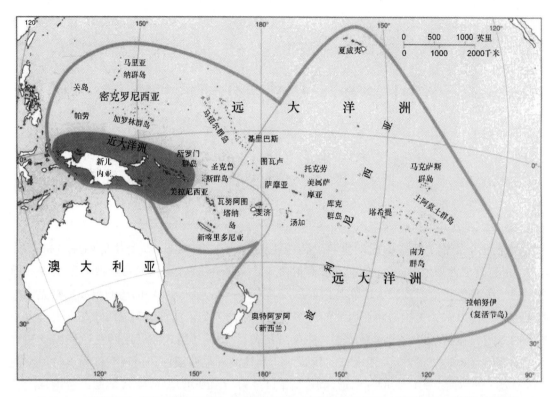

418 **图 11.1 大洋洲地图，展示了美拉尼西亚、密克罗尼西亚、波利尼西亚以及近大洋洲和远大洋洲的地理划分**

19 世纪 30 年代以来，太平洋岛屿习惯划分为美拉尼西亚、密克罗尼西亚和波利尼西亚三个地区。然而，史前史学者最近建议把这些岛屿仅划分为两个地区——近大洋洲和远大洋洲，这在很大程度上是因为传统划分法忽略了源于太平洋地区漫长定居史的文化边界和复杂性。近大洋洲由新几内亚和邻近岛屿组成，在大约 1.5 万年前的晚更新世最早有人定居，当时新几内亚还是大澳大利亚的一部分；远大洋洲包括位于海洋更深处的所有岛屿，直到约公元前 2000 年至 1500 年时才开始有人定居。

据 Ben R. Finney, "Colonizing an Island World," in *Prehistoric Settlement of the Pacific*, ed. Ward Hunt Goodenough (Philadelphia: American Philosophical Society, 1996), 71 – 116, 特别是 72 页。

这两个群岛分别位于新几内亚岛东北方和东边不远处。[3] 在此期间，向远太平洋的辽远岛屿定居的过程并无实质性进展，直到公元前第二个千年，当地人运用了远洋航行独木舟、向远在视线外的陆地航行的方法及可以在大洋岛屿中移植的便携式农业系统，才开始向更东边的太平洋深处迁徙。这一迁徙的直接始发地基本可以确定是今天属于菲律宾和印度尼西亚的东南亚岛屿。通过追踪航海者携带的名为"拉皮塔"（Lapita）的独特陶器可知，最晚到公元前 1500 年，他们已经到达了新几内亚东北方的俾斯麦群岛诸岛。之后几个世纪中，他们又在美拉尼西亚水域中向东迁徙，越过了先前的移居前线，一直到达位于波利尼利亚西部边缘的斐济、汤加和萨摩亚诸岛。尽管一些考古学者相信这些航海者此后仍以同样的迅捷速度或更快的速度继续向东迁徙，但是考古学和语言学证据都表明，他们可能在这个三角形区域滞留了较长时间（五百年至一千年?），而使古代波利尼西亚文化和语言得以从作为其祖型的

③　Jim Allen, Jack Golson, and Rhys Jones, eds., *Sunda and Sahul: Prehistoric Studies in Southeast Asia, Melanesia and Australia* (London: Academic Press, 1977); Jim Allen, Chris Gosden, and J. Peter White, "Human Pleistocene Adaptations in the Tropical Island Pacific: Recent Evidence from New Ireland, a Greater Australian Outlier," *Antiquity* 63 (1989): 548 – 561; 及 Jim Allen, "The Pre-Austronesian Settlement of Island Melanesia: Implications for Lapita Archaeology" in *Prehistoric Settlement of the Pacific*, ed. Ward Hunt Goodenough (Philadelphia: American Philosophical Society, 1996), 11 – 27。

拉皮塔文化中产生。④

　　从这个今天称为西波利尼西亚的地区出发，其东边的主要群岛——库克（Cook）群岛、　420
社会（Society）群岛和马克萨斯（Marquesas）群岛——的定居过程可能早在公元前500—1年
即已开始。从这些作为前哨的东波利尼西亚中央岛群出发，独木舟又抵达了更外围的岛屿，其
中就包括界定了波利尼西亚三角的夏威夷、拉帕努伊（复活节岛）和奥特阿罗阿（新西兰）。
与这一向东横越太平洋的迁徙的先前阶段一样，上述岛屿有人定居的年代估算也有争议。一些
学者重点关注能暗示原始岛屿生态系统遭到人为扰动的最早可能迹象；而另一些学者认为只有
出现更广泛、以定居点和成形的人造物的形式呈现的特定的人类定居证据，才能判断定居已经
发生。与这种争论相对应，夏威夷的定居时间估算范围从公元200年到750年，拉帕努伊是公
元400—800年，奥特阿罗阿则为公元800—1200年（图11.2）。⑤

　　考古学和语言学证据揭示，密克罗尼西亚的定居过程中有两次主要迁徙。约公元前
1500年至前1000年，航海者似乎是直接从菲律宾向东到达马里亚纳群岛和帕劳［Palau，旧　421
称帛琉（Belau）］，可能还有雅浦岛［Yap，原住民语为乌阿普（Uap）岛］，它们都位于密
克罗尼西亚的西部边缘。几个世纪之后，独木舟从东美拉尼西亚向北行进，到达密克罗尼西
亚东端的基里巴斯［吉尔伯特群岛（Gilbert Islands）］和马绍尔群岛。这些先驱者中有一些
人（或是他们的后代）又转而向西，在加罗林群岛上定居，还远达已经有人居住的雅浦岛
和帕劳，由此完成了太平洋这一部分的定居历程。⑥

　　远太平洋的定居过程，是讲南岛语（Austronesian languages）的人群向海洋扩张的历
程的一部分。很多语言学者和考古学家推定这一扩张始于中国大陆南方沿海，讲南岛语的
人群从那里先迁徙到台湾岛，然后南下菲律宾、印度尼西亚以及越南和马来半岛的沿海地
区。⑦ 这些向东航行、探索并定居太平洋地区的南岛语先驱之所以能实现这一壮举，靠的是
在独木舟狭长的船壳一侧添设作为浮材的舟形边架（outrigger），使之成为单边架艇独木舟，
或是把两个这样的船壳并排绑定在一起成为双独木舟，从而增强了独木舟的稳定性。在公元
纪年早期，来自印度尼西亚西部的其他南岛语航海者很可能已经利用了双边架艇独木舟，这
是在单独的船壳两侧各添设一个边架的独木舟，从而可以增强稳定性。他们在那个时候驾驭
着这种独木舟沿印度洋的北部边缘航行（或直接穿越印度洋，但可能性较小），从而定居在
当时尚无人居住的马达加斯加岛上；如今，马达加斯加的国语马尔加什语（Malagasy）仍然

　　④　Peter S. Bellwood, "The Colonization of the Pacific: Some Current Hypotheses," in *The Colonization of the Pacific: A Genetic Trail*, ed. Adrian V. S. Hill and Susan W. Serjeantson (Oxford: Clarendon Press, 1989), 1 – 59; Patrick V. Kirch, "Lapita and Its Aftermath: The Austronesian Settlement of Oceania," in *Prehistoric Settlement of the Pacific*, ed. Ward Hunt Goodenough (Philadelphia: American Philosophical Society, 1996), 57 – 70; 及 Geoffrey Irwin, "How Lapita Lost Its Pots: The Question of Continuity in the Colonisation of Polynesia," *Journal of the Polynesian Society* 90 (1981): 481 – 494.

　　⑤　Matthew Spriggs and Atholl Anderson, "Late Colonization of East Polynesia," *Antiquity* 67 (1993): 200 – 217; Patrick V. Kirch and Joanna Ellison, "Palaeoenvironmental Evidence for Human Colonization of Remote Oceanic Islands," *Antiquity* 68 (1994): 310 – 321; 及 Atholl Anderson, "Current Approaches in East Polynesian Colonisation Research," *Journal of the Polynesian Society* 104 (1995): 110 – 132.

　　⑥　Robert Blust, "The Austronesian Homeland: A Linguistic Perspective," *Asian Perspectives* 26, no. 1 (1984 – 1985): 45 – 67, 及 John L. Craib, "Micronesian Prehistory: An Archeological Overview," *Science* 219 (1983): 922 – 927。

　　⑦　Blust, "Austronesian Homeland," and Kwang-chih Chang and Ward Hunt Goodenough, "Archaeology of Southeastern Coastal China and Its Bearing on the Austronesian Homeland," in *Prehistoric Settlement of the Pacific*, ed. Ward Hunt Goodenough (Philadelphia: American Philosophical Society, 1996), 36 – 56.

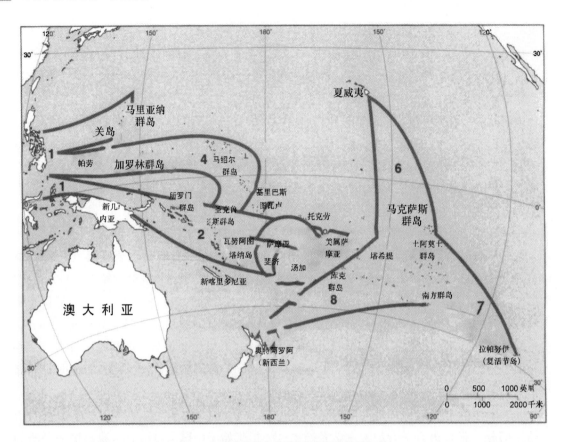

420

图 11.2　远大洋洲定居过程中主要迁徙的次序

　　各次迁徙的估算年代为：(1) 公元前 2000 年至前 1500 年，南岛语人群首次挺进太平洋，沿新几内亚的北岸和离岛行进，到达密克罗尼西亚西端的帕劳（贝劳）、雅浦（乌阿普）和马里亚纳群岛；(2) 公元前 1500 年至前 1000 年，南岛人从新几内亚东北方的俾斯麦群岛到达波利尼西亚西端的斐济、汤加、萨摩亚诸岛；(3) 公元前 1000 年，古波利尼西亚文化开始在斐济东部、汤加和萨摩亚成形；(4) 公元前 1000 年，南岛人从东美拉尼西亚向北迁徙，定居到密克罗尼西亚的基里巴斯（吉尔伯特群岛）、马绍尔群岛及加罗林群岛东部和中部；(5) 公元前 500 年到 1 年，波利尼西亚人开始到东波利尼西亚中部定居；(6) 公元 200 年到 750 年，波利尼西亚人到达夏威夷；(7) 公元 400 年到 800 年，波利尼西亚人到达复活节岛；(8) 公元 800 年到 1200 年，波利尼西亚人到达新西兰。

　　据 Ben R. Finney, "Colonizing an Island World," in *Prehistoric Settlement of the Pacific*, ed. Ward Hunt Goodenough (Philadelphia：American Philosophical Society, 1996), 71–116, 特别是 76 页。

　　显示着这场迁徙的南岛源头。在两大洋上发生的这场由独木舟带来的扩张，使南岛语系一度成为世界上分布最广的语系，直到西欧人自行发展出航海技术，才后来居上，把印欧语系诸语言带到了亚欧大陆之外（图 11.3）。[8]

　　本册书中与太平洋盆地有关的三章内容同时使用了大洋洲两种划分体系中的地区名称。由埃里克·克莱因·西尔弗曼撰写的第十二章介绍了近大洋洲，包括从东南亚最易到达的岛422　屿——新几内亚岛及其邻近外围岛屿；这一章大部分内容涉及的是巴布亚社会，也即非南岛语社会。由本·芬尼撰写的与太平洋航海有关的第十三章介绍了远大洋洲，包括密克罗尼西亚各部、美拉尼西亚东部和波利尼西亚。尽管新西兰通常被视为波利尼西亚的一部分，但在

---

　　⑧　Ben R. Finney, *Voyage of Rediscovery：A Cultural Odyssey through Polynesia* (Berkeley：University of California Press, 1994), 15–17.

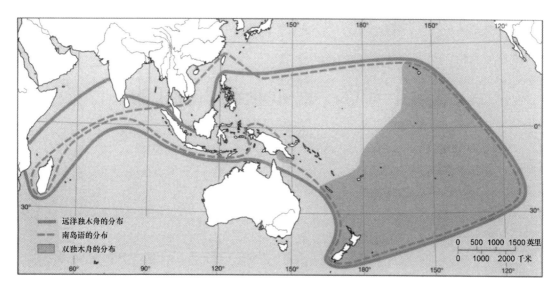

图 11.3　南岛人的海洋扩张 　　421

　　本图显示了南岛语和远洋独木舟在两大洋上的分布范围。边架和双独木舟的发明以及向海洋深处航行的生活方式使南岛语人群得以沿东南亚海岸扩张，到达这一区域的很多岛屿。从东南亚出发，南岛人扩张到太平洋深处，发现并占据了远大洋洲的岛屿。他们还向印度洋航行，可能沿南亚和东非海岸与当地族群贸易，之后便定居到马达加斯加岛；当地至今仍在讲南岛语。沿印度南部、斯里兰卡和东非均存在具有边架和风帆的独木舟，这很可能是南岛贸易者曾到访当地、将其技术（但非语言）引入这些久有人定居的地区的证据。

　　据 Ben R. Finney, *Voyage of Rediscovery*: *A Cultural Odyssey through Polynesia*（Berkeley: University of California Press, 1994）, 16。

本册中处理为单独的一章（第十四章），由菲利普·莱昂内尔·巴顿撰写。

第十二章　巴布亚新几内亚的
传统地图学

埃里克·克莱因·西尔弗曼

（Eric Kline Silverman）

美拉尼西亚的社会生活、宇宙观和政治

　　位于太平洋西南部的美拉尼西亚有令人震惊的文化多样性。对这一地区进行概述注定是困难之事——任何总结出的社会文化规律基本毫无疑问都会碰到例外。不过，如果只是大略概述一下几乎全部美拉尼西亚社会和文化都共有的几个特性，那还是可以做到的。既然美拉尼西亚对空间的所有本土呈现都是社会生活的产物或反映，那么本节的简短讨论可以提供必要的背景，以让人理解当地的地图学模式如何从社会中生成。

　　在新几内亚岛、其附近的较大岛屿和澳大利亚还为陆桥所连接的时代，第一波迁徙的移民从东南亚扩散到了这些地区（图12.1）。尽管这些迁徙有共同的源头，但在其间的数千年中还是产生了巨大的语言分化。单是新几内亚就分布有750种不同的巴布亚语（或叫非南岛语），这使新几内亚成为世界上语言——以及文化——最复杂的地区。第二波迁徙的移民则是讲南岛语的人群，在向太平洋西南部迁徙的过程中，他们在新几内亚海岸地带的袋状滩（pocket）处定居并向东扩张，逐渐移居到密克罗尼西亚和波利尼西亚。

　　因此，新几内亚和美拉尼西亚社会在遗传和语言上与澳大利亚、其他太平洋岛屿和东南亚有联系。然而，这一地区与东南亚的文化相似性以及与澳洲原住民较小的文化相似性早已全部不存。与其他太平洋岛屿的文化近缘性——比如航海技术和文化，以及世袭酋长的存在——虽然还有，但在美拉尼西亚也仅限于居住在沿海袋状滩处的南岛语族群。本章大部分内容只涉及巴布亚社会，也即非南岛社会。在对美拉尼西亚的社会生活做一简介之后，我会提出如下问题：在这些口语社会中是否存在地图？之后，我会讨论这一地区的各种"地图"和"制图"技术。

　　从人口统计、技术和获取能源的能力来看，美拉尼西亚社会是传统社会或前国家（prestate）社会。这些社会不是书面契约的产物，而是建立在诸如礼物交换（gift exchange）之类让人群得以持续创造和协商彼此关系和盟约的社会传统之上。特别是最早为马塞尔·莫

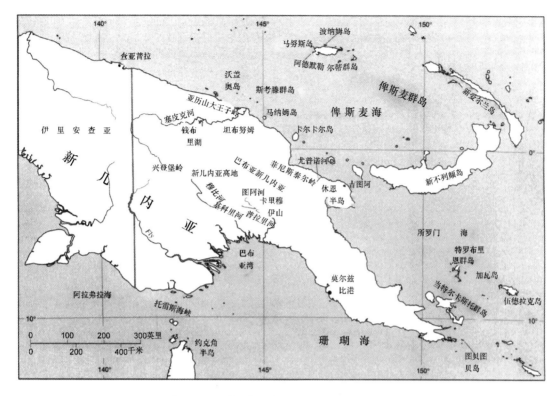

图 12.1 巴布亚新几内亚和周边地区的参考地图

424

斯（Marcel Mauss）所研究的礼物交换，是传统或前国家社会得以构建的基础。[1] 在对等原则的引导下，礼物交换涉及给予、接受和回馈诸如食物、烟草、贵重物品等多种多样的物品以及劳力和服务的道德义务。这样便使人们陷于一张义务之网中，要不断给予和接受，从而使社会维系在一起。美拉尼西亚的所有社会在不同程度上都是讲同一种共同语、共有相同的文化、通过礼物交换联合为一个道德共同体的一组族群。

然而，美拉尼西亚社会还有其他基础，尽管这些基础彼此差异很大，但仍然可以按照几种传统进行分类。血统和亲属关系可能是在社会群体中确定成员地位的最常见原则。在这一地区，亲属关系由个人与祖先的联系以及通过同胞关系和其他较远的亲戚关系而延伸的联系所定义。很多这样的社会群体——典型的是家系（lineage）和氏族（clan）——把他们的谱系追溯到创造了宇宙的图腾祖先那里。[2] 这些就是西蒙·哈里森（Simon Harrison）所谓的"巫术"（magical）社会。[3] 当地人认为他们的社会及作为其构成组分的社会群体奠定于继承性的宇宙划分之上，这种划分把整个世界分成了截然分明的部分。世界的每个部分都由一位图腾祖先创造。举例来说，猪氏族的祖先是一位拥有非比寻常的力量的猪灵，就创造了当   424

① Marcel Mauss, *The Gift: The Form and Reason for Exchange in Archaic Societies*, trans. W. D. Halls（New York: W. W. Norton, 1990）；法文原版为 *Essai sur le don*, 1925。

② 家系是知道他们和共同祖先的精确谱系关系的一群人。氏族是假定他们和共同祖先有谱系关系、但不知道其中精确环节的一群人。典型的氏族由几个家系构成。图腾是形成了社会群体——通常是家系或氏族——的非人祖先。美拉尼西亚的图腾通常是植物、动物、灵魂和拥有超人力量的类似人的英雄。一个群体的成员常与其图腾构成特别的宗教关系；比如他们严禁自己食用那种植物或动物，或认为用图腾图案装饰的物品有神圣性。

③ Simon Harrison, "Magical and Material Polities in Melanesia," *Man*, n. s. 24（1989）: 1 – 20.

地景观的一部分和其中的所有植物、动物和地形特征。猪氏族的后代群体——从猪图腾传代至今的人群——理所当然地宣布这部分景观和其中所有的东西都合法地归他们所有。他们是宇宙这个部分的看管人。

与"巫术"社会不同的是"物质"（material）社会。这些社会的基础并不表现为恒定不变的宇宙划分，而是表现为人类行为本身。④ 这些社会和群体一般基于居住地、亲缘或姻亲关系以及工作而建立。换句话说，"巫术社会"拥有在创造人物之前先创造了世界各部分或类别的图腾祖先，并通过这种图腾祖先来确定群体存在的合理性。只要是人类群体，基本都可以归于这些预先存在的类别。而在"物质"社会中，群体认为他们只是出于某些社会性原因才走到一起成为群体，而并不存在什么让人们彼此联系的先于人存在的宇宙类别或"巫术"类别。

美拉尼西亚的政治权威通常属于男性，并在大多数地区局限于当地的社会群体（通常是村庄或村落）之中。除了个人的影响力之外，领导者们很少会在其群体的道德边界之外展现实际力量。在大多数美拉尼西亚社会中，政治权威是不固定的，只有当其他男性愿意让他们的愿望和领导人的愿望保持一致时，这样一个领导者才会存在。大多数领导者的权威性来自成功的礼物交换、巫术和仪式知识、战争及贸易。⑤ 也有一些社会（通常是讲南岛语的社会）拥有更为成形的政治结构，甚至酋长之类的永久性职位。这些酋长通常根据家系或氏族中的长子继承权之类谱系优势决定。⑥

在整个美拉尼西亚地区，尽管物质财富也很重要，但并不是决定声望和等级的唯一因素；理解这一点很重要。权威性和影响力还取决于诸如咒语、魔法、巫术和图腾名称之类的仪式知识，在一些社会中这些甚至是唯一的决定因素。在美拉尼西亚，空间的大多数表现形式都与仪式系统有关，或是与决定社会群体及其祖先之间的区别的实践有关。因此，作为知识的一种形式，美拉尼西亚的本土地图首先是政治性的，其次才是表现性的。换句话说，地图首先是指出世界应该如何的论据，而不是对世界实际如何存在的客观构想。

新几内亚的巨大文化多样性，在众多类型的空间和制图描摹中得到反映。从人类学的观点来看，地图就像人类其他所有的知识一样，是蕴含着文化的。也就是说，在知识模式和社会组织之间有明确的联系。知识经常反映了文化的优势取向和价值。有的社会建立了独立的教育机构，力求创造和传播不与社会其他方面（如意识形态）绑定的知识；但对于还没有这种教育机构的社会来说，知识和文化的关系尤为紧密。在美拉尼西亚，很多形式的知识与政治和宗教密不可分。对景观知识和空间的表现来说，情况经常如此。宗教和政治决定了那些重要性、适于"制图"的空间特征和关系。在这个意义上，地图经常是男性（有时也有女性）口头交谈的一部分，可用于争取仪式声望、驳斥对手群体图腾祖先的首要性和重要性、扩张领域和获取资源、解决那些多少涉及空间的争论。当然，我并非只是说地图是文化

④ Harrison, "Magical and Material Polities."

⑤ 对美拉尼西亚领导人形式的更详细讨论参见 Maurice Godelier and Marilyn Strathern, eds., *Big Men and Great Men：Personifications of Power in Melanesia*（Cambridge：Cambridge University Press，1991）。

⑥ 长子继承权是把优势归于同胞个体中最年长者的原则。对氏族和家系来说，如果一个群体是较老或最老的祖先的后代，那么它就有政治优势。

的造物，这一点显而易见，因为全世界的人群都是通过其文化提供的观念框架来感知空间和景观。我想要指出的是，在美拉尼西亚文化中，地图经常是政治依据，因为任何对空间的表现都可以用来提出己方的声明，并否认对手声明的合理性。尽管本章主要是对美拉尼西亚各种地图的介绍，但其中也体现了以下的基本观点——所有制图和空间表现都是由文化决定的。

美拉尼西亚是否有地图？

既然美拉尼西亚传统社会是口语社会而非文字社会，那就有理由发问：这一地区是否有地图？书写可以把交谈、知识和意识形态固定下来。不仅如此，书写——特别是具象化的书写——还能简化语言的内涵力。[7] 我们西方人常把地图视为科学知识的一种形式。那么，当我们思考书写——尤其是这种科学书写——的时候，我们会发现观念会以线性的方式流动，每一点都构建在前一点之上，同时开启下一个陈述。可以说，书写的目标是分解开意义的层次，把它们处理成顺序的、精确的形式。我们可以把文本视为一系列有界限的单词，它们遵循精确的秩序，排列成一行行。与此不同，口语表达没有这种线性的、可视的组分。它要比书写灵活得多、模糊得多，也更有隐喻性。不仅如此，口语表达还依赖于其信息生产过程的上下文背景，相关的生产方式亦为书写所无。

在口语文化中，很难把讲话人与他"所说的东西"或消息制造者与消息分离开来。因此，听者对于知识表达的社会背景有敏锐的感知，并与说者直接参与知识表达。生产或创造的背景是消息（或地图）的一部分，而不是消息竭力要避开的东西。因此，口语社会的所有声明都有很多可论争之处。事实上，正是声明引发了论争，因为消息或讲话的接受者通过他们持续的在场参与了其创造。一旦口头消息被表达出来，它便很容易变形，浸染上无意的细微差异；绘制出的地图就不易出现这种变形，因为无论从哪点来看，它都是一种固定不变而非随时可变的消息。正如沃尔特·翁（Walter Ong）所说："书写促进了抽象，让知识从人类个体彼此争斗的竞技场脱身。它把知者和所知分开。口语表达却让知识嵌入人类的生活世界中，从而把知识置于竞争的背景之上。"[8]

美拉尼西亚的政治系统经常以神秘知识为核心；因为这种政治系统的易变本质，所有对空间信息的声明、所有地图都是政治主张。不过，我想指出的是，其实所有社会都是如此，只不过在书面社会中，一种假定可以为知而知的话语空间被制度化了，于是人们便更容易把这些政治向度隐藏在客观性的面纱之后。所以美拉尼西亚确实有地图，只不过比起我们社会的地图来，这些地图客观性更少，争论性更强——争论的内容是政治对立、祖先优势、仪式权力、宇宙观和性别。

---

⑦　Jack Goody, *The Domestication of the Savage Mind*（Cambridge：Cambridge University Press, 1977）；也可见 Brian V. Street and Niko Besnier, "Aspects of Literacy," in *Companion Encyclopedia of Anthropology*, ed. Tim Ingold（London：Routledge, 1994），527 –562，特别是532—534 页。

⑧　Walter J. Ong, *Orality and Literacy：The Technologizing of the Word*（London：Methuen, 1982），43 –44.

美拉尼西亚地图

426   本节将考察美拉尼西亚的地图、原地图、空间表现形式和符号的各种类型。[9] 我把这些产物归入 7 个启发式类别：属于神话的，属于谱系和社会的，作为物品的，口语的，图像和书写的，艺术和仪式的，性别化的。

    这是我自己的分类，而非任何本土的类别框架。不过，这一分类涵盖了美拉尼西亚地图学表达的整个范围，可以为这个主题提供有用的导论。把这一地区所有语言群体中有关地图和原地图的本土类别关联起来，即使不说完全不可能，也是极为困难的。不仅如此，很多时候能达到这种程度的语言学数据并不存在。更复杂的是，现在还不清楚有多少美拉尼西亚社会——如果确实有的话——真的拥有表示"地图"的口头词汇。尽管我承认其他人类学家也可以发展出一套他们自己的分类体系，但我相信这些分类范畴呈现的并不只是本土经验，其中还反映了直至今天对这一地区所做的研究的情况。

    就本章讨论的这个主题而言，其编史学可以简述如下。巴布亚新几内亚和美拉尼西亚本土地图学的大部分讨论都包含在人类学的民族志之中。相对于主流的学科争论和目标而言，人们大多认为这些讨论多少是附带而生的产物。这样看来，对这一地区来说并无这种类型的研究传统。我们既无一系列的学术争论，又无重要的理论体系，还没有明确的经验数据集。相关的著作大多在近年才出版，至少也是第二次世界大战之后。本章中引用的大部分著作都可以归入六个研究范式之内。第一个是英国社会人类学范式，强调社会组织和社会群体之间的相互关系。第二个是美国文化人类学范式，强调文化的符号内容。前一范式着重于社会组织和互动，而后一范式高度关注更不易把握的论题，比如仪式、神话和宇宙观的意义。第三个传统源自 20 世纪早期的法国思想，聚焦于交换行为，它是一种能达成社会整合的机制。第四个学术取向关注文化之间、语言群体之间的贸易联系的经济重要性和社会重要性。第五个取向是性别这个无处不在的论题，对于美拉尼西亚和巴布亚新几内亚的社会生活和文化的各种形态都非常关键。第六个取向考虑的是历史和时间性的本土模式，它们经常与空间的观念相互交叉。

作为地图的神话

    在美拉尼西亚全境，神话都是社会生活和宇宙观中很多方面的首要组织者。与全世界的传统口语社会一样，很多美拉尼西亚神话的重要特征之一在于其空间性（spatiality）或本地化（localization）。典型的美拉尼西亚神话会详细叙述最初的祖先的行动和迁徙，他们在地区性的世界中创造了景观和特别的地点。这种神话是一种口语地图，呈现了对空间和重要地形特征的地方性理解，这些地形特征通常要么是祖先本身，要么为其创作之物。反过来，人们所看到的景观要通过与之关联的神话才能拥有意义。有时候，神话是实际的地图；另一些

---

    [9] 除了指称上或意图上的具象地图外，还有把空间作为次要性质来表达的地图。用人类学的术语来说，前一类地图的制图特征从主位或本土的视角来看是主要的。后一类地图经常是非可视化的，比如可以是吟颂、歌曲、姿势和语言上的指示。这些地图可以称为"原地图"（protomaps）。我并不想用这个名字暗示一种演化顺序，比如说原地图必然会先于能够生产"地图"的认知和文化能力出现。我只是启发性地使用这个术语，用来指称包含了制图学性质，但并没有首先被当成地图的文化生产。除非另有声明，下文提到的所有地点均位于巴布亚新几内亚。

情况下，神话则是原地图。

塞皮克（Sepik）河中游的雅特穆尔（Iatmul）人是一个很好的例子。[⑩] 在其宇宙观中，宇宙始于一片广袤而混沌的海。后来，一块陆地浮出海面，其上有一个大坑。从坑中出现了最早的祖灵，在他们之后则是定居世界的文化英雄。这些以男性为主的祖先创造了构成世界的干燥陆地的其余部分。这些创造行为是通过地名命名（toponymy）的力量而实行的。文化英雄们在他们最早的迁徙中一边呼叫图腾性的名字，一边就创造了世界的地形特征。这些特征既是界限分明的，又是线性的。它们可以是单独而有界的地物，比如一丛树或孤立的山丘，也可以是连续性的地物，比如河流、海岸线和山脉。每位祖先的迁徙路线都是图腾性名字的一条"路径"（yembii）。这些路径通常（但并非总是）会循我们可视为景观中的天然线性地物而行——比如溪流或岭脊。从这个意义来说，通过把多音节的名字两两并列，在仪式上吟出或唱出，景观就在口头上得到绘制，成为由这些名字组成的序列。这些名字地图（onomastic maps）也是时空的向量，因为景观中的任何特征都是某个祖先迁徙过程中的一个节点或时刻，编码了方向和时间的片段。[⑪]

这样一来，雅特穆尔人的景观实质上是沿得到命名的路径或时空向量而绘制的。在整个 美拉尼西亚，人们常常以路径的方式绘制空间。换句话说，表现为有界而离散的地点的地物经常被联系在一起，成为神话和历史时代中的一个确定的序列。[⑫] 我们可以说，景观的"天然"排布之上覆有文化的排布，若无后者，景观地物彼此也就毫无联系。很多情况下，神话—历史的过去会被人们用石头呈现出具体的形象，石头经常代表了空间的概念化过程和空间关系中最为关键的点。[⑬] 岩石，把传统制图及其回忆锚定在神话之中。在瓦努阿图的坦纳（Tanna）岛上，石头就是原住民的行动自如而喋喋不休的始祖。他们最终变得"沉默而静止……成为一张令人敬畏的地点之网，其超自然能力仍然活跃而支配着世界"[⑭]。

₄₂₇

---

⑩ 有关雅特穆尔人的内容以我在 1988—1990 年和 1994 年夏天的两段田野考察为基础。感谢富尔布赖特奖学金、跨文化研究所（Institute for Intercultural Studies）、温纳—格伦（Wenner-Gren）人类学研究基金会和德波大学师资发展资助基金为我提供经费。

⑪ Jürg Wassmann, "The Nyaura Concepts of Space and Time," in *Sepik Heritage*：*Tradition and Change in Papua New Guinea*, ed. Nancy Lutkehaus et al. （Durham：Carolina Academic Press, 1990）, 23 – 35；同一作者，*The Song to the Flying Fox*：*The Public and Esoteric Knowledge of the Important Men of Kandingei about Totemic Songs*, *Names*, *and Knotted Cords*（*Middle Sepik*, *Papua New Guinea*）, trans. Dennis Q. Stephenson（Boroko, Papua New Guinea：National Research Institute, 1991）；Eric Kline Silverman, "The Gender of the Cosmos：Totemism, Society and Embodiment in the Sepik River," *Oceania* 67（1996）：30 – 49；以及同一作者，"Politics, Gender, and Time in Melanesia and Aboriginal Australia," *Ethnology* 36（1997）：101 – 121。

⑫ 有关新喀里多尼亚的例子，参见 Maurice Leenhardt, *Do Kamo*：*Person and Myth in the Melanesian World*, trans. Basia Miller Gulati（Chicago：University of Chicago Press, 1979）；有关巴布亚新几内亚其他地区的例子，参见 Thomas Maschio, *To Remember the Faces of the Dead*：*The Plenitude of Memory in Southwestern New Britain*（Madison：University of Wisconsin Press, 1994）, 182 – 184。

⑬ Miriam Kahn, "Stone-Faced Ancestors：The Spatial Anchoring of Myth in Wamira, Papua New Guinea," *Ethnology* 29（1990）：51 – 66.

⑭ Joël Bonnemaison, *The Tree and the Canoe*：*History and Ethnogeography of Tanna*, trans. and adapted Josée Pénot-Demetry（Honolulu：University of Hawai'I Press, 1994）, 116。邦纳梅松（Bonnemaison）指出坦纳岛人也把空间想象成边架艇独木舟。"身份识别和领地是密切相关的；要成为一个人，就要来自某地，有个名字，属于某条'独木舟'"（137 页）。独木舟在马西姆（Massim）地区（位于巴布亚新几内亚本土最东端之外的海中）的加瓦（Gawa）岛和其他岛屿上似乎也是空间和地点的符号。参见 Nancy D. Munn, "Gawan Kula：Spatiotemporal Control and the Symbolism of Influence," in *The Kula*：*New Perspectives on Massim Exchange*, ed. Jerry W. Leach and Edmund L. Leach（Cambridge：Cambridge University Press, 1983）, 277 – 308, 及 Frederick H. Damon, *From Muyuw to the Trobriands*：*Transformations along the Northern Side of the Kula Ring*（Tucson：University of Arizona Press, 1990）, 172 – 176 及 204 – 209。

　　沿着巴布亚新几内亚的北岸，有一部地区性的神话史诗，讲述了一对兄弟的开拓史，他们创造了很多文化事物，其中就有海上交换网络、边架艇独木舟和贸易巫术。[15] 这部神话呈现的不只是空间，更重要的是把这一地区不同的地理区域——内陆丛林、塞皮克河口红树林和海中岛屿——联结在一起的贸易网。就像地图一样，这两兄弟的神话把空间和道德交织在一起。事实上，编码在神话中的空间地图，就是对"什么是称职的成年人"的一种表达——他得是一个优秀的贸易者，经营着远距离的关系，掌握有秘传的知识，能娴熟地驾着独木舟做危险的海上航行。神话还记述了两兄弟崩毁一座山，碎块沿塞皮克河而下，就成为海中的斯考滕群岛（Schouten Islands）。当两兄弟顺河而下时，他们创造了形形色色的地点、房屋和西谷椰子（sago palm）林。在这个意义上，神话既呈现了个别的地点，又呈现了较为一般的有关道德的空间观念。

　　新几内亚中部的奥克山（Mountain-Ok）人认为他们所在的局部地域是由一位女性祖先阿费克（Afek）所创造。按照神话的记述，她的行动创造了具有社会重要性的景观。阿费克活动的时代在人类出现之前很久。然而，人类居住在她创造的村庄和其他地点之中。在描绘空间时，神话在过去和现在之间创造了一种经验性的连接。在前一段中讨论的神话地图是一种如何行动的道德指南，而这里的神话地图则是一座时间的桥梁。"神圣的地点不只是过去的神话事件的发生地点——正是因为这个原因，它们也是事情继续发生的地方。"[16] 在这一地域的另一部分地区，相应的神话把有关高度、动植物分布、居住流动性以及地理场所和发病率之间的联系（比如疟疾在低海拔地区的流行状况）之类信息都编码在具有独特文化性的格言中。[17]

　　特罗布里恩群岛（Trobriand Island）神话则把地理位置与创造了某种社会制度的特别事件联系在一起。整个特罗布里恩神话是不仅关于该地域也涉及社会实践的地理系统。神话事件的顺序在空间上有定位，总体沿从西北到东南的轴向分布。据哈伍德（Harwood）的研究，这一处理有三个功能。首先是认知和助记的功能。其次是生成（generative）功能：由于这种一般性的空间格局，重述任一个神话都可以引出其他神话。第三个功能有助于保存传统。把每个神话元素与一个特定的位置结合在一起之后，即使某一个神话及与其关联的社会事物发生了变动，也可以避免这种变化扩展到其他位置，而破坏整套神话和文化的整体性。[18]

428　　天体图与神话地图相关，但在美拉尼西亚的人类学文献中报道不多。在塞皮克河的雅特

　　[15]　David M. Lipset, "Seafaring Sepiks: Ecology, Warfare, and Prestige in Murik Trade," *Research in Economic Anthropology* 7 (1985): 67–94, 特别是 72—73 页。

　　[16]　Dan Jorgensen, "Placing the Past and Moving the Present: Myth and Contemporary History in Telefolmin," *Culture* (Canadian Anthropology Society) 10, no. 2 (1990): 47–56, 特别是 51 页。也见 Robert Brumbaugh, " 'Afek Sang': The Old Woman's Legacy to the Mountain-Ok," in *Children of Afek: Tradition and Change among the Mountain-Ok of Central New Guinea*, ed. Barry Craig and David C. Hyndman (Sydney: University of Sydney, 1990), 54–87。

　　[17]　George E. B. Morren, "The Ancestresses of the Minyanmin and Telefolmin: Sacred and Mundane Definitions of the Fringe in the Upper Sepik," in *Man and a Half: Essays in Pacific Anthropology and Ethnobiology in Honour of Ralph Bulmer*, ed. Andrew Pawley (Auckland: Polynesian Society, 1991), 299–305。

　　[18]　Frances Harwood, "Myth, Memory, and the Oral Tradition: Cicero in the Trobriands," *American Anthropologist* 78 (1976): 783–796.

穆尔人看来，所有恒星都为氏族和家系所拥有，为其图腾祖先的创造。这是恒星最重要的一面。某些恒星与特定的方位相关联，但当地人在丛林中穿行或乘独木舟沿河航行时，传统上并不用天体定位。居住在托雷斯海峡（Torres Strait）的博伊古（Boigu）人认为银河有吉达尖犁头鲼（kaygas, shovel-nosed shark）的形状。鲼鱼的头部显示了夜间潮水的方向。如果头部在东边，潮流就向西流。如果头部在南边、尾部指向北边，那么潮流就向东流。[19]

作为地图的谱系和社会

所有美拉尼西亚社会都有一个或更多的用来记忆和确定家族谱系的系统。很多谱系系统与空间和地点对应，而且常涉及迁徙。我们不妨再回到雅特穆尔人的例子。所有个人都有父系的个人名字，这些名字也是图腾性名字，要么是某个始祖的名字，要么是他们在最早的巡行中所创造的现象的名字。一方面，这意味着生活在村庄里的所有人合起来表现了图腾空间的整体性。另一方面，任何特定个人的谱系都是图谱空间某一部分的原地图，因为他/她的亲属和祖先的名字常常指的是某个公共地域中的地形特征。因此，一位男子的名字可能会指一条河——比如说科罗萨梅里（Korosameri）河，是塞皮克河的支流。他的同胞兄弟姐妹、父母、祖父母和其他亲属（包括子女）的名字也是来自那条河所在地区的地物和事件，包括西谷椰子、山丘、谷地、村庄之类。一旦有人要重建这位叫科罗萨梅里的男子的谱系，他就会把这条叫科罗萨梅里的河所在的地域中的重要空间特征都回想一遍。

事实上，我认为这样的社会在整体上就是空间的一种表现，或社会地图的一种形式。这至少有两种表现模式。首先，如上所述，社会是个人的集合，可以呈现由祖先在其迁徙中创造的社会空间的整体性。当活着的人经常通过名字来表现祖先及其位置时，这种模式就起着作用。以坦布努姆（Tambunum）这个雅特穆尔人的村庄为例，其内部划分为不同的居住区，与家系和氏族对应。在一个层面上，每个个人通过上面描述的谱系过程代表了一个地域、一个地区；然而在另一个层面上，每个家系或氏族又是创造了世界"路径"的某位祖先的后裔。把社会划分为后代群、村庄划分为居住区，正与这个世界更广阔的宇宙志地图对应。

其次，很多美拉尼西亚人群按照居住在不同地域或从不同地域迁徙出来的社会群体来划分世界。以居住在休恩（Huon）半岛北岸的锡奥（Sio）人为例，他们就把世界划分为4个象限，与接触前时代的贸易伙伴对应。[20] 与南部内陆的山地村民贸易时，锡奥人用陶罐交换芋头、甘薯、香蕉、弓箭、猪、狗、树皮布和烟草。他们从西边的人群那里得到木碗、黑色颜料和榄仁（almonds）等贸易品。锡奥人从北边俾斯麦群岛的离岸岛屿的居民那里可以买到手鼓和用于研磨槟榔的臼。吉图阿（Gitua）村则位于东边沿岸处，村民和锡奥人一样制作陶罐。把这些不同的人群和方向联系在一起的通常是锡亚西（Siassi）商人，他们扮演了

---

⑲　*Boigu*：*Our History and Culture*（Canberra：Aboriginal Studies Press，1991），29–30。在密克罗尼西亚和波利尼西亚的驾驶边架艇独木舟航海的人群中，天体图比较常见；参见 David Lewis，*We, the Navigators：The Ancient Art of Landfinding in the Pacific*，2d ed.，ed. Derek Oulton（Honolulu：University of Hawai'I Press，1994），82–122；也见下文第十三章。

⑳　Thomas G. Harding，*Kunai Men：Horticultural Systems of a Papua New Guinea Society*（Berkeley：University of California Press，1985），23，及同一作者的 *Voyagers of the Vitiaz Strait：A Study of a New Guinea Trade System*（Seattle：University of Washington Press，1967），115–117。

中间商的角色。这样一来，本地世界中的每个方向都与一个独特的族群或语言群体以及特定的交易物品关联在一起。锡奥人村庄具有父系半偶族系统：整个人群包含两个社会群体，成员身份依父系而定。这两半群体（两个半偶族）分别把他们的祖先追溯到帕萨（Pasa）和姆布鲁（Mburu）这两位始祖，是他们把原始的锡奥岛划分为朝向海洋的较小部分和朝向陆地的较大部分。这两个群体再按地理方位进一步划分，各有在东南信风盛行期间迎风的东半部，和在西北季风盛行期间与迎风面相对应的西半部。不管是在本地（村庄内部）还是外地（村庄外面），锡奥人都把他们的世界划分为 4 个部分，从而把族群、季节性或天气和物品都描绘为地理形式。

作为地图的物品

在美拉尼西亚，多种多样呈现了空间的人造物也可以作为地图或原地图。如上所述，雅特穆尔人以编码在名字路径中的祖先迁徙来理解空间。为了助记，这些路径被记录在物品上。在东部雅特穆尔人中，名字路径表现为插在名叫 *tsagi-mboe* 的棕榈叶的叶柄中的短楔子（图 12.2）。在更上游的中部和西部雅特穆尔人中，名字的空间路径则用名为 *kirugu* 的绳子上的绳结来表达（图 12.3）。[21]

429　　　在居住于新几内亚中部的内兴登堡岭（Hindenburg Mountains）的沃普凯明（Wopkaimin）人中，由兽骨排成的猎物阵列是美拉尼西亚制图的另一种独特形式。构成这些地图的单块兽骨指的是本地景观中的特定位置。不过，根据把空间分为三个地带的较宽泛的文化划分，这些兽骨合起来也构成了几个分组（registers）。这三个地带是村落、作为村落边界的花园和次生林以及将它们围绕其中的雨林。包含了同一种兽类骨骼的分组的不同高度指出了这几个不同地形区域。[22]

波纳姆（Ponam）岛居民把仪式性交换的礼物（食物、贵重品和家居用品）排列成一种展示图案，显示出族群之间的社会联系或网络。[23] 这种展示在本质上属于社会地图。然而，这些展示也呈现了社会群体的空间位置——他们实际居住的土地，或仪式主办者认为他们应该所处

430　的地方。在这个意义上，这些礼物展示呈现了社会关系和空间的交集。它们是社会交往和地理知识的实际或潜在的地图。

在地区网络中交换的物品还传送了一种空间性感觉，因此可以认为是一种原地图。我们不妨以新几内亚高地的胡利（Huli）人社会作为例子加以考察。在胡利人的"神圣地理观"

---

[21]　Wassmann, "Nyaura Concepts," 及同一作者的 *Song to the Flying Fox*（均见注释11）。

[22]　David C. Hyndman, "Back to the Future: Trophy Arrays as Mental Maps in the Wopkaimin's Culture of Place," in *Signifying Animals: Human Meaning in the Natural World*, ed. Roy G. Willis (London: Unwin Hyman, 1990), 63–73, 及同一作者的 "The Kam Basin Homeland of the Wopkaimin: A Sense of Place," in *Man and a Half: Essays in Pacific Anthropology and Ethnoniology in Honour of Ralph Bulmer*, ed. Andrew Pawley (Auckland: Polynesian Society, 1991), 256–265。

[23]　James G. Carrier and Achsah H. Carrier, "Every Picture Tells a Story: Visual Alternatives to Oral Tradition in Ponam Society", *Oral Tradition* 5 (1990): 354–375。类似的展示也见于加瓦岛上的多种仪式交换中。在一个仪式情境下，以盘子盛装的烹猪肉和其他食物被提供给社群中相互分离的村落。这些盘子"放在地上，根据每个接受食品的村落彼此的实际相对位置摆放成大致从东南方到西北方的一长列。……这些分散的村落因此通过社群中心的这种关系性的、在方向上排成序列的线性整体的模式而得到呈现。"参见 Nancy D. Munn, *The Fame of Gawa: A Symbolic Study of Value Transformation in a Massim (Papua New Guinea) Society* (Cambridge: Cambridge University Press, 1986), 193–195, 特别是 204 页。

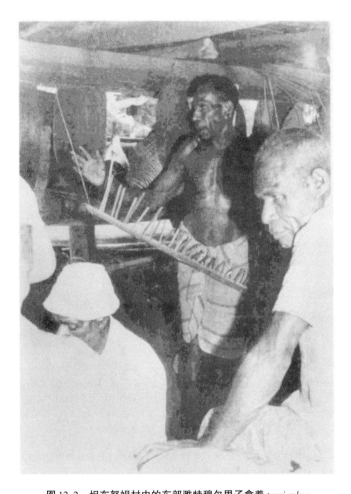

图 12.2 坦布努姆村中的东部雅特穆尔男子拿着 *tsagi-mboe*　　　429

这位男子叫 Agumoimbange，是一个家系的世袭领袖。每个楔子代表与景观中的一条路

线对应的由图腾性名字组成的一条路径。

埃里克·克莱因·西尔弗曼许可使用。

中，世界划分为专门的区域。这一地理世界的主轴是 *dindi pongone*，这是由相互交缠的蟒蛇
和茎秆构成、位于地下的根或藤，大致呈南北走向。[24] 在景观中的某些地点，这条神秘之根
以仪式地点和河流的形式接触到地面。胡利人认为他们位于这个区域世界的中心。然而，他
们的世界却是一个处在生育力持续衰退或消散的状态中的世界，周期性发作的地震、饥荒和
社会骚动就是证据。为了逆转宇宙生育力的这种总体衰败，胡利人把只产自低地的物品放置
于位于他们领地的高地神龛中。在那里住着仪式领袖，靠西谷米、西米虫（sago grubs）、袋
狸、鱼和一些专门的河湖中的水等低地饮食为生。在地区贸易的总体背景下，这些仪式物品
的贸易量很小，但它们却有重要的象征意义。因为认为自己居于中央位置，胡利人是维持宇
宙生育力的仪式领袖。所有的方向和地区交换，都通过以胡利人为中心的神圣地理观及其南

㉔　Stephen Frankel, *The Huli Response to Illness*（Cambridge：Cambridge University Press, 1986）, 16－26.

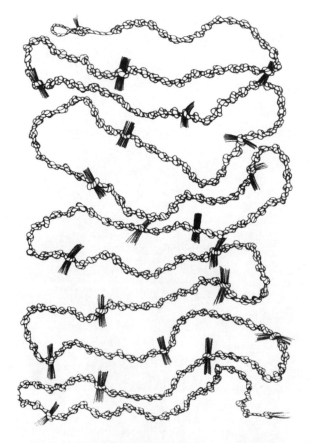

429　　　　　　　　　　　　　　　　图 12.3　　中部和西部雅特穆尔人的 *kirugu*（打结的绳索）

这条打结的绳索与图 12.2 中的 *tsagi-mboe* 有相同的助记功能。每条绳子长 6—7 米。较
大的绳结是祖先迁徙的一条路线上的特别地点。较小的绳结是与每个地点关联的图腾的名
字。这条绳索属于一个特定的家系，与作为其祖先的鳄鱼帕林加威（Palingawi）有关。

瑞士巴塞尔大学的维伦娜·凯克（Verena Keck）博士许可使用。

北取向、由蟒蛇和茎秆组成的魔力之轴而为人们所理解。[25]

在新几内亚高地的另一个地区，交换的物品多种多样，有鸟羽、有袋类的兽皮、绿色金龟
子、鹤鸵、土盐、染料、猪和贝壳珠宝等。这些商品里面有很多种类沿专门的方向运送，并与其
他商品的运送路线交叉。这样看来，每种物品都既包含了方向或地区的信息，又包含了某个社会
群体的信息。就其文化建构的意义来说，这些物品是原地图；这种原地图性质部分源于其来源地
的社会地形位置及其移动方向。[26]

在马西姆地区，马林诺夫斯基（Malinowski）最早深入地报道了著名的岛屿库拉（kula）
交换。在库拉交换的地点，库拉珍宝——贝壳项链和臂带——是又一种形式的本土原地

㉕　Chris Ballard, "The Centre Cannot Hold: Trade Networks and Sacred Geography in the Papua New Guinea Highlands,"
Archaeology in Oceania 29（1994）: 130 – 148，特别是 142 页。

㉖　Christopher Healey, *Maring Hunters and Traders: Production and Exchange in the Papua New Guinea Highlands*（Berke-
ley: University of California Press, 1990）, 170 – 233.

图。㉗ 在该地区岛屿之间成功交易这些装饰品的男子可赢得声誉。交易目标并不是长期持　431
有贝壳，而是只拥有它们一段时间，然后就传给其他的库拉伙伴。项链以顺时针的方向
流通，臂带则以反时针方向流动。整个库拉系统可以看成一个圆，由单个的路径组成。
在某种意义上，珠宝本身是方向的原地图（顺时针方向或反时针方向），也是它们所经过
的不同路径的原地图。假以时日，单个的装饰品会具备独一无二的宝贵历史，其中就编
码了这种空间信息。在整个库拉环（kula ring）中，公众都知道这些历史，因为历史可为
珍宝赋予新的声誉。交换越是广泛，库拉项链或臂带的空间史也越长，它的价值也就
越高。

　　具有最高等级或价值的库拉贝壳寥寥无几。"库拉系统中的有财男子在他们的交换生涯
中设法获得每一件贝壳制品至少一次，其他人会知道他们是否曾达成这个成绩。……因此，
在贝壳的美丽、名贵和年龄之间，以及它们与交换者的年纪和声望之间，都有大致的相关
性。"㉘ 最高等级的贝壳所拥有的历史可达几代人。整个库拉环都知道它们，它们已经沿着
整个贸易环交易了足够长的时间，而颇有名气，并已获得了人格化的名字。㉙ 正如一位男子
无法伪造他在库拉交换中的业绩——这并不比伪造他的英俊外貌、名字或年龄更容易——对
库拉装饰品来说，情况也同样如此。

　　特罗布里恩群岛的盾牌也以一种复杂的图像方式呈现了空间。特罗布里恩社会是母系社
会；儿童生下来属于其母亲的后裔群体，而非其父亲的后裔群体。通过本地有关妊娠的观
念，母性的重要性得到特别强调。人们认为怀孕不是异性性交的结果，拒绝承认男性在其中
的角色。与此相反，妊娠的发生是因为妇女感应了母系的 *baloma* 祖灵；祖灵乃是浮在来自
死者之地图玛（Tuma）的海上。

　　特罗布里恩盾牌（图 12.5）有三类象征编码。首先，图案元素有本土神话和图腾性的
解释（图 12.6）。其次，盾牌呈现了以 X 射线视角审视的人类性交，这一呈现似乎表达了对
本地妊娠观的怀疑。在图 12.7 中，左边的图像清楚地展示了性交行为，而右边的图像展示
了女性生殖器。再次，特罗布里恩盾牌表达了宗教、性和地理之间的复杂关系。在图 12.7
中，左图是托皮莱塔（Topileta），下界的看门人；他有能扇动的大耳朵（在盾牌上有描绘）
和永不满足的性欲。图玛，也即下界，是特罗布里恩男子采集宝贝的岛屿。但这个图案也在
表示"男子的阴茎……位于图玛中，位于阴户中，位于宝贝之地中"。因此，我们可以在其
中看到性交（特别是女性生殖器）与地理—宗教位置的并列关系。不仅如此，"图玛，也即
'下面'的世界，据说是'上面'的世界'博约瓦'（Boyowa）中的社会的反映。……图案
暗示了如下的象征性等式：图玛 = 托皮莱塔 = 博约瓦。因为在图玛中发生的事（重生）暗

　　㉗ 对此尤可参见 Bronislaw Malinowski, *Argonauts of the Western Pacific: An Account of Native Enterprise and Adventure in the Archipelagoes of Melanesian New Guinea* (London: Routledge and Kegan Paul, 1922)。关于近期的研究及库拉体系的文献目录，参见 Jerry W. Leach and Edmund L. Leach, eds., *The Kula: New Perspectives on Massim Exchange* (Cambridge: Cambridge University Press, 1983)。

　　㉘ Munn, "Gawan Kula," 304（注释 14）。

　　㉙ Shirley F. Campbell, "Attaining Rank: A Classification of Kula Shell Valuables," in *The Kula: New Perspectives on Massim Exchange*, ed. Jerry W. Leach and Edmund L. Leach (Cambridge: Cambridge University Press, 1983), 229 – 248。

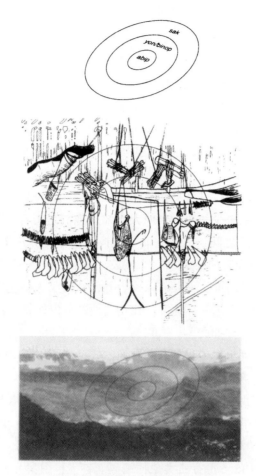

430

图 12.4　沃普凯明人的兽骨猎物阵列

中间的线条图呈现了猎物阵列的实际外观；注意：同一物种的个体骨骼有不同的高度或分组。地区景观三分为村落（abip）、作为村落边界的花园（yon）和次生林（binop）以及将它们围绕其中的雨林（sak），三个同心圆与它们相对应。

据 David C. Hyndman，"The Kam Basin Homeland of the Wopkaimin：A Sense of Place"，in *Man and a Half*：*Essays in Pacific Anthropology and Ethnobiology in Honour of Ralph Bulmer*，ed. Andrew Pawley（Auckland：Polynesian Society，1991），图 6。承蒙布里斯班昆士兰大学的戴维·C. 欣德曼（David C. Hyndman）提供照片并许可使用。

示了上界博约瓦中的繁殖（托皮莱塔）"[30]。图玛是死者之地，这个位置使重生得以免于母系祖灵的参与。我们已经看到，托皮莱塔是性交或繁殖的图像表现，但不是无性的重生的图像表现。这导致了生者之地或博约瓦中实际发生的有性生殖。换句话说，盾牌把一幅有性生殖的图像与宇宙的一幅由三个部分构成的地图并置在一起，这三个部分是死者的下部世界、生者的上部世界和界于其间的下界看门人。

但这还不是全部。来自神话的证据、特罗布里恩地名的意义（比如那些具有阴蒂、精液和性交之名的某些地点）以及不是强调了男性气概就是强调了女性气概的人群行为的地

---

[30]　Patrick Glass，"Trobriand Symbolic Geography," *Man*，n. s. 23（1988）：56 – 76，特别是 60—61 页。

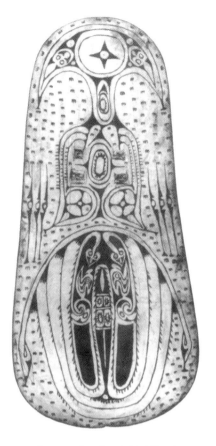

图 12.5　特罗布里恩的盾牌图案 432

这个卵圆形的雕刻木盾以红、黑和白着色。

原始大小：70.5×31.5 厘米。British Museum, London 版权所有（+6317）。

域性变体都提示，特罗布里恩群岛是按北（男）对南（女）、东（男）对西（女）的极性而组织的。这些方向上的极性与盾牌上描绘的宇宙观上的对立并行不悖——在盾牌上，首先是男和女对立，然后是生殖力（通过下面的具有母性的死者之地）与上面的具有父性的异性性交之地对立。[31]

　　卡里穆伊山（Mount Karimui）地区的达里比（Daribi）人利用太阳作为参照点来构建空间的道德效价。太阳和流水向西的运动为其文化的主"路"，通向死者之地。正如罗伊·瓦格纳（Roy Wagner）所说，"世界的方向性就是人类自身生活的方向性，这样日落与水流不舍昼夜的运动就显现出人类必死性的重要性"。[32] 此外，男性又与上方相关联，女性与下方相关联。达里比人由此便在男—女、生—死这两个轴之上描绘其空间，进而通过这样一个宇宙观体系开展人类行为。达里比人的房屋是这种空间体系以微观比例的呈现。男人住在日出 434

————————————

　　[31]　Glass, "Symbolic Geography," 70 – 71.

　　[32]　Roy Wagner, *Habu*：*The Innovation of Meaning in Daribi Religion*（Chicago：University of Chicago Press, 1972），113。瓦格纳写道："达里比人说'太阳和水归于同一处'；水被认为在东方升起……在卡里穆伊山顶上升起，再向西流；这座山的许多山峰以本地的主要溪流的源头（*gomo*）命名。水先流向山北，逐渐汇入图阿（Tua）河，再向西流远。尽管图阿河之后会折返东流，到达卡里穆伊河南边。因此与太阳的路径会聚，但这个事实一般就被忽视了，或只当成一件无足轻重的事。"（111 页）。

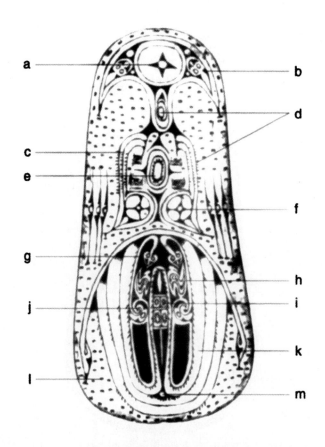

432

图 12.6　特罗布里恩盾牌图案（图 12.5）的本土解释

本示意图描述了图 12.5 中的盾牌上的各种设计元素及其本土意义的所指物。它们通常指的是神话事物和图腾。这个层次的意义——有意识地口头陈述的层次——涉及个人的母题，而不是单个的主题或图案。

据 Patrick Glass, "Trobriand Symbolic Geography," *Man*, n. s. 23（1988）：56 - 76，特别是图 1。

的方向，女人住在与日落、死亡和静水相关联的空间中。房屋前方朝东，后门朝西，"生活的'方向'，来与去，把食物带来、加工、最终丢弃或排泄的活动都沿着中央的东西走廊开展"[33]。在房屋里面，男人居住在上方和前方区域（*oboba*），这里与日出的方向、树木及 *sezemabidi*（居住在树上、大多为男性的树灵）相关联。女人生活在房屋中后方、下方的区域（*iba*），这里与日落的方向、水、死者以及 *izara-we*（生活在地底的炉忌而危险的女子）相关联。总的来看，正如瓦格纳指出的，空间、性别、房屋和人体的营养系统彼此对应，用我的话来说，是形成了一幅多价（multivalent）的原地图。[34]

口语地图

美拉尼西亚社会以诗歌、歌曲和吟颂等口语模式绘制空间。口语表达本身就是一种类型

㉝　Wagner, *Habu*, 123.

㉞　Wagner, *Habu*.

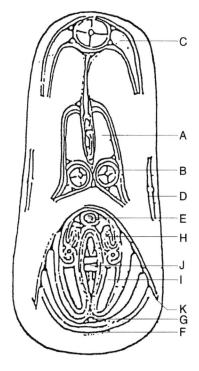

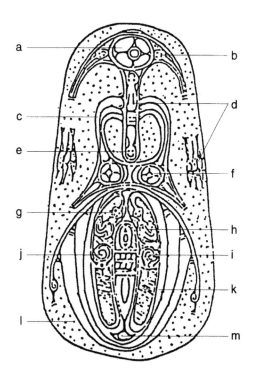

托皮莱塔（下界的看门人）

A. 射精的阴茎的"X 射线"观；B. 睾丸；
C. 输卵管；D. 象征性的鱼；E. 阴蒂；F. 肛门周围剃过的毛；G. 肛门；H. 阴户文身；
I. 阴唇；J. 阴道；K. 正常性交中女性生殖器的轮廓

图玛（下界和特罗布里恩天界）

a. 子宫；b. 输卵管；c. 装饰线（*saina*）；d. 小鱼（*sasaona*）；e. 比目鱼（*siwai*）；f. 睾丸；
g. 蛇文身；h. *Vikia* 或军舰鸟文身；i. *Haia* 贝壳环；j. *Sikwaikwa* 鸟文身；k. 阴唇；l. 矛的记号；
m. 肛门

图 12.7　特罗布里恩盾牌图案：X 射线解读及宇宙—地理编码　　　433

　　本示意图重点绘出盾版图案中与人体解剖有关的部分（比较图 12.5 和图 12.6）。具体来说，左边的示意图描绘了性交，而右边的示意图呈现了女性生殖器和与之相关的文身。

　　本示意图还呈现了盾牌图案的宇宙观或宗教维度。左边的图像代表了托皮莱塔，下界的看门人。他有能扇动的大耳朵和贪婪的性欲；这两个元素在图案中均有呈现。右边的图像是图玛，是岛屿下界和特罗布里恩天界。这两幅图中，一幅表现了生者之地的性交和生殖，另一幅表现了死者之地无性的重生。这种对立也反映在特罗布里恩地理体系中很多与男性或女性相关联的地点上。

　　据 Patrick Glass, "Trobriand Symbolic Geography," *Man*, n. s. 23（1988）: 56 – 76, 特别是图 2 和图 3。

　　的地图，编码了空间、位置、方位和地点。很多非南岛语言（南岛语言可能也是如此）有精细的空间指示体系，事件、行为、人和物都必须用这个体系放置在空间中，以便能够用语言表述出来。这种空间指示体系包括了能把讲话人或会话主题置于空间中的语言标记（如黏着词素）和词汇。这些方位标记通常涉及东—西（可能是根据太阳的轨迹或河流的流向）、向上—向下及这里—那里之类的方向。比如说，在瓦赫吉（Wahgi）语中，迈克尔·奥汉隆（Michael O'Hanlon）说所有事物都根据"处于讲话者的河流上游或下游，朝向河流、远离河流或跨越河流，在房间里面的较高处或较低处"来定位，"甚至在房屋中也会使用这些精确的定向用语。……与此相反，距离远的地方（如今做生意的瓦赫吉男人和女人以及他们的政治家会定期前往那里）全都归在一起，位于同一个方向：无论莫尔兹比港、悉尼还是纽约，统统都描述为'在河的下流和低处'"⑤。有时候，比如在高地瓦赫吉人中，空间指示体系会锚定在山谷之类的特别的地形区域之上，于是在本地地域以外运用其语言中的方向观念时，就会遇到麻烦。⑥

我在前面提到图腾名字和吟颂对雅特穆尔人来说是一种原地图。在巴布亚高原的卡卢利（Kaluli）人中，在吉萨罗（Gisaro）仪式上所唱的歌曲也是口头、音乐地图的一种形式。这些怀念性的歌曲大量提到那一地区的场所。一首歌中提到的每个场所都与一位逝者或不在场者的生命相关联。这些歌曲通过"把地理与对个人的暗示交织在一起"而把有社会重要性的空间描绘出来。⑦ 由这些歌曲形成的"轨迹"虽然有时候会遵循真正存在的路线，但并不是非得如此。构成一首歌中的轨迹的地标常常是地形特征——树木、溪流、山岭等——此外也包括文化性而非自然性的重要空间，比如氏族所拥有的土地，或是由两个人群之间通婚而形成的社会路径。这些地图会给空间和位置增添一种痛楚的情调。事实上，如果一首歌不能让听者潜然泪下的话，那就是失败。⑧

在从图贝图贝（Tubetube）岛开始的长距离库拉航行期间，舵手的歌曲构成了这一地区的一幅口语地图。这些歌曲包括了地名的列表，它们与描述船只运动的习语散布在歌词各处。歌曲中还包括了指示独木舟接近陆地的程度的用语，比如飞鸟的方位。图贝图贝舵手的歌曲始于一声长号（啊哎——！），这种长号会在每两个有名称的地点之间重复出现。有一首歌是这么唱的：

> Aeeee！［啊哎——！］
> Dabwelo［岛名］koina［去……］
> Aeeee！
> Koyagaugau［岛名］tagitai［我们看见……］
> Aeeee！

如是进行。有时候，其他用语也会插入岛屿名字之间，比如村庄名字和登陆地点。歌曲中还有诗意的习语，比如 *kalitamena ipigapigabu*（字面意义是"在闪光的大海中"，这可能指的是独木舟尾波中的磷光，也可能只是海波的反光）。在歌曲唱到岛屿之间的长距离时，还会

435

---

⑤　Michael O'Hanlon, *Paradise*: *Portraying the New Guinea Highlands*（London：British Museum Press，1993），14。其他例子可见：James F. Weiner, *The Empty Place*: *Poetry*, *Space*, *and Being among the Foi of Papua New Guinea*（Bloomington：Indiana University Press，1991），72－78；Volker Heeschen, "Some Systems of Spatial Deixis in Papuan Languages," in *Here and There*: *Cross-Linguistic Studies on Deixis and Demonstration*, ed. Jürgen Weissenborn and Wolfgang Klein（Amsterdam：John Benjamins，1982），81－109；以及 Alfred Gell, "The Language of the Forest：Landscape and Phonological Iconism in Umeda," in *The Anthropology of Landscape*: *Perspectives on Place and Space*, ed. Eric Hirsch and Michael O'Hanlon（Oxford：Clarendon Press，1995），232－254。

⑥　Michael O'Hanlon，私人通信，1994 年。

⑦　Edward L. Schieffelin, *The Sorrow of the Lonely and the Burning of the Dancers*（New York：St. Martin's Press，1976），184。

⑧　Edward L. Schieffelin, "Mediators as Metaphors：Moving a Man to Tears in Papua, New Guinea," in *The Imagination of Reality*: *Essays in Southeast Asian Coherence Systems*, ed. A. L. Becker and Aram A > Yengoyan（Norwood, N. J. ：Ablex，1979），127－143.

经常提到鸟，提示陆地的相对接近程度。[39]

图像和书写的地图

尽管缺乏文献记载，传统美拉尼西亚社会确实也有图像形式的地图。通常这些地图具有明确的地域界限，以一些有重要文化意义的场所为中心。与大多数社会一样，绘图者所在的人群通常居于地图或世界观的中央，其他人群和社会——他们常常讲不同的语言——则位于地图的周边。一位雅特穆尔人在 1994 年为我在土质地面上画了一幅世界地图。地图的中央是一个凹坑，最早的宇宙灵魂和祖先就生自这个凹坑。创造了世界路径的祖先迁徙则用从中心向四面八方辐射的有向线条表示。

伊里安查亚（Irian Jaya）省的梅吉普拉特（Mejprat）人也多少有类似的体系。在他们的理解中，一个地域包括两个部分，即河流或"主人"及丛林或"客人"。这个划分再被一个规范着婚姻的半偶族系统所横切。这一地域由 wor n'su——从中心向外辐射的隧道系统——联合为一。隧道的出口是仪式地点，就像罗盘上的方位点一样组织在一起。[40] 这些地点和隧道两两成组，构成兄妹（或姐弟）之"绳"，最终源自最早的人类兄妹对或姐弟对。在视觉上，这个空间体系呈现为在参加男性成年礼的新成员的胸上绘制的符号，它们描绘了"以两个圆形或者菱形的形象为中心、从那里放射出 8（或 4）条隧道的地域系统"（图12.8）。[41]

图 12.8 几个代表性的描绘了 *wor n'su*（隧道系统）的梅吉普拉特符号 435

这 3 个符号在成年礼仪式期间绘在男性新成员的胸上。每个符号呈现了一个由 *wor n'su* 隧道连接的本地地区系统。正如这些示意图显示的，隧道从该地区的中心向外辐射。

据 John-Erik Elmberg, *Balance and Circulation：Aspects of Tradition and Change among the Mejprat of Irian Barat*（Stockholm：Ethnographical Museum, 1968），图 10。

居住在菲尼斯泰尔（Finisterre）山区的尤普诺（Yupno）人，把他们的本地宇宙绘制

---

[39]　Martha Macintyre，私人通信，1994 年。

[40]　在特罗布里恩群岛，罗盘的主方位点由酋长房屋和酋长的薯蓣房的轴向所指示［Damon, *From Muyuw to the Trobriands*, 193（note 14）］。

[41]　John-Erik Elmberg, *Balance and Circulation：Aspects of Tradition and Change among the Mejprat of Irian Barat*（Stockholm：Ethnographical Museum, 1968），102 – 103。

成一条倾斜的卵形山谷，四周都为山脉所围绕（图12.9和12.10）。这幅地图包含了身体意象。整个世界的朝向由尤普诺河的流向而定；这条河经由山谷唯一的开口东流入海，它：

436

图12.9　尤普诺男子在描绘"世界"

> 尤普诺谷崎岖不平的土地三面为山脉（当地语言直译为"围栏"）所围。村庄坐落于邻近的小山谷中或山坡上的窄平地上。在尤普诺人的传统观念中，山谷就是"世界"。其形状为卵形，谷口向东，尤普诺河（中间的线条）经此入海。较小的卵形则描绘了有围栏的村庄。
>
> 瑞士巴塞尔大学的维伦娜·凯克博士许可使用。

被视为创世者莫拉普（Morap），"一位生活充裕者"。上方（"西方"）是人类起源之处，人类被装在竹筒（*teet*，也是"右"的意思）里，被尤普诺（字面意义是"把所有东西冲到水边、让它们沉在岸上"）河冲到岸边；在尤普诺河入海的底部（"东方"）是死者之地，诺姆萨（Nomsa）岛，它是"像蕨秆一样从海里升起的东西"。……河源（在上方和后方）是莫拉普的头，河口（在下方和前方）是他的双脚。莫拉普在朝下游看。⑫

---

⑫　Jürg Wassmann, "The Yupno as Post-Newtonian Scientists：The Question of What Is 'Natural' in Spatial Description," *Man*, n. s. 29（1994）：645 – 666，特别是658页。

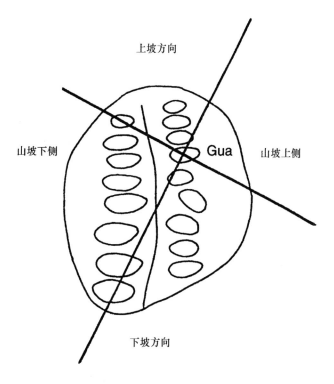

上坡方向

山坡下侧　　　　　　　　　　　　Gua　　　山坡上侧

下坡方向

图 12.10　尤普诺人的本地宇宙

436

本图从古阿村的视点出发，把尤普诺谷呈现为由山脉包围的有边界的卵形。上坡方向为西，
而不像西方地图的通常朝向那样以北为上；尤普诺河则向东流淌。根据河流的流向和土地总体的
南北向倾斜性，本地世界可以划分为四个象限。

承蒙瑞士巴塞尔大学的维伦娜·凯克博士提供此图。

　　不仅如此，这种区域空间的呈现在尤普诺人的房屋中也得到了复制。他们的房屋为卵形，在
前方有单独一个开口，并有一道长长的壁炉在中间向下延伸。
　　并不令人意外的是，这种封闭或有界的尤普诺世界地图现在也在发生变化。图 12.11
中的地图，是从未离开过其地域的男性长者应请求而画。"请在这里的地面上画出你生活
的地方，和你讲相同的语言的人生活的地方。"[43] 把这些有界的地图与另一些得到相同的
请求、但曾经短期离开过这一地区到海边访问的男子所画的地图（图 12.12）相比较。与
此不同，在图 12.13 中展示的地图的绘者是在种植园工作过或在城市中生活的中青年男
性，我们可以看到图像已经转向几何式呈现，并几乎具备了平面精确性。这种几何化转
向可能是对文字更熟悉的结果，以及在西方式的事务处理、种植园管理及西方式建筑物
和城市具棱角的布局的情境之下所掌握的多种精确性的结果。这种具象地图因此可能是
对不同的地域愈加熟悉的结果（对"自然"的感觉与对"文化"的感觉相脱离）及我们
可以称之为"平面测量呈现"（planimetric representation）的观念的共同成果。在这两种

　　[43]　Jürg Wassmann, "Worlds in Mind: The Experience of an Outside World in a Community of the Finisterre Range of Papua
New Guinea," Oceania 64 (1993): 117 - 145, 特别是 129—145 页。尽管瓦斯曼（Wassmann）指出尤普诺人传统上并不会
在地上画地图（129 页），但这里对尤普诺地图的讨论看来并无不当之处。

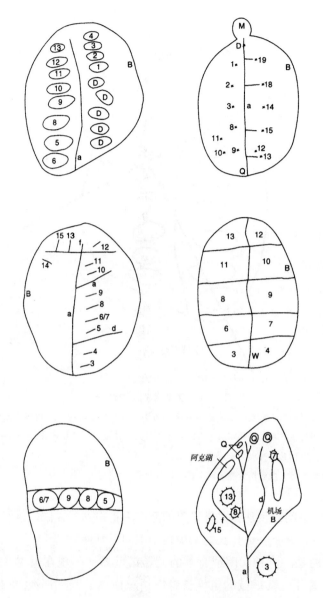

437

图 12.11 男性长者绘制的尤普诺地图

绘制这六幅地图的尤普诺男子的生活完全局限于本地地域。他们被要求画出他们和其他讲同一种语言的人所生活的地区。与传统的宇宙观一致,每幅地图都为菲尼斯泰尔山脉所清晰地围绕,这是它们尤为重要的特征(参见图 12.10)。地图中央则绘出了河流和以卵形呈现的村庄。

在图 12.11—12.14 中,数字 1—20 代表 20 个尤普诺居民点,其他非尤普诺人的村庄以 D 标出;最主要的河流以小写字母 a—g 标出,其他河流以 F 标出;W 指小路;Q 指泉水;M 指海洋;B 指山脉(围栏)。参见图 12.15。

据 Jürg Wassmann, "Worlds in Mind: The Experience of an Outside World in a Community of the Finisterre Range of Papua New Guinea," *Oceania* 64 (1993): 117 – 145, 特别是图 1 (A1 – A6)。

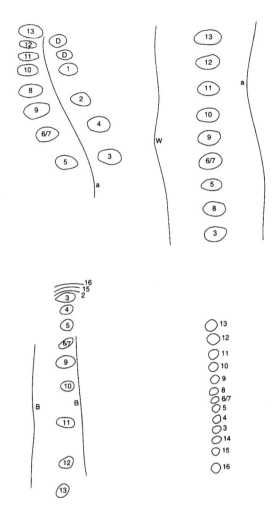

图12.12　去过海边的尤普诺男子所绘的地图　437

　　绘制这4幅地图的男子对于本地以外的地域有一定经验，图中因此缺少图12.11中的地图里的
边界线，但仍然保持了传统的取向——以河流及有边界的村庄构成的线为准。也见图12.15。

　　据Jürg Wassmann, "Worlds in Mind: The Experience of an Outside World in a Community of the Finis-
terre Range of Papua New Guinea," *Oceania* 64（1993）: 117–145，特别是图1（B1–B4）。

情况下，地图学方法的变化可以追因到更多的实践知识及更多的有关传统地域之外的地域的　436
知识。最后，图12.14中的地图是由尚未接受任何学校教育的儿童所绘，它们让人想起那些
由从未出过远门的男性长者所绘的地图。儿童的地图既没有表达出与男性长者的地图处于同
一层面的宇宙观知识（比如把整个地域用圆形包括在其中），又没有表达出外部世界的影
响——比如开放性、棱角性、组织化和平面呈现等（可以与图12.15中该地域的实际地图相
比较）。[44]

---

　　[44]　瓦斯曼在评论这些地图的制作时说："尽管尤普诺人传统上并不会在地上画地图，也不会在地上标出短的路线，
以便给一个简单的路线描述提供示意，但是所有男子无一例外都能不费力地应请求绘制地图。不过，妇女（女孩除外）
不能走来参加到这个任务中。所有参与者都用一根小棍在平整的土质地面上绘制其领地。不管是在场的人类学者还是
任何尤普诺同胞，都没有给他们提供任何帮助。问题最多只重复了一次。"（"Worlds in Mind," 129）

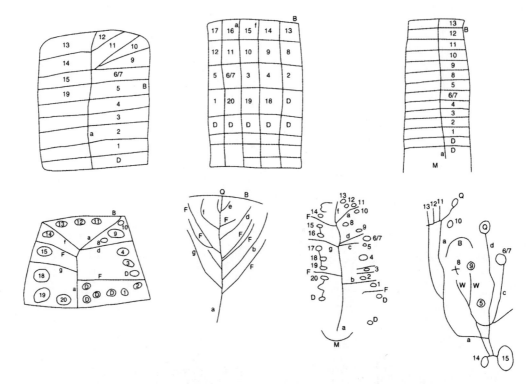

438

图 12.13　在种植园工作并居住于城市中、经验较为广泛的尤普诺男子所绘的地图

这些地图的制图在两个方面发生了变化。前四幅地图表明作者能更熟练地体现几何化重整和线性；我们可以说这些地图更为书面化。后三幅地图为具象风格，它们试图把这个地区描绘成它在自然界中存在的样子，而不是完全由文化传统介导之后的样子。也见图 12.15。

据 Jürg Wassmann, "Worlds in Mind: The Experience of an Outside World in a Community of the Finisterre Range of Papua New Guinea," *Oceania* 64 (1993)：117 – 145，特别是图 1 (C1 – C7)。

　　在塞皮克河中游的钱布里（Chambri）人中，格韦尔茨（Gewertz）引导"一个叫亚拉帕特（Yarapat）的男子创作了一系列图画，以描绘钱布里人所据有的土地。他绘制这些地图时我在场，他画的前两幅都因为不够好而被他自己否定了，但他对于最后一幅的准确性却很满意"。[45] 他的第一幅地图并不是按照地理位置，而是按照传统的同盟关系和交换类型——换句话说，也就是经济和仪式上的对等性——来排列村庄（图 12.16）。为了纠正第一幅地图的问题，亚拉帕特又画了第二幅地图，把地理位置包含进来，并区分了钱布里人的村庄和塞皮克山（Sepik Hills）人的小村落（图 12.17）。第三幅地图也是与地理相关的，但其中做出区别的成了钱布里人的村庄与他们的雅特穆尔人对手的村庄，这两个族群之间一直都存在土地纠纷（图 12.18）。这三幅地图都是准确的，但只有在政治声明和权力关系的特别语境之下才能获得空间准确性。换句话说，这三幅地图都在尝试描绘相关的地理和社会关系，以向对手声索钱布里人失去其手的土地。第一幅地图描绘的社会关系在很大程度上以世袭的贸易村庄之间的平等交换情况来表示。第二幅地图包括了实际的地理位置，则把钱布里人的土地与塞皮克山人的土地区分开来。第三幅也是最

437

　　45　Deborah B. Gewertz, *Sepik River Societies：A Historical Ethnography of the Chambri and Their Neighbors* (New Haven：Yale University Press, 1983), 144 – 148，特别是 144 页。

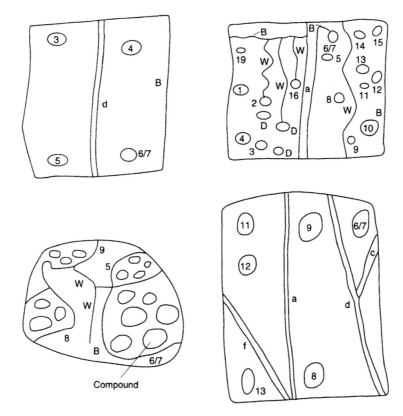

图 12.14　学龄前的尤普诺儿童绘制的地图　　　　439

　　这些儿童绘制的地图把这一地区呈现为简单、有限而有界的空间，其中有中央的河流轴和卵形的村庄。它们与由那些一生都待在这一地区的男性长者所绘制的地图（上文的图 12.11）非常相似。也见图 12.15。

　　据 Jürg Wassmann, "Worlds in Mind: The Experience of an Outside World in a Community of the Finisterre Range of Papua New Guinea," *Oceania* 64 (1993): 117–145, 特别是图 1 (D1-D4)。

后一幅地图很明确地想要描绘在地理上应归属钱布里人，但被雅特穆尔人闯入并占据的土　438
地。亚拉帕特希望这幅地图可以说服巴布亚新几内亚的土地管理部门在将来裁决土地争端时
能够照顾钱布里人。尽管其中体现了创作者所受的文化教育，但这些钱布里地图仍然反映了
传统呈现方法的既恒常又易变的本质。⁴⁶

艺术和仪式地图

　　我称之为艺术和仪式地图的作品，在美拉尼西亚和巴布亚新几内亚也可以见到。与上
文讨论的很多地图的例子一样，这些地图也是在主要并不以制图为目的的活动中创作的。
换句话说，空间的呈现不是这些物品或事件的首要目的。因此，这些地图是戏剧化的原
地图。

　　雅特穆尔人在仪典中，用四种颜色的颜料装饰人体和仪式艺术作品，即白、黑、红和
黄。这些颜色在两个方面构成了一种原地图。首先，既然每种颜料只在少数地方有出产，那

---

⑯　Gewertz, *Sepik River Societies*, 148.

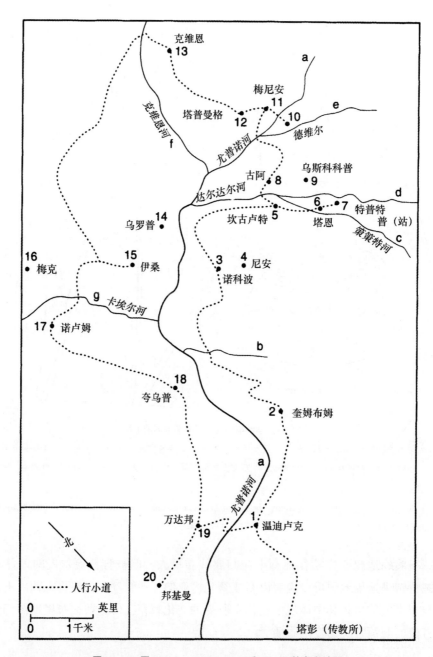

图 12.15　图 12.11，12.12，12.13 和 12.14 的参考地图

数字 1—20 代表尤普诺居民点，字母 a—g 代表最主要的河流。

据 Jürg Wassmann，"Worlds in Mind：The Experience of an Outside World in a Community of the Finisterre Range of Papua New Guinea，" *Oceania* 64（1993）：117—145，特别是 130 页。

么每种颜色就可专门指代这些发现地点。因此，任何颜色都成了有限数目的地点的指代。然而，在仪式的语境下，颜色能唤起的地理概念会缩窄到一个特别的家系或氏族——也就是主办仪式，并把自己的身体及其神圣物品染色的人群。这些家系或氏族所拥有的场所，是这些后代群体的祖先的迁徙路线上的节点。颜色唤起了图腾意义，特别是具有时间、空间和方向维度的祖先迁徙。当人们在艺术和仪式的语境中看到颜色时，便会回想起这些场所和迁徙，

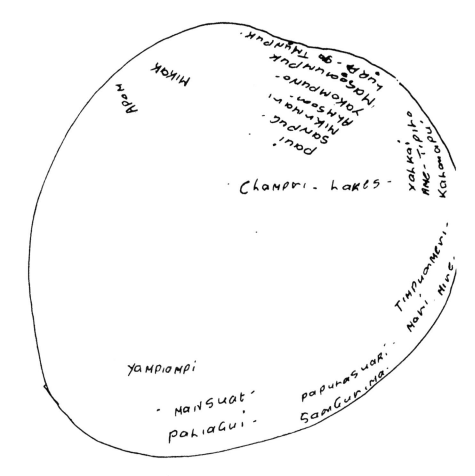

图 12.16 钱布里男子所绘的村庄地图，未考虑地理位置   440

本图画出了作为贸易伙伴或同盟集体的大小村庄。它们环绕亚拉帕特（绘图者）所在的村庄大致呈环形排列。地图描绘了这些村庄在社会空间中如何集群，所依据的是美拉尼西亚的对等逻辑：亲近性通过社会密切必性来衡量，而不是由空间本身来衡量。因此，这幅地图并没有呈现实际的地理位置。

据 Deborah B. Gewertz, *Sepik River Societies: A Historical Ethnography of the Chambri and Their Neighbors* (New Haven: Yale University Press, 1983), 145。

以及创造他们的祖先。㊼

　　对于装饰了舞者和艺术的贝壳饰物来说，情况也是如此，因为这些物品只能在海边见   439
到。它们可沿着两条主要路线通过礼物交换获得。第一条路线是从北部海岸经过塞皮克平原
到达塞皮克河的沿线下行的交换；第二条路线是雅特穆尔人沿河流前往下游，去访问海岸地
区和塞皮克河下游地区村庄的贸易伙伴。因此，和颜料的颜色一样，贝壳饰物唤起了对空间
的感觉，由此构成一种地图。不过，贝壳能够唤起的并不是祖先—图腾空间，而是当下的空

㊼　在新爱尔兰（New Ireland）岛，马兰甘（Malangan）人的葬礼艺术也与对景观的记忆及土地的使用权有关。那些雕塑本身不是地图；你无法在它们上面看到景观。然而同样的助记模板主导了人们对图像和景观的记忆 [Susanne Küchler, "Landscape as Memory: The Mapping of Process and Its Representation in a Melanesian Society," in *Landscape: Politics and Perspectives*, ed. Barbara Bender (Oxford: Berg, 1993), 85–106]。

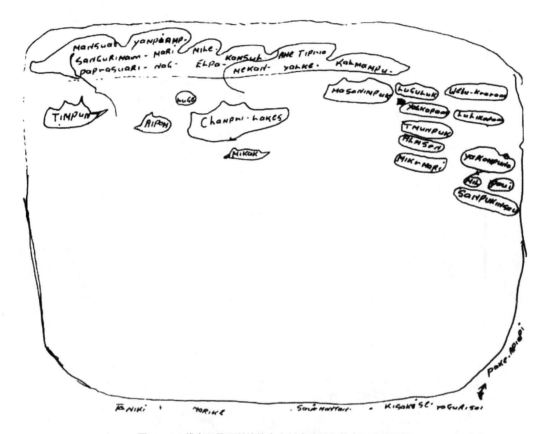

440

图 12.17 钱布里男子所绘的大小村庄地图，整合了地理位置

本图是图 12.16 中所示地图的修订版，开始以实际的地理朝向来描绘位置。本图的中央表现了钱布里湖中各个岛屿的真正地理位置。然而，在该湖以外，空间仍然按照社会关系——也就是钱布里人群（以地理方式绘制）和塞皮克山人群的村庄（仅根据它们与钱布里人群所在位置的“距离”绘制）之间的差异——来绘制。这样一来，虽然本图的中央呈现了地理空间，但周边的村庄仍然只是根据“非钱布里”或“外周”的逻辑来绘制。

据 Deborah B. Gewertz, *Sepik River Societies: A Historical Ethnography of the Chambri and Their Neighbors* (New Haven: Yale University Press, 1983), 146。

间、旅行和距离。

雅特穆尔人有一群祖先，在人类之前的时代从原初的坑穴中生出，他们是“玛伊”（*mai*）灵魂。这些随氏族和家系不同的灵魂三个构成一组，要么是哥哥—弟弟—父亲，要么是兄妹（姐弟）和父亲。他们在人们诞生之前沿着图腾路径创造了村庄。在玛伊仪式中，戴着面具、穿着舞服的舞者代表了这些灵魂，他们从高于地面的舞台后面出现，边跳舞边通过竹制的声音调节器来演唱图腾歌曲。舞台背景上用缠织的叶子和竹子呈现了三座山（图版 23）。作为一幅地图，这三座山呈现了由村庄的祖先创造的世界的三个地域——塞皮克河以北的土地，河以南的土地，世界的被水覆盖部分的土地（河流和海洋）。村庄中所有三个主要氏族都各占有代表着世界一个地域的一座山，而这个地域正是由该氏族的祖先所创造。因为宇宙的原始状态是一片汪洋，陆地从水中生出，所以雅特穆尔人把土地呈现为山。土地一直遭受着塞皮克河的侵蚀威胁，因此高山又是表现陆地稳定性的图像。此外，塞皮克河的

440 范围由南边的内陆高原和北边的亚历山大王子山脉（Prince Alexander Mountains）所限定。与此类似，像沃盖奥（Wogea）岛和马纳姆（Manam）岛等离岸岛屿是高大的火山，在海岸

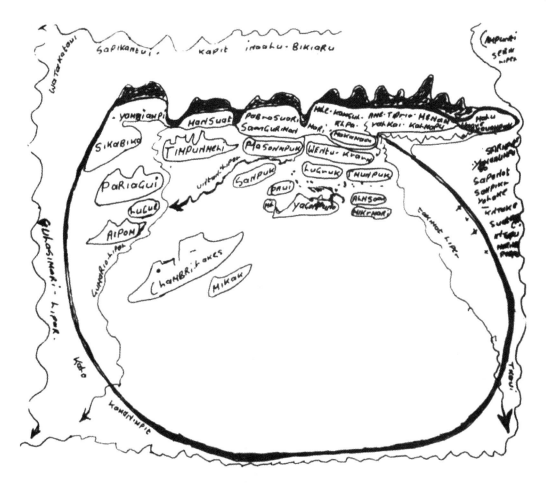

图 12.18　钱布里男子所绘的钱布里村庄和雅特穆尔对手的地图　441

在亚拉帕特把以地理空间对位置所做的描绘扩展到整个地区之后，最终就绘出了这幅地图。图上把钱布里人的村庄与他们的对手雅特穆尔人的村庄隔开，后者被画到图的最右边；四个 x 形符号将这两个敌对的人群分开，好像他们在地理空间上就是如此分布。然而，亚拉帕特并没有标出钱布里村庄与塞皮克山村庄（上方中央）的边界，这表明社会距离仍然是空间描绘的一部分。此外，与前图不同，本图试图把对手及其联盟的村庄按位置来描绘，而不是简单画成一对。

据 Deborah B. Gewertz, *Sepik River Societies: A Historical Ethnography of the Chambri and Their Neighbors* (New Haven: Yale University Press, 1983), 147。

和塞皮克河的河口处可以望见。在这个意义上，把世界的三个地域呈现为山的做法既是地理性的，又是习语性的（idiomatic）。⑱

　　另一种以仪式模式表现的制图，见于生活在西塞皮克省内陆的乌梅达（Umeda）人的"伊达"（*ida*）盛会期间。这是一场精致的化装盛会，共有四个阶段。在每个阶段，都会有一种动物、一种类型的人类经验（比如吃、性交、杀戮）、身体的一个部位和人类生命周期的一个阶段彼此联系在一起；就我们的讨论来说最重要的是，同时联系在一起的还有概念化为从"内"到"外"的连续谱的空间。这个连续谱分成四段，每一段都与社会空间相对应。

---

⑱　由生活在塞皮克河河口的穆里克（Murik）妇女制作的篮子上常有染色的图案和褶子，象征了海潮、岩石和岛屿（Kathleen Barlow, "Women's Textile Arts and the Aesthetics of Domestic Life among the Murik of Papua New Guinea," paper presented at the American Anthropological Association annual meeting, San Francisco, 1996）。

因此，自内而外的进展体现会通过四个社会类别而与仪式进展相关联，这四个社会类别是：与你共同进食的人，与你共同狩猎的人，潜在的婚配对象和性伴侣，在根本上生活在你的道德宇宙之外、因此有资格成为你杀人受害者的人。在这个框架里，仪式地图以戏剧化方式呈现的不是实际的地理空间，而是通过内—外的空间隐喻来理解的社会空间。即使在非仪式化的语境之下，这种类型的空间制图在美拉尼西亚也很常见（图 12.19）。[49]

	经验类型	角色类别	微观世界	宏观世界	空间	时间
I	吃	鱼	头	进食伙伴	内部人	年轻
II	射击	箭	手臂	狩猎伙伴		
III	交配	食火鸡	阴茎/骨盆	性交伙伴		
IV	杀	泥人	躯干	杀死非伙伴	外部人	年老

图 12.19 乌梅达人的"伊达"仪式的过程

表演这一仪式的是西塞皮克省内陆的乌梅达人。四个阶段中的每个阶段都沿着从"内"到"外"的连续过程展开。这些空间划分被编码为身体的部分、社会关系、时间、神话形象和本地经验的主要模式。我们可以说，空间或相对位置是乌梅达文化的一些重要维度的组织框架。

据 Richard P. Werbner, *Ritual Passage, Sacred Journey: The Process and Organization of Religious Movement* (Washington, D. C.: Smithsonian Institution Press. 1989), 图 30。

性别化的地图

在很多美拉尼西亚社会中，空间的文化建构与性别有重要关系。作为一种社会实践和认知框架，性别是一种生存地图。在开始论述之时，我要强调一下：美拉尼西亚的很多地图学

---

[49] Richard P. Werbner, *Ritual Passage, Sacred Journey: The Process and Organization of Religious Movement* (Washington, D. C.: Smithsonian Institution Press, 1989), 149 – 154.

呈现，是仪式领域内男性活动的结果。在很大程度上，美拉尼西亚仪式牵涉到男性对人类和宇宙的生育力和繁殖的索求。不仅如此，很多社会认为男性曾经在遥远的过去从女性那里窃取了仪式性的"圣礼"（*sacra*）。[50] 当本土地图成为由男性拥有或控制的范围更广的秘传仪式的一部分时，可以说这些地图是有关于男性对繁殖力和生育力的贡献的意识形态陈述，而且这种贡献经常被认为独属于男性。这些口头和非口头的陈述只有在与那些据信是女性力量的东西对照时，才变得富有意义。

　　性别在其他方面也对空间有影响。很多美拉尼西亚社会在村庄或村落内外都有仅供一种性别使用的道路。比如说，在雅特穆尔村庄里，妇女被禁止在通往只有男性可进入的宗教会堂的主路上行走。她们另有自己的道路。在梅凯奥（Mekeo）人的村庄中，单身汉和鳏夫不能在白天走在村庄中央的主路上。[51]

　　居住在穆比（Mubi）河谷的福伊（Foi）人把穆比河视为主要的地理定向轴。这个绝对的空间标志物向东南流去。河水的流动是人类生命行程的隐喻：都是朝向日出和万灵之地。与此相对，穆比河的源头则与红色的日落、使生命降生的力量以及有性吸引力的年轻人联系在一起。珍珠贝的移动也与河水的流动平行。这些珍宝在河源处获得，用于婚礼交换，由此让生命和社会交往成为可能。总而言之，上游是雄性的变调，河流朝着雌性的方向流去。与此类似，福伊人在住宅中也划出男性空间和女性空间。穆比河谷中的这种性别化地图还有一种身体的或消化道的隐喻：河源与口和眼相关，而死亡的方向与肛门相关。最后，一种相对的上—下区分又叠加在河谷中绝对的男—女区隔之上。高处的东西与男性的狩猎相关；低处的东西则让人想到女性的捕鱼和园艺。[52]

结　论

　　总体来说，本章提供了一个启发式框架，介绍了传统美拉尼西亚社会呈现空间及创作原地图和地图，并将它们组织起来的各种方式。由此便生发了两个结论。首先，本土制图技术是文化的产物。它们在社会上嵌入用于组织社会生活的主要议题和类别之中。我同意著名符号人类学家克利福德·格尔茨的看法，他写道："我所赞成的文化的概念……本质上是符号式的。我相信马克斯·韦伯所说，人是一种悬挂在他自己编织的意义之网中的动物；我认为文化就是这样的网。"[53] 前文已经论述了巴布亚新几内亚和美拉尼西亚的本土地图是当地人

---

　　[50]　Alan Dundes, "A Psychoanalytic Study of the Bullroarer," *Man*, n. s. 11 (1976): 220 – 238; Terence E. Hays, "'Myths of Matriarchy' and the Sacred Flute Complex of the Papua New Guinea Highlands," in *Myths of Matriarchy Reconsidered*, ed. Deborah B. Gewertz (Sydney: University of Sydney Press, 1988), 98 – 120.

　　[51]　Epeli Hau'ofa, *Mekeo: Inequality and Ambivalence in a Village Society* (Canberra: Australian National University Press, 1981).

　　[52]　James F. Weiner, *The Heart of the Pearl Shell: The Mythological Dimension of Foi Sociality* (Berkeley: University of California Press, 1988), 46 – 50。有关类似性别的空间划分，参见 Wagner, *Habu*, 43 – 44（注释 32），以及 Brenda Johnson Clay, *Pinikindu: Maternal Nurture, Paternal Substance* (Chicago: University of Chicago Press, 1975), 86。

　　[53]　Clifford Geertz, *The Interpretation of Cultures* (New York: Basic Books, 1973), 5. 也见 Eric Kline Silverman, "Clifford Geertz: Towards a More Thick Understanding?" in *Reading Material Culture*, ed. Christopher Tilley (Oxford: Basil Blackwell, 1990): 121 – 159.

在文化、社会生活和生存环境中穿行时所建构的指南，并服务于他们的这些活动。他们的地图不只与空间有关，最终还是与文化有关。虽然确实存在普适的、跨文化的有效制图形式，但本土经验更是本地化的而非普适的。地方生存具有地方意义。和所有形式的知识一样，只有考虑到地方特色，我们才能充分地理解地图。

其次，传统美拉尼西亚社会的口语社会本质以及知识和权力的关系经常把本土地图置于一种竞争的政治空间之中。我相信，大多数美拉尼西亚人和巴布亚新几内亚人都明白这一点。社会生活是复杂的意义之网。然而，意义常常是针对物质资产和符号资产——也即针对资源和特权——的竞争的产物。男性，有时还有女性，会把利益授予社会建构，授予他们对空间、位置、方向和地形的分配，由此塑造的地图便呈现了这些竞争。本土制图并不是客观的，因此地图学语篇是更广泛的社会实践的一部分。通过这些社会实践，美拉尼西亚人和巴布亚新几内亚人的生存便浸染了意义、激情和策略。

第十三章　大洋洲的航海地图学和
传统航海

本·芬尼（Ben Finney）

心象地图学

　　大洋洲人的航海活动，为地图学史的研究者提出了多少是个谜的问题。这里有杰出的航海者，驾驶着他们的独木舟在岛屿之间航行，在看不见陆地的海上度过好几天、甚至很多星期，却并不依赖任何工具或海图来确定航路。实际上，他们会在头脑中持有岛屿在大洋上的分布图像，并根据一个观念罗盘在脑海中想象方位的改变；这个观念罗盘的刻度通常是根据重要恒星和星座的升落或有名风（named winds）的吹送方向来确定的。在这个岛屿和方位的心理框架之内，为了把独木舟驶向地平线之外的目的地，这些航海者会应用由肉眼观察得来的关键信息——恒星，海洋涌浪，稳定的风，受岛屿影响的云形，在陆上筑巢、海中捕鱼的鸟，以及其他由自然界提供的线索。

　　如今，这种传统航海术在太平洋中的少数地点还有实施，其中包括密克罗尼西亚加罗林群岛（Caroline Islands）的一些微小的环礁。人类学家托马斯·格拉德温（Thomas Gladwin）在有关传统加罗林航海的研究中抓住了这种航行的本质，它让娴熟的航海者在海上仅需依赖自己的感觉及周边岛屿的心理图像。"在整个过程中，所有真正重要的东西都存在于他的头脑中或是贯穿于他的感觉中。所有他实际上能看到或感受到的东西只是独木舟在水中的穿行、风向和恒星方位。其他所有东西都依赖于一幅认知地图，这幅地图既是真正的地理图，又是一幅逻辑图。"[①] 很多地理学家、心理学家和其他学者已经描述过人们如何把他们周边的世界转换形成"认知地图"或"心象地图"。[②] 然而，大多数这类研究首先关注的是儿童和一般成人形成并利用周边环境的图像的一般性过程，而本章要探讨的则是太平洋群岛的专

---

① Thomas Gladwin, *East Is a Big Bird*: *Navigation and Logic on Puluwat Atoll* (Cambridge: Harvard University Press, 1970), 195.

② 比如: Peter Gould and Rodney White, *Mental Maps*, 2d ed. (Boston: Allen and Unwin, 1986); Benjamin Kuipers, "The 'Map in the Head' Metaphor," *Environment and Behavior* 14 (1982): 202 – 220; William Bunge, *Theoretical Geography*, 2d ed. (Lund, Sweden: Gleerup, 1966), 39 – 52; Dedre Gentner and Albert L. Stevens, eds., *Mental Models* (Hillsdale, N. J.: Lawrence Erlbaum, 1983); Gary L. Allen et al., "Developmental Issues in Cognitive Mapping: The Selection and Utilization of Environmental Landmarks," *Child Development* 50 (1979): 1062 – 1060; 以及 David S. Olton, "Mazes, Maps, and Memory," *American Psychologist* 34 (1979): 583 – 596。

业航海家在心理上绘制环境图像的高度结构性的方式，这些环境包括海洋、岛屿、涌浪（swells）、风、恒星和其他对这一技艺来说十分重要的特征；之后，他们运用这些正式的图像以及他们自己的感官感知，来引导独木舟在大洋中航行。

不过，对这些专家来说，把心理图像以物理的方式描绘出来的想法也并不陌生。早期的西方探险家和传教士就记录了一些例子，表明本土航海者在被问到他们自己的岛屿周边的其他岛屿时，可以马上在沙地上划线或排列珊瑚碎块，而制作出地图来。在这些早期的来访者中，有些人还以这样的临时性地图为本，或是从知情人的言语和姿势得到有关他们所知的岛屿的方位和距离信息，来绘制海图。

不仅如此，一些岛屿上的娴熟航海者还能通过排布珊瑚碎块来表示重要恒星和星座升起和降落的位点，从而把一种概念上的"恒星罗盘"教给这些西方学生。一旦他们的学生掌握了恒星罗盘，就会被要求想象一系列的"岛屿海图"，方法是在心理上把岛屿接连置于罗盘的中心，然后背出驶向每个恒星方位时会发现的岛屿、珊瑚礁和其他有关航海的重要特征。在马绍尔群岛（Marshall Islands）——也只有那里——航海者擅长识别岛屿破坏远洋涌浪图案的方式，并制作"棍棒海图"来描绘岛屿及它们施加在涌浪之上的效应。这些海图曾用于教导后学，或作为在出海之前参考的助记手段。然而，一旦这些航海者出海，他们绝不会为了帮助自己完成任务而随身携带任何这样的有关岛屿、恒星位置或涌浪图案的物理呈现物。从詹姆斯·库克（James Cook）船长及其他早期探险家的观察开始已经积累了大量民族志证据，对少数传承至今的传统航海者以及现代正在学习这门古老技艺的岛民也在海上做了一些当代研究，这些证据合起来都展现了这些航海者在心理上绘制海洋世界的方法。

并不令人意外的是，关注物理地图人造物的标准地图学史在很大程度上忽视了大洋洲航海者在心理上绘制岛屿、恒星和涌浪图像的方式。诚然，这类著作中也提到了一些迷人的棍棒海图，展示了岛屿如何打断涌浪。③ 然而，只有一个群岛的航海者会利用这种手段，而且与太平洋航海者制作的其他物理呈现物一样，他们并不在海上使用它们。这些航海者会把岛屿的位置概念化，会设置通往这些岛屿的航道，会在沿途进行推测航行，然后登陆，在海上的这全部过程都不会参照任何物理海图。不过，在有关岛屿定居、独木舟航行和航海技术的历史和人类学文献中，这些过程却得到了大量讨论。④ 此外，我在 20 世纪 60 年代还开始了一项工作，重造古代航海独木舟，重新学习传统航海术，然后在波利尼西亚的漫长海路上测

③ 比如：Leo Bagrow, *History of Cartography*, 2d ed., rev. and enl. R. A. Skelton（Chicago：Precedent, 1985），27 – 28；Norman J. W. Thrower, *Maps and Civilization：Cartography in Culture and Society*（Chicago：University of Chicago Press, 1996），4 – 7；Gordon R. Lewthwaite, "Geographical Knowledge of the Pacific Peoples," in *The Pacific Basin：A History of Its Geographical Exploration*, ed. Herman Ralph Friis（New York：American Geographical Society, 1967），57—86 页，特别是 73—74 页；以及 Michael Blakemore, "From Way-Finding to Map-Making：The Spatial Information Fields of Aboriginal Peoples," *Progress in Human Geography* 5（1981）：1 – 24，特别是 19—20 页。

④ 比如：Jack Golson, ed., *Polynesian Navigation：A Symposium on Andrew Sharp's Theory of Accidental Voyages*, rev. ed.（Wellington：Polynesian Society, 1963）；David Lewis, *We, the Navigators：The Ancient Art of Landfinding in the Pacific*, 2d ed., ed. Derek Oulton（Honolulu：University of Hawai 'i Press, 1994）；Gladwin, *East Is a Big Bird*（见注释 1）；Ward Hunt Goodenough, *Native Astronomy in the Central Carolines*（Philadelphia：University Museum, University of Pennsylvania, 1953）；Andrew Sharp, *Ancient Voyagers in the Pacific*（Wellington：Polynesian Society, 1956）；以及下书中列出的很多条目：Nicholas J. Goetzfridt, comp., *Indigenous Navigation and Voyaging in the Pacific：A Reference Guide*（New York：Greenwood Press, 1992）。

试这些方法，于是把兴趣进一步聚焦在这些过程之上。⑤ 本章就描述了我们从太平洋岛屿航海的历史、人类学和实验考察中所了解到的东西，把这一引人入胜的大洋洲传统引入有关我们这颗行星上地图学的一般发展过程的讨论之中。

我首先将评述欧洲人对这一地区的早期探索，然后考察那些应该引发西方世界注意的太平洋岛民本土地理知识的最早一小批地图学证据。它们包括 4 张海图——其一来自波利尼西亚，另三张来自密克罗尼西亚——由早期欧洲探险家和传教士以岛屿航海者提供的地理信息为本而绘制。

这些海图提醒外部世界，这些石器时代的航海者能够以他们自己的岛屿为中心，对很广的半径内的数量可观的岛屿加以定位。然而，这些航海者自己如何将岛屿、大洋涌浪、恒星轨迹以及对其技能运用来说十分重要的所有其他海洋环境特征绘制成图？对此，这些海图并不能提供任何线索。为了探究本土航海地图学，我们首先必须了解这些技艺精湛的航海家为其独木舟导航的一般原理。在这些原理的框架下，本章将关注密克罗尼西亚的两种彼此不同而有关联的导航传统，综述其导航方法和相关的地图学实践。之所以选择密克罗尼西亚，是因为对这一地区的传统的记录十分详细，在目前远远超过了可以见到的有关其他太平洋航海术体系的记录。这两种导航传统之一来自加罗林群岛，本质上是天体导航体系，包括多种既在地面上又在心中实施的为恒星和岛屿绘图的方法，以及如何通过利用航程全程中导航方位的变化而把独木舟前往目的地的过程简洁地绘制成图。第二种传统来自马绍尔群岛，对海洋的关注多于天空。那里的航海者运用了一种整个大洋洲通用的技术——通过观察岛屿破坏正常大洋涌浪的情况，而在望见岛屿之前就侦测到它的存在——并把这种技术发展成一套高度精密的方法，用来在马绍尔群岛的环礁之间保持航路。正是他们制作了著名的棍棒海图，以呈现和传授涌浪在其传播路线上被岛屿反射、折射和衍射的方式。

欧洲人向远大洋洲的挺进

当麦哲伦在 1520 年进行已知最早的跨洋航行时，他并非只是想要探索他命名为"太平洋"的这个大洋。他的目标是寻找一条新路线，可以前往获得那些生长在亚洲最东南端星罗棋布的岛屿上的香料。自那以后的 200 多年时间里，驱动欧洲人横跨地球所有大洋中最险恶的这个大洋的首要动力，一直是这种前往亚洲富庶之地的欲望，而不是任何纯粹的探险激情。尽管西班牙人后来在其菲律宾和新世界的据点之间建立了每年定期的贸易航线，但这仍然基本无助于让外部世界增加有关太平洋及其居民的知识。事实上，在 200 多年时间里，行驶在墨西哥港口到马尼拉这段航程上而穿越了波利尼西亚三角区的大帆船上的海员一直没有意识到，他们经过的是世界上最杰出的文化区之一。在这个时代，仅有的几次前往太平洋的

445

---

⑤ David Lewis, "Ara Moana: Stars of the Sea Road," *Journal of the Institute of Navigation* 17 (1964): 278 – 288; Will Kyselka, *An Ocean in Mind* (Honolulu: University of Hawai 'i Press, 1987); Ben R. Finney, "Rediscovering Polynesian Navigation through Experimental Voyaging," *Journal of Navigation* 46 (1993): 383 – 394; 同一作者, *Voyage of Rediscovery: A Cultural Odyssey through Polynesia* (Berkeley: University of California Press, 1994); 同一作者, "Voyaging Canoes and the Settlement of Polynesia," *Science* 196 (1977): 1277 – 1285; 以及同一作者, "Colonizing an Island World," in *Prehistoric Settlement of the Pacific*, ed. Ward Hunt Goodenough (Philadelphia: American Philosophical Society, 1996), 71 – 116.

探索性航行无法称为科学考察，因为其指挥者寻找的是他们认为就位于这片海域的富庶土地。这包括 16 世纪和 17 世纪中阿尔瓦罗·门达尼亚·德·内拉（Alvaro Mendaña De Neira）、佩德罗·费尔南德斯·德·基罗斯（Pedro Fernández de Quirós）、雅各布·勒梅尔（Jakob Le Maire）、威廉·斯考滕（Willem Schouten）以及其他人的航行，他们试图寻找"未知南方大陆"（Terra Australis Incognita），这是那个时代的宇宙志学者认为一定位于太平洋南部的巨大大陆。⑥

当欧洲航海者碰巧抵达太平洋中部的岛屿时，他们颇为意外地发现，几乎每个岛屿都已有人居住。在那些离任何大陆海岸都有几千英里远的洋中岛屿上，他们更困惑地发现了人丁兴旺的人群，而这些人并没有船、海图或导航工具。这些来自世界的另一端的骄傲航海者不禁好奇，这些人看上去并没有远洋航行所必需的设备，那么他们如何能抵达这些散布在大洋上的岛屿呢？——何况这片大洋，用麦哲伦船队中的一位记录者的话来说，"大到了人类心灵几乎无法把握的程度"。⑦

欧洲人由此提出了许多天才的假说，试图解释他们发现的这些岛屿如何为人所居。比如说，当门达尼亚第二次考察的队伍于 1595 年在秘鲁海岸西边大约四千海里⑧的马克萨斯群岛（Marquesas Islands）上登陆时，考察队的导航员佩德罗·费尔南德斯·德·基罗斯就判断，那里的居民"没有向遥远地方航行的技艺或可能性"⑨。为了解释他们在这些僻远岛屿上的存在，基罗斯假定在马克萨斯群岛南边不远处一定有长长一链彼此接近的岛屿，从亚洲一直向东延伸，从而让这些技术有限的人群可以向太平洋挺进到如此之远的地方。⑩ 同样，1722 年复活节那天，荷兰航海家雅各布·罗赫芬（Jacob Roggeveen）偶然到达了一小块陆地，他因此把它命名为"复活节岛"（即拉帕努伊岛）。他完全无法解释，在这样一个与世隔绝的岛屿上为何会生活着一群石器时代的居民，身边只有易于损坏的小独木舟，于是只能认为他们可能是上帝单独创造的人类。⑪ 甚至在 1772 年这么晚的时候，法国航海家朱利安·克罗泽（Julien Crozet）还在设想一块沉没的大陆，以便解释在南太平洋上散布在两千海里范围内的从塔希提到奥特阿罗阿（Aotearoa，即新西兰）的岛屿上为何会生活着语言和文化如此相似的居民。既然他们看上去并不掌握长距离航行的方法，于是克罗泽得出结论：他们一定是一度遍布于一块广袤大陆的某个种族的孑遗，这块大陆后来在巨大的火山灾变中裂解、下沉，最后仅有高到足以仍旧露出海平面的山头成为岛屿，于是唯有这些住在山头上

---

⑥ J. C. Beaglehole, *The Exploration of the Pacific* (London: A. and C. Black, 1934), 69 – 165.

⑦ 这是马克西米利安·特兰西瓦努斯（Maximilian Transylvanus）在 1522 年写给萨尔茨堡枢机主教的信中的话，转引自：James Cook, *The Journals of Captain James Cook on His Voyages of Discovery*, 4 vols., ed. J. C. Beaglehole, Hakluyt Society, extra ser. nos. 34 – 37 (London: Hakluyt Society, 1955 – 1974), vol. 4, *The Life of Captain James Cook*, by J. C. Beaglehole, 109 页及注释 1。

⑧ 下文提到的距离中，"里"（miles）指的都是海里。1 海里等于 1. 15 法定（陆地）英里或 1.85 千米。

⑨ *La Austrialia del Espíritu Santo*, 2 vols., trans. and ed. Celsus Kelly, Hakluyt Society, ser. 2, nos. 126 – 127 (Cambridge: Cambridge University Press, 1966), 2: 309.

⑩ Pedro Fernández de Quirós [Queirós], *The Voyages of Pedro Fernandez de Quiros*, 1595 *to* 1606, 2 vols., trans. and ed. Clements R. Markham, Hakluyt Society, ser. 2, nos. 14 – 15 (London: Hakluyt Society, 1904), 1: 152.

⑪ Jacob Roggeveen, *The Journal of Jacob Roggeveen*, ed. Andrew Sharp (Oxford: Clarendon Press, 1970), 101, 153 – 154.

的居民留了下来。⑫

　　直到 18 世纪后期，戈茨曼（Goetzmann）所谓的"第二次大发现时代"拉开序幕，欧洲人对远太平洋岛屿的发现才真正开始。⑬ 那时候，更优良的船只和导航方法以及有关营养的新观念都让人们更易于开展长时间的航海考察。就本章讨论的内容来说，更重要的是人们对考察开始抱有新的态度。这个时代，在启蒙任务的驱动下，探险家从英格兰、法国和西班牙（后来还有俄国和美国）出发航往太平洋，为的是给岛屿绘制海图，研究其动植物区系和居民，以及达成地缘政治目标。

　　詹姆斯·库克上校是太平洋考察的这个新时代的开启者，他在 1769—1778 年间进行了三次大型航海。在此期间，这位典型的启蒙探险家为外部世界此前未知的数以百计的岛屿绘制了海图。除了其他知识之外，他还从他所遇到的人群那里掌握到足够的语言和风俗知识，认识到生活在以夏威夷、拉帕努伊（复活节岛）和奥特阿罗阿（新西兰）为界的岛屿上的所有人群都属于"同一个国度"，从而真正发现了波利尼西亚。⑭ 在 1769 年的第一次航行中，库克受海军部派遣前往塔希提岛，该岛在两年前刚由另一位英国航海家萨缪尔·瓦利斯（Samuel Wallis）"发现"。按照英国皇家学会规划的任务，他在那里要观察金星从太阳圆面上经过的凌日现象，这是一项确定日地距离的国际工作的一部分。尽管库克对他的观察的精确性并不满意，但他却从塔希提人那里了解到了他们的航海技能、航行范围及有关太平洋这一区域内岛屿的广泛知识，并为此激动不已。

446

欧洲探险家和传教士绘制的早期海图

图帕亚的波利尼西亚海图

　　当库克乘坐"奋进号"（HMS *Endeavour*）抵达塔希提（Tahiti）时，他与他的首席科学家、博物学家约瑟夫·班克斯（Joseph Banks）做的一些事情，是此前到太平洋探险的欧洲航海者所未做过的。他们在岛上一连待了好几个月，与当地人结交，学习其语言的入门知识。他们新交的朋友之一是一位叫图帕亚（Tupaia）的男子，他是祭司，高级酋长的参谋，也是本土地理学、气象学和航海术的知识源泉。这位塔希提的博学者告诉了库克很多东西，其中就包括塔希提岛周围的很多岛屿，以及他与塔希提同伴如何航往那里、如何返航——有时一次航行就要在海上停留数周之久。库克对塔希提人的独木舟很是赞叹，很快就承认了这样一种可能性："这些人在这些海域中航行，从一个岛前往几百里格以外的另一个岛，在白天以太阳为罗盘，在夜晚以月亮和恒星为罗盘。"⑮ 他因此愿意相信图帕亚的说法，要求后

---

　　⑫　Julien Marie Crozet, *Nouveau voyage à la Mer du Sud*, ed. Alexis Marie de Rochon（Paris：Barrois, 1783），48 和 153 - 155 页。

　　⑬　William H. Goetzmann, *New Lands, New Men：America and the Second Great Age of Discovery*（New York：Viking, 1986），1 - 5.

　　⑭　Ben R. Finney, "James Cook and the European Discovery of Polynesia," in *From Maps to Metaphors：The Pacific World of George Vancouver*, ed. Robin Fisher and Hugh Johnston（Vancouver：University of British Columbia Press, 1993），19—34 页，特别是 20 页。

　　⑮　Cook, *Journals*, vol. 1, *The Voyage of the Endeavour*, 1768 - 1771, 154, 291 - 294（注释 7）。

者提供更精确的地理信息，可能会有益于接下来前往南大洋的考察。于是这位塔希提人背出
447 了一长串岛屿的列表，库克据此便画出了一幅海图，其中描绘了 74 个岛屿相对于塔希提岛
的位置（图 13.1）。⑯

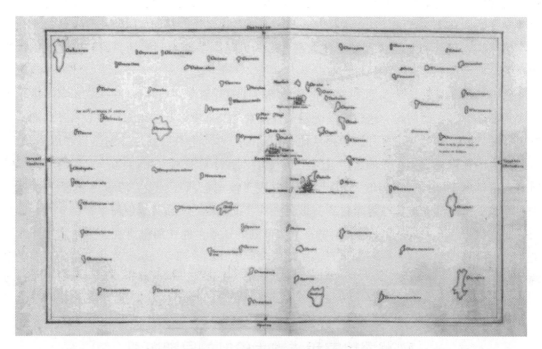

446

图 13.1　"图帕亚海图"（库克版）

这幅海图呈现了一位叫图帕亚的著名塔希提人的地理知识。本图于 1769 年由詹姆斯·库克海军上尉所绘，
其时他正在对塔希提及其邻近岛屿进行历史性访问。本图似乎是已经遗失的原图的抄本，其中把塔希提展示在
中心，在其周围排布着 74 个岛屿。然而，很多岛屿现已无法准确识别，而在能识别的岛屿中又有很多的位置有
误，似乎是因为英国人未能正确理解塔希提方位术语。在把有问题的岛屿恢复到正确的位置上之后，可以有根
据地说，这幅图表明图帕亚对周边岛屿有虽然不甚准确但十分宽广的知识；他所知道的这些岛屿在经度上横跨
40 度，在纬度上纵跨 20 度——这是一个面积比美国本土还大的海上王国。

原始大小：约 21×33.5 厘米。British Library, London 许可使用［Add.（Banks）21, 593. c］。

　　这幅来自太平洋地区的海图，是西方人所绘，但以本土地理学知识为本的海图的最出名
的例子，在过去两百年中得到了广泛讨论，因为它以证据表明塔希提人知道的岛屿在经度上
横跨 40 多度，在纬度上纵跨 20 度——这是一个面积比美国本土还大的海上王国。不过，这
是对这幅海图的一种自由解读，因为图上所绘的岛屿——特别是那些在塔希提岛几百海里开
外的岛屿的识别和位置确定都有很多问题，从而让人对图帕亚的地理知识以及把他有关塔希
提岛周边岛屿的心象地图转化到纸面上的过程都产生了严重的疑问。

　　不仅如此，现在连原图出于谁之手的问题都还不清楚，原图似乎未能保存下来。虽然库
克在日志中提及了一幅"由图帕亚亲自绘制"的海图，但这幅保存至今的海图的最早版本

---

⑯ Cook, *Journals*, vol. 1, *The Voyage of the Endeavour*, 1768－1771, 291－294.

上却标明"1769,由詹姆斯·库克上尉绘制"。⑰ 约翰·莱因霍尔德·福斯特(John Reinhold Forster)是库克第二次太平洋航行中的随船博物学家,对这幅海图及其塔希提来源很感兴趣,但在他的报告中对这幅图的绘制过程却有完全不同的叙述。他说图帕亚在"了解到海图的意义和用法之后,便指点人们按他的报告绘制了一幅;他一直指向天空的某个部分,那里是每座岛屿的位置所在,与此同时还会提到那座岛屿是比塔希提岛大还是小,高还是低,有人还是无人,并不时加上和其中一些岛屿有关的奇特介绍"⑱。然而令人遗憾的是,福斯特忘了专门指出绘图人是谁。

不管具体情况如何,在 1955 年库克版发表之前,对图帕亚海图的讨论主要围绕福斯特 448 在 1778 年绘制的版本(图 13.2)展开,而福斯特版可能是第三代抄本。⑲ 这位博物学家报告说,库克第一次太平洋航海的副官理查德·皮克斯吉尔(Richard Pickersgill)上尉借给他一份原始海图的抄本,然后他将之雕印出来。他还写道,他把皮克斯吉尔的抄本与班克斯所持有的一份抄本做了比较,发现二者只有少数细节有差异。他所查阅的这第二份抄本几乎可以确定就是库克船长自己画的那一幅,因为我们知道在第一次航海归来之后,班克斯就保存着库克版海图;在班克斯去世后,它又被移交给大英博物馆,然后在那里一直埋没了一个半世纪。

在福斯特的雕版海图出版之后,图帕亚的海图便被普遍视为大洋洲本土居民具有广泛地理知识的证据,这种解读因为人们讲述的那些有关其导航功绩的故事而颇令人信服。在班克斯的邀请之下,这位塔希提人参加了"奋进"号返回英格兰的航行。班克斯很可能想从这位渊博之士那里学到更多地理学、天文学和航海术,并想(有人在看过班克斯的日志之后这样猜测)介绍他加入伦敦学会,成为一名本土学者。驶离塔希提之后,图帕亚引领"奋进"号穿过了位于塔希提北西西方向不远处的背风社会群岛(Leeward Society Islands),之后又驶向鲁鲁土(Rurutu)岛,一座位于南边 300 海里处的小型火山岛。⑳ 在船只穿越太平 449 洋前往奥特阿罗阿(新西兰)、环绕澳大利亚航行,之后又驶往爪哇岛的时候,图帕亚展示了他的推测航行技能,从而在他的英国主人那里赢得了更大的名气。不管他们什么时候让他指示塔希提的方位,他都"一直能指出塔希提所在的方向",哪怕船只的航迹十分蜿蜒曲折也没有问题;他们在核对了罗盘和海图之后,对此大感震惊。㉑

然而,这位塔希提专家最终未能抵达英格兰。图帕亚在整个航行中健康都不好,当"奋

⑰ Cook,*Journals*,vol. 1,*The Voyage of the Endeavour*,1768 – 1771,293 – 294 页及注释 1,以及 James Cook,*The Journals of Captain James Cook on His Voyages of Discovery*:*Charts and Views Drawn by Cook and His Officers and Reproduced from the Original Manuscripts*,ed. R. A. Skelton(Cambridge:Cambridge University Press,1955),viii,chart XI。

⑱ Johann Reinhold Forster,*Observations Made during a Voyage Round the World*(London:Robinson,1778),511.

⑲ 不过,有些欧陆学者在用德语写作时依据的却是另一幅第三代抄本。这是由约翰·福斯特的儿子乔治(George)制作的一个简陋版本,其上没有画出土阿莫土(Tuamotu)和马克萨斯群岛,以便在海图的右上象限包括一份详尽的图例。比如可以参见:Richard Andree,*Ethnographische Parallelen und Vergleiche*(Stuttgart:J. Maier,1878),207,以及 Bruno F. Adler,"Karty pervobytnykh narodov"(原始社会民众的地图),*Izvestiya Imperatorskago Obshchestva Lyubiteley Yestestvoznanya*,*Antropologii i Etnografii*:*Trudy Geograficheskago Otdelinitya*(帝国自然科学、人类学和民族学爱好者学会会刊:《地理学报》)119,no. 2(1910),195 – 196。

⑳ Cook,*Journals*,vol. 1,*The Voyage of the Endeavour*,1768 – 1771,140 – 157(注释 7),以及 Joseph Banks,*The Endeavour Journal of Joseph Banks*,1768 – 1771,2 vols.,ed. J. C. Beaglehole(Sydney:Angus and Robertson,1962),1:312 – 333。

㉑ Forster,*Observations*,509,531(注释 18)。

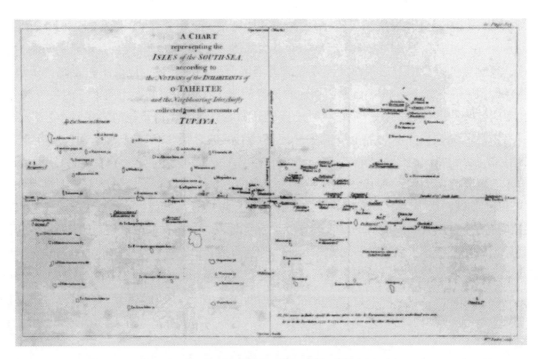

图 13.2　"图帕亚海图"（福斯特版）

约翰·莱因霍尔德·福斯特是库克第二次塔希提考察的随船博物学家。他从参与库克第一次太平洋航行的皮克斯吉尔上尉那里得到一份复制图，以此为本绘制了这个版本。本图与库克版的不同之处在于一些岛屿的位置、大小和名称拼写有变。福斯特还为欧洲人访问过的岛屿标上了它们的欧洲名称。

引自 Johann Reinhold Forster, *Observations Made during a Voyage Round the World* （London：Robinson，1778），opp. 513. 承蒙 Library of Congress，Washington，D. C. 提供照片。

进"号驶入瘟疫肆虐的巴达维亚港（今雅加达）的干船坞时，他患了重病，最终不治。尽管班克斯还没有完全了解这位同行者的知识深度，但福斯特印行的图帕亚海图以及上面引用的有关其导航技能的报告已经足以让欧洲科学界对塔希提人的地理知识和导航技能抱以尊敬之心。不过，当西方探险家开始在他们自己的太平洋海图上填补空白，以经纬度把岛屿位置精确地确定下来之时，事情也变得明显起来——虽然福斯特版图帕亚海图上有一些易于识别的岛屿与塔希提之间的位置关系似乎多少较为准确，但其他一些岛屿却画得离其真实位置很远。自那时起，很长时间内一直有人试图解读出更多的岛名，让这幅难解的海图展现出更多意义，并试图解释图上为什么有这么多岛屿并不在它们本应在的位置上。[22]

要破解库克对岛屿名称的转写，第一步是去掉很多岛名开头的 O，其意思不过是"它是……"；这可以让名称的解释变得容易许多。之后，还必须把库克对图帕亚告诉他的名称的糟糕音译转化为更符合今日语音的拼写。经过这两步之后，库克的"Otaheite"就可以容易地识别出是指塔希提（Tahiti）。然而，即使在做了这样的拼写转换之后，还是有很多岛屿

㉒　在众多试图解读图帕亚海图和他口授给库克的岛屿列表的文献中，最好的两篇是：Greg M. Dening, "The Geographical Knowledge of the Polynesians and the Nature of Inter-island Contact," in *Polynesian Navigation：A Symposium on Andrew Sharp's Theory of Accidental Voyages*, ed. Jack Golson, rev. ed. （Wellington：Polynesian Society, 1963），102–153，以及 Gordon R. Lewthwaite, "The Puzzle of Tupaia's Map," *New Zealand Geographer* 26 （1970）：1–19. 下文的分析主要就参考了这两篇论文。

无法识别——这可能是因为图帕亚经常对遥远的岛屿使用古老的塔希提称呼，而这些岛屿今天已经有了完全不同的名字。因此，在图中的 74 个岛屿中，只有大约 45 个有可能识别出来，其中还有不少只是推测（图 13.3）。把这些岛屿归入各自的群岛之后，便能清楚地看出图上有些内容大错特错。虽然有一些岛屿与塔希提之间的位置关系多少正确，但另一些岛屿却多少偏离了它们本应在的位置（见图 13.4）。最为透彻地指正这种混乱的学者是霍拉肖·黑尔（Horatio Hale），他是美国探险考察队中的一位年轻的语文学家，在 1838—1842 年间在太平洋上周游，并在塔希提待了很长时间。按照黑尔的说法，解密的关键就藏在福斯特版海图（以及库克版海图，但黑尔当时还不知道这个抄本的存在）顶端和底端印着的两个塔希提方位术语中，它们是 apato'erau 和 apato'a。黑尔认为库克及其同行者对塔希提语只有肤浅了解，以为既然 to'erau 意为"北风"或"西北风"，而 to'a 意为"南风"，那么 apato'erau 的意思就一定是北，而 apato'a 一定是南。黑尔说这正好搞反了。Apato'erau 的意思才是南，也就是北风所吹向的方位，而 apato'a 才是北，也就是南风所吹向的方位。[23] 他进一步指出，因为这种南北颠倒在库克、班克斯和皮克斯吉尔的心中过于根深蒂固，"在图帕亚绘图时，他们轻视了他的能力，提出了修改意见，而图帕亚也以为他们的知识水平更高，结果诱使他违背自己的信心而接受了这些意见"[24]。

　　根据黑尔的这番描述，我们可以想象一下在"奋进"号大舱房里发生的误会。图帕亚在看过海图之后把握了其意义，很可能急切地想把自己有关岛屿的知识落在纸面上，就像打算把他的这些宝贵信息绘制成图的英国人一样。库克在海图桌上放置了一张绘图纸，沿着纸的上缘小心地写下单词 opatoarow，他误以为这是"北"的意思；他又在纸的下缘写下 opa-toa 这个词，同样错误地以为它代表了南。（在海图右缘和左缘上写下的塔希提术语意为"日出"和"日落"，看来正确地指示了东和西。）然后，图帕亚把塔希提画在中央，之后开始标出它周围的岛屿，给出每个岛屿的名字、以航行天数表示的距离以及其方位——既在口头上表达其方位，又在图上以正确的方向标出来。（或者，按照福斯特的主张，图帕亚自己没有绘图，只是把这些方位告诉绘图员，再由绘图员把岛屿画在海图上）随后，因为英国人把关键的塔希提方向术语标反了，他们便竭力把很多岛屿强行移动到图帕亚本来设想的位置的北边或南边。这位塔希提专家曾长期作为高级酋长的仆从，一定知道什么时候要服从权威，于是令人遗憾地赞同了这些错误的制图做法——比如说，允许南方群岛和库克群岛中的岛屿画在塔希提的西北方，而它们实际上分别在南方和西南方；与此相反，又允许萨摩亚群岛和汤加群岛的岛屿被移动到明显较其实际位置偏南的地方。英国人只同意他把少数岛屿画在相对于塔希提的正确方向上，而这些岛屿都是他们通过自己和之前的欧洲航海者的航海已经知道的岛屿，特别是背风社会群岛、北土阿莫土群岛和马克萨斯群岛。

　　不过，就算我们处理了黑尔推测的这些方向上的混乱，图帕亚的地理知识的质量似乎还是随着距离的增加而有显著的下降。因为图帕亚生于背风社会群岛中的赖阿特阿（Ra'iatea）

───────────────

　　[23]　以下这部权威的传教士词典遵循了黑尔的定义：John Davies, *A Tahitian and English Dictionary*（Tahiti：London Missionary Society's Press, 1851），28。然而，在后来的词典中，apato'erau 和 apato'a 的定义仍与库克的暗示一致。

　　[24]　Horatio Hale, *Ethnography and Philology*：*United States Exploring Expedition*, 1838–42（Philadelphia：Lea and Blanchard, 1846），122–124. 尽管黑尔在解读上取得了突破，但他并未尝试重绘图帕亚海图，而只是简单地复制了福斯特的雕印图。

450

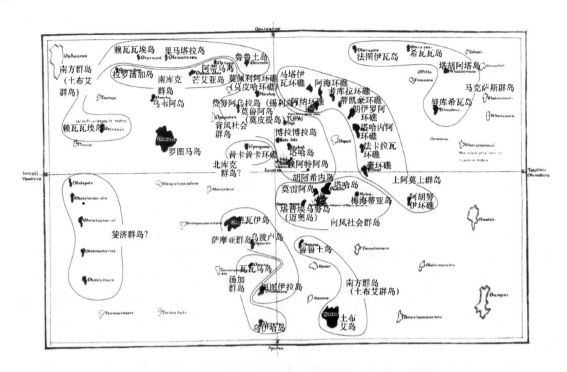

448

图 13.3　库克版"图帕亚海图"上已识别的岛屿和它们的群岛归属

能够识别的岛屿在可靠程度上有不同程度的差异，它们在图中以阴影表示，并用大写字母标出今名。由于库克对图帕亚口授给他的岛屿名称的拼写存在问题，也由于图帕亚很可能使用了很多岛屿的古名或别名，在图帕亚海图上的 74 个岛屿中只能识别出大约 45 个，要识别出更多的岛屿就很困难了。把已识别的岛屿分组为群岛之后，通过比较这些岛屿和群岛的图上位置和实际分布（图 13.4），可看到很多欧洲人未知的岛屿在图上的位置都有误，这可能是因为英格兰人误解了塔希提语中表示南和北的词语，在绘制海图、解读图帕亚的方位时颠倒了南北。

岛，一生中大部分时间在塔希提度过，所以并不令人意外的是，图上所画的社会群岛中各个岛屿彼此之间的关系多少都是正确的。对附近东北方向的部分土阿莫土群岛的描绘质量则仅次于社会群岛；与此相符的证据是，在与欧洲人接触的时代，那里和塔希提之间的来回贸易颇为频繁。对再远一些的岛屿——包括离塔希提 300—750 海里的东南土阿莫土群岛、马克萨斯群岛和库克群岛——的描绘就很粗疏了；而对于海图上最西边岛屿［萨摩亚、汤加、罗图马（Rotuma）岛和斐济群岛］的描绘至多也只能说是非常粗略，而这是可以理解的，因为它们离社会群岛有 1200—1700 海里之远。

目前尚未解决的问题之一，是图帕亚有关那些距离塔希提超过 300 海里左右的岛屿（特别是其海图西端最远的那些岛屿）的知识从何而来。它们反映了塔希提水手在驶往那里和从那里驶回的主动航行中获得的知识吗？还是说，它们只是从古老的传说以及在较晚近的时候从来自这些岛屿的迷航者那里被动获得的知识？这些迷航者之所以在海上迷航，可能是因为导航错误，或是遭遇了风暴天气，结果偶然漂流到了塔希提的岸边。

解决这个问题的关键，是分析图帕亚和库克在"奋进"号上所进行的会话。在船只离开背风社会群岛时，库克向南航行，执行海军部交给他的第二项任务——寻找很多理论家设想的一定位于南太平洋温带纬度地区的大陆。按照库克自己的说辞，图帕亚（库克拼为"Tupia"）反对这条向南的航线：

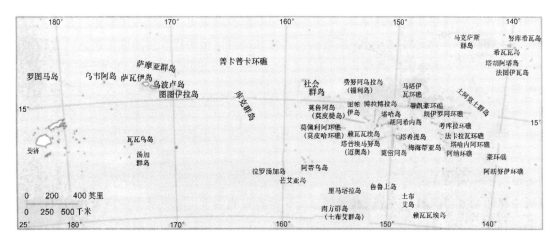

图13.4 图帕亚海图所覆盖的区域的现代地图 449

本图只标出了图帕亚海图上多少可以识别的那些岛屿。

　　自我们离开乌赖特阿［Ulietea，即赖阿特阿］岛之后，图帕亚就非常盼望我们能向西转向，并告诉我们，如果我们径直朝这个方向航行，会遇到很多岛屿；其中大部分他自己都去过，而且从他对其中两个群岛的描述来看，它们一定是瓦利斯船长［Captain Wallice，即萨缪尔·瓦利斯（Samuel Wallis），抵达塔希提的第一艘欧洲船只的船长］发现并命名为博斯卡温（Boscawen）和凯普尔（Kepple）的岛屿，它们在乌赖特阿岛西边的距离都不小于400里格（leagues）。他还说，到那里要10天或12天，回来要30天或更久，而且在他们的"普劳"船（proes，来自 prahu，表示独木帆船的马来语词）里大型的"帕希"船（pahea，来自塔希提语 pahi，意为"远洋独木舟"）可以比我们这条船快得多。他说的这些我都相信，而且知道他们能够轻松地用一天或略多的时间就轻松地驶出40里格。[25]

　　考虑到波利尼西亚海域盛行风的情况以及远洋独木舟的帆装特性，正如我与同事最近驾驶着 451 一条名为"霍库莱阿"（*Hōkūleʻa*）号的复原的双独木舟在波利尼西亚各地所做的大量航海试验所确定的那样[26]，图帕亚所估算的驶往西边"很多岛屿"之后再返回的航程明显是指社会群岛和西波利尼西亚之间的往返航程。西波利尼西亚这一区域位于社会群岛以西1200—1600海里处，由萨摩亚、汤加、斐济群岛东部以及许多外围岛屿组成，其中就包括库克提到的两个岛屿——博斯卡温岛和凯普尔岛［即塔法希（Tafahi）岛和纽阿托普塔普（Niuatoputapu）岛］，都位于汤加群岛的北缘。[27]

㉕ Cook，*Journals*，vol. 1，*The Voyage of the Endeavour*，1768–1771，156–157（注释7）。

㉖ "霍库莱阿"（夏威夷语意为"大角星"）号是一艘重建的双船壳波利尼西亚远洋独木舟，长62英尺，以两面波利尼西亚斜桁帆（sprit sail）做动力。自1975年起，我们在波利尼西亚已经驾驶它完成了超过7.5万海里的航行，大部分时候是用传统的、无工具的方法导航［Finney，*Voyage of Rediscovery* 以及同一作者的"Colonizing an Island World"（均见注释5）］。

㉗ 尽管我们并没有驾驶着"霍库莱阿"号从社会群岛前往西波利尼西亚，但我们的实验显示，像库克提到的塔希提"帕希"船这样的双独木舟在信风的吹送下一天可以轻松地驶出40里格或127海里（1航海里格等于3.18海里；见 Peter Kemp, ed.，*The Oxford Companion to Ships and the Sea*［Oxford：Oxford University Press，1976］，472）。在信风吹送下，以这一速率向西航行10—12天，可以让一艘独木舟向西驶出1275—1525海里之远，从而到达西波利尼西亚中部。

图帕亚说驶回社会群岛需要 30 天或更久，也很合乎实际，因为返程必须逆着信风通常吹送的方向而行。库克不仅十分佩服塔希提远洋独木舟优美的线条和制作工艺，而且似乎同样认识到逆着从东吹来的信风和相伴的洋流进行长距离的戗风（tacking）行驶可能是不切实际的。㉘

显然，库克让这个问题难住了，但图帕亚后来告诉他，塔希提水手会避开这么长的逆风航线，而是等待南半球的夏季到来，此时信风会频繁被利于向东航向的西风打断，利用这些变化的风向就可以回到故乡。㉙ 然而，因为这些西风通常是阵发性的，只在低压槽向东移动、阻断信风带时才会刮上一小段时间，所以独木舟航海者很可能无法正常地一次就从西波利尼西亚回到社会群岛。早期的向东航行的航海者可能通常不得不把至少两场有利航行的西风结合起来，其间或者是在一个中途的岛屿上停泊，或者在重吹信风的时候尽可能戗风航行。㉚ 把这些等待的时间和利用连续几场西风的时间加起来，很容易就会达到图帕亚所说的从西边的岛屿返回社会群岛所需的时间——30 天或更久。

假如图帕亚在巴达维亚被疾病击倒之后能够恢复健康，到达英格兰，然后班克斯、库克或"奋进"号上其他学过塔希提语的感兴趣的船员得以与他进行详细交谈，本来我们可以更好地了解与其海图有关的种种问题。不仅如此，人们说不定也能更多地了解到塔希提人如何构想他们所航行的岛屿地域、如何把这方面的知识用于导航。可惜现实并非如此，而且不幸的是，在后续前往太平洋的航行中，无论是库克还是他的随船科学家都未能找到另一个像图帕亚这样博学多才、可以把缺失的信息补上的波利尼西亚人。再后来，外来的疾病导致了大批岛民死亡，外国商人和殖民侵略带来社会发展的中断，此后幸存的岛民又改用了西方帆船、磁罗盘和其他导航工具，于是本土导航术的实践便迅速在社会群岛和波利尼西亚其他地方消亡，以致这些技术根本都没来得及充分地记录下来。结果，除了波利尼西亚人描绘其岛屿世界、在其间航行的总体图景外，我们现在所知的，就只剩一些零星的东西——比如图帕亚提供给我们的那些诱人信息。

早期欧洲人的加罗林群岛海图

密克罗尼西亚的加罗林群岛的第一批欧洲人海图，就像从图帕亚海图衍生的那幅图一样，也是以本土地理知识为本。在麦哲伦于 1520 年横穿太平洋之后，西班牙殖民了菲律宾，之后又在密克罗尼西亚的马里亚纳群岛建立了前哨站，以便为往返于墨西哥和菲律宾的大帆船提供歇息。然而，直到 19 世纪，西班牙人才开始注意到位于马里亚纳群岛南边的一长串岛链——加罗林群岛。

㉘　正如我们驾驶"霍库莱阿"号所做的许多航海试验所记录的那样，双独木舟肯定可以逆风行驶，但因为没有深龙骨或中央板（centerboard），它们在逆风行驶时与风向所成的夹角要比现代竞赛帆船小得多。独木舟在进行长而偏的抢风航行时要与风成 75°角，必须航行大约 4 海里才能直接逆风前进 1 海里。一边是这种缓慢的戗风航行过程，一边又要对付与通常十分稳定的信风相伴的洋流，这都显著地拉长了直接逆风行驶时在海上所需的时间。特别是当我们再考虑到稳定的信风会激起船头浪，独木舟和舟载之物在与船头浪的持续撞击中会有所损坏，很难想象独木舟航行者会从西波利尼西亚一路戗风驶回社会群岛。

㉙　Cook, *Journals*, vol. 1, *The Voyage of the Endeavour*, 1768–1771, 154 n. 2（注释 7）。

㉚　这正如"霍库莱阿"号在 1986 年从萨摩亚前往塔希提的航行的情况；Finney, *Voyage of Rediscovery*, 125–162（注释 5）。

不过，在这一时期之前，被风暴或长时间的强烈信风吹达菲律宾东岸的加罗林独木舟就 452
曾激起耶稣会士到那里驻扎的渴望。1696 年 12 月，两艘外观奇特的独木舟在菲律宾东部一
个叫萨马岛（Samar）的岛屿上登陆。为了与船上的迷航者交流，村民派出了两位妇女，她
们自己也在较早前漂泊到萨马岛。幸运的是，几位迷航者认出了其中一位妇女竟是他们的亲
戚，这样菲律宾人与迷航者之间因而得以交流。在由此进行的会谈中，人们了解到这些不速
之客本来要从拉莫特雷克（Lamotrek）驶向法斯（Fais）——这是加罗林群岛中的两个小环
礁——但被风吹离了航线；在萨马岛登陆之前，他们已经在海上漂泊了 70 天。他们还说出 453
了自己"国家"32 个岛屿的名字，之后又在海滩上铺开卵石，表示了 87 个岛屿的位置，并
声称这些都是他们曾经到访过的岛屿。㉛

保罗·克莱因（Paul Klein）神父在独木舟到达之后访问了萨马岛，对这个事情产生了
强烈兴趣，根据卵石地图的一张草图绘制了这些岛屿的海图。然后，克莱因把海图寄给位于
罗马的耶稣会总会长，同时寄出的还有有关这些迷航者家乡的报告。这些文件寄达之后，便
在很多著作（图 13.5）中发表出来。㉜ 图中岛屿构成的长弧呈南北走向，其东南方是由岛屿
组成的部分圆形，这可能反映了加罗林航海者以一个点为中央参照点（下文会有论述），在
其周围排列岛屿，然后能够将其方位以可视的方式表现出来。但在随后的传教考察中，这幅
图很可能会让西方航海者大惑不解。

加罗林群岛的另一幅海图，由耶稣会士胡安·安东尼奥·坎托瓦（Juan Antonio Can-
tova）1721 年在关岛驻守时绘制（图 13.6）。坎托瓦知道，此前在克莱因和来自加罗林群
岛的其他迷航者的报告的鼓舞下曾经有人试图前往传教，但没有成功。他也知道加罗林
群岛是新近才知道的群岛，要想在那里成功传教，需要有该群岛更好的海图，以及对当
地人群习俗的更精确的描述。因此，当两艘加罗林独木舟在关岛登陆时，坎托瓦便双管
齐下，一面与这些人交友，学习他们的语言和习俗，一面根据独木舟上的航海者为他提
供的信息绘制其岛屿的海图。坎托瓦最终编成了一部简短的民族志，后来被誉为"19 世
纪以前有关加罗林人的最好报告"；同时绘成的海图具有独特风格，以夸张的尺寸展示了
一些岛屿，但较好地呈现了加罗林群岛在从西向东的 1000 多海里海域中分布的方式（图
13.7）。㉝

科策布的马绍尔群岛海图

作为一位极为仰慕库克的人，俄国探险家奥托·冯·科策布（Otto von Kotzebue）无疑

㉛　Francis X. Hezel, *The First Taint of Civilization: A History of the Caroline and Marshall Islands in Pre-colonial Days*, 1521 – 1885 (Honolulu: University of Hawai'i Press, 1983), 36 – 37.

㉜　"Lettre écrite de Manille le 10. de juin 1697 par le Père Paul Clain de la Compagnie de Jésus au Révérend Père Thyrse Gonzalez, Général de la même Compagnie," in *Lettres édifiantes et curieuses, écrites des missions étrangères, par quelques missionnaires de la Compagnie de Jésus*, 34 vols. (Paris, 1702 – 1776), 1: 112 – 136; Glynn Barratt, *Carolinean Contacts with the Islands of the Marianas: The European Record* (Saipan: Micronesian Archaeological Survey, 1988), 17 – 20; 以及 Hezel, *First Taint*, 36 – 40。

㉝　Hezel, *First Taint*, 48 – 55, 引文见 50 页; 以及 Barratt, *Carolinean Contacts*, 20 – 23. 坎托瓦的报告见: "Lettre du P. Jean Antoine Cantova, missionnaire … au R. P. Guillaume Daubenton … 20 de mars 1722," in *Lettres édifiantes et curieuses, écrites des missions étrangères, par quelques missionnaires de la Compagnie de Jésus*, 34 vols. (Paris, 1702 – 1776), 18: 188 – 247。

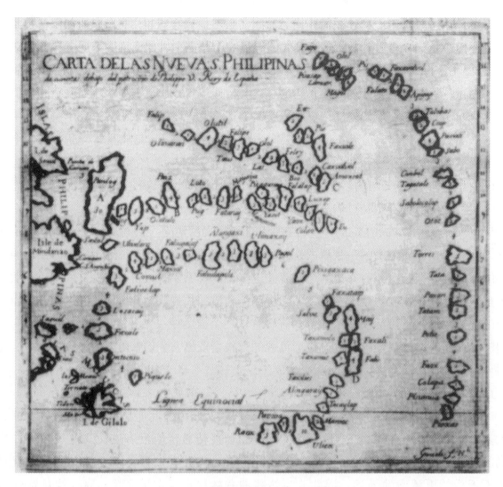

图 13.5　保罗·克莱因神父的 1696 年加罗林群岛地图

标题为 "Carta de las Nuevas Philipinas, descubiertas debajo del patrocinio de Phelippe Ⅴ, Rey de
España"［新菲律宾（帕劳）海图，在西班牙国王菲利普五世的支持下发现］。该图显示了加罗林群岛
和菲律宾东方和东南方的其他岛屿，所据的信息来自居住在加罗林群岛中法斯环礁的迷航者，他们后
来在菲律宾的萨马岛登陆。由此绘制而成的海图并不特别写实。图中的 Panlog 显然是帕劳（帛琉），但
画成了一个大岛，而不是一群彼此靠近的岛屿，其位置也过于靠近菲律宾。尽管图中位于 Panlog 东边
不远处的一列岛屿据说描绘出了加罗林群岛线状排布的特征，但东边更远处和东南方的岛弧可能反映
了加罗林岛民围绕一个中央参照点绘制岛屿的方式。

原始大小：18.7×20.4 厘米。承蒙 Ministero de Cultura, Archivo General de Indias, Seville 提供照片
（Mapas y Planos, Filipinas 15）。

受到了英国航海者与图帕亚一起工作的激励，试图从太平洋其他地方的本土专家那里搜集类
似的地理信息。在科策布于 1817 年花了两个半月时间访问拉塔克（Ratak）群岛时，他的机
会来了。拉塔克群岛是马绍尔群岛的东部岛链，他在那里一边学习当地语言，一边抓住每一
个机会询问当地人有关他们所知的这一地区其他岛屿的信息。在日志中，科策布激动地描述
了在他的询问之下，马绍尔人怎样把他们有关这一群岛中岛屿大小、形状和分布的知识转化
为具有一定精确性的临时性海图。比如说，这位俄国船长在沃杰环礁（Wotje Atoll）上待了
一个月之后，便设法让一位叫拉格迪亚克（Lagediack）的有经验的航海者在沙地上勾勒出
整个拉塔克群岛。首先，拉格迪亚克画了一个圆圈，沿其周围摆放了几小堆珊瑚，表示沃杰

454

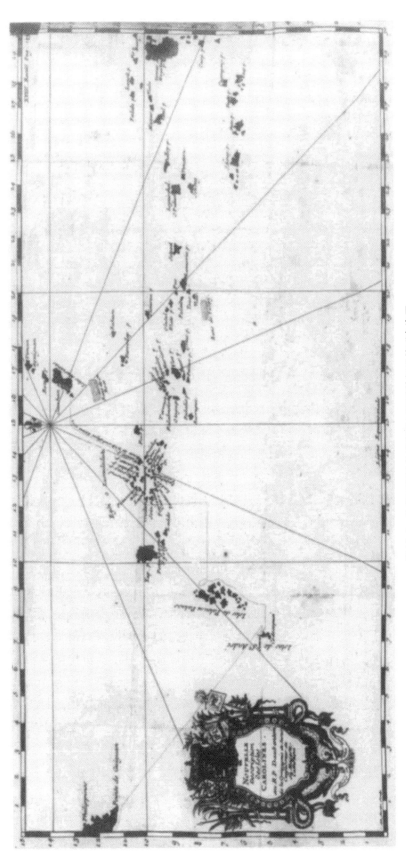

图 13.6　坎托瓦所绘的密克罗尼西亚的加罗林群岛海图

1722 年，驻扎在密克罗尼西亚的马里亚纳群岛的那稣会传教士胡安·安东尼奥·坎托瓦根据来自加罗林群岛的迷航者向他提供的信息绘制了这幅海图的原图。加罗林群岛是位于马里亚纳群岛以南几百海里的一些环礁和一长串珊瑚岛屿。这幅海图展示了迷航者根据航海经验所知的那部分加罗林群岛：从西边的帕劳（图中标为 "Islas de Palau ou Palaos"）一直到东部边界的大岛丘克岛，后者未标注名字，仅在西端注有 "Torres ou Hogolen P" 字样。

引自 "Lettre du P. Jean Antoine Cantova, missionnaire ... au R. P. Guillaume Daubenton ... 20 de mars 1722", in *Lettres édifiantes et curieuses, écrites des missions étrangères, par quelques missionnaires de la Compagnie de Jésus*, 34 vols. （Paris, 1702 – 1776）, vol. 18, facing 189。

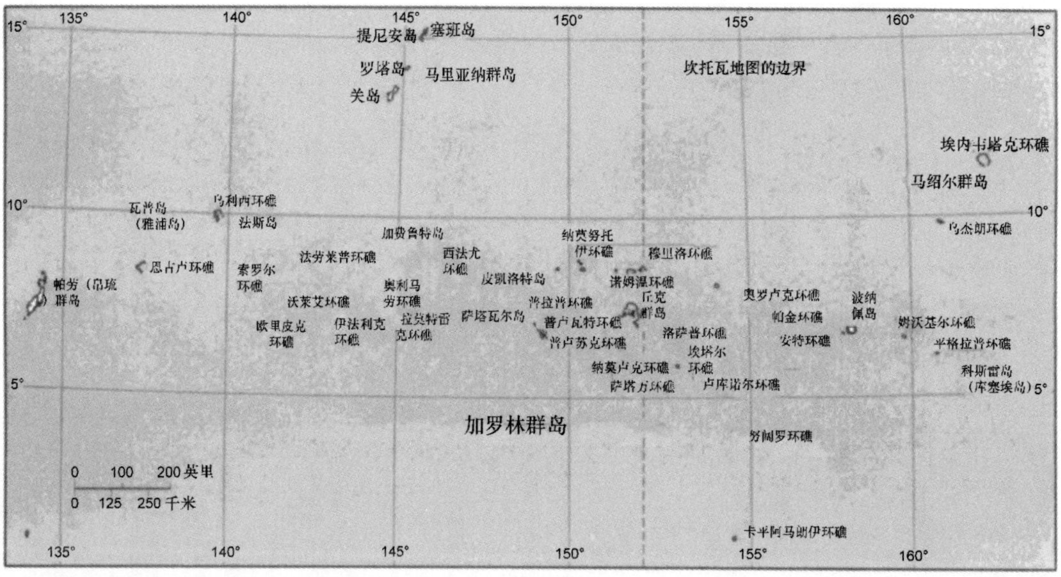

455

图 13.7　加罗林群岛

这幅现代地图展示了西起帕劳（帛琉）及其外岛、东到科斯雷岛（库塞埃岛）的整个加罗林群岛。将本图与坎托瓦的海图相比即可知道，尽管迷航者对帕劳和丘克岛之间岛屿的总体分布把握得较好，但有些岛屿——特别是帕劳、瓦普（雅浦）岛和丘克岛——的大小被过分夸大，而马里亚纳群岛和加罗林群岛之间的距离也被低估了。

环礁的轮廓以及构成它的小岛。之后，他又在沙地上勾画出拉塔克群岛中位于沃杰环礁北面和南面的所有环礁，并仍然用更多的珊瑚碎块表示沿每个环礁排列的小岛。[34]

科策布十分兴奋，扬帆启程前去寻找这些环礁。这位俄国人很容易就确定了其中一些的位置，并在马洛埃拉普环礁（Maloelap Atoll）上被一位酋长所震惊。这位酋长在沙地上勾勒出了整个岛屿，背出了每个岛屿的名字，与那位沃杰知情人提供的名称一样。不过，酋长发现那位知情人对环礁的排列不是非常正确，于是在沙地上画出了他自己的心象地图。科策布后来自己做了调查，证明酋长所画的地图"非常正确"。[35]

在另一个环礁上，科策布遇到了一位叫朗格穆伊（Langemui）的老年男子，身上有许多伤疤，据其自述，是被拉利克（Ralik）的居民攻击后受的伤。当俄国人最终意识到拉利克是位于拉塔克群岛西边不远处并与之平行的另一个链状群岛时，他劝说这位老人向他提供更多信息。朗格穆伊于是在一张席子上放置珊瑚碎块，先标出拉塔克群岛，再标出拉利克群岛。为了展示岛屿之间的距离，他拿起另一小块珊瑚，用它模仿拉塔克群岛中的"航行"，然后是从拉塔克群岛到拉利克群岛的航行，最后是拉利克群岛中各个岛之间的航行，一边比划一边以航行天数或所占比重来指出距离。尽管科策布在把这样粗略的岛屿布局和航行时间测量值转译为墨卡托投影的海图时肯定遇到了不少问题，但在科策布的海图（图 13.8）与一幅现代水文图的相应区域（图 13.9）之间仍然有惊人的总体一致性。不过要注意，尽管拉利克群岛中各个岛屿的位置仅依赖于朗格穆伊的口述，拉塔

454

34　Otto von Kotzebue, *A Voyage of Discovery into the South Sea and Beering's Straits … in the Years 1815 – 1818*, 3 vols., trans. H. E. Lloyd（London：Longman, Hurst, Rees, Orme, and Brown, 1821），2：83 – 84.

35　Kotzebue, *Voyage of Discovery*, 2：108 – 109.

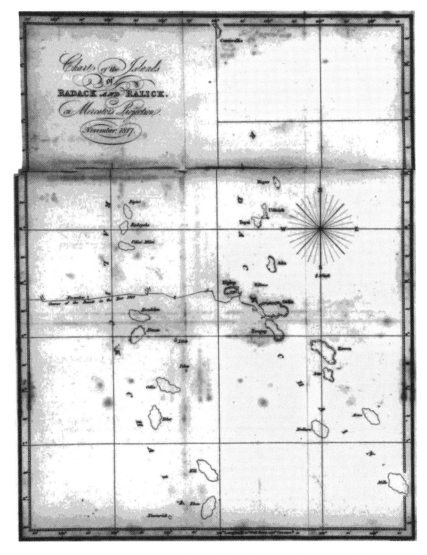

图 13.8　科策布绘制的马绍尔群岛中的拉塔克群岛和拉利克群岛的海图　　456

　　1817 年初，俄国探险家奥托·冯·科策布在密克罗尼西亚的马绍尔群岛上停留了两个半月。科策布待在拉塔克（东部）群岛的中心区域，在那里向马绍尔航海者询问他们所知的岛屿的位置。航海者的回应方式是在沙地上勾勒出他们曾驾船去过的所有岛屿，用珊瑚碎块代表单个的小岛，并通过姿势和言语表达从一个岛到另一个岛的方位和航行距离。航海者提供的信息加上科策布自己对几个岛屿的调查最终让他画出了较为精确的拉塔克群岛海图。有一位航海者还向他提供了拉利克（西部）群岛的信息，是他前往那里劫掠时所获得的，科策布也将之绘入海图。尽管科策布在 1817 年 11 月重返拉塔克群岛，从那里前往堪察加半岛时穿过了拉利克群岛（见图上的航迹），但在考察过程中他却没有望见拉利克群岛的任何岛屿，因此没有机会证实那位拉塔克航海者所提供的信息，也无法通过采访拉利克航海者来扩充相关知识。

　　引自 Otto von Kotzebue, *A Voyage of Discovery into the South Sea and Beering's Straits ... in the Years 1815 – 1818*, 3 vols., trans. H. E. Lloyd（London：Longman, Hurst, Rees, Orme, and Brown, 1821），卷 2 封底。承蒙 State Historical Society of Wisconsin, Madison 提供照片（neg. no. WHi［3X］50544）。

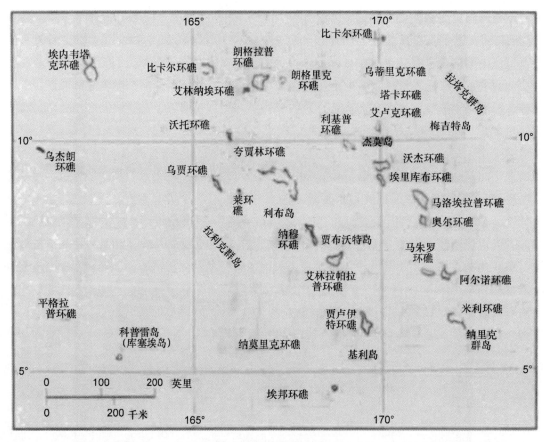

457

图 13.9　马绍尔群岛

　　这幅现代地图展示了拉利克和拉塔克这两个链状群岛中的 34 个环礁和单独的珊瑚岛。把科策布的海图与本图对比，二者在拉塔克群岛的绘制上最为吻合，这是可以预料的，因为科策布本人在那里做过调查，而他的航海者知情人也全都来自那个群岛。不过，唯一一位提供了拉利克群岛信息的知情人看来对这个群岛中部岛屿的位置把握得不错，虽然他既没有提到该群岛最西北端的那些环礁，对南部一些岛屿位置的确定也多少有些偏差。

克群岛中各个岛屿的位置则兼顾了本地人的证词和科策布本人对群岛中一些岛屿的考察，以及他用天文学方法确定的这些岛屿的经纬度。㊱

大洋洲导航和地图学简述

　　图帕亚以及他在加罗林群岛和马绍尔群岛的同行都掌握着地理知识，用于构建前文提到的那些海图；在这些地理知识背后还隐藏着一些东西，无论是与他们交谈的人还是库克都没有认真地考察过。任何其他的早期西方探险家和传教士也都没有向这些岛屿航海者深入咨询

㊱　Kotzebue, *Voyage of Discovery*, 2：143 – 146（注释34）。在马绍尔群岛考察时，科策布结识了两位来自加罗林群岛的迷航者埃多克（Edock）和卡杜（Kadu），他们告诉科策布和这次俄国考察的随船博物学家夏米索（Chamisso）很多有关他们的家乡之岛沃莱艾（Woleai）环礁以及周边岛屿的信息。根据主要由埃多克提供的口头方位，科策布画出了另一幅相当精确的海图（只是对岛屿的大小有所夸大），这一回画的是加罗林群岛，从西边的帕劳到东边的丘克（Truk）。不过，因为科策布手头已经有早先由坎托瓦所绘制的海图，他的工作可能不全是以埃多克的口述为根据（2：132 – 133，海图本身则插在第 2 卷的封底上）。

过如何绘制其世界中的岛屿和群岛、在其间航行的问题（另一种可能是确曾有人做过彻底的询问，但始终没有发表这些记录）。直到 19 世纪后期 20 世纪早期，外国学者才开始考察本土知识中的这个领域。尽管到了这个时候，想要在波利尼西亚获取一手知识已经太迟了，但在受影响较小的密克罗尼西亚，情况却非常不同。在那里——特别是在马绍尔群岛和加罗林群岛的环礁上——独木舟制造者仍在制造独木帆船，而航海者也一直驾驶着这些船只在岛屿间航行，一直到 20 世纪。甚至在今天，加罗林群岛中几个环礁上的居民还在做这些事情。结果，我们现在从这两个群岛那里获得的有关传统航海术和相关的地图学实践的报告，要比来自大洋洲其他任何地方的报告都丰富得多。

在 1972 年戴维·刘易斯（David Lewis）出版那部现在成为经典的著作《我们航海者》（*We, the Navigators*）之前，人们对于整个大洋洲的岛屿和群岛间实行的导航方法的共同基础几无认识。[37] 刘易斯彻底梳理了文献，又参加了大量航行，与现存的传统航海者接触并一起出海；这两方面的知识相结合，使他得以表明，所有个人的传统都有共同基础，因此可以视为单一的太平洋岛屿航海体系中的某个部分。这一体系可以根据所有航海者都要完成的三个主要任务来作一简述，这三个任务是：定向和航道设置、推测航行（dead reckoning）和航道保持、登陆。[38]

在我们开始考察大洋洲航海者如何完成这些任务之前，需要先就性别与航海的问题略讲几句。传统航海通常被视为一种极具男性特色的活动，但也有一些文献零星提及航海中女性的参与。比如在讨论 20 世纪前几十年中马绍尔群岛的娴熟航海者时，人类学家奥古斯汀·克雷默（Augustin Krämer）和汉斯·内弗曼（Hans Nevermann）就注意到有一些人是女性，其中甚至还有一位教授如何航海。[39] 尽管他们没有对这一论述详加说明，但人类学家米米·乔治（Mimi George）曾将一些可能与此相关的观察讲述给我。她观察的是美拉尼西亚的圣克鲁斯群岛（Santa Cruz Islands）上的航海者。在一个家族中，一位航海者曾训练他的女儿来帮助自己出海，这可能也是为了保证家族的航海传统能代代相传。[40] 同样有趣味的是在加罗林群岛的神话中，人们相信一位年轻妇女从神灵那里得到了航海知识并传给她的两个儿子，他们接着便建立了加罗林航海术的两个"学派"。[41] 因此，本章中虽然用男性代词"他""他们"指代航海者，但并非在否认可能有女性角色参与这项技艺。

定向和航道设置

因为地球的旋转，恒星看起来在东方升起，在西方落下，与地平线相交于两点，并在天空中沿固定的轨迹穿行，这轨迹在一位航海者的一生中都不会有可以感知的变化。太平洋岛民曾长期利用这些规律来定向，导引独木舟航往视线所远不及的目的地。既然他们的方法现

[37] David Lewis, *We, the Navigators: The Ancient Art of Landfinding in the Pacific*（Honolulu: University of Hawai'i Press, 1972）.

[38] 本节内容改编自：Finney, *Voyage of Rediscovery*, 51-65（注释 5）。

[39] Augustin Krämer and Hans Nevermann, *Ralik-Ratak*（*Marshall Inseln*）（Hamburg: Friederichsen, De Gruyter, 1938）, 215, 220.

[40] Mimi George，私人通信，1995 年 9 月。

[41] 见 470 页和注释 74。

457　在在太平洋的一些地方仍有应用，我在这里便以英语中的现在时来描述之。

在夜间，航海者把独木舟的船首指向与目的地同一方位的某颗恒星的升起点或落下点（图 13.10）。当航向与风向和洋流方向相交时，航海者会选择一条星路，其方向略偏于直接航道的这一侧或那一侧，以便对估计好的偏航（船只在风压作用下的侧向滑动）及洋流方向和强度的效应给予补偿（图 13.11）。如果标示目标航道的恒星在天空中太高，无法很好地提示方向，或落到地平线下而看不见，则航海者会用其他恒星定向，它们和主星一样都在地平线上同一点或其附近处升起和落下，因此会以类似的轨迹经过天空。这样一来，航海者必须记住这样一条"星路"上的所有亮星，以便在一年中任何日子的夜间持续定向和保持航道。事实上，他必须知道整个天空中恒星的分布格局，这样当云遮住他跟踪的恒星时，他还能参考天空中其他的恒星和星座。

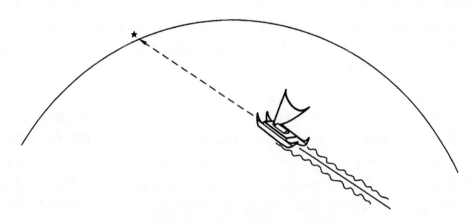

458　　　　　图 13.10　驶向一颗低悬于地平线之上的恒星
这是大洋航道设置和转向的基本操作。本示意图忽略了洋流和偏航。
本·芬尼许可使用。

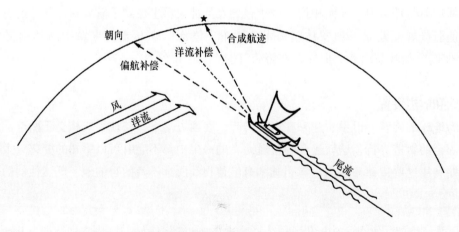

458　　　　　图 13.11　以地平线恒星设置航道和转向时对洋流和偏航所做的补偿
本·芬尼许可使用。

尽管利用在行进方向上升起或落下的恒星来调整独木舟的航向较为便利，但掌船人也能娴熟地面向船尾，让它与在那个方向上升起或落下的恒星保持一致，以此维持独木舟的航道。就算云把所有的船首恒星和船尾恒星都遮住，通过参照航线一侧或另一侧的恒星，航海者仍然可能保持独木舟的航向。[42]

在白天，航海者以太阳和大洋涌浪的图案定向。太阳的最佳利用时间是清晨和黄昏，此时它处在靠近地平线的较低位置。然而，航海者必须知道太阳的升起点和落下点每天都在移动，因此，每天拂晓都要观察在太阳升起时从黎明的天空逐渐隐没的星空，以此定期校准太阳的方位。当太阳在天空中升得过高，无法再作为准确的方向指导物时，航海者可利用大洋涌浪的图案来保持独木舟的航道——而如果天空极为阴沉，根本辨识不清太阳的位置，那他在任何时候都得采用这样的定位方法。同样，如果夜间的天空阴沉到任何恒星、行星或月亮都不可见，航海者也只能利用大洋涌浪来保持定向。

对航海者来说，最有用的大洋涌浪不是那些由局地的风吹起的浪，而是由稳定的吹拂很长范围的洋面的风或遥远的风暴中心激起的长而规则的涌浪。同一时刻经常有来自好几个方向的涌浪叠加成一个混乱的图案，航海者在其中会挑出最明显、最规则的涌浪，随时观察它们与地平线恒星（或升起或降落的太阳）之间的方位关系，以便在天空全阴或太阳在天空中升得过高而不能提供精确方位的时候可以随时用它们来定向。

密克罗尼西亚的加罗林群岛的航海者尤以观星著称，他们可以依据主星和主星座的升起点和落下点，在心中构建地平线上一系列方位的图像。以前的作者通常把这种观念称为"恒星罗盘"（star compass），但这可能是个误称，因为它并不是像磁罗盘那样的实在的工具。考虑到它只是一个方位框架，而不是能机械地指示方向的工具，可能更好的称呼是"恒星罗盘玫瑰"（star compass rose）。此外，它主要是一种心理构念，是航海者根据天体参照物在心理上把环绕他的地平线分割开来的观念系统。尽管在岸边，航海者可以在席子上放置一圈石块，标出主星和主星座的升起点和落下点，把这种构念展示给他的学徒，但是当他扬帆出海时，便只在心中铭刻有一个经过多年学习和实践而成的观念想象。这种"罗盘"及与之相关的导航和地图学实践将在下文有关加罗林群岛导航术的一节中详加讨论。

尽管波利尼西亚导航方法现在大部分已经被人遗忘，我们对它的了解不像对今天仍在利用的加罗林导航术的了解那么多，但毫无疑问，波利尼西亚人也是用恒星和其他天体来设定航道，他们的技能也很娴熟。库克和班克斯都记述过塔希提人的恒星导航法，此外还有西班牙航海者何塞·安迪亚·伊·巴雷拉（José Andía y Varela），他在库克第一次到达塔希提4年前的1774年访问了那里，并在日志中简洁地记录了塔希提人的导航法：

> 在晴朗的夜晚，他们靠恒星定向；对他们来说这是最容易的导航，因为恒星［数量］

---

[42]　1985年12月初的一个阴云密布的夜间，我在操纵"霍库莱阿"号前往新西兰时就被迫采用这种方法。那时候，我们已经驶离了库克群岛和热带海域，有六级风从东方吹来，让船只向西南行。在南半球暮春短暂的夜晚，西南方向——也就是我们航行的方向——没有亮星可见。这时候，我们在掌船时多半只能面向船尾，利用升起的昴星团和猎户座腰带（它们的赤纬与我们利用的精确的星路的赤纬有差异，对此已做调整）来保持航道。

然而在那一夜，密云遮住了所有船尾方向的星光，天空中其他大部分地区也都一片晦暗，只有在南方还能看见几颗星。我的工作就是保证独木舟的纵轴与南十字星之间有固定的夹角，从而保持独木舟一直朝向西南；随着南十字座绕着南天极旋转，夹角也要相应调整。但是在大约一个小时之后，铺散的阴云连南十字星也遮住了，只剩下直接指向南十字星的两颗亮星可供掌船之用。而当云又开始遮住这两颗指示星时，我便只能观察两个模糊的亮斑——大小麦哲伦星云了。它们名为"云"，实际上是我们银河系之外的独立星系。

很多，他们不仅通过恒星了解那几个他们经常接触的岛屿所在方位，而且了解岛屿上的港口所在方位，以便能跟随某颗恒星升起或降落时所在的恒向方位（rhumb），径直驶往港口入口。他们的技术就和文明国家里最专业的航海家能达到的水平一样精确。[43]

类似这样的报告清楚表明，波利尼西亚航海者可运用恒星方位来导航，但相比加罗林航海者应用的恒星罗盘来，我们现在对任何波利尼西亚恒星罗盘都没有详细描述。这可能是因为波利尼西亚人没有形成一个观念化的恒星罗盘，或者仅仅因为在这一技术失传之前没有人想过要把他们的想法记录下来而已。

虽然有关波利尼西亚恒星方向系统的证据不太清晰，但在19世纪从一些群岛上记录到的信息显示，那里的航海者可以形成风玫瑰的观念，在其中把地平线划分为12、24或32个位点，并用从每个位点吹来的风的名字命名。图13.12是库克群岛一个32位点的风玫瑰的示意图，由19世纪的传教士威廉·怀亚特·吉尔（William Wyatt Gill）绘制。他曾记述岛民用一个大瓠瓜来象征风的分布：在瓠瓜的下部钻出小孔，与各种风源头的"风穴"相对应；然后用塔帕布（tapa cloth）的小块塞上小孔，据说这样操作就可以控制风：

459

> 如果风向对一次较大的出行不利，大祭司就会开始使用咒语，把一个开孔上的布塞取掉，据说不合适的风就是从这里吹来。为了惩戒这个方向的风，他把开孔再堵上，然后一个塞子一个塞子地移动，顺次打开所有处于中间位置的开孔，最后打开的就是所需要的风孔。这个孔就一直开着，作为给拉卡［众风之神］诸子的温和提示：祭司希望风可以稳定地从那个象限吹来。[44]

不过，吉尔嘲讽地补充道，因为祭司本来就"对常规风向和风向改变的各种预兆很了解，实验的风险性并不大"。

波利尼西亚风玫瑰让人想起从前地中海水手使用的八个方位的风玫瑰，其中每个方位也是以盛行风的名字命名。考虑到地中海地区风的转换特性，可以说那里的古代海员一定"可以通过温度、水汽含量等特征，或通过与太阳、月亮或恒星的联系来识别这些风，否则他们基本不可能有任何信心把风玫瑰用于导航目的"[45]。同样，波利尼西亚航海者看来也是首先把风玫瑰当成观念化的方位，但最终还是要依赖天体参照物来设定航道并沿之行驶。

推测航行和保持航道

与西方称为"推测航行"的过程一样，岛屿航海者在任何时刻都可把他对航道和经行距离的估计整合在一起，形成有关他所在之处的心理图像，用来有效地保持船只的航迹。但是他使用的观念系统与西方人以罗盘方位、海里里程和经纬线为基础的观念系统极为

---

[43]　"The Journal of Don José de Andía y Varela," in *The Quest and Occupation of Tahiti by Emissaries of Spain during the Years* 1772 – 1776, 3 vols, comp. and trans. Bolton Glanvill Corney, Hakluyt Society Publications, ser. 2, nos. 32, 36, 43（London：Hakluyt Society, 1913 – 1919），2：221 – 317，特别是286页；方括号为原文所加。

[44]　William Wyatt Gill, *Myths and Songs from the South Pacific*（London：King, 1876），319 – 322，引文见321页。

[45]　Kemp, *Oxford Companion to Ships and the Sea*, 942（注释27）。

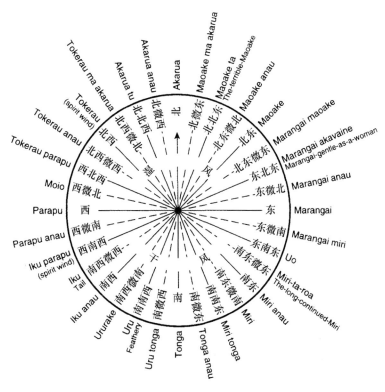

图 13.12　库克群岛风玫瑰的 32 个方位点　　459

波利尼西亚的库克群岛的岛民具有风玫瑰的观念，其 32 个方位点中每一个都以有名的风的名字命名，代表了该风吹来的方向。传教士威廉·怀亚特·吉尔（William Wyatt Gill）出版了这种风玫瑰的雕版图，声称它也以钻孔的方法雕刻在一个大瓠瓜的边沿处。通过在孔洞中塞上或从中拔出用塔帕布制作的孔塞，这个瓠瓜可以作为预测风向以及用法术控制风向的工具。

据 William Wyatt Gill, *Myths and Songs from the South Pacific*（London：King, 1876），320。

不同。

以加罗林航海者为例，他们会描绘一个位于航道一侧的"参照岛"在沿着地平线连续分布的恒星方位点间移动的过程，从而构建独木舟在海中前进的观念。这是一种以抽象构念的方式对独木舟前进所做的描绘，而不是一种真实的测量，因为参照岛离航线太远，无法从独木舟上看到。

此外，对向北或向南航行的航海者来说，他还能通过北极星之类恒星在地平线上的高度角的变化来判断船只的行程。夏威夷的本土天文学者把北极星称为"霍库帕阿"（Hōkū-paʻa），字面意义是"不动的恒星"，由此进一步认识到它在地平线上的高度角会在向南航行的过程中不断减少，如果向南航行得足够远，还会消失在地平线之下。举例来说，一篇夏威夷文献写道，当你抵达赤道的时候，"你会看不见'霍库帕阿'"，这时还会"发现新的星座和陌生的恒星"，这指的是从夏威夷看不到的南部天区。[46]

根据这些零碎的报告［其中一则来自 19 世纪的夏威夷学者凯佩利诺·凯奥奥卡拉尼

---

[46]　Rubellite Kawena Johnson and John Kaipo Mahelona, *Nā Inoa Hōkū：A Catalogue of Hawaiian and Pacific Star Names*（Honolulu：Topgallant, 1975），73.（这段文字的全文见下文 486—487 页）天狼星是夜空中最亮的恒星，现在几乎可以经过塔希提岛正上方（也即其赤纬几乎与塔希提岛的纬度相同）。

460 (Kepelino Keauokalani)],刘易斯提出,波利尼西亚航海者曾经运用恒星高度变化的这个原理,以极为精确的方式指导向北或向南的航行,具体方法是认真观察直接经过某些岛屿正上方的恒星。[47] 恒星的赤纬是它在天球上的纬度——它在天球赤道北边或南边的角度距离。在恒星自东向西移过天空时,它会经过地球上所有地理纬度与其赤纬相同的地点的正上方。因此,如果航海者知道经过他的目的岛屿正上方的是什么恒星,那么他就能通过观察作为目的岛屿标志(也即其赤纬与目的岛屿的纬度相同)的恒星在过中天时是否已经几乎从自己头顶上方通过,来判断他是否已经快要到达目的岛屿所在的纬度。

大角星(夏威夷语名"霍库莱阿")是个很好的例证,因为它现在会经过霍瑙瑙(Honaunau)避难所的正上方,这是在夏威夷群岛的最大岛夏威夷岛西南岸发现的一群古代的石质建筑。大角星的赤纬和霍瑙瑙避难所的纬度相同,都是北纬19°27′。从塔希提航往夏威夷的航海者可以通过以下方式利用这一点:他会设置一条略微偏向夏威夷以东的航道,然后通过观察大角星判断他向北的航程;大角星在经过天空的时候,其最高点会越来越高,直到完全位于航海者的天顶,也就是天空中位于他正上方的一点。如果这一观测准确,那么航海者便已经处在夏威夷岛的纬度;而如果他的推测航行也正确,那么他会位于夏威夷岛的东边,也是该岛的向风一侧。这时,他可以把独木舟转为西进,顺风航行,直到夏威夷岛出现在视野中。[48]

然而,这种天顶观察无法用于设置和保持航道,因为位于天顶的恒星并不能指示一个相对于地球来说固定的位置。比如大角星会经过地球上所有位于北纬19°27′的地点的正上方,因此不管观察者身处什么经度,它经过天顶时的状况都一样。从塔希提向北前往夏威夷的航海者虽然可以利用大角星来判断是否已经抵达夏威夷所在的纬度,但也仍然需要通过参照恒星升起和降落的方位点来获得位置信息,然后运用他的观测技能和推测航行技能来保持独木舟行驶在正确的航道上,最终到达夏威夷岛——理想的情况是从向风的东侧向它接近。

登陆

作为航行目标的小岛——特别是低海拔的环礁——直到10—12海里远的时候才能看到。要在这样的地方登陆,航海者要把他们的能力扩展到一个新的层次,就是能感知独木舟何时接近岛屿,而在进入直接目击的范围之前侦测到陆地。应用最广泛的方法是观察鸟类,特别

---

[47] Kepelino Keauokalani, *Kepelino's Traditions of Hawaii*, ed. Martha Warren Beckwith, Bishop Museum Bulletin, no. 95 (Honolulu: Bernice P. Bishop Museum Press, 1932), 82–83, 及 Lewis, *We, the Navigators*, 278–290(注释4)。

[48] 由于恒星的赤纬会随着二至点的岁差发生缓慢变化,恒星在地球表面上空所经过的轨迹也会缓慢变化。比如说,在公元1000年时,大角星的赤纬是北纬24°39′,因此会经过夏威夷群岛中考爱(Kaua'i)岛以北地区的天空正上方(Lewis, *We, the Navigators*, 283)。刘易斯在他1964年驾驶现代双体船(catamaran)从塔希提前往新西兰的航行中检测了这种"天顶星"方法的可靠性。通过调整其双体船桅杆的稳定索,可以让桅杆与海面垂直,这样在沿着桅杆向上望的时候,刘易斯可以确定哪些恒星正在经过头顶正上方,由此便可在他向西南航往新西兰途中保持一条纬度不断变化的航迹。我和刘易斯在1976年驾驶"霍库莱阿"号前往塔希提时,又实验了这一方法,发现我们可以把纬度确定到大约一度半之内 [David Lewis, "Stars of the Sea Road," *Journal of the Polynesian Society* 75 (1966): 85–94, 及 Ben Finney, *Hokule'a: The Way to Tahiti* (New York: Dodd, Mead, 1979), 212–216]。

是燕鸥（terns）、玄燕鸥（noddies）和鲣鸟（boobies）；它们每晚在陆地上过夜，但在清晨就飞到海上捕鱼。这些鸟种正在育雏的成鸟很少会以很大的某个数量飞到离筑巢之岛 40 海里以外的地方。

航海者还会在云中寻找陆地的信号。比如说，地平线上堆积成某种特征的云意味着那里有个海拔较高的岛屿，阻碍了信风及与其相伴的云的流动；云下侧略呈绿色的色调则是反射了其下方环礁中的浅潟湖，就像土阿莫土群岛的阿纳（Ana'a）环礁的情况一样。海面以下深处出现的磷光可指向岛屿或背向岛屿，也是一种侦测还在地平线以下的陆地的方法，但其物理学原理还不清楚。大洋涌浪可被前方的岛屿反射回来，绕着它弯曲，或在因岛屿而偏斜之后与其他涌浪相互叠加，这也都为另一种技术提供了线索。这种技术可以极大地扩展岛屿在视力可见范围之外能侦测到的范围，将在下文有关马绍尔群岛的一节中讨论。

关于导航的精确性

过去四个世纪以来，不断有人对传统大洋洲导航术的精确性提出怀疑。他们是种族中心论的学者，质疑是否有可能在没有磁罗盘和其他辅助手段的情况下能按意图驶向遥远的岛屿。这种怀疑论的最新一次爆发是在 20 世纪 50 年代晚期和 60 年代早期，批评者指控，无论是查看恒星罗盘的位点，还是在阴天保持航道，或是估算洋流的效应，其误差的概率都会非常大，因此那种认为波利尼西亚人和其他太平洋岛民是出色航海家的想象并不真实，只是一种浪漫的神话。奥特阿罗阿（新西兰）历史学者安德鲁·夏普（Andrew Sharp）立论更极端，声称这些误差积累的速度非常快，以致传统导航术不可能在开阔洋面上相距超过 300 海里的岛屿之间实行。他的结论是，大洋洲中广布的那些岛屿上的居民，只可能为很长一系列航海事故所带来。按他的推测，进行短途航行的独木舟可能会偏离航道（或被吹离航道），然后被风和洋流推向无人居住的岛屿；独木舟也可能载着躲避家乡的战乱或饥荒的逃难者出发，让他们的命运受风和洋流的摆布，而可能偶然到达无人居住的岛屿。[49]

夏普这种认为在距离超过 300 海里的岛屿间航行没有可能性的论调，后来遭到了加罗林岛民的全面驳斥。他们在 20 世纪 70 年代复现了加罗林群岛和马里亚纳群岛之间的古老航行活动，而隔开这两个群岛的是 400 多海里的开阔洋面。[50] 此外，自 1976 年起，"霍库莱阿"号不带工具也不带实物海图，已经在波利尼西亚传说中的海路上反复航行了很多次，驶于被好几百海里的深海所隔开的岛屿之间，有时这距离甚至超过两千海里。

两个主要原因可以解释这样的长距离航行何以可能。首先，在用肉眼估算恒星方位、当天空完全为云遮蔽时依据涌浪转向、判断不可见的洋流的效应或估算行驶距离时，那些不可

461

49　Sharp, *Ancient Voyagers*（注释 4），以及 Andrew Sharp, "Polynesian Navigation to Distant Islands," *Journal of the Polynesian Society* 70（1961）：219 – 226。

50　Michael McCoy, " A Renaissance in Carolinian-Marianas Voyaging," in *Pacific Navigation and Voyaging*, comp. Ben. R. Finney（Wellington：Polynesian Society, 1976），129 – 138，以及 Finney, "Voyaging Canoes"（注释 5）。

避免的误差并不一定会在一个方向上一直积累，导致独木舟航行的距离越长，偏离航道就越多。(51) 其次，大洋洲大多数岛屿都组成群岛，这意味着航海者通常是在两个群岛之间航行，而不是从孤单的一个岛屿取道前往同样孤单的另一个岛屿，结果迷失在浩瀚的洋面上。

尽管能够在群岛之间航行而不是在孤立而隔绝的岛屿之间航行的重要性不应过分夸大，但驶往远大洋洲的少数孤单而真正与世隔绝的岛屿时所面临的困难也不应低估。拉帕努伊岛（复活节岛）就是个最好的例子。它是太平洋中有永久居民的岛屿中最僻远、最孤立的一座。拉帕努伊岛附近没有其他岛屿，离它最近而有永久居民的高海拔岛屿是芒阿雷瓦（Mangareva）岛，位于其西边 1450 海里处。［尽管面积极小的皮特凯恩（Pitcairn）岛和更小的高出水面的珊瑚岛奥埃诺（Oeno）岛要比芒阿雷瓦岛近几百海里，但波利尼西亚人只在上面临时性居住。］对最早的波利尼西亚探险家来说，他们会沿着马克萨斯群岛、土阿莫土群岛和南方群岛的东界不断探索定居前线以外的世界，要首次发现这个孤立的岛屿可能不算特别困难。那时，从西边飞向拉帕努伊岛的陆生候鸟可以为它们提供一个追踪的方位，而岛上（在人类及伴人的掠食性鼠类到达之前）有丰富的鸟巢，也能向任何靠近它的航海者强烈地宣示这座岛屿的存在。然而，一旦第一批移民定居下来，鸟类种群就会受到人类和由人类引入的鼠类的极大影响。之后，岛民又是开荒种地，又是砍伐树木，便把岛上曾经森林密布的一侧转变成了干燥而有大风呼啸的草原。结果，迁徙时路过拉帕努伊岛或在岛上筑巢的鸟类种群崩溃，再加上它没有利于导航的群岛背景，很可能让后来的航海者难以从西面的群岛再到达这里。当拉帕努伊岛的居民砍光树木，再不能建造远洋独木舟的时候，这个岛就完全切断了它和波利尼西亚其他部分的联系。(52)

加罗林群岛的导航术和地图学

传统大洋洲导航术在密克罗尼西亚的加罗林群岛得到了最好的记录。加罗林群岛横跨 32 个多经度，但在纬度上则大多集中在北纬 6°和 10°之间的狭长带状区域里。我们将主要关注中加罗林群岛，也就是介于西端的帕劳（帛琉）和雅浦（乌阿普）群岛中较大、大多也较高的岛屿和东端的高海拔岛屿丘克岛（Truk 或 Chuuk）（但也环绕有一圈巨大的堡礁）之间的一群环礁。

462 直到 19 世纪后期，人们才记录到加罗林航海术的细节。西班牙此前对这些岛屿抱有长期而有限的兴趣，一直未对当地居民的航海技能做过任何持续性的调查。第一次这样的调查

(51) 在 1980 年“霍库莱阿”号从夏威夷前往塔希提的航行中，我们通过比较导航员所推测的独木舟航向与实际航迹的精确数据及与航向相交的洋流，记录了推测航行中误差的随机效应；独木舟上安装有自动发报机，在沿航线投入海中的浮标上也有自动发报机，其信号可由经过上空的卫星收集，由此得到精确的航迹数据。本次航行的导航员是第一次用传统导航技术进行漫长的渡海操作。当独木舟到达赤道附近，穿越因科里奥利效应减小而产生的狭窄而迅速的急流时，他未能发觉独木舟被洋流向西推了 90 海里之远。之后，当船只缓慢行驶在赤道以南的轻风中时，他又过高估计了自西向东流动的南赤道洋流的力量，后来我们知道当时这股洋流实际上非常微弱。然而，这两个误差——如果可以称为误差的话——并没有复合在一起。与此相反，第二个误差抵消了第一个误差，这样到独木舟靠近塔希提的时候，导航员对所要驶往的方向的心理图像就已经又与独木舟的实际航迹多少相符了。参见 Ben R. Finney et al.，“Re-learning a Vanishing Art,” *Journal of the Polynesian Society* 95 (1986): 41 – 90。

(52) Ben R. Finney, “Voyaging and Isolation in Rapa Nui Prehistory,” *Rapa Nui Journal* 7 (1993): 1 – 6.

是由德国学者做的，他们从 19 世纪后期开始在加罗林群岛工作，很快德国就从西班牙那里购买到了加罗林群岛的殖民权利，直到日本在第一次世界大战开始时将群岛夺走为止。这些德国学者的先驱性调查，加上第二次世界大战之后由美国和日本研究者所做的更深入的工作，让我们对加罗林人如何航海得以有较为充分的了解。这些知识包括：他们如何设想身边的岛屿，并运用心理构念去教导新手；如何引导独木舟；知识如何传递给学徒。[53] 然而，我们也不能骄傲地声称已经完全理解了加罗林航海者思考和工作的方式。就像下面的总结所显示的那样，不同的研究者提供材料的方式之间有差别，一些要点还需要进一步研究。

463

　　加罗林航海者所使用的观念性构念，在萨塔瓦尔环礁（Satawal Atoll）居民的语言中叫作 *náang*，字面意思是"天""天空"。[54] 这一构念在英语中通常称为"恒星罗盘"（star compass 或 sidereal compass）或"星路罗盘"（star path compass）。尽管航海者并不会携带这种罗盘的任何物理呈现物出海，但他们会在地面上将其绘出，以向学习航海的新人传授基本原理。图 13.13 中复制的草图是 20 世纪 80 年代早期由快艇手斯蒂芬·D. 托马斯（Stephen D. Thomas）所绘；当时他在萨塔瓦尔环礁进行有关航海的研究，当地人便向他展示了图中所表现的这样一种教学装置。[55] 图中显示，有 32 堆珊瑚以多少相等的间距排列成大致的环形，代表了罗盘方位点；这些方位点以织女星（Vega）和心宿二（Antares）等恒星、昴星团（Pleiades）和乌鸦座（Corvus）等星座的升起点和降落点以及代表正北方位角的北极星、代表南方方位角的南十字星［即南十字座（Crux）］在绕天球南极旋转时呈现的 5 个位置的方位（角）命名（图 13.14）。[56] 从这个环形到其圆心放置的菜蕉纤维代表罗盘的主要方位轴，而沿环形内缘放置的椰子叶代表了主要的涌浪方向。一只用椰子叶制作的独木舟模型摆在圆心处，由教导者操作，以帮助他的学生在脑子中设想向各个罗盘方位点驶去或从各个方位点驶来的场景，并能预料船只会如何被主要的涌浪所前后摇动和左右摇动。

　　根据托马斯的这幅示意图以及由近年来也在萨塔瓦尔岛上调查的人类学家秋道智弥（Tomoya Akimichi）所发表的其他一些图示，那里的航海者通常把呈现其恒星罗盘的珊瑚堆排成环形。[57] 然而，有关加罗林罗盘呈现物的最早的德文报道却表明，航海者会把石块排成四边形的平面图，而不是圆形。[58] 来自沃莱艾环礁（Woleai Atoll）的航海者在 20 世纪 60 年

---

[53]　德语的文献包括：A. Schück, "Die astronomischen, geographischen und nautischen Kentnisse der Bewohner der Karolinen-und Marshallinseln im westlichen Grossen Ozean," *Aus Allen Weltheilen* 13 (1882): 51 - 57, 242 - 243；E. Sarfert, "Zur Kenntnis der Schiffahrtskunde der Karoliner," *Korrespondenz-Blatt der Deutschen Gesellschaft für Anthropologie, Ethonlogie und Urgeschichte* 42 (1911): 131 - 136；以及 Paul Hambruch, "Die Schiffahrt auf den Karolinen-und Marshallinseln," *Meerskunde* 6 (1912): 1 - 40。更多近年来的文献则有：Tomoya Akimichi, "Triggerfish and the Southern Cross: Cultural Associations of Fish with Stars in Micronesian Navigational Knowledge," *Man and Culture in Oceania* 3, special issue (1987): 279 - 298；同一作者，"Image and Reality at Sea: Fish and Cognitive Mapping in Carolinean Navigational Knowledge," in *Redefining Nature: Ecology, Culture and Domestication*, ed. Roy Ellen and Katsuyoshi Fukui (Oxford: Berg, 1996), 493 - 514；William H. Alkire, "Systems of Measurement on Woleai Atoll, Caroline Islands," *Anthropos* 65 (1970): 1 - 73；Gladwin, *East is a Big Bird* (注释 1)；Goodenough, *Native Astronomy* (注释 4)；Lewis, *We, the Navigators* (注释 4)；以及 S. D. Thomas, *The Last Navigator* (New York: Henry Holt, 1987)。以下文献报道了加罗林岛民会采用长直线及与岛屿名称有关的小鱼图像作为文身图案：Frédéric Lutké, *Voyage autour du monde* (Paris, 1835), 2: 68 - 69。

[54]　Akimichi, "Image and Reality," 495.

[55]　Thomas, *Last Navigator*, 81 (注释 53)。

[56]　Goodenough, *Native Astronomy*, 15 - 17 (注释 4)。

[57]　Akimichi, "Image and Reality," 497, 及同一作者的 "Triggerfish" 282 (均见注释 53)。

[58]　Sarfert, "Zur Kenntnis der Schiffahrtskunde" (注释 53)。

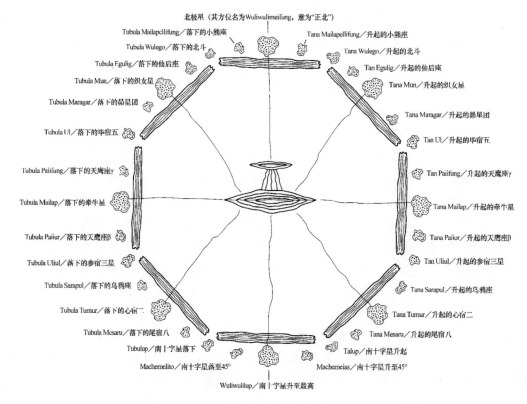

北极界（其方位名为Wuliwulimeifung，意为"正北"）

Tubula Mailapcllifung/落下的小熊座　　Tana Mailapellifung/升起的小熊座
Tubula Wulego/落下的北斗　　Tana Wulego/升起的北斗
Tubula Fgulig/落下的仙后座　　Tan Egulig/升起的仙后座
Tubula Mun/落下的织女星　　Tana Mun/升起的织女星
Tubula Maragar/落下的昂星团　　Tana Maragar/升起的昂星团
Tubula Ul/落下的毕宿五　　Tan Ul/升起的毕宿五
Tubula Paiifung/落下的天鹰座γ　　Tan Paiifung/升起的天鹰座γ
Tubula Mailap/落下的牵牛星　　Tana Mailap/升起的牵牛星
Tubula Paiiur/落下的天鹰座β　　Tana Paiiur/升起的天鹰座β
Tubula Uliul/落下的参宿三星　　Tan Uliul/升起的参宿三星
Tubula Sarapul/落下的乌鸦座　　Tana Sarapul/升起的乌鸦座
Tubula Turnur/落下的心宿二　　Tana Turnur/升起的心宿二
Tubula Mcsaru/落下的尾宿八　　Tana Mesaru/升起的尾宿八
Tubulup/南十字星落下　　Talup/南十字星升起
Machemelito/南十字星落至45°　　Machemeias/南十字星升至45°
Wuliwulilup/南十字星升至最高

462　　　　　　　　　　**图13.13　加罗林恒星罗盘**

　　加罗林航海者在席子上排列珊瑚堆、椰子叶和菜蕉纤维，为新人传授恒星罗盘。在这个萨塔瓦尔环礁上使用的罗盘中，珊瑚堆排列成环形，代表32个罗盘方位点，但相邻两堆珊瑚的间距不同，因为每堆珊瑚列表的是某颗恒星或某个星座实际升起或落下的方位点（升起点以前缀 *tan* 表示；落下点以前缀 *tubul* 表示；二者都用一个 *a* 后缀与后面的辅音连接）。沿主方位轴放置的菜蕉纤维展示了往返的恒星航路。用椰子叶做的小独木舟置于中央，可以帮助学徒想象自己位于各条星路的中心。放置在一圈珊瑚堆里面近处的成捆的椰子叶代表了用于定向的8个涌浪方向。

　　据 S. D. Thomas, *The Last Navigator*（New York：Henry Holt, 1987），81。

　　代接受人类学家威廉·阿尔基尔（William Alkire）采访时，就强调他们一直都把恒星罗盘描画成这种四边形的形式（图13.15），而且还向他解释说，这种格式不会影响罗盘的功能。事实上，他们声称，让罗盘具有四个角可以让沿着罗盘周边排列的恒星和星座方位点的顺序更容易记忆。[59] 尽管对圆形或四边形的形式的偏好可能反映了地区差异，但大多数学者推测四边形形式是原始形式，是后来的那种把32个方位点标记在圆形罗盘面板上的磁罗盘影响了当地人，使当代航海者改而把其恒星罗盘的32个方位点排成环形。不过请注意，虽然在阿尔基尔采访的航海者中有两人通过商船工作而能熟练掌握磁罗盘的使用，但他们仍然把恒星罗盘构想成传统的四边形形式。

464　　　　今天，差不多所有加罗林航海者都在白昼使用磁罗盘，以省下在清晨和傍晚用太阳定向、在中午用涌浪定向这一困难工作的麻烦。然而在夜晚，他们通常还是更多靠恒星定向，因为——至少大多数现代水手会同意——追踪一颗稳定的恒星要比追踪罗盘上那个摆动不定的磁针更容易。不仅如此，他们就是在使用磁罗盘时，也仍然会在口头上以传统的天球参照

　　⑤9　Alkire, "Systems of Measurement," 41–43（注释53）。

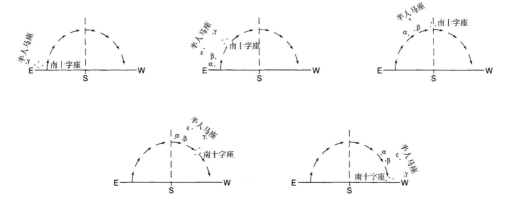

图 13.14 从加罗林群岛向南看时南十字星的位置 463

加罗林人用这 5 个位置（在地平线上升起、升至 45 度、升至最高、落至 45 度、在地平线上落下）作为其 32 方位恒星罗盘中的 5 个方位点。

据 Ward Hund Goodenough, *Native Astronomy in the Central Carolines* (Philadelphia: University Museum, University of Pennsylvania, 1953), 17。

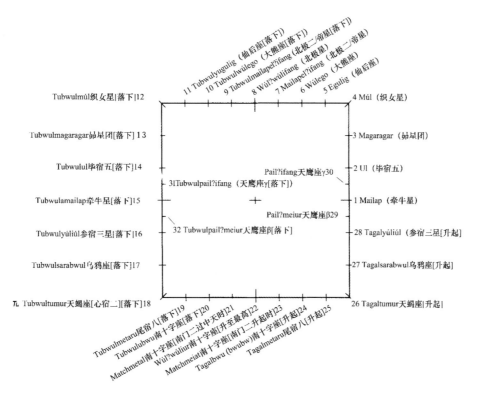

图 13.15 加罗林群岛沃莱艾环礁的"星路"罗盘 464

每条星路或罗盘方位点都根据其主星或星座而命名。

据 William H. Alkire, "Systems of Measurement on Woleai Atoll, Caroline Islands," *Anthropos* 65 (1970): 1–73, 特别是 42—43 页。

物报出方位，而不是使用北或北微西之类方位用语。

正如托马斯和秋道的描述所示，萨塔瓦尔罗盘的方位点沿其边缘均匀间隔。尽管阿尔基尔勾勒的沃莱艾罗盘上的方位点在其四条边上间距不等，相邻两个方位点之间的夹角也仍然相等，仅有的例外是天鹰座 β 和天鹰座 γ 的升起点和落下点。据阿尔基尔，这几个方位点（在图 13.15 中编号为 29—32）位于牵牛星（Altair，图 13.15 中的 1 号点和 15 号点）的升起点和落下点的两侧近处，是罗盘上其他 28 个方位点的辅助点。[60] 与萨塔瓦尔罗盘均匀分布的方位点及除去上述例外的沃莱艾罗盘相反，加罗林罗盘的方位点在文献中绝大多数呈现出不等的间隔。这类呈现图都源于古德诺（Goodenough）在他 1953 年有关加罗林天文学的专著中所绘制的罗盘（图 13.16）；在该图中，他根据早期德国人的报告，按照用来命名方位点的恒星和星座的实际升起和降落方位来绘出罗盘方位点。[61] 他的示意图看上去甚至更加不规则，因为东—西轴被画在了天球赤道的北面，反映了牵牛星的星路，而牵牛星是经过链状分布的加罗林群岛长轴正上方的主要定向星。

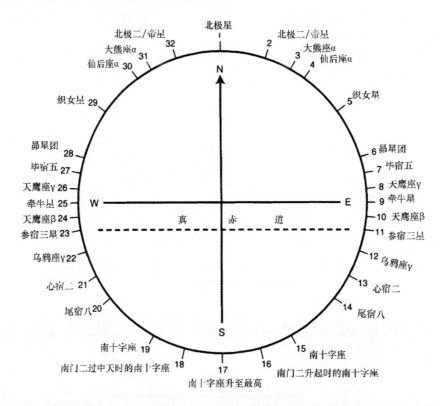

图 13.16　加罗林恒星罗盘，展示了以不等距离间隔的方位点

方位点根据为其命名的主星和星座的实际方位角绘制。

据 Ward Hunt Goodenough, *Native Astronomy in the Central Carolines* (Philadelphia: University Museum, University of Pennsylvania, 1953), 6。

　　这种不一致性的可能解释，是恒星罗盘方位点最初以恒星方位角为依据时间距是不规则的，而方位点的等距离排布是磁罗盘传入之后的事情。然而，正如查尔斯·O. 弗雷克（Charles O. Frake）所推测的，更可能的情况是罗盘的这两种呈现只不过反映了研究者的不同进路而已。托马斯、秋道和阿尔基尔都在以民族志的方式报告加罗林人在心中感知恒星罗

---

⑥　Alkire, "Systems of Measurement," 44.

⑥　Goodenough, *Native Astronomy*, 5–6（注释 4）。

盘以及暂时把它呈现在地面上的方法，但古德诺却选择了另一种方法，以定义各个方位的恒星和星座的实际方位角，把罗盘分析式地呈现出来。因此，弗雷克为这种混乱提供的解决方案看来是合乎情理的："对于把地平环分为 32 个等距点的抽象的观念性分割，恒星为其提供的是名称而不是位置。"[62]

当然，加罗林航海者不只是用天体为罗盘方位点命名。他们也用恒星和星座设置航道、为独木舟定向。尽管这种双重用途似乎显得比较令人困惑，但对他们来说绝不是麻烦。正如他们可以把船只的航向调整为目标岛屿方位的右侧和左侧、以补偿洋流和偏航带来的效应一样，这些娴熟的航海者也能校正导航恒星的实际升起和落下方位与用它们命名的等距分布的罗盘方位点之间的差异。

加罗林人把地平环分割为 32 个方位点，与现代磁罗盘的面板相同，这个事实并不必然表明这两种构念在历史上有关联。两种罗盘（以及波利尼西亚库克群岛的风玫瑰）很可能都是通过把地平环二等分得到的部分再二等分来构造的，最后就把地平环分成了 32 段。每一段所占的宽度是 11.25，对于操船手的实际应用来说差不多尽可能精细了，而这个宽度恰又与一个人伸直手臂时拳头在视野中的宽度大致相等。[63] 不过，西方罗盘的方位点至少最开始以风向来命名，在波利尼西亚似乎也是如此，但加罗林人却望向了布满星辰的天空，来为他们的罗盘方位点命名。

阿尔基尔曾有文章，关注了沃莱艾环礁上的这套包括了罗盘的四边形呈现法在内的测量体系。在该文中，他描述了航海新人如何学习罗盘，然后又如何通过一系列正式的步骤来学习在该岛航海者的航行范围之内到达其他岛屿或从其他岛屿返回的各种罗盘航道。[64] 第一步的重点是把"星路"（pafii）用助记方法背下，阿尔基尔把这个过程比作西方的"把罗盘装盒"（以正确顺序背出方位点）的练习。负责教导的航海者把小块珊瑚以图 13.15 示意的四边形放置在地面上或席子上，呈现出恒星罗盘（阿尔基尔更愿意称之为"星路罗盘"）的方位点，以此教导学生。然后，新手以 4 组、每组 8 个星名的方式把罗盘方位点记住和背出。新手从阿尔基尔称为罗盘的"主要定向星"的牵牛星（1）开始，以反时针顺序到达毕宿五（Aldebaran, 2）、昴星团（3）、织女星（4）、仙后座（Cassiopeia, 5）、大熊座（Ursa Major, 6）、北极二/帝星（Kochab, 7）和北极星（8）。之后，从北极星开始，他继续前往下落的北极二（9）直至下落的牵牛星（15），这又是 8 颗星。按照相同的方法，以前一组的最后一颗星作为下一组的第一颗星，新手绕着罗盘以反时针方向向前，再经过各有 8 颗星的两组星，最后又重新回到牵牛星（1）。然而，因为四组星之间有重叠，到这里只涵盖了 28 个恒星位置。为了完成整套方位点的记忆，新手接下来还需要补上在牵牛星的升起点和落下点两侧不远处的 4 个恒星位置，即天鹰座 β 的升起点（29）和落下点（32），以及天鹰座 γ 的升起点（30）和落下点（31）。

第二步是学习并背诵两套各 8 对的升起星和落下星。新手从牵牛星升起（1）/牵牛星落下（15）开始，接下来是毕宿五升起（2）/毕宿五落下（14），以此进行，直到最后的北

---

[62] Charles O. Frake, "A Reinterpretation of the Micronesian 'Star Compass,'" *Journal of the Polynesian Society* 104 (1995): 147–158, 特别是 155 页。

[63] Frake, "Reinterpretation," 156.

[64] Alkire, "Systems of Measurement," 41–47（注释 53）。

极星（8）/南十字星升至最高（22）。之后，他再从牵牛星升起（1）/牵牛星落下（15）开始，沿着参宿三星（Orion's Belt）升起（28）/参宿三星落下（16）向南进行，直到这一套也学习完毕。

第三步是学习和背诵往返的恒星航道，这可以让航海者马上想起沿他所循的任何一条航道返航时的航道。他从牵牛星升起（1）/牵牛星落下（15）开始，经过毕宿五升起（2）/参宿三星落下（14）、昴星团升起（3）/乌鸦座落下（17）等，最后完成所有位置的学习。

466 第四步需要最为详细的记忆，因为这一步涉及给所有岛屿、暗礁、浅滩以及可以在某个岛屿起点周围发现的活"海标"定位。加罗林群岛中的每座岛屿因此都有它自己的观念海图，提示了通往周边岛屿和其他特征的恒星航道（wofālu）。然而，不管这些"海图"是画在地上还是想在心里，它们都只是恒星罗盘的呈现。是航海者和他的学徒，通过心理上或口头上背诵那些沿着由罗盘定义的每条恒星航道航行时可以发现的所有岛屿和其他特征——每座岛屿在作为参照点时都有这样一套特征——而为这些"海图"的呈现物赋予了活力。图13.17复制了阿尔基尔绘制的以沃莱艾为中心的四边形海图的示意图，航海者以及他教导过的学生可以在其上指出沿每个罗盘方位分布的岛屿和其他特征。

所谓活海标，是指某种形式的鸟类或海洋生物，比如某种特别的鲸类、一只缓慢游动的棕色鲨鱼、单独一只大声鸣叫的鸟等，每一种形式据说都与在某个岛屿的某条恒星航道上的某个地点相联系。按古德诺和托马斯的说法，"人们并不是为了找它们才航往那里，人们只有在迷航时才会遇到它们，而且还不总是能遇到。它们的作用是在航海者错过登陆或失去方位时作为他的最后救命稻草，保证他能再一次把自己'连接'到岛屿世界"。[65] 不过，里森伯格（Riesenberg）和其他学者强调了这些海标的助记益处，它们可以填补那些并不通往其他岛屿或物理特征的空白恒星方位。[66]

除了记忆自己岛屿的海图外，沃莱艾航海者也必须知道沃莱艾环礁周边所有岛屿各自独立的海图，以便在他驶往这些岛屿之一后也可以从那里设想通往周边所有岛屿和其他特征的方位，从而能够计划出返回沃莱艾的航道。阿尔基尔举了如下的例子："如果航海者启程前往法劳莱普（Faraulep）……他的航道要以大熊座为基础，并可能根据航行时的风和海洋的条件略加修正。在他从法劳莱普返回的航行中，他又必须为这个岛屿构建'岛屿海图'的观念，以便能在返程途中利用所有他可能遇见的重要参考点。如果他有可能在航行中被吹得偏航的话，这些参考点就更是至关重要了。"阿尔基尔又补充道，他的两位由同一位教师带出来的航海者知情人合起来可以记得以散布在加罗林群岛中的18个岛屿为中心的海图，这意味着他们可以为连续经过的每一个岛屿背出通往周边岛屿和其他特征的恒星航道方位，因此可以通过他们能记住和在海上应用的形式有效地组织起数以百计的航海信息片段。[67]

467 在学习了所有单个岛屿的海图之后，新手要记忆一长串恒星升起和落下的季节顺序，这是在定义了罗盘方位的恒星不可见时对定向来说至关重要的知识。在此之后，他便要上有关

[65] Ward Hunt Goodenough and S. D. Thomas, "Traditional Navigation in the Western Pacific," *Expedition* 29, no. 3 (1987)：3–14，特别是7—8页。

[66] Saul H. Riesenberg, "The Organisation of Navigational Knowledge on Puluwat," in *Pacific Navigation and Voyaging*, comp. Ben R. Finney (Wellington：Polynesian Society, 1976), 91–128.

[67] Alkire, "Systems of Measurement," 46（注释53）。

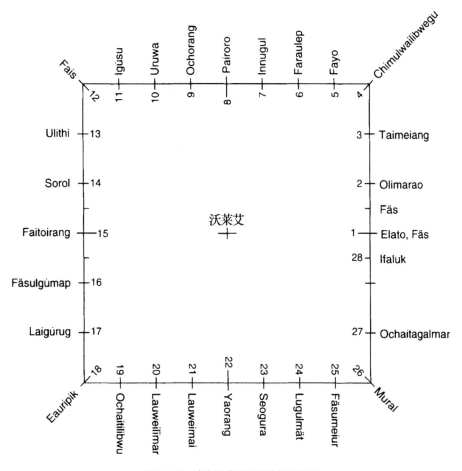

图 13.17　来自沃莱艾环礁的恒星航道

1. *Fäsalïifaluk*，即"伊法利克礁"。Fäs 在伊法利克北面（加门 Gamen 礁）；2. 奥利马劳岛；3. 一个专门的恒星航道名，指的是沿此航线可见的一种小型鼠海豚；4. 塔朗滩（Tarang Bank）的沃莱艾名称；5. 加费鲁特（Gaferut）岛；6. 法劳莱普岛；7. 恒星航道名，指一种据说长达 1.5 英尺左右的笛鲷；8. 用于一种尚未鉴定的鸟类的专门名称；9. "黄色"礁石；10. 航海用语，指的是一种足部红色的大型热带鸟类；11. 此术语指的是一只被航海者看见向海面缓慢游去的鲟鱼；12. 法斯岛；13. 乌利西岛；14. 索罗尔岛；15. 位于海面下较深处的暗礁，但有大量鸟类在其上觅食而可以识别；16. "Gümap"礁；17. 沿这条航线看到的鲸；18. 欧里皮克岛；19. Tilibwu（一种似沙丁鱼的小型鱼类）之礁；20. 有很多鲨鱼的海域；21. 也是有鲨鱼的海域，但其中的鲨鱼体形多少小于在 20 号航线上遇到的那些；22. 指一种足部黄色的热带鸟类；23. 一只鹭，是常见于这一海域的一种鸟类；24. 指一种游动缓慢的鲨鱼，据说只有一半背鳍；25. 指南边的暗礁，离洋面较近；26. 乌洛阿礁（Ulloa Reef）的当地名；27. 用一位叫塔加尔马尔（Tagalmar）的男子命名的暗礁；据说是他发现了这处暗礁（很可能是指伊安特浅滩 Ianthe Shoal）；28. 伊法利克岛。这条前往伊法利克的南航线会在特别的风况下使用。

加罗林航海者还会为学徒绘出恒星航道（*wofälu*）的示意图，这些恒星航道在其航行范围之内从每个岛向外呈辐射状伸出。本图呈现了沃莱艾环礁上的这种教学设备，在加罗林恒星罗盘的四边形呈现图中绘有通往各岛屿的航道、暗礁和浅滩以及有特别的海洋生物栖息而需要留意的地点。

据 William H. Alkire, "Systems of Measurement on Woleai Atoll, Caroline Islands," *Anthropos* 65 (1970): 1–73, 特别是 45—46 页。

主要涌浪的课，以便在恒星都不可见时用它们来定向。之后，知识传授又转到阿尔基尔称为"杆图"（pole charts）的学习上。它们是沿恒星罗盘某个方位点的方向排成一条直线的岛屿、暗礁、活海标和其他航海特征。沿某个方向排列的岛屿和特征的顺序可以由沿长条直线或"杆"排列的珊瑚堆勾画出来，以简化其记忆过程。[68]

为了导航而排列岛屿的另一种重要方法叫作 *pwuupwunapanap*，意为"大鳞鲀"（great triggerfish）。[69] 这一术语的词根 *pwuupw* 是多义词，有两个主要意义，即一种叫叉斑锉鳞鲀（学名 Rhinecanthus aculeatus）的鱼，及南十字星座；它们因为有相似的菱形外观而在认知上被联系在一起（图 13.18）。南十字星的四颗星分别对应鱼口（头）、背鳍、腹鳍和尾鳍。有了这种鳞鲀的隐喻，航海者可以把岛屿之间的关系大致勾勒出来，方法是把岛屿和暗礁、海标、独特的涌浪以及空无一物、连想象的岛屿都不存在的海域放置在一幅或连续一系列的菱形心象示意图中。

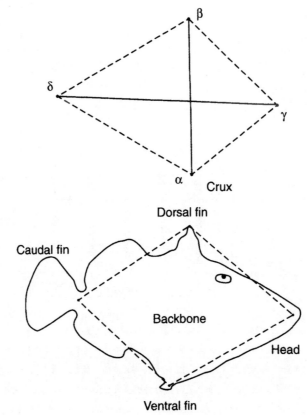

图 13.18 南十字星和鳞鲀

加罗林人认为南十字星和鳞鲀形状相同，故以同一个名字称呼它们。它们的形状为航海者组织岛屿和他们需要的其他信息提供了一种叫作"大鳞鲀"的纲要性隐喻。

据 Tomoya Akimichi, "Triggerfish and the Southern Cross: Cultural Associations of Fish with Stars in Micronesian Navigational Knowledge," *Man and Culture in Oceania* 3, special issue (1987): 279—298, 特别是 282 页（图 2）。

在这些示意图中，鱼嘴始终朝向东方，尾巴朝向西方。腹鳍和背鳍各自都可以作为北或南的方位点，取决于鱼身翻转到哪一面。鱼的脊骨是供参照的第五个特征。事实上，

---

[68] Alkire, "Systems of Measurement," 49 – 50（注释 53）。

[69] 这个词来自萨塔瓦尔语；在与之近缘的沃莱艾语和其他加罗林群岛中部环礁所用的语言中则使用其同源词。因为阿尔基尔对大鳞鲀方法只有简略描述（"Systems of Measurement," 51），这里的简述参考了秋道 ["Triggerfish"（注释 53）] 及古德诺和托马斯 ["Traditional Navigation", 8 – 10（注释 65）] 对萨塔瓦尔所做的研究。

任何适当排列的真实的或想象的岛屿、暗礁、浅滩和活体海标都可以在认知上被组织到单独一只鳞鲀或一连串鳞鲀的图像之中。图 13.19 就呈现了两只相连的鳞鲀。

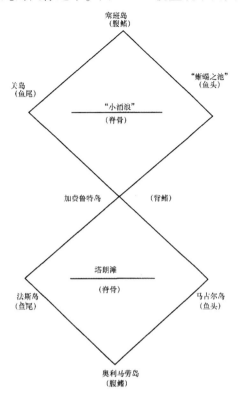

图 13.19　两只相连的鳞鲀　468

本图显示了两只相连的鳞鲀，它们是加罗林航海者在从马里亚纳群岛的塞班岛向加罗林群岛的奥利马劳环礁航行，用来构想岛屿分布的心象示意图。从塞班岛启航的航海者的观念始于上方菱形的顶点，在这段航行中由鳞鲀的腹鳍所代表。向南航行到鱼尾所代表的西边的关岛和东边鱼嘴处的 "蜥蜴之池"（lizard's pool）（神话中的地点，用于填补无岛屿或暗礁存在的洋面的空白）之间时，他会经过鱼的脊骨，此处以 "小涌浪" 为特征。随后，他前进到背鳍处的加费鲁特岛。通过在心理上把鳞鲀绕其东—西轴翻面，其背鳍在下方菱形中仍然代表加费鲁特岛。航海者继续南行，经过鱼头和鱼尾分别代表的马古尔岛和法斯岛之间，穿越代表了塔朗滩的脊骨，最后就到达腹鳍处的奥利马劳岛，完成整个航行。

据 Ward Hunt Goodenough and S. D. Thomas, "Traditional Navigation in the Western Pacific," *Expedition* 29, no. 3 (1987)：3-14，特别是图 9。

　　如果通过用南十字座的旋转定义的罗盘方位来构想那些位于塞班岛南边的岛屿，那么它们与鳞鲀隐喻中 pwuupw 一词指代 "南十字座" 的第二个义项的关联就很明显了。意为南十字座的 pwuupw 升起时几乎位于马古尔（Magur）岛的正上方，这里是鱼头的位置；它落下时又很接近位于鱼尾处的法斯环礁的方位。因此，向南航行的航海者知道，如果他让独木舟驶向南十字星升起点和落下点之间，最后他就可以到达加罗林群岛中央，在那里会见到岛屿、暗礁或其他熟悉的特征，能让他检查自己的位置，在必要时改变航道（图 13.20）。

　　为了把更多的导航信息包括进来，航海者还可以把多个菱形的示意图重叠起来，用其中一条鱼的脊骨作为下一条的背鳍或腹鳍，以此类推。图 13.21 就显示了这样相连的一串相互重叠的鳞鲀示意图，其中，最后三个示意图与前面四个在侧面并排，这是考虑到虽然关岛、加费鲁特岛和奥利马劳环礁大致呈南北向排列，但奥利马劳以南的岛屿却偏向东边。请注

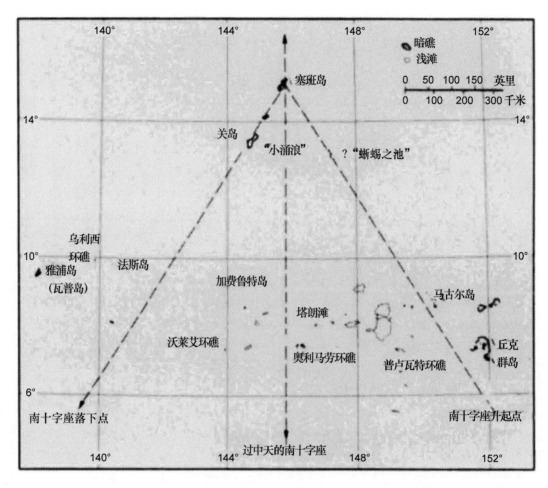

469　　　　　　　　　　　　　　　　**图 13.20　"大鳞鲀"**

　　本示意图描绘了南十字星/鳞鲀隐喻何以能把有关恒星方位以及岛屿位置的信息整合起来。从马里亚纳群岛的塞班岛南望的航海者知道，加罗林群岛中的马古尔岛（鳞鲀的头）位于以升起的南十字星命名的罗盘方位点所表示的方向，而法斯环礁（鳞鲀的尾）几乎位于以落下的南十字星命名的罗盘方位点所表示的方向。只要保持独木舟向南，朝向升至最高的南十字星，他就知道自己最终会到达加罗林群岛中部。

　　据 Ward Hunt Goodenough and S. D. Thomas，"Traditional Navigation in the Western Pacific，" *Expedition* 29，no. 3 (1987)：3–14，特别是图 11。

意，图中有几个名字代表的是涌浪、活海标或是神话中的或未知的岛屿和暗礁。很明显，航海者需要这些观念特征来填补示意图上找不到岛屿和暗礁的地方。

　　虽然这些心象示意图并不用来提供精确的方位，但是当航海者迷航或分不清方向时，它们可以作为救生的帮助。一旦他能把一个已知的位置点在示意图中定位，通过记忆，他就可以把单个示意图或连串示意图中剩余的部分回想出来，而搞清楚自己身处何处。之后，通过直接或间接利用离此最近的岛屿的方位海图，他便可以重新算出航道，回归正路。

468　　　除此之外，还有其他种种助记练习——背诵、歌曲、吟诵、口头练习以至舞蹈——能帮助学生记忆所有这些信息；通过为原本那些乏味的岛屿和恒星航路列表提供新的形式，这些助记练习还能让有实际经验的航海者也重新回想起曾经的记忆。举例来说，普卢瓦特环礁（Puluwat Atoll）有一种叫"戳暗礁洞"的口头练习，关注的是一只栖息于普卢瓦特暗礁深

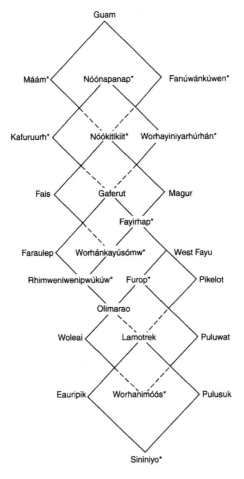

图 13.21　相互重叠的鳞鲀示意图 470

这串相互重叠的 7 只鳞鲀中，有两只在侧面并排，这是考虑到加罗林群岛中的拉莫特雷克环礁位于从马里亚纳群岛的关岛到加罗林群岛的加费鲁特和奥利马劳环礁的航道东边。在鳞鲀的四个顶点处或其附近如果没有岛屿，航海者就用暗礁、浅滩、活海标以至想象的岛屿补齐示意图。这些特征在图中用名字后面的星号表示，并开列如下：

鳞鲀 1：Máám（不明物体）；Nóónapanap（大涌浪）；及 Fanúwánkúwen（神话岛屿）。

鳞鲀 2：Kafuruurh（神话岛屿）；Nóókitikiit（小涌浪）；Worhayiniyarhúrhán（栖息有特别的活海标的不明暗礁）。

鳞鲀 3：Fayirhap（上下颠倒的暗礁）。

鳞鲀 4：Worhánkayúsómw（不明暗礁）。

鳞鲀 5：Rhimweniwenipwúkúw（头部弯曲的暗礁）；Furop［纺锤鲕（*Elagatis bipinnulata*）］。

鳞鲀 7：Worhanimóós（不明暗礁）；Sininiyo（某种玉蕊属 *Barringtonia* 植物的种子）。

据 Tomoya Akimichi, "Triggerfish and the Southern Cross: Cultural Associations of Fish with Stars in Micronesian Navigational Knowledge," *Man and Culture in Oceania* 3, special issue (1987), 279–298, 特别是 287 页（图 6）。

洞中的鹦嘴鱼（parrot fish）的图像。参与练习者要背诵，他如何用一根棍子戳进深洞，让鹦嘴鱼逃向另一座岛屿的礁洞。之后，他在心理上再把自己置于那座岛上，继续威胁这条鱼，迫使它又游向第三座岛屿的礁洞，如此不断进行，直到普卢瓦特环礁周围环形的一列岛屿全已背过，而鹦嘴鱼又回到了它的母岛，并在那里终于被人捉住。在这场背诵中，鹦嘴鱼每逃一次，就必须说出它逃往下一座岛屿时所遵循的恒星方位。但是为了给缺乏经验的人制造点麻烦，航海者对其中涉及的每座岛屿都要求背出岛上礁洞的神秘名字，而不是这些岛屿的通称。[70]

在普卢瓦特的另一种练习"阿努法潟湖的火把"中，航海者想象自己举着火把在一系列的 22 个岛屿那里寻找各种类型的鱼。首先，为了让这个练习能正式开始，他要背出如何从普卢瓦特到达发明这种练习的马古尔环礁。再从那里到达神话中的法努安库韦尔（Fanuankuwel）岛上的阿努法（Anúúfa，意为"精灵"）潟湖。之后，练习开始，他要在前往 22 个地点的连续航行中在口头上举着火把，而从阿努法到每个岛屿所经的恒星航道都不一样。在每场旅程中，他要利用火把之光捕获猎物，然后沿着相反的恒星航道返回潟湖。[71]

毛·皮艾卢格（Mau Piailug）是来自加罗林群岛萨塔瓦尔环礁的航海大师，他特别强调了能够以心灵之眼描绘导航信息的重要性。在重建的波利尼西亚远洋独木舟"霍库莱阿"号于 1976 年首次从夏威夷航往塔希提时，他是船上的导航者。三年之后的一天晚上，在训练年轻的夏威夷人奈诺阿·汤普森（Nainoa Thompson）如何驾驶独木舟前往塔希提时，他问了一个让奈诺阿瞠目结舌的问题："你能看见塔希提吗？"困惑的奈诺阿好奇地想知道毛暗指的是这世界上的什么东西。从他们所在的夏威夷群岛中瓦胡岛南岸的有利位置远望，奈诺阿可以指出前往塔希提的恒星罗盘方位，但是他也知道，因为塔希提岛远在夏威夷南南东方向 2250 海里以外，实际上他是无法看见它的。但就在这时，奈诺阿想起毛曾经督促他学会把将要航往的岛屿构想在眼前，于是他回答说，在这个意义上，他确实可以"看见"塔希提。之后，这位航海大师告诉他，在你航行时，永远不要让塔希提从你视野里消失，因为一旦消失，你就会迷航。威尔·基塞尔卡（Will Kyselka）在他那本标题意义十分明白的著作《心中的海洋》（*An Ocean in Mind*）中描述了奈诺阿后来在 1980 年继续运用心象地图学和导航的这条原理和其他原理驾驶"霍库莱阿"号从夏威夷航往塔希提，又从那里返回，从而成为几个世纪以来第一位驾驶独木舟经过如此长的航程的波利尼西亚人。[72]

469
传统加罗林航海者在构想其船只在海上前进的过程时，用的是与其现代同行全然不同的方法。后者会铺开航海图，看到其上展示了岛屿、暗礁、大陆海岸的位置，它们全都经过了墨卡托投影的系统变换，又有经线和纬线纵横交错其间。印在航海图上的罗盘玫瑰让他可以用直尺找到点与点之间的罗盘方位，并在经过磁偏角校正之后为舵手提供一个可以通过一只磁罗盘来遵循的航向。在启航之后，现代航海者通过定期估计航道和距离来进行推测航行；把罗盘读数和航程测量用估计的洋流和偏航效应校正之后，可以得到用度、海里和时间周期表示的航道和距离的准确估计，然后便可以把这些信息标在海图上。在 GPS（全球定位系统）、卫星定位和计算机导航得到应用之后，即使仅靠那些不甚认真的航海者也可以完成推测航行工作，但在此之前，推测航行一直是西方航海的一大特色。在精密测时计用于精确测定经度之前，推测航行是西方监测位置的主要方法。

加罗林航海者没有其现代同行的任何随身设备，但他仍然可以维持独木舟前行的航线，随时做出必要的航道校正，然后抵达目的岛屿。在启航之后，他让独木舟朝向自己所记忆的

70　Riesenberg, "Navigational Knowledge," 94–95（注释66）。

71　Riesenberg, "Navigational Knowledge," 107–110.

72　Kyselka, *Ocean in Mind*（注释5）。

目标岛屿的恒星方位，并在考虑到估计的洋流和偏航效应的影响之后校正航向（在刚启航之后，他可以通过回视出发岛屿来比较实际航道和独木舟的航向，对这些效应有个初始的印象）。在接下来的航行中，航海者对前进过程的构想方式，与我们对航行中会发生什么事的想法完全不同。对他来说，独木舟是静止的，是岛屿在移动。当然，他知道他正在驾驶独木舟前往目的岛屿，后者并不真地在向他移动。然而，就像现代航海者即使知道转动的是地球，也还是会说恒星的升起和落下一样，加罗林航海者也觉得把他的独木舟视为静止、岛屿视为移动是很自然的想法。看过格拉德温有关普卢瓦特航海的这段文字之后，我们可以对他们的观点有更全面的了解：

> 想象你自己在夜晚身处一艘普卢瓦特独木舟之上。天气晴朗，众星璀璨，但举目望去不见陆地。独木舟是你所熟悉的小世界。人们闲坐着聊天，也可能在这个小天地里走上几步。海流在独木舟两侧流过，尾波里涌出一列旋涡和泡沫，消失在黑暗中。头顶都是恒星，永恒不朽的恒星。它们沿着自己的路线划过天空，落至天外，却又毫无变化地在同样的地方出现。你可能会在独木舟上航行多日，但恒星却既不消失，也不改变位置，只是日复一日在夜晚划出它们从地平线到地平线的轨迹。时间在流逝，海水流过了一里又一里。但独木舟仍然居于天下，恒星仍然悬于天上。然而沿着尾波回溯，出发之岛已经在身后越甩越远，而你将要航往的目标之岛却充满希冀地越来越近。你看不到这些岛屿，但你知道这一切正在发生。你也知道有很多岛屿就在你的两边，有些近，有些远，有些在后，有些在前。在前方的岛屿，用不了多久也会落在后头。万物都在经过这只小小的独木舟——除了夜晚的恒星和白昼的太阳。[73]

这种以独木舟为中心的视角很类似西方水手在水道航标"过我船正横"（drawing abeam）或一座岛屿"落我船正后"（falling astern）时普遍采取的视角；很显然，移动的是船只，而不是航标或岛屿。不过，西方水手通常只在观看某物体时使用这种以船只为中心的视角。当他在考虑某出现在地平线上的物体或以抽象的方式思考其航行时，正常情况下会转换为平面图视角——他会查看海图，仿佛是从极高的高度俯瞰海洋，而构想出固定的岛屿和大陆，他的船只则在海面上前行。

与此相反，加罗林航海者即使对于他看不见的物体也会使用水平视角。用他的心灵之眼从船只向外望时，他会构想目标岛屿在接近独木舟，设想其他岛屿在经过他的船只。这并非因为他没有能力采取现代导航和制图所用的顶—底视角。正如本章伊始时所述，来自加罗林群岛和太平洋其他地区的航海者在欧洲探险家向他们询问时，完全可以把他们自己的航行范围内的岛屿和群岛的排列大致勾勒出来。不仅如此，这种视角还内嵌在一则加罗林神话中，其中讲的是一位精灵向普拉普环礁（Pulap Atoll）一位酋长的女儿伊诺萨古尔（Inosagur）传授了导航知识，以感谢她为他提供食物。这位报恩的精灵把伊诺萨古尔放在一棵小椰子树里，用巫术使之长高，一直伸到云上。伊诺萨古尔这时便看到所有岛屿、所有暗礁和浅滩以及所有类型的"海洋生物"都在她下面铺开。在伊诺萨古尔记住所有这些特征所处的升起

----

[73]　Gladwin, *East Is a Big Bird*, 182（注释 1）。

星和降落星的方位点之后，精灵把树变小，这样她又可以返回地面。后来，在精灵的指示之下，她教会了长子如何航海，她的长子又把这门技艺传给她的次子，这样就建立了现存的加罗林航海术的两个"学派"或两种传统，它们也便分别用伊诺萨古尔的这两个儿子法努尔（Fanur）和瓦雷扬（Wareyang）的名字来命名。[74] 不过，加罗林航海者至今也没有在推测航行时使用这种俯瞰的视角，而是使用了从独木舟向外望的水平视角。

为了设想航行的过程，航海者在出发之前会在航线两侧各选择一座"参照岛"；在他的观念中，在他启航前往目的岛屿的时候，这两座参照岛会移过独木舟。（如果碰巧没有一座岛屿处于正确的位置上，他可以接连使用两座参照岛。）在萨塔瓦尔语中，这种参照岛叫作 *lu pongank*，直译是"在中间横跨而过"。参照岛通常是低矮的环礁，即使在白昼也无法提供直接的视觉线索，直到该岛仅在10—12海里开外时，才能看到岛上最高的椰子树的顶端开始伸到地平线之上。既然它在航线此侧或对侧到航线的距离通常是这个可视距离的数倍，在经过它们时，航海者从来也不可能见到参照岛。然而，他会在心理上追踪其方位的变化，尽管他完成这一壮举的精确方式也最难以把握。

让我们以这个过程的一段简短的口头描述开始。一旦航行开始，而且在航海者的思考方式中参照岛开始移过独木舟，那么航海者就会把航行的进展以地平线下参照岛的方位从一个罗盘方位点移向另一个方位点的方式构想出来。这样一来，在航行中的任何时刻，他都可以把自己的位置以参照岛在罗盘方位点中已经移了多远的方式描绘出来。当他估算参照岛几乎已经移到为此次航行所记忆的一系列罗盘方位中最后一个方位点之处时，便可知道目的岛屿应该已经可见，或应该马上就能进入视野了。[75]

有的读者会觉得移动岛屿这个概念完全陌生。为了进一步向他们解释这个推测航行体系，格拉德温和其他分析者把它画成了示意图，但并没有采用从独木舟向外望向移动的不可见的参照岛的航海者所采取的加罗林视角。与此相反，他们采用了平面图视角，把独木舟、岛屿和罗盘方位都绘成了从上俯瞰的样子。格拉德温绘出了从连续的恒星罗盘方位点经过参照岛引向航线的方位点如何把航线分割成在认知上可掌握的片段——在普卢瓦特和萨塔瓦尔，这样的片段叫作"埃塔克"（*etak*，图13.22）。在这种示意图中，参照岛被固定在一个位置，观者需要想象独木舟沿航线移动的情况，在移动的同时，参照岛也以连续的间隔从一系列恒星罗盘方位点中的一个方位不断移向另一个方位。

在托马斯最近对萨塔瓦尔航海所做的研究中，他也同样地把这个分割航线片断的过程描绘成一幅示意图。图中的实际航路是萨塔瓦尔和西法尤（West Fayu）之间的55海里的横渡线，西法尤是位于萨塔瓦尔环礁北面的一个无人居住的小环礁，但萨塔瓦尔人常到那里捕鱼和猎获海龟（图13.23）。为了这段横渡线，在航线西边35海里之外的拉莫特雷克环礁被航海者选做参照岛，用来在心理上把这段航程分割成6段埃塔克，以此保持对独木舟行进过程

[74] Thomas, *Last Navigator*, 85（注释53）。对于这两个流派，阿尔基尔评论道："这两种知识'学派'被称为'桅杆'（*gaich*）。在回答'你知道哪种桅杆?'的问题时，航海者会用 *faluch* 或 *wuriang* 来回答，它们指的是这两种学派的传统中的创立者。在这两个学派所学到的基本航海技术似乎没什么区别，但对于每个学派的航海者来说却各有与他们相关联的限制。"["Systems of Measurement,"41（注释53）]

[75] Thomas, *Last Navigator*, 77-84；参照 Gladwin, *East Is a Big Bird*, 181-189（注释1）；Lewis, *We, the Navigators*, 173-179（注释4）。

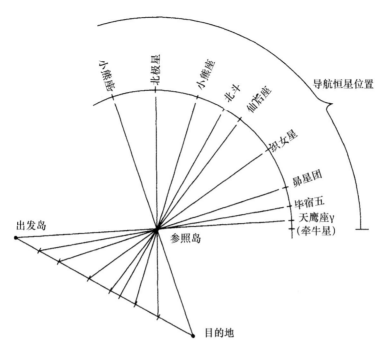

图 13.22　格拉德温所绘埃塔克推测航行的模式　　471

　　加罗林航海者在进行推测航行时，会在心理上观望两个岛屿之间的航线一
侧的一座参照岛，然后通过估计从独木舟望向参照岛时后者的方位如何从一个
恒星罗盘位置移至另一个位置来构想沿此航线前行的过程。参照岛的方位由此
会把航线切割成可在观念上把握的片断，当地称之为"埃塔克"。即使参照岛
过远而不可见或不可以其他方式感知，在航行的任何时刻，随着航行的进行，
航海者仍然可以设想其方位的变化，由此便能保持对前进过程的追踪。

　　据 Thomas Gladwin, *East Is a Big Bird*: *Navigation and Logic on Puluwat Atoll*
(Cambridge: Harvard University Press, 1970), 185。

的追踪。在启程离开萨塔瓦尔的时候，拉莫特雷克位于天鹰座 γ 落下点这个罗盘方位点所示
的方向上。当独木舟向北驶往西法尤时，拉莫特雷克的方位会反时针变化，顺次经过罗盘方
位点。当航海者估计参照岛位于下一个罗盘方位点——牵牛星落下点所示的方向时，第一段
埃塔克就完成了。随着航行继续向前，参照岛的方位也顺次移过天鹰座 β、参宿三星、乌鸦
座、心宿二和尾宿八（Shaula）的落下点，它们再把航线分割成另外 5 个埃塔克，最终独木
舟就进入西法尤的海域范围。

　　在这条独特的横渡线上，由参照岛的方位创造的第一个片段和最后一个片段碰巧与萨塔
瓦尔人所谓的"视线埃塔克"（sighting *etak*），只要独木舟在这种埃塔克上，出发岛或
目标岛就可以在独木舟上望见。不仅如此，第二个片段和倒数第二个片段又碰巧与所谓
"鸟埃塔克"（bird *etak*）重合，这种埃塔克标记了在陆地上筑巢的鸟正常飞行范围的界限。[76]
然而，鸟和陆地的可见范围并不总是与参照岛的连续方位对应。比如说，如果参照岛离航线
更远，由参照岛的方位变化而形成的埃塔克的界限就会超过陆地的可见界限和陆栖鸟类在海　　472

---

⑯　Thomas, *Last Navigator*, 80, 及 Gladwin, *East Is a Big Bird*, 188.

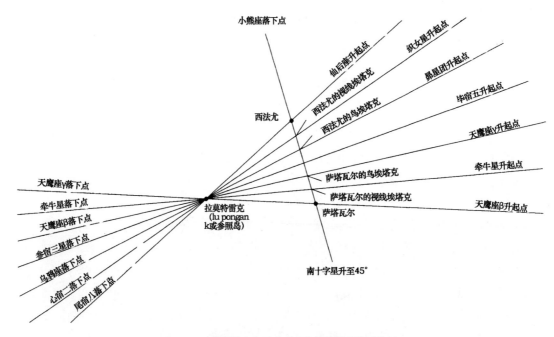

472

图13.23 萨塔瓦尔和西法尤之间的埃塔克推测航行

在本图绘出的从萨塔瓦尔到距其约55海里的西法尤的航行中，拉莫特雷克环礁为参照岛，其变化的方位把航程分割成6段埃塔克。在这条特殊的路线上，第一个片断和最后一个片断与视线埃塔克（一个低矮的岛屿可被看见的最远距离）等同，而第二个片断和倒数第二个片断与鸟埃塔克（在陆地上筑巢的鸟类可见在海中捕鱼的活动范围的通常界限）等同。在有较长或较短的埃塔克的航路上，则不一定会有这种重合关系。

据 S. D. Thomas, *The Last Navigator* (New York：Henry Holt, 1987), 79。

上捕鱼的范围界限。

尽管这种俯瞰埃塔克体系的绘图法符合西方地图学传统，但它仍然没有回答一个根本问题。这个根本问题源于航海者所感知的推测航行的口头描述：如果航海者在航行中的任何时刻都看不见参照岛，那么他又如何能知道它在什么时候从一个罗盘方位点移至另一个方位点？从西方航海的视角出发，我们免不了会认为最后得到的埃塔克片段一定是类似海里或水程里格（marine league）之类的测量单位（尽管比它们更长）。然而，这种推理完全无法解释这些片段不等长的性质，它们的长度（随着参照岛到航线的距离及它在出发岛和目标岛之间的位置不同）在不同的横渡线那里有很大变化，甚至就在同一条横渡线中也有很大变化。与图13.23中托马斯的示意图所示的等距或近等距给人留下的印象相反，即使参照岛与航线中点的连线垂直于航线，在航行中各段埃塔克片段的长度也各有不同，一开始较长，向中点渐短，过了中点又渐长，直至终点。参照岛离航线越近，内部和外部片断长度的差异程度也越大；而参照岛离航线中点越远，这些片段也越加扭曲地偏向分布于航线一端或另一端。（图13.22中所示的埃塔克片段的长度之所以不等，还有另一个原因，就是格拉德温采用了之前古德诺的做法，用实际上间距不等的恒星方位来表示罗盘方位点。）

认知人类学家埃德温·哈钦斯（Edwin Hutchins）认为，要理解航海者如何追踪不可见的参照岛，我们需要回到萨弗特（Sarfert）在他1911年的研究中所强调但后来被人忽视的一个原则：航海者感受到的是参照岛在地平线下沿直线运动，而不是沿圆弧运动。⑦ 因此，正如哈钦斯指出的，地平线：

> 　　成为一条直线，与前进的航道平行；相对于地平线，参照岛从起始方位经过一系列　　473
> 中间方位再到达最终方位的过程，与独木舟从出发岛横渡海洋到达目标岛的过程呈精确
> 的比例关系。……想象中的参照岛在地平线下不远处所做的埃塔克运动，是整个航行的
> 完整模型，可以根据独木舟中的航海者的自然视角而构想出来（但不可见）。⑧

图 13.24 就采取了这样的视角。图中的两座岛屿间距 100 海里，参照岛正对航线中点。图中画出了从独木舟看到的地平线，以便说明航海者对参照岛从一个罗盘方位点移至另一个方位点的运动所做的构想如何反映了独木舟沿航线所做的实际运动，只是运用了反方向的罗盘方位来表达而已。把这个模型存于心中，再用哈钦斯的提醒作为指导，对于航海者如何判断参照岛从一个罗盘方位点移至另一个方位点的运动的谜题，我们现在终于可以做出解答了。与有经验的快艇手一样，独木舟航海者可以通过观察流过独木舟的水流，或只须聆听它流过船壳产生的喧哗声，来判断他们的运动有多快。然而，他们并没有把这样知觉上的感受转化为多少多少节（海里每小时）这样的数字，然后再把这个数字乘以航行小时数，来估计他们在某个时段中已经航行了多少海里；他们设想船只运动的方式，与他们从独木舟上观看布满

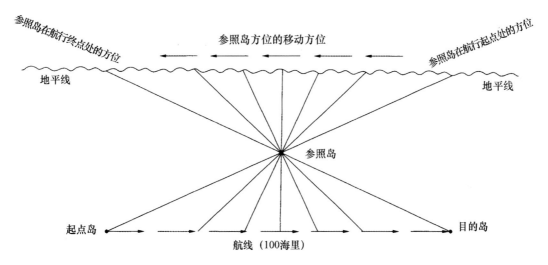

图 13.24　假定地平线是直线时一段航行的埃塔克示意图　　473

　　航海者从独木舟望去，可观察到地平线呈直线的样子。通过把地平线设想为直线而不是从较高的地方所望见的弧线状，可以明显地看到航海者对参照岛从一个罗盘方位点移向另一个方位点的构想是对参照岛沿航线所做的实际运动的模拟，只不过采用了反方向的罗盘方位来表示。

---

⑦　Sarfert，"Zur Kenntnis der Schiffahrtskunde，" 135（注释 53）。

⑧　Edwin Hutchins，*Cognition in the Wild*（Cambridge：MIT Press，1995），65 – 93，引文见 84 页。也见 Hutchins's "Understanding Micronesian Navigation，" in *Mental Models*，ed. Dedre Gentner and Albert L. Stevens（Hillsdale，N. J. ：Lawrence Erlbaum，1983），191 – 225。

恒星的地平线的方式一致。从图帕亚和其他几位航海者对库克和其他早期探险家所讲述的内容来看，塔希提航海者是以"航行天数"或其一部分作为单位来估计前进过程的。可能因为在加罗林群岛中，岛屿的分布较密，而且大多数都是不到快要抵达的时候就看不见的环礁，那里的航海者发展出了他们自己的构想独木舟向目的地前行的简洁方法。有了长时间在岛屿之间航行的经验的磨砺，他们可以把对速度和时间的感受翻译为由一个不可见的岛屿沿地平线移动而产生的角度距离，借此在心理上把独木舟从一个低矮的珊瑚岛到另一个珊瑚岛的移动过程精确地测绘出来。西方航海也只是到了能准确测量距离和时间的设备和后来更精准的仪器发明之后，才达到了这种精确性。

　　有一种方法可以把加罗林航海者以时间间隔的方式构想埃塔克测算的方法呈现在纸面上，就是放弃我们从上俯瞰的通常视角，只采取从独木舟望向地平线的视角。图 13.25 以时间间隔的形式测算了恒星罗盘方位点，这些方位点会在航海者沿着与前一幅图所绘一样的航线行驶时顺次呈现在它面前。与前一幅图一样的是，本图中的独木舟以刚过 4 节的稳定速度行进，这个速度可以让独木舟在 24 小时之内驶完 100 海里。尽管这些方位以小时的方式命名，传统航海者也确实有与之对应的概念，比如迟暮就是下午 4:00，日初升就是上午 6:30，等等。当然，他也必须根据他对那个时刻的航速的判断，来校正他对何时能到达下一个罗盘方位点的估计。

474

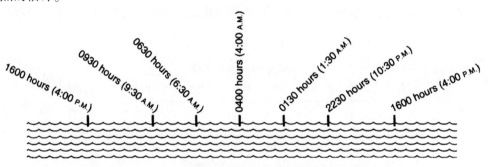

474

图 13.25　在埃塔克体系中通过航行时间判断距离

本示意图呈现的是与图 13.24 所绘相同的情况，但只有从航海者的视角望向地平线的画面，他要根据由独木舟的航速换算的时间间隔来判断参照岛从一个方位点向另一个方位点的移动情况。本图假定出发岛和目的岛间距 100 海里，独木舟以稳定的 4 节的速度前行。这样一来，在以类似本图中用英文表示的时刻所命名的规则分布的间隔点处，航海者可以判断他已经完成了又一段埃塔克片断，于是埃塔克就从一个恒星罗盘方位点移到下一个方位点。在他的设想中，这些片断以相同的长度沿航线和笔直的地平线顺次接替。当然，航海者要根据他对独木舟航速以及洋流效应的感知来校正他的估算时间。

　　既然在整段航行中，参照岛对航海者来说始终不可见，那么并不令人意外的是，对于一侧或另一侧没有位置合适的岛屿的航道来说，航海者会使用想象的地点作为途中的参照点。举例来说，在加罗林群岛和马里亚纳群岛之间全长 400—500 海里的航线两侧就没有位置合适的岛屿可以作为参照物，航海者会利用传统上确定的"幽灵岛"（ghost islands）位置来测算前进过程。这两个群岛之间的横渡实践也可以说明，虽然这套推测航行体系很可能是在加罗林群岛那种岛屿之间距离相对较近的环境中发明的，或至少是在那里完善的，但在改造之后也可以用于更长距离的航行——甚至 2000 海里以上的航行。

1976 年，萨塔瓦尔的航海大师毛·皮艾卢格驾驶"霍库莱阿"号从夏威夷前往塔希提。我们知道东太平洋的地理情况完全超出了他的经验，因此我们有必要把岛屿位置和可能遇到的风和洋流类型向他做一简介。这并没有破坏我们的实验协议，因为我们并不想重复一场地理发现式的航行。恰恰相反，我们想要在已经有人定居的塔希提和夏威夷之间重现一场航行，就像一位已经做过这种横渡航行、因此对沿线的岛屿分布和可能遇到的环境状况颇为熟悉的夏威夷人或塔希提人航海者所要做的航行一样。因此，我们给毛·皮艾卢格展示了大比例尺的东太平洋海图，让他了解夏威夷、塔希提及其他岛屿的相对位置，并与他讨论了沿航线行驶途中的风和洋流的类型。

一旦我们启航，毛就开始用塔希提岛东北 750 海里处、航线以东大约 400 海里处的马克萨斯群岛作为他的埃塔克参照岛。尽管这段航行让毛身处他此前从未航行的海域，全程又是他此前所做过的任何横渡航行长度的五倍以上，但他还是能够以极大的准确性让他的导航体系适应新情况。在海上度过 30 天之后，他告诉我们很快就能看到位于塔希提北北东方向不远处的土阿莫土环礁，如果我们继续航行，第二天就能看到塔希提。那天晚上，我们便在土阿莫土群岛最西边的马塔伊瓦（Mataiva）环礁上登陆。在那里作短暂停留后，我们启程前往塔希提，结果在经过只比一天略短的航程之后就看到了这座岛屿。[79]

行文至此，所讨论的加罗林推测航行术都还只关注了独木舟在顺航线吹拂的顺风条件下的情况。如果风从目标岛的方向吹来，迫使独木舟必须侧着风来回戗风航行，那么航海者可以采用埃塔克推测航行的一种变通形式，让目标岛兼有参照岛的功能。为了解释这个做法，格拉德温提供了一幅简单的示意图，其中出发岛（A）位于目标岛（B）正西，风从正东吹来，而与航行方向完全相反（图 13.26）。在这种情况下，位于牵牛星升起点的方位处的岛 B，就在戗风航行的过程中充当了航海者的参照岛，而它同时也是目的地。这幅示意图显示，第一段戗风航行朝向的是北北东方向。当独木舟在这个方向上航行时，航海者把它的戗风前进过程构想为岛 B 的方位从牵牛星方向移到天鹰座 β、之后是参宿三星、最后是乌鸦座的过程。到达最后一个方位时，他把独木舟转向，开始第二段戗风航行，朝向南南东方向，直到他判断岛 B 处于昴星团的方位为止。之后，他再次向北北东方向作戗风航行，由是反复，直到独木舟在经过介于乌鸦座和昴星团的方位之间越来越短的连续戗风航行之后到达目的地。托马斯在他的著作中就给出了一系列需要戗风航行的实际航道的推测航行示意图，并报告说，航海者认为逆风航行的导航要比顺风航行容易。这是因为在一条通往目标岛的恒向线航道两侧来回戗风航行时，他们几乎总是可以直接看到目标岛，或通过观察在它周围捕鱼的陆栖鸟类间接知道它在近处，在这种情况下错过目标岛的可能性微乎其微。[80]

475

　　[79]　David Lewis, "Mau Piailug's Navigation of Holuke 'a from Hawaii to Tahiti," *Topics in Cultural Learning* 5 (1977): 1 – 23, 及 Finney, *Hokule 'a*（注释 48）。

　　[80]　Gladwin, *East Is a Big Bird*, 189 – 195（注释 1）；Thomas, *Last Navigator*, 276 – 282（注释 53）；及 Hutchins, "Understanding Micronesian Navigation," 220 – 223（注释 78）。

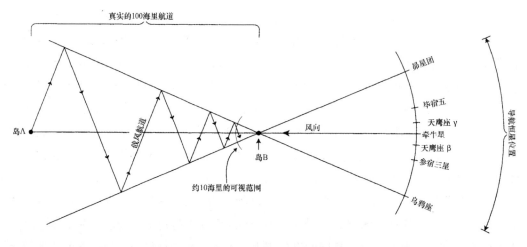

图 13.26 做完全逆风的戗风航行时的推测航行

在加罗林体系中，在朝向一座岛屿做完全逆风的戗风航行时，这座岛屿本身便既是目的地，又是推测航行的参照岛。在图中所示的假想场景中，岛 B 相对岛 A 处于以升起的牵牛星标记的恒星罗盘方位点所示的方向处，而航海者从岛 A 驶向岛 B 时完全逆风。他首先戗风驶往北北东方向，直到他估计岛 B 已位于乌鸦座的方向。之后他再戗风驶往南南东方向，直到他估计岛 B 已位于昴星团的方向。这时他再次戗风驶往北北东方向，然后再次驶往南南东方向，如是反复，所做的戗风航程也越来越短，最终独木舟就到达了目的地。

马绍尔群岛根据破坏的涌浪图案所做的引航

马绍尔群岛航海者采取了大洋洲的普遍性导航方法，即通过由岛屿导致的岛屿周边大洋涌浪的变化判断附近是否有岛屿，并把这种技能发展成了一套高度精细的感知系统。尽管他们像大洋洲其他航海者那样也利用恒星作为定向和初始航道设定的工具，但在马绍尔群岛并排的两列群岛的许多岛屿间穿行时，马绍尔人实际上主要还是通过岛屿反射、折射或衍射远洋涌浪的方式，来侦测尚在地平线之下的岛屿。与远洋航行不同，引导船只在港口中行驶、经由海峡或沿岸航行时，要依赖地标、水深测量以及后来发展的陆地雷达影像等手段，这种近岸引导的作业称为引航（pilotage）。与此类似，马绍尔人使用涌浪的破坏来感知周边岛屿、以此确定航路的技术也可以称为引航。第二次世界大战之后，马绍尔群岛的岛间独木舟航行开始衰落，这种利用涌浪引航的技艺似乎已经几乎无人实行了，因此我会在下文使用英文的过去时描述之。[81]

---

[81] 如果现在正在开展的在马绍尔群岛复兴独木舟航行的努力能成功的话，涌浪引航可能也能恢复使用，特别是因为现在还有很多年龄较大的马绍尔人仍然知道其原理，可以把它们传授给年轻的水手。1992 年，来自马绍尔群岛埃内韦塔克（Enewetak 或 Eniwetok）环礁的独木舟制作者建造了 30 多年来首艘岛屿间航行用的独木舟，并驾驶它到达南库克群岛的艾图塔基（Aitutaki）岛。与此同时，我们也驾驶"霍库莱阿"号到达艾图塔基与马绍尔独木舟及另一艘在艾图塔基建造的小型双独木舟会合，共同向南驶往 140 海里之外的拉罗汤加（Rarotonga）岛。这次航行按计划是将在拉罗汤加岛举办的太平洋艺术节的重建独木舟集会的一项活动。在艾图塔基停泊几周之后，三艘独木舟一同扬帆前往拉罗汤加，但因为各自的航道略有差别，几个小时后它们就彼此分开了。一到达拉罗汤加，我们就高兴地知道，马绍尔独木舟的驾驶者——一位七十岁出头的男子——确实能够在阴云密布、狂风大作的夜晚和之后同样阴郁的早晨保持船只不偏离航道，方法是利用涌浪接近岛屿时其图案所受的破坏来定向，这破坏先是由艾图塔基岛导致，后来则由拉罗汤加岛造成。

　　为了呈现主要涌浪图案以及岛屿破坏这些图案的方式，马绍尔航海者会制作棍棒海图，引发了研究地图学发展史的学者的极大兴趣。[82] 尽管这些海图已不再应用，人们现在仍然在制作其复制品，作为装饰物或售与游客。幸运的是，大约一个世纪之前，人们已经收集了大量棍棒海图，它们现在仍可在全世界的博物馆中见到（附录 13.1），此外，还有多份有关这些棍棒海图如何在马绍尔导航体系中运用的描述报告。不过，在引用这些资源描述这套引航体系之前，我们首先需要了解一下这套体系赖以发展的马绍尔群岛附近的海洋环境、作为其应用基础的大洋涌浪的本质以及马绍尔航海者如何解读在这些涌浪的传播路径上的岛屿对涌浪的破坏效应。

476

　　马绍尔群岛由大约 34 个环礁构成，它们排列为两列，均大致从东南方向西北方延伸，跨越 500 多海里。这两列群岛的纬度从北纬 5° 南边不远到北纬 12° 多，意味着它们中的大多数岛屿位于赤道无风带（doldrums）中，这是东北信风带和东南信风带之间的一个地带，以季风性的静风和微风为特征。东北信风常向南扩展，从 11 月到 6 月底吹过两列群岛，但这个时候马绍尔人明显有意回避岛间航行，因为在信风吹皱的海面上难于识别同样分布于海面上的涌浪图案。相反，他们更喜好在 7 月至 10 月间航行，此时的海面通常只会受到轻柔的南风和其他各个方向的风的轻微扰动，这样他们就能轻松识别出来自远处的涌浪的波动，从而能够根据受岛屿破坏的涌浪图案来为独木舟引航。[83]

　　按马绍尔水手的说法，直到大约北纬 9° 的岛屿都处在赤道逆流向东的强劲洋流中，而那些更北面的岛屿则通常浸于北赤道暖流向西而多少较弱的洋流中。[84] 然而，这两股洋流都不是稳定的整体。马绍尔人认为赤道逆流又由彼此分离的一些窄洋流构成，每道窄洋流都有独立的流向，有时可以达到 3 节的流速，有时却可能微弱得感受不到。这种可变性再加上洋流本身在通过环礁之间的水道时其速度和方向的变化，便让经过多变的洋流沿群岛向北或向南航行的航海者难于估计它们将如何把独木舟推向航线的一侧或另一侧。举例来说，在从一个环礁到另一个环礁的夜间航行中，如果错判了一条以 2 节的速度流动的洋流，就可能导致独木舟偏离航道过远，以致目标岛屿可能在次日因处在视野范围之外而错过。这种复杂环境，再加上在天气良好的航行季中大洋涌浪能够被清晰地观察和感知到的优势，很可能足以解释为什么马绍尔航海者会如此依赖涌浪图案的破坏来感知陆地。

　　马绍尔人用于导航的远洋涌浪最终由风产生，但不是吹过人们观察这些涌浪时所处的海面的本地风。用常用的航海术语来说的话，风能中转化到洋面上的部分首先产生小的波纹（ripple），然后产生越来越大的波浪（wave），波浪合起来成为海浪（sea）。这种风驱动的海浪从产生地区向外传播时，最终就形成了规则的远洋涌浪。对物理学家来说，波纹、波

---

　　[82]　见上文注释 3。

　　[83]　Captain［Otto?］Winkler, "On Sea Charts Formerly Used in the Marshall Islands, with Notices on the Navigation of These Islanders in General," *Annual Report of the Board of Regents of the Smithsonian Institution*, 1899, 2 vols. （Washington, D. C.: United States Government Printing Office, 1901）, 1: 487 – 508, 特别是 504 页。这篇文章是以下德文文献的翻译：Winkler, "Ueber die in früheren Zeiten in den Marschall-Inseln gebrauchten Seekarten, mit einigen Notizen über die Seefahrt der Marschall-Insulaner im Allgemeinen," *Marine-Rundschau* 10 （1898）: 1418 – 1439。

　　[84]　M. W. de Laubenfels, "Ocean Currents in the Marshall Islands," *Geographical Review* 40 （1950）: 254 – 259, 特别是 257 页。

浪、海浪和涌浪都是波的能量传递的例子。但在本章中讨论马绍尔引航术时，我会回避"波浪"这个术语的使用，以免让读者以为我专门在指本地的风浪或冲到海滩上的碎浪；我在使用"涌浪"这个术语时，则强调了它在遥远的地方生成，在航海者为其船只导航时所监视的海面上呈现规则波动的特征。

在注意到这一独特的引航体系的记载中，最早出版的记载见于一位驻站传教士在1862年所作的报告，[⑧] 但直到19世纪90年代后期，这一体系才得到全面的描述。做出这个描述的是一位海军军官，在他的文章上署名为"德国海军的温克勒船长"（Captain Winkler）。他十分着迷于棍棒海图和这些海图背后的航海原理，以至于他花了很大的力气去说服守口如瓶的航海家与他分享相关的知识。下面对马绍尔引航术的简介就主要引自温克勒的文章，以及人类学家奥古斯汀·克雷默和汉斯·内弗曼有关马绍尔文化的专著，还有人类学家威廉·达文波特（William Davenport）和其他解读者较晚近的分析。[⑧] 其中，克雷默和内弗曼的专著系以他们在第一次世界大战之前在岛上所做的田野工作为基础。

据温克勒，马绍尔人能识别四种主要涌浪："里利布"（rilib）、"凯利布"（kaelib）、"本多凯里克"（bungdockerik）及"本多凯因"（bungdockeing）。里利布浪或"脊梁"浪是四者中最强劲的，由东南信风生成，全年均存在，甚至在信风没有向南移动到马绍尔群岛这 477 么远的地方时都可见。他们认为里利布浪来自东方（rear），但它的精确方向随生成它的信风的吹拂角度以及洋流的影响而多有变化。西来的涌浪叫凯利布浪，也是全年可见，但要比里利布浪弱，而且没有实际经验的人要克服极大的困难才能侦测到它。本多凯里克浪源自西南方。它也可以在全年都观测到，而且在南部的岛屿那里可与里利布浪一样强。本多凯因浪来自北方，是四种涌浪中最弱的一种，主要在北部岛屿那里为人所感知。[⑧]

虽然马绍尔航海者没有忽视岛屿在屏障涌浪和生成反射的反涌浪方面的效应（图13.27），但他们主要关注的看来还是涌浪在与岛屿的水下斜坡接触，之后又绕岛弯曲并与来自相对方向的涌浪相互作用时源于涌浪的折射而形成的复杂破坏图案（图13.28）。涌浪在进入浅水时，其最为接近岛屿沿岸的部分速度明显减慢，从而被折射或弯曲；相比之下，径直从离岛屿较远的地方通过的涌浪部分只是有所变慢，更远处深水区的涌浪则保持了更多的原始速度，再远处水更是深到让涌浪的速度以及其方向都没有可察觉的影响的程度。

图13.29复制了温克勒绘制的示意图，显示了里利布浪（东）和凯利布浪（西）如何在岛屿周围弯曲并相互干涉，从而为航海者提供了精确的信息。东来和西来的弯曲涌浪的顶端在岛屿的北面和南面相遇时，会叠加成一列明显的"波特"（bōt，其拼写变体有

---

⑧   L. H. Gulick, "Micronesia-of the Pacific Ocean," *Nautical Magazine and Naval Chronicle* 31（1862）：169-182, 237-245, 298-308, 358-363, 408-417, 特别是303—304页。另一位像古利克（Gulick）一样在马绍尔群岛驻扎的夏威夷传教士也在一份写于1862—1863年的夏威夷语手稿中提到了涌浪导航术，但直到1947年才得以翻译出版。见：Hezekiah Aea, "The History of Ebon," in *Fifty-sixth Annual Report of the Hawaiian Historical Society*（Honolulu：Hawaiian Historical Society, 1947），9-19, 特别是16—17页。

⑧   Winkler, "Sea Charts"（注释83）；Krämer and Nevermann, *Ralik-Ratak*, 221-232（注释39）；以及William Davenport, "Marshall Islands Navigational Charts," *Imago Mundi* 15（1960）：19-26。

⑧   Winkler, "Sea Charts," 493.

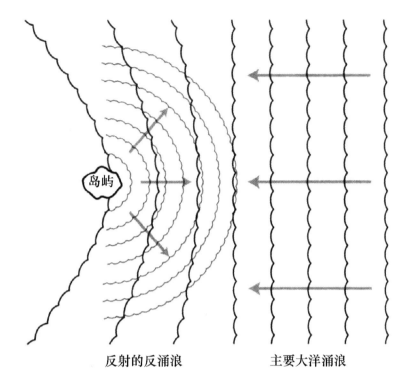

反射的反涌浪　　　　　　主要大洋涌浪

图 13.27　根据反射的反涌浪感知岛屿　　477

撞击岛屿的涌浪的部分能量在反射之后成为离开岛屿向后辐射的涌浪，给航海者传达了前方有岛屿障碍的信号。

据 David Lewis, *We, the Navigators*: *The Ancient Art of Landfinding in the Pacific*, 2d ed., ed. Derek Oulton（Honolulu: University of Hawai'i Press, 1994), 234。

boot 或 *buoj*），意为 "结" 或 "节"。如果遇到这样一个 "节"，航海者便得到提醒，知道附近有岛屿存在，甚至可以大略估计它是近（如果两条折射的涌浪的夹角较宽）是远（如果夹角较窄）。这种干涉节构成的连续序列从岛屿向外管伸，形成一条 "奥卡尔"（*okar*）或 "根"。"就像你沿着一条根可以到达椰子树一样，沿着这种'根'也可以到达岛屿。" 这便是温克勒的航海者知情人之一对奥卡尔的用途所做的描述。[88] 遇到一条奥卡尔的航海者可以沿着它行驶，到达岛屿。不过，温克勒的知情人也警告他说，奥卡尔常常受流过岛屿周边的强烈带状洋流的影响而弯向一侧或另一侧。来自北方和南方、沿一座岛屿东岸和西岸弯曲的涌浪也可以像东来和西来的涌浪那样产生同样类型的信息，它　478
们最常用于在群岛最南端和最北端导航。

　　在航海者到达奥卡尔线之前，或者如果他穿过了这条线而没有留意到其上的节，涌浪被折射的方式同样可以提醒他陆地在近处，并能指示前往岛屿的方位。据温克勒，折射的凯利布浪（西来涌浪）在绕岛后会向东北方和东南方弯曲，这两支涌浪叫作 *jur in okme*，他翻译为 "桩" 或 "杆"，意思是说对从东边接近它们的独木舟来说，它们是途中的 "障碍物"。航海者如果遇到 *jur in okme*，则可以把独木舟朝向弯曲涌浪的方向，然后把注意力集中于位

⑧　Winkler, "Sea Charts," 493.

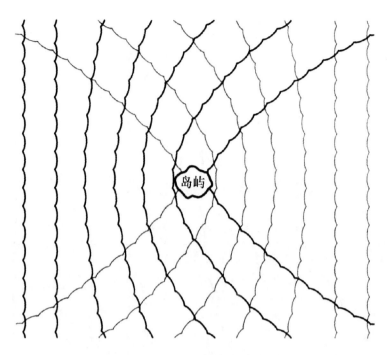

图 13.28 绕岛折射的涌浪

　　涌浪也会绕岛折射，在它们相遇时产生特征性的干涉图案。本图只绘出了来自东方和西方绕岛折射并相互交错的涌浪模型。马绍尔航海者从这些图案中抽象出折射涌浪及其相互交错的类型，借此可以在岛屿不可见的时候感知其存在，这些类型展示于图 13.29 中。

　　部分据 David Lewis, *We, the Navigators：The Ancient Art of Landfinding in the Pacific*, 2d ed., ed. Derek Oulton（Honolulu：University of Hawai'i Press, 1994), 238.

于曲线焦点处的岛屿。在绕岛弯曲之后朝向西北方和西南方的里利布浪似乎也是根据从东向西航行的一位航海者的感受来命名，但这是一位已经错过目标岛屿、仅剩最后一次机会从折射后经过岛屿的涌浪中察觉其迹象的航海者。那些经过岛屿后弯向西北方的涌浪叫作 *rolok*，意为"失物"，而那些经过岛屿后弯向西南方的涌浪叫作 *nit in kot*，意为"洞"，指的是鸟笼或陷阱，航海者必须在此掉头，向后抵达岛屿。[89]

　　除了用涌浪的反射和绕岛折射以及由来自相对方向的衍射涌浪相遇而造成的干涉图案来引航外，马绍尔航海者还能利用来自衍射涌浪的信息。如果涌浪被一个障碍物所阻拦或限制，而这个障碍物能为一列新涌浪提供离开的位点，这时就会发生衍射。撞击在上面有个缺口的防波堤上的涌浪，就是衍射的一个好例子。进入防波堤开口的涌浪仿佛是一个点状波源，可以产生新的涌浪，从防波堤开口处向里面的港口辐射开来。[90] 与此类似，如果涌浪撞

---

　　[89] Winkler, "Sea Charts," 493–494。不过，按 Hambruch, "Die Schiffarht," 35–36（注释 53）这篇文献的描述，*nit in kot* 是四个岛屿之间由未折射涌浪构成的正方形区域。在 Lewis, *We, the Navigators*, 240–241（注释 4）中，按作者的描述，*rolok, nit in kot* 和 *jur in okme* 形成了界限清楚的涌浪线，在一座岛屿的各个拐角处受反射离开岛屿的涌浪的影响而增强，并从这里以大约 45 度向外伸展。

　　[90] Tom Garrison, *Oceanography：An Invitation to Marine Science*（Belmont, Calif.：Wadsworth, 1993), 225–226.

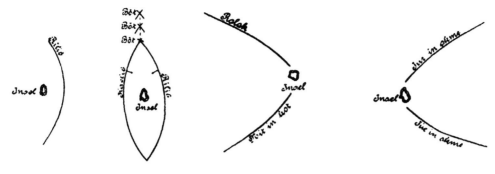

图 13.29　涌浪折射和绕岛相互交错的马绍尔类型

478

德意志帝国海军的温克勒船长在他对马绍尔航海的研究中绘制了这些显示马绍尔人如何给涌浪折射和绕岛相互交错的方式分类的示意图。左边的示意图显示了里利布浪（东来的涌浪）在接近岛屿时的折射。中间的单个岛屿的示意图显示了里利布浪和凯利布浪（西来的涌浪）在绕岛折射时，如何在岛的北边（以及图中没有显示的南边）相遇并叠加成线状的一列"波特"（"结"或"节"），从而在岛屿实际上不可见的时候向航海者提醒其存在。这样的"节"线从岛屿向北（或南）延伸（或在折射后的北方涌浪和南方涌浪相遇时向东或西延伸），给航海者提供了一条"奥卡尔"（"根"），可引导他径直驶向岛屿。右边的示意图显示了折射的涌浪经过岛屿之后的情况，此时它们仍然向航海者提供了一种感知岛屿的方法。凯利布（西方）浪的两支都叫作 *jur in okme*，意为"柱"或"桩"，因为它们构成障碍，提醒从东来的航海者注意岛屿的存在。折射的里利布（东方）浪的北支和南支则分别称为 *tolok*（"失物"）和 *nit in kot*（"陷阱"或"鸟笼"），由此警告航海者已经错过了他的目的地，必须掉头。

据 Captain［Otto?］Winkler, "On Sea Charts Formerly Used in the Marshall Islands, with Notices on the Navigation of These Islanders in General," *Annual Report of the Board of Regents of the Smithsonian Institution*, 1899, 2 vols. (Washington, D. C. : United States Government Printing Office, 1901), 1 : 487 – 508, 特别是 493—494 页。

上一对间距很近的岛屿，这两座岛屿之间的开口也会成为涌浪的一个新的点状波源；据达文波特的报告，马绍尔航海家可以根据这些衍射涌浪相对较短的波长把它们识别出来。[91]

人们也免不了会推测，这些航海者可能学过利用某种干涉波的特殊形式。直到 19 世纪初，托马斯·杨（Thomas Young）把一束光射到上面开了两道槽的不透明障碍物，完成了第一个漫射格栅实验之后，西方科学才开始理解干涉这种现象。这种漫射格栅上的槽起着新的点状光波源的作用，根据从槽射出的两道光波在相会时是处于同相还是异相的状态，而投射出一种明暗条纹相间的图案。在确定光的本质是一种波的时候，这个解读起了关键作用。[92] 而当一列新的涌浪从岛屿之间的两到多条狭窄通道经过并彼此冲击的时候，如果相遇时为同相，会产生叠加效应，相遇时为异相，则会产生削弱效应，由此就产生了类似的增强与削弱相间的波形图案。当受到克雷默、汉布鲁赫（Hambruch）和其他西方调查者询问的马绍尔航海者在提及那些彼此距离很近的岛屿群附近的格外复杂的海浪时，他们指的可能就是这种干涉图样。[93]

---

[91]　Davenport, "Navigational Charts," 24（注释 86）。

[92]　J. P. G. Richards and R. P. Williams, *Waves* (Harmondsworth: Penguin, 1972), 159 – 163.

[93]　Krämer and Nevermann, *Ralik-Ratak*, 226（注释 39）；Hambruch, "Die Schiffahrt," 35 – 37（注释 53）。不过，需要有进一步的田野研究，调查在马绍尔群岛的某个地方，经过距离较近的岛屿的涌浪是否真的能产生这样的干涉图样；如果能产生，马绍尔航海者是否能识别出来，并在航海中加以利用。加里森［Garrison, *Oceanography*, 226, fig. 10. 19（注释 90）］为穿过这种岛屿漫射格栅的涌浪的增强和削弱绘出了示意图，但该图的说明在两个方面容易引发错误，一是贸然认定这种图样在航海中一定有应用，二是把这种假想的识别漫射格栅图案的能力归于波利尼西亚人，而不是马绍尔人。

479 涌浪被岛屿破坏的特征方式既可看见，又可感到。除了利用视觉监视海面之外，航海者还依靠他们的平衡觉来感受涌浪给独木舟带来的前后摇晃和左右摇晃。雷蒙德·德布鲁姆（Raymond de Brum）是一位马绍尔商船船长，曾经从他父亲那里学习如何识别涌浪。在 1962 年，他向一位调查者明确地表示了这种双重依赖的方式："我们上年纪的马绍尔人在给船只导航时既凭感觉，又凭视觉，但我认为最重要的是知道船只的感觉。明白船只的运动或感觉的船长在黑夜里也可以像在白天那样航行。"[94] 德布鲁姆的技法，如果不是难于学习的话，可以说非常宝贵。与我们在这里采用的温克勒和其他西方学者采取的平面图视角不同，他在讨论涌浪导航时，用的视角是一位从海平面之上不远处的一个位置观察周边海洋，以他的身体感觉经过独木舟下方的涌浪的方向、周期和强度的航海者的视角。不仅如此，他的技法还有一处要比其他技术冒更大的风险，就是估算涌浪的破坏可被感知时的距离：举例来说，按他的估计，一座岛屿将要出现的最早迹象可以通过感觉 50 或 60 海里开外受其影响的涌浪造成的船体前后摇晃而获知；他并描述了当航海者接近陆地和被它破坏的涌浪时，船只的运动会如何改变。[95]

表现并说明了这种有关涌浪图案和岛屿的知识的棍棒海图，通常用椰子叶的中肋制作；把它们绑在一起，就可以形成一个开放的框架。岛屿的位置以绑在框架上的小贝壳标记，或简单地以两根或多根棍棒的捆绑交点来标记。单个的海图在形式和解读上可以有很大变化，不过，只有制作了某幅海图的航海者才能完全把它解读清楚。即便如此，温克勒和其他作者仍然一致同意把这些海图划分为三种主要类型："马唐"（mattang）、"梅多"（meddo 或 medo）和"雷贝利布"（rebbelib 或 rebbelith）。"马唐"是用于传授岛屿破坏涌浪的原理的抽象的工具性海图，"梅多"和"雷贝利布"则展示了实际的岛屿和它们的相对位置（虽然可能不太准确），以及像主要的远洋涌浪的方向、这些涌浪在某些岛屿周边弯曲和彼此相互交错的方式以及身处独木舟中可以侦测到岛屿的距离之类信息。"梅多"和"雷贝利布"的不同之处在于其包括的地理范围。"梅多"只表现了马绍尔群岛的两列群岛之一的一部分，而"雷贝利布"包括了一列群岛或全部两列群岛的全部或大部分岛屿。温克勒为这三类棍棒海图的样品所绘的线条图以及这些棍棒海图样品本身都已在本章中给出，下面就对它们做一简要介绍。

图 13.30 展示的是一幅"马唐"。由于温克勒对其用法的描述过于简略，下面的解释也引用了达文波特对类似的一幅"马唐"的作法所做的较为详细的描述。[96] 点 A、B、E、D 和 M 是海图中的结构性长棍棒相互交叉而形成的 4 个点以及海图的中心，可以用来代表岛屿。长而直的棍棒（A-D、D-B、B-E 和 E-A）构成海图的周边，与中间交叉的直棍棒（v-u、t-w、r-y 和 z-x）都是结构性的，但它们除了构成框架主体，还有表示从这些方向而来的涌浪的第

---

[94] Raymond de Brum（as told to Cynthia R. Olson），"Marshallese Navigation，" *Micronesian Reporter* 10，no. 3（May-June 1962）：18–23 and 27，引文在 18 页。雷蒙德·德布鲁姆的父亲若阿金·德布鲁姆（Joachim de Brum）是马绍尔—葡萄牙裔的海船船长，也是温克勒的主要知情人之一。

[95] De Brum，"Marshallese Navigation，" 21–22.

[96] Winkler，"Sea Charts，" 496–497（chart I）（注释83），及 Davenport，"Navigational Charts，" 22–23（注释86）。有关这幅"马唐"中包含的建模和制图的数学观念的简明分析，参见 Marcia Ascher，"Models and Maps from the Marshall Islands：A Case in Ethnomathematics，" *Historia Mathematica* 22（1995）：347–370。

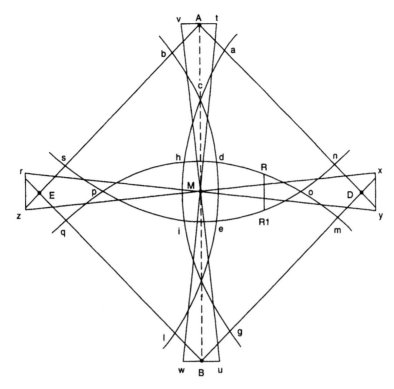

图 13.30　马唐：用于传授涌浪折射和相互交错的原理的马绍尔棍棒海图　　480

"马唐"是呈现涌浪如何绕岛折射、在一列"节"处相遇的抽象图像。这里的示意图以及图13.32
和13.34 中的示意图由温克勒船长根据他在 1896 年对马绍尔航海术的考察中所研究的实际的棍棒海图
所描摹。"棍棒"（实际上是椰子叶的中肋）在中央的 M 点周围弯曲，展示了来自相对方向的涌浪如何
绕岛折射并（在 c，f，p 和 o 点处）相互交错，而形成"波特"或"节"。A 和 B 点之间的虚线（不是
实际海图的一部分）指的是"奥卡尔"，也即由相互交错的折射涌浪产生的"节"构成的线。

据 Captain［Otto?］Winkler, "On Sea Charts Formerly Used in the Marshall Islands, with Notices on the
Navigation of These Islanders in General," *Annual Report of the Board of Regents of the Smithsonian Institution*,
1899, 2 vols.（Washington, D. C.：United States Government Printing Office, 1901）, 1：487—508, 特别是
496 页。

二重功能。这幅图在正常情况下与里利布浪（东来涌浪）对齐；位于 M 右边不远处的短而
垂直的棍棒 R-R1 指示了东方的方向（*rear*）。弯曲棍棒 b-l 代表绕 M 折射的里利布浪，以及
它北面的 *rolok* 部分和南面的 *nit in kot* 部分。与此类似，与之相对的弯曲棍棒 a-g 代表了绕
M 折射的凯利布浪或西来涌浪，以及它北面和南面均叫作 *jur in okme* 的部分。另外两个在 M
周边弯曲的棍棒（s-n 和 q-m）则代表了本多凯因（北）涌浪和本多凯里克（南）涌浪。请
将本图与一幅"马唐"的照片（图 13.31）比较。

交叉点 c 和 f 是表现绕岛 M 折射的东来涌浪和西来涌浪的弯曲棍棒相交的地方，呈现了
由此产生的"波特"或波峰节，有时候则是涌浪相遇处的破浪。虚似 a-M-B（在实际的棍棒
海图并无呈现）代表了伸向岛屿的北面和南面的奥卡尔，也即这些节组成的连续线，但忽
略了可能由造成这些节偏向一侧或另一侧的横流（crosscurrents）导致的任何偏差。奥卡尔
除了可以提醒正从他所在的东边或西边航往岛屿的航海者向其目标岛的南面或北面行驶外，
对于在岛 A 和 M 之间以及 M 和 B 之间航行的航海者来说，他还可以直接沿着奥卡尔行驶

481

图 13.31　"马唐"之一例

原始长度：78 厘米（比较图 13.30）。

承蒙 Museum für Völkerkunde，Berlin 提供照片。

480

（要考虑到洋流）。比如说，一位从 A 驶往 M 的航海者可以沿着由连续的波峰节标出的奥卡尔向南行驶。当这些波峰节侦测不到时，他可以通过顺着未受折射的里利布浪或凯利布浪（或与它们保持一个适当的角度）航行而继续向南，直到赶上从 M 向北延伸的节线、然后用它追踪岛屿为止。

　　图 13.32 展示了一幅"梅多"。[97] 它显示了拉利克群岛南部岛屿的大致位置，以及有教导意义的一列线条。每个大圆点代表一座岛屿，在实际的海图上则是一个绑在框架上的贝壳。海图底部 E 处的圆点代表埃邦岛，顶部 A 处的圆点代表艾林拉帕拉普岛。沿地平线在 N、K、J 和 M 处分布的圆点则分别代表纳莫里克、基林、贾卢伊特和米利等岛。棍棒 M-G 和 M-E 代表绕米利岛折射的里利布浪。与此类似，棍棒 O-A 和 O-E 代表绕纳莫里克岛折射的凯利布浪。棍棒 P-Q，R-S 和 T-U 表示本多凯因浪（bn）或北来涌浪；棍棒 V-W、X-Z 和 O-M 代表本多凯里克浪（bk）或南来涌浪。棍棒 H-L 特意用来显示米利岛附近的南来涌浪，但因为在该岛下方已经没有捆绑它的空间，只能放在该岛上方。

　　棍棒 K-d 用来为贾卢伊特岛展示北来涌浪，以及与此同时绕基利岛折射的西来涌浪的 *jur in okme* 或"杆"端。棍棒 B-X 代表绕某个岛北侧折射的东来涌浪的 *rolok* 或"丢失的航道"端，而棍棒 B-Y 代表了绕 B 处某个岛南侧折射的东来涌浪的 *nit in kot* 或"鸟笼/陷阱"

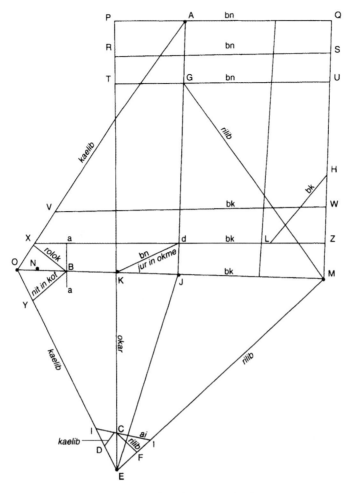

图 13.32　梅多：显示了一段群岛中的岛屿和涌浪图案的马绍尔棍棒海图

482

　　这里的"梅多"示意图显示了拉利克群岛南端的埃邦（E）、艾林拉帕拉普（A）、纳莫里克（N）、基利（K）、贾卢伊特（J）和米利（M）诸岛，以及主要大洋涌浪方向和（对一些岛屿而言）这些涌浪在绕岛折射时形成的特征性的相互交错图案。在实际的海图上，这里在点 E、A、N、K、J 和 M 处以圆点代表的岛屿可用绑在框架上的贝壳表示。尽管"梅多"一般认为是岛屿关系的较为现实主义的呈现，但它们仅在出航之前用作助记物，并不在出海期间参考。

　　据 Captain［Otto?］Winkler，"On Sea Charts Formerly Used in the Marshall Islands, with Notices on the Navigation of These Islanders in General," *Annual Report of the Board of Regents of the Smithsonian Institution*, 1899, 2 vols. (Washington, D. C.: United States Government Printing Office, 1901), 1: 487–508，特别是 499 页。

端。经过 B 的棍棒 a-a 表示了东来涌浪的方向。经过 C 的棍棒 l-l 是埃邦岛的 *ai* 或距离标志线。点 C 代表绕埃邦岛北侧折射的里利布浪（棍棒 C-F）和凯利布浪（棍棒 C-D）相会处的"波特"或节。棍棒 E-K 呈现了在埃邦岛和基利岛之间排列的节组成的奥卡尔线。请将本图与一幅"梅多"的照片（图 13.33）比较。

483

图 13.33　"梅多"之一例

原始长度：160 厘米。

据 Captain ［Otto?］Winkler, "On Sea Charts Formerly Used in the Marshall Islands, with Notices on the Navigation of These Islanders in General," *Annual Report of the Board of Regents of the Smithsonian Institution*, 1899, 2 vols. (Washington, D. C.: United States Government Printing Office, 1901), 1: 487 – 508, 特别是图版Ⅷ。

　　图 13.34 展示了一幅长而窄的"雷贝利布"。[98] 它包括了拉利克群岛中除两个岛屿之外的其他所有主要岛屿，每个岛屿在这幅线条图中以大圆点表示，在原图中则用贝壳代表。这幅图中央核心部分的框架由 6 条长而弯曲的棍棒扎成，其中 3 条在右，3 条在左，它们也呈现了里利布（东来）涌浪和凯利布（西来）涌浪在接近岛屿障碍时刚开始弯曲的形态。群岛中的大部分岛屿都附着在这个透镜状的核心部分中。西南方的纳莫里克岛（Nk）以一根延伸出来的棍棒也附着在核心部分上，西北方的乌贾岛（U）和沃托岛（W）也是如此。制作者没有把这幅海图延伸到乌贾和沃托以北，以把拉利克群岛最西边的乌杰朗环礁和埃内韦塔克环礁也包括进来，这可能是因为这样做就要让海图的形状变得更加笨拙。请将本图与同一幅"雷贝利布"的照片（图 13.35）比较。

　　温克勒认为图 13.34 中的"雷贝利布"尤其饶有趣味，因为它展示了几个"波特"——也就是绕岛折射的涌浪相互交错形成的节，以及有关一个岛屿在多远的地方就可以侦测到的信息。不过，在讲到呈现这种信息的方式之前，有必要提醒一点。温克勒在他对

　　[98]　Winkler, "Sea Charts," 500 – 502（chart Ⅳ）.

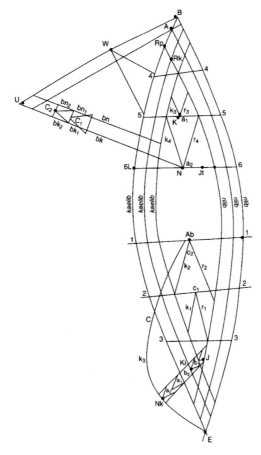

图 13.34 雷贝利布：呈现了其中一个或全部两个群岛的岛屿的马绍尔棍棒海图   484

这里的"雷贝利布"示意图包括了拉利克群岛中除西北方最远处的岛屿（埃内韦塔克和乌杰朗环礁）之外的所有岛屿：埃邦（E）；纳莫里克（Nk）；基利（Ki）；贾卢伊特（J）；艾林拉帕拉普（Ab）；贾布沃特（Jt）；纳穆（N）；利布（L）；夸贾林（K）；朗格里克（Rk）；郎格拉普（Rp）；艾林吉纳埃（A）；比基尼（B）；沃托（W）；乌贾（U）。由长而弯曲的棍棒构成的中央框架也呈现了里利布浪（*rilib*，东来涌浪）和凯利布浪（*kaelib*，西来涌浪）的折射。人字形纹样表示绕岛折射的涌浪的相互交错，水平向的棍棒则呈现了岛屿的不同迹象可被侦测的距离。像其他类型的海图一样，"雷贝利布"也不在航海期间参考。

据 Captain［Otto?］Winkler，"On Sea Charts Formerly Used in the Marshall Islands, with Notices on the Navigation of These Islanders in General," *Annual Report of the Board of Regents of the Smithsonian Institution*, 1899, 2 vols. （Washington, D. C.：United States Government Printing Office, 1901），1：487 – 508，特别是 501 页。

这幅海图所做的描述开头这样警告读者："由贝壳表示的岛屿位置并不精确，把它和海图相比就能看出。"他又补充说，他的解读者（一定是另一位马绍尔航海者）并不赞同一些岛屿 481 的位置，而且认为一些节的位置也有误置。不过，这些"误置"似乎并没有给这幅海图的 482 制作者兼航海者带来麻烦；他告诉温克勒，他知道图上所有东西代表什么，以及"怎样在它们当前的位置上把它们弄清楚"。[99]

---

99 Winkler, "Sea Charts," 500.

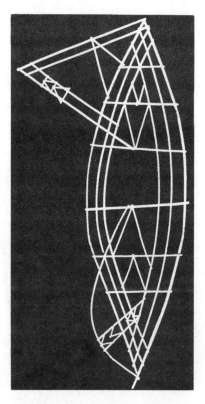

484

图 13.35　"雷贝利布"之一例

原始长度：158 厘米。

承蒙 Museum für Völkerkunde, Berlin 提供照片。

　　沿着奥卡尔从 Ab（艾林拉帕拉普）到 J（贾卢伊特）的节，以绑在人字形图案上的棍棒表示；这些人字形图案呈现的是折射后的东来涌浪（里利布浪，以 r 代表）和西来涌浪（凯利布浪，以 k 代表）分别在 c1 和 c2 点处相互交错的样子。请注意这幅图如何显示折射涌浪的交角在它逐渐远离折射焦点处的岛屿时不断减小的情形。与此类似，点 a1 和 a2 及折射涌浪 r3/k3 和 r4/k4 表示了从 N（纳穆）向北延伸的节线。图中西南方位于 J（贾卢伊特）和 Nk（纳莫里克）之间的奥卡尔线间的 4 个节，是由北来涌浪（本多凯因浪，bn）和南来涌浪（本多凯里克浪，bk）相交所形成，而不是由东来涌浪西来涌浪相交形成。然而，这里也是线条图和解读者对温克勒所做的解释似乎相互冲突的几个地点之一：尽管温克勒报告说，他得知这些节从贾卢伊特向外延伸，但是由交错涌浪形成的人字形图案的方向却让这些节看上去像是从纳莫里克延伸出来。与此类似，节 C1 和 C2 以乌贾岛为焦点，是由用棍棒 bk1/bn1 和 bk2/bn2 表示的南来涌浪和北来涌浪相互交错所形成的。

　　据温克勒，北边的棍棒 4、5 和 6 和南边的棍棒 1、2 和 3 组成的两个系列横向延伸经过海图的主体，代表的是从纳穆岛和贾卢伊特岛向外越来越远的"视线距离"（*ai*）。然而，据克雷默和内弗曼，温克勒用于表示这些"视线距离"的用语实际上代表的是特征性的洋流：*djeldjelat ắe* 出现在一座岛屿的大约 10 海里外，这里可以望见岛上的椰子树；*rebuk ắe* 出现在大约 15 海里外；*djug ắe* 出现的地方更远，超过了陆地的所有可视范围。然而，如果雷蒙德·德布鲁姆在告诉采访他的人 "*jelat ai*" 是在 20 海里外感到的一种前后摇晃、"*jeljelat* ai"是10—15海里外感到的那种前后摇晃的时候，谈论的是同一现象的话，那么图上这些"视线距离"或"洋流"可能实际上指的是在涌浪移向或移离一座岛屿时的变化性质，而这种变化可以在船中感觉到。[100]

因为今天在博物馆馆藏中所见的棍棒海图的收集年代都不早于19世纪后期，那个时候西方船只已经越来越频繁地造访马绍尔岛民，所以我们必须考虑这样一种可能性：这些幸存的棍棒海图可能显示了西方影响。尤其值得怀疑的是最"像地图"的棍棒海图"雷贝利克"，它显示了马绍尔群岛中的一个群岛或全部两个群岛的所有或大部分岛屿，却只给出了很少的与涌浪有关的信息。温克勒在他的文章中描绘的一幅"雷贝利克"就包括了两个群岛的所有的主要岛屿，他评价说，航海者兼制图者之所以能把岛屿以"可以容忍的准确性"排列出来，是因为这幅图是他"在了解了我们自己的海图之后所制作的"。[101] 　484

然而，这个推理过程有可能走得太远，就像乔治·普莱登（George Playdon）所做的分析那样。普莱登是一位退役的美国海岸警卫队军官，在第二次世界大战之后曾经在马绍尔群岛待过一段时间。他争论说"梅多"和"雷贝利布"都是受西方影响的时代的作品，只有"不长的年代界限，可能在1830年和1895年之间"，而"马唐"一定是"一种不太古老的简单训练用具"，因为它并没有在整个密克罗尼西亚及太平洋的其他地方流传开来。[102] 然而，普莱登的观点在几个方面都具有误导性。首先，在欧洲对马绍尔群岛产生较大的影响力之前，马绍尔航海家已经能够以足够的准确性绘制群岛地图，从而引起了目光敏锐的科策布的注意。其次，在"梅多"和某些"雷贝利布"（比如拉利克群岛的"雷贝利布"，其范例见图13.32和图13.34）中描绘了涌浪、干涉图样和岛屿侦测距离，这些内容几乎不可能从西方海图中借来，因为它们是马绍尔地图学传统中的独特内容。再次，只因为"马唐"没有在马绍尔群岛以外采用就认为它"不太古老"（大约公元1500年以后?）的推断忽略了以下事实：马绍尔航海者一直秘密地保守着这门技艺的知识，而且把如此充分适应于马绍尔群岛的独特大洋涌浪环境的技术传播到其他群岛也颇为困难。　485

在太平洋岛屿航海术的各个位面中，公开发表的有关这些棍棒海图的错误观念很可能是最多的。最常见的错误就是把这些海图和相关的实践归于波利尼西亚人，而不是归于他们生活在遥远的密尼罗尼西亚的兄弟族群马绍尔人。第二常见的错误是认为这些海图表现了航海者用来引导独木舟的洋流，而不是大洋涌浪。第三个常见错误则是假定航海者会带上棍棒海图出海，并在导航中使用它们，就像他们的西方同行使用航海图的方式一样。

达文波特在他的分析中就直截了当地指出，棍棒海图仅仅用于"教导航海者，可能也有储存知识备记的目的。人们肯定主要不是用它来设定航道、测算位置和方向或在识别地形时作为辅助，就像西方航海者使用海图的方式一样。他们也并不把它当成一种助记设备，要在航行中带在身边参照。马绍尔航海者把信息都装在头脑里，不需要依靠任何外物的提

---

[100]　Winkler, "Sea Charts," 501 – 502; Krämer and Nevermann, *Ralik-Ratak*, 225（注释39）；及 de Brum, "Marshallese Navigation," 23（注释94）。

[101]　Winkler, "Sea Charts," 497 – 498（chart II）。

[102]　George W. Playdon, "The Significance of Marshallese Stick Charts," *Journal of the Institute of Navigation* 20 (1967)：155 – 166，引文见166页。

醒。"[103] 达文波特把他的断言建立在从德属时期开始的书面资料以及当他在 20 世纪 50 年代从事这项研究时尚在人世的知识渊博的马绍尔人的亲口叙述之上。举例来说，克雷默和内弗曼在讨论"梅多"这种他们认为最好地呈现了实际的海浪状况和岛屿的棍棒海图时，就指出航海者只在航行之前研究这种图，"因为人们认为在出航的时候继续参考一幅海图是丢脸的事情"。他们进一步解释了航海者在确定了季节、风和天气都适合航行，检查了这段航线应该使用哪颗导航星之后，是怎样只在启程之前才参考棍棒海图，核对他将要用于导航的涌浪图案和交错情况。一旦航海者来到海上，克雷默和内弗曼的描述就和其他学者一样，指出他们将会怎样专注于感知涌浪以及它们相互交错所产生的任何干涉图样，怎样蹲伏在独木舟的船首从尽可能低的地方观察海面，或躺下用他的整个身体感知独木舟被下方的涌浪前后摇动和左右摇动的方式。[104]

大洋洲航海者用过导航工具吗？

就像传统航海者在出海时无须随身携带棍棒海图、恒星罗盘的轮廓图或其他任何类型的物理地图一样，[105] 他们似乎也无须使用任何专门的导航工具来帮助自己观看恒星、涌浪或其他任何对独木舟导航来说至关重要的现象。不过，有好多作者在他们的著述中描述了很多本土导航工具——比如用于测量纬度的棍棒和注满水的蔗秆，[106] 或是有各式钻孔或刻划的碗和瓠瓜，据说是用来在漫长的波利尼西亚海路上找准航线。然而，在今天博物馆或私人的藏品中，没有一件东西可以可靠地认为属于这类工具。更不用说，在那些提到这类工具、有时还画出其草图的文字中，似乎没有一段是由真正见识过它们在海上如何使用的作者写的，有的人甚至在陆地上都没有仔细检查过这些东西。

在疑似本土导航工具的物品中，最有名的一件是夏威夷的"神圣瓠瓜"（sacred cala-bash）。1927 年，休·罗德曼（Hugh Rodman）上将发表了一篇文章，在其中描述了波利尼西亚航海者如何利用"神圣瓠瓜"从南太平洋向北航行到夏威夷。他们在注满水的瓠瓜近顶处钻孔，并透过这些孔观察；如果北极星位于地平线以上 19 度，就可以进入他们的视野，从而表明独木舟已经抵达了夏威夷的纬度。第二年，火奴鲁鲁毕晓普博物馆（Bishop Muse-um）的民族学家约翰·F. G. 斯托克斯（John F. G. Stokes）回应了罗德曼的文章，指出所谓

486

---

[103]　Davenport, "Navigational Charts," 21–22（注释 86）。

[104]　Krämer and Nevermann, *Ralik-Ratak*, 230–231（注释 39）。

[105]　另有两个在岸边而非海上使用的制图设备的范例来自基里巴斯群岛（吉尔伯特群岛），该群岛位于马绍尔群岛南边不远处。其一，是珊瑚的大碎块制作的独木舟轮廓图，可用于教授恒星导航和大洋涌浪导航的知识 [Lewis, *We, the Navigators*, 228–230（注释 4）]；另一，是会堂的梁和椽，它们呈现了夜空的划分 [Arthur Grimble, "Gilbertese Astronomy and Astronomical Observances," *Journal of the Polynesian Society* 40 (1931): 197–224 页，特别是 220 页注释 24]。

[106]　关于棍棒，参见 A. Schück, "Die Entwickelung unseres Bekanntwerdens mit den astronomischen, geographischen und nautischen Kenntnissen der Karolineninsulaner, nebst Erklärung der Medo's oder Segelkarten der Marshall-Insulaner, im westlichen grossen Nord-Ocean," *Tijdschrift van het Nederlandsch Aardrijkskundig Genootschap, gevestigd te Amsterdam*, 2d ser., 1 (1884): 226–251. 以下文献提到了注水蔗秆：E. Sanchez y Zayas, "The Marianas Islands," *Nautical Magazine* (London) 34 (1865): 449–460, 641–649, 以及 35 (1866): 205–213, 253–266, 297–309, 356–363, 及 462–472, 特别是 256—257 和 263 页。

的"瓠瓜"实际上是一位高级酋长的雕木"行李箱"，如果以罗德曼所描述的那种方式注满水，其重量会达到100磅，毫无实用价值。[107] 1947年，塔希提岛上的一位美国居民再次买到罗德曼所说的神圣瓠瓜，他认为塔希提人可能会使用类似的工具。这一说法很快引来了彼得·H. 巴克［Peter H. Buck，又名特·朗伊·希罗阿（Te Rangi Hiroa）］的回应；他是著名的毛利人类学家，当时是毕晓普博物馆馆长，其驳斥的意见与斯托克斯驳斥罗德曼的说法相同而更详细。[108] 之后在1975年，夏威夷学者鲁比·卡韦纳·约翰逊（Ruby Kawena Johnson）和约翰·凯波·马赫洛纳（John Kaipo Mahelona）又出版了一本论波利尼西亚天文学的专著，在其中再次讨论了这个问题，提供了一些有趣的新信息。

约翰逊和马赫洛纳在其专著中抄录并讨论了一部题为"导航瓜笔记"（Navigation Gourd Notes）的未出版手稿。这些笔记的编纂者叫西奥多·凯尔西（Theodore Kelsey），是位业余学者；他似乎在1950年前后编成这些笔记，依据的是他与一位老年夏威夷知情人的会谈记录，以及一些他自称从"外国观察者"那里得来的信息，这可能是参考了罗德曼、杜里埃（Duryea）以及其他热衷搜求波利尼西亚导航工具的人的记述。按照他的笔记，夏威夷人制作"导航瓜"的方法是在瓠瓜上打孔和刻画，然后用线把它们捆绑起来，从而制作出用于观星的孔线。然后，他们利用这些工具，在群岛的主岛之间确定航路，或是航往一些小而多石的岛屿和环礁，它们位于夏威夷岛链中当前有人居住的岛屿的西北方，一直延伸到很远的地方。然而，不管是凯尔西对这些工具的描述，还是他那些自认为画出了这些东西应有面貌的粗糙草图，还是他试图解释的具体使用方法，都极难让人接受——这可能是因为他把知情人的回忆与那些知之甚少的"外国观察者"的猜想搞混了，而他自己也不懂导航原理，无论现代原理还是本土原理。[109]

幸运的是，约翰逊和马赫洛纳在他们的著作中引用了一份夏威夷语文本的译文，讲到了在瓠瓜上做标记、用来传授天体导航术的方法。原文发表于1865年。在阅读译文（见下）的时候，有必要知道：卡内（Kane）和卡内洛阿（Kaneloa）是夏威夷的两位主神；瓦凯阿（Wakea）是夏威夷宇宙观中的"天空之父"；"卡希基（Kahiki）群岛"指的是塔希提等岛屿，它们位于远在夏威夷南边的南半球；夏威夷语中命名的很多恒星现在已经无法识别。

> 取一个瓠瓜或胡拉鼓（hula drum, hokeo）的下部，要求浑圆如轮，在其上有按下述描述标记出（烧出）的三条线。这些线叫作"Na alanui o na hoku hookele"（导航星之路），其上的恒星也叫"Na hoku-ai-aina"（统治大地的恒星）。在这三条线之外的恒星则叫作"Na hoku o ka lewa"，也即外来星、陌生星或外星。
>
> 第一条线从"霍库帕阿"（Hoku paa，北极星）画向最南边的"Newe"（南十字星）。这条线的右段或东段叫作"Ke alaʻula a Kane"（黎明，或卡内的明亮之路），左

　　[107] Hugh Rodman, "The Sacred Calabash," *United States Naval Institute Proceedings* 53（1927）: 867 - 872，以及 John F. G. Stokes 和 Rodman 在下述文献讨论部分的评论: *United States Naval Institute Proceedings* 54（1928）: 138 - 140［两文均重印于 *Journal of the Polynesian Society* 37（1928）: 75 - 87］。

　　[108] "Au sujet de la calebasse sacrée des Iles Hawai," *Bulletin de la Société d'Études Océaniennes* 7（1947）: 289 - 291（Chester B. Duryea 的通信和 Peter H. Buck 的回应）。

　　[109] Johnson and Mahekona, *Nā Inoa Hōkū*, 142 - 153（注释46）。

段或西段则叫作"Ke alanui maaweula a Kanaloa"（卡纳洛阿多次经行之路）。

然后，在东边和西边（沿纬向）画出三条线，一条横过北部，表示了太阳运动的北界，大约是考卢阿（Kaulua）月的十五日或十六日，其名为"Ke alanui polohiwa a Kane"（卡内的黑色闪耀之路）。横过南部的线表示了太阳运动的南界，大约是希利纳马（Hilinama）月的十五日或十六日，其名为"Ke alanui polohiwa a Kanaloa"（卡纳洛阿的黑色闪耀之路）。精确地画在球体（鼓，Lolo）正中的线名为"ke alanui a ke Ku'u Ku'u"（蜘蛛之路），也叫"Ke alanui I ka Piko o Wakea"（通往瓦凯阿肚脐之路）。

在这些线之间是固定的恒星"Na hokupaa o ka aina"。在它们两侧是用来导航的恒星。教导者要把所有这些恒星的位置标记在瓠瓜上。这样，他可以为他的学徒指出 Humu（牵牛星），Keoe（织女星？），Nuuanu, Kapea, Kokoiki, Puwepa, Na Kao（猎户座），Na Lalani o Pililua, Mananalo, Poloahilani, Huihui（昴星团），Makalii（孪生子）［原文如此］，Ka Hoku Hookekewaa（天狼星），Na Hiku（北斗）以及行星"hoku hele"中的 Kaawela（木星）、Hokuloa（金星）、Hokuula（火星）、Holoholopinaau（土星）、Ukali（水星）等等。

从 Kaloa 到 Mauli（有月亮的夜晚）的夜晚，是观测的最好时候。铺开一张席子躺在上面，脸朝上，凝视卡内和卡纳洛阿的暗—明部分，以及其中所包含的导航星。

如果你要航往卡希基群岛，你会发现新的星座和陌生的恒星照在深海之上，"hoku I ka lewa a me ka lepo"。

当你到达"Piko o Wakea"（赤道），你会看不见"霍库帕阿"；这时，"Newe"会是南边的导引星，而"Humu"星座会在你的上方导引你，"Koa alakai maluna"。

你还要学习海洋的规则，潮汐、洪水、涨潮和落潮的运动，把倾覆的独木舟正过来的技艺，"Ke kamaihulipu"，学习从一个岛游到另一个岛。所有这些知识要常常回想，用心记忆，这样当你身处狂暴、黑暗而险恶的海洋上时，会有用到它们的时候。[⑩]

从上面的引文看得很清楚，引发争议的瓠瓜是在陆地上使用的教学用具，而不是在海上使用的导航仪器，这个结论也与我们所知道的马绍尔棍棒海图以及加罗林人呈现其恒星罗盘和沿着每个方位可以见到的岛屿的"海图"的性质是一致的。尽管大洋洲的航海大师完全可以携带着雕刻过的天文瓠瓜、棍棒海图、恒星罗盘的草图或其他用具出海，但他们似乎并没有这样做。不管这些用具在教导船员或在航行之前让自己回忆相关知识的时候显得多么有用，他们在海上却并不需要参考它们。当他们启航驶往"狂暴、黑暗而险恶的海洋"时，所携

487

---

⑩ Johnson and Mahelona, *Nā Inoa Hōkū*, 72－73，来自下述译文：Samuel Manaiakalani Kamakau, "Instructions in Ancient Hawaiian Astronomy as Taught by Kaneakaho'owaha, One of the Counsellors of Kamehameha I., according to S. M. Kamakau," trans. W. D. Alexander, *Hawaiian Annual* (1891)：142－143。历史学家萨缪尔·马纳亚卡拉尼·卡马考（Samuel Manaiakalani Kamakau）的文章包含了他本人发表在 1865 年 8 月 5 日出版于夏威夷火奴鲁鲁的夏威夷语报纸 *Na Nupepa Ku'oko'a* 上的原文，马卡考又是以几年前采访卡内阿卡霍瓦哈（Kaneakaho'owaha）的内容为基础撰成的这段文字。卡内阿卡霍瓦哈是一位传统的夏威夷天文学家，曾经在卡梅哈梅哈一世（Kamehameha I）的宫廷中供职。卡梅哈梅哈则是夏威夷的大酋长，在接触后时代早期的 18 世纪晚期 19 世纪早期，他把夏威夷的所有岛屿统一为一个王国。

带的仅仅是有关恒星、风、涌浪和周边岛屿的知识，以及利用它们来导航的原理，因为这就足够了。⑪

不过，在传统航海者是否在海上使用工具的讨论中，通常被忽略的事实是独木舟的某些部位以至整艘独木舟可用来辅助导航。在海上，我观察到加罗林航海者毛·皮艾卢格和他的夏威夷同行奈诺阿·汤普森如何施展他们的技能。就我的判断，像船首、桅杆、舷栏的各个部分、索具以及系在索具之上随风翻动的"风向标"（telltales）都可以帮助航海者和舵手观看恒星、追踪太阳或对准风向。不仅如此，如果把罗盘方位点标记在舷栏和其他部位之上，整艘独木舟又能变成一只罗盘玫瑰，正如我看到奈诺阿·汤普森在协助这只踌躇满志的航海者队伍导引"霍库莱阿"号时所做的那样。作为船上的舵手，我也可以做证，在天空阴云密布时，我有不止一次通过感觉船只对从它的两个船壳下方经过的涌浪做出的反应，保持船体与涌浪成一合适的角度来维持"霍库莱阿"号的航向。正如我们已经看到的，这种把整艘独木舟作为测量涌浪的工具的做法，已经被马绍尔航海者发展成一门高度发达的技艺，他们在浓重的夜色中可以感觉到前往某个岛屿的航路，甚至可以通过感知富含信息的涌浪在独木舟下面让独木舟前后和左右摇摆的方式来驾船进入岛屿的主要水道。

定居、连续性和联系

大约 3500 年前，南岛语航海者第一次驾驶着独木舟向东航行，越过俾斯麦群岛和邻近的属于所罗门群岛的岛屿，从而开启了卓越的发现历程。他们在大洋中发现的向东延伸的每一座新岛屿都无人居住。既然只有他们拥有在大洋中航行如此之远所需的技术和技艺，发现一处又一处无人定居的土地并移居其上的愿景一定激励了这些航海人，让他们向大洋中深入得越来越远，直到整个大洋洲中适合永久定居的岛屿都被发现和移居为止。

要在太平洋上扩张如此广大的范围，这些航海先驱需要的不仅是具有高效帆装的适航独木舟，以及凭借季风的模式向任何欲达之地航行的能力。他们也要能够在开阔的洋面上导航，把他们的发现在观念上绘制成图。尽管考古记录让我们得以追踪南岛人的扩张，为这一过程定年，但它们无法直接提供给我们有关南岛人导航和制图方法的任何证据。然而，这些航海人过去能够扩张得这么远、这么快，能够在家乡之岛与新发现的岛屿之间以及固定的前哨站之间维持某种程序的交流，这些都表明，他们在进入远大洋洲之时已经发展出了基本导航技能。根据我们从这些南岛人先驱的大洋洲后代那里了解到的航海能力，这些技能一定包括了以下一些能力——通过参考恒星、大洋涌浪和风来定向并保持航道；推测航行；在能够直接望见岛屿之前感知到它们；把新发现的岛屿整合进某种认知海图之中。

如果像语言学家和史前史研究者所推测的，开启了南岛人向大洋洲扩张历程序幕的整套

---

⑪　与此不同，一些对所谓导航瓠瓜的描述可能指的是用来预测或控制风的用具，比如在上文 458–459 页描述的库克群岛的风瓠瓜。在夏威夷，也有利用风瓠瓜来控制夏威夷群岛周边的本地风的传说性报告，但其中并没有对这一用具的精确描述。见 Moses K. Nakuina, *The Wind Gourd of La ' amaomao*, trans. Esther T. Mookini and Sarah Nākoa（Honolulu: Kalamakū press, 1990）。

488　航海技术源于东南亚岛屿地区的话，[112] 我们至少可以期望在菲律宾和印度尼西亚的传统水手中可以找到这些技能的一些遗迹。然而令人意外的是，尽管有关大洋洲航海术的研究曾长期认为其根源一定来自这一地区，但直到最近，研究者才把注意力转移过来，开始在东南亚海域搜寻传统航海术的遗迹，到目前为止也只在印度尼西亚群岛做过相关研究。20 世纪 70 年代中由一些研究者所做的调查表明，确实有一些传统印度尼西亚水手会利用恒星、风和涌浪，其方式类似于大洋洲航海。[113] 在 80 年代晚期和 90 年代，吉因·阿马雷尔（Gene Ammarell）对布吉人（Bugis）的航海实践做了详细研究；布吉人是来自苏拉威西岛（西里伯斯岛）南部地区的航海人群。他的调查第一次向我们系统性地显现了世界这一部分留存至今的传统航海术。[114]

在印度尼西亚的岛间航行中，相当比例仍然由木制帆船执行，这些船只在设计和结构特征上都结合了欧洲和本土的原型。布吉人是岛间贸易的主要参与者，以其"皮尼西"（*pinisi*）帆船著称，这是一种坚固的双桅帆船，是印度尼西亚最大的帆船。尽管在过去大约 20 年中，皮尼西船装上了发动机，但在顺风之时，这些船只仍会依赖船帆来航行。此外，正如阿马雷尔已经指出的，尽管大多数布吉航海者都携带了磁罗盘，但他们仍然能参照恒星、风和涌浪来为船只导航。特别是在夜间，他们会靠地平线恒星定向和驾驶，并像其大洋洲远亲一样以"星路"的方式记忆这些恒星和一些专门的岛间航道。如有需要，他们也能改而利用涌浪和风来定向和驾驶，当然在今天，磁罗盘（如果能正常工作的话）可以提供一种更简便的导航手段。[115] 布吉航海者兼以风罗盘和恒星罗盘的方式感知方向，阿马雷尔为此记录了两个例子，其一有 12 个方位点，另一有 16 个方位点。和今天的加罗林人一样，布吉人即使是在使用磁罗盘的时候，也仍然会通过他们自己的罗盘的方位点的传统术语来指称方位。因此，阿马雷尔的研究加上此前收集到的材料似乎已经证明，在传统印度尼西亚航海术和大洋洲航海术之间存在某种连续性。[116]

如果我们把比较之网撒得更广一些，那么从多种信息来源也能明显看到，阿拉伯航海

---

[112]　Robert Blust, "Austronesian Culture History: The Window of Language," in *Prehistoric Settlement of the Pacific*, ed. Ward Hunt Goodenough (Philadelphia: American Philosophical Society, 1996), 28–35, 以及 Wilhelm G. Solheim, "The Nusantao Hypothesis: The Origin and Spread of Austronesian Speakers," *Asian Perspectives* 26, no. 1 (1984–1985): 77–88.

[113]　在 1972 年路过雅加达时，我从停泊在港口的贸易帆船的导航员那里了解到，他们会用地平线恒星来定向和驾驶。后来，戴维·刘易斯简单地考察了印度尼西亚的传统航海实践 [David Lewis, "Navigational Techniques of the Prahu Captains of Indonesia"（未发表手稿，1980）]，而巴哈鲁丁·洛帕（Baharuddin Lopa）在其博士论文中概述了一些传统航海实践，见："Hukum Laut, Pelayaran Dan Perniagaan (Penggalian dari bumi Indonesia sendiri)"（PH. D. diss., Universitas Diponegoro, Semarang, Indonesia, 1982）。

[114]　Gene Ammarell, "Navigation Practices of the Bugis of South Sulawesi, Indonesia," in *Seafaring in the Contemporary Pacific Islands: Studies in Continuity and Change*, ed. Richard Feinberg (DeKalb: Northern Illinois University Press, 1995), 196–218, 这是从他的博士论文研究 ["Bugis Navigation"（Ph. D. diss., Yale University, 1995）] 中摘出的初步研究文章。

[115]　Ammarell, "Navigation Practices," 209–214.

[116]　尽管阿马雷尔在其论文中没有考虑制图问题，戈斯林在写到马来半岛登嘉楼州（Trengganu）的海员时，却观察到他们在近岸引航时依赖于岬角和港口的"心象"地图，其范围包括了整个泰国湾的海岸。见：L. A. Peter Gosling, "Contemporary Malay Traders in the Gulf of Thailand," in *Economic Exchange and Social Interaction in Southeast Asia: Perspectives from Prehistory, History, and Ethnography*, ed. Karl L. Hutterer (Ann Arbor: Center for South and Southeast Asian Studies, University of Michigan, 1977), 73–95, 特别是 85 页。

者在印度洋上航行时，也会用地平线恒星来定向和驾驶，并会利用恒星罗盘。⑪⑦尽管阿拉伯航海术和南岛航海术之间的相似性可能只是彼此独立、平行发展的结果，但考虑到东南亚水域正好位于印度洋边缘，又位于开阔的太平洋主体边缘，阿拉伯人和南岛人对恒星的利用彼此更可能存在联系。毕竟，不仅有记载表明阿拉伯商人到过东南亚和中国南部的港口，南岛水手也曾向西驶向印度洋；扩散到印度南部和斯里兰卡、至今仍为当地渔民所使用的边架艇独木舟，以及南岛人对马达加斯加的移民，就都是证据。

不过，令人好奇的是，阿拉伯航海术和南岛航海术之间最大的相似之处竟然与加罗林恒星罗盘有关。阿拉伯和加罗林恒星罗盘都有 18 个方位点，由 9 颗恒星的升降点标定。此外，两种恒星罗盘都用牵牛星的升起来校准，既不用能指示正东的猎户座，又不用能指示正北的北极星。

在本章中，我已经介绍了加罗林恒星罗盘，以及埃塔克推测术和加罗林导航系统的其他特 489 色，认为它是在更一般的南岛航海术基础之上为了适应加罗林群岛岛链的导航需求而发展出来的一套精致系统。正如我在前文中所述，加罗林恒星罗盘依赖于牵牛星的校准似乎专门适应于加罗林群岛的排布方式——在北纬 6°和 10°之间组成狭长的带状——因为这意味着从北纬 8.8°升起的牵牛星对岛链中的所有岛屿来说，在过最高点时离天顶不会超过少数几度的范围。如果这个推理是正确的话，那么为什么阿拉伯航海者也会利用以牵牛星为中心的这样一种恒星罗盘呢？毕竟，他们是在印度洋港口之间航行，其中大部分港口的纬度都比牵牛星的路径偏北 10 度或更多，而他们用的恒星罗盘看来更适合用来在更靠近赤道的纬度上导航。显然，以北极星为中心的罗盘本来应该对阿拉伯人更有用，他们曾广泛使用这颗星来测定纬度。

迈克尔·哈尔彭（Michael Halpern）对这个问题曾有详细研究，他的结论是，最可能的解释就是这种关注牵牛星，在 32 个方位点中有 18 个恒星参照点的加罗林罗盘一定从密克罗尼西亚向西扩散到了阿拉伯航海者中间，他们便接受了这种恒星罗盘，供自己使用。⑪⑧尽管研究者倾向认为一旦远大洋洲中的岛屿都已有人居住之后，这些南岛人就与外部世界基本没有联系，甚至完全隔绝，直到欧洲人进入太平洋为止，然而，我们也不难举出一些不错的例子，表明生活在密克罗尼西亚西部边缘的人群与更西面的岛屿之间存在某种交流。就像我们在克莱因绘制加罗林群岛早期海图的例子中所看到的，加罗林岛民的舟载之物会不时漂到菲律宾。此外，在与欧洲人初次接触之时，生活于加罗林群岛西缘的帕劳群岛上的帕劳人正在使用一种玻璃货币，由珠子和手镯碎块构成，它们显然来自菲律宾，最终可能来自罗马帝国

⑪⑦　Gabriel Ferrand, *Le K'ouen-louen et les anciennes navigations interocéaniques dans les Mers du Sud* (Paris: Imprimerie Nationale, 1919); Gerald R. Tibbetts, *Arab Navigation in the Indian Ocean before the Coming of the Portuguese* (London: Royal Asiatic Society of Great Britain and Ireland, 1971); 同一作者，"The Role of Charts in Islamic Navigation in the Indian Ocean," in *The History of Cartography*, ed. J. B. Harley and David Woodward (Chicago: University of Chicago Press, 1987 –), vol. 2. 1 (1992), 256 – 262; Joseph von Hammer [Hammer-Purgstall], trans., "Extracts from the Mohit," *Journal of the Asiatic Society of Bengal* 3 (1834): 545 – 553 及 7 (1838): 767 – 774; James Prinsep, "Note on the Above Chapter ['Extracts from the Mohit']," *Journal of the Asiatic Society of Bengal* 7 (1838): 774 – 780; 以及同一作者，"Note on the Nautical Instruments of the Arabs," *Journal of the Asiatic Society of Bengal* 5 (1836): 784 – 794. 有关印度人在印度洋上的航海术和罗经盘（compass card）的使用，参见 Joseph E. Schwartzberg, "Nautical Maps," in *History of Cartography*, vol. 2. 1, 494 – 503。

⑪⑧　Michael Halpern, "Sidereal Compasses: A Case for Carolinian-Arab Links," *Journal of the Polynesian Society* 95 (1986): 441 – 459.

或中国。[⑲] 如果哈尔彭的论点是正确的，那么就有一种智力性的东西从大洋洲向更广阔的世界体系出口，并在西方的欧洲人开始海洋扩张之前流传开来——一种利用天空导航的手段，虽然并不依赖工具，却高度精密。

489
–
492

附录 13.1　　　　　　　　博物馆藏品中归档的棍棒海图，制作于 1940 年之前

机构	编号	获得日期	大小	来源
Amsterdam, Universiteits-bibliotheek	Kaartenzl. 100 – 03	1900	25 × 55	
	Kaartenzl. 100 – 03	1900	47 × 50	
Basel, Museum für Völkerkunde	VC 32	1904		与 Museum für Völkerkunde 通过交换获得
	VC 202	1904		与 Museum für Völkerkunde 通过交换获得
Berlin, Museum für Völkerkunde	VI 24670	1905	167 × 123	
	VI 14669	1897	87 × 48	
	VI 24668	1905	77 × 54	
	VI 15281	1898	102 × 56	
	VI 15282	1898		
	VI 15283	1898		
	VI 5802	1883	105 × 36	
	VI 24667	1905	99 × 90	
	VI 24673	1905	91 × 91	
	VI 50452	1939	44 × 28	
	VI 8309	1898 前	38 × 36	
	VI 50453	1939	42 × 26	
Berne, Bernisches Historiches Museum, Ethnography Department	Mikr. 32	1920	55 × 86	Museum für Völkerkunde, Hamburg, 1920 年前
	Mikr. 33	1920	43 × 90	
Burgdorf, Switzerland, Museum für Völkerkunde	Nr. 04676	1936	43 × ?	Kordt 博士收集
Cambridge, Mass., Peabody Museum of Archaeology and Ethnology, Harvard University	00 – 8 – 70/55584	1900	95 × 101	Agassiz 和 Woodworth 在 1899—1900 年的"信天翁"考察（Albatross expedition）中收集
	00 – 8 – 70/55587	1900	81.5 × 67.5	Agassiz 和 Woodworth 在 1899—1900 年的"信天翁"考察中收集

⑲　Douglas Osborne, *The Archaeology of the Palau Islands*, Bernice P. Bishop Museum Bulletin, no. 230（Honolulu：Bishop Museum Press, 1966）, 477 – 494.

续表

机构	编号	获得日期	大小	来源
Chicago, Field Museum of Natural History[⑫]	FM #38298（acc. 1969）	1900	106.5×84	Alexander Agassiz 和 W. McM. Woodworth 在 1899—1900 年美国鱼类委员会（Fish Commission）的"信天翁"考察中收集。1932 年与 Peabody Museum, Cambridge 通过交换获得
Cologne, Rautenstrauch-Joest Museum, Museum für Völkerkunde	43336	1902—1904	42×26	德国公司 Jaluit Gesellschaft 的一名雇员于 1902—1904 年在马绍尔群岛的拉利克群岛上活动。这两幅图后来在 1952 年由博物馆从该雇员那里获得
	43337	1902—1904	44×27.5	
Dresden, Staatliches Museum für Völkerkunde	Kat. Nr. 42524	1928	44×28	
Göttingen, Institut und Sammlung für Völkerkunde, Universität Göttingen	Stabkarte Sign. OZ 462	1930	44×27.5	Adolf Rittscher 收集
	Stabkarte Sign. OZ 463	1930	41.5×25.5	Adolf Rittscher 收集
Hamburg, Museum für Völkerkunde	E 977	1885		
	E 978	1885		
	E 1864	1900 前		Godeffroy 藏品。19 世纪后半叶，Godeffroy 家族在汉堡拥有一家贸易公司，专门经销来自南太平洋和澳大利亚的民族志物品；该家族自己也从事收集，并开有一家博物馆。19 世纪末，Godeffroy 藏品由 Hamburg, Museum für Völkerkunde 获得，后者曾是该家族的顾客之一
	E 1865	1900 前		Godeffroy 藏品
	E 1866	1900 前		Godeffroy 藏品
	E 1867	1900 前		Godeffroy 藏品
	391：10	1910		
	392：10	1910		
	393：10	1910		
	394：10	1910		
	395：10	1910		
	396：10	1910		

　　[⑫]　注释：为了编制本附录，作者考察了 58 家他认为可能收藏有棍棒海图的机构，因此这并非一份完整的清单。其中一些图在以下出版物中有描述和讨论：Captain［Otto?］Winkler, "On Sea Charts Formerly Used in the Marshall Islands, with Notices on the Navigation of These Islanders in General," *Annual Report of the Board of Regents of the Smithsonian Institution*, 1899, 2 vols.（Washington, D. C.：United States Government Printing Office, 1901），1：487 – 508（译自"Ueber die in früheren Zeiten in den Marschall – Inseln gebrauchten Seekarten, mit einigen Notizen über die Seefahrt der Marschall – Insulaner im Allgemeinen," *Marine-Rundschau* 10［1898］：1418 – 1439，但有更多插图）；A. Schück, *Die Stabkarten der Marschall – Insulaner*（Hamburg, 1902）；Bruno F. Adler, "Karty pervobytnykh narodov"（原始社会民众的地图），*Izvestiya Imperatorskago Obshchestva Lyubiteley Yestestvoznanya, Antropologii i Etnografii：Trudy Geograficheskago Otdelinitya*（帝国自然科学、人类学和民族学爱好者学会会刊：《地理学报》）119, no. 2（1910），198 – 217；以及 Augustin Krämer and Hans Nevermann, *Ralik-Ratak（Marshall Inseln）*（Hamburg：Friederichsen, De Gruyter, 1938），221 – 230。

　　Ralph Linton and Paul S. Wingert, *Arts of the South Seas*（New York：Museum of Modern Art, 1946），67.

续表

机构	编号	获得日期	大小	来源
Honolulu, Bernice P. Bishop Museum	Original cat. no. 3481; current acc. no. 1892.011	1892	96×61.5	Hawaiian Board of Missions 的 Rev. C. M. Hyde 之赠品。可能由在马绍尔群岛工作的夏威夷传教士收集，并寄至或带回夏威夷。形似"梅多"
	Original cat. no. 6806 (A); current acc. no. 1892.005	1892 年 12 月 17 日	112×50	Hawaiian Board of Missions 的赠品。归入"chart Mede"目录。形似"梅多"
	Original cat. no. 6808 (B); current acc. no. 1892.005（同上）	1892 年 12 月 17 日	99×71	Hawaiian Board of Missions 的赠品。归入"chart Mede"目录。形似"梅多"
London, British Museum, Department of Ethnography[120]	Navigational Chart 1904. 6 – 21. 34	1904	100×?	
Munich, Staatliches Museum für Völkerkunde[122]	Inv. Nr. 91. 835	1891	107×59	W. Schubert
	Inv. Nr. 08. 583	1908	100×24.5	Wolfgang Dröber
	Inv. Nr. 08. 584	1908	100×49	Wolfgang Dröber
New York, American Museum of Natural History[123]	80. 0 – 3317	1914	95×93	为 Robert Louis Stevenson 在 1890 年 6 月委托制作和采购的两幅海图之一（第二幅见下 University Museum, Philadelphia）。Stevenson 去世后，该图在 1901 年特许 Edinburgh Museum 使用。1914 年 Robert Lowie 以 80 美元为 American Museum of Natural History 购得（在纽约的 Stevenson "古玩"拍卖会上）。1965 年修复，约 1979 年再次修复
Oxford, England, Pitt Rivers Museum, School of Anthropology and Museum of Ethnography[124]	1897. 1. 2	1897	53×?	马绍尔群岛总督 Irmer 博士于 1896 年从贾卢伊特的 Nelu 酋长处获得。Graham Balfour 在 1880 年代和 1890 年代到太平洋旅行，将此图交给博物馆。（Graham Balfour 可能是博物馆第一任馆长 henry Balfour 的堂兄弟）
Paris, Musée de l'Homme	MH. 31. 33. 24	1931	43×27.5	

⑫⓪ T. A. Joyce, "Note on a Native Chart from the Marshall Islands in the British Museum," *Man* 8 (1908): 146 – 149, 图 1。

⑫② Rose Schubert, Ernst Feist, and Caroline Zelz, "Zur frühen Seefahrt in der Südsee: Schiffarht und Navigation in Polynesien und Mikronesien," in *Kolumbus: Oder Wer entdeckte Amerika?*, ed. Wolfgang Stein (Munich: Hirmer, 1992), 90 – 99, 以及 Wolfgang Dröber, *Kartographie bei den Naturvölkern* (1903; Amsterdam: Meridian, 1964 重印), 56。

⑫③ Fanny Stevenson, *The Cruise of the "Janet Nicol" among the South Sea Islands* (New York: C. Scribner's Sons, 1914), 150 – 151 及 159 – 160。

⑫④ H. Lyons, "The Sailing Charts of the Marshall Islanders: A Paper Read at the Afternoon Meeting of the Society, 14 May 1928," *Geographical Journal* 72 (1928): 325 – 328; 该文称本图的大小为"18×11"。

续表

机构	编号	获得日期	大小	来源
Philadelphia, University Museum, University of Pennsylvania⑫	P 3297	1914	124.5 ×73.5	Robert Louis Stevenson（见上 American Museum of Natural History 一条）
Salem, Mass. , Peabody Essex Museum	E. 12210	1900	75 ×75	Alexander Agassiz 和 W. McM. Woodworth 在 1899—1900 年美国鱼类委员会（Fish Commission）的"信天翁"考察中收集。来自 Peabody Museum of Archaeology and Ethnology, Harvard University, Cambridge, Mass
Sydney, Australian Museum	E. 5513	1872 前	97 ×84	
Sydney, Australian Museum	E. 15861	1906	112 ×86	P. G. Black 捐赠
Vienna, Museum für Völkerkunde	Inv. no. 25. 735	1887	124 ×76	Museum für Völkerkunde, Hamburg
Vienna, Museum für Völkerkunde	Inv. no. 123. 604	1903 前	44 ×28	Adolf Rittscher
Vienna, Museum für Völkerkunde	Inv. no. 123. 605	1903 前	42 ×26	Adolf Rittscher
Washington, D. C. , Smithsonian Institution, National Museum of Natural History, Department of Anthropology	E 206186	1900		这四幅图均由 Charles H. Townsend 和 H. F. Moore 捐赠
Washington, D. C. , Smithsonian Institution, National Museum of Natural History, Department of Anthropology	E 206187	1900		
Washington, D. C. , Smithsonian Institution, National Museum of Natural History, Department of Anthropology	E 206188	1900		
Washington, D. C. , Smithsonian Institution, National Museum of Natural History, Department of Anthropology	E 206189	1900		

⑫　Henry Usher Hull, "A Marshall Islands Chart Presented to the Museum by the Honorable John Wanamaker," *Museum Journal* 10 (1919): 35 –42, 图 15。

第十四章　毛利人地图学及与欧洲人的接触*

菲利普·莱昂内尔·巴顿
（Phillip Lionel Barton）

新西兰（奥特阿罗阿）在大约一千年前由来自波利尼西亚东部的移民所发现和定居。他们的后代现在称为毛利（Māori）人。① 作为波利尼西亚中最大的陆地，新的环境肯定带来了很多挑战，要求波利尼西亚探索者调整他们的文化和经济，使之适应于与其热带小岛家乡不同的自然条件。②

新西兰北岛和南岛的快速勘查，对于生存来说至关重要。移民需要食物、建造 waka（独木舟）和 whare（房屋）的木材以及适于制作工具和武器的石材。泥板岩（argillite）、燧石（chert）、matā 或 kiripaka［白垩中的燧石（flint）］、matā, mātara 或 tūhua［黑曜石（obsidian）］、pounamu［软玉（nephrite），一种玉石］和蛇纹石（serpentine）都是广泛使用的石材。这些矿藏常位于偏远地区或山区，但到公元 12 世纪的时候，新西兰大多数石矿都已被发现。③

随着毛利人逐渐熟悉他们的领地，重要的地物如山脉、河流、溪流、湖泊、港口、海湾、岬角和岛屿都有了地名，或根据其形状命名，或用来纪念某个相关联的事件。毛利人占

---

* 感谢以下个人和组织在本章的撰写中所提供的帮助：Atholl Anderson（堪培拉）；Barry Brailsford（哈密尔顿）；Janet Davidson（惠灵顿）；John Hall-Jones（因弗卡吉尔）；Robyn Hope（达尼丁）；Jan Kelly（奥克兰）；Josie Laing（克赖斯特彻奇）；Foss Leach（惠灵顿）；Peter Maling（克赖斯特彻奇）；David McDonald（达尼丁）；Bruce McFadgen（惠灵顿）；Malcolm McKinnon（惠灵顿）；Marian Minson（惠灵顿）；Hilary 和 John Mitchell（纳尔逊）；Roger Neich（奥克兰）；Kate Olsen（惠灵顿）；David Retter（惠灵顿）；Rhys Richards（惠灵顿）；Anne Salmond（奥克兰）；Miria Simpson（惠灵顿）；D. M. Stafford（罗托鲁阿）；Evelyn Stokes（哈密尔顿）；Michael Trotter（克赖斯特彻奇）；Manu' Whata（罗托鲁阿）；新西兰国家档案馆（惠灵顿）、亚历山大·特恩布尔图书馆（惠灵顿）和新西兰国家图书馆（惠灵顿）的咨询人员；以及 Nigel Canham 和新西兰陆地信息局惠灵顿区办公室（惠灵顿）的工作人员。本文的原文较此书中的发表版本更长，也更详细，其复本已藏于亚历山大·特恩布尔图书馆稿本部（惠灵顿）、奥塔戈大学霍肯图书馆（达尼丁）和大英图书馆地图馆（Map Library, British Library, 伦敦）。

① Janet Davidson, *The Prehistory of New Zealand*（Auckland：Longman Paul, 1984），1–29, 及 Geoffrey Irwin, *The Prehistoric Exploration and Colonisation of the Pacific*（Cambridge：Cambridge University Press, 1992），105–110。

奥特阿罗阿（Aotearoa）是新西兰的毛利语名；本章中以括注的方式在现代地名之后给出了一些毛利语地名。也见 Malcolm McKinnon, ed., *New Zealand Historical Atlas, Ko Papatuanuku e Takoto Nei*（Albany, Auckland, N. Z.：Bateman, 1997）。有关地名的意义，参见 A. W. Reed, *Place Names of New Zealand*（Wellington：A. H. and A. W. Reed, 1975）。

② 比如他们的航海技能就必须适应于沿岸和陆地勘查。更多有关大洋洲航海的内容参见第十三章。

③ Davidson, *Prehistory of New Zealand*, 195（注释 1）。*Pounamu* 是价值很高的石材，在与欧洲人接触之前的时代最适于制作切割工具，但获取它很危险，也难以加工。

据的地点如 *pā*（堡垒）和 *kāinga*（村庄）也得到了命名。通过反复旅行和反复提及地名，毛利人获得的知识使他们能够把陆地的图像以地图的形式表现出来。比如在 1793 年，图基（Tuki）就能绘制出整个新西兰［斯图尔特岛（Stewart Island）和其他较大的离岸岛屿除外］的地图，这显然是来自他心中新西兰的图像（见下文 506—509 页）。

毛利人之间共有的地理知识的广度尚属未知。在 1840 年以前，因为这些知识对于"伊威"（*iwi*，国家或人群）之间频繁的战争和冲突（特别是在北岛）有战略重要性，它们可能只限由部落专家（*iwi tohunga*）所掌握。1840 年欧洲人开始有组织地来新西兰定居之时，北岛（Te Ika a Māui）的毛利人人口规模远比南岛（Te Wai Pounamu）大得多。尽管南边的南岛占新西兰的三分之二，但北岛较为温暖的气候使之远比南岛适合种植传统作物。在南岛，农业活动有限，毛利人不得不采取半游牧的可持续策略。南阿尔卑斯山脉（Southern Alps）以东和凯库拉半岛（Kaikoura Peninsula）以南到福沃海峡（Foveaux Strait）的陆地上的森林植被要比南岛西半部和北岛少得多，更便于人们旅行。频繁的经行使南岛的毛利人对其地理有深刻了解，这也反映在他们为欧洲人提供的地理信息和地图的质量上。④

本章收集和讨论的毛利人制图的信息以前从未有综合性的描述。本章最初是我提交并在 1978 年发表的一篇论文，在修订、扩充之后又在 1980 年再次发表。⑤ 在此之前，人们只能在有关其他主题的图书和论文中找到一些最为知名的地图的简短描述和插图。比如，在约翰尼斯·卡尔·安德森（Johannes Carl Andersen）的《南坎特伯雷五十周年史》（*Jubilee History of South Canterbury*）中就引用了一幅毛利人的南岛地图的局部，并有简短讨论；这幅图系由埃德蒙德·斯托·霍尔斯韦尔（Edmund Storr Halswell）在 1841 年绘制。书中又有一些地图的片段（拼合为一整幅图），是特·瓦雷·科拉里（Te Ware Korari）在 1848 年为沃尔特·鲍多克·杜兰特·曼特尔（Walter Baldock Durrant Mantell）绘制。⑥ 约 1940 年，作为纪念欧洲人从 1840 年到 1940 年在这个国家定居的活动的一部分，《新西兰历史地图集》（*Historical Atlas of New Zealand*）开始编纂，但这本地图集一直没有完成，也没有出版。为了编纂这本地图集，图基地图专门做了精确的重绘，为霍尔斯韦尔绘制的地图也准备了两个版本。⑦ 罗

494

---

④ 至少有一位 19 世纪的观察者发现毛利人是彻头彻尾的旅行者；参见 J. S. Polack, *Manners and Customs of the New Zealanders, with Notes Corroborative of Their Habits, Usages, Etc.*, 2 vols. （1840；reprinted Christchurch：Capper Press, 1976），2：147。

⑤ 1978 年的原始论文为：Phillip Lionel Barton, "Maori Geographical Knowledge and Maps of New Zealand," in *Papers from the 45th Conference* [*New Zealand Library Association*], *Hamilton*, 6 – 10 *February* 1978, comp. A. P. U. Millett （Wellington：New Zealand Library Association, 1978），181 – 189。修订扩充的发表版为："Maori Geographical Knowledge and Mapping：A Synopsis," *Turnbull Library Record* 13 （1980）：5 – 25。此后 18 年中，我又查出很多新信息，并整合到论文中。

⑥ Johannes Carl Andersen, *Jubilee History of South Canterbury* （Auckland：Whitcombe and Tombs, 1916），38 – 39.

⑦ 与该地图集有关的地图和通信见于惠灵顿的亚历山大·特恩布尔图书馆的地图馆藏和稿本馆藏中。为地图集重绘的图基地图的尺寸为 58×43 厘米，以北为上，系根据以下文献中发表的地图绘制：David Collins, *An Account of the English Colony in New South Wales*, 2 vols., ed. Brian H. Fletcher （1798 – 1802；Sydney：A. H. and A. W. Reed, 1975），1：434 – 435。为霍尔斯韦尔绘制的地图的两个版本则根据手稿本和出版的石刻本绘制（见下），其尺寸分别为 61×48 厘米和 62×34 厘米。在这两个版本中，南岛都重新取了大致为东北—西南的走向，以与该岛的实际方位一致。

图基地图和为霍尔斯韦尔绘制的南岛地图石刻版也见于以下文献：Peter Bromley Maling, *Early Charts of New Zealand*, 1542 – 1851 （Wellington：A. H. and A. W. Reed, 1969），126 – 129，有简短讨论；以及同一作者的最新著作 *Historic Charts and Maps of New Zealand*：1642 – 1875 （Birkenhead, Auckland：Reed Books, 1996），128 – 132。

表14.1

可能有地图学内涵的毛利语词

	Kendall, 1815	Kendall, 1820	Williams, 1844	词　典 Williams, 1852	Williams, 1871	Williams, 1892	Williams, 1915	Williams, 1917	Williams, 1957
Wenua	（名）土地，国家	（名）土地，国家	（名）大地，土壤						
Whenua				（名）土地，国家	（名）土地，国家	（名）土地，国家	（名）土地，国家	（名）土地，国家	（名）土地，国家
Hua			（名）土地区划	（名）土地区划	（名）土地区划	（名）土地区划	（名）土地区划	（名）土地区划，轮廓，雕刻的引导线	（名）土地区划，轮廓，雕刻中某个图案的引导线
Tuhituhi			（及）写	（及）写	（及）写	（及）写	（及）写	（及）绘	（及）绘，写
Tuhi					（及）勾勒，绘	（及）勾勒，绘，以绘画装饰	（及）勾勒，绘，写，以绘画装饰	（及）勾勒，绘，写，以绘画装饰	（及）勾勒，绘，写，以绘画装饰
Hoa, Hoahoa								（及）布局，规划，排列（名）房屋平面图	（及）布局，绘，平面图（名）房屋平面图
Huahua								（及）在雕刻前勾勒出图案	（及）在雕刻前勾勒出图案
Mahere									（不及）/（名）平面图，部分，区划，片断

缩写：名：名词；不及：不及物动词；及：及物动词。

参考文献：Thomas Kendall, *A Korao no New Zealand; or, The New Zealander's First Book, Being an Attempt to Compose Some Lessons for the Instructions of the Natives* (Sydney, 1815; reprinted Auckland, Auckland Institute and Museum, 1957); Thomas Kendall, *A Grammar and Vocabulary of the Language of New Zealand*, ed. Samuel Lee (London: Church Missionary Society, 1820); William Williams, *A Dictionary of the New-Zealand Language, and a Concise Grammar to Which Are Added a Selection of Colloquial Sentences* (Paihia, 1844); 2d ed. (London: Williams and Norgate, 1852); 3d ed. (London: William and Norgate, 1871); 4th ed. (Auckland: Upton, 1892); 4th rev. ed. (Wellington: Whitcombe and Tombs, 1915); Herbert William Williams, *A Dictionary of the Māori Language*, ed. under the auspices of the Polynesian Society, 5th ed. (Wellington: Marcus F. Marks, Government Printer, 1917); 6th rev. ed. (Wellington: R. E. Owen, Government Printer, 1957)。

* * 注意夏威夷语中 *Mahele* 为：（名）部分，区划，片段。

伯特·罗伊·道格拉斯·米利根（Robert Roy Douglas Milligan）在 1964 年对图基的地图做了广泛研究。[⑧] 米利根在他的书完成之前去世，尽管在发表的报告中还有一些问题，但这却是毛利地图学的里程碑，也是彻底评估这幅地图的宝贵起点。在 20 世纪 90 年代前期，安娜·萨蒙德（Anne Salmond）简短地讨论了图基地图；在另一本专著中她又提到了托亚瓦（Toiawa）为詹姆斯·库克绘制的地图。[⑨]

495

与制图密切相关的文化属性

毛利语中的地图概念

在 1815 年和 1820 年间编纂的词表中，以及 1844 年到 1957 年间出版的威廉斯（Williams）词典的 7 个权威版本中都没有任何指代地图的毛利语固有词记录（见图 14.1）。这可能是因为问的问题不对。而且，毛利人可能认为绘制地图的能力比地图本身更重要，一些临时性地图虽然我们知道曾经为人所绘，却很自然地没有留下任何人造物。事实上，无论是过去还是现在，毛利语中都有表示布局、平面图、排列、轮廓、勾画、绘制、书写、地块和国家的词语，这些都和制图密切相关。毛利语词 *hoa*（布局，平面图）和 *hua*（地块，轮廓）似乎涉及制作手绘图或地图的过程，单词 *tuhi*（勾画，绘制）和 *tuhituhi*（绘制）也是如此。单词 *mahere*（平面图，部分）直到 1957 年的第 6 版才出现在威廉斯词典中，但今天它和 *whenua* 一起表示地图之义。英语中 map 一词的毛利语借词 *mapi* 直到 1892 年的第 4 版才出现在威廉斯词典中，当时仅见于词典的英—毛利部分。*Mapi* 一词的最早使用记录是 1859 年和 1860 年南岛的地契。[⑩]

长度测量

毛利人过去没有记录长距离的测量单位。爱德华·肖特兰（Edward Shortland）发现，毛利"阿里基"（*ariki*，酋长）霍内·图哈怀基（Hone Tūhawaiki）绘制的草图虽然信息量很大，但"只要是更需要获知一段距离的准确数值的场合，我就必须要他把这段距离与我们能看见的物体之间的距离做个比较，为的是能用我们的标准来表述它。事实上，这是本地人唯一能描述长距离的方法，因为他们没有类似英里或里格这样的固定的度量单位"。[⑪] 恩斯特·迪芬巴赫（Ernst Dieffenbach）也报告说，"距离常常以夜晚（'波'，po）的数量来计算，也就是他们在到达一个地点之前有多少个宿营的夜晚。一'波'很少超过 12—15 英

496

⑧　Robert Roy Douglas Milligan, *The Map Drawn by the Chief Tuki-Tahua in 1793*, ed. John Dunmore（Mangonui, 1964）.

⑨　Anne Salmond, "Kidnapped: Tuki and Huri's Involuntary Visit to Norfolk Island in 1793," in *From Maps to Metaphors: The Pacific World of George Vancouver*, ed. Robin Fisher and Hugh Johnston（Vancouver: UBC Press, 1993）, 191–226, 及同作者的 *Two Worlds: First Meetings between Maori and Europeans*, 1642–1772（Auckland: Viking, 1991）, 191–207, 特别是 207 页。

⑩　Harry C. Evison, *Te Wai Pounamu, the Greenstone Island: A History of the Southern Maori during the European Colonization of New Zealand*（Christchurch: Aoraki Press, 1993）, 313–314, n. 100. 该书还列出了那个时代的地契中其他一些表示"地图"的毛利语用语。

⑪　Edward Shortland, *The Southern Districts of New Zealand: A Journal with Passing Notices of the Customs of the Aborigines*（London: Longman, Brown, Green, and Longmans, 1851; reprinted Christchurch: Capper Press, 1974）, 82.

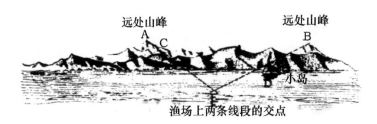

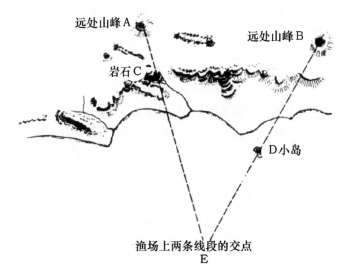

496

图 14.1   展示了无特征的渔场在海上如何定位的示意图

在这幅示意图中，线段 ACE 把一座丘顶的一块显眼的岩石与一座更远的山峰连接起来，而线段 EDB 把一座遥远的山峰和一座离岸岛屿连接起来。当这两组地物都连成线之后，船只就到达了渔场（即两条线段的交点）。

原图大小：12×11.5 厘米。引自 Elsdon Best, *Fishing Methods and Devices of the Maori* (1929; New York: AMS Press, 1979), 5。

里，经常更短。"[12]

毛利人基于身体的长度单位有庹（*mārō*，约 6 英尺或 1.83 米），这是展开的双臂的平均长度；*kumi* 则是十庹。[13] 就建造堡垒、房屋和独木舟来说，这些测量也足够了。

地理定向

威廉·亨利·斯金纳（William Henry Skinner）在勘查今北岛斯特拉特福（Stratford）以北的报告中提到了一个惊人的事例，有关毛利人的方向感；这件事发生在 1874 年。讲述这件事的是他的兄弟 T. K. 斯金纳，当时参加了帕特阿—怀图库地块（Patea-Waituku Block）东界的勘查，为政府从毛利人那里购置做准备。

---

⑫ Ernst Dieffenbach, *Travels in New Zealand: With Contributions to the Geography, Geology, Botany and Natural History of That Country*, 2 vols. (London: John Murray, 1843; reprinted Christchurch: Capper Press, 1974), 2: 121.

⑬ Elsdon Best, "The Maori System of Measurement," *New Zealand Journal of Science and Technology* 1 (1918): 26–32.

酋长特·佩内哈·曼古［Te Peneha Mangu］是这一地块边界的指引者或向导。我们所要确定的边界线从怀普库河［Waipuku River］上一个确定的点直直引出，到部落内部的一个界标——一个"科普阿"［kopua］，是帕特阿河［Patea River］河弯中的一大片深水区，名叫"科普阿塔马"［Kopua-tama］。……

在引导勘查者在怀普库河南岸上架起仪器之后，这位毛利老"托洪阿"［tohunga］念起一段古老的"卡拉基亚"（karakia，咒语）召唤"阿图阿"［atua，神］，也就是森林之灵，以指导他能正确地指示边界线。这场仪式结束了，他站在勘查者旁边，指向在人们所需要的大致方向上的一处林下层迹地，最后在经过仔细考虑之后把一根木桩布置在仪器前方沿着指向科普阿塔马的真正边界线的方向之处。这条线划得非常合适，从这个原点伸出，在稠密而完好的森林中直直穿过8½英里之后，这队人最终便出现在科普阿塔马深水区的西缘，离其中心只偏离了几码——这真是这位酋长具有敏锐方向感的惊人证据。这位老毛利人自己则完全认为他的成功应主要归功于他的"阿图阿"的力量。[14]

查尔斯·希菲（Charles Heaphy）也报告了毛利人埃·凯胡（E Kehu）有颇令人称道的方向感：

［埃·凯胡］似乎有一种超出我们所能理解的直觉，可以在既看不见太阳又看不见远处物体的时候找到穿过森林的路；其间会跨越冲沟、障碍和峡谷，分布得杂乱无章，令人迷惑，但他仍然一直前行，要么沿着同一个方位，要么虽然有所偏离，但也只不过是在有必要避开障碍物时候才如此。最终，他会给你指出某棵树上的砍痕或苔藓丛中的脚印，让你确信他已经又回到了一条小路上。[15]

在海上精确定位渔场是至关重要的，因为渔场有时与陆地隔了很远距离。捕鱼者要花很大精力注意不要侵入其他"哈普"（hapū，"伊威"的次级划分，即次级部落）的传统渔场。贝斯特（Best）描述了用于定位渔场的方法（参见图14.1）：

所有渔场、海岸和岩石都有专门指定的名称。……鉴于很多渔场没有岩礁或出露水上的部分，对毛利渔民来说，就有必要小心地给"托胡"［tohu］或信号（地标）定位，通过它们来给这些渔场定位。他的做法是把岸上的山峰、海角、显著的岩石、树木

497

---

[14]　William Henry Skinner, "The Old-Time Maori," *N. Z. Surveyor: The Journal of the New Zealand Institute of Surveyoes* 18 no. 2 (1942): 6–9, 特别是8—9页。根据现代地图测算，这段距离近于6.5英里（10.46千米），而不是引文中提到的8.5英里（13.67千米）。

[15]　Charles Heaphy, "Account of an Exploring Expedition to the South-west of Nelson," in *Early Travellers in New Zealand*, ed. Nancy M. Taylor (Oxford: Clarendon Press, 1959), 188–203, 特别是192页，牛津大学出版社许可引用。托马斯·布拉纳（Thomas Brunner）、威廉·福克斯（William Fox）、查尔斯·希菲和埃·凯胡组成了一支小队，在1846年2月2日和3月1日间考察了包括罗托伊蒂（Rotoiti）湖和罗托罗阿（Rotoroa）湖及布勒（Buller）河［卡瓦蒂里（Kawatiri）河］在内的地域。

之类岸上的显著物体连线。［北岛］东岸有个"塔翁加伊卡"［*taunga ika*］——也即渔场——叫卡普阿朗吉［Kapuarangi］，就是用作为连线地物之一的一座显著的山丘命名的。这个渔场可通过观察4座山丘来定位，其中两座在一个方向上，另两座在另一个方向上；当这两组山丘都排成一线时，渔场就到了。⑯

这份通过连线交点来定位的报告不是孤例。⑰ 不过，目前没有证据显示毛利人在绘制地图时也用到连线法或交点法。

东波利尼西亚人很可能把他们有关太阳—风罗盘的概念也带到了新西兰，但现在还不知道这种罗盘是否曾整合进为教导目的而制作的人造物中。⑱ 在18世纪和19世纪，欧洲人在太平洋岛屿航海者中确实发现了这个概念。然而不幸的是，相关报告寥寥无几，很可能是欧洲中心主义的，而省略了本来有可能据此得出可靠结论的关键细节。特别是这些报告的作者不区分太阳、恒星和风等参照物，也不指出航海者采用了什么样的容错措施，可以把季节性的变化考虑进来。最古老的报告之一说得相当明确：塔希提人"没有海员罗盘"，很可能意味着他们也没有与欧洲航海者的磁罗盘相对应的等价物。"［他们］把地平线划分成16部分，把太阳升起和落下的地方作为基本方位。……当舵手从港口启航之后，他因此需要把地平线从东——也就是太阳升起之点——开始予以分割。"⑲ 这16个方位点各有名字，其中大约一半已表明是"风的名字，根据它们吹来的方向和强度而命名"。⑳ 在引证这份18世纪晚期的报告时，刘易斯（Lewis）得出结论："太阳和风罗盘之间的联系很明显。"㉑ 贝斯特以插图展示了一个纳蒂波罗（Ngāti Porou）人风罗盘，采取了南北的取向，这可能是受欧洲人涵化的结果（图14.2）。

自从毛利人第一次在新西兰定居的千百年来，东方都具有宗教上的重要意义，这个习俗可能源自波利尼西亚。在南岛怀劳沙洲（Wairau Bar）所做的考古发掘已经揭示，在一些墓葬中，最可能是等级较高的男子的一些遗体大致呈东西走向，而类似朝向的墓葬在波利尼西亚东部的社会群岛也有报告。㉒ 毛利人相信在人死后，"怀鲁阿"（*wairua*，灵魂）会下降到拉罗亨阿（Rarohēnga，下界）中，到达西方的基瓦大洋（Great

⑯ Elsdon Best, *Fishing Methods and Devices of the Maori* (1929; New York: AMS Press, 1979), 4.

⑰ Skinner, "Old-Time Maori," 8 (注释14); Tamati Rihara Poata, *The Maori as a Fisherman and His Methods* (Opotiki: W. B. Scott and Sons, 1919; reprinted Papakura: Southern Reprints, ca. 1992), 9。

⑱ 参见第十三章。

⑲ Bolton Glanvill Corney, ed. and trans., *The Quest and Occupation of Tahiti by Emissaries of Spain during the Years* 1772 – 1776, 3 vols., Hakluyt Society Publications, ser. 2, nos. 32, 36, 43 (London: Hakluyt Society, 1913 – 1918), 2: 284 – 285, 引自西班牙人唐·何塞·安迪亚·伊·巴雷拉（Don José Andía y Varela）的日志。

⑳ Corney, *Quest and Occupation of Tahiti*, 2: 285 注释1。

㉑ David Lewis, *We, the Navigators: The Ancient Art of Landfinding in the Pacific*, 2d ed., ed. Derek Oulton (Honolulu: University of Hawai'I Press, 1994), 115.

㉒ 其头在东，面向落日; Roger Duff, *The Moa-Hunter Period of Maori Culture*, 3d ed. (Wellington: Government Printer, 1977), 58 – 59。在同一著作中，迈克尔·马尔萨斯·特罗特（Michael Malthus Trotter）以碳测年法确定所发掘的墓葬为公元1015 ± 110 年至1360 ± 60 年（参见书中的"Moa-Hunter Research since 1956"一章，348—378 页，特别是354 页）。关于社会群岛的墓葬，参见 Kenneth Pike Emory and Yoshihiko H. Sinoto, "Eastern Polynesian Burials at Maupiti," *Journal of the Polynesian Society* 73 (1964): 143 – 160。

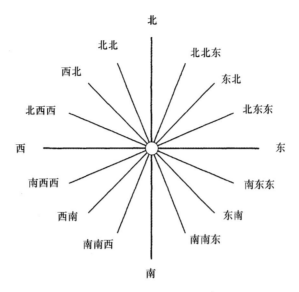

图 14.2　罗盘方位点名称

这些名称由北岛东岸的纳蒂波罗人中的莫希·图雷伊（Mohi Turei）提供。贝斯特提到毛利人对 4 个基本方位有专门名称（*raki*，北；*rāwhiti*，东；*tonga*，南；*uru*，西），与莫希·图雷伊的名称不完全对应。其他方位的风向名称根据"伊威"和地区的不同而不同。

原图尺寸：7 × 12 厘米。据 Elsdon Best, *The Astronomical Knowledge of the Maori*（Wellington：Government Printer, 1922；reprinted 1978），38。

Ocean of Kiwa）。[23] 但是现在没有证据表明这种对东西取向的偏爱与毛利地图的结构有任何
相关性。

地　名

在 1820 年之前，毛利语没有书面写法或正字法。[24] 因此，信息以口语方式交流，依赖于由助记方法辅助的大容量记忆。景观是一种重要的助记方法。在 19 世纪末的时候，南岛一位叫詹姆斯·韦斯特·斯塔克（James West Stack）的传教士写道："这片土地的每个地方都有归属和命名。不光那些大型的山脉、河流和平原有名字，连每座小丘、每条小溪、每条山谷也都有名字。这些名字经常暗中指示了人物或事件，因此用于把有关他们的记忆永久保存下来，从而把过去的历史保存下来。每一位毛利人都需要知道，他的部落所声称拥有的土地应该叫什么名字，不管这地权是来自最初的占领、征服、购买还是他方的赠予。"[25] 在对毛利人很重要的地区，地名数量很大；在其他地方，地名密度则较低。很多地名是沿着线性

㉓ Elsdon Best, *The Maori as He Was*: *A Brief Account of Maori Life as It Was in Pre-European Days*（1924；Wellington：Government Printer, 1974），37，44–45。图基地图（见下文图 14.6）描述了灵魂的路径。

㉔ Herbert William Williams, *A Dictionary of the Maori Language*, 7th ed.（Wellington：Government Printer, 1971），XXIII.

㉕ James West Stack, *South Island Maoris*: *A Sketch of Their History and Legendary Lore*（1898；reprinted Christchurch：Capper Press, 1984），12。另一位 19 世纪的毛利学者约翰·怀特（John White）也写下过类似的说法："在新西兰的岛屿上，没有一英寸的土地是没有毛利人声称拥有的……没有一座山丘、一道山谷、一条河溪或一片森林是没有名字的——这些名字是毛利人历史中一些时点的索引"；这段话引用在：W. T. Locke Travers, *The Stirring Times of Te Rauparaha*（*Chief of the Ngatitoa*）（Christchurch：Whitcombe and Tombs, 1906），16。

地物排列的，比如河流、海岸、山脊和道路。举例来说，在 1860 年从毛利人那里购得的一片土地的平面图上包括了位于今马斯特顿（Masterton）东北方伊胡劳阿河长 7.5 千米的一段森林密布的河段，将其作为这片土地的南界。多少令人意外的是，这段偏远的河段竟包括了 38 个地名（图 14.3），而且不包括支流。毛利人可能会指定一些家族食物采集地点，它们不同于那些明显的或关键的地物。

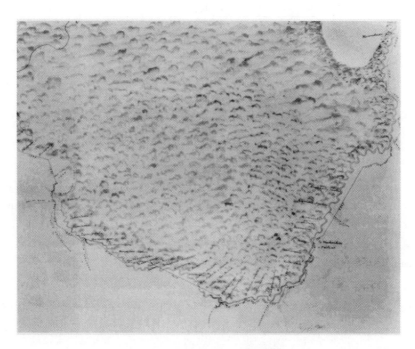

502

图 14.3　伊胡劳阿地块平面图的南部

这一部分展示了伊胡劳阿河沿岸的地名，它们构成了这一地块的南界。其北部在这幅地图的顶部。此平面图为手稿，以墨水绘于纸上并用了水彩，纸下有亚麻衬层，1∶31680。

原图的完整尺寸：90×68 厘米；此部分尺寸：30×42 厘米。承蒙 National Archives Head Office，Wellington 提供照片（AAFV 997，W24）。

　　毛利地名也纪念历史或神话事件。事实上，最近出版的一部理解毛利地名的导论著作就称之为——

　　　　记忆的测量桩（survey pegs），标记了发生在某个特定地点的事件，记录了一个部落的传统和历史的一些方面或特征。如果人们记住这个名字，那么它就可以向部落的叙事者和聆听者呈现出历史的各个位面。这样的地名的日常使用意味着历史总是在场的，总是可用的。在这个意义上，生活和旅行都让人群的历史更为巩固。[26]

㉖　Te Aue Davis, Tepene O'Regan, and John Wilson, *Ngā Tohu Pūmahara；The Survey Pegs of the Past*（Wellington：New Zealand Geographic Board, 1990），5.

不用地图而使用地名的做法常常让欧洲人感到困惑，这部分是因为地名集有时会在两个或多个地区重复出现。有时候，与一个部落的历史和传统相关联的地名具有重大意义，以致当一个"部落迁徙到另一地时，它会用来源地的地名来命名新的景观，从而在新的家园'重新定植'其历史"。㉗

在没有地理的情况下使用毛利地名，有时会让在土地勘测前就购买土地的欧洲人产生严重误解。1839 年，威廉·赫斯特（William Hirst）从奈塔胡（Ngai Tahu）部落那里买下了一块地，位于南岛东海岸今达尼丁（Dunedin）以北的地方。他以为他得到的是一块 2 万英亩的土地，但却不理解用于界定这块土地范围的毛利地名。最高酋长霍内·图哈怀基（Hone Tūhawaiki）非常清楚地知道所售出的是什么土地，于是在 1843 年的一次听证会后，土地专员判给赫斯特的土地竟然还不到他以为他所购买的面积的 2%。㉘

有几份报告记述了毛利人曾用地名序列作为旅行过程中要经过的地物和地点。迪维尔岛（D'Urville Island）的塔马·莫考·特·朗伊海阿塔（Tama Mokau te Rangihaeata）在年少的时候曾听长者讲述过沿南岛西北海岸所做的可能长达 300 千米或更长的旅行。"在他们逐一列举的时候，他们会一个地物接一个地物地提到它们的名字；他们的描述实在生动，以至于莫考自己在青年时代第一次到访那片绿岩之地时，竟也能识别出很多地方，并回忆起它们的名字。"㉙ 1846 年，查尔斯·希菲和托马斯·布伦纳（Thomas Brunner）沿着与塔马·莫考·特·朗伊海阿塔当年所经基本相同的海岸旅行。陪同他们的是毛利人埃·凯胡［他们称之为霍内·莫凯哈凯哈（Hone Mokehakeha）或霍内·莫凯凯胡（Hone Mokekehu）］，就事先向他们提供了他们在旅程中将要见到的地点和地物的一系列地名。在埃·凯胡的少年和青年时代，他作为一名因犯曾经在纳尔逊省（Nelson Province）内广泛旅行，特别是在西海岸以及布勒河（卡瓦蒂里河）和格雷河［Grey，也叫马怀拉河（Mawhera）］流域，因此他对这片土地有广泛的了解。㉚ "［埃·凯胡］对这一队人需要穿越的这片地域的描述，是他们在动身之前背后这两位探险者听的；而在他们不断向南行进时，他们大为震惊，因为他们从埃·凯胡之前的描述中识别出了山脉、丘陵、河流、溪流、岬角和其他自然地物。"㉛ 地名明显与每条小路有关联。它们大概也可以用于记忆这些小路的交叉点。在南岛，特别是其北部，有许多主要的小路交点和更大量次要的小路交点。㉜ 尤其是在南岛北部，它们构成了一个具有众多交叉路口的相当密集的路网。在北岛，同样也有众多主要小路和从属的小路，因为这里有许多村庄和堡垒，其中生活着稠密的人口。一个记住部分路网的地名的毛利人可以构想出路网的基本结构，据此绘制地图。㉝ 然而，只有一幅现存的毛利地图是沿着地名的线

499

㉗　Davis, O'Regan, and Wilson, *Ngā Tohu Pūmahara*, 5.

㉘　National Archives of New Zealand, Wellington, Old Land Claims, file 232；K. C. McDonald, *History of North Otago*（Oamaru, 1940），18–19；及 H. Beattie, *Maori Place-Names of Otago*（Dunedin, 1944），17–18。

㉙　G. G. M. Mitchell, *Maori Place Names in Buller County*（Wellington：A. H. and A. W. Reed, 1948），18。

㉚　Hilary Mitchell and John Mitchell, "Kehu (Hone Mokehakeha)：Biographical Notes," *Nelson Historical Society Journal*, 1996, 3–19，特别是 5—6 页。

㉛　Mitchell, *Maori Place Names*, 20（注释29）。

㉜　参见以下文献的结尾地图：Barry Brailsford, *Greenstone Trails：The Maori Search for Pounamu*（Wellington：A. H. and A. W. Reed, 1984），及其第 2 版，题为 *Greenstone Trails：The Maori and Pounamu*（Hamilton：Stoneprint Press, 1996）。

㉝　据报告由两位朗伊塔内部落的毛利人绘制的南岛部分地区的地图（见下文 503 页）很可能也是按这种方法构建的。

性序列构建的——这是由特·瓦雷·科拉里在 1848 年为沃尔特·鲍多克·杜兰特·曼特尔绘制的怀塔基河（Waitaki River）地图（见下文图 14.28—14.32）。

随着长者和祭司的去世，他们所记忆的地名知识无法向新一代人传递，很多毛利地名已经佚失。在新西兰当前的大比例尺地形图上，很多地名已不复存在，而在某些情况下，这些印刷地图上的地名属于错误记录，或应用于错误的地物之上。在手稿地图、手稿和其他未发表的资料中记录了大量地名，不见于任何印刷地图之上。毛利人的"伊威"仍然保存着有关地名的可观信息。

欧洲人对毛利人地图和制图的报告

在欧洲史料中有几份文献提到了毛利人为欧洲探险者、官员和勘测员绘制地图的事情——虽然这些地图没有一幅以任何形式存留下来。这样的记录里面最早的一则与詹姆斯·库克（James Cook）及"奋进"（*Endeavour*）号有关，该船于 1769 年 11 月 4 日至 15 日停泊于默库里湾（Mercury Bay）。当地有一个叫特·霍雷塔·特·塔尼华（Te Horeta Te Tani-wha）的大约 12 岁的男孩，在船的甲板上看到毛利人正在绘一幅地图。[34] 1852 年，当他大约 95 岁的时候，接受了一位叫查尔斯·希菲的勘测员的采访，谈到了当年的场景——

> 他［詹姆斯·库克］的官员绘制了威蒂昂阿［Witianga，现拼为 Whitianga］附近的岛屿以及前往那里的水道的海图；我们［毛利人］在他［库克］的期盼之下，在甲板上用木炭绘制了全部海岸的海图：我们画出了泰晤士［Thames］、科尔维尔角［Cape Colville］和奥特阿［Otea，现拼为 Aotea；即大巴里尔岛（Great Barrier Island）］，一直到北角（North Cape）。库克船长把这幅图摹绘到了纸上；又向我们打听了所有这些地方的名字，把它们写下来，我们告诉他，有灵魂从北角、从雷因阿（Reinga）洞穴飞向了另一个世界。[35]

约翰·怀特是一位 19 世纪的毛利学者，也从特·霍雷塔·特·塔尼华那里记录下了两份报告。怀特的报告撰成的日期未知，但因为特·霍雷塔·特·塔尼华年岁已大，这些报告肯定是在希菲的采访之后几年中撰写的。

> 我们登上这条船没多久，这群小鬼子的主人［詹姆斯·库克］就做了一番讲话，拿来一些木炭，在船甲板上画下记号，指着海岸，看着我们的战士。一位长者［可能是托亚瓦（Toiawa）］对我们的人说道："他想知道这片土地的轮廓"；然后这位长者起身，拿起木炭画出了 Ika-a-maui（新西兰北岛）的轮廓。这位老首领向那位鬼子首领讲

㉞ 更多关于特·霍雷塔·特·塔尼华［后来成为纳蒂华纳翁阿（Ngāti Whanaunga）酋长］的生平，参见 Angela Ballara, "Te Horeta, ? – 1853," in *The People of Many Peaks*: *The Maori Biographies from "The Dictionary of New Zealand Biography*, *Volume 1*, *1769 – 1869*"（Wellington: Bridget Williams Books, 1991）, 173 – 175。

㉟ Charles Heaphy, "Sketches of the Past Generation of Maoris," *Chapman's New Zealand Monthly Magazine*: *Literary*, *Scientific and Mischellaneous* 1（August 1862）: 4 – 7, 引文见第 6 页。

话，解释了他画出的这幅图。……过了一会儿，鬼子首领拿出了一些白色的材料［纸］，把老首领刚才在甲板上画的东西誊抄在上面，然后又向老首领讲话。老首领解释了北角那里雷因阿（下面的地域，灵魂的世界）的情况；然而，看到鬼子首领似乎还是不懂的样子，老首领便在甲板上躺下，仿佛死了一样，然后指指他在平面图里面画的雷因阿。然而鬼子首领转而和他的同伙谈话，在他们谈了一会儿之后，他们便全都去看老首领在甲板上画的那幅地图；但是鬼子们对老首领所讲的灵魂世界似乎一点也不理解，于是他们便在船甲板上散开了。㊱

这位绘制了地图并在怀特的这第一份报告中提到的老人，据说应该是托亚瓦，他是一位毛利酋长。他在 1769 年 11 月 5 日拜访了"奋进"号，之后又到访多次。㊲ 怀特从特·霍雷塔·特塔尼华·那里记录下的第二个版本的报告则为我们提供了有关这幅地图所涵盖的地域范围的更多信息——

　　那条船上的大人们绘制了陆上土地的草图，还有威蒂昂阿［离岸］海中的岛屿的草图，而大酋长［詹姆斯·库克］命令我们的老酋长们用木炭在船甲板上绘制奥特阿（新西兰）［在这里，约翰·怀特混淆了新西兰的本土名字奥特阿罗阿（Aotearoa）与奥特阿（Aotea，即大巴里尔岛）］的地图。所以那些老酋长们就按着要求用木炭在船甲板上绘制了一幅草图。图里面包括了 Hau-raki（泰晤士）、Moe-hau（科尔维尔角）和整个奥特阿岛（新西兰北岛）［这里实际上指的是大巴里尔岛］，还画下了 Muri-whenua（北角）；然后大酋长把这幅图摹绘到了他的记录本里。他询问了他们所画的所有这些地方的名字，甚至还问到了雷因阿（北角，灵魂的出口）。㊳

虽然库克请求毛利人绘制一幅新西兰的地图，但是他们所绘的地图却是北岛的最北部分，而这片地区库克已经熟悉了。从希菲的报告和怀特的第二份报告中可以清楚地得知这幅以木炭绘制的地图所画的是科罗曼德尔半岛（Coromandel Peninsula）、大巴里尔岛、豪拉基湾（Hauraki Gulf，包括泰晤士湾）以及远到雷因阿角的奥克兰半岛东岸（见图 14.4）。怀特的第一份报告说这幅地图涵盖了整个北岛，这种混淆可能源于特·霍雷塔·特·塔尼华年岁已高，记忆可能有所丧失，也可能源于怀特的误解。㊴

501

㊱　John White, *The Ancient History of the Maori, His Mythology and Traditions*, 6 vols. （Wellington：Government Printer, 1887 – 1890），5：124 – 125.

㊲　"有一位名叫 *Torava*［托亚瓦］的老人来到了船上；他似乎现在和过去都是酋长［原文为 cheif］。" Joseph Banks, *The Endeavour Journal of Joseph Banks*, 1768 – 1771, ed. J. C. Beaglehole, 2 vols. （Sydney：Trustees of the Public Library of New South Wales in association with Angus and Robertson, 1962），1：427. 也参见 John Hawkesworth, *An Account of the Voyages Undertaken by Order of His Present Majesty for Making Discoveries in the Southern Hemisphere*, 3 vols. （London：Printed for W. Strahan and T. Cadell, 1773），2：332 – 333，及 Salmond, *Two Worlds*, 191—207，特别是 207 页（注释 9）。其他毛利人也访问了该船。欧洲人在与毛利人交流时有语言障碍，但当时在"奋进"号上的塔希提人图帕亚（Tupaia）可能在交流时起到了一定的协助作用，因为塔希提方言和毛利方言都派生自某种原始波利尼西亚语。图帕亚在"奋进"号抵达新西兰时已经在船上待了 3 个月。他很可能学了一些英语，而这艘船的管理人员则学了一些塔希提语，因此他有可能在有限的程度下起到了口译员的作用。

㊳　White, *Ancient History*, 5：129（注释 36）。

㊴　希菲作为勘测员所接受的训练以及他在新西兰的 20 年（1840—1852）工作经验应该足以让他从特·霍雷塔·特·塔尼华那里得知基本的事实，而怀特缺乏希菲那样的经验。我曾检查过怀特的原稿，但其上的记述与出版的报告相同。

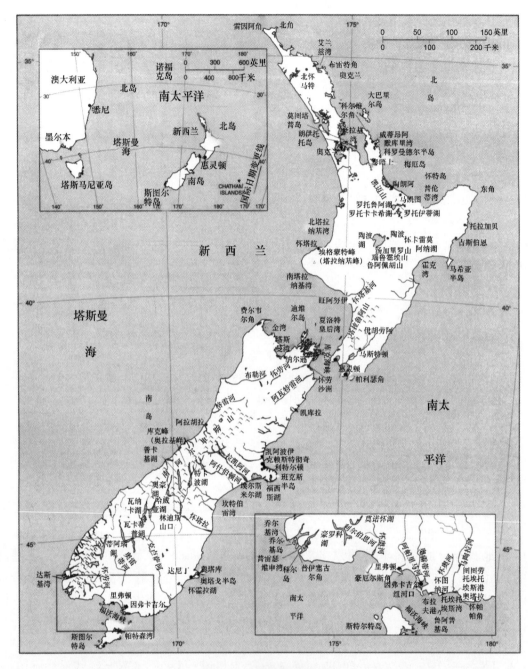

502

图 14.4 新西兰的参考地图

本图展示了本章中提到的大部分地名的位置。

　　所有这三份报告都说库克制作了这幅地图的摹本（但似乎未能留存下来），但是库克在他的日志中并没有记录这个事情。[40] 所有三份报告也都提到了雷因阿（或特·雷因阿，即雷

　　[40] 这是件很奇怪的事，因为库克是一位一丝不苟的记录者。此外，这幅地图覆盖的海岸区域以前从未有欧洲人访问或勘测过，库克本来很自然地会对这个地区感兴趣，并关心"奋进"号的安全航行与食物和水的补给问题。对库克及其高级船员所绘的这一地域的海图和海岸景观图做过仔细检查之后，也未能在其中发现这幅地图的描述中所提及的任何地名：Andrew David, ed. , *The Charts & Coastal Views of Captain Cook's Voyages*, vol. 1, *The Voyage of the Endeavour*, *1768 – 1771* (London: Hakluyt Society in association with the Australian Academy of the Humanities, 1988), 205 – 234。

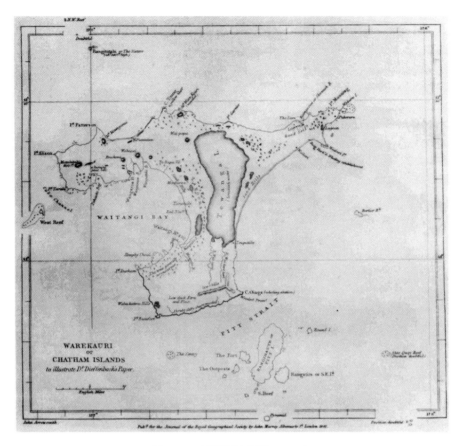

图 14.5　查塔姆群岛地图，1841 年　　504

我们不知道埃·马雷在这幅由迪芬巴赫出版的地图的绘制过程中起了什么作用。

原始尺寸：18×20 厘米。引自 Ernst Dieffenbach, "An Account of the Chatham Islands," *Journal of the Royal Geographical Society of London* 11（1841）：195–215，地图在 196 页。承蒙 Royal Geographical Society, London 提供照片。

因阿角）。在怀特的报告中，在库克似乎没有明白的时候，酋长本人通过假装已死并指向"怀鲁阿"（灵魂）经这里前往下界的那个地方（特·雷因阿）而成为地图的一部分。这个地点的重要性在下文由图基绘制的地图（图 14.6）中有进一步展示，那幅地图展示了人死之后"怀鲁阿"穿过北岛前往雷因阿角时所遵循的路径。

　　这是这一地区的毛利人与欧洲人的第一次接触，毛利人很可能没有见到"奋进"号上的任何海图。即使他们看见了，很可能也不知道它们的用途。然而，当库克边说边用木炭在甲板上做标记的时候，他们却知道他需要这片土地的轮廓图，然后便为他画了出来。这幅地图的绘制、他们对库克的需求的理解以及在提供相关信息时欣然同意的态度都是令人信服的证据，表明毛利人对地图绘制很熟悉，在"奋进"号来访之前就一直有这样的实践。

　　我们现知有两份报告描绘了毛利人绘制整个北岛的地图的情况。第一份报告的作者是约翰·利迪亚德·尼古拉斯（John Liddiard Nicholas），他是澳大利亚新南威尔士州的一位定居者，从 1814 年 11 月到 1815 年 3 月乘"积极"号（*Active*）到新西兰旅行。大部分时间里他待在艾兰兹湾（Bay of Islands）或附近，在那里会晤了一名毛利酋长，名叫科拉科拉［Korra-korra，可能是科罗科罗（Korokoro）？］，住在布雷特角（Cape Brett）附近的一个村庄里。

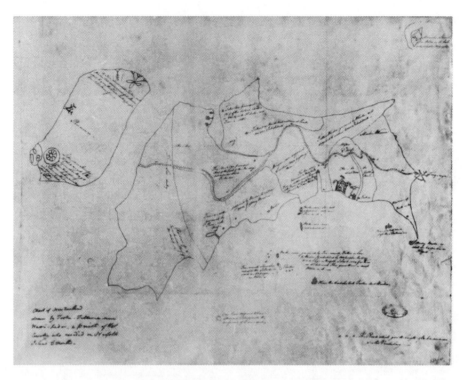

506　　　　　　　　　图 14.6　　图基所绘的新西兰地图，1793 年

　　左下角的注文写道："由 Tooke-Titter-a-nui Wari-pedo 所绘的新西兰海图——他是这个邦国的一位祭司，住在诺福克岛——6 个月。"此图大致以西为上。此图为手稿，以黑墨水绘于纸上，比例尺不确定。也见图 14.7 和 14.8。

　　原始尺寸：41×53 厘米。皇家版权所有，Public Record Office, London 许可使用（MPG 532/5）。

　　某一天，在一个未知的地点，他为尼古拉斯画了一幅地图。"但在科拉科拉为我在纸上绘制的一幅粗糙的埃阿黑诺毛韦（Eaheinomauwe）或北岛的地图上，他在东角（East Cape）和夏洛特皇后湾（Queen Charlotte's Sound）之间的东侧描绘了一个很高的岛屿，会间歇地喷吐火和烟，我想我可以从那里获得其上方的火山物质。"[41] 这里所指的火山肯定是普伦蒂湾（Bay of Plenty）中的怀特岛［White Island，华卡里（Whakāri）岛］，它在那时和现在都是唯一的一座岛屿活火山。但尼古拉斯肯定理解错了这个岛的方向和位置——他并没有去过普伦蒂湾。

　　另一幅北岛地图的报告来自纳蒂图华雷托阿（Ngāti Tūwharetoa）"伊威"的最高酋长特·赫乌赫乌·图基诺二世（Te Heuheu Tukino Ⅱ）与新西兰圣公会主教乔治·奥古斯都·塞尔温（George Augustus Selwyn）之间的对话。当时一队欧洲人［包括塞尔温和他的特遣牧师威廉·科顿（William Cotton）］和毛利人［包括雷纳塔·卡韦波·塔马·基·希库朗伊（Renata Kawepo Tama ki Hikurangi）］正从北怀马特（Waimate North）前往旺阿努伊（Wan-

---

　　[41]　John Liddiard Nicholas, *Narrative of a Voyage to New Zealand*, 2 vols.（London：J. Black, 1817），2：252. 这里所说的火山物质可能是用来制小刀的 *matā*（黑曜石）和用来制锉刀的 *tāhoata*（浮石）。浮石可以从怀特岛（华卡里岛）获得，而黑曜石可以从梅厄岛（Mayor Island, 图胡阿［Tūhua］岛）获得，它们都位于普伦蒂湾。

ganui)。㊷ 在向南行进途中，队伍乘坐独木舟穿过陶波湖（Lake Taupo 或 Taupō），并在特·赫乌赫乌·图基诺二世的主要堡垒特·拉帕（Te Rapa）停留。在 1843 年 11 月 5 日那天或前后，当队伍中的其他人在场时，塞尔温与特·赫乌赫乌·图基诺二世之间开展了一场简短的对话，科顿将之记录在日志中。这位酋长变得非常健谈——

> 他［特·赫乌赫乌·图基诺二世］对于与土地有关联的所有问题都非常激动，这是因为在南方［惠灵顿附近］最近刚刚发生了动乱。他说这片土地上的"帕凯哈"［Pākehās，欧洲人］已经够多了，不应该再有更多人来了。陶波湖是他的 rangatiratanga（王国），是整个邦域的 toenga（最后净土），他会守住这里。他用一种极具图形性的方式说明了这一点。
>
> 他捡起一根棍子，在地上画了一个圆，大约六英尺宽，在周围又画了其他一些东西。在这个他想要表示陶波湖的大圆中间，他竖起一根蕨茎，代表汤加里罗［Tongariro，活火山群］，又把一根较小的蕨茎斜靠其上，代表他自己。我从来没有见过像特·赫乌赫乌这样的大人物会沉默地俯身创作他的画作。……
>
> 他站起来，对他的作品沉思了几分钟，很满意于它已经基本没有问题。
>
> "这里，"他说，"是尼科尔森港［Port Nicholson，惠灵顿］kua riro ki te Pakeha"，意思是它已经失落于"帕凯哈"之手。这里是旺阿努伊——kua riro ki te Pakeha。"这里是怀马特，等等，但这里指的是陶波湖，是我的，以后也还是我的。"㊸

特·赫乌赫乌·图基诺二世没有在 1840 年的《怀唐伊条约》（Treaty of Waitangi）上签名；根据该条约，英国有新西兰的主权。他也非常反对把土地卖给欧洲人，这从他对他所绘的地图的评论中能明显看出。特·赫乌赫乌·图基诺二世用汤加里罗这个名字描述了今汤加里罗国家公园中的所有火山［汤加里罗山（Mount Tongariro）、瑙鲁霍埃（Ngauruhoe）山和鲁阿佩胡（Ruapehu）山］；他选择了一根蕨茎呈现了汤加里罗，又选择了一根较小的蕨茎代表他自己，由此把他的"马纳"（mana，意为影响力、私权、权力）类比于这三座火山的力量。他是一位有很大"马纳"的酋长，这可以由一句纳蒂图华雷托阿谚语进一步证明："Ko Tongariro te Maunga；ko Taupo te Moana；ko Te Heuheu te Tangata"（山中汤加里罗，湖中陶波湖，人中特·赫乌赫乌）。

我们有一份毛利人绘制查塔姆岛（Chatham Island，也叫 Rēkohu/Rākohu 或 Whare Kauri）地图的报告。恩斯特·迪芬巴赫（Ernst Dieffenbach）是供职于新西兰公司（New Zealand Company）的一位外科医生和博物学家，在 1839 年从伦敦来到新西兰。作为他任务的一部分，他到北岛内陆地区做了多次大范围的旅行，并于 1840 年 5 月至 7 月期间访问了查塔姆岛。㊹ 他在那里会晤了一位叫埃·马雷（E Mare）的毛利人，埃·马雷绘制了这个岛的一

503

㊷　这一队人于 1843 年 10 月 4 日动身，其中部分人前往惠灵顿；他们于 1844 年 3 月 1 日返回北怀马特。

㊸　Helen M. Hogan, ed. and trans. , *Renata's Journey*: *Ko te Haerenga o Renata* (Christchurch: Canterbury University Press, 1994), 89 - 90. 这份报告见于威廉·科顿的日志第 5 卷，现存 the Dixson Library, State Library of New South Wales, Sydney。

㊹　迪芬巴赫对他的行程有非常详细的记录，最后于 1841 年返回英格兰；参见 Dieffenbach, *Travels in New Zealand*（注释 12）。

幅海图。"埃·马雷从各个方面来看都是非常聪明而理性的一个人。他曾在悉尼待过一段时间，去过新西兰的几乎所有海岸。他为我绘制了一幅查塔姆岛的海图，在精确性上超过了之前欧洲人绘制的所有草图。他的举止十分优雅，对我的所有问询都展示出了最浓厚的兴趣。"⑤ 然而，这幅海图绘制的日期、方法、所用的载体材料以及该图所涵盖地域的详细情况现在都无从得知。自 1835 年起，查塔姆岛就是埃·马雷的居住地，所以他可能早就对这个岛非常熟悉。因为他曾经乘帆船出海航行，他可能见过水文图，并可能受其影响。

迪芬巴赫在提到埃·马雷的海图的同一篇文章中包括了一幅详细的查塔姆群岛地图，其中还有朗伊豪蒂岛［Rangihaute 或 Rangiauria，即今皮特岛（Pitt Island）］（图 14.6）。然而，埃·马雷对这幅出版的地图的贡献已无法确定，而且我们有理由相信当时也在查塔姆岛的查尔斯·希菲主要负责了这幅地图的绘制。⑥

我们有 4 份来自 19 世纪中期的对南岛部分地区所做的描述。其中最早的一份是对南岛东北部一条从纳尔逊（Nelson）到库珀港［Port Cooper，今利特尔顿（Lyttelton）］的路线的描述。纳尔逊及附近地区的定居者想要找到一条穿越错综复杂的山脉和水系的路线，货物可以经由这条路线运到库珀港。约翰·廷莱因（John Tinline）是当地的法院书记员、治安官、毛利语口译员和兼职勘测员，为 1850 年 4 月 6 日出版的《纳尔逊调查报和新西兰纪事报》（*Nelson Examiner and New Zealand Chronicle*）提供了如下信息——

> 廷莱因先生获得的信息来自朗伊塔内［Ranghitani，现拼为 Rangitāne］部落的两位原住民，这个部落是这个岛［南岛］北端全部土地原来的拥有者。……在原住民里似乎只有他们多少了解这片地域的内陆地区，知道有什么道路能穿越这片山脉崎岖而纵横交错、以各种方向与道路交汇的地区。曾经与我们交谈的这两位原住民是一个战斗队的成员，这个战斗队在大约二十年前曾经对那时居住在库珀港附近的部落［奈塔胡？］开展了充满敌意的突袭。这两位原住民用粉笔在治安官的办公室地面上画了一幅平面图，他们显然对这片土地有深刻了解，在其中详细地描绘了当年他们所走的路线。⑰

这篇文章接下来非常详细地描述了这条路线——途中穿过的地域、河流和溪流——而且不仅清楚地展示了这两位毛利人所掌握的非常广大的地域的地理知识，还展示了那幅地图上可能绘出的内容。⑱ 作为毛利语口译员的廷莱因有可能具备与毛利人交谈、向他们提问的能力，但是我们并不知道这是否影响了这幅地图、具体是什么样的影响。那两位毛利人可能是埃奥皮（Eopi）和埃威（Ewi），已知他们在这同一时期中曾经陪同两位英属印度军队的军官前

---

⑤　Ernst Dieffenbach, "An Account of the Chatham Islands," *Journal of the Royal Geographical Society of London* 11 (1841): 195–215, 引文在 213 页。埃·马雷［黑凯·波马雷（Heikai Pomare）］是特·阿蒂·阿瓦（Te Ati Awa）"伊威"纳蒂姆通阿（Ngāti Mutunga）"哈普"的最高酋长，这也是第一次进入查塔姆岛的毛利"伊威"；参见 Michael King, *Moriori: A People Rediscovered* (Auckland: Viking, 1989), 57–58。

⑥　参见 Rhys Richards, *Whaling and Sealing at the Chatham Islands* (Canberra: Roebuck Society, 1982), 55（第一处页码）。

⑰　Editorial, *Nelson Examiner and New Zealand Chronicle* 9, no. 422（1850 年 4 月 6 日）, cols. A and B。

⑱　毛利"陶阿"（*taua*，战斗队）在 1830 年前后所经的路线穿过了这份报告中提到名字的几条河流的源头（在源头处经过这些河可能要比在海岸附近跨越这些河容易得多，因为在近海岸处它们水量更大、更湍急）。

往考察这条路线。⑩

据记录，有两幅展示了南岛部分地区的地图，是由图图劳（Tuturau）的奈塔胡酋长雷 504
科（Reko）所绘。雷科通过广泛的出行，对南岛南半部有了详尽的了解，但是除了他的英
勇行为和地理知识之外，我们对他的其他情况几乎一无所知。⑤ 在 1856 年的某个时候，他
与当时是一位牧牛人的约翰·查宾（John Chubbin）曾有会面⑤。查宾记录道：

> 我到达马陶拉平原之后不久，就燃起了野心，想要到更北边奥塔戈（Otago）省的 505
> 未探索部分去"观光"一下。图图劳的毛利酋长雷科非常擅长描述这片土地的内陆地
> 区，于是他为我画了一幅马陶拉河的河道地图。他在沙地上用一根棍子画下这幅图，溪
> 流呈现为空洞，而山脉用沙子的小堆表示。他告诉我如何到达瓦卡蒂普湖，那时候还没
> 有白人到过这个湖。⑤

有一个值得注意的有趣之处，是雷科在他的地图上展示地形和水文地物的方式——沙地上的
空洞（沟槽）呈现了马陶拉河及其支流，而沙子的小堆呈现了该河上游流域中的山脉［瓦
卡蒂普湖的南部是金斯顿湾（Kingston Arm），环绕其周围的山脉高可达 2301 米］。当年晚
些时候，查宾在其他人的陪同下，利用这幅地图中的信息，沿着马陶拉河的上游河谷旅行，
到达瓦卡蒂普湖的金斯顿湾。这支队伍的所有成员可能都看过了雷科的地图，虽然查宾在记
述中暗示他们没有看过。⑤

雷科还为约翰·特恩布尔·汤姆森（John Turnbull Thomson）绘制了一幅地图。汤姆森
在 1856 年 2 月到达奥克兰之后，几乎马上就被任命为南岛奥塔戈省的首席勘测员，并在

---

⑩　这些军官和他们的随从人员分成两队。恶劣的天气条件、受冻和腹泻导致埃奥皮和埃威加入的这一队放弃了搜
寻；另一队在 1850 年 5 月下半月到达了库珀港，这个日子已经在绘制地图这件事之后了。参见 W. G. McClymont, *The Ex-
ploration of New Zealand*, 2d ed. （London：Oxford University Press, 1959），57。

⑤　他对于南岛南半部的广博知识得到了两份报告的证实。一位叫托马斯·巴兰廷·吉利斯（Thomas Ballantyne Gil-
lies）的政府官员把雷科描述为"一位非常聪明但也很不容易理解的老人……对这片土地拥有广博的知识，还有能把其自
然地物描绘出来的惊人本领"。H. Beattie, *Pioneer Recollections：Second Series, Dealing Chiefly with the Earth Days of the Ma-
taura Valley* （Gore, New Zealand：Gore Publishing, 1911），78。约翰·特恩布尔·汤姆森对雷科的看法在下文 505 页有讨论。
关于雷科作为向导和知情人的情况，参见 McClymont, *Exploration of New Zealand*，特别是 60、68 和 70（注释 49），及 Roger
Frazer, "Chalmers, Nathanael, 1830 - 1910," in *The Dictionary of New Zealand Biography*, vol. 1, *1769 - 1869* （Wellington：Al-
len and Unwin, 1990），76 - 77。

⑤　Beattie, *Pioneer Recollections*, 65 - 67。查宾于 1826 年生于曼恩岛（Isle of Man），曾在美国（密西西比河的河船上
和加利福尼亚的金矿中）和澳大利亚（金矿中）冒险。他于 1855 年离开澳大利亚前往奥克兰，在 1856 年决定见识一下
新西兰的其他地域。

⑤　Beattie, *Pioneer Recollections*, 67。类似的事情据说也发生在尤利乌斯·冯·哈斯特（Julius von Haast）1860 年对
纳尔逊省的考察期间，当时"从凯波伊［Kaipoi，即凯阿波伊（Kaiapoi）］来的马怀拉堡垒的酋长塔拉普希［Tarapuhi］
和他的兄弟泰努伊［Tainui，维里塔斯（Verítas）］在沙地上为我制作了一幅草图；其中用深沟展示了河流，用小沙堆
展示了山脉，后来我发现他们展示得完全正确。他们有条不紊地制作着这幅图，向我展示了到达东海岸的最佳路线。"参
见 Julius von Haast, *Report of a Topographical and Geological Exploration of the Western Districts of the Nelson Province, New Zealand*
（Nelson：Printed by C. and J. Elliott, 1861），129。

⑤　Beattie, *Pioneer Recollections*, 67 和 73。

1876 年 5 月 1 日被任命为新西兰的第一位总勘测员。[54] 他作为首席勘测员的最早的任务之一，是对该省的南部进行勘测，并选择一处地点，作为待建的城镇因弗卡吉尔（Invercargill）的地址。在这第一次勘测中，他和他的助手罗德里克·马克雷（Roderick Macrae）在图图劳逗留了几天，因为此时马陶拉河处于较高的洪水水位，无法穿过。他们歇息在雷科的房屋中，汤姆森在其日志中对他们这次到访做了生动的描述。[55] 当他们在那里的时候，雷科在屋里地面上的尘土中画下了一幅南岛内陆地区的湖泊和河流的地图。

> 他欣然同意，非常聪明地首先画出一条长线横过地面，他称之为马陶（Matau）河——库克船长称之为莫利诺（Molyneux）河，卡吉尔（Cargill）船长称之为克卢萨（Clutha）河——这两位都是他们领域中的大人物。之后，他绕着地面描绘了一个不规则的圆形，他说这是海岸线。在马陶河的源头，他画了三个鳗鲡状的形象［这是个非常恰当的描述］，他称之为瓦卡蒂普湖、瓦纳卡湖和哈威亚湖。接下来他画出马陶拉河，近于从瓦卡蒂普湖的南端流出。他还画了奥雷蒂（Oreti）河，从同一源头附近流出。怀奥（Waiau）河和怀塔基河按他的描绘源自大湖，他也给出了它们现在的名字。……
> 之后，他展示了自己如何从凯波伊［翻越林迪斯山口（Lindis Pass）］穿过内陆地区旅行，最后到达图图劳。[56]

如果汤姆森曾绘制了雷科地图的草图，那么它现已遗失。[57] 但是在 1857 年 12 月，这位首席勘测员利用雷科提供给他的信息沿怀塔基河上溯，经过了林迪斯山口，[58] 因此雷科为南岛的绘图做出了实实在在的贡献。

有关毛利人所绘地图的最后一份书面报告，提及的也是南岛的一小部分；该报告的记录者是詹姆斯·麦克罗（James McKerrow），他是奥塔戈省勘测部的一员，在该省西部为湖泊做了探索性勘查。[59] 当麦克罗在 1862 年 8 月 4 日和 1863 年 4 月后半月期间对怀奥河以西地区进行侦察性的勘测时，他和他的队友从索洛曼［Soloman，可能即霍罗莫纳·帕图

---

[54] John Hall-Jones, "Thomson, John Turnbull, 1821 – 1884," in *The Dictionary of New Zealand Biography*, vol. 1, *1769 – 1869* (Wellington: Allen and Unwin, 1990), 537 – 538. 汤姆森之前离开英格兰到马来西亚西部海岸外的槟城（Penang 或 Pinang）勘测，并在 1841—1853 年期间被任命为新加坡的政府勘测员和工程师。

[55] John Hall-Jones, *Mr. Surveyor Thomson: Early Days in Otago and Southland* (Wellington: A. H. and A. W. Reed, 1971), 33 – 38.

[56] Hall-Jones, *Surveyor Thomson*, 36. 其中给出的马陶河的另两个名字分别来自詹姆斯·库克"奋进"号的航海官罗伯特·莫利诺（Robert Molyneux）和新西兰公司的常驻经纪人威廉·卡吉尔（William Cargill）。奥塔戈学会（Otago Association）更推荐用克卢萨河一名，克卢萨是克莱德（Clyde）的盖尔语形式。

[57] John Hall-Jones, *Mr. Surveyor Thomson: Early Days in Otago and Southland* (Wellington: A. H. and A. W. Reed, 1971), 33 – 38.

[58] Hall-Jones, *Surveyor Thomson*, 71 – 74.

[59] 麦克罗是苏格兰人，于 1859 年来到新西兰。他在 1879 年成为新西兰的总勘测员。参见 "McKerrow, James (1834 – 1919)," in *A Dictionary of New Zealand Biography*, 2 vols., ed. Guy Hardy Scholefield (Wellington: Department of Internal Affairs, 1940), 2: 30。

（Horomona Patu）］那里得到了一幅铅笔绘制的草图，为怀奥河西边的两个湖泊。[60]

　　当我在里弗顿时，我通过丹尼尔斯［Daniels］先生的介绍，从毛利人索洛曼那里获得了怀奥地区的一幅铅笔草图。在这幅草图上，这两个湖都被绘出——一个是根据这个部落的传统知识绘出的豪罗科［Howloko，现拼为 Hauroko］湖，另一个是来自实际知识的莫诺怀［Monowai］湖。索罗曼以他自己的方式指出，虽然他和他族人都没有见到豪罗科湖，但是他完全相信这个湖就在利尔伯恩［Lillburn］河源头之后的某个地方；他还说湖水会泄入西海岸［该湖的外泄河是怀劳拉希里河（Wairaurahiri River），在怀奥河以西，于南岛南岸入海］；他这两个推测，还有这幅草图的总体轮廓都是正确的。[61]

当这份报告出版时，麦克罗是 29 岁。几十年之后，当他 71 岁时，毛利学者和记者詹姆斯·科温（James Cowan）又出版了另一份报告，在一些方面与麦克罗的报告有所不同。在科温报告中，麦克罗说索洛曼从一位老妇人那里学到了这两个湖的知识，这两个湖索洛曼都没有见过。他们谈到了湖的名字，但没有提到绘制地图。[62] 两份报告之间的这些矛盾之处可能来自它们之间漫长的时间跨度，或麦克罗对毛利语不够精通，或索洛曼对过去的事情有所遗忘。这两个湖离里弗顿有段距离，位于菲奥德兰（Fjordland）东部。在这一带的峡湾地区发现了大量考古证据，表明南岛毛利人会以家族群的组织形式到访这里，他们可能也从峡湾出发探索了内陆地区。所以，如果索洛曼的"凯卡"（*kaika*，意为村庄，是 *kāinga* 在南岛的变体）中有一位妇女在年轻时见过这两个湖或其中之一的话，那么这是并不令人意外的。

506

508

现存的毛利人地图及毛利人地图衍生物

　　现存有几份由毛利人制作或源自毛利人制作的原本的手稿和印刷地图，它们列于附录14.1。其中最古老、可能也得到了最多研究的，是由图基所绘的地图；它也是唯一一件涵盖了北岛和南岛全部范围的作品。图基和胡鲁（Huru）是两位年轻的毛利男子，1793 年在卡瓦利群岛（Cavalli Islands）外海被绑架。他们经由杰克逊港（Port Jackson，即悉尼）被带到了诺福克岛（Norfolk Island，是新西兰北面的一座极为孤立的岛屿），到达时间大约是 1793 年 4 月 30 日。在诺福克岛，他们被要求教给犯人制作亚麻衣服的方法，但是这两人对此都不太清楚，因为在他们的社群中，是妇女在做这个工作。诺福克岛的副总督菲利普·吉

---

　　[60]　Atholl Anderson（prehistory Department，Research School of Pacific and Asian Studies，Australian National University，Canberra），私人通信，1994 年 4 月 20 日。

　　[61]　James McKerrow，"Reconnaissance Survey of the Lake District.... Report to J. T. Thomson，Chief Surveyor，Otago，" *Otago Witness*，no. 597（1863 年 5 月 9 日）：7，cols B – D。

　　[62]　在 1862 年 9 月与索洛曼会晤之后，科温写道，他（麦克罗）"从他那里得知，在那条河［怀奥河］以西的丛林中有两个湖。他说他从来没见过这两个湖，但他的'凯卡'中有一位老妇人，在年轻的时候见过它们；这两个湖的名字——如果按照我根据他的发音所做的记录的话——是'Howloko'和'Monowai'。'Howloko'后来纠正为'Hauroto'；至于'Manokiwai'，你［科温］说这是现在中岛［南岛］原住民所知的这个湖的名字，可能就是索洛曼告诉我的名字，只是我那时候没记下这个准确的名字，而是记成了另一个词'Monowai'，意为'一道水'。那个名字碰巧是合乎实际的，因为这个湖的水主要只来自一条河。" James Cowan，"Maori Place-Names：With Special Reference to the Great Lakes and Mountains of the South Island，" *Transactions and Proceedings of the New Zealand Institute* 38（1905）：113 – 120，特别是 118n。

德利·金（Philip Gidley King）对待这两个人比较友好，看到他们被俘之后非常可怜，而且很为他们家人的安全担惊受怕。于是他们就住在金的家中，在那里，金对他们的语言和文化生发了浓厚兴趣。[63] 在双方交流之时，因为金未能理解他们的意思，这让图基决定画一幅新西兰的地图。

> 当他们开始彼此相互理解的时候，图基［原文拼写为 Too-gee］不仅对英格兰之类话题非常好奇（包括英格兰的位置，以及新西兰、诺福克岛和杰克逊港的位置等；他非常清楚地知道如何利用一张彩绘的航海全图来找到它们），[64] 而且也很愿意谈论他自己的邦国。他感到自己说的话并没有得到完全的理解，于是他就在另一个专门为了让他画图而设的房间的地板上用粉笔勾勒出了一幅新西兰的草图。金总督把这幅图与库克船长所绘的这个群岛的平面图做了对比，发现在北岛的形状上有很大相似性，这就让他发现图基的绘画尝试是一件颇让人好奇的事情；在劝说之下，图基又在纸上把他画的图勾勒了出来。这个工作是用铅笔完成的，在几次交谈的过程中，他偶尔也做一些修正和补充；岛上各个地区和其他标记的名字，则在他继续逗留在那里的六个月期间根据他提供的信息陆续记写下来。[65]

在本章中引用的这幅图（图14.6）中，因为在新西兰的轮廓线上可以看到微弱的铅笔痕迹，其后这轮廓线又用黑墨水重新勾勒，所以它可能就是图基所绘的那幅图。[66] 这幅地图的图题称图基为一位祭司——图基是一位"托洪阿"的儿子，而这个词的一个意思就是祭司。

图基的家乡地域在北奥克兰半岛（North Auckland Peninsula）的最北面，这个地方在他所勾勒的北岛地图中不成比例地占据了较大的一块地方。图基只是从其他人那里听说有南岛，把它画得非常小。斯图尔特岛［拉基乌拉（Rakiura）］在图上未展示。

米利根（Milligan）和萨蒙德（Salmond）对图基地图做了研究。[67] 萨蒙德注意到在毛利地图中，图基地图"的独一无二之处在于其中包括了根据他的口授所写下的社会、神话和政治信息。事实上，图基地图是北岛北部的社会—政治描述，并对新西兰南部做了一些简短的评论（并画出了那里不甚准确的海岸线）"。[68] 图基和胡鲁学习了一些英语，而金学习了一些毛利语，

---

[63] 参见 Salmond, "Kidnapped"（注释9），其中提供了这整个事件的详细报告。图基是一位"托洪阿"的儿子，可能就是图基·特·特雷努伊·华雷·皮劳（Tuki te Terenui Whare Pirau）；胡鲁是一位年轻的酋长，可能就是胡鲁·科托蒂·托哈·马胡埃（Huru Kototi Toha Mahue）（207 和 208 页）。

[64] 这幅海图可能是 Henry Roberts, *A General Chart Exhibiting the Discoveries Made by Captn. James Cook in This and His Two Preceding Voyages*; *with the Tracks of the Ships under His Command*（London, 1784），为比例尺大约为 1∶45000000 的世界地图（Cartographic Collection, Alexander Turnbull Library）；已知其第一版有彩绘的摹本。如果图基确曾见到罗伯茨（Roberts）的这幅海图的话，那么他应该能看到其上新西兰的比较准确的轮廓。

[65] Collins, *English Colony in New South Wales*, 1∶431（注释7）。科林斯（Collins）是新南威尔士州的军事法官，他的报告很可能以他与金的会谈为依据。

[66] 这幅地图绘在厚纸上，在装订而成的文件册中编号为5；这本文件册中还有与诺福岛克有关的另外4份文档。现在无法检查这幅地图的水印情况。

[67] Milligan, *Chief Tuki-Tahua*（注释8），及 Salmond, "Kidnapped"（注释9）。米利根在他的研究和解读完成之前去世，他的遗稿由邓莫（Dunmore）编辑出版，行文冗长，时有臆测，其中至少有一处严重错误，而且没有给出最终结论。萨蒙德的研究则是他对导致图基和胡鲁被绑架的历史事件的更广泛调查的一部分。

[68] Salmond, "Kidnapped," 216.

所以他们可以进行有限的交流。然而，因为他们毕竟对对方的语言不精通，这就很容易引发错误、误解和名字拼写错误，结果便会阻碍人们对图基地图做出详细而准确的解读。图14.7综合展示了米利根和萨蒙德对图基地图的解读中的关键内容。[69] 图14.8 则把其中的很多地方的位置标在了一幅现代地图上。

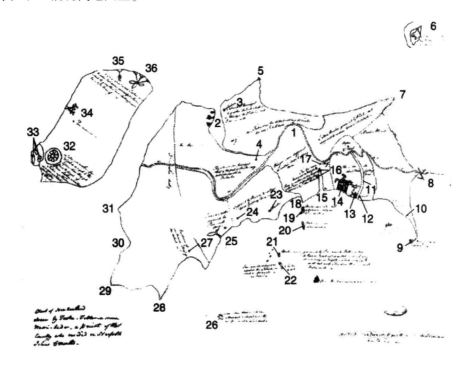

图14.7　图基地图（图14.6）上的地物和符号　　　　　　　　　　　　　　507

本图识别了图基地图上的许多地点。相关信息来自 Robert Roy Douglas Milligan, *The Map Drawn by the Chief Tuki-Tahua in 1793*, ed. John Dunmore (Mangonui, 1964), 及 Anne Salmond, "Kidnapped: Tuki and Huri's Involuntary Visit to Norfolk Island in 1793," in *From Maps to Metaphors: The Pacific World of George Vancouver*, ed. Robin Fisher and Hugh Johnston (Vancouver: UBC Press, 1993), 191–226。

图基地图中包含了对一些"伊威"的居民数目的指示。有时候，这些指示提到的是某个"伊威"中可战斗的男性的数目，并指出这个"伊威"与谁友好或不友好。同样在图上 509 展示的还有图基和胡鲁被绑架的大致位置，以及他们在1793年11月13日在返程时离船的大致位置。图上有双重点线横过北岛，止于雷因阿角，呈现了"怀鲁阿"所经的路径，它们由此到达下界。[70]

⸻

⑩　萨蒙德在评论米利根的研究时，提到虽然他努力确定了图基提到的所有酋长的身份，但是仍然有必要对北部部落的历史开展更详细的研究，以评估图基那些说法的可靠性（"Kidnapped," 218）。对"伊威"历史的更深入的研究也可以揭示出有关北岛北部的堡垒和村庄的位置、名字和边界的更确切的信息。

⑪　见上文497页。在伦敦的档案局（Public Record Office）中有图基地图的一幅明显的摹本（MPG 298）。其中的线条部分和所书写的信息以黑墨水绘写在厚纸上。注记信息由另一个人所写，比原件上的内容更易读。这份摹本没有图题，把它与原图加以仔细对比之后可以发现有两处增补和一处不同的名字拼写。两处增补是：图14.7上编号10的"Te-ka-pa 现已去世/现在由 Ko-to-ko-ko 统治"，以及图14.7上编号25的注记处添加了一个圆形符号，其中还有一个较小的圆形。拼写的变更在图14.7上编号27的注记处，这里写的是"Tama-hownu"（而不是原图中的 Toma-hownu）。

507

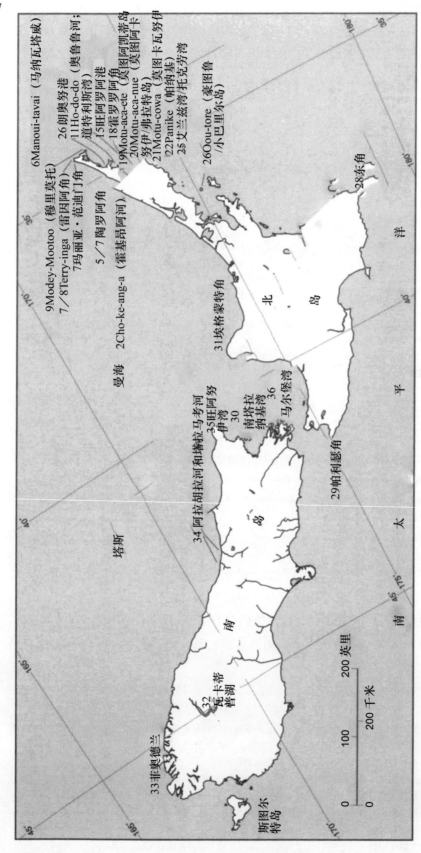

图 14.8 展示了图基地图（图14.5）上的地点的现代地图

本图以西北为上。未加括号的地名见于图基地图。数字对应图14.7 中所解释的地物和符号。与图 14.7 一样，本图的信息基于米利根和萨蒙德的著作。

我们现在还有北岛的另外 4 幅地图（以及与之相关的一幅有关查塔姆群岛的作品）的实例。所有这 4 幅地图都只描绘了北岛的一小部分——两幅关注于湖泊，另两幅则与 19 世纪下半叶的一场战争有关，这场战争的一方是特·科蒂·阿里基朗伊·特·图鲁基（Te Kooti Arikirangi te Turu-ki），另一方是新西兰政府及与之联合的其他毛利"伊威"。

一幅怀拉拉帕（Wairarapa）湖和奥诺基（Onoke）湖及鲁阿马杭阿河（Ruamahanga River）的地图，见于亨利·斯托克斯·蒂芬（Henry Stokes Tiffen）的田野记录本上；他是新西兰公司的一位助理勘测员，在 1843 年 11 月至 12 月期间在怀拉拉帕湖地区从事勘测工作。[①] 一位佚名的毛利人绘制了这幅地图，然后蒂芬绘制了它的摹本（图 14.9 和 14.10）。这幅地图把这一地区画成一个人头骨的样子，但其上的双重卵圆形线、眼窝和牙齿实际上是这幅摹本绘成之后由某位恶作剧者添加的内容。有几条溪流注入其中的怀拉拉帕湖在图上几

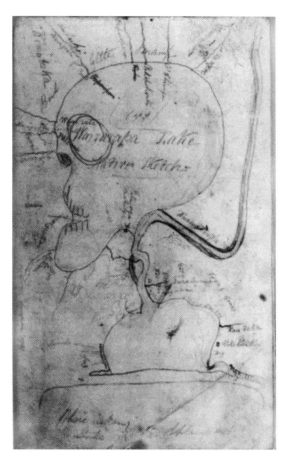

图 14.9　怀拉拉帕湖和奥诺基湖的本土草图的亨利·斯托克斯·蒂芬摹本

509

本图见于蒂芬的田野记录本；手稿地图，以铅笔绘于纸上，以东北为上。

原始尺寸：20×12 厘米。Henry Stokes Tiffen, Field Book 28, Wainuiomata Level Books A, B, C, D, E, F, 第 3 页。承蒙 Wellington Regional Office, Land Information New Zealand 提供照片。

---

① Ian McGibbon, "Tiffen, Henry Stokes, 1816 – 1896," in *The Dictionary of New Zealand Biography*, vol. 1, *1769 – 1869* (Wellington: Allen and Unwin, 1990), 539 – 540.

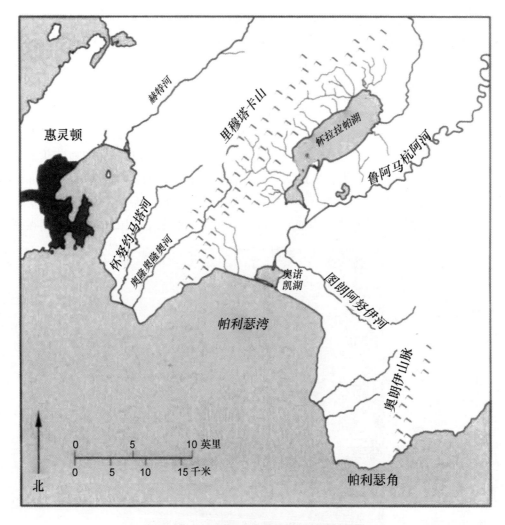

图 14.10　怀拉拉帕湖和奥诺基湖地区的参考地图

乎是圆形，但在左下方有一处外伸；鲁阿马杭阿河是注入该湖的一条宽阔的水道［该河汇聚了塔拉鲁阿山（Tararua Range）东坡的水系，由几条河为其补水］；一条宽阔的水道连接着怀拉拉帕湖和奥诺基湖；又有一条水道把奥诺基湖的湖水排入右下角的帕利瑟湾。这最后的水道的今天位置在图 14.9 所展示的水道的西边——可能是 1855 年的地震导致了它的位置变化。河水原先可能以非常湍急的速度注入海洋，这种泄水的情况呈现为画得与水道垂直的那些短线。这两个湖对生活在这一地区的纳蒂卡洪乌努（Ngāti Kahungunu）"伊威"的毛利人来说都拥有重要的 tuna（鳗鲡）、水鸟和其他食物资源。⑫ 图上的地名和其他地形细节由蒂芬添加。

　　一完成勘测，蒂芬就绘制了同一地区的另一幅地图（图 14.11），见于他的田野记录本的第110—111 页。图上展示了湖泊、河流和丰富的地形细节，还有地名。把这两幅地

---

⑫　如果奥诺基湖通向海洋的外泄水道在一年中较长的时段中保持关闭的话，那么鳗鲡的捕获量就会增加，两个湖本身也会容纳更多湖水，覆盖更大的面积。由于 1855 年地震导致的抬升和湖滨土地开垦成农业用地，这两个湖如今的面积已经大为缩减。

图 14.11 鲁阿马杭阿河、怀拉拉帕湖

和奥诺基湖及附近地区的草图，1843 年

510

这幅手稿地图以铅笔绘于纸上，由蒂芬所绘；它所覆盖的地理区域与图 14.9 相同，

也绘于同一个田野记录本上。这幅地图以北为上。

原始尺寸：40×12 厘米。Henry Stokes Tiffen, Field Book 28, Wainuiomata Level Books

A，B，C，D，E，F，第 110—111 页。承蒙 Wellington Regional Office，Land Information New

Zealand 提供照片。

图——勘测之前所绘、图题为"本土草图"的地图和勘测之后由蒂芬所绘的地图——加以

对比是饶有趣味的。每一幅的绘制都用了几个星期的时间。

在同一个田野记录本上还有第三幅地图，题为《查塔姆群岛的本土草图》（"Native

Sketch of Chathams"，图 14.12）。经过研究确定，该图绘于怀拉拉帕湖勘测期间，绘者是

一位毛利人，可能住在查塔姆岛上，或作为捕鲸船或商船的一名船员在查塔姆岛上和周

边度过了相当长的时间。制图者对海岸、岛屿的内陆以及其总体形状有非常详尽的了解

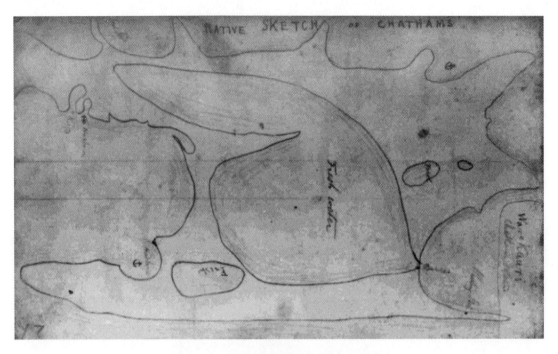

511　　　　　　　　　　　　　　图 14.12　《查塔姆群岛的本土草图》，1843 年

　　　　　引自蒂芬的田野记录本；以北为上。图中的大淡水（半咸水）湖是蒂旺阿潟湖（Te Whanga Lagoon），右边的两个淡水湖是朗伊泰（Rangitai）湖和帕特里基（Pateriki）湖，左下方的湖则是胡罗（Huro）湖。左上方的"Seal Isd"指的是帕蒂森角（Cape Pattisson）附近的两处礁石。右上方的锚标出的是卡因阿罗阿港（Kaingaroa Harbor）。右下方的词语"Barred"指的是希库朗伊海峡（Hikurangi Channel），它是蒂旺阿潟湖注入海洋的水道。右下角还有"Whaling Statn"（捕鲸站）字样，位于奥翁阿（Owenga），而左下方的"Harbour"字样和锚形则位于怀唐伊湾（Waitangi Bay）。左上方的锚指的是赫特港 [Port Hutt，即旺阿罗阿港（Whangaroa Harbor）]，而"Barred"可能指的是在怀普鲁阿湾（Waipurua Bay）入口附近的礁石，或是据说位于索姆斯角（Point Somes）西南方的礁石。

　　　　　原始尺寸：12×20 厘米。Henry Stokes Tiffen, Field Book 28, Wainuiomata Level Books A, B, C, D, E, F, 第 21 页。承蒙 Wellington Regional Office, Land Information New Zealand 提供照片。

　　（图 14.13）。理查兹（Richards）对查塔姆岛的地理和历史做了广泛研究，就评价道："这幅地图中的北海岸准确得令人称奇，而南海岸则明显有缩减。"[73] 田野记录本的尺寸（12×20 厘米）影响了地图的形状，导致它被"挤压"以适应页面大小。地图上的信息由蒂芬所记写。

　　北岛的另一个部分，展示在由一位佚名的毛利人所绘的罗托卡卡希湖（Lake Rotokakahi）地图之上。斐迪南·冯·霍赫施泰特（Ferdinand von Hochstetter）当时正在对奥克兰以南地区开展大范围的地质调查，在 1859 年 5 月访问了罗托鲁阿（Rotorua）地区和罗托卡卡希湖 [也叫格林湖（Green Lake）]。[74]

----

　　[73]　Rhys Richards, 私人通信, 1993 年 8 月。

　　[74]　Charles Alexander Fleming, "Hochstetter, Christian Gottlieb Ferdinand von, 1829 – 1884," in *The Dictionary of New Zealand Biography*, vol. 1, *1769 – 1869*（Wellington：Allen and Unwin, 1990）, 199 – 200. 冯·霍赫施泰特生于德国符腾堡，从事神学和矿物学研究，曾参与奥匈帝国的地质调查，并在他于 1858 年 12 月到达奥克兰时被任命为奥匈帝国的一次海军护卫舰环球航行中从事科学考察的地质学家。

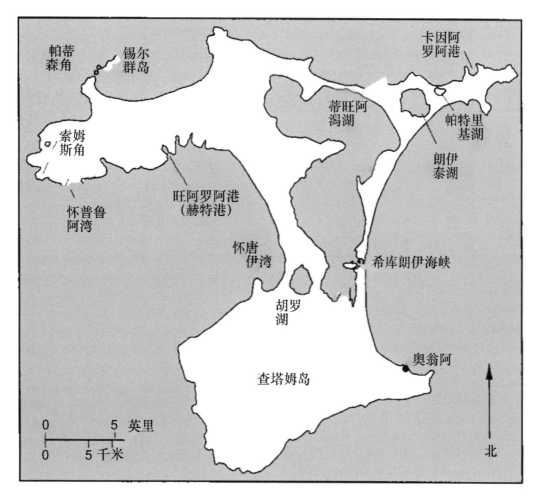

图 14.13　查塔姆岛的参考地图　511
请与图 14.12 比较。

原住民极为热忱地迎接了我们。从他们那里，我问到了湖中大多数值得记录的地点　511
的名字。他们为我服务的热情非常高涨，以至所有人会同时应答，结果让我根本不可能
听懂他们说的任何东西。最后是他们中的一位用小刀在沙地上以他自己的风格划出了一
幅非常好的平面图，是这个湖的轮廓，由此得以把这个湖的许多地点确定下来。虽然后
来我自己做了实地观察，发现这些轮廓与这个湖的真实形状几乎对不上，但是这幅出自
一个可能一辈子都没见过地图的男子之手的原始草图在我看来仍然值得在本书中复制　512
展示。⑦

冯·霍赫施泰特在 1863 年出版了这幅地图的一个版本（图 14.14）。
　　展示了北岛部分地区的最后两幅地图，与特·科蒂·阿里基朗伊·特·图鲁基有关，他

---

⑦　Ferdinand von Hochstetter, *Neu-Seeland*（Stuttgart：Cotta, 1863），265；英文版为 *New Zealand, Its Physical Geography,
Geology and Natural History with Special Reference to the Results of Government Expeditions in the Provinces of Auckland and Nelson*,
trans. Edward Sauter（Stuttgart：J. G. Cotta, 1867），404。

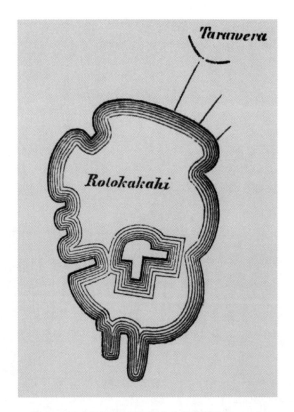

512 　　　　　　　　　　图 14.14　毛利人所绘的罗托卡卡希湖草图，1859 年

这幅地图大致以东北为上。罗托卡卡希湖展示得比实际情况要宽而短，底部的两个支湾要比该湖的
实际湖湾要窄得多。图上所示的岛屿莫图塔瓦（Motutawa）岛明显扩大，但位于湖左侧支湾中的普纳鲁
库岛（Punaruku Island）在图上却未有展示。

　　原始尺寸：6×3 厘米。引自斐迪南·冯·霍赫施泰特 1863 年著作的英文版：*New Zealand, Its Physical Geography, Geology and Natural History with Special Reference to the Results of Government Expeditions in the Provinces of Auckland and Nelson*, trans. Edward Sauter（Stuttgart：J. G. Cotta, 1867），404. 承蒙 Alexander Turnbull Library, National Library of New Zealand, Te Puna Mātauranga o Aotearoa, Wellington 提供照片。

是隆奥华卡塔（Rongowhākata）部落的领导人、军事领袖、先知以及林阿图教会（Ringatū）的建立者。从 1868 年 7 月到 1872 年 5 月，他与新西兰政府军和毛利"伊威"开展了游击战争。卷入战争的区域大致从陶波湖向北到陶朗阿（Tauranga）、向东到图朗阿努伊[Tūranganui，即吉斯伯恩（Gisborne）]。[76] 1870 年 2 月 7—8 日，特·科蒂和他的"陶阿"（对敌的远征，战斗队）从普伦蒂湾西边经过罗托鲁阿而到达怀卡雷莫阿纳湖（Lake Waikaremoana）周边的乌雷韦拉（Urewera）邦域。他们遭到了政府军和特·阿拉瓦（Te
513 Arawa）毛利人的追逐，但逃脱了。图 14.15 由一位佚名的特·阿拉瓦毛利人所绘，展示了"陶阿"在前往乌雷韦拉地区时可能利用的小道。[77]

　　[76] Judith Binney, "Te Kooti Arikirangi te Turuku, ? – 1893," in *The People of Many Peaks: The Maori Biographies from "The Dictionary of New Zealand Biography, Volume 1, 1769 – 1869"*（Wellington：Bridget Williams Books, 1991），194 – 201.

　　[77] Judith Binney, *Redemption Songs: A Life of Te Kooti Arikirangi te Turuki*（Auckland：Auckland University Press, 1995），205 – 208.

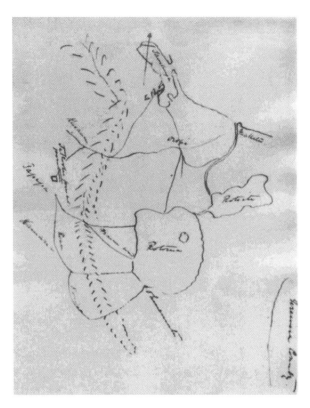

图 14.15　由一位佚名的特·阿拉瓦毛利人所绘的地图，1870 年

512

　　这幅地图是由陶朗阿的民事专员（Civil Commissioner）亨利·T. 克拉克（Henry T. Clarke）致本土事务大臣（Native Minister）唐纳德·麦克林（Donald McLean）的信件的附件，该信落款日期为 1870 年 1 月 25 日。本图为手稿地图，以黑墨水绘于纸上；地名由克拉克所写。本图以北为上。图中展示了普伦蒂湾海岸线、陶朗阿港和马凯图（Maketu）、罗托鲁阿湖和罗托伊蒂湖、凯迈山（Kaimai range）和马马库高原（Mamaku Plateau）。图中还展示了穿越山岭的小道，以及 1870 年 1 月 25 日或此日前后特·科蒂的位置。

　　原始尺寸：23 × 19 厘米。承蒙 Alexander Turnbull Library, National Library of New Zealand, Te Puna Mātauranga o Aotearoa, Wellington 提供照片（MS papers 0032 – 0217, Donald McLean, private correspondence with H. T. Clarke [1], 1861 – 1870）。

　　1870 年 7 月后半月，特·科蒂和他的"陶阿"对乌阿瓦［Uawa，即托拉加贝（Tolaga Bay）］的特·艾唐阿·阿·豪伊蒂（Te Aitanga A. Hauiti）人群做了一次不成功的袭击。1870 年 7 月 31 日，在他们撤回乌雷韦拉地区途中，"陶阿"队员在他们设于怀哈普（Waihapu）的营地遭到了包括纳蒂波罗人在内的政府军的伏击，但是他们逃回了乌雷韦拉地区。图 14.16 展示了这次伏击的地域；该图见于鲁卡·特·阿拉塔普（Ruka te Aratapu）所写的报告，他是纳蒂波罗人的一支搜寻特·科蒂的远征队的队长。[78]

　　毛利人所绘的南岛地图数量更多。有好些地图涵盖了南岛小部分地区；还有一幅绘的是全岛，包括斯图尔特岛。这后一幅地图由一位佚名的毛利人为埃德蒙德·斯托·霍尔斯韦尔（Edmund Storr Halswell）绘制；在哈尔斯韦尔于 1841 年 11 月 11 日致伦敦的新西兰公司的秘书的信中，他如此描述这幅地图："此刻有几个来自南方的原住民和我在一起，他们正忙

　　⑱　Binney, *Redemption Songs*, 229 – 234.

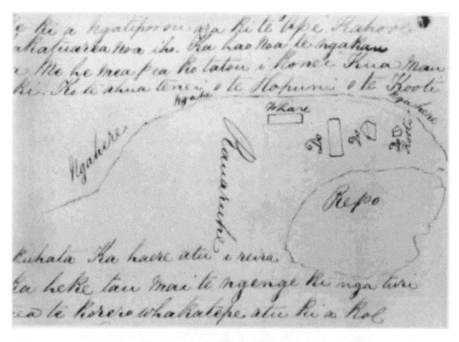

513　　　　　　　　　　　**图 14.16　1870 年 7 月 31 日伏击特·科蒂及其"陶阿"的位置**

这幅地图展示了怀哈普营地地区，这里是包括毛利人在内的政府军发动伏击的地方（地图的朝向无法确定）。图中还描绘了森林（*ngahere*）、蕨丛（*rauaruhe*）、沼泽（*repo*）和 4 座房屋，包括被特·科蒂占领的一座。怀哈普在乌阿瓦（托拉加贝）以西大约 32 千米处。这幅地图见于鲁卡·特·阿拉塔普所写的共 4 页的行动报告的第 2 页，这份报告落款的日期是 1870 年 8 月 30 日。鲁卡·特·阿拉塔普来自纳蒂波罗"伊威"，这份报告写于图朗阿努伊（吉斯伯恩）。

原始尺寸：约 6×13 厘米。承蒙 National Archives Head Office, Wellington 提供照片（AD1，1870／3334）。

于绘制一幅涵盖了中岛［南岛］和南岛［斯图尔特岛］全岛的地图，对两个岛周围全部海岸线上的海湾和港口加上详细的描述，标出它们的名字，这些信息总括起来可以为我们传达有关岬角、土壤等事物的正确观念。"[79] 该地图的原件或其摹本随 1841 年 11 月 28 日驶离惠灵顿的"巴莱"（Balley）号寄往了伦敦。[80] 亨利·萨缪尔·查普曼（Henry Samuel Chapman）时任《新西兰学报》（*New Zealand Journal*）的编辑，报告说他收到了这幅寄给新西兰公司的地图，但此图在今天下落不明。

或者是原图，或者是这幅地图的一份摹本可能保存在新西兰——制作地图的摹本并寄往伦敦的新西兰公司是一件不同寻常的事。1894 年，这幅地图的一个石印版随土地和测量局的年度报告一同出版（图 14.17）。[81] 据信在 1900—1910 年间，土地和测量局的绘图员曾经根据原始手稿地图或它的一份摹本又摹绘了两幅几乎完全相同的手稿摹本。其中一份在

---

[79]　Edmund Storr Halswell, "Report of E. Halswell, Esq., on the Numbers and Condition of the Native Population," *New Zealand Journal*, 1842 年 5 月 14 日，111–113，引文在 112 页 A 栏。

[80]　一封致亨利·萨缪尔·查普曼、落款日期为 1841 年 12 月 4 日、可能由托马斯·米切尔·帕特里奇（Thomas Mitchell Partridge）所写的信件中写道："我通过'巴莱'号寄给您一幅由奥塔戈的一些原住民所绘的中岛的海图；它当然只是一幅漫画，但在很多方面还是有用的"；"Letter from a Merchant of Wellington," 1841 年 12 月 4 日，*New Zealand Journal* 62（1842 年 5 月 28 日）：125, col. A。同一期的 131 页提到了"巴莱"号的驶离日期。

[81]　*Appendix to the Journals of the House of Representatives of New Zealand*, C.1, 1894, 第 98 对页。

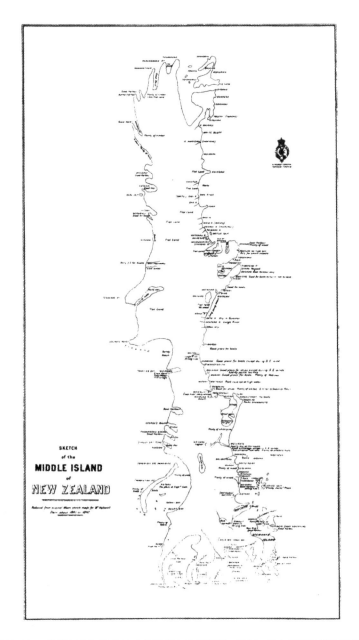

图 14.17　《根据 1841 年或 1842 年毛利人为埃德蒙·斯托·哈尔斯韦尔所绘的草图原件
简化而来的中岛［南岛］草图的 1894 年石印版》

514

这个版本发表于土地和测量局的年度报告之中；此图以北为上。图上的海岸信息包括海港、岬角、岛屿、礁石、岩石、海滩、以锚形符号标记的良好的避风下锚地、潮汐、可通航的河流、有欧洲人和毛利人的地点、沉船、詹姆斯·库克所乘船只的下锚地以及可以发现海豹的地点。内陆信息则限于 4 个湖泊、土地平坦的地点以及有丰富木材供应的地点。4 个湖泊的名字是怀雷瓦湖［Wairewa，福西斯湖（Lake Forsyth）］、怀霍雷湖［Waihore，埃尔斯米尔（Ellesmere）湖］、怀霍雷潟湖［怀霍拉（Waihola）湖］和瓦卡特帕湖（Wakatepa，瓦卡蒂普湖）；在瓦卡特帕湖的源头处有 īnanga 类型的软玉资源。东岸附近的 3 个湖则是鳗鲡和水鸟资源丰富的地方。

原始尺寸：32×18 厘米。引自 Appendix to the Journals of the House of Representatives of New Zealand, C. 1, 1894，第 98 对页。承蒙 Alexander Turnbull Library, National Library of New Zealand, Te Puna Mātauranga o Aotearoa, Wellington 提供照片。

1931 年赠给了亚历山大·特恩布尔图书馆（Alexander Turnbull Library）（图 14.18）。另一份摹本一直为私人所收藏，其当前的下落不明。

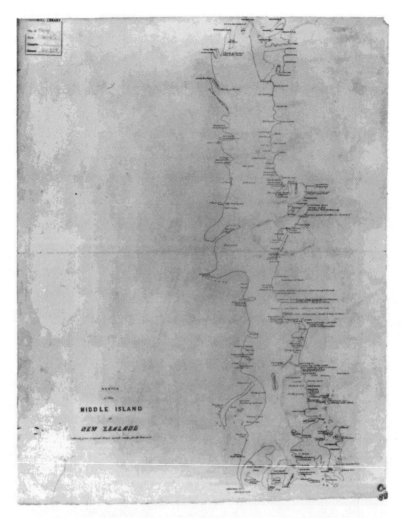

图 14.18   《中岛［南岛］草图，约 1900—1910 年，根据毛利人在
1841 年 11 月为埃德蒙·斯托·哈尔斯韦尔所绘的草图原图简化》

此图为手稿，以黑墨水绘于纸上，沿海岸以蓝色水彩勾绘，并有亚麻衬层；此图以北为上。这幅地图与图 14.17 在本质上是同一幅图。

原始尺寸：56×44 厘米。承蒙 Alexander Turnbull Library, National Library of New Zealand, Te Puna Mātauranga o Aotearoa, Wellington 提供照片（834ap/1841–2/acc. no. 527）。

515

这幅地图在本质上是一位海员所绘的海图，记录的主要是对驾驶独木舟或捕鲸舟出航的毛利航海者有意义的海岸信息，而只有很少的内陆信息。图上展示上两个深陷入陆地的港湾和许多较小的海湾。[82] 这幅地图对"奋进"号的到访有两处标注，勾起了 71 年前发生的事

---

[82]   布雷尔斯福德（Brailsford）相信地图上的下锚地（港湾）的大小是根据它们的重要性来绘制的；参见 Brailsford, *Greenstone Trails*, 144, 图 96 的图题（注释 32）。

件给人们留下的记忆。[83] 在鲁阿普基岛（Ruapuke Island）上标注有"血腥杰克之地"（"Bloody Jack's"Place）。血腥杰克是捕海豹者给南岛南部奈塔胡的最高酋长霍内·图哈怀基（Hone Tūhawaiki）所起的绰号。已知霍内·图哈怀基曾画过南岛部分地区和斯图尔特岛的几幅地图。他在南岛做过广泛的旅行，还曾两次到访杰克逊港（悉尼）。他与欧洲捕海豹者、捕鲸者和贸易者有过频繁的接触，并能讲英语。[84] 在这些语境中，他可能曾见过水文图或地图。

图哈怀基的地图在1851年由爱德华·肖特兰（Edward Shortland）出版（图14.19—14.23）。肖特兰在1841年6月由副总督威廉·霍布森（William Hobson）任命为私人秘书，他对毛利文化和土地问题生发了兴趣，这让他在南岛做了大规模的旅行。[85] 1843年8月8日，他与土地专员爱德华·李·戈弗雷（Edward Lee Godfrey）上校一同离开惠灵顿，去调查欧洲人在南岛声索的土地。肖特兰此行充当了口译员，并计划收集与原住民的土地所有权相关的信息。就是在这样的语境之下，他与霍内·图哈怀基会晤，后者在奥塔库（Otakou，在奥塔戈半岛上）为戈弗雷绘制了地图。[86] 肖特兰记述说戈弗雷"［在奥塔库］不管从什么方面检查，这位酋长欣然给出的简洁明了的证据都让人非常震惊；他还用铅笔画出了海岸线以及岛屿、河流等的位置，他在描绘这些边界时所展示出来的技能同样让人震惊"。[87] 不过，他对于图上距离的相对不精确性则这样评价："就像我后来到访了他所描述的一些地方之后所发现的，……虽然它们彼此之间有16—20英里的距离，但是在他的图上，它们的距离看上去才一英里多。"[88]

霍内·图哈怀基的原图、肖特兰制作的摹本以及肖特兰的著作的手稿现均下落不明。[89] 出版的地图明显做了改进。举例来说，山脉就使用了晕滃法。在肖特兰1851年的著作中发表的地图与在奥塔库所绘的地图之间的精确关系已无从知晓。

1844年1月4日，肖特兰动身前往班克斯半岛（Banks Peninsula），以完成他在南岛南部的任务，途中继续开展工作。他于1月10日到达怀塔基河，在那里由奈塔胡酋长特·胡鲁胡鲁（Te Huruhuru）陪同，花了6天时间搜集有价值的地理情报。[90] 在他的日志记录中，肖特兰写道——

514

---

[83] 在达斯基湾［Dusky Bay（Sound）］做出的有关"奋进"号的标注是正确的，但在斯图尔特岛奥哈基湾［Ohakea，即帕特森湾（Paterson Inlet）］所做的另一处标注是错误的——库克船长没有任何一艘船到过斯图尔特岛。

[84] Atholl Anderson, "Tuhawaiki, Hone, ? – 1844," in *The People of Many Peaks: The Maori Biographies from "The Dictionary of New Zealand Biography, Volume 1, 1769 – 1869"* (Wellington: Bridget William Books, 1991), 334 – 337.

[85] Atholl Anderson, "Shortland, Edward, 1812? – 1893," in *The Dictionary of New Zealand Biography*, vol. 1, 1769 – 1869 (Wellington: Allen and Unwin, 1990), 394 – 397.

[86] 虽然肖特兰和戈弗雷一起到达了奥塔库，但戈弗雷在10月15日就离开，留下肖特兰继续完成任务。安德森（Anderson）推测，这些地图是在爱德华·肖特兰后来于1843年11月又一次到访时由霍内·图哈怀基所绘，地点可能是鲁阿普基岛，那里是这位酋长的基地；参见 Anderson, "Shorland," 395，及同一作者的"Tuhawaiki," 334。

[87] Shortland, *Southern Districts*, 81（注释11）。

[88] Shortland, *Southern Districts*, 81 – 82.

[89] Michael Bott, Keeper of Archives and Manuscripts, University of Reading Library, England, 私人通信，1993年4月29日。朗曼（Longman）的档案由该大学所保存。

[90] Anderson, "Shortland," 395（注释85）。

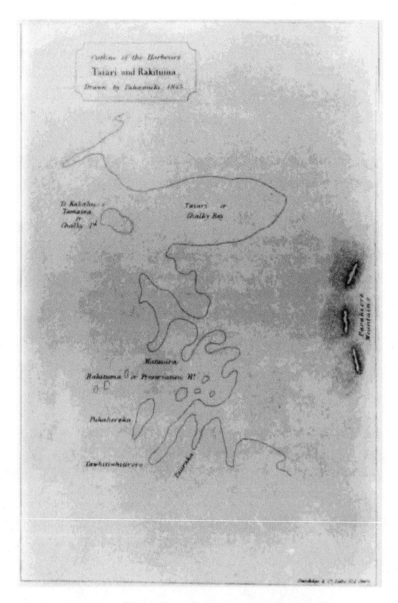

516

图 14.19　《图哈怀基所绘泰亚里港和拉基图马港的轮廓》

此图以北为上。如与现代地图比较，则可清楚地看到乔尔基湾（Chalky Inlet，泰亚里港）和普雷
瑟维申湾（Preservation Inlet，拉基图马港）连同分隔这两个海湾的半岛都比实际情况要窄小。普伊塞
古尔角［Puysegur Point，即塔威蒂威蒂罗罗（Tawhitiwhitiroro）角］则展示得比实际要长得多。普卡赫
雷卡（Pukahereka）即科尔岛（Coal Island）（请与图 14.4 的局部图比较）。

原始尺寸：17×11 厘米。引自 Edward Shortland, *The Southern Districts of New Zealand: A Journal with
Passing Notices of the Customs of the Aborigines* (London: Longman, Brown, Green, and Longmans, 1851)，第
81 对页。承蒙 Alexander Turnbull Library, National Library of New Zealand, Te Puna Mātauranga o Aotearoa,
Wellington 提供照片。

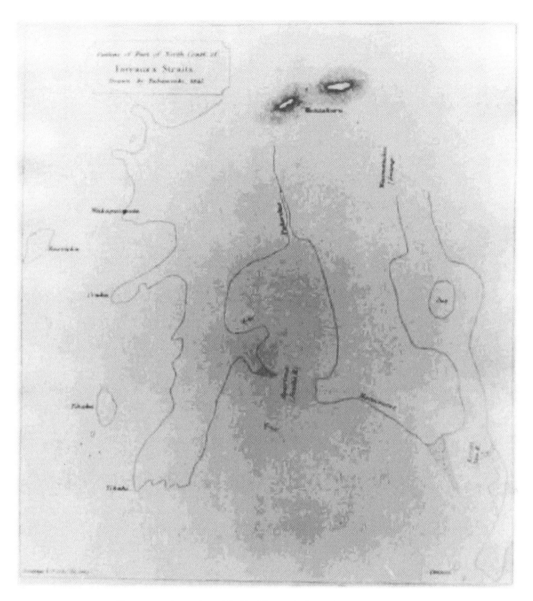

图14.20　《1843年图哈怀基所绘福沃海峡北岸部分岸段的轮廓图》

此图以北为上。在图上，阿帕里马河［即雅各布河（Jacob's River）］河口湾画得非常大，而奥雷蒂河［Oreti，也叫科雷蒂（Koreti）河，即纽河（New River）］的河口则没有这么大的畸变。名为蒂塔希（Titahi）的岬角今名豪厄尔斯角（Howells Point），画得极为夸大（请与图14.4的局部图比较）。

原始尺寸：17×16厘米。引自Edward Shortland, *The Southern Districts of New Zealand: A Journal with Passing Notices of the Customs of the Aborigines* (London: Longman, Brown, Green, and Longmans, 1851)，第81对页。承蒙 Alexander Turnbull Library, National Library of New Zealand, Te Puna Mātauranga o Aotearoa, Wellington 提供照片。

516

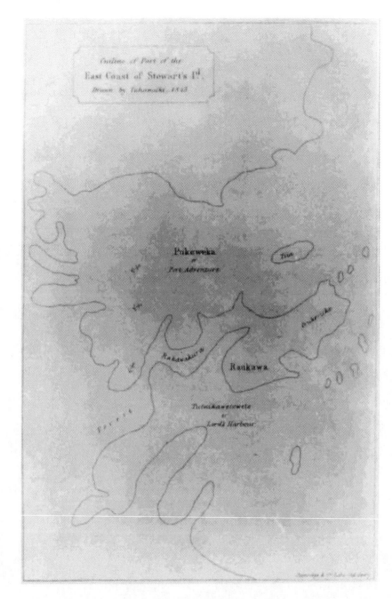

517   　　　　　　图 14.21　《1843 年图哈怀基所绘福沃海峡北岸部分岸段的轮廓图》第二幅

　　此图以北为上。如果与图 14.20 中的相同地物比较，则可见奥雷蒂河（科雷蒂河）/纽河河口几乎没有相似之处。布拉夫港（Bluff Harbor，即阿瓦鲁阿）绘出了宽阔的入口，但它实际上没有这样的入口。布拉夫港的右支的朝向也不同于现代地图；怀图纳潟湖［Waituna Lagoon，即怀帕雷拉（Waiparera）湾］也是如此，在图上该潟湖向海洋开口，但在今天它已无开口。马陶拉河（Mataura River）画成径直入海的洋子，但它实际上先注入一个今名托埃托埃斯港（Toetoes Harbor）的大潟湖或河口湾（请与图 14.4 的局部图比较）。

　　原始尺寸：11×17 厘米。引自 Edward Shortland, *The Southern Districts of New Zealand: A Journal with Passing Notices of the Customs of the Aborigines*（London: Longman, Brown, Green, and Longmans, 1851），第 81 对页。承蒙 Alexander Turnbull Library, National Library of New Zealand, Te Puna Mātauranga o Aotearoa, Wellington 提供照片。

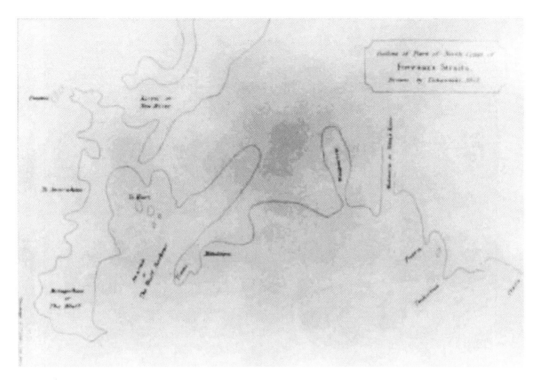

图 14.22 《1843 年图哈怀基所绘斯图尔特岛东岸部分岸段的轮廓图》 517

此图以北为上。如果把这幅地图与现代地图比较，则可见"洛兹港"（Lord's Harbour）这个地名似乎错误地标到了另一个海湾上。在阿德文彻港（Port Adventure）和洛兹港之间应该还有一个大海湾，在现代地图上没有名字，但其顶端则有一个较小的海湾，叫蒂科塔塔希湾（Tikotatahi Bay）。霍内·图哈怀基能把这个海湾遗落掉是不可思议之事——他对斯图尔特岛的海岸非常熟悉——所以更可能的情况是洛兹港被标错了位置。

原始尺寸：17×11 厘米。引自 Edward Shortland, *The Southern Districts of New Zealand: A Journal with Passing Notices of the Customs of the Aborigines*（London: Longman, Brown, Green, and Longmans, 1851），第 81 对页。承蒙 Alexander Turnbull Library, National Library of New Zealand, Te Puna Mātauranga o Aotearoa, Wellington 提供照片。

　　我占用了胡鲁胡鲁晚上的空闲时间，让他为我提供有关这个岛屿这一部分内陆的信息，他对此是非常了解的。他用一支铅笔画出了四个湖的轮廓，按他的解释，它们坐落 516 在我们此地向内陆走九天的地方，方向几乎是我们此地的正西；而从西岸到那里则只需两天。

　　这些湖泊之一叫 Wakatipua（瓦卡蒂普湖），以其湖岸上发现的"pounamu"［软玉］闻名。……另外三个湖哈威亚湖、怀阿里基湖（Waiariki）和 Oanaka［瓦纳卡湖］以前在岸边有居民，他们常常在那里与怀塔基河之间来回，为的是拜访亲戚。[91]

---

[91] Shortland, *Southern Districts*, 205（注释 11）。

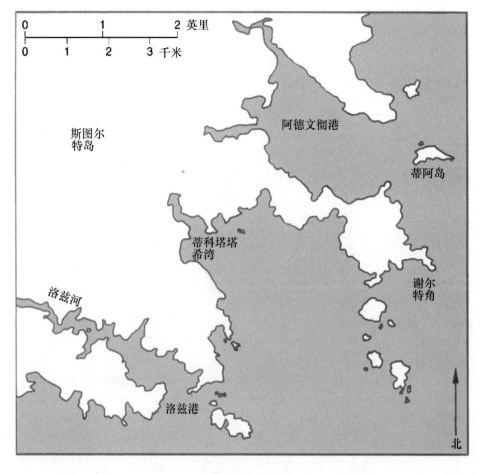

517

图 14.23 斯图尔特岛东岸的参考地图

请与图 14.22 比较。

图 14.24 是特·胡鲁胡鲁所绘地图的摹本，由肖特兰发表。他所画的 4 个湖泊实际上只呈现了 3 个——"怀阿里基湖"并不是湖，而是瓦纳卡湖（Wanaka 或 Wānaka）的一个支湾（见图 14.25）。特·胡鲁胡鲁在他的地图上可能展示了山脉，并给出了一些山岭的名字，但是在发表版本上，用于描绘出山脉的线条肯定是肖特兰或石雕工所绘。

图上有几个地名，包括用于标注奈塔胡酋长特·拉基（Te Raki）的住所的一个；此外还有几则注记，比如与瓦卡蒂普湖的软玉资源有关的注记。㊷ 在哈威亚（Hawea 或 Hāwea）

㊷ 在 Makarere 河［今马卡罗拉（Makarora）河］汇入 Oanaka 湖（瓦纳卡湖）的地方也有一条很长的注记，提到了特·拉基的儿子与瓦卡里哈里哈（Wakarihariha）及其家人一起被囚禁。他们被迫成为奴隶，而瓦卡里哈里哈的孙子被杀。特·普奥霍·奥·特·朗伊（Te Puoho o te Rangi，纳蒂塔马酋长）率领的"陶阿"对此负有责任。关于此图的详细报告，参见 Atholl Anderson, *Te Puoho's Last Raid：The March from Golden Bay to Southland in* 1836 *and Defeat at Tuturau*（Dunedin：Otago Heritage Books, 1986），23 – 28，74 – 75。特·普奥霍所采取的准确路线尚有争议，但是特·胡鲁胡鲁告诉肖特兰，特·普奥霍利用了一条从阿鲁阿河口（准确位置未知）到瓦纳卡湖的山路；参见 Irvine Roxburgh, *Jacksons Bay：A Centennial History*（Wellington：A. H. and A. W. Reed, 1976），特别是 9 页。

所有这些有关绘制地图的文字报告，以及所有在本章中描述的现存的地图，其绘图者都是毛利男性，并由男性欧洲人加以记录。然而，安德森也的确记录到一个事件，在其中毛利女性用她们明显具有地图学性质的知识起到了向导的作用。两位名叫鲁塔（Ruta）和帕帕科（Papako）、来自阿拉胡拉的年轻的奈塔胡女子知道从西海岸经过蒂奥里帕特阿（Tioripātea，即哈斯特山口［Haast Pass］）到奥塔戈的路线。她们在 1836 年充当了特·普奥霍及其"陶阿"的向导。鲁塔和帕帕科一定具有这一地区的心像地图，因为她们以前很可能就横穿过这条路（Anderson, *Te Puohe's Last Raid*, 15 – 16）。

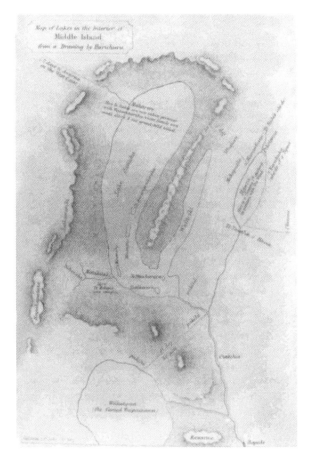

图 14.24　《据胡鲁胡鲁所绘图而绘制的中岛［南岛］内陆湖泊地图》　　518

此图以北为上。哈威亚湖描绘得比瓦纳卡湖（图中拼为 Oanaka）小得多，但实际上这两个湖差不多大。图中展示了克卢萨河（马陶河）和卡瓦劳河，它们发源于图上的三个湖泊；马陶河是一条非常湍急的河，其上绘出了急流。"帕基希"（*pākihi*，开放草原）是由丛生的草本植物覆盖的地域，位于瓦纳卡湖、哈威亚湖和瓦卡蒂普河之间，在地图上有标注。瓦卡蒂普湖和克卢萨河之间以及瓦纳卡湖和哈威亚湖之间都有"赫诺蒂"（*he noti*），这指的是低矮的鞍部（但在瓦卡蒂普湖和克卢萨河之间实际上并没有低矮的鞍部）。这幅地图在几个地方标出了距离。不过，左上角的注释"（2 天到西海岸的阿瓦鲁阿）"显得过于乐观。想要在两天之内就完成这段行程的毛利旅行团必须非常健壮，轻装上阵，没有儿童之类累赘，而且还要赶上好天气。可能特·胡鲁胡鲁对穿越到西海岸的这段行程需要两天时间的估计也是道听途说而来，而非他的亲身经验。

原始尺寸：17×12 厘米。引自 Edward Shortland, *The Southern Districts of New Zealand*: *A Journal with Passing Notices of the Customs of the Aborigines*（London: Longman, Brown, Green, and Longmans, 1851），第 205 对页。承蒙 Alexander Turnbull Library, National Library of New Zealand, Te Puna Mātauranga o Aotearoa, Wellington 提供照片。

湖边，我们可以见到标注"图拉胡卡"［Turahuka］（一个蒂普阿的居所）。"蒂普阿"　　518
（*tipua*）或"图普阿"（*tupua*）的定义是"妖精，魔鬼，恐怖之物"；与它类似的是"塔尼华"（*taniwha*，"据说住在深水中的想象的怪物"）。[93]"图普阿"、"蒂普阿"和"塔尼华"据说呈现为一只巨蜥的形象。在哈威亚湖中有一岛，标注为"这是一个漂浮的岛，随风会改变位置"。比蒂（Beattie）把特·胡鲁胡鲁地图上的这后两处注记与一则神话联系起来：

---

[93]　分别在 Williams, *Dictionary of the Maori Language*, 458 和 377（注释 24）。

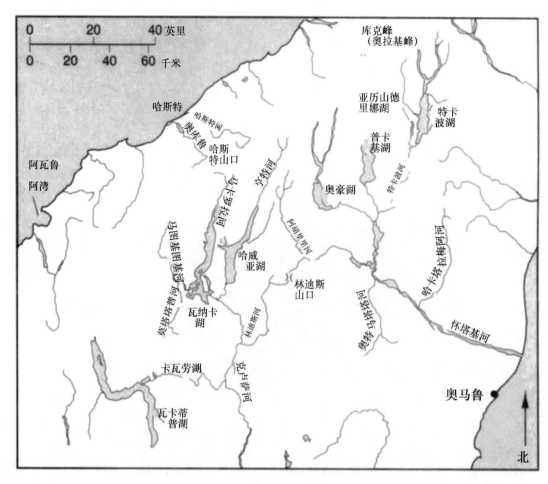

图 14.25 怀塔基河和克卢萨河流域的参考地图

一个"塔尼华"让地上有一位毛利男子正在捕鱼的一点漂出去，就创造了一座浮岛。[94]

肖特兰的报告似乎表明，特·胡鲁胡鲁的原图不是仅有那 3 个湖泊，而是展示了南岛的非常多的地物，很可能还包括从东岸穿越该岛到达这些湖泊的路线——

> 胡鲁胡鲁在他的图上指出了位置，把他们的几个居住地的名字告诉了我，并描述了这条穿越南岛的小路所经的地域。他甚至还把小路会穿过的主要溪流和山丘的名字以及走这条路的旅队在每天的行程结束时惯用的宿营之地告诉了我。……他所提到的宿营地彼此之间的距离可能差别很大，虽然我在这幅图上把它们标在了想象的位置上，彼此间隔十至十五英里。[95]

在这段引文的最后一句中所提到的图，是肖特兰 1851 年的著作的扉页图（图 14.26），但与

图 14.24 不同，它没有被归为特·胡鲁胡鲁的作品。图上在怀塔基河正右方展示了毛利人旅

[94] H. Beattie, *Maori Lore of Lake, Alp and Fiord: Folk Lore, Fairy Tales, Traditions and Place-Names of the Scenic Wonderland of the South Island* (Dunedin, 1945; reprinted Christchurch: Cadsonbury, 1994), 39.

[95] Shortland, *Southern Districts*, 205 - 207（注释 11）。

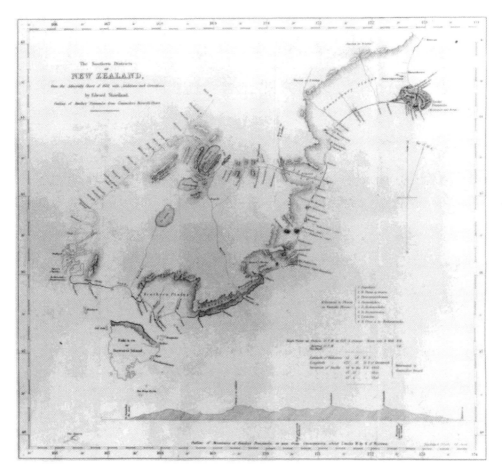

图 14.26　《新西兰南部地区图，来自 1838 年海军部海图，经爱德华·肖特兰补充订正》　519

原始尺寸：25×27 厘米。引自 Edward Shortland, *The Southern Districts of New Zealand: A Journal with Passing Notices of the Customs of the Aborigines* (London: Longman, Brown, Green, and Longmans, 1851), 扉页。承蒙 Alexander Turnbull Library, National Library of New Zealand, Te Puna Mātauranga o Aotearoa, Wellington 提供照片。

队过夜地的位置和名字。怀塔基河两侧有数字编号的地点（1－8）是肖特兰在这与特·胡鲁胡鲁及其族人共处的 6 天中所到访和过夜的地方（对这 8 个地方的说明在右下角给出）。

已知这几个湖泊还有一幅地图，是在大约 6 个月之后由拉基拉基（Rakiraki）所绘。他和塔托（Tatou）是新西兰公司的勘测员约翰·瓦利斯·巴尼科特（John Wallis Barnicoat）和弗雷德里克·塔基特（Frederick Tuckett）的向导。巴尼科特和塔基特从 1844 年 3 月开始考察南岛的整个海岸，一直到福沃海峡，为的是搜寻一个适合作为未来的新爱丁堡（New Edinburgh）定居点（今达尼丁）的合适地址。[96] 1844 年 6 月 1 日，在马托河（Matou 或 Matau；今克卢萨河）河口，他们雇用了这两位毛利向导拉基拉基和塔托（塔托已经在捕鲸船上工作了 5 年，能讲一些英语）。拉基拉基画了一幅地图，是南岛内陆的 3 个湖泊，它们

---

[96] "Barnicoat, John Wallis (1814–1905)," in *A Dictionary of New Zealand Biography*, 2 vols., ed. Guy Hardy Scholefield (Wellington: Department of Internal Affairs, 1940), 1: 41.

是克卢萨河的源头；之后巴尼科特在他的日志中摹绘了这幅地图。"页缘的这幅草图是拉基拉基所绘地图的摹本，这幅图是马托河或莫利诺河源头附近的大湖。马托河水流湍急，不适航，无法走水路到这些湖泊。在拉基拉基的报告中，瓦努克湖［Wanuk，即哈威亚湖］岸上的兽类一定是河狸。按他的描述，它们会像毛利人一样建造房屋［waries，即 *whare*］，并能发出一种尖叫般的声音。按我的理解，他还说他们会建造浮动的房屋。"⑨ 巴尼科特日志中的这幅地图（图 14.27）把这三个湖都展示得比较宽，其中两个湖的名字还相互标反了位置。在这片基本都是山地的地域，图上的晕滃呈现了瓦纳卡湖以西、哈威亚湖以东的山地。这些晕滃应该是巴尼科特所绘。标注"树林"代表南青冈森林，现在在这片总体上无树的地域仍然存在。

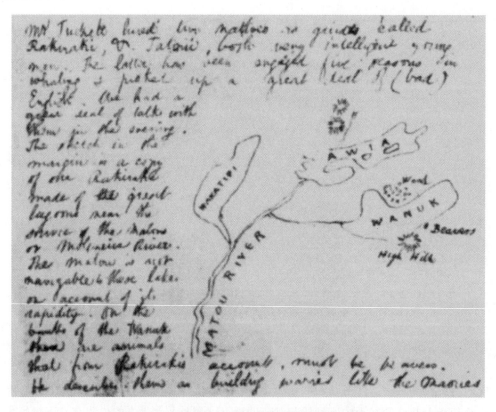

图 14.27　瓦卡蒂普湖、瓦纳卡湖和哈威亚湖地图，1844 年

手稿，以墨水绘于纸上。此图以西北为上。地名 Awia（哈威亚湖）和 Wanuk（瓦纳卡湖）在地图上对调了位置。这些湖根据其外形和朝向很容易识别。

原始尺寸：6×7 厘米。引自 John Wallis Barnicoat, Journal, 1841 to 1844, 第 41 页。承蒙 Hocken Library, University of Otago, Dunedin 提供照片。

在哈威亚湖岸上所标的"河狸"（beavers）这个词，以及巴尼科特日志中的描述，指的

---

⑨　John Wallis Barnicoat, Journal, 1841 to 1844, 40–41, 手稿，为达尼丁奥塔戈大学（University of Otago）的霍肯图书馆（Hocken Library）所有。在以下地点还藏有这部日志同一标题的打印稿：Manuscripts Section, Alexander Turnbull Library, Wellington（ATL qMS–0139），178。

都是一种大型的神话食肉动物，一种水陆两栖的蜥蜴，叫"考雷赫"（*kaurehe*）。[98] 它与"蒂普阿"有明显的相似性，在特·胡鲁胡鲁的地图（图 14.24）上就记录了"蒂普阿"栖息在哈威亚湖畔。

有 6 幅地图片段展示了怀塔基河及其源头处的湖泊，是由特·瓦雷·科拉里用铅笔在沃尔特·鲍多克·杜兰特·曼特尔的速写本上绘制的。曼特尔当时被任命为中岛（Middle Island，即南岛）濒临灭绝的本土头衔的调查专员。曼特尔一开始的责任是为坎特伯雷地块（Canterbury Block）内的奈塔胡"伊威"划出原住民保留地，这个地块不久前刚从他们那里买下来。[99] 他在 1848 年 11 月 8 日和 9 日到访了怀塔基河口，在那里会晤了特·瓦里·科拉里，从他那里获得怀塔基河及其源头处的湖泊的 6 份草图片断。罗伯茨在记录中写道，可能是一位奈塔胡毛利人的特·瓦雷·科拉里绘制了这些地图，曼特尔则根据这位毛利人向他所述的内容在地图边缘写下地名。[100]

这 6 个地图片段（图 14.28 – 14.30）在曼特尔的速写本上占据了 3 页。所有地名最初都是用铅笔写下的。那些漫漶不清的地名又由曼特尔用黑墨水在其上重写，但自此以后，一些仍然只有铅笔字迹的名字和信息已经又变得难以识读。图 14.31 和 14.32 解释了这 6 个片段彼此如何衔接，从而构成怀塔基河、其支流、湖泊、地名以及其他地物的组合地图。后来，曼特尔绘制了南岛南部三分之二的区域的彩色地图，其中也包括了特·瓦雷·科拉里在他的速写本上为他画下的这 5 个作为怀塔基河源头的湖泊（图版 24）。这幅地图的年代大约是 1848—1852 年。它绘于单独的纸页上，与那个速写本的唯一关联就是图中包括了有关这些湖泊的同样的基本信息。[101]

安德森（Andersen）、罗伯茨（Roberts）和比蒂对怀塔基河地区的地名做了研究，并参考了特·瓦雷·科拉里的地图。[102] 不过，很多地名的意义现已不能确切认定。特·瓦雷·科

---

[98]　H. Beattie, *Traditional Lifeways of the Southern Maori*, ed. Atholl Anderson（Dunedin：University of Otago Press, 1994），354；Williams, *Dictionary of the Maori Language*, 108（注释 24）；二者都把它定义为一种怪物。

[99]　M. P. K. Sorrenson, "Mantell, Walter, Baldock, Durrant, 1820 – 1895," in *The Dictionary of New Zealand Biography*, vol. 1, *1769 – 1869*（Wellington：Allen and Unwin, 1990），267 – 268.

[100]　W. H. Sherwood Roberts, *The Nomenclature of Otago and Other Interesting Information*（Oamaru：Printed at "Oamaru Mail" Office, 1907），4.

[101]　在地图上展示的还有 Wakatipu Wai Maori 湖（瓦卡蒂普湖）、瓦纳卡湖和 Kauea 湖（哈威亚湖）。这些湖泊存在的信息最可能来自特·胡鲁胡鲁为爱德华·肖特兰提供的信息，以及拉基拉基为约翰·瓦利斯·巴尼科特提供的信息。图上还展示了特阿瑙湖（Lake Te Anau）和到那里的毛利人路线。最早到访这个湖的"帕凯哈"是 1852 年 1 月到达的查尔斯·詹姆斯·奈尔恩（Charles James Nairn）和 W. H. 斯蒂芬（W. H. Stephen）。带有一幅解释性地图的奈尔恩日记的抄本曾寄给曼特尔。曼特尔可能在 1848 年画了他那幅地图的大部分内容，并在 1852 年或更晚的时候添加了来自奈尔恩提供的细节信息。

[102]　Andersen, *Jubilee History*, 39（注释 6）给出了该河真左岸的 19 个地名和真右岸的 11 个地名；二者分别有 16 个和 10 个见于特·瓦雷·科拉里的地图上（在拼写上有差异，但我已努力遵从这些地名在曼特尔的速写本上的地图片断上所见的拼写）。Roberts, *Nomenclature of Otago*, 4 – 7（注释 100）在真左岸列出了 24 个地名，在真右岸列出了 21 个地名，其中分别有 17 个和 15 个见于特·瓦雷·科拉里地图。H. Beattie, *Maori Place-Names of Canterbury*（Dunedin, 1945），17 – 22 和同一作者的 *Maori Place-Names of Otago*, 20 – 23（注释 28）则为真左岸列出了 55 个地名，为真右岸列出了 20 个地名；分别有 14 个和 13 个地名见于特·瓦雷·科拉里地图。比蒂的很多地名来自一则古老的毛利传说，其中所呈现的对地名的集体记忆可能可以追溯到几个世纪以前。

由特·瓦雷·科拉里提供给沃尔特·鲍多克·杜兰特·曼特尔的地图和信息，以及由特·胡鲁胡鲁提供给爱德华·肖特兰的地图和信息（见上文），见于：*Map of the Colony of New Zealand from Official Documents by John Arrowsmith*, 1850 and 1851. 阿罗史密斯没有提到其地图的资料来源，但仅有的资料来源只可能是上面引证的那些。

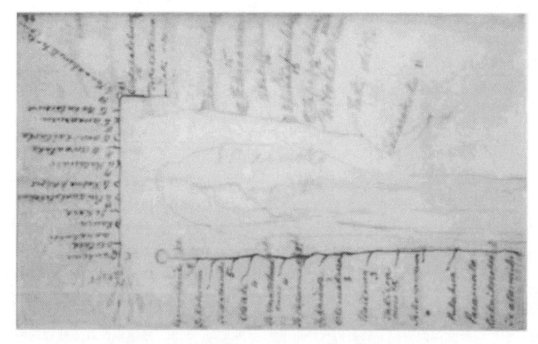

520　　　　　图14.28　怀塔基河及其源头处的湖泊的三个地图片段，1848年，来自曼特尔的速写本第36页

　　　这幅地图的片段（图14.28－14.30）在手稿中有不同朝向，以铅笔和墨水绘于纸上。这些地图由特·瓦雷·科拉里所绘，曼特尔添加注记。怀塔基河流经一片灰岩地区，有很多洞穴和岩棚。上图中展示的这一页描绘了这条河的三个河段：源头及其下不远的真左岸；这一河段一部分的扩大图；该河真右岸的中间部分。也见图14.31和14.32。

　　　原始尺寸：14×24厘米。Walter Baldock Durrant Mantell, Sketch Book no. 2, 第36页。承蒙Alexander Turnbull Library, National Library of New Zealand, Te Puna Mātauranga o Aotearoa, Wellington提供照片（E333）。

523　拉里地图是毛利人有关南岛内陆一个重要地域的知识的引人入胜的记录，提供了很多地形信息。如果能有更多的地名可以得到正确的解读，那么这幅地图就可以视为"唱出小路"（singing the trail）之一例。

　　　南岛内陆地区的另一幅地图由尤利乌斯·冯·哈斯特（Julius von Haast）从一位佚名的毛利人那里获得；当时他是坎特伯雷省政府的地质学家，正在考察汇集南阿尔卑斯山东麓之水的坎特伯雷河（Canterbury River）主要水系。[103] 坎特伯雷毛利人为冯·哈斯特提供了有关水系、湖泊和前往更远的西海岸的山口的地形信息，[104] 并为他绘了一幅地图，涵盖了拉凯阿河（Rakaia River）和阿什伯顿河［Ashburton River，也叫哈卡特雷（Hakatere）河］的源头（图14.33；请与图14.34比较）。图上主要强调的是拉凯阿河上游及其支流、湖泊、山脉和通往西海岸的山口。阿什伯顿河虽然也绘于图中，但几乎没有细节，其错综复杂的水系也被忽略掉了。这幅地图具体的毛利人来源和精确的绘图日期已无从知晓，但因为冯·哈斯特于

　　　⑩　冯·哈斯特是一位探险家、地质学家、作家和博物馆创始人，于约1822年生于德国，1858年到达新西兰；他的到达年代早于另一位地质学家冯·霍赫施泰特，他们二人曾对奥克兰以南地区做过地质勘测。参见Peter Bromley Maling, "Haast, Johann Franz Julius von, 1822–1887," in *The Dictionary of New Zealand Biography*, vol. 1, *1769–1869* (Wellington: Allen and Unwin, 1990), 167–169.

　　　⑩　参见McClymont, *Exploration of New Zealand*, 83（注释49），及Heinrich Ferdinand von Haast, *The Life and Times of Sir Julius von Haast: Explorer, Geologist, Museum Builder* (Wellington, 1948), 275–276.

图14.29 怀塔基河及其源头处的湖泊的两个地图片段，1848年，来自曼特尔的速写本第37页 521

上方的片段以比36页上（图14.28）更大的比例尺描绘了源头处的湖泊，以及该河近河口处的真左岸和真右岸。也见图14.31和14.32。

原始尺寸：14×24厘米。Walter Baldock Durrant Mantell, Sketch Book no. 2, 第37页。承蒙 Alexander Turnbull Library, National Library of New Zealand, Te Puna Mātauranga o Aotearoa, Wellington 提供照片（E333）。

1862年开始他的考察工作，所以此图一定是在这个时期绘制的。该图以黑墨水绘于纸上，地名很可能由一位欧洲人所写，但其笔迹与冯·哈斯特的笔迹不符。以侧视图表示的山脉意味着欧洲人的涵化，但要把它们画出来可能也需要一些速写能力。同样有可能的情况是，这个侧视视角并不是受到欧洲人影响的结果，而是毛利人在表达它们在毛利传统和神话中的重要性。[105] 阿拉胡拉河和翻越布朗宁山口［Browning Pass，又名 Nonoti Raureka；在图上以"山口"（Pass）标记］的路线常常出现在南岛的神话和传统中，因为它们与价值很高的软玉有关联。

翻越南阿尔卑斯山脉的山口，在19世纪60年代早期在南岛西海岸发现金矿之后，对欧洲人来说开始变得非常重要。当前与西海岸的陆路交通几乎不存在，那一地域只能走海路到达。到1865年，已经发现了很多储量颇大的金矿床，于是为坎特伯雷省政府工作的公共事务秘书约翰·霍尔（John Hall）要求詹姆斯·韦斯特·斯塔克（James West Stack）去从毛利人那里搜寻有关坎特伯雷和西海岸之间穿过南阿尔卑斯山的山口和路线的情报。[106] 斯塔克生于新西兰，父母都是传教士，在1860年任克赖斯特彻奇教区毛利人传教团团长。他能讲流利的毛利语，记录和出版了有关毛利文化和传统的大量信息，其中包括一本有关南岛毛利

[105] 比如可以参见 Margaret Rose Orbell, *The Illustrated Encyclopedia of Māori Myth and Legend*（Christchurch：Canterbury University Press, 1995），122 – 123。

[106] William A. Taylor, *Lore and History of the South Island Maori*（Christchurch：Bascands, 1952），188。

521　　　　　图 14.30　怀塔基河及其源头处的湖泊的一个地图片段，1848 年，来自曼特尔的速写本第 38 页

此图描绘了该河在其源头湖泊之下不远处的真右岸（见图 14.31 和 14.32）。阿胡里里（Ahuriri）河和奥特
马塔库河（Otematakou，今名奥特马塔塔河［Otematata］）展示为可以涉过的样子，这对于毛利旅人很重要。

原始尺寸：14×24 厘米。Walter Baldock Durrant Mantell, Sketch Book no. 2, 第 38 页。承蒙 Alexander Turnbull
Library, National Library of New Zealand, Te Puna Mātauranga o Aotearoa, Wellington 提供照片（E333）。

人的专著。[107] 因此，他是从毛利人那里获取地理信息的理想人选。威廉·泰勒（William Tay-
lor）记录道："1865 年 3 月 31 日，J. W. 斯塔克神父回复说：'我很抱歉地告诉你，唯一走
老路去过西海岸的毛利人现在身体十分虚弱，没法离开他的房屋。除了这位老人外，在活着
的毛利人里面没有人知道有关那条路线的更多信息，他们只在过去从其他人那里听说了一点
情况而已。'这位毛利老人提供了一幅草图（已摹绘），给出了一些详细信息。"[108] 在这幅地
图的稿本的一个摹绘本（图 14.35）之外，泰勒在之后的文字中还详细描述了这条路线，包
括其地形和植被。不过，所有这些原始资料——地图原件、斯塔克的摹本以及斯塔克从毛利
语翻译过来的原始文本——现在都下落不明。[109]

　　地图绘制的日期也不明，但它在 1865 年 4 月时肯定已经存在，因为这个时候有人已经
把它沿着怀马卡里里（Waimakariri）河向上游送到了一支考察队手里，其成员有约翰·萨缪
尔·布朗宁（John Samuel Browning，布朗宁山口就是用他的姓氏命名）、理查德·詹姆斯·
斯特罗恩·哈曼［Richard James Strahan Harman，哈曼山口（Harman Pass）以他的姓氏命

　　[107]　Stack, *South Island Maoris*（注释 25）。

　　[108]　Taylor, *Lore and History*, 188。

　　[109]　泰勒以不引证来源而著称（Josie Laing, Librarian, Canterbury Museum, Christchurch, 私人通信，1994 年 3 月 15
日）。泰勒有可能重写或略微修改了原始描述。

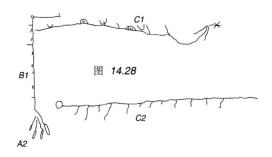

图 14.28

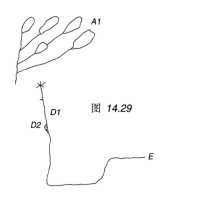

图 14.29

图 14.30

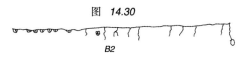

图14.31　特·瓦雷·科拉里的六个地图片段的解释　522

这幅示意图展示了这些片段（A–E）彼此如何衔接为怀塔基河从源头到河口的完整
河段。A1 是源头湖泊的细节图；A2 是较小比例尺的源头湖泊；B2、C2 和 D2 彼此相接，
展示了该河的真右岸；B1、C1 和 D1 展示了该河的真左岸；B1 和 C1 相重叠——C1 以更
多细节展示了 B1 的一个片段。E 是该河的河口。请与图 14.32 比较。

名］和 J. J. 约翰斯通（J. J. Jonestone）。[110]

　　哈曼报道说他们收到凯阿波伊（Kaiapoi）毛利人有关翻越布朗宁山口的小路的地图和
报告，并写道："不过，这份报告在一些方面非常混乱，令人迷惑，我们不得不对其中所包
含的有用信息的数量做出我们自己的判断。我们得出结论：路上有一个洞穴、一个山口和一
个有溪流从中流出的湖泊，这是我们唯一可以依赖的事实，于是我们决定把它们作为路
标。"[111] 这支勘测队没能确定洞穴的位置，但他们确实翻越了山口，见到了湖泊和溪流。

　　在图上，山脉像图 14.33 一样以侧视图展示。斯塔克可能在他的摹本上添绘了这些山　524
脉；如果它们为毛利人所画，则可能是受到欧洲人涵化的证据。另一方面，正如图 14.33 一

　　[110]　J. W. Hamilton, "The Best Route to the West Coast," 通信, *Lyttelton Times*, 1865 年 3 月 7 日, 5, col. F; 这一文献暗
示了该图的绘制日期是 1863 年 4 月至 5 月。也参见以下报纸报道: *Lyttleton Times*, 1965 年 4 月 8 日, 4, col. D; 及 Philip
Ross May, *The West Coast Gold Rushes*, 2d rev. ed. （Christchurch: Pegasus, 1967）, 133–135。

　　[111]　*Press* （Christchurch）, 1865 年 5 月 6 日, 2, col. E.

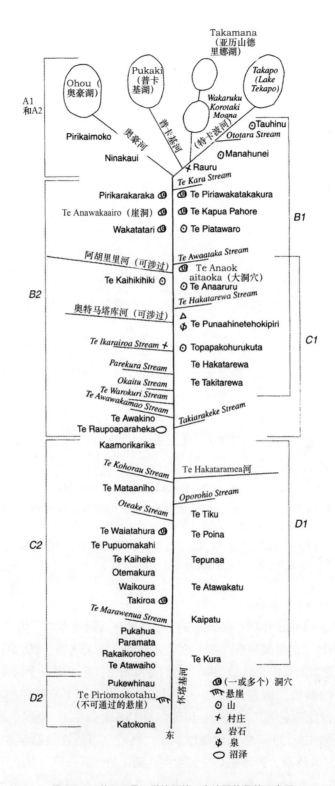

522

图 14.32 特·瓦雷·科拉里的 6 个地图片段的示意图

这是由地图片段拼合而成的怀塔基河组合地图。在这样一处环境险恶之地仍有如此多的地名，令人惊叹，但遗憾的是，很多地名的意义是不确定的。这条河的两岸都可以让毛利人到达南岛的内陆，但是在真右岸有更多洞穴，可以供向内陆进发的毛利人旅队作为营地之用，他们可能更常走这一侧。

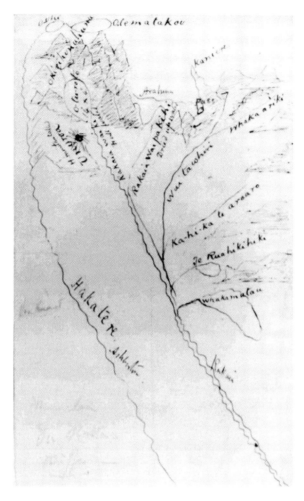

图 14.33　拉凯阿河和阿什伯顿河的源头，约 1862 年

524

此图以北为上；手稿，以黑墨水绘于纸上。图上很多地名可以容易地识别。Whakamātau 是科尔里奇湖。Te Ruahikihiki 曾被推测为一道山脉的名字［H. Beattie, *Maori Lore of Lake, Alp and Fiord: Folk Lore, Fairy Tales, Traditions and Place-Names of the Scenic Wonderland of the South Island*（Dunedin：1945；reprinted Christchurch：Cadsonbury, 1994），64］，可能是威尔伯福斯河［Wilberforce River，即怀塔威里（Waitāwhiri）河］南边的几个主峰［Barry Brailsford, *Greenstone Trails: The Maori Search for Pounamu*（Wellington：A. H. and A. W. Reed, 1984），131］。然而，这个名字见于一个湖泊附近——凯瑟琳（Catherine）湖、林登（Lyndon）湖和塞尔夫（Selfe）湖都大致位于这一地区，在柯尔里奇湖附近。Kāhika te Aroaro 大致在哈珀河（Harper River）所占据的位置上。布雷尔斯福德（132 页）推测 Whakāriki 是吉福德溪（Gifford Stream）。图 14.33 把 Whakāriki 展示为从真右岸注入威尔伯福斯河的样子。这令人困惑。如果图 14.33 是正确的，那么这将意味着 Whakāriki 是克罗宁溪（Cronin Stream）。如果图 14.35 是正确的，那么在图中展示为一条大溪流的 Whakāriki 更可能是格里菲斯溪（Griffiths Stream），而不是吉福德溪。根据怀塔哈人（Waitaha）的传统历史，卡尼埃尔（Kaniere）是南阿尔卑斯山脉西侧一座山峰的名字。这个名字现在是同一地区的一个湖泊的名字。布雷尔斯福德（128—129 页）把卡尼埃尔峰定位到布朗宁山口（Browning Pass）的东北方。这样的话，这座山峰就显然可以识别为哈曼峰（Mount Harman）；参见 Howard Keene, *Going for the Gold: The Search for Riches in the Wilberforce Valley*（Christchurch：Department of Conservation, 1995），地图在 33 页（这本书虽然是最近出版的，但其中对于毛利人利用布朗宁山口的情况只有寥寥数语的介绍）。阿拉胡拉（Arahura）是图上那条西海岸河流的现名，从那里可以获得软玉。Nonoti Raureka 以劳雷卡（Raureka）的名字命名，根据传统历史的记叙，这是一位女性，是第一个穿过山口、带着软玉的人。Rakaia Waipākihign 对应于马西亚斯河（Mathias River）；Rakaia Waiki 是西边的拉凯阿河，其源头有 Ō Tūroto［赫伦湖（Lake Heron）］。名为 Unuroa 的高山可能是阿罗史密斯峰（Mount Arrowsmith），或更可能指阿罗史密斯峰所在的整道山脉。

原始尺寸：21 × 13 厘米。承蒙 Alexander Turnbull Library, National Library of New Zealand, Te Puna Mātauranga o Aotearoa, Wellington 提供照片（−834. 44cdc/ca. 1860/acc. no. 3739）。

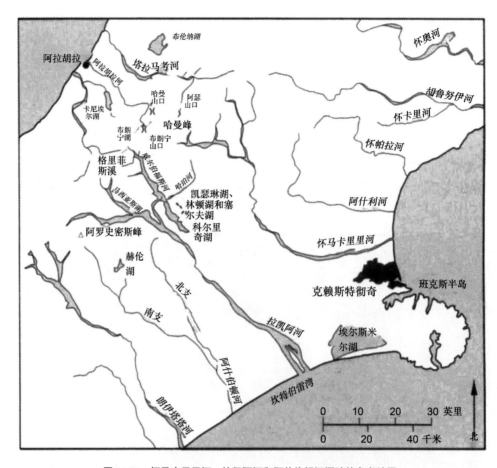

图 14.34 怀马卡里里河、拉凯阿河和阿什伯顿河源地的参考地图

样，这些山脉也可能用这种方式画出来，以展示它们在传说和神话中的重要性。提供信息的知情人在多年以前曾经翻过布朗宁山口，因此应该体会过获取软玉的旅行所必需的仪式。在1865 年，这条翻越布朗宁山口的路线已经有很长时间没有用过了；有人告诉斯塔克，一个带着软玉的毛利旅队在山口上或在其下的洞穴里被困在一场暴雪中，而全部遇难。这条路线在他们的记忆里成为 tapu（意为"受到了宗教迷信的限制"），而不再使用。⑫

有 3 幅由毛利人绘制的地图展示了边界线，并与土地声索相关联，其中两幅原图尚存。第一幅是奥克兰岸外豪拉基湾中的莫图塔普（Motutapu）岛地图，在 1857 年作为证据带入了一场法庭听证会，但它在 1845 年就已绘成，那时该岛的南半部被毛利人售与两个欧洲人詹姆斯·威廉森（James Williamson）和托马斯·克拉默（Thomas Crummer）。⑬ 在 5 年之前的 1840 年，托马斯·麦克斯韦（Thomas Maxwell）已经同意购得整个岛屿。然而，他没有付出成交价全款，因此在毛利人看来，他只买下了这个岛的北半部。麦克斯韦后来失踪，与

⑫ Report, *Lyttleton Times*, 1864 年 4 月 8 日, 4, col. D（注释 110），及 *Press*（Christchurch），1865 年 4 月 8 日, 2, col. D.

⑬ 这幅地图和听证会上证词的记录可见于：the National Archives of New Zealand, Wellington, Half Caste Claim of the Children of Thomas Maxwell, Old Land Claims（OLC）File 332。关于威廉森的生平，参见 Russell C. J. Stone, "Williamson, James, 1814 – 1888," in *The Dictionary of New Zealand Biography*, vol. 1, *1769 – 1869*（Wellington：Allen and Unwin, 1990），598 – 599。

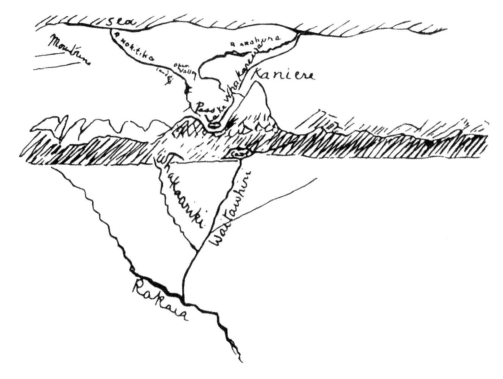

图14.35 从坎特伯雷经布朗宁山口到西海岸的路线平面图，1865年 525

以西为上。这幅草图包含了图14.33中所包含的大部分信息，后者是拉凯阿河和阿什伯顿河源头的草图。
Whakarewa湖［现名布朗宁湖（Lake Browning）］是布朗宁山口北侧的湖泊的名字，名为卡尼埃尔的山峰似乎与哈
曼峰是同一座。威尔伯福斯（怀塔威里）河源头处的洞穴据说是毛利人储存供给的地方。泰勒绘制了这份摹本，并
在1952年出版；他在其上添加了地名。

原始尺寸：8 × 10 厘米。引自 Barry Brailsford, *Greenstone Trails*: *The MaoriSearch for Pounamu*（Wellington：
A. H. and A. W. Reed, 1984），图89（132 页）。承蒙 Alexander Turnbull Library, National Library of New Zealand, Te Pu-
na Mātauranga o Aotearoa, Wellington 提供照片。Stoneprint Press, Hamilton, New Zealand 许可使用。

1857年的这场法庭听证会有关的是他的5个半毛利血统的儿子的土地声索。罗伯特·格
雷厄姆（Robert Graham）后来买下了威廉森和克拉默的土地，在听证会上做证，并摹绘
了"由一些本土定居者绘制的莫图塔普岛的粗糙的本土草图，展示了所指定的边界"（图
14.36）。[114] 他还做证，他和麦克斯韦的儿子们已经核查了边界，发现它与地图相符。

这幅地图以铅笔绘于纸上，其绘者纳泰（Ngātai）在该岛南半部被出售的时候一直代理着
麦克斯韦年幼后代的利益。他在地图上写下地名和其他信息，在法庭上解释说，虽然他的名字
写在了莫图塔普岛的北部，但是他并不拥有这些土地（见图14.37）。他倒是在朗伊托托岛上
拥有土地，这个三角形的岛在地图上也有展示。该岛上的第二条边界标志着纳泰的土地和一位
"帕凯哈"（欧洲人）的土地之间的划分。

1861年5月7日，詹姆斯·麦凯（James Mackay）遇到了一群在沙地上画下了一幅地图
的毛利人。麦凯是新西兰中央政府的土地采购专员，曾经为政府办理过大量土地采购事宜，
对毛利人的土地事宜有很好的把握。这次地图的绘制发生在帕里华考霍河（Pariwhakaoho

---

[114] Half Caste Claim of the Children of Thomas Maxwell.

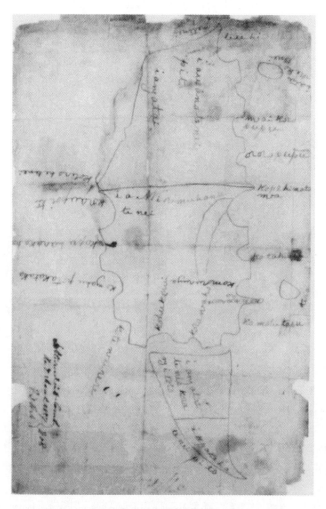

图 14.36 毛利人所绘莫图塔普岛和朗伊托托岛的地图

此图以北为上。手稿，以铅笔绘于纸上。莫图塔普岛上的大量海岸地物有名字，但令人遗憾的是，其中只有塔胡胡（Tāhuhu）这一个地名见于今天的大比例尺地图之上，为奥塔胡胡角（Otahuhu Point）。这个地名对于确定纳奈地图的朝向来说最为有用。在他的地图上把其他地名识别到岛上的海岸地物的唯一方法，是与一位知道这个岛的毛利人历史的毛利语言学家和地方史专家一起步行走过整个海岸。朗伊托托岛没有地名，可能是因为这个岛对作物种植来说几乎没有价值。也见图 14.37。

原始尺寸：36×21 厘米。承蒙 National Archives Head Office, Wellington 提供照片（Old Land Claims File [OLC] 1/332, Sep. 22）。

River）河口的一个毛利堡垒附近的海滩上，该河在南岛的北端注入金湾。这些毛利人属于纳蒂阿瓦（Ngāti Awa）"伊威"，其中有一位重要的酋长，叫罗波阿马·特·奥内（Ropoama te One）。由罗波阿马·特·奥内所绘的这幅地图展示了在北岛怀塔拉（Waitara）处属于他和另一位酋长威雷穆·金伊·朗伊塔凯（Wiremu Kingi Rangitakei）的土地。在地图上，堡垒以小圈表示，小圈则是用撕开的亚麻秆的碎片拼成。⑬

---

⑬ Memorandum, James Mackay to Donald McLean, Native Secretary, 1861 年 6 月 20 日，in *Appendix to the Journals of the House of Representatives of New Zealand*, E. 23, 1863, 1。在这份备忘录之后，是一封詹姆斯·麦凯致金湾助理牧师亨利·哈尔科姆（Henry Halcombe）的信；在这封地图绘制时，哈尔科姆与麦凯在一起。在信中，麦凯要求他确认这些事件。而在这封信后则是哈尔科姆随后的确认书。关于麦凯的更多生平，参见 Harry C. Evison, "Mackay, James, 1831–1912," in *The Dictionary of New Zealand Biography*, vol. 1, *1769–1869* (Wellington: Allen and Unwin, 1990), 252–253。

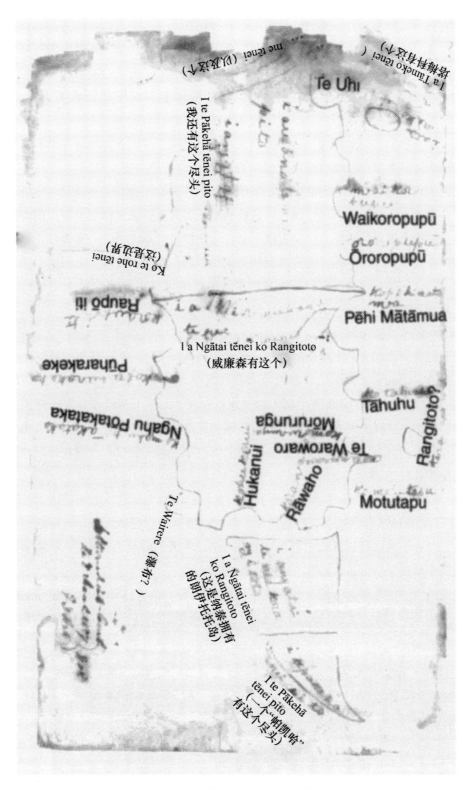

图 14.37　纳泰地图（图 14.36）的解读　　　526

未翻译的注记是地名。

麦凯感到罗波阿马·特·奥内的地图比起另一幅在本土事务部的一位官员的命令下绘制的地图更可靠，因为它是为了毛利人自己的信息分享和消遣而绘制；不过麦凯不知道他绘制这幅地图的意图。纳蒂阿瓦毛利人则相信这幅地图是准确的；麦凯让罗波阿马·特·奥内向他解释这幅地图，又把它摹绘在笔记本上。他还根据毛利人所述记录了堡垒的名字。⑩图 14.38 是根据麦凯的笔记本中这幅地图的摹本所制作的石印版。⑪

528　　　虽然麦凯不确定这幅地图为什么要绘制出来，但是图上所涵盖的地域在毛利人之间及毛利人与欧洲人之间有争议，而且这片土地在 1859 年曾由一位叫特·泰拉（Te Teira）的毛利人拿出来售卖给了政府，他的名字出现在了地图上。特·泰拉得到了为这片土地所支持的分期款，但是他没有土地的所有权。他售地的权利遭到了其酋长威雷穆·金伊·朗伊塔凯的质疑，后者反对把土地卖给欧洲人。威雷穆·金伊·朗伊塔凯不仅是唯一有权禁止出售公地的人，而且对于这片土地的一部分还有世袭和个人的声索。然而，政府官员相信，他对这片土地没有权利，认为他在挑战维多利亚女王的主权。1860 年 2 月，当这片土地开始开展官方测量时，勘测员遭到了反抗，从而导致北岛又爆发一场土地战争。⑱

　　　　图 14.39 展示了特·阿拉瓦（Te Arawa）"伊威"纳蒂皮基奥（Ngāti Pikiao）"哈普"的土地及罗托鲁阿诸湖，其来源尚不清楚，但据说可能来自 19 世纪晚期，是罗托鲁阿大委员会（Great Committee of Rotorua）赞助绘制的。这个委员会代表了特·阿拉瓦"伊威"的一些"哈普"，组建的目的是调查毛利人的土地所有权，并在不诉诸原住民土地法庭的情况下解决索赔问题。这样的调查可以避免勘测范围相互重叠的代价，让诉讼当事人免于使土地
529拥有者为违背他们意愿的勘测破费，并赢得特·阿拉瓦毛利人的信心。罗托鲁阿地区的土地所有权情况非常复杂。⑲

　　　　D. M. 斯塔福德（Stafford）是北岛罗托鲁阿地区的毛利史学家，他相信这幅地图可能早在 1877 年或晚在 1895 年由委员会绘制出来，其时正值纳蒂皮基奥人所有"哈普"再次召开一场大会，要在土地法庭听证会之前解决边界争端。⑳ 因为委员会在 1879 年做了报告，所以较早的那个年代是与委员会的参与时间一致的。

　　　　这幅地图由一位毛利人所绘，但代表了整个"哈普"的集体知识。所有写下的信息都是由同一个人添加的。这幅地图已经有部分内容翻译了出来（图 14.40），其中包含湖泊、

　　⑯　Memorandum, Mackay to McLean, 1861 年 6 月 20 日, 1.

　　⑰　詹姆斯·麦凯的笔记本连同他所绘的这幅地图的摹本现在下落不明。二者均无寄给殖民当局或由对方寄回的摹本。参见 Memorandum, Mackay to McLean, 1861 年 6 月 20 日；Memorandum from Thomas H. Smith, Acting Native Secretary, to James Mackay, 日期为 1861 年 8 月 31 日；及 Memorandum from Thomas Gore Browne, Governor-General to the Duke of Newcastle, Colonial Secretary, London, 日期为 1861 年 7 月 31 日；后两份备忘录分别见 Appendix to the Journals of the House of Representatives of New Zealand, E. 23, 1863, 2 和 3.

　　⑱　Keith Sinclair, "Browne, Sir Thomas Gore (1807 – 87)," in An Encyclopaedia of New Zealand, 3 vols., ed. Alexander H. McLintock (Wellington: Government Printer, 1966), 1: 258 – 259.

　　⑲　Herbert William Barbant, "Report on the State of the Native Population in the Bay of Plenty and Lake Districts to the Under Secretary, Native Department, 31 May 1879," in Appendix to the Journals of the House of Representatives of New Zealand, G. 1, 1879, session 1, 18.

　　⑳　D. M. Stafford, 私人通信, 1994 年 9 月 5 日。

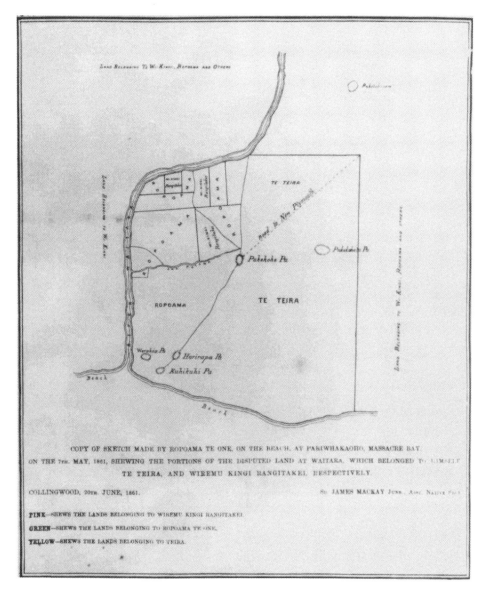

图 14.38　"罗波阿马·特·奥内绘制的草图的摹本"，1861 年　　526

　　这幅地图于 1861 年 5 月 7 日绘制于金湾帕里华卡奥霍的沙滩上。这份摹本以东南为上。它是一幅单色石印图，有亚麻衬层，其上的图例指出此图是为一部彩色的手稿摹本准备的。罗波阿马·特·奥内地图的一个摹本，以及另一幅为怀塔拉的官方土地测量所绘制的地图的摹本一起寄给了殖民秘书——这两幅地图在新西兰制作和保管的任何摹本应该都是彩色的。地图中展示了 6 个堡垒的位置，其中在这片土地区域之内的 5 个有争议。只有两个堡垒的位置可以在现代地图上定位：一个可能是普凯科赫（Pukekohe）堡垒，另一个则肯定是普凯塔考埃雷（Puketakauere）。这一地区有较多的毛利人口，河附近土地对庄稼来说很肥沃。把堡垒设在那里可以保护财产。

　　原始尺寸：29×24 厘米。引自 *Appendix to the Journals of the House of Representatives of New Zealand*, E. 23, 1863, 插于标题页和第 1 页之间。承蒙 Alexander Turnbull Library, National Library of New Zealand, Te Puna Mātauranga o Aotearoa, Wellington 提供照片（832. 2gbbd/1861/acc. no. 6677）。

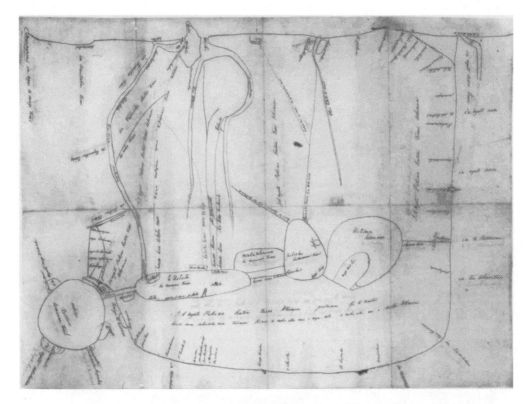

图 14.39　毛利人所绘罗托鲁阿诸湖和纳蒂皮基奥土地的地图，约 1877—1895 年

这幅地图大致以东北为上；手稿，以黑墨水绘于纸上，有亚麻衬层。罗托鲁阿湖是地图上的 4 个湖泊里最准确的，但其中缺少莫科亚岛（Mokoia Island）。罗托伊蒂湖、罗托埃胡（Rotoehu）湖和罗托马（Rotoma）湖的岸线画得非常笼统。也见图 14.40 和 14.41。

原始尺寸：60×85 厘米。承蒙 National Archives Head Office, Wellington 提供照片（LS Misc. 2071）。

一座山、岛屿、道路或小路以及在纳蒂皮基奥土地的边界内的土地所有者的名字。在纳蒂皮基奥的边界之外，土地所有情况用"伊威"和"哈普"的名字来展示。小路把湖泊和溪流与海岸连接起来，提供了前往森林、溪流、河口和海滨食物资源的通路，并可作为贸易和战争的路线（图 14.41）。

纳蒂皮基奥人曾把这幅地图用于一场与近期的土地声索有关的争议中；他们声索了应该属于他们的大部分土地，特别是来自华卡塔内（Whakatane）地区纳蒂阿瓦"伊威"的罗托埃胡湖周边的森林。[120] 现在的纳蒂皮基奥"哈普"不知道有这幅地图，图上大部分信息和地名现在让他们查看时，也已经不再为他们所知晓。"哈普"的成员对于这幅地图上的名字有各种各样的解读，要花一些时间才能就地图 14.40 中给出的翻译达成共识。[122]

---

[120]　D. M. Stafford，私人通信，1995 年 6 月 28 日。
[122]　D. M. Stafford，私人通信，1994 年 10 月 10 日。

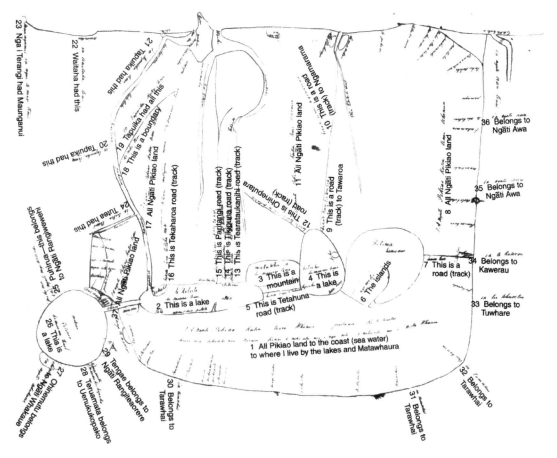

图14.40 纳蒂皮基奥土地地图（图14.39）上的地物注记的翻译

530

　　1. 到海岸（海水）都是皮基奥土地，我住在那里的湖泊和马塔华乌拉（Matawhaura）边上；2. 这是一个湖；3. 这是一座山；4. 这是一个湖；5. 这是 Tetahuna 路（小路）；6. 岛屿；7. 这是一条路（小路）；8. 都是皮基奥土地；9. 这是到 Tawaroa 的一条路（小路）；10. 这是到 Ngamarama 的一条路（小路）；11. 都是纳蒂皮基奥土地；12. 这是 Ohineputara 路（小路）；13. 这是 Tearataukanihi 路（小路）；14. 这是 Tikipuna 路（小路）；15. 这是 Paritangi 路（小路）；16. 这是 Tekaharoa 路（小路）；17. 都是纳蒂皮基奥土地；18. 这是一条边界；19. 这都是 Tapuika 拥有的；20. 这是 Tapuika 拥有的；21. 这是 Tapuika 拥有的；22. 这是 Waitaha 拥有的；23. Nga i Terangi 有 Maunganui；24. 这是 Tutea 拥有的；25. Puhirua——这个属于 Ngāti Rangiwewehi；26. 这是一个湖；27. Ohinemutu 属于 Ngāti Whakaue；28. Teruamata 属于 Uenukukopako；29. Tengae 属于 Ngāti Rangiteaorere；30. 属于 Tarawhai；31. 属于 Tarawhai；32. 属于 Tarawhai；33. 属于 Tuwhare；34. 属于 Kawerau；35. 属于纳蒂阿瓦；36. 属于纳蒂阿瓦；37. 都是纳蒂皮基奥土地

　　马努·华塔－特·鲁南阿努伊·奥·纳蒂皮基奥对 37 个名字做了翻译。这些名字包括湖泊、一座山、岛屿（但现在没有一个在罗托马湖上）、道路或小路、土地所有者以及纳蒂皮基奥土地的边界。普伦蒂湾海岸、纳蒂皮基奥边界以及凯图纳河形成了这幅地图的外围。土地所有情况以"哈普"和"伊威"的名字展示到纳蒂皮基奥边界之外。从湖泊画向海湾的线条（河流和溪流除外）都描述为道路或小路，其中的小路最可能把"哈普"的土地和湖泊与溪流、河流、河口和普伦蒂湾海岸连接在一起。给这些小路所起的名字没有一个能在现代地图上找到。

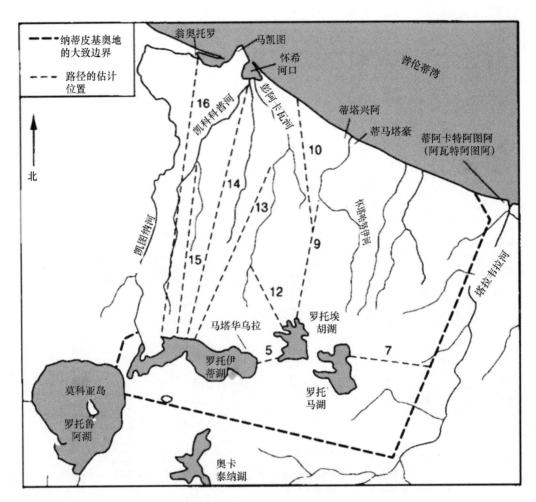

530　　　　　　　　　　　　　图 14.41　纳蒂皮基奥土地（图 14.39）地图上的地名、边界和路径

地名和数字与图 14.40 相对应；虚线是湖泊之间、湖泊和海岸之间以及湖泊和河流之间的路径的估计位置。

结　论

　　毛利文化和生活方式与其自然环境纠缠在一起难解难分。毛利人对环境十分看重，特别是其作为景观的可见表达形态。不仅如此，长期与景观关联在一起的地名也概括了毛利人的大部分传统历史，这些历史所纪念的事件和神话都可以作为地理助记物。加在这些助记物之上的是暗示了地物的外观或形状的名字。

　　毛利人从名为"陶马塔"（taumata，休息处和山脊）的高处视角来获得对景观的概览。因此，对它们的作用的最好描述是："老派的毛利人非常重视一个居高临下的'陶马塔'，从那里可以对其部落的土地做一很好的俯瞰；而当我在这样的地方休息时，常常听到他们低声哼唱古老的歌曲，这些歌曲会提到在他们所看到的地方很久以前发生的事情。"⑫ 在新西兰，几乎没有地方离海的距离超过 100 千米。这里的岛屿在全年都为湿润温和的海洋性气

---

⑫　Elsdon Best, *Forest Lore of the Maori*, ed. Johannes Carl Andersen（1942；reprinted Wellington：Government Printer, 1977），28.

候，降雨量在南岛和北岛多山的西端普遍要比东侧大得多。在北岛，霍克斯湾（Hawkes Bay）和怀拉拉帕湖的降雨较少；在南岛，从凯库拉半岛向南到福沃海峡也都有相同的规律。

在欧洲人前来定居之前，新西兰的植被基本是降雨量的反映。北岛西部和东北部是原始森林。奥克兰地峡以及陶波湖向南、向东北的地区覆盖着灌丛和蕨类。低地草丛覆盖了3座火山周围的地域。从马希亚半岛（Mahia Peninsula）以南到帕利瑟湾的土地长的是灌丛和蕨类。在南岛，从费尔韦尔角（Cape Farewell）向南到菲奥德兰一线的西侧生长着原始森林，向上一直长到南阿尔卑斯山脉的灌丛线处。在灌丛线以上则以草丛、岩石和积雪为主。在南阿尔卑斯山脉东侧，原始森林占据了山谷，有时也生于山脚。这让低地草丛从凯库拉半岛向南一直分布到福沃海峡。尽管有这样的森林植被，在北岛和南岛上很可能有很多"陶马拉"，让人可以看到全景式的景观，对广阔而呈现为独特的崎岖地貌的陆地一览无余。

毛利人在北岛经常出行，在南岛就更是游历广阔。这两个岛上都有广泛的小路网。南岛西岸和南岸难以到达的海滨地域他们也知道，并有利用。*Waka*（独木舟）和 *mōkī/mōkihi*（渡筏）用于渡过大河，而独木舟还用于绕南部海岸航行。

文化、地名、"陶马塔"、环境条件和旅行都结合在一起，为毛利人提供了理念基础，在其上形成大面积地域的地理图像。因此，当一队毛利人在1769年到访"奋进"号时，一位酋长就热情地回应了库克对地理信息的要求，以木炭在甲板上画下了一幅范围广阔的地图。该图呈现了新西兰长达750千米以上的复杂海岸线，库克认为它很有用，值得摹绘，并询问了地点和地物的名字。这位酋长的海岸图，是一种很可能从史前时代延续到19世纪晚期的连续的制图传统中最令人信服的一环。

现存的地图和报告中的地图描述几乎没有例外地都是为探险者、官员和勘测员所绘，是对他们有关土地、海岸和岛屿以及路线的询问的回应。在本章讨论的地图中，除了3幅之外的其他作品都是在欧洲人开始有组织地在新西兰定居之后创作的。毛利人偶尔也会乐意通过绘制地图来回应。显然不只1769年那位酋长为库克绘制的地图是这种情况，1793年图基为金绘制的地图也是这种情况，可能1859年那位佚名的毛利人为霍赫施泰特所绘的罗托卡卡希湖地图也是如此。然而，在其他情况下，文献中并没有记载欧洲人从毛利人那里获取地图或其他地理信息时，究竟花了多少询问和劝说的功夫。我们对于毛利人为他们自己绘制的地图以及这样的地图与他们为欧洲人绘制的地图可能有什么样的区别也知之甚少。麦凯在提到罗波阿马·特·奥内在沙地上绘制的地图时，可能提供了一点线索。据他观察，"原住民自己会绘制平面图，给他们自己提供信息，或是用于消遣；在我看来，比起那些为本土事务部的官员所绘，或是应官员的要求所绘的地图来，更值得信赖的是这些平面图"。[124] 作为代表政府的本土事务部的毛利人土地谈判员，麦凯体会过由于地图的使用导致的毛利人与"帕凯哈"之间的误解，他的观察很可能就是来自这些经验。

在大多数情况下，原始地图的内容有可能受到的影响，源于毛利人与欧洲人所开展的有关共同事务或"帕凯哈"利益的交流的需求。其上的内容可能在摹绘和印刷的过程中被欧洲人故意地或默认地省略、修改或增补。几乎在所有情况下，地名和注记都是欧洲人插入

531

---

[124]　Memorandum, Mackay to McLean, 1861年6月20日（注释115）。

的，虽然在仔细誊抄的内容与修改或增补的内容之间的平衡性肯定总是不确定的。不过，就本章中描述的地图而言，我们仍可以就地物类别出现的频率做一些概括。地形和水文地物是为数最多的，也最常出现。文化地物的数量几乎一样多，但出现的次数显著降低。[125] 抽象的、神话的和宗教的观念也会包含在毛利地图中。当特·赫乌赫乌·图基诺二世在绘制地图时，他用了一根蕨茎代表汤加里罗（三座火山），又用一根小蕨茎代表他的"马纳"。而当那位毛利酋长以木炭为库克绘制地图的时候，他想解释说，毛利人的"怀鲁阿"在人死后会马上前往特·雷因阿，在那里向下到达下界。语言问题让他解释起来很困难，所以他干脆躺在甲板上模仿死亡，变成了一个地图符号，然后指向他所画的地图上的特·雷因阿。拉基拉基地图（见图 14.27）记录了河狸般的动物据说可以见到的地方，而特·胡鲁胡鲁地图（见图 14.24）提到了一座浮岛和一个"蒂普阿"的居所，这些生物都被一些学者与毛利神话联系在一起。

毛利地图的现存衍生物上的符号是它们所有特征中最为欧化的。最为显著的例子是在好几幅地图上用一只锚来象征下锚地（见图 14.12 和 14.19—22）。不过，除了这些符号外，点状符号比较少见。在现存的地图中，最古老的图基地图也是符号最为丰富的地图。

从本章中考察的地图中，我们知道毛利人会在沙地或尘土中以及在木头、地板和纸上绘制地图。他们使用了多种工具：木棍，小刀，木炭，粉笔，铅笔，还有墨水。虽然毛利人从接触前时代开始就是优秀的木雕匠，但是直到很晚的历史时期才开始了有把地图雕刻在木头之上的记录。[126] 罗杰·奈奇（Roger Neich）推测，木雕地图近乎不存在的原因可以在毛利木雕的观念基础中找到——

> 毛利艺术家用木雕来传达观念性、象征性的理念和价值，它们与祖先和部落关系有关。他们不把木雕作为一种记事形式，也不作为记录有关自然世界的事实的形式。……所有祖先木雕把他们置于一种理念空间和时间中，而不会提及任何种类的景观。木雕中的景观地物只是在他们了解了欧洲艺术之后才出现。我认为这一点完全足以说明为什么新西兰没有雕刻在木头上的地图。[127]

19 世纪来自新西兰的巨量地图学手稿构成了一片未制图的海洋。由新西兰陆地信息局（Land Information）的 11 个地区性的分支机构、惠灵顿的新西兰国家档案馆（National Archives）以及英格兰伦敦的档案局和汤顿（Taunton）的水文局（Hydrographic Office）所保管的记录，构成了 19 世纪新西兰本土地图学的主要文献。这些记录包括勘测员的田野记录本、

532

---

[125]　这些概括所根据的是我对描绘了以下内容的地图数目的统计：对于地形和水文地物，我包括了各种海湾、洞穴、悬崖、海岸地物、河口、峡湾、岛屿、潟湖、湖泊外泄入海的河道、湖泊、大岩石、沼泽、平面图视角的山脉（晕滃表示）、"帕基希"草原、山口或鞍部、急流、礁石、河流、泉和溪流；对于文化地物，我包括了下锚地、"营地"、雕饰房屋、欧洲人定居点、可涉过的河流、港湾、村庄、地权边界、有关平地的注记、堡垒、地名、战斗发生之地、道路、小路、旅行时间和捕鲸站；对于生物地物，我包括了森林、新西兰贝壳杉、有关木材的注记和海豹繁殖场。

[126]　在以下文献中提到了一根独木舟桨上的描绘了北岛的雕刻地图：Roger Neich, *Painted Histories: Early Maori Figurative Painting* (Auckland: Auckland University Press, 1993), 252。

[127]　Roger Neich，私人通信，1994 年 9 月 14 日。

勘测平面图、手稿地图、清绘图、海岸剖面图和其他档案文件——这最后一类常常也包含小型手稿地图。我于 1994 年在水文局所藏资料中做了搜索，但只看到了清绘图和海岸剖面图。其他组织所藏资料还都没有人做过系统的搜索——这将是一件浩繁的任务。此外，惠灵顿亚历山大·特恩布尔图书馆地图学收藏中的手稿以及达尼丁奥塔戈大学的霍肯图书馆也有相关资源。很难说在所有这些收藏中能成功找出多少毛利人所绘的地图或由他们所提供的信息直接绘制的地图，因为这样的地图不太可能归类为毛利地图，还可能缺少归档记录。不过，在这些记录中确实有可能深藏着毛利地图，等待着研究者去发现。

533 –
536

附录 14.1　现存早期毛利地图及其衍生物

年代、原图作者和涵盖地域	衍生版本	所藏地或首次出版文献 i	尺寸（厘米）（高×宽）	朝向	载体	语言	描述
1793，图基（图 14.6）；北岛和南岛及一些离岸岛屿		Public Record Office, London, MPG 532/5	41×53	大致为西	手稿；以铅笔绘于纸上，再以黑墨水重绘——地名也用黑墨水标出	英语和毛利语	北奥克兰半岛的社会政治条件记录
	略晚的版本，显然是原图的摹本	Public Record Office, London, MPG 298	41×53	大致为西	手稿；以黑墨水绘于纸上	英语和毛利语	与上图相同；也见正文注释 70
	1894（图 14.17）	AJHR, C. 1, 1894, 第 98 对页	32×18	北	石印	英语和毛利语	本质上是海员所绘的南岛海图
1841，佚名的毛利人；南岛，斯图尔特岛和离岸岛屿	约 1900—1910 年，由土地和测量部的绘图员所绘（图 14.18）	Cartographic Collection, Alexander Turnbull Library, Wellington, 834ap/1841 – 2/acc. no. 527	56×44	北	手稿；以黑墨水绘于纸上，沿海岸线加绘蓝色水印；有衬层	英语和毛利语	与上图相同
	约 1900—1910 年，由土地和测量部的绘图员所绘	地点未知					与上图相同
1843，霍内·图哈怀基；南岛菲奥德兰西南部	1851，由肖特兰出版的摹本（图 14.19）	Shortland, Southern Districts, 第 81 对页	17×11	北	石印	英语和毛利语	描绘了乔尔基湾和普雷瑟维申湾及其中岛屿
1843，霍内·图哈怀基；南岛福沃海峡北部	1851，由肖特兰出版的摹本（图 14.20）	Shortland, Southern Districts, 第 81 对页	17×16	北	石印	英语和毛利语	描绘了港湾和下锚地
1843，霍内·图哈怀基；南岛福沃海峡北部	1851，由肖特兰出版的摹本（图 14.21）	Shortland, Southern Districts, 第 81 对页	11×17	北	石印	英语和毛利语	描绘了港湾和下锚地

续表

年代、原图作者和涵盖地域	衍生版本	所藏地或首次出版文献 i	尺寸（厘米）（高×宽）	朝向	载体	语言	描述
1843，霍内·图哈怀基；北岛斯图尔特岛东岸	1851，由肖特兰出版的摹本（图14.22）	Shortland, *Southern Districts*, 第81对页	17×11	北	石印	英语和毛利语	描绘了港湾和下锚地
1843，佚名的毛利人；北岛怀拉拉帕湖和奥诺基湖	1843，蒂芬的摹本（图14.9）	Wellington Regional Office, Land Information New Zealand, H. S. Tiffen Field Book 28, 第3页，标有"摹本"的地图	20×12	北	手稿；以铅笔绘于纸上	英语和毛利语	描绘了湖泊、河流、溪流并有地名
1843，佚名的毛利人；查塔姆岛	1843，蒂芬的田野记录本中的摹本（图14.12）	Wellington Regional Office, Land Information New Zealand, H. S. Tiffen Field Book 28, 第21页	12×20	北	手稿；以铅笔绘于纸上	英语	描绘了港湾、下锚地、湖泊和捕鲸站
1844，拉基拉基；南岛瓦卡蒂普湖、瓦纳卡湖和哈威亚湖及克卢萨河	1844，巴尼科特的摹本（图14.27）	Hocken Library, University of Otago, Dunedin, Barnicoat, Journal 1841 to1844, 第41页	6×7	北	手稿；以墨水绘于纸上	英语和毛利语	描绘了湖泊、河流、山脉、森林和有"河狸"的地方
1844，特·鲁鲁胡鲁；南岛瓦卡蒂普湖、瓦纳卡湖和哈威亚湖	1851，肖特兰出版的摹本（图14.24）	Shortland, *Southern Districts*, 第205对页	17×12	北	石印	英语和毛利语	描绘了湖泊、河流、山脉、定居点、路径

续表

年代、原图作者和涵盖地域	衍生版本	所藏地或首次出版文献 i	尺寸（厘米）（高×宽）	朝向	载体	语言	描述
1845, 纳泰; 莫图塔普岛和朗伊托托岛（图14.36）		National Archives of New Zealand, Wellington, Half Caste Claim of the Children of Thomas Maxwell, Old Land Claims (OLC) File 1/332, Sep. 22	36×21	北	手稿；以铅笔绘于纸上	毛利语	描绘了土地所有情况、边界并有地名
1848, 特·瓦雷·科拉里（地名由曼特尔书写）（图14.28–14.30）；怀塔基河（南岛）及其源头处的湖泊		Drawings and Prints Section, Alexander Turnbull Library, Wellington, E333, W. B. D. Mantell Sketch Book no. 2, 36–38页	页面为14×24	各有不同朝向	手稿；以铅笔和墨水绘于纸上	毛利语	描绘了河流、湖泊、洞穴、悬崖、山丘、泉、沼泽和村庄
1859, 佚名的毛利人; 北岛罗托卡卡希湖	1867, 霍施泰特绘并发表（图14.14）	Hochstetter, Physical Geography, 404	6×3	大致为东北	印刷	英语	描绘了湖泊
1861, 罗波阿马·特·奥内; 北岛怀塔拉的争议土地	1863, AJHR, E. 23, 插于标题页和第1页之间（图14.38）	Cartographic Collection, Alexander Turnbull Library, Wellington, 832. 2gbbd/1861/acc. no. 6677 (地图的大致摹本)	29×24	大致为东南	石印	英语和毛利语	描绘了地产边界、河流、海岸和堡垒地址

续表

年代，原图作者和涵盖地域	衍生版本	所藏地或首次出版文献 i	尺寸（厘米）（高×宽）	朝向	载体	语言	描述
约 1862，佚名的毛利人（地名可能由欧洲人所写）（图14.33）；南岛拉凯阿河和阿什伯顿（哈卡特雷）河源头和去特喜西海岸的路线		Cartographic Collection, Alexander Turnbull Library, Wellington, -834.44cdc/ca. 1860/acc. no. 3739	21×13	北	手稿；以黑水绘于纸上，有衬层	毛利语	描绘了河流、湖泊、山脉并有地名
1865，佚名的毛利人；南岛拉凯阿河源头	1952，由泰勒重绘（图14.35）	Taylor, *Lore and History*, 第168对页	8×10	西	印刷	英语和毛利语	描绘了河流、湖泊、山脉并有地名
1870，佚名的特·阿拉瓦毛利人（图14.15）；北岛罗托鲁阿湖和罗托伊蒂湖，北达普伦蒂湾沿岸		Manuscripts Section, Alexander Turnbull Library, Wellington, MS. papers 0032 - 0217, Donald McLean, private correspondence with H. T. Clarke (1), 1861 - 1870	23×19	大致为北	手稿；以黑墨水绘于纸上	英语和毛利语	向特·科蒂开放的逃跑路线
1870，鲁卡·特·阿拉塔普（图14.16）；北岛怀哈普，在托拉加湾西边大约32千米处		National Archives of New Zealand, Wellington, AD1, 1870/3334	6×13	无法确定	手稿；以黑墨水绘于纸上	毛利语	展示了伏击特·科蒂的地点
约1877—1895年，佚名的毛利人（图14.39）；北岛罗托鲁阿湖向北至海岸		National Archives of New Zealand, Wellington, LS Misc. 2071	60×85	大致为东北	以黑墨水绘于纸上，有衬层	毛利语	描绘了湖泊、河流、溪流、海岸、河口、路径、土地所有情况、边界并有地名

i Appendix to the Journals of the House of Representatives of New Zealand, E. 23, 1863, 及 C. 1, 1894; Ferdinand von Hochstetter, *New Zealand, Its Physical Geography, Geology and Natural History with Special Reference to the Results of Government Expeditions in the Provinces of Auckland and Nelson* (Stuttgart: J. G. Cotta, 1867); Edward Shortland, *The Southern Districts of New Zealand: A Journal with Passing Notices of the Customs of the Aborigines* (London: Longman, Brown, Green and Longmans, 1851; reprinted Christchurch: Capper Press, 1974); William A. Taylor, *Lore and History of the South Island Maori* (Christchurch: Bascands, 1952)。

第十五章　结束语

戴维·伍德沃德，G. 马尔科姆·刘易斯

尽管在解读和研究进路上存在令人畏葸的困难，但在非洲、美洲、北极地区、澳大利亚和太平洋的传统社会中，有很多本土制作的人造物似乎可以在《地图学史》第一卷前言中所引述的地图的定义中加以描述。[①] 对地图定义的扩展已经吸引了其他领域的学者的兴趣；人类学家、考古学家、历史学家、艺术史家、科学史和科学社会学家及文献研究者都在其他文化呈现其世界的方式上提供了深刻见解。

传统地图学的绝大多数证据来自这些社会与西方社会的遭遇，由此带来了不可避免的文化涵化。不过，本册作者常常能够尽力搜集到线索，对接触前以图像呈现、往往以非常多样的类型表现出来的空间形象的范围和功能加以阐述。甚至就是在本《地图学史》第一卷前言中给出的"地图"的宽泛定义，在本册前面各章中又做了扩展。正如我们已经看到的，认知、表演和物质地图学这三个范畴经常是流动性的，而所谓的"地图性"（mapness）在很大程度上依赖于人们进行表演或制作人造物时的社会和功能语境。然而，在地图学史中，对"表演地图"的描述——有时候甚至也包括对"认识地图"的描述——是可以具备正当性的，因为它们确实提供了本质性的语境，以让人们理解那些被相应的社会用来表达、呈现、展示、声明和编码空间知识的图像形式。

不过，即使考虑到在使用"传统"和"地图学"这两个用语时应具备的清醒认识（上文1—2页），从本册中讨论和描述的地图中重构出这些文化的传统地图学中一些与《地图学史》其他卷册所介绍的地图学不同的一般性方法，仍是有用的做法。至少我们相信，从极为分散、常常少为人知的考古学、人类学、民族志、文化地理学、历史学及其他许多学科领域的期刊中把一手和二手文献汇集在一起，最起码也在文献编目上做出了贡献。同样，在一册书中把从全世界许多档案馆、考古遗址、博物馆藏品和图书馆中费力收集来的如此众多的图像汇集在一起（这样的工作常常十分困难），这本身就能促进个别的发现和相似性比较。

要做出这样的概括，那就往往需要扎根于艺术、建筑和其他文化表达的更宽广的语境之中。这些概括出的特征可能不是无处不在的、普世的——比如中美洲和美拉尼西亚社会之间在复杂性上就有巨大的差异——但它们可能还是普遍到了值得加以强调的程度。我们因此会在下文中讨论与空间呈现有关的下列议题：呈现形式的拓扑结构，世俗与神圣的融合，社会

[①] "地图是便于从空间上理解人类世界中的事物、概念、环境、过程或事件的图像表现。" "Preface," in *The History of Cartography*, ed. J. B. Harley and David Woodward (Chicago: University of Chicago Press, 1987 -), 1: xv - xxi, 特别是 xvi 页。

或自我在宇宙中的中心取向，景观与其中出现的事件的不可分割性，以及呈现形式与人类生活世界的密切性。

拓扑结构

在传统文化中制作的地图不会包含抽象的投影、坐标几何以及当前与国际地图学相关联的测量空间。然而，传统地图确实共有一种普遍的几何学——它包含拓扑学，线性、中央和外围、接触性、连接性之类概念在其中具有非常重要的意义，要比坐标位置在抽象的无限平面图中的意义重大得多。

在本册考察过的文化所制作的传统地图中，有很大比例表现为线性路程图的形式。大多数传统社会用来给自然和人文地物命名的地名都有很大的丰富性和密集性，远远超过现代欧洲社会；形形色色的无人定居的地点与有人定居的地点一样，都有专有的名称。这些地名里有非常高的比例与河流之类线性地物相关：举例来说，特·瓦雷·科拉里在沃尔特·曼特尔的速写本上绘制了展示怀塔基河（新西兰南岛）及其源头湖泊的 6 幅地图片段，曼特尔沿着这些地图的边缘就写下了由毛利人告诉他的地名。[②]

在传统社会制作的地图中，那种在距离的标准单位的协助下度量并使用系统性比例尺的观念，对于人们想要让地图起到的功能来说，不太可能有什么帮助。既然这些地图倾向于强调景观的质性方面，而不是量性的度量，那么整个测量活动就都不具有意义。距离的观念非常可能是时间式的，以所费的力气或"这么多天的"旅行的方式来度量。不仅如此，人们熟知的地物会理所当然地以较大的比例尺呈现出来，置于中央；较不为人所知的地物则展示得比较小，并被降级到外围。

世俗与神圣

在传统社会的地图中不可能把世俗与神圣分别开来。从《地图学史》第一卷决定把"世界图"（*mappamundi*）包括进来的那一刻起，我们就已决定在这套书中把神圣地图和宇宙志记录包括进来。在那一卷中，有一个流派的地图与波托兰海图（*portolan charts*）同时并存，但其绘制出于非常不同的目的，构图也不同。在原住民对世界的呈现中，宇宙志的维度无处不在；在这样的世界中，人们并不认为景观和宇宙是人类的事件徐徐开展的被动背景，而是人类生活的主动参与者。土地拥有人群，而不是人群拥有土地。正是在这个地方，制图和宗教活动的关联变得紧密交织。在这里，导人前行的是萨满教知识，而不是地形知识，它强调着成年礼、专门或神秘的知识以及一种非常重要的球形格局；在这种格局之下，地图常常包括了对神话人物和动物的描绘，就像西方的占星术一样。制图学由此变得不像是生命发生的网格化舞台，而更像是精神世界和物质世界如何互动的模型。为了做出更具体的呈现，类似坐标系这样的抽象事物是被摒弃的。

可能因为宇宙志地图在表面上共有如此众多的世界广布的流行特征，它们长期吸引了比

---

② 见 520—523 页和图 14.28 – 14.30。

较宗教学和比较世界观研究的关注。虽然现在无法识别出任何普世的模型，但就其基础来说，在这些地图的宇宙中似乎可以识别出不约而同的三个层级（物理、情感和精神层级）以及它们的一些次级划分。这三个层级或平面常常在比喻意义上与一棵名为"生命树"（Tree of Life）的树联系在一起。其树枝上接天，那里是灵魂的居所；其树干呈现了物理的世俗平面，是"上"平面和"下"平面之间的沟通管道和支撑；其树根呈现了情感上的下界，为物理和精神元素提供了滋养和支持。③

空间和时间的物理规律并不是总能应用于天层上的"地理"中的空间排列。这个领域被人们视为梦界，通过做梦、失神状态或萨满和祭司的协助才可到达。要理解居住在这一层级上的灵魂并与之沟通，有必要为人类所居的物理世界构造一幅类比性的"地图"。这二者常常被视为同义语，正如奥格拉拉苏人的情况："恒星图和大地图其实就是一回事，因为在恒星那里的东西在大地上也有，大地上的东西在恒星那里也有。"④

正是出于这个理由，传统非洲、非洲、北极地区、澳大利亚和太平洋传统人群的地图常常拥有丰富的宇宙志意义。因为无法识别出这些功能的力量和无所不在的性质，学者曾经在解读上犯了一些错误。蒂姆·马格斯在有关南非岩画艺术的一章中提供了一个例子，描述了对一幅"战斗和逃走"的场景的不同解读。1980 年以前的作者倾向于把这幅场景看成对两个狩猎—采集人群之间战斗的白描，图中的线被理解为路径或河流，于是这幅场景就是一幅"事件地图"。但最近有批评者提出了另一种精神上的解读，把治疗视为一场战斗，发生在失神的萨满和邪灵之间，常常牵涉到箭头。如今，这幅画作已被视为呈现了失神表演中的元素，而不是在地理背景之中的实际物理冲突。⑤

宇宙、圆周与中心

包括著名学者米尔恰·伊利亚德（Mircea Eliade）在内的宗教历史学家，曾强调"中心"概念的频见性和本质性；它作为一处神圣地点，可以把人类物理世界的平面与上方的精神平面（天）和下方的精神平面（下界）连接起来，它们都以世界轴（axis mundi）为中心。既然"中心"被视为宇宙地带之间的一个"洞"或突破点，那么它自然对萨满具有特别意义；在人们看来，萨满是一种代理人，能导引治愈力量在不同地带之间移动。⑥ 沃尔特·翁详细地论述了这一点与口语传统的关系：

539　　　　在初级的口语文化中，词语仅以声音存在，不指涉任何通过视觉感知的文本，甚至对这样一种文本的可能性也毫无意识，于是声音的现象学就在词语被讲出的过程中深深

---

③　参见 Mircea Eliade, *Shamanism: Archaic Techniques of Ecstasy*, trans. Willard R. Trask（New York: Bollingen Foundation, 1964），259, 269 – 274。

④　Ronald Goodman, *Lakȯta Star Knowledge: Studies in Lakȯta Stellar Theology*, 2d. ed.（Rosebud, S. D.: Siṅte Gleṡka University, 1992），18.

⑤　见 14 页和图版 1。

⑥　Mircea Eliade, *Patterns in Comparative Religion*, trans. Rosemary Sheed（New York: Sheed and Ward, 1958），367 – 387, 及同一作者的 *Shamanism*, 259 – 287（注释 3）。

进入了人类有关存在的感觉。因为词语被体验的方式在通灵生活中总是瞬时性的。声音的居中作用（声场并不是在我之前展开，而是在我周围）影响了人对宇宙的感觉。对口语文化来说，宇宙是一件正在进行的事件，人居于其中心。人是"世界之脐"［*umbilicus mundi*］。[7]

这个观念的图形展示是圆形，是本册书中描述的地图上的基本几何单元，在全球的尺度（宇宙）和地方的尺度（房屋和定居点）上都有运用。在全球尺度上，圆形呈现了世界的地平线和宇宙的形状。[8] 它根基极深的用法也让人想到圆形在巴比伦、古希腊、中世纪基督教和伊斯兰世界地图中的普遍流行。把这个观念作为历法母题的用法，是这些社会中时间与空间的呈现不可分割的基础。它贯穿于把地平线划分为基本方位、进一步划分为罗盘点的做法中，而跨文化地出现在彼此相似的太平洋恒星罗盘和欧洲罗盘玫瑰里。[9]

在本册中，圆形母题的例子非常之多，以至于只要举两三个例子就足够了。比如在北美洲奥格拉苏人的日常生活中，圆形用于表示锥帐、环形营地和仪典排列。[10] 圆形母题也出现在地区和局地的尺度上，可能反映了宇宙志用法中的微宇宙。圆形地图学史和边界地图在中美洲很常见；比如玛雅地图就被描述为 *pepet dz'ibil*（圆形绘画或书写）。16 世纪 80 年代绘制的两幅米什特克地图是圆形的，另有一幅阿兹特克作品是《夸乌克乔延圆形地图》。[11]

在澳大利亚原住民艺术中，圆形是最常见的元素之一。比如在很多西澳大利亚沙漠艺术中，"实在的空间关系……以对称地组织……的圆形图案呈现出来。……圆形通常代表场所，而连接它们的线是在神话中把场所连接在一起的梦者路径"[12]。与此类似，中澳大利亚的瓦尔皮里人把场所的呈现做了类型化处理；这些场所由古代旅行所连接，在呈现时用了圆形和线条的组合。因此，由 3 个营地排成的线可以展示为由直线连接的 3 个圆形。在中澳大利亚，人们绘画所用的载体包括岩面这样的大而不规则的表面，人体，或是盾牌、盘子、圣石、仪式竿和吼板之类卵圆形的人造物等，它们很少为矩形。仅仅从 20 世纪 70 年代早期以来，直角才突然改变了古老的图案实践。

以圆形呈现传统定居点的普遍做法，是对这些定居点的形式的直接模仿。就像 18 世纪北美洲的一些卡托巴人的呈现物那样，通过圆形和矩形的应用，可以把本土定居点与西方定居点区分开来。对南部非洲来说，马格斯解释了圆形是农耕者定居布局的基础，而矩形的建

⑦ Walter J. Ong, *Orality and Literacy: The Technologizing of the Word* (London: Methuen, 1982), 73.

⑧ 植根于地平天文学和文化民族中心主义的"中心"概念在全世界的流行，在以下文献中有描述：Paul Wheatley, *The Pivot of the Four Quarters: A Preliminary Enquiry into the Origins and Character of the Ancient Chinese City* (Chicago: Aldine, 1971), 428 – 436, 及 Yi-Fu Tuan, *Topophilia: A Study of Environmental Perception, Attitudes, and Values* (Englewood Cliffs, N. J.: Prentice-Hall, 1974), 37 – 44, 153 – 160。

⑨ 参见 Charles O. Frake, "Dials: A Study in the Physical Representation of Cognitive Systems," in *The Ancient Mind: Elements of Cognitive Archaeology*, ed. Colin Renfrew and Ezra B. W. Zubrow (Cambridge: Cambridge University Press, 1994), 119 – 132。

⑩ J. R. Walker, "The Sun Dance and Other Ceremonies of the Oglala Division of the Teton Dakota," *Anthropological Papers of the American Museum of Natural History* 16 (1917): 51—221, 特别是 160 页。

⑪ 见 210 和 212 页及图 5.23 和图 5.25。

⑫ 见 381 页。

筑形式仅在殖民时代才引入。⑬

景观和事件

　　景观的空间布局的呈现对于传统族群很重要，但对地点分布所做的这种描绘实际上无法与该文化在过去发生于那里的关键事件相剥离。在澳大利亚原住民的梦者中，艺术家会特别遴选出拥有很多神话的邦域部分，这些神话要么与他们自己的家族相关，要么与整个族群相关。神话会被整合其中，比如大平原的形成是因为两条打斗的蛇在缠斗不息，其中的雄蛇来自北方，而雌蛇来自皮基利。⑭与此类似，毛利人给很多可感知的陆地特征起了名字，无论它们有多细微；这些名字常常暗示了人物或事件，因此让他们的记忆和过去的历史能永久保存下来。这些景观中的元素曾被称为"记忆的测量桩"（the survey pegs of memory）。⑮在中美洲，行程同样常常混入诸如《锡古恩萨地图》这样的地图，于是从阿兹特克人的传统起源地阿斯特兰到墨西哥谷中特诺奇蒂特兰的建立的族群迁徙历史中的事件和地点均得以呈现。在《肖洛特尔抄本》中，特什科科的阿科尤瓦人用一幅地图来记录肖洛特尔及其家族具有历史意义的征服和婚姻事件，由此表达了他们对领地的所有权。⑯

540

　　作为这种时空混合的基础的，是在这些社会中深深扎根的一种欲望——只要有可能，就会为任何地方为地点和事件附加"性质"（qualities）或特征。把空间作为抽象的平面或者把时间作为抽象的哲学概念的思想通常是不会出现的。

与人类生活世界的密切性

　　在本土社会中，几乎没有什么呈现和事实可以脱离人类活动的语境来审视。这些社会常常是共情的、参与式的，而不是客观地彼此拉开距离。口语表演者的"客观性"由惯用语所增强，而书写则"把知者与所知分开"。为人与人之间的疏远或脱离接触创造了条件。⑰在本册许多作者所撰的章节中，这个参与的主题都反复回响。在美拉尼西亚的语境中，埃里克·西尔弗曼强调了生产或创造的语境是信息（或地图）的一部分，而不是信息想要竭力摆脱的东西。在这类社会的表演地图学中，信息接收者通过在仪式中的持续在场而参与到其创作之中，他们还能使之变形。美拉尼西亚人的地图因此成为有关政治对立、祖先优势、仪式权力、宇宙观和性别的政治主张；比起我们的社会来，这些地图更少客观性，而更多争议性。同样，对于南美洲低地来说，尼尔·怀特黑德也提到了"参与式宇宙"（participatory universe），人群和宇宙在其中的相互关联对于宇宙秩序的维持至关重要。这样就造成了"参

---

⑬　见381页。

⑭　*A ratjara, Art of the First Australians: Traditional and Contemporary Works by Aboriginal and Torres Strait Islander Artists*, exhibition catalog（Cologne: DuMont, 1993), 347（no. 111）.

⑮　Te Aue Davis, Tipene O'Regan, and John Wilson, *Ngā Tohu Pūmahara: The Survey Pegs of the Past*（Wellington: New Zealand Geographic Board, 1990), 5.

⑯　见205－207页。

⑰　Ong, *Orality and Literacy*, 43－44（注释7）。

与式个体和所有式个体之间的认识论对立，成为南美洲的本土地图学和非本土地图学之间差异的根源"[18]。

本土地图学的参与式本质，在遭遇西方文化的过程中表现得也很明显。因为本册中讨论和复制的几乎所有地图都是在与西方文化接触之后由本土人群所制作，确定他们制作这些地图的动机就很重要。在殖民接触的历史上，他们自然曾在宽泛而多样的经济或政治语境下满足着殖民者的目的，这些语境包括探险、贸易、条约或其他谈判等。本土地图中还有一些是应研究空间和地点的文化观念的民族志学者的委托而制作，但在这种情况下，它们也仍然要适应西方学者的需求。因为真正本土的人造物实际上是不存在的，想要精确地知道现存的那些作品能在多大程度上帮助我们重建已经不复存在的接触前地图，也就十分困难。但这类证据加上同时代的书写描述仍然为我们提供了瞥向更古老的实践的唯一窗口。

直到最近，本土制图的这种局面才被打破，现代本土人群开始投身名为"地图学反抗"（cartographic resistance）的运动。[19] 这种世界性的地图学运动之一例，是由生物多样性支持计划（Biodiversity Support Program）提供的，这一机构由世界野生生物基金会（World Wild-life Fund）美国分会、英国的自然保护协会（Nature Conservancy）和世界资源研究所（World Resources Institute）联合成立，于1994年初开始运作。在很多情况下，这一机构的努力在促进当地的环保工作上获得了意想不到的巨大成功；在另一些情况下，要评估这些工作在长时段是否成功还为时过早。但是这些制图技术与本册中所描述的传统本土地图学之间的关系仍然有待阐明，因为很多现代运动在很大程度是与传统制图技术不相干的。[20]

与生活世界的密切性还展示在口语文化的一种倾向中，就是使用更为具体而不是更为抽象的空间观念。举例来说，几何形状会被赋予物体的名称，比如"满月形"，而不是抽象的"圆形"。[21] 同样，基本方位是根据太阳的昼夜运动构建世界图景的基本方法，就远远不只是抽象的概念，而本身具有以传统颜色或相关联的物体来表达的神话实在性。用于表示宇宙的圆—十字符号在很多文化中都常见，包括北美洲和南美洲的印第安人及中部非洲北部的多贡人；在多贡文化中，它呈现了神在创造大地的工作结束之时所摆出的姿势。与此类似，孔戈宇宙"被象形地表现为每个端点都附着圆形的十字形或菱形。十字形和菱形的端点呈现了4

541

---

[18] 见326页。

[19] David Turnbull, "Constructing Knowledge Spaces and Locating Sites of Resistance in the Modern Cartographic Transformation," in *Social Cartography: Mapping Ways of Seeing Social and Educational Change*, ed. Rolland G. Paulston (New York: Garland, 1996), 53—79, 特别是72—75页。

[20] 这一本土制图运动在以下文章中有描述：Peter Poole, "Land-Based Communities, Geomatics and Biodiversity Conservation: A Survey of Current Activities," *Cultural Survival Quarterly* 18, no. 4 (1995): 74-76. 该文作者列举了生物多样性支持计划的大约60个项目，开展于阿根廷、玻利维亚、巴西、巴拉圭、秘鲁、委内瑞拉、伯利兹、多米尼加共和国、洪都拉斯、尼加拉瓜、巴拿马、加拿大、美国、埃塞俄比亚、几内亚比绍、肯尼亚、塞内加尔、印度尼西亚、菲律宾、泰国、巴布亚新几内亚、尼泊尔和孟加拉国等国。讨论这一运动的文献还有 *Cultural Survival Quarterly* 这一专号上的其他文章，以及下书中的一些文章：Doug Aberley, ed., *Boundaries of Home: Mapping for Local Empowerment* (Gabriola Island, B. C. : New Society, 1993). 最近有一个例子，是伯利兹南部的42个克克奇（Ke'kechi）和莫潘（Mopan）玛雅人社区绘制了地图册，表达对环境的关切；该图册在颜色选择和符号体系上都与传统的西方地图册非常不同。关于这个例子的讨论见：Toledo Maya Cultural Council, *Maya Atlas: The Struggle to Preserve Maya Land in Southern Belize* (Berkeley, Calif. : North Atlantic Books, 1997).

[21] Ong, *Orality and Literacy*, 51（注释7）。

个基本方位，圆形表示了在 4 个阶段——日出、正午、日没和子夜——之间移动的太阳"[22]。

对本土族群来说，比起他们为地图赋予的观念意义来说，使地图成形的载体相对不太重要。在澳大利亚原住民的案例中，彼得·萨顿强调，一处神圣水洞的传统图像或对某种梦者的描绘通常是可以在载体之间转换的："同一个图案可以在成年礼期间绘在一个男孩的身体上、雨季棚屋的墙壁上、供售卖的油画上、树皮或原木棺上、饼干盒盖上、铝制的小舢板上或是一双球鞋上。"[23] 这种不重视人造物的重要性的后果，就是这些物品通常都会遭到很大损失，由此也给其意义带来了很大损失。

本土地图载体也反映了这类社会"与生活世界的密切性"。"传统"的想法有时与某个社会中有关选择和限制的观念相关。虽然所有社会中都会有限制，但本土社会的物质文化会格外受到当地材料的可获得性、气候的特性及生活的社会经济学方面的限制。[24]

不过，正如本册各章中的插图所强烈暗示的那样，在本土制图学的载体上仍然展现了与制作它们的社会的多样性相匹配的巨大丰富性和变异性——岩画和雕画，石阵，土雕，树皮绘画，棍棒、盾牌和投枪等武器的装饰，掘土棒和碗，吼板，彩色沙画，兽角，海象牙，棕榈叶，贝壳，棉布或马盖麻布，土纸，陶器，墙壁，用石头或塑泥制作的浅浮雕和三维雕塑，桦皮，象牙，还有木板。

前方之路

本册各章对我们的观念、解读和图像库做出了新的贡献；就像《地图学史》将要出版的其他卷册一样，通过这些贡献，我们有可能引出结论，回答这样的问题：对想要或需要制作地图的社会来说，哪些文化和社会环境是必需的？

对于传统地图学的描述和解释来说，《地图学史》第二卷是第一次完整详细的全球性尝试。考虑到传统经济和生活方式正在消亡，这一卷也可以视为在传统地图学这个主题停止存在之前对它的尝试性综述。另外，大多数传统社会中的少数族群正在为保存和复现他们的文化遗产而积极努力，这一卷又可以视为一种返还观念和材料的演练。

我们显然有充足的机会可以在本册所介绍的内容之上再接再厉。虽然我们已经尽力要涵盖主要的传统文化，但还是有遗漏和不一致之处。对于新几内亚岛的西部也即伊里安查亚（今属印度尼西亚）、菲律宾、马达加斯加、阿根廷、智利和乌拉圭来说，我们还有很多需要做的工作，有些工作甚至还处在最原始的阶段。我们急迫地需要对那些在其他方面已经充分讨论过的地区的宇宙志和天体制图加以分析。以难于解读著称的岩画艺术在一些地方已有研究，但并非所有地区都是如此。对一些学者来说，现代本土制图是一手资料，但另一些作者并没有参考这一实践；在殖民时代，欧洲人所写的有关制图的报告以及为欧洲人所绘的地图虽然得到了一些作者的详细讨论，但在另一些作者那里只有

---

[22] 见 27 页。

[23] 见 366 页。

[24] Yi-Fu Tuan, "Traditional: What Does It Mean?" in *Dwellings, Settlements and Tradition: Cross-Cultural Perspectives*, ed. Jean-Paul Bourdier and Nezar Alsayyad (Lanham: University Press of America, 1989), 27—34, 特别是 28 页。

寥寥数笔的提及。在本册中，集体撰写的风险和后果可能展现得最为充分——在这群作者中有文化史学者、考古学者、地理学者、文化人类学者、制图学者和图书馆员，各自采取了不同的研究进路。然而，由此导致的矛盾和空白从另一个角度来看也是机遇，让我们可以从许多学科的观点出发进一步丰富我们的记录。

西方地图学可以从本册中的地图学习很多东西。它们根本不应遭贬低，而可以视为能丰富现代数学地图学和地理信息系统观念的思想资源。如果地图学的文化传统能够重获关注，并整合到新的技术里面，那么未来的地图将不再只有简陋的通用性，不再是冰冷而静态之物，而能比我们现在已经见到的那些东西更为丰富多彩，更为温暖，更为动态。这样的地图将会帮助我们在不同的呈现尺度上形成有关世界的假说，还会把热爱自然和文化景观的情愫灌注我们的心田。

主编、作者和项目工作人员

542　　**本册主编**

戴维·伍德沃德（David Woodward）是威斯康星－麦迪逊大学的阿瑟·H. 鲁宾逊（Arthur H. Robinson）地理学教授。

G. 马尔科姆·刘易斯（G. Malcolm Lewis）在退休前是英格兰的谢菲尔德大学的地理学准教授。

本册作者

菲利普·莱昂内尔·巴顿（Phillip Lionel Barton）是新西兰惠灵顿的亚历山大·特恩布尔图书馆（Alexander Turnbull Library）的前舆图馆长。

托马斯·J. 巴塞特（Thomas J. Bassett）是伊利诺伊大学厄巴拉—香槟分校的地理学副教授。

本·芬尼（Ben Finney）是夏威夷大学马诺阿分校的人类学教授。

威廉·古斯塔夫·加特纳（William Gustav Gartner）是威斯康星—麦迪逊大学的地理学讲师。

蒂姆·马格斯（Tim Maggs）是南非开普敦大学的考古学荣誉教授。

芭芭拉·E. 芒迪（Barbara E. Mundy）是纽约福特汉姆大学的艺术史助理教授。

叶列娜·奥克拉德尼科娃（Elena Okladnikova）在圣彼得堡的人类学和民族学博物馆工作。

鲍里斯·波列沃伊（Boris Polevoy）在圣彼得堡的俄罗斯科学院民族学研究所工作。

埃里克·克莱因·西尔弗曼（Eric Kline Silverman）是印第安纳州格林卡斯尔的德波大学的人类学助理教授。

彼得·萨顿（Peter Sutton）是澳大利亚阿德莱德大学的人类学（兼职）讲师。

尼尔·L. 怀特黑德（Neil L. Whitehead）是威斯康星－麦迪逊大学的人类学副教授。

项目工作人员

朱迪丝·莱默（Judith Leimer），编辑部主任

贝思·弗罗因德利克（Beth Freundlich），项目总管

克里斯蒂娜·丹多（Christina Dando），项目助理

马戈·克莱因费尔德（Margo Kleinfeld），项目助理

克里斯滕·奥弗贝克（Kristen Overbeck），项目助理

参考文献索引

在本册中，有两种获取参考文献信息的方法，一是脚注，二是参考文献索引。

参考文献在每章中首次引用时，会在脚注中提供完整的格式；在后续引用中则只给出作者姓氏和文献的标题简称。在大多数以标题简称给出的文献引用中，含有该文献完整引用格式的脚注编号会用括号注出。

本参考文献索引则是本册中脚注、表格、附录、插图和图版图例中所有引用的文献的完整目录。以粗体给出的数字标明了引用该文献的页码。

Abbadie, Antoine Thomas d'. *Catalogue raisonné de manuscrits éthiopiens appartenant à Antoine d'Abbadie.* Paris: Imprimerie Impériale, 1859. **29**

Aberley, Doug, ed. *Boundaries of Home: Mapping for Local Empowerment.* Gabriola Island, B.C.: New Society, 1993. **540**

Aboriginal Land Commissioner. *Nicholson River (Waanyi/Garawa) Land Claim.* Canberra: Australian Government Publishing Service, 1984. **405**

Acosta, José de. *Historia natural y moral de las Indias.* 2 vols. Madrid: Ramón Anglés, 1894. **258**

Acuña, René. See *Relaciones geográficas del siglo XVI.*

Adler, Bruno F. "Karty pervobytnykh narodov" (Maps of primitive peoples). *Izvestiya Imperatorskago Obshchestva Lyubiteley Yestestvoznaniya, Antropologii i Etnografii: Trudy Geograficheskago Otdeleniya* (Proceedings of the Imperial Society of the Devotees of National Sciences, Anthropology and Ethnography: Transactions of the Division of Geography) 119, no. 2 (1910). **8, 24, 37, 55, 257, 330, 339, 341, 448, 492**

Aea, Hezekiah. "The History of Ebon." In *Fifty-sixth Annual Report of the Hawaiian Historical Society,* 9–19. Honolulu: Hawaiian Historical Society, 1947. **476**

Aguilera García, María del Carmen. "Códice de Huamantla: Estudio iconográfico, cartográfico e histórico." In *Códice de Huamantla.* [Tlaxcala]: Instituto Tlaxcalteca de la Cultura, 1984. **204**

Ahmad, S. Maqbul. "Cartography of al-Sharīf al-Idrīsī." In *The History of Cartography,* ed. J. B. Harley and David Woodward, vol. 2.1 (1992), 156–74. Chicago: University of Chicago Press, 1987–. **24**

Akimichi, Tomoya. "Triggerfish and the Southern Cross: Cultural Associations of Fish with Stars in Micronesian Navigational Knowledge." *Man and Culture in Oceania* 3, special issue (1987): 279–98. **462, 463, 467, 470**

———. "Image and Reality at Sea: Fish and Cognitive Mapping in Carolinean Navigational Knowledge." In *Redefining Nature: Ecology, Culture and Domestication,* ed. Roy Ellen and Katsuyoshi Fukui, 493–514. Oxford: Berg, 1996. **462, 463**

Albó, Javier. "Dinámica en la estructura inter-comunitaria de Jesús de Machaca." *América Indígena* 32 (1972): 773–816. **262, 263**

Alès, Catherine, and Michel Pouyllau. "La conquête de l'inutile: Les géographies imaginaires de l'Eldorado." *L'Homme* 122–24 (1992): 271–308. **324**

Alkire, William H. "Systems of Measurement on Woleai Atoll, Caroline Islands." *Anthropos* 65 (1970): 1–73. **462, 463, 464, 465, 466, 467, 470**

Allen, Catherine J. "The Nasca Creatures: Some Problems of Iconography." *Anthropology* 5, no. 1 (1981): 43–70. **268**

Allen, Elphine. "Australian Aboriginal Dance." In *The Australian Aboriginal Heritage: An Introduction through the Arts,* ed. Ronald Murray Berndt and E. S. Phillips, 275–90. Sydney: Australian Society for Education through the Arts in association with Ure Smith, 1973. **359**

Allen, Gary L., et al. "Developmental Issues in Cognitive Mapping: The Selection and Utilization of Environmental Landmarks." *Child Development* 50 (1979): 1062–70. **443**

Allen, James de Vere, and Thomas H. Wilson. *Swahili Houses and Tombs of the Coast of Kenya.* London: Art and Archaeology Research Papers, 1979. **28**

Allen, Jim. "The Pre-Austronesian Settlement of Island Melanesia: Implications for Lapita Archaeology." In *Prehistoric Settlement of the Pacific,* ed. Ward Hunt Goodenough, 11–27. Philadelphia: American Philosophical Society, 1996. **419**

Allen, Jim, Jack Golson, and Rhys Jones, eds. *Sunda and Sahul: Prehistoric Studies in Southeast Asia, Melanesia and Australia.* London: Academic Press, 1977. **419**

Allen, Jim, Chris Gosden, and J. Peter White. "Human Pleistocene Adaptations in the Tropical Island Pacific: Recent Evidence from New Ireland, a Greater Australian Outlier." *Antiquity* 63 (1989): 548–61. **419**

Allen, Louis A. *Time before Morning: Art and Myth of the Australian Aborigines.* New York: Crowell, 1975. **358**

Alpers, Svetlana. "The Mapping Impulse in Dutch Art." In *Art and Cartography: Six Historical Essays,* ed. David Woodward, 51–96. Chicago: University of Chicago Press, 1987. **44**

Alva Ixtlilxochitl, Fernando de. See Ixtlilxochitl, Fernando de Alva.

Alvarado, Francisco de. *Vocabulario en lengua mixteca.* Facsimile of 1593 ed. Mexico City: Instituto Nacional Indigenista and Instituto Nacional de Antropología e Historia, 1962. **185, 187**

American State Papers: Documents, Legislative and Executive, of the Congress of the United States. Class 2, Indian Affairs, 1789–1827. 2 vols. Washington, D.C.: Gales and Seaton, 1832. **106**

Ammarell, Gene. "Bugis Navigation." Ph.D. diss., Yale University, 1995. **488**

———. "Navigation Practices of the Bugis of South Sulawesi, Indonesia." In *Seafaring in the Contemporary Pacific Islands: Studies in Continuity and Change,* ed. Richard Feinberg, 196–218. DeKalb: Northern Illinois University Press, 1995. **488**

Anawalt, Patricia Rieff. *Indian Clothing before Cortés: Mesoamerican Costumes from the Codices.* Norman: University of Oklahoma Press, 1981. **198**

Anders, Ferdinand, and Maarten E. R. G. N. Jansen. *Schrift und Buch im alten Mexiko.* Graz: Akademische Druck- u. Verlagsanstalt, 1988. 215

Anders, Ferdinand, Maarten E. R. G. N. Jansen, and Gabina Aurora Pérez Jiménez. *Crónica mixteca: El rey 8 Venado, Garra de Jaguar, y la dinastía de Teozacualco-Zaachila, libro explicative del llamado Códice Zouche-Nuttall, MS. 39671 British Museum, Londres.* Mexico City: Fondo de Cultura Económica; Graz: Akademische Druck- u. Verlagsanstalt, 1992. 210, 215

Andersen, Johannes Carl. *Jubilee History of South Canterbury.* Auckland: Whitcombe and Tombs, 1916. 494, 521

Anderson, Atholl. *Te Puoho's Last Raid: The March from Golden Bay to Southland in 1836 and Defeat at Tuturau.* Dunedin: Otago Heritage Books, 1986. 518

———. "Shortland, Edward, 1812?–1893." In *The Dictionary of New Zealand Biography,* vol. 1, 1769–1869, 394–97. Wellington: Allen and Unwin, 1990. 514

———. "Tuhawaiki, Hone, ?–1844." In *The People of Many Peaks: The Maori Biographies from "The Dictionary of New Zealand Biography, Volume 1, 1769–1869,"* 334–37. Wellington: Bridget Williams Books, 1991. 513, 514

———. "Current Approaches in East Polynesian Colonisation Research." *Journal of the Polynesian Society* 104 (1995): 110–32. 420

Anderson, Christopher. "Australian Aborigines and Museums—A New Relationship." *Curator* 33 (1990): 165–79. 359

———, ed. *Politics of the Secret.* Sydney: University of Sydney, 1995. 388

Anderson, Christopher, and Françoise Dussart. "Dreamings in Acrylic: Western Desert Art." In *Dreamings: The Art of Aboriginal Australia,* ed. Peter Sutton, 89–142. New York: George Braziller in association with the Asia Society Galleries, 1988. 359, 367, 400

[Andía y Varela, José]. "The Journal of Don José de Andía y Varela." In *The Quest and Occupation of Tahiti by Emissaries of Spain during the Years 1772–1776,* 3 vols., comp. and trans. Bolton Glanvill Corney, Hakluyt Society Publications, ser. 2, nos. 32, 36, 43, 2:221–317. London: Hakluyt Society, 1913–19. 458

Andree, Richard. "Die Anfänge der Kartographie." *Globus* 31 (1877): 24–27 and 37–43. 55

———. *Ethnographische Parallelen und Vergleiche.* Stuttgart: J. Maier, 1878. 448

Andrews, David H. "The Conceptualization of Space in Peru." Paper presented at the sixty-fifth annual meeting of the American Anthropological Association, Pittsburgh, 19 November 1966. 267

Antigüedades de México. 4 vols. Mexico City: Secretaría de Hacienda y Crédito Público, 1964–67. 249

Antrobus, Pauline, et al. *Mapping the Americas.* Colchester: University of Essex, 1992. 56

Anuchin, V. I. "Ocherk shamanstva u eniseyskikh ostyakov" (An outline of the Yenisey Ostiaks' shamanism). *Sbornik Muzeya po Antropologii i Etnografii pri Imperatorskoy Akademii Nauk* (Publications of the Museum of Anthropology and Ethnography of the Imperial Academy of Science), 17, pt. 2, no. 2 (1914). 337

Arana, Evangelina, and Mauricio Swadesh. *Los elementos del mixteco antiguo.* Mexico City: Instituto Nacional Indigenista and Instituto Nacional de Antropología e Historia, 1965. 187

Aratjara, Art of the First Australians: Traditional and Contemporary Works by Aboriginal and Torres Strait Islander Artists. Exhibition catalog. Cologne: DuMont, 1993. 539

Archive of Native American Maps on CD-ROM. Prepared by Sona Andrews, Department of Geography, University of Wisconsin–Milwaukee. Forthcoming. 56

Armstrong, Alexander. *A Personal Narrative of the Discovery of the North-west Passage.* London: Hurst and Blackett, 1857. 157

Arnold, Dean E. "Design Structure and Community Organization in Quinua, Peru." In *Structure and Cognition in Art,* ed. Dorothy Koster Washburn, 56–73. Cambridge: Cambridge University Press, 1983. 265, 266

Arnold, Morris S. "Eighteenth-Century Arkansas Illustrated." *Arkansas Historical Quarterly* 53 (1994): 119–36. 117

———. "Eighteenth-Century Arkansas Illustrated: A Map within an Indian Painting?" In *Cartographic Encounters: Perspectives on Native American Mapmaking and Map Use,* ed. G. Malcolm Lewis, chap. 8. Chicago: University of Chicago Press, 1998. 117

Arsen'ev, V. K. "V tundre: Iz vospominaniy o pyteshestvii po Vostochnoy Sibiri" (In the tundra: From recollections of the travel in Eastern Siberia). *Novyy Mir* (New world) 11 (1928): 258–66. 340

Ascher, Marcia. "Mathematical Ideas of the Incas." In *Native American Mathematics,* ed. Michael P. Closs, 261–89. Austin: University of Texas Press, 1986. 290

———. "Models and Maps from the Marshall Islands: A Case in Ethnomathematics." *Historia Mathematica* 22 (1995): 347–70. 479

Ascher, Marcia, and Robert Ascher. *Mathematics of the Incas: Code of the Quipu.* Mineola, N.Y.: Dover, 1997. Originally published as *Code of the Quipu: A Study in Media, Mathematics, and Culture.* Ann Arbor: University of Michigan Press, 1981. 290

Atkinson, James R. "The Ackia and Ogoula Tchetoka Chickasaw Village Locations in 1736 during the French-Chickasaw War." *Mississippi Archaeology* 20 (1985): 53–72. 101

Aujac, Germaine, and the editors. "The Foundations of Theoretical Cartography in Archaic and Classical Greece." In *The History of Cartography,* ed. J. B. Harley and David Woodward, 1:130–47. Chicago: University of Chicago Press, 1987–. 29

La Austrialia del Espíritu Santo. 2 vols. Trans. and ed. Celsus Kelly. Hakluyt Society, ser. 2, nos. 126–27. Cambridge: Cambridge University Press, 1966. 445

Aveni, Anthony F. *Skywatchers of Ancient Mexico.* Austin: University of Texas Press, 1980. 203, 229, 232, 237, 238, 240, 255

———. "An Assessment of Previous Studies of the Nazca Geoglyphs." In *The Lines of Nazca,* ed. Anthony F. Aveni, 1–40. Philadelphia: American Philosophical Society, 1990. 275, 276

———. Epilogue. In *The Lines of Nazca,* ed. Anthony F. Aveni, 285–90. Philadelphia: American Philosophical Society, 1990. 276

———. Introduction. In *The Lines of Nazca,* ed. Anthony F. Aveni, vii–x. Philadelphia: American Philosophical Society, 1990. 275

———. "Order in the Nazca Lines." In *The Lines of Nazca,* ed. Anthony F. Aveni, 40–113. Philadelphia: American Philosophical Society, 1990. 276, 287, 290

———, ed. *Archaeoastronomy in Pre-Columbian America.* Austin: University of Texas Press, 1975. 237

———, ed. *Native American Astronomy.* Austin: University of Texas Press, 1977. 237

———, ed. *The Lines of Nazca. See entries under individual authors.*

Aveni, Anthony F., and Gary Urton, eds. *Ethnoastronomy and Archaeoastronomy in the American Tropics.* New York: New York Academy of Sciences, 1982. 301

Avrorin, V. A., and I. I. Koz'minskiy. "Predstavleniya Orochey o vselennoy, o pereselenii dush i puteshestviyakh shamanov, izobrazhennye na 'karte'" (The Orochi's notions of universe, reincarnation of souls, and shamans' travels as depicted in "maps"). *Sbornik Muzeya Antropologii i Etnografii (Leningrad–St. Petersburg)* (Yearbook of the Museum of Anthropology and Ethnography, Leningrad–St. Petersburg) 11 (1949): 324–34. 336, 339

Bad Heart Bull, Amos. *A Pictographic History of the Oglala Sioux.* Text by Helen H. Blish. Lincoln: University of Nebraska Press,

1967. 119, 120, 122

Bagrow, Leo. *History of Cartography.* Rev. and enl. R. A. Skelton. Trans. D. L. Paisey. Cambridge: Harvard University Press; London: C. A. Watts, 1964. Reprinted and enl., Chicago: Precedent, 1985. 154, 330, 444

Baird, Ellen T. *The Drawings of Sahagún's "Primeros Memoriales": Structure and Style.* Norman: University of Oklahoma Press, 1993. 197

Ballara, Angela. "Te Horeta, ?–1853." In *The People of Many Peaks: The Maori Biographies from "The Dictionary of New Zealand Biography, Volume 1, 1769–1869,"* 173–75. Wellington: Bridget Williams Books, 1991. 500

Ballard, Chris. "The Centre Cannot Hold: Trade Networks and Sacred Geography in the Papua New Guinea Highlands." *Archaeology in Oceania* 29 (1994): 130–48. 430

Banks, Joseph. *The Endeavour Journal of Joseph Banks, 1768–1771.* 2 vols. Ed. J. C. Beaglehole. Sydney: Angus and Robertson, 1962. 448, 500

Barbour, Philip L., ed. *The Jamestown Voyages under the First Charter, 1606–1609.* 2 vols. Hakluyt Society Publications, ser. 2, nos. 136–37. Cambridge: Cambridge University Press, 1969. 68, 69, 71

Bardon, Geoffrey. *Papunya Tula: Art of the Western Desert.* Ringwood, Victoria: McPhee Gribble, 1991. 401

Barlow, Kathleen. "Women's Textile Arts and the Aesthetics of Domestic Life among the Murik of Papua New Guinea." Paper presented at the American Anthropological Association annual meeting, San Francisco, 1996. 440

Barlow, R. H. *The Extent of the Empire of the Culhua Mexica.* Ibero-Americana 28. Berkeley: University of California Press, 1949. 183

Barlow, R. H., and Michel Graulich. *Codex Azcatitlan/Códice Azcatitlan.* Paris: Bibliothèque Nationale de France/Société des Américanistes, 1995. 218

Barnes, Monica, and David Fleming. "Filtration-Gallery Irrigation in the Spanish New World." *Latin American Antiquity* 2 (1991): 48–68. 277

Barnes, Monica, and Daniel J. Sliva. "El puma de Cuzco: ¿Plano de la ciudad Ynga o noción europea?" *Revista Andina* 11 (1993): 79–102. 285

"Barnicoat, John Wallis (1814–1905)." In *A Dictionary of New Zealand Biography,* 2 vols., ed. Guy Hardy Scholefield, 1:41. Wellington: Department of Internal Affairs, 1940. 520

Barraclough, Geoffrey, ed. *The Times Atlas of World History.* 4th ed. Ed. Geoffrey Parker. Maplewood, N.J.: Hammond, 1993. 329

Barratt, Glynn. *Carolinean Contacts with the Islands of the Marianas: The European Record.* Saipan: Micronesian Archaeological Survey, 1988. 453

Barrow, John. *A Chronological History of Voyages into the Arctic Regions; Undertaken Chiefly for the Purpose of Discovering a North-east, North-west, or Polar Passage between the Atlantic and Pacific.* London: John Murray, 1818. 137

Barth, Heinrich. *Travels and Discoveries in North and Central Africa.* 3 vols. New York: Harper, 1857–59. 35

Bartlett, J. "Australian Anthropology." In *Cultural Exhibition of Queensland,* by J. Bartlett and M. Whitmore, 13–70. Saitama, Japan: Saitama Prefectural Museum, 1989. 377

Barton, Phillip Lionel. "Maori Geographical Knowledge and Maps of New Zealand." In *Papers from the 45th Conference [New Zealand Library Association], Hamilton, 6–10 February 1978,* comp. A. P. U. Millett, 181–89. Wellington: New Zealand Library Association, 1978. 494

———. "Maori Geographical Knowledge and Mapping: A Synopsis." *Turnbull Library Record* 13 (1980): 5–25. 494

Bassett, Thomas J. "Cartography and Empire Building in Nineteenth-Century West Africa." *Geographical Review* 84 (1994): 316–35. 24

———. "Influenze africane sulla cartografia europea dell'Africa nei secoli XIX e XX." Paper presented at La cultura dell'alterità: Il territorio africano e le sue rappresentazioni, Bergamo, 2–5 October 1997. 38

Bastien, Joseph William. *Mountain of the Condor: Metaphor and Ritual in an Andean Ayllu.* St. Paul, Minn.: West, 1978. 261, 269, 270

Bates, Daisy. *The Native Tribes of Western Australia.* Ed. Isobel White. Canberra: National Library of Australia, 1985. 355

Bauer, Brian S. "Ritual Pathways of the Inca: An Analysis of the Collasuyu *Ceques* in Cuzco." *Latin American Antiquity* 3 (1992): 183–205. 287

Bauer, Brian S., and David S. P. Dearborn. *Astronomy and Empire in the Ancient Andes: The Cultural Origins of Inca Sky Watching.* Austin: University of Texas Press, 1995. 287, 295

Beaglehole, J. C. *The Exploration of the Pacific.* London: A. and C. Black, 1934. 445

———. *See also* Cook, James; Banks, Joseph

Beattie, H. *Pioneer Recollections: Second Series, Dealing Chiefly with the Early Days of the Mataura Valley.* Gore, New Zealand: Gore Publishing, 1911. 504, 505

———. *Maori Place-Names of Otago.* Dunedin, 1944. 498, 521

———. *Maori Place-Names of Canterbury.* Dunedin, 1945. 521

———. *Maori Lore of Lake, Alp and Fiord: Folk Lore, Fairy Tales, Traditions and Place-Names of the Scenic Wonderland of the South Island.* Dunedin, 1945. Reprinted Christchurch: Cadsonbury, 1994. 518, 524

———. *Traditional Lifeways of the Southern Maori.* Ed. Atholl Anderson. Dunedin: University of Otago Press, 1994. 520

Beattie, Judith Hudson. "Indian Maps in the Hudson's Bay Company Archives." *Association of Canadian Map Libraries Bulletin* 55 (1985): 19–31. 143

———. "Indian Maps in the Hudson's Bay Company Archives: A Comparison of Five Area Maps Recorded by Peter Fidler, 1801–1802." *Archivaria* 21 (1985–86): 166–75. 132, 143

———. "The Indian Maps Recorded by Peter Fidler, 1801–1810." Unpublished paper presented at the Eleventh International Conference on the History of Cartography, Ottawa, July 1985. 132

Beechey, Frederick William. *Narrative of a Voyage to the Pacific and Beering's Strait.* London: H. Colburn and R. Bentley, 1831. 159

Beek, Walter E. A. van. "Dogon Restudied: A Field Evaluation of the Work of Marcel Griaule." *Current Anthropology* 32 (1991): 139–67. 26

Begay, Jimmie C. "The Relationship between People and the Land." *Akwesasne Notes* 11, no. 3 (1979): 28–29 and 13. 110

Beke, Charles T. "On the Nile and Its Tributaries." *Journal of the Royal Geographical Society* 17 (1847): 1–84. 35, 41

Bell, David. *Aboriginal Carved Trees of Southeastern Australia: A Research Report.* Sydney: National Parks and Wildlife Service, 1982. 355

Bellot, Joseph René. *Memoirs of Lieutenant Joseph René Bellot.* 2 vols. London: Hurst and Blackett, 1855. 157

Bellwood, Peter S. "The Colonization of the Pacific: Some Current Hypotheses." In *The Colonization of the Pacific: A Genetic Trail,* ed. Adrian V. S. Hill and Susan W. Serjeantson, 1–59. Oxford: Clarendon Press, 1989. 419

Belyea, Barbara. "Amerindian Maps: The Explorer as Translator." *Journal of Historical Geography* 18 (1992): 267–77. 56

———. "Inland Journeys, Native Maps," *Cartographica* 33, no. 2 (1996): 1–16. Also in *Cartographic Encounters: Perspectives on Native American Mapmaking and Map Use,* ed. G. Malcolm Lewis, chap. 6. Chicago: University of Chicago Press, 1998. 52, 132

————. "Mapping the Marias." Forthcoming. **52**

Benes, Peter. *New England Prospect: A Loan Exhibition of Maps at the Currier Gallery of Art, Manchester, New Hampshire.* Boston: Boston University for the Dublin Seminar for New England Folklife, 1981. **74**

Benjamin, Joel. "The Naming of the Essequibo River." *Archaeology and Anthropology* 5 (1982): 29–66. **323**

Bennett, Wendell C. "Engineering." In *Handbook of South American Indians,* 7 vols., ed. Julian Haynes Steward, 5:53–65. Washington, D.C.: United States Government Printing Office, 1949–59. **320**

Benson, Elizabeth P. *The Mochica: A Culture of Peru.* New York: Praeger, 1972. **278**

————, ed. *Mesoamerican Sites and World-Views.* Washington, D.C.: Dumbarton Oaks, 1981. **190**

Berdan, Frances. "Glyphic Conventions of the *Codex Mendoza.*" In *The Codex Mendoza,* 4 vols., ed. Frances Berdan and Patricia Rieff Anawalt, 1:93–102. Berkeley: University of California Press, 1992. **199**

Berdan, Frances, and Patricia Rieff Anawalt, eds. *The Codex Mendoza.* 4 vols. Berkeley: University of California Press, 1992. **193, 253**

Berger, Uta. "The 'Map of Metlatoyuca'—A Mexican Manuscript in the Collection of the British Museum." *Cartographic Journal* 33 (1996): 39–49. **184**

Berlin, Heinrich. "El glifo 'emblema' en las inscripciones mayas." *Journal de la Société des Américanistes,* n.s. 47 (1958): 111–19. **199**

Berlo, Janet Catherine, ed. *Plains Indian Drawings, 1865–1935: Pages from a Visual History.* New York: Harry N. Abrams in association with the American Federation of Arts and the Drawing Center, 1996. **115, 118**

Bernal-García, María Elena. "Carving Mountains in a Blue/Green Bowl: Mythological Urban Planning in Mesoamerica." 2 vols. Ph.D. diss., University of Texas, 1993. **190**

Berndt, Ronald Murray. *Kunapipi: A Study of an Australian Aboriginal Religious Cult.* Melbourne: Cheshire, 1951. **411**

————. *Djanggawul: An Aboriginal Religious Cult of North-eastern Arnhem Land.* Melbourne: Cheshire, 1952. **372, 411**

————. "A Day in the Life of a Dieri Man before Alien Contact." *Anthropos* 48 (1953): 171–201. **383**

————. "The Gove Dispute: The Question of Australian Aboriginal Land and the Preservation of Sacred Sites." *Anthropological Forum* 1 (1964): 258–95. **397, 398**

————. *The Sacred Site: The Western Arnhem Land Example.* Canberra: Australian Institute of Aboriginal Studies, 1970. **390, 394, 397**

————. "The Walmadjeri and Gugadja." In *Hunters and Gatherers Today: A Socioeconomic Study of Eleven Such Cultures in the Twentieth Century,* ed. M. G. Bicchieri, 177–216. New York: Holt, Rinehart and Winston, 1972. **395**

————. *Australian Aboriginal Religion.* 4 fascs. Leiden: Brill, 1974. **354, 411**

————. "Territoriality and the Problem of Demarcating Sociocultural Space." In *Tribes and Boundaries in Australia,* ed. Nicolas Peterson, 133–61. Canberra: Australian Institute of Aboriginal Studies, 1976. **395, 397**

————. *Three Faces of Love: Traditional Aboriginal Song-Poetry.* Melbourne: Nelson, 1976. **410**

Berndt, Ronald Murray, and Catherine Helen Berndt. "A Preliminary Report of Field Work in the Ooldea Region, Western South Australia." *Oceania* 12 (1941–42): 305–30; 13 (1942–43): 51–70, 143–69, 243–80, 362–75; 14 (1943–44): 30–66, 124–58, 220–49, 338–58; 15 (1944–45): 49–80, 154–65, 239–75. **393**

————. "Aboriginal Art in Central-Western Northern Territory." *Meanjin* 9 (1950): 183–88. **395**

————. *Arnhem Land: Its History and Its People.* Melbourne: F. W. Cheshire, 1954. **412, 413**

————. *Man, Land and Myth in North Australia: The Gunwinggu People.* Sydney: Ure Smith, 1970. **395, 399, 401**

————. *The World of the First Australians.* 4th rev. ed. Canberra: Aboriginal Studies Press, 1988. **359, 395**

————. *The Speaking Land: Myth and Story in Aboriginal Australia.* 1st United States ed. Rochester, Vt.: Inner Traditions International, 1994. **369**

Berndt, Ronald Murray, and Catherine Helen Berndt, with John E. Stanton. *Aboriginal Australian Art: A Visual Perspective.* Sydney: Methuen, 1982. **354, 358, 393, 395**

Bernus, Edmond. *Les Illabakan (Niger): Une tribu touarègue sahélienne et son aire de nomadisation.* Atlas des Structures Agraires au Sud du Sahara 10. Paris: ORSTOM, 1974. **40**

————. "Points cardinaux: Les critères de désignation chez les nomades touaregs et maures." *Bulletin des Etudes Africaines de l'INALCO* 1, no. 2 (1981): 101–6. **39, 40**

————. "La représentation de l'espace chez des Touaregs du Sahel." *Mappemonde* 1988, no. 3, 1–5. **39**

————. "Perception du temps et de l'espace par les Touaregs nomades sahéliens." In *Ethnogéographies,* ed. Paul Claval and Singaravélou, 41–50. Paris: Harmattan, 1995. **39, 40**

Berrin, Kathleen, ed. *Feathered Serpents and Flowering Trees: Reconstructing the Murals of Teotihuacan.* San Francisco: Fine Arts Museums of San Francisco, 1988. **256**

Berrin, Kathleen, and Esther Pasztory, eds. *Teotihuacan: Art from the City of the Gods.* Exhibition catalog. New York: Thames and Hudson, 1993. **256**

Best, Elsdon. "The Maori System of Measurement." *New Zealand Journal of Science and Technology* 1 (1918): 26–32. **496**

————. *The Astronomical Knowledge of the Maori.* Wellington: Government Printer, 1922. Reprinted 1978. **497**

————. *The Maori as He Was: A Brief Account of Maori Life as It Was in Pre-European Days.* 1924; Wellington: Government Printer, 1974. **497**

————. *Fishing Methods and Devices of the Maori.* 1929; New York: AMS Press, 1979. **496, 497**

————. *Forest Lore of the Maori.* Ed. Johannes Carl Andersen. 1942. Reprinted Wellington: Government Printer, 1977. **530**

Betanzos, Juan de. *Narrative of the Incas.* Trans. and ed. Roland Hamilton and Dana Buchanan. Austin: University of Texas Press, 1996. **285, 286, 289, 290**

Biggar, Henry Percival, ed. *The Works of Samuel de Champlain.* 6 vols. Toronto: Champlain Society, 1922–36. **67, 68, 69, 72**

Billon, Frederic L., comp. *Annals of St. Louis in Its Early Days under the French and Spanish Dominations.* St. Louis, 1886. **90**

Binnema, Theodore. "Old Swan, Big Man, and the Siksika Bands, 1794–1815." *Canadian Historical Review* 77 (1966): 1–32. **132**

Binney, Judith. "Te Kooti Arikirangi te Turuku, ?–1893." In *The People of Many Peaks: The Maori Biographies from "The Dictionary of New Zealand Biography, Volume 1, 1769–1869,"* 194–201. Wellington: Bridget Williams Books, 1991. **512**

————. *Redemption Songs: A Life of Te Kooti Arikirangi te Turuki.* Auckland: Auckland University Press, 1995. **513**

Bird, Junius Bouton. "Pre-ceramic Art from Huaca Prieta, Chicama Valley." *Ñawpa Pacha* 1 (1963): 29–34. **262**

Bittmann Simons, Bente. "The Codex of Cholula: A Preliminary Study." *Tlalocan* 5 (1965–68): 267–339. **191**

————. *Los mapas de Cuauhtinchan y la Historia tolteca-chichimeca.* Mexico City: Instituto Nacional de Antropología e Historia, 1968. **191, 219**

Black, Lydia T. "Peoples of the Amur and Maritime Regions." In *Crossroads of Continents: Cultures of Siberia and Alaska,* ed.

William W. Fitzhugh and Aron Crowell, 24–31. Washington, D.C.: Smithsonian Institution Press, 1988. **344**

Blakemore, Michael. "From Way-Finding to Map-Making: The Spatial Information Fields of Aboriginal Peoples." *Progress in Human Geography* 5 (1981): 1–24. **3, 55, 444**

Blessing, Fred K. "Birchbark Mide Scrolls from Minnesota." *Minnesota Archaeologist* 25 (1963): 90–142. **181**

Blier, Suzanne Preston. *The Anatomy of Architecture: Ontology and Metaphor in Batammaliba Architectural Expression.* Cambridge: Cambridge University Press, 1987. **27**

Blodgett, Jean. *North Baffin Drawings.* [Toronto]: Art Gallery of Ontario, 1986. **170**

Blust, Robert. "The Austronesian Homeland: A Linguistic Perspective." *Asian Perspectives* 26, no. 1 (1984–85): 45–67. **421**

———. "Austronesian Culture History: The Window of Language." In *Prehistoric Settlement of the Pacific,* ed. Ward Hunt Goodenough, 28–35. Philadelphia: American Philosophical Society, 1996. **487**

Boas, Franz. "The Central Eskimo." In *Sixth Annual Report of the Bureau of Ethnology to the Secretary of the Smithsonian Institution, 1884–'85,* 409–669. Washington, D.C.: United States Government Printing Office, 1888. **155, 170**

———. "America and the Old World." In *Congrès International des Américanistes: Compte-Rendu de la XXIᵉ Session, deuxième partie tenue a Göteborg en 1924,* 21–28. Göteborg: Göteborg Museum, 1925. **171**

———. "Relationships between North-west America and North-east Asia." In *The American Aborigines: Their Origin and Antiquity,* ed. Diamond Jenness, 357–70. 1933. Reprinted New York: Russell and Russell, 1972. **171**

Bockstoce, John, ed. *The Journal of Rochfort Maguire, 1852–1854.* 2 vols. Hakluyt Society Publications, ser. 2, nos. 169–70. London: Hakluyt Society, 1988. **157, 158**

Bogoraz, V. G. "Ocherk material'nago byta olennykh Chukchey" (An outline of daily life of the reindeer Chukchi). *Sbornik Muzeya po Antropologii i Etnografii pri Imperatorskoy Akademii Nauk* (Publications of the Museum of Anthropology and Ethnography of the Imperial Academy of Sciences) 2 (1901). **341, 347**

Boigu: Our History and Culture. Canberra: Aboriginal Studies Press, 1991. **428**

Bolton, Herbert Eugene, ed. *Fray Juan Crespi: Missionary Explorer on the Pacific Coast, 1769–1774.* Berkeley: University of California Press, 1927. Reprinted New York: AMS Press, 1971. **113**

Bonnemaison, Joël. *The Tree and the Canoe: History and Ethnogeography of Tanna.* Trans. and adapted Josée Pénot-Demetry. Honolulu: University of Hawai'i Press, 1994. **427**

Boone, Elizabeth Hill. "Templo Mayor Research, 1521–1978." In *The Aztec Templo Mayor,* ed. Elizabeth Hill Boone, 5–69. Washington, D.C.: Dumbarton Oaks, 1987. **225**

———. "Migration Histories as Ritual Performance." In *To Change Place: Aztec Ceremonial Landscapes,* ed. Davíd Carrasco, 121–51. Niwot: University Press of Colorado, 1991. **218**

———. "The Aztec Pictorial History of the *Codex Mendoza.*" In *The Codex Mendoza,* 4 vols., ed. Frances Berdan and Patricia Rieff Anawalt, 1:35–54. Berkeley: University of California Press, 1992. **193, 194**

———. "Glorious Imperium: Understanding Land and Community in Moctezuma's Mexico." In *Moctezuma's Mexico: Visions of the Aztec World,* by Davíd Carrasco and Eduardo Matos Moctezuma, 159–73. Niwot: University Press of Colorado, 1992. **193**

———. "Manuscript Painting in Service of Imperial Ideology." In *Aztec Imperial Strategies,* by Frances Berdan et al., 181–206. Washington, D.C.: Dumbarton Oaks, 1993. **204**

———. "Introduction: Writing and Recording Knowledge." In *Writing without Words: Alternative Literacies in Mesoamerica and the Andes,* ed. Elizabeth Hill Boone and Walter Mignolo, 3–26. Durham: Duke University Press, 1994. **183, 198**

Boorstin, Daniel J. *The Image: A Guide to Pseudo-Events in America.* 25th anniversary ed. New York: Atheneum, 1987. **10**

Bourne, Edward Gaylord, ed. *Narratives of the Career of Hernando de Soto.* 2 vols. Trans. Buckingham Smith. New York: A. S. Barnes, 1904. **95**

Bouysse-Cassagne, Thérèse. "Urco and Uma: Aymara Concepts of Space." In *Anthropological History of Andean Polities,* ed. John V. Murra, Nathan Wachtel, and Jacques Revel, 201–27. Cambridge: Cambridge University Press, 1986. **280, 281**

Brabant, Herbert William. "Report on the State of the Native Population in the Bay of Plenty and Lake Districts to the Under Secretary, Native Department, 31 May 1879." In *Appendix to the Journals of the House of Representatives of New Zealand,* G.1, 1879, session 1, 18. **529**

Bradley, James H. "Arrapooash." *Contributions to the Historical Society of Montana* 9 (1923): 299–307. **53**

Brailsford, Barry. *Greenstone Trails: The Maori Search for Pounamu.* Wellington: A. H. and A. W. Reed, 1984. 2d ed., *Greenstone Trails: The Maori and Pounamu.* Hamilton: Stoneprint Press, 1996. **499, 513, 524, 525**

Brandt, John C. "Pictographs and Petroglyphs of the Southwest Indians." In *Astronomy of the Ancients,* ed. Kenneth Brecher and Michael Feirtag, 25–38. Cambridge: MIT Press, 1979. **65**

Brasseaux, Carl A., ed., trans., and annotator. *A Comparative View of French Louisiana, 1699 and 1762: The Journals of Pierre Le Moyne d'Iberville and Jean-Jacques-Blaise d'Abbadie.* Lafayette: Center for Louisiana Studies, University of Southwestern Louisiana, 1979. **105**

Bravo, Michael T. "Science and Discovery in the British Search for a North-west Passage, 1815–1825." Ph.D. diss., Cambridge University, 1992. **160**

———. *The Accuracy of Ethnoscience: A Study of Inuit Cartography and Cross-Cultural Commensurability.* Manchester Papers in Social Anthropology, no. 2. Manchester: University of Manchester Department of Social Anthropology, 1996. **56, 160**

Bray, Warwick. *The Gold of El Dorado.* Exhibition catalog. London: Times Newspapers, 1978. **324**

Bray, William. "Observations on the Indian Method of Picture-Writing." *Archaeologia* 6 (1782): 159–62. **88**

Breton, A. "The Wall Paintings at Chichen Itza." In *Congrès International de Américanistes, XVᵉ session,* 2 vols., 2:165–69. Quebec, 1907. **256**

———. "The Ancient Frescos at Chichen Itza." In *Proceedings of the British Association for the Advancement of Science,* section H. Portsmouth, 1911. **256**

Breuil, Henri. *The White Lady of Brandberg.* Rev. ed. Vol. 1 of *The Rock Paintings of Southern Africa.* Paris: Trianon Press, 1966. **14**

Britt, Claude. "Early Navajo Astronomical Pictographs in Canyon De Chelly, Northeastern Arizona." In *Archaeoastronomy in Pre-Columbian America,* ed. Anthony F. Aveni, 89–197. Austin: University of Texas Press, 1975. **66**

Broda, Johanna. "The Provenience of the Offerings: Tribute and Cosmovisión." In *The Aztec Templo Mayor,* ed. Elizabeth Hill Boone, 211–56. Washington, D.C.: Dumbarton Oaks, 1987. **190**

———. "Templo Mayor as Ritual Space." In *The Great Temple of Tenochtitlan: Center and Periphery in the Aztec World,* by Johanna Broda, Davíd Carrasco, and Eduardo Matos Moctezuma, 61–123. Berkeley: University of California Press, 1987. **190**

Brodersen, Kai. *Terra Cognita: Studien zur römischen Raumerfassung.* Hildersheim: Georg Olms, 1995. **53**

Brody, Hugh. *Maps and Dreams: Indians and the British Columbia*

Frontier. London: Jill Norman and Hobhouse, 1981. **56, 139**

Brosset, D. "La rose des vents chez les nomades sahariens." *Bulletin du Comité d'Études Historiques et Scientifiques de l'Afrique Occidentale Française* 11 (1928): 666–84. **39**

Brotherston, Gordon. *Image of the New World: The American Continent Portrayed in Native Texts.* London: Thames and Hudson, 1979. **109**

Browne, David M., Helaine Silverman, and Rubén Garcia. "A Cache of Forty-eight Nasca Trophy Heads from Cerro Carapo, Peru." *Latin American Antiquity* 4 (1993): 274–94. **278**

Brum, Raymond de (as told to Cynthia R. Olson). "Marshallese Navigation." *Micronesian Reporter* 10, no. 3 (May–June 1962): 18–23 and 27. **479, 482**

Brumbaugh, Robert. "'Afek Sang': The Old Woman's Legacy to the Mountain-Ok." In *Children of Afek: Tradition and Change among the Mountain-Ok of Central New Guinea,* ed. Barry Craig and David C. Hyndman, 54–87. Sydney: University of Sydney, 1990. **427**

Brun, Christian. "Dobbs and the Passage." *Beaver,* outfit 289 (autumn 1958): 26–29. **144**

Bruner, Jerome S. "On Cognitive Growth." In *Studies in Cognitive Growth: A Collaboration at the Center for Cognitive Studies,* ed. Jerome S. Bruner et al., 1–29. New York: John Wiley, 1966. **6**

Bryusov, A. Ya. *Istoriya drevney Karelii* (The history of ancient Karelia). Moscow, 1940. **331**

Budge, E. A. Wallis, trans. *The Queen of Sheba and Her Only Son Menyelek (I).* 2d ed. London: Oxford University Press, 1932. **30**

Bunge, William. *Theoretical Geography.* 2d ed. Lund, Sweden: Gleerup, 1966. **443**

Burger, Richard L. "Unity and Heterogeneity within the Chavín Horizon." In *Peruvian Prehistory: An Overview of Pre-Inca and Inca Society,* ed. Richard W. Keatinge, 99–144. Cambridge: Cambridge University Press, 1988. **273**

———. *Chavín and the Origins of Andean Civilization.* London: Thames and Hudson, 1992. **257, 271, 272, 273**

Burland, C. A. "The Map as a Vehicle of Mexican History." *Imago Mundi* 15 (1960): 11–18. **191, 193**

Burton, W. F. P. *Luba Religion and Magic in Custom and Belief.* Tervuren, Belg.: Musée Royal de l'Afrique Centrale, 1961. **32**

Bushnell, David I. "The Account of Lamhatty." *American Anthropologist,* n.s. 10 (1908): 568–74. **96**

Byland, Bruce E. "Political and Economic Evolution in the Tamazulapan Valley, Mixteca Alta, Oaxaca, Mexico: A Regional Approach." Ph.D. diss., Pennsylvania State University, 1980. **204**

Byland, Bruce E., and John M. D. Pohl. *In the Realm of 8 Deer: The Archaeology of the Mixtec Codices.* Norman: University of Oklahoma Press, 1994. **191, 215**

Calnek, Edward E. "The Localization of the Sixteenth-Century Map Called the Maguey Plan." *American Antiquity* 38 (1973): 190–95. **224**

Cambage, R. H., and Henry Selkirk. "Early Drawings of an Aboriginal Ceremonial Ground." *Journal and Proceedings of the Royal Society of New South Wales* 54 (1920): 74–78. **355**

Campana, Cristóbal. *La cultura mochica.* Lima: Consejo Nacional de Ciencia y Tecnología, 1994. **279**

Campbell, R. Joe. *A Morphological Dictionary of Classical Nahuatl.* Madison: Hispanic Seminary of Medieval Studies, 1985. **187**

Campbell, Shirley F. "Attaining Rank: A Classification of Kula Shell Valuables." In *The Kula: New Perspectives on Massim Exchange,* ed. Jerry W. Leach and Edmund L. Leach, 229–48. Cambridge: Cambridge University Press, 1983. **431**

Campbell, T. D., and P. S. Hossfeld. "Australian Aboriginal Stone Arrangements in North-west South Australia." *Transactions of the Royal Society of South Australia* 90 (1966): 171–78. **356**

Campbell, T. D., and Charles Pearcy Mountford. "Aboriginal Arrangements of Stones in Central Australia." *Transactions of the Royal Society of South Australia* 63 (1939): 17–21. **356, 411**

Cantova, Juan Antonio. "Lettre du P. Jean Antoine Cantova, missionnaire . . . au R. P. Guillaume Daubenton . . . 20 de mars 1722." In *Lettres édifiantes et curieuses, écrites des missions étrangères, par quelques missionnaires de la Compagnie de Jésus,* 34 vols., 18:188–247. Paris, 1702–76. **453, 454**

Carlson, John B. "Lodestone Compass: Chinese or Olmec Primacy?" *Science* 189 (1975): 753–60. **201**

Carrasco, Davíd. *Quetzalcoatl and the Irony of Empire: Myths and Prophecies in the Aztec Tradition.* Chicago: University of Chicago Press, 1982. **189**

———. *Religions of Mesoamerica: Cosmovision and Ceremonial Centers.* New York: Harper and Row, 1990. **189**

Carrier, James G., and Achsah H. Carrier. "Every Picture Tells a Story: Visual Alternatives to Oral Tradition in Ponam Society." *Oral Tradition* 5 (1990): 354–75. **429**

Carrión Cachot de Girard, Rebeca. *El culto al agua en el antiguo Perú: La Paccha elemento cultural pan-andino.* Lima: Museo Nacional de Antropología y Arqueología, 1955. **288**

Caruana, Wally. *Aboriginal Art.* London: Thames and Hudson, 1993. **354, 400, 405**

Carver, Jonathan. *Travels through the Interior Parts of North-America, in the Years 1766, 1767, and 1768.* London, 1778. **145**

———. *Travels through the Interior Parts of North America in the Years 1766, 1767 and 1768.* 3d ed. London: C. Dilly, 1781. **88**

Casas, Bartolomé de las. *Historia de las Indias.* 3 vols. Hollywood, Fla.: Ediciones del Continente, 1985. **320**

Caso, Alfonso. "El Mapa de Teozacoalco." *Cuadernos Americanos* 47, no. 5 (año 8) (1949): 145–81. **190, 210, 249**

———. "Vida y aventuras de 4 Viento 'Serpiente de Fuego.'" In *Miscelánea de estudios dedicados a Fernando Ortíz,* 3 vols., 1:289–98. Havana, 1955–57. **208**

———. *Los lienzos mixtecos de Ihuitlan y Antonio de León.* Mexico City: Instituto Nacional de Antropología e Historia, 1961. **251**

———. *Reyes y reinos de la Mixteca.* 2 vols. Mexico City: Fondo de Cultura Económica, 1977–79. **190, 199, 208, 215, 251**

Castillo F., Victor M. "Unidades nahuas de medida." *Estudios de Cultura Náhuatl* 10 (1972): 195–223. **203**

Certeau, Michel de. *The Practice of Everyday Life.* Trans. Steven F. Rendall. Berkeley: University of California Press, 1984. **4**

Chaloupka, George. *Journey in Time: The World's Longest Continuing Art Tradition.* Chatswood: Reed, 1993. **357, 374**

Chamberlain, Von Del. *When Stars Came down to Earth: Cosmology of the Skidi Pawnee Indians of North America.* Los Altos, Calif.: Ballena Press, 1982. **125**

———. "Navajo Constellations in Literature, Art, Artifact and a New Mexico Rock Art Site." *Archaeoastronomy* 6 (1983): 48–58. **65, 67**

———. "Navajo Indian Star Ceilings." In *World Archaeoastronomy,* ed. Anthony F. Aveni, 331–40. Cambridge: Cambridge University Press, 1989. **65, 66**

———. "The Chief and His Council: Unity and Authority from the Stars." In *Earth and Sky: Visions of the Cosmos in Native American Folklore,* 221–35. Albuquerque: University of New Mexico Press, 1992. **53, 125**

Champlain, Samuel de. *Des Savvages; ov, Voyage de Samvel Champlain de Brovage, fait en la France nouuelle, l'an mil six cens trois.* Paris: Claude de Monstr'oeil, 1603. **70**

Chandless, William. "Ascent of the River Purûs." *Journal of the Royal Geographical Society* 36 (1866): 86–118. **320**

Chang, Kwang-chih, and Ward Hunt Goodenough. "Archaeology of Southeastern Coastal China and Its Bearing on the Austronesian

Homeland." In *Prehistoric Settlement of the Pacific,* ed. Ward Hunt Goodenough, 36–56. Philadelphia: American Philosophical Society, 1996. **421**

Chatwin, Bruce. *The Songlines.* New York: Viking, 1987. **361**

Chaussonnet, Valérie, and Bernadette Driscoll. "The Bleeding Coat: The Art of North Pacific Ritual Clothing." In *Anthropology of the North Pacific Rim,* ed. William W. Fitzhugh and Valérie Chaussonnet, 109–31. Washington, D.C.: Smithsonian Institution Press, 1994. **334, 336**

Chevallier, Raymond. "The Greco-Roman Conception of the North from Pytheas to Tacitus." In *Unveiling the Arctic,* ed. Louis Rey, 341–46. Fairbanks: University of Alaska Press for the Arctic Institute of North America, 1984. **330**

Chewings, Charles. "A Journey from Barrow Creek to Victoria River." *Geographical Journal* 76 (1930): 316–38. **407**

Cieza de León, Pedro de. *The Incas of Pedro de Cieza de León.* Trans. Harriet de Onis. Ed. Victor Wolfgang von Hagen. Norman: University of Oklahoma Press, 1959. **284, 289, 290**

[Clapperton, Hugh]. "Captain Clapperton's Narrative." In *Narrative of Travels and Discoveries in Northern and Central Africa, in the Years 1822, 1823, and 1824,* by Dixon Denham, Hugh Clapperton, and Walter Oudney, 1–138 (2d pagination). London: John Murray, 1826. **34, 35**

———. "Translation of an Arabic MS. Brought by Captain Clapperton." In *Narrative of Travels and Discoveries in Northern and Central Africa, in the Years 1822, 1823, and 1824,* by Dixon Denham, Hugh Clapperton, and Walter Oudney, app. 12 (pp. 158–67, 2d pagination). London: John Murray, 1826. **35**

Clark, Kenneth. *Landscape into Art.* Mitcham, Victoria: Penguin Books, 1949. **363**

Clarkson, Persis Banvard. "The Archaeology of the Nazca Pampa: Environmental and Cultural Parameters." In *The Lines of Nazca,* ed. Anthony F. Aveni, 115–72. Philadelphia: American Philosophical Society, 1990. **6, 276**

Classen, Constance. *Inca Cosmology and the Human Body.* Salt Lake City: University of Utah Press, 1993. **268**

Clastres, Hélène. *The Land-without-Evil: Tupí-Guaraní Prophetism.* Trans. Jacqueline Grenez Brovender. Urbana: University of Illinois Press, 1995. **313**

Clay, Brenda Johnson. *Pinikindu: Maternal Nurture, Paternal Substance.* Chicago: University of Chicago Press, 1975. **442**

Clendinnen, Inga. *Aztecs: An Interpretation.* Cambridge: Cambridge University Press, 1991. **232**

Clifford, James. "Power and Dialogue in Ethnography: Marcel Griaule's Initiation." In *Observers Observed: Essays on Ethnographic Fieldwork,* ed. George W. Stocking, 121–56. Madison: University of Wisconsin Press, 1983. **26**

Cline, Howard Francis. "Colonial Mazatec Lienzos and Communities." In *Ancient Oaxaca: Discoveries in Mexican Archeology and History,* ed. John Paddock, 270–97. Stanford: Stanford University Press, 1966. **245**

———. "The Oztoticpac Lands Map of Texcoco, 1540." *Quarterly Journal of the Library of Congress,* 1966, 77–115. Reprinted in *A la Carte: Selected Papers on Maps and Atlases,* comp. Walter W. Ristow, 5–33. Washington, D.C.: Library of Congress, 1972. **203, 253**

Cobo, Bernabé. *History of the Inca Empire: An Account of the Indians' Customs and Their Origin, Together with a Treatise on Inca Legends, History, and Social Institutions.* Trans. and ed. Roland Hamilton. Austin: University of Texas Press, 1979. **263, 281, 284, 289, 290**

———. *Inca Religion and Customs.* Trans. and ed. Roland Hamilton. Austin: University of Texas Press, 1990. **263, 268, 281, 284**

Codex Borgia: Biblioteca Apostolica Vaticana (Messicano Riserva 28). Graz: Akademische Druck- u. Verlagsanstalt, 1976. **200, 253**

Codex Borgia. See also Seler, Eduard

Codex Fejérváry-Mayer: M 12014 City of Liverpool Museums. Graz: Akademische Druck- u. Verlagsanstalt, 1971. **253**

Codex Fejérváry-Mayer. See also Seler, Eduard

Codex Ixtlan. Facsimile ed. Maya Society Publications 3. Baltimore: Johns Hopkins University Press, 1931. **251**

Codex Meixuero. Facsimile ed. Maya Society Publications 4. Baltimore: Johns Hopkins University Press, 1931. **251**

Codex Mendoza. See Berdan, Frances, and Patricia Rieff Anawalt, eds.

Codex Tro-Cortesianus (Codex Madrid). Graz: Akademische Druck- u. Verlagsanstalt, 1967. **255**

Códice Kingsborough. See Paso y Troncoso, Francisco del, ed.

Códice Xolotl. See Dibble, Charles E., ed.

Coe, Michael D. "The Funerary Temple among the Classic Maya." *Southwestern Journal of Anthropology* 12 (1956): 387–94. **234**

———. *Breaking the Maya Code.* New York: Thames and Hudson, 1992. **198**

Cohodas, Marvin. *The Great Ball Court at Chichen Itza, Yucatan, Mexico.* New York: Garland, 1978. **256**

Collins, David. *An Account of the English Colony in New South Wales.* 2 vols. Ed. Brian H. Fletcher. 1798–1802; Sydney: A. H. and A. W. Reed, 1975. **494, 508**

Collinson, Richard. *Journal of H.M.S. "Enterprise," on the Expedition in Search of Sir John Franklin's Ships by Behring Strait, 1850–55.* Ed. T. B. Collinson. London: S. Low, Marston, Searle, and Rivington, 1889. **157**

Colson, Audrey Butt, and Cesáreo de Armellada. "The Pleiades, Hyades and Orion (Tamökan) in the Conceptual and Ritual System of Kapon and Pemon Groups in the Guiana Highlands." *Scripta Ethnologica: Supplemanta* 9 (1989): 153–200. **305**

Comeau, Napoleon A. *Life and Sport on the North Shore of the Lower St. Lawrence and Gulf.* 3d ed. Quebec: Telegraph Printing, 1954. **139, 141**

Conklin, William J. "The Information System of Middle Horizon Quipus." In *Ethnoastronomy and Archaeoastronomy in the American Tropics,* ed. Anthony F. Aveni and Gary Urton, 261–81. New York: New York Academy of Sciences, 1982. **290**

Conti Rossini, Carlo. "Geographica." *Rassegna di Studi Etiopici* 3 (1943): 167–99. **28, 47**

Cook, Anita Gwynn. *Wari y Tiwanaku: Entre el estilo y la imagen.* Lima: Pontificia Universidad Católica del Peru, Fondo Editorial, 1994. **284**

Cook, James. *The Journals of Captain James Cook on His Voyages of Discovery.* 4 vols. Ed. J. C. Beaglehole. Hakluyt Society, extra ser. nos. 34–37. London: Hakluyt Society, 1955–74. **445, 446, 447, 448, 450, 451**

———. *The Journals of Captain James Cook on His Voyages of Discovery: Charts and Views Drawn by Cook and His Officers and Reproduced from the Original Manuscripts.* Ed. R. A. Skelton. Cambridge: Cambridge University Press, 1955. **447**

Cooke, Peter, and Jon Altman, eds. *Aboriginal Art at the Top: A Regional Exhibition.* Maningrida: Maningrida Arts and Crafts, 1982. **358**

Cooley, William Desborough. *Inner Africa Laid Open.* 1852. Reprinted New York: Negro Universities Press, 1969. **38**

Cooper, Carol. "Art of Temperate Southeast Australia." In *Aboriginal Australia,* by Carol Cooper et al., 29–40. Sydney: Australian Gallery Directors Council, 1981. **355, 356**

———. *Aboriginal and Torres Strait Islander Collections in Overseas Museums.* Canberra: Aboriginal Studies Press, 1989. **359**

———. "Traditional Visual Culture in South-east Australia." In *Aboriginal Artists of the Nineteenth Century,* by Andrew Sayers, 91–109. Melbourne: Oxford University Press in association with the National Gallery of Australia, 1994. 355, 356

Cooper, John M. "Northern Algonkian Scrying and Scapulimancy." In *Festschrift, publication d'hommage offerte au P. W. Schmidt*, ed. William Koppers, 205–17. Vienna: Mechitharisten- Congregations-Buchdruckerei, 1928. 142

———. "Scapulimancy." In *Essays in Anthropology Presented to A. L. Kroeber in Celebration of His Sixtieth Birthday, June 11, 1936*, ed. Robert H. Lowie, 29–43. Berkeley: University of California Press, 1936. Reprinted, 1968. 139

Copway, George. *The Traditional History and Characteristic Sketches of the Ojibway Nation*. London: Charles Gilpin, 1850. 82

Copy of the Robinson Treaty Made in the Year 1850 with the Ojibewa Indians of Lake Huron Conveying Certain Lands to the Crown. 1939. Reprinted Ottawa: Queen's Printer, 1964. 79

Córdoba, Juan de. *Vocabulario castellano-zapoteco*. Ed. Wigberto Jiménez Moreno. Fascimile of 1578 ed. Mexico City: Instituto Nacional de Antropología e Historia, 1942. 185, 187

Corney, Bolton Glanvill, ed. and trans. *The Quest and Occupation of Tahiti by Emissaries of Spain during the Years 1772–1776*. 3 vols. Hakluyt Society Publications, ser. 2, nos. 32, 36, 43. London: Hakluyt Society, 1913–18. 497

Cortés, Hernán. *Letters from Mexico*. Rev. ed. Trans. and ed. Anthony Pagden. New Haven: Yale University Press, 1986. 187, 228, 229

Couclelis, Helen. "Verbal Directions for Way-Finding: Space, Cognition, and Language." In *The Construction of Cognitive Maps*, ed. Juval Portugali, 133–53. Dordrecht: Kluwer Academic, 1996. 4

Council Fire: A Resource Guide. Brantford, Ont.: Woodland Culture Centre, 1989. 81, 89, 90

Cowan, James. "Maori Place-Names: With Special Reference to the Great Lakes and Mountains of the South Island." *Transactions and Proceedings of the New Zealand Institute* 38 (1905): 113–20. 506

Cowan, Thaddeus M. "Effigy Mounds and Stellar Representation: A Comparison of Old World and New World Alignment Schemes." In *Archaeoastronomy in Pre-Columbian America*, ed. Anthony F. Aveni, 217–35. Austin: University of Texas Press, 1975. 95

Craib, John L. "Micronesian Prehistory: An Archeological Overview," *Science* 219 (1983): 922–27. 421

Crozet, Julien Marie. *Nouveau voyage à la Mer du Sud*. Ed. Alexis Marie de Rochon. Paris: Barrois, 1783. 445

Cumming, William Patterson, R. A. Skelton, and David B. Quinn. *The Discovery of North America*. New York: American Heritage Press, 1971. 70

Cummins, Tom. "Representation in the Sixteenth Century and the Colonial Image." In *Writing without Words: Alternative Literacies in Mesoamerica and the Andes*, ed. Elizabeth Hill Boone and Walter D. Mignolo, 188–219. Durham: Duke University Press, 1994. 258, 294, 295

Dahlgren de Jordán, Barbro. *La Mixteca: Su cultura e historia prehispánicas*. Mexico City: Imprenta Universitaria, 1954. 253

D'Altroy, Terence N., and Timothy K. Earle. "Staple Finance, Wealth Finance, and Storage in the Inka Political Economy." In *Inka Storage Systems*, ed. Terry Y. LeVine, 31–61. Norman: University of Oklahoma Press, 1992. 257

Da Matta, Roberto. *A Divided World: Apinayé Social Structure*. Trans. Alan Campbell Cambridge: Harvard University Press, 1982. 311, 317

Damon, Frederick H. *From Muyuw to the Trobriands: Transformations along the Northern Side of the Kula Ring*. Tucson: University of Arizona Press, 1990. 427, 435

Davenport, William. "Marshall Islands Navigational Charts." *Imago Mundi* 15 (1960): 19–26. 476, 478, 479, 485

David, Andrew, ed. *The Charts & Coastal Views of Captain Cook's Voyages*. Vol. 1, *The Voyage of the Endeavour, 1768–1771*. London: Hakluyt Society in association with the Australian Academy of the Humanities, 1988. 501

Davidson, Daniel Sutherland. *A Preliminary Consideration of Aboriginal Australian Decorative Art*. Phildelphia: American Philosophical Society, 1937. 381

Davidson, George. "Explanation of an Indian Map." *Mazama* 2 (1900–1905): 75–82. 115

Davidson, Janet. *The Prehistory of New Zealand*. Auckland: Longman Paul, 1984. 493

Davies, John. *A Tahitian and English Dictionary*. Tahiti: London Missionary Society's Press, 1851. 450

Davies, Nigel. *The Aztecs: A History*. London: Macmillan, 1973. Reprinted Norman: University of Oklahoma Press, 1980. 205

Davis, Te Aue, Tipene O'Regan, and John Wilson. *Ngā Tohu Pūmahara: The Survey Pegs of the Past*. Wellington: New Zealand Geographic Board, 1990. 498, 539

Davis, Whitney. "Representation and Knowledge in the Prehistoric Rock Art of Africa." *African Archaeological Review* 2 (1984): 7–35. 26

———. "The Study of Rock Art in Africa." In *A History of African Archaeology*, ed. Peter Robertshaw, 271–95. London: James Currey, 1990. 26

Day, Cyrus Lawrence. *Quipus and Witches' Knots: The Role of the Knot in Primitive and Ancient Cultures*. Lawrence: University of Kansas Press, 1967. 289

Deacon, Janette. "'My Place is the Bitterpits': The Home Territory of Bleek and Lloyd's /Xam San Informants." *African Studies* 45 (1986): 135–55. 23

Delanglez, Jean, trans. and ed. *The Journal of Jean Cavelier: The Account of a Survivor of La Salle's Texas Expedition, 1684–1688*. Chicago: Institute of Jesuit History, 1938. 95

Delano Smith, Catherine. "Cartography in the Prehistoric Period in the Old World: Europe, the Middle East, and North Africa." In *The History of Cartography*, ed. J. B. Harley and David Woodward, 1:54–101. Chicago: University of Chicago Press, 1987–. 19, 57, 274, 331

———. "Prehistoric Cartography in Asia." In *The History of Cartography*, ed. J. B. Harley and David Woodward, vol. 2.2 (1994), 1–22. Chicago: University of Chicago Press, 1987–. 19, 331

DeMallie, Raymond J. "Touching the Pen: Plains Indian Treaty Councils in Ethnohistorical Perspective." In *Ethnicity on the Great Plains*, ed. Frederick C. Luebke, 38–53. Lincoln: University of Nebraska Press, 1980. 53

Denevan, William M. "Aboriginal Drained-Field Cultivation in the Americas." *Science* 169 (1970): 647–54. 257

———. "Terrace Abandonment in the Colca Valley, Peru." In *Pre-Hispanic Agricultural Fields in the Andean Region: Proceedings, 45 Congreso Internacional de Américanistas, International Congress of Americanists, Bogotá, Colombia, 1985*. 2 vols., ed. William M. Denevan, Kent Mathewson, and Gregory Knapp, 1:1–43. Oxford: BAR, 1987. 257

———, ed. *The Native Population of the Americas in 1492*. 2d ed. Madison: University of Wisconsin Press, 1992. 257

Denevan, William M., Kent Mathewson, and Gregory Knapp, eds. *Pre-Hispanic Agricultural Fields in the Andean Region: Proceedings, 45 Congreso Internacional de Américanistas, International Congress of Americanists, Bogotá, Colombia, 1985*. 2 vols. Oxford: BAR, 1987. 257

Dening, Greg M. "The Geographical Knowledge of the Polynesians and the Nature of Inter-island Contact." In *Polynesian Navigation: A Symposium on Andrew Sharp's Theory of Accidental Voyages*, ed. Jack Golson, rev. ed., 102–53. Wellington: Polynesian Society, 1963. 449

Densmore, Frances. *Chippewa Customs*. Bulletin of the Smithsonian Institution Bureau of American Ethnology 86. Washington, D.C.: United States Government Printing Office, 1929. **142**

Descola, Philippe. *In the Society of Nature: A Native Ecology in Amazonia*. Trans. Nora Scott. Cambridge: Cambridge University Press, 1994. **303**

De Vorsey, Louis. *The Indian Boundary in the Southern Colonies, 1763–1775*. Chapel Hill: University of North Carolina Press, 1966. **105**

———. "Amerindian Contributions to the Mapping of North America: A Preliminary View." *Imago Mundi* 30 (1978): 71–78. **55**

———. "La Salle's Cartography of the Lower Mississippi: Product of Error or Deception?" In *The American South*, ed. Richard L. Nostrand and Sam B. Hilliard, 5–23. Geoscience and Man 25. Baton Rouge: Department of Geography and Anthropology, Louisiana State University, 1988. **103**

———. "Native American Maps and World Views in the Age of Encounter." *Map Collector* 58 (1992): 24–29. **55**

———. "Silent Witnesses: Native American Maps." *Georgia Review* 46 (1992): 709–26. **55, 95**

Dewdney, Selwyn. *The Sacred Scrolls of the Southern Ojibway*. Toronto: University of Toronto Press, 1975. **82, 83, 84, 181**

Díaz del Castillo, Bernal. *The True History of the Conquest of New Spain*. 5 vols. Ed. Genaro García. Trans. Alfred Percival Maudslay. Hakluyt Society Publications, ser. 2, nos. 23, 24, 25, 30, and 40. London: Hakluyt Society, 1908–16. **187, 229, 253**

Díaz de Salas, Marcelo, and Luís Reyes García. "Testimonio de la fundación de Santo Tomás Ajusco." *Tlalocan* 6 (1970): 193–212. **220**

Dibble, Charles E. "Writing in Central Mexico." In *Handbook of Middle American Indians*, vol. 10, ed. Gordon F. Ekholm and Ignacio Bernal, 322–32. Austin: University of Texas Press, 1971. **198, 199**

———. "The Syllabic-Alphabetic Trend in Mexican Codices." In *Atti del XL Congresso Internazionale degli Americanisti (1972)*, 4 vols., 1:373–78. Genoa: Tilgher, 1973–76. **199**

———, ed. *Códice Xolotl*. 2d ed. 2 vols. Mexico City: Instituto de Investigaciones Históricas, Universidad Nacional Autónoma de Mexico, 1980. **205, 249**

Diccionario de motul. Manuscript in the John Carter Brown Library, Providence, Rhode Island. Photostat, 6 vols., in the New York Public Library. **185**

Dieffenbach, Ernst. "An Account of the Chatham Islands." *Journal of the Royal Geographical Society of London* 11 (1841): 195–215. **503, 504**

———. *Travels in New Zealand: With Contributions to the Geography, Geology, Botany and Natural History of That Country*. 2 vols. London: John Murray, 1843. Reprinted Christchurch: Capper Press, 1974. **496**

Dilke, O. A. W. "Geographical Perceptions of the North in Pomponius Mela and Ptolemy." In *Unveiling the Arctic*, ed. Louis Rey, 347–51. Fairbanks: University of Alaska Press for the Arctic Institute of North America, 1984. **330**

———. "Cartography in the Ancient World: A Conclusion." In *The History of Cartography*, ed. J. B. Harley and David Woodward, 1:276–79. Chicago: University of Chicago Press, 1987–. **37**

———. "The Culmination of Greek Cartography in Ptolemy." In *The History of Cartography*, ed. J. B. Harley and David Woodward, 1:177–200. Chicago: University of Chicago Press, 1987–. **37**

Dobbs, Arthur. *An Account of the Countries Adjoining to Hudson's Bay*. London: J. Robinson, 1744. **145**

Dodge, Richard Irving. *The Plains of the Great West and Their Inhabitants*. New York: G. P. Putnam's Sons, 1877. **129**

Donkin, R. A. *Agricultural Terracing in the Aboriginal New World*. Tucson: University of Arizona Press, 1989. **257**

Donnan, Christopher B. *Moche Art of Peru: Pre-Columbian Symbolic Communication*. Rev. ed. Los Angeles: Museum of Cultural History, University of California, Los Angeles, 1978. **278, 279**

Downs, Roger M., and David Stea, eds. *Image and Environment: Cognitive Mapping and Spatial Behavior*. Chicago: Aldine, 1973. **3**

Dowson, Thomas A. "New Light on the 'Thin Red Line': Neuropsychology and Ethnography." B.Sc. honors thesis, University of Witwatersrand, 1988. **16**

Dowson, Thomas A., and David Lewis-Williams. "Diversity in Southern African Rock Art Research." In *Contested Images: Diversity in Southern African Rock Art Research*, ed. Thomas A. Dowson and David Lewis-Williams, 1–8. Johannesburg: Witwatersrand University Press, 1994. **26**

Drechsel, Emanuel J. "A Preliminary Sociolinguistic Comparison of Four Indigenous Pidgin Languages of North America." *Anthropological Linguistics* 23 (1981): 93–112. **99**

Drewal, Henry John. "Art and Divination among the Yoruba: Design and Myth." *Africana Journal* 14 (1987): 139–56. **28**

Dröber, Wolfgang. *Kartographie bei den Naturvölkern*. 1903. Reprinted Amsterdam: Meridian, 1964. **37, 55, 492**

———. "Kartographie bei den Naturvölkern." *Deutsche Geographische Blätter* 27 (1904): 29–46. **55**

Dubelaar, C. N. *South American and Caribbean Petroglyphs*. Caribbean Series 3. Dordrecht: Foris, 1986. **309**

Duff, Roger. *The Moa-Hunter Period of Maori Culture*. 3d ed. Wellington: Government Printer, 1977. **497**

Dugast, Idelette, and Mervyn David Waldegrave Jeffreys. *L'écriture des Bamum: Sa naissance, son évolution, sa valeur phonétique, son utilisation*. Mémoires de l'Institut Français d'Afrique Noire (Centre du Cameroun), Populations, no. 4 (1950). **41, 42, 43**

Dumont d'Urville, Jules Sébastien César. *Voyage de la corvette "l'Astrolabe" . . . pendant les années 1826–1827–1828–1829*. 5 vols. Paris: J. Tastu, 1830–33. **419**

Dundes, Alan. "A Psychoanalytic Study of the Bullroarer." *Man*, n.s. 11 (1976): 220–38. **441**

Dupuis, Joseph. *Journal of a Residence in Ashantee*. London: H. Colburn, 1824. **38, 39**

Durán, Diego. *"Book of the Gods and Rites" and "The Ancient Calendar."* Ed. and trans. Fernando Horcasitas and Doris Heyden. Norman: University of Oklahoma Press, 1971. **232**

Duryea, Chester B. "Au sujet de la calebasse sacrée des Iles Hawai." *Bulletin de la Société d'Études Océaniennes* 7 (1947): 289–910 (letter by Chester B. Duryea and response by Peter H. Buck). **486**

Duveyrier, Henri. *Exploration du Sahara: Les Touareg du Nord*. Paris: Challamel Ainé, 1864. **38**

Dzeniskevich, Galina I. "American-Asian Ties as Reflected in Athapaskan Material Culture." In *Anthropology of the North Pacific Rim*, ed. William W. Fitzhugh and Valérie Chaussonnet, 53–62. Washington, D.C.: Smithsonian Institution Press, 1994. **171**

Earls, John, and Irene Marsha Silverblatt. "La realidad física y social en la cosmología andina." In vol. 4 of *Actes du XLIIe Congrès International des Américanistes (1976)*, 299–325. Paris: Société des Américanistes, 1978. **295**

Edney, Matthew H. "Cartography without 'Progress': Reinterpreting the Nature and Historical Development of Mapmaking." *Cartographica* 30, nos. 2–3 (1993): 54–68. **2**

Eliade, Mircea. *Patterns in Comparative Religion*. Trans. Rosemary Sheed. New York: Sheed and Ward, 1958. **538**

———. *Shamanism: Archaic Techniques of Ecstasy*. Trans. Willard R. Trask. New York: Bollingen Foundation, 1964. **538**

Elkin, A. P. "Cult-Totemism and Mythology in Northern South Australia." *Oceania* 5 (1934–35): 171–92. **383, 384**

Elmberg, John-Erik. *Balance and Circulation: Aspects of Tradition and Change among the Mejprat of Irian Barat.* Stockholm: Ethnographical Museum, 1968. **435**

Elsasser, Albert B., ed. *The Alonso de Santa Cruz Map of Mexico City and Environs, Dating from 1550.* Berkeley, Calif.: Lowie Museum of Anthropology, 1974. **244**

Emory, Kenneth Pike, and Yosihiko H. Sinoto. "Eastern Polynesian Burials at Maupiti." *Journal of the Polynesian Society* 73 (1964): 143–60. **497**

Enright, W. J. "Notes on the Aborigines of the North Coast of New South Wales." *Mankind* 2 (1936–40): 88–91. **355**

Erhardt, James [Jakob]. "Reports respecting Central Africa, as Collected in Mambara and on the East Coast, with a New Map of the Country." *Proceedings of the Royal Geographical Society* 1 (1855–57): 8–10. **41**

Erwin, Richard P. "Indian Rock Writing in Idaho." In *Twelfth Biennial Report of the Board of Trustees of the State Historical Society of Idaho for the Years 1929–30,* 35–111. Boise, 1930. **62**

Escalante Moscoso, Javier F. *Arquitectura prehispánica en los Andes bolivianos.* La Paz, Bolivia: CIMA, 1993. **283**

Etheridge, Robert. *The Dendroglyphs, or "Carved Trees" of New South Wales.* Sydney: W. A. Gullick, 1918. **355**

Evison, Harry C. "Mackay, James, 1831–1912." In *The Dictionary of New Zealand Biography,* vol. 1, *1769–1869,* 252–53. Wellington: Allen and Unwin, 1990. **525**

———. *Te Wai Pounamu, the Greenstone Island: A History of the Southern Maori during the European Colonization of New Zealand.* Christchurch: Aoraki Press, 1993. **495**

Ezra, Kate. *Art of the Dogon: Selections from the Lester Wunderman Collection.* New York: Metropolitan Museum of Art, 1988. **27**

Fabian, Michael. *Space-Time of the Bororo of Brazil.* Gainesville: University Press of Florida, 1992. **305**

Farriss, Nancy M. *Maya Society under Colonial Rule: The Collective Enterprise of Survival.* Princeton: Princeton University Press, 1984. **228**

Fell, Barry. *Saga America.* New York: Times Books, 1980. **62**

Fernández-Armesto, Felipe, ed. *The Times Atlas of World Exploration: 3,000 Years of Exploring, Explorers, and Mapmaking.* New York: HarperCollins, 1991. **330**

Ferrand, Gabriel. *Le K'ouen-louen et les anciennes navigations interocéaniques dans les Mers du Sud.* Paris: Imprimerie Nationale, 1919. **488**

Fewkes, Jesse Walter. "The Aborigines of Porto Rico and Neighboring Islands," in the *Twenty-fifth Annual Report of the Bureau of American Ethnology to the Secretary of the Smithsonian Institution, 1903–04* (Washington, D.C.: United States Printing Office, 1907), 3–220. **318**

Finnegan, Ruth H. *Oral Traditions and the Verbal Arts: A Guide to Research Practices.* London: Routledge, 1992. **2**

Finney, Ben R. "Voyaging Canoes and the Settlement of Polynesia." *Science* 196 (1977): 1277–85. **444, 461**

———. *Hokule'a: The Way to Tahiti.* New York: Dodd, Mead, 1979. **460, 474**

———. "James Cook and the European Discovery of Polynesia." In *From Maps to Metaphors: The Pacific World of George Vancouver,* ed. Robin Fisher and Hugh Johnston, 19–34. Vancouver: University of British Columbia Press, 1993. **443**

———. "Rediscovering Polynesian Navigation through Experimental Voyaging." *Journal of Navigation* 46 (1993): 383–94. **444**

———. "Voyaging and Isolation in Rapa Nui Prehistory." *Rapa Nui Journal* 7 (1993): 1–6. **461**

———. *Voyage of Rediscovery: A Cultural Odyssey through Polyne-*

sia. Berkeley: University of California Press, 1994. **421, 444, 451, 455**

———. "Colonizing an Island World." In *Prehistoric Settlement of the Pacific,* ed. Ward Hunt Goodenough, 71–116. Philadelphia: American Philosophical Society, 1996. **418, 420, 444, 451**

Finney, Ben R., et al. "Re-learning a Vanishing Art." *Journal of the Polynesian Society* 95 (1986): 41–90. **461**

Fisher, Raymond H. "The Early Cartography of the Bering Strait Region." In *Unveiling the Arctic,* ed. Louis Rey, 574–89. Fairbanks: University of Alaska Press for the Arctic Institute of North America, 1984. **330**

Fitzhugh, William W. "Comparative Art of the North Pacific Rim." In *Crossroads of Continents: Cultures of Siberia and Alaska,* ed. William W. Fitzhugh and Aron Crowell, 294–312. Washington, D.C.: Smithsonian Institution Press, 1988. **347, 348**

———. "Eskimos: Hunters of the Frozen Coasts." In *Crossroads of Continents: Cultures of Siberia and Alaska,* ed. William W. Fitzhugh and Aron Crowell, 42–51. Washington, D.C.: Smithsonian Institution Press, 1988. **345**

———. "Crossroads of Continents: Review and Prospect." In *Anthropology of the North Pacific Rim,* ed. William W. Fitzhugh and Valérie Chaussonnet, 27–51. Washington, D.C.: Smithsonian Institution Press, 1994. **170, 171**

Fitzhugh, William W., and Aron Crowell, eds. *Crossroads of Continents: Cultures of Siberia and Alaska.* Washington, D.C.: Smithsonian Institution Press, 1988. **329** *See also entries under individual authors.*

Fitzpatrick, John C., ed. *The Diaries of George Washington, 1748–1799.* 4 vols. Boston: Houghton Mifflin, 1925. **68**

Flaherty, Robert Joseph. "The Belcher Islands of Hudson Bay: Their Discovery and Exploration." *Geographical Review* 5 (1918): 433–58. **165**

———. *My Eskimo Friends: "Nanook of the North."* London: Heinemann, 1924. **165**

Flegel, E. Robert. "Städtebilder aus West- und Central-Afrika." *Mittheilungen der Geographischen Gesellschaft in Hamburg, 1878–79,* 300–327. **41**

Fleming, Charles Alexander. "Hochstetter, Christian Gottlieb Ferdinand von, 1829–1884." In *The Dictionary of New Zealand Biography,* vol. 1, *1769–1869,* 199–200. Wellington: Allen and Unwin, 1990. **510**

Flood, Josephine. *Archaeology of the Dreamtime.* Sydney: Collins, 1983. **354**

Förstemann, Ernst Wilhelm. *Commentar zur Madrider Mayahandschrift (Codex Tro-Cortesianus).* Danzig: L. Saunier, 1902. **232**

Forster, Johann Reinhold. *Observations Made during a Voyage Round the World.* London: Robinson, 1778. **447, 449**

———. *History of the Voyages and Discoveries Made in the North.* London: G. G. J. and J. Robinson, 1786. **136**

Frake, Charles O. "Dials: A Study in the Physical Representation of Cognitive Systems." In *The Ancient Mind: Elements of Cognitive Archaeology,* ed. Colin Renfrew and Ezra B. W. Zubrow, 119–32. Cambridge: Cambridge University Press, 1994. **539**

———. "A Reinterpretation of the Micronesian 'Star Compass.'" *Journal of the Polynesian Society* 104 (1995): 147–58. **465**

Frame, Mary. "Structure, Image, and Abstraction: Paracas Necrópolis Headbands as System Templates." In *Paracas Art and Architecture: Object and Context in South Coastal Peru,* ed. Anne Paul, 110–71. Iowa City: University of Iowa Press, 1991. **273**

Frankel, Stephen. *The Huli Response to Illness.* Cambridge: Cambridge University Press, 1986. **430**

Franklin, John. *Narrative of a Journey to the Shores of the Polar Sea.* 3d ed. 2 vols. London: John Murray, 1824. **144**

Frauenstein, Georg M. "Primitive Map-Making." *Popular Science Monthly* 23 (1883): 682–87 (translated from *Das Ausland*). **55**

Frazer, Roger. "Chalmers, Nathanael, 1830–1910." In *The Dictionary of New Zealand Biography*, vol. 1, *1769–1869*, 76–77. Wellington: Allen and Unwin, 1990. **504**

Fredlund, Glen, Linea Sundstrom, and Rebecca Armstrong. "Crazy Mule's Maps of the Upper Missouri, 1877–1880." *Plains Anthropologist* 41, no. 155 (1996): 5–27. **117**

Freeman, Milton M. R., ed. *Inuit Land Use and Occupancy Project.* 3 vols. Ottawa: Minister of Supply and Services Canada, 1976. **170**

Freidel, David A., Linda Schele, and Joy Parker. *Maya Cosmos: Three Thousand Years on the Shaman's Path.* New York: William Morrow, 1993. **203, 234, 235, 237, 238**

Frémont, John C. *Report of the Exploring Expedition to the Rocky Mountains in the Year 1842, and to Oregon and North California in the Years 1843–'44.* Washington, D.C.: Blair and Rives, 1845. **113**

Friederici, Georg. *Die Schiffahrt der Indianer.* Stuttgart: Strecker und Schröder, 1907. **55**

———. *Der Charakter der Entdeckung und Eroberung Amerikas durch die Europäer.* 3 vols. Stuttgart-Gotha: F. A. Perthes, 1925–36. **55**

Frobenius, Leo. *Madsimu Dsangara: Südafrikanische Felsbilderchronik.* 2 vols. 1931. Reprinted with new material, Graz: Akademische Druck- u. Verlagsanstalt, 1962. **17**

Fry, H. K. "Dieri Legends." *Folk-lore* 48 (1937): 187–206, 269–87. **383**

Fuentes y Guzmán, Francisco Antonio de. *Recordación Florida.* 3 vols. Biblioteca "Goathemala" de la Sociedad de Geografía e Historia, vols. 6–8. Guatemala City, 1932–33. **208**

Fu-Kiau, Kimbwandáende Kia Bunseki. "Ntangu-Tandu-Kolo: The Bantu-Kongo Concept of Time." In *Time in the Black Experience*, ed. Joseph K. Adjaye, 17–34. Westport, Conn.: Greenwood Press, 1994. **27**

Furst, Jill Leslie. "The Tree Birth Tradition in the Mixteca, Mexico." *Journal of Latin American Lore* 3 (1977): 183–226. **215**

———. *Codex Vindobonensis Mexicanus I: A Commentary.* Albany: Institute for Mesoamerican Studies, State University of New York, 1978. **216**

Further Papers relative to the Recent Arctic Expeditions in Search of Sir John Franklin and the Crews of H.M.S. "Erebus" and "Terror." London: G. E. Eyre and W. Spottiswoode, 1855. **158**

Fuson, Robert H. "The Orientation of Mayan Ceremonial Centers." *Annals of the Association of American Geographers* 59 (1969): 494–511. **201**

Gade, Daniel W., and Mario Escobar. "Village Settlement and the Colonial Legacy in Southern Peru." *Geographical Review* 72 (1982): 430–49. **262**

Galarza, Joaquín. *Lienzos de Chiepetlan: Manuscrits pictographiques et manuscrits en caractères latins de San Miquel Chiepetlan, Guerrero, Mexique.* Mexico City: Mission Archéologique et Ethnologique Française au Mexique, 1972. **246**

———. *Estudios de escritura indígena tradicional (azteca-náhuatl).* Mexico City: Archivo General de la Nación, 1979. **198, 199**

Gale, Fay. "Art as a Cartographic Form." *Globe: Journal of the Australian Map Circle* 26 (1986): 32–41. **364**

Galloway, Patricia. "Debriefing Explorers: Amerindian Information in the Delisles' Mapping of the Southeast." In *Cartographic Encounters: Perspectives on Native American Mapmaking and Map Use*, ed. G. Malcolm Lewis, chap. 10. Chicago: University of Chicago Press, 1998. **103**

Gamio, Manuel. *La población del valle de Teotihuacán.* 2 vols. in 3. Mexico City: Dirección de Talleres Gráficos, 1922. **256**

García Zambrano, Angel J. "El poblamiento de México en la época del contacto, 1520–1540." *Mesoamérica* 24 (1992): 239–96. **197**

Garlake, Peter S. *The Hunter's Vision: The Prehistoric Art of Zimbabwe.* Seattle: University of Washington Press, 1995. **17**

Garrison, Tom. *Oceanography: An Invitation to Marine Science.* Belmont, Calif.: Wadsworth, 1993. **478, 479**

Gartner, William Gustav. "Pawnee Cartography." Unpublished typescript. Department of Geography, University of Wisconsin–Madison, 1992. **54, 125**

Geary, Christraud M. *Images from Bamum: German Colonial Photography at the Court of King Njoya, Cameroon, West Africa, 1902–1915.* Washington, D.C.: National Museum of African Art by the Smithsonian Institution Press, 1988. **45**

Geary, Christraud M., and Adamou Ndam Njoya. *Mandou Yénou: Photographies du pays Bamoum, royaume ouest-africain, 1902–1915.* Munich: Trickster, 1985. **45**

Gebauer, Paul. *Art of Cameroon.* Portland: Portland Art Museum, 1979. **46**

Geertz, Clifford. *The Interpretation of Cultures.* New York: Basic Books, 1973. **442**

———. *Local Knowledge: Further Essays in Interpretive Anthropology.* New York: Basic Books, 1983. **9**

Gehring, Charles T., and William A. Starna, trans. and eds. *A Journey into Mohawk and Oneida Country, 1634–1635: The Journal of Harmen Meyndertsz van den Bogaert.* Syracuse: Syracuse University Press, 1988. **68**

Gell, Alfred. "How to Read a Map: Remarks on the Practical Logic of Navigation," *Man*, n.s. 20 (1985): 271–86. **363**

———. "The Language of the Forest: Landscape and Phonological Iconism in Umeda." In *The Anthropology of Landscape: Perspectives on Place and Space*, ed. Eric Hirsch and Michael O'Hanlon, 232–54. Oxford: Clarendon Press, 1995. **434**

Gendrop, Paul. "Las representaciones arquitectónicas en las pinturas mayas." In *Las representaciones de arquitectura en la arqueología de América*, ed. Daniel Schávelzon, 1:191–210. Mexico City: Universidad Nacional Autónoma de México, 1982–. **256**

Gentner, Dedre, and Albert L. Stevens, eds. *Mental Models.* Hillsdale, N.J.: Lawrence Erlbaum, 1983. **443**

Gerasimov, Innokenty, ed. *A Short History of Geographical Science in the Soviet Union.* Trans. John Williams. Moscow: Progress, 1976. **340**

Gerhard, Peter. *A Guide to the Historical Geography of New Spain.* Rev. ed. Norman: University of Oklahoma Press, 1993. **183, 240, 241**

Gewertz, Deborah B. *Sepik River Societies: A Historical Ethnography of the Chambri and Their Neighbors.* New Haven: Yale University Press, 1983. **436, 438, 440, 441**

Gibson, Charles. *The Aztecs under Spanish Rule: A History of the Indians of the Valley of Mexico, 1519–1810.* Stanford: Stanford University Press, 1964. **204, 213, 245**

———. "A Survey of Middle American Prose Manuscripts in the Native Historical Tradition." In *Handbook of Middle American Indians*, vol. 15, ed. Howard Francis Cline, 311–21. Austin: University of Texas Press, 1975. **190**

Gibson, Charles, and John B. Glass. "A Census of Middle American Prose Manuscripts in the Native Historical Tradition." In *Handbook of Middle American Indians*, vol. 15, ed. Howard Francis Cline, 322–400. Austin: University of Texas Press, 1975. **190**

Gill, William Wyatt. *Myths and Songs from the South Pacific.* London: King, 1876. **459**

Gillespie, Susan D. "Power, Pathways, and Appropriations in Mesoamerican Art." In *Imagery and Creativity: Ethnoaesthetics and Art Worlds in the Americas*, ed. Dorothea S. Whitten and Norman E. Whitten, 67–107. Tucson: University of Arizona Press, 1993. **234**

Gladwin, Thomas. *East Is a Big Bird: Navigation and Logic on Pu-*

luwat Atoll. Cambridge: Harvard University Press, 1970. **443, 444, 462, 469, 471, 475**

Glass, John B. *Catálogo de la colección de códices.* Mexico City: Museo Nacional de Antropología and Instituto Nacional de Antropología e Historia, 1964. **249**

———. "Annotated References." In *Handbook of Middle American Indians,* vol. 15, ed. Howard Francis Cline, 537–724. Austin: University of Texas Press, 1975. **194**

———. "A Survey of Native Middle American Pictorial Manuscripts." In *Handbook of Middle American Indians,* vol. 14, ed. Howard Francis Cline, 3–80. Austin: University of Texas Press, 1975. **183, 194, 195, 204, 253**

Glass, John B., with Donald Robertson. "A Census of Native Middle American Pictorial Manuscripts." In *Handbook of Middle American Indians,* vol. 14, ed. Howard Francis Cline, 81–252. Austin: University of Texas Press, 1975. **194, 196, 204, 210, 212, 219, 225, 251, 253**

Glass, Patrick. "Trobriand Symbolic Geography." *Man,* n.s. 23 (1988): 56–76. **431, 432, 433**

Glowczewski, Barbara, ed. *Yapa: Peintres aborigènes de Balgo et Lajamanu.* Paris: Baudoin Lebon, 1991. **363**

Goddard, Cliff. *A Basic Pitjantjatjara/Yankunytjatjara to English Dictionary.* Alice Springs: Institute for Aboriginal Development, 1987. **387**

Godelier, Maurice, and Marilyn Strathern, eds. *Big Men and Great Men: Personifications of Power in Melanesia.* Cambridge: Cambridge University Press, 1991. **424**

Goetz, Delia, and Sylvanus Griswold Morley, trans. *Popol Vuh: The Sacred Book of the Ancient Quiché Maya.* Norman: University of Oklahoma Press, 1950. **237**

Goetzfridt, Nicholas J., comp. *Indigenous Navigation and Voyaging in the Pacific: A Reference Guide.* New York: Greenwood Press, 1992. **444**

Goetzmann, William H. *New Lands, New Men: America and the Second Great Age of Discovery.* New York: Viking, 1986. **445**

———. "A 'Capacity for Wonder': The Meanings of Exploration." In *North American Exploration.* Ed. John Logan Allen. Vol. 3, *A Continent Comprehended,* 71–126. Lincoln: University of Nebraska Press, 1997. **100**

Goetzmann, William H., and Glyndwr Williams. *The Atlas of North American Exploration: From the Norse Voyages to the Race to the Pole.* New York: Prentice-Hall, 1992. **108, 172**

Goldstein, Paul. "Tiwanaku Temples and State Expansion: A Tiwanaku Sunken Court Temple in Moquegua, Peru." *Latin American Antiquity* 4 (1993): 22–47. **282**

Golledge, Reginald G., and R. J. Stimson. *Spatial Behavior: A Geographic Perspective.* New York: Guilford Press, 1997. **3**

Golovnin, V. M. *Sokrashchennye zapiski flota kapitana Golovnina o plavanii ego na shlyupe "Diana" dlya opisi Kuril'skikh ostrovov v 1811 g.* (Brief memoirs written by the fleet captain Golovnin about his sailing on the bark "Diana" for an inventory of the Kuril Islands, 1811). St. Petersburg, 1819. **339**

Golson, Jack. ed. *Polynesian Navigation: A Symposium on Andrew Sharp's Theory of Accidental Voyages.* Rev. ed. Wellington: Polynesian Society, 1963. **444**

Goodall, Elizabeth. "Rock Paintings of Mashonaland." In *Prehistoric Rock Art of the Federation of Rhodesia and Nyasaland,* ed. Roger Summers, 3–111. Salisbury, Southern Rhodesia: National Publications Trust, 1959. **16, 17**

Goodenough, Ward Hunt. *Native Astronomy in the Central Carolines.* Philadelphia: University Museum, University of Pennsylvania, 1953. **444, 462, 463, 464, 465**

Goodenough, Ward Hunt, and S. D. Thomas. "Traditional Navigation in the Western Pacific." *Expedition* 29, no. 3 (1987): 3–14. **466, 467, 468, 469**

Goodman, Ronald. *Lakota Star Knowledge: Studies in Lakota Stellar*

Theology, 2d ed. Rosebud, S.D.: Siŋté Gleśka University, 1992. **55, 121, 125, 538**

Goody, Jack. *The Domestication of the Savage Mind.* Cambridge: Cambridge University Press, 1977. **6, 425**

Gorges, Ferdinando. *A Briefe Narration of the Originall Undertakings of the Advancement of Plantations into the Parts of America.* London: E. Brudenell for N. Brook, 1658. **90**

Gortner, Willis A. "Evidence for a Prehistoric Petroglyph Trail Map in the Sierra Nevada." *North American Archaeologist* 9 (1988): 147–54. **61**

Gosling, L. A. Peter. "Contemporary Malay Traders in the Gulf of Thailand." In *Economic Exchange and Social Interaction in Southeast Asia: Perspectives from Prehistory, History, and Ethnography,* ed. Karl L. Hutterer, 73–95. Ann Arbor: Center for South and Southeast Asian Studies, University of Michigan, 1977. **488**

Gould, Peter, and Rodney White. *Mental Maps,* 2d ed. Boston: Allen and Unwin, 1986. **4, 443**

Graham, Ian. "Looters Rob Graves and History." *National Geographic* 169 (1986): 452–60. **234, 255**

Grant, Campbell. *Canyon de Chelly: Its People and Rock Art.* Tucson: University of Arizona Press, 1978. **66**

Green, Roger C. "Near and Remote Oceania—Disestablishing 'Melanesia' in Culture History." In *Man and a Half: Essays in Pacific Anthropology and Ethnobiology in Honour of Ralph Bulmer,* ed. Andrew Pawley, 491–502. Auckland: Polynesian Society, 1991. **419**

Greenberg, Joseph H. *Language in the Americas.* Stanford: Stanford University Press, 1987. **98**

Gregor, Thomas. *Mehinaku: The Drama of Daily Life in a Brazilian Indian Village.* Chicago: University of Chicago Press, 1977. **305, 311, 321**

Griaule, Marcel. "L'image du monde au Soudan." *Journal de la Société des Africanistes* 19 (1949): 81–87. **26**

———. *Conversations with Ogotemmêli: An Introduction to Dogon Religious Ideas.* Oxford: Oxford University Press, 1965. **26**

Griaule, Marcel, and Germaine Dieterlen. *Signes graphiques soudanais.* L'Homme, Cahiers d'Ethnologie, de Géographie et de Linguistique 3. Paris: Hermann, 1951. **26, 27, 28**

———. "The Dogon." In *African Worlds: Studies in the Cosmological Ideas and Social Values of African Peoples,* ed. Cyril Daryll Ford, 83–110. London: Oxford University Press, 1954. **26**

Gribanovskiy, N. N. "Svedeniya o pisanitsakh Yakutii" (Information about Yakut petroglyphs). *Sovetskaya Arkheologiya* (Soviet archaeology) 8 (1946): 281–84. **343**

Grieder, Terence. *Origins of Pre-Columbian Art.* Austin: University of Texas Press, 1982. **63, 94, 98, 176, 181**

Griffin-Pierce, Trudy. *Earth Is My Mother, Sky Is My Father: Space, Time, and Astronomy in Navajo Sandpainting.* Albuquerque: University of New Mexico Press, 1992. **109, 110**

———. "The Hooghan and the Stars." In *Earth and Sky: Visions of the Cosmos in Native American Folklore,* 110–30. Albuquerque: University of New Mexico Press, 1992. **53**

Grimble, Arthur. "Gilbertese Astronomy and Astronomical Observances." *Journal of the Polynesian Society* 40 (1931): 197–224. **485**

Gruzinski, Serge. "Colonial Indian Maps in Sixteenth–Century Mexico." *Res* 13 (1987): 46–61. **245**

Guamán Poma de Ayala, Felipe. *Nueva crónica y buen gobierno.* 3 vols. Ed. John V. Murra, Rolena Adorno, and Jorge L. Urioste. Madrid: Historia 16, 1987. **285, 288, 289, 290, 294, 295**

Guchte, Maarten van de. "El ciclo mítico andino de la Piedra Cansada." *Revista Andina* 2 (1984): 539–56. **288**

———. "'Carving the World': Inca Monumental Sculpture and Landscape." Ph.D. diss., University of Illinois at Urbana-Champaign, 1990. **288**

Guidoni, Enrico, and Roberto Magni. *The Andes.* New York: Grosset and Dunlap, 1977. **288**

Guillet, David. *Covering Ground: Communal Water Management and the State in the Peruvian Highlands.* Ann Arbor: University of Michigan Press, 1992. **262**

Gulick, L. H. "Micronesia—of the Pacific Ocean." *Nautical Magazine and Naval Chronicle* 31 (1862): 169–82, 237–45, 298–308, 358–63, 408–17. **476**

Gunn, R. G. *Aboriginal Rock Art in the Grampians.* Ed. P. J. F. Coutts. Melbourne: Victoria Archaeological Survey, 1983. **355**

Gurina, N. N. "Kamennyye labirinty Belomor'ya" (Stone labyrinths of Belomor'ye). *Sovetskaya Arkheologiya* (Soviet archaeology) 10 (1948): 125–42. **332**

———. *Mir glazami drevnego khudozhnika Karelii* (The world through the eyes of an ancient Karelian artist). Leningrad, 1967. **331**

Guss, David M. *To Weave and Sing: Art, Symbol, and Narrative in the South American Rain Forest.* Berkeley: University of California Press, 1989. **318**

Guzmán, Eulalia. "The Art of Map-Making among the Ancient Mexicans." *Imago Mundi* 3 (1939): 1–6. **184, 191, 249**

Haast, Julius von. *Report of a Topographical and Geological Exploration of the Western Districts of the Nelson Province, New Zealand.* Nelson: Printed by C. and J. Elliott, 1861. **505**

Haddon, Alfred C., ed. *Reports of the Cambridge Anthropological Expedition to Torres Straits.* Vol. 5. Cambridge: Cambridge University Press, 1904. **399**

Hadingham, Evan. *Lines to the Mountain Gods: Nazca and the Mysteries of Peru.* New York: Random House, 1988. **275**

Haines, Aubrey L., ed. *Osborne Russell's Journal of a Trapper.* Portland: Champoeg Press for Oregon Historical Society, 1955. **114**

Hakluyt, Richard. *The Principal Navigations Voyages Traffiques and Discoveries of the English Nation.* 12 vols. Glasgow: James MacLehose, 1903–5. **67, 68, 108**

Hale, Herbert M., and Norman B. Tindale. "Aborigines of Princess Charlotte Bay, North Queensland." *Records of the South Australian Museum* 5 (1933–36): 63–172. **357**

Hale, Horatio. *Ethnography and Philology: United States Exploring Expedition, 1838–42.* Philadelphia: Lea and Blanchard, 1846. **450**

Hale, Ken. "Remarks on Creativity in Aboriginal Verse." In *Problems and Solutions: Occasional Essays in Musicology Presented to Alice M. Moyle,* ed. Jamie C. Kassler and Jill Stubington, 254–62. Sydney: Hale and Iremonger, 1984. **365**

Haley, Harold B., et al. "Los lienzos de Metlatoyuca e Itzquintepec: Su procedencia e interrelaciones." In *Códices y documentos sobre México: Primer simposio,* ed. Constanza Vega Sosa, 145–59. Mexico City: Instituto Nacional de Antropología e Historia, 1994. **185**

Hall, Charles Francis. *Life with the Esquimaux: A Narrative of Arctic Experience in Search of Survivors of Sir John Franklin's Expedition.* London: Sampson Low, Son, and Marston, 1865. **155**

Hallett, Robin. *The Penetration of Africa: European Enterprise and Exploration Principally in Northern and Western Africa up to 1830.* Vol. 1. London: Routledge and Kegan Paul, 1965. **38**

Hall-Jones, John. *Mr. Surveyor Thomson: Early Days in Otago and Southland.* Wellington: A. H. and A. W. Reed, 1971. **505**

———. "Thomson, John Turnbull, 1821–1884." In *The Dictionary of New Zealand Biography,* vol. 1, *1769–1869,* 537–38. Wellington: Allen and Unwin, 1990. **505**

Halpern, Michael. "Sidereal Compasses: A Case for Carolinian-Arab Links." *Journal of the Polynesian Society* 95 (1986): 441–59. **489**

Halswell, Edmund Storr. "Report of E. Halswell, Esq., on the Numbers and Condition of the Native Population." *New Zealand Journal,* 14 May 1842, 111–13. **513**

Hambruch, Paul. "Die Schiffahrt auf den Karolinen- und Marshallinseln." *Meereskunde* 6 (1912): 1–40. **462, 478, 479**

Hamilton, J. W. "The Best Route to the West Coast." *Lyttelton Times,* 7 March 1865, 5, col. F. **523**

Hammer [Hammer-Purgstall], Joseph von, trans. "Extracts from the Mohit." *Journal of the Asiatic Society of Bengal* 3 (1834): 545–53 and 7 (1838): 767–74. **488**

Hammond, George Peter, and Agapito Rey, eds. and trans. *Narratives of the Coronado Expedition, 1540–1542.* Albuquerque: University of New Mexico Press, 1940. **108**

———, eds. and trans. *Don Juan de Oñate: Colonizer of New Mexico, 1595–1628.* 2 pts. Albuquerque: University of New Mexico Press, 1953. **108, 126**

Hammond-Tooke, W. D. "In Search of the Lineage: The Cape Nguni Case." *Man,* n.s. 19 (1984): 77–93. **21**

Harding, Thomas G. *Voyagers of the Vitiaz Strait: A Study of a New Guinea Trade System.* Seattle: University of Washington Press, 1967. **428**

———. *Kunai Men: Horticultural Systems of a Papua New Guinea Society.* Berkeley: University of California Press, 1985. **428**

Harley, J. B. "The Map and the Development of the History of Cartography." In *The History of Cartography,* ed. J. B. Harley and David Woodward, 1:1–42. Chicago: University of Chicago Press, 1987–. **3**

———. "Maps, Knowledge, and Power." In *The Iconography of Landscape: Essays on the Symbolic Representation, Design and Use of Past Environments,* ed. Denis Cosgrove and Stephen Daniels, 277–312. Cambridge: Cambridge University Press, 1988. **1, 44**

———. "Deconstructing the Map." *Cartographica* 26, no. 2 (1989): 1–20. **26, 35**

———. *Maps and the Columbian Encounter: An Interpretive Guide to the Travelling Exhibition.* Milwaukee: Golda Meir Library, 1990. **295**

———. "Deconstructing the Map." In *Writing Worlds: Discourse, Text and Metaphor in the Representation of Landscape,* ed. Trevor J. Barnes and James S. Duncan, 231–47. London: Routledge, 1992. **1**

Harley, J. B., and David Woodward. "Preface." In *The History of Cartography,* ed. J. B. Harley and David Woodward, 1:xv–xxi. Chicago: University of Chicago Press, 1987–. **1, 9, 54, 537**

Harley, J. B., and Kees Zandvliet. "Art, Science, and Power in Sixteenth-Century Dutch Cartography." *Cartographica* 29, no. 2 (1992): 10–19. **43**

Harley, J. B., and David Woodward, eds. *The History of Cartography. See entries under individual authors.*

Harrell, James A., and V. Max Brown. "The World's Oldest Surviving Geological Map: The 1150 B.C. Turin Papyrus from Egypt," *Journal of Geology* 100 (1992): 3–18. **24**

Harrington, J. T. "Aboriginal Map of the Shoshone Habitat." Undated three-page typescript. **62**

Harrison, Simon. "Magical and Material Polities in Melanesia." *Man,* n.s. 24 (1989): 1–20. **423, 424**

Harvey, H. R. "Aspects of Land Tenure in Ancient Mexico." In *Explorations in Ethnohistory: Indians of Central Mexico in the Sixteenth Century,* ed. H. R. Harvey and Hanns J. Prem, 83–102. Albuquerque: University of New Mexico Press, 1984. **224**

———. "The Oztoticpac Lands Map: A Reexamination." In *Land and Politics in the Valley of Mexico: A Two Thousand Year Perspective,* ed. H. R. Harvey, 163–86. Albuquerque: University of New Mexico Press, 1991. **203**

Harvey, P. D. A. *The History of Topographical Maps: Symbols, Pictures and Surveys.* London: Thames and Hudson, 1980. **193**

Harwood, Frances. "Myth, Memory, and the Oral Tradition: Cicero in the Trobriands." *American Anthropologist* 78 (1976): 783–96. **427**

Hassig, Ross. *Aztec Warfare: Imperial Expansion and Political Control.* Norman: University of Oklahoma Press, 1988. **226**

Hau'ofa, Epeli. *Mekeo: Inequality and Ambivalence in a Village Society.* Canberra: Australian National University Press, 1981. **441**

Hawkesworth, John. *An Account of the Voyages Undertaken by Order of His Present Majesty for Making Discoveries in the Southern Hemisphere.* 3 vols. London: Printed for W. Strahan and T. Cadell, 1773. **500**

Hayakawa, S. I. *Language in Thought and Action.* 3d ed. New York: Harcourt Brace Jovanovich, 1972. **10**

Hays, Terence E. "'Myths of Matriarchy' and the Sacred Flute Complex of the Papua New Guinea Highlands." In *Myths of Matriarchy Reconsidered,* ed. Deborah B. Gewertz, 98–120. Sydney: University of Sydney Press, 1988. **441**

Healey, Christopher. *Maring Hunters and Traders: Production and Exchange in the Papua New Guinea Highlands.* Berkeley: University of California Press, 1990. **430**

Heaphy, Charles. "Sketches of the Past Generation of Maoris." *Chapman's New Zealand Monthly Magazine: Literary, Scientific and Miscellaneous* 1 (August 1862): 4–7. **500**

———. "Account of an Exploring Expedition to the South-west of Nelson." In *Early Travellers in New Zealand,* ed. Nancy M. Taylor, 188–203. Oxford: Clarendon Press, 1959. **496**

Heckewelder, John Gottlieb Ernestus. *An Account of the History, Manners, and Customs, of the Indian Nations, Who Once Inhabited Pennsylvania and the Neighbouring States.* Transactions of the Historical and Literary Committee of the American Philosophical Society, vol. 1. Philadelphia: Abraham Small, 1819. **91, 93**

Heeschen, Volker. "Some Systems of Spatial Deixis in Papuan Languages." In *Here and There: Cross-Linguistic Studies on Deixis and Demonstration,* ed. Jürgen Weissenborn and Wolfgang Klein, 81–109. Amsterdam: John Benjamins, 1982. **434**

Heizer, Robert Fleming. "Aboriginal California and Great Basin Cartography." *Report of the California Archaeological Survey* 41 (1958): 1–9. **55**

Heizer, Robert Fleming, and Martin A. Baumhoff. *Prehistoric Rock Art of Nevada and Eastern California.* Berkeley: University of California Press, 1962. **61**

Heizer, Robert Fleming, and Thomas R. Hester. "Two Petroglyph Sites in Lincoln County, Nevada." In *Four Rock Art Studies,* ed. C. William Clewlow, 1–44. Socorro, N.Mex.: Ballena Press, 1978. **61, 62**

Helm, June. "Matonabbee's Map." *Arctic Anthropology* 26, no. 2 (1989): 28–47. **146**

Hemming, John. *The Conquest of the Incas.* New York: Harcourt Brace Jovanovich, 1970. **285**

———. *The Search for El Dorado.* London: Joseph, 1978. **322**

Hemming, John, and Edward Ranney. *Monuments of the Incas.* Boston: Little, Brown, 1982. **288**

Hennepin, Louis. *A New Discovery of a Vast Country in America.* 2 pts. London: M. Bentley and others, 1698. **95, 99**

Henriksen, Georg. *Hunters in the Barrens: The Naskapi on the Edge of the White Man's World.* St. John's: Institute of Social and Economic Research, Memorial University of Newfoundland, 1973. **142**

Henry, John Joseph. "Campaign against Quebec." Reprinted in *March to Quebec: Journals of the Members of Arnold's Expedition,* comp. and annotated Kenneth Roberts, 295–430. New York: Doubleday, Doran, 1938. **84, 180**

Hercus, L. A. "Just One Toa." *Records of the South Australian Museum* 20 (1987): 59–69. **383**

Heuglin, Hofrath von. "Ueber eine altäthiopische Karte von Tigreh mit Facsimile." *Zeitschrift der Deutschen Morgenländischen Gesellschaft* 17 (1863): 379–80. **30**

Hezel, Francis X. *The First Taint of Civilization: A History of the Caroline and Marshall Islands in Pre-colonial Days, 1521–1885.* Honolulu: University of Hawai'i Press, 1983. **453**

Hildebrand, Hans. "De lägre naturfolkens knost." In *Studier och forskningar föranledda af mina resor i höga Norden,* by A. E. Nordenskiöld. Stockholm: F. och G. Beijer, 1883. Translated as "Beiträge zur Kenntniss der Kunst der niedern Naturvölker." In *Studien und Forschungen,* ed. A. E. Nordenskiöld, 289–386. Leipzig: F. A. Brockhaus, 1885. **347**

Hill, Jonathan David. *Keepers of the Sacred Chants: The Poetics of Ritual Power in an Amazonian Society.* Tucson: University of Arizona Press, 1993. **317**

Hind, Henry Youle. *North-west Territory: Reports of Progress.* Toronto: Lovell, 1859. **129**

———. *Explorations in the Interior of the Labrador Peninsula, the Country of the Montagnais and Nasquapee Indians.* 2 vols. London: Longman, Green, Longman, Roberts, and Green, 1863. **136**

Hirsch, Eric. "Landscape: Between Place and Space." In *The Anthropology of Landscape: Perspectives on Place and Space,* ed. Eric Hirsch and Michael O'Hanlon, 1–30. Oxford: Clarendon Press, 1995. **363**

Hirschfelder, Arlene B., and Paulette Fairbanks Molin. *The Encyclopedia of Native American Religions: An Introduction.* New York: Facts on File, 1992. **91**

"Historia de los Mexicanos por sus pinturas." In *Nueva colección de documentos para la historia de México,* ed. Joaquín García Icazbalceta, 3:228–63. Mexico City, 1891. **230**

Historical Atlas of Canada. 3 vols. Toronto: University of Toronto Press, 1987–93. **69, 151, 171**

Hochstetter, Ferdinand von. *Neu-Seeland.* Stuttgart: Cotta, 1863. English edition, *New Zealand, Its Physical Geography, Geology and Natural History with Special Reference to the Results of Government Expeditions in the Provinces of Auckland and Nelson.* Trans. Edward Sauter. Stuttgart: J. G. Cotta, 1867. **512, 535**

Hoepen, Egbert Cornelis Nicolaas van. "A Pre-European Bantu Culture in the Lydenburg District." *Argeologiese Navorsing van die Nasionale Museum* 2 (1939): 47–74. **19**

Hoff, Jennifer. *Tiwi Graveposts.* Melbourne: National Gallery of Victoria, 1988. **358**

Hoffman, Walter James. "The Graphic Art of the Eskimos." In *Annual Report of the Board of Regents of the Smithsonian Institution . . . for the Year Ending June 30, 1895,* including the Report of the U.S. National Museum, 739–968. Washington, D.C.: United States Government Printing Office, 1897. **346, 348**

Hofmann, Catherine, et al. *Le globe et son image.* Paris: Bibliothèque Nationale, 1995. **45**

Hogan, Helen M., ed. and trans. *Renata's Journey: Ko te Haerenga o Renata.* Christchurch: Canterbury University Press, 1994. **503**

Holm, Gustav Frederik. *Den Østgrønlandske Expedition, udført i Aarene, 1883–85,* Meddelelser om Grønland, 10 Copenhagen, 1888. **167, 168**

———. "Ethnological Sketch of the Angmagsalik Eskimo." In *The Ammassalik Eskimo: Contributions to the Ethnology of the East Greenland Natives,* 2 vols., ed. William Carl Thalbitzer, Meddelelser om Grønland, 39–40, 1:1–148. Copenhagen, 1914. **167, 168**

Holub, Emil. *Seven Years in South Africa: Travels, Researches, and Hunting Adventures, between the Diamond-Fields and the Zambesi (1872–79).* 2 vols. Trans. Ellen E. Frewer. Boston: Houghton Mifflin, 1881. **35**

Hooper, W. *The Month among the Tents of Chukchi.* London, 1853. **346**

Horne, George, and G. Aiston. *Savage Life in Central Australia.* London: Macmillan, 1924. **384**

Houston, Stephen. "Classic Maya Depictions of the Built Environment." Paper presented at Dumbarton Oaks, 9 October 1994. **225**

Howitt, A. W. *The Native Tribes of South-east Australia.* London: Macmillan, 1904. **355, 384**

Howley, James P. *The Beothucks or Red Indians: The Aboriginal Inhabitants of Newfoundland.* Cambridge: Cambridge University Press, 1915. **73**

Hugh-Jones, Stephen. "The Pleiades and Scorpius in Barasana Cosmology." In *Ethnoastronomy and Archaeoastronomy in the American Tropics,* ed. Anthony F. Aveni and Gary Urton, 183–201. New York: New York Academy of Sciences, 1982. **306, 307, 316, 320**

Hull, Henry Usher. "A Marshall Islands Chart Presented to the Museum by the Honorable John Wanamaker." *Museum Journal* 10 (1919): 35–42. **492**

Hulme, Peter, and Neil L. Whitehead, eds. *Wild Majesty: Encounters with Caribs from Columbus to the Present Day, an Anthology.* Oxford: Clarendon Press, 1992. **321, 324**

Hultkrantz, Åke. *The Religions of the American Indians.* Trans. Monica Setterwall. Berkeley: University of California Press, 1979. **181**

Humboldt, Alexander von. *Kritische Untersuchungen über die historische Entwickelung der geographischen Kenntnisse von der Neuen Welt.* 3 vols. Berlin: Nicolai, 1836–52. **55**

Hutchins, Edwin. "Understanding Micronesian Navigation." In *Mental Models,* ed. Dedre Gentner and Albert L. Stevens, 191–225. Hillsdale, N.J.: Lawrence Erlbaum, 1983. **473, 475**

———. *Cognition in the Wild.* Cambridge: MIT Press, 1995. **473**

Hutorowicz, H. de. "Maps of Primitive Peoples." *Bulletin of the American Geographical Society* 43 (1911): 669–79. Abridged translation of Bruno F. Adler's "Karty pervobytnykh narodov." **55**

Hyndman, David C. "Back to the Future: Trophy Arrays as Mental Maps in the Wopkaimin's Culture of Place." In *Signifying Animals: Human Meaning in the Natural World,* ed. Roy G. Willis, 63–73. London: Unwin Hyman, 1990. **429**

———. "The Kam Basin Homeland of the Wopkaimin: A Sense of Place." In *Man and a Half: Essays in Pacific Anthropology and Ethnobiology in Honour of Ralph Bulmer,* ed. Andrew Pawley, 256–65. Auckland: Polynesian Society, 1991. **429, 430**

Hyslop, John. *The Inka Road System.* Orlando: Academic Press, 1984. **257, 289**

———. *Inkawasi, the New Cuzco: Cañete, Lunahuaná, Peru.* New York: Institute of Andean Research, 1985. **291**

———. *Inka Settlement Planning.* Austin: University of Texas Press, 1990. **260, 263, 287, 288, 291**

Im Thurn, Everard Ferdinand. *Among the Indians of Guiana: Being Sketches Chiefly Anthropologic from the Interior of British Guiana.* London: Kegan Paul, Trench, 1883. **303**

Instrucciones que los vireyes de Nueva España dejaron a sus sucesores. 2 vols. Mexico City: Imprenta de Ignacio Escalante, 1873. **245**

Iokhel'son, V. I. "Po rekam Yasachnoy i Korkodonu" (Along the rivers Yasachnia and Korkodon). *Izvestiya Imperatorskago Russago Geograficheskago Obshchestva* (Proceedings of the Russian Geographical Society) 34, no. 3 (1898): 255–90. **343, 345**

Irwin, Geoffrey. "How Lapita Lost Its Pots: The Question of Continuity in the Colonisation of Polynesia." *Journal of the Polynesian Society* 90 (1981): 481–94. **419**

———. *The Prehistoric Exploration and Colonisation of the Pacific.* Cambridge: Cambridge University Press, 1992. **493**

Isbell, Billie Jean. *To Defend Ourselves: Ecology and Ritual in an Andean Village.* Austin: Institute of Latin American Studies, 1978. **261**

Isbell, William Harris. "Cosmological Order Expressed in Prehistoric Ceremonial Centers." In vol. 4 of *Actes du XLIIe Congrès International des Américanistes (1976),* 269–97. Paris:

Société des Américanistes, 1978. **271**

———. "The Prehistoric Ground Drawings of Peru." *Scientific American* 239, no. 4 (1978): 140–53. **257, 277**

———. Review of *Tiwanaku: Portrait of an Andean Civilization,* by Alan L. Kolata. *American Anthropologist* 96 (1994): 1030–31. **280**

Ivanov, S. V. *Materialy po izobrazitel'nomu iskusstvu narodov Sibiri XIX–nachala XX v.* (Materials on the fine arts of the Siberian people, nineteenth to early twentieth century). Moscow: Izd-vo Akademii Nauk SSSR, 1954. **333, 334, 335, 336, 339, 341, 342, 343, 344, 345, 346, 347, 348**

Ives, John W. *A Theory of Northern Athapaskan Prehistory.* Boulder, Colo.: Westview Press, 1987. **171**

Ixtlilxochitl, Fernando de Alva. *Obras históricas.* 4th ed. 2 vols. Ed. Edmundo O'Gorman. Mexico City: Universidad Nacional Autónoma de México, 1985. **205, 206**

Jacob, Christian. *L'empire des cartes: Approche théorique de la cartographie à travers l'histoire.* Paris: Albin Michel, 1992. **29, 37**

James, Edwin. *Account of an Expedition from Pittsburgh to the Rocky Mountains.* 2 vols. and atlas. Philadelphia: Carey and Lea, 1822–23. **129**

Jankovics, M. "Cosmic Models and Siberian Shaman Drums." In *Shamanism in Eurasia,* part 1, ed. Mihály Hoppál, 149–73. Göttingen: Edition Herodot, 1984. **334, 335**

Jansen, Maarten E. R. G. N. "Apoala y su importancia para la interpretación de los códices Vindobonensis y Nuttall." In *Actes du XLIIe Congrès International des Américanistes (1976),* 10 vols., 7:161–72. Paris: Société des Américanistes, 1977–79. **191, 215**

———. *Huisi Tacu: Estudio interpretativo de un libro mixteco antiguo. Codex Vindobonensis Mexicanus 1.* 2 vols. Amsterdam: Centrum voor Studie en Documentatie van Latijns Amerika, 1982. **191, 216**

———. "Mixtec Pictography: Conventions and Contents." In *Supplement to the Handbook of Middle American Indians,* vol. 5, ed. Victoria Reifler Bricker, 20–33. Austin: University of Texas Press, 1992. **191**

Jenness, Diamond. *The Life of the Copper Eskimos.* Report of the Canadian Arctic Expedition, 1913–18, vol. 12, pt. A. Ottawa: F. A. Acland, 1922. **158**

Jennings, Francis. "Susquehannock." In *Handbook of North American Indians,* ed. William C. Sturtevant, 15:362–67. Washington, D.C.: Smithsonian Institution, 1978–. **93**

Jett, Stephen C. "Cairn Trail Shrines in Middle and South America." *Conference of Latin Americanist Geographers Yearbook* 20 (1994): 1–8. **269**

Jiménez Turón, Simeón, and Abel Perozo, eds. *Esperando a Kuyujani: Tierras, leyes y autodemarcación. Encuentro de comunidades Ye'kuanas del Alto Orinoco.* Caracas: Instituto Venezolano de Investigaciones Cientificas, 1994. **321, 322**

Johnson, R. Townley. *Major Rock Paintings of Southern Africa: Facsimile Reproductions.* Ed. T. M. O'C. [Tim] Maggs. Cape Town: D. Philip, 1979. **14, pl. 1**

Johnson, Rubellite Kawena, and John Kaipo Mahelona. *Nā Inoa Hōkū: A Catalogue of Hawaiian and Pacific Star Names.* Honolulu: Topgallant, 1975. **459, 486, 487**

Johnson, Vivien. *The Art of Clifford Possum Tjapaltjarri.* Basel: Gordon and Breach Arts International, 1994. **399, 400, 401**

Johnson, William. *The Papers of Sir William Johnson.* 14 vols. Albany: University of the State of New York, 1921–65. **89, 90**

Jones, Hugh. *The Present State of Virginia . . . From Whence Is Inferred a Short View of Maryland and North Carolina.* London: J. Clarke, 1724. **87**

Jones, Philip. "Perceptions of Aboriginal Art: A History." In *Dreamings: The Art of Aboriginal Australia,* ed. Peter Sutton, 143–79. New York: George Braziller in association with the Asia Society

Galleries, 1988. 356

Jones, Philip, and Peter Sutton. *Art and Land: Aboriginal Sculptures of the Lake Eyre Region.* Adelaide: South Australian Museum, 1986. 353, 359, 383, 384, 385

Jonghe, Edouard de. "Histoyre du Mechique: Manuscrit français inédit du XVIe siècle." *Journal de la Société des Américanistes de Paris,* n.s. 2 (1905): 1–41. 200

Jorgensen, Dan. "Placing the Past and Moving the Present: Myth and Contemporary History in Telefolmin." *Culture* (Canadian Anthropology Society) 10, no. 2 (1990): 47–56. 427

Joyce, T. A. "Note on a Native Chart from the Marshall Islands in the British Museum." *Man* 8 (1908): 146–49. 492

Joyes, Dennis C. "The Thunderbird Motif at Writing Rock State Historic Site." *North Dakota History* 45, no. 2 (1978): 22–25. 63

Kahn, Miriam. "Stone-Faced Ancestors: The Spatial Anchoring of Myth in Wamira, Papua New Guinea." *Ethnology* 29 (1990): 51–66. 427

Kamakau, Samuel Manaiakalani. "Instructions in Ancient Hawaiian Astronomy as Taught by Kaneakahoʻowaha, One of the Counsellors of Kamehameha I., according to S. M. Kamakau." Trans. W. D. Alexander, *Hawaiian Annual* (1891): 142–43. Original text published in *Na Nupepa Kuʻokoʻa,* 5 August 1865. 487

Kamal, Youssouf. *Monumenta cartographica Africae et Aegypti.* 5 vols. in 16 pts. Cairo, 1926–51. Facsimile reprint, 6 vols., ed. Fuat Sezgin. Frankfurt: Institut für Geschichte der Arabisch-Islamischen Wissenschaften, 1987. 24

Kappler, Charles J., comp. and ed. *Indian Affairs: Laws and Treaties.* 5 vols. Washington, D.C.: United States Government Printing Office, 1904–41. 135

Karamustafa, Ahmet. "Cosmographical Diagrams." In *The History of Cartography,* ed. J. B. Harley and David Woodward, vol. 2.1 (1992), 71–89. Chicago: University of Chicago Press, 1987–. 29, 37

Karttunen, Frances E. *An Analytical Dictionary of Nahuatl.* Austin: University of Texas Press, 1983. 185, 187

Kaufman, Kevin. Introduction to *The Mapping of the Great Lakes in the Seventeenth Century,* 9–11. Providence: John Carter Brown Library, 1989. 55

Kaufmann, Thomas Da Costa. "Editor's Statement: Images of Rule: Issues of Interpretation." *Art Journal* 48 (1989): 119–22. 43

Keen, Ian. "Yolngu Sand Sculptures in Context." In *Form in Indigenous Art: Schematisation in the Art of Aboriginal Australia and Prehistoric Europe,* ed. Peter J. Ucko, 165–83. Canberra: Australian Institute of Aboriginal Studies, 1977. 357

———. "One Ceremony, One Song: An Economy of Religious Knowledge among the Yolŋu of North-east Arnhem Land." Ph.D. diss., Australian National University, 1978. 372

———. *Knowledge and Secrecy in an Aboriginal Religion.* Oxford: Clarendon Press, 1994. 365, 368, 371, 376, 388, 399

Keene, Howard. *Going for the Gold: The Search for Riches in the Wilberforce Valley.* Christchurch: Department of Conservation, 1995. 524

Kehoe, Alice B. "Clot-of-Blood." In *Earth and Sky: Visions of the Cosmos in Native American Folklore,* 207–14. Albuquerque: University of New Mexico Press, 1992. 53

Kehoe, Thomas F. "Stone 'Medicine Wheel' Monuments in the Northern Plains of North America." In vol. 2 of *Atti del XL Congresso Internazionale degli Americanisti, Roma–Genova, 3–10 Settembre, 1972,* 183–89. Rome: Tilgher, 1974. 54

Kemp, Peter, ed. *The Oxford Companion to Ships and the Sea.* Oxford: Oxford University Press, 1976. 451, 459

Kendall, Thomas. *A Korao no New Zealand; or, The New Zealander's First Book, Being an Attempt to Compose Some Lessons for the Instructions of the Natives.* Sydney, 1815. Reprinted Auckland, Auckland Institute and Museum, 1957. 494

———. *A Grammar and Vocabulary of the Language of New Zealand.* Ed. Samuel Lee. London: Church Missionary Society, 1820. 494

Kepelino Keauokalani. *Kepelino's Traditions of Hawaii.* Ed. Martha Warren Beckwith. Bishop Museum Bulletin, no. 95. Honolulu: Bernice P. Bishop Museum Press, 1932. 460

Keuning, Johannes. "Nicolaas Witsen as a Cartographer." *Imago Mundi* 11 (1954): 95–110. 330

Keymis [Kemys], Lawrence. *A Relation of the Second Voyage to Guiana.* 1596. Facsimile, Amsterdam: Theatrum Orbis Terrarum, 1968. 325

Khudyakov, Yu. S. "Raboty khakasskogo otryada v 1975 g." (Activities of the Khakass division in 1975). In *Istochniki po arkheologii severnoy Azii (1935–1976 gg.)* (Sources on archaeology of northern Asia, 1935–1976). Novosibirsk, 1980. 332

King, David A., and Richard P. Lorch. "Qibla Charts, Qibla Maps, and Related Instruments." In *The History of Cartography,* ed. J. B. Harley and David Woodward, vol. 2.1 (1992), 189–205. Chicago: University of Chicago Press, 1987–. 29

King, Edward, Viscount Kingsborough. *Antiquities of Mexico, Comprising Fac-similes of Ancient Mexican Paintings and Hieroglyphics.* London: Robert Havell and Conaghi, 1831. 190

King, Geoff. *Mapping Reality: An Exploration of Cultural Cartographies.* New York: St. Martin's Press, 1996. 10

King, J. C. H. "Tradition in Native American Art." In *The Arts of the North American Indian: Native Traditions in Evolution,* ed. Edwin L. Wade, 64–92. New York: Hudson Hills Press, 1986. 2, 51

King, Michael. *Moriori: A People Rediscovered.* Auckland: Viking, 1989. 503

Kingsley, Mary H. *Travels in West Africa: Congo Français, Corisco and Cameroons.* 5th ed. London: Virago Press, 1982. 36

Kirch, Patrick V. "Lapita and Its Aftermath: The Austronesian Settlement of Oceania." In *Prehistoric Settlement of the Pacific,* ed. Ward Hunt Goodenough, 57–70. Philadelphia: American Philosophical Society, 1996. 419

Kirch, Patrick V., and Joanna Ellison. "Palaeoenvironmental Evidence for Human Colonization of Remote Oceanic Islands." *Antiquity* 68 (1994): 310–21. 420

Kirchhoff, Paul. "Mesoamerica." *Acta Americana* 1 (1943): 92–107. 183

Kirchhoff, Paul, Lina Odena Güema, and Luis Reyes García, eds. and trans. *Historia tolteca-chichimeca.* Mexico City: Instituto Nacional de Antropología e Historia, 1976. 191, 205, 215, 249, 253

Klein, Paul. "Lettre écrite de Manille le 10. de juin 1697 par le Père Paul Clain de la Compagnie de Jésus au Révérend Père Thyrse Gonzalez, Général de la même Compagnie." In *Lettres édifiantes et curieuses, écrites des missions étrangères, par quelques missionnaires de la Compagnie de Jésus,* 34 vols., 1:112–36. Paris, 1702–76. 453

Koch-Grünberg, Theodor. *Anfänge der Kunst im Urwald: Indianer-Handzeichnungen auf seinen Reisen in Brasilien gesammelt.* Berlin: E. Wasmuth, 1905. 308, 320

Kohl, J. G. "Substance of a Lecture Delivered at the Smithsonian Institution on a Collection of the Charts and Maps of America." In *Annual Report of the Board of Regents of the Smithsonian Institution . . . 1856,* 93–146. Washington, D.C., 1857. 55

———. *Kitchi-Gami: Wanderings Round Lake Superior.* London: Chapman and Hall, 1860. 142

Kolata, Alan L. "The Technology and Organization of Agricultural Production in the Tiwanaku State." *Latin American Antiquity* 2 (1991): 115–19. 283

———. *The Tiwanaku: Portrait of an Andean Civilization.* Cambridge, Mass.: Blackwell, 1993. **260, 280, 281, 283**

Korzybski, Alfred. *Science and Sanity: An Introduction to Non-Aristotelian Systems and General Semantics.* 4th ed. Lakeville, Conn.: International Non-Aristotelian Library, 1958. **10**

Kosok, Paul. *Life, Land, and Water in Ancient Peru.* New York: Long Island University Press, 1965. **276**

Kosslyn, Stephen M. *Image and Brain: The Resolution of the Imagery Debate.* Cambridge: MIT Press, 1994. **4**

Kotzebue, Otto von. *A Voyage of Discovery into the South Sea and Beering's Straits . . . in the Years 1815–1818.* 3 vols. Trans. H. E. Lloyd. London: Longman, Hurst, Rees, Orme, and Brown, 1821. **453, 454, 457**

Kozlowski, Janusz, and Hans-Georg Bandi. "The Paleohistory of Circumpolar Arctic Colonization." In *Unveiling the Arctic,* ed. Louis Rey, 359–72. Fairbanks: University of Alaska Press for the Arctic Institute of North America, 1984. **329**

Krämer, Augustin, and Hans Nevermann. *Ralik-Ratak (Marshall Inseln),* Hamburg: Friederichsen, De Gruyter, 1938. **455, 476, 478, 482, 485, 492**

Kramer, Eric Mark. "Gebser and Culture." In *Consciousness and Culture: An Introduction to the Thought of Jean Gebser,* ed. Eric Mark Kramer, 1–60. Westport, Conn.: Greenwood Press, 1992. **7**

Kroeber, A. L. *Handbook of the Indians of California.* Bureau of American Ethnology Bulletin 78. Washington, D.C.: United States Government Printing Office, 1925. **108, 112, 115, 118**

Kroeber, Theodora. *Ishi in Two Worlds: A Biography of the Last Wild Indian in North America.* Berkeley: University of California Press, 1961. **115, 118, 142**

Kropp, Manfred. "Zur Deutung des Titels 'Kəbrä Nägäśt.'" *Oriens Christianus* 80 (1996): 108–15. **30**

Krupp, Edwin C. *Echoes of the Ancient Skies: The Astronomy of Lost Civilizations.* New York: Harper and Row, 1983. **27**

Kubler, George. *The Art and Architecture of Ancient America: The Mexican, Maya, and Andean Peoples.* Baltimore: Penguin Books, 1962. **268, 279, 291**

———. *The Art and Architecture of Ancient America: The Mexican, Maya and Andean Peoples.* 3d ed. New York: Penguin Books, 1984. **184, 256**

———. "The Colonial Plan of Cholula." In *Studies in Ancient American and European Art: The Collected Essays of George Kubler,* ed. Thomas Ford Reese, 92–101. New Haven: Yale University Press, 1985. **191**

Küchler, Susanne. "Landscape as Memory: The Mapping of Process and Its Representation in a Melanesian Society." In *Landscape: Politics and Perspectives,* ed. Barbara Bender, 85–106. Oxford: Berg, 1993. **439**

Kuipers, Benjamin. "The 'Map in the Head' Metaphor." *Environment and Behavior* 14 (1982): 202–20. **443**

Kupka, Karel. *Dawn of Art: Painting and Sculpture of Australian Aborigines.* Sydney: Angus and Robertson, 1965. **358**

———. *Peintres aborigènes d'Australie.* Paris: Musée de l'Homme, 1972. **358, 364**

Kuratov, A. A. "O kamennykh labirintakh Severnoy Yevropy (Opyt klassifikatsii)" (Stone labyrinths of northern Europe [Classification experiment]). *Sovetskaya Arkheologiya* (Soviet archaeology), 1970, no. 1, 34–48. **332**

Kus, James S. "Irrigation and Urbanization in Pre-Hispanic Peru: The Moche Valley." *Association of Pacific Coast Geographers Yearbook* 36 (1974): 45–56. **284**

Kyselka, Will. *An Ocean in Mind.* Honolulu: University of Hawai'i Press, 1987. **444, 468**

Lafferty, Robert H. "Prehistoric Exchange in the Lower Mississippi Valley." In *Prehistoric Exchange Systems in North America,* ed.

Timothy G. Baugh and Jonathon E. Ericson, 177–213. New York: Plenum Press, 1994. **103**

Lafitau, Joseph-François. *Customs of the American Indians Compared with the Customs of Primitive Times.* 2 vols. Trans. and ed. William N. Fenton and Elizabeth L. Moore. Toronto: Champlain Society, 1974–77. **81**

Lahontan, Louis Armand de Lom d'Arce, baron de. *New Voyages to North-America.* 2 vols. London: H. Bonwicke and others, 1703. **80, 126, 127, 128**

———. *Nouveaux Voyages de Mr le baron de Lahontan dans l'Amerique Septentrionale.* 2 vols. The Hague: Chez les Fréres [sic] l'Honoré, 1703. **126, 127**

Lamb, W. Kaye, ed. *The Journals and Letters of Sir Alexander Mackenzie.* Hakluyt Society, extra ser., no. 41. Cambridge: Cambridge University Press, 1970. **143**

La Pérouse, Jean-François de Galaup, comte de. *The Journal of Jean-François de Galaup de La Pérouse, 1785–1788.* 2 vols. Ed. and trans. John Dunmore. Publications of the Hakluyt Society, 2d ser., nos. 179–80. London: Hakluyt Society, 1994–95. **5, 338**

Larco Hoyle, Rafael. *Los Mochicas.* 2 vols. Lima: Casa Editora "La Crónica" y "Variedades," 1938–39. **278**

Lathrap, Donald Ward. "Gifts of the Cayman: Some Thoughts on the Subsistence Basis of Chavín." In *Variation in Anthropology: Essays in Honor of John C. McGregor,* ed. Donald Ward Lathrap and Jody Douglas, 91–105. Urbana: Illinois Archaeological Survey, 1973. **273**

———. "Jaws: The Control of Power in the Early Nuclear American Ceremonial Center." In *Early Ceremonial Architecture in the Andes,* ed. Christopher B. Donnan, 241–67. Washington, D.C.: Dumbarton Oaks Research Library and Collection, 1985. **271, 273, 281**

Latour, Bruno. "Drawing Things Together." In *Representation in Scientific Practice,* ed. Michael Lynch and Steve Woolgar, 19–68. Cambridge: MIT Press, 1990. **5**

Laubenfels, M. W. de. "Ocean Currents in the Marshall Islands." *Geographical Review* 40 (1950): 254–59. **476**

Laude, Jean. *African Art of the Dogon: The Myths of the Cliff Dwellers.* New York: Viking, 1973. **25, 27**

Laushkin, K. D. "Onezhskoe svyatilishche" (The Onega sanctuary). *Skandinavskiy Sbornik* (Scandinavian collection) 4 (1959): 83–111. **331**

La Vérendrye, Pierre Gaultier de Varennes de. *Journals and Letters of Pierre Gaultier de Varennes de La Vérendrye and His Sons.* Ed. Lawrence J. Burpee. Toronto: Champlain Society, 1927. **146**

Layton, Robert. *Australian Rock Art: A New Synthesis.* Cambridge: Cambridge University Press, 1992. **357, 373**

Leach, Jerry W., and Edmund L. Leach, eds. *The Kula: New Perspectives on Massim Exchange.* Cambridge: Cambridge University Press, 1983. **431**

Le Clercq, Chrétien. *New Relation of Gaspesia: With the Customs and Religion of the Gaspesian Indians.* Ed. and trans. William Francis Ganong. Toronto: Champlain Society, 1910. **80**

Lederer, John. *The Discoveries of John Lederer . . . Collected and Translated out of Latine . . . by Sir William Talbot.* London: Samuel Heyrick, 1672. **68**

Lee, D. Neil, and H. C. Woodhouse. *Art on the Rocks of Southern Africa.* Cape Town: Purnell, 1970. **14**

Lee, Dorothy. "Lineal and Nonlineal Codifications of Reality." In *Symbolic Anthropology: A Reader in the Study of Symbols and Meanings,* ed. Janet L. Dolgin, David S. Kemnitzer, and David Murray Schneider, 151–64. New York: Columbia University Press, 1977. **6, 7**

Leenhardt, Maurice. *Do Kamo: Person and Myth in the Melanesian World.* Trans. Basia Miller Gulati. Chicago: University of Chicago Press, 1979. **427**

Lehmann, Walter. "Las cinco mujeres del oeste muertas en el parto y los cinco dioses del sur en la mitología mexicana." *Traducciones Mesoamericanistas* 1 (1966): 147–75. 253

Leibsohn, Dana. "The Historia Tolteca-Chichimeca: Recollecting Identity in a Nahua Manuscript." Ph.D. diss., University of California, Los Angeles, 1993. 205, 215

Lejean, Guillaume. "Note sur le royaume de Koullo au sud du Kafa (Notes verbales fournies par deux indigènes)." *Bulletin de la Société de Géographie de Paris*, ser. 5, 8 (1864): 388–91. 38

Lenz, Hans. "Las fibras y las plantas del papel indígena mexicano." *Cuadernos Americanos* 45, no. 3 (año 8) (1949): 157–69. 196, 224

León-Portilla, Miguel. *Aztec Thought and Culture: A Study of the Ancient Nahuatl Mind.* Trans. Jack E. Davis. Norman: University of Oklahoma Press, 1963. 193

——. *Tonalámatl de los pochtecas (Códice mesoamericano "Fejérváry-Mayer").* Mexico City: Celanese Mexicana, 1985. 229

——. "The Ethnohistorical Record for the Huey Teocalli of Tenochtitlan." In *The Aztec Templo Mayor*, ed. Elizabeth Hill Boone, 71–95. Washington, D.C.: Dumbarton Oaks, 1987. 225

Lévi-Strauss, Claude. *Le cru et le cuit.* Paris: Plon, 1964. 305

——. *Du miel aux cendres.* Paris: Plon, 1966. 305

——. *Totemism.* Trans. Rodney Needham. Harmondsworth, Eng.: Penguin, 1969. 361

Lewis, D., and Deborah Bird Rose. *The Shape of the Dreaming: The Cultural Significance of Victoria River Rock Art.* Canberra: Aboriginal Studies Press, 1988. 357

Lewis, David. "Ara Moana: Stars of the Sea Road." *Journal of the Institute of Navigation* 17 (1964): 278–88. 444

——. "Stars of the Sea Road." *Journal of the Polynesian Society* 75 (1966): 85–94. 460

——. "Observations on Route Finding and Spatial Orientation among the Aboriginal Peoples of the Western Desert Region of Central Australia." *Oceania* 46 (1975–76): 249–82. 380, 381

——. "Mau Piailug's Navigation of Hokule'a from Hawaii to Tahiti." *Topics in Cultural Learning* 5 (1977): 1–23. 474

——. "Navigational Techniques of the Prahu Captains of Indonesia." Unpublished manuscript, 1980. 488

——. *We, the Navigators: The Ancient Art of Landfinding in the Pacific.* 1972. 2d ed. Ed. Derek Oulton. Honolulu: University of Hawai'i Press, 1994. 428, 444, 455, 460, 462, 471, 477, 478, 485, 497

Lewis, G. Malcolm. "The Indigenous Maps and Mapping of North American Indians." *Map Collector* 9 (1979): 25–32. 55

——. "Amerindian Antecedents of American Academic Geography." In *The Origins of Academic Geography in the United States*, ed. Brian W. Blouet, 19–35. Hamden, Conn.: Archon Books, 1981. 82

——. "Indicators of Unacknowledged Assimilations from Amerindian *Maps* on Euro-American Maps of North America: Some General Principles Arising from a Study of La Vérendrye's Composite Map, 1728–29." *Imago Mundi* 38 (1986): 9–34. 52

——. "Indian Maps: Their Place in the History of Plains Cartography." In *Mapping the North American Plains: Essays in the History of Cartography*, ed. Frederick C. Luebke, Frances W. Kaye, and Gary E. Moulton, 63–80. Norman: University of Oklahoma Press, 1987. 52, 54, 117, 126

——. "Misinterpretation of Amerindian Information as a Source of Error on Euro-American Maps." *Annals of the Association of American Geographers* 77 (1987): 542–63. 52, 71, 145

——. "La Grande Rivière et Fleuve de l'Ouest/The Realities and Reasons behind a Major Mistake in the 18th-Century Geography of North America." *Cartographica* 28, no. 1 (1991): 54–87. 52, 71, 145, 146

——. "Metrics, Geometries, Signs, and Language: Sources of Cartographic Miscommunication between Native and Euro-American

Cultures in North America." In *Introducing Cultural and Social Cartography*, comp. and ed. Robert A. Rundstrom, Monograph 44, *Cartographica* 30, no. 1 (1993): 98–106. Translated as "Communiquer l'espace: Malentendus dans la transmission d'information cartographique en Amérique du Nord." In *Transferts culturels et métissages Amérique/Europe, XVIᵉ–XXᵉ siècle*, ed. Laurier Turgeon, Denys Delâge, and Réal Ouellet, 357–75. Sainte-Foy, Quebec: Presses de l'Université Laval, 1996. 52, 178

——. "Travelling in Uncharted Territory." In *Tales from the Map Room: Fact and Fiction about Maps and Their Makers*, by Peter Barber and Christopher Board, 40–41. London: BBC Books, 1993. 99

——. "An Early Map on Skin of the Area Later to Become Indiana and Illinois." *British Library Journal* 12 (1996): 66–87. 90

——. "Maps and Mapmaking in Native North America." In *Encyclopaedia of the History of Science, Technology, and Medicine in the Non-Western World*, ed. Helaine Selin, 592–94. Dordrecht: Klewer Academic, 1997. 55

——. "Native North Americans' Cosmological Ideas and Geographical Awareness: Their Representation and Influence on Early European Exploration and Geographical Knowledge." In *North American Exploration*, ed. John Logan Allen, vol. 1, *A New World Disclosed*, 71–126. Lincoln: University of Nebraska Press, 1997. 100

——. "Encounters in Government Bureaus, Archives, Museums, and Libraries: 1782–1911." In *Cartographic Encounters: Perspectives on Native American Mapmaking and Map Use*, ed. G. Malcolm Lewis, chap. 2. Chicago: University of Chicago Press, 1998. 55

——. "Frontier Encounters in the Field: 1511–1925." In *Cartographic Encounters: Perspectives on Native American Mapmaking and Map Use*, ed. G. Malcolm Lewis, chap. 1. Chicago: University of Chicago Press, 1998. 55

——. "Hiatus Leading to a Renewed Encounter." In *Cartographic Encounters: Perspectives on Native American Mapmaking and Map Use*, ed. G. Malcolm Lewis, chap. 3. Chicago: University of Chicago Press, 1998. 55

——. "Recent and Current Encounters." In *Cartographic Encounters: Perspectives on Native American Mapmaking and Map Use*, ed. G. Malcolm Lewis, chap. 4. Chicago: University of Chicago Press, 1998. 55

——, ed. *Cartographic Encounters: Perspectives on Native American Mapmaking and Map Use.* Chicago: University of Chicago Press, 1998. 56, 57 See also entries under individual authors.

Lewis-Williams, J. David. *Believing and Seeing: Symbolic Meanings in Southern San Rock Paintings.* London: Academic Press, 1981. 13

——. *The World of Man and the World of Spirit: An Interpretation of the Linton Rock Paintings.* Cape Town: South African Museum, 1988. 15, 16

Lewis-Williams, J. David, and Thomas A. Dowson. "Through the Veil: San Rock Paintings and the Rock Face." *South African Archaeological Bulletin* 45 (1990): 5–16. 15

Lewthwaite, Gordon R. "Geographical Knowledge of the Pacific Peoples." In *The Pacific Basin: A History of Its Geographical Exploration*, ed. Herman Ralph Friis, 57–86. New York: American Geographical Society, 1967. 444

——. "The Puzzle of Tupaia's Map." *New Zealand Geographer* 26 (1970): 1–19. 449

Liljeblad, Sven. "Oral Tradition: Content and Style of Verbal Arts." In *Handbook of North American Indians*, ed. William C. Sturtevant, 11:641–59. Washington, D.C.: Smithsonian Institution, 1978–. 109

Linevskiy, A. M. *Petroglify Karelii* (The petroglyphs of Karelia). Petrozavodsk, 1939. 331

Linné, Sigvald. *El Valle y la Ciudad de México en 1550.* Stockholm:

Statens Etnografiska Museum, 1948. **244**

Linton, Ralph, and Paul S. Wingert. *Arts of the South Seas.* New York: Museum of Modern Art, 1946. **492**

Lipset, David M. "Seafaring Sepiks: Ecology, Warfare, and Prestige in Murik Trade." *Research in Economic Anthropology* 7 (1985): 67–94. **427**

Little, William, H. W. Fowler, and Jessie Coulson. *The Shorter Oxford English Dictionary on Historical Principles.* 3d. rev. ed. 2 vols. Ed. C. T. Onions. Oxford: Clarendon Press, 1973. **69**

Locke, L. Leland. "The Ancient Quipu: A Peruvian Knot Record." *American Anthropologist,* n.s. 14 (1912): 325–32. **290**

———. "A Peruvian Quipu." *Museum of the American Indian* 7, no. 5 (1927): 1–11. **290**

Lockhart, James. *Nahuas and Spaniards: Postconquest Central Mexican History and Philology.* Stanford: Stanford University Press, 1991. **198**

———. *The Nahuas after the Conquest: A Social and Cultural History of the Indians of Central Mexico, Sixteenth through Eighteenth Centuries.* Stanford: Stanford University Press, 1992. **199, 203, 213, 222, 225**

Loendorf, Lawrence L. "Cation-Ratio Varnish Dating and Petroglyph Chronology in Southeastern Colorado." *Antiquity* 65 (1991): 246–55. **61**

Loendorf, Lawrence L., and David D. Kuehn. *1989 Rock Art Research Pinon Canyon Maneuver Site, Southeastern Colorado.* Grand Forks: University of North Dakota, Department of Anthropology, 1991. **61, 63, 66**

Lopa, Baharuddin. "Hukum Laut, Pelayaran Dan Perniagaan (Penggalian dari bumi Indonesia sendiri)." Ph.D. diss., Universitas Diponegoro, Semarang, Indonesia, 1982. **488**

Lopez, Barry Holstun. *Arctic Dreams: Imagination and Desire in a Northern Landscape.* New York: Scribner, 1986. **56**

López de Gómara, Francisco. *Cortés: The Life of the Conqueror by His Secretary.* Ed. and trans. Lesley Byrd Simpson. Berkeley: University of California Press, 1964. **229**

Lowe, Gareth W. "The Izapa Sculpture Horizon," In *Izapa: An Introduction to the Ruins and Monuments,* by Gareth W. Lowe, Thomas A. Lee, and Eduardo Martínez Espinosa, Papers of the New World Archaeological Foundation 31, 17–41. Provo: New World Archaeological Foundation, 1976. **185**

Lowe, Gareth W., Thomas A. Lee, and Eduardo Martínez Espinosa. *Izapa: An Introduction to the Ruins and Monuments.* Papers of the New World Archaeological Foundation, no. 31. Provo: New World Archaeological Foundation, 1976. **235**

Lowery, Woodbury. *The Lowery Collection: A Descriptive List of Maps of the Spanish Possessions within the Present Limits of the United States, 1502–1820.* Ed. Philip Lee Phillips. Washington, D.C.: Government Printing Office, 1912. **126**

Lumbreras, Luis Guillermo. *Chavín de Huántar en el nacimiento de la civilización andina.* Lima: Instituto Andino de Estudios Arqueológicos, 1989. **271**

———. *Chavín de Huántar: Excavaciones en la Galería de las Ofrendas.* Mainz: P. von Zabern, 1993. **271**

Lumbreras, Luis Guillermo, Chacho González, and Bernard Lietaer. *Acerca de la función del sistema hidráulico de Chavín.* Lima: Museo Nacional de Antropología y Arqueología, 1976. **272**

Lutké, Frédéric. *Voyage autour du monde.* Paris, 1835. **462**

Lyon, G. F. *The Private Journal of Captain G. F. Lyon, of H.M.S. "Hecla."* New ed. London: J. Murray, 1825. **159**

Lyons, H. "The Sailing Charts of the Marshall Islanders: A Paper Read at the Afternoon Meeting of the Society, 14 May 1928." *Geographical Journal* 72 (1928): 325–28. **492**

McCarthy, F. D. *Rock Art of the Cobar Pediplain in Central Western New South Wales.* Canberra: Australian Institute of Aboriginal Studies, 1976. **355**

McClure, Robert John Le Mesurier. *The Discovery of the Northwest Passage by H.M.S. "Investigator," Capt. R. M'Clure, 1850, 1851, 1852, 1853, 1854.* 2d ed. Ed. Sherard Osborn. London: Longman, Brown, Green, Longmans, and Roberts, 1857. **157**

McClymont, W. G. *The Exploration of New Zealand.* 2d ed. London: Oxford University Press, 1959. **503, 504, 523**

McConnel, Ursula H. "Inspiration and Design in Aboriginal Art." *Art in Australia* 59 (1935): 49–68. **357**

———. "Native Arts and Industries on the Archer, Kendall and Holroyd Rivers, Cape York Peninsula, North Queensland." *Records of the South Australian Museum* 11 (1953–55): 1–42. **357**

McCoy, Michael. "A Renaissance in Carolinian-Marianas Voyaging." In *Pacific Navigation and Voyaging,* comp. Ben R. Finney, 129–38. Wellington: Polynesian Society, 1976. **461**

McCutchen, David, trans. and annotator. *The Red Record, the Wallam Olum: The Oldest Native North American History.* Garden City Park, N.Y.: Avery, 1993. **8, 82**

McDonald, A. C. "The Aborigines of the Page and Isis." *Journal of the Anthropological Institute* 7 (1878): 235–58. **355**

MacDonald, Glen M., et al. "Response of the Central Canadian Treeline to Recent Climatic Changes." *Annals of the Association of American Geographers* 88 (1998): 183–208. **146**

McDonald, K. C. *History of North Otago.* Oamaru, 1940. **498**

McGhee, Robert. "Thule Prehistory of Canada." In *Handbook of North American Indians,* ed. William C. Sturtevant, 5:372–73. Washington, D.C.: Smithsonian Institution Press, 1984. **171**

McGibbon, Ian. "Tiffen, Henry Stokes, 1816–1896." In *The Dictionary of New Zealand Biography,* vol. 1, 1769–1869, 539–40. Wellington: Allen and Unwin, 1990. **509**

McGrath, Robin. "Maps as Metaphors: One Hundred Years of Inuit Cartography." *Inuit Art Quarterly* 3, no. 2 (1988): 6–10. **169**

———. "Inuit Maps and Inuit Art." *Inuit Art Enthusiasts Newsletter* 45 (1991): 1–20. **169**

McGreevy, Susan. "Navajo Sandpainting Textiles at the Wheelwright Museum." *American Indian Art Magazine* 7 (1981): 54–61. **111**

McIlwaine, John. *Maps and Mapping of Africa: A Resource Guide.* London: Hans Zell Publishers, 1977. **24**

McKerrow, James. "Reconnaissance Survey of the Lake District. . . . Report to J. T. Thomson, Chief Surveyor, Otago." *Otago Witness,* no. 597 (9 May 1863): 7, cols. B–D. **506**

"McKerrow, James (1834–1919)." In *A Dictionary of New Zealand Biography,* 2 vols., ed. Guy Hardy Scholefield, 2:30. Wellington: Department of Internal Affairs, 1940. **505**

McKinnon, Malcolm, ed. *New Zealand Historical Atlas, Ko Papatuanuku e Takoto Nei.* Albany, Auckland, N.Z.: Bateman, 1997. **493**

Macknight, C. C. *The Voyage to Marege': Macassan Trepangers in Northern Australia.* Carlton: Melbourne University Press, 1976. **411, 413**

Macknight, C. C., and W. J. Gray. *Aboriginal Stone Pictures in Eastern Arnhem Land.* Canberra: Australian Institute of Aboriginal Studies, 1970. **411, 412, 413**

Maclagan, David. "Inner and Outer Space: Mapping the Psyche." In *Mapping Invisible Worlds,* ed. Gavin D. Flood, 151–58. Edinburgh: Edinburgh University Press, 1993. **63**

McLuhan, T. C., comp. *Touch the Earth: A Self-Portrait of Indian Existence.* New York: Outerbridge and Dienstfrey, 1971. **106**

McNab, David T. *Research Report: The Location of the Northern Boundary, Mississagi River Indian Reserve #8, at Blind River.* Toronto: Office of Indian Resource Policy, Ontario Ministry of Natural Resources, 17 November 1980; revised 8 March 1984. **79**

MacQueen, James. "Geography of Central Africa, Denham and Clapperton's Journals." *Blackwood's Edinburgh Magazine* 19 (1826): 688–709. **35, 41**

Maegraith, B. G. "The Astronomy of the Aranda and Luritja

Tribes." *Adelaide University Field Anthropology, Central Australia*, no. 10. *Transactions and Proceedings of the Royal Society of South Australia* 56 (1932): 19–26. **369**

Magaña, Edmundo. *Orión y la mujer Pléyades: Simbolismo astronómico de los indios kaliña de Surinam*. Amsterdam: Centre for Latin American Research and Documentation, 1988. **304, 305**

Maggs, T. M. O'C. [Tim]. *Iron Age Communities of the Southern Highveld*. Pietermaritzburg: Council of the Natal Museum, 1976. **18**

———. "Neglected Rock Art: The Rock Engravings of Agriculturist Communities in South Africa." *South African Archaeological Bulletin* 50 (1995): 132–42. **18, 19, 20, 21, 22, 23**

Maggs, T. M. O'C., and Val Ward. "Rock Engravings by Agriculturist Communities in Savanna Areas of the Thukela Basin." *Natal Museum Journal of Humanities* 7 (1995): 17–40. **18, 20, 22**

Maggs, T. M. O'C., et al., "Spatial Parameters of Late Iron Age Settlements in the Upper Thukela Valley." *Annals of the Natal Museum* 27 (1985–86): 455–79. **21**

Malan, B. D. "Old and New Rock Engravings in Natal, South Africa: A Zulu Game." *Antiquity* 31 (1957): 153–54. **17**

Maling, Peter Bromley. *Early Charts of New Zealand, 1542–1851.* Wellington: A. H. and A. W. Reed, 1969. **494**

———. "Haast, Johann Franz Julius von, 1822–1887." In *The Dictionary of New Zealand Biography*, vol. 1, *1769–1869*, 167–69. Wellington: Allen and Unwin, 1990. **523**

———. *Historic Charts and Maps of New Zealand: 1642–1875.* Birkenhead, Auckland: Reed Books, 1996. **494**

Malinowski, Bronislaw. *Argonauts of the Western Pacific: An Account of Native Enterprise and Adventure in the Archipelagoes of Melanesian New Guinea*. London: Routledge and Kegan Paul, 1922. **430**

Mallery, Garrick. "Pictographs of the North American Indians: A Preliminary Paper." In *Fourth Annual Report of the Bureau of Ethnology to the Secretary of the Smithsonian Institution, 1882–'83*, 4–256. Washington, D.C.: United States Government Printing Office, 1886. **52, 113**

———. "Picture-Writing of the American Indians." In *Tenth Annual Report of the Bureau of Ethnology to the Secretary of the Smithsonian Institution, 1888–'89*, 1–822. Washington, D.C.: United States Government Printing Office, 1893. **53, 84, 133, 173, 290**

Manker, Ernst. *Die lappische Zaubertrommel*. 2 vols. Stockholm, 1938–50. **335, 337**

———. *Samefolkets konst*. Stockholm: Askild and Karnekull, 1971. **335**

Marcus, Joyce. *Emblem and State in the Classic Maya Lowlands: An Epigraphic Approach to Territorial Organization*. Washington, D.C.: Dumbarton Oaks, 1976. **199**

———. "Zapotec Writing." *Scientific American* 242, no. 2 (1980): 50–64. **199**

———. *Mesoamerican Writing Systems: Propaganda, Myth, and History in Four Ancient Civilizations*. Princeton: Princeton University Press, 1992. **198, 199, 207, 215**

Marshall, James A. "An Atlas of American Indian Geometry." *Ohio Archaeologist* 37 (1987): 36–48. **95**

Martyn, Katharine. *J. B. Tyrrell, Explorer and Adventurer: The Geological Survey Years, 1881–1898*. Exhibition catalog. Toronto: University of Toronto Library, 1993. **56**

Maschio, Thomas. *To Remember the Faces of the Dead: The Plenitude of Memory in Southwestern New Britain*. Madison: University of Wisconsin Press, 1994. **427**

Mason, Revil J. *Origins of Black People of Johannesburg and the Southern Western Central Transvaal, AD 350–1880*. Johannesburg: R. J. Mason, 1986. **18, 21**

Masuda, Yoshio Shozo, Izumi Shimada, and Craig Morris, eds. *Andean Ecology and Civilization: An Interdisciplinary Perspective on Andean Ecological Complementarity*. Tokyo: University of Tokyo Press, 1985. **260**

Mathes, W. Michael. "A Cartographic Pictograph Site in Baja California Sur." *Masterkey for Indian Lore and History* 51 (1977): 23–28. **61**

Mathiassen, Therkel. *Material Culture of the Iglulik Eskimos*. Report of the Fifth Thule Expedition 1921–24, vol. 6, no. 1. Copenhagen: Glydendalske Boghandel, 1928. **155**

———. *Contributions to the Physiography of Southampton Island*. Report of the Fifth Thule Expedition 1921–24, vol. 1, no. 2. Copenhagen: Glydendalske Boghandel, 1931. **155**

———. *Contributions to the Geography of Baffin Land and Melville Peninsula*. Report of the Fifth Thule Expedition 1921–24, vol. 1, no. 3. Copenhagen: Glydendalske Boghandel, 1933. **155**

Matienzo, Juan de. *Gobierno del Perú*. Ed. Guillermo Lohmann Villena. Paris: Institut Français d'Études Andines, 1967. **266, 290, 291**

Matos Moctezuma, Eduardo. "Symbolism of the Templo Mayor." In *The Aztec Templo Mayor*, ed. Elizabeth Hill Boone, 185–209. Washington, D.C.: Dumbarton Oaks, 1987. **190**

Mauss, Marcel. *The Gift: The Form and Reason for Exchange in Archaic Societies*. Trans. W. D. Halls. New York: W. W. Norton, 1990. Original French edition, *Essai sur le don*, 1925. **423**

May, Philip Ross. *The West Coast Gold Rushes*. 2d rev. ed. Christchurch: Pegasus, 1967. **523**

Mazel, Aron David. "Distribution of Painting Themes in the Natal Drakensberg." *Annals of the Natal Museum* 25 (1982): 67–82. **15**

Meggitt, Mervyn J. *Desert People: A Study of the Walbiri Aborigines of Central Australia*. Sydney: Angus and Robertson, 1962. **376**

Mejía Xesspe, Toribio. *See* Tello, Julio C.

Melgarejo Vivanco, José Luis. *Los lienzos de Tuxpan*. Mexico City: Editorial la Estampa Mexicana, 1970. **204**

Mello Moraes, Alexandre José de. *Corographia historica, chronographica, genealogica, nobiliaria, e politica do Imperio do Brasil*. 4 vols. Rio de Janeiro, 1858–63. **320**

Meredith, Mrs. Charles. *Notes and Sketches of New South Wales, during a Residence in That Colony from 1839 to 1844*. London: Murray, 1844. **354**

Merlan, Francesca. "Catfish and Alligator: Totemic Songs of the Western Roper River, Northern Territory." In *Songs of Aboriginal Australia*, ed. Margaret Clunies Ross, Tamsin Donaldson, and Stephen A. Wild, 142–67. Sydney: University of Sydney, 1987. **361**

———. "The Interpretive Framework of Wardaman Rock Art: A Preliminary Report." *Australian Aboriginal Studies*, 1989, no. 2, 14–24. **357**

Mertz, Henriette. *Pale Ink: Two Ancient Records of Chinese Exploration in America*. 2d rev. ed. Chicago: Swallow Press, 1972. **62**

Michaels, Eric. "Constraints on Knowledge in an Economy of Oral Information." *Current Anthropology* 26 (1985): 505–10. **368, 388**

Miertsching, F. A. "From Okkak." *Periodical Accounts of the Work of the Moravian Missions*, 1846, 338. **159**

Miertsching, Johann August. *Frozen Ships: The Arctic Diary of Johann Miertsching, 1850–1854*. Trans. and ed. Leslie H. Neatby. New York: St. Martin's Press, 1967. **157**

Mignolo, Walter D. "Colonial Situations, Geographical Discourses and Territorial Representations: Toward a Diatopical Understanding of Colonial Semiosis." *Dispositio* 14 (1989): 93–140. **245**

Milbrath, Susan. "A Seasonal Calendar with Venus Periods in Codex Borgia." In *The Imagination of Matter: Religion and Ecology in Mesoamerican Traditions*, ed. Davíd Carrasco, 103–27. Oxford: British Archaeological Reports, 1989. **239, 240**

Miller, Arthur G. *The Mural Painting of Teotihuacán*. Washington, D.C.: Dumbarton Oaks, 1973. **256**

Miller, Mary Ellen. *The Murals of Bonampak.* Princeton: Princeton University Press, 1986. **237, 255**

———. "The Meaning and Function of the Main Acropolis, Copan." In *The Southeast Classic Maya Zone,* ed. Elizabeth Hill Boone and Gordon Randolph Willey, 149–94. Washington, D.C.: Dumbarton Oaks, 1988. **190, 234**

Miller, William C. "Two Possible Astronomical Pictographs Found in Northern Arizona." *Plateau* 27, no. 4 (1955): 6–13. **64**

———. "Two Prehistoric Drawings of Possible Astronomical Significance." *Astronomical Society of the Pacific Leaflet,* no. 314 (July 1955): 1–8. **64**

Milligan, Robert Roy Douglas. *The Map Drawn by the Chief Tuki-Tahua in 1793.* Ed. John Dunmore. Mangonui, 1964. **494, 507, 508**

Milton, William Fitzwilliam, and Walter B. Cheadle. *The Northwest Passage by Land.* 8th ed. London: Cassell Petter and Galpin, 1875. **114**

Mitchell, G. G. M. *Maori Place Names in Buller County.* Wellington: A. H. and A. W. Reed, 1948. **498, 499**

Mitchell, Hilary, and John Mitchell. "Kehu (Hone Mokehakeha): Biographical Notes." *Nelson Historical Society Journal,* 1996, 3–19. **498**

Molina, Alonso de. *Vocabulario en lengua castellana y mexicana y mexicana y castellana.* 2d ed. Mexico City: Editorial Porrua, 1977. **185, 187**

Molina, Cristóbal de. *Fábulas y mitos de los Incas.* Ed. Henrique Urbano and Pierre Duviols. Madrid: Historia 16, 1989. **258, 266, 284, 286, 287, 290, 291**

Moodie, D. Wayne. "Indian Map-Making: Two Examples from the Fur Trade West." *Association of Canadian Map Libraries Bulletin* 55 (1985): 32–43. **143**

———. "The Role of the Indian in the European Exploration and Mapping of Canada." *Zeitschrift für Kanada-Studien* 26 (1994): 79–93. **52**

Moodie, D. Wayne, and Barry Kaye. "The Ac Ko Mok Ki Map." *Beaver,* outfit 307 (spring 1977): 4–15. **132**

Moody, Harry. "Birch Bark Biting." *Beaver,* outfit 287 (spring 1957): 9–11. **142**

Mooney, James. "Calendar History of the Kiowa Indians." In *Seventh Annual Report of the Bureau of American Ethnology to the Secretary of the Smithsonian Institution, 1895–'96,* 129–445. Washington, D.C.: United States Government Printing Office, 1898. **173**

Moore, Omar Khayyam. "Divination—A New Perspective." *American Anthropologist* 59 (1957): 69–74. **142**

Morphy, Howard. "A Reanalysis of the Toas of the Lake Eyre Tribes of Central Australia: An Examination of Their Form and Function." M. Phil. thesis, London University, 1972. **384**

———. "Schematisation, Meaning and Communication in Toas." In *Form in Indigenous Art: Schematisation in the Art of Aboriginal Australia and Prehistoric Europe,* ed. Peter J. Ucko, 77–89. Canberra: Australian Institute of Aboriginal Studies, 1977. **384**

———. "'Too Many Meanings': An Analysis of the Artistic System of the Yolngu of North-east Arnhem Land." Ph.D. diss., Australian National University, 1977. **376**

———. "Yingapungapu—Ground Sculpture as Bark Painting." In *Form in Indigenous Art: Schematisation in the Art of Aboriginal Australia and Prehistoric Europe,* ed. Peter J. Ucko, 205–9. Canberra: Australian Institute of Aboriginal Studies, 1977. **376**

———. "What Circles Look Like." *Canberra Anthropology* 3 (1980): 17–36. **376**

———. "The Art of Northern Australia." In *Aboriginal Australia,* by Carol Cooper et al., 52–65. Sydney: Australian Gallery Directors Council, 1981. **376, 377**

———. "'Now You Understand': An Analysis of the Way Yolngu Have Used Sacred Knowledge to Retain Their Autonomy." In

Aborigines, Land and Land Rights, ed. Nicolas Peterson and Marcia Langton, 110–33. Canberra: Australian Institute of Aboriginal Studies, 1983. **376, 386**

———. *Journey to the Crocodile's Nest.* Canberra: Australian Institute of Aboriginal Studies, 1984. **377**

———. "From Dull to Brilliant: The Aesthetics of Spiritual Power among the Yolngu." *Man,* n.s. 24 (1989): 21–40. **377**

———. "On Representing Ancestral Beings." In *Animals into Art,* ed. Howard Morphy, 144–60. London: Unwin Hyman, 1989. **377**

———. *Ancestral Connections: Art and an Aboriginal System of Knowledge.* Chicago: University of Chicago Press, 1991. **354, 359, 364, 366, 368, 371, 373, 374, 375, 376, 377, 388, 413**

———. "The Anthropology of Art." In *Companion Encyclopedia of Anthropology,* ed. Tim Ingold, 648–85. London: Routledge, 1994. **2**

———. "Landscape and the Reproduction of the Ancestral Past." In *The Anthropology of Landscape: Perspectives on Place and Space,* ed. Eric Hirsch and Michael O'Hanlon, 184–209. Oxford: Clarendon Press, 1995. **361, 371, 377**

Morphy, Howard, and Frances Morphy. *Yutpundji-Djindiwirritj Land Claim.* Darwin: Northern Land Council, 1981. **395**

Morren, George E. B. "The Ancestresses of the Minyanmin and Telefolmin: Sacred and Mundane Definitions of the Fringe in the Upper Sepik." In *Man and a Half: Essays in Pacific Anthropology and Ethnobiology in Honour of Ralph Bulmer,* ed. Andrew Pawley, 299–305. Auckland: Polynesian Society, 1991. **427**

Morrison, Tony. *Pathways to the Gods: The Mystery of the Andes Lines.* New York: Harper and Row, 1978. **290**

Morton, John. "Essentially Australian, Essentially Black: Australian Anthropology and Its Uses of Aboriginal Identity." Forthcoming. **360**

Morwood, M. J., and D. R. Hobbs, eds. *Rock Art and Ethnography: Proceedings of the Ethnography Symposium (H), Australian Rock Art Research Association Congress, Darwin, 1988.* Melbourne: Australian Rock Art Research Association, 1992. **357**

Moseley, Michael Edward. *The Incas and Their Ancestors: The Archaeology of Peru.* New York: Thames and Hudson, 1992. **257, 266**

Moulton, Gary E., ed. *The Journals of the Lewis and Clark Expedition.* 8 vols. Lincoln: University of Nebraska Press, 1983–93. **114**

Mountford, Charles Pearcy. "Aboriginal Crayon Drawings from the Warburton Ranges in Western Australia relating to the Wanderings of Two Ancestral Beings the Wati Kutjara." *Records of the South Australian Museum* 6 (1937–41): 5–28. **391**

———. "Aboriginal Crayon Drawings [I]: Relating to Totemic Places Belonging to the Northern Aranda Tribe of Central Australia." *Transactions and Proceedings of the Royal Society of South Australia* 61 (1937): 84–95. **391**

———. "Aboriginal Crayon Drawings II: Relating to Totemic Places in South-western Central Australia." *Transactions and Proceedings of the Royal Society of South Australia* 61 (1937): 226–40. **391**

———. "Contrast in Drawings Made by an Australian Aborigine before and after Initiation." *Records of the South Australian Museum* 6 (1937–41): 111–14. **391**

———. "Aboriginal Crayon Drawings III: The Legend of Wati Jula and the Kunkarunkara Women." *Transactions of the Royal Society of South Australia* 62 (1938): 241–54. **387, 391**

———. "Cave Paintings in the Mount Lofty Ranges, South Australia." *Records of the South Australian Museum* 13 (1957–60): 467–70. **355**

———. *The Tiwi: Their Art, Myth and Ceremony.* London: Phoenix House, 1958. **358**

———. "Decorated Aboriginal Skin Rugs." *Records of the South*

Australian Museum 13 (1960): 505–8. **355**

——. "Sacred Objects of the Pitjandjara Tribe, Western Central Australia." *Records of the South Australian Museum* 14 (1961–64): 397–411. **359**

——. *Nomads of the Australian Desert.* Adelaide: Rigby, 1976. **391, 392, 393, 411**

Mountford, Charles Pearcy, and Robert Edwards. "Rock Engravings of Panaramitee Station, North-eastern South Australia." *Transactions of the Royal Society of South Australia* 86 (1963): 131–46. **374**

Mowaljarlai, David, and Jutta Malnic. *Yorro Yorro: Everything Standing up Alive: Spirit of the Kimberley.* Broome, Western Australia: Magabala Books, 1993. **361, 413, 415**

Moyle, Richard M., with Slippery Morton. *Alyawarra Music: Songs and Society in a Central Australian Community.* Canberra: Australian Institute of Aboriginal Studies, 1986. **361**

Mundy, Barbara E. "The Maps of the Relaciones Geográficas, 1579–c. 1584: Native Mapping in the Conquered Land." Ph.D. diss., Yale University, 1993. **213**

——. *The Mapping of New Spain: Indigenous Cartography and the Maps of the Relaciones Geográficas.* Chicago: University of Chicago Press, 1996. **210, 213, 241, 245, 249**

——. "Mapping the Aztec Capital: The 1524 Nuremberg Map of Tenochtitlan, Its Sources and Meanings." *Imago Mundi* 50 (1998): 1–22. **194, 228**

Munn, Nancy D. "Totemic Designs and Group Continuity in Walbiri Cosmology." In *Aborigines Now: New Perspective in the Study of Aboriginal Communities,* ed. Marie Reay, 83–100. Sydney: Angus and Robertson, 1964. **365, 401**

——. "The Transformation of Subjects into Objects in Walbiri and Pitjantjatjara Myth." In *Australian Aboriginal Anthropology: Modern Studies in the Social Anthropology of the Australian Aborigines,* ed. Ronald Murray Berndt, 141–63. Nedlands: University of Western Australia Press for the Australian Institute of Aboriginal Studies, 1970. **365, 387**

——. "The Spatial Presentation of Cosmic Order in Walbiri Iconography." In *Primitive Art and Society,* ed. Anthony Forge, 193–220. London: Oxford University Press, 1973. **359, 365, 401, 412**

——. *Walbiri Iconography: Graphic Representation and Cultural Symbolism in a Central Australian Society.* Ithaca: Cornell University Press, 1973. Reprinted with new afterword, Chicago: University of Chicago Press, 1986. **354, 359, 365, 381, 401, 408**

——. "Gawan Kula: Spatiotemporal Control and the Symbolism of Influence." In *The Kula: New Perspectives on Massim Exchange,* ed. Jerry W. Leach and Edmund L. Leach, 277–308. Cambridge: Cambridge University Press, 1983. **427, 431**

——. *The Fame of Gawa: A Symbolic Study of Value Transformation in a Massim (Papua New Guinea) Society.* Cambridge: Cambridge University Press, 1986. **429**

Munro-Hay, Stuart. *Aksum: An African Civilisation of Late Antiquity.* Edinburgh: Edinburgh University Press, 1991. **28, 30**

Murdock, George Peter. "The Cross-Cultural Survey." *American Sociological Review* 5 (1940): 361–70. **9**

Murie, James R. *Ceremonies of the Pawnee.* 2 pts. Ed. Douglas R. Parks. Smithsonian Contributions to Anthropology, no. 27. Washington, D.C.: Smithsonian Institution Press, 1981. **124, 125**

Murra, John V. "El 'control vertical' de un máximo de pisos ecológicos en la economía de las sociedades andinas." In *Visita de la provincia de León de Huánuco en 1562: Iñigo Ortiz de Zúñiga, visitador,* 2 vols., ed. John V. Murra, 2:427–76. Huánuco, Peru: Universidad Nacional Hermilio Valdizán, 1967–72. **259**

——. "An Aymara Kingdom in 1567." *Ethnohistory* 15 (1968): 115–51. **259–60, 280**

——. *Formaciones económicas y políticas del mundo andino.*

Lima: Instituto de Estudios Peruanos, 1975. **293**

Myers, Fred R. "Burning the Truck and Holding the Country: Property, Time, and the Negotiation of Identity among Pintupi Aborigines." In *Hunters and Gatherers,* 2 vols., ed. Tim Ingold, David Riches, and James Woodburn, vol. 1, *Property, Power and Ideology,* 52–74. New York: Berg, 1987–88. **366**

——. "Truth, Beauty, and Pintupi Painting." *Visual Anthropology* 2 (1989): 163–95. **383**

Nabokov, Peter. "Native Views of History." In *The Cambridge History of the Native Peoples of the Americas,* vol. 1, *North America,* 2 pts., ed. Bruce G. Trigger and Wilcomb E. Washburn, pt. 1, 1–59. Cambridge: Cambridge University Press, 1996. **8**

——. "Orientations from Their Side: Dimensions of Native American Cartographic Discourse." In *Cartographic Encounters: Perspectives on Native American Mapmaking and Map Use,* ed. G. Malcolm Lewis, chap. 11. Chicago: University of Chicago Press, 1998. **53**

Nakuina, Moses K. *The Wind Gourd of La'amaomao.* Trans. Esther T. Mookini and Sarah Nākoa. Honolulu: Kalamakū Press, 1990. **487**

Napora, Joe, trans. *The Walam Olum.* Greenfield Center, N.Y.: Greenfield Review Press, 1992. **8**

Nash, David. "Notes toward a Draft Ethnocartographic Primer (for Central Australia)." In preparation. **387**

Nasr, Seyyed Hossein. *An Introduction to Islamic Cosmological Doctrines.* Rev. ed. Albany: State University of New York Press, 1993. **29**

Navamuel, Ercilia. *Atlas histórico de Salta: Conocimiento geográfico indígena e hispano.* Salta, Argentina: Aráoz Anzoátegui Impresores, 1986. **271**

Neich, Roger. *Painted Histories: Early Maori Figurative Painting.* Auckland: Auckland University Press, 1993. **531**

Netherly, Patricia J. "The Management of Late Andean Irrigation Systems on the North Coast of Peru." *American Antiquity* 49 (1984): 227–54. **261, 262**

Neugebauer, Otto. "A Greek World Map." In *Le monde grec: Pensée, littérature, histoire, documents. Hommages à Claire Préaux,* ed. Jean Bingen, Guy Cambier, and Georges Nachtergael, 312–17. Brussels: Editions de l'Université de Bruxelles, 1975. **28**

——. *Ethiopic Astronomy and Computus.* Vienna: Verlag der Österreichischen Akademie der Wissenschaften, 1979. **28, 29**

Newcomb, Franc J., and Gladys A. Reichard. *Sandpaintings of the Navajo Shooting Chant.* New York: J. J. Augustin, 1937. Reprinted New York: Dover, 1975. **110**

Newcomb, William W. *The Indians of Texas, from Prehistoric to Modern Times.* Austin: University of Texas Press, 1961. **128**

Newcomb, William W., and T. N. Campbell. "Southern Plains Ethnohistory: A Re-examination of the Escanjaques, Ahijados, and Cuitoas." In *Pathways to Plains Prehistory: Anthropological Perspectives of Plains Natives and Their Pasts.* Ed. Don G. Wyckoff and Jack L. Hofman, 29–43. Duncan, Okla.: Cross Timbers Press, 1982. **126**

Neyt, François. "Tabwa Sculpture and the Great Traditions of East-Central Africa." Trans. Samuel G. Ferraro. In *Tabwa: The Rising of a New Moon: A Century of Tabwa Art,* ed. Evan M. Maurer and Allen F. Roberts, 65–89. Ann Arbor: University of Michigan Museum of Art, 1985. **33**

Nicholas, John Liddiard. *Narrative of a Voyage to New Zealand.* 2 vols. London: J. Black, 1817. **501**

Nicholson, H. B. "Religion in Pre-Hispanic Central Mexico." In *Handbook of Middle American Indians,* vol. 10, ed. Gordon F. Ekholm and Ignacio Bernal, 395–446. Austin: University of Texas Press, 1971. **229, 234**

——. "Phoneticism in the Late Pre-Hispanic Central Mexican

Writing System." In *Mesoamerican Writing Systems,* ed. Elizabeth P. Benson, 1–46 Washington, D.C.: Dumbarton Oaks, 1973. **199**

Nicollet, Joseph N. *The Journals of Joseph N. Nicollet: A Scientist on the Mississippi Headwaters, with Notes on Indian Life, 1836–37.* Trans. André Fertey. Ed. Martha Coleman Bray. St. Paul: Minnesota Historical Society, 1970. **86**

Nielsen, Karl. "Remarques sur les noms grecs et latins des vents et des régions du ciel." *Classica et Mediaevalia* 7 (1945): 1–113. **29**

Niles, Susan A. *Callachaca: Style and Status in an Inca Community.* Iowa City: University of Iowa Press, 1987. **287**

Nobbs, C. W. "The Legend of the Muramura Darana." Typescript (photocopy). Adelaide, South Australian Museum, [ca. 1985]. **384**

Nobbs, Margaret. "Rock Art in Olary Province, South Australia." *Rock Art Research* 1 (1984): 91–118. **374**

Nooter, Mary H. [Mary Nooter Roberts]. "Luba Art and Polity: Creating Power in a Central African Kingdom." Ph.D. diss., University of Michigan, 1991. **31, 32, 33**

———. "Fragments of Forsaken Glory: Luba Royal Culture Invented and Represented (1883–1992) (Zaire)." In *Kings of Africa: Art and Authority in Central Africa,* ed. Erna Beumers and Hans-Joachim Koloss, 79–89. Utrecht: Foundation Kings of Africa, [1993]. **32**

Noppen, J. G. "A Unique Chukhi Drawing." *Burlington Magazine for Connoisseurs* 70 (1937): 34. **347**

Nordenskiöld, Erland. "Calculations with the Years and Months in the Peruvian Quipus." In *The Secret of the Peruvian Quipus.* Comparative Ethnographical Studies, vol. 6, pt. 2. 1925. Reprinted New York: AMS Press, 1979. **291**

———. "The Secret of the Peruvian Quipus." In *The Secret of the Peruvian Quipus.* Comparative Ethnographical Studies, vol. 6, pt. 1. 1925. Reprinted New York: AMS Press, 1979. **290**

Norman, V. Garth. *Izapa Sculpture.* 2 pts. Papers of the New World Archaeological Foundation 30. Provo: New World Archaeological Foundation, 1973–76. **234, 255**

Norona, Delf. "Maps Drawn by Indians in the Virginias." *West Virginia Archeologist* 2 (1950): 12–19. **55**

———. "Maps Drawn by North American Indians." *Bulletin of the Eastern States Archeological Federation* 10 (1951): 6. **55**

Northern Cheyenne Language and Culture Center Title VII ESEA Bilingual Education Program. *English-Cheyenne Student Dictionary.* Lame Deer, Mont., 1976. **52**

Norwich, [Oscar] I. *Norwich's Maps of Africa: An Illustrated and Annotated Carto-bibliography.* Bibliographical descriptions by Pam Kolbe. 2d ed. Rev. and ed. Jeffrey C. Stone. Norwich, Vt.: Terra Nova Press, 1997. **24**

Norwood, Henry. "A Voyage to Virginia." In *A Collection of Voyages and Travels,* 3d ed., 6 vols., comp. Awnsham Churchill and John Churchill, 6:161–86. London, 1744–46. **68**

Nosilov, K. *U vogulov* (Among the Voguls). St. Petersburg, 1904. **342**

Nowotny, Karl Anton. "Die Hieroglyphen des Codex Mendoza: Der Bau einer mittelamerikanischen Wortschrift." *Mitteilungen aus dem Museum für Völkerkunde in Hamburg* 25 (1959): 97–113. **198, 199**

Núñez Jiménez, Antonio. *Petroglifos del Perú: Panorama mundial del arte rupestre.* 2d ed. 4 vols. Havana: Editorial Científico-Técnica, 1986. **270, 271**

Nuttall, Zelia, ed. *The Codex Nuttall: A Picture Manuscript from Ancient Mexico.* New York: Dover, 1975. **215, 249**

Oestreicher, David M. "Unmasking the *Walam Olum:* A 19th-Century Hoax." *Bulletin of the Archaeological Society of New Jersey* 49 (1994): 1–44. **8, 82**

———. "The Anatomy of the Walam Olum: The Dissection of a Nineteenth-Century Anthropological Hoax." Ph.D. diss., Rutgers University, 1995. **8**

Oettinger, Marion. *Lienzos coloniales: Una exposición de pinturas de terrenos comunales de México (siglos XVII–XIX).* Mexico City: Universidad Nacional Autónoma de México, Instituto de Investigaciones Antropológicas, 1983. **245**

Oettinger, Marion, and Fernando Horcasitas. *The Lienzo of Petlacala: A Pictorial Document from Guerrero, Mexico.* Transactions of the American Philosophical Society, n.s. 72, pt. 7. Philadelphia: American Philosophical Society, 1982. **246**

O'Ferrall, Michael A. *Keepers of the Secrets: Aboriginal Art from Arnhemland in the Collection of the Art Gallery of Western Australia.* Perth: Art Gallery of Western Australia, 1990. **358, 405**

Offner, Jerome A. *Law and Politics in Aztec Texcoco.* Cambridge: Cambridge University Press, 1983. **225**

O'Hanlon, Michael. *Paradise: Portraying the New Guinea Highlands.* London: British Museum Press, 1993. **434**

Okladnikova, Ye. A. [Elena]. *Model' vselennoy v sisteme obrazov naskal'nogo iskusstva Tikhookeanskogo poberezh'ya Severnoy Ameriki: Problema etnokul'turnykh kontaktov aborigenov Sibiri i korennogo naseleniya Severnoy Ameriki* (Model of the universe in the system of images of rock engravings of North America's Pacific shore: The problem of ethnocultural contacts of the populations of Siberia and North America). St. Petersburg: MAE RAN, 1995. **329, 331**

Ollone, Henri Marie Gustave d'. *Mission Hostains-D'Ollone, 1898–1900: De la Côte d'Ivoire au Soudan et a la Guinée.* Paris: Hachette, 1901. **36**

The Olmec World: Ritual and Rulership. Princeton: Art Museum, Princeton University, 1995. **234**

Olton, David S. "Mazes, Maps, and Memory." *American Psychologist* 34 (1979): 583–96. **443**

Ong, Walter J. *Orality and Literacy: The Technologizing of the Word.* London: Methuen, 1982. **2, 425, 539, 540**

Orbell, Margaret Rose. *The Illustrated Encyclopedia of Māori Myth and Legend.* Christchurch: Canterbury University Press, 1995. **523**

O'Regan, Tipene. "Old Myths and New Politics: Some Contemporary Uses of Traditional History." *New Zealand Journal of History* 26 (1992): 5–27. **8**

Orlova, Ye. N. "Naselenye po r.r. Keti i Tymu, yego sostav, khozyaystvo i byt" (The population of the river basins of Ket' and Tym, its composition, economy, and daily life). *Raboty Nauchno-Promyslovoy Ekspeditsii po Izucheniyu Reki Obi i Yeye Basseyna* (Transactions of the scientific and economic expedition for exploration of the river Ob' and its basin) (Krasnoyarsk) 1, no. 4 (1928). **342**

Orlove, Benjamin S. "Irresoluciun suprema y autonomía campesina: Los totorales del Lago Titicaca." *Allpanchis,* no. 37 (1991): 203–68. **263**

———. "Mapping Reeds and Reading Maps: The Politics of Representation in Lake Titicaca." *American Ethnologist* 18 (1991): 3–38. **263, 264**

———. "The Ethnography of Maps: The Cultural and Social Contexts of Cartographic Representation in Peru." *Cartographica* 30, no. 1 (1993): 29–46. **263, 265**

Orozco y Berra, Manuel. *Materiales para una cartografía mexicana.* Mexico City: Imprenta del Gobierno, 1871. **190**

———. "Códice Mendocino: Ensayo de descifración geroglífica." *Anales del Museo Nacional de México,* época 1, vol. 1 (1877): 120–86, 242–70, 289–339; vol. 2 (1882): 47–82, 127–30, 205–32. **190**

———. "El cuauhxicalli de Tizoc." *Anales del Museo Nacional de México* 1 (1877): 3–38. **238**

Ortloff, Charles R. "Surveying and Hydraulic Engineering of the Pre-Columbian Chimú State: AD 900–1450." *Cambridge Archaeological Journal* 5 (1995): 55–74. **283, 284, 291**

Ortloff, Charles R., Michael E. Moseley, and Robert A. Feldman. "Hydraulic Engineering Aspects of the Chimu Chicama-Moche Intervalley Canal." *American Antiquity* 47 (1982): 572–95. **284**

Osborne, Douglas. *The Archaeology of the Palau Islands.* Bernice P. Bishop Museum Bulletin, no. 230. Honolulu: Bishop Museum Press, 1966. **489**

Osmers, Peter. "Inuit Perspective in Drawings." Unpublished paper, Carleton University, 1992. **170**

Ostrovskikh, P. Ye. *Poyezdka na Ozero Yesei* (Journey to Yesei Lake). *Izvestiya Krasnoyarskogo podotdela Vostochno-Sibirskogo otdela Imperatorskogo Geograficheskogo Obshchestva* (Annals of Krasnoyarsk subdivision of the east Siberian division of the department of the Imperial Geographical Society) 1, no. 6 (1904): 21–32. **340, 344**

Pager, Harald L. *Ndedema: A Documentation of the Rock Paintings of the Ndedema Gorge.* Graz: Akademische Druck- u. Verlagsanstalt, 1971. **14**

———. "The Magico-religious Importance of Bees and Honey for the Rock Painters and Bushmen of Southern Africa." *South African Bee Journal* 46 (1974): 6–9. **15**

Pané, Ramón. *An Account of the Antiquities of the Indians.* Ed. José Juan Arrom. Trans. Susan Griswold. Durham: Duke University Press, forthcoming. **317**

Pankhurst, Alula. "An Early Ethiopian Manuscript Map of Tegré." In *Proceedings of the Eighth International Conference of Ethiopian Studies, University of Addis Ababa, 1984,* 2 vols., ed. Taddese Beyene, 2:73–88. Addis Ababa: Institute of Ethiopian Studies, 1988–89. **28**

Parks, Douglas R. "Interpreting Pawnee Star Lore: Science or Myth?" *American Indian Culture and Research Journal* 9, no. 1 (1985): 53–65. **54, 125**

Parks, Douglas R., and Waldo R. Wedel. "Pawnee Geography: Historical and Sacred." *Great Plains Quarterly* 5 (1985): 143–76. **54**

Parmenter, Ross. *Four Lienzos of the Coixtlahuaca Valley.* Studies in Pre-Columbian Art and Archaeology 26. Washington, D.C.: Dumbarton Oaks, 1982. **191, 207, 219, 251**

Parroni, Piergiorgio. "Surviving Sources of the Classical Geographers through Late Antiquity and the Medieval Period." In *Unveiling the Arctic,* ed. Louis Rey, 352–58. Fairbanks: University of Alaska Press for the Arctic Institute of North America, 1984. **330**

Parry, William Edward. *Journal of a Second Voyage for the Discovery of a North-west Passage from the Atlantic to the Pacific.* London: John Murray, 1824. **155, 157, 159**

———. *Journals of the First, Second, and Third Voyages for the Discovery of a North-west Passage from the Atlantic to the Pacific.* 6 vols. London: J. Murray, 1828–29. **157**

Parsons, Jeffrey R. "An Archaeological Evaluation of the Codice Xolotl." *American Antiquity* 35 (1970): 431–40. **205**

Pärssinen, Martti. *Tawantinsuyu: The Inca State and Its Political Organization.* Helsinki: SHS, 1992. **293, 294**

Paso y Troncoso, Francisco del, ed., *Códice Kingsborough: Memorial de los Indios de Tepetlaoztoc. . . .* Facsimile ed. Madrid: Fototipia de Hauser y Menet, 1912. **244, 251**

Pasztory, Esther. *The Murals of Tepantitla, Teotihuacan.* New York: Garland, 1976. **256**

———. *Aztec Art.* New York: Harry N. Abrams, 1983. **195, 205, 255**

Paul, Anne. "Paracas Necrópolis Bundle 89." In *Paracas Art and Architecture: Object and Context in South Coastal Peru,* ed. Anne Paul, 172–221. Iowa City: University of Iowa Press, 1991. **273**

———. "Paracas Necrópolis Textiles: Symbolic Visions of Coastal Peru." In *The Ancient Americas: Art from Sacred Landscapes,* ed. Richard F. Townsend, 278–89. Chicago: Art Institute of Chicago, 1992. **273**

Pearce, Margaret W. "Native Mapping in Southern New England Indian Deeds." In *Cartographic Encounters: Perspectives on Native American Mapmaking and Map Use,* ed. G. Malcolm Lewis, chap. 7. Chicago: University of Chicago Press, 1998. **74**

Pekarskiy, E. K., and V. P. Tsvetkov. "Ocherki byta priayanskikh Tungusov" (An outline of daily life of the Tungus in the Ayan area). *Sbornik Muzeya po Antropologii i Etnografii pri Imperatorskoy Akademii Nauk* (Publications of the Museum of Anthropology and Ethnography of the Imperial Academy of Sciences), vol. 2, no. 1 (1913). **340**

Pentikäinen, Juha. "Northern Ethnography—Exploring the Fourth World." *Universitas Helsingiensis: The Quarterly of the University of Helsinki,* no. 1 (1993): 20–29. **329, 330**

Peñafiel, Antonio. *Nombres geográficos de México.* Mexico City: Oficina Tipográfica de la Secretaría de Fomento, 1885. **191, 198**

———. *Nomenclatura geográfica de México: Etimologías de los nombres de lugar.* Mexico City: Oficina Tipográfica de la Secretaria de Fomento, 1897. **191, 198**

Pentland, David H. "Cartographic Concepts of the Northern Algonquians." *Canadian Cartographer* 12 (1975): 149–60. **55**

———. *Cree Maps from Moose Factory.* Regina: Privately printed preliminary edition, 1978. **143**

Pereyra Sánchez, Hugo. "La yupana, complemento operacional del quipu." In *Quipu y yupana: Colección de escritos,* ed. Carol Mackey et al., 235–55. Lima: Consejo Nacional de Ciencia y Tecnología, 1990. **291**

Péron, François. *A Voyage of Discovery to the Southern Hemisphere, Performed by Order of the Emperor Napoleon, during the Years 1801, 1802, 1803, and 1804.* London: R. Phillips, 1809. **354**

Peschel, Oscar. *O. Peschel's Geschichte der Erdkunde bis auf Alexander von Humboldt und Carl Ritter.* Ed. Sophus Ruge. Munich: R. Oldenbourg, 1877. **55**

Peters, Ann H. "Ecology and Society in Embroidered Images from the Paracas Necrópolis." In *Paracas Art and Architecture: Object and Context in South Coastal Peru,* ed. Anne Paul, 240–314. Iowa City: University of Iowa Press, 1991. **273, 277**

Petersen, Karen Daniels. *Howling Wolf: A Cheyenne Warrior's Graphic Interpretation of His People.* Palo Alto, Calif.: American West, 1968. **118**

———. *Plains Indian Art from Fort Marion.* Norman: University of Oklahoma Press, 1971. **118**

Peterson, Nicolas. "Totemism Yesterday: Sentiment and Local Organisation among the Australian Aborigines." *Man,* n.s. 7 (1972): 12–32. **364**

Petrie, Constance Campbell. *Tom Petrie's Reminiscences of Early Queensland.* Brisbane: Watson, Ferguson, 1904. **355**

Phillips, Philip, and James A. Brown, *Pre-Columbian Shell Engravings from the Craig Mound at Spiro, Oklahoma.* 6 vols. Cambridge, Mass.: Peabody Museum Press, 1975–82. **103**

Pinxten, Rik. *Towards a Navajo Indian Geometry.* Ghent, Belgium: Communication and Cognition, 1987. **176**

Playdon, George W. "The Significance of Marshallese Stick Charts." *Journal of the Institute of Navigation* 20 (1967): 155–66. **484**

Poata, Tamati Rihara. *The Maori as a Fisherman and His Methods.* Opotiki: W. B. Scott and Sons, 1919. Reprinted Papakura: Southern Reprints, ca. 1992. **497**

Podgorbunskiy, V. I. "Dve karty Tungusa s reki Mai" (Two maps belonging to a Tungus from the Maia River). *Izvestiya Vostochno-Sibirskogo otdeleniya Russkogo Geograficheskogo Obshchestva* (Annals of the Eastern Siberian chapter of the Russian Geographic Society), 1924, 138–48. **340**

Pognon, Edmond. "Cosmology and Cartography." In *Unveiling the Arctic*, ed. Louis Rey, 334–40. Fairbanks: University of Alaska Press for the Arctic Institute of North America, 1984. 330

Pohl, John M. D. *The Politics of Symbolism in the Mixtec Codices.* Nashville: Vanderbilt University, 1994. 213, 215

Pohl, John M. D., and Bruce E. Byland. "Mixtec Landscape Perception and Archaeological Settlement Patterns." *Ancient Mesoamerica* 1 (1990): 113–31. 191, 218

Polack, J. S. *Manners and Customs of the New Zealanders, with Notes Corroborative of Their Habits, Usages, Etc.* 2 vols. 1840. Reprinted Christchurch: Capper Press, 1976. 493

Polevoy, B. P. "O tochnom tekste dvukh otpisok Semena Dezhneva 1655 g." (On the accurate text of two of Semyen Dezhnev's reports dated by 1655). *Izvestiya Akademii Nauk SSSR: Seriia geograficheskaia* (Annals of the USSR Academy of Sciences: Geography series) 6 (1965): 101–11. 340

———. "Podrobnyy otchet G. I. Nevel'skogo o yego istoricheskoy ekspeditsii 1849 g. k ostrovu Sakhalin i ust'yu Amura" (A detailed report by G. I. Nevel'skoy about his historic expedition of 1849 to the island of Sakhalin and the mouth of the Amur). *Strany i narody Vostoka* (Countries and peoples of the East), vol. 8, bk. 2 (1972): 114–49. 339

Polo de Ondegardo, Juan. *El mundo de los Incas.* Ed. Laura González and Alicia Alonso. Madrid: Historia 16, 1990. 263, 266, 284, 290

Ponce Sanginés, Carlos. *Descripción sumaria del templete semisubterráneo de Tiwanaku.* 5th rev. ed. La Paz: Librería y Editorial "Juventud," 1981. 280

———. *Tiwanaku: Espacio, tiempo y cultura.* 4th ed. La Paz: Editorial "Los Amigos del Libro," 1981. 282

Poole, Peter. *Indigenous Peoples, Mapping and Biodiversity Conservation: An Analysis of Current Activities and Opportunities for Applying Geomatics Technologies.* Landover, Md.: Biodiversity Support Group, 1995. 173

———. "Land-Based Communities, Geomatics and Biodiversity Conservation: A Survey of Current Activities." *Cultural Survival Quarterly* 18, no. 4 (1995): 74–76. 540

Posey, Darrell A. "Pyka-tó-ti: Kayapó mostra aldeia de origem," *Revista de Atualiade Indígena* 15 (1979): 50–57. 317

Posnansky, Arthur. *Tihuanacu: The Cradle of American Man.* 2 vols. Trans. James F. Shearer. New York: J. J. Augustin, 1945. 281, 283

Postnikov, A. V. "Kartografiya v tvorchestve P. A. Kropotkina" (Cartography in P. A. Kropotkin's studies). In *P. A. Kropotkin i sovremennost* (P. A. Kropotkin and modernity), 80–92. Moscow, 1993. 340

Prem, Hanns J. "Aztec Hieroglyphic Writing System—Possibilities and Limits." In *Verhandlungen des XXXVIII. Internationalen Amerikanistenkongresses (1968)*, 4 vols., 2:159–65. Munich: Klaus Renner, 1969–72. 199

———. "Aztec Writing." In *Handbook of Middle American Indians*, suppl. vol. 5, ed. Victoria Reifler Bricker, 53–69. Austin: University of Texas Press, 1992. 198, 200

———, ed. *Matrícula de Huexotzinco.* Graz: Akademische Druck-u. Verlagsanstalt, 1974. 224

Price, Richard. *First-Time: The Historical Vision of an Afro-American People.* Baltimore: Johns Hopkins University Press, 1983. 306

Prins, Frans E., and Sian Hall. "Expressions of Fertility in the Rock Art of Bantu-Speaking Agriculturalists." *African Archaeological Review* 12 (1994): 171–203. 14

Prinsep, James. "Note on the Nautical Instruments of the Arabs." *Journal of the Asiatic Society of Bengal* 5 (1836): 784–94. 488

———. "Note on the Above Chapter ['Extracts from the Mohit']." *Journal of the Asiatic Society of Bengal* 7 (1838): 774–80. 488

"Proceedings of the Wernerian Natural History Society." *Edinburgh Philosophical Journal* 4 (1821): 194–96. 166

Prokof'eva, Ye. D. "Kostyum sel'kupskogo (ostyako-samoedskogo) shamana" (Costume of Sel'kup shaman). *Sbornik Muzeya Antropologii i Etnografii (Leningrad–St. Petersburg)* (Yearbook of the Museum of Anthropology and Ethnography, Leningrad–St. Petersburg) 11 (1949): 335–75. 334

Prussin, Labelle. *African Nomadic Architecture: Space, Place, and Gender.* Washington, D.C.: Smithsonian Institution Press, 1995. 24, 39

Purce, Jill. *The Mystic Spiral: Journey of the Soul.* New York: Avon, 1974. 331

Purchas, Samuel. *Purchas His Pilgrimes.* 4 vols. London, 1625. 68

Quinn, David B., ed. *New American World: A Documentary History of North America to 1612.* 5 vols. New York: Arno Press, 1979. 67, 70

Quirós [Queirós], Pedro Fernández de. *The Voyages of Pedro Fernandez de Quiros, 1595 to 1606.* 2 vols. Trans. and ed. Clements R. Markham. Hakluyt Society, ser. 2, nos. 14–15. London: Hakluyt Society, 1904. 445

Radicati di Primeglio, Carlos. "Tableros de escaques en el antiguo Perú." In *Quipu y yupana: Colección de escritos*, ed. Carol Mackey et al., 219–34. Lima: Consejo Nacional de Ciencia y Tecnología, 1990. 291

Raisz, Erwin. *General Cartography.* 2d ed. New York: McGraw-Hill, 1948. 38

Ralegh, Walter. *The Discoverie of the Large, Rich and Bewtiful Empyre of Guiana.* Ed. Neil L. Whitehead. Manchester: Manchester University Press; Norman: University of Oklahoma Press, 1997. 319, 322, 324

Rasmussen, Knud J. V. *Iglulik and Caribou Eskimo Texts.* Report of the Fifth Thule Expedition 1921–24, vol. 7, no. 3. Copenhagen: Glydendalske Boghandel, 1930. 155

———. *The Netsilik Eskimos: Social Life and Spiritual Culture.* Report of the Fifth Thule Expedition 1921–24, vol. 8, nos. 1 and 2. Copenhagen: Glydendalske Boghandel, 1931. 155

———. *Intellectual Culture of the Copper Eskimo.* Report of the Fifth Thule Expedition 1921–24, vol. 9. Copenhagen: Glydendalske Boghandel, 1932. 155

Ravdonikas, V. I. "Elementy kosmicheskikh predstavleniy v obrazakh naskal'nykh izobrazheniy" (Elements of the notions of cosmos in the images of rock engravings). *Sovetskaya Arkheologiya* (Soviet archeology), no. 4 (1937): 11–32. 331

Ray, Dorothy Jean. *Eskimo Art: Tradition and Innovation in North Alaska.* Seattle: University of Washington Press, 1977. 167

Read, Georgia Willis, and Ruth Gaines, eds. *Gold Rush: The Journals, Drawings, and Other Papers of J. Goldsborough Bruff.* 2 vols. New York: Columbia University Press, 1944. 113

Reclus, Elisée. *Nouvelle géographie universelle: La terre et les hommes.* Vol. 12, *L'Afrique occidentale.* Paris: Hachette, 1887. 35

Records of the Colony of New Plymouth in New England. Vol. 12, *Deeds, &c., 1620–1651. Book of Indian Records for Their Lands.* Boston: W. White, 1861. 74

Reed, A. W. *Place Names of New Zealand.* Wellington: A. H. and A. W. Reed, 1975. 493

Reefe, Thomas Q. "Lukasa: A Luba Memory Device." *African Arts* 10, no. 4 (1977): 48–50. 32

Reents-Budet, Dorie. *Painting the Maya Universe: Royal Ceramics of the Classic Period.* Durham: Duke University Press, 1994. 233

Reichard, Gladys A., *Navajo Medicine Man: Sandpaintings and Legends of Miguelito.* New York: J. J. Augustin, 1939. Reprinted New York: Dover, 1977. 110

Reiche, Maria. *Mystery on the Desert.* Stuttgart-Vaihingen, 1968. 276

———. "Giant Ground-Drawings on the Peruvian Desert." In vol. 1 of *Verhandlungen des XXXVIII. Internationalen Amerikanistenkongressess (1968),* 379–84. Munich: Klaus Renner, 1969. 276

Reichel-Dolmatoff, Gerardo. *Beyond the Milky Way: Hallucinatory Imagery of the Tukano Indians.* Los Angeles: UCLA Latin American Center Publications, 1978. 307, 308, 310, 311, 312, pl. 13

———. "Algunos conceptos de geografia chamanistica de los índios Desana de Colombia." In *Contribuições à Antropologia em homenagem ao Professor Egon Schaden,* 255–70. São Paulo: Coleção Museu Paulista, 1981. 305

———. "Astronomical Models of Social Behavior among Some Indians of Colombia." In *Ethnoastronomy and Archaeoastronomy in the American Tropics,* ed. Anthony F. Aveni and Gary Urton, 165–81. New York: New York Academy of Sciences, 1982. 305, 306, 307, 308, 309

———. *Shamanism and Art of the Eastern Tukanoan Indians.* Leiden: E. J. Brill, 1987. 309, 314

———. *Orfebreria y chamanismo: Un estudio iconográfico del Museo del Oro.* Medellín: Editorial Colina, 1988. 324

Reid, Russell, and Clell G. Gannon, eds. "Journal of the Atkinson-O'Fallon Expedition." *North Dakota Historical Quarterly* 4 (1929): 5–56. 132

Reilly, Frank Kent. "Visions to Another World: Art, Shamanism, and Political Power in Middle Formative Mesoamerica." Ph.D. diss., University of Texas at Austin, 1994. 234

Reinhard, Johan. "Chavín and Tiahuanaco: A New Look at Two Andean Ceremonial Centers." *National Geographic Research* 1 (1985): 395–422. 271, 272, 280, 288

———. *The Nazca Lines: A New Perspective on Their Origin and Meaning.* 3d ed. Lima: Editorial Los Pinos, 1987. 277

———. "Interpreting the Nazca Lines." In *The Ancient Americas: Art from Sacred Landscapes,* ed. Richard F. Townsend, 291–301. Chicago: Art Institute of Chicago, 1992. 277

Relaciones geográficas del siglo XVI. 10 vols. Ed. René Acuña. Mexico City: Universidad Nacional Autónoma de México, Instituto de Investigaciones Antropológicas, 1982–88. 245, 249

Reports of Explorations and Surveys to Ascertain the Most Practicable and Economical Route for a Railroad from the Mississippi River to the Pacific Ocean. 33d Cong., 2d sess., Sen. Ex. Doc. 78. 1856. 106, 177

Las representaciones de arquitectura en la arqueología de América. Vol. 1. Ed. Daniel Schávelzon. Mexico City: Universidad Nacional Autónoma de México, 1982–. 225

Reuther, J. G. *The Diari.* 13 vols. Trans. Philipp A. Scherer. AIAS microfiche no. 2. Canberra: Australian Institute of Aboriginal Studies, 1981. 383, 384

Rey, Louis, ed. *Unveiling the Arctic. See entries under individual authors.*

Reyes García, Luis. *Cuauhtinchan del siglo XII al XVI: Formación y desarrollo histórico de un señorío prehispanico.* Wiesbaden: Steiner, 1977. 191, 205, 215

———, ed. *Documentos sobre tierras y señorío en Cuauhtinchan.* Mexico City: Instituto Nacional de Antropología e Historia, 1978. 191, 197

Rice, Kenneth A. *Geertz and Culture.* Ann Arbor: University of Michigan Press, 1980. 9

Richards, J. P. G., and R. P. Williams. *Waves.* Harmondsworth: Penguin, 1972. 478

Richards, Rhys. *Whaling and Sealing at the Chatham Islands.* Canberra: Roebuck Society, 1982. 503

Ridington, Robin. "Beaver." In *Handbook of North American Indians,* ed. William C. Sturtevant, 6:350–60. Washington, D.C.:

Smithsonian Institution, 1978–. 139

Ridington, Robin, and Tonia Ridington. "The Inner Eye of Shamanism and Totemism." *History of Religions* 10 (1970): 49–61. 139, 141

Riese, Frauke Johanna. *Indianische Landrechte in Yukatan um die Mitte des 16. Jahrhunderts: Dokumentenanalyse und Konstruktion von Wirklichkeitsmodellen am Fall des Landvertrages von Mani.* Hamburg: Hamburgisches Museum für Völkerkunde, 1981. 209, 210, 241

Riesenberg, Saul H. "The Organisation of Navigational Knowledge on Puluwat." In *Pacific Navigation and Voyaging,* comp. Ben R. Finney, 91–128. Wellington: Polynesian Society, 1976. 466, 468

Rincón-Mautner, Carlos. "A Reconstruction of the History of San Miguel Tulancingo, Coixtlahuaca, Mexico, from Indigenous Painted Sources." *Texas Notes on Precolumbian Art, Writing, and Culture,* no. 64 (1994): 1–18. 207, 251

Roberts, Allen F. "Passage Stellified: Speculation upon Archaeoastronomy in Southeastern Zaire." *Archaeoastronomy* 4, no. 4 (1981): 26–37. 31

———. "Tabwa Tegumentary Inscription." In *Marks of Civilization: Artistic Transformations of the Human Body,* ed. Arnold Rubin, 41–56. Los Angeles: Museum of Cultural History, 1988. 25, 31

Roberts, Mary Nooter. "Luba Memory Theater." In *Memory: Luba Art and the Making of History,* ed. Mary Nooter Roberts and Allen F. Roberts, 117–49. Munich: Prestel and Museum for African Art, 1996. 32

———. *See also* Nooter, Mary H.

Roberts, W. H. Sherwood. *The Nomenclature of Otago and Other Interesting Information.* Oamaru: Printed at "Oamaru Mail" Office, 1907. 521

Robertson, Donald. *Mexican Manuscript Painting of the Early Colonial Period: The Metropolitan Schools.* New Haven: Yale University Press, 1959. 193, 195, 197, 205, 212, 224

———. "The Pinturas (Maps) of the Relaciones Geográficas, with a Catalog." In *Handbook of Middle American Indians,* vol. 12, ed. Howard Francis Cline, 243–78. Austin: University of Texas Press, 1972. 210, 245

Robertson, James Alexander, ed. and trans. *True Relation of the Hardships Suffered by Governor Fernando de Soto.* 2 vols. De Land: Florida State Historical Society, 1933. 95

Robinson, Arthur H., et al. *Elements of Cartography.* 6th ed. New York: Wiley, 1995. 25

Robiou Lamarche, Sebastián. "Ida y Vuelta a Guanín, un ensayo sobre la cosmovisión taína." In *Myth and the Imaginary in the New World,* ed. Edmundo Magaña and Peter Mason, 459–98. Amsterdam: Centre for Latin American Research and Documentation, 1986. 315, 324

Rodman, Hugh. "The Sacred Calabash." *United States Naval Institute Proceedings* 53 (1927): 867–72. Reprinted in *Journal of the Polynesian Society* 37 (1928): 75–85. 486

Roe, Peter G. "Obdurate Words: Some Comparative Thoughts on Maya Cosmos and Ancient Mayan Fertility Imagery." *Cambridge Archaeological Journal* 5 (1995): 127–30. 273

Rogers, Edward S., and Mary B. Black. "Subsistence Strategy in the Fish and Hare Period, Northern Ontario: The Weagamow Ojibwa, 1880–1920." *Journal of Anthropological Research* 32 (1976): 1–43. 138

Roggeveen, Jacob. *The Journal of Jacob Roggeveen.* Ed. Andrew Sharp. Oxford: Clarendon Press, 1970. 445

Ronda, James P. "'A Chart in His Way': Indian Cartography and the Lewis and Clark Expedition." In *Mapping the North American Plains: Essays in the History of Cartography,* ed. Frederick C. Luebke, Frances W. Kaye, and Gary E. Moulton, 81–91. Norman: University of Oklahoma Press, 1987. 114

Rorty, Richard. "An Antirepresentationalist View: Comments on

Richard Miller, van Fraassen/Sigman, and Churchland." In *Realism and Representation: Essays on the Problem of Realism in relation to Science, Literature, and Culture*, ed. George Lewis Levine, 125–33. Madison: University of Wisconsin Press, 1993. **2**

Rose, Frederick G. G. *The Wind of Change in Central Australia: The Aborigines at Angas Downs, 1962*. Berlin: Akadamie-Verlag, 1965. **408**

Ross, John. *Narrative of a Second Voyage in Search of a North-west Passage*. 2 vols. London: A. W. Webster, 1835. **155, 159**

Ross, Kay Napaljarri. "Traditional Landscape around Yuendumu." In *Kuruwarri: Yuendumu Doors*, by Warlukurlangu Artists, 4–5. Canberra: Australian Institute of Aboriginal Studies, 1987. **362**

Ross, Margaret Clunies, and L. R. Hiatt. "Sand Sculptures at a Gidjingali Burial Rite." In *Form in Indigenous Art: Schematisation in the Art of Aboriginal Australia and Prehistoric Europe*, ed. Peter J. Ucko, 131–46. Canberra: Australian Institute of Aboriginal Studies, 1977. **357, 412**

Roth, Walter Edmund. *Ethnological Studies among the North-West-Central Queensland Aborigines*. Brisbane: E. Gregory, Government Printer, 1897. **384**

———. "North Queensland Ethnography, Bulletin No. 11." *Records of the Australian Museum* 7 (1908–10): 74–107. **384**

Rowe, John Howland. "Inca Culture at the Time of the Spanish Conquest." In *Handbook of South American Indians*, 7 vols., ed. Julian H. Steward, 2:183–330. Washington, D.C.: Bureau of American Ethnology, 1946–59. **291**

———. *Chavín Art: An Inquiry into Its Form and Meaning*. New York: Museum of Primitive Art, 1962. **273**

———. "Form and Meaning in Chavín Art." In *Peruvian Archaeology: Selected Readings*, ed. John Howland Rowe and Dorothy Menzel, 72–103. Palo Alto, Calif.: Peek, 1967. **273**

———. "What Kind of Settlement Was Inca Cuzco?" *Ñawpa Pacha* 5 (1967): 59–76. **285**

———. "El arte de Chavín; estudio de su forma y su significando." *Historia y Cultura* 6 (1973): 249–76. **272**

———. "An Account of the Shrines of Ancient Cuzco." *Ñawpa Pacha* 17 (1979): 1–80. **286, 288, 289, 295**

Roxburgh, Irvine. *Jacksons Bay: A Centennial History*. Wellington: A. H. and A. W. Reed, 1976. **518**

Roys, Ralph Loveland. *The Titles of Ebtun*. Washington, D.C.: Carnegie Institution, 1939. **210**

———. *The Indian Background of Colonial Yucatan*. Washington, D.C.: Carnegie Institution, 1943. **185, 197, 209, 220, 241, 249**

———, trans. *The Book of Chilam Balam of Chumayel*. Washington, D.C.: Carnegie Institution, 1933. **210**

Ruggles, C. L. N. "A Statistical Examination of the Radial Line Azimuths at Nazca." In *The Lines of Nazca*, ed. Anthony F. Aveni, 247–69. Philadelphia: American Philosophical Society, 1990. **276**

Ruggles, Richard I. *A Country So Interesting: The Hudson's Bay Company and Two Centuries of Mapping, 1670–1870*. Montreal: McGill-Queen's University Press, 1991. **56, 143, 146, 152**

Ruhe, E. L. "Poetry in the Older Australian Landscape." In *Mapped but Not Known: The Australian Landscape of the Imagination*, ed. P. R. Eaden and F. H. Mares, 20–49. Netley, South Australia: Wakefield Press, 1986. **354**

Ruiz Naufal, Víctor M., et al. *El territorio mexicano*. 2 vols. and plates. Mexico City: Instituto Mexicano del Seguro Social, 1982. **249**

Rundstrom, Robert A. "A Cultural Interpretation of Inuit Map Accuracy." *Geographical Review* 80 (1990): 155–68. **6, 154**

———. "Expectations and Motives in the Exchange of Maps and Geographical Information among Inuit and Qallunaat in the Nineteenth and Twentieth Centuries." In *Transferts culturels et métissages Amérique/Europe, XVIᵉ–XXᵉ siècle*, ed. Laurier Turgeon, Denys Delâge, and Réal Ouellet, 377–95. Sainte-Foy, Quebec: Presses de l'Université Laval, 1996. **6, 154**

Ruz Lhuillier, Alberto. *El Templo de las Inscripciones, Palenque*. Mexico City: Instituto Nacional de Antropología e Historia, 1973. **234**

Ryan, Judith. *Paint up Big: Warlpiri Women's Art of Lajamanu*. Melbourne: National Gallery of Victoria, [1990]. **354**

———. *Spirit in Land: Bark Paintings from Arnhem Land in the National Gallery of Victoria*. Melbourne: National Gallery of Victoria, [1990]. **354, 412**

Sack, Robert David. *Conceptions of Space in Social Thought: A Geographic Perspective*. London: Macmillan, 1980. **3**

Sadowski, Robert M. "A Few Remarks on the Astronomy of R. T. Zuidema's 'Quipu-Calendar.'" In *Time and Calendars in the Inca Empire*, ed. Mariusz S. Ziółkowski and Robert M. Sadowski, 209–13. Oxford: BAR, 1989. **287**

Sahagún, Bernardino de. *Florentine Codex: General History of the Things of New Spain*. 2d rev. ed. 13 vols. Trans. Arthur J. O. Anderson and Charles E. Dibble. Santa Fe, N.Mex.: School of American Research, 1970–82. **185, 227, 231, 232, 234, 238**

———. *Códice Florentino: El manuscrito 218–220 de la colección Palatino de la Biblioteca Medicea Laurenziana*. Facsimile ed. 3 vols. Florence: Gunti Barbéra and Archivo General de la Nación, 1979. **253**

———. *Primeros memoriales*. Facsimile ed. Norman: University of Oklahoma Press, 1993. **225, 238, 253, 255**

"Sale of Land, with All the Acts of Investigation, Confirmation, and Possession; Will Attached, Azcapotzalco, 1738." In *Beyond the Codices: The Nahua View of Colonial Mexico*, ed. and trans. Arthur J. O. Anderson, Frances Berdan, and James Lockhart, 101–9. Berkeley: University of California Press, 1976. **220**

Salmond, Anne. *Two Worlds: First Meetings between Maori and Europeans, 1642–1772*. Auckland: Viking, 1991. **495, 500**

———. "Kidnapped: Tuki and Huri's Involuntary Visit to Norfolk Island in 1793." In *From Maps to Metaphors: The Pacific World of George Vancouver*, ed. Robin Fisher and Hugh Johnston, 191–226. Vancouver: UBC Press, 1993. **495, 507, 508**

Salomon, Frank. *Native Lords of Quito in the Age of the Incas: The Political Economy of North Andean Chiefdoms*. Cambridge: Cambridge University Press, 1986. **261**

———. "Introductory Essay: The Huarochirí Manuscript." In *The Huarochirí Manuscript: A Testament of Ancient and Colonial Andean Religion*, trans. Frank Salomon and George L. Urioste, 1–38. Austin: University of Texas Press, 1991. **265, 266**

Sanchez y Zayas, E. "The Marianas Islands." *Nautical Magazine* (London) 34 (1865): 449–60, 641–49, and 35 (1866): 205–13, 253–66, 297–309, 356–63, and 462–72. **485**

Sanders, William T., Jeffrey R. Parsons, and Robert S. Santley. *The Basin of Mexico: Ecological Processes in the Evolution of a Civilization*. New York: Academic Press, 1979. **206**

Santa Cruz Pachacuti Yamqui Salcamayhua, Juan de. *Relación de antigüedades deste reyno del Piru*. Ed. Pierre Duviols and César Itier. Lima: Institut Français d'Études Andines, 1993. **285**

Sarfert, E. "Zur Kenntnis der Schiffahrtskunde der Karoliner." *Korrespondenz-Blatt der Deutschen Gesellschaft für Anthropologie, Ethnologie und Urgeschichte* 42 (1911): 131–36. **462, 463, 472**

Sarmiento de Gamboa, Pedro. *Historia de los Incas*. 3d ed. Ed. Angel Rosenblatt. Buenos Aires: Emecé, 1947. **284, 285, 289**

Savary, Claude. "Situation et histoire des Bamum." *Bulletin Annuel* (Musée d'Ethnographie de la Ville de Genève) 20 (1977): 117–39. **43, 44**

Saville, Marshall Howard. *Tizoc: Great Lord of the Aztecs, 1481–1486*. Contributions from the Museum of the American Indian, Heye Foundation, vol. 7, no. 4. New York: Museum of the

American Indian, Heye Foundation, 1929. **241**

Savinov, D. G. "Tesinskie 'labirinty'—K istorii poyavleniya person-ifitsirovannogo shamanstva v yuzhnoy Sibiri" (The Tesinsk "labyrinths"—To the history of personalized shamanism in southern Siberia). *Kunstkamera: Etnograficheskie tetradi* (Kunstkamera: The ethnographic notebooks) 1 (1993): 35–48. **331, 332, 333**

Savvateev, Yu. A. *Risunki na skalakh* (Drawings on the rocks). Petrozavodsk: Karelskoe Knizhnoe Izdatelstvo, 1967. **331**

———. *Zalavruga: Arkheologicheskie pamyatniki nizov'ya reki Vyg* (Zalavruga: Archaeological monuments of the lower Vyg River). 2 vols. Leningrad: Nauka, 1970–77. **331, 332**

Sayers, Andrew. *Aboriginal Artists of the Nineteenth Century.* Melbourne: Oxford University Press in association with the National Gallery of Australia, 1994. **356, 410**

Scarre, Christopher, ed. *Past Worlds: The Times Atlas of Archaeology.* London: Times Books, 1988. **329**

Schele, Linda. "The Olmec Mountain and Tree of Creation in Mesoamerican Cosmology." In *The Olmec World: Ritual and Rulership,* 105–17. Princeton: Art Museum, Princeton University, 1995. **190, 234, 235**

Schele, Linda, and David A. Freidel. *A Forest of Kings: The Untold Story of the Ancient Maya.* New York: William Morrow, 1990. **234**

Schele, Linda, and Mary Ellen Miller. *The Blood of Kings: Dynasty and Ritual in Maya Art.* New York: George Braziller, 1986. **200, 233, 234, 235, 255**

Schieffelin, Edward L. *The Sorrow of the Lonely and the Burning of the Dancers.* New York: St. Martin's Press, 1976. **434**

———. "Mediators as Metaphors: Moving a Man to Tears in Papua, New Guinea." In *The Imagination of Reality: Essays in Southeast Asian Coherence Systems,* ed. A. L. Becker and Aram A. Yengoyan, 127–43. Norwood, N.J.: Ablex, 1979. **434**

Schlatter, Gerhard. *Bumerang und Schwirrholz: Eine Einführung in die traditionelle Kultur australischer Aborigines.* Berlin: Reimer, 1985. **359**

Schoeman, P. J. *Hunters of the Desert Land.* 2d rev. ed. Cape Town: Howard Timmins, 1961. **23**

Scholes, France Vinton, and Ralph Loveland Roys. *The Maya Chontal Indians of Acalan-Tixchel: A Contribution to the History and Ethnography of the Yucatan Peninsula.* 2d ed. Norman: University of Oklahoma Press, 1968. **210**

Schomburgk, Moritz Richard. *Richard Schomburgk's Travels in British Guiana, 1840–1844.* 2 vols. Ed. and trans. Walter E. Roth. Georgetown, Guyana, 1922–23. **320**

Schoolcraft, Henry Rowe. *Narrative Journal of Travels through the Northwestern Regions of the United States.* Albany: E. and E. Hosford, 1821. **85**

———. *Historical and Statistical Information respecting the History, Condition, and Prospects of the Indian Tribes of the United States.* 6 vols. Illustrated by Seth Eastman. Philadelphia: Lippincott, Grambo, 1851–57. **79, 80, 81**

Schreiber, Katharina J., and Josué Lancho Rojas. "The Puquios of Nasca." *Latin American Antiquity* 6 (1995): 229–54. **277**

Schubert, Rose, Ernst Feist, and Caroline Zelz. "Zur frühen Seefahrt in der Südsee: Schiffahrt und Navigation in Polynesien und Mikronesien." In *Kolumbus: Oder Wer entdeckte Amerika?* Ed. Wolfgang Stein, 90–99. Munich: Hirmer, 1992. **492**

Schück, A. "Die astronomischen, geographischen und nautischen Kentnisse der Bewohner der Karolinen- und Marshallinseln im westlichen Grossen Ozean." *Aus Allen Welttheilen* 13 (1882): 51–57 and 242–43. **462**

———. "Die Entwickelung unseres Bekanntwerdens mit den astronomischen, geographischen und nautischen Kentnissen der Karolineninsulaner, nebst Erklärung der Medo's oder Segelkarten der Marshall-Insulaner, im westlichen grossen Nord-Ocean." *Tijdschrift van het Nederlandsch Aardrijkskundig Genootschap, gevestigd te Amsterdam,* 2d ser., 1 (1884): 226–51. **485**

———. *Die Stabkarten der Marshall-Insulaner.* Hamburg, 1902. **492**

Schwartzberg, Joseph E. "Cosmographical Mapping." In *The History of Cartography,* ed. J. B. Harley and David Woodward, vol. 2.1 (1992), 332–87. Chicago: University of Chicago Press, 1987–. **181**

———. "Nautical Maps." In *History of Cartography,* ed. J. B. Harley and David Woodward, vol. 2.1, 494–503. Chicago: University of Chicago Press, 1987–. **488**

Seler, Eduard. *Codex Fejérváry-Mayer: An Old Mexican Picture Manuscript in the Liverpool Free Public Museums.* London, 1901–2. **229, 232**

———. *Codex Borgia: Eine altmexikanische Bilderschrift der Bibliothek der Congregatio de Propaganda Fide.* 3 vols. Berlin, 1904–9. **229**

———. "The Mexican Picture Writings of Alexander von Humboldt in the Royal Library at Berlin." *Smithsonian Institution, Bureau of American Ethnology Bulletin* 28 (1904): 123–229. **222, 253**

———. *Comentarios al Códice Borgia.* 3 vols. Trans. Mariana Frenk. Mexico City: Fondo de Cultura Económica, 1963. **229, 239**

Senkevich-Gudkova, V. V. "K voprosu o piktograficheskom pis'me u kazymskikh khantov" (To the question of a picture language of the Kazym Khanty). *Sbornik Muzeya Antropologii i Etnografii (Leningrad–St. Petersburg)* (Yearbook of the Museum of Anthropology and Ethnography, Leningrad–St. Petersburg) 11 (1949): 171–74. **343**

Serov, S. Ia. "Guardians and Spirit-Masters of Siberia." In *Crossroads of Continents: Cultures of Siberia and Alaska,* ed. William W. Fitzhugh and Aron Crowell, 241–55. Washington, D.C.: Smithsonian Institution Press, 1988. **333**

Sharon, Douglas. "Distribution of the *Mesa* in Latin America." *Journal of Latin American Lore* 2 (1976): 71–95. **269**

Sharp, Andrew. *Ancient Voyagers in the Pacific.* Wellington: Polynesian Society, 1956. **444, 461**

———. "Polynesian Navigation to Distant Islands." *Journal of the Polynesian Society* 70 (1961): 219–26. **461**

Sherbondy, Jeanette E. "Organización hidráulica y poder en el Cuzco de los Incas." *Revista Española de Antropología Americana* 17 (1987): 117–53. **291**

———. "Water Ideology in Inca Ethnogenesis." In *Andean Cosmologies through Time: Persistence and Emergence,* ed. Robert V. H. Dover, Katherine E. Seibold, and John H. McDowell, 46–66. Bloomington: Indiana University Press, 1992. **265**

———. "Irrigation and Inca Cosmology." In *Culture and Environment: A Fragile Coexistence,* ed. Ross W. Jamieson, Sylvia Abonyi, and Neil A. Mirau, 343–51. Calgary: University of Calgary Archaeological Association, 1993. **286, 295**

———. "Water and Power: The Role of Irrigation Districts in the Transition from Inca to Spanish Cuzco." In *Irrigation at High Altitudes: The Social Organization of Water Control Systems in the Andes,* ed. William P. Mitchell and David Guillet, 69–97. Arlington, Va.: Society for Latin American Anthropology, American Anthropological Association, 1993. **261, 286**

Sherzer, Joel. *An Areal-Typological Study of American Indian Languages North of Mexico.* Amsterdam: North-Holland, 1976. **53**

Shirina, D. A. *Ekspeditsionnaya deyatel'nost' Akademii Nauk na Severovostoke Azii, 1861–1917 gg.* (Expeditionary activity of the Academy of Science in Northeast Asia, 1861–1917). Novosibirsk: Nauka, 1993. **340**

Shirokogoroff, S. M. *Psychomental Complex of the Tungus.* London: Kegan Paul, Trench, Trubner, 1935. **333, 334**

Shore, A. F. "Egyptian Cartography." In *The History of Cartography,* ed. J. B. Harley and David Woodward, 1:117–29. Chicago: University of Chicago Press, 1987–. **24**

Shortland, Edward. *The Southern Districts of New Zealand: A Journal with Passing Notices of the Customs of the Aborigines.* London: Longman, Brown, Green, and Longmans, 1851. Reprinted Christchurch: Capper Press, 1974. **496, 514, 516, 517, 518, 519, 533, 534**

Silverblatt, Irene Marsha. *Moon, Sun, and Witches: Gender Ideologies and Class in Inca and Colonial Peru.* Princeton: Princeton University Press, 1987. **295**

Silverman, Eric Kline. "Clifford Geertz: Towards a More Thick Understanding?" In *Reading Material Culture,* ed. Christopher Tilley, 121–59. Oxford: Basil Blackwell, 1990. **442**

———. "The Gender of the Cosmos: Totemism, Society and Embodiment in the Sepik River." *Oceania* 67 (1996): 30–49. **426**

———. "Politics, Gender, and Time in Melanesia and Aboriginal Australia." *Ethnology* 36 (1997): 101–21. **427**

Silverman, Helaine. "Beyond the Pampa: The Geoglyphs in the Valleys of Nazca." *National Geographic Research* 6 (1990): 435–56. **276**

———. "The Early Nasca Pilgrimage Center of Cahuachi and the Nazca Lines: Anthropological and Archaeological Perspectives." In *The Lines of Nazca,* ed. Anthony F. Aveni, 207–44. Philadelphia: American Philosophical Society, 1990. **276**

———. "The Paracas Problem: Archaeological Perspectives." In *Paracas Art and Architecture: Object and Context in South Coastal Peru,* ed. Anne Paul, 349–415. Iowa City: University of Iowa Press, 1991. **275**

———. *Cahuachi in the Ancient Nasca World.* Iowa City: University of Iowa Press, 1993. **273–74, 278**

Silverman-Proust, Gail P. "Significado simbólico de las franjas multicolores tejidas en los wayakos de los Q'ero." *Boletín de Lima* 10, no. 57 (1988): 37–44. **267, 268**

———. "Weaving Technique and the Registration of Knowledge in the Cuzco Area of Peru." *Journal of Latin American Lore* 14 (1988): 207–41. **263, 266, 267, 268**

Silverstein, Michael. "Shifters, Linguistic Categories, and Cultural Description." In *Meaning in Anthropology,* ed. Keith H. Basso and Henry A. Selby, 11–55. Albuquerque: University of New Mexico Press, 1976. **363**

Simons, Stacey. *The Codex Ríos.* Vanderbilt University Publications in Anthropology, forthcoming. **234**

Simpson, Thomas. *Narrative of the Discoveries on the North Coast of America.* London: R. Bentley, 1843. **157**

Sinclair, Keith. "Browne, Sir Thomas Gore (1807–87)." In *An Encyclopaedia of New Zealand,* 3 vols., ed. Alexander H. McLintock, 1:258–59. Wellington: Government Printer, 1966. **528**

Skar, Harold O. *The Warm Valley People: Duality and Land Reform among the Quechua Indians of Highland Peru.* 2d ed. Göteborg: Göteborgs Etnografiska Museum, 1988. **261**

Skinner, William Henry. "The Old-Time Maori." *N.Z. Surveyor: The Journal of the New Zealand Institute of Surveyors* 18, no. 2 (1942): 6–9. **496, 497**

Smethurst, Gamaliel. *A Narrative of an Extraordinary Escape out of the Hands of the Indians, in the Gulph of St. Lawrence.* London, 1774. **68**

Smith, Andrew B. "Metaphors of Space: Rock Art and Territoriality in Southern Africa." In *Contested Images: Diversity in Southern African Rock Art Research,* ed. Thomas A. Dowson and David Lewis-Williams, 373–84. Johannesburg: Witwatersrand University Press, 1994. **17, 26**

Smith, Bernard. *European Vision and the South Pacific.* 2d ed. New Haven: Yale University Press, 1985. **355**

Smith, James G. E. "Economic Uncertainty in an 'Original Affluent Society': Caribou and Caribou Eater Chipewyan Adaptive Strategies." *Arctic Anthropology* 15, no. 1 (1978): 68–88. **135**

Smith, John. *The Generall Historie of Virginia, New-England, and the Summer Isles: With the Names of the Adventurers, Planters, and Governours from Their First Beginning An° 1584 to This Present 1624.* London: Michael Sparkes, 1624. **69, 70**

Smith, Mary Elizabeth. "Las glosas del Códice Colombino/The Glosses of the Codex Colombino." Published with the facsimile reproduction *Códice Colombino.* Mexico City: Sociedad Mexicana de Antropología, 1966. **224**

———. *Picture Writing from Ancient Southern Mexico: Mixtec Place Signs and Maps.* Norman: University of Oklahoma Press, 1973. **98, 191, 195, 198, 199, 208, 212, 213, 215, 249**

Smith, Michael. "The Aztlan Migrations of the Nahuatl Chronicles: Myth or History?" *Ethnohistory* 31 (1984): 153–86. **218**

Smyth, R. Brough, comp. *The Aborigines of Victoria.* 2 vols. Melbourne: J. Ferres, Government Printer, 1878. **354**

Snow, Dean R. "Eastern Abenaki." In *Handbook of North American Indians,* ed. William C. Sturtevant, 15:137–47. Washington, D.C.: Smithsonian Institution, 1978–. **84**

Solheim, Wilhelm G. "The Nusantao Hypothesis: The Origin and Spread of Austronesian Speakers." *Asian Perspectives* 26, no. 1 (1984–85): 77–88. **488**

Sorokin, Pitirim Aleksandrovich. *Social and Cultural Dynamics.* Vol. 1, *Fluctuation of Forms of Art (Painting, Sculpture, Architecture, Music, Literature, and Criticism)* New York: American Book Company, 1937. **2, 3**

Sorrenson, M. P. K. "Mantell, Walter Baldock Durrant, 1820–1895." In *The Dictionary of New Zealand Biography,* vol. 1, *1769–1869,* 267–68. Wellington: Allen and Unwin, 1990. **521**

Soucek, Svat. "Islamic Charting in the Mediterranean." In *The History of Cartography,* ed. J. B. Harley and David Woodward, vol. 2.1 (1992): 263–92. Chicago: University of Chicago Press, 1987–. **24**

Spalding, Karen. *Huarochirí: An Andean Society Under Inca and Spanish Rule.* Stanford: Stanford University Press, 1984. **261**

Sparke, Matthew. "Between Demythologizing and Deconstructing the Map: Shawnadithit's New-found-land and the Alienation of Canada." *Cartographica* 32, no. 1 (1995): 1–21. **73**

Spate, O. H. K. *Paradise Found and Lost.* London: Routledge, 1988. **419**

Speck, Frank G. *Naskapi: The Savage Hunters of the Labrador Peninsula.* Norman: University of Oklahoma Press, 1935. **141, 142**

———. *Montagnais Art in Birch-Bark, a Circumpolar Trait.* Indian Notes and Monographs, vol. 11, no. 2. New York: Museum of the American Indian, 1937. **142**

Spencer, Baldwin. *Wanderings in Wild Australia.* 2 vols. London: Macmillan, 1928. **366**

Spencer, Baldwin, and F. J. Gillen. *The Native Tribes of Central Australia.* London: Macmillan, 1899. **359**

Spink, John, and D. Wayne Moodie. *Eskimo Maps from the Canadian Eastern Arctic.* Ed. Conrad Heidenreich. Monograph 5, Cartographica, 1972. **157, 159**

Spores, Ronald. *The Mixtecs in Ancient and Colonial Times.* Norman: University of Oklahoma Press, 1984. **204**

Spriggs, Matthew, and Atholl Anderson. "Late Colonization of East Polynesia." *Antiquity* 67 (1993): 200–217. **420**

Sproat, Gilbert Malcolm. *Scenes and Studies of Savage Life.* London: Smith, Elder, 1868. **112**

———. *The Nootka: Scenes and Studies of Savage Life.* Ed. and annotated Charles Lillard. Victoria: Sono Nis Press, 1987. **112**

Stack, James West. *South Island Maoris: A Sketch of Their History and Legendary Lore.* 1898. Reprinted Christchurch: Capper Press, 1984. **498, 523**

Staehelin, Felix. *Die Mission der Brüdergemeine in Suriname und Berbice im achtzehnten Jahrhundert.* 3 vols. in 1. Herrnhut, Germany: Vereins für Brüdergeschichte in Kommission der Unitätsbuchhandlung in Gnadau, [1914]. **322**

Stanner, W. E. H. "Religion, Totemism and Symbolism." In *Aboriginal Man in Australia: Essays in Honour of Emeritus Professor A. P. Elkin,* ed. Ronald Murray Berndt and Catherine Helen Berndt, 207–37. Sydney: Angus and Robertson, 1965. **354, 360**

———. *White Man Got No Dreaming: Essays, 1938–1973.* Canberra: Australian National University Press, 1979. **386**

Stanton, John E. *Images of Aboriginal Australia.* Exhibition catalog. Nedlands: University of Western Australia, Anthropology Research Museum, 1988. **358**

Stea, David, James M. Blaut, and Jennifer Stephens. "Mapping as a Cultural Universal." In *The Construction of Cognitive Maps,* ed. Juval Portugali, 345–60. Dordrecht: Kluwer Academic, 1996. **1**

Steel, R. H. *Late Iron Age Rock Engravings of Settlement Plans, Shields, Goats and Human Figures: Rock Engravings Associated with Late Iron Age Settlements of Olifantspoort Site 20/71 circa A.D. 1500–1800, Rustenburg District, TVL (Sites 77/71 and 78/71).* Johannesburg: University of the Witwatersrand Archaeological Research Unit, 1988. **18, 21**

Steinen, Karl von den. *Durch Central-Brasilien: Expedition zur Erforschung des Schingú im Jahre 1884.* Leipzig: F. A. Brockhaus, 1886. **320**

———. *Unter den Naturvölkern Zentral-Brasiliens: Reiseschilderung und Ergebnisse der Zweiten Schingú-Expedition, 1887–1888.* Berlin: Dietrich Reimer, 1894. **320**

Stern, Steve J. *Peru's Indian Peoples and the Challenge of Spanish Conquest: Huamanga to 1640.* 2d ed. Madison: University of Wisconsin Press, 1993. **261**

Stevens Arroyo, Antonio M. *Cave of the Jagua: The Mythological World of the Taínos.* Albuquerque: University of New Mexico Press, 1988. **324**

Stevenson, Fanny. *The Cruise of the "Janet Nicol" among the South Sea Islands.* New York: C. Scribner's Sons, 1914. **492**

Steward, Julian H., ed. *Handbook of South American Indians. See entries under individual authors.*

Stewart, Frank H. "Jamestown, Virginia, Indian Document of May 1607, Reminder of Capt. John Smith, Found in Haddonfield." *Haddon (N.J.) Gazette,* 15 February 1945, 2. **90**

Stirling, Edward, and Edgar R. Waite. "Description of Toas, or Australian Aboriginal Direction Signs." *Records of the South Australian Museum* 1 (1919–21): 105–55. **383**

Stokes, John F. G., and Hugh Rodman. Discussion section of the *United States Naval Institute Proceedings* 54 (1928): 138–40. Reprinted in *Journal of the Polynesian Society* 37 (1928): 85–87. **486**

Stone, Jeffrey C. *A Short History of the Cartography of Africa.* Lewiston: E. Mellen Press, 1995. **24**

———, ed. *Maps and Africa: Proceedings of a Colloquium at the University of Aberdeen, April 1993.* Aberdeen: Aberdeen University African Studies Group, 1994. **24**

Stone, Lyle M., and Donald Chaput. "History of the Upper Great Lakes Area." In *Handbook of North American Indians,* ed. William C. Sturtevant, 15:602–9. Washington, D.C.: Smithsonian Institution, 1978–. **83**

Stone, Russell C. J. "Williamson, James, 1814–1888." In *The Dictionary of New Zealand Biography,* vol. 1, *1769–1869,* 598–99. Wellington: Allen and Unwin, 1990. **525**

Street, Brian V., and Niko Besnier. "Aspects of Literacy." In *Companion Encyclopedia of Anthropology,* ed. Tim Ingold, 527–62. London: Routledge, 1994. **425**

Strehlow, T. G. H. *Aranda Traditions.* Melbourne: Melbourne Uni-

versity Press, 1947. **359, 365, 384**

———. "The Art of Circle, Line, and Square." In *Australian Aboriginal Art,* ed. Ronald Murray Berndt, 44–59, Sydney: Ure Smith, 1964. **384**

———. "Geography and the Totemic Landscape in Central Australia: A Functional Study." In *Australian Aboriginal Anthropology: Modern Studies in the Social Anthropology of the Australian Aborigines,* ed. Ronald Murray Berndt, 92–140. Nedlands: University of Western Australia Press for the Australian Institute of Aboriginal Studies, 1970. **361**

———. *Songs of Central Australia.* Sydney: Angus and Robertson, 1971. **361, 365**

Strong, William Duncan. *Paracas, Nazca, and Tihuanacoid Cultural Relationships in South Coastal Peru.* Salt Lake City: Society for American Archaeology, 1957. **275**

Struck, Bernhard. "König Ndschoya von Bamum als Topograph." *Globus* 94 (1908): 206–9. **42**

Struve, B. V. *Vospominaniya o Sibiri* (Memoirs about Siberia). St. Petersburg, 1889. **339**

Stuart, David. "The Paintings of Tomb 12, Rio Azul." In *Rio Azul Reports 3, The 1985 Season/Proyecto Rio Azul, Informe Tres: 1985,* ed. R. E. W. Adams, 161–67. San Antonio: University of Texas, 1987. **255**

Stuart, David, and Stephen D. Houston. *Classic Maya Place Names.* Studies in Pre-Columbian Art and Archaeology 33. Washington, D.C.: Dumbarton Oaks, 1993. **199**

Sturtevant, William C. "The Meanings of Native American Art." In *The Arts of the North American Indian: Native Traditions in Evolution,* ed. Edwin L. Wade, 23–44. New York: Hudson Hills Press, 1986. **55**

———, ed. *Handbook of North American Indians.* Washington, D.C.: Smithsonian Institution, 1978–. **57** *See also entries under individual authors.*

Sutton, George Miksch. "The Exploration of Southampton Island, Hudson Bay." *Memoirs of the Carnegie Museum* 12, pt. 1 (1932). **155**

Sutton, Peter. "From Horizontal to Perpendicular: Two Recent Books on Central Australian Aboriginal Painting." *Records of the South Australian Museum* 21 (1987): 161–65. **363**

———. "Mystery and Change." In *Songs of Aboriginal Australia,* ed. Margaret Clunies Ross, Tamsin Donaldson, and Stephen A. Wild, 77–96. Sydney: University of Sydney, 1987. **360, 377**

———. "Dreamings." In *Dreamings: The Art of Aboriginal Australia,* ed. Peter Sutton, 13–32. New York: George Braziller in association with the Asia Society Galleries, 1988. **357, 377, 388**

———. "The Morphology of Feeling." In *Dreamings: The Art of Aboriginal Australia,* ed. Peter Sutton, 59–88. New York: George Braziller in association with the Asia Society Galleries, 1988. **380, 381, 405**

———. "Responding to Aboriginal Art." In *Dreamings: The Art of Aboriginal Australia,* ed. Peter Sutton, 33–58. New York: George Braziller in association with the Asia Society Galleries, 1988. **364, 366, 372, 373, 390**

———. "Bark Painting by Angus Namponan of Aurukun." *Memoirs of the Queensland Museum* 30 (1990–91): 589–98. **353, 377, 378, 379**

———. "The Pulsating Heart: Large Scale Cultural and Demographic Processes in Aboriginal Australia." In *Hunter-Gatherer Demography: Past and Present,* ed. Betty Meehan and Neville White, 71–80. Sydney: University of Sydney, 1990. **361**

———, ed. *Dreamings: The Art of Aboriginal Australia.* New York: George Braziller in association with the Asia Society Galleries, 1988. **353, 354, 369, 376, 379** *See also entries under individual authors.*

Sutton, Peter, Philip Jones, and Steven Hemming. "Survival, Regeneration, and Impact." In *Dreamings: The Art of Aboriginal Australia,* ed. Peter Sutton, 180–212. New York: George Braziller in association with the Asia Society Galleries, 1988. 355

Sutton, Peter, et al. *Aak: Aboriginal Estates and Clans between the Embley and Edward Rivers, Cape York Peninsula.* Adelaide: South Australian Museum, 1990. 377

Sverbeev, N. "Proezd s Urchenskoy yarmarki do Udskogo ostroga" (The road from the Urchen Fair to the Udskii Fort). *Vestnik Russkago Geograficheskago Obshchestva* (Herald of the Russian Geographic Society) 4 (1853): 95–109. 339

Swain, Tony. *A Place for Strangers: Towards a History of Australian Aboriginal Being.* Cambridge: Cambridge University Press, 1993. 354

Swanton, John R. "The Tawasa Language." *American Anthropologist,* n.s. 31 (1929): 435–53. 99

Szabo, Joyce M. *Howling Wolf and the History of Ledger Art.* Albuquerque: University of New Mexico Press, 1994. 118

Taçon, Paul S. C. "Contemporary Aboriginal Interpretations of Western Arnhem Land Rock Paintings." In *The Inspired Dream: Life as Art in Aboriginal Australia,* ed. Margie K. C. West, 20–25. South Brisbane: Queensland Art Gallery, 1988. 357

Tamrat, Taddesse. *Church and State in Ethiopia, 1270–1527.* Oxford: Clarendon Press, 1972. 28

Tanner, Adrian. *Bringing Home Animals: Religious Ideology and Mode of Production of the Mistassini Cree Hunters.* New York: St. Martin's Press, 1979. 141

Tanner, Helen Hornbeck, ed. *Atlas of Great Lakes Indian History.* Norman: University of Oklahoma Press for the Newberry Library, 1987. 94

——, ed. *The Settling of North America: The Atlas of the Great Migrations into North America from the Ice Age to the Present.* New York: Macmillan, 1995. 172

Tardits, Claude. *Le royaume Bamoum.* Paris: Armand Colin, 1980. 42, 43

Taube, Karl A. "The Teotihuacan Cave of Origin: The Iconography and Architecture of Emergence Mythology in Mesoamerica and the American Southwest." *Res* 12 (1986): 51–82. 239

Taylor, Colin. "The Subarctic." In *The Native Americans: The Indigenous People of North America,* 182–203. New York: Smithmark, 1991. 135

Taylor, Gerald, and Antonio Acosta, trans. *Ritos y tradiciones de Huarochirí: Manuscrito quechua de comienzos del siglo XVII.* Lima: Instituto de Estudios Peruanos, 1987. 266

Taylor, Luke. "Ancestors into Art: An Analysis of Pitjantjatjara Kulpidji Designs and Crayon Drawings." B.A. honors thesis, Department of Prehistory and Anthropology, Australian National University, 1979. 359, 392

——. *Seeing the Inside: Bark Painting in Western Arnhem Land.* Oxford: Clarendon Press, 1996. 354, 359

Taylor, William A. *Lore and History of the South Island Maori.* Christchurch: Bascands, 1952. 523, 535

Teben'kov, Mikhail Dmitrievich. *Atlas of the Northwest Coasts of America: From Bering Strait to Cape Corrientes and the Aleutian Islands, with Several Sheets on the Northeast Coast of Asia.* Trans. and ed. Richard A. Pierce. Kingston, Ont.: Limestone Press, 1981. 157

Tedlock, Dennis, trans. *Popol Vuh: The Mayan Book of the Dawn of Life.* Rev. ed. New York: Simon and Schuster, 1996. 204, 237

Teggart, Frederick John, ed. *The Portolá Expedition of 1769–1770, Diary of Miguel Costansó.* Berkeley: University of California Press, 1911. 113

Tello, Julio C. *Paracas.* Vol. 1, *El medio geográfico: La explotación de antiguedades en el centro Andino. La cultura Paracas y sus vinculaciones con otras del centro Andino.* New York: Institute of Andean Research, 1959. 273

——. *Chavín: Cultura matriz de la civilización andina.* Lima: Universidad Nacional Mayor de San Marcos, 1960. 272, 273

——. *Paracas.* Vol. 2, with Toribio Mejía Xesspe, *Cavernas y necrópolis.* Lima: Universidad Nacional Mayor de San Marcos, 1979. 274, 275, 277

Thalbitzer, William Carl. "Ethnographical Collections from East Greenland (Angmagsalik and Nualik) Made by G. Holm, G. Amdrup and J. Petersen." In *The Ammassalik Eskimo: Contributions to the Ethnology of the East Greenland Natives,* 2 vols., ed. William Carl Thalbitzer, Meddelelser om Grønland, 39–40, 1:319–754. Copenhagen, 1914. 167, 168

Thiessen, Thomas D., W. Raymond Wood, and A. Wesley Jones. "The Sitting Rabbit 1907 Map of the Missouri River in North Dakota." *Plains Anthropologist* 24, pt. 1 (1979): 145–67. 123, 173

Thomas, Cyrus. "Notes on Certain Maya and Mexican Manuscripts." In *Third Annual Report of the Bureau of Ethnology (1881–1882),* 3–65. Washington, D.C.: United States Government Printing Office, 1884. 232

Thomas, S. D. *The Last Navigator.* New York: Henry Holt, 1987. 462, 463, 470, 471, 472, 475

Thompson, John Eric Sidney. *Sky Bearers, Colors and Directions in Maya and Mexican Religion.* Carnegie Institution of Washington Contributions to American Archeology, vol. 2, no. 10. Washington, D.C.: Carnegie Institution of Washington, 1934. 203

——. *A Commentary on the Dresden Codex: A Maya Hieroglyphic Book.* Philadelphia: American Philosophical Society, 1972. 184, 198, 209, 228, 240

Thompson, Robert Farris. "Yoruba Artistic Criticism." In *The Traditional Artist in African Societies,* ed. Warren L. d'Azevedo, 18–61. Bloomington: Indiana University Press, 1973. 7

Thompson, Robert Farris, and Joseph Cornet. *The Four Moments of the Sun: Kongo Art in Two Worlds.* Washington, D.C.: National Gallery of Art, 1981. 27

Thrower, Norman J. W. *Maps and Civilization: Cartography in Culture and Society.* Chicago: University of Chicago Press, 1996. 444

Thwaites, Reuben Gold, ed. *The Jesuit Relations and Allied Documents: Travels and Explorations of the French Jesuit Missionaries among the Indians of Canada and the Northern and Northwestern United States, 1610–1791.* 73 vols. Cleveland: Burrows Brothers, 1896–1901. 86, 89, 142

Tibbetts, Gerald R. *Arab Navigation in the Indian Ocean before the Coming of the Portuguese.* London: Royal Asiatic Society of Great Britain and Ireland, 1971. 488

——. "Later Cartographic Developments." In *The History of Cartography,* ed. J. B. Harley and David Woodward, vol. 2.1 (1992), 137–55. Chicago: University of Chicago Press, 1987–. 37

——. "The Role of Charts in Islamic Navigation in the Indian Ocean." In *The History of Cartography,* ed. J. B. Harley and David Woodward, vol. 2.1 (1992), 256–62. Chicago: University of Chicago Press, 1987–. 488

Tilbrook, Lois. *Nyungar Tradition: Glimpses of Aborigines of South-western Australia, 1829–1914.* Nedlands: University of Western Australia Press, 1983. 409

Tindale, Norman B. "Natives of Groote Eylandt and of the West Coast of the Gulf of Carpentaria, Part II." *Records of the South Australian Museum* 3 (1925–28): 103–34. 366

——. *Aboriginal Tribes of Australia: Their Terrain, Environmental Controls, Distribution, Limits, and Proper Names.* Berkeley: University of California Press, 1974 (revised from 1940). 397, 408

——. "Kariara Views on Some Rock Engravings at Port Hedland, Western Australia." *Records of the South Australian Museum* 21 (1987): 43–59. 357

Toledo Maya Cultural Council. *Maya Atlas: The Struggle to Preserve*

Maya Land in Southern Belize. Berkeley, Calif.: North Atlantic Books, 1997. 540

Tolman, Edward Chance. "Cognitive Maps in Rats and Men." *Psychological Review* 55 (1948): 189–208. 4

Tonkinson. Robert. *The Mardu Aborigines: Living the Dream in Australia's Desert.* 2d ed. Fort Worth, Tex.: Holt, Rinehart and Winston, 1991. 393, 399

Tooley, R. V. *Collectors' Guide to Maps of the African Continent and Southern Africa.* London: Carta Press, 1969. 24

Torquemada, Juan de. *Monarquía indiana.* 3d ed. 7 vols. Mexico City: Instituto Nacional de Antropología e Historia, 1975. 221

Toussaint, Manuel, Federico Gómez de Orozco, and Justino Fernández. *Planos de la Ciudad de México, siglos XVI y XVII: Estudio histórico, urbanístico y bibliográfico.* Mexico City, 1938. 224

Townsend, Richard F. *State and Cosmos in the Art of Tenochtitlan.* Studies in Pre-Columbian Art and Archaeology 20. Washington, D.C.: Dumbarton Oaks, 1979. 234, 235, 255

———. "Deciphering the Nazca World: Ceramic Images from Ancient Peru." *Museum Studies* 11 (1985): 116–39. 277, 278

———, ed. *The Ancient Americas: Art from Sacred Landscapes.* Chicago: Art Institute of Chicago, 1992. 259

Travers, W. T. Locke. *The Stirring Times of Te Rauparaha (Chief of the Ngatitoa).* Christchurch: Whitcombe and Tombs, 1906. 498

Trezise, P. J. *Rock Art of South-east Cape York.* Canberra: Australian Institute of Aboriginal Studies, 1971. 357

Trigger, David S. *Nicholson River (Waanyi/Garawa) Land Claim.* Darwin: Northern Land Council, 1982. 405

Trik, Aubrey S. "The Splendid Tomb of Temple I at Tikal, Guatemala." *Expedition* 6, no. 1 (1963): 2–18. 234

Triulzi, Alessandro. "Prelude to the History of a No-Man's Land: Bela Shangul, Wallagga, Ethiopia (ca. 1800–1898)." Ph.D. diss., Northwestern University, 1980. 47

Troike, Nancy P. "The Interpretation of Postures and Gestures in the Mixtec Codices." In *The Art and Iconography of Late Post-classic Central Mexico,* ed. Elizabeth Hill Boone, 175–206. Washington, D.C.: Dumbarton Oaks, 1982. 198

Troll, Carl. "The Cordilleras of the Tropical Americas: Aspects of Climatic, Phytogeographical and Agrarian Ecology." In *Geo-ecology of the Mountainous Regions of the Tropical Americas,* 15–56. Bonn: Ferd Dümmlers, 1968. 259, 260

Trotter, Michael Malthus. "Moa-Hunter Research since 1956." In *The Moa-Hunter Period of Maori Culture,* by Roger Duff, 3d ed., 348–78. Wellington: Government Printer, 1977. 497

Tschopik, Harry. "The Aymara of Chucuito, Peru." *Anthropological Papers of the American Museum of Natural History* 44 (1951): 137–308. 269, 270

Tuan, Yi-Fu. *Topophilia: A Study of Environmental Perception, Attitudes, and Values.* Englewood Cliffs, N.J.: Prentice-Hall, 1974. 270, 539

———. "Images and Mental Maps." *Annals of the Association of American Geographers* 65 (1975): 205–13. 4

———. *Space and Place: The Perspective of Experience.* Minneapolis: University of Minnesota Press, 1977. 270

———. "Traditional: What Does It Mean?" In *Dwellings, Settlements and Tradition: Cross-Cultural Perspectives,* ed. Jean-Paul Bourdier and Nezar Alsayyad, 27–34. Lanham: University Press of America, 1989. 541

Turnbull, David. *Maps Are Territories, Science Is an Atlas: A Portfolio of Exhibits.* Geelong, Victoria: Deakin University, 1989. Reprinted Chicago: University of Chicago Press, 1993. 10, 80, 155, 258

———. "Constructing Knowledge Spaces and Locating Sites of Resistance in the Modern Cartographic Transformation." In *Social Cartography: Mapping Ways of Seeing Social and Educational Change,* ed. Rolland G. Paulston, 53–79. New York: Garland,

1996. 540

Turner, Victor W. "Symbols in African Ritual." In *Symbolic Anthropology: A Reader in the Study of Symbols and Meanings,* ed. Janet L. Dolgin, David S. Kemnitzer, and David Murray Schneider, 183–94. New York: Columbia University Press, 1977. 8

Tyler, Josiah. *Forty Years among the Zulus.* Boston: Congregational Sunday-School and Publishing Society, 1891. 19

Ucko, Peter J., ed. *Form in Indigenous Art: Schematisation in the Art of Aboriginal Australia and Prehistoric Europe. See entries under individual authors.*

Urcid Serrano, Javier. "Zapotec Hieroglyphic Writing." 2 vols. Ph.D. diss., Yale University, 1992. 199

Urton, Gary. *At the Crossroads of the Earth and the Sky: An Andean Cosmology.* Austin: University of Texas Press, 1981. 260, 261, 277, 295

———. "Astronomy and Calendrics on the Coast of Peru." In *Ethnoastronomy and Archaeoastronomy in the American Tropics,* ed. Anthony F. Aveni and Gary Urton, 231–47. New York: New York Academy of Sciences, 1982. 276

———. "Chuta: El espacio de la práctica social en Pacariqtambo, Perú." *Revista Andina* 2 (1984): 7–43. 270

———. "Andean Social Organization and the Maintenance of the Nazca Lines." In *The Lines of Nazca,* ed. Anthony F. Aveni, 173–206. Philadelphia: American Philosophical Society, 1990. 261, 263, 270, 277

———. *History of a Myth: Pacariqtambo and the Origin of the Inkas.* Austin: University of Texas Press, 1990. 295

———. "A New Twist in an Old Yarn: Variation in Knot Directionality in the Inka Khipus." *Baessler-Archiv,* n.s. 42 (1994): 271–305. 290

Urton, Gary, and Anthony F. Aveni. "Archaeoastronomical Fieldwork on the Coast of Peru." In *Calendars in Mesoamerica and Peru: Native American Computations of Time,* ed. Anthony F. Aveni and Gordon Brotherston, 221–34. Oxford: BAR, 1983. 272

Vansina, Jan. *Oral Tradition as History.* Madison: University of Wisconsin Press, 1985. 8

Vasilevich, G. M. "Drevniye geograficheskiye predstavleniya evenkov i risunki kart" (Ancient geographical ideas and map sketches of the Evenk people). *Izvestiya Vsesoyuznogo Geograficheskogo Obshchestva* (Annals of the All-Union Geographical Society) 95, no. 4 (1963): 306–19. 340

Vega, Garcilaso de la. *Royal Commentaries of the Incas, and General History of Peru.* Trans. Harold V. Livermore. Austin: University of Texas Press, 1966. 285, 290

Vidal Ontivero, Sylvia Margarita. "Reconstrucción de los procesos de etnogenesis y de reproducción social entre los Baré de Río Negro (siglos XVI–XVIII)." Ph.D. diss., Instituto Venezolano de Investigaciones Cientificas, Caracas, 1993. 317

Villagra Caleti, Agustín. "Mural Painting in Central Mexico." In *Handbook of Middle American Indians,* vol. 10, ed. Gordon F. Ekholm and Ignacio Bernal, 135–56. Austin: University of Texas Press, 1971. 256

Villiers du Terrage, Marc de. "Note sur deux cartes dessinées par les Chikachas en 1737." *Journal de la Société des Américanistes de Paris,* n.s. 13 (1921): 7–9. 101, 103

Vinnicombe, Patricia. *People of the Eland: Rock Paintings of the Drakensberg Bushmen as a Reflection of Their Life and Thought.* Pietermaritzburg: University of Natal Press, 1976. 13, 15

Vinogradov, N. *Solovetskiye labirinty: Ikh proiskhozhdeniye i mesto v ryadu odnorodnykh doistoricheskikh pamyatnikov* (Labyrinths of Solovki: Their origins and place among homogeneous prehistoric monuments). Petrozavodsk, 1947. 331

Vogelsang, T. "Ceremonial Objects of the Dieri Tribe, Cooper Creek, South Australia (Ochre Balls, Woven String Wrappers, and Pointing Sticks) Called the 'Hearts of the Two Sons of the Muramura Darana.'" *Records of the South Australian Museum* 7 (1941–43): 149–50. **384**

Vollmar, Rainer. *Indianische Karten Nordamerikas: Beiträge zur historischen Kartographie von 16. bis zum 19. Jahrhundert.* Berlin: Dietrich Reimer, 1981. **55, 57**

———. "Kartenanfertigung und Raumauffassung nordamerikanischer Indianer." *Geographische Rundschau* 34 (1982): 302–7. **55**

Von Haast, Heinrich Ferdinand. *The Life and Times of Sir Julius von Haast: Explorer, Geologist, Museum Builder.* Wellington, 1948. **523**

Wachtel, Nathan. "The *Mitimas* of the Cochabamba Valley: The Colonization Policy of Huayna Capac." In *The Inca and Aztec States, 1400–1800: Anthropology and History,* ed. George A. Collier, Renato I. Rosaldo, and John D. Wirth, 199–235. New York: Academic Press, 1982. **262**

Wade, Edwin L., ed. *The Arts of the North American Indian: Native Traditions in Evolution.* New York: Hudson Hills Press, 1986. **115**

Wagner, Roy. *Habu: The Innovation of Meaning in Daribi Religion.* Chicago: University of Chicago Press, 1972. **431, 434, 442**

Walam Olum; or, Red Score, the Migration Legend of the Lenni Lenape or Delaware Indians: A New Translation, Interpreted by Linguistic, Historical, Archaeological, Ethnological, and Physical Anthropological Studies. Indianapolis: Indiana Historical Society, 1954. **8**

Waldman, Carl. *Atlas of the North American Indian.* New York: Facts on File, 1985. **99, 128**

Walker, J. R. "The Sun Dance and Other Ceremonies of the Oglala Division of the Teton Dakota." *Anthropological Papers of the American Museum of Natural History* 16 (1917): 51–221. **53, 539**

Wallace, Anthony F. C. *The Death and Rebirth of the Seneca.* New York: Vintage Books, 1972. **54**

Wallace, Dwight T. "A Technical and Iconographic Analysis of Carhua Painted Textiles." In *Paracas Art and Architecture: Object and Context in South Coastal Peru,* ed. Anne Paul, 61–109. Iowa City: University of Iowa Press, 1991. **273**

Wallis, Helen M., and Arthur H. Robinson, eds. *Cartographical Innovations: An International Handbook of Mapping Terms to 1900.* Tring, Eng.: Map Collector Publications in association with the International Cartographic Association, 1987. **83, 359**

Warhus, Mark. *Cartographic Encounters: An Exhibition of Native American Maps from Central Mexico to the Arctic.* Chicago: Hermon Dunlap Smith Center for the History of Cartography, 1993. **56**

———. *Another America: Native American Maps and the History of Our Land.* New York: St. Martin's Press, 1997. **56, 57, 73**

Warkentin, John, and Richard I. Ruggles, eds. *Manitoba Historical Atlas: A Selection of Facsimile Maps, Plans, and Sketches from 1612 to 1969.* Winnipeg: Historical and Scientific Society of Manitoba, 1970. **141, 143, 151**

Warner, W. Lloyd. *A Black Civilization: A Social Study of an Australian Tribe.* Rev. ed. New York: Harper, 1958. **359, 372, 384**

Waselkov, Gregory A. "Lamhatty's Map." *Southern Exposure* 16, no. 2 (1988): 23–29. **96**

———. "Indian Maps of the Colonial Southeast." In *Powhatan's Mantle: Indians in the Colonial Southeast,* ed. Peter H. Wood, Gregory A. Waselkov, and M. Thomas Hatley, 292–343. Lincoln: University of Nebraska Press, 1989. **94, 95, 96, 99, 101, 103**

———. "Indian Maps of the Colonial Southeast: Archaeological Implications and Prospects." In *Cartographic Encounters: Perspec-*

tives on Native American Mapmaking and Map Use,* ed. G. Malcolm Lewis, chap. 9. Chicago: University of Chicago Press, 1998. **123**

Wassén, Henry. "The Ancient Peruvian Abacus." In *Origin of the Indian Civilizations in South America,* ed. Erland Nordenskiöld, Comparative Ethnographical Studies, vol. 9, 189–205. 1931; reprinted New York: AMS Press, 1979. **291**

———. "El antiguo ábaco peruano según el manuscrito de Guaman Poma." *Etnologiska Studier* 11 (1940): 1–30. **291**

Wassmann, Jürg. "The Nyaura Concepts of Space and Time." In *Sepik Heritage: Tradition and Change in Papua New Guinea,* ed. Nancy Lutkehaus et al., 23–35. Durham: Carolina Academic Press, 1990. **426, 428**

———. *The Song to the Flying Fox: The Public and Esoteric Knowledge of the Important Men of Kandingei about Totemic Songs, Names, and Knotted Cords (Middle Sepik, Papua New Guinea).* Trans. Dennis Q. Stephenson. Boroko, Papua New Guinea: National Research Institute, 1991. **426, 428**

———. "Worlds in Mind: The Experience of an Outside World in a Community of the Finisterre Range of Papua New Guinea." *Oceania* 64 (1993): 117–45. **435, 436, 437, 438, 439**

———. "The Yupno as Post-Newtonian Scientists: The Question of What Is 'Natural' in Spatial Description." *Man,* n.s. 29 (1994): 645–66. **435**

Waterman, T. T. "The Religious Practices of the Diegueño Indians." *University of California Publications in American Archaeology and Ethnology* 8 (1908–10): 271–358. **112**

———. *Yurok Geography.* University of California Publications in American Archaeology and Ethnology, vol. 16, no. 5. Berkeley: University of California Press, 1920. **181**

Watson, Helen. "Aboriginal-Australian Maps." In *Maps Are Territories, Science Is an Atlas: A Portfolio of Exhibits,* by David Turnbull, 28–36. Geelong, Victoria: Deakin University, 1989. Reprinted Chicago: University of Chicago Press, 1993. **364**

Watson, Helen, and David Wade Chambers. *Singing the Land, Signing the Land: A Portfolio of Exhibits.* Geelong, Victoria: Deakin University, 1989. **364**

Wauchope, Robert, ed. *Handbook of Middle American Indians.* See entries under individual authors.

Weiner, James F. *The Heart of the Pearl Shell: The Mythological Dimension of Foi Sociality.* Berkeley: University of California Press, 1988. **442**

———. *The Empty Place: Poetry, Space, and Being among the Foi of Papua New Guinea.* Bloomington: Indiana University Press, 1991. **434**

Wellmann, Klaus F. *A Survey of North American Indian Rock Art.* Graz: Akademische Druck- u. Verlagsanstalt, 1979. **57, 61**

Werbner, Richard P. *Ritual Passage, Sacred Journey: The Process and Organization of Religious Movement.* Washington, D.C.: Smithsonian Institution Press, 1989. **440, 441**

West, Margie K. C. *Declan: A Tiwi Artist.* Perth: Australian City Properties, 1989. **359**

———, ed. *The Inspired Dream: Life as Art in Aboriginal Australia.* South Brisbane: Queensland Art Gallery, 1988. **358**

Weule, Karl. *Native Life in East Africa.* Trans. Alice Werner. New York: D. Appleton, 1909. **37**

Wheat, Carl I. *Mapping the Transmississippi West, 1540–1861.* 5 vols. San Francisco: Institute of Historical Cartography, 1957–63. **126**

Wheatley, Paul. *The Pivot of the Four Quarters: A Preliminary Enquiry into the Origins and Character of the Ancient Chinese City.* Chicago: Aldine, 1971. **270, 539**

White, J. Peter, and James F. O'Connell. *A Prehistory of Australia, New Guinea and Sahul.* Sydney: Academic Press, 1982. **354**

White, John. *The Ancient History of the Maori, His Mythology and*

Traditions. 6 vols. Wellington: Government Printer, 1887–90. **500**

Whitehead, Neil L. "The Mazaruni Pectoral: A Golden Artefact Discovered in Guyana and the Historical Sources concerning Native Metallurgy in the Caribbean, Orinoco and Northern Amazonia." *Journal of Archaeology and Anthropology* 7 (1990): 19–40. **315**

———. "El Dorado, Cannibalism and the Amazons—European Myth and Amerindian Praxis in the Conquest of South America." In *Beeld en Verbeelding van Amerika,* ed. Wil G. Pansters and J. Weerdenberg, 53–69. Utrecht: University of Utrecht Press, 1992. **324**

———. "The Historical Anthropology of Text: The Interpretation of Ralegh's *Discoverie of Guiana.*" *Current Anthropology* 36 (1995): 53–74. **324**

———, ed. *The Patamona of Paramakatoi and the Yawong Valley: An Oral History.* Georgetown, Guyana: Hamburgh Register Walter Roth Museum of Anthropology, 1996. **306**

———, ed. *The Discoverie of the Large, Rich and Bewtiful Empyre of Guiana,* by Walter Ralegh. Manchester: Manchester University Press; Norman: University of Oklahoma Press, 1997. **319, 322, 324**

Whitley, David S. "Shamanism and Rock Art in Far Western North America." *Cambridge Archaeological Journal* 2 (1992): 89–113. **63, 181**

Wicke, Charles R. "Once More around the Tizoc Stone: A Reconsideration." In *Actas del XLI Congreso Internacional de Americanistas (1974),* 3 vols., 2:209–22. Mexico City: Instituto Nacional de Antropología e Historia, 1975. **235**

Wilbert, Johannes. "Eschatology in a Participatory Universe: Destinies of the Soul among the Warao Indians of Venezuela." In *Death and the Afterlife in Pre-Columbian America,* ed. Elizabeth P. Benson, 163–89. Washington, D.C.: Dumbarton Oaks Research Library, 1975. **311, 315**

———. "Geography and Telluric Lore of the Orinoco Delta." *Journal of Latin American Lore* 5 (1979): 129–50. **308, 313**

———. "Warao Cosmology and Yekuana Roundhouse Symbolism." *Journal of Latin American Lore* 7 (1981): 37–72. **311, 316**

Williams, Barbara J. "Aztec Soil Glyphs and Contemporary Nahua Soil Classification." In *The Indians of Mexico in Pre-Columbian and Modern Times,* International Colloquium, Leiden, 1981, 206–22. Leiden: Rutgers B.V., 1982. **224**

———. "Mexican Pictorial Cadastral Registers: An Analysis of the Códice de Santa María Asunción and the Codex Vergara." In *Explorations in Ethnohistory: Indians of Central Mexico in the Sixteenth Century,* ed. H. R. Harvey and Hanns J. Prem, 103–25. Albuquerque: University of New Mexico Press, 1984. **203, 224, 294**

Williams, Denis. "Controlled Resource Exploitation in Contrasting Neotropical Environments Evidenced by Meso-Indian Petroglyphs in Southern Guyana." *Journal of Archaeology and Anthropology* 2 (1979): 141–48. **309**

———. "Petroglyphs in the Prehistory of Northern Amazonia and the Antilles." In *Advances in World Archaeology,* 5 vols., 4:335–87. Orlando, Fla.: Academic Press, 1982–86. **309, 315**

———. "The Forms of the Shamanic Sign in the Prehistoric Guianas." *Journal of Archaeology and Anthropology* 9 (1993): 3–21. **306**

Williams, Herbert William. *A Dictionary of the Maori Language.* Ed. under the auspices of the Polynesian Society. 5th ed. Wellington: Marcus F. Marks, Government Printer, 1917. 6th rev. ed., 1957. 7th ed., 1971. **495, 498, 518, 520**

Williams, Nancy M. *The Yolngu and Their Land: A System of Land Tenure and the Fight for Its Recognition.* Canberra: Australian Institute of Aboriginal Studies, 1986. **401, 403**

———. "Yolngu Geography: A Preliminary Review of Yolngu Map-Making." Work in progress. **402**

Williams, William. *A Dictionary of the New-Zealand Language, and a Concise Grammar to Which Are Added a Selection of Colloquial Sentences.* Paihia, 1844. 2d ed., 1852. 3d ed., 1871. 4th ed., 1892. 4th rev. ed., 1915. **494, 495**

Williamson, Ray A., and Claire R. Farret, eds. *Earth and Sky: Visions of the Cosmos in Native American Folklore.* Albuquerque: University of New Mexico Press, 1992. **53**

Winkler, Captain [Otto?]. "On Sea Charts Formerly Used in the Marshall Islands, with Notices on the Navigation of These Islanders in General." *Annual Report of the Board of Regents of the Smithsonian Institution, 1899,* 2 vols., 1:487–508. Washington, D.C.: United States Government Printing Office, 1901. A translation of "Ueber die in früheren Zeiten im Marschall-Inseln gebrauchten Seekarten, mit einigen Notizen über die Seefahrt der Marschall-Insulaner im Allgemeinen." *Marine-Rundschau* 10 (1898): 1418–39. **476, 477, 478, 479, 480, 482, 483, 484, 492**

Wissmann, Hermann von, et al. *Im innern Afrikas: Die Erforschung des Kassai während der Jahre 1883, 1884 und 1885.* 3d ed. Leipzig: Brockhaus, 1891. **36**

Wolfe, Patrick. "On Being Woken Up: The Dreamtime in Anthropology and in Australian Settler Culture." *Comparative Studies in Society and History* 33 (1991): 197–224. **360**

Wood, Denis. "Maps and Mapmaking," *Cartographica* 30, no. 1 (1993): 1–9. **257**

———. "The Fine Line between Mapping and Mapmaking." *Cartographica* 30, no. 4 (1993): 50–60. **24, 257**

———. "Maps and Mapmaking." In *Encyclopaedia of the History of Science, Technology, and Medicine in Non-Western Cultures,* ed. Helaine Selin, 26–31. Dordrecht: Kluwer Academic, 1997. **2**

Wood, Denis, with John Fels. *The Power of Maps.* New York: Guilford Press, 1992. **1**

Wood, R. Raymond, comp. *An Atlas of Early Maps of the American Midwest.* Springfield: Illinois State Museum, 1983. **132**

Woodward, David. *The All-American Map: Wax-Engraving and Its Influence on Cartography.* Chicago: University of Chicago Press, 1977. **1**

———. "Medieval *Mappaemundi.*" In *The History of Cartography,* ed. J. B. Harley and David Woodward, 1:286–370. Chicago: University of Chicago Press, 1987–. **29, 40**

———. "Maps as Material Culture." In *Maps as Material Culture,* Yale-Smithsonian Reports on Material Culture no. 6. Forthcoming, 1998. **1, 5**

———, ed. *Five Centuries of Map Printing.* Chicago: University of Chicago Press, 1975. **1**

Worsnop, Thomas, comp. *The Prehistoric Arts, Manufactures, Works, Weapons, etc., of the Aborigines of Australia.* Adelaide: Government Printer, 1897. **384**

Wright, Robin. "History and Religion of the Baniwa Peoples of the Upper Rio Negro Valley." Ph.D. diss., Stanford University, 1981. **319**

Wyman, Leland C. *Southwest Indian Drypainting.* Santa Fe, N.Mex.: School of American Research, 1983. **110**

Yates, Royden, John Parkington, and Tony Manhire. *Pictures from the Past: A History of the Interpretation of Rock Paintings and Engravings of Southern Africa.* Pietermaritzburg: Centaur, 1990. **15**

Yoneda, Keiko. *Los mapas de Cuauhtinchan y la historia cartográfica prehispánica.* 2d ed. Mexico City: Centro de Investigaciones y Estudios Superiores en Antropología, 1991. **191, 219, 221, 251**

Young, Gloria A. "Aesthetic Archives: The Visual Language of Plains Ledger Art." In *The Arts of the North American Indian: Native Traditions in Evolution,* ed. Edwin L. Wade, 45–62. New York: Hudson Hills Press, 1986. **115**

Yves d'Évreux. *Voyage dans le nord du Brésil fait durant les années 1613 et 1614*. Ed. Ferdinand Denis. Leipzig: A. Franck, 1864. 320

Zahan, Dominique. *Le feu en Afrique et thèmes annexes*. Paris: Harmattan, 1995. 27

Zantwijk, R. A. M. van. *The Aztec Arrangement: The Social History of Pre-Spanish Mexico*. Norman: University of Oklahoma Press, 1985. 191, 193

Zeilik, Michael. "Keeping the Sacred and Planting Calendar: Archaeoastronomy in the Pueblo Southwest." In *World Archaeoastronomy*, ed. Anthony F. Aveni, 143–66. Cambridge: Cambridge University Press, 1989. 65

Zewde, Bahru. *A History of Modern Ethiopia, 1855–1974*. London: James Currey, 1991. 47

Zimmerer, Karl S. "Agricultura de barbecho sectorizada en las alturas de Paucartambo: Luchas sobre la ecología del espacio productivo durante los siglos XVI y XX." *Allpanchis*, no. 38 (1991): 189–225. 262

———. "Transforming Colquepata Wetlands: Landscapes of Knowledge and Practice in Andean Agriculture." In *Irrigation at High Altitudes: The Social Organization of Water Control Systems in the Andes*, ed. William P. Mitchell and David Guillet, 115–40. Arlington, Va.: Society for Latin American Anthropology, American Anthropological Association, 1993. 268

———. *Changing Fortunes: Biodiversity and Peasant Livelihood in the Peruvian Andes*. Berkeley: University of California Press, 1996. 262

Ziółkowski, Mariusz S. "Knots and Oddities: The Quipu-Calendar or Supposed Cuzco Luni-Sidereal Calendar." In *Time and Calendars in the Inca Empire*, ed. Mariusz S. Ziółkowski and Robert M. Sadowski, 197–208. Oxford: BAR, 1989. 287

Zolbrod, Paul. "Cosmos and Poesis in the Seneca Thank-You Prayer." In *Earth and Sky: Visions of the Cosmos in Native American Folklore*, 23–51. Albuquerque: University of New Mexico Press, 1992. 53

Zorc, R. David. *Yolngu-Matha Dictionary*. Darwin: School of Australian Linguistics, 1986. 388

Zorita, Alonso de. *Life and Labor in Ancient Mexico: The Brief and Summary Relation of the Lords of New Spain*. Trans. Benjamin Keen. New Brunswick: Rutgers University Press, 1963. 187, 221, 224

Zubrow, Ezra B. W., and Patrick T. Daly. "Symbolic Behavior: The Origin of a Spatial Perspective." Paper prepared for a conference at the McDonald Institute and Corpus Christi College, Cambridge, United Kingdom, September 1997. 9

Zuidema, R. Tom. *The Ceque System of Cuzco: The Social Organization of the Capital of the Inca*. Leiden: E. J. Brill, 1964. 260, 287

———. "The Inca Calendar." In *Native American Astronomy*, ed. Anthony F. Aveni, 219–59. Austin: University of Texas Press, 1977. 291

———. "Bureaucracy and Systematic Knowledge in Andean Civilization." In *The Inca and Aztec States, 1400–1800: Anthropology and History*, ed. George A. Collier, Renato I. Rosaldo, and John D. Wirth, 419–58. New York: Academic Press, 1982. 287, 294

———. "Catachillay: The Role of the Pleiades and of the Southern Cross and α and β Centauri in the Calendar of the Incas." In *Ethnoastronomy and Archaeoastronomy in the American Tropics*, ed. Anthony F. Aveni and Gary Urton, 203–29. New York: New York Academy of Sciences, 1982. 286, 295

———. "Hierarchy and Space in Incaic Social Organization." *Ethnohistory* 30 (1983): 49–75. 287

———. "The Lion in the City: Royal Symbols of Transition in Cuzco," *Journal of Latin American Lore* 9 (1983): 39–100. 285, 288

———. "A Quipu Calendar from Ica, Peru, with a Comparison to the Ceque Calendar from Cuzco." In *World Archaeoastronomy: Selected Papers from the Second Oxford International Conference on Archaeoastronomy*, ed. Anthony F. Aveni, 341–51. Cambridge: Cambridge University Press, 1989. 293

———. "Significado en el arte Nasca: Relaciones iconográficas entre las culturas inca, huari y nasca en el sur del Perú." In *Reyes y guerreros: Ensayos de cultura andina*, comp. Manuel Burga, 386–401. Lima: FOMCIENCIAS, 1989. 277

———. *Inca Civilization in Cuzco*. Trans. Jean-Jacques Decoster. Austin: University of Texas Press, 1990. 287, 295

———. "An Andean Model for the Study of Chavín Iconography." *Journal of the Steward Anthropological Society* 20, nos. 1–2 (1992): 37–54. 273

———. "Llama Sacrifices and Computation: The Roots of the Inca Calendar in Huari-Tiahuanaco Culture." Forthcoming. 282

Zuidema, R. Tom, and Gary Urton. "La constelación de la Llama en los Andes peruanos." *Allpanchis*, no. 9 (1976): 59–119. 295

词汇对照表

词汇原文	中文翻译
Appalachian Mountains	阿巴拉契亚山脉
Apoala	阿波阿拉
Apo-yeash	阿波耶什
Abdulrahamani	阿卜杜勒拉哈马尼
Absaroka Range	阿布萨罗卡岭
Archer	阿彻河
Adrar des Iforas massif	阿德拉尔·德斯伊福拉斯高原
Adelaide	阿德莱德
Adelaide Peninsula	阿德莱德半岛
Adler, Bruno	阿德勒，布鲁诺
Admiralty Islands	阿德默勒尔蒂群岛
Port Adventure	阿德文彻港
Attikameks	阿蒂卡梅克人
Atiu	阿蒂乌岛
Adwa	阿杜瓦
Adwa Awash	阿杜瓦阿瓦什
al-Bīrūnī	阿尔－比鲁尼
Aldan	阿尔丹河
Algonquins	阿尔贡金人
Alkire, William	阿尔基尔，威廉
Algic	阿尔吉克（语群）
Algeria	阿尔及利亚
Al-mudj	阿尔穆吉
Arno Atoll	阿尔诺环礁
Arsen'ev, V. K.	阿尔森耶夫，V. K.
Alvarado, Francisco de	阿尔瓦拉多，弗朗西斯科·德
Alvilingmiut	阿尔维林缪特人
Afek	阿费克
Avrorin, V. A.	阿夫罗林，V. A.
Argentina	阿根廷
Ahaggar Mountains	阿哈加尔山脉

词汇原文	中文翻译
Ahe	阿海环礁
Ahuriri	阿胡里里河
Ahunui	阿胡努伊环礁
Agades	阿加迪兹
Acalhuacan	阿卡尔瓦坎
Acalan	阿卡兰
Aqhamani	阿卡马尼山
Akapana	阿卡帕纳
Acolhua	阿科尔瓦人
Ac ko mok ki	阿科莫基
Ak，Lake	阿克湖
Aksum	阿克苏姆
Actis Island	阿克提斯岛
Arkansas	阿肯色河
Arkansas Post	阿肯色站
Acultzinco	阿库尔钦科
alaa	"阿拉阿"
United Arab Emirates	阿拉伯联合酋长国
Alarcón，Hernándo de	阿拉尔孔，埃尔南多·德
Arafura Sea	阿拉弗拉海
Arahura	阿拉胡拉
Arahura River	阿拉胡拉河
Arapahos	阿拉帕霍人
Arrapooash	阿拉普瓦什
Arawak	阿拉瓦克人
Alazeya	阿拉泽亚河
Allan，Mount	阿兰山
Allegheny	阿勒格尼河
Allegheny Mountains	阿勒格尼山脉
Arena Blanca	阿雷纳布兰卡
Aleut	阿留特人
Aruaca	阿鲁瓦卡人
Arrowsmith，Mount	阿罗史密斯峰
Amma	阿马（神）
Ammarell，Gene	阿马雷尔，吉因
Amáru	阿马鲁
Ammassalik	阿马萨利克人
amatl	"阿马特尔"纸
Oman	阿曼

词汇原文	中文翻译
Amos Bad Heart Bull	阿摩司，坏心公牛
Amoltepec	阿莫尔特佩克
Amnya	阿姆尼亚河
Amur	阿穆尔河（黑龙江）河湖
Anadyr	阿纳德尔河
Ana 'a	阿纳环礁
Arnhem land	阿纳姆地
Arnhem Bay	阿纳姆湾
Anequeassett	阿内奎塞特
Anúúfa	阿努法（潟湖）
Arnold, Benedict	阿诺德，本尼迪克特
Apalachicola	阿帕拉奇科拉河
Apalachicola Delta	阿帕拉奇科拉三角洲
Aparima	阿帕里马河
Apaches	阿帕切人
Apelech	阿佩莱奇人
Aponscett	阿彭塞特
Apinayé	阿皮纳耶人
Apishapa River	阿皮沙帕河
Apurímac	阿普里马克河
Achuar	阿丘瓦尔人
Athabasca, Lake	阿萨巴斯卡湖
Athapeesko	阿萨皮斯科（人）
Ashanti	阿散蒂
Arthur's Pass	阿瑟山口
Ashburton	阿什伯顿河
Ashley	阿什利河
Ashuanipi	阿舒阿尼皮河
Azcapotzalco	阿斯卡波察尔科
Ascoochames	阿斯科奥查姆斯
Ascopompamocke	阿斯科波姆帕莫克
Asosa	阿索萨
Atltzayanca	阿特尔察扬卡
Atlixco	阿特科什科
Atlatlahuacan	阿特拉特拉瓦坎
Atlixcahuacan	阿特利什卡瓦坎
Atezcac	阿特斯卡克
Atojja	阿托哈山
Atotonilco	阿托托尼尔科

词汇原文	中文翻译
Atotonilco el Grande	阿托托尼尔科埃尔格兰德
Atototl	阿托托特尔
Atoyac	阿托亚克河
Awarua Bay	阿瓦鲁阿湾
Awash	阿瓦什河
Awatere	阿瓦特雷河
Aveni, A. F.	阿韦尼，A. F.
Aveni, Anthony F.	阿维尼，安东尼·F.
Assiniboines	阿西尼博因人
Ayacucho	阿亚库乔
Ainus	阿伊努人
Aztec	阿兹特克人
Aztlan	阿兹特兰
E Kehu	埃·凯胡
E Mare	埃·马雷
Ehecatl-Quetzalcoatl	埃埃卡特尔－克查尔科阿特尔
Eopi	埃奥皮
Ebon Atoll	埃邦环礁
Edock	埃多克
El Duraznito	埃尔杜拉斯尼托
El Dorado	埃尔多拉多
Elcho Island	埃尔科岛
Elkhorn River	埃尔克霍恩河
Ellsmere, Lake	埃尔斯米尔湖
Egg Isle	埃格岛
Egg River	埃格河
Egmont (Taranaki), Mount	埃格蒙特峰（塔拉纳基峰）
Egypt	埃及
Eqalugtormiut	埃卡卢格托尔缪特人
Ecatepec	埃卡特佩克
Erhardt, Jakob	埃拉尔特，雅各布
Erikub Atoll	埃里库布环礁
Fort Ellice	埃利斯堡
Elotepec	埃洛特佩克
Enewetak Atoll	埃内韦塔克环礁
Ethiopia	埃塞俄比亚
Essequibo	埃塞奎博河
Esquimay River	埃斯基梅河
Esquimay, Cape	埃斯基梅角

词汇原文	中文翻译
Escobar, Francisco de	埃斯科瓦尔，弗朗西斯科
Esteban, Hernando	埃斯特万，埃尔南多
Etal Atoll	埃塔尔环礁
etak	"埃塔克"
Ewi	埃威
Evens	埃文人
Iowas	艾奥瓦人
Aïtïʲ	艾蒂
Eyre, Lake	艾尔湖
Ayers Rock	艾尔斯巨石
Islands, Bay of	艾兰兹湾
Alice	艾丽斯
Alice Springs	艾利斯斯普林斯
Ailingnae Atoll	艾林吉纳埃环礁
Ailinglapalap Atoll	艾林拉帕拉普环礁
Ailuk Atoll	艾卢克环礁
Aitutaki	艾图塔基岛
Aivilingmiut	艾维林缪特人
ayllu	"艾尤"
Ayllu River	艾尤河
Edward	爱德华河
Eskimos	爱斯基摩人
Ambaras (Embarras)	安巴拉斯河（恩巴拉斯河）
Ontario, Lake	安大略湖
Andrew	安德鲁
Anderson, Jimmy	安德森，吉米
Andersen, Johannes Carl	安德森，约翰尼斯·卡尔
Andía y Varela, José	安迪亚·伊·巴雷拉，何塞
Antisuyu	安蒂苏尤
Antonov, Vasiliy	安东诺夫，瓦西里
Angostura	安戈斯图拉
Angola	安哥拉
Angara	安加拉河
Angas Downs	安加斯唐斯
Ann, Cape	安角
Anko	安科
Anmatyerre	安马泰尔
Annie	安妮
Anta	安塔河

词汇原文	中文翻译
Ant Atoll	安特环礁
Ondegardo, Juan Polo de	昂德加尔多，胡安·波洛·德
Oenpelli	昂佩利
Oeno	奥埃诺岛
Aupouri	奥波乌里
Otsego Lake	奥策戈湖
Oudney, W.	奥德尼，W.
Albany	奥尔巴尼
Auld, William	奥尔德，威廉
Aur Atoll	奥尔环礁
Orlove, Benjamin	奥尔洛夫，本杰明
Olmec	奥尔梅克人
Altamaha	奥尔塔马霍河
Oglalas	奥格拉拉人
Oguola Tchetoka	奥古拉切托卡
Ogooué River	奥果韦河
O'Hanlon, Michael	奥汉隆，迈克尔
Ohau River	奥豪河
Ohau, Lake	奥豪湖
Ojibwas (Chippewas)	奥吉布瓦人（齐佩瓦人）
Okkak	奥卡克
Okak Bay	奥卡克湾
Okataina, Lake	奥卡泰纳湖
Oconee	奥科尼
Auckland	奥克兰
Auckland Peninsula	奥克兰半岛
Ok, Mountain	奥克山
Oxley, John	奥克斯利，约翰
Okuru	奥库鲁
Orange	奥兰治河
Orange Free State	奥兰治自由邦
Aorangi Mountains	奥朗伊山脉
Oreti	奥雷蒂河
Orinoco	奥里诺科河
Olimarao Atoll	奥利马劳环礁
Orongorongo	奥隆奥隆奥河
Aurukun	奥鲁昆
Oruru River	奥鲁鲁河
Oroluk Atoll	奥罗卢克环礁

词汇原文	中文翻译
Orochi	奥罗奇人
Oroville	奥罗维尔
Omagua	奥马瓜（王国）
Omaha	奥马哈
Oamaru	奥马鲁
Omo	奥莫
Oneidas	奥奈达人
Oñate，Juan de	奥尼亚特，胡安·德
Onondaga	奥农达加
Onondagas	奥农达加人
Onoke，Lake	奥诺凯湖
Osage River	奥萨奇河
Aushabuc，Aikon	奥沙布克，艾孔
Oshcabawis	奥什卡巴威斯
Oxtoticpac	奥什托蒂克帕克
'Othmân	奥斯曼
Hostains，Jean	奥斯坦，让
Ostrovskikh，P. Ye.	奥斯特罗夫斯基赫，P. Ye.
Oswego	奥斯韦戈河
Otago	奥塔戈
Otago Peninsula	奥塔戈半岛
Otahuhu Point	奥塔胡胡角
Otakou	奥塔库
Otara	奥塔拉
Otata	奥塔塔
Ottawa River（USA）	奥塔瓦河
Aotearoa（New Zealand）	奥特阿罗阿（新西兰）
Ortloff，Charles	奥特洛夫，查尔斯
Otematakou River	奥特马塔库河
Otematata	奥特马塔塔河
Otos	奥托人
Owenga	奥翁阿
Auchagah	奥夏加
Australia	澳大利亚
Australasia	澳亚地区
Bahacechas	巴阿塞查人
Papua，Gulf of	巴布亚湾
Papua New Guinea	巴布亚新几内亚
Bardon，Geoff	巴登，杰夫

词汇原文	中文翻译
Barton	巴顿
Barbin	巴尔宾
Balgo	巴尔戈
Barth，Heinrich	巴尔特，海因里希
Valverde Don Francisco de	巴尔韦尔德，唐·弗朗西斯科·德
Baffin Island	巴芬岛
Baffin Island Inuit	巴芬岛因纽特人
Fort Bufford	巴福德堡
Bahamas	巴哈马
Buckingham Bay	巴金汉姆湾
Vaca，Alvar Núñez Cabeza de	巴卡，阿尔瓦尔·努涅斯·卡韦萨·德
Buck，Peter H.	巴克，彼得·H.
Back	巴克河
Bakuba	巴库巴
Báculo	巴库洛
Barak，William	巴拉克，威廉
Barasana	巴拉萨纳人
Balygychen River	巴雷格昌河
Baré	巴雷人
Barreto	巴雷托
Bali	巴厘岛
Paris Codex	《巴黎抄本》
Barents Sea	巴伦支海
Barrow	巴罗
Barrow，John	巴罗，约翰
Barrow，Point	巴罗角
Bamboo Mountain	巴姆布山
Bamum	巴穆姆
Panama	巴拿马
Banapana	巴纳帕纳
Barnicoat，John Wallis	巴尼科特，约翰·瓦利斯
Baniwa	巴尼瓦人
Bathurst Island	巴瑟斯特岛
Bathurst Hills	巴瑟斯特山
Batammaliba	巴坦马利巴人
Battle Creek	巴特尔溪
Butte Creek	巴特溪
Brazil	巴西
Bayogoulas	巴约古拉人

词汇原文	中文翻译
Buzzards Bay	巴泽兹湾
Marteblanche, La	白貂
Bering Sea	白令海
Bering Strait	白令海峡
Bering Strait Inuit	白令海峡因纽特人
White Nile	白尼罗河
White Bird	白鸟
White-Eyes	白眼
Byland, B. E.	拜兰，B. E.
Banda	班达
Bandaiyan	班代延
Bandera, Damián de la	班德拉，达米安·德·拉
Bandiagara Escarpment	班迪亚加拉崖
Bangor	班戈
Banks, Joseph	班克斯，约瑟夫
Banks Peninsula	班克斯半岛
Bantu	班图（人、语）
Bonkiman	邦基曼
Bonpas Creek	邦帕斯溪
Paul, Anne	保罗，安
Bowdens Inlet	鲍登斯湾
Baumhoff, M. A.	鲍姆霍夫，M. A.
Powell, John Wesley	鲍威尔，约翰·韦斯利
Bow Creek	鲍溪
Boyer River	鲍耶河
Arctic Ocean	北冰洋
Northern Ojibwas	北部奥吉布瓦人
Northern Territory	北部地区
Northern Paiutes	北部派尤特人
North Island	北岛
Northern (Northern-Transvaal)	北方省（北德兰士瓦）
Waimate North	北怀马特
North Cape	北角
Northern Cape	北开普省
Northern Cooks	北库克群岛
North Platte	北普拉特河
North Saskatchewan	北萨斯喀彻温河
North Taranaki Bight	北塔拉纳基湾
North Cheyenne	北夏延河

词汇原文	中文翻译
Leeward Societes	背风社会群岛
Beothuks	贝奥图克人
Bell, Robert	贝尔，罗伯特
Belcher Islands	贝尔彻群岛
Belmopan	贝尔莫潘
Bernus, Edmond	贝尔努斯，埃德蒙
Beartooth Mountains	贝尔图斯山脉
Bayfield Peninsula	贝菲尔德半岛
Beverley, Robert	贝弗利，罗伯特
Lake Baikal	贝加尔湖
wampum	贝壳珠
Belle Fourche	贝勒富尔什河
Belyea, Barbara	贝利亚，芭芭拉
Bello, Mohammed	贝洛，穆罕默德
Bellot, Joseph René	贝洛，约瑟夫·勒内
Bennett, Wendell C.	贝内特，温德尔·C.
Beni	贝尼河
Benin	贝宁
Benue	贝努埃河
Best, E.	贝斯特，E.
Betanzo, Juan de	贝坦索，胡安·德
Fort Berthold	贝托尔德堡
Bainbrigge	贝因布里奇
bungdockerik	"本多凯里克"浪
bungdockeing	"本多凯因"浪
Bennett Stela	本尼特石柱
Beni Shangul	本尚古勒
Bibby Island	比比岛
Beattie, H.	比蒂，H.
Vilcanota	比尔卡诺塔
Vilcanota River	比尔卡诺塔河
Bill Williams	比尔威廉斯河
Beaver River	比弗河
Beaver Mount	比弗山
Bikini Atoll	比基尼环礁
Bikar Atoll	比卡尔环礁
Beke, Charles	比克，查尔斯
Viracocha Inka	比拉科查·印加
Villasur, Pedro de	比拉苏尔，佩德罗·德

词汇原文	中文翻译
Pretoria	比勒陀利亚
Billy	比利
Birrindudu	比林杜杜
Virú	比鲁河
Beechey, Frederick William	比奇，弗雷德里克，威廉
Bittman Simons, B.	比特曼·西蒙斯，B.
Bismarck	俾斯麦
Bismarck Sea	俾斯麦海
Bismarck Archipelago	俾斯麦群岛
Pietermaritzburg	彼得马里茨堡
Peterson, Nicolas	彼得森，尼古拉
Peters, Anne	彼得斯，安
Peter John	彼得约翰河
Peru	秘鲁
Maritime Chukchi	滨海楚科奇人
Bolivia	玻利维亚
Popol Vuh	《波波尔·武》
Popocatepetl	波波卡特珀特尔峰
Podgorbunskiy, V. I.	波德戈尔本斯基，V. I.
Puerto Rico	波多黎各
Pohl, J. M. D.	波尔，J. M. D.
Polgu, Lake	波尔古湖
Polk, James K.	波尔克，詹姆斯·K.
Portolá, Gaspar de	波尔托拉，加斯帕尔·德
Powhatan	波哈坦
Powhatans	波哈坦人
Pokanokets	波卡诺凯特人
Poko Poko	波科波科
Poqoq	波科克山
Pocomokes	波科莫克人
Poquen Cancha	波昆坎查
Ponam Island	波纳姆岛
Pohnpei (Ponape)	波纳佩岛
Pawnee	波尼
Pawnees	波尼人
Popcatepetl	波普卡特佩特尔峰
Boston	波士顿
Posnansky, Arthur	波斯南斯基，阿图尔
Pawtuckets	波塔基特人

词汇原文	中文翻译
Portland	波特兰
Potomac	波托马克河
Poyauhtecatl	波尧特卡特尔
Poyauhtlan	波尧特兰
Botswana	博茨瓦纳
Boas, Franz	博厄斯，弗兰茨
Codex Borbonicus	《博尔博尼库斯抄本》
Codex Borgia	《博尔吉亚抄本》
Porapora (Bora Bora)	博拉博拉岛
Bowman, Walter	博曼，沃尔特
Bonampak	博南帕克
Bopi	博皮河
Codex Boturini	《博图里尼抄本》
Boya, Lake	博亚湖
Boigu	博伊古人
Bozo	博佐人
Birdsell, Joseph B.	伯德塞尔，约瑟夫·B.
Burton, W. F. P.	伯顿，W. F. P.
Berndt, Catherine Helen	伯恩特，凯瑟琳·海伦
Berndt, Ronald Murray	伯恩特，罗纳德·默里
Bergville District	伯格维尔区
Burland, C. A.	伯兰，C. A.
Belize	伯利兹
Beschefer, Thierry	伯谢弗，蒂里
Budye	布迪耶人
Boone, Elizabeth Hill	布恩，伊丽莎白·希尔
Bul'ngu	布尔努
Boorstin, Daniel	布尔斯廷，丹尼尔
Bull Creek	布尔溪
Buffalo Head Hill	布法罗黑德山
Fort Buford	布福德堡
Burkina Faso	布基纳法索
Bugis	布吉人
Bukurlatjpi, Liwukang	布库拉奇皮，利伍康
Port Bradshaw	布拉德肖港
Bluff Harbor	布拉夫港
Bravo, Michael	布拉沃，迈克尔
Blier, S. P.	布莱尔，S. P.
Blake, Joseph	布莱克，约瑟夫

词汇原文	中文翻译
Blackhawk Lake	布莱克霍克河
Black Hills	布莱克山
Black Mountains	布莱克山脉
Black Warrior	布莱克沃里尔河
Brandberg	布兰德伯格
Blanca Peak	布兰卡峰
Cordillera Blance	布兰卡山脉
Brandt, John C.	布兰特, 约翰·C.
Rio Branco	布朗库河
Browning, John Samuel	布朗宁, 约翰·萨缪尔
Browning, Lake	布朗宁湖
Browning Pass	布朗宁山口
Braun, Georg	布劳恩, 格奥尔格
Buller	布勒河
Breuil, Henri	布勒伊, 昂利
Brady Creek	布雷迪溪
Brett, Cape	布雷特角
Brisbane	布里斯班
Britt, Claude	布里特, 克劳德
Bullion	布利恩山脉
Bleek	布利克（家族）
Blish, H. H.	布利什, H. H.
Bryusov, A. Ya.	布留索夫, A. Ya.
Burundi	布隆迪
Blue Creek	布卢溪
Bruner, Jerome S.	布鲁纳, 杰罗姆·S.
Brunner, Thomas	布伦纳, 托马斯
Brunner, Lake	布伦纳湖
Brody, Hugh	布罗迪, 休
Brosset	布罗塞
Butwa	布特瓦人
Boothia Peninsula	布西亚半岛
Boothia, Gulf of	布西亚湾
Bushmen	布须曼人
Bouysse-Cassagne, Thérèse	布伊斯－卡萨涅, 特雷兹
Buynda River	布云达河
Tsetset	策策特河
Chubbin, John	查宾, 约翰
Chachapoyas	查查波亚斯

词汇原文	中文翻译
Charlton Island	查尔顿岛
Chalco	查尔科
Chalco, Lake	查尔科湖
Charleston	查尔斯顿
Charles River	查尔斯河
Charles Neck	查尔斯角
Chaco Canyon	查科峡谷
Chac Xib Chac	查克希布查克
Chariton River	查里顿河
Charles V	查理五世
Chaloupka, G.	查卢普卡，G.
Chapultepec	查普尔特佩克
Chaplino	查普利诺
Chapman, Henry Samuel	查普曼，亨利·萨缪尔
Chatham Island	查塔姆岛
Chattanooga	查塔努加河
Chatwin, Bruce	查特温，布鲁斯
Chavín de Huántar	查文·德·万塔尔
Jayapura	查亚普拉
Long Island	长岛
Chan Chan	昌昌
Equatorial Guinea	赤道几内亚
Chukchi Peninsula	楚科奇半岛
Chukchi	楚科奇人
Thum-merriy	楚姆梅里
Mountain of Creation	创世山
Tswana	茨瓦纳人
Tartary	鞑靼地方
Tatar Strait	鞑靼海峡
Tartars	鞑靼人
d'Abbadie, Antoine Thomas	达巴迪，安托万·托马斯
Double Point	达布尔角
Daldal	达尔达尔河
Darwin	达尔文
Duck Island	达克岛
Dar es Salaam	达累斯萨拉姆
Daribi	达里比人
Darling	达令河
Damian, Doña Ana	达米安，冬尼亚·安娜

词汇原文	中文翻译
Damian, Don Miguel	达米安，唐·米格尔
Dunedin	达尼丁
Dusky Island	达斯基湾
Davenport, William	达文波特，威廉
Greater Australia	大澳大利亚
Great Australian Bight	大澳大利亚湾
Great Barrier Island	大巴里尔岛
Great Caiman	大鳄
Great Father	大父
Gros Ventres	大腹人
Big Black Meteoric Star Bundle	大黑流星包
Great Zimbabwe	大津巴布韦
Great Ruaha	大鲁阿哈河
Great Miami	大迈阿密河
Great Slave Lake	大奴湖
Great Plains	大平原
Big Sandy Creek	大桑迪溪
Big Sioux	大苏河
Atlantic Ocean	大西洋
Great Bear Lake	大熊湖
Great Salt Lake	大盐湖
Great Indian	大印第安河
Dead River	戴德河
Deaf Adder Creek	戴夫阿德溪
d'Évreux, Yves	戴夫勒，伊夫
Davidson, Daniel Sutherland	戴维森，丹尼尔·萨瑟兰
Davidson, George	戴维森，乔治
Davies, James	戴维斯，詹姆斯
Diomede Islands	代奥米德群岛
Dérita	代里塔
Denver	丹佛
D'Entrecasteaux Islands	当特尔卡斯托群岛
Island Cape	岛屿角
Douglas Creek	道格拉斯溪
Dowson, T. A.	道森，T. A.
Doubtless Bay	道特利斯湾
Dauarani	道瓦拉尼
de Batz, Alexandre	德巴茨，亚历山大
Debil	德比尔

词汇原文	中文翻译
Depot Island	德波特岛
de Brum, Raymond	德布鲁姆，雷蒙德
de Brum, Joachim	德布鲁姆，若阿金
Delmarva	德尔马瓦（半岛）
de la Croix, Jeronimus	德拉克鲁瓦，热罗尼姆斯
Drakensberg Range	德拉肯斯山脉
Delamere	德拉米尔
Draper Island	德雷珀岛
Dresden Codex	《德累斯顿抄本》
Dröber, Wolfgang	德罗伯，沃尔夫冈
Dermer, Thomas	德默，托马斯
Denham, D.	德纳姆，D.
Canyon de Chelly	德切利峡谷
Desana	德萨纳人
Des Plaines River	德斯普兰斯河
de Varennes et de La Vérendrye, Pierre Gaultier	德瓦伦纳·埃·德·拉维伦德里，皮埃尔·戈尔捷
Devil	德维尔
Véniard, sieur de Bourgmont, Etienne de	德维尼亚尔，布尔格蒙勋爵，埃蒂安
Des Moines River	得梅因河
Trengganu	登嘉楼州
d'Iberville, Pierre Le Moyne	迪贝尔维尔，皮埃尔·勒穆瓦纳
du Tisne, Claude	迪蒂斯讷，克洛德
Deer	迪尔河
Dieffenbach, Ernst	迪芬巴赫，恩斯特
Dugast, I.	迪加斯特，I.
Dickinson, James A.	迪金森，詹姆斯·A.
Diminin	迪米宁氏族
Dupuis, Joseph	迪普伊，约瑟夫
D'Urville Island	迪维尔岛
Duveyrier, Henri	迪维里埃，昂利
Titicaca, Lake	的的喀喀湖
Tripoli	的黎波里
Fort Detroit	底特律堡
Mother Earth	地母
Map Rock	地图岩
Hell Gate	地狱门
Tia Island	蒂阿岛
Te Akateatua（Awaateatua）	蒂阿卡特阿图阿（阿瓦特阿图阿）
Te Anau, Lake	蒂阿瑙湖

词汇原文	中文翻译
Tioughnioga River	蒂奥格尼奥加河
Tilbrook，L.	蒂尔布鲁克，L.
Tiffen，Henry Stokes	蒂芬，亨利·斯托克斯
Tikal	蒂卡尔
Tikehau	蒂凯豪环礁
Tikotatahi Bay	蒂科塔塔希湾
Tilantongo	蒂兰通戈
Tyrrell，Joseph B.	蒂雷尔，约瑟夫·B.
Te Matahau	蒂马塔豪
Tippecanoe	蒂普卡努河
Titji	蒂奇
Tizoc	蒂索克
Te Tahinga	蒂塔兴阿
Tiwanaku	蒂瓦纳库
Te Whanga Lagoon	蒂旺阿潟湖
Tiagashu	蒂亚加舒
Dnieper	第聂伯河
Effigy Mounds National Monument	雕像土墩国家纪念地
Diegueños	迭格尼奥人
East Alligator	东阿利盖特河
Eastern Abenakis	东部阿贝纳基人
East Crees	东部克里人
East Rivers	东河
East Cape	东角
Eastern Cape	东开普省
Dabawnt Lake	杜邦特湖
Dubungu	杜本古
Dewdney，S.	杜德尼，S.
Durán，Fray Diego	杜兰，弗雷·迭戈
Duryea，C. B.	杜里埃，C. B.
Dobell，C.	多贝尔，C.
Dobbs，Arthur	多布斯，阿瑟
Dolgans	多尔干人
Togo	多哥
Dogon	多贡人
Dollie Pretty Cloud	多莉，漂亮云朵
Doringkop	多林科普
d'Ollone，Henri	多隆，昂利
Dominican Republic	多米尼加共和国

词汇原文	中文翻译
Domenique	多姆尼克
Dodge，Richard	多奇，理查德
Dorset，Cape	多塞特角
Ohio	俄亥俄河
Urton，Gary	厄顿，加里
Ecuador	厄瓜多尔
Erk-sin'-ra	厄克辛拉
Eritrea	厄立特里亚
Ernabella（Pukatja）	厄纳贝拉（普卡恰）
Erskine	厄斯金
Ob	鄂毕河
Okhotsk	鄂霍茨克
Okhotsk，Sea of	鄂霍茨克海
Evenks	鄂温克人
Embley	恩布利河
Ngudlantaba	恩古德兰塔巴
Ngulu Atoll	恩古卢环礁
Nguni	恩古尼人
Enkachan，Nicolai	恩卡昌，尼古拉
Nkongolo	恩孔戈洛
Njoya，Ibrahim	恩乔亚，易卜拉欣
Njoya，King	恩乔亚国王
Intotto	恩托托
Fakarava	法卡拉瓦环礁
Faraulep Atoll	法劳莱普环礁
Fanuankuwel	法努安库韦尔岛
Fanur	法努尔
French Guiana	法属圭亚那
Fais	法斯岛
Fatuhiva	法图伊瓦岛
Vansittart Island	凡西塔特岛
van den Bogaert，Harmen Meyndertsz	范登博加尔特，哈尔门·梅恩德尔茨
van den Bosh，Lawrence	范登博什，劳伦斯
Pan-American Highway	泛美公路
Fan	芳人
Fiordland	菲奥德兰
Fitzroy	菲茨罗伊河
Fidler，Peter	菲德勒，彼得
Field Island	菲尔德岛

词汇原文	中文翻译
Ferland, abbé	菲尔朗神父
Philip II	菲利普二世
Philip, King	菲利普王
Finisterre	菲尼斯泰尔岭
Fish River	菲什河
Fiji	斐济
Fernandeño	费尔南德尼奥人
Farewell, Cape	费尔韦尔角
Fellow, Abe	费洛，阿布
Fenua 'Ura (Scilly)	费努阿乌拉岛（锡利岛）
Feather River Maidus	费瑟河迈杜人
Codex Fejérváry-Mayer	《费耶尔瓦里－迈耶尔抄本》
Fundah	丰达
Fond du Lac	丰迪拉克
Volga	伏尔河河
Fodio, Usuman dan	福迪奥，乌苏曼·丹
Fox, William	福克斯，威廉
Fox River	福克斯河
Foxes	福克斯人
Forster, George	福斯特，乔治
Forster, John Reinhold	福斯特，约翰·莱因霍尔德
Foveaux Strait	福沃海峡
Forsyth, Lake	福西斯湖
Foi	福伊人
Verde	弗德河
Vollmar, Rainer	弗尔马尔，赖纳
Virginia Algonquians	弗吉尼亚阿尔贡金人
Flat Island	弗拉特岛
Flaherty, Robert	弗莱厄蒂，罗伯特
Flegel, Eduard Robert	弗莱格尔，爱德华·罗伯特
Fly	弗莱河
Francois	弗朗索瓦河
Francisca, Pedronilla	弗朗西斯卡
Frake, Charles O.	弗雷克，查尔斯·O.
Frémont, John C.	弗雷蒙，约翰·C.
Fraser	弗雷泽河
Vereeniging	弗里尼欣
French River	弗伦奇河
Frozen Strait	弗罗森海峡

词汇原文	中文翻译
Codex Florentine	《弗洛伦丁抄本》
Floyd River	弗洛伊德河
Vermilion	弗米利恩河
Easter Island	复活节岛
Ful？e of Banyo	富尔塞，巴尼奥的
Franklin, John	富兰克林，约翰
Fullerton, Cape	富勒顿角
Fury and Hecla Strait	富里和赫克拉海峡
Fumban	富姆班
Futa Jallon	富塔贾隆高原
Gell, A.	盖尔，A.
Gale, Fay	盖尔，费
Gambali	甘巴利
Gamboa, Pedro Sarmiento de	甘博阿，佩德罗·萨尔米恩托·德
Gambia, The	冈比亚
Congo	刚果河
Congo, Democratic Republic of	刚果民主共和国
Copenhagen	哥本哈根
Colombia	哥伦比亚
Columbia	哥伦比亚河
Cossacks	哥萨克人
Gobir	戈比尔
Goetzmann, W. H.	戈茨曼，W. H.
Godijboi Point	戈代博伊角
Goldstein, P.	戈尔德斯坦，P.
Gove Peninsula	戈夫半岛
Godfrey, Edward Lee	戈弗雷，爱德华·李
Gojab	戈贾卜河
Gorges, Ferdinando	戈杰斯，费迪南多
Göhring, M.	戈林，M.
Goromuru	戈罗穆鲁河
Golovin, V. M.	戈洛夫宁，V. M.
Gomes, Estavão	戈梅斯，埃斯特旺
Gosnold, Bartholonew	戈斯诺尔德，巴托罗缪
Gueacalá	格阿卡拉
Georgi, Jacob	格奥尔基，雅各布
Geertz, Clifford	格尔茨，克利福德
Gull River	格尔河
Gull Bay	格尔湾

词汇原文	中文翻译
Gladwin, Thomas	格拉德温，托马斯
Grand River	格兰德河
Rio Grande	格兰德河（北美洲）
Rio Grande	格兰德河（南美洲）
Grand Bay	格兰德湾
Grant, Campbell	格兰特，坎贝尔
Gray, W. J.	格雷，W. J.
Graham, Robert	格雷厄姆，罗伯特
Gregor, Thomas	格雷戈，托马斯
Gregory, Lake	格雷戈里湖
Grey	格雷河
Guerrero	格雷罗州
Grapevine Springs	格雷普维因斯普林斯
Griaule, Marcel	格里奥尔，马塞尔
Grieder, Terence	格里德，特伦斯
Griffiths Stream	格里菲斯溪
Griffin-Pierce, T.	格里芬－皮尔斯，T.
Green, Roger	格林，罗杰
Green Lake	格林湖
Green Bay	格林湾
Greenland	格陵兰
Glen, James	格伦，詹姆斯
Grolier Codex	《格罗利尔抄本》
Gero-Schunu-Wy-Ha	格罗舒努威哈
Groote Eylandt	格罗特岛
Gewertz, D. B.	格韦尔茨，D. B.
Gondatti, N. L.	贡达季，N. L.
Dogribs	狗肋人
Gua	古阿
Güema, O.	古埃马，O.
Cuba	古巴
Goodall, Elizabeth	古道尔，伊丽莎白
Gudkova, I. S.	古德科娃，I. S.
Goodenough, W. H.	古德诺，W. H.
Goodinnah Island	古丁纳岛
Gould, P.	古尔德，P.
Gurrumuru Dhalwangu	古鲁穆鲁－扎尔瓦努氏族
Gumadir	古马迪尔河
Gupapuyngu	古帕派因古氏族

词汇原文	中文翻译
Guzmán, E.	古斯曼, E.
Sierra de Guadalupe	瓜达卢佩山
Guamán Poma de Ayala, Felipe	瓜曼·波马·德·阿亚拉, 费利佩
Guam	关岛
Guyana	圭亚那
Devils Tower	鬼塔山
Haburi	哈布里
Hudson	哈得孙河
Hudson Bay	哈得孙湾
Halcombe, Henry	哈尔科姆, 亨利
Halpern, Michael	哈尔彭, 迈克尔
Halchidhomas	哈尔奇多马人
Hakataramea	哈卡塔拉梅阿河
Hakluyt, R.	哈克卢特, R.
Harrison, Simon	哈里森, 西蒙
Harley, Brian	哈利, 布莱恩
Halifax	哈利法克斯
Harrington, J. T.	哈林顿, J. T.
Harrington, John	哈林顿, 约翰
Harlem	哈林河
Harman, Richard James Strahan	哈曼, 理查德·詹姆斯·斯特罗恩
Harman, Mount	哈曼峰
Harman Pass	哈曼山口
Hamilton Inlet	哈密尔顿湾
Harmonie	哈莫尼
Hammerton, William	哈默顿, 威廉
Hamlin, Elijah L.	哈姆林, 以利亚·L.
Hanan Cuzco	哈南库斯科
Honey Lake	哈尼湖
Harper	哈珀河
hapū	"哈普"
Hutchins, Edwin	哈钦斯, 埃德温
Haast	哈斯特
Haast, Julius von	哈斯特, 尤利乌斯·冯
Haast River	哈斯特河
Haast Pass	哈斯特山口
Heart River	哈特河
Heart Butte	哈特丘
Heart Mountain	哈特山

词汇原文	中文翻译
Hawikuh	哈威库
Hawea, Lake	哈威亚湖
Harvey, P. D. A.	哈维，P. D. A.
Harwood, F.	哈伍德，F.
Hay, A. W.	海，A. W.
Haiti	海地
Haile, Bernard	海尔，伯纳德
Heckewelder, J. G. E.	海克韦尔德，J. G. E.
Haye's River	海斯河
Haysquisrro	海斯基斯罗
Heizer, R. F.	海泽，R. F.
Hambruch, P.	汉布鲁赫，P.
Hanson	汉森河
Khanty	汉特人
Gauteng	豪登省
Howells Point	豪厄尔斯角
Hao	豪环礁
Hauraki Gulf	豪拉基湾
Hauroko, Lake	豪罗科湖
Hausa	豪萨人
Hauturu	豪图鲁岛
Beavers	河狸人
Hubbard Point	赫巴德角
Hearne, Samuel	赫恩，萨缪尔
Hercus, L. A.	赫库斯，L. A.
Herring, Elbert	赫林，埃尔伯特
Heron, Lake	赫伦湖
Hesperus Peak	赫斯珀勒斯峰
Hester, T. R.	赫斯特，T. R.
Hirst, William	赫斯特，威廉
Port Hutt	赫特港
Hutt	赫特河
Herschel Island	赫歇尔岛
Port Hedland	黑德兰港
Hale, H. M.	黑尔，H. M.
Hale, Horatio	黑尔，霍拉肖
Blackfeet	黑脚人
Henday	亨迪
Henriksen, G.	亨里克森，G.

词汇原文	中文翻译
Henry, John J.	亨利，约翰·J.
Henry, Lake	亨利湖
Hennepin, Louis	亨内平，路易斯
Hunter	亨特河
Humboldt, Alexander von	洪堡，亚历山大·冯
Humboldt Fragment	《洪堡残卷》
Honduras	洪都拉斯
Walam Olum	《红记录》
Stanley Red Bird	红鸟斯坦利
Red Sky	红天
Copper Eskimos	红铜爱斯基摩人
Back Lowlands	后部低地
Huahine	胡阿希内岛
Huli	胡利人
Hurin Cuzco	胡林库斯科
Huru	胡鲁
Huru Kototi Toha Mahue	胡鲁·科托蒂·托哈·马胡埃
Huruku	胡鲁库河
Hurunui	胡鲁努伊河
Huro, Lake	胡罗湖
Hooper, W.	胡珀，W.
huaca	"华卡"
Whakatane	华卡塔内
Huarochirí Manuscript	华罗奇里抄本
Washington	华盛顿
Washington, George	华盛顿，乔治
Wyandots	怀安多特人
Waiau	怀奥河
Wyaconda	怀厄康达河
Waihapu	怀哈普
Waihola, Lake	怀霍拉湖
Waikaremoana, Lake	怀卡雷莫阿纳湖
Waikari	怀卡里河
Wairarapa, Lake	怀拉拉帕湖
Wairau	怀劳河
Wairaurahiri River	怀劳拉希里河
Wairau Bar	怀劳沙洲
Wairewa	怀雷瓦湖
Waimakariri	怀马卡里里河

词汇原文	中文翻译
Wyman, Leland	怀曼，莱兰
Wainuiomata	怀努约马塔河
Waipara	怀帕拉河
Waiparera	怀帕雷拉湾
Waipapa Point	怀帕帕角
Waipuku River	怀普库河
Waipurua Bay	怀普鲁阿湾
Waitahanui	怀塔哈努伊河
Waitaha	怀塔哈人
Waitaki	怀塔基河
Waitara	怀塔拉
Waitāwhiri	怀塔威里河
Waitangi Bay	怀唐伊湾
White, R.	怀特，W.
White, John	怀特，约翰
White Island	怀特岛（北美洲）
White Island	怀特岛（新西兰）
White	怀特河
White Mesa	怀特台地
Waituna	怀图纳河
Waituna Lagoon	怀图纳潟湖
Waihi Estuary	怀希河口
Yellow Singer	黄色歌咏者
Yellowstone Valley	黄石谷
Yellowstone	黄石河
Yellowstone Lake	黄石湖
Wheeler, George M.	惠勒，乔治·M.
Wellington	惠灵顿
Whipple, Amiel Week	惠普尔，艾米尔·威克斯
Hobahi	霍巴希
Hobson, William	霍布森，威廉
Hall, John	霍尔，约翰
Holroyd, Bob	霍尔罗伊德，鲍勃
Holm, G. F.	霍尔姆，G. F.
Halswell, Edmund Storr	霍尔斯韦尔，埃德蒙德·斯托
Hoffman, W. J.	霍夫曼，W. J.
hogan	霍甘
Hogenberg, Frans	霍根柏格，弗兰斯
Hochstetter, Ferdinand von	霍赫施泰特，斐迪南·冯

词汇原文	中文翻译
Hokianga River	霍基昂阿河
Hoggar	霍加尔山
Hawke Bay	霍克湾
Hōkūle'a	"霍库莱阿"号
Holub, Emil	霍卢布，埃米尔
Hororoa Point	霍罗罗阿角
Horomona Patu	霍罗莫纳·帕图
Khomosha	霍莫沙
Honanistto	霍纳尼思托
Honaunau	霍瑙瑙
Hone Tūhawaiki	霍内·图哈怀基
Hopis	霍皮人
Hopewellian period	霍普维尔期
Hodges, Chris	霍奇斯，克里斯
Horse Creek	霍斯溪
Hoyle, Fred	霍伊尔，弗雷德
Heuglin, H. von	霍伊格林，H. 冯
Khoisan	霍伊桑人
Kiowa Apaches	基奥瓦阿帕切人
Kiowas	基奥瓦人
Keeowee	基奥威
Kebrä Nägäst	《基卜勒·讷格什特》
Port Keats (Wadeye)	基茨港（瓦德耶）
Keen, Ian	基恩，伊安
Keerweer, Cape	基尔威尔角
kikaigon	"基凯贡"
Kikori	基科里河
Kecoughtans	基科坦人
Killalpaninna	基拉尔帕宁纳
Kiribati	基里巴斯
Kili	基利岛
Q'ero	基鲁
Q'ero Valley	基鲁谷
Quirós, Pedro Fernández de	基罗斯，佩德罗·费尔南德斯·德
Kilosa	基洛萨
Quimsachta Range	基姆萨奇塔山
Mapa Quinantzin	《基南钦地图》
Quinua	基努瓦
khipu	"基普"

词汇原文	中文翻译
Quiché Maya	基切玛雅人
Kyselka，Will	基塞尔卡，威尔
Kish = Stark = ewen	基什 = 斯塔克 = 尤温
Kis. ca. che. wan	基斯喀彻温河
Quispe，Lorenzo	基斯佩，洛伦索
Keating，John W.	基廷，约翰·W.
Kiwa，Great Ocean of	基瓦大洋
Keewatin District	基瓦廷区
Kiwirrkura	基威尔库拉
Keweenaw Peninsula	基威诺半岛
Keewhoee	基沃伊
Ki oo cus	基乌库斯
Kisigo	基西戈河
Kirchhoff，P.	基希霍夫，P.
Djibouti	吉布提
Djidinja	吉迪尼亚岛
Gill，William Wyatt	吉尔，威廉·怀亚特
Gilbert Islands	吉尔伯特群岛
Djilwirri	吉尔威里
Gifford Stream	吉福德溪
Djikkarla	吉卡拉
Gila	吉拉河
Gillies，Thomas Ballantyne	吉利斯，托马斯·巴兰廷
Gilyak	吉利亚克人
Gimma	吉马
Gisaro	吉萨罗人
Gisborne	吉斯伯恩
Gitua	吉图阿
Givens Hot Springs	吉文斯霍特斯普林斯
Guinea	几内亚
Guinea-Bissau	几内亚比绍
Jīma	季马
Relaciones	《记事》
homestead	家族房群
Gabrielinos	加布列利诺人
Gedaref	加达里夫
Ghadāmis	加达米斯
Garden City	加登城
Galveston Bay	加尔维斯顿湾

词汇原文	中文翻译
Gaferut	加费鲁特岛
Garadandanboi Bay	加拉丹丹博伊湾
Garlake，Peter	加莱克，彼得
Garangala Island	加兰加拉岛
Caribbean Sea	加勒比海
Carib	加勒比人
California，Gulf of	加利福尼亚湾
Galliput	加利普特
Galice	加利斯人
Galiwinku	加利温库
Carrington，F.	加林顿，F.
Caroline Islands	加罗林群岛
Galoa	加洛阿人
Gamen Reef	加门礁
Canadian Shield	加拿大地盾
Canadian River	加拿大河
Ghana	加纳
Ganambarr，Larrtjannga	加南巴尔，拉尔钱纳
Gabon	加蓬
Gasconade River	加斯科纳德河
Gaspé Peninsula	加斯佩半岛
Ghat	加特
Gawa Island	加瓦岛
Jabwot	贾布沃特岛
Djarrakpi	贾拉克皮人
Jaluit	贾卢伊特环礁
Teben'kov，M. D.	杰本科夫，M. D.
Jeffreys，M. D. W.	杰弗里斯，M. D. W.
Jerry	杰里
Jemo	杰莫岛
Gjimbun	金本
Kimberley	金伯利高原
Q'inku Stone	金库石
Codex Kingsborough	《金斯堡抄本》
Kingston Arm	金斯顿湾
Kingsley，Mary	金斯利，玛丽
Golden Bay	金湾
Zimbabwe	津巴布韦
Near Oceania	近大洋洲

词汇原文	中文翻译
Upper Paleolithic	旧石器时代晚期
Curly Head	卷毛头
Cameroon	喀麦隆
Cascades Rapids	喀斯喀特急流
Kaata	卡阿塔山
Kael	卡埃尔河
Kabongo	卡邦戈
Carpentaria, Gulf of	卡奔塔利亚湾
Kadu	卡杜
Caddou Creek	卡杜溪
Caddoan	卡多（语群）
Caddos	卡多人
calpolli	"卡尔波伊"
Kalgoorlie	卡尔古尔利
Karkar Island	卡尔卡尔岛
Kaltara	卡尔塔拉
Caffa	卡法
Carver, Jonathan	卡弗，乔纳森
Cargill, William	卡吉尔，威廉
Cartier, Jacques	卡捷，雅克
Kakadu National Park	卡卡杜国家公园
Kakarook	卡卡鲁克（家族）
Ka：kelbi	卡克尔比
Kakekayash, Henry	卡克卡亚什，亨利
kalahari Desert	卡拉哈里沙漠
Kalala Ilunga	卡拉拉·伊隆加
Kalama	卡拉马（驿站）
Kalasasaya	卡拉萨萨亚
Karelia	卡累利阿
Caribou Island	卡里布岛
Karimui, Mount	卡里穆伊山
Kariña	卡里尼亚人
Karipuna	卡里普纳人
Kaluli	卡卢利人
Callen, Tom	卡伦，汤姆
Karoshimo	卡罗西莫山
Camargo, Diego Muñoz	卡马尔戈，迭戈·穆尼奥斯
Kamakau, Samuel Manaiakalani	卡马考，萨缪尔·马纳亚卡拉尼
Kamehameha I	卡梅哈梅哈一世

词汇原文	中文翻译
Cummings, Tom	卡明斯，汤姆
kanaga	"卡纳加"（面具）
Kane	卡内
Kaneakaho 'owaha	卡内阿卡霍瓦哈
Canela	卡内拉人
Kaneloa	卡内洛阿
Kaniere	卡尼埃尔峰
Kaniere, Lake	卡尼埃尔湖
Canyon	卡尼昂
Cañete	卡涅特河
Canoe	卡努河
Kano	卡诺
Qu'Appelle	卡佩勒河
Kapon	卡蓬人
Kapi	卡皮
Kapingamarangi Atoll	卡平阿马朗伊环礁
Kap Dan Ammassalik	卡普丹，阿马沙利克
Katsina	卡齐纳
Kasanga	卡桑加
Castillo, Bernal Díaz del	卡斯蒂约，贝尔纳尔·迪亚斯·德尔
Kaskaskia	卡斯卡斯基亚
Kaskaskia River	卡斯卡斯基亚河
Casteñeda, Don Alonso de	卡斯特涅达，唐·阿隆索·德
Caso, Alfonso	卡索，阿方索
Qatar	卡塔尔
Catachellay	卡塔切亚伊
Katbulka	卡特布尔卡
Catawbas	卡托巴人
Cato	卡托河
Cahuacán	卡瓦坎
Kawarau	卡瓦劳河
Cahuachi	卡瓦奇
Kasyga	卡西加
Kassikaityu	卡西凯蒂尤河
Kahiki	卡希基群岛
Kayapó	卡亚波人
Cayenquaragoes	卡延夸拉戈斯
Kaingaroa Harbor	卡因阿罗阿港
Cayugas	卡尤加人

词汇原文	中文翻译
Cape Town	开普敦
Cape Dorset	开普多塞特
Kasai	开赛河
Kaiapoi	凯阿波伊
Keauokalani, Kepelino	凯奥奥卡拉尼，凯佩利诺
Cairns	凯恩斯
Kel Adagh	凯尔阿达格人
Kel Ahagger	凯尔阿哈加尔人
Kelsey, Theodore	凯尔西，西奥多
Caircy Trail	凯尔西小路
Kaikokopu	凯科科普河
Kaikoura	凯库拉
Kaikoura Peninsula	凯库拉半岛
kaelib	"凯利布"浪
Kaimai Range	凯迈山
Keymis, Lawrence	凯米斯，劳伦斯
Kaizheosh	凯热奥什
Catherine, Lake	凯瑟琳湖
Kettle River	凯特尔河
Kets	凯特人
Kaituna River	凯图纳河
Kamchatka Peninsula	堪察加半岛
Canberra	堪培拉
Kansas City	堪萨斯城
Kansas River	堪萨斯河
Cumberland	坎伯兰河
Cumberland Sound	坎伯兰湾
Kandire	坎迪雷
Kangulut	坎古卢特
Kamloops	坎卢普斯
Cannonball River	坎农鲍尔河
Cannon River	坎农河
Campeche	坎佩切
Piedra Cansada	坎萨达石
Canterbury Block	坎特伯雷地块
Canterbury Bight	坎特伯雷湾
Cantova, Juan Antonio	坎托瓦，胡安·安东尼奥
Condah	康达
Kangarjuatjiarmiut	康加留瓦季亚尔缪特人

词汇原文	中文翻译
Connecticut	康涅狄格河
Kaua 'i	考爱岛
KAUKURA	考库拉环礁
Kirke	柯克河
Coatepec Chalco	科阿特佩克查尔科
Cobourg Peninsula	科堡半岛
Cobo, Bernabé	科博，贝尔纳贝
Kotzebue, Otto von	科策布，奥托·冯
Kotzebue Sound	科策布湾
Cotton, William	科顿，威廉
Coen	科恩
Kohl, Johann Georg	科尔，约翰·格奥尔格
Coal Island	科尔岛
Korkodon	科尔科东河
Coleridge, Lake	科尔里奇湖
Cortés, Hernán	科尔特斯，埃尔南
Colville, Clyde A.	科尔维尔，克莱德·A.
Colville	科尔维尔河
Colville, Cape	科尔维尔角
Koch-Grünberg, Theodor	科赫－格林伯格，泰奥多尔
Cohoes Falls	科霍斯瀑布
Kogi-n-Kalem	科金卡莱姆河
Kola Peninsula	科拉半岛
Corantijn	科兰太因河
Kolyma	科雷马河
Coricancha	科里坎查神庙
Koryaks	科里亚克人
Collinson, Richard	科林森，理查德
Korokoro	科罗科罗
Colorado	科罗拉多河
Coromandel Peninsula	科罗曼德尔半岛
Coronado Islands	科罗那多群岛
Coronado, Francisco Vásquez de	科罗纳多，弗朗西斯科·巴斯克斯·德
Coronado Island	科罗纳多岛
Coronation Gulf	科罗内申湾
Korosameri	科罗萨梅里河
Koloa, Catherina	科洛伊，卡特里娜
Comanches	科曼切人
Committee Bay	科米蒂湾

词汇原文	中文翻译
Comeau, Napoleon A.	科莫，拿破仑·A.
Comer, George	科默，乔治
Conewago Falls	科内瓦戈瀑布
Copan	科潘
Coppermine	科珀曼河
Copway, George	科普韦，乔治
Korzybski, Alfred	科日布斯基，阿尔弗雷德
Kosrae (Kusaie)	科斯雷岛（库塞埃岛）
Costansó, Miguel	科斯坦索，米格尔
Côte d'Ivoire	科特迪瓦
Kotosh	科托什
Cottoyouskeesett	科托约斯基塞特
Kowara	科瓦拉河
Kuwait	科威特
Cowan, Thaddeus	科温，撒迪厄斯
Cowan, James	科温，詹姆斯
Collasuyu	科亚苏尤
Qoipa	科伊帕
Coixtlahuaca	科伊什特拉瓦卡
Koz'minskiy, I. I.	科兹明斯基，I. I.
Quetzaltehueyac	克查尔特韦亚克
Klah, Hosteen	克拉，霍斯廷
Clark, Ben	克拉克，本
Clarke, Henry T.	克拉克，亨利·T.
Clark, William	克拉克，威廉
Clarkson, P. B.	克拉克森，P. B.
Klamath	克拉马斯河
Klamaths	克拉马斯人
Crummer, Thomas	克拉默，托马斯
Clapperton, Hugh	克拉珀顿，休
Clayoquot Sound	克莱阔特湾
Clay Creek	克莱溪
Klein, Paul	克莱因，保罗
Christchurch	克赖斯特彻奇
Clanwilliam	克兰威廉
Crow Butte	克劳丘
Crows	克劳人
Clowes, Samuel	克劳斯，萨缪尔
Kraus Virginia Map	《克劳斯弗吉尼亚地图》

词汇原文	中文翻译
Krämer, Augustin	克雷默，奥古斯汀
Crespí, Father Juan	克雷斯皮神父，胡安
Creeks	克里克人
Clutha	克卢萨河
Kroeber, Alfred L.	克罗伯，阿尔弗雷德·L.
Croker Island	克罗克岛
Cronin Stream	克罗宁溪
Kropp, Manfred	克罗普，曼弗雷德
Cross Lake	克罗斯湖
Crozet, Julien	克罗泽，朱利安
Quenepenon	克内佩农
Quechua	克丘亚人
Qheswa	克斯瓦人
Kewieñ	克威恩
Kewieñ River	克威恩河
Kendall	肯道尔河
Kennebec	肯内贝克人
Kenya	肯尼亚
Kong	孔
Kombrangowi	孔布兰戈威山
Kondoa	孔多阿
Bakongo	孔戈人
Kohklux	寇克勒克斯
Kubler, George	库布勒，乔治
Coolgardie	库尔加迪
Culhuacan	库尔瓦坎
Culhuacan temple	库尔瓦坎神庙
Culhua-Mexica	库尔瓦－墨西卡人
Kukatja	库卡恰人
Cook	库克
Cook, James	库克，詹姆斯
Cook (Aoraki), Mount	库克峰（奥拉基峰）
Cook Strait	库克海峡
Cook Islands	库克群岛
Curahausi	库拉豪西
Cooley, William Desborough	库利，威廉·德斯伯勒
Kumasi	库马西
Kunga	库纳
Cunene	库内内河

词汇原文	中文翻译
Kunit fra Umivik	库尼特，乌米维克的
Cunucunuma	库努库努马河
Kununurra	库努努拉
Port Cooper	库珀港
Cuzco	库斯科
Kuwái	库瓦伊
Quapaws	夸波人
Kwajalein	夸贾林环礁
Quarra	夸拉河
Cuananá	夸纳纳河
Cuahuacan	夸瓦坎
Cuauhquechollan	夸乌克乔延
Kwaup	夸乌普
Cuauhchinanco	夸乌奇南科
Cuauhtepec	夸乌特佩克
Cuautepetl	夸乌特佩特尔
Cuautinchan	夸乌廷钱人
Kwazulu-Natal	夸祖鲁－纳塔尔省
Quebec	魁北克
Quebec Sillery	魁北克锡耶里
Cuivre River	奎夫尔河
Kwembum	奎姆布姆
Cuntisuyu	昆蒂苏尤
Cuenca, Gregorio Gonzalez de	昆卡，格雷戈里奥·冈萨雷斯·德
Queensland	昆士兰州
Quartz Peak	阔茨峰
La Paz	拉巴斯
La Paz River	拉巴斯河
Largeau, Victor	拉尔戈，维克托
Largo Canyon	拉尔戈峡谷
Lafitau, Joseph-François	拉菲托，约瑟夫－弗朗索瓦
Ravdonikas, V. I.	拉夫多尼卡斯，V. I.
La France, Joseph	拉弗朗斯，约瑟夫
Lagediack	拉格迪亚克
Rakiraki	拉基拉基
La Galgada	拉加尔加达
Rakah	拉卡
Rakaia	拉凯阿河
Lakotas	拉科他人

词汇原文	中文翻译
Raccoon River	拉孔河
Lacuso, Manuel	拉库索，马努埃尔
Ralegh, Walter	拉雷，沃尔特
Ralik Chain	拉利克群岛
Rarotonga	拉罗汤加岛
Lamar	拉马尔河
Ramingining	拉明吉宁
Lamotrek Atoll	拉莫特雷克环礁
Lamhatty	拉姆哈蒂
Ranautagin	拉瑙塔京
Rapa Nui（Easter Island）	拉帕努伊（复活节岛）
La Pérouse, comte de	拉佩鲁兹伯爵
Rapid City	拉皮德城
Lapland	拉普兰
Lapp	拉普人
La Salle, René-Robert Cavelier de	拉萨尔，勒内 – 罗贝尔·卡夫利埃·德
las Casas, Bartolomé de	拉斯卡萨斯，巴托洛梅·德
Lathrap, Donald Ward	拉斯拉普，唐纳德·沃德
Las Minas	拉斯米纳斯
Ratak Chain	拉塔克群岛
La Vérendrye, de	拉维朗德里，德
Lahontan, Louis Armand de Lom d'Arce, baron de	拉翁唐男爵，路易·阿尔芒·德隆·达尔斯
Lachine Rapids	拉辛急流
Lajamanu	拉亚马努
Razsokha	拉兹索哈河
Lyon, G. F.	莱昂，G. F.
León, Pedro de Cieza de	莱昂，佩德罗·德·西耶萨·德
León-Portilla, M.	莱昂 – 波尔蒂亚，M.
Lyon Inlet	莱昂湾
Lederer, John	莱德勒，约翰
Lydenburg	莱登堡
Layton, R.	莱顿，R.
Lane, Ralph	莱恩，拉尔夫
Lae Atoll	莱环礁
Lesotho	莱索托
Ra'iatea	赖阿特阿岛
Rimer	赖默
Wright, Robin	赖特，罗宾
Ra'ivavae	赖瓦瓦埃岛

词汇原文	中文翻译
Reichel-Dolmatoff, G.	赖歇尔-多尔马托夫，G.
Blue Ridge	蓝岭
Lamba Teye	兰巴泰耶
Lambayeque	兰巴耶克河
Lander	兰德河
Rancho El Tajo	兰乔埃尔塔霍
Lanzón	兰松（地廊）
Rangaunu Harbor	朗奥努港
Rongelap Atoll	朗格拉普环礁
Rongerik Atoll	朗格里克环礁
Langemui	朗格穆伊
Rangeley Lakes Region	朗吉利湖区
Rangihaute	朗伊豪蒂岛
Rangiroa	朗伊罗阿环礁
Rangitāne	朗伊塔内人
Rangitata	朗伊塔塔河
Rangitai, Lake	朗伊泰湖
Rangitoto Island	朗伊托托岛
Fort Loudon	劳登堡
Raureka	劳雷卡
Lauschkin, K. D.	劳什金，K. D.
Le Clercq, Chrétie	勒克莱尔克·克雷蒂安
Lemaire, Charles	勒梅尔，夏尔
Le Maire, Jakob	勒梅尔，雅各布
Le Mercier, Father François	勒梅尔西埃神父，弗朗索瓦
Lena	勒拿河
Le Jeune, Father Paul	勒若纳神父，保罗
Real, Antonio de Ciudad	雷阿尔，安东尼奥·德·修达德
rebbelib	"雷贝利布"
Reichard, G. A.	雷查德，G. A.
Red Deer River	雷德迪尔河
Red	雷德河
Rae Isthmus	雷地峡
Reko	雷科
Reclus, Elisée	雷克吕，埃利泽
Renata Kawepo Tama ki Hikurangi	雷纳塔·卡韦波·塔马·基·希库朗伊
Rainy Lake	雷尼湖
Fort Reno	雷诺堡
Republican River	雷帕布利坎河

词汇原文	中文翻译
Cordillera Real	雷亚尔山脉
Reyes García, L.	雷耶斯·加西亚，L.
Reinga, Cape	雷因阿角
Lebanon	黎巴嫩
Richelieu	黎塞留河
Richards, R.	理查兹，R.
Rió Azul	里奥阿苏尔
Río Seco	里奥塞科
Codex Ríos	《里奥斯抄本》
Reefe, T. O.	里弗，T. O.
Riverton	里弗顿
rilib	"里利布"浪
Rimatara	里马塔拉岛
Rimutaka Range	里穆塔卡山
Repulse Bay	里帕尔斯贝
Repulse Sound	里帕尔斯湾
Riesenberg, S. H.	里森伯格，S. H.
Richmond	里士满
Rivas, Martin de	里瓦斯，马丁·德
Riese, Frauke Johanna	里泽，弗劳克·约翰娜
Libby, Orin G.	利比，奥林·G.
Liberia	利比里亚
Liebig, Mount	利比希山
Libya	利比亚
Lib	利布岛
Liebler, Oskar	利布勒，奥斯卡
Liddle, Arthur	利德尔，阿瑟
Lill Burn	利尔伯恩河
Likiep Atoll	利基普环礁
Linevskiy, A. M.	利涅夫斯基，A. M.
Leech River	利奇河
Leech Lake	利奇湖
Lyttelton	利特尔顿
Livingston	利文斯顿
Livingston, Robert	利文斯顿，罗伯特
Liverpool	利物浦河
Liverpool Range	利物浦山
lienzo	连索
Rekhmirē, Vizier	列赫米留，维西尔

词汇原文	中文翻译
Lévi-Strauss, Claude	列维－施特劳斯，克洛德
Ringatū	林阿图（教会）
Lyndon, Lake	林登湖
Lindi	林迪
Lindis	林迪斯河
Lindis Pass	林迪斯山口
Linton, Ralph	林顿，拉尔夫
Linton panel	林顿画板
Lynn Canal	林恩运河
Lincoln	林肯
Lewis, David	刘易斯，戴维
Lewis, Meriwether	刘易斯，梅里韦瑟
Lewis Range	刘易斯岭
Lewis-Williams, J. D.	刘易斯－威廉斯，J. D.
Rongowhākata	隆奥华卡塔人
Loongana	隆加纳
Lualaba	卢阿拉巴河
Luba	卢巴人
Loendorf, L. L.	卢恩多夫，L. L.
lukala	“卢卡拉”
Lucayos	卢卡约群岛
Lukunor Atoll	卢库诺尔环礁
Lupaqa	卢帕卡（王国）
Rwanda	卢旺达
Ruamahanga	鲁阿马杭阿河
Ruapehu, Mount	鲁阿佩胡山
Ruapuke Island	鲁阿普基岛
Rubeho Mountains	鲁贝霍山脉
Robinson, Michael	鲁宾逊，迈克尔
Fort Robinson	鲁宾逊堡
Rule Creek	鲁尔溪
Rufiji	鲁菲吉河
Ruvu	鲁伏河
Ruka te Aratapu	鲁卡·特·阿拉塔普
Rurutu	鲁鲁土岛
Rumihausi Stone	鲁米瓦西石
Fort Rupert	鲁珀特堡
Rupununi	鲁普努尼河
Roseires	鲁塞里斯

词汇原文	中文翻译
Ruta	鲁塔
Root	鲁特河
Royale, Isle	鲁瓦亚尔岛
Louis	路易
Luiseños	路易塞尼奥人
Greek Lake	绿湖
Rundstrom, Robert A.	伦德斯特罗姆，罗伯特·A.
Lenni Lenape	伦尼莱纳佩人
Roanoke Island	罗阿诺克岛
Ropoama te One	罗波阿马·特·奥内
Ropononowini	罗波诺诺威尼湖
Roberts, W. H. S.	罗伯茨，W. H. S.
Roberts, Allen F.	罗伯茨，阿伦·F.
Roberts, Mary Nooter	罗伯茨，玛丽·努特
Robert McIlwaine National Park	罗伯特·麦基尔文国家公园
Rocha	罗查河
Rodríguez, Juan	罗德里格斯，胡安
Rodman, Hugh	罗德曼，休
Rawhide Creek	罗海德溪
Roggeveen, Jacob	罗赫芬，雅各布
Rock River	罗克河
Rockland, Archie	罗克兰，阿奇
Roper	罗珀河
Roop	罗普湖
Rose, D. B.	罗斯，D. B.
Rose, Frederick	罗斯，弗雷德里克
Ross, John	罗斯，约翰
Roes Welcome Sound	罗斯·韦尔克姆湾
Rota	罗塔岛
Rotuma	罗图马岛
Rotoehu, Lake	罗托埃胡湖
Rotokakahi, Lake	罗托卡卡希湖
Rotorua, Lake	罗托鲁阿湖
Rotoma, Lake	罗托马湖
Rotoiti, Lake	罗托伊蒂湖
Rossini, Carlo Conti	罗西尼，卡尔洛·孔蒂
Reuther, J. G.	罗伊特，J. G.
Rhodes Point	罗兹角
Rocky Mountains	落基山脉

词汇原文	中文翻译
Lower Mountains	洛尔山脉
Lokono	洛科诺人
Loquo	洛阔
Lopez, Barry	洛佩斯，巴里
Lodgepole Creek	洛奇波尔溪
Losap Atoll	洛萨普环礁
los Godos, Marcos Farfán de	洛斯戈多斯，马尔科斯·法尔凡·德
Lovoi	洛沃伊河
Lords Harbor	洛兹港
Lords River	洛兹河
Margaret, Mount	玛格丽特山
Cape Maria van Dieman	玛丽亚·范迪门角
Maya	玛雅人
Mesa de Maya	玛雅台地
Marble Island	马布尔岛
Mabuiag (Jervis) Island	马布亚格岛（杰维斯岛）
Machapquake	马查普夸克
Mud Lake	马德湖
Mud Creek	马德溪
Codex Madrid	《马德里抄本》
Matienzo, J. de	马蒂恩索，J. 德
Matinino	马蒂尼诺岛
Martínez, Enrico	马丁内斯，恩里科
Marlborough Sounds	马尔堡湾
Margulidjban	马尔古利吉班
Malgaru	马尔加鲁
Marquette, Jacques	马尔凯特，雅克
Marcus, Joyce	马尔库斯，乔伊斯
Plano en papel de maguey	《马盖麻纸平面图》
Mackenzie, Alexander	马更些，亚历山大
MacKenzie	马更些河
Magur	马古尔岛
Maguire, Rochfort	马圭尔，罗奇福特
Mahakane	马哈卡内
Mahelona, John Kaipo	马赫洛纳，约翰·凯波
Mawhera	马怀拉河
Magaliesberg	马加利斯堡
Muckaty	马卡蒂
Makarenko, A. A.	马卡连科，A. A.

词汇原文	中文翻译
Makarora	马卡罗拉河
Makata	马卡塔（平原）
Muckatamishaquet	马卡塔米沙克特
Maketu	马凯图
Macrae, Roderick	马克雷，罗德里克
Marquesas Islands	马克萨斯群岛
Makonnen, Ras	马孔嫩·拉斯
Macuilxóchitl	马奎尔肖奇特尔
Marrakulu	马拉库卢氏族
Malawi	马拉维
Malawi, Lake	马拉维湖
Malangi, David	马兰吉，戴维
Mallery, Garrick	马勒里，加里克
Mali	马里
Fort Marion	马里昂堡
Marika, Mawalan	马里卡，马瓦兰
Marika, Wandjuk	马里卡，万朱克
Mariana Islands	马里亚纳群岛
Malinalco	马利纳尔科
Malinalocan	马利纳洛坎
Malinowski, B.	马林诺夫斯基，B.
Marutse	马鲁策
Marourou	马鲁鲁
Marenga Mkali	马伦加·姆卡利
Maroni	马罗尼河
Maloelap Atoll	马洛埃拉普环礁
Mama, Nji	马马，恩吉
Mamaku Plateau	马马库高原
Mamarika, Minimini	马马里卡，米尼米尼
Manharrngu	马纳尔努人
Manam Island	马纳姆岛
Manawatawhi	马纳瓦塔威岛
Maní	马尼
Manitoulin Island	马尼图林岛
Manyet	马尼耶特
Maningrida	马宁里达
Manus Island	马努斯岛
Manoa	马诺阿
Cerro Manoa	马诺瓦山

词汇原文	中文翻译
Mattjidi	马丘吉
Massachusetts	马萨诸塞人
Marshall Islands	马绍尔群岛
Musgrave Ranges	马斯格雷夫山脉
Muskingum	马斯金格姆河
Masterton	马斯特顿
Matawhaura	马塔华乌拉
Matacuni	马塔库尼河
Matahiva（Mataiva）	马塔伊瓦环礁
mattang	"马唐"
Mataura	马陶拉河
Matlalcueye	马特拉尔库埃耶
Matlatlan	马特拉特兰
Mathes，W. M.	马特斯，W. M.
Matukituki	马图基图基河
Mato Grosso	马托格罗索州
Mawári	马瓦里
Mawunumpa	马伍农帕
Massim	马西姆地区
Maasina	马西纳
Mathias River	马西亚斯河
Mathias，Lake	马西亚斯湖
Mahinapua	马希纳普阿
Mahia Peninsula	马希亚半岛
Maya River	马亚河
Maiirgulidj	马伊尔古利吉氏族
Mayviimbiit	马伊维姆比特山
Majuro Atoll	马朱罗环礁
McGrath，R.	麦格拉斯，R.
McGregor	麦格雷戈
McGregor，Lake	麦格雷戈湖
Mackay，James	麦凯，詹姆斯
McRae，Tommy	麦克雷，托米
McLean，Donald	麦克林，唐纳德
McKerrow，James	麦克罗，詹姆斯
Macknight，C. C.	麦克奈特，C. C.
Maxwell，Thomas	麦克斯韦，托马斯
MacDonald，Lake	麦克唐纳湖
MacQueen，J.	麦奎因，J.

词汇原文	中文翻译
Miles，Robert	迈尔斯，罗伯特
Maymuru，Banapana	迈穆鲁，巴纳帕纳
Maymurru，Narritjin	迈穆鲁，纳里钦
Mambwe	曼布韦人
Mandans	曼丹人
Mann	曼恩河
Mann Ranges	曼恩山脉
Manhattan	曼哈顿
manca	"曼卡"
Manco Capac	曼科·卡帕克
Manker，Ernst	曼克尔，恩斯特
Mantell，Walter Baldock Durrant	曼特尔，沃尔特·鲍多克·杜兰特
Mansi	曼西人
Man-yelk	曼耶尔克
Mangareva	芒阿雷瓦岛
Mangaia	芒艾亚岛
Munn，Nancy D.	芒恩，南茜·D.
Manggudja	芒古贾
Mangalili	芒加利利氏族
Manggalod	芒加洛德
Munsee	芒西人
Queen Maud Gulf	毛德皇后湾
Mauritania	毛里塔尼亚
Māori	毛利人
Metztitlan	梅茨蒂特兰
meddo	"梅多"
Mayor Island	梅厄岛
Melville Peninsula	梅尔维尔半岛
Melville Island	梅尔维尔岛
Meheti ‘a	梅海蒂亚岛
Mejprat	梅吉普拉特人
Mejit	梅吉特岛
Mekeo	梅凯奥人
Mek	梅克
Mérida	梅里达
Merrimack	梅里马克河
Meliki	梅利基
Meñan	梅尼安
Maning	梅宁

词汇原文	中文翻译
Minas	米纳斯河
Minimic，Chief	米尼米克酋长
Michigme	米奇格梅
Mitjimanamana	米奇马纳马纳
Mitchell	米切尔河
Michoacan	米却肯州
Mixtec region	米什特克地区
Mixtec	米什特克人
Misminay	米斯米奈
Mistassini Cree	米斯塔西尼克里人
Mitlantongo	米特兰通戈
Yoneda，K.	米田，K.
Myadi	米亚迪
Miamis	米亚米人
Micronesia	密克罗尼西亚
Missouri	密苏里河
Missisaugas	密西沙加人
Mississippi	密西西比河
Mississipian period	密西西比时期
Mississinewa	密西西纽瓦河
Michigan，Lake	密歇根湖
Mingos	明戈人
Minneapolis	明尼阿波利斯
Minnesota	明尼苏达河
Minnewanka，Lake	明尼万卡湖
Minto Inlet	明托湾
Morgan，John	摩根，约翰
Morocco	摩洛哥
Devil's Tower	魔塔山
Devil's Head Mountain	魔头山
Mobile Bay	莫比尔湾
Molcaxac	莫尔卡夏克
Port Moresby	莫尔兹比港
Morphy，Howard	莫菲，霍华德
Mohave Rock	莫哈韦岩
Mohawk	莫霍克河
Mohawks	莫霍克人
Mokoia Island	莫科亚岛
Moquegua	莫克瓜

词汇原文	中文翻译
Morap	莫拉普
Mo'orea	莫雷阿岛
Maurice, Lake	莫里斯湖
Molina, Alonso de	莫利纳，阿伦索·德
Molina, Cristóbal de	莫利纳，克里斯托瓦尔·德
Molyneux, Robert	莫利诺，罗伯特
Maurua (Maupiti)	莫鲁阿岛（莫皮提岛）
Morogoro	莫罗戈罗
Moreau River	莫罗河
Monacans	莫纳坎人
Monongahela	莫农加希拉河
Monowai, Lake	莫诺怀湖
Mopelia (Maupiha'a)	莫佩利阿环礁（莫皮哈环礁）
Mozambique	莫桑比克
Mauss, Marcel	莫斯，马塞尔
Moscow	莫斯科
Morso Island	莫索岛
Motatapu	莫塔塔普河
Motecuhzoma Xocoyotzin	莫特库索马·肖科约钦
Motuakaiti	莫图阿凯蒂岛
Motukawanui	莫图卡瓦努伊岛
Motutapu Island	莫图塔普岛
Motutawa	莫图塔瓦岛
Mowaljarlai, David	莫瓦利亚莱，戴维
Mowanjum	莫瓦尼尤姆
Mohi Turei	莫希·图雷伊
Möisel, Max	莫伊泽尔，马克斯
Mozeemlek	莫泽姆勒克人
Melbourne	墨尔本
Murray	墨累河
Mexico	墨西哥
Mexico, Valley of	墨西哥谷地
Mexico, Gulf of	墨西哥湾
Mexico State	墨西哥州
Murdock, George Peter	默多克，乔治·彼得
Murganella	默加奈拉
Mercury Bay	默库里湾
Merlan, F.	默兰，F.
Murray, John	默里，约翰

词汇原文	中文翻译
Mutch，James	默奇，詹姆斯
Mbidi Kiluwe	姆比迪·基卢韦
Mbili，Pesa	姆比利，佩萨
Mbouémboué	姆布埃姆布埃
Mburu	姆布鲁
Mgoduyanuka	姆戈杜亚努卡
Mkalama	姆卡拉马
Mpumalanga（Eastern Transvaal）	姆普马兰加省（东德兰士瓦）
Mpwapwa	姆普瓦普瓦
Mwanza	姆万扎
Mweru，Lake	姆韦鲁湖
Mwila（Mugila），Mts.	姆维拉（穆吉拉）山脉
Mokil Atoll	姆沃基尔环礁
Mubi	穆比河
Muden	穆登
Moodie，D. W.	穆迪，D. W.
Moore，O. K.	穆尔，O. K.
Mougoulachas	穆古拉夏人
mulalambo	"穆拉兰博"
Muranji	穆拉尼
Muriwai	穆里怀
Murilo Atoll	穆里洛环礁
Murimotu	穆里莫图岛
Murrungwa	穆隆瓦
Moolench	穆伦奇
Mooney，James	穆尼，詹姆斯
Muskogean	穆斯科格人
Mutiwe	穆提韦
Moisie	穆瓦西河
Muina	穆伊纳
Na-Dene	纳－德内（语群）
Nabarima	纳巴里马山
Nabokov，Peter	纳博科夫，彼得
Ngāti Awa	纳蒂阿瓦人
Ngāti Porou	纳蒂波罗人
Ngāti Whanaunga	纳蒂华纳翁阿人
Ngāti Kahungunu	纳蒂卡洪乌努人
Ngāti Mutunga	纳蒂姆通阿人
Ngāti Pikiao	纳蒂皮基奥人

词汇原文	中文翻译
Ngāti Tūwharetoa	纳蒂图华雷托阿人
Nativitas	纳蒂维塔斯
Ngardutjelpani	纳杜杰尔帕尼
Ngalngbali	纳恩巴利
Nelson	纳尔逊
Nelson River	纳尔逊河
Nullarbor Plain	纳拉伯平原
Narragansetts	纳拉甘塞特人
Narik Islands	纳里克群岛
Namibia	纳米比亚
Namorik Atoll	纳莫里克环礁
Namoluk Atoll	纳莫卢克环礁
Namonuito Atoll	纳莫努托伊环礁
Namu Atoll	纳穆环礁
Napateuctli	纳帕特乌克特利
Napperby	纳珀比
Natchez	纳切兹人
Nash, David	纳什，戴维
Nazca	纳斯卡
Nazca River	纳斯卡河
Naskapis	纳斯卡皮人
Nazca lines	纳斯卡线条
Nastapoka Islands	纳斯塔波卡群岛
Nassúr, Mohammed ben	纳苏尔，穆罕默德·本
Codex Nuttall	《纳塔尔抄本》
Natanis	纳塔尼斯
Ngātai	纳泰
Navajos	纳瓦霍人
Navamuel, Ercilia	纳瓦穆埃尔，埃尔西利亚
Nahua	纳瓦人
Nairn, Charles James	奈尔恩，查尔斯·詹姆斯
Knife River	奈夫河
Ngaymil	奈米尔
Neich, Roger	奈奇，罗杰
Naisoot	奈苏特河
Ngai Tahu	奈塔胡人
Knight, James	奈特，詹姆斯
Southern Alps	南阿尔卑斯山
South Alligator	南阿利盖特河

词汇原文	中文翻译
Southampton Island	南安普顿岛
South Australia	南澳大利亚州
Namponan, Angus	南波南，安古斯
Southern Paiutes	南部派尤特人
Southern Yanas	南部亚纳斯人
South Island	南岛
Austronesians	南岛人
South Fabius	南法比乌斯河
Nanfan, John	南凡，约翰
Austral Islands	南方群岛
South Africa	南非
Southern Cooks	南库克群岛
South Platte River	南普拉特河
South Saskatchewan	南萨斯喀彻温河
South Taranaki Bight	南塔拉纳基湾
South Pacific	南太平洋
Ngauruhoe, Mount	瑙鲁霍埃山
Nebenzahl Jr. , Kenneth	内本扎尔，小肯尼斯
Nevermann, Hans	内弗曼，汉斯
Rio Negro	内格罗河
Sierra Nevada	内华达山
Nedját, 'Omar ibn	内贾特，奥马尔·伊本
Neches	内奇斯河
Netsiliks	内齐利克人
Nezahualcoyotl, Dike of	内萨瓦尔科约特尔坝
Nay hik til lok	内希克蒂洛克
Nez Perce	内兹佩尔塞人
Nunligran	嫩利格兰
Nian	尼安
Niobrara River	尼奥布拉拉河
Niolin	尼奥林
Nyffee	尼菲
Nivkhi	尼夫赫人
Nicholas, John Liddiard	尼古拉斯，约翰·利迪亚德
Nicaragua	尼加拉瓜
Nicholson, Francis	尼科尔森，弗朗西斯
Port Nicholson	尼科尔森港
Nicholson	尼科尔森河
Nicollet, Joseph N.	尼科莱，约瑟夫·N.

词汇原文	中文翻译
Nile	尼罗河
Nimdji Bore	尼姆吉博雷
Nipigon, Lake	尼皮贡湖
Nipissing, Lake	尼皮辛湖
Niger	尼日尔
Niger River	尼日尔河
Nigeria	尼日利亚
Nishnabotna River	尼什纳博特纳河
Niagara Falls	尼亚加拉瀑布
Gnacsitares	尼亚克西塔尔人
Nyapililngu	尼亚皮利尔努
Njien	尼延
Nyí, Rock of	尼伊岩
Nerchinsk	涅尔琴斯克
Nenets	涅涅茨人
Nevel'skoy, G. I.	涅维利斯科伊，G. I.
Niuatoputapu（Kepple）	纽阿托普塔普岛（凯普尔岛）
New River Estuary	纽河口
Newcomb, Franc J.	纽科姆，弗兰克·J.
Nuremberg	纽伦堡
New York	纽约
Noun	农河
Non-Chi-Ning-Ga	农奇宁加
Núr, Hádji Moammed	努尔，哈吉·穆阿迈德
Nukuhiva	努库希瓦岛
Nukuoro Atoll	努阔罗环礁
Nuria, Altiplanicie de	努里亚高原
Num	努姆湖
Nootkas	努特卡人
Noo Whook	努武克岛
Nodaway River	诺达韦河
Norton Sound	诺顿湾
Norfolk Island	诺福克岛
Nokopo	诺科波
Knox	诺克斯河
Noxubee	诺克苏比河
Nolum	诺卢姆
Nomsa	诺姆萨岛
Nomwin Atoll	诺姆温环礁

词汇原文	中文翻译
Nonoualca	诺诺瓦尔卡人
Nochistlan	诺奇斯特兰河
North River	诺斯河
North Channel	诺斯水道
Nowa	诺瓦
Norwood, Henry	诺伍德，亨利
Old Woman	欧德乌曼山脉
Eauripik Atoll	欧里皮克环礁
Pachacuti Inka Yupanque	帕查库蒂·印加·尤潘克
Pachayachachic	帕查亚查奇克山
Padamo	帕达莫河
Pattisson, Cape	帕蒂森角
Palkarakara	帕尔卡拉卡拉
Paltas	帕尔塔
Pärssinen, Martti	帕尔西南，马尔蒂
Pakin Atoll	帕金环礁
Pacal	帕卡尔
Pacariqtambo	帕卡里克坦博
Pakana, Captain of	帕卡纳首领
Pacanaukett	帕卡瑙克特
Pacasmayo	帕卡斯马约
Park, Mungo	帕克，芒戈
Pakhuis Pass	帕克胡伊斯山口
paraje	"帕拉赫"
Paracas Peninsula	帕拉卡斯半岛
Belau	帕劳
Parry, William Edward	帕里，威廉·爱德华
Pariwhakaoho River	帕里华考霍河
Parime	帕里马湖
Paria, Gulf of	帕里亚湾
Palliser, Cape	帕利瑟角
Palliser Bay	帕利瑟湾
Palingawi	帕林加威
Paruro	帕鲁罗
Palenque	帕伦克
Palomar	帕洛马（天文台）
Palomans	帕洛曼人
Parmenter, Ross	帕门特，罗斯
Pamuri-mahs?	帕穆里马赫塞

词汇原文	中文翻译
Piailug, Mau	皮艾卢格，毛
Piankashaws	皮安卡肖人
Piltdown man	皮尔当人
Pillcomayo	皮尔科马约河
Pikelot	皮凯洛特岛
Pickersgill, Richard	皮克斯吉尔，理查德
Pyramid Lake	皮拉米德湖
Piraparaná	皮拉帕拉纳河
Port Pirie	皮里港
Pima	皮马
Peemuggina, Peter	皮穆吉纳，彼得
Pinon Canyon Maneuver Site	皮尼翁峡谷机动着陆场
Penutian	皮纽申（语群）
Pitjantjatjara	皮钱恰恰拉人
Pisac	皮萨克
Peace	皮斯河
Pisco	皮斯科河
Fort Pitt	皮特堡
Pitt Island	皮特岛
Pitcairn	皮特凯恩岛
Pittsburgh (Fort Pitt)	匹茨堡
Pingelap Atoll	平格拉普环礁
Pinxten, Rik	平克斯滕，里克
Pintupi	平图皮人
Pplains Crees	平原克里人
Pearl	珀尔河
Purgatoire	珀加图瓦尔河
Perkins Jr. , E. T.	珀金斯，小 E. T.
Perth	珀斯
Percy, George	珀西，乔治
Puebla	普埃布拉州
Pukaki, Lake	普卡基湖
Pukapuka	普卡普卡环礁
Pukekohe	普凯科赫
Puketakauere	普凯塔考埃雷
Pookmoosh	普克穆什
Purari	普拉里河
Pulap Atoll	普拉普环礁
Platte	普拉特河

词汇原文	中文翻译
Kuril Islands	千岛群岛
Chamberlain, Von Del	钱伯兰，冯·德尔
Chambri Lake	钱布里湖
Chambri	钱布里人
Chantrey Inlet	钱特里湾
Chalky Island	乔尔基岛
Chalky Inlet	乔尔基湾
Choctaws	乔克托人
Cholula	乔卢拉
Chotta	乔塔
Chawanokes	乔瓦诺克人
George, Mimi	乔治，米米
Georgian Bay	乔治湾
King George Sound	乔治王湾
Cherokees	切罗基人
Chemehuevi	切梅韦维山脉
Chesapeake Bay	切萨皮克湾
Chesterfield Inlet	切斯特菲尔德湾
Chincha (San Juan)	钦查河（圣胡安河）
Chinchaysuyu	钦查伊苏尤
Chinchoros	钦乔罗人
Chinchero Canal	钦切罗运河
Blue Nile	青尼罗河
Jones, Hugh	琼斯，休
Chontal Maya	琼塔尔玛雅
Akimichi, Tomoya	秋道智弥
Churchill	丘吉尔
Churchill River	丘吉尔河
Churchill Factory	丘吉尔站
Chuuk (Truk)	丘克群岛
Kyuquat Sound	丘夸特湾
Chucuito	丘奎托
Chiuhnauhtécatl	丘瑙特卡特尔
chhiuta	"丘塔"
Chuwa Chuwa	丘瓦丘瓦
Chewings, Charles	丘因斯，查尔斯
Tjuburrula, Big Peter	裘布鲁拉，大彼得
Kuehn, D. D.	屈恩，D. D.
Gê	热人

词汇原文	中文翻译
Wise Solar Elder Brother	睿智日兄
João II	若昂二世
Jolliet, Louis	若耶，路易
Sahara Desert	撒哈拉沙漠
Sahagún, Bernardino de	萨阿贡，贝尔纳迪诺·德
Sabatis	萨巴蒂斯
Sabatele	萨巴特勒
Zapotec	萨波特克人
Salta	萨尔塔
El Salvador	萨尔瓦多
Savannah	萨凡纳
Savannah River	萨凡纳河
Sarfert, E.	萨弗特，E.
Sakhalin	萨哈林岛（库页岛）
Sacagawea	萨卡加韦阿
Zacatlan	萨卡特兰
Zacatepec	萨卡特佩克
Sacramento	萨克拉门托河
Sacramento Wash	萨克拉门托沼
Saqsahuaman	萨克萨瓦曼
Salado	萨拉多河
Sarakka	萨拉卡
Salamonie	萨拉莫尼河
Salishan	萨利什（语群）
Saline	萨林河
Samar	萨马岛
Salmond, Anne	萨蒙德，安娜
Salmon	萨蒙河
Sami	萨米人
Samuel de Pury	萨缪尔·德普里（葡萄园）
Samoa Islands	萨摩亚群岛
Samoyeds	萨莫耶德人
Sassamon, John	萨萨蒙，约翰
Saskatchewan	萨斯喀彻温河
Susquehanna	萨斯奎哈纳河
Susquehannocks	萨斯奎哈诺克人
Satawal	萨塔瓦尔岛
Satawan Atoll	萨塔万环礁
Savai‘i	萨瓦伊岛

词汇原文	中文翻译
Saveliy	萨维利
Saya	萨亚
Saipan	塞班岛
Sepopo	塞波波
Seidou	塞杜
Codex Selden	《塞尔登抄本》
Selfe, Lake	塞尔夫湖
Saelgeaedne	塞尔格埃德娜
Fort Selkirk	塞尔柯克堡
Sel'kups	塞尔库普人
Selmo, Sapiel	塞尔莫，萨皮尔
Selwyn, George Augustus	塞尔温，乔治·奥古斯都
ceque	"塞克"
Sierra Leone	塞拉利昂
Zeilik, Michael	塞利克，迈克尔
Thelon	塞隆河
Thelon Plain	塞隆平原
Cerro Jocotitlán	塞罗霍科蒂特兰
Cerro Colorado	塞罗科洛拉多
Senegal	塞内加尔
Senecas	塞内卡人
Cenis	塞尼人
Sepaconett	塞帕科奈特
Sepik	塞皮克河
Sepik Hills	塞皮克山
Sayhuite Stone	塞威特石
Trois Rivières	三河城
Three Kings Islands	三王群岛
Sandy Lake	桑迪湖
Sangre de Cristo Range	桑格雷德克里斯托山脉
Sangamon	桑加蒙河
Sankuru	桑库鲁河
San	桑人
Santees	桑提人
Zenzontepec	森松特佩克
Shargorodskia, S.	沙尔戈罗茨基，S.
Shanawdithit	沙诺迪西特
Shastas	沙斯塔人
Saudi Arabia	沙特阿拉伯

词汇原文	中文翻译
Shawanaga Inlet	沙瓦纳加湾
Coral Sea	珊瑚海
Sam Chief	山姆酋长
Upper New York Bay	上纽约湾
Upper Wabash	上沃巴什河
Champlain, Samuel de	尚普兰，萨姆埃尔·德
Champlain, Lake	尚普兰湖
Champlain, Point	尚普兰角
Shoa	绍阿
Chaudiere	绍迪耶尔河
Prince Regent Inlet	摄政王湾
SOCIETY ISLANDS	社会群岛
Tree of Life	生命树
San Andres (yucu nicaa nuhu)	圣安德雷斯（尤库尼卡阿努胡）
San Andrés de Machaca	圣安德雷斯·德·马查卡
San Andres Sinaxtla	圣安德雷斯锡纳什特拉
St. Augustin	圣奥古斯丁
San Bernardino Mountains	圣贝尔纳迪诺山脉
Santiago Taxtitlán (nduhua ndoo)	圣地亚哥塔什蒂特兰（恩杜胡阿恩多奥）
Santo Domingo Teojomulco (yavui ñuhu)	圣多明各特奥霍穆尔科（亚武尔纽胡）
San Fernando	圣费尔南多
San Felipe Zapotitlán (ñu nda'ya)	圣费利佩萨波蒂特兰（纽恩达亚）
San Francisco Cahuacua (cavua cuaha)	圣弗朗西斯科卡瓦库阿（卡武阿夸哈）
San Francisco Peaks	圣弗朗西斯科山
San Gorgonio Peak	圣戈尔戈尼奥峰
San Jeronimo (yuta ma'nu)	圣赫罗尼莫（尤塔马努）
San Juan (tene ixayu)	圣胡安（特内伊夏尤）
Santa Cataliana Island	圣卡塔利娜岛
Santa Catalina (dzoco dzavui)	圣卡塔琳娜（佐科扎武伊）
Santa Cruz (yuhu yuhua)	圣克鲁斯（尤胡尤胡阿）
Santa Cruz, Alonso de	圣克鲁斯，阿隆索，德
Santa Cruz Pachacuti Yamqui Salcamayhua, Juan de	圣克鲁斯·帕查库蒂·亚姆基·萨尔卡迈瓦，胡安·德
Mapa de Santa Cruz	《圣克鲁斯地图》
Santa Cruz Islands	圣克鲁斯群岛
St. Lawrence	圣劳伦斯河
St. Lawrence Bay	圣劳伦斯湾
St. Lawrence Iroquoians	圣劳伦斯易洛魁人
St. Louis	圣路易斯
St. Louis River	圣路易斯河

词汇原文	中文翻译
San Luis Temalacayucan	圣路易斯特马拉卡尤坎
Santa Rosa de Tastil	圣罗萨·德·塔斯蒂尔
San Mateo Sindihui（sii ndevui）	圣马特奥辛迪威（锡伊恩德武伊）
Santa María（yuta cavua）	圣玛利亚（尤塔卡武阿）
St. Michael	圣迈克尔
San Miguelde la Piedras（cuu na'ma）	圣米格尔德拉皮埃德拉斯（库乌纳马）
San Pedro	圣佩德罗河
Lac Saint-Jean	圣让湖
São José	圣若泽
San Salvador	圣萨尔瓦多
San Sebastian Yutanino	圣塞瓦斯蒂安尤塔尼诺
San Tomás（yuta tniño）	圣托马斯（尤塔特尼尼奥）
Santa Ysabel	圣伊萨贝尔
Lake St. John Montagnais	圣约翰湖蒙塔格奈人
St. Johns	圣约翰斯河
Schroeder, Albert H.	施罗德，阿尔伯特·H.
Staehelin, Felix	施泰赫林，费利克斯
Podkamen Tunguska	石泉通古斯卡河
Smith, Catherine Delano	史密斯，卡瑟琳·德拉诺
Smith, Mary Elizabeth	史密斯，玛丽·伊丽莎白
Smith, John	史密斯，约翰
Sugar	舒加河
Shushwaps	舒什瓦普人
Shuswap	舒斯沃普人
Schomburgk, Richard	朔姆布尔克，理查德
Schomburgk, Robert	朔姆布尔克，罗伯特
Stephen, W. H.	斯蒂芬，W. H.
Skidwarres	斯基德沃斯
Skiko	斯基科
Skillet Fork Creek	斯基莱特河支溪
Skiri	斯基里人
Skipper, Peter	斯基珀，彼得
Skinner, William Henry	斯金纳，威廉·亨利
Skunk River	斯康克河
Skunk Creek	斯康克溪
Schouten, Willem	斯考滕，威廉
Schouten Islands	斯考滕群岛
Schenectady	斯克内克塔迪
Skvortsov, E. F.	斯克沃尔佐夫，E. F.

词汇原文	中文翻译
Schoolcraft, Henry Rowe	斯库尔克拉夫特，亨利·罗
Smethurst, Gamaliel	斯梅瑟斯特，加马列尔
Smoky Hill River	斯莫基希尔河
Snake	斯内克河
Speck, Frank G.	斯佩克，弗兰克·G.
Spiro	斯皮罗
Spink, J.	斯平克，J.
Spring Mountains	斯普林山脉
Stafford, D. M.	斯塔福德，D. M.
Stack, James West	斯塔克，詹姆斯·韦斯特
Standing Rock Reservation	斯坦丁罗克保留地
Stanner, W. E. H.	斯坦纳，W. E. H.
Stratford	斯特拉特福
Strelow, T. G. H.	斯特雷洛，T. G. H.
Strachey, William	斯特雷奇，威廉
Strelov, E. D.	斯特列洛夫，E. D.
Sturgeon River	斯特詹河
Stoney Mountains	斯通尼山脉
Stewart, Paddy Japaljarri	斯图尔特，帕迪·亚帕利亚里
Stewart Island	斯图尔特岛
Stuart Highway	斯图尔特公路
Stolbovaia River	斯托尔博瓦亚河
Stokes, John F. G.	斯托克斯，约翰·F. G.
Storm Lake	斯托姆湖
Swaziland	斯威士兰
Sverbeev, N.	斯维尔别耶夫，N.
Zumpango, Lake	松潘戈湖
Siouan	苏（语群）
Superior, Lake	苏必利尔湖
Sudan	苏丹
Seward Peninsula	苏厄德半岛
Suriname	苏里南
Sumé	苏美
Sault Ste. Marie	苏圣玛丽
suyu	"苏尤"
Szabo, J. M.	索博，J. M.
Salt Fork	索尔特福克
Salt Creek	索尔特溪
Sokoto	索科托

词汇原文	中文翻译
Sauks	索克人
Zorita, Alonso de	索里塔，阿伦索·德
Zolipa	索利帕
Sorol Atoll	索罗尔环礁
Sorokin, P. A.	索罗金，P. A.
Soloman	索洛曼
Somalia	索马里
Somes, Point	索姆斯角
Sonoran Desert	索诺兰沙漠
Sawtooth	索图斯山脉
Sotuta	索图塔
Soto, Hernando de	索托，埃尔南多·德
Sotho	索托人
Solomon Sea	所罗门海
Solomon Islands	所罗门群岛
Salomonides	所罗门王国
Tabora	塔博拉
Tabwa	塔布瓦人
Taeñ	塔恩
Thalbitzer, W. C.	塔尔比策，W. C.
Tafahi (Boscawen)	塔法希岛（博斯卡温岛）
Taha ‘a	塔哈岛
Tahanea	塔哈内阿环礁
TUHUATA	塔胡阿塔岛
Tahoe, Lake	塔霍埃湖
Tuckett, Frederick	塔基特，弗雷德里克
Tagalmar	塔加尔马尔
Taka Atoll	塔卡环礁
Takamoana	塔卡莫阿纳湖
Tararua Range	塔拉鲁阿山
Taramakau	塔拉马考河
Tallapoosa	塔拉普萨河
Tarapuhi	塔拉普希
Tarascan	塔拉斯坎人
Tarawera	塔拉韦拉河
Tarang Bank	塔朗滩
Taliaferro, Lawrence	塔利亚费罗，劳伦斯
Tama Mokau te Rangihaeata	塔马·莫考·特·朗伊海阿塔
Tanna Island	塔纳岛

词汇原文	中文翻译
Tapen（Mission）	塔彭（传教所）
Tapuaemanu（Mai'ao）	塔普埃马努岛（迈奥岛）
Tapmañge	塔普曼格
Tacchigis	塔奇吉斯
Tasmania	塔斯马尼亚岛
Tasmania State	塔斯马尼亚州
Tasman Sea	塔斯曼海
Tasman Bay	塔斯曼湾
Taçon, P. S. C.	塔松，P. S. C.
Tatuyo	塔图约人
Tatou	塔托
Tabasco	塔瓦斯科州
Tawatinsuyu	塔瓦廷苏尤
Tahiti	塔希提
Taylor, Luke	泰勒，卢克
Taylor, William	泰勒，威廉
Taylor, Mount	泰勒山
Tairona	泰罗纳人
Taymi	泰米渠
Tainui	泰努伊
taypi	"泰皮"
Taypikala	泰皮卡拉
Thames	泰晤士
Pacific Ocean	太平洋
Tambunum	坦布努姆
Tanganyika, Lake	坦噶尼喀湖
Tanner, A.	坦纳，A.
Tampu T'oco	坦普托科
Tanzania	坦桑尼亚
Tombigbee	汤比格比河
Tonga	汤加
Tongariro, Mount	汤加里罗山
Tonga Islands	汤加群岛
Tonkinson, Robert	汤金森，罗伯特
Thomson, John Turnbull	汤姆森，约翰·特恩布尔
Thompson, Nainoa	汤普森，奈诺阿
Thompson, John Eric Sidney	汤普森，约翰·埃里克·西德尼
Thompson	汤普森河
taua	"陶阿"

词汇原文	中文翻译
Taupo	陶波
Taupo，Lake	陶波湖
Tauranga	陶朗阿
Tauroa Point	陶罗阿角
Te Ati Awa	特·阿蒂·阿瓦人
Te Arawa	特·阿拉瓦人
Te Aitanga A Hauiti	特·艾唐阿·阿·豪伊蒂人
Te Heuheu Tukino II	特·赫乌赫乌·图基诺二世
Te Huruhuru	特·胡鲁胡鲁
Te Wai te Wai	特·怀·特·怀
Te Horeta Te Taniwha	特·霍雷塔·特·塔尼华
Te Kaka	特·卡卡
Te Kooti Arikirangi te Turuki	特·科蒂·阿里基朗伊·特·图鲁基
Te Raki	特·拉基
Te Rapa	特·拉帕
Te Rangi Hiroa	特·朗伊·希罗阿
Te Peneha Mangu	特·佩内哈·曼古
Te Puoho o te Rangi	特·普奥霍·奥·特·朗伊
Te Teira	特·泰拉
Te Ware Korari	特·瓦雷·科拉里
Mapa de Teozacoalco	《特奥萨科阿尔科地图》
Teotihuacan	特奥蒂瓦坎
Teozacoalco	特奥萨科阿尔科
Tepoxocho	特波肖乔
Turnbull，Alexander	特恩布尔，亚历山大
Turkey River	特基河
Tequixtepec	特基什特佩克
Tekapo	特卡波河
Tekapo，Lake	特卡波湖
Tecali	特卡利
Tekrur	特克鲁尔
Fort Tecumseh	特库姆塞堡
Delaware	特拉华河
Delawares	特拉华人
Truckee	特拉基河
Tlaloc	特拉洛克
Tlapiltepec	特拉皮尔特佩克
Tlatelolco	特拉特洛尔科
Tlahuizcalpantecuhtli	特拉威斯卡尔潘特库特利

词汇原文	中文翻译
Transylvanus, Maximilian	特兰西瓦努斯，马克西米利安
Trezise, P. J.	特雷齐兹，P. J.
Theresia	特雷西亚
Trigo Mountains	特里戈山脉
Trigger, David S.	特里格，戴维·S.
Trinity	特里尼蒂河
Trinidad	特立尼达岛
Tlingits	特林吉特人
Trobriand Islands	特罗布里恩群岛
Mapa Tlotzin	《特洛钦地图》
Temalacatitlan	特马拉卡蒂特兰
Temalacayuca	特马拉卡尤卡
Tenamitic	特纳米蒂克
Tenayuca	特纳尤卡
Tenoch	特诺奇
Tenochtitlan	特诺奇蒂特兰
Tepanec	特帕内克人
Tepeaca	特佩阿卡
Tepeapulco	特佩阿普尔科
Tepetlaoztoc	特佩特拉奥斯托克
Tepeyacac	特佩亚卡克人
Teptep (Station)	特普特普（站）
Teseuke Harry	特塞乌克·哈里
Texcoco	特什科科
Texcoco, Lake	特什科科湖
Texupa	特舒帕
Tezcatlipoca	特斯卡特利波卡
Turtle	特特尔山脉
Tetliztaca	特特利斯塔卡
Tehuantepec, Isthmus of	特万特佩克地峡
Tjilpil	特伊尔皮尔
Tello, Julio	特约，胡里奥
Tello Obelisk	特约方碑
Teton Peak	提顿峰
Tetons	提顿人
Tigray	提格雷
Tinian	提尼安岛
Tennessee	田纳西河
Timbira	廷比拉人

词汇原文	中文翻译
Tindale, Norman B.	廷代尔，诺曼·B.
Tingarri	廷加里
Tinker, John	廷克，约翰
Tinline, John	廷莱因，约翰
Timbuktu（Tombouctou）	通布图（廷巴克图）
Tonty, Henri de	通蒂，昂利·德
Tungus	通古斯人
Toongalook	通加卢克
Tunisia	突尼斯
Tua	图阿河
Tuareg	图阿雷格人
Two Butte Creek	图巴特溪
Tubetube Island	图贝图贝岛
Thule	图尔人
Tuki	图基
Tuki te Terenui Whare Pirau	图基·特·特雷努伊·华雷·皮劳
Tukarawa	图卡拉瓦
Tukano	图卡诺人
Tula	图拉
Tulancingo	图兰辛戈
Turanganui	图朗阿努伊河
Toolemak	图勒马克
Tuma	图玛
Tumong	图蒙
Tupaia	图帕亚
Tupai	图帕伊岛
Tupi-Guarani	图皮－瓜拉尼人
Tupelo	图珀洛
Tuscaroras	图斯卡罗拉人
Tustukh Kel'	图斯图赫凯里
Tuturau	图图劳
Tututepec	图图特佩克
Tutuila	图图伊拉岛
Tutotepec	图托特佩克
Tuvalu	图瓦卢
Tuamotu Islands	土阿莫土群岛
Tupua 'i（Tubuai）	土布艾岛
Turkey	土耳其
Hares	兔皮人

词汇原文	中文翻译
toa	"托阿"
Toetoes Harbor	托埃托埃斯港
Toetoes Bay	托埃托埃斯湾
Topock	托波克
Tobolsk	托博尔斯克
Tolmachev, I. P.	托尔马乔夫，I. P.
Tolpetlac	托尔佩特拉克
tohunga	"托洪阿"
tocapu	"托卡普"
Tokelau	托克劳
Tokerau, Bay of	托克劳湾
Tolaga Bay	托拉加贝
Torres Strait	托雷斯海峡
Torrens, Lake	托伦斯湖
Thomas, Stephen D.	托马斯，斯蒂芬·D.
Topa Inka	托帕·印加
Topileta	托皮莱塔
Totomiuaque	托托米瓦克人
Tototepec	托托特佩克
Towasas	托瓦萨人
Tooulou	托乌卢
Toiawa	托亚瓦
Uabe	瓦贝河
Walkaln-aw	瓦尔卡恩奥
Walmadjari	瓦尔马贾里人
Warlpiri	瓦尔皮里人
Wagner, Roy	瓦格纳，罗伊
Oaxaca	瓦哈卡
Oaxaca State	瓦哈卡州
Wahgi	瓦赫吉人
Wakatipu, Lake	瓦卡蒂普湖
Huaqaq	瓦卡克山
Wakarihariha	瓦卡里哈里哈
Wakarukumoana	瓦卡鲁库莫阿纳湖
Huaca Prieta	瓦卡普里埃塔
Wakea	瓦凯阿
Wakuénai	瓦奎奈人
Wallaga	瓦拉加
Hualapia Mountains	瓦拉派山脉

词汇原文	中文翻译
Varennes, Pierre Gaultier de	瓦朗讷, 皮埃尔·戈尔蒂埃·德
Warao	瓦劳人
Wareyang	瓦雷扬
Walipina	瓦利皮纳岛
Wallis, Samiel	瓦利斯, 萨缪尔
Wanaka, Lake	瓦纳卡湖
Huanacauri	瓦纳考里
Wanascohochett	瓦纳斯科霍切特
Wanyamwezi	瓦尼亚姆韦济
Vanuatu	瓦努阿图
Wanukurduparnta	瓦努库朱帕恩塔
Wahpekute	瓦佩库特人
Uap (Yap)	瓦普岛 (雅浦岛)
Waselkov, G. A.	瓦塞尔科夫, G. A.
Wassén, Henry	瓦森, 亨利
Oaxtepec	瓦什特佩克
Huastec	瓦斯特克人
Watapijiri	瓦塔皮伊里
Wattachpoo	瓦塔奇普
Vava 'u	瓦瓦乌岛
Huauchinango	瓦乌奇南戈
Washoes	瓦肖人
Later Stone Age	晚石器时代
Wandaboň	万达邦
Wangara	万加腊
Wampanoag	万帕诺亚格人
Huantanay	万塔奈河
Huantsán	万特桑峰
Whangaroa Harbor	旺阿罗阿港
Wanganui	旺阿努伊
Wanganui River	旺阿努伊河
Whanganui Inlet	旺阿努伊湾
Macassans	望加锡人
Whitianga	威蒂昂阿
Wilberforce River	威尔伯福斯河
Wilbert, Johannes	威尔伯特, 约翰尼斯
Prince of Wales, Cape	威尔士王子角
Werewocomoco	威尔沃科莫科
Mount Wilson	威尔逊山 (天文台)

词汇原文	中文翻译
wikhegan	"威赫甘"
Weaganow Lake Ojibwa	威加莫湖奥吉布瓦人
Wikusko Lake	威库斯科湖
Wiremu Kingi Rangitakei	威雷穆·金伊·朗伊塔凯
Fort William	威廉堡
Williamson, James	威廉森,詹姆斯
Williams, Nancy M.	威廉斯,南茜·M.
Huitzilopochtli	威齐洛波奇特利
Wichitas	威奇塔人
Wisconsin	威斯康星河
Wissmann, Hermann von	威斯曼,赫尔曼·冯
Witsen, Nicolaas	威特森,尼古拉斯
Witwatersrand	威特沃特斯兰德
Guatemala	危地马拉
Guatemala City	危地马拉城
Guatemala Highlands	危地马拉高原
Weber, Max	韦伯,马克斯
Huerfano River	韦尔法诺河
Wellmann, Klaus	韦尔曼,克劳斯
Vega, Garcilaso de la	韦加,加尔西拉索·德·拉
Wager Bay	韦杰湾
Veracruz	韦拉克鲁斯州
Werowocomoco	韦罗沃科莫科
Wedge, Mount	韦奇山
Wessell Islands	韦塞尔群岛
Wetherill, Louisa Wade	韦瑟里尔,路易萨·威德
Westen, Thomas von	韦斯滕,托马斯·冯
Westall, William	韦斯托尔,威廉
Wetalltok	韦塔尔托克
Wewensett	韦温塞特
Victoria Lake	维比利亚湖
Great Victoria Desert	维多利亚大沙漠
Victoria Island	维多利亚岛
Victoria River	维多利亚河
Victoria	维多利亚州
Vyg	维格河
Visscher, Nicolaes	维舍,尼古拉
Codex Vienna	《维也纳抄本》
Vieux Desert, Lac	维约德塞尔湖

词汇原文	中文翻译
Venezuela	委内瑞拉
Terra Australis Incognita	未知南方大陆
Windigo	温迪戈
Windiluk	温迪卢克
Wingenund	温格农德
Winkler, Captain	温克勒船长
Winnebago, Lake	温纳巴戈湖
Winnipeg	温尼伯
Winnipeg, Lake	温尼伯湖
Winchenem	温切内姆人
Wings Cove	温斯湾
Winter Island	温特岛
Vinnicombe, P.	文尼科姆，P.
Vincennes	文森斯
Post Vincennes	文森站
Ong, Walter	翁，沃尔特
Ongo Toro	翁奥托罗
Hondo	翁多河
Wabash	沃巴什河
Warburton Range	沃伯顿山
Wolf, Aggan	沃尔夫，阿甘
Wolf, Ludwig	沃尔夫，路德维希
Volcan Nevado de Toluca	沃尔坎内瓦多德托卢卡
Wolmby, Nelson	沃尔姆比，纳尔逊
Walnut Creek	沃尔纳特溪
Wogeo Island	沃盖奥岛
Wotje Atoll	沃杰环礁
Walker, J. and C.	沃克，J. 和 C.
Walker, John	沃克，约翰
Woleai Atoll	沃莱艾环礁
Warhus, Mark	沃勒斯，马克
Woliagwi	沃利亚格威山
Watson, Helen	沃林，海伦
Worolea	沃罗莱阿
Vaupés	沃佩斯
Vaupés River	沃佩斯河
Wopkaimin	沃普凯明人
Wateree-Catawba Valley	沃特里－卡托巴谷
Waterman, T. T.	沃特曼，T. T.

词汇原文	中文翻译
Wotho Atoll	沃托环礁
Weule，Karl	沃伊勒，卡尔
Ottawa River（Canada）	渥太华河
Upolu	乌波卢岛
Oodnadatta	乌德纳达塔
Uda	乌第河
Udskoye	乌第斯科耶
Utirik Atoll	乌蒂里克环礁
Ooldea	乌尔迪
urco	"乌尔科"
Uganda	乌干达
Ogogo	乌戈戈
Ujiji	乌吉吉
Ujae Atoll	乌贾环礁
Ujelang Atoll	乌杰朗环礁
Ulladulla	乌拉杜拉
Ural Mountains	乌拉尔山脉
Urewera	乌雷韦拉
Ulithi Atoll	乌利西环礁
Uurel'	乌列利
Uluguru Mountains	乌卢古鲁山脉
Uluru	乌卢鲁
Urop	乌罗普
Ulloa Reef	乌洛阿礁
Uloksak	乌洛克萨克
Ouma	乌马
uma	"乌马"
Ouma，Mingo	乌马，明戈
umari	"乌马里"
Umeda	乌梅达人
Unadilla River	乌纳迪拉河
Upcaná	乌普卡纳河
Uskokop	乌斯科科普
Usumacinta	乌苏马辛塔河
Uto-Aztecan	乌托－阿兹特克（语群）
Uvea	乌韦阿岛
'Uiha	乌伊哈岛
Ouzzeine Valley	乌赞谷
Wuben	伍本

词汇原文	中文翻译
Wuthelpal	伍彻尔帕尔
Woodlark Island	伍德拉克岛
Wukari	伍卡里
Wurrawurrawoi	伍拉伍拉沃伊
Woods, Lake	伍兹湖（澳大利亚）
Woods, Lake of the	伍兹湖（北美洲）
Western Australia	西澳大利亚州
Spain	西班牙
Northwest Territories	西北地区
North-West	西北省
Western Abenakis	西部阿贝纳基人
West Main Crees	西部核心克里人
West Wood Crees	西部林地克里人
Western Desert	西部沙漠
Silverman-Proust, Gail P.	西尔弗曼－普鲁斯特，盖尔·P.
West Fayu Atoll	西法尤环礁
Western Cape	西开普省
Ship	西普山脉
Western Sahara	西撒哈拉
Western Samoa	西萨摩亚
West Siberian Plain	西西伯利亚平原
Sio	锡奥人
Cedar River	锡达河
Shield, Cape	锡尔德角
Seal River	锡尔河
Seal Islands	锡尔群岛
Mapa de Sigüenza	《锡古恩萨地图》
Sea Horse Island	锡霍斯岛
Sixmile Creek	锡克斯迈尔溪
Cimarron	锡马隆河
Sinaxtla	锡纳什特拉
Sinú	锡努人
Siassi	锡亚西人
Sillery	锡耶里
Xibalbans	希巴尔班
Heaphy, Charles	希菲，查尔斯
Xicalango	希卡兰戈
Hikurangi Channel	希库朗伊海峡
Hiquligjuaq	希库利格尤阿克

词汇原文	中文翻译
Greece	希腊
Jirijirimo Falls	希里希里莫瀑布
Hillier, H. J.	希利尔，H. J.
Shirokogoroff, S. M.	希罗科戈罗夫，S. M.
Xilotepec	希洛特佩克
Chemung	希芒河
Jiménez, Antonio Núñez	希梅内斯，安东尼奥·努涅斯
Hipana	希帕纳
Xipe Totec	希佩托特克
Hiva 'oa	希瓦瓦岛
Xiuquila	希乌基拉河
Sydney	悉尼
Nizhnyaya Tunguska	下通古斯卡河
Shadrin	夏德林
Charbonneau, Toussaint	夏尔邦诺，图森
Xaltocan	夏尔托坎
Xaltocan, Lake	夏尔托坎湖
Queen Charlotte's Sound	夏洛特皇后湾
Chamisso, A. von	夏米索，A. 冯
Sharp, Andrew	夏普，安德鲁
Xavante	夏万特人
Hawai'i	夏威夷
Cheyenne River	夏延河
Cheyennes	夏延人
Windward Societies	向风社会群岛
Shoal Lake	肖尔湖
Xocotitlan	肖科蒂特兰
Xolotl	肖洛特尔
Codex Xolotl	《肖洛特尔抄本》
Shona	肖纳人
Shawnees	肖尼人
Xochimilco	肖奇米尔科
Xochimilco, Lake	肖奇米尔科湖
Shortland, Edward	肖特兰，爱德华
Shoshones	肖肖尼人
Lesser Antilles	小安的列斯群岛
Little Beaver Creek	小比弗溪
Little Head River	小黑德河
Little Missouri River	小密苏里河

词汇原文	中文翻译
Little Sioux River	小苏河
Little Tennessee River	小田纳西河
Little Wabash	小沃巴什河
Howling Wolf the Nostalgic	啸狼，思乡人
Sherbondy, J. E.	谢邦迪，J. E.
Sheard, L. E.	谢尔德，L. E.
Shelter Point	谢尔特角
Shenandoah	谢南多亚河
Xesspe, Mejía	谢斯佩，梅希亚
Hind, Henry Youle	欣德，亨利·尤尔
Hind, William George Richardson	欣德，威廉·乔治·理查德森
Simpson, Thomas	辛普森，托马斯
Simpson, John	辛普森，约翰
Simpson Peninsula	辛普森半岛
New Edinburgh	新爱丁堡
New Ireland	新爱尔兰岛
New Britain	新不列颠岛
Neo-Eskimos	新大陆爱斯基摩人
Novaya Zemiya	新地岛
New Guinea	新几内亚
Highlands	新几内亚高地
New Caledonia	新喀里多尼亚
New South Wales	新南威尔士州
New Zealand	新西兰
mfemfe	新字母
Hindenburg Range	兴登堡岭
Hugh-Jones, Stephen	休－琼斯，斯蒂芬
Huon Peninsula	休恩半岛
Huron, Lake	休伦湖
Hurons	休伦人
Xiu, Don Francisco de Montejo	修，唐·弗朗西斯科·德·蒙特霍
Xiuhtecuhtitlan	修特库蒂特兰
Xiuhtecuhtli	修特库特利
Syria	叙利亚
Caribou Eskimos	驯鹿爱斯基摩人
Jamaica	牙买加
Jacob's River	雅各布河
Yakuts	雅库特人
Yap	雅浦岛

词汇原文	中文翻译
Iatmul	雅特穆尔人
Addis Ababa	亚的斯亚贝巴
Yakurrukaji	亚库鲁卡伊
Alabama	亚拉巴马河
Alabamas	亚拉巴马人
Jalanu	亚拉努
Yarapat	亚拉帕特
Yarisque	亚里斯克
Prince Alexander Ra	亚历山大王子岭
Alexandrina, Lake	亚历山德里娜湖
Arizona	亚利桑那州
Jaliarna	亚利亚尔纳
Amazon	亚马孙河
Yamparlinyi	亚姆帕尔利尼山
Yanas Maidus	亚纳斯迈杜人
Yavapais	亚瓦派人
Yahis	亚希人
Yayua	亚尤瓦
Asian Eskimos	亚洲爱斯基摩人
Yazoo	亚祖河
Yuendumu	延杜穆
Jangala, Uta Uta	延加拉，乌塔·乌塔
Jansen, M. E. R. G. N.	延森，M. E. R. G. N.
Jansz, Willem	扬茨，威廉
Yanktons	扬克顿人
Yanktonais	扬克托奈人
Yunta	扬塔
Young, Thomas	杨，托马斯
Jaul	尧尔
Yaurisque	尧里斯克
Yebá	耶巴
Ye'cuana	耶夸纳人
Yellowknives	耶洛奈夫人
Jeptha	耶普塔
Yemen	也门
Pheasant	野鸡
Yenisei	叶尼塞河
Esino	叶西诺
Ianthe Shoal	伊安特浅滩

词汇原文	中文翻译
Ibi	伊比
Itzá	伊察人
Itzocan	伊措坎
Hidalgo	伊达尔戈州
al-Idrīsī	伊德里西
Idotlyazee	伊多特利亚齐
Yirrkala	伊尔卡拉
Ifaluk Atoll	伊法利克环礁
Igluliks	伊格卢利克人
Ihuraua	伊胡劳阿
Itelmen	伊捷尔缅人
Ica	伊卡河
Ikmallik	伊克马利克
Icxicohuatl	伊克希科瓦特尔
Jila Japingka	《伊拉·亚平卡》
Irarte, Pedro di	伊拉尔特，彼得罗·迪
Iraq	伊拉克
Iramba	伊兰巴
Irangi	伊兰吉
Iran	伊朗
Irian Jaya	伊里安查亚
Yirritja	伊里恰（半偶族）
Illigliak	伊利格利亚克
Erie, Lake	伊利湖
Illimani	伊利马尼山
Illinois River	伊利诺伊河
Illinois	伊利诺伊人
Eliade, Mircea	伊利亚德，米尔恰
Sierra Imataca	伊马塔卡山
Inosagur	伊诺萨古尔
Ipanoré Falls	伊帕诺雷瀑布
Izapa	伊萨帕
Isan	伊桑
Ixtapalapa	伊什塔帕拉帕
Ishtlilxochitl, Fernando de Alva	伊什特利尔肖奇特尔，费尔南多·德·阿尔瓦
Hispaniola	伊斯帕尼奥拉岛
Iztaccihuatl	伊斯塔克西瓦特尔山
Eastman, Seth	伊斯特曼，塞特
Izúcar de Matamoros	伊苏卡尔德马塔莫罗斯

词汇原文	中文翻译
Ivanov, S. V.	伊万诺夫，S. V.
iwi	"伊威"
Ihuitlan	伊威特兰
Ishi	伊希
Israel	以色列
Iroquoian	易洛魁（语群）
Italy	意大利
Council Bluffs	议事崖
Indigirka	因迪吉尔卡河
Inti Illapa	因蒂伊拉帕山
Invercargill	因弗卡吉尔
Ingenio	因赫尼奥河
Indonesia	印度尼西亚
Inkarri	印加里
Yingapungapu	英加彭加普
Yukagirs	尤卡吉尔人
Yucatan	尤卡坦州
Yucatec	尤卡特克人
Juksakka	尤克萨卡
Yulyupunyu	尤利尤普尼尤
Yuroks	尤罗克人
Yumas	尤马人
Yumans	尤曼人
Yupno River	尤普诺河
Yupno	尤普诺人
Yutanduchi	尤坦杜奇
Utes	尤特人
Foolish Lunar Younger Brother	愚笨月弟
Quetzalcoatl	羽蛇神
Mother Corn	玉米母亲
Corn Tassel	玉米须
Yukon	育空河
Remote Oceania	远大洋洲
Jordan	约旦
Yolgnu	约尔努人
John Scotts Lake	约翰·斯科茨湖
Jonestone, J. J.	约翰斯通，J. J.
Johnson, R. Townley	约翰逊，R. 汤利
Johnson, Ruby Kawena	约翰逊，鲁比·卡韦纳

词汇原文	中文翻译
Johnson, Vivien	约翰逊，维维安
Iokhel'son, V. I.	约赫尔松，V. I.
Cape York Peninsula	约克角半岛
Yoruba	约鲁巴人
Yolotepec	约洛特佩克
Yopico temple	约皮科神庙
Joseph	约瑟夫
Youri	约乌里
Zambezi	赞比西河
Zambia	赞比亚
Zumbro	赞布罗河
Zantwijk, R. A. M. van	赞特威克，R. A. M. 范
Zadek, Melka	扎德克，梅尔卡
Zagwe	扎格维（家族）
Zalavruga	扎拉夫鲁加
Zaria	扎里亚
Dhaamala	扎马拉河
Chad	乍得
Jameson, Robert	詹姆森，罗伯特
James, Edwin	詹姆斯，埃德温
Jamestown	詹姆斯顿
James	詹姆斯河
James Ross Strait	詹姆斯罗斯海峡
Jenness, Diamond	詹尼斯，戴蒙德
Jennings, Edmund	詹宁斯，埃德蒙德
Chicago	芝加哥
Chile	智利
Central African Republic	中非
Central Siberian Plateau	中西伯利亚高原
Jula	朱拉人
Juniata	朱尼亚塔河
Dhuwa	朱瓦（半偶族）
Djuwen	朱温
Primeros memoriales	《主要纪念物》
tipi	锥帐
Zulu	祖鲁人
Zunis	祖尼人
Zuidema, R. T.	祖伊德马，R. T.
Sitting Rabbit	坐兔